# 北京科技年鉴

## 2021

北京市科学技术委员会
中关村科技园区管理委员会　组编

北京科学技术出版社

**图书在版编目(CIP)数据**

北京科技年鉴. 2021 / 北京市科学技术委员会,中关村科技园区管理委员会组编. — 北京 : 北京科学技术出版社, 2022.5

ISBN 978-7-5714-2042-0

Ⅰ. ①北… Ⅱ. ①北… ②中… Ⅲ. ①科学研究事业-北京-2021-年鉴 Ⅳ. ①G322.71-54

中国版本图书馆 CIP 数据核字(2022)第 012303 号

**策划编辑:** 李 菲
**责任编辑:** 李 菲
**责任校对:** 贾 荣
**封面设计:** 樊润琴
**责任印制:** 李 茗
**出 版 人:** 曾庆宇
**出版发行:** 北京科学技术出版社
**社　　址:** 北京西直门南大街 16 号
**邮政编码:** 100035
**电　　话:** 0086-10-66135495 (总编室)　0086-10-66113227 (发行部)
**网　　址:** www.bkydw.cn
**印　　刷:** 北京捷迅佳彩印刷有限公司
**开　　本:** 889 mm×1194 mm　1/16
**字　　数:** 1091 千字
**印　　张:** 33.25
**彩　　插:** 32
**版　　次:** 2022 年 5 月第 1 版
**印　　次:** 2022 年 5 月第 1 次印刷
ISBN 978-7-5714-2042-0

**定　　价: 198.00 元**

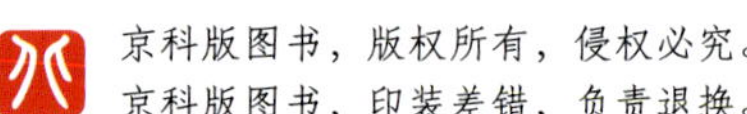

# 《北京科技年鉴》编委会



# 《北京科技年鉴》编辑部

王玉　王伟　王念　王珊　王研　王勇
王隽　王彬　王媛　王楠　王锦　王璐
王小冰　王小洁　王五山　王文秀　王立冬　王伟娟
王伟冀　王军勇　王郅媛　王雪梅　王鹤乾　王露菲
仇启宇　方子都　方严松　孔维佳　石军　石硝
石蕾　石桂莲　平朝霞　卢明子　田京京　史冬洋
付林　付文均　付建平　冯帆　冯婷婷　司雨杰
边浩　邢芳　邢杰　毕铮　曲俊燕　吕洲
朱迪　朱怡　朱深　朱灿烈　朱博义　任彬容
任雪娇　邬奇洋　刘帅　刘伟　刘玥　刘岩
刘佳　刘琳　刘超　刘燕　刘宁瑜　刘伟凡
刘安邦　刘远聪　刘克宇　刘丽丽　刘明月　刘建峰
刘晓晨　刘悠冉　刘颖颖　闫实　闫彬　关蕾
汤乐明　安振国　安鹤益　许小亮　孙刚　孙树昆
孙晓萌　苏颖　苏立清　苏宇声　苏胜宇　杜宇
杜景龙　李云　李伟　李杰　李昂　李倩
李航　李婷　李潇　李瞳　李大轩　李小骏
李玉珊　李辰霞　李佳乐　李佳熹　李建玲　李绍坤
李树新　李奕响　李晓明　李凌松　李绪青　李博伦
李晶晶　李鹏飞　李颖红　李增晖　杨政　杨春勇
杨晓伟　吴茜　吴芳芳　何龙弟　何陆翼　沙莎
沈西宁　宋郡　宋玉美　张伟　张军　张辰
张雨　张迪　张娜　张艳　张桢　张健
张爽　张敏　张涵　张超　张楠　张潇
张瑾　张磊　张豫　张韡　张小川　张子成
张少阳　张凤林　张文聃　张未凡　张东玲　张克辉
张园婷　张英豪　张佩佩　张怡然　张柏祯　张艳萍
张博轩　张晶晶　张慧玲　陆纳新　陈静　陈冬鑫
陈治光　陈晓曦　陈铭培　陈琦斐　林鹏　林建伟
易姗　罗俊　岳章　岳继华　金燕　周丽
周琦　周鹈　周红川　周俊峰　郑羿　孟凯

孟凡蕊　项梦瑶　赵　军　赵　阳　赵　虹　赵　峥
赵　娣　赵　跃　赵　媛　赵元达　赵百川　赵红霞
赵宏伟　赵莉莉　赵展芸　赵雪松　郝　琴　郝永翔
荣　荣　胡　妍　胡炎平　胡艳春　胡瑾秋　钟锌章
侯东云　侯艳艳　侯敬超　姜佩瑄　祖宏迪　姚　乐
贺丹丹　袁　博　袁小明　耿　璐　耿大乐　贾晓云
夏　菲　夏春玲　顾　红　晁钰静　徐　扬　徐璐璐
栾一丞　栾天亿　高　健　高晓鸥　郭志娥　郭泽曦
郭群英　涂裔盟　黄　磊　黄寅英　曹荣娥　曹凌梅
曹雪鸥　常　越　崔　欣　崔　颖　崔秀兰　崔海霞
崔家墅　康连元　梁　晨　梁　超　梁廷政　彭丽娣
董　敏　董爱生　韩　娇　程　锐　程　翔　程振娟
程晓荷　焦　扬　焦　莹　鲁庆莲　曾利新　温兴茂
谢旭霞　谢凯强　谢泊晚　楚　蒙　雷思源　蔡　茜
蔡宇红　蔡真婷　蔡凌波　臧津慧　熊保权　熊桂梅
黎红霞　潘长波　潘巧福　薛薇薇

# 编辑说明

一、《北京科技年鉴》是一部反映北京地区科技事业发展变化的综合性资料工具书和史料文献。在北京市科学技术委员会、北京市教育委员会、北京市市场监督管理局、北京市知识产权局、中关村科技园区管理委员会、北京市科学技术协会的共同参与下，由北京市科学技术委员会主持编纂。

二、本年鉴坚持以马克思列宁主义、毛泽东思想、邓小平理论、"三个代表"重要思想、科学发展观、习近平新时代中国特色社会主义思想为指导，遵循实事求是的原则，科学、客观地反映实际情况。

三、本年鉴采用文章和条目两种体裁，以条目体为主，用规范的语体、记述体，直陈其事，文字力求言简意赅。

四、本年鉴从1987年开始，逐年编纂。至2003年出版时均是标注当年年度，自2004年起循通行做法改为标注出版时间，即当年出版的年鉴，记述上一年度北京地区科技系统发生的重大事件和新的情况，为领导决策提供可资参考的依据，为社会各界了解、研究北京地区的科技事业提供权威的信息，为开展科技交流、对外宣传提供基础资料。

五、本年鉴以记述北京市市属科技系统各单位的情况为主，对境域内国家部门所属单位情况也适当记述，主体突出而又概括全貌。

六、本年鉴所载为北京地区科技事业的基本情况，采用分类编纂法。根据年鉴的文字内容，设有特载、专文、大事记、重大活动、科技抗疫、科技计划与投入、科技资源、科技政策、创新高地、支撑发展、科技服务、创新成果、知识产权、质量技术监督、科技合作与交流、科学技术普及、各区科技、政策法规选编、统计资料、附录20个类目。

七、选入本年鉴的文章和条目，均由《北京科技年鉴》参编单位确定的专人负责撰写或提供，并经主要负责人审核。统计资料由北京市科学技术委员会及参编单位的统计部门提供。

八、本年鉴反映2020年1月1日至12月31日期间北京地区科技事业的发展变化情况，凡2020年的事件，均直书月、日，不再写年份，涉及其他年份的，均标明年份。

九、本年鉴条目落款中的处室均为北京市科学技术委员会、中关村科技园区管理委员会的内设机构。

# 目　录

3月25日，全国首家研究型国际医疗产业转化平台暨北京高博国际研究型医院在昌平区生命科学园奠基开工

3月27日，北京脑科学与类脑研究中心召开第一届理事会第四次会议

5月18日，“2020疫情防控与科技场馆开放”科学教育馆馆长高峰对话会在北京、上海、广州同步在线召开

6月12日，北京雁栖湖应用数学研究院成立

8月6日，北京工程师学会成立

8月20日，2020年北京市科普工作联席会议在市政府召开

8月23—29日，第26届北京科技周“云上”举行。图为2020年全国科技活动周暨北京科技周启动仪式

8月27日，北京市政府与福建省政府联合召开京闽（三明）科技合作“云签约”视频会

9月4—9日，2020年中国国际服务贸易交易会在京召开。图为观众排队体验无人驾驶服务

9月10日，2019年度北京市科学技术奖励大会举行。11位科学家和154项成果获北京市科学技术奖

9月10日，第14届北京发明创新大赛颁奖大会举办。图为获得大赛金奖的单位代表领奖

9月11日，北京地区广受关注学术成果走进未来科学城报告会暨第23届北京科技交流学术月开幕式在未来科学城举办

9月14日，在中德智能新能源汽车产业论坛上，中关村（海淀）智能网联汽车前沿技术创新中心正式启动

9月17—18日，第三届联合国教科文组织创意城市北京峰会在京召开。本届峰会以“创意激活城市·科技创造未来”为主题，采用“线上+线下”方式举行

9月17—20日，2020中关村论坛在北京中关村国家自主创新示范区展示中心举办。论坛以“合作创新　共迎挑战”为主题，聚焦全球疫情下的民生福祉

9月18日，2020中关村论坛平行论坛——全球科学与生命健康论坛举行。图为陈薇院士发言

9月18日，第六届北京·亦庄创新创业大赛总决赛落幕。图为颁奖典礼

9月18日，在2020中关村论坛平行论坛——全球医药健康大数据论坛上，中关村医药健康大数据交易平台启动

9月19日，北京市高级别自动驾驶示范区发布会在北京经济技术开发区举行

9月20日，北京市国家网络安全宣传周闭幕，市科委在51家参演单位中获一等奖。图为获奖代表领奖

9月22日，北京干细胞与再生医学研究院在京成立

9月22日—10月7日，2020北京国际设计周在京举行。图为2020北京国际周设计之旅开幕现场

9月27日，中国（北京）自由贸易试验区科技创新片区挂牌仪式举行

9月28日，中国（北京）自由贸易试验区高端产业片区挂牌仪式举行

10月15日，2020年全国大众创业万众创新活动周北京分会场暨中关村创新创业季活动在中关村国家自主创新示范区展示中心启动

10月19日，在2020年“智汇·海淀”人才主题周开幕式上，中关村科学城科学家基金集体签约仪式举行

10月21日，第九届中国创新创业大赛北京赛区暨北京银行杯中国·北京创新创业大赛季颁奖礼在中关村国家自主创新示范区展示中心举办

10月31日，2020全球能源转型高层论坛在未来科学城举行

11月1日，2020中国科幻大会在石景山区首钢园开幕，本次大会主题为“科学梦想 创造未来”

11月1—2日，2020中国科幻大会在京举办。图为大会开幕式上，中国科学技术协会和北京市人民政府签订促进北京科幻产业发展战略合作协议

11月7日，“星光璀璨、筑梦北京”2020年北京市科技新星计划入选颁证仪式暨科技人才座谈会举办

11月7日，星河动力(北京)空间科技有限公司自主研发的“谷神星一号（遥一）”商业运载火箭在酒泉卫星发射中心成功发射。图为“谷神星一号（遥一）”

11月24日，2020中国光子产业高峰论坛在京召开。论坛主题为“聚合产业势能　开启光子元年”

11月26日，第五届科技外交官创新资源对接活动（2020）在京举办。活动主题为“汇聚国际创新资源，共促科技驱动发展”

12月22日，北京市自然科学基金成立30周年工作推进会召开

12月24日，中关村科技成果产业化先导基地揭牌

12月26日，北京经济技术开发区国家人工智能高新技术产业化基地揭牌仪式举行

2月21日，市科委领导调研新型研发机构疫情防控与复工复产情况

3月1日，由腾讯云计算（北京）有限责任公司提供技术支持的微信小程序“北京健康宝”上线

4月13日，北京科兴中维生物技术有限公司研制的新型冠状病毒灭活疫苗克尔来福获准进入临床试验

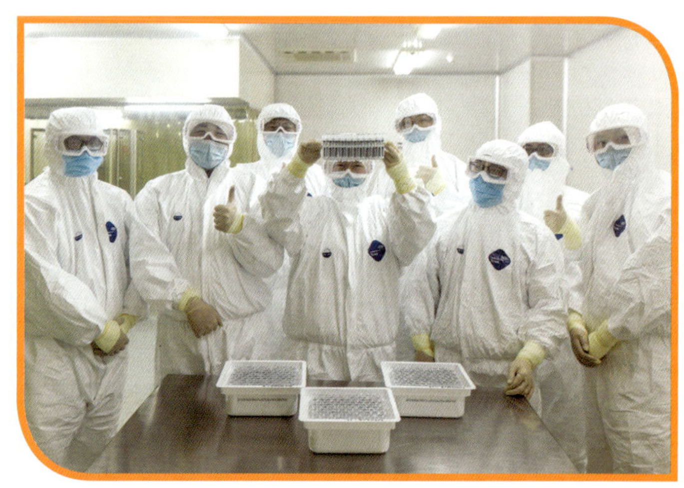

5月3日，市科委主要领导深入昌平区东小口镇魏窑村，实地了解假期下沉工作情况

北京纳通科技集团有限公司在中关村延庆园建立延庆口罩生产基地

白犀牛智达（北京）科技有限公司研发的白犀牛无人配送车服务于武汉方舱医院

北京谊安医疗系统股份有限公司自主研发的国内首款电动电涡轮呼吸机

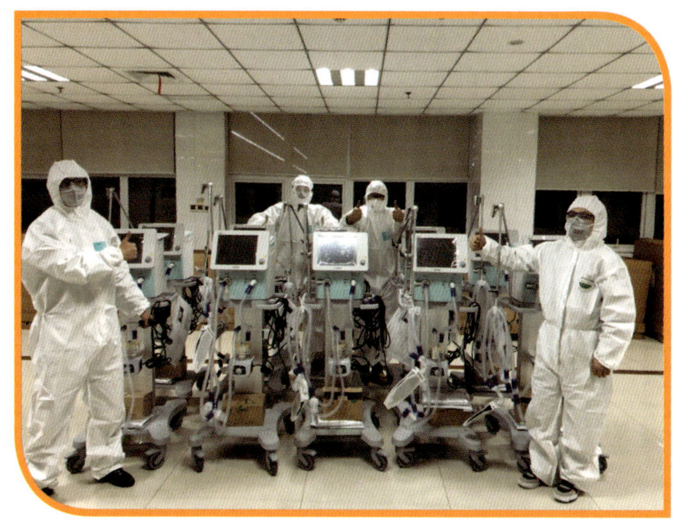

2020年度北京市科学技术奖自然科学奖一等奖：脑网络组图谱绘制和验证及其应用研究。图为脑网络组图谱

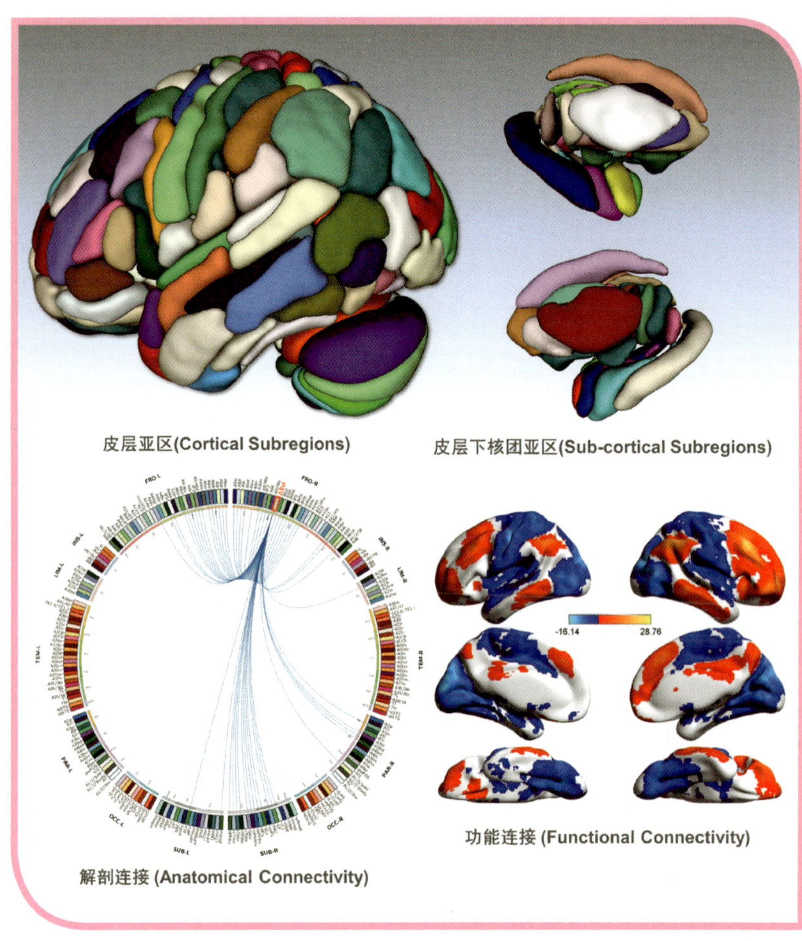

2020年度北京市科学技术奖科学技术进步奖一等奖：大型电商物流中心机器人及智能化调度系统研发与应用。图为智能搬运机器人“天地狼”

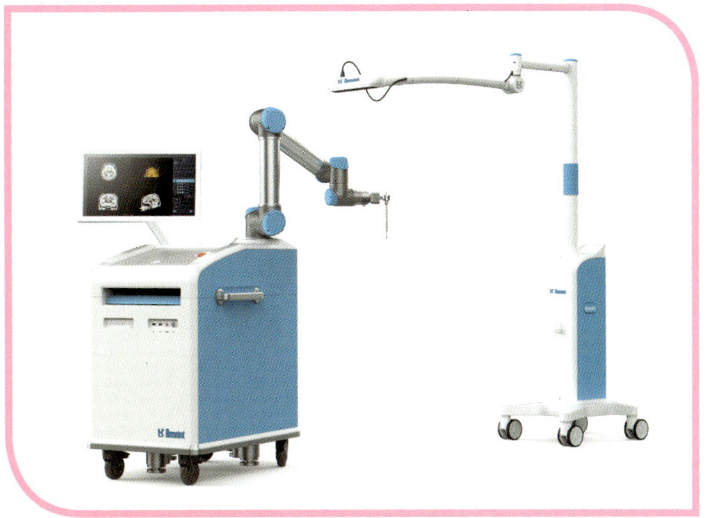

2020年度北京市科学技术奖科学技术进步奖一等奖：基于人工智能和机器人技术的神经外科手术体系研究及临床应用。图为神经外科手术机器人产品图

2020年度北京市科学技术奖科学技术进步奖一等奖：髋膝关节置换诊疗新技术的建立及推广应用。图为通过髋臼重建产品系统ABM制造的假体

2020年度北京市科学技术奖科学技术进步奖一等奖：三维光显控关键技术创新及应用。图为离屏空间悬浮3D光场显示系统

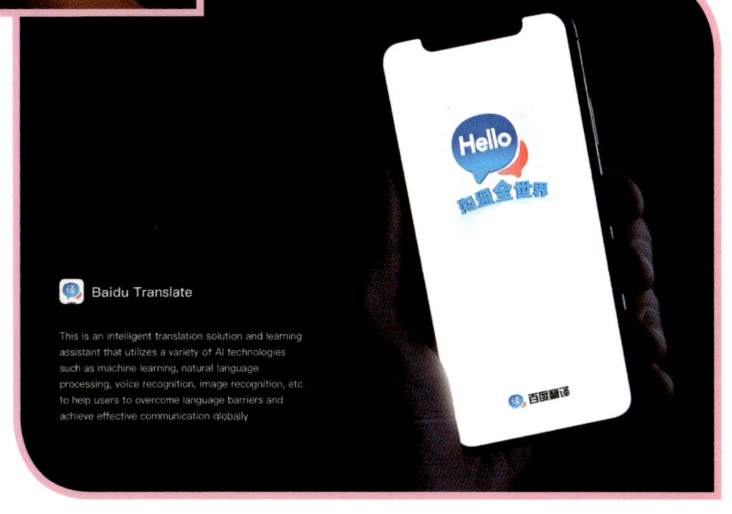


2020年度北京市科学技术奖科学技术进步奖一等奖：神经网络机器翻译核心技术及产业化。图为该技术在百度翻译中的应用

2020年度北京市科学技术奖科学技术进步奖二等奖：基于5G边缘云的强交互六自由度虚拟现实系统研发及产业化。图为北京凌宇智控科技有限公司研发的NOLO CV1 PRO

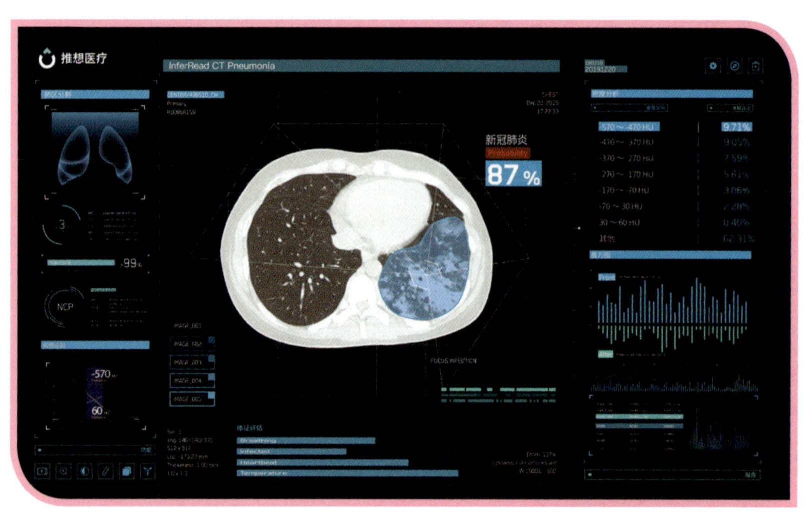


2020年度北京市科学技术奖科学技术进步奖二等奖：基于深度学习技术的肺癌/肺炎早诊早治的创新体系建设及推广应用。图为新冠肺炎智能辅助筛查和疫情监测系统

# 智慧电梯与安全监管平台

语音、手势呼梯

智慧救援、安全预警，智能行为识别

落地案例：青岛市政府新大厦、青岛国际会议中心、苏州人工智能园

Powered By SoundAI AZERO

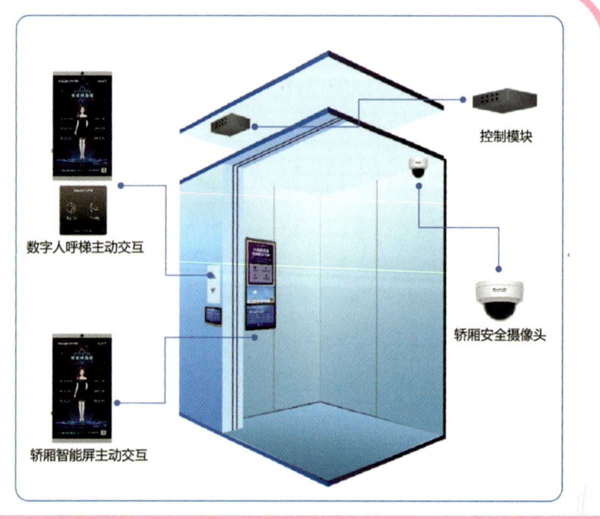


2020年度北京市科学技术奖科学技术进步奖二等奖：远场声学信息人机交互关键技术及其应用。图为应用案例——智慧电梯

# 特　载

# 北京市科学技术委员会、中关村科技园区管理委员会 2020年工作总结和2021年工作要点

2020年,北京市科学技术委员会(简称市科委)、中关村科技园区管理委员会(简称中关村管委会)坚持以习近平新时代中国特色社会主义思想为指导,认真履行北京推进科技创新中心建设办公室秘书处和中关村国家自主创新示范区建设领导小组办公室职责,按照中央部署和北京市要求,统筹推进新冠肺炎疫情防控和科技创新,“十三五”时期各项目标全面完成,科技创新中心进入新阶段。

## 一、坚持创新驱动,北京科技实力和创新能力显著提升

一是科技战“疫”贡献“北京力量”。迅速启动“应急机制”,出台新冠肺炎疫情科技攻关、服务企业发展“双十条”措施。截至2020年底,京产新冠病毒疫苗率先获批附条件上市,国内其他进入Ⅲ期临床的4个疫苗中,北京占3个;在全国率先组织新冠病毒疫苗紧急使用,获国务院联防联控机制和评估专家组高度肯定;全国5个团队的中和抗体获批临床,均来自北京;9个诊断试剂获批上市,全国第一;支持AI影像辅助诊断产品、新冠肺炎线上医生咨询平台、自清洁口罩等产品研发和应用,开展冷链消杀等5条路线研发;发布370多项中关村科技抗疫新技术新产品新服务清单,推出“千帆计划”“创投战‘疫’投资行动”等举措,助力科创企业创新发展。

二是打造形成国家战略科技力量。高标准编制《“十四五”北京国际科技创新中心建设战略行动计划》。昌平国家实验室挂牌。成立应用数学研究院、启元实验室等;京津冀国家技术创新中心获批。全年承担国家重点研发计划占全国40%。

三是主平台与主阵地作用凸显。中关村科学城发布实施北区发展行动计划。怀柔科学城综合极端条件实验装置、材料基因组平台率先进入科研状态。未来科学城“两谷一园”初具规模。经济技术开发区已落地“三城”科技成果127项。顺义区发布实施智能制造3年行动计划。印发中关村统筹发展规划,出台分园3年提升发展行动方案。积极做好稳增长工作,全年中关村总收入7.2万亿元,较2019年增长10%左右,9个分园收入过千亿元。

四是科技创新治理体系不断优化。在中关村开展税收试点和外债便利化等先行先试政策。出台成果转化条例16项配套政策,建立全市科技成果转化议事协调机制,支持9家单位开展国家职务科技成果赋权改革试点。“科创30条”顺利推进。研提国际人才出入境等20余项政策建议。设立颠覆性技术创新基金。试点项目经费“包干制”。中关村科创金融试验区方案已上报国务院。

五是高精尖经济结构加快构建。持续做强“双发动机”,全年新增创新药、高端医疗器械获批数量均居全国第一。AI产值1 900亿元,医药健康产业突破2 000亿元。推出中关村高精尖产业“强链工程”,支持新建14个产业协同创新平台。发布《区块链创新发展行动计划》。实施新场景行动方案,发布30项和7个城市副中心应用场景。全市大中型重点企业研发费用增速14.7%;规模以上高技术制造业和战略性新兴产业分别增长6.9%和7.2%。技术合同成交额突破6 000亿元,同比增长10.9%。

六是科技创新辐射影响力显著增强。推动“一核两翼”同频共振。打造京津冀科技创新园区链,中关村企业累计在津冀设立分支机构8 500多家。流向津冀技术合同成交额347亿元,同比增长22.7%。深入

落实“科技冬奥”行动计划。通过资源共享和技术输出辐射带动全国创新发展。制定中关村国际化发展指导意见，累计设立中关村海外联络处19个。高水平举办中关村论坛，中国北京国际科技产业博览会（简称科博会）与论坛首次整合，2 600多名中外嘉宾参会，国际化影响力进一步提升。

七是加强党的领导，夯实政治保障。坚持全面从严治党，狠抓党风廉政建设。市科委深入开展“讲政治、抓党建、服务基层”行动，与驻委纪检组联合驻点检查，开展“作风建设月”活动。中关村管委会着力实施干部素质能力提升工程，加强先行先试改革、“一区多园”统筹发展、基层党建等重大问题研究决策。

2020年也是全国科技创新中心“十三五”的收官之年。5年来，北京科研产出连续3年雄踞“自然指数－科研城市”榜首，高新技术企业数量、发明专利授权量、万人发明专利拥有量实现翻番，高技术产业增加值占GDP的1/4，新经济增加值占比超过1/3；累计技术合同成交额突破2.5万亿元，比“十二五”时期增长超八成。中关村创新发展迈上了新的台阶，企业总收入比“十二五”末增长80%，对全市经济增长贡献率近40%，连续多年在全国高新区综合排名中稳居榜首。科技创新已成为北京经济高质量发展的“稳定器”和“动力源”，为国际科技创新中心夯实了基础。

## 二、坚持自立自强，全面开启国际科技创新中心建设新征程

2021年，市科委、中关村管委会将坚持以习近平新时代中国特色社会主义思想为指导，认真贯彻落实党的十九届五中全会以及北京市委全会、“两会”精神，以合署办公为契机，深入实施国际科技创新中心建设战略行动计划，为“十四五”时期中关村升级发展、国际科技创新中心基本形成起好步、开好局。

一是强化国家战略科技力量。办好国家实验室，推进国家重点实验室体系重组，加快新型研发机构、综合性国家科学中心等建设。统筹布局“从0到1”的基础研究，完善“揭榜挂帅”等关键核心技术攻关机制。

二是集中力量突破一批卡脖子技术。实施重点跨越工程，推动人工智能、量子信息等优势领域持续占先；在集成电路、关键新材料、关键零部件和高端仪器设备等方向突破瓶颈。

三是促进“三城一区”融合发展。发挥中关村科学城科技创新排头兵作用，进一步突破怀柔科学城，搞活未来科学城，推动经济技术开发区与“三城”对接。

四是全力打造全球数字经济标杆城市。围绕“智能制造、大健康和绿色智慧能源”领域，构建新的万亿级产业集群。强化“双发动机”，加大创新药、疫苗、医疗器械研发力度，建设人工智能算力算法数据一体化开放服务平台。落实“五新”行动方案，做好应用场景设计和落地推广，强化数字技术与实体经济深度融合。

五是持续优化创新创业生态。强化企业技术创新主体地位，推动大中小企业融通创新。落深落细成果转化条例和“科创30条”。持续深化“放管服”改革。加强知识产权全链条保护。

六是深化开放创新合作。实施京津冀产业驱动工程，统筹推进雄安新区中关村科技园、天津滨海－中关村科技园规划建设。以“两区”为牵引，促进人才、资本等要素更加国际化、便利化。持续提升中关村论坛的国际影响力，依托“三平台”等高端平台，构建国际科技合作和开放新机制。

七是打造好中关村“金字招牌”。深化先行先试改革，积极推动中关村示范区、自贸区和服务业扩大开放综合示范区“三区联动”，加快中关村人才特区和科创金融试验区建设，着力实施移民管理服务等10项政策。布局建设中关村特色产业园，推动构建“241X”产业发展格局。

# 北京市知识产权局 2020 年工作总结和 2021 年工作要点

2020 年是“十三五”规划的收官之年。北京市知识产权局以习近平新时代中国特色社会主义思想为指导，深入学习贯彻党的十九大和十九届二中、三中、四中、五中全会精神及习近平总书记关于知识产权的重要讲话精神，全面贯彻落实《关于强化知识产权保护的意见》，按照市委、市政府的决策部署和市领导对知识产权的重要批示要求，围绕北京“四个中心”建设，主动适应国家服务业扩大开放综合示范区和中国（北京）自由贸易试验区建设的新任务，加强新冠肺炎疫情防控和复工复产，进一步优化营商环境，不断提升知识产权治理能力，服务北京市高质量发展，全力建设北京首善之区。

## 一、2020 年工作总结

（一）加强党建引领，全面落实主体责任

深入学习领会习近平新时代中国特色社会主义思想，贯彻落实中央及北京市委、市政府各项决策部署，制定 2020 年局党组责任清单，全面落实双重组织生活会制度和“三会一课”制度，认真落实党风廉政建设责任制，扎实推进廉政风险防范管理工作，积极推动全年党建任务落实。把全面从严治党落实到知识产权工作的方方面面，把增强“四个意识”、坚定“四个自信”、做到“两个维护”的政治自觉转化为贯彻落实习近平总书记关于知识产权工作重要指示、贯彻落实中央和北京市委重大决策部署，统筹推进新冠肺炎疫情常态化防控和业务工作的具体行动。高度重视巡视发现的问题和反馈意见，做到即知即改、立行立改、真改实改，坚持问题导向，切实改进工作。

（二）加强意识形态工作，筑牢思想防线

高度重视意识形态工作，把意识形态工作与业务工作同部署、同落实、同检查、同考核。多形式落实意识形态责任制，加强理论武装，制订并落实理论中心组学习计划，做好意识形态专项巡视检查及整改，加强新媒体和矩阵的建设和管理，组建网络安全员队伍，分析研判意识形态领域情况。

（三）凝聚知识产权工作合力，加快推进首善之区建设

充分发挥市知识产权办公会议统筹协调作用，加强全市合力，圆满完成各项任务。按照《国家知识产权局关于 2020 年北京市知识产权保护工作检查考核》的要求，市知识产权局与市市场监管局、市版权局、市高院等单位联合保障检查考核自评和实地检查工作。圆满完成国家营商环境评价“知识产权创造、保护和运用”指标填报、资料提交等任务，市市场监管局、市版权局等单位配合参与。

（四）加强政策布局，完善北京市知识产权顶层设计

深入贯彻落实中央办公厅、国务院办公厅印发的《关于强化知识产权保护的意见》，结合首都特色，制发《关于强化知识产权保护的行动方案》，统筹推进各项工作落实。知识产权综合立法已被列入市政府 2020 年二类立法项目和市人大 2020 年预案研究项目，积极推进立项论证和法条撰写工作，配合市人大做好预案研究工作。研究制定北京市知识产权“十四五”规划。

（五）严格知识产权保护，推进“大保护”格局形成

严格行政保护，推进行政司法协同保护，加强多元调解。从严从重从快打击违法行为，积极办理“红叶冬桃”“水孩儿”“巴黎贝甜”等商标侵权案件，加强知识产权代理监管，开展专利代理行业“蓝天”专项整治行动。成为首批知识产权领域以信用为基础的分级分类监管试点单位，印发工作方案。全力做好2020年中国国际服务贸易交易会（简称服贸会）、第十六届北京国际汽车展览会等展会的线上线下知识产权保障工作。建设知识产权巡回审判庭，部署“云法庭”系统。截至2020年11月底，已指导设立14家行业性、专业性知识产权纠纷人民调解组织，累计受理纠纷21 038件，调解结案10 896件，调解成功率61.63%。商务部、国家知识产权局等11部门联合印发通知，向全国推广北京“知识产权纠纷多元化调解机制”。充分发挥北京、中关村两个知识产权保护中心重要作用，推进快速维权和协同保护。

（六）打造区域创新发展高地，助力北京市高质量发展

印发《“三城一区”知识产权行动方案（2020—2022年）》，推动“三城一区”在知识产权运用和保护层面建立协调、协作的一体化机制。开展“一区一特色”专项工程，指导区域知识产权工作向纵深发展。加强培育集聚发展示范区，支持开展高价值专利挖掘与收储。共认定中小企业知识产权集聚发展示范区21个，集聚区已覆盖服务企业5 738家，涉及专利近6万件。指导成立京津冀科研院所知识产权联盟和京津冀高校知识产权运用联盟，召开京津冀自贸区知识产权工作座谈会，更好地发挥知识产权对自贸区建设的支撑促进作用。

（七）强化知识产权金融服务，促进知识产权价值实现

开展知识产权保险试点工作。会同市金融监管局、市财政局等七部门按照《北京市知识产权保险试点管理办法》，遵循“政府引导、市场主导”原则，顺利完成知识产权保险试点第一年任务。截至2020年11月底，北京市共有142家企业的1 660件专利投保人保财险北京市分公司承保专利执行险及专利被侵权损失险组合险，获得1 900万元保费支持，覆盖了智能制造、智能装备、信息技术、人工智能、生物技术、医药健康和节能环保等15个重点产业领域。全市专利和商标质押金额超80亿元，较2019年同期大幅提升。

（八）完善知识产权公共服务体系，塑造良好营商环境

在全市设立17家知识产权公共服务区中心和66家工作站，实现16区和经济技术开发区全覆盖，完成了北京市知识产权公共服务体系的重构和升级。全市共设立商标注册受理窗口11个，是窗口最多的直辖市。截至2020年10月15日，北京市共有专利代理机构720家，占全国23%，执业专利代理师9 319人，占全国40.7%，均居全国首位。做好12345企业服务热线“接诉即办”工作，建立周调度、月小结工作机制，修订局“接诉即办”工作管理办法和12345派单工作方案，着力提高办理质量。

（九）深化知识产权国际合作，支持企业开展海外布局

深化北京市政府与世界知识产权组织（WIPO）合作，指导技术与创新中心（TISC）开展相关工作。加强与“一带一路”国家的知识产权交流与合作，制定《首都知识产权国际交流合作基地管理办法（试行）》，指导各基地发挥自身的特色。发布《在京国际知名知识产权服务机构名录》和《北京市具有较强国际知识产权服务能力的机构名录》，为有需求的市场主体寻找专业服务提供参考。开展海外预警工作。强化五位一体海外维权公共服务体系，持续推进北京市海外知识产权公共服务信息库建设，更新1万件海外知识产权诉讼案件。

（十）倡导创新文化，营造知识产权保护氛围

“4·26”宣传周期间，重点依托线上宣传，开展培训、互动交流、挑战答题等形式新颖的活动。全市共开展各类宣传活动110场。举办北京知识产权保护状况新闻发布会，发布《2019年北京知识产权保护状况白皮书》。发布知识产权行政保护十大典型案件及专家解读。制作《包公普法》等10部系列知识产权普法公益宣传短视频。组织拍摄《我们的战“疫”》宣传片，展示首都知识产权人投身抗击新冠肺炎疫情的风采。制作发布《创新之翼》宣传片和防疫抗疫系列海报。

（十一）全力做好新冠肺炎疫情防控工作，知识产权助力企业复工复产

发挥首都知识产权优势，调动知识产权系统资源，加强知识产权服务，助力打赢新冠肺炎疫情防控阻

击战。制定出台 10 条举措，从优先提供快速预审服务、优先办理专利优先审查推荐、优先提供知识产权资助金支持、严厉查处涉“疫”知识产权侵权行为、鼓励知识产权行业协会和服务机构为疫情防控提供特色服务、鼓励相关专利技术转化应用、组织专家提供公益服务等 10 个方面为疫情防控提供知识产权服务。截至 2020 年 11 月底，85 个疫情相关专利申请获得优先审查推荐，27 家单位提交的 67 件防疫相关专利申请预审案件加快预审，6 件疫情相关商标报请国家知识产权局申请加快审查。打击与疫情相关的非正常商标申请代理，核查北京市 79 家商标代理机构代理的“雷神山”“火神山”等与疫情相关的 369 项商标申请。

## 二、2021 年工作要点

2021 年是“十四五”规划的开局之年，我们要坚持以习近平新时代中国特色社会主义思想为指导，增强“四个意识”、坚定“四个自信”、做到“两个维护”，将学习贯彻党的十九届五中全会精神作为当前和今后一个时期的重大政治任务，认真学习贯彻习近平总书记在中共中央政治局第二十五次集体学习上的讲话精神，准确把握知识产权事业发展的新形势新任务新要求，贯彻落实中办、国办印发的《关于强化知识产权保护的意见》，按照市委、市政府决策部署，紧紧围绕“四个中心”城市功能定位，提高知识产权治理能力和治理水平，加快知识产权首善之区建设步伐。

（一）充分发挥党建引领作用

对标习近平总书记关于知识产权工作重要论述，查找思想、工作中的短板和不足。将党建工作与学习贯彻党的十九届五中全会精神结合起来，与改进作风、提高局党组凝聚力战斗力结合起来，与实现“十三五”规划圆满收官、统筹谋划“十四五”时期知识产权发展规划和 2021 年重点工作结合起来，努力形成管根本、管长远的制度体系，构筑严密高效的内部管理体系。针对问题易发多发的重点领域和关键环节，充分运用责任清单、权责清单和工作清单，发挥党建引领，有序推动重大事项决策、重要干部任免、重要项目安排和大额资金规范工作。用严明的制度、严格的执行、严密的监督，营造干事创业的良好环境。

（二）加强知识产权顶层设计

制定实施北京市“十四五”知识产权保护和运用规划。修订《北京市知识产权资助金管理办法（试行）》。积极推进知识产权综合立法，制定出台北京市知识产权保护和促进条例，推动保护体系从一元向多元转变、从管住到严管转变、从单一向联合转变、从数量向质量转变，建立完善与首都经济社会发展和科技创新中心定位相适应的现代化知识产权治理体系，激发全社会创新活力，推动高质量发展。

（三）全面加强知识产权保护

按照北京市《关于强化知识产权保护的行动方案》，构造规范管理与严格执法有机衔接的知识产权保护模式，对群众反映强烈、社会舆论关注、侵权假冒多发的重点领域和区域，开展行政执法专项行动。落实行政裁决示范区建设试点任务。加大监管力度，提高专利代理管理行业和商标代理行业监管水平。完善北京市知识产权保护中心“一站式”快速协同保护工作机制。做好中国国际服务贸易交易会等重要展会和 2022 年北京冬奥会和冬残奥会等重大赛事的知识产权保护工作。

（四）大力促进知识产权运用

开展 2021 年度知识产权保险试点工作，做好投保企业的增值服务，通过专利体检、高端培训等方式，提升投保企业的知识产权水平。继续实施以企业需求为核心的预警服务工作，增强企业知识产权战略意识和风险防范意识。推进建设中小企业知识产权集聚发展示范区，促进集聚发展示范区知识产权工作能力提升。支持重点产业知识产权联盟发展。引导重点产业高价值专利培育和运用。

（五）努力提升知识产权公共服务水平

优化体系建设和服务供给，提升知识产权公共服务水平。出台加强北京市知识产权公共服务工作的政策措施，进一步加强市、区联动。对接国际合作园区和重点双创载体。制定首都知识产权服务业发展 5 年规划，推进知识产权服务业高质量发展。落实北京打造国家服务业扩大开放综合示范区、自由贸易试验区等政策，推动北京市知识产权服务业向国际化、高端化、专业化发展。

（六）强化知识产权国内外交流合作

推进京津冀知识产权发展联盟工作，为企业提供优质服务，促进三地知识产权融合发展。继续深化与世界知识产权组织合作，落实《推进共建“一带一路”三年行动计划》，推动“一带一路”首都知识产权发展联盟开展工作，配合保障2021年“一带一路”知识产权高级别会议。持续推动首都知识产权国际交流合作基地开展工作。

# 北京市科学技术协会2020年工作总结和2021年工作要点

## 一、2020年工作总结

2020年，北京市科学技术协会（简称市科协）坚持以习近平新时代中国特色社会主义思想为指导，深入贯彻党的十九大和十九届二中、三中、四中、五中全会精神，深入贯彻习近平总书记关于群团改革和群团工作的重要指示以及对北京重要讲话精神，着力增强政治性先进性群众性，着力服务首都高质量发展，团结首都广大科技工作者，全面完成3年深化改革目标任务，实现“十三五”事业发展规划圆满收官，各项工作取得新的更大的进展。

系统深化改革取得显著成绩。对照中国科协组织“四服务”职能定位，扎实践行4项改革理念，探索建立五大工作平台，一批示范性改革成果竞相涌现，大量优秀科技工作者不断集聚，科协吸引力凝聚力大幅提升。经过3年改革，市科协活跃学会的占比数量由长期徘徊在1/3左右跃升至80%，学会会员人数增长76%，企业科协数量增长61.5%，高校科协数量增长56%。在中国科协改革办根据以往3年工作情况发布的《地方科协改革活跃指数榜单》中，北京市科协位居总榜单第一，并在5个一级维度分榜单中占据4个第一、1个第五。

科学抗疫展现新作为。坚决贯彻中央和市委决策部署，市科协第一时间成立防控工作领导小组，发布《北京市科协抗击新冠肺炎疫情倡议书》，汇聚首都科技界携手同心、共克时艰的合力。突出党建引领、强化统筹安排，市科协系统累计开展应急科普、咨询义诊、交流研讨等抗疫活动5 200多项，向基层配发应急科普资料15万份，网络推送科学防控知识等1 300余篇，与50余家国（境）外合作机构开展疫情防控互助，为维护首都卫生安全与平安稳定做出积极贡献。中国科协以《在首都战“疫”中科协组织担当作为》为题专刊登载。“首都科学讲堂”防疫知识内容被编入国家有关部门向外方提供的疫情防控手册。

全民科学素质建设达到新水平。科普理念和实践双升级推动首都科普跨越式发展。北京科学教育馆协会协同北京地区92家专业科普场馆，推动公众科学素质提升。北京科学嘉年华突出社会化、信息化，最大限度满足公众科普新需求。在第十一次中国公民科学素质抽样调查中，北京超额完成“十三五”目标任务，具备科学素质的公民比例达24.07%，远高于全国10.56%及京津冀城市群14.24%的平均水平，处于全国领头雁位置。

学术交流实现新突破。助力全国科技创新中心建设的首都学术交流主平台吸引更多国家级学会参与，数量由2019年的31家增长至61家，高端学术资源的汇聚带动首都学术交流的质量与效能进一步提升。北京地区广受关注的学术成果报告会实现系列化、规范化，在国内树起北京学术交流的标杆。遴选130项学术成果，举办27场报告会，在线访问总人数高达1 400万人次，《人民日报》网络客户端以《这样的学术交流平台搭得好》点赞报告会。

（一）坚持以习近平新时代中国特色社会主义思想为指引，对科技工作者的政治引领持续强化

深入学习贯彻习近平新时代中国特色社会主义思想。市科协着力强化理论武装，筑牢思想根基，党组带头领学促学，围绕习近平总书记关于党的群团工作的重要论述等，理论中心组全年开展学习研讨 12 次，以科学理论指导科协事业保持正确方向。党员干部和科技工作者以学习贯彻党的十九届四中全会、五中全会精神为主线，听取专场报告、开展主题研讨，学思践悟新思想，深刻认识新发展阶段的内涵和特点。健全贯彻落实习近平总书记重要指示、中央和市委决策部署的工作机制，党组及时传达学习，机关党委全面协调落实，党总支、党支部具体执行，实现党建引领下的健康发展。推动成立北京知联会市科协分会，联合党外科技群体服务大局。启动科技社团党建推优评估，总结经验、发掘亮点，社团党组织成为带领首都科技社团和科技工作者听党话、跟党走的坚强组织力量。年内新成立党建工作小组 8 个，科技社团中党组织的覆盖率达到 90.3%。

高举为民旗帜，为决战决胜脱贫攻坚贡献科协力量。落实中央关于脱贫攻坚的决策部署，发挥专业特长和组织优势，深入开展农民生产技能培训、农业实用技术推广等。全年，31 家科技社团深入 16 个京郊低收入村，开展科技服务 1 016 项，带动千余户低收入农户增收。面向河北开展科技服务 51 场次，达成合作项目 28 项。与市委统战部合作，促成科技小院与科技套餐工程基站共建共享，实现市、区两级科协及北京现代农业联合体共同发力，促进京郊农业农村发展。《人民日报》、《经济日报》、《北京日报》、北京电视台多次报道市科协科技扶贫成果和扶贫事迹。

高举创新旗帜，以科学家精神凝聚创新力量。全国科技工作者日期间，以学习贯彻习近平总书记向科技工作者代表回信为主线，倡议首都科技工作者矢志创新，为建设全国科技创新中心再立新功，受到热烈响应。薛其坤等 11 位科学家做客《首都科学讲堂》特别节目“2021 科学跨年之夜”，传递科学之美、创新心声，激励科技工作者投身创新、勇攀高峰，实时微博互动量达 3 086 万次。“新时代创新先锋”直播宣传基层一线优秀科技群体、科技工作者们求实创新、无私奉献的实践经历，为科学家精神做出生动阐释，在线播放量突破 1 200 万次。把握“最美科技工作者”推荐评选契机，宣传营造崇尚创新、献身科学的浓厚氛围，引领良好社会风尚。

落实意识形态主体责任，统一思想、促进和谐。立足群团组织属性，把意识形态工作与调动科技工作者积极性主动性创造性紧密结合，引领、教育、鼓舞科技工作者。建立健全落实意识形态工作责任制，周密部署、严格考核，广泛开展教育培训，形成多层次、全覆盖的意识形态工作体系。强化宣传阵地管理，以制度规范行为，官网、公众号、应用软件、报刊一体联动的科协全媒体矩阵向社会发出鼓劲暖心的科协声音。全年，《人民日报》《北京日报》等主流媒体报道市科协工作 60 次，其他媒体、网站、新媒体发布报道万余篇。积极开展反邪教宣传，引导公众信科学、懂科学、用科学。科学流言榜全网播放量超 800 万次。在中国科协网络平台宣传评价指标体系中，北京市科协名列省级科协总榜第一。

（二）系统深化改革推动事业迈上新平台，服务首都高质量发展的能力不断提升

支撑创新发展，学术交流主平台建设成效显现。落实蔡奇批示精神，第 23 届北京科技交流学术月旗帜鲜明地倡导重视学术交流、繁荣创新文化，充分发挥主平台的引领作用。通过线下小规模、线上大覆盖的方式，学术月期间，举办各类学术活动 200 余场，百余位院士直接参与，累计参与的科技工作者达 1 300 余万人次，学术交流品牌效应显著。北京地区广受关注的学术成果系列报告会聚焦基础科学、高精尖产业，在同行评议基础上跨产业应用，促成科学家与企业家联手，引发支撑创新的复合效应。十佳影响力学术会议评选坚持高端化、前沿化、国际化导向，推出一批优质学术交流——第 18 届 IEEE 混合与增强现实国际研讨会、2020 新型测绘技术研讨会等，突出学术特色，吸引优质国际资源、推动前沿性理论创新突破，带动提升首都学术整体质量。越来越多的学会走进科博会、中关村论坛、服贸会等国际化科创交流平台，在学术与创新、学术与社会之间架起桥梁。首都学术蓬勃发展，为首都创新注入旺盛活力。

致力创新驱动发展，服务企业创新主平台活力增强。落实“科创中国”建设部署，创新驱动工程扎实践行创新簇理念，推动产学研合作共生，全力助推科技与经济深度融合发展。北京工程师学会正式成立，以北京地区工程技术人才的会聚培养和资格国际互认为主责，打造工程技术服务的新名片，陈吉宁给予关

注。学会联动北京千余家企业科协、大量工程应用类科研院所，整合优质资源，促进企业创新发展，加紧对人工智能、区块链等新兴领域人才的吸纳和服务。聚焦“三城一区”主平台建设，市科协与北京经济技术开发区（简称经开区）、中关村管委会强化战略合作，推动国家海外人才离岸创新创业基地落地经开区，推荐中关村软件园入选“科创中国”试点城市（园区），促进优质创新资源向科技创新高地集聚。以企业为主体，发挥开放式企业科协、企业创新服务中心、企业创新簇等平台作用，促进学会、科研院所与企业的合作走向制度化、规模化，帮助企业增强创新实力。全年新建创新簇 58 个，开展合作项目 126 项；院士专家工作站清理规范后保留 75 家。民间创新活动踊跃开展，创新方法大赛、高校科技创新成果推介会等，推出优秀科技成果，激发创新活力，首都创新氛围更加浓厚。

助力科普与科技创新两翼齐飞，科学普及主平台快速发展。准确把握新时代科普发展趋势和任务，出台《关于推动科普工作高质量发展的指导意见》，推进科普创新实践。科普场馆发挥主阵地作用，传播科学思想方法、培养专业队伍。北京科学教育馆协会与长三角、粤港澳大湾区科技馆联盟建立合作；北京科学中心推动虚拟展馆漫游，优化展线课程，持续举办首都科学讲堂，高效高质开发应用展教资源；科学传播职称首次完成高、中、初级全部等次评审，形成完整的职称评价体系；首届北京科学传播大赛以赛促训，推动科普人才快速成长。品牌科普活动发挥集成作用，满足公众科普需求，扩大科普社会影响。北京科学嘉年华集中展示科普双升级带来的新与变，100 余家科普机构、87 家科普场馆、30 余家高新技术企业参与四大活动板块，具象数学展、学科思维方法教学应用研究等，引发广泛关注，受到中国科协领导高度赞赏。“人类与传染病的博弈”主题展获评“典赞 · 2020 科普中国”十大科普作品。协助举办中国科幻大会，服务首都科幻高地建设。以北京云端嘉年华为代表，科普信息化创新发展。北京市公民科学素质大赛、首都科普主题研学、科普剧创作展演、国际科技电影展等活动，突出科学传播形式创新，推动科普理论研究与应用。首都科普走上品牌化、主题化、社会化、国际化发展道路，影响力不断增强。首都公众较高的科学素质为建设科技创新中心奠定坚实基础。

聚力首都发展，决策咨询主平台逐步发力。落实中央和市委建设新型智库要求，建成以专业智库基地为龙头，重点调研课题、决策咨询沙龙、科技工作者状况调查站点等为支撑，政协提案、科技工作者建议等为转化平台的专业智库群体系。聚焦科学抗疫、首都创新发展，20 个专业智库基地全年收集科技工作者建议 110 余项，其中 7 项被市领导批示，国家、北京市有关部门采纳或回复 11 项，市委、市政府内刊采用 9 项。《关于对收治新型肺炎病人的定点医院的真空泵房采取紧急措施的建议》被国家卫健委采纳，并向全国下发通知予以推广；《关于北京疫情防控常态化下开启中央空调的几点建议》等 2 项建议被蔡奇同志批示；《加强基层社区疫情防控能力，构筑牢固人民防线》等 2 项建议被陈吉宁同志批示。总结疫情期间应急决策咨询工作实践，建立健全决策咨询工作机制，促进智库基地一体联动、共融共通。全年举办决策咨询沙龙 10 期，择优选取 41 项智库成果首次汇编成书，动态调整科技工作者状况调查站点 2 个，科协智库的参谋助手能力不断提升。

积蓄创新能量，科技人才举荐主平台初具规模。坚持把人才作为创新的第一资源，出台《关于加强新时代科协系统人才工作的意见》，完善人才工作体系，强化人才培育会聚。大力发现、培养优秀青年人才，实行导师负责制托举青年科技工作者成长成才，192 人入选 3 年培养计划。茅以升青年科技奖、北京优秀青年工程师等，选树优秀榜样，激励青年科技人才勇于创新、敢为人先。积极培育未来科学栋梁，北京科技教育创新研究院联动中央和北京科教机构，潜心开发科学思维课程，帮助青少年掌握科学方法。全年，200 余名教授参与、指导 600 余名具备潜质的中学生开展科学实践，近 10 项重要科技赛事先后举办，有效引导和培养青少年科学探索的兴趣。北京老科技工作者总会广泛吸纳年轻会员，支持老科技工作者发挥作用。全年，市科协推荐 106 人参加全国及北京市重大人才奖项评审，3 人入选国家百千万人才工程、2 人当选青年北京学者、2 人获政府特殊津贴奖励。科技人才成长“助推器”持续加速。

（三）筑牢发展根基，科协组织自身建设持续增强

科学编制“十四五”规划，引领事业新发展。立足新起点、肩负新使命，市科协坚持把自身工作放到国家战略、全市大局中系统谋划。认真开展前期研究，完成 8 项专题研究报告，为总体规划编制提供充足依

据。突出目标导向、问题导向，开门问策，先后组织 10 余场科技工作者、基层工作人员座谈会，广泛听取意见，不断深化认识、凝聚共识，确保规划对科协迈入新阶段、实现新发展发挥重要指导作用。

学会突出学术本质，吸引力凝聚力持续增强。以学术交流为纽带，市科协与 103 家市级科技社团建立工作联系，不断扩大交友圈。学会参与首都治理体系建设的意愿和能力不断增强，85 家学会开展科技评价 400 余项，20 家学会开设科技奖项。为支撑学会改革发展，市科协出台制度规范，强化组织管理、完善监督指导，保障学会健康有序发展。科技社团改革示范园区按需求定制服务，充分满足学会改革创新意愿，推动学会能力提升。年内，新增团体会员 6 家，撤销 7 家，市科协所属团体会员共计 216 家。

市、区科协一体联动机制日趋成熟，基层组织覆盖范围更加广泛。基层科普服务基层党建扎实推进，46 家市级科技社团、17 家科普基地被纳入新时代文明实践基地，基层组织充分融入基层治理体系和新时代文明实践中心建设。基层科普服务能力不断提升，通过新时代文明实践基层科普行动、北京流动科学中心基层巡展等工作，一批区级品牌活动和基层所（站）项目得到扶持，大量优质科普资源输送到基层乡村、学校。区科协主动与市科协对接，延庆区科协大力建设新时代文明实践“延庆样本”，昌平区科协结合落实“回天行动”，建成悦府社区科普活动室。全年，新成立企业科协 65 家，总数达 1 058 家；新建高校科协 7 家，总数 28 家。基层组织不断壮大、更加活跃。

干部队伍建设力度加大，改革发展基础更加坚实。坚持干事创业鲜明导向，干部担当作为的意识能力显著增强。全年选拔任用 10 名处级干部，晋升 13 名一至四级调研员。动态调整优秀后备干部，通过创新岗锻炼、多岗位交流等方式，帮助一批“想改革、谋改革、善改革”的干部快速成长，6 名创新岗挂职干部走上副处级领导岗位，3 人晋升四级调研员。抓紧抓实干部教育培训，通过市委轮训、内部集中培训、高校专项培训等多种形式，调训干部 196 人次。高素质的干部队伍为事业发展提供充足后劲。

压紧压实全面从严治党主体责任，科协高质量发展具备坚强政治保证。党组把巡视整改作为一项重大政治任务，对照市委巡视指出的 34 项具体问题，深刻剖析反思，研究制定 110 项整改措施。按照压实责任、标本兼治的原则，除 2 项需长期坚持的事项，年底前基本整改完成，共计完善规章制度 38 项。巡视整改有力增强党组管党治党能力，促进全面从严治党主体责任有效落实。党组制定责任清单，建立领导班子基层党支部联系点，开展支部书记述职考核，督促检查党支部换届及日常工作，层层传导压力、压实责任，以党建引领事业健康发展。北京青少年科技中心获评全国科普工作先进集体，20 名干部职工圆满完成下沉抗疫任务，科协干部奋发进取、敢担当善作为，整体政治生态风清气正。

市科协上下大力发扬伟大的抗疫精神，积极攻坚克难、奋勇前进，扎实推进 2020 年各项工作，圆满完成深化改革 3 年目标任务，科协发展呈现新气象。但是，对标中央和市委的新要求，面对首都科技工作者的新期待，市科协各项工作还存在不少差距，主要表现在：对群团组织政治性先进性群众性的认识和理解还不够深刻，做到理论上融会贯通、实践中知行合一还有较大提升空间；发挥联系科技工作者的桥梁纽带作用还不够充分，科协组织吸引力凝聚力尚需进一步提高；服务科技创新中心建设的深度、广度还不够，履行“四服务”职责还需进一步拓展空间。这些都是科协事业发展中的难点问题，必须在持续深化改革的进程中加以解决。

## 二、2021 年工作要点

2021 年是中国共产党建党 100 周年，“十四五”规划的开局之年。市科协要以习近平新时代中国特色社会主义思想为指导，深入贯彻党的十九大和十九届二中、三中、四中、五中全会精神，对标中央和市委对首都工作、群团工作的新要求，准确把握新发展阶段首都面临的新形势、新任务，聚焦增强科协组织政治性先进性群众性，扎实履行“四服务”职责，确保市科协“十四五”事业发展开好局起好步，为北京率先基本实现社会主义现代化贡献力量。

2021 年北京市科协工作的总体要求是：以习近平新时代中国特色社会主义思想为指导，对标国家和北京市“十四五”经济社会发展目标任务，坚持首善标准，以服务“首都发展”为统领，着力加强党对科协工作的全面领导，着力拓展系统深化改革的广度和深度，着力推进与科技工作者联系更亲更紧，以需求为导向，以改革为动力，促进市科协事业在新平台上取得新进展，为推动北京建设国际科技创新中心提供更强有力的支撑。

（一）贯彻新发展理念，团结凝聚科技工作者服务首都发展

坚持把政治性摆在第一位，深刻领会习近平新时代中国特色社会主义思想，深入贯彻习近平总书记关于党的群团工作和群团改革的重要论述精神，团结带领首都科技工作者投身以新发展理念引领推动高质量发展的新征程。聚焦庆祝中国共产党成立100周年，强化政治引领。聚焦首都发展，强化科技工作者使命担当。大力弘扬科学家精神，凝聚科协组织价值共识。

（二）围绕推动首都创新发展，建设学术交流主平台

创新发展需要科技创新赋能，需要创新文化作为先导，市科协将积极推进以学术引领创新，引导学术交流面向学科前沿、面向产业发展、面向社会需求，营造有利于创新的文化氛围和社会环境，为推动首都创新发展提供有效助力。利用中国科协年会在京举办的契机，提升首都学术影响力。推进建设首都学术共同体，会聚培养国际化科技人才。强化学会学术能力，深入开展科技评价工作。

（三）围绕推动首都公众科学素质提升，打造"首都科普"新名片

建设国际科技创新中心，较高的公众科学素质是基础支撑。落实蔡奇关于北京公民科学素质工作的批示精神，市科协将坚持首善标准，以促进"十四五"期间公民科学素质稳步提升为目标，以持续推动科普理念与实践双升级为统领，深入组织实施"143"工程，打造"首都科普"新名片。推动实施《北京市全民科学素质行动计划纲要实施方案》，促进首都公众科学素质提升。推进首都科普主平台建设，促进科普公共服务能力提升。推进科普创新实践，促进首都科普高端化专业化集约化信息化发展。

（四）围绕推动科技自立自强加快实现，实施创新驱动工程

着眼中央强化国家战略科技力量的重大部署，聚焦北京推进"三城一区"融合发展、强化企业创新主体地位等关键性任务，市科协将对标建设国际科技创新中心的要求，大力践行创新簇理念，促进各类创新要素向企业集聚，推动产学研深度融合，不断推动以科技创新催生新发展动能。把握"科创中国"建设契机，推动强化企业创新主体作用。聚焦国际科技创新中心建设，推动创新资源要素优化配置。

（五）围绕推动首都高质量发展，建设科协专业智库群

"十四五"时期，北京将坚持以高质量发展为主题，率先探索构建新发展格局的有效路径。聚焦新发展阶段，贯彻新发展理念，实现高质量发展的时代主题，市科协将大力发挥新型科技智库"小中心、大网络"功能，围绕重要战略部署要求、瞄准前沿领域，为推动首都新发展出谋划策。加强专业智库群建设，打造科协特色决策咨询服务体系。加强重大战略咨询研究，打造专业智库群品牌。

（六）围绕国际一流人才高地建设，建立健全科技人才工作体系

人才是创新的第一资源，是科技创新的核心和关键。聚焦市委关于引进和培养更多国际一流的科技领军人才和创新团队，提高创新人才培养服务水平的工作任务和要求，完善并发挥"1+4"科技人才工作体系作用，全力做好发现、培养、举荐、使用科技人才的相关工作，为首都高质量发展凝聚支撑力量。创新科技后备人才培养，引导和培养青少年科学探索兴趣。托举青年科技人才成长，加大对青年人才的激励和支持。开展人才举荐表彰，激励科技工作者创新创造。

（七）加强科协组织自身建设，促进科协事业创新发展

治理体系和治理能力现代化是科协组织创新发展的根本要求。市科协将以服务科技工作者为根基，不断夯实和增强科协组织群众基础，强化开放型、枢纽型、平台型组织建设。深化学会治理改革。出台学会组织发展、监督管理规范性文件，引导学会科学发展。加强基层组织建设。促进基层科普与基层党建、城市治理工作相互促进、整体联动。进一步抓好干部队伍建设。严格做好干部选拔任用工作，分层分类抓好学习培训，加大干部交流力度，促进干部能力提升。层层压实全面从严治党主体责任。

# 专 文

# “回顾‘十三五’，展望‘十四五’”之北京科技创新中心建设

12 月 24 日，北京市政府新闻办组织召开北京市“回顾‘十三五’，展望‘十四五’”系列新闻发布会——科技创新专场。北京市科学技术委员会副主任、新闻发言人杨仁全在新闻发布会上介绍北京科技创新中心建设情况。

## 回顾“十三五”

“十三五”时期，是北京科技创新中心建设全面加速发展期。北京市坚持以习近平新时代中国特色社会主义思想为指导，认真贯彻习近平总书记视察北京重要讲话精神和《北京加强全国科技创新中心建设总体方案》，凝聚部市、央地以及全社会力量，坚持“四个面向”，累计推进 882 项重点项目和任务落地，“十三五”时期各项目标全面完成，科技创新中心建设取得新的成效。

5 年来，我们坚持面向世界科技前沿，不断强化基础研究和关键核心技术攻关，科技创新综合实力显著增强。支持开展数学、物理、生命科学等领域自主探索。全市研发经费投入强度保持在 6% 左右，超过了纽约、柏林等国际知名创新城市，其中，基础研究投入占比从 2015 年的 13.8% 提升至 2019 年的 15.9%。累计获得国家科技奖奖项占全国 30% 左右；每万人发明专利拥有量是全国平均水平的 10 倍，实现翻番。涌现出马约拉纳任意子、新型基因编辑技术、天机芯、量子直接通信样机等一批世界级重大原创成果。

5 年来，我们坚持面向经济主战场，加快构建高精尖经济结构，科技创新对北京高质量发展支撑作用显著增强。发布高精尖产业“10 + 3”政策，打造新一代信息技术和医药健康“双发动机”。2019 年，人工智能相关产值规模 1 700 亿元，是 2015 年的 2.4 倍；医药健康产业总体规模突破 2 000 亿元，连续 4 年保持 2 位数增长。出台促进北京经济高质量发展的若干意见及“五新”行动方案。设立规模 300 亿元的科创母基金。发布 3 批 60 项重大应用场景，项目总金额约 196 亿元。2019 年，北京地区高技术产业增加值约占 GDP 的 1/4，中关村示范区总收入达到 6.6 万亿元，是 2015 年的 1.63 倍，保持了年均 10% 以上的较高增长速度。“十三五”时期技术合同成交额预计超 2.5 万亿元，与“十二五”时期相比增长超八成，成交额的 70% 左右输出京外。

5 年来，我们坚持面向国家重大需求，支撑服务保障国家重大战略任务，在创新型国家建设中的地位显著增强。出台支持建设世界一流新型研发机构实施办法，建设量子、脑科学、人工智能、应用数学等领域全新体制新型研发机构，为国家实验室建设先行探路。积极承接国家重大科技任务，“十三五”期间北京地区单位牵头承担的重大科技专项项目覆盖全部民口专项，立项数量和经费投入均居全国首位。布局 12 个超算中心、46 台全球算力 500 强的超级计算机以及凤凰工程、高能同步辐射光源等 19 个大科学基础设施，建设新能源汽车、京津冀国家技术创新中心等一批科研平台。打造“三城一区”主平台和“一区十六园”主阵地，“三城一区”以不足 6% 的土地面积贡献了全市 GDP 的 1/3。

5 年来，我们坚持面向人民生命健康，强化科技支撑新冠肺炎疫情防控，人民群众的获得感幸福感安全感显著增强。建立战时机制，出台加强新冠肺炎科技攻关“10 条”，组织优势力量开展疫苗、诊断试剂、药物研发攻关，强化大数据、人工智能和新材料等技术应用，科技抗疫取得重要进展。截至目前，全国有 5 个疫苗进入Ⅲ期临床试验，其中北京研发占 4 个；全国有 5 个团队的中和抗体药物获批临床试验，研发均来自北京；全市 9 个诊断试剂产品获批上市，数量居全国第一。支持开发了 AI 影像辅助诊断产品、新冠肺炎线上

医生咨询平台等新产品。深度运用大数据技术精准开展确诊病例溯源、流调和进出京人员风险识别,新发地聚集性疫情发生后,仅用不到16小时精准锁定疫情传播源头并迅速确定高危风险人员。

5年来,我们坚持深化科技体制改革,优化服务激发创新活力,创新生态环境优化显著增强。发挥中关村示范区改革“试验田”作用,先行先试并推广一批改革政策辐射全国。出台科研项目和经费管理28条、“科创30条”、促进科技成果转化条例、优化营商环境条例等一系列法规政策,优化服务,激发创新活力。北京连续2年排名中国营商环境评价第一;世界银行《全球营商环境报告2020》显示,北京营商环境分值相当于名列全球第28位,为中国营商环境排名大幅提升做出积极贡献。制订实施“人才五年行动计划”,落实中关村国际人才20条出入境政策和20条新政,集聚培养一批战略科技领军人才。中国(北京)自由贸易试验区、国家服务业扩大开放综合示范区落地。建设京津冀协同创新共同体,实施《“一带一路”科技创新北京行动计划》,打造形成中关村论坛、联合国教科文组织创意城市北京峰会等国际品牌活动。

党的十九届五中全会擘画了新的发展阶段创新驱动发展宏伟蓝图,明确支持北京等区域形成国际科技创新中心,赋予了北京新的奋斗目标和历史使命。市委十二届十五次全会提出了2025年“国际科技创新中心基本形成”,2035年“国际科技创新中心创新力、竞争力、辐射力全球领先”的奋斗目标,进一步为“十四五”时期北京国际科技创新中心建设明确了任务、指明了方向。

目前,北京形成国际科技创新中心已经具备诸多先发优势:连续3年蝉联全球科研城市首位,正在进入全球科学中心行列;新经济增加值占地区生产总值的比重超过1/3,以创新经济为标志的创新高地迅速崛起;世界营商环境排名稳步提升,创新生态充满活力。《全球科技创新中心指数2020》显示,北京在全球科技创新中心中位列第五。

## 展望“十四五”

“十四五”时期,北京将认真贯彻落实党的十九届五中全会精神,坚持科技自立自强,紧抓数字经济发展机遇窗口期,以“数字智能技术—数字智能经济—数字智能社会—数字智能城市”为主线,充分发挥北京的科技和人才优势,率先走出科技创新发展的新路子,更好地支撑科技强国建设。重点抓好以下工作:

一是强化国家战略科技力量,实现更多“从0到1”的突破。办好国家实验室,在生命科学、能源技术和信息安全科技攻关等方面充分发挥国家实验室力量。建好综合性国家科学中心,持续推进世界一流重大科技基础设施集群建设。推进在京国家重点实验室体系重组,打造国家重点实验室“升级版”。前瞻布局新一批世界一流新型研发机构,提升科技创新体系化能力。统筹布局“从0到1”基础研究和关键核心技术攻关。做强战略长板,力争在人工智能、量子信息、区块链、光电子、生物技术等领域持续占先;弥补关键短板,力争在高端芯片、基础元器件、关键设备、新材料等领域突破一批卡脖子技术。

二是推进“三城一区”融合发展,全力打造科创中心主平台。聚焦中关村科学城,提升基础研究和战略前沿高新技术研发能力,取得一批重大原创成果和关键核心技术突破,率先建成国际一流科学城。突破怀柔科学城,推进大科学装置和交叉研究平台建成运行,形成国家重大科技基础设施群。搞活未来科学城,深化央地合作,盘活存量空间资源,引进多元创新主体,推进“两谷一园”建设。提升“一区”高精尖产业能级,深入推进北京经济技术开发区和顺义创新产业集群示范区建设,承接好三大科学城创新效应外溢。强化中关村国家自主创新示范区先行先试带动作用,设立中关村科创金融试验区,推动“一区多园”统筹协同发展。

三是建设全球数字经济标杆城市,培育形成新的万亿级产业集群。布局5G、大数据平台、车联网等新型基础设施,推进应用场景“十百千工程”建设,鼓励发展数字经济新业态新模式。部署“数据、算力、算法”为核心的公共底层技术和中试平台,大力推进数字赋能实体经济,围绕智能制造、大健康和绿色智慧能源领域,构建新的万亿级产业集群。以布局城市全域应用场景为牵引,聚焦交通出行、教育医疗、城市治理、产业升级等方面,加强“三链”联动,建立安全可靠有韧性的产业创新体系。提高京津冀产业链和创新链协同水平,提升京津冀协同创新能级。

四是聚焦要素市场化配置,构建公平公正、资源获取便利化的创新生态。激发人才创新活力,强化在人才培养、引进、评价等方面的改革创新,加快形成多层次创新人才梯队。强化企业技术创新主体地位,发挥大企业领头羊作用,培育更多独角兽企业、隐形冠军企业,支持创新型中小微企业成长为创新重要发源地。发挥好中关村示范区先行先试改革"试验田"作用和"两区"政策优势,探索实施科技、产业、金融融合新机制。加强知识产权保护和运用。依托"三平台"等高端平台,构建国际科技合作和开放新机制。

(首都之窗:"回顾'十三五',展望'十四五'"系列新闻发布会——科技创新专场 2020 年 12 月 24 日)

# "回顾'十三五',展望'十四五'"之高精尖产业发展

12 月 24 日,北京市政府新闻办组织召开北京市"回顾'十三五',展望'十四五'"系列新闻发布会——科技创新专场。北京市经济和信息化局二级巡视员、新闻发言人任世强在新闻发布会上介绍高精尖产业发展总体情况。

## "十三五"主要成就

"十三五"时期,北京市深入贯彻落实习近平总书记视察北京系列重要讲话精神,加快培育高精尖产业,持续增强首都发展的创新力和竞争力,取得了显著成绩。具体体现为 5 个"新"。

一是产业发展顶层设计形成新体系。5 年来,我们与时俱进、科学谋划,形成了全市产业创新发展、高质量发展的新战略。实施系列新政策,发布 10 个高精尖产业发展指导意见及财政、土地、人才等一揽子支持政策,相关部门制定了 5G、人工智能、医药健康、智能网联汽车、工业互联网、"智造 100"工程、绿色制造等细分产业发展行动计划和方案,全面清晰地回答了北京发展什么和如何发展的问题,向社会释放了北京要高质量发展的强烈信号,形成了共谋发展的强大合力。谋划新布局,按照"每个产业最多在 3 个区布局,每个区最多布局 3 个主导产业"原则,明确各区主导和培育的产业方向,推动产业向重点园区聚集、园区产业向主导产业聚集、主导产业向创新型企业聚集。建立新机制,建立高精尖重大项目库和市区专班分级调度机制。优化高精尖产业资金由征集制、评审制变为普惠制。设立高精尖产业基金、科创基金,高精尖产业基金已公示合作子基金 27 只,管理规模 220 亿元。

二是产业项目加快落地形成新布局。5 年来,我们统筹推进、前瞻布局,推进落地了一批支撑科创中心建设与经济高质量发展的重大项目。围绕巩固提升优势产业领先地位,支持奔驰、北汽布局新能源调整升级项目,支持百度进军无人驾驶领域,支持千方科技等车联网项目,培育全球领先的智能网联汽车领军企业;加快中芯北方、燕东等企业先进、特色集成电路生产线建设,提高设计、装备与材料自主配套能力;支持小米在海淀建设移动互联网科技园、在亦庄建设互联网电子产业园,小米亦庄"黑灯工厂"实现全程自动化无人生产,效率比传统工厂提升 60% 以上。以新一代信息技术与医药健康为引领塑造发展新动能,我们加快 5G 商用步伐,开展 5G + 8K 系列应用示范,打造全国领先的超高清视频应用与产业发展基地;率先启动建设国家网络安全产业园,聚集了全国半数以上网安信创企业;工业互联网标识解析国家顶级节点、国家工业互联网大数据中心、国家级工业互联网安全态势感知平台等一批国家重点基础设施先后落地;顺义、海淀、朝阳、石景山等区联合创建工业互联网领域国家新型工业化产业示范基地;5 个一类新药实现产业化落地,基因治疗药物率先在全国进入Ⅲ期临床试验,进入优先和特别审批程序的医疗器械全国第一。

三是产业创新发展涌现新亮点。5 年来,我们与时俱进,锐意进取,开创了产业创新发展的新局面。

2019 年高精尖产业研发经费投入占收入的比重为 7.8%，比规上企业平均水平高 4 个百分点。涌现出一批新平台新载体，成功创建国家级制造业创新中心 3 家、国家级企业技术中心 92 家、国家级工业设计中心 8 家；支持行业优势企业、科研院所联合共建新型研究机构，加速自研攻克的关键共性技术转化，成为产业发展的“加速器”。涌现出一批新产品新技术，多项位列全国乃至全球第一，比如，2019 年京东方液晶显示屏在智能手机、平板电脑、笔记本电脑、显示器、电视五大领域市场占有率均位列全球第一；建设全球首个网联云控式 L4 高级别自动驾驶示范区，道路测试安全里程、开放测试道路服务规模以及自动驾驶技术水平均居全国首位；北斗导航应用项目成为全国北斗示范的标杆工程。涌现出一批新企业新主体，根据 2020 胡润全球独角兽榜，在全球 586 家独角兽企业中，北京市以 93 家高居榜首（第二名的旧金山为 68 家）。全球十大独角兽企业，6 个来自中国，3 个在北京（字节跳动、滴滴出行、快手）；入选 2020 年中国互联网综合实力百强企业数量居全国首位；还创建国家级制造业单项冠军企业 19 家、绿色工厂 64 家、技术创新示范企业 30 家以及北京市“专精特新”小巨人 105 家。

四是产业质量效益达到新高度。5 年来，我们主动担当，攻坚克难，打赢了产业转型升级的新战役。在工业和软件信息服务业方面，北京市工业以减量发展倒逼高质量发展，生产更加自动化、绿色化和集约化。2019 年，规上工业人均产值为 236 万元，比 2015 年增长 43.8%；制造业地均产值比 2015 年提高 15% 左右；规上软件信息服务业人均营收 150 万元，比 2015 年增长 61%。

五是京津冀产业协同取得新突破。这 5 年，我们携手津冀，整体推进，构建了京津冀产业协同发展的新格局。坚持以共建园区为重点，集中打造了北京（曹妃甸）现代产业发展试验区、张北云计算产业基地、滦南大健康产业园等一批共建园区，推动实施了生物医药和保健品产业异地监管等机制创新。推动首钢、北汽、金隅等企业主动在津冀布局，北京现代四工厂、三元工业园等一批标志性项目开花结果，京津冀产业协同从蓝图一步步走向了现实。

## “十四五”时期发展主要考虑

“十四五”时期，我们将坚持智能制造、高端制造方向，推动先进制造业和现代服务业深度融合，打造新一代信息技术、医药健康两大发展引擎，发展壮大智能制造与装备、智能网联汽车、航空航天等先进智造业，培育发展产业互联网、信息内容消费、区块链与先进计算、网络安全和信创等融合创新服务业，前瞻布局前沿新材料、卫星互联网、绿色能源等未来产业，力争到 2025 年高精尖产业占 GDP 的比重由 25.8% 提高到 30% 以上，保持一定制造业比重，支撑北京市现代产业体系建设，推动首都经济高质量发展。

空间布局方面，“十四五”将推进构建“一区两带专业组团”的产业布局。深入推进北京经济技术开发区和顺义创新产业集群示范区建设，承接好三大科学城创新效应外溢，打造技术创新和成果转化示范区。北部依托三大科学城，推动海淀、昌平、顺义、朝阳等区域打造研发创新与信息产业带，南部依托亦庄新城、房山、大兴、丰台等区域打造先进智造产业带。在高端仪器仪表、机器人、医疗器械等领域打造若干个具有国际竞争力的特色先进智造业园区。

推进措施方面，初步计划“十四五”实施八大工程。包括：一是实施智能生产力提升工程，以智能化方式生产智能化的产品并延伸智能化服务，打造“北京智造”的产业群体，重点是采取“优势产品 + 标杆工厂”模式建设“优品智造”标杆工厂 10 家左右，培育高端仪器仪表、工业机器人 2 个特色化产业集群；二是实施万亿级产业集群培育工程，力争再造 3 ~ 4 个万亿级产业集群，形成以智能制造、产业互联网、医药健康等为新支柱的现代产业体系，将集成电路、智能网联汽车、区块链、创新药等创新性、引领性强的产品打造成“北京智造”的新名片；三是实施产业基础再造工程，以头部企业带动加快关键核心技术产品攻关和国产化替代，加大信创投入力度，加快数字新基建建设；四是实施产业链现代化提升工程，“一链一策”定制重点产业链配套政策，做强产业链、供应链关键环节，促进产业链安全稳定和整体升级；五是推进服务型制造示范工程，支持制造企业发展产业链高价值的服务环节，提升制造效率，做制造的制造，赋能整个北京制造业；六是开展企业梯度培育工程，加快构建以龙头企业带动、单项冠军企业跟进、专精特新“小巨人”企业集聚梯次有序、融通发展的产业生态，促进“小升规”“规升强”；七是实施高水平对外开放合作工程，借助“两区”建设开展更大范围、更宽领域、更深层次的国际产业合作，加快建设中德、中日等国际合作产业园，集聚一批全球创新型企业；八是京津冀产业协同发展示范工程，推动三地进一步明确主导产业，共谋产业链，主动布局新兴产业，共同做大增量。

（首都之窗：“回顾‘十三五’，展望‘十四五’”系列新闻发布会——科技创新专场 2020年12月24日）

# “回顾‘十三五’，展望‘十四五’”之中关村国家自主创新示范区建设

12月24日，北京市政府新闻办组织召开北京市“回顾‘十三五’，展望‘十四五’”系列新闻发布会——科技创新专场。中关村管委会副主任朱建红在新闻发布会上介绍中关村国家自主创新示范区建设情况。

“十三五”期间，中关村国家自主创新示范区以习近平新时代中国特色社会主义思想为指导，深入贯彻习近平总书记对北京重要讲话精神及对中关村重要指示精神，坚持“四个面向”，加大实施创新驱动发展战略力度，顺利实现了“十三五”发展主要目标，为北京建设国际科技创新中心提供强大支撑。

一是加强关键核心技术攻关，重大创新成果不断涌现。2019年，示范区企业研发费用3 400.1亿元，约是“十二五”末的2倍，占总收入比重5.1%，比“十二五”末提升0.7个百分点。2019年，企业专利申请量9.7万件，专利授权量5.9万件，比“十二五”末分别增加3.7万件和2.4万件；企业有效发明专利拥有量突破13万件，比“十二五”末增长62.2%。累计创制标准1万多项，其中国际标准434项，国际标准数量比“十二五”末翻了一番，并首次推出中关村标准42项。“十三五”期间，中关村加强关键核心技术研究布局，实施国内首个支持颠覆性技术创新支持政策，在人工智能领域涌现出全球最大的自动驾驶平台、国际领先的深度学习智能芯片；在集成电路领域涌现出国内首款通用CPU、FPD－EDA全流程解决方案；在生物医药领域，涌现出国际原创抗癌治疗系列药物、新冠肺炎灭活疫苗；在新材料领域涌现出国际领先柔性显示技术、国内第一代石墨烯生物芯片等重大成果。

二是深化先行先试改革，示范引领作用进一步增强。围绕加快科技成果转化和产业化，中关村联合教育部、中国科学院出台关于促进在京高校院所科技成果转化若干措施，推动科技成果“三权”改革、央企科技成果管理改革实现新突破。围绕激励创新创业，协调国家部委同意在中关村开展公司型创投企业所得税、技术转让所得税等税收试点政策。围绕聚天下英才而用之，率先实施外籍人才“绿卡直通车”、积分评估等30余项人才新政，外籍高层次人才申请办理绿卡的时间由过去的180天压缩为50个工作日。围绕促进科技与金融深度融合，率先开展知识产权质押融资、投贷联动和外债便利化试点，支持成立北京首家民营银行——中关村银行，其中，外债便利化试点政策实施后，企业办理外债业务的时间减少了约一半，资金利用效率提升约20%。此外，构建形成中关村“1＋4”资金政策体系，提高了政策精准性。

三是构建高精尖产业结构，高质量发展迈上新台阶。“十三五”期间，示范区企业总收入保持2位数增长，2019年达6.6万亿元，是“十二五”末的1.63倍。2019年，中关村对全市经济增长的贡献率超过30%，企业技术收入1.3万亿元，比“十二五”末增长103%以上，数字经济总收入超过3万亿元。2020年1—10月，尽管受到新冠肺炎疫情严重冲击，但仍实现企业总收入5.3万亿元，同比增长11.2%。“十三五”期间，中关村实施创新引领高质量发展行动、数字经济发展行动计划，先后出台人工智能、集成电路设计、第三代半导体、生物医药、轨道交通等11个细分产业政策，培育形成新一代信息、生物健康、智能制造与新材料、生

态环境与新能源、现代交通、新兴服务业六大新兴产业集群。新一代信息技术产业规模近 3 万亿元，大数据、信息安全市场占有率位居国内第一，集成电路设计收入占全国的 1/3，生物健康产业在生物医药产业园区竞争力排行榜中位列第一。制定实施中关村示范区统筹发展规划，中关村“一区十六园”成为促进全市高质量发展的重要引擎。

四是畅通源头传导，创新创业生态体系更加优化。2019 年，中关村新创办科技型企业达 2.7 万家，较“十二五”末增长 33.3%。截至 2019 年底，中关村拥有创业孵化机构约 250 家，产业联盟、行业协会和民办非企业单位约 600 家，聚集创投机构约 1 500 家，以及上千家法律、会计、知识产权服务机构。2019 年发生的股权投资案例和股权投资金额均超全国 1/3。“十三五”期间，示范区新增上市公司 116 家，目前上市公司总数 402 家，90 余家独角兽企业，占全国一半，成为全球风投和独角兽企业最集聚的区域之一。大力支持高校院所建立技术转移服务平台，支持建设硬科技孵化器，成立技术经理人协会，持续挖掘高价值专利，开展“火花”活动，促进科学家、企业家、投资人和创业者发生聚合反应。围绕重点产业，优化人才发展和服务体系，2019 年示范区本科及以上从业人员占比 59.8%，比“十二五”末提高 7.7 个百分点。在科技部 169 个国家高新区综合排名中，中关村稳居榜首。

五是推动开放创新合作，辐射带动和国际影响力明显提升。“十三五”期间，中关村推动构建京津冀协同创新共同体，聚焦支持雄安新区中关村科技园、天津滨海－中关村科技园等园区创新发展。截至 2019 年，示范区企业累计在津冀设立 8 065 家分支机构，技术合同成交额的 2/3 流向京外地区。中关村累计设立 19 个海外联络处，上市公司在海外设立研发中心和分支机构逾千家，聚集 300 多家跨国企业地区总部和研发中心，留学归国人才及外籍从业人员超过 5.3 万人。连续 4 年高水平举办中关村论坛，习近平总书记向 2019 中关村论坛致贺信时指出，中关村正努力打造世界领先科技园区和创新高地。2020 中关村论坛举办 19 场重点国别技术交易活动，7 000 多项国内外优秀技术成果参与交易，论坛相关信息阅读量超过 12.4 亿人次，中关村论坛逐步成为具有世界影响力的创新合作论坛。

展望“十四五”，中关村将聚焦科技成果转化和产业化核心任务，以大力发展数字经济为主要抓手，聚焦发展“241X”重点产业，积极营造有利于科技创新和新经济发展的制度环境与治理模式。一是着力推进科技自立自强，打好关键核心技术攻坚战，探索企业牵头、“揭榜挂帅”新型研发攻关机制。二是着力深化先行先试改革，提升硬科技创业孵化服务能力，建设中关村科创金融试验区，推动中关村人才特区政策突破。三是着力推动高质量发展，培育一批在国际市场上具有话语权和控制力的世界级领军企业，形成 1～2 个产业规模过万亿元的产业集群。四是着力扩大开放创新，围绕“两区”“三平台”建设，加大政策改革突破力度，提升中关村论坛国际影响力，支持企业国际化发展。争取到 2025 年建成世界一流科技园区，朝着建设世界领先科技园区和创新高地迈出新步伐。到 2035 年，成为全球科技创新的主要引擎和世界创新版图的重要一极，为北京加快建设国际科技创新中心提供战略支撑。

（首都之窗：“回顾‘十三五’，展望‘十四五’”系列新闻发布会——科技创新专场　2020 年 12 月 24 日）

## 厚培“科创土壤”　滋养“花开果落”

1990 年 10 月 30 日，北京市自然科学基金（以下简称市基金）成立。经过 30 年的发展，市基金品牌价值日益突出，已经成为北京地区基础研究前沿方向的“指南针”，创新人才的“孵化器”，优秀项目的“储备库”。

30 年来，市基金坚持科学基金制，持续完善优化基金管理体系，创新基金支持模式，优化学科布局，扩大资助领域与经费规模，不断为强化国家战略科技力量做出“北京贡献”。据统计，市基金年度经费规模从1990 年的 150 万元提高至 2020 年的 4.4 亿元；共有 465 项国家科技奖、1 107 项北京科技奖的获奖项目得到过市基金资助，共有 74 位项目负责人当选院士；资助项目共发表论文 72 498 篇，申请专利 11 424 件，获得授权 5 085 件。尤其是近 10 年来，市基金平均每年项目申请量达到 7 000 多项。

## 筑根基　完善制度体系为科研护航

1989 年，原有在计划经济体制下运作的科研和学术管理模式逐步向竞争机制转变，市基金应时而生，为竞争机制赋能。为了更好地为科研护航，市基金用第一个 10 年夯实了制度体系根基。

市基金成立之初，通过制定《北京市自然科学基金资助项目的申请、评审管理办法(试行)》等规章制度，基金形成初审—通讯评审—学科组评议—委员会审定的“三审一定”工作程序，以确定资助体系和资助范围。期间，基金资助经费不断增长，并于 1998 年首次突破 1 000 万元。

2011 年，北京市人民政府以 235 号政府令发布《北京市自然科学基金管理办法》，以此为核心，市基金不断完善制度体系建设，逐步构建了以《北京市自然科学基金委员会章程》《北京市自然科学基金项目管理办法》《北京市自然科学基金资助项目经费管理办法》为主体，系统完备、科学规范、运行有效的制度体系。目前，市基金共有市级政府令 1 项，市科委规范性文件 4 项，相关管理配套文件 10 项。

跟随国家“放管服”改革、优化营商环境的大步伐，2019 年，市基金对《北京市自然科学基金项目管理办法》进行修订，简化项目管理流程，减轻科研人员负担。新办法在全国创新性提出可以连续 2 次评优，项目负责人可以提出 1 个项目申请的举措；探索项目经费“包干制”等最大限度赋权科研人员和科研单位的方案，进一步加大科研人员经费使用自主权。共向科研人员下放管理权限 9 项；项目申请材料由原来的 3 份减少至最多 1 份，减少报送材料数量 60% 以上；项目验收时间从 5 个月压缩到 3 个月，流程管理效率攀新高。

## 强网络　信息化让基金管理提质增效

如何更加便捷地服务科研项目和科研人员，市基金一直在探索和创新中，网络信息化系统的建设就是其中的实践之一。

2000 年，市基金启动了基金信息化建设，建立了专家库系统。随后，又相继建设了依托单位工作系统、基金办工作系统、专家评审系统、评审专家遴选系统、会议评审系统，形成了较为完善的网络化工作平台。市基金不断优化网络化工作平台，又增加了联合基金的专家评审系统、联合基金的会议评审系统和基础研究成果数据库。网络化工作平台管理系统已经成为基金“管理制度化，制度流程化、流程信息化”的有力保障。

目前，基金专家库约有 3.5 万位全国各地高水平专家，专家库系统评审专家使用率近 70%，专家库规模在全国地方省市基金中居于领先地位；近 10 年来，网络化工作平台共产生数据约 1 360 万条，网络化工作平台访问量近 1 900 万次，高峰期平均日访问量 1 万次。

网络工作平台的建设提高了基金的工作效率。通过网络化评审系统实现了随机遴选专家，避免了人为因素干预，遴选时间由原来人工指派需要 2 周时间缩短至系统随机遴选的 2 小时，工作时间缩短 99%。网络化工作平台还实现了项目申请的网上填报和审批，简化科研人员办事流程，极大限度避免使用纸质材料。通过网上对接北京市政务服务网，确保法人单位单点登录依托单位工作，系统材料接收全面入驻北京市政务服务大厅，实现了一网通办，让数据多跑路、群众少跑腿。

## 促协同　全力支撑全国科创中心建设

近 10 年来，市基金的工作深度融入全北京市科技工作中，实现了从以基金项目评审立项管理为主向融入全市科技工作一盘棋，从支持自由探索为主向支持需求导向和自由探索并重的 2 个重大转变。

“十三五”时期，北京市全面建设全国科技创新中心，市基金工作也逐步与全国科技创新中心重点任务“挂硬钩”，围绕数学、物理等基础学科和人工智能、医药健康等重点领域，实现前瞻部署。市基金还通过重点研究专题高强度支持基础学科，推进学科交叉，为卡脖子关键技术提供基础研究支撑；加入国家基金区域创新发展联合基金，资金规模 8 000 万元/年，围绕中关村科学城和北京经济技术开发区重点领域需求，对接国家优势资源，形成相对完善的项目验收和成果转化工作流程，作为国家基金成果应用贯通机制试点，探索开展成果转化应用工作。

此外，为促进京津冀区域协同创新，北京还联合天津、河北设立“京津冀基础研究合作专项”，聚焦三地的共性需求和共性问题，开展基础研究。

北京市科学技术委员会党组书记、主任，北京市自然科学基金委员会主任许强表示，北京正在按照中央的决策部署，抓紧制订“十四五”国际科技创新中心行动方案。下一步，市基金将按照“空间布局体系化、资金投入多元化、工作队伍体系化”的工作原则，强化提升原始创新能力，培育青年学术带头人，推动市基金成为理念先进、特色鲜明、影响力突出的卓越地方基金，为北京率先建成国际科技创新中心提供支撑。

## 基金创新发展案例　杰青项目为科创注入新鲜血液

北京市自然科学基金成立 30 周年工作推进会上，特别的“薪火相传”仪式，激励北京市杰出青年传承科学精神，勇做科技强国的追梦者和筑梦人。同时，生动阐释了市基金不断创新“慧眼识才、甘为人梯”工作机制的鲜明态度。中国工程院院士韩德民，中国科学院院士解思深，北京脑科学中心主任、首都医科大学校长饶毅，北京市科学技术委员会原党组书记杨伟光一同上台宣读了 2020 年度北京市杰出青年科学基金项目负责人名单并寄语，北京市杰出青年项目负责人集体承诺：一定继往开来、勇攀高峰，淡泊名利、潜心向学，锐意进取、敢为人先，为建设国际科技创新中心贡献力量。

2018 年，北京市科委印发了《北京市杰出青年科学基金项目管理办法（试行）》，增设北京市杰出青年科学基金项目（简称北京市杰出青年项目），培养一批有望进入世界科技前沿的优秀青年学术带头人。试行 3 年来，北京市杰出青年项目共支持优秀青年人才 106 人，取得良好的实施效果，为科创领域不断注入年轻血液。

北京市杰出青年项目资助的 106 位项目负责人均为科研一线优秀青年学者，有望冲击国际学术第一梯队。例如，陈云霁研制了国际上首个深度学习处理器；杨超首次在大规模异构系统上实现了高效和千万核可扩展的全隐式求解；梁云设计了大幅度提升性能的芯片硬件和软件优化方法。

在北京市杰出青年项目的支持下，北京市杰出青年项目负责人与来自美、英、德、法、日、加、新等 20 多个国家和地区的境外人员，构建具有国际水准的联合研究团队，超过半数以上的项目与美国麻省理工、斯坦福、哈佛、布鲁克海文国家实验室、劳伦斯伯克利国家实验室等顶尖高校和科研机构开展联合研究。值得一提的是，国境外合作者近 1/3 为美国三院院士、国境外顶级学者、资深教授、行业领军人物、顶级学术会议主席、顶级学术期刊主编等取得突出成就的顶级科学家，20% 为国外知名学府或者机构取得一定成就、具有成长潜力的青年科学家。

在国际舞台上，北京市杰出青年组织和参与了如肿瘤消融新进展国际会议等各类国际学术会议 10 余场，不仅促进了与国外同行业专家的交流合作，也不断提升着北京市在科技创新领域的国际影响力。中国科学院信息工程研究所陈恺作为大会副主席参加了第 22 届网络攻防国际学术会议，围绕网络空间安全领域最新进展开展交流；清华大学杜亚楠和美国华盛顿大学圣路易分校 Guy Genin 教授共同举办国际会议，探讨科研最新进展和大健康领域的国际合作。北京市杰出青年用自己的学术能力在全球科技创新领域为中国争得一席之地。

数据显示，受资助以来，北京市杰出青年积极申请专利 360 件，包括 PCT 专利 9 件。其中李升波的 2 件专利“混合交通交叉路口的车辆控制方法”和“混合交通交叉路口的信号灯与车辆的协同控制方法”于

2020 年 6 月转让给北京易华录信息技术股份有限公司。

此外,部分北京市杰出青年的成果在抗击新冠肺炎疫情中得到了快速应用。例如,田怀玉副教授团队与多家单位开展联合攻关,在最短时间内建立了新冠肺炎传播风险预测预警技术平台,对疫情特征进行分析,构建数学模型,定量评估防控管制对于疫情进一步传播的作用;伍晖副教授团队通过自主研发的高速气流溶液纺丝技术获得了一系列成分可调、结构可控、功能可叠加的纳米纤维材料,成功研发出不同种类的符合国家标准检测的纳米纤维口罩产品;李兵研究员团队研发出了人脸识别智能测温防疫大数据系统,可对人员流动进行分析,多家企事业单位采购该系统,为疫情防控工作做出贡献。

## 多级联动　打造联合基金“北京模式”

科技创新需要雄厚的金融力量支持。在发展过程中,市基金注重“合力”引导,以市基金撬动社会资本投入基础研究,打造了联合基金多元化投入的新模式。市基金与北京市各区、行业龙头企业等共同出资,先后设立 5 只联合基金,近 5 年来,共吸引外部资金约 3.2 亿元,探索形成了多级联动的联合基金“北京模式”。

通过引导多元化投入,市基金联合基金形成了“四个布局”。与“三城一区”所在区开展合作,实现联合基金的空间体系化布局;通过“市 – 区 – 企”三级联动,自下而上合作,实现工作队伍体系化布局;通过项目指南前瞻部署人工智能和生物医药等北京“双发动机”领域,实现领域体系化布局;通过引导中央、市级、区县财政和企业投入基础研究,实现投入多元化布局。“四个布局”逐步形成了“国基金 – 市 – 区”“市 – 区 – 企”多级联动的资助模式。

联合基金的出现,也把“三城一区”重点行业、企业变成科研项目的“组织者”和“出题人”,企业从基础研究的“局外人”,转变为研究团队的一分子。在联合基金管理过程中,作为“创新合伙人”的合作企业全程参与,市基金与合作方在指南编制、项目组织动员等环节紧密联系,强化需求导向。联合基金在评审过程中引入行业专家的评审工作机制,加强对行业需求的把控,遴选具有应用前景的优秀项目。在项目评审和管理过程中,区、合作方企业管理负责人和技术负责人全程跟踪项目,定期开展项目交流,促进项目团队与合作方企业沟通,加深了解,为项目合作奠定基础。

联合基金也成为研究方和需求方对接的桥梁,加快了成果转化速度。通过联合基金引导,已有 40 余个项目团队与企业形成合作,近 10 个项目正在洽谈合作。例如,北航余贵珍教授团队在市基金 – 轨道交通联合基金首批项目资助下,将无人驾驶汽车的理论技术应用于无人驾驶轨道列车中,与交控科技有限公司合作研发出功能样机,在北京燕房线、上海 6 号线、成都 3 号线、香港荃湾线等地铁线路展开相关测试及示范应用。

据统计,近 3 年结题的联合基金项目中,20% 以上的项目产生应用成果,并在佰才邦、协同创新院等实现应用与推广,经济和社会效益突出,部分相关产品已出口至“一带一路”沿线多个国家。

(《北京日报》2020 年 12 月 24 日　第 8 版)

# 大事记

## 1　月

4 日，首都科技发展战略研究院和中国社会科学院城市与竞争力研究中心联合发布“中国城市科技创新发展指数 2019”。北京排在指数榜第一位。

7 日，北京积水潭医院使用自主研发机器人成功完成中国首例国产机器人辅助全髋关节置换术。

是日，“一带一路”首都知识产权发展联盟成立仪式在中关村知识产权大厦举办。

9 日，市知识产权局联合市地方金融监督管理局、市科委等 7 家单位共同印发《北京市知识产权保险试点工作管理办法》。

是日，北京生命科学研究所所长王晓东博士获得费萨尔国王科学奖。

10 日，2019 年度国家科学技术奖励大会在京召开。全市共有 71 个项目获得国家科学技术奖，占国家奖通用项目授奖总数的 29.7%，居全国首位。

10—11 日，2020 年全国科技工作会议在京召开。要求做好 10 方面工作。

21 日，中关村科技租赁股份有限公司在香港联合交易所有限公司主板上市，成为科技融资租赁领域首家赴港上市企业。

30 日，国务院总理、中央应对新型冠状病毒感染肺炎疫情工作领导小组组长李克强赴中国疾控中心考察疫情防控科研攻关情况，听取专家和医务人员对疫情防控工作的意见建议。

## 2　月

2 日，市科委等 8 部门联合发布《关于加强新型冠状病毒肺炎科技攻关促进医药健康创新发展的若干措施》。

3 日，市政府办公厅出台《关于进一步支持打好新型冠状病毒感染的肺炎疫情防控阻击战若干措施》。

是日，市科委启动征集首批关于新型冠状病毒感染肺炎科技防治研究应急项目。

5 日，市政府办公厅出台《关于应对新型冠状病毒感染的肺炎疫情影响促进中小微企业持续健康发展的若干措施》。

9 日，国务院总理、中央应对新冠肺炎疫情工作领导小组组长李克强赴中国医学科学院病原生物学研究所，考察疫情防控科研攻关，慰问一线科研人员。

10 日，中共中央总书记、国家主席、中央军委主席习近平在京调研指导新冠肺炎疫情防控工作。

12 日，市科委首批新冠肺炎疫情应急科技攻关项目资金快速完成立项、拨款。

13 日，市科委印发《关于调整北京市科技计划项目（课题）管理相关工作安排的通知》。

17 日，北京微芯边缘计算研究院研发出可穿戴式医疗级智能体温计。

20 日，北京推进科技创新中心建设办公室印发《北京加强全国科技创新中心建设重点任务 2020 年工作方案》。

21 日，国务院总理、中央应对新冠肺炎疫情工作领导小组组长李克强到北京海淀考察医疗防控物资生产供应保障情况。

27 日，北京卓诚惠生生物科技股份有限公司研发的新型冠状病毒（2019 - nCoV）核酸检测试剂盒获批上市。

是日，科学技术部高技术研究发展中心（基础研究管理中心）发布 2019 年度中国科学十大进展，8 项为北京地区成果，占比 80%。

2 月，清华大学副校长、量子院院长薛其坤教授获 2020 年度菲列兹·伦敦奖。

## 3　月

2 日，习近平在京考察新冠肺炎疫情防控科研攻关工作，代表党中央向奋斗在疫情防控科研攻关一线的广大科技工作者表示衷心的感谢和诚挚的问候。

3日，市知识产权局印发《“三城一区”知识产权行动方案（2020—2022年）》。

5日，北京四环制药有限公司获得国家药品监督管理局签发的法匹拉韦片治疗普通型新冠肺炎的临床批件。

6日，市科委会同市经济和信息化局、市人力资源社会保障局和市财政局出台《北京市高精尖产业技能提升培训补贴实施办法》。

14日，北京贝来生物科技有限公司获得国家药品监督管理局签发的人脐带间充质干细胞注射液开展治疗并发急性呼吸窘迫综合征的重型新冠肺炎的临床批件。

16日，军事医学研究院生物工程研究所陈薇院士牵头研发的重组新型冠状病毒疫苗（腺病毒载体）（Ad5－nCoV）获批并启动Ⅰ期临床试验。

25日，国内首家研究型国际医疗产业转化平台暨高博国际研究型医院在中关村生命科学园奠基开工。

27日，北京量子信息科学研究院和北京脑科学与类脑研究中心分别召开第一届理事会第四次会议。

## 4　月

3日，北京金豪制药股份有限公司研发的新型冠状病毒（2019－nCoV）核酸检测试剂盒（荧光PCR法）获批上市。

12日，军事医学研究院生物工程研究所陈薇院士牵头研发的重组新型冠状病毒疫苗（腺病毒载体）（Ad5－nCoV）进入Ⅱ期临床试验。

是日，北京三元基因药业股份有限公司获得重组人干扰素α1b注射剂及雾化吸入剂治疗新冠肺炎的临床批件。

13日，国际首个《可重复使用民用口罩》团体标准发布。

是日，市农业农村局等5部门联合发布《北京现代种业发展三年行动计划（2020—2022年）》。

16日，科兴中维新型冠状病毒灭活疫苗启动Ⅰ期临床试验。

是日，《可重复使用医用防护服》团体标准发布。

17日，市政府办公厅印发《进一步支持中小微企业应对疫情影响保持平稳发展若干措施》。

24日，中关村科学城星谷创新园开园仪式举办。

29日，中国生物北京生物制品研究所新冠肺炎灭活疫苗获批启动Ⅰ期临床试验。

## 5　月

3日，科兴中维新型冠状病毒灭活疫苗启动部分组别的Ⅱ期临床试验。

4—5日，以“发现·创新·责任”为主题的第40届北京青少年科技创新大赛在北京科学中心举办。

7日，京东智联云宣布与产业生态合作伙伴及客户一起共创、共建下一代智能协同开放平台。

8日，北京新兴四寰生物技术有限公司研发的新型冠状病毒（2019－nCoV）IgM抗体检测试剂盒获批上市。

是日，市科委联合市财政局修订并印发《北京市科学技术委员会政府购买服务目录》。

9日，中国生物北京生物制品研究所新冠肺炎灭活疫苗启动部分组别的Ⅱ期临床试验。

10日，北京智源人工研究院启动实施“智源新星计划”。

17日，中国科学院大学怀柔科学城产业研究院在创新小镇挂牌成立。

18日，“疫情防控与科技场馆开放”科学教育馆馆长高峰对话会在北京、上海、广州同步在线召开。

22日，市科委表彰2020年北京市三八红旗奖章获得者和三八红旗荣誉集体。

28日，市科委会同市市场监督管理局、市人力资源社会保障局等出台《关于持永久居留身份证外籍人才创办科技型企业的试行办法》。

29日，科技部批复以北京协同创新研究院为基础组建京津冀国家技术创新中心。

是日，在第4个全国科技工作者日到来之际，习近平总书记给袁隆平、钟南山、叶培建等25位科技工作者代表回信。

## 6 月

9日，市委、市政府发布《关于加快培育壮大新业态新模式促进北京经济高质量发展的若干意见》和“新基建、新场景、新消费、新开放、新服务”5个行动方案。

是日，北京纳捷诊断试剂有限公司研发的新型冠状病毒（2019 - nCoV）核酸检测试剂盒（荧光PCR法）获批上市。

是日，北京金豪制药股份有限公司研发的新型冠状病毒（2019 - nCoV）IgM/IgG抗体检测试剂盒（量子点荧光免疫法）获批上市。

是日，非营利性研究组织热电联产清洁智慧供热技术创新联盟在未来科学城成立。

12日，北京雁栖湖应用数学研究院成立。

是日，市科委印发《关于落实“放管服”要求 进一步完善北京市科技计划项目经费监督管理的若干措施》。

17日，北京华大吉比爱生物技术有限公司研发的新型冠状病毒（2019 - nCoV）IgM/IgG抗体检测试剂盒（酶联免疫法）获批上市。

18日，市政府办公厅印发《北京市区块链创新发展行动计划（2020—2022年）》。

是日，中国科协批复北京经济技术开发区设立国家海外人才离岸创新创业基地。

21—24日，主题为“人工智能的下一个十年”的2020北京智源大会（BAAI Conference）线上召开。

25日，军事医学研究院生物工程研究所陈薇院士牵头研发的重组新型冠状病毒疫苗（腺病毒载体）（Ad5 - nCoV）获批军特药批件，有效期1年。

29日，北京生命科学研究所科研成果孵化转化基地启用典礼在中关村生命科学园举行。

是日，北京智源人工研究院发布学术界首个机器学习领域的通用数学符号集。

## 7 月

1日，北京中关村生命科学园医药科技中心投入使用。

15日，市科委、市财政局联合印发《关于进一步利用首都科技创新券助力企业复工复产的通知》。

17日，北京市2020年度积分落户工作启动。

是日，第二十一届中国专利奖结果出炉，国家知识产权局发布869件获奖专利，北京地区共获奖135件。

22日，中国紧急使用新冠病毒疫苗在京完成首针接种。

27日，新三板精选层设立暨首批企业晋层仪式举行。

30日，市政府新闻办联合市科委等有关部门召开发布会，向社会发布第二批30项应用场景建设项目。

31日，北京市出台政策面向“无车家庭”一次性增发2万个新能源小客车指标。

是日，细胞与基因治疗创新中心启动暨签约仪式在中关村生命科学园医药科技中心举行。

## 8 月

4日，胡润研究院发布“2020胡润全球独角兽榜”和“2020胡润全球独角兽活跃投资机构百强榜”。

6日，北京工程师学会成立暨第一次会员大会在京召开。

14日，北京市工业芯片创新中心揭牌成立并落户中关村集成电路设计园。

19日，军事医学研究院生物工程研究所陈薇院士牵头研发的重组新型冠状病毒疫苗（腺病毒载体）（Ad5 - nCoV）在俄罗斯登记Ⅲ期临床试验。

是日，中关村科学城互联网教育产业发展联盟在第六届“互联网＋教育”创新周开幕式上揭牌。

20 日，2020 年北京市科普工作联席会议在市政府召开，总结 2019 年全市科普工作，研究部署 2020 年全市科普和全民科学素质行动工作要点。

23—29 日，第 26 届北京科技周“云上”举行。

26 日，市知识产权局、市科委、中关村管委会联合制定并印发《北京市中小企业知识产权集聚发展示范区认定和管理办法（试行）》。

26—27 日，第六届“纳米之星”创新创业大赛北京赛区决赛在“云上”举行。

27 日，2020 年北斗创新应用和产业发展研讨会暨北京市北斗产业创新基地启动仪式在北京合众思壮北斗产业园举行。

是日，京闽（三明）科技合作“云签约”视频会召开。

28 日，下一代互联网及重大应用技术创新园开园仪式举办。

## 9 月

4—9 日，2020 年中国国际服务贸易交易会在北京国家会议中心召开，首次设立科技办会板块。

8 日，怀柔科学城首个“十三五”科教基础设施——京津冀大气环境与物理化学前沿交叉研究平台实现主体结构封顶。

是日，市经济和信息化局发布《北京市氢燃料电池汽车产业发展规划（2020—2025 年）》。

9 日，北京知识产权交易中心在 2020 年中国国际服务贸易交易会上揭牌成立。

10 日，市委、市政府举行 2019 年度北京市科学技术奖励大会，颁发北京市科学技术奖首届人物奖；表彰获得 2019 年度北京市科学技术奖的 154 项成果。

是日，北京万泰生物药业股份有限公司研发的鼻喷减毒流感病毒载体新冠肺炎疫苗启动 I 期临床试验。

是日，第 14 届北京发明创新大赛颁奖大会在京举办。

11 日，北京地区广受关注学术成果走进未来科学城报告会暨第 23 届北京科技交流学术月开幕式在未来科学城举办。

12 日，HICOOL 全球创业者峰会暨创业大赛在京举行。

14 日，中关村（海淀）智能网联汽车前沿技术创新中心启动仪式在中关村论坛先锋论坛——中德智能新能源汽车产业论坛上举办。

是日，北京智源人工研究院联合多家单位共同发布《面向儿童的人工智能北京共识》。

17—18 日，以“创意激活城市 · 科技创造未来”为主题的第三届联合国教科文组织创意城市北京峰会在京召开。

17—19 日，2020 中关村论坛技术交易大会在中关村国家自主创新示范区展示中心举办。

17—20 日，第 23 届中国北京国际科技产业博览会在京举办。

17—20 日，2020 中关村论坛在北京中关村国家自主创新示范区展示中心举办。

18 日，第六届北京 · 亦庄创新创业大赛总决赛在北京经济技术开发区落幕。

19 日，2020 中关村论坛首次面向全球隆重发布《全球科技创新中心指数 2020》。

是日，自然指数（Nature Index）创始人戴维 · 斯文班克斯（David Swinbanks）在中关村论坛发布了《自然指数 – 科研城市 2020》最新数据和研究成果。

是日，北京市高级别自动驾驶示范区发布会在北京经济技术开发区举行并宣布全球首个网联云控式高级别自动驾驶示范区建设启动。

是日，北京微芯区块链与边缘计算研究院在 2020 年中关村论坛发布会上发布《新型区块链底层平台技术白皮书》。

是日，北京智源人工研究院发布中国首个人工智能治理公共服务平台。

19—25 日，由市科协主办的以“决胜全面小康、践行科技为民”为主题的北京科学嘉年华在北京科学中心举办。

20 日，北京市国家网络安全宣传周闭幕，市科委在 51 家参演单位中获一等奖。

22 日，北京干细胞与再生医学研究院建设工作推进会在京召开，标志着该研究院建设工作全面启动。

是日，市经济和信息化局印发《北京市促进数字经济创新发展行动纲要（2020—2022年）》。

是日，2020北京国际设计周设计之旅开幕活动暨工业设计展览及主题论坛在北京国际设计周永久会址张家湾设计小镇举行。

22日—10月7日，以"民生之维"为主题的2020北京国际设计周在京举行。

24日，中国（北京）自由贸易试验区揭牌仪式举行。

25日，新修订的《北京市促进中小企业发展条例》由北京市第十五届人民代表大会常务委员会第二十四次会议通过。

27日，中国科学院北京纳米能源与系统研究所整建制迁入怀柔科学城仪式举办。

是日，中国（北京）自由贸易试验区科技创新片区在昌平挂牌。

28日，中国（北京）自由贸易试验区高端产业片区在北京经济技术开发区挂牌。

是日，中国（北京）自由贸易试验区国际商务服务片区挂牌仪式在北京国测会展中心举行。

29日，由赛莱克斯微系统科技（北京）有限公司建设的8英寸MEMS国际代工线建设项目通线投产，标志着北京首条商业量产、全球业界最先进的8英寸MEMS芯片生产线进入实际生产阶段。

是日，"创客中国"首届京津冀中小企业创新创业大赛暨"创客北京2020"创新创业大赛总结会在中关村国家自主创新示范区展示中心举行。

是日，北京经济技术开发区国家人工智能高新技术产业化基地获科技部认定。

30日，中关村管委会印发《关于强化高价值专利运营促进科技成果转化的若干措施》。

9月，《联合国教科文组织创意城市应对新冠肺炎疫情案例集》出版。

## 10 月

7日，国务院总理李克强签署第731号国务院令，公布修订后的《国家科学技术奖励条例》。

13—15日，2020全球无人机应用及防控大会在北京经济技术开发区举行。

14日，中关村管委会印发《中关村国家自主创新示范区数字经济引领发展行动计划（2020—2022年）》。

是日，市场监管总局、国家标准委公布2020年度中国标准创新贡献奖获奖名单。获奖项目共60项，北京市和中央在京单位参与创制的48项标准获奖。

15日，在第一届跨区域协同创新合作年会上，乌鲁木齐、北京、上海、重庆、深圳五地共同签署跨区域协同创新合作协议。

是日，2020年全国大众创业万众创新活动周北京分会场暨中关村创新创业季活动在中关村国家自主创新示范区展示中心启动。

17—18日，由市科协主办的2020国际自主智能机器人大赛在北京科学中心举行。大赛新增线上虚拟赛，国际大学生团队可以远程参赛。

19日，科技部发布《赋予科研人员职务科技成果所有权或长期使用权试点单位名单》，北京市科学技术研究院、北京工业大学、积水潭医院等单位入选。

是日，由北京市科委指导，《科学》（*Science*）杂志/美国科学促进会、中关村生命科学园、TIE国际创新走廊主办的"第二届科学·亚洲会议——免疫系统的多组学研究方法"开幕式举办。

是日，在2020年"智汇·海淀"人才主题周开幕式上，中关村科学城科学家基金集体签约仪式举行。

19—23日，市委组织部、市科委、中国人民大学联合举办全国科技创新中心建设专题培训班。

21日，第九届中国创新创业大赛北京赛区暨北京银行杯中国·北京创新创业大赛季颁奖礼在中关村国家自主创新示范区展示中心举办。

22日，在海淀联合基金的纽带作用下，北京邮电大学崔棋楣团队与北京佰才邦技术股份有限公司共同成立"未来通信"联合实验室。

是日，中关村科学城国际人才交流中心揭牌仪式在中关村创业大厦举行。

24—26日，北京脑科学与类脑研究中心主办的2020北京脑科学国际学术大会在线上成功举办。

28日，科技部公布《关于持续开展减轻科研人员负担　激发创新活力专项行动的通知》。

31日，由北京市政府和国务院发展研究中心主办的 2020 全球能源转型高层论坛在未来科学城举行。

## 11 月

1 日，北京市冷链食品追溯平台上线运行。

1—2 日，以“科学梦想　创造未来”为主题的 2020 中国科幻大会在石景山区首钢园开幕。

3 日，北京金沃夫生物工程科技有限公司研发的新型冠状病毒（2019 - nCoV）抗原检测试剂盒（乳胶法）获批上市。

4 日，市人力资源和社会保障局印发《北京市工程技术系列（人工智能）专业技术资格评价试行办法》，拓展人工智能工程技术人员职业发展通道。

5—7 日，市基金办组织首届“北京杰青学术之旅”活动，落实北京杰青“一次资助、终生联系”的长效服务机制。

7 日，“星光璀璨、筑梦北京”2020 年北京市科技新星计划入选颁证仪式暨科技人才座谈会在北大科技园举办。2020 年共选拔 149 名科技新星。

是日，星河动力（北京）空间科技有限公司自主研发的“谷神星一号（遥一）”商业运载火箭在酒泉卫星发射中心成功发射，成为首个成功发射商业组网卫星的民营商业火箭。

10 日，怀柔科学城首个创新科普实验园——Maxwell 创新科普实验园开园。

11—13 日，以“共建生态　智领未来——开启汽车新时代”为主题的 2020 世界智能网联汽车大会在京召开。

12 日，国家智能汽车与智慧交通（京冀）示范区顺义基地揭牌。

是日，中国学者李文辉因发现乙肝病毒入侵肝细胞的受体获得 2020 年巴鲁克 · 布隆伯格奖。

14 日，北京智源人工研究院发布《2020 北京人工智能发展报告》。

18 日，北京经济技术开发区集成电路研发及总部基地揭牌。

19 日，以“后疫情时代，京港科技合作新态势”为主题的第二十三届北京 · 香港经济合作研讨洽谈会在京举办。

是日，由市科委指导、国际知名学术出版机构细胞出版社（Cell Press）主办的 2020 北京国际学术交流季系列活动“2020 细胞科学北京学术会议——新冠直击：认知、防控和预后”开幕。

20 日，中国汽车芯片产业创新战略联盟一届一次理事会暨成立大会在京召开。

22 日，清华工研院雁栖湖创新中心成立。

23—24 日，由北京市科委、以色列驻华使馆主办的 2020 北京特拉维夫创新大会举办。

24 日，2020 中国光子产业高峰论坛在京召开。

25 日，市人力资源和社会保障局印发《北京市深化哲学社会科学研究人员职称制度改革实施办法》。

26 日，以“汇聚国际创新资源，共促科技驱动发展”为主题的第五届科技外交官创新资源对接活动（2020）在京举办。

30 日，市人力资源和社会保障局、市科委印发《北京市深化自然科学研究人员职称制度改革实施办法》。

## 12 月

4 日，第二届国家自然科学基金优秀成果北京对接会在北京经济技术开发区召开。

是日，北京市自然科学基金委员会与北京纳通科技集团有限公司等 5 家首批基金成果的对接合作基地签署战略合作协议。

是日，北京市科委和通州区政府共同建设的北京市首个工业设计人才工作站——北京城市副中心工业设计人才工作站揭牌。

7 日，中国科学院大学怀柔科学城产业研究院运行。

是日，市交通委员会等 13 部门联合发布《〈北京市小客车数量调控暂行规定〉实施细则》。

8 日，“北京市 - 莫斯科市结好 25 周年科技创新圆桌会”以线上和线下方式举行。

18 日，北京协同创新轨道交通研究院有限公司在京揭牌成立。

22 日，北京市自然科学基金成立 30 周年工作推进会在中关村国家自主创新示范区展示中心会议中心召开。

23 日，北京市与国家基金委签订《北京市加入国家自然科学基金区域创新发展联合基金补充协议》，将怀柔区纳入区域创新发展联合基金（北京）框架。

是日，国家知识产权局印发《关于同意在北京、江苏等地区开展专利代理对外开放有关试点工作的函》，同意在北京开展专利代理对外开放试点工作。

24 日，中关村科技成果产业化先导基地揭牌。

26 日，北京推进科技创新中心建设办公室召开第七次全体会议。

是日，北京应用数学中心揭牌。

是日，北京市政府、天津市政府、河北省政府共同签署京津冀国家技术创新中心共建框架协议。

是日，多模态跨尺度生物医学成像设施项目实现主体结构封顶。

27—30 日，以“科学之光　温暖世界”为主题的 2020 未来科学大奖周在线举办。

12 月，国家发展改革委批复支持设立北京中日创新合作示范区，该示范区是国内首个也是唯一以创新合作为主题的中日创新合作示范区。

# 重大活动

# 领导调研

【概述】年内，组织和保障科技部、市委、市政府、市人大、市政协等领导调研全国科技创新中心建设情况、调研检查新冠肺炎疫情防控和复工复产情况。围绕新型研发机构建设、各区科技发展重点、北京大兴国际机场临空经济区建设、重点科技企业和科研院所发展、“两区建设”等开展主题调研活动。

（市科技史志办公室）

【王志刚调研北京大学】1月4日，科技部部长王志刚、副部长李萌、副秘书长贺德方等赴北京大学调研。王志刚一行先后参观调研了北京大学人工智能研究院视觉感知研究中心“仿视网膜成像芯片及系统”、超分辨率成像实验室“超灵敏结构光超分辨显微成像系统”，听取了相关科研工作人员的展示汇报，并参观了北大珍贵古文献典藏展览。王志刚一行与北京大学知名科学家及中青年学者代表围绕“贯彻落实党的十九届四中全会精神，优化科研环境和创新生态”的主题进行座谈交流。王志刚指出，2020年是“十三五”规划和国家科技重大专项的收官之年，也是2021—2035年中长期科技发展规划、科技创新2030 - 重大项目和“十四五”规划的起步之年，面对国内高质量发展的迫切需求，面对科技创新复杂多变的国际环境，面对新一轮科技革命和产业变革的重大机遇，科技工作责任重大、使命光荣、任务艰巨。科技部将紧紧依靠科研人员，继续做好政策引领，努力推进权利公平、机会公平、规则公平，为大学的科研工作者打造良好的科研环境、提供优质的服务支撑，共同为国家重大科技战略发展做出贡献。

（科创中心建设综合协调处）

【蔡奇调研新型研发机构】1月4日，市委书记蔡奇到位于海淀区的北京智源人工智能研究院、北京量子信息科学研究院调研。蔡奇在察看微纳加工平台、量子计算实验室，了解新型产学研合作模式等情况后，希望科研人员咬定青山不放松，扎实推进量子信息技术基础前沿研究、关键技术攻关、应用与产业化工作。蔡奇在座谈中强调，要营造良好的创新生态。打开研究单位之间、研究与产业之间、学科之间的“三堵墙”。搭建更多共享平台，推动各类创新主体共享数据、技术、市场和应用场景，实现共赢发展。区和市相关部门要主动为各类科研机构做好服务。蔡奇强调，新的一年要推动北京高质量发展，最重要的是贯彻新发展理念，坚持创新引领，以建设具有全球影响力的全国科技创新中心为抓手，走出创新发展的新路子。北京要拓展全球视野，加强基础前沿研究，加强原始创新、自主创新，形成自己的优势。要创新体制机制，释放出科研力量和市场主体的活力，努力建设国际一流的新型研发机构。

（科创中心建设综合协调处）

【蔡奇调研北京大兴国际机场临空经济区】1月18日，市委书记蔡奇到北京大兴国际机场临空经济区调查研究，市长陈吉宁一同调研。蔡奇指出，习近平总书记在新年贺词中提到，“北京大兴国际机场‘凤凰展翅’”，对我们是极大的鼓舞和鞭策。我们要紧紧抓住北京大兴国际机场作为国家发展新动力源的机遇，高水平推进临空经济区规划建设，努力将其打造成国际交往中心功能承载区、国家航空科技创新引领区、京津冀协同发展示范区。陈吉宁指出，北京大兴国际机场是国家开放的前沿，也是京津冀协同发展的重要战略支撑点。要进一步深化认识，深刻理解北京大兴国际机场在发挥新动力源作用、打造国际航空枢纽等方面的重要意义，紧抓历史机遇，做好统筹谋划，综合利用国内外资源，不断提高规划、建设、管理、运营水平。

（科创中心建设综合协调处）

【许强调研下一代汽车技术创新工作】1月22日，市科委主任许强带队赴清华大学新技术概念汽车研究院调研下一代汽车技术创新工作，并与中国工程院院士李骏等专家团队座谈。许强强调，开展下一代汽车技术创新，一是要充分发挥北京在电子信息、新材料和新能源汽车等领域的优势，用好国家新能源汽车技术创新中心、国家智能网联汽车创新中心、清华大学新技术概念汽车研究院等现有平台，发展下一代汽车技术，培育相关产业。二是要发挥整车企业的带动作用，调动整车、互联网企业等多方面资源，与整车规划相结合，打造未来新概念整车，带动下一代汽车技术发展。三是要与城市发展相融合，在自动驾驶汽车与城市基础设施的交互、智慧出行生态环境的构建等方面形成辐射带动其他城市发展的示范效应。

（申峥峥）

【李克强考察新冠肺炎疫情防控科研攻关情况】1月30日，国务院总理、中央应对新型冠状病毒感染肺炎疫情工作领导小组组长李克强赴中国疾控中心考察疫情防控科研攻关情况，听取专家和医务人员对疫情防控工作的意见建议。李克强特别强调，打赢疫情防控阻击战，很关键的是要提高医疗救治效果、降低死亡率，疫苗和有效药物是疫情的克星。认清病毒才能战胜病毒，要急人民所急，加强全国统筹，联合各地、各方面专家开展研发攻关，强化科研、临床合作，加快临床药物筛选、应用，尽快研制出快速简易确诊试剂、疫苗、有效药物，增强人民群众抗击疫情的信心。要集中精兵强将，对病例诊断、患者治疗等深入研究，及时总结成功救治经验，不断完善诊疗方案并及时共享，加强救治指导，千方百计提高重症病例救治效果，提高治愈率，依靠科学武器战胜疫情。

（申峥峥）

【蔡奇调研生物医药企业】2月6日，市委书记蔡奇就新冠肺炎疫情防控工作调研12345市民热线服务中心和生物医药企业。蔡奇强调，面对突如其来的疫情，各方面都要为打赢疫情防控阻击战提供支持。12345市民热线是市民与党委政府之间的“连心桥”，要及时响应市民群众涉及疫情的诉求，用好接诉即办机制，以更好地动员市民群众提振信心，共抗疫情。生物医药企业要扛起社会责任，发挥科技优势，加大快检试剂、药品研发力度，为打赢疫情防控阻击战做贡献。

（科创中心建设综合协调处）

【李克强考察中国医学科学院病原生物学研究所】2月9日，国务院总理、中央应对新冠肺炎疫情工作领导小组组长李克强赴中国医学科学院病原生物学研究所考察疫情防控科研攻关，慰问一线科研人员。李克强指出，抗击疫情既需要全民行动，更需要科技支撑。要集中最强科研力量，加强协同攻关，攻克最急防治难题，科学精准抗击疫情。

（申峥峥）

【习近平调研指导新冠肺炎疫情防控工作】2月10日，中共中央总书记、国家主席、中央军委主席习近平在京调研指导新冠肺炎疫情防控工作。习近平总书记强调，当前疫情形势仍然十分严峻，各级党委和政府要坚决贯彻党中央关于疫情防控各项决策部署，坚决贯彻坚定信心、同舟共济、科学防治、精准施策的总要求，再接再厉、英勇斗争，以更坚定的信心、更顽强的意志、更果断的措施，紧紧依靠人民群众，坚决把疫情扩散蔓延势头遏制住，坚决打赢疫情防控的人民战争、总体战、阻击战。

（科创中心建设综合协调处）

【陈吉宁调研北京微芯边缘计算研究院】2月11日，市长陈吉宁到位于海淀区的北京微芯边缘计算研究院调研。陈吉宁强调，要深入贯彻落实习近平总书记在北京市调研指导新冠肺炎疫情防控工作时的重要讲话精神，坚定必胜信心，紧扣防控需求，加大科研攻关力度，力争早日取得更大突破，加速创新成果转化落地，为疫情防控工作提供强有力科技支撑。

（科创中心建设综合协调处）

【陈肇雄调研经开区信创园】2月11日，工业和信息化部副部长陈肇雄、北京市副市长殷勇一行到经开区信息技术应用创新产业园调研新冠肺炎疫情防控工作，推进企业复工复产。陈肇雄强调，要坚持“两手抓”，一手抓好疫情科学防控，一手抓好企业有序复工复产。要在做好疫情防控的基础上，加强员工防护的前提下，通过信息化手段、错峰返岗、弹性工作制等方式，安全有序复工复产。同时，要充分发挥信息网络创新技术作用，支撑服务其他行业、相关产业复工复产，带动产业链上下游协同发展，促进网络消费、信息消费，助力经济社会平稳运行。

（科创中心建设综合协调处）

【蔡奇调研经开区和城市副中心】2月18日，市委书记蔡奇到经开区和城市副中心就推动重点工程和企事业单位复工复产及新冠肺炎疫情防控工作调研检查。蔡奇强调，要毫不松懈地抓好复工复产企业和重大项目在建工地的疫情防控工作，做到两手抓、两不误，尽可能将疫情影响降到最低，努力实现全年经济社会发展目标任务。继续发挥中医药传统优势,加强药品研发,为科学有效防控疫情再做贡献。强化科技赋能,拉动消费,实现更高质量发展。发挥平台作用,利用市场力量,更好保障防疫物资需要和百姓生活必需品供给。

(科创中心建设综合协调处)

【李克强赴海淀区考察医疗防控物资生产供应保障情况】2月21日,国务院总理、中央应对新冠肺炎疫情工作领导小组组长李克强在北京市委书记蔡奇和市长陈吉宁陪同下,赴海淀区考察医疗防控物资生产供应保障情况。他强调,要在以习近平同志为核心的党中央坚强领导下,按照党中央、国务院决策部署,统筹疫情防控和经济社会发展,促进大中小企业合作协同,进一步扩大医疗防控防疫物资产量,有力保障疫情防控、有序复工复产的需要。

(申峥峥)

【许强调研新型研发机构新冠肺炎疫情防控与复工情况】2月21日,市科委主任许强带队赴北京量子信息科学研究院、北京脑科学与类脑研究中心调研新型研发机构新冠肺炎疫情防控与复工情况。许强强调,要坚决贯彻习近平总书记关于加强疫情防控工作的重要指示精神和党中央、国务院各项决策部署,按照市委、市政府要求,毫不松懈抓好复工企事业单位的疫情防控工作,做到两手抓、两不误,尽可能将疫情影响降到最低。

(申峥峥)

【王志刚调研北京大学】2月26日,科技部部长王志刚带队赴北京大学专题调研新冠肺炎疫情科研攻关工作。王志刚指出,在新型冠状病毒感染肺炎疫情防控中要充分依靠科技的力量。北京大学在前期已经取得一定进展,接下来要结合多学科优势,放宽思路,动员更多优势力量投入疫情防控科技攻关;在加快科研攻关的同时,要尊重科研规律;在进行应急抗疫攻关的同时,要加强基础研究工作;要围绕可溯、可诊、可治、可防的防控需求进行药品、疫苗、溯源、诊断等方面的科研攻关。

(科创中心建设综合协调处)

【陈吉宁调研检查昌平区新冠肺炎疫情防控和复工复产情况】2月26日,市长陈吉宁到昌平区调研检查新冠肺炎疫情防控和复工复产情况。陈吉宁强调,要深入学习贯彻习近平总书记在统筹推进新冠肺炎疫情防控和经济社会发展工作部署会议上的重要讲话精神,进一步深刻认识做好首都疫情防控工作的极端重要性,紧紧抓住外防输入、内防扩散两大环节,科学精准做好防控工作,加快相关科技研发攻关,推动企事业单位安全有序复工复产,加强健康监测管理,努力夺取疫情防控与实现经济社会发展目标双胜利。

(科创中心建设综合协调处)

【习近平考察新冠肺炎疫情防控科研攻关工作】3月2日,习近平先后到军事医学研究院、清华大学医学院考察新冠肺炎疫情科研攻关和诊疗救治工作,了解疫苗、抗体、药品、快检产品等的研究和应用进展情况,看望慰问专家和科研人员,并主持召开座谈会,听取有关部门负责人和科研人员的意见和建议。他强调,人类同疾病较量最有力的武器就是科学技术,人类战胜大灾大疫离不开科学发展和技术创新。要把疫情防控科研攻关作为一项重大而紧迫的任务,综合多学科力量,统一领导、协同推进,在坚持科学性、确保安全性的基础上加快研发进度,尽快攻克疫情防控的重点难点问题,为打赢疫情防控人民战争、总体战、阻击战提供强大科技支撑。

(申峥峥)

【蔡奇调研检查海淀区新冠肺炎疫情防控和复工复产情况】3月3日,市委书记蔡奇到海淀区调研检查新冠肺炎疫情防控和复工复产情况。蔡奇强调,要抓实抓细复工复产后的防疫工作,将防控措施落实到每一栋楼宇、每一家企业、每一个工位,做到安全有序复工复产。蔡奇对小米集团提出的"生活可以被疫情影响,但我们决不能被疫情打败"的倡议点赞,强调中关村是高科技企业聚集地,属地政府要当好"服务管家",送上"服务包",梳理产业链上下游堵点,为全面复工复产创造条件,出台帮扶政策措施,为中小微企业雪中送炭,与企业同舟共济、共渡难关。创新力是中关村企业的生命所在,要在做好疫情防控的同时,紧紧抓住新技术应用场景,探索新的商业模式,增强企业竞争力。

(科创中心建设综合协调处)

【王志军调研电子信息企业】3月9日,工业和信息化部副部长王志军带队赴经开区调研骨干电子信息企业新冠肺炎疫情防控和复工复产情况。王志军强调,要深入贯彻习近平总书记在统筹推进新冠肺炎疫情防控和经济社会发展工作部署会议上的重要讲话精神,在做好疫情防控措施的基础上,全力推进企业复工复产，发挥骨干企业作用，带动产业链上下游协同发展。

（科创中心建设综合协调处）

【陈吉宁检查轨道交通13号线和中关村软件园新冠肺炎疫情防控情况】 3月13日，市长陈吉宁以“四不两直”方式检查轨道交通13号线和中关村软件园新冠肺炎疫情防控情况。陈吉宁强调，在疫情防控中要充分发挥首都科技资源优势，用好科技手段，实现科学防控、精准防控。科技企业要结合远程办公、健康管理等方面需求，加大科研攻关力度，提高经营管理水平，确保安全有序复工复产，奋力夺取疫情防控和实现经济社会发展目标双胜利。

（科创中心建设综合协调处）

【陈吉宁调研延庆区】 3月17日，市长陈吉宁以“四不两直”方式到延庆区检查2022年北京冬奥会工程新冠肺炎疫情防控、项目复工和北京世园会园区设施会后利用等情况。陈吉宁强调，要紧紧抓住2022年北京冬奥会筹办和北京世园会园区可持续利用的重要机遇，高水平谋划布局，统筹推进疫情防控和经济社会发展工作，做细做实方案措施，以扎实有力的工作举措奋力夺取疫情防控和实现经济社会发展目标双胜利。

（科创中心建设综合协调处）

【陈吉宁调研西城区】 3月20日，市长陈吉宁到西城区调研金融科技发展并主持召开工作推进会。陈吉宁强调，要进一步转变观念、拓宽视野，创新体制机制，推动首都科技、金融两大优势深度融合，加快建设进度，提升发展质量，努力建设面向全球的国家级金融科技与专业服务创新示范区。

（科创中心建设综合协调处）

【蔡奇调研怀柔科学城】 3月21日，市委书记蔡奇到怀柔区检查怀柔科学城复工复产情况。蔡奇强调，要在抓好新冠肺炎疫情防控工作的同时，充分利用难得的窗口期，积极有序推进复工复产，巩固院市合作机制，狠抓项目建设进度，确保完成年度任务，全力建设怀柔科学城。要坚持高标准，预留好空间，不断更新升级，努力保持世界领先水平。

（科创中心建设综合协调处）

【蔡奇调研两家龙头企业】 3月24日，市委书记蔡奇到北汽集团北京奔驰顺义工厂和北京飞机维修工程有限公司检查调研。蔡奇强调，要在毫不松懈抓好新冠肺炎疫情防控工作的同时，发挥国有企业带动作用，提高复工复产效率，加强与海外供应链合作，守望相助，力争全年生产经营目标不退不让，努力把疫情影响降到最低。

（科创中心建设综合协调处）

【陈吉宁调研房山区】 3月24日，市长陈吉宁到房山区调研检查企业复工复产和产业发展、重点项目推进工作情况。陈吉宁强调，房山区要立足新版北京城市总规明确的功能定位，进一步发挥自身优势，明确发展方向，聚焦重点产业，持续优化营商环境，加强区域协同，整合内外资源，推动实现高质量发展。要加快构建都市农业相关质量标准体系，加强农业科技创新，以科技手段促进增产增收，激发农民和企业积极性，保护好各类市场主体的合法权益。要立足功能定位，围绕构建高精尖经济结构，发挥自身禀赋优势，明确方向、聚焦重点，优化资源配置，强化创新驱动作用，加强区域协同联动，更好地推动实现高质量发展。

（科创中心建设综合协调处）

【蔡奇调研中关村科学城】 3月31日，市委书记蔡奇到海淀区检查中关村科学城复工复产和科技创新工作。蔡奇强调，中关村科学城是科技创新出发地、原始创新策源地、自主创新主阵地。要努力克服新冠肺炎疫情影响，抢抓先机，激发企业创新活力，推动中关村科学城再上新台阶。

（科创中心建设综合协调处）

【陈吉宁调研平谷区】 4月1日，市长陈吉宁在平谷区调研检查新冠肺炎疫情防控和产业发展工作时指出，平谷区在疫情防控工作中从严从细压实“四方责任”，疫情防控“零病例”的成绩来之不易。要深入总结经验，巩固成效，发挥禀赋优势，进一步加强统筹谋划，协调推进各项工作，抓好土地复耕复垦和京平物流园区、农业科技创新示范区等重点项目规划建设，奋力夺取疫情防控和实现经济社会发展目标双胜利。

（科创中心建设综合协调处）

【蔡奇调研中关村生命科学园】 4月7日，市委书记蔡奇到昌平区检查调研中关村生命科学园复工复产和科技创新工作。蔡奇强调，新冠肺炎疫情将给生命科学、生物医药和健康产业带来爆发式增长。中关村生命科学园作为北京医药健康产业发展的创新引擎，要在做好防疫的前提下，善于抢抓机遇，与时间赛跑，加强科研攻关，积极拓展国内外市场，推动医药健康产业高质量发展，建设国际一流的生命科学园区。

（科创中心建设综合协调处）

【陈吉宁调研朝阳区CBD地区外资企业】4月17日，市长陈吉宁到朝阳区CBD地区走访调研外资企业并主持召开座谈会，深入听取企业意见建议，了解落实新冠肺炎疫情防控责任，推进复工复产情况。陈吉宁强调，外资企业对北京深化高水平开放具有重要作用，要坚定在京发展信心，统筹推进疫情防控和复工复产工作，把握机遇，整合资源，推动实现高质量发展。北京市高度重视外资企业发展，始终把外资企业作为深化对外开放的重要桥梁纽带。

（科创中心建设综合协调处）

【许强调研设施农业科技创新工作】4月21日，市科委主任许强带队赴通州区、大兴区调研设施农业科技创新工作，市科委二级巡视员张虹陪同调研。许强一行调研了通州区国际种业科技园区、大兴区宏福农业国际科技有限公司，听取了相关工作介绍。许强指出，要加强农业科研攻关、技术推广和科技成果转化，扎实推进北京国家现代农业科技园区建设。要多措并举，推动现代设施农业创新发展。一是要引导资本、人才等创新要素与产业紧密结合；二是要充分发挥科技资源优势；三是要重点瞄着设施农业、智慧农业，加强技术集成推广。

（王伟娟　赵　娣　姜佩瑄）

【蔡奇调研城市副中心复工复产情况】4月26日，市委书记蔡奇到城市副中心调研，检查复工复产情况，研究推进台马地区发展，市长陈吉宁一同调研检查。蔡奇强调，台马地区是城市副中心科技创新功能的重要承载地，也是北京经济技术开发区高质量发展的新空间。要深入贯彻习近平总书记对北京重要讲话精神，进一步提高站位，加强协同配合，在新冠肺炎疫情常态化防控中全面推进复工达产，推动台马地区高质量发展。

（科创中心建设综合协调处）

【蔡奇调研未来科学城】5月8日，市委书记蔡奇到昌平区检查调研未来科学城复工复产和科技创新工作。蔡奇强调，未来科学城是建设全国科技创新中心的主平台之一，是央企大显身手谋发展的重要平台，要在做好新冠肺炎疫情常态化防控工作的同时，善于危中寻机，加强央地合作，把握主动，逆势而上，努力打造国际一流的技术创新高地。

（科创中心建设综合协调处）

【王曦调研国创中心】5月8日，科技部副部长王曦一行赴北京国家新能源汽车技术创新中心有限公司（简称国创中心）调研科技创新工作。王曦一行参观了国创中心新技术展厅，调研重点项目研发进展，了解车规半导体、燃料电池、数字化与智能化、动力系统与轻量化技术创新等方面情况，并就国创中心的体制机制创新和可持续发展建设进行座谈交流。王曦指出，国创中心是科技部推动建设的第二个国家技术创新中心，科技部鼓励国创中心探索用创新的市场化模式实现可持续发展，希望国创中心进一步创新机制、集聚人才、增强发展软实力，要积极推动新能源汽车重点技术领域创新突破，为中国新能源汽车产业高质量发展贡献力量。

（科创中心建设综合协调处）

【庞丽娟调研怀柔科学城】5月12日，民进中央副主席、市人大常委会副主任、民进北京市委会主委庞丽娟就充分发挥参政党资源优势，进一步助推怀柔科学城建设到怀柔科学城调研并座谈。庞丽娟强调，近年来，怀柔区抢抓发展机遇，变化日新月异，科学城建设取得了积极进展，成效不断显现，充分体现了面向未来、绿色创新引领发展的理念。怀柔区兼具生态涵养和科技涵养优势，坚定不移贯彻落实党中央及市委、市政府关于建设综合性国家科学中心决策部署，相信通过怀柔区的不懈努力，怀柔科学城将在创新驱动发展、提升国家核心竞争力、解决卡脖子关键科学技术上发挥领先和带头作用，成为具有全球影响力的科技创新中心、北京经济发展的新高地。

（科创中心建设综合协调处）

【王志刚调研北京生命科学研究所】5月28日，科技部部长王志刚一行赴北京生命科学研究所调研科技创新工作。王志刚一行参观了罗敏敏实验室和李文辉实验室，了解了神经生物学、病毒感染及相关疾病的机理、新冠广谱抗体等方面的研究工作。随后，王志刚以“疫情后生命科学发展方向与策略”为主题，与北京生命科学研究所所长王晓东等专家座谈。王志刚指出，科技在新冠肺炎疫情防控中发挥了重要作用，同时也暴露出生命健康科研工作和疾病防控科研体系的一些问题和短板。希望专家们能充分分析本次疫情防控中的闪光点和缺点，结合目前疾病防控科研体系的基础和优势，以提升全国疾病防控的科研能力和技术储备为目标导向，提出下一步疾控科研能力体系建设和研究布局的建议。

（科创中心建设综合协调处）

【蔡奇调研中小微企业帮扶工作】6月2日，市委书记蔡奇到海淀区调研中小微企业帮扶工作。蔡奇强调，中小微企业是北京经济活力的源泉、城市发展的力量，也是吸纳就业的主体。受新冠肺炎疫情影响，中小微企业生产经营遇到了较大困难。在困难面前，各级要与中小微企业站在一起，按照“六稳”“六保”要求，认真落实各项帮扶政策，做好“雪中送炭”这篇文章，千方百计帮助中小微企业渡过难关，留得青山在，就能赢得未来。

（科创中心建设综合协调处）

【许强调研交通治理应用场景科技创新工作】6月18日，市科委主任许强带队赴市公安局公安交通管理局（简称交管局）调研交通治理应用场景科技创新工作，并与交管局局长杨雄华座谈交流。市政府副秘书长程建华参加调研并指导工作。调研组参观了交通管理指挥中心，了解交通管理“智慧大脑”建设和运行情况。座谈会上，交管局相关负责人介绍了智能交通规划和重点项目建设应用整体情况，以及云指、云瞳、联创中心合作项目的成果应用情况，双方围绕新形势下交通治理的重点难点问题和科技支撑工作进行深入交流。

（王　璐　梁廷政）

【王江平调研在京新冠病毒疫苗生产企业】6月30日，工业和信息化部副部长王江平赴北京科兴中维生物技术有限公司和北京生物制品研究所有限责任公司调研。王江平现场考察了2家企业的新冠病毒疫苗生产车间，深入了解生产准备进展情况和存在的困难，并与2家企业负责人和技术研发人员进行座谈交流。王江平强调，各新冠病毒疫苗生产企业要进一步加快疫苗研发进度和生产车间建设，梳理产业链上下游配套情况，全力以赴做好规模化生产准备工作。

（科创中心建设综合协调处）

【李静海调研怀柔区】7月2日，国家自然科学基金委员会主任李静海带队到怀柔区调研。怀柔区委副书记、区长、怀柔科学城党工委副书记于庆丰一同调研。李静海先后到有色金属新材料科创园、福田一工厂和北京市民政局培训中心实地察看各园区地理位置、配套服务等情况，详细了解怀柔科学城整体规划和建设情况。李静海表示，国家自然科学基金委员会将进一步密切与怀柔区、怀柔科学城合作，建立常态化对接机制，在怀柔科学城重点科学基础设施建设、推动科技成果转化等方面贡献力量，推动怀柔科学城建设。

（科创中心建设综合协调处）

【许强调研猎户星空公司】7月8日，市科委主任许强带队赴北京猎户星空科技有限公司调研服务型机器人科技创新工作。许强一行首先参观了公司的智能服务机器人展厅，现场体验了迎宾机器人“豹小秘”、机械臂无人咖啡亭“豹咖啡”、配送机器人“豹小递”等多种应用场景的机器人服务，随后考察了研发中心，了解服务机器人产品的研发进展、技术创新以及应用推广等情况。

（申峥峥）

【许强调研西门子公司】7月8日，市科委主任许强带队赴西门子（中国）有限公司调研智能制造、数字化创新平台等工作。许强一行参观了西门子数字化企业展厅，现场体验从客户下单、产品虚拟设计、产品虚拟生产到实际生产线产品下线的全流程。许强指出，北京是人工智能、区块链、5G等领域的创新人才、研究机构及创新型企业的集聚地，要充分发挥全国科技创新中心的资源优势，与西门子等在京跨国企业加强科技创新方面合作，统筹推进智能制造创新生态和京津冀协同创新共同体建设，更好支撑具有全球影响力的科技创新中心建设和首都高质量发展。

（申峥峥）

【蔡奇调研朝阳区新业态新模式发展】7月14日，市委书记蔡奇到朝阳区调研新业态新模式发展。蔡奇强调，要克服新冠肺炎疫情影响，抢抓机遇，充分发挥北京科技和人才优势，强化科技赋能，加快培育壮大新业态新模式，用新动能推动首都新发展。要发挥平台优势，在疫情防控中积极履行社会责任，帮助餐饮住宿等行业更好复工达产、渡过难关。加强科技创新，把服务做到极致，推动新业态不断迭代更新。要加强自主创新，持续加大研发投入，增强核心竞争力，探索互联网时代的大众教育模式。

（科创中心建设综合协调处）

【陈吉宁调研怀柔区新型研发机构】7月14日，市长陈吉宁到怀柔区调研新型研发机构、科创园区发展情况。陈吉宁首先到北京雁栖湖应用数学研究院临时办公地，详细了解研究院规划选址等情况，察看科研办公环境；又到北汽福田一工厂，调研清华工业开发研究院雁栖湖创新中心规划建设情况；到有色金属新材料科创园，调研入驻企业及配套设施建设情况。陈吉宁强调，怀柔区要聚焦功能定位，坚持国际视野，深化体制机制改革，强化精准服务，加快完善创新生态，更好培育发展优势。

（科创中心建设综合协调处）

【陈吉宁调研科技创新发展情况】7月16日，市长陈吉宁到新型研发机构和科技企业调研科技创新发展情况。陈吉宁首先到北京量子信息科学研究院了解相关科研项目进展情况，并主持召开座谈会，听取研究院建设和科研项目进展、下一步发展规划等工作情况，同与会专家深入交流。陈吉宁又走访北京极智嘉科技有限公司，与公司创始团队交流，了解公司产品及发展情况。陈吉宁强调，要充分发挥首都科技优势，创新体制机制，整合资源形成合力，推动北京全国科技创新中心建设，积极争取承接国家重大科技任务，为服务国家创新驱动发展战略贡献力量。

（科创中心建设综合协调处）

【隋振江调研怀柔区新型研发机构、科创园区发展情况】7月21日，副市长隋振江到怀柔区调研新型研发机构、科创园区发展情况，协调推动怀柔区“五新”工作开展。隋振江先后到北汽福田二工厂和一工厂，了解汽车行业5G＋互联网应用情况及清华工业开发研究院雁栖湖创新中心规划建设情况。在有色金属新材料科创园，隋振江察看有研金属复材公司有色金属新材料孵化转化生产线，了解园区基本情况及海创研究院规划建设情况。隋振江还到北京雁栖湖应用数学研究院临时办公地，察看科研办公环境，并向研究院院长、世界知名数学大师丘成桐和青年数学科研人员询问下一步建设需求。隋振江强调，要围绕创新发展前沿，为技术创新提供优质服务，要找准政府与央企合作点，有效整合各方资源，建立市场化管理运作模式，加快实现科技成果转化与应用。

（科创中心建设综合协调处）

【蔡奇调研金融科技和专业服务创新示范区建设】7月22日，市委书记蔡奇到西城区、海淀区调研金融科技和专业服务创新示范区建设。蔡奇强调，要牢牢把握统筹推进新冠肺炎疫情防控和经济社会发展这条主线，深化金融和科技的融合发展，优化拓展金融街功能，打造国际一流的金融科技示范区。

（科创中心建设综合协调处）

【蔡奇调研海淀区】8月10日，市委书记蔡奇到海淀区调研。蔡奇强调，要立足“四个中心”城市战略定位，坚持创新驱动战略，突出“一村三山五园”，统筹推进新冠肺炎疫情防控和经济社会发展，努力完成全年各项任务，始终走在全国科技创新中心建设最前头。要对标世界一流科学城，把中关村做得更强更优。推动中关村科学城北区规划建设，打造科技创新新的增长极。大胆先行先试，升级“创新雨林”生态，打造最优营商环境。要以科技创新带动高精尖产业发展。

（科创中心建设综合协调处）

【怀进鹏调研首钢园区科幻工作】8月28日，中国科协党组书记、常务副主席、书记处第一书记怀进鹏，中国科协副主席、书记处书记孟庆海到首钢园区调研科幻工作，同北京市相关人员座谈，北京市副市长隋振江等一同调研。怀进鹏建议，一是将首钢园打造成为创造高地，高起点高站位规划未来发展；二是将首钢园打造成为开放高地，在科幻供给侧提升能力、不断发力，持续深化国内外合作与交流，推动设立国际科幻大奖；三是将首钢园打造成为人才集聚和产业集群高地，鼓励和支持科幻作家创作、企业家创造、投资家投入，打造名副其实的科幻资源集散高地；四是精心设计和打造产业平台，吸引和集聚产业链资源，探索设立科幻创投基金，引导和扶持科幻产业发展；五是加强科幻人才培养，鼓励北京高校试点探索构建科幻通识课程体系，促进复合型人才培养，不断培育科幻原创团队。

（科创中心建设综合协调处）

【蔡奇调研怀柔区】9月7日，市委书记蔡奇到怀柔区调研。蔡奇前往怀柔科学城第一批交叉研究平台——先进光源技术研发与测试平台，检查实验室建设和设备安装等情况，要求其对接市场需求，向社会开放，推动创新链向产业链、价值链转化。中国科学院纳米能源所是怀柔科学城首个整建制迁入的研究机构，蔡奇调研了其科研成果及院市合作情况，指出，整建制迁入是具有标志性的，要扎根科学城，大力推动原始创新，在卡脖子技术上取得更多突破。蔡奇强调，怀柔自然风光秀美，是首都功能重要承载地和重要生态屏障。要深入贯彻习近平总书记对北京重要讲话精神，坚持生态立区，大力推动绿色发展、创新发展、高质量发展，主动服务全市工作大局，全力推进怀柔科学城建设，为“京郊明珠”再添新辉。

（科创中心建设综合协调处）

【蔡奇、陈吉宁调研国际人才社区建设】9月12日，首届HICOOL全球创业者峰会暨创业大赛举办颁奖典礼等活动。市委书记蔡奇参观峰会展览展示区，与出席峰会嘉宾代表叙谈，向获奖的个人和团队表示祝贺，并到顺义区调研国际人才社区建设。蔡奇强调，当今世界新一轮科技革命和产业变革蓬勃兴起，新冠肺炎疫情又催生了一批新产业新业态新模式新需求，为创新创业提供了广阔的空间和舞台。要建设一流国际人才社区，营造更优更好的人才创新创业生态，为推动北京高质量发展提供有力支撑。市长陈吉宁为创业大赛获奖者颁奖并一同调研。

（科创中心建设综合协调处）

【陈吉宁调研中关村科技企业】9月16日，市长陈吉宁走访调研中关村科技企业时强调，要深入学习贯彻习近平总书记在科学家座谈会上重要讲话精神，坚持把创新作为引领发展的第一动力，让科技创新成果源源不断涌现出来。希望科技企业依托北京创新资源优势，发挥技术创新主体作用，坚持需求导向和问题导向，不断推进新技术新产品研发攻关和成果转化应用，为推动首都高质量发展提供有力支撑、做出更多贡献。

（科创中心建设综合协调处）

【蔡奇调研经开区】9月25日，市委书记蔡奇到经开区调研，并召开企业家座谈会，听取对“十四五”发展意见。蔡奇强调，“十四五”时期是开启全面建设社会主义现代化国家新征程的第一个5年，也是推动首都新发展的关键时期。经开区作为北京高端制造和科技成果转化的最前沿，要适应新的形势，谋划好“十四五”发展，坚持以创新为引领，以产业为驱动，发挥体制机制优势，打造具有全球影响力的高精尖产业主阵地，当好北京高质量发展排头兵。

（科创中心建设综合协调处）

【许强调研泰宁科创公司】10月19日，市科委主任许强带队赴北京泰宁科创雨水利用技术股份有限公司调研，现场考察智慧海绵城市管理系统，体验海绵城市“渗、滞、蓄、净、用、排”相关技术及产品，并与公司相关负责人进行座谈。公司董事长潘晓军介绍了公司在雨水控制与综合利用领域取得的技术成果及应用情况。许强指出，企业应瞄准科技创新前沿技术，通过场景驱动、产业促进，加快新材料、数字技术在雨水资源管理、海绵城市建设中的应用，不断提升雨水资源的利用效率；同时加强产学研用联盟的效能作用，加快创新成果的落地转化和示范应用，服务城市发展和宜居城市建设。

（王　璐　梁廷政）

【蔡奇调研昌平区】10月20日，市委书记蔡奇围绕谋划“十四五”规划、推动首都新发展到昌平区调研。蔡奇强调，昌平区素有“京师之枕”之称，要深入贯彻习近平总书记对北京重要讲话精神，立足当前，着眼“十四五”，树牢新发展理念，集聚创新发展动能，压实生态保护责任，激发基层治理活力，努力开创昌平区发展新局面。

（科创中心建设综合协调处）

【蔡奇调研石景山区】10月23日，市委书记蔡奇到石景山区就推进新首钢地区建设发展调研。蔡奇强调，新首钢地区已成为北京城市深度转型的重要标志。“十四五”时期是新首钢地区发展的新起点，要牢固树立新发展理念，聚焦文化、生态、产业、活力“四个复兴”，建设好新首钢地区，着力打造新时代首都城市复兴新地标，在构建新发展格局中展现新形象。市长陈吉宁一同调研。

（科创中心建设综合协调处）

【陈吉宁调研未来科学城西区】11月3日，市长陈吉宁就学习贯彻党的十九届五中全会精神，做好“十四五”规划编制、推动经济社会高质量发展等工作到昌平区未来科学城西区调研。陈吉宁强调，要深入学习贯彻党的十九届五中全会精神，积极用好北京建设国家服务业扩大开放综合示范区和自由贸易试验区的政策红利，深化改革开放，创新体制机制，统筹谋划，突出重点，吸引集聚优质要素资源，着力培育新动能新优势，为实现“十四五”开门红、加快构建新发展格局奠定坚实基础。

（科创中心建设综合协调处）

【蔡奇调研通州区】11月5日，市委书记蔡奇围绕学习贯彻党的十九届五中全会精神、谋划“十四五”高质量发展到通州区调研。蔡奇强调，“十四五”是城市副中心规划建设发展的关键时期，要深入学习贯彻党的十九届五中全会精神，立足城市副中心实际，更好践行新发展理念，在坚持绿色发展、强化科技创新引领、推动京津冀协同发展、提升对外开放水平、改善人民生活品质等方面拿出城市副中心行动，努力在探索形成新发展格局中走在前头。

（科创中心建设综合协调处）

【蔡奇调研丰台区】 11月12日，市委书记蔡奇围绕学习贯彻党的十九届五中全会精神、谋划“十四五”高质量发展到丰台区调研。他强调，“妙笔生花看丰台”，丰台区是拓展首都功能的重点地区，要深入贯彻党的十九届五中全会精神和习近平总书记对北京重要讲话精神，牢固树立新发展理念，扎实推进城南行动计划，积极构建丰台发展新格局。

（科创中心建设综合协调处）

【许强调研科亚医疗】 11月13日，市科委主任许强带队赴北京科亚方舟医疗科技有限公司（原北京昆仑医云科技有限公司）调研，了解公司整体发展情况、研发产品线，以及获批上市人工智能辅助诊断产品落地和推广情况。许强建议企业与设备制造商共同合作，拓宽产品推广市场。同时，北京医药健康领域人才、企业资源丰富，可依托优势人才和优势单位强强联合，提高企业创新能力，加速产品研发进程。市科委将联合市卫生健康委，依托即将建立的北京市互联网医院公共服务平台，聚焦优势医院，搭建企业产学研用联盟平台，推动北京市人工智能辅助诊断产品的研发和落地应用。

（申峥峥）

【蔡奇调研清华大学】 11月17日，市委书记蔡奇到高校联系点清华大学宣讲党的十九届五中全会精神并调研。蔡奇强调，要深入学习贯彻党的十九届五中全会精神，教育引导广大师生把思想和行动统一到全会精神上来，发挥清华大学自身优势，更好服务国家战略，深度融入首都发展，向世界一流大学前列迈进。

（科创中心建设综合协调处）

【蔡奇调研海淀区“两区”建设】 11月18日，市委书记蔡奇就推进国家服务业扩大开放综合示范区和自由贸易试验区建设到海淀区调研。蔡奇强调，“两区”建设是党中央在构建新发展格局中赋予北京的更大责任，是推动首都新发展面临的重要机遇。要以学习贯彻党的十九届五中全会精神为动力，深刻认识“两区”建设的重大意义，进一步增强责任感使命感紧迫感，加快工作进度，紧抓任务落地，确保“两区”建设开好局、起好步。市长陈吉宁一同调研。

（科创中心建设综合协调处）

【蔡奇调研石景山区】 11月23日，市委书记蔡奇围绕学习贯彻党的十九届五中全会精神、谋划“十四五”高质量发展到石景山区调研。蔡奇强调，石景山区区位、生态优势明显，又适逢冬奥筹办和新首钢地区城市复兴，要深入贯彻落实党的十九届五中全会精神，进一步增强贯彻新发展理念、构建新发展格局的思想自觉和行动自觉，聚焦自身功能定位，抓住“两区”建设机遇，推动“十四五”时期高质量发展，建好首都城市西大门。

（科创中心建设综合协调处）

【蔡奇调研大兴区】 12月1日，市委书记蔡奇围绕学习贯彻党的十九届五中全会精神、推动“十四五”高质量发展到大兴区调研。蔡奇强调，大兴区是首都对外开放的前沿阵地。要深入学习贯彻党的十九届五中全会精神和习近平总书记对北京重要讲话精神，牢记习近平总书记“要把大兴建设好”的嘱托，落实市委十二届十五次全会提出的各项任务，立足当前，着眼“十四五”，不断提升对外开放水平，扎实推动高质量发展，打造首都新国门。

（科创中心建设综合协调处）

【蔡奇调研两家市属国企】 12月4日，市委书记蔡奇到中关村发展集团、北京电子控股有限公司调研。蔡奇强调，市属国企要带头学习贯彻党的十九届五中全会精神，落实市委十二届十五次全会要求，坚持创新驱动发展，营造一流创新生态，为推动国际科技创新中心建设做出贡献。

（科创中心建设综合协调处）

【蔡奇调研城市副中心文旅建设】 12月5日，市委书记蔡奇到中国人民大学通州校区、北京学校、环球影城主题公园及度假区检查调研。蔡奇强调，要学习贯彻党的十九届五中全会精神，落实市委十二届十五次全会要求，传承历史文化底蕴，挖掘优质文旅资源，提升教育公共服务水平，把北京城市副中心打造成古今同辉的人文城市。市长陈吉宁一同检查调研。

（科创中心建设综合协调处）

【蔡奇调研顺义区】 12月7日，市委书记蔡奇围绕学习贯彻党的十九届五中全会精神、推动“十四五”高质量发展到顺义区调研。蔡奇强调，平原新城看顺义。要深入学习贯彻党的十九届五中全会精神，落实好市委十二届十五次全会任务，立足自身优势，科学谋划未来5年发展，提高综合承载能力，持续发力高端制造，建设创新产业集群示范区，打造高质量发展新高地。

（科创中心建设综合协调处）

【蔡奇、陈吉宁拉练式检查“两区”建设】 12 月 12 日，市委书记蔡奇带领十六区和相关部门负责人到 CBD、经开区就“学习贯彻党的十九届五中全会精神，推进国家服务业扩大开放综合示范区和自由贸易试验区建设”进行拉练式检查，并召开现场推进会暨“两区”工作领导小组第一次会议。蔡奇强调，“两区”建设是中央支持北京开放发展的重大政策，是构建新发展格局中赋予北京的极好机遇，也是更大责任。各区各部门要进一步增强责任感和紧迫感，以时不我待、只争朝夕的劲头推动任务落地，在服务业扩大开放和自贸区建设中走在全国前头，确保“两区”建设不断取得实实在在的成效，努力打造改革开放的“北京样板”。市委副书记、市长陈吉宁，市人大常委会主任李伟，市政协主席吉林，市委副书记张延昆参加。

（科创中心建设综合协调处）

【蔡奇检查延庆赛区冬奥筹办工作】 12 月 14 日，市委书记、北京冬奥组委主席蔡奇到延庆赛区检查 2022 年北京冬奥会和冬残奥会筹办工作。蔡奇强调，要深入贯彻习近平总书记关于 2022 年北京冬奥会和冬残奥会筹办工作的重要指示精神，进一步提高政治站位，切实增强责任感和紧迫感，始终坚持绿色、共享、开放、廉洁的办奥理念，加强统筹调度，保证过硬质量，全力以赴做好各项筹办工作，为办成一届精彩、非凡、卓越的奥运盛会打下坚实基础。市长、北京冬奥组委执行主席陈吉宁一同检查。

（科创中心建设综合协调处）

【许强调研区块链技术应用情况】 12 月 16 日，市科委主任许强带队赴北京互联网法院、冷链食品追溯平台应用点调研，了解区块链技术在司法、冷链物流领域的应用情况。北京互联网法院院长张雯，市市场监管局食品流通处负责人参加调研。许强一行参观了北京互联网法院展厅和办案场景，了解线上诉讼的基本流程、技术支撑与运行成效，听取了北京互联网法院信息化建设、区块链技术创新应用思路以及“天平链”建设等方面的情况介绍。盒马鲜生马家堡新荟城店是北京冷链食品追溯平台应用点，许强一行赴该应用点了解推进区块链技术在冷链食品安全追溯方面的应用。

（申峥峥）

【李平调研北京科技创新与科技宣传工作】 12 月 21 日，科技部党组成员、科技日报社社长李平一行到北京调研科技创新与科技宣传工作。李平指出，党中央高度重视宣传工作，对宣传工作方向性、全局性、战略性重大问题做出一系列部署和实践。要充分认识科技宣传工作的重要性，科技日报社将带头践行新时代科技宣传工作的“五个新”。一是要明确新要求，深入学习贯彻党的十九届五中全会精神，深化媒体融合发展；二是要有新变化，面向新的宣传对象、搭建新的宣传平台、传播新的宣传内容；三是要建设新阵地，读者在哪里，阵地就在哪里；四是要有新认识，履行好中央主流科技媒体发行工作主体责任；五是要有新格局，建立“国家－省－市－县”共建共享的科技资讯传播服务平台。

（科创中心建设综合协调处）

【北京市与科技部、中国科学院联合到怀柔科学城调研】 12 月 26 日，北京市与科技部、中国科学院联合到怀柔科学城调研，并召开座谈会。北京市委书记蔡奇、科技部部长王志刚、中国科学院院长侯建国、北京市市长陈吉宁参加。蔡奇强调，要深入贯彻党的十九届五中全会精神和中央经济工作会议精神，围绕加快形成国际科技创新中心，进一步加强与科技部、中国科学院合作，狠抓综合性国家科学中心建设，携手把怀柔科学城建设成引领全球科学发现和重大前沿技术突破的新引擎，打造国际科技创新中心重要战略支点。

（科创中心建设综合协调处）

# 重要会议

【概述】2020年，围绕全国科技创新中心建设，市科委加强与科技部办公厅、市委办公厅、市政府办公厅等的联络，组织召开和服务保障部市主要领导座谈会、筹备北京推进科技创新中心建设办公室（简称北京办公室）第七次全体会议、北京办公室“一处七办”工作会等，采用线上线下结合的方式，围绕重点项目进展、问题协调等主题召开会议。牵头统筹中关村论坛高水平举办，成果突出，中关村论坛迈上新台阶。一年一度的北京市科学技术奖励大会、北京国际科技产业博览会、北京国际设计周、全国科技活动周暨北京科技周、京港会科技专题活动、中国科幻大会、世界智能网联汽车大会等顺利举办。持续完善全国科技创新中心检测评价体系，组织相关单位研究并发布《全球科技创新中心指数2020》《自然指数－科研城市2020》等，多维度评价科技创新发展水平。

（市科委史志办公室）

【2020年全国科技工作会议在京召开】1月10—11日，2020年全国科技工作会议在京召开。会议深入学习贯彻习近平新时代中国特色社会主义思想和党的十九大及十九届二中、三中、四中全会精神，深入贯彻中央经济工作会议精神，总结2019年工作，部署2020年重点任务，深入实施创新驱动发展战略，决胜迈进创新型国家行列，以优异成绩助力全面建成小康社会、实现第一个百年奋斗目标。科技部部长王志刚做工作报告。王志刚要求，2020年要重点做好以下10方面工作：一是统筹推进研发任务部署，强化关键核心技术攻关和基础研究；二是编制发布中长期科技发展规划，形成跻身创新型国家前列的系统布局；三是优化创新基地布局，打造国家实验室引领的战略科技力量；四是加快新技术新成果转化应用，培育壮大新动能；五是大力发展民生科技，为创造美好生活提供支撑；六是构建优势互补高质量发展的区域创新布局，增强地方创新发展水平；七是深化创新能力开放合作，主动融入全球创新网络；八是深化科技体制改革，提高创新体系效能；九是激发人才创新活力，加快培育高水平人才队伍；十是加强作风学风建设，营造良好创新生态。

（申峥峥）

【北京办公室“一处七办”4月工作会议召开】4月29日，北京办公室“一处七办”工作会议召开。市政府副秘书长、北京办公室秘书长刘印春主持会议，市科委主任、北京办公室秘书长许强在市政府主会场出席会议。会上，市科委副主任杨仁全代表北京办公室秘书处汇报了2020年1—4月科技创新中心建设重点任务总体推进情况、需要重点协调解决的问题以及下一步工作计划。各专项办牵头单位分别汇报了具体工作进展情况以及存在的问题。刘印春在会上充分肯定了北京办公室“一处七办”应对新冠肺炎疫情迎难而上、主动作为、精准服务的工作精神，就下一步工作提出了具体要求：一是要深入学习贯彻习近平总书记关于统筹推进新冠肺炎疫情防控和经济社会发展工作的重要指示精神，抓实抓细常态化疫情防控，全力以赴推进科技创新中心建设，确保各项工作任务和重点项目落地见效；二是要抓住疫情窗口期，转危为机，做好企业服务工作，提前预判发展形势，及时做好应对准备，加强国际科研合作交流，大力促进新兴产业发展；三是各部门要提高预算执行进度，加强重点项目资金保障；四是要用改革的思维解决工作推进中的问题，创新方式方法，争取更多先行先试。

（科创中心建设综合协调处）

【北京办公室“一处七办”5月工作会议召开】5月28日，北京办公室“一处七办”工作会议在市政府召开。市政府副秘书长、北京办公室秘书长刘印春主持会议并讲话。会上，北京办公室秘书处（市科委）汇报了2020年科技创新中心建设项目需重点协调解决的问题及下一步工作安排，市财政局汇报了科技创新中心建设重点项目预算执行情况及存在的问题。刘印春在会上对“一处七办”提出的问题进行了现场调度，就下一步工作提出了具体要求：一是北京办公室“一处七办”要全力以赴推进科技创新中心建设223项重点项目和工作任务的实施，及时发现并协调解决好重点项目和工作任务存在的问题，加强统筹调度，根据年初制订的实施方案抓好工作进度，确保各项任务按照时间节点有序推进；二是市、区两级财政要持续提高科技经费投入水平，精打细算，把钱用在刀刃上、紧要处，已下达经费要提高预算执行进度，未下达经费要尽快明确财政资金需求，积极与财政主责部门沟通，落实资金保障渠道，确保各项工作任务和重点项目落地见效；三是要落实好市领导调研“十四五”规划编制工作时的指示精神，高质量抓好“十四五”时期加强全国科技创新中心功能建设规划编制，发挥“三城一区”主平台作用，按照量化、细化、具体化、项目化的要求，完善“十四五”时期发展思路和目标，进一步将任务和举措落实、落细，实现一张蓝图绘到底。

（科创中心建设综合协调处）

【北京雁栖湖应用数学研究院成立】6月12日，北京雁栖湖应用数学研究院（简称应用数学研究院）工作推进会在怀柔科学城召开，副市长隋振江出席会议并讲话，市科委主任许强主持会议。国际数学大师、应用数学研究院院长丘成桐，清华大学校长邱勇院士，科技部基础司司长叶玉江等出席。应用数学研究院由市政府支持建设，实行理事会领导下的院长负责制，定位为世界一流新型研发机构。在运行机制、财政资金支持与使用、绩效评价、知识产权激励以及固定资产管理等方面探索制度突破。应用数学研究院建设是北京布局世界一流新型研发机构、支撑全国科技创新中心建设的又一重大战略安排，旨在落实国家基础研究战略部署，依托清华大学、中国科学院等数学学科资源优势单位，搭建数学学科与产业应用的链接桥梁，为解决关键技术难题做出突破性贡献。应用数学研究院瞄准前沿基础理论和关键工程技术等领域的战略需求，围绕数学物理与理论物理、材料科学、人工智能与大数据、图像科学、大尺度建模与计算、统计方法与数据科学等与数学相关的重大应用领域展开研究。

（申峥峥）

【北京市科普工作联席会议召开】8月20日，2020年北京市科普工作联席会议在市政府召开，会议总结2019年全市科普工作，研究部署2020年全市科普和全民科学素质行动工作要点。市政府副秘书长、市科普工作联席会议副主席刘印春主持会议并讲话。2019年，全市科普工作取得新成效，科普活动蓬勃开展，科普成果质量提升，科普信息化建设加速推进，科普发展环境不断优化，公民科学素质持续提升，科学普及作为创新发展“两翼”之一的基础工程作用充分发挥。会议进一步完善由科技部门牵头、相关部门和各区协同推进、社会力量共同参与的首都科普资源共建共享工作体系，促进各部门、各区之间加强交流。

（祖宏迪）

【第26届北京科技周“云上”举行】8月23—29日，第26届北京科技周举行。2020年北京科技周有以下特点：一是首次采用“云上”的形式。通过AI、VR等技术和漫画、视频等丰富的形式，实现了场景还原、立体展示、沉浸式体验，创新性地以“科创号云上列车”为参观牵引，设置“科技主题专线”和“‘三城一区’专线”2条专线，共展示200余个展项，访问量超过100万人次，网络关注量达2 000万人次。让公众足不出户，“云端”看科技，体验科技成果，感受科学魅力。二是聚焦科技战“疫”。在“云上”科技周设置“科技战‘疫’”展区，以实验室场景、科技防疫场景、医院场景、防护场景、诊疗场景5个场景，全方位展现科技战“疫”的北京力量。三是全方位展示全国科技创新中心建设成效。首次在“三城一区”设立分会场，并在“云上”科技周设置“‘三城一区’专线”，同步进行了30余场直播活动，集中展现了中关村科学城、怀柔科学城、未来科学城、北京经济技术开发区等“三城一区”主平台建设的新进展、新突破、新成效。

（祖宏迪）

【2020服贸会召开】9月4—9日，2020年中国国际服务贸易交易会在北京国家会议中心召开。围绕“全球服务，互惠共享”主题，本届服贸会举办了覆盖服务贸易全部12大领域的展览展示和190场论坛及洽谈活动，组建了80家中央企业交易团、16家中央金融企业交易团及38个省区市交易团，共有来自148个国家和地区的2.2万家企业和机构线上线下参展参会。大批企业和机构在服贸会期间首次发布了新技术、新应用、新服务，为企业拓展发展机遇、获取订单、开展国内国际合作提供了良好平台。

（申峥峥）

【市科学技术奖励大会召开】9月10日，市委、市政府举行2019年度北京市科学技术奖励大会。会议宣读了关于2019年度北京市科学技术奖励的决定。2019年度首次设立突出贡献中关村奖、杰出青年中关村奖、国际合作中关村奖，首次分设自然科学奖、技术发明奖、科学技术进步奖。11位科学家和154项成果获北京市科学技术奖。其中，薛其坤和胡伟武2人获突出贡献中关村奖，文再文、江颖、郭玉国、卫彦、徐烨烽、陈鹏6人获杰出青年中关村奖，乔斯特·乔纳斯、马克·梵·洛斯德莱特、欧利伟3人获国际合作中关村奖。获奖的154项成果，包括自然科学奖15项，其中一等奖5项，二等奖10项；技术发明奖12项，其中一等奖6项，二等奖6项；科学技术进步奖127项，其中特等奖1项，一等奖33项，二等奖93项。市委书记蔡奇参观获奖成果展并为获奖代表颁奖，向全体获奖人员表示祝贺，向他们为首都科技事业发展做出的贡献致以崇高敬意和衷心感谢。市长陈吉宁颁奖并讲话。科技部和北京市领导黄卫、崔述强、侯君舒、隋振江、林抚生，市政府秘书长靳伟出席会议。

（刘宁瑜）

【第14届北京发明创新大赛举办】9月10日，第14届北京发明创新大赛举办颁奖大会。本次大赛，通过初赛、复赛、决赛、公示等多个环节，最终从1 759项参赛项目中评选出发明创新奖230项（特等奖1项、金奖20项、银奖70项、铜奖139项），入围奖729项。同时，有12家单位在本届大赛设立了专项奖，56项各具特色的参赛项目获得奖励。“用于航天重型运载火箭发动机关键零部件加工的大型六轴联动电火花成形机床”项目获得本届大赛特等奖。“应用于污染土壤绿色可持续修复的机械力化学技术”“智能混合动力变速器”等20个项目获金奖。本届大赛颁奖大会还有一个特殊的环节——大赛组委会向新联铁科技股份有限公司赠送锦旗，感谢企业对大赛的捐助。

（申峥峥）

【第三届联合国教科文组织创意城市北京峰会举行】9月17—18日，由联合国教科文组织、中国教育部、北京市政府、中国联合国教科文组织全国委员会共同主办，北京市科委、北京市政府外办、北京市教委承办的第三届联合国教科文组织创意城市北京峰会在京召开。联合国教科文组织总干事奥德蕾·阿祖莱、北京市市长陈吉宁、教育部副部长郑富芝等为开幕式致辞。本届峰会以“创意激活城市·科技创造未来”为主题，采用“线上＋线下”方式举办，呈现开幕式、主论坛、分论坛、闭幕式和配套展示等几大板块，峰会线下举办地为新首钢高端产业综合服务区。本届峰会共有16个国家和地区的30余位代表发表演讲，其中包括13个国家和地区的19位城市市长级代表。55个国家和地区的111位城市代表在线上注册参会。本次峰会是新冠肺炎疫情发生后，教科文组织与地方政府合作举办的首个以创意城市为主题的国际活动，聚焦科技和创意，为疫情下的城市未来可持续发展和地方层面国际团结协作注入正能量。

（北京工业设计促进中心）

【第23届科博会举办】9月17—20日，第23届中国北京国际科技产业博览会（简称科博会）在京举办。作为2020中关村论坛的展览板块，本届科博会与中关村论坛共同聚焦“合作创新　共迎挑战”主题，紧贴国家战略和经济社会发展的紧迫需求，集结高精尖技术成果和产业集群，推介一批优质项目加速成果转化，探讨新时代新经济发展的大机遇，助力全国科技创新中心建设。为期4天的科博会共有12个国际组织、11个国家和地区的机构代表参加各项活动；全国25个省区市代表团参展参会；主展场有800余家中外企业参展，共接待各界观众超过3万人次；2场论坛受到广泛关注，66位国内外知名人士演讲，1 100多位业界专业人士到会交流；10场项目推介交易活动，吸引了国内外2 200多位客商到会交易。本届科博会呈现出首设成果展彰显抗疫科技力量、前沿科技创新聚力“新基建”、全景展示北京高精尖科创实力、科技与经济融合渐成新生态四大特点，强化线上线下融合办展的理念，“云上”展系统支持文字、图片、视频等展示方式，展商及其展品展示首次实现结构化数据呈现，为线上线下融合及展会的永不落幕打下基础。据不完全统计，本届科博会期间，共有技术交易、产业合作签约、交易项目42个，交易总额178.48亿元。

（申峥峥）

【2020中关村论坛举办】9月17—20日，2020中关村论坛在北京中关村国家自主创新示范区展示中心举办。200余名全球知名专家学者（诺奖级科学家11人、中外院士70人）、400余名著名企业家和投资人、150余名国内外政府官员及驻华使节、40

余名国际组织及顶级学术机构负责人等通过线上或线下的方式参加论坛。论坛以“合作创新　共迎挑战”为主题，聚焦全球新冠肺炎疫情下的民生福祉。本届论坛与中国北京国际科技产业博览会进行融合，共开展各类活动 50 余场。海淀区作为论坛承办单位，成立以区委、区政府主要领导为总指挥的筹办和保障工作指挥部，制定并印发《海淀区“2020 中关村论坛”筹办和服务保障工作方案》，成立论坛和特色活动筹办等 7 个小组，统筹推进各项工作。论坛发布会上首发《全球科技创新中心指数 2020》《自然指数 - 科研城市 2020》等科创指数与研究报告，发布量子直接通信、区块链等领域一批最新突破技术，推出高价值专利转化、“创信融”科技金融产品等多项创新性政策，推介中关村科学城“星谷”等建设项目。论坛期间共首发平台类、政策类、签约类成果 67 项。

（程晓荷）

**【《全球科技创新中心指数 2020》全球首发】** 9 月 19 日，2020 中关村论坛首次面向全球隆重发布《全球科技创新中心指数 2020》。施普林格·自然大中华区总裁安诺杰（Arnout Jacobs）和清华大学苏世民书院院长、产业发展与环境治理研究中心学术委员会联席主席薛澜出席指数发布会并介绍相关情况。此次发布的《全球科技创新中心指数 2020》紧紧围绕全球科技创新中心的核心功能与内涵，通过客观数据呈现出不同城市在关键指标上的排名，探索创新变革的力量、关键要素和条件，展现出城市参与经济全球化过程中的必要准备与核心竞争力。指数在全球范围内研究遴选出 30 个城市（都市圈）作为评估对象，构建了由科学中心、创新高地、创新生态 3 个一级指标、12 个二级指标和 31 个三级指标构成的指标体系，系统反映了全球主要科技创新中心城市（都市圈）的综合创新能力和水平。测算结果显示，综合排名前十的城市（都市圈）依次为：旧金山 - 圣何塞、纽约、波士顿 - 坎布里奇 - 牛顿、东京、北京、伦敦、西雅图 - 塔科马 - 贝尔维尤、洛杉矶 - 长滩 - 阿纳海姆、巴尔的摩 - 华盛顿和教堂山 - 达勒姆 - 洛丽。

（申峥峥）

**【北京位居全球科研城市首位】** 9 月 19 日，自然指数（Nature Index）创始人戴维·斯文班克斯（David Swinbanks）在中关村论坛发布了《自然指数 - 科研城市 2020》最新数据和研究成果。《自然指数 - 科研城市 2020》通过追踪独立精选出的 82 种高质量自然科学期刊上发表的科研论文，分析全球主要城市 2019 年在自然指数的表现。指数数据显示，北京在全球科研城市中继续蝉联第一，纽约都市圈、波士顿都市圈、旧金山 - 圣何塞地区和上海分列第 2 ~ 5 位。中国除北京和上海之外，另有 4 座城市跻身全球科研城市排名前 20 位，分别是南京（第 8）、武汉（第 13）、广州（第 15）、合肥（第 20）。

（申峥峥）

**【北京干细胞与再生医学研究院在京成立】** 9 月 22 日，北京干细胞与再生医学研究院（简称干细胞研究院）建设工作推进会在京召开，标志着干细胞研究院建设工作全面启动。中国科学院副院长相里斌、北京市副市长隋振江、中国科学院副秘书长周琪、北京市科委主任许强出席会议，并共同为干细胞研究院揭牌。干细胞研究院是由北京市和中国科学院合作共建的新型研发机构，依托中国科学院干细胞与再生医学创新院建设，实行理事会领导下的院长负责制。干细胞研究院将整合北京乃至全国优势科研力量，面向干细胞与再生医学领域的重大前沿科学问题和共性关键技术需求，通过前瞻性科研布局，创新体制机制，建设具有国际影响力的干细胞与再生医学新型研发机构，以实现重大原始创新和技术突破，实现跨越式发展。

（科创中心建设综合协调处）

**【2020 北京国际设计周举办】** 9 月 22 日—10 月 7 日，2020 北京国际设计周在京举行。本届设计周以“民生之维”为主题，启用新的标识，全新构建活动框架，推出学术建设、公众活动、产业合作、专业赛事、服务平台五大单元 16 项主体活动，分别在通州张家湾设计小镇、中华世纪坛、国家大剧院、隆福文化中心、望京小街 5 个主会场和东城区、西城区、朝阳区、海淀区的 23 个分会场举办。展览、论坛及相关活动共举办了 386 场，展览及活动面积达到 89 万平方米。来自 60 多个国家和地区的上万名设计师及设计机构代表通过线下或线上的方式参与本届设计周。现场观众超过 190 万人次，另有国内外观众 1.54 亿人次通过网络展览、在线直播等形式关注设计周。

（北京工业设计促进中心）

**【中国（北京）自由贸易试验区揭牌】** 9 月 24 日，中国（北京）自由贸易试验区揭牌仪式举行，中国（北京）自由贸易试验区成立。市委书记蔡奇为自贸区揭牌并讲话，市长陈吉宁宣读国务院批复，市人大常委会主任李伟、市政协主席吉林出席。建立中国(北京)自由贸易试验区是党中央、国务院做出的重大决策，北京自贸区的实施范围119.68平方千米，涵盖3个片区，其中，科技创新片区31.85平方千米，国际商务服务片区48.34平方千米(含北京天竺综合保税区5.466平方千米)，高端产业片区39.49平方千米。

(科创中心建设综合协调处)

**【全国双创周北京会场暨中关村创新创业季举办】** 10月15—21日，由市发展改革委、中关村管委会、海淀区政府主办的2020年全国大众创业万众创新活动周北京分会场暨中关村创新创业季活动举办。活动以“创新引领创业，创业带动就业”为主题，举办启动仪式、展览展示、专题活动等系列活动。北京分会场首次采用全线上展览展示，打造“云上”展厅，包括新基建新应用赋能、科创中心创新引领、双创带动就业升级、精准助力战“疫”四大展厅，展示100余个重点创新创业项目，参展项目覆盖高精尖产业，云计算、大数据等新兴领域及智慧教育、智慧医疗等创新业态。北京分会场云平台“双创活动直播”专区通过直播、录播等形式，集中、持续呈现2020年“创响中国”海淀站暨京津冀双创示范基地联盟主站活动、集成电路行业创新创业沙龙、REITs产业发展论坛、第九届中国创新创业大赛北京赛区暨北京银行杯中国·北京创新创业大赛季(简称大赛季)、2020年度科技成果直通车北京站活动、中关村金种子企业路演、中关村科技成果转化“火花”活动等30余场线上线下创新创业重点活动。累计取得五大方面11项成果。

(程晓荷)

**【全国科技创新中心建设专题培训班举办】** 10月19—23日，市委组织部、市科委、中国人民大学联合举办全国科技创新中心建设专题培训班。市政府副秘书长刘印春，中国人民大学党委常委、副书记齐鹏飞出席开班仪式并讲话。各区分管副区长、科技主管部门主要负责人，北京办公室相关市级成员单位分管负责人，相关市属高校、企业的分管负责人等近70人参加培训。为期5天的培训班，邀请了政、产、学、研各界知名专家学者，以科技创新催生新发展动能为主线，围绕科技发展态势、科技创新经验、科技创新政策等专题，组织了“抓住机遇推进基础研究高质量发展”“新科技革命前瞻与科学中心建设”“国际大环境对科技创新的影响和对策”“科技创新中心发展趋势规律及‘十四五’建设思考”“以科技创新加快形成国内国际双循环的新发展格局”等专题辅导报告，开展《北京市促进科技成果转化条例》、应用场景建设等政策解读以及人工智能发展态势、互联网+医疗等前沿技术介绍。市科委主任许强在“京华讲堂”做“全球科技创新中心指数解读及启示”专题辅导报告，从全球科技创新中心指数构建及结果解读、全球科技创新中心指数对北京的主要分析和启示等3个方面进行了系统讲解和阐述。参训学员围绕“新形势下更好地推进全国科技创新中心建设”进行研讨。

(申峥峥)

**【北京银行杯中国·北京创新创业大赛季(2020)颁奖礼举办】** 10月21日，第九届中国创新创业大赛北京赛区暨北京银行杯中国·北京创新创业大赛季颁奖礼在中关村国家自主创新示范区展示中心举办。市科委副主任刘晖，科技部火炬中心项目组织处处长安磊等出席活动并讲话，相关部门负责人以及大赛季支持机构、获奖企业代表出席活动。本届大赛季共吸引北京地区669家科技企业报名参赛，按照新一代信息技术、生物、高端装备制造&新能源汽车、新材料&新能源&节能环保4个行业赛开展赛事组织工作。经过近4个月的角逐，共有106个项目晋级大赛季行业赛决赛，最终评选出一、二、三等奖获奖项目35项。本次颁奖礼作为2020年全国双创周及北京分会场主场活动之一，在北京分会场网络平台同步直播。

(申峥峥)

**【2020中国科幻大会举办】** 11月1—2日，2020中国科幻大会在北京石景山区首钢园举办，本次大会主题为“科学梦想　创造未来”，由中国科协和北京市政府共同主办，国家电影局指导。大会采取线上线下相结合方式进行，300余人出席开幕会，10余位来自美国、英国、日本等国家的科学家、著名科幻作家、科幻业界知名人士，以及全球科幻机构和组织代表通过线上方式参会。大会包含开幕会、7个专题论坛、8项涉会活动和3项展览展示。其中，由市科委主办的“科幻产业集聚发展”专题论坛也在该园同期举办。开幕会上，中国科协与北京市政府签订了促进北京科幻产业发展战略合作协议，石景山区政府发布了促进科幻产业发展相关计划措施，首钢集团发布《首钢园科幻产业集聚区实施方案》，

南方科技大学教授、中国科普作家协会副理事长吴岩发布2020中国科幻产业报告。

（张　桢）

【世界智能网联汽车大会召开】11月11—13日，由北京市政府、工业和信息化部、交通运输部、公安部、中国科协联合主办的“2020世界智能网联汽车大会”在京召开。此次大会以“共建生态　智领未来——开启汽车新时代”为主题，采用线下会议、展览与线上云直播、云讲坛、云展览相结合的方式举行。展览规模超过50 000平方米，通过整车展区、关键零部件展区、国际展团、自动驾驶科创企业集群、“5G、车联网与智能交通展示专区”等4个室内展馆、2个室外展区、十大特色展区，全面展示国内外新能源汽车、智能网联汽车、关键零部件和产业链上下游，以及关联领域的前沿科技和最新成果。大会设立室外无人（自动）驾驶测试演示体验区、室外试乘试驾展示体验区，举办20余场同期会议、数十场同期互动体验活动，是国内领先、具有全球影响力的产业交流和价值汇聚平台。

（刘悠冉）

【北京办公室“一处七办”第三季度工作会议召开】11月12日，北京办公室秘书长刘印春主持召开北京办公室“一处七办”第三季度工作会议，调度重点项目进展和2021年工作方案编制。会议听取了北京办公室秘书处关于2020年前三季度科技创新中心建设总体情况、7个专项办牵头单位关于重点项目推进存在的问题和2021年工作方案编制进展的汇报，以及第三方评估机构关于2020年科技创新中心建设的评估安排。刘印春对“一处七办”提出的问题进行现场调度，就下一步工作提出具体要求：一是要高度重视科技创新中心建设工作。认真学习贯彻党的十九届五中全会精神，深刻认识新形势下科技创新中心建设的重要性和紧迫性，进一步强化使命和担当。各专项办、部门和各区要强化责任意识，进一步优化工作机制，以时不我待的精神推进科技创新中心建设，为北京高质量发展提供有力支撑。二是要严格把控任务和项目的调整机制。各专项办要深入分析研究存在问题的任务和项目，积极主动采取有效措施推进工作落实，加强部门、单位之间的协调联动、密切配合，尽最大努力把失去的时间抢回来，把新冠肺炎疫情造成的损失补回来，实现“十三五”规划圆满收官。三是要主动谋划编制好2021年方案任务。各专项办要紧密围绕“十四五”科技创新中心建设规划编制，统筹好各部门、单位和各区的优势资源，主动谋划提出符合国家重大战略需求、北京未来发展形势以及对科技创新中心建设具有巨大推动作用的战略性、重大性任务和项目，确保“十四五”科技创新中心建设开门红。

（科创中心建设综合协调处）

【第二十三届京港会科技专题活动举办】11月19日，第二十三届北京·香港经济合作研讨洽谈会（简称京港会）在京举办，北京市科委作为北京市8家主办单位之一，与香港贸易发展局、京泰实业（集团）有限公司主办本次京港会的科技专题活动。此次活动以“后疫情时代，京港科技合作新态势”为主题，以强化京港合作，助力国际科技创新中心建设为目标，聚焦京港两地科技研发合作、创新环境培育、科技人文交流。北京市科委副主任杨仁全、香港贸发局中国内地总代表钟永喜、京泰集团总经理杨治昌代表京港主办方致辞，香港创新及科技局副局长钟伟强，香港工程师协会会士、国际电子电机工程师学会会士刘云辉，菲尔兹奖得主、北京雁栖湖应用数学研究院院长丘成桐作为特别嘉宾致辞。活动上，与会专家围绕科技政策、创新环境、创新要素等发表主题演讲，深入剖析后疫情时代京港两地面临的发展机遇和共同挑战，为京港两地深入合作建言献策。活动还安排了项目展示和路演环节，对近100项京港合作优秀项目成果进行了推介。京港两地科研院所、科技创新型企业、青年创客等单位的300余人参加相关活动。

（北京科学技术开发交流中心）

【北京特拉维夫创新大会举办】11月23—24日，由北京市科委、以色列驻华使馆主办的2020北京特拉维夫创新大会举办。由中国科学技术交流中心、以色列创新署主办，北京市科委合作的第四届中以创新创业大赛北京生命科学领域决赛同期举办。北京特拉维夫创新中心（高创国际孵化器）作为承办单位，在望京科技园设立主会场，在北航天汇科技孵化器、京仪融科科技孵化器等机构设立分会场。北京市科委副主任许心超和以色列驻华使馆商务公使衔参赞艾晔宾（Yair Albin）就加强合作进行会前会谈，双方对未来加强联合研发、重视线上对接合作、共同举办更多中以企业交流活动等举措达成共识。在生命科学领域决赛中，8个生命科学领域的前沿技术项目依次进行在线路演，7位专家评委进行提问和评分，最终 VBL Therapeutics 治疗癌症的新药剂 VB－111、CorNeat Vision Ltd. 治疗角膜盲和青光眼病的纳米织物、BiomX 慢性适应证的新型噬菌体疗法项目晋级总决赛。

（李　倩）

**【北京市自然科学基金成立 30 周年工作推进会召开】** 12 月 22 日，北京市自然科学基金成立 30 周年工作推进会在中关村国家自主创新示范区展示中心会议中心召开。第二届自然科学基金委员会名誉会长、北京市政府原副市长胡昭广出席会议，北京市政府、国家自然基金委、北京市科委相关领导，历届委员顾问、依托单位代表、优秀项目负责人、科技企业相关负责人等 200 余人参加会议。会议包括杰青展示、30 周年成果报告、“薪火相传”、座谈会、主题报告等环节。市基金委秘书长、市基金办主任王红汇报了市基金 30 年的回顾与展望。30 年来，市基金资助经费总额约 23.9 亿元，共受理项目申请约 10 万项，资助项目近 12 000 项，平均资助率约 12%，参与项目的科技人员超过 60 万人次。2020 年，市基金经费总规模超过 4 亿元。

（市基金办）

**【“回顾‘十三五’，展望‘十四五’”系列新闻发布会——科技创新专场举办】** 12 月 24 日，北京市政府新闻办组织召开北京市“回顾‘十三五’，展望‘十四五’”系列新闻发布会——科技创新专场。市科委副主任、新闻发言人杨仁全出席新闻发布会，介绍北京科技创新中心建设情况并回答记者提问。会上，市经济和信息化局二级巡视员任世强、经济技术开发区管委会副主任孔磊、中关村管委会副主任朱建红、中关村科学城管委会专职副主任舒毕磊、怀柔科学城管委会副主任伍建民、北京未来科学城管委会服务保障处处长金鑫也分别介绍了相关情况。

（申峥峥）

**【北京办公室第七次全体会议召开】** 12 月 26 日，北京办公室召开第七次全体会议，深入学习贯彻党的十九届五中全会和中央经济工作会议精神，总结北京科技创新中心建设工作情况，研究部署下一步重点工作任务。北京办公室主任、科技部部长王志刚和北京办公室主任、北京市市长陈吉宁共同主持会议并讲话。会上，常务副市长崔述强传达了中央领导相关批示精神，副市长靳伟报告了 2020 年和“十三五”期间北京加强全国科技创新中心建设进展，提出了“十四五”时期发展思路、目标和重点任务。科技部副部长黄卫报告了科技部支持北京科技创新中心建设有关情况。北京办公室成员单位负责人发表了意见建议。会议同时审议了“十四五”北京国际科技创新中心建设战略行动计划、关于支持北京加快建设具有全球影响力的人工智能创新策源地和医药健康创新策源地行动计划。京津冀三地签署了《京津冀国家技术创新中心共建框架协议》，北京经济技术开发区国家人工智能高新技术产业化基地、北京应用数学中心、北京颠覆性技术创新基金、京津冀国家技术创新中心在会上揭牌。

（申峥峥）

**【2020 未来科学大奖周在线举办】** 12 月 27—30 日，2020 未来科学大奖周在线举办。未来科学大奖周 Program Committee 联席主席与未来科学大奖历届获奖人、捐赠人、科学委员会委员、监督委员会主席齐聚“云端”，共同启动 2020 未来科学大奖周。本届未来科学大奖周的主题是“科学之光　温暖世界”，未来科学大奖愿做一粒火种，在人类面临共同挑战的当下，凝聚更多爱与力量，点亮科学之光，温暖整个世界。大奖周期间，举办包括获奖者学术报告会、青少年对话获奖者、“病毒与人类健康”主题论坛、“关注女性科学家”主题论坛等多场“云端”活动。来自哈尔滨医科大学第一附属医院的张亭栋和来自上海交通大学医学院附属瑞金医院的王振义共同获得本年度“生命科学奖”，“物质科学奖”由中国科学院院士、辽宁省副省长卢柯获得，“数学与计算机科学奖”则颁给中国科学院院士、山东大学教授彭实戈。

（申峥峥）

# 科技抗疫

【概述】2020年，市科委全力投入科技支撑新冠肺炎疫情防控。建立科技防控工作机制，出台支持保障措施。全力支撑北京市新冠肺炎疫情科技防控工作联席会、市疫苗研发及接种工作组有关工作。推动成立市级新冠科技防控专家委员会及药物研发专家组。出台加强新冠肺炎科技攻关的10条措施，支持产业平稳渡过新冠肺炎疫情冲击。科学布局诊断试剂科技攻关平台、全病程信息与样本资源平台等一批平台，提供关键技术支撑。围绕新冠病毒疫苗、新药、诊断试剂等重点领域，组建工作组，组织动员优势力量开展协同攻关；结合实际，采取简化流程、分段立项、"揭榜式"征集等多种方式，部署9批39个应急项目，加快推进创新产品投入一线应用。

积极推进科研攻关。多条技术路线布局新冠病毒疫苗研制，围绕国家布局的5条新冠病毒疫苗研发技术路线，支持科兴中维、中生北京公司、军科院微生物所、军科院生物所等优势团队，担当好"突击队"，加速新冠病毒疫苗研制；同时，密切跟踪核酸疫苗、重组蛋白疫苗等新技术路线进展。加强与国家专班对接，建立台账、挂图作战，按天推进，及时协调解决问题需求，积极对接国家、市区多部门，在毒株转运、临床前研究、临床资源保障、生产车间建设等方面给予大力支持。此外，还建立国际临床专家咨询机制，推动Ⅲ期国际临床试验。

加快诊断试剂研发攻关，抓紧推动新冠病毒检测试剂盒研发上市，深入调研，摸清研发掣肘，将企业与注册检验、临床试验等关键环节研发主体串联，支持中检院联合佑安、地坛等医院以及金沃夫、华科泰、新兴四寰等企业，共同开展诊断试剂科研攻关，持续跟进进展，从协调临床资源、推动伦理等方面加速研发。此外，结合新冠肺炎疫情防控实际需求，科学布局支持检测速度更快、更精准、高通量、多病毒联的诊断试剂产品。

加快有效药品筛选和研发，重点支持中和抗体药物研究，聚焦北京大学谢晓亮、清华大学张林琦、神州细胞谢良志、中国科学院微生物所严景华等团队的项目，积极对接国家新药专班，从协调病例资源、对接动物试验机构、推动成果转化等方面全力支持。特别全程服务谢晓亮团队抗体研发并推动在京成立北京丹序生物制药有限公司（简称丹序生物），承接产业化落地。针对舒泰神公司的单克隆抗体药物等其他临床研究项目，通过与"一带一路"科技参赞联络，推动企业与国际临床资源对接，开展国际合作。此外，布局支持李文辉团队的广谱抗病毒药物等创新品种加快研发，为治疗新冠肺炎提供更多用药选择。

周密部署，精心组织，规范有序实施紧急接种。依法依规制定了《北京市新型冠状病毒疫苗紧急使用（试用）方案》及第二阶段实施方案。按照方案，审慎稳妥推进接种工作，做好接种单位组织对接，审核并指导制订接种方案。

（医药健康科技处）

【沐舒坦具备治疗新冠肺炎潜力】1月25日，北京大学基础医学院的王月丹和初明团队宣布在了解新型冠状病毒（2019－nCoV）的功能性受体后，采用自主研发的人工智能药靶筛选系统，重点针对2674种已上市的药物以及1500种中药提取物进行药物筛选，发现多种潜在药物，有望治疗新型冠状病毒感染肺炎，其中包含常用药物沐舒坦等。

（张　雨）

【北京市新型冠状病毒感染肺炎线上医生咨询平台开通】2月1日，北京医学会召开发布会，宣布开通"北京市新型冠状病毒感染肺炎线上医生咨询平台"。该平台采用5G、人工智能、视频通信、远程医疗等现代化信息技术手段，在新冠肺炎疫情防控期间，千余名北京医生将接续排班，7×24小时面向广大市民提供咨询服务，让市民足不出户获取疫情防治知识和预防、就医等方面的专业指导，引导市民应对焦虑、有序就医，减少交叉感染风险，减轻公共医疗资源压力。

（申峥峥）

【《关于加强新型冠状病毒肺炎科技攻关促进医药健康创新发展的若干措施》印发】2月2日，市科委、市发展改革委、市经济信息化局、市财政局、市卫生健康委、市医保局、市药监局、中关村管委会等8部门联合发布《关于加强新型冠状病毒肺炎科技攻关促进医药健康创新发展的若干措施》。建立应对新发突发传染病的科技快速反应体系；大力提升技术平台的应急响应和服务支撑能力；强化临床资源对创新品种研发的支撑；推动创新医疗器械的临床应用与推广；加快创新药的临床应用与市场准入；支持企业做强做大及开展国际合作；加强培育医疗人工智能新兴业态；开放互联网＋医疗咨询应用场景；支持医疗人工智能关键技术研发及产品示范应用；加强协调服务。

（侯艳艳）

【首批5个新冠肺炎研究应急项目征集启动】2月3日,市科委启动征集首批关于新型冠状病毒感染肺炎科技防治研究应急项目。按照程序要求,首批启动的5个应急项目已通过专家评审,予以优先立项。

首批5个新冠肺炎研究应急项目一览表

| 序号 | 课题名称 | 承担单位 |
|---|---|---|
| 1 | 2019新型冠状病毒传播变异监测与进化动力学研究 | 军事科学院军事医学研究院微生物流行病研究所<br>首都医科大学附属北京佑安医院<br>解放军总医院第五医学中心 |
| 2 | 2019新型冠状病毒的抗病毒药物筛选研究 | 中国医学科学院病原生物学研究所<br>全球健康药物研发中心<br>清华大学<br>中国医学科学院医学实验动物研究所 |
| 3 | 2019-nCoV多重PCR快速检测技术研发及推广应用 | 北京卓诚惠生生物科技股份有限公司<br>中国医学科学院病原生物学研究所 |
| 4 | 2019-nCoV免疫诊断鼠源单抗研发 | 京天成生物技术(北京)有限公司 |
| 5 | 2019-nCoV防控系列诊断试剂的研发 | 北京万泰生物药业股份有限公司<br>军事科学院军事医学研究院微生物流行病研究所<br>首都医科大学附属北京地坛医院<br>首都医科大学附属北京佑安医院 |

(侯艳艳)

【舒泰神BDB-001注射液获批】2月7日,舒泰神(北京)生物制药股份有限公司及全资子公司北京德丰瑞生物技术有限公司获得国家药品监督管理局(简称国家药监局)签发的BDB-001注射液治疗新冠肺炎的临床批件。5月29日,舒泰神BDB-001注射液在西班牙获批临床试验。6月1日,舒泰神BDB-001注射液在印度获批临床试验。6月28日,舒泰神BDB-001注射液在印度尼西亚获批临床试验。

(侯艳艳)

【泽辉辰星CAStem细胞注射液获批】2月7日,北京泽辉辰星生物科技有限公司获得国家药监局签发的CAStem细胞注射液治疗新冠肺炎导致呼吸窘迫综合征的临床批件。

(侯艳艳)

【北京企业科技成果助力火神山、雷神山医院建设】2月8日,武汉雷神山医院交付使用,首批医疗队员已经进驻,并收治首批患者。雷神山医院与火神山医院的建设都有北京科技企业的贡献。由北京市科委支持相关企业实施的高新科技成果转化项目在2座医院的建设中发挥了重要作用。北京东方雨虹防水技术股份有限公司的“特种耐候型高分子防水卷材产业化项目”和北京高能时代环境技术股份有限公司的“工业废水高级氧化处理技术成果产业化项目”“生活垃圾可持续填埋技术系统与智能装备成果产业化项目”,均获得北京市高新技术成果转化项目认定政策的支持,以上技术和成果在此次援建中得到应用。

(申峥峥)

【海淀疫情防控城市大脑试运行】2月8日,海淀区政府城市大脑疫情防控平台在区城市服务管理指挥中心上线试运行。平台集合了个性化数据分析、返京人群分析、人口排查分析,以及重点人群动态监测、跟踪、预警服务等重要功能,构建起各级行业管理部门、属地管理部门、社会单元和公众四位一体的立体化疫情跟踪防控体系,可助力相关单位做好新冠肺炎疫情防控。

(科创中心建设综合协调处)

【卓诚惠生核酸检测试剂盒获批上市】2月11日,北京卓诚惠生生物科技股份有限公司(简称卓诚惠生)研发的新型冠状病毒(2019-nCoV)核酸检测试剂盒进入国家药监局应急审批程序。2月27日,卓诚惠生核酸检测试剂盒获批上市,同时实现新冠病毒ORF1ab基因、N基因和E基因的核酸检测。该产品采用荧光PCR技术,检测灵敏度为200拷贝/毫升,检测时间90分钟。获批上市后,该产品主要用于疑似病例的诊断和高风险人群的筛查。

（侯艳艳）

【新兴四寰抗体检测试剂盒获批上市】2月11日，北京新兴四寰生物技术有限公司（简称新兴四寰）研发的新型冠状病毒（2019－nCoV）IgM抗体检测试剂盒进入国家药监局应急审批程序。该试剂盒采用胶体金法检测原理，能在10～15分钟内判读血清、血浆中的新冠病毒抗体IgM。5月8日，新兴四寰IgM抗体检测试剂盒获批上市。10月12日，新兴四寰IgG抗体检测试剂盒获批上市。

（侯艳艳）

【金豪制药核酸检测试剂盒获批上市】2月14日，北京金豪制药股份有限公司（简称金豪制药）研发的新型冠状病毒（2019－nCoV）核酸检测试剂盒（荧光PCR法）进入国家药监局应急审批程序。4月3日，金豪制药核酸检测试剂盒获批上市。该产品用于体外定性检测新型冠状病毒，能在90分钟内获得检测结果。

（侯艳艳）

【纳捷诊断核酸检测试剂盒获批上市】2月14日，北京纳捷诊断试剂有限公司（简称纳捷诊断）研发的新型冠状病毒（2019－nCoV）核酸检测试剂盒（荧光PCR法）进入国家药监局应急审批程序。6月9日，纳捷诊断核酸检测试剂盒获批上市。这款检测试剂盒的主要特色就是快速，最快1小时即可取结果。

（侯艳艳）

【微芯研究院研发可穿戴式医疗级智能体温计】2月17日，北京微芯边缘计算研究院（简称微芯研究院）研发出可穿戴式医疗级智能体温计，该产品内含超微芯片，整体约1/3个创可贴大小。结合开源芯片、新型传感器、边缘计算等技术，测温精度达0.05℃，可以连续实时测温14天以上。结合后台人工智能分析技术系统，可实现精准锁定异常人群，对疑似新冠病人进行筛查。智能体温计在北京、武汉、黑龙江、广东等10余个省市开展大规模应用，截至年底，佩戴人员近30万人，累积筛查出体温异常案例近2 000例，将发现感染者的时间平均提前2.4天，在新冠肺炎疫情防控工作中发挥了积极的作用。

（李鹏飞）

【新型冠状病毒药物研究专家组成立】2月17日，北京市医药科技支撑工作专班设立由24位知名专家组成的新型冠状病毒药物研究专家组，为新型冠状病毒药物研发提供咨询。

（侯艳艳）

【华科泰抗原检测试剂盒进入审批程序】2月19日，北京华科泰生物技术股份有限公司研发的新型冠状病毒（2019－nCov）抗原检测试剂盒进入国家药监局应急审批程序。

（侯艳艳）

【金沃夫新冠病毒抗原检测试剂盒获批上市】2月19日，北京金沃夫生物工程科技有限公司（简称金沃夫）研发的新型冠状病毒（2019－nCoV）抗原检测试剂盒（乳胶法）进入国家药监局应急审批程序。11月3日，金沃夫新冠病毒抗原检测试剂盒获批上市。这是中国首次批准新冠病毒抗原检测试剂，产品检测时间在20分钟之内。在急性感染期病毒载量较高时能够快速检出阳性病例，可以用于对疑似人群进行早期分流和快速管理。

（侯艳艳）

【博奥生物核酸检测试剂盒获国家药监局应急审批批准】2月22日，博奥生物集团有限公司研发的六项呼吸道病毒核酸检测试剂盒（恒温扩增芯片法）获得国家药监局应急审批批准。此次进入临床的多指标核酸检测芯片产品不仅能帮助医务人员快速区分一般人群和新型冠状病毒感染者，还能有效鉴别流感患者和新冠肺炎患者，从而实现对患者的精准诊断及后续的精准治疗。除呼吸道病毒外，依托恒温扩增微流控专利技术，其自主研发的获国家药监局批准进入临床的呼吸道病原体快速核酸检测系统，实现了多人份样本的高通量并行检测，满足当前呼吸道感染规模化检测的临床需求。

（北京工业设计促进中心）

【一次性医用防护服快速灭菌工艺获突破】2月，市物资保障及保供稳价组科技资源支撑服务工作专班组织材料、消毒、医疗等多领域专家通过研讨与实地考察，48小时内制定了医用防护服的环氧乙烷快速解析方案，并根据此方案组织清华大学、北京邦维高科特种纺织品有限责任公司、北京伏尔特技术有限公司开展验证试验。经过小、中、大批量医用防护服灭菌试验和科学评估，稳定了环氧乙烷灭菌快速解析工艺，解析时长由14天缩减至24小时，为新冠肺炎疫情紧张期间医用防护服保供奠定技术基础。

（张　韡）

【科技服务业专项支持单位参与抗疫】2月，市科委科技服务业专项支持单位全力参与抗疫。北京猫眼视觉科技有限公司为北京大学第一医院呼吸科搭建医疗大数据平台，通过人工智能及大数据技术对患者、病症、检测结果进行高效筛选检索并分析病情发展趋势，提高新冠肺炎疫情统计、诊疗的效率和精确度；谱尼测试集团北京环境事业部配合海淀区生态环境局开展疫情环境监测工作，对海淀区的集中隔离观察点的外排污水进行检测；北京睿博兴科生物技术公司为广州中山大学、中国科学院青岛病毒研究所等机构提供核酸探针及人工合成DNA引物等新冠诊断试剂盒的研发原材料，为中国疾病预防控制中心，以及天津、广州等地相关生物科技企业提供新冠病毒核酸检测试剂盒生产等服务；北京诺禾致源科技股份有限公司在疫情防控攻坚阶段为新型冠状病毒相关研究提供免费二、三代测序服务。

（北京工业设计促进中心）

【新冠肺炎防疫专利信息共享平台搭建】2月，北京新发智信科技有限责任公司针对新冠肺炎防疫专利信息服务需求，搭建新冠肺炎防疫专利信息共享平台（简称共享平台），提供精准专业的专利数据信息。共享平台数据库遴选与新冠肺炎防疫工作相关的中、外专利技术信息近万条，按技术相关度和重要程度排序，细分为9个一级分支、34个二级分支和78个三级分支，涵盖治疗用药、预防用药、检测和诊断试剂、医疗器械、防护产品、医药消毒、医疗废弃物处理、废水处理、人工智能及大数据应用等技术领域。共享平台集中收录与防疫相关的专利数据分析报告，集成智能检索、在线翻译、交流反馈等功能。同时，共享平台还设立英文版，实现中文专利在线翻译，为国外用户提供便利的专利信息服务。

（北京工业设计促进中心）

【“北京健康宝”上线】3月1日，由腾讯云计算（北京）有限责任公司提供技术支持的小程序“北京健康宝”上线。这是一个方便个人查询自身防疫相关健康状态的小程序，所有在京及进（返）京人员均可使用。通过百度APP、微信、支付宝搜索“北京健康宝”，查询自身健康状态。查询结果可作为复工复产、日常出行参考。

（申峥峥）

【四环制药法匹拉韦片治疗新冠肺炎获批临床】3月5日，北京四环制药有限公司（简称四环制药）获得国家药监局签发的法匹拉韦片治疗普通型新冠肺炎的临床批件。法匹拉韦片由中国人民解放军军事科学院军事医学研究院微生物流行病研究所与四环制药共同研制开发。法匹拉韦为广谱核糖核酸（RNA）聚合酶抑制剂，该药口服吸收后转化为具有生物活性的法匹拉韦的核苷三磷酸化物，结构与嘌呤相似，能与嘌呤竞争病毒抑制RNA聚合酶，从而抑制病毒复制。

（侯艳艳）

【抗击疫情科技成果项目线上路演专场活动举办】3月10日，在市科委的指导下，北京市高新技术成果转化服务中心和北京高校技术转移联盟共同举办北京市科技成果转化统筹协调与服务平台系列项目路演——抗击疫情科技成果项目线上路演专场活动。活动集中展示推介一批新冠肺炎防治方面的最新科技成果。来自企业、投资机构和相关应用单位的100余名代表参加对接。在专场路演活动上，来自北京大学、北京工业大学、北京理工大学的科研团队分别介绍各自领域的科技成果，这些成果在新冠肺炎疫情防护、诊疗、监测预警等方面具有广阔的应用前景。3月13日，北京市科技成果转化统筹协调与服务平台系列项目路演——抗击疫情科技成果项目第二期线上路演专场活动成功举办。北京交通大学、北京化工大学、北京协和医学院技术转移部门针对新冠肺炎疫情防控需求，精选了病毒防护、消毒材料与技术、视频分析预警等方面的多项科技成果项目进行推介。来自企业、投资机构和相关应用单位的近100名代表参加路演活动，与项目团队进行充分交流和对接。

（申峥峥）

【金豪制药IgM/IgG抗体检测试剂盒获批上市】3月11日，北京金豪制药股份有限公司研发的新型冠状病毒（2019－nCoV）IgM/IgG抗体检测试剂盒进入国家药监局应急审批程序。6月9日，金豪制药IgM/IgG抗体检测试剂盒获批上市。

（侯艳艳）

【华大吉比爱IgM/IgG抗体检测试剂盒获批上市】3月11日，北京华大吉比爱生物技术有限公司（简称华大吉比爱）研发的新型冠状病毒（2019－nCoV）IgM/IgG抗体检测试剂盒（酶联免疫法）进入国家药监局应急审批程序。6月17日，华大吉比爱

IgM/IgG抗体检测试剂盒获批上市。该产品可用于体外定性检测人血清或血浆中新型冠状病毒(2019 - nCoV)IgM/IgG抗体。仅作为对新型冠状病毒核酸检测阴性疑似病例的补充检测指标,或在疑似病例诊断中与核酸检测协同使用,不能作为新型冠状病毒感染肺炎确诊和排除的依据,不适用于一般人群的筛查。

(侯艳艳)

【贝来生物人脐带间充质干细胞注射液获批临床】3月14日,北京贝来生物科技有限公司获得国家药监局签发的人脐带间充质干细胞注射液开展治疗并发急性呼吸窘迫综合征的重型新冠肺炎的临床批件。

(侯艳艳)

【Ad5 - nCoV疫苗启动临床试验】3月16日,军事医学研究院生物工程研究所陈薇院士牵头研发的重组新型冠状病毒疫苗(腺病毒载体)(Ad5 - nCoV)获批并启动Ⅰ期临床试验。该疫苗是把新冠病毒S蛋白的基因构建到腺病毒基因组。这是全球首个进入Ⅰ期临床试验的新冠病毒疫苗。4月12日,该疫苗进入Ⅱ期临床试验。6月25日,该疫苗获批军特药批件,有效期1年。8月19日,该疫苗在俄罗斯登记Ⅲ期临床试验。9月22日,该疫苗在巴基斯坦启动国际Ⅲ期临床试验入组接种。

(侯艳艳)

【热景生物新冠病毒抗体检测试剂盒获得欧盟CE认证】3月,由科创板上市企业北京热景生物技术股份有限公司自主研发的新型冠状病毒(2019 - nCoV)抗体检测试剂盒(胶体金免疫层析法)和新型冠状病毒(2019 - nCoV)抗体检测试剂盒(上转发光法)获得欧盟CE认证,取得欧盟市场准入资格。胶体金法检测抗体试剂盒采用双抗原夹心法原理,可以同时检测临床样本中新冠病毒总抗体(包含IgM和IgG抗体),无须仪器设备,适合现场筛查,可在15分钟内快速筛查新冠病毒。与传统胶体金法相比,该试剂盒的敏感性和特异性大幅提高。上转发光法试剂盒同样采用双抗原夹心法原理,适配公司自主知识产权的高精度POCT上转发光免疫分析仪,可以同时检测临床样本中新冠病毒总抗体(包含IgM和IgG抗体),并在15分钟内检测新冠病毒。双抗原夹心法不受类风湿因子等因素的干扰,可以更好地防止漏检,缩短诊断窗口期,具有更高的特异性和灵敏度,同时具有节省操作时间和成本、方便快捷、减少交叉污染等优势。

(张　雨)

【流动车辆司乘人员体温快速筛查系统成功研发】3月,针对对流动车辆司乘人员体温人工检测存在的有感染风险、效率低、测温不稳定等问题,精密超精密制造装备及控制北京市重点实验室主任、清华大学教授刘辛军团队研发了"荼与机器人"体温自动快速筛查系统,可实现无人化快速检测,解决了流动车辆司乘人员体温检测的难题。

(申峥峥)

【北京远程健康服务平台上线】4月2日,首个北京中英文双语中医药服务平台——"北京远程健康服务"微信公众号上线,该平台将权威发布北京中医药针对新冠肺炎疫情防控、康复、护理的全周期方案,依靠互联网融合技术,实现线上实时互动、远程问诊等服务,让世界共享中医药参与疫情防控的北京经验。

(申峥峥)

【博晖创新新冠病毒检测试剂盒等4项产品获欧盟CE认证】4月3日,北京博晖创新生物技术集团股份有限公司发布公告称,包括新冠病毒检测试剂盒在内的4项医疗器械产品取得欧盟CE认证证书,具备欧盟市场的准入条件。此次获得欧盟CE认证的产品包括:新型冠状病毒IgM/IgG抗体检测试剂盒(胶体金法),主要用于体外定性检测人体血清、血浆或全血中新型冠状病毒的IgM和IgG抗体;新型冠状病毒(2019 - nCoV)核酸检测试剂盒(生物芯片法),用于体外定性检测新型冠状病毒感染肺炎的疑似病例、疑似聚集性病例、其他需要进行新型冠状病毒感染诊断或鉴别诊断者的拭子(包括口咽拭子和鼻咽拭子)、鼻咽抽取物、痰液、肺泡灌洗液中新型冠状病毒(2019 - nCoV)的ORF1ab和N基因;核酸芯片检测仪,配套其生产的微流控芯片及其附属试剂盒,用于自动化核酸检测;人乳头瘤病毒核酸检测试剂盒(生物芯片法),用于体外定性检测女性宫颈脱落上皮细胞样本中24种基因型人乳头瘤病毒的核酸,鉴别病毒基因亚型。

(张　雨)

【数坤科技研发新冠肺炎智能影像分析系统】4月10日,市政府新闻办组织召开北京市新冠肺炎疫情防控工作新闻发布会。数坤(北京)网络科技股份有限公司首席执行官马春娥介绍新冠肺炎智能影像分析系统的研发和应用情况。该系统无惧感染，快捷精准。特点：第一是快，3 秒即可发现病变、确认病变和分隔病变；第二是准，10 秒完成病变的分布、形态、密度等测量，完成病变的分期和转归；第三是全，结合临床实验室检查，基于全数据的学习，最终实现精准诊断。该产品的部分功能已于 3 月 20 日取得医疗器械二类注册证。

（申峥峥）

【英视睿达研制新一代超微型体温实时监测与管理系统】4 月 10 日，市政府新闻办组织召开北京市新冠肺炎疫情防控工作新闻发布会。北京英视睿达科技股份有限公司董事长尹文君介绍新一代超微型体温实时监测与管理系统的研发和应用情况。智能体温计主要有两方面的功能：一是面向佩戴者，能够实时检测佩戴者的体温，相关体温数据可实时反馈上传到系统云平台，佩戴者也可从手机 APP 上随时查看自己的体温变化；二是面向管理方，已建立起单位、区级、市级三级管理体系，若佩戴者体温异常，三级管理体系能够及时收到报警信息，便于及时对佩戴者的体温数据加以分析和管理。

（申峥峥）

【三元基因获重组人干扰素 α1b 治疗新冠肺炎临床批件】4 月 12 日，北京三元基因药业股份有限公司（简称三元基因）获得重组人干扰素 α1b 注射剂及雾化吸入剂治疗新冠肺炎的临床批件。

（侯艳艳）

【《可重复使用民用口罩》团体标准发布】4 月 13 日，由北京服装纺织行业协会制定，市科委、市药监局等多部门参与起草的国际首个《可重复使用民用口罩》团体标准发布。这一标准将由社会单位自愿采用，推动可重复使用口罩的生产供应。

（侯艳艳）

【科兴中维新型冠状病毒灭活疫苗研制】4 月 13 日，北京科兴中维生物技术有限公司（简称科兴中维）新型冠状病毒灭活疫苗获批临床试验。4 月 16 日，科兴中维新型冠状病毒灭活疫苗（简称科兴疫苗）启动Ⅰ期临床试验。5 月 3 日，科兴疫苗启动部分组别的Ⅱ期临床试验。6 月 9 日，科兴中维与南非科学创新部、国家传染病研究所、国家疫苗研究所专家就在南非开展疫苗Ⅲ期临床试验事宜在线视频沟通。6 月 14 日，科兴疫苗Ⅰ/Ⅱ期临床研究揭盲，显示其具有良好的安全性和免疫原性。7 月 3 日，科兴疫苗在巴西获批Ⅲ期临床试验；7 月 22 日，科兴疫苗在圣保罗市开始接种首针，启动Ⅲ期临床试验。8 月 4 日，科兴疫苗在印度尼西亚获Ⅲ期临床试验批件。8 月 23 日，科兴疫苗获得土耳其Ⅲ期临床试验许可。9 月 1 日，科兴疫苗获得孟加拉国Ⅲ期临床试验许可。9 月 7 日，科兴疫苗Ⅰ/Ⅱ期老年组（60 岁及以上）临床研究揭盲。

（侯艳艳）

【《可重复使用医用防护服》团体标准发布】4 月 16 日，《可重复使用医用防护服》团体标准发布。该标准由中关村医疗器械产业技术创新联盟归口，中纺院牵头，北京邦维高科特种纺织品有限责任公司、中关村医疗器械产业技术创新联盟、北京市医疗器械检验所、首都医科大学附属北京地坛医院、北京万生人和科技有限公司、北京赢冠口腔医疗科技股份有限公司共同起草完成。该标准规定了可重复使用医用防护服的要求、试验方法、标志、使用说明、包装和贮存等内容。

（侯艳艳）

【可重复使用 10 次防护服获批上市】4 月 17 日，北京邦维高科特种纺织品有限责任公司研发的可重复使用 10 次防护服获得市药监局颁发的二类医疗器械注册证，成为全国首款获批上市的同类产品。为满足临床对可重复使用医用防护服的需求，降低医疗废物处理成本，市科委、市药监局成立可重复使用医用防护服科研攻关项目组，支持完成项目研究。可重复使用医用防护服将传统一次性医用防护服的单层无纺布覆膜材料改为三明治一样的三层复合材料，可重复使用 10 次。

（侯艳艳）

【中南新冠肺炎药物及疫苗研发合作视频会召开】4 月 22 日，北京市科委与中国驻南非使馆科技处共同召开中南新冠肺炎药物及疫苗研发合作视频会，邀请南非科学创新部、南非医学研究理事会与北京三元基因药业股份有限公司、北京四环制药有限公司共同研讨新冠肺炎药物及疫苗研发合作。会议由驻南非使馆科技处沈龙公参和南非科学创新部副总司长丹·杜特伊特（Daan du Toit）共同主持，南非医学研究理事会主席兼 CEO 格伦达·格蕾（Glenda Gray）博士，市科委合作处、医药处，生物中心以及三元基因和四环制药 2 家企业的管理人员及技术专家等 20 余人参加会议。

（申峥峥）

【中生北京新型冠状病毒灭活疫苗研制】4月27日，中国生物北京生物制品研究所(简称中生北京)新型冠状病毒灭活疫苗获批临床试验。4月29日，中生北京新型冠状病毒灭活疫苗(简称中生北京疫苗)启动Ⅰ期临床试验。5月9日，中生北京疫苗启动部分组别的Ⅱ期临床试验。6月28日，中生北京疫苗Ⅰ/Ⅱ期临床数据揭盲，显示其安全性和免疫原性良好。7月16日，中生北京疫苗在阿拉伯联合酋长国启动Ⅲ期临床试验接种。

(侯艳艳)

【可重复使用防护口罩研发成功】4月，市物资保障及保供稳价组科技资源支撑服务工作专班推动北京化工大学、北京铜牛集团有限公司、中国纺织科学院有限公司等单位共同紧急攻关可重复使用防护口罩技术。历时2个月，经过1 600余批次检测，研发出重复洗消15次后满足KN90防护性能的可重复使用防护口罩。

(张 韡)

【谢晓亮团队中和抗体研究进展】5月18日，北京大学谢晓亮院士团队中和抗体相关成果在《细胞》(*Cell*)杂志在线发布。谢晓亮团队利用高通量单细胞测序技术，从新冠肺炎康复期患者血浆中成功筛选出多个高活性中和抗体。动物实验已证明该团队的中和抗体有望成为治疗新冠肺炎强效药，同时也可提供短期预防。9月8日，谢晓亮团队研制的新冠肺炎中和抗体药物DXP－593在澳大利亚启动Ⅰ期临床试验。9月21日，DXP－593获得美国食品药品监督管理局(FDA)批准进入Ⅱ期临床试验阶段；10月21日，DXP－593获得巴西批准进入Ⅱ期临床试验阶段；11月13日，DXP－593获得南非批准进入Ⅱ期临床试验；11月26日，DXP－593获得墨西哥批准进入Ⅱ期临床试验。

(侯艳艳)

【张林琦团队中和抗体研究进展】5月26日，《自然》(*Nature*)杂志以“加快评审文章”方式在线发表题为《人类新冠病毒自然感染诱导的中和抗体》(*Human neutralizing antibodies elicited by SARS－CoV－2 infection*)的研究论文，报道了深圳国家感染性疾病临床医学研究中心张政课题组与清华大学结构生物学高精尖创新中心张林琦、王新泉课题组的最新合作研究成果。该研究分离得到的高活性中和抗体为开发新冠病毒临床干预抗体打下坚实的基础。7月3日、9日，清华大学张林琦团队研制的2株新冠肺炎中和抗体药物获得国家药监局批准进入临床试验。

(侯艳艳)

【严景华团队中和抗体研究进展】5月26日，《自然》杂志发布中国科学院微生物所严景华团队及国家疾控中心高福团队等多个团队的研究成果。研究发现了2种具有较强的COVID－19特异性中和抗体，其中代号为CB6的抗体在恒河猴动物实验中能够显著抑制病毒感染，有治疗和预防效果，具有进行临床转化的价值。6月5日，中国科学院微生物所严景华团队与上海君实共同开发的重组全人源抗新冠病毒单克隆抗体注射液获得国家药监局临床批件，成为全球首个在健康人群中开展的新冠肺炎治疗性抗体临床试验；6月7日，完成首例受试者给药；6月8日，在美国启动临床试验。

(侯艳艳)

【3个团队获科技部新冠肺炎中和抗体应急项目支持】5月29日，北京大学谢晓亮院士团队、清华大学张林琦团队、中国科学院微生物所严景华团队获国家科技部新冠肺炎中和抗体应急项目支持。

(侯艳艳)

【mRNA疫苗获批临床】6月19日，中国科学院微生物所严景华团队的重组蛋白疫苗(联合安徽智飞龙科马公司)和军科院微生物流行病研究所秦成峰团队的mRNA疫苗(联合苏州艾博公司、云南沃森生物公司)获批临床。10月9日，秦成峰团队的mRNA疫苗获得CDE批准开展Ib期临床试验。

(侯艳艳)

【教科文组织报道北京线上医生咨询平台】6月，联合国教科文组织在官网上发布“北京应对新冠肺炎疫情创新性举措：新技术助力线上医生咨询平台建设”。截至3月底，北京线上医生咨询平台主平台和分平台访问量达到2 530.2万人次，诊疗服务访问量达到46 654人次，海外咨询超过35万人次。通过这一报道，北京展示了如何利用设计和创新来加强公共卫生服务、控制病毒的传播、改善城市设施的可及性。

(北京工业设计促进中心)

【万泰生物新冠病毒检测产品获得美国FDA紧急使用授权】7月13日，北京万泰生物药业股份有限公司(简称万泰生物)公告，公司研发的新型冠状病毒抗体检测试剂盒(胶体金法)于美国时间7月10日获得FDA签发的紧急使用授权。新型冠状病毒抗体检测试剂盒用于定性检测人血清、血浆(K2EDTA、肝素锂和柠檬酸钠)和静脉全血中新冠病毒的总抗体(包括 IgG 和 IgM 抗体)。该产品用于识别对新冠病毒具有相应免疫反应的个人,提示最近或之前的感染。该产品之前已经获得欧盟 CE 认证、澳大利亚 TGA 认证等国际重要发达经济体的准入。本次获得美国 FDA 紧急使用授权后,该产品可在美国市场或在其他接受美国 FDA 紧急使用授权的国家销售。9 月 10 日,万泰生物晚间公告,公司的新型冠状病毒(2019 - nCoV)核酸检测试剂盒(PCR - 荧光探针法)获得美国 FDA 签发的紧急使用授权。该产品此前已经获得欧盟 CE 认证,并加入世界卫生组织(WHO)紧急使用清单(EUL)。

(张　雨)

【谢良志团队中和抗体研制进展】7 月 17 日,神州细胞工程有限公司(简称神州细胞)谢良志团队研制的新冠肺炎中和抗体药物获得国家药监局批准进入临床试验;10 月 30 日,该中和抗体药物通过欧盟临床试验许可。

(侯艳艳)

【紧急使用新冠病毒疫苗在京完成首针接种】7 月 22 日,中国紧急使用新冠病毒疫苗在京完成首针接种。这是全国新冠病毒疫苗紧急使用的重要事件,是北京为新冠肺炎疫情常态化防控做出的重要贡献,为 2021 年启动重点人群大规模接种奠定了基础。

(侯艳艳)

【王双团队中和抗体研制进展】8 月 5 日,北京科诺信诚科技有限公司王双团队研制的新冠肺炎中和抗体药物获得国家药监局批准进入临床试验。

(侯艳艳)

【党中央表彰在抗击新冠肺炎疫情中的杰出贡献人物】8 月 11 日,国家主席习近平签署主席令,根据十三届全国人大常委会第二十一次会议 11 日下午表决通过的全国人大常委会关于授予在抗击新冠肺炎疫情斗争中做出杰出贡献的人士国家勋章和国家荣誉称号的决定,授予钟南山“共和国勋章”,授予张伯礼、张定宇、陈薇(女)“人民英雄”国家荣誉称号。

(申峥峥)

【丹序生物中和抗体研制进展】8 月 27 日,丹序生物与百济神州(北京)生物科技有限公司签订独家授权协议,百济神州将在大中华区以外的全球范围内开发、生产及商业化丹序生物在研新冠病毒中和抗体。

(侯艳艳)

【鼻喷减毒流感病毒载体新冠肺炎疫苗 I 期临床试验启动】9 月 10 日,万泰生物研发的鼻喷减毒流感病毒载体新冠肺炎疫苗 I 期临床试验启动,北京市实现了国家 5 条技术路线全面覆盖。

(侯艳艳)

【北京市抗击新冠肺炎疫情表彰大会举行】9 月 29 日,北京市抗击新冠肺炎疫情表彰大会举行,1001 名先进个人、308 个先进集体和 120 名优秀共产党员、100 个先进基层党组织受到表彰。市委书记蔡奇指出:北京作为首都,是全国疫情防控的重点。在以习近平同志为核心的党中央坚强领导下,我们把抗击疫情作为压倒一切的头等大事来抓,始终把人民群众生命安全和身体健康放在第一位,有力有序有效推进各项防控工作,抗疫斗争取得重大战略成果,统筹推进疫情防控与经济社会发展取得明显成效。尤其是新发地批发市场聚集性疫情发生后,我们第一时间进入战时状态,同时间赛跑、与病魔较量,以最坚决最果断最严格的措施,织密全市疫情防控网,用 26 天时间打赢了这场局部聚集性疫情歼灭战,为全国抗疫斗争做出了应有贡献。

(申峥峥)

【民海生物新冠病毒灭活疫苗获批临床】9 月 29 日,北京民海生物科技有限公司研发的新冠病毒灭活疫苗获临床试验批件,成为北京第 7 个获批临床的新冠病毒疫苗。

(侯艳艳)

【北京冷链食品追溯平台运行】11 月 1 日,北京市冷链食品追溯平台(简称北京冷链)上线运行。北京冷链由微芯研究院研发,采用“一码、一网、一平台、一移动应用”技术支撑体系,以 GS1 国际通行标准生成电子追溯码,以区块链技术构建底层网络,按照“首站赋码、依序扫码、终端查询、一码到底”的原则,并开发微信、支付宝小程序实现移动端便捷操作,支撑冷链溯源的数据安全可信共享。截至年底,北京冷链累计记录进口冷藏冷冻肉类和水产品品种 23 978 个,商品批次 42 103 个,涉及 93 个国家和地区,国内 30 个省份,累计流通进口冷藏冷冻肉类和水产品 244 348.38 吨。北京冷链的上线应用,为企业、消费者及政府提供了精准、可追溯的冷链食品流通信息,对新冠肺炎疫情溯源、保障冷链食品安全及推动冷链市场复苏发挥了重要作用。

（李鹏飞）

【新冠病毒重组蛋白疫苗研制进展】 12月7日，军事医学研究院微生物所研发的新冠病毒重组蛋白疫苗Ⅰ期临床试验在江苏盐城开展，由天津中逸安科承接临床试验与产业化。

（侯艳艳）

【国药集团新冠病毒灭活疫苗获得国家药监局批准附条件上市】 12月31日，在国务院联防联控机制新闻发布会上，国药集团负责人介绍，国药集团中国生物新冠病毒灭活疫苗已获得国家药监局批准附条件上市。数据显示，该疫苗的保护率为79.34%，实现了安全性、有效性、可及性、可负担性的统一，已达到世界卫生组织及国家药监局相关标准要求。

（张　雨）

【新冠肺炎的重症早期预警和重症救治研究取得阶段性进展】 年内，首都医科大学附属北京地坛医院刘景院教授团队围绕新冠肺炎的重症早期预警和重症救治开展研究，发现外周血粒细胞与淋巴细胞的比值可作为重症发生的早期预警指标，年龄大于或等于50岁且比值大于3.13的患者有发展为危重症的可能，必要时应迅速收住重症监护室诊治。同时，该团队发现早期对症治疗是最大限度改善新冠肺炎感染的关键，现有抗病毒治疗对病毒清除无明确治疗作用（克力芝对新冠肺炎的病毒清除和临床预后无改善作用，发病前5日使用吸入干扰素可加速上气道病毒核酸阴转速度）。

（荣　荣）

【自动驾驶汽车平台助力科技抗疫】 年内，在市科委支持下，北京国汽智能网联汽车技术研究院、中国科学院自动化研究所、清华大学、驭势科技（北京）有限公司、北京智行者科技有限公司联合展开研究，搭建多源信息协同感知与定位系统平台、高度自动驾驶电动汽车智能决策平台，开发完成L4级自动驾驶实车平台2台和仿真测试验证平台1套。课题研发的相关技术已在课题承担单位研发的自动驾驶清扫车上实现应用。自动驾驶清扫车相关产品在抗击新冠肺炎疫情期间服务于包括武汉火神山医院、北京凤凰岭隔离医院、上海复旦大学耳鼻喉医院在内的12家医院，进行清扫和消毒服务。

（刘悠冉）

【搭建口罩检测平台】 年内，市科委组织北京市劳动保护科学研究所牵头，联合中国安全生产科学研究院、中国人民解放军疾病预防控制中心、北京环安生物技术服务有限公司等搭建口罩检测平台，针对市场主流的非医用口罩，选择居家便利、操作简单的高温湿蒸、高温干蒸、电烤箱烘烤、紫外线照射等消毒方式，对400余批次口罩进行多次消毒后的防护性能、病毒灭活、佩戴时长影响、电镜形貌表征等检测分析，形成适用于非医用环境、安全、便利的口罩再利用操作规范。同时，检测平台为多家单位研发的新型可复用口罩提供即送即检的最高优先级检测服务及技术咨询。

（谢旭霞）

【高性能熔喷级聚丙烯材料实现产业化】 年内，市物资保障及保供稳价组科技资源支撑服务工作专班推动北京化工大学与道恩股份成立联合攻关组，实现与国际最优熔喷布水平齐平且以自主研发技术为核心的高阻隔、耐老化、可长效储存的熔喷级聚丙烯材料的产业化。缓解了新冠肺炎疫情初期，口罩核心防护材料聚丙烯熔喷布市场供应严重不足、质量参差不齐的情况。

（张　韡）

【快速温测助力北京防疫】 年内，北京格灵深瞳信息技术股份有限公司在市科技计划课题“高流量人群双光快速温测与智能辨识系统开发及示范应用”的支持下，采用红外/可见光双传感器，结合人脸测温技术，研发了高、中、低通量的3款双光快速温测设备，该设备具有非接触式、高流量、多目标温度筛查特点，可实现每分钟200人以上的温度检测，测温精度控制在±0.2℃，大幅降低了高密集人群快速测温设备成本。其自主研发的温测算法和双光校准技术可使设备在室内外环境下自动校准，实现对戴口罩人员的精准测温，大幅减轻一线测温人员的工作强度。同时，产生的测温数据可进行实时分析，为新冠肺炎疫情提供预测预警等数据服务。产品紧急在北京重点疫情防控区域和武汉地区开展应用示范。

（杜　宇）

【智能化跟踪助力北京防疫】 年内，中国电子科技集团公司第十一研究所在北京市科技计划课题“高流量人群双光快速温测与人员精准快速识别系统开发及示范应用”的支持下，利用红外和人脸识别技术，开发红外和可见光一体测温系统，将人体测温与人脸身份识别相结合，实现非接触式提问监测、快速筛查异常报警、便携式快速部署、智能身份信息识别，在人群中力求及时精确定位体温异常人员并进行身份确认。该系统具有非接触式快速红外测温、异常目标跟踪及自动报警、适用于大规模移动人群等技术特点，通过筛查发热人群帮助安检及医护人员提高新冠肺炎疫情检测与防护效率。同时，由于系统具备可叠加姿态识别人脸功能，其应用领域可拓展至公安、消防以及安防等领域。

（潘长波）

【空气病毒气溶胶监测预警关键技术研究和装备研制】 年内，市科委支持开展病毒气溶胶监测预警系统研发，该系统能够实时监测空气中的病毒气溶胶，可在 30 秒内对疑似病毒气溶胶危害进行报警，该成果的应用将实现防疫关口从人员感染病毒后出现发热症状的检测前移至人员感染前的空气环境监测预警，为北京市应对新冠病毒应急防控提供技术支撑。

（王　璐　梁廷政）

【公共空间生物气溶胶新冠病毒监测】 年内，市科委支持清华大学、北京大学、中国医学科学院病原生物学研究所等单位开展公共空间生物气溶胶新冠病毒监测设备研制，该系统可在 30 分钟内自动采集 15 立方米空气中的生物气溶胶，并通过集成芯片在 30 分钟内自动完成后续新冠病毒核酸富集与定量分析，灵敏度达到 80 核酸拷贝/立方米，实现公共场所空气质量安全监测，为北京市应急防控保障提供解决方案。

（王　璐　梁廷政）

# 科技计划与投入

# 科技计划

【概述】2020年，市科委在京单位承担国家重点研发计划。国家重点研发计划项目共计739项，其中北京地区项目253项，占全国项目总数的34.24%，项目总经费约72.07亿元，占全国项目总经费的31.24%。2020年国家重点研发计划中央财政拨付资金共计106.86亿元，其中北京地区中央财政拨付资金36.10亿元，占2020年全国中央财政拨付资金的33.79%。

（李　昂）

【应急科技攻关绿色通道确保科技抗疫资金拨付】2月12日，首批新冠肺炎疫情应急科技攻关项目资金快速完成立项、拨款。全年立项支持疫情防控项目57个，拨付资金共计2.058亿元。面对新冠肺炎疫情突发情况，为解决应急科研攻关快速立项、保障科研人员全身心投入疫情防控，研究建立了“5+3”应急科技攻关绿色通道机制，即实行“5个简化”（简化应急项目申报、简化评审遴选、简化报送审核决策、简化项目管理文本、简化立项程序）和“3条保障”（实行合同管理、快速拨款、强化绩效管理与经费审计）。

（李　昂）

【调整科技计划项目管理】2月13日，市科委印发《关于调整北京市科技计划项目（课题）管理相关工作安排的通知》。为确保广大科研人员能够集中精力开展新冠肺炎疫情防控科技攻关、全力做好疫情防控工作，对北京市科技计划项目（课题）管理相关工作进行调整，放宽市级科技计划项目（课题）执行和验收期限，对于实施期结束时间在2020年12月底前的在研项目（课题），实施期自动延长6个月，此延期事项无须承担单位单独申请。

（李　昂）

【《北京市科学技术委员会政府购买服务目录》出台】5月8日，市科委联合市财政局修订并印发《北京市科学技术委员会政府购买服务目录》。结合市科委职能调整、履职需要、行业特点和具体实际，对原购买服务目录进行调整，以进一步规范政府购买服务工作，规范和优化北京市科技专项结余资金管理，提升财政资金使用效益。

（李　昂）

【完善科技管理信息系统】年内，市科委优化服务支撑，完善科技计划项目管理信息系统。实现项目管理业务的立项、实施、验收、监督检查等环节全流程管理，强化科技项目智能化查重，实现从关键字检索方式到全文语义相似性自动化检测的升级，采用相似度量化分析，自动生成查重报告。

（李　昂）

【落实科研项目信息公开】年内，市科委持续落实科研项目“双公开”制度，加强信息公开，拓宽信息公开渠道范围。截至年底，在市科委政府网站及北京市科技计划项目统一管理平台公开医药健康、新一代信息技术等领域的立项、验收信息1800余项。

（李　昂）

【落实科技报告】年内，市科委持续落实科技报告制度，规范管理共享使用。截至年底，北京市科技计划科技报告服务系统收录科技报告共计2 400余份。

（李　昂）

【探索创新科研项目组织方式】年内，市科委不断探索创新科研项目组织方式。在基础前沿领域探索建立项目评估评价体系，开展第三方国际评估，将评估结果作为经费支持的重要依据；在科技支撑新冠肺炎疫情防控救治等方面，探索使用“揭榜挂帅”方式，采用“公开张榜、谁能干谁上”的模式实施。在智能机器人领域，探索实施“里程碑”式管理，制定阶段性目标，确保项目指标顺利完成。

（李　昂）

【协调推进科技计划管理改革】年内，市科委科技体制改革专项小组（简称专项小组）定期组织召开专项小组专题会议，传达学习党的十九届五中全会精神和中央全面深化改革委员会（简称中央深改委)、北京市委全面深化改革委员会(简称市委深改委)最新会议精神,研究审议《关于落实“放管服”要求　进一步完善北京市科技计划项目经费监督管理的若干措施》等7项重要改革文件,听取《关于进一步促进中关村知识产权质押融资发展的若干措施》等3项政策落实情况。充分发挥专项小组办公室上传下达的桥梁纽带作用,积极做好与市委深改办衔接沟通,协调各成员单位合力推进各项改革任务举措。

(政策法规处)

【谋划部署年度科技体制改革任务】年内,市科委科技体制改革专项小组制定印发《科技体制改革专项小组2020年工作要点》,从加强科技创新统筹、深化中关村先行先试、创新人才体制机制、构建高精尖经济结构、优化创新创业生态5个方面部署实施35项重点改革任务,并明确专项小组重点推进的改革事项、督察计划和会议议题计划。各项改革任务已全部完成。积极谋划专项小组“十四五”改革工作思路,研提“十四五”重点改革任务及2021年改革工作要点,并进一步细化明确改革目标路径、成果形式等。

(政策法规处)

【抓好科技体制改革督察落实】年内,市科委科技体制改革专项小组印发实施《关于新时代深化科技体制改革　加快推进全国科技创新中心建设的若干政策措施》(简称“科创30条”)两年落实方案。组织开展“科创30条”和《推动市属国有企业加快科技创新大力发展高精尖产业的若干措施》落实情况的专项督察,起草形成督察报告并提请市委深改委会议审议。创新主体改革获得感有效增强。深入市相关部门和高校院所、企业等创新主体,调研了解重点政策实施情况,听取有关需求建议。健全工作台账管理制度,定期报送改革要点任务实施进展。梳理总结党的十八届三中全会以来北京市科技体制改革任务落实情况,形成评估报告。督促有关成员单位,及时对接落实好中央深改委会议审议通过的议题。

(政策法规处)

【“十二五”北京市国家重大科学仪器设备开发专项成果】年内,由市科委负责管理的在京“十二五”国家重大科学仪器设备开发专项项目共计14个,有115家单位参与,总经费11.11亿元,其中涉及国拨经费5.29亿元。项目进展及项目管理按照明确职责、明确任务、明确路径、明确节点的要求,全部完成研究任务,且取得很好的综合验收成绩。截至年底,共形成新仪器196台,新装置112套,授权专利466件,申请国际标准5项,国家标准19项,新增产值共达9亿元,销售产品1 187台(套),销售额共达7.2亿元,并获得多项荣誉,其中,国家科技奖励二等奖2项,日内瓦国际发明展金奖1项,省部级奖励12项。

(李建玲　王郢媛)

【食品安全技术保障专项建设】年内,市科委依托食品安全技术保障专项,针对首都食品安全监管需求以及新冠肺炎疫情下首都食品安全应急保障需求,支持开展新冠病毒食品传播风险评估和检测技术、2022年北京冬奥会食品中内源性兴奋剂检测和防控技术、食品安全风险监测评估及质量控制技术等研究8项,推动北京新冠肺炎疫情食品安全保障及食品安全监管科技创新,提高全市食品安全风险发现和防范能力。

(卢明子)

【首都临床诊疗技术研究及示范应用专项启动】年内,市科委持续启动首都临床诊疗技术研究及示范应用专项,科技经费预算总额6 419.9万元。主要开展改写国内外诊疗指南等高水平临床研究以及医工协同创新研究,为保障市民健康和推动北京医药健康产业高效发展提供科技支撑。具体包括11项协同创新重点项目及43项医工结合及药械扩大适应证的课题研究。预期可提高北京地区重大疾病、常见疾病整体防治水平,惠及百姓健康,增强科技创新对提高公众健康水平的支撑引领作用;制定或修改国内临床诊疗指南,建立一批国内领先的临床新技术、新方法,提高北京医学国际影响力,加强北京市医工协同科技创新研究,提升北京临床研究水平与转化能力。

(张　艳)

【“AI+健康协同创新培育”专项启动】年内,市科委持续启动“AI+健康协同创新培育”专项,支持立项13项课题,科技经费共计5 000万元。市科委自2018年起按照临床需求牵引、AI企业支撑、产业融资支持的组织思路,已开展肿瘤、心血管病、眼部疾病、肺部疾病等严重威胁北京市民健康的多种疾病的人工智能创新型产品的研发和应用26项。引进2家外地人工智能优势企业落户北京。年内,推想医疗科技股份有限公司、数坤(北京)网络科技股份有限公司、北京安德医智科技有限公司等研发的新冠肺炎AI辅助诊断产品在新冠肺炎疫情防控中发挥了重要作用，通过捐赠使用(疫区)和科研合作模式进入武汉同济医院、北京友谊医院等上百家医院，累积处理肺炎病例超过20万例。

(刘颖颖)

【引导以医生为主导医疗器械的研发】 年内，市科委依托首都临床诊疗技术研究及转化应用专项，以临床需求为导向，发挥临床医生作为源头创新的作用，支持医生自主设计开发的医疗器械，促进其与企业协同创新，为企业研发新产品提供创新源头与动力。2020年共支持9个品种，涵盖心血管、骨科、口腔、泌尿、呼吸、儿童等六大疾病领域。

(张　迪)

【科技服务与文化设计创新平台专项建设】 年内，科技服务与文化设计创新平台专项在科技服务领域，结合跨界协同发展趋势，聚焦工程技术，搭建科技服务协同创新平台，为重点领域提供科技支撑服务。在设计与文化科技融合领域，聚焦工业设计，拓展5G、8K、AI等先进技术在文化、设计领域的应用场景，培育新技术、新模式、新业态、新消费。共支持15家单位搭建创新平台，提供设计、检测、知识产权、工程技术等相关服务。

(北京工业设计促进中心)

【科技服务业促进专项建设】 年内，科技服务业促进专项聚焦知识产权、检验检测、科技咨询等重点领域，支持专业科技服务开放平台搭建。聚焦"两城"，加强科技服务机构培育，引导科技服务资源集聚。聚焦工程技术领域，提升服务能力。共支持59家单位，其中专业科技服务开放平台27家，"两城"科技服务培育机构15家，工程技术服务机构17家。

(北京工业设计促进中心)

【支持怀柔科学城建设】 年内，市科委全面贯彻落实市委、市政府"关于以怀柔科学城为主承载区，全力推动怀柔综合性国家科学中心建设"的战略部署，围绕"基础设施、基础研究、应用研究、成果转化、高精尖产业"创新链条，切实服务推动中国科学院和在京高校等创新成果在怀柔科学城转化落地，以怀柔科学城成果落地为抓手，支持成果转化课题22个，涉及市财政经费8 490万元。

(北京生产力促进中心)

【培育空间科学实验室】 年内，市科委设立北京怀柔综合性国家科学中心空间科学实验室培育专项，北京生产力促进中心负责项目的组织工作，共支持课题7个，涉及科技经费2 700万元，重点围绕商业航天发展需求，支持国家空间科学中心联合在京优势单位开展百米级地磁融合自主导航仪、超小型GNSS掩星探测仪、低轨微小卫星大气微波温湿探测仪、高性能软X射线相机研制，搭建电子元器件抗辐射设计与验证平台，开发卫星天地协同管控系统、低轨互联网星座频轨资源兼容分析系统，加快推进成果熟化和在京落地转化，服务北京经济建设。

(北京生产力促进中心)

【对接国家科技创新2030"智能制造和机器人"重大项目】 年内，市科委对接国家科技创新2030"智能制造和机器人"重大项目参与单位和北京优势单位，全面支撑重大项目组织实施。北京生产力促进中心管理"智能制造与机器人技术创新"专项，支持14个课题，投入科技资金5 500万元，围绕智能机器人等领域五年规划，开展关键技术攻关、平台和人才团队建设工作，提升北京创新主体的创新能力。

(北京生产力促进中心)

【"科创30条"年度任务落实情况】 年内，市科委组织全面收集整理全市50余家部门落实"科创30条"工作进展，对标83项具体改革任务，总结梳理形成"科创30条"2020年落实情况表。实地调研情况显示，市发展改革委、市教委等34家主责部门及16区已完成年度主责任务。截至10月底，"科创30条"总体完成率达到59%，其中5项任务已全部完成，44项任务已完成2020年度工作，34项工作任务按计划持续推进。

(北京科学技术开发交流中心)

【组织港澳台联合研发课题项目】 年内，北京科学技术开发交流中心延续组织港澳台联合研发课题，监督2019年立项、预计2021年结题的6个联合研发课题的进度。围绕保障人民生命健康、推动新冠肺炎疫情防控科研攻关、助力复工复产和高质量发挥科技创新支撑作用、推动关键核心技术攻关、实现进口替代等目标，新立项支持5项联合研发课题。现有课题共涉及财政科技资金1 400万元，带动社会科研资金投入超过2 500万元，预计在未来3～5年内，其科技研发成果在人工智能、生命健康、航天航空及新材料等产业领域可带动年产值超过1亿元。

(方子都　安鹤益)

# 基础研究和前沿技术研究

【概述】2020年，北京市自然科学基金委员会办公室（简称市基金办）按照市科委整体工作部署，充分落实“四方责任”，积极推进新冠肺炎疫情防控工作，深入落实《北京加强全国科技创新中心建设重点任务2020年工作方案》《关于新时代深化科技体制改革加快推进全国科技创新中心建设的若干政策措施》《2020年的北京市政府工作报告》等文件中涉及基金工作的9项任务要求，分解成14项具体工作任务，全部保质保量完成。2020年，市基金办接收项目申请10 132项，资助项目997项，平均资助率9.76%，资助经费共3.38亿元。组织各类评审、指南会议72场，邀请专家5 511名；宣传动员、组织活动42场，覆盖科研人员15 407名；验收项目900项，在研项目2 509项。资助项目发表论文6 282篇，其中SCI论文3 513篇，高被引论文36篇；国际专利授权13件，国内专利授权487件，软件著作权登记216件；验收项目负责人获国家级奖项127项，获省部级奖项135项。市基金办通过持续推进北京杰青项目，强化国际学术带头人培养；将重点研究专题项目扩展为数、理、化、生4个学科，为卡脖子问题提供源头创新支撑；联合国家基金委完成区域创新发展联合基金（北京）指南编制工作、项目组织和评审工作，充分调动全国优势科研资源支撑科技创新中心建设；强化多方联动，深化联合基金项目和京津冀基础研究专项组织与管理；精心筹划北京市自然科学基金成立30周年系列活动，充分发挥基础研究对科技创新中心建设的源头支撑作用，进一步提升北京市自然科学基金的品牌效应和影响力。

（市基金办）

## 基金资助

【国家自然科学基金区域创新发展联合基金（北京）首批项目立项】4月3日，国家自然科学基金区域创新发展联合基金（北京）项目面向全国启动申报，共接收159项申请，经国家基金委组织评审，资助29项。资助项目中，24个项目由北京地区单位牵头申报，占83%；15个项目联合北京地区企业共同申报。

（市基金办）

【2020年度青年项目负责人培训交流会召开】9月17—18日、9月24—25日，市基金办组织2批2020年度青年项目负责人培训交流会，参与人数共计160余人次。通过介绍青年基金项目的管理流程、知识产权保护等内容，提高青年项目负责人的综合能力和项目管理水平。活动通过平台搭建，促成青年项目负责人之间合作交流，为促进跨学科交叉合作与发展奠定基础。

（市基金办）

【北京邮电大学与佰才邦共建未来通信联合实验室】10月22日，在海淀联合基金的纽带作用下，北京邮电大学崔棋楣团队与北京佰才邦技术股份有限公司共同成立“未来通信”联合实验室，将佰才邦公司通信产业应用优势与北京邮电大学通信原始创新深度结合，共同推动B5G/6G等下一代无线通信技术的发展与应用。

（市基金办）

【首届北京杰青学术之旅活动举办】11月5—7日，市基金办组织首届北京杰青学术之旅活动，落实北京杰青“一次资助、终生联系”的长效服务机制。19名北京杰青参与活动，共同赴贵州调研参观贵州大数据中心及500米口径球面射电望远镜（FAST），并围绕“成果转化、服务北京”主题开展项目成果转化工作交流。

（市基金办）

【第二届国家自然科学基金优秀成果北京对接会召开】12月4日，第二届国家自然科学基金优秀成果北京对接会在北京经济技术开发区召开。本次会议由国家基金委计划局和北京市基金委主办，市基金办和经开区管委会具体承办。会议从国家基金委推荐的成果中筛选确定18项优秀项目成果参加对接会，其中包括清华大学等9所在京单位的13项优秀成果，以及上海交通大学等4所京外高校院所的5项优秀成果。国家基金委副主任高瑞平、北京市科委副主任许心超、北京经开区管委会副主任张广等有关领导出席会议，100余家投资公司、孵化器、科技企业的相关负责人，18项国家自然科学基金优秀成果团队成员等200余人参加会议。会议共分为开幕式、签约环节、成果路演、线下对接以及企业参观5个环节。

（市基金办）

【与5家企业签署对接合作基地协议】12月4日，市基金与北京纳通科技集团有限公司、交控科技股份有限公司、北京天智航医疗科技股份有限公司、京新能源汽车技术创新中心有限公司、国汽（北京）智能网联汽车研究院有限公司5家企业签署战略合作协议。5家企业作为首批基金成果的对接合作基地，为进一步推进优秀基础研究成果转化，拓宽高校院所成果团队与高新技术企业、孵化器和投资机构的对接渠道，搭建北京地区成果转化平台。

（市基金办）

【怀柔被纳入国家自然科学基金区域创新发展联合基金】12月23日，北京市与国家基金委签订《北京市加入国家自然科学基金区域创新发展联合基金补充协议》，约定2021—2022年增加经费4 000万元/年，将怀柔纳入区域创新发展联合基金（北京）框架，面向新材料与先进制造领域开展联合资助。围绕超快电镜、复杂微系统等方向凝练科学问题，编制形成2项集成项目指南和7项重点项目指南。

（市基金办）

【资助自然科学基金项目共994项】年内，市基金经费总投入规模达到3.77亿元，比上一年增长16.7%。年内，市基金共收到各类项目申请10 132项，经过“三审一定”的评审程序，择优资助各类项目994项，资助总额达到3.38亿元。其中重点研究专题项目27项，资助总额7 800万元；面上项目499项，资助总额9 959万元；面上专项40项，资助总额1 200万元；杰出青年项目41项，资助总额4 100万元；青年项目238项，资助总额2 366万元；市基金委－市教委联合资助项目50项，资助总额3 940万元；市基金－海淀原始创新联合基金资助项目55项，资助总额2 299万元；市基金－丰台轨道交通联合基金资助项目24项，资助总额976万元；京津冀基础研究合作专项项目20项，资助总额1 200万元。

（市基金办）

【资助自然科学基金面上项目及面上专项共539项】年内，市基金共受理332家依托单位的2021年度面上项目申请5 904项，面上专项申请198项。经评审，决定资助539项。其中面上项目499项，资助总额9 959万元；面上专项40项，资助总额1 200万元。面上项目涉及数理科学18项、化学与材料科学55项、工程科学39项、信息科学56项、生物科学21项、农业科学33项、医药科学212项、城建与环境科学45项、管理科学20项。

（市基金办）

【资助自然科学基金青年项目共238项】年内，市基金共受理306家依托单位的2021年度青年项目申请2 780项。经评审，决定资助238项，资助总额2 366万元。涉及数理科学11项、化学与材料科学30项、工程科学26项、信息科学28项、生物科学8项、农业科学14项、医药科学93项、城建与环境科学22项、管理科学6项。

（市基金办）

【资助重点研究专题项目27项】年内，市基金共接收54家依托单位的重点研究专题项目申请130项，较2019年度增加28项，增长27%。经评审，决定资助27项，资助率20%，资助总额7 800万元。资助项目负责人基础优秀，27位项目负责人全部具有博士学位，学术根基扎实，第三方评估显示，78%的项目负责人科研贡献力超过世界平均水平。69位课题负责人平均年龄39岁，其中2位课题负责人为“90后”，年仅30岁。

（市基金办）

【资助北京杰青项目41项】年内，市基金共接收来自80家单位提交的杰青项目申请281项，较2019年度激增122项，增长率76.7%。经初步审查，受理274项，初步审查通过率97.5%。2020年共资助杰青项目41项，资助率14.6%，资助总额4 100万元。资助项目主要分布在医药、化学与材料、信息等与高精尖产业相关的学科。

（市基金办）

【资助市基金－市教委联合资助项目50项】年内，市基金共接收22家依托单位的市基金－市教委联合资助项目申请263项。经初步审查，受理257

项，初步审查通过率97.7%。2021年度资助项目50项，资助率19%，资助总额4 000万元。与2020年度相比，信息、城建与环境学科建议资助项目数量增长较快，农业学科减幅较大，医药、化学与材料等学科基本持平。

（市基金办）

【资助自然科学基金联合基金项目79项】年内，市基金共受理79家依托单位自然科学基金联合基金项目申请329项。经形式审查、通讯评审、会议评审、管理小组审定，共资助79项，资助总经费3 275万元。其中，海淀联合基金资助55项，资助经费2 299万元；丰台联合基金资助24项，资助经费976万元。

（市基金办）

【基金项目促进国内外专家学者交流合作】年内，对外合作交流活动基金持续促进国内外专家学者交流合作，围绕人工智能、医工交叉等领域资助10个国际学术会议，共吸引来自美国、加拿大、法国、巴基斯坦、韩国、德国等10多个国家和地区的60余位顶级专家，共计5 000余人参加会议。由于新冠肺炎疫情原因，部分会议采用线上和线下共同举办的方式进行。

（市基金办）

【首次设立面上专项】年内，市基金首次设立面上专项，平均资助强度30万元/项，在关键领域形成项目集群。部署新型冠状病毒感染的重大传染病防治研究专项指南，将基金创新改革与新冠肺炎疫情防控工作紧密结合。部署区块链相关基础研究专项指南，致力攻克区块链性能、安全、隐私、互操作、监管等方面的关键核心技术。2020年度面上专项共资助40项项目，探索建立基础研究成果的应用贯通机制。

（市基金办）

【联合基金聚焦中关村科学城建设重点领域】年内，市基金－海淀原始创新联合基金持续聚焦中关村科学城建设重点领域，在无线通信、智慧骨科、疫苗和流行病学、儿童用药和罕见病用药等领域超前部署，设11个重点研究专题方向和14个前沿方向，共接收来自67家依托单位提交的223份项目申请，申请量较上年增加22.5%。其中，重点专题申报30项，占总量的13%；前沿项目申报193项，占总量的87%。经形式审查、通讯评审、会议评审及管理小组审定，共资助55项项目，资助总经费2 299万元。重点研究专题项目瞄准行业共性技术，围绕开放B5G/6G网络、带状疱疹病毒基因工程疫苗、骨科机器人辅助脊柱手术、肝豆状核变性等领域开展多单位协同研究；前沿项目则围绕儿科常用药物的新型配方及药物递送系统、新型疫苗佐剂、工业互联网等开展相关领域技术储备研究。

（市基金办）

【联合基金聚焦轨道交通领域】年内，市基金－丰台轨道交通前沿研究联合基金持续聚焦轨道交通领域，在轨道交通领域设置4个重点研究专题方向和8个前沿方向，共接收来自26家单位提交的106项项目申请。其中，重点专题申报19项，占总量的18%；前沿项目申报87项，占总量的82%。经形式审查、通讯评审/专家初评、会议评审及管理小组审定，共资助24项项目，资助总经费976万元。重点研究专题项目重点围绕城市轨道交通封闭空间对象识别等方面开展合作研究，有望为轨道交通相关领域研究及行业发展提供重要技术和理论支撑。前沿项目预计开发形成考虑列车牵引制动暂态特性的多编组列车动力学模型等成果，为轨道交通相关领域提供理论和技术储备。

（市基金办）

【京津冀基础研究增资促发展】年内，京津冀基础研究合作专项管理办公室针对京津冀高发、危害重大并具有研究优势和特色的疾病领域开展研究，持续深入推进相关工作。2020年共受理合作专项项目247项，申请量创6年来新高。经过评审，资助了包括北京大学教授王坚成、北京儿童医院院长倪鑫在内的20个优秀团队，资助总经费1 200万，其中北京牵头的有17项，天津牵头的有2项，河北牵头的有1项。资助项目有力凝聚京津冀三地优秀团队合力解决区域共性重大疾病，促进京津冀医学基础数据共享。

（市基金办）

【年度验收基金项目成果产出丰硕】年内，市基金办验收的基金项目共计发表论文6 282篇，平均每个项目发表论文约7.5篇；共计主办国际国内会议327次，参加国际国内学术会议3 277次，学术交流访问1 352次。验收项目执行期间，项目负责人及团队获得国家级一等奖4项、二等奖13项，省部级一等奖45项、二等奖53项、三等奖37项。验收项目发表的3 527篇SCI检索论文中，有942篇发表在领域顶级期刊上，在*Cell*，*Nature*子刊（*Nature*

*Photonics*, *Nature Communications* 等)以及 *Advanced Materials*, *IEEE Transactions* 系列等国际权威期刊均有文章发表,资助成果国际影响力稳步提升。

(市基金办)

## 优秀基金项目

**【基于金属载流子构建出纳米湿气发电机】** 年内,在市基金项目"基于梯度掺杂纳米线/阵列的湿气发电机"(项目编号:2172049)的资助下,北京理工大学陈南副教授课题组构建出基于金属载流子(Na、Mg 和 Al 离子)梯度掺杂的纳米湿气发电机(Moist-electric generator, MEG),制造了一种自供电的智能设备——自给式呼吸湿气监控面罩。课题研究成果为自供电设备和传感系统提供了全新的制备方法与设计思路,同时,该方法还可扩展应用到其他自供电的人体智能设备,有效改善其能源供应问题,有望开发出新型的自供电生物、医药和医疗器械。相关研究成果在 *Angewandte Chemie International Edition*, *Advanced Functional Materials*, *Nano Energy* 等国际学术期刊发表 SCI 论文 14 篇。申请中国发明专利 2 件,其中已授权 1 件;申请日本特许(发明专利)1 件。

(市基金办)

**【植入式柔性可拉伸纳米发电机研制成功】** 年内,在市基金项目"植入式柔性可拉伸纳米发电机的研制"(项目编号:2182091)的资助下,中国科学院北京纳米能源与系统研究所李舟研究员课题组对生物体内的自驱动能源收集方式与器件开展了系统研究。课题组研制出 2 种柔性、可拉伸纳米发电机,输出电压最高可达 65 伏特,输出电流 0.5 微安,实现了大动物体内全植入的共生型心脏起搏器,可完全依赖心脏跳动给起搏器供能。研制的仿电鳗发电机可为水下可穿戴电子设备持续提供电能,并在水下人体运动监测、紧急救生等应用中发挥重要作用。课题成果可将生物体的生命活动中蕴含的机械能转化为电能,解决目前植入式电子医疗器件使用寿命短、易损耗、器件功能受限等问题。相关研究成果在 *Nature Communications*, *Advanced Energy Materials* 等国际学术期刊发表 SCI 论文 13 篇(其中 5 篇入选"ESI 高被引论文"),在国内核心期刊发表论文 1 篇,申请中国发明专利 6 件。

(市基金办)

**【混合工质回热式大温跨热泵研究取得技术突破】** 年内,在市基金项目"混合工质回热式大温跨热泵研究"(项目编号:3171002)的资助下,中国科学院理化技术研究所公茂琼研究员团队创新性地提出一种混合工质回热式大温跨热泵技术,并围绕混合工质热物性、混合工质回热式大温跨热泵高效机理、混合工质回热式大温跨热泵样机研制展开研究。建立了精准的混合工质 Helmholtz 型状态方程,构建了高效混合工质回热式大温跨热泵系统的热力学模型,确定了高效混合工质组分配比原则,提出了高效回热的组合式换热器形式,研制了 3 套混合工质回热式大温跨热泵原理样机。成果可用于空气源、废热等低品位能源的品位提升。相关研究成果在 *Applied Energy* 等学术期刊发表论文 15 篇,其中 SCI 论文 10 篇,EI 论文 2 篇;申请专利 3 件,其中授权 2 件。

(市基金办)

**【光学超颖表面功能应用及超快激光加工研究取得进展】** 年内,在市基金项目"光学超颖表面功能应用及超快激光加工"(项目编号:4172057)的资助下,北京理工大学黄玲玲教授课题组针对超颖表面实现波前调控的理论设计、功能应用、动态可调仍面临的若干瓶颈问题开展了系统研究。在超颖表面全息方面,实现 12 个偏振通道 7 种不同偏振组合的矢量超颖表面全息显示与加密;基于宽带多平面全息图复用算法定量分析了混合全息复用容量和噪声来源;实现了近场彩色打印与远场全息复用相结合的双工作模式;基于光子筛超颖表面,实现了 2 幅独立全息图的定量关联,能够通过修改局部信息得到完全不同的再现像。在超颖表面光场调控方面,实现了角动量复用机制下的三维涡旋阵列和大容量贝塞尔光束阵列生成;依据矢量特性实现高阶矢量光束生成和加密;实现了远场可选择衍射级次激发、表面等离激元任意波形面内操纵等光场复振幅的调控。相关成果为新一代微型化集成化光电功能器件的关键物理机制及功能应用奠定理论基础。相关研究成果在 *Light: Science & Applications* 等学术期刊发表 SCI 论文 13 篇、EI 论文 2 篇;申请国家发明专利 11 件,其中授权 7 件。

(市基金办)

**【强化电子传递效率提升垃圾焚烧渗沥液的厌氧处理效能】** 年内,在市基金项目"强化电子传递效率提升垃圾焚烧渗沥液的厌氧处理效能"(项目编号:

8184081)的资助下,北京林业大学党岩教授课题组在垃圾焚烧厂渗沥液的微生物资源化处理方面开展了系统研究。实现垃圾焚烧渗沥液原液高效处理,解决垃圾焚烧渗沥液原液在实际工程上的处理难题,相比于传统厌氧处理工艺处理效率提升了20% ~83%,有机污染物的去除率稳定在92%以上,具有显著的推广和经济价值以及潜在的社会效益。同时,研究揭示了颗粒活性炭强化垃圾焚烧渗沥液厌氧生物处理的机理,为直接种间电子传递理论在实际高浓度有机废水的生物处理领域的应用奠定了重要的理论基础。相关研究成果在 *Water Research*,*Bioresource Technology* 等国际学术期刊发表 SCI 论文 7 篇,申请发明专利 2 件。

(市基金办)

【高速移动毫米波信道建模研究取得理论突破】年内,在市基金 - 交控科技轨道交通联合基金项目“面向智慧轨道交通无人驾驶的毫米波超宽带信道测量与建模”(项目编号:L161009)的资助下,北京交通大学官科教授团队在高速移动毫米波信道建模方面开展了系统研究。针对高速移动毫米波信道缺乏测量数据的问题,生成了真实的毫米波信道。使计算效率较现有机制提升 4 个数量级,形成基于高性能高频近似理论的信道建模理论与方法。该研究结果有望突破制约高速移动毫米波信道建模研究的瓶颈,为智能高铁通信系统设计以及 5G 在高铁场景的应用提供必要的理论基础。相关研究成果发表在 IEEE 车辆技术学会(VTS)旗舰期刊 *IEEE Transactions on Vehicular Technology* 上,所发表的论文荣获 IEEE VTS 2019 尼尔谢菲尔德最佳传播论文奖(Neal Shepherd Memorial Best Propagation Paper Award),成为该奖自 1993 年设立以来首篇第一作者和第一单位均来自中国的获奖论文。在项目的支持下,官科教授团队自主研发了高性能射线跟踪平台,被中国移动通信集团设计院有限公司采纳,打破了欧美商业软件在中国运营商网络规划平台射线跟踪模块上长期的技术垄断;被中国铁建电气化局集团采纳,提高了高铁网络优化的效率。

(市基金办)

【全钒液流电池离子传导膜技术取得突破】年内,在市基金 - 海淀原始创新联合基金前沿项目“全钒液流电池的‘离子筛膜’研究”(项目编号:L172038)的资助下,清华大学王保国教授团队在储能用离子传导膜领域开展了系统研究。研究工作提出基于结晶性高分子的“成核 - 可控生长”的成膜原理。研究成果达到与商业化的 Nafion 膜相当的水平;制备成功高选择性“离子筛膜”,膜中钒离子渗透速率降低到文献报道的 10%,全钒液流电池能量效率达到 83.8%,与商业化全氟磺酸离子交换膜相比,制造成本大幅度下降。该研究成果已经完成工业放大,用于 15 千瓦全钒液流电池,有力促进液流电池关键材料国产化,为液流电池储能产业发展提供条件。课题研究成果在 *ChemSusChem*、*Electrochimica Acta*、*Membranes*、《膜科学与技术》等国内外一流学术期刊发表学术论文 6 篇,申报发明专利 1 件。

(市基金办)

【成像示踪的功能化铁基磁性纳米探针在肿瘤诊疗中应用】年内,在市基金 - 海淀原始创新联合基金前沿项目“双模态成像示踪的复合型肿瘤治疗纳米探针设计与评价”(项目编号:L172008)的资助下,北京大学侯仰龙教授团队在基于功能化铁基磁性纳米颗粒的肿瘤诊疗探针的构建和评价中开展了系统研究。项目构建了近红外光和肿瘤微环境双响应的尺寸可变的 DOX - ICG@ Fe/FeO - PPP 纳米胶囊,在荧光成像和核磁共振成像的介导下实现肿瘤化学治疗、光动力学治疗、化学动力学治疗和光热治疗的协同增强效应;合成了一种 Fe(Ⅱ) - BNCP 纳米配位聚合物,实现 NO 治疗和化学动力学治疗的双模态协同肿瘤治疗效果;构建了具备光热治疗和化学动力学治疗潜力的基于 Au - Fe2C@ mSiO2 的纳米疫苗。相关研究成果发表在 *Nature Communications*, *ACS Nano*, *Nano Today*, *Nano Letters*, *Advanced Science*, *Angewandte Chemie International Edition*, *Science China Materials* 等国际著名期刊,申请发明专利 1 件。

(市基金办)

【磁控细胞机器人肿瘤靶向治疗中获应用】年内,在市基金 - 海淀原始创新联合基金前沿项目“针对细胞级 3D 微纳米机器人系统研究”(项目编号:L172014)的资助下,北京航空航天大学冯林副教授团队在磁控机器人方面开展了系统研究。其设计的柔性章鱼机器人可以无约束进行三维运动控制,同时具有特定功能,可以在生物医疗及工程应用中作为药物载体工具之一。细胞机器人作为癌症精准治疗的工具,具有可降解性和生物兼容性,体外和体内实验均验证了机器人的巨大应用价值,在肿瘤预防、靶向治疗等方面具有重要科学意义和指导价值。项目研究成果发表期刊论文8篇,其中1篇发表在Wily数据库智能系统旗舰刊 *Advanced Intelligent Systems* 上(封面论文);在ICRA和IROS等机器人领域国际顶级会议上发表论文7篇。

(市基金办)

【锂/钠离子电池材料中离子输运机制研究取得重大突破】 年内,在市基金－海淀原始创新联合基金前沿项目“高性能柔性锂/钠离子电池中电偶极子辅助离子传输机制研究”(项目编号:L172036)的资助下,华北电力大学李美成教授团队在电池材料设计制备及离子输运机制方面开展了系统研究。项目揭示了固态材料中电偶极子辅助离子传输机制,阐明了芳纶纳米纤维、磷酸钛铝锂等纳米颗粒调控聚合物电解质离子电导率的机制,制备了含极化子的纳米二氧化钛材料,制备了含极化子的多层次冷杉状二氧化钛纳米棒,为高容量、高倍率电池的设计制备提供了新方法,有望应用于高纬度、海洋等低温环境下的锂离子电池。相关研究成果在 *Adv. Mater.*,*Prog. Mater. Sci.*,*Nano Energy* 等期刊发表论文20余篇,申请国家发明专利5件。

(市基金办)

【原子层 $TiO_2$ 包覆电极材料界面效应的原位透射电镜研究取得进展】 年内,在市基金项目“原子层 $TiO_2$ 包覆电极材料界面效应的原位透射电镜研究”(项目编号:2172002)的资助下,北京工业大学材料与制造学部张跃飞研究员团队聚焦锂离子电池材料表面包覆层的作用机制,利用自主研发的原子层沉积(Atomic Layer Deposition,ALD)设备和工艺,在电极材料表面均匀可控沉积不同厚度的超薄纳米氧化物钝化层(如 $TiO_2$),使得电极材料循环稳定性能提升约30%,在纳米尺度揭示锂离子电池电极材料的衰减机制。项目开发的连续化ALD涂覆设备可直接与现有的电极材料涂覆工艺匹配,用于工业化锂离子电池生产线;锂离子包覆层界面传输机制的研究成果对设计和制备高能量、高稳定性的锂离子电池具有重要理论指导意义。项目研究成果共发表重要学术论文17篇,其中在 *Nano Energy* 上发表2篇,在 *ACS Energy Letters*,*Nature Energy*,*Electrochimica Acta* 上各发表1篇;获得实用新型专利授权5件,申请发明专利6件。在项目研究成果的基础上,与德国卡尔斯理工学院进一步开展国际合作,共同开展3D结构高密度锂离子电池方面的研究。以项目产生的知识和技术为基础,接受华为技术有限公司委托,开展了ALD包覆锂金属负极的材料体系的优化与验证。

(市基金办)

# 科技投入

【概述】 2020年,市科委统筹推进2020年度预算工作。按照市委、市政府决策部署,立足首都高质量发展,统筹推进科技支撑新冠肺炎疫情防控和科技创新中心建设重点任务。牢固树立过“紧日子”的思想,坚持厉行节约,优化支出结构,形成基础研究与国家重大科技战略任务培育支撑类、产业前沿技术研究与创新类、创新生态环境类、规划政策落实与科技管理类、城乡科技支撑和服务类、基本运行类六大类预算结构。2020年度市财政下达预算共45.20亿元,将近67%的资金支持“三城一区”建设;从创新链条上看,2020年基础研究投入占比16.93%,应用研究投入占比41.04%,技术开发和产业化投入占比42.03%。

(李　昂)

【北京颠覆性技术创新基金揭牌】 12月26日,在北京办公室第七次全体会议上,科技部副部长相里斌与北京市常务副市长崔述强共同为北京颠覆性技术创新基金揭牌。北京颠覆性技术创新基金由北京市政府、科技部和北京新曦颠覆性技术创新基金会(简称新曦基金会)合作组建。新曦基金会是由中关村企业家以公益捐赠方式设立、北京市民政局登记的非公募基金会。北京颠覆性技术创新基金首期规模1亿元,其中,科技部出资2 000万元,北京市出资2 000万元,新曦基金会出资6 000万元。力争未来3~5年将基金规模扩大至10亿元。北京颠覆性技术创新基金已完成全部运营主体设立工作。北京新曦颠覆性技术创新基金的募资资金池新曦基金会和专业管理机构北京新曦颠覆性技术创新管理中心已完成登记注册工作并取得法人登记证书。北京颠覆性技术创新基金将探索符合科技创新规律和产业变革发展方向的颠覆性技术创新发掘、资助、管理、服务机制,涵养颠覆性技术创新的环境土壤;以全球视野发现一批有前景、有优势、有特色的颠覆性技术创新项目;培养一批全球领先的颠覆性技术创新人才团队;孵化一批世界知名的创新型企业;形成一批引领全球产业技术变革方向的优势产业集群,为首都高质量发展注入新动力。

(申峥峥)

**【推进科创基金子基金设立及运营】** 年内,市科委积极推进北京科技创新基金(简称科创基金)子基金的设立及运营。截至11月24日,科创基金累计有108只子基金通过立项;有54只子基金通过投决会,其中有4只因投资领域不符合要求和社会募资困难关系已终止合作;50只进行中子基金总认缴规模为686.97亿元,科创基金认缴规模总额为125.65亿元,带动社会资本561.32亿元,放大5.47倍;累计与36只子基金签署合伙协议(其中正与1只子基金解约中);已对其中29只子基金开始出资,已出资子基金总实缴规模151.47亿元,其中科创基金累计出资金额25.6亿元。计划实缴出资方面,预计到2020年底实缴出资子基金23只,出资金额约15亿元。相较于科创基金认缴125.65亿元,已投决子基金约定在北京投资额为309.3亿元,返投倍数为2.46倍,其中原始创新阶段、成果转化阶段、高精尖产业阶段在京投资金额分别为110.4亿元、126.9亿元、72亿元,占比分别为36%、41%、23%。根据子基金季报情况,截至2020年9月30日,已有23只子基金开展对外投资,已投项目共计293个,投资总金额共计63.48亿元。

(北京科技创新基金)

**【2020年度收入预算】** 年内,2020年收入预算372 118.77万元,比2019年412 767.83万元减少40 649.06万元,下降9.85%。其中,财政拨款294 114.68万元,比2019年337 838.84万元减少43 724.16万元,主要原因为部分高精尖项目年初暂未下达;统筹使用结余资金安排预算1 822.41万元,比2019年1 902.57万元减少80.16万元;其他资金76 181.68万元,比2019年73 026.43万元增加3 155.25万元。其他资金包含:事业收入(不含财政专户管理的事业收入)3 253.89万元,比2019年3 548.34万元减少294.45万元;事业单位经营收入4 207.17万元,比2019年4 158.67万元增加48.50万元;其他收入170万元,比2019年181万元减少11万元;继续使用的财政性结转资金68 550.62万元,比2019年65 138.42万元增加3 412.20万元。

(市科委、中关村管委会官网)

**【2020年度支出预算】** 年内,2020年支出预算372 118.77万元,其中:基本支出预算25 031.23万元,占总支出预算6.73%,比2019年25 159.51万元减少128.28万元,下降0.51%,与2019年基本持平;项目支出预算343 298.84万元,占总支出预算92.25%,比2019年383 901.78万元减少40 602.94万元,主要原因为部分高精尖项目年初暂未下达,下降10.58%;上缴上级支出0万元,与2019年持平;事业单位经营支出3 788.70万元,占总支出预算1.02%,比2019年3 706.55万元增加82.15万元,增长2.22%;对附属单位补助支出0万元,与2019年持平。

(市科委、中关村管委会官网)

**【2020年度主要支出方向】** 年内,市科委2020年部门预算支出主要用于项目支出,主要支出方向:①科学技术管理事务方面,主要用于市属转制科研院所离退休人员养老与社保经费。②基础研究方面,主要用于2020年自然科学基金、北京量子信息科学研究院建设、北京脑科学与类脑研究中心建设、北京生命科学研究所运行经费、北京生物结构前沿研究中心建设、生命科学前沿创新培育、前沿新材料技术创新等项目。③应用研究方面,主要用于北京智源人工智能研究院建设、全球健康药物研发中心建设、北京纳米能源与系统研究所建设、AI+健康协同创新培育、创新品种及平台培育、新一代信息通信技术创新、能源与材料领域应用技术协同创新(未来科学城)、智能制造与机器人技术创新、科技冬奥等项目。④技术研究与开发方面,主

要用于首都临床诊疗技术研究及转化应用、北京市科技成果转化平台建设、企业技术创新平台建设、腾盛博药药物研发中心建设、2020 年北京市落实中央引导地方科技发展专项、科技创新基地培育与发展工程、京津冀协同创新推动、前沿交叉国家技术创新中心培育(北京协同创新研究院)、清华工业开发研究院发展、“设计之都”品牌建设等项目。⑤科技条件与服务方面,主要用于首都科技条件平台与创新券、北京市科技新星计划、科技服务与文化设计创新平台、2020 年北京技术市场管理办公室技术市场发展专项等项目。

(市科委、中关村管委会官网)

**【“三公”经费财政拨款预算说明】** 年内,市科委“三公”经费的单位范围包括市科委因公出国(境)费用、公务接待费、公务用车购置和运行维护费。开支单位包括北京市科学技术委员会本级行政、北京市科学技术委员会老干部服务中心、北京市高新技术成果转化服务中心、北京市自然科学基金委员会办公室、北京市实验动物管理办公室、北京市科委行政事务服务中心、北京市科学技术奖励工作办公室、北京科技协作中心、北京市科技信息中心、北京技术市场管理办公室、北京市科学技术委员会农村发展中心,共 11 个所属单位。其他单位 2020 年无财政拨款安排的“三公”经费预算。2020 年“三公”经费财政拨款预算 290.60 万元,比 2019 年“三公”经费财政拨款预算减少 17.08 万元。

(市科委、中关村管委会官网)

**【2020 年度重点支出和重大投资项目 – 生命科学前沿创新培育专项】** 年内,预算重点支持生命科学前沿创新培育专项。2020 年该专项安排 0.79 亿元,主要从两方面开展:一是继续稳定支持第一批顶尖人才。按照签订的任务书要求,继续给予第一批顶尖人才第三年的经费支持,积极推动具有国际影响力的关键技术成果落地北京。二是支持遴选出的第二批顶尖人才。延续 2018 年的组织模式,启动第二批顶尖人才的遴选工作,通过国际评估遴选并稳定支持 10 名左右顶尖人才。

(市科委、中关村管委会官网)

**【2020 年度重点支出和重大投资项目 – 首都临床诊疗技术研究及转化应用专项】** 年内,预算重点支持首都临床诊疗技术研究及转化应用专项。2020 年该专项预算 1.10 亿元,主要从提高临床研究水平和发挥溢出效应两方面开展。临床研究方面:依托京区优势学科力量,支持心血管、脑血管、重症等领域开展具有国际先进水平的临床研究,以及国内领先的临床新技术、新方法研究,预期产生约 2 项具有国际影响力的研究成果,制定或修改国内指南 7 项左右,提升北京市临床医学研究水平,以及疾病诊疗水平。发挥溢出效应方面:推动约 15 个医生发起早期创新产品研究,开发具有自主知识产权的医疗器械或药品,降低疾病诊疗费用,提升国产医疗器械或药品的国际竞争力。

(市科委、中关村管委会官网)

**【2020 年度重点支出和重大投资项目 – 创新品种及平台培育专项】** 年内,预算重点支持创新品种及平台培育专项。2020 年该专项安排 1.50 亿元,计划支持 5 项左右产业创新研发和临床试验共性技术平台,进一步提升产业服务能力;计划支持 2 个左右新技术、新产品的临床示范应用研究;计划支持 20 个左右医药创新品种加快早期研发,培育产业未来增量;计划支持 10 个左右医生设计、医院转化的品种进行医工协同孵化研究,发挥临床溢出效应。

(市科委、中关村管委会官网)

**【2020 年度重点支出和重大投资项目 – AI + 健康协同创新培育专项】** 年内,预算重点支持 AI + 健康协同创新培育专项。2020 年该专项科技经费预算 0.80 亿元,一方面紧密围绕北京医疗机构的资源和临床需求,通过梳理北京地区优势方向和专家资源,构建医疗健康领域人工智能标准化数据集 1 ~3 个,研发人工智能产品及人工智能平台 15 个左右;另一方面推动标准数据集建设和开放共享,选择北京医药健康人工智能企业研发进度领先、临床需求迫切的疾病领域作为试点,联合建立医学人工智能标准数据集,在建设过程中推动数据集开放使用机制的建立,为北京医药健康人工智能企业产品研发、测试、验证提供技术支撑。

(市科委、中关村管委会官网)

**【2020 年度收入决算】** 2020 年度市科委收、支总计 545 702.86 万元,比 2019 年减少 15 548.96 万元,下降 2.77%。2020 年度收入合计 467 142.96 万元,比 2019 年减少 22 757.23 万元,下降 4.65%。其中,一般公共财政拨款收入 453 373.07 万元,占收入合计的 97.05%;国有资本经营预算财政拨款收入 5 035.56 万元,占收入合计的 1.08%;上级补助收入 0 万元;事业收入 2 116.65 万元,占收入合计的 0.45%;经营收入 5 192.64 万元,占收入合计的

1.11%；附属单位上缴收入0万元；其他收入1 425.04万元，占收入合计的0.31%。

（市科委、中关村管委会官网）

【2020年度支出决算】2020年度市科委支出合计525 807.83万元，比2019年增加46 522.73万元，增长9.71%。其中，基本支出22 519.64万元，占支出合计的4.28%；项目支出499 030.08万元，占支出合计的94.91%；上缴上级支出0万元；经营支出4 258.11万元，占支出合计的0.81%；对附属单位补助支出0万元。

（市科委、中关村管委会官网）

【2020年度财政拨款收入支出决算总体情况】2020年度财政拨款收、支总计533 805.57万元，比2019年减少16 267.63万元，下降2.96%。主要原因为：市科委根据工作安排，调整了基础研究、应用研究、技术研究与开发、社会科学、科学技术普及、科技交流与合作等方面的项目（课题）经费预算安排。

（市科委、中关村管委会官网）

【一般公共预算财政拨款支出决算情况】2020年度市科委一般公共预算财政拨款支出511 592.09万元，主要用于以下方面（按大类）：教育支出（205类）8.49万元；科学技术支出（206类）510 528.70万元，占本年财政拨款支出的99.79%；社会保障和就业支出（208类）911.54万元，占本年财政拨款支出的0.18%；卫生健康支出（210类）143.36万元，占本年财政拨款支出的0.03%。

（市科委、中关村管委会官网）

【教育支出（205类）2020年度决算】教育支出（205类）2020年度决算8.49万元，比2020年年初预算减少19.78万元，下降69.97%。其中，“进修及培训”（20 508款）2020年度决算8.49万元，比2020年年初预算减少19.78万元，下降69.97%。主要原因为：2020年受新冠肺炎疫情影响，北京市科学技术委员会本级行政培训活动多由线下转为线上开展，减少培训工作经费支出。

（市科委、中关村管委会官网）

【科学技术支出（206类）2020年度决算】科学技术支出（206类）2020年度决算510 528.70万元，比2020年年初预算增加149 222.38万元，增长41.30%。

（市科委、中关村管委会官网）

【科学技术支出（206类）——科学技术管理事务决算】科学技术管理事务（20601款）2020年度决算29 105.00万元，比2020年年初预算减少17.28万元，下降0.06%。

（市科委、中关村管委会官网）

【科学技术支出（206类）——基础研究决算】基础研究（20602款）2020年度决算196 275.22万元，比2020年年初预算增加34 910.99万元，增长21.63%。主要原因为：市科委加大对基础研究的支持力度，增加“雁栖湖应用数学研究院建设”“北京怀柔综合性国家科学中心空间科学实验室培育”“前沿新材料技术创新”“生命科学前沿创新培育”“下一代汽车技术培育”等项目。

（市科委、中关村管委会官网）

【科学技术支出（206类）——应用研究决算】应用研究（20603款）2020年度决算142 147.50万元，比2020年年初预算增加66 304.55万元，增长87.42%。主要原因为：市科委加大对应用研究方面的科技项目（课题）支持力度，增加“城市精细化管理”“科技支撑乡村产业振兴”“能源与材料领域应用技术协同创新（未来科学城）”“新冠肺炎疫情科技防控”“疫情防控追溯、监测与消杀科技”“新一代信息通信技术创新”“智能制造与机器人技术创新”“创新品种及平台培育”等项目。

（市科委、中关村管委会官网）

【科学技术支出（206类）——技术研究与开发决算】技术研究与开发（20604款）2020年度决算62 655.09万元，比2020年年初预算增加14 075.59万元，增长28.97%。主要原因为：市科委加大对技术研究与开发的支持力度，增加“腾盛博药药物研发中心建设”“怀柔科学城成果落地”“联影集团在京发展建设”“新兴领域融合科技创新”等项目。

（市科委、中关村管委会官网）

【科学技术支出（206类）——科技条件与服务决算】科技条件与服务（20605款）2020年度决算36 866.53万元，比2020年年初预算增加9 925.83万元，增长36.84%。主要原因为：市科委加大对科技条件与服务方面的科技项目（课题）支持力度，增加“科技服务业机构促进”“科技服务与文化设计创新平台”等项目。

（市科委、中关村管委会官网）

【科学技术支出（206类）——社会科学决算】社会科学（20606款）2020年度决算1 797.80万元，比2020年年初预算减少23.29万元，降低1.28%。

（市科委、中关村管委会官网）

【科学技术支出(206)类——科学技术普及】科学技术普及(20607款)2020年度决算581.25万元，比2020年年初预算增加579.75万元。主要原因为:市科委增加“科学技术普及”项目预算。

(市科委、中关村管委会官网)

【科学技术支出(206类)——科技交流与合作决算】科技交流与合作(20608款)2020年度决算4 615.37万元,比2020年年初预算增加4 162.87万元。主要原因为:市科委增加“国际创新资源合作”项目预算。

(市科委、中关村管委会官网)

【科学技术支出(206类)——其他科学技术支出决算】其他科学技术支出(20609款)2020年度决算36 484.95万元,比2020年年初预算增加19 303.37万元,增长112.35%。主要原因为:市科委增加“北京脑科学与类脑研究中心二期办公楼购置”“科技创新中心建设宣传”等项目预算。

(市科委、中关村管委会官网)

【社会保障和就业支出(208类)2020年度决算】社会保障和就业支出(208类)2020年度决算911.54万元,比2020年年初预算减少239.36万元,下降20.80%。其中,行政事业单位养老支出(20805款)2020年度决算911.54万元,比2020年年初预算减少239.36万元,下降20.80%。主要原因为:北京市科学技术委员会本级行政退休人员未纳入社保统筹发放的部分经费变动以及部分事业单位由于机构调整人员变动,导致相应支出减少。

(市科委、中关村管委会官网)

【卫生健康支出(210类)2020年度决算】卫生健康支出(210类)2020年度决算143.36万元,比2020年年初预算减少36.45万元,下降20.27%。其中,行政事业单位医疗(21011款)2020年度决算143.36万元,比2020年年初预算减少36.45万元,下降20.27%。主要原因为:部分单位由于人员变动、职工基本医疗保险减半征收等因素,减少事业单位医疗支出。

(市科委、中关村管委会官网)

# 科技资源

# 科技人才

【概述】2020年，市科委紧紧围绕全国科创中心建设重点任务，积极应对新冠肺炎疫情带来的不利影响，加大海外人才引进力度，着力培养青年人才，完善人才服务保障体系，优化科技人才发展环境。以政策为抓手，推进人才工作。为营造外籍人才在京创新创业的良好环境，出台《关于持永久居留身份证外籍人才创办科技型企业的试行办法》；为推动科技企业复工复产，制定《关于在疫情常态化防控形势下统筹做好外国专家和科研人员服务工作的若干措施》。牵头建设高层次科技人才数据库，为开展科研项目、人才引进等提供人才数据。突出“高精尖缺”，持续做好高端人才引进工作，5家新型研发机构引进实验室主任、技术辅助中心研究员等各类科技领军人才73名，其中海外人才42名。聚焦青年人才，做好科技人才培养工作，全年共选拔“科技新星”149名。按全市人才工作整体部署，百度公司首席技术官王海峰入选国家级百千万人才培养工程，智源人工智能研究院副院长曹岗入选市级百千万人才工程，首都师范大学副校长李有增等3人获得国务院政府特殊津贴。面向高校毕业生开发科研助理岗位，把科研领军人才从事务性工作中解放出来。制定《北京市高精尖产业技能提升培训补贴实施办法》，启动高精尖产业技能培训。破除“四唯”，完善科技人才评价机制。研究制定《北京市深化自然科学研究人员职称制度改革实施办法》，首次以社会化评审方式开展自然科学研究系列职称评价，首次开展技术经纪专业职称评价。

（市科技史志办公室）

【人工智能高级人才培训班签约启动仪式举办】1月6日，市科委人才交流中心举办北京市科委人才交流中心——学堂在线人工智能高级人才培训班签约启动仪式。培训班是市科委人才交流中心整合企业、高校、培训机构等多方面资源，与产业链各方共同推动人工智能人才培养新模式的探索和尝试，为北京市人工智能企业培养高级人工智能人才，支撑人工智能及相关产业的发展。

（郑　羿）

【高精尖产业技能提升培训补贴实施办法出台】3月6日，市科委会同市经济和信息化局、市人力资源社会保障局、市财政局出台《北京市高精尖产业技能提升培训补贴实施办法》，落实市政府关于开展技能提升培训的相关要求，促进企业、人才和培训机构积极参与，力争在短时间内在人工智能、医药健康、新能源智能汽车、新材料、科技服务、新一代信息技术、集成电路、智能装备、节能环保、软件和信息服务等高精尖产业形成新的优势人才群体，为全市高精尖产业发展提供人才和智力保障。其中，市科委负责人工智能（含区块链技术）、医药健康、新能源智能汽车、新材料和科技服务5个产业领域的技能提升培训。明确对北京市高精尖产业企业组织职工开展职业技能培训且经绩效考核合格的，按照每人每年合计不超过2万元、不超过培训总费用的50%的标准给予企业补贴；对个人参加职业技能培训后在北京市高精尖产业企业就业3个月以上的，按照每人每年合计不超过1万元、不超过培训总费用的50%的标准给予个人奖励补贴。

（外国专家服务与科技人才处）

【推荐青年北京学者候选人】3月，市科委面向新型研发机构开展青年北京学者人选申报工作。经单位推荐、形式审查、专家函评等环节，确定北京生命科学研究所徐墨，北京脑科学与类脑研究中心张力，北京华益健康药物研究中心杨立，北京量子信息科学研究院金贻荣、刘海云为候选人。

（外国专家服务与科技人才处）

【为外国专家寄送防疫物资】3—4月，境外新冠肺炎疫情严重、防疫物资匮乏，市科委组织相关部门向550余名海外专家学者和22家境外科研机构寄送口罩、手套、护目镜和药品等防疫物资。

（外国专家服务与科技人才处）

【3 位前沿学者入选 2019 年中国高被引学者榜单】5 月 7 日，由市科委生命科学前沿与创新培育专项支持的 9 名前沿学者中，有 3 名学者位列爱思唯尔（Elsevier）发布的 2019 年中国高被引学者榜单：清华大学董晨，入选医学学科；清华大学祁海，入选免疫和微生物学科；北京大学汤富酬，入选生化、遗传和分子生物学学科。其中，祁海连续 6 年入选，董晨连续 4 年入选，汤富酬连续 2 年入选。爱思唯尔中国高被引学者榜单以全球领先的同行评议文摘引文索引库——Scopus 数据库作为统计来源，采用 ASJC 标准学科分类方法，分析中国学者的科研成果表现。

（张　雨）

【表彰三八红旗奖章获得者和三八红旗荣誉集体】5 月 22 日，市科委表彰 2020 年北京市三八红旗奖章获得者和三八红旗荣誉集体。市科委医药健康科技处处长曹巍、行政事务服务中心副主任夏鸿格，市自然科学基金委员会办公室项目与成果管理部主任李祥欣，北京脑科学与类脑研究中心研究员李莹，智源人工智能研究院战略研究中心总监张冬敏获 2020 年北京市三八红旗奖章；科创中心建设综合协调处获 2020 年北京市三八红旗集体。

（申峥峥）

【持永久居留身份证外籍人才创办科技型企业试行办法出台】5 月 28 日，市科委会同市市场监管局、市人力资源社会保障局等出台《关于持永久居留身份证外籍人才创办科技型企业的试行办法》，明确外籍人才持外国人永久居留身份证作为身份证明与中国籍公民持居民身份证作为身份证明在试点区域创办科技型企业享受同等待遇，按照内资企业依法平等对待。办法在中关村国家自主创新示范区、天竺综合保税区及中德产业园、中国（河北）自由贸易试验区大兴机场片区及中日产业园等区域自 2020 年 6 月 1 日起试点实施，试行期为 3 年。

（外国专家服务与科技人才处）

【习近平回信勉励全国广大科技工作者】5 月 29 日，在第 4 个全国科技工作者日到来之际，习近平总书记给袁隆平、钟南山、叶培建等 25 位科技工作者代表回信，高度赞誉科技工作者矢志报国的情怀，勉励全国广大科技工作者弘扬优良传统，坚定创新自信，着力攻克关键核心技术，促进产学研深度融合，勇于攀登科技高峰，为把中国建设成为世界科技强国做出新的更大的贡献。

（申峥峥）

【推荐中国政府友谊奖候选人】5 月，经征集评审，市科委向国家外专局推荐 6 名北京市中国政府友谊奖候选人。根据科技部通知，拟推荐专家为 2 人，分别是北京建筑大学的荷兰专家马克·梵·洛斯德莱特和中国地质大学的匈牙利专家古拉·扎瑞。

（外国专家服务与科技人才处）

【科研助理岗位吸纳高校毕业生就业】7 月 7 日，市科委会同市人力资源社会保障局、市教委和市财政局发布《关于做好本市科研项目开发科研助理岗位吸纳高校毕业生就业相关工作的通知》，面向北京地区的国家及北京市科技计划（专项、基金等）项目承担单位，开发科研助理岗位，吸纳高校毕业生就业。

（外国专家服务与科技人才处）

【2020 年度积分落户工作启动】7 月 17 日，北京市 2020 年度积分落户工作启动。新版《北京市积分落户管理办法》和《北京市积分落户操作管理细则》已完成修订，于 7 月 16 日发布。积分落户政策是推动落实国家户籍制度改革和新型城镇化改革的重要举措，政策试行以来，已有 1.2 万余名申请人取得落户资格。为做好新旧政策衔接，5 月 13 日—6 月 12 日，北京市面向社会公开征求意见，在逐条研究分析的基础上认真修改，形成新版管理办法和操作管理细则。新版管理办法在创新创业指标中，精简了申请人任职年限、工资收入等加分内容，同时，对获得一定股权类现金融资的国家高新技术企业或科技型中小企业持股人员予以加分。新版管理细则中，优化了创新创业指标中部分奖项内容，扩大了事业技能竞赛获奖人员加分范围。

（申峥峥）

【2020 未来科学大奖获奖名单揭晓】9 月 6 日，2020 未来科学大奖在京公布获奖名单。张亭栋、王振义获得生命科学奖，卢柯获得物质科学奖，彭实戈获得数学与计算机科学奖。每个奖项的单项奖金为 100 万美元。

（申峥峥）

【未来科学城青年工程师座谈会召开】9 月 11 日，北京科技协作中心服务未来科学城青年科技人才的创新需求，搭建青年科技人才交流平台，邀请来自中国商飞北研中心、全球能源互联网研究院、国家电投科学技术研究院、华能清能院等央企的10名工程技术类青年工程师召开座谈会。与会青年工程师围绕科技创新工作，从研发与应用脱节、科研激励不足、人才引进难、创新政策不适用等方面提出科研工作中存在的问题，并提出搭建交流合作平台、开展政策宣讲、加强前沿基础技术研究布局等方面的需求。

（李　伟）

**【义翘神州设立奖学金培养生命科学人才】**9月14日，北京义翘神州科技股份有限公司（简称义翘神州）设立义翘神州奖学金，培养国内生命科学领域人才。设立奖学金当天，举行首个义翘神州奖学金捐赠仪式。首批捐赠单位包括北京大学、复旦大学、上海交通大学、西湖大学、武汉大学、广州医科大学和四川大学等知名院校和科研单位，涵盖生命科学基础研究、传染病研究、转化医学研究等多领域，旨在激励硕士、博士研究生努力进取、不断创新，为中国生命科学发展做出积极贡献。

（张　雨）

**【参加第18届中国国际人才交流大会】**9月，市科委组织相关处室、新型研发机构等参加第18届中国国际人才交流大会。受新冠肺炎疫情影响，大会以在线展览方式举办。通过搭建街景式虚拟展厅，以图文、音像等多媒体形式，全方位展示北京市科技创新环境和国际人才交流成果。

（外国专家服务与科技人才处）

**【3单位纳入科技部职务科技成果赋权试点】**10月19日，科技部发布《赋予科研人员职务科技成果所有权或长期使用权试点单位名单》，北京市科学技术研究院、北京工业大学、积水潭医院3家单位入选。试点单位可赋予科研人员不低于10年的职务科技成果长期使用权，以进一步激发科研人员创新积极性，促进科技成果转移转化。在科研人员履行协议、科技成果转化取得积极进展、收益良好的情况下，试点单位可进一步延长科研人员长期使用权期限。

（申峥峥）

**【北京工程师沙龙活动举办】**10月21日，主题为“北京建设全国科创中心总体情况介绍及创新创业政策解读”的北京工程师沙龙在市科委人才交流中心举办，市科协副主席孟凡兴出席沙龙活动并致辞，来自高校院所的20余名青年工程师参加。活动邀请6名专家进行分享。市科委综合协调处介绍北京建设全国科创中心的总体情况、具体进展及未来发展；首都科技发展集团董事长朱晓宇围绕科技成果转化的做法与经验进行解读分享；北京技术市场管理办公室对技术合同认定及相关优惠政策进行解读；北京生命科学研究所科研事务办公室进行生物医药技术成果转化的经验分享；2013年“科技新星”、北京三戎科技有限公司董事长陈金龙分享创业经验。青年工程师们围绕医药健康领域的成果转化问题进行研讨交流。

（王雪梅　马　腾）

**【“减负行动2.0”公布】**10月28日，科技部公布《关于持续开展减轻科研人员负担　激发创新活力专项行动的通知》。这份由科技部、财政部、教育部、中科院联合发布的文件明确，为切实推动政策落地见效，在前期工作基础上持续组织开展减轻科研人员负担、激发创新活力专项行动（简称“减负行动2.0”）。2018年，科技部、财政部、教育部、中科院联合印发《贯彻落实习近平总书记在两院院士大会上重要讲话精神开展减轻科研人员负担专项行动》的通知，在全国范围开展减轻科研人员负担7项行动（简称“减负行动1.0”）。

（申峥峥）

**【《北京市工程技术系列（人工智能）专业技术资格评价试行办法》印发】**11月4日，市人力资源社会保障局印发《北京市工程技术系列（人工智能）专业技术资格评价试行办法》，拓展人工智能工程技术人员职业发展通道，助力全国科技创新中心建设，在工程技术系列开设人工智能专业。北京市工程技术系列（人工智能）专业包括人工智能研究和人工智能应用两个方向，设置初级、中级、副高级和正高级，名称依次为：助理工程师、工程师、高级工程师和正高级工程师。按照个人自主申报、行业统一评价、单位择优使用、政府指导监管的方式实行社会化评审，并纳入北京市年度职称评价工作安排，每年组织一次。

（申峥峥）

**【北京市“科技新星”计划入选颁证仪式举办】**11月7日，“星光璀璨、筑梦北京”2020年北京市“科技新星”计划入选颁证仪式暨科技人才座谈会在北大科技园举办。市科委主任许强、市人才工作局副局长刘敏华出席活动并讲话。来自107家单位的145名科技人才参加活动，包括2020年“科技新星”计划入选人员、往届“科技新星”代表及新星入选团队人员。活动举行2020年北京市“科技新星”计划入选颁证仪式，入选人员分成5组，围绕各自领域和热点问题开展交流沟通。

（王雪梅　马　腾）

**【《北京市深化哲学社会科学研究人员职称制度改革实施办法》印发】** 11月25日，市人力资源社会保障局印发《北京市深化哲学社会科学研究人员职称制度改革实施办法》。办法遵循哲学社会科学研究人员成长规律和科技创新规律，以品德、能力、业绩为导向，以科学评价、分类评价为核心，以激发哲学社会科学研究人员的积极性、创造性为目的，建立符合哲学社会科学研究人员职业特点的科学化、规范化的职称制度，为加快构建中国特色哲学社会科学、加强中国特色新型智库建设、促进经济社会高质量发展提供人才支撑。

（申峥峥）

**【《北京市深化自然科学研究人员职称制度改革实施办法》印发】** 11月30日，市人力资源社会保障局、市科委印发《北京市深化自然科学研究人员职称制度改革实施办法》。办法遵循自然科学研究人员成长规律和科技创新规律，以品德、能力、业绩为导向，以科学评价、分类评价为核心，以激发自然科学研究人员的积极性、创造性为目的，建立符合自然科学研究人员职业特点的科学化、规范化的职称制度，发挥好人才评价“指挥棒”和“风向标”作用，为提升自主创新能力、建设国际科技创新中心提供人才支撑。

（申峥峥）

**【外籍专家走进城市副中心活动举办】** 11月，市科委与市城市副中心管委会、通州区委等联合举办外籍专家走进城市副中心主题调研活动，助力打造“类海外”发展环境。活动邀请11名外籍专家，调研城市副中心建设发展情况，为城市副中心人才发展环境献计献策。

（外国专家服务与科技人才处）

**【推进外国专家换汇便利化试点工作】** 11月，市科委会同国家外汇管理局北京外汇管理部发布《国家外汇管理局北京市外汇管理部关于开展在华外籍人才个人外汇业务便利化试点的指导意见》。北京市外国专家换汇便利化试点工作由中国银行北京分行承担，于11月30日实现首单业务落地，为奥迪（中国）企业管理有限公司一名外籍员工办理首笔试点业务。

（外国专家服务与科技人才处）

**【技术经纪专业职称评价完成】** 11月，工程技术系列（技术经纪）专业技术资格评价工作完成。10人通过市人力资源社会保障局组织的技术经纪正高级专业技术资格评审。50人通过副高级专业技术资格评审，94人通过中级专业技术资格评审，109人通过初级专业技术资格评审。

（外国专家服务与科技人才处）

**【AI赋能时代的创新与创业主题讲座举办】** 12月2日，“星光璀璨、筑梦北京”科技人才交流系列活动第二期在北大科技园举办，来自企业、高校院所、医疗机构等单位的150余名科技人才参与活动。活动邀请创新工场董事长兼首席执行官、创新工场人工智能工程院院长李开复做题为《AI赋能时代的创新与创业》的讲座。李开复从2020年新挑战与新机遇出发，以AI行业为例，阐述人工智能技术的发展和应用，以及中国如何在AI赋能时代完成“弯道超车”，通过分析欧美科技巨头和科技创业创始人的成功经验，结合自身创业经历，为青年科技人才从事创新与创业提供参考和建议。

（王雪梅　马　腾）

**【人工智能深度学习的应用与发展主题交流研讨会举办】** 12月16日，“星光璀璨、筑梦北京”科技人才交流系列活动第三期在北大科技园举办，来自企业、高校院所、医疗机构等单位的40余名科技人才参加。活动邀请北京智源人工智能研究院程斌做题为《人工智能深度学习的应用与发展》的讲座。程斌阐述了人工智能的发展应用，指出大数据、算法和硬件支持的重要作用。参与活动的科技人才结合自身工作和科研，就人工智能的产品和发展进行交流研讨。

（王雪梅　马　腾）

**【人工智能+医疗应用场景现状与发展主题交流研讨会举办】** 12月16日，“星光璀璨、筑梦北京”科技人才交流系列活动第四期在北大科技园举办，来自企业、高校院所、医疗机构等单位的40余名科技人才参与。活动邀请北京智源人工智能研究院闫宇翔做“人工智能+医疗应用场景现状与发展”主题分享。闫宇翔从人工智能在脑电图领域的作用出发，介绍生物脑电机理及前沿现状，并通过实例讲解人工智能解决城乡医疗问题、医务人员培养问题的突出作用，就科研经历和创新经验与科技人才进行交流。

（王雪梅　马　腾）

【“科技战‘疫’”主题研讨会举办】12月25日，“星光璀璨、筑梦北京”科技人才交流系列活动第五期“科技战‘疫’”主题研讨会举办。活动邀请首都医科大学附属北京朝阳医院副院长、北京市呼吸疾病研究所所长童朝晖，北京博奥晶典生物技术有限公司技术总监潘良斌做讲座，来自企业、高校院所、医疗机构等单位的30余名科技人才参加。童朝晖结合自身抗疫经历，介绍武汉抗疫一线的经验和做法，并着重围绕新冠病毒的变异性、疫情中的心理建设等内容进行详细解析，深入探讨防疫和疫苗等问题。潘良斌围绕新冠病毒检测新技术进行交流分享，重点介绍新冠病毒检测技术的最新进展，并比较不同检测方式的灵敏度和检测速度。

（王雪梅　马　腾）

【技术创新的基本逻辑主题讲座举办】12月29日，“星光璀璨、筑梦北京”科技人才交流系列活动第六期举办，来自企业、高校院所、医疗机构等单位的100余名科技人才参加。活动邀请北京协同创新研究院院长、中国产学研融合创新体系研究中心主任王茤祥做“技术创新的基本逻辑”主题讲座。王茤祥总结科技创新的趋势，阐述技术型人才多类型融合式发展的重要性，并讲解人工智能和大数据对社会的影响，就技术创新、成果转化、跨领域发展的问题与科技人才进行交流。

（王雪梅　马　腾）

【自然科学研究系列职称评价完成】12月，自然科学研究系列职称评价和“直通车”评审工作完成。25人通过正高级专业技术资格评审，87人通过副高级专业技术资格评审，234人通过中级专业技术资格评审，166人通过初级专业技术资格评审，23人通过高端领军人才研究员“直通车”专业技术资格评审。

（外国专家服务与科技人才处）

【2020“科技新星”选拔】年内，北京市开展2020年“科技新星”选拔工作。共选拔149名科技新星，平均年龄32岁，获博士学位者142人，有海外经历者119人。来自企业的有39人（民营企业24人），来自高校的有36人，来自科研机构的有44人，来自医疗机构的有30人。人工智能领域23人、医药健康领域60人、新能源智能汽车领域6人、新材料领域11人、科技服务领域6人、集成电路领域8人、新一代信息技术领域19人、节能环保领域6人、智能装备领域7人、其他领域3人。

（申峥峥）

【北京人才发展研究报告2020发布】年内，市科委人才交流中心开展“十四五”时期科技人才问题、态势、发展趋势的课题研究，研究成果收录于《北京人才蓝皮书：北京人才发展报告2020》。报告显示，北京市科技人才资源总量增速较快，高端化趋势显著。人才政策聚焦战略科技人才的小群体和十大高精尖产业领域，强化政策综合协调和整体推进，实现了创新与突破。

（郑　羿）

【推进中法杰青计划实施】年内，受科技部国际合作司委托，北京市科委人才交流中心继续推进中法杰出青年科研人员交流计划（简称中法杰青计划）的组织管理工作。主要开展2019年度该计划的结题工作及2017—2019年阶段性总结工作，对3届57名入选人员进行追踪，梳理其研究领域、交流成果、互访机构等信息，完善中法杰青计划科技人才库，为科技人才国际化交流工作做好基础数据支撑工作。

（郑　羿）

# 高等院校

【概述】2020年，北京地区高校及附属医院共有教学与科研人员116 724人，科技研究与发展人员123 424人；科研经费总投入386.3亿元；承担研究项目130 440项；发表学术论文126 673篇，出版学术专著4 142部；获省部级及以上奖励220项；现有研究机构853个，当年科研经费支出134.2亿元，年末科研仪器设备原值294.7亿元。

（刘　帅）

【39个卓越青年科学家计划项目完成年度评估】1月，市教委对北京大学王栋等39名负责人主持的卓越青年科学家计划项目开展项目年度评估。项目实施1年来，新建科研平台15个，科研场地2万余平方米，引进高层次研究人员近170人，在站博士后90余人，建立起以卓青项目负责人为核心、青年人员为骨干、研究生参与的研究队伍，共发表学术论文421篇，授权发明专利70件，获省部级以上科技奖励9项。

（刘安邦）

【高校新冠肺炎疫情防控应急科研攻关项目启动】2月14日，市教委联合市财政局启动实施北京高校新冠肺炎疫情防控应急科研攻关项目，支持高校联合科研院所、医疗卫生机构和企业等创新主体，开展应急攻关。经评审遴选，启动11个项目予以立项支持。年内，双光融合高精准度高效率智能体温检测系统、广域红外测温系统、集装箱式医疗污水应急装备、基于影像与临床信息的AI定量辅助诊断系统、众智网络监测平台等应急攻关项目成果在北京、湖北、山东、广西等省市防控一线得到应用。

北京高校新冠肺炎疫情防控应急科研攻关项目一览表

| 序号 | 所属高校 | 项目名称 |
|---|---|---|
| 1 | 北京大学 | 人工智能辅助血浆代谢组学快速检测新冠肺炎 |
| | | 新型冠状病毒现场快速精准检测技术 |
| | | 双光融合高精准度高效率智能体温检测系统 |
| 2 | 清华大学 | 基于影像与临床信息的新型冠状病毒人工智能定量辅助诊断系统研究 |
| | | 新冠肺炎众智网络监测平台研发和应用 |
| 3 | 中国科学院大学 | 广域智能红外体温筛查设备系统 |
| 4 | 中国人民大学 | 疫区医疗机构污水处理系统集成化装备开发 |
| 5 | 北京协和医学院 | 免核酸提取免逆转录的2019－nCoV高通量RNA快速检测试剂盒研发与应用 |
| 6 | 首都医科大学 | 新型冠状病毒蛋白质组芯片的研制开发 |
| 7 | 北方工业大学 | 防疫用双模隔离帐篷 |
| 8 | 北京石油化工学院 | 集装箱式新型冠状病毒污染医疗污水应急处理技术与设备 |

（刘安邦）

【北京市“双一流”建设成效年度评估】4—8月，根据《北京高校一流大学和一流学科建设管理办法》相关要求，市教委委托第三方评估机构北京理工大学研究生教育研究中心组织实施北京市“双一流”建设成效年度评估，对34所国家“双一流”建设在京高校和99个高精尖学科，从建设目标达成度、服务社会贡献度、支持发展支撑度及学科共建协同度4个维度采取定性与定量、客观与主观相结合的多元分类评价方式，经过“双一流”高校和高精尖学科的自我评估、学科管理专家的综合评价，全面考察各建设主体年度建设成效、存在的主要问题，进而提出下一步改进的意见和建议，形成评估工作总报告和专题评估分报告。对存在整体建设成效不佳、经费执行效率低、建设任务推进缓慢的北京电子科技学院网络空间安全、中央财经大学金融安全工程、北京工商大学应用经济学等 20 个高精尖学科提出警告，并调整年度经费支持力度。

（侯东云）

【北京高校科技成果转移转化促进中心建设】5 月 20 日，市教委印发《关于进一步提升北京高校专利质量加快促进科技成果转移转化的意见》，贯彻落实国家和北京市提升高校专利质量，加快促进科技成果转移转化的要求。依据该意见，立项支持北京理工大学、北京航空航天大学、北京工业大学 3 所高校分别建设北京高校科技成果转移转化促进中心，推动高校聚焦科技成果转移转化难点问题，加强科技成果管理与服务，开展重大科技成果转化和技术转移人才培养。

（刘安邦）

【13 个高精尖创新中心完成周期评估】5 月，市教委完成第一批 13 个北京高等学校高精尖创新中心的周期评估工作。根据相关管理办法要求，评估工作采取第三方评估模式，委托国家科技评估中心负责组织实施。13 个高精尖创新中心通过周期评估，为谋划启动新一期高精尖创新中心建设打下坚实的工作基础。

**2020 年完成周期评估的北京高等学校高精尖创新中心一览表**

| 序号 | 中心名称 |
|---|---|
| 1 | 北京大学工程科学与新兴技术高精尖创新中心 |
| 2 | 清华大学未来芯片技术高精尖创新中心 |
| 3 | 清华大学结构生物学高精尖创新中心 |
| 4 | 北京航空航天大学大数据科学与脑机智能高精尖创新中心 |
| 5 | 中国农业大学食品营养与人类健康高精尖创新中心 |
| 6 | 北京理工大学智能机器人与系统高精尖创新中心 |
| 7 | 中央美术学院视觉艺术高精尖创新中心 |
| 8 | 首都医科大学人脑保护高精尖创新中心 |
| 9 | 首都师范大学成像理论与技术高精尖创新中心 |
| 10 | 北京化工大学软物质科学与工程高精尖创新中心 |
| 11 | 北京工业大学未来网络科技高精尖创新中心 |
| 12 | 北京师范大学未来教育高精尖创新中心 |
| 13 | 中国人民大学北京高校思想政治理论课高精尖创新中心 |

（刘安邦）

【《关于树立正确评价导向促进北京高校科学研究健康发展的意见》印发】6 月，市教委联合市科委印发《关于树立正确评价导向促进北京高校科学研究健康发展的意见》，推动北京高校结合分类发展实际，树立正确评价导向，完善科研评价制度，优化科研评价体系，促进科学研究健康发展，让科研人员人尽其才、才尽其用、用有所成，充分激发广大科研人员的积极性和创造性，讲好高校科研报国、科研育人故事，形成学科学、爱科学、尊重科学、运用科学的良好氛围。

（刘安邦）

【《北京市哲学社会科学研究基地建设管理办法（试行）》印发】7 月 15 日，市社科联、社科规划办联合市教委印发《北京市哲学社会科学研究基地建设管理办法（试行）》。该管理办法从组织管理、建设任务、经费管理、内部治理、队伍建设、考核评估等方面，加强研究基地建设和管理，推动研究基地成为关注北京、研究北京、服务北京的知名首都问题研究机构，成为首都新型智库体系的重要组成力量和首都高端智库建设的重要培育梯队。

（张　豫）

【技术转移人才培养开展研究生教育改革试点】9 月，市教委联合市人才局支持清华大学五道口金融学院开展技术转移人才培养，以加快扩大专业化技术经纪人规模、服务科技成果转化需求。清华大学每年可招收培养 30 名非全日制金融硕士（技术转移方向)研究生。10月,在北京理工大学、北京工业大学开展技术转移人才研究生教育改革试点,支持北京理工大学培养全日制(技术转移方向)工商管理硕士研究生、北京工业大学培养技术转移方向双选研究生。

(刘安邦)

【北京实验室完成新建和评估】11月,市教委完成4个北京实验室的新建工作。支持北京大学集成电路与未来技术北京实验室、清华大学脑与认知智能北京实验室、北京工业大学智慧环保北京实验室、清华大学环境前沿技术北京实验室立项建设。12月,市教委根据《关于在高等学校中建设北京实验室的意见》,对首都师范大学水资源安全北京实验室、北京林业大学城乡生态环境北京实验室开展周期评估检查。经过单位自评和专家实地考评等,2个北京实验室通过周期评估。

(刘安邦)

【443个项目入选科研计划项目】12月,经项目申请、学校初选推荐、市教委评审等程序,31所高校443个科研项目入选2021年度市教委科研计划项目。这包括科技计划资助项目275项,其中科技重点项目(市自然基金－市教委联合资助)50项、一般项目225项;社会科学计划资助项目168项,其中社会科学重点项目26项、一般项目142项。

**2021年度市教委科技计划重点项目一览表**

| 序号 | 所属高校 | 项目名称 |
|---|---|---|
| 1 | 北京工业大学 | 薄层材料热阻高灵敏度测试芯片及关键技术研究 |
| | | 非对称介电微球共腔探针拉曼增强机制及应用研究 |
| | | 基于电催化的成对电合成在净中性自由基极性交叉反应中的应用研究 |
| | | 可降解锌合金支架降解与血管重建的耦合效应建模分析研究 |
| | | 新能源电池荷电状态与健康状态无损检测与评价方法研究 |
| | | 镍基单晶高温合金蠕变/疲劳组织损伤微观机制跨尺度原位研究 |
| | | 大尺寸面曝光快速成型关键技术和系统 |
| | | 可恢复功能高强再生混凝土剪力墙抗震机理研究 |
| | | 城市污水处理过程异常工况智能识别与自愈控制 |
| | | 大芯径方波导激光放大器高功率1.5μm输出关键技术研究 |
| | | 两类流固耦合动力学偏微分方程模型的适定性理论及其应用 |
| | | 面向临床手术的激光钻切骨消融行为机制、生物学效应及关键技术研究 |
| 2 | 北方工业大学 | 基于质谱法的食品主元素分析关键技术研究 |
| | | 退役动力电池筛选重组关键技术研究 |
| 3 | 北京工商大学 | 基于多模态磁共振成像与深度学习的脑肿瘤辅助诊断关键技术研究 |
| | | 紫色红曲霉YJX－8合成己酸乙酯酯酶的互作蛋白筛选及互作机制研究 |
| | | 面向食品安全的跨媒体语义分析与推理研究 |
| | | PET/BNNT－BNNS导热膜中双重有序结构的构筑及其协效导热机理研究 |
| 4 | 北京印刷学院 | 吸墨层构成与导电墨常温烧结机理研究 |
| 5 | 北京建筑大学 | 聚醚型聚氨酯混凝土强度形成机理的多尺度研究 |
| | | 场景知识驱动的文化遗产几何形态数字化修复研究 |
| | | 基于需求侧响应的区域建筑综合能源系统协同调控方法研究——以北京市产业功能区为例 |
| | | 颗粒物作用下城市地表径流及其下渗过程中重金属的积蓄、迁移与转化机制 |
| | | 多动态单元结构瓷砖铺贴建筑机器人机理与控制研究 |
| 6 | 北京石油化工学院 | 数据驱动下的城市空气质量可解释预测研究 |
| | | 微通道/微射流耦合型相变冷却调控原理及方法研究 |

续表

| 序号 | 所属高校 | 项目名称 |
| --- | --- | --- |
| 7 | 北京农学院 | 北京土地被植物苔草抗旱节水调控的生理及分子机制 |
| 8 | 首都医科大学 | 基于肿瘤微环境重塑和介导 T 细胞靶向肿瘤的多功能纳米疫苗构建及免疫相关研究 |
| | | 异质性 cell-in-cell 结构介导肿瘤细胞杀伤增强的机制研究 |
| | | miR-182/Smad7/TGF-β 调控慢性鼻窦炎动物模型鼻上皮间质转化研究 |
| | | VEGF-C-VEGFR-3 信号通路在心力衰竭中的作用及靶向干预研究 |
| | | 海马星形胶质细胞 AT1R 对 Aβ 神经元毒性的影响及其机制 |
| | | 心房衰老相关 miR-509-3-5p/KLF10 促房颤发生的分子机制和干预研究 |
| | | 新型结核分枝杆菌荧光涂片镜检技术中 UCNPs-NFCs 特异性荧光增强策略研究 |
| | | α2δ1 调控头颈部鳞癌多药耐药：基于条件性重编程和肿瘤类器官模型的分子机制研究 |
| | | 基于半监督式图卷积神经网络的癫痫发作预测及闭环 DBS 研究 |
| | | 幽门螺杆菌调节 RXRα 诱发长爪沙鼠胃癌的机制研究 |
| | | Irisin 抑制游离脂肪酸介导的细胞焦亡在慢性肾衰竭骨骼肌萎缩的作用及机制 |
| | | 先天性眼外肌广泛纤维化综合征致病基因 TUBB3 突变后的调控机制研究 |
| | | PM2.5 经 HIF-1α 信号通路诱发动脉粥样硬化的机制研究 |
| | | 甘丙肽与受体结合及其复合物侧移、内化和解离的实时动态分析和机制研究 |
| 9 | 首都师范大学 | 免疫识别和电化学检测分离的肿瘤标志物检测新方法研究 |
| | | 分子光子学材料及其电驱动器件集成研究 |
| | | 田间植物关键营养元素空间分布快速动态解译技术 |
| 10 | 首都体育学院 | 基于顶级专家知识经验的国际象棋人机协同混合增强智能系统研究 |
| 11 | 首都经济贸易大学 | 高可靠性组织形成机制与监测技术研究 |
| | | 科创板公司投资价值评估和 IPO 定价效率合理性测度研究 |
| 12 | 北京信息科技大学 | 数模联动的旋转机械转子系统跨工况智能故障诊断与状态预测 |
| | | 基于 MIMO 雷达与视频监测网络的智能预警系统关键技术研究 |
| | | 高频宽带高灵敏平面水声换能器 |

**2021 年度市教委社科重点项目一览表**

| 序号 | 所属高校 | 项目名称 |
| --- | --- | --- |
| 1 | 北京工业大学 | 面向北京冬奥的突发流行病监测预警研究 |
| | | 在线教学中的学习状态智能感知与形成性评价研究 |
| 2 | 北方工业大学 | 京作家具保护与可持续发展研究 |
| | | 交互界面视觉元素设计提升与效果评估研究 |
| 3 | 北京工商大学 | 市属高校部门预算整体绩效管理问题研究 |
| | | 北京文旅融合效果测度、路径优化及模式选择研究 |
| 4 | 北京服装学院 | 中国传统色色名与色度特性及其在时尚产业的应用研究 |
| 5 | 北京建筑大学 | 重大疫情下城市生活垃圾中的潜在病毒性/病毒性垃圾应急响应管控机制研究 |
| 6 | 首都医科大学 | 基于患者赋权的慢性病患者长处方用药安全管理策略研究 |

续表

| 序号 | 所属高校 | 项目名称 |
|---|---|---|
| 7 | 首都师范大学 | 古代包装汉字书写中的伦理思想及其流变 |
| | | 儒家道德哲学的当代价值研究——“境遇－差序伦理” |
| | | 舞蹈治疗对3～6岁自闭症儿童的干预效果研究 |
| | | 情绪信念对青少年情绪调节的影响 |
| 8 | 北京第二外国语学院 | 1860年以来法国文学对北京的书写与想象 |
| 9 | 北京物资学院 | 北京应急物流管理新体系构建研究 |
| | | 北京市国有企业混合所有制改革中最优决策权配置研究 |
| 10 | 首都经济贸易大学 | 京津冀协同发展战略对区域人口分布的影响 |
| 11 | 中国音乐学院 | 音乐版权国际化交易研究 |
| 12 | 北京信息职业技术学院 | 借助VR技术重现北京大运河漕运仓储文化风貌的研究——以南新仓为例 |
| 13 | 北京信息科技大学 | 央行数字货币(DCEP)重塑银行体系的经济效应研究 |
| 14 | 北京联合大学 | 疫情背景下北京市中小服务企业数字化转型研究 |
| | | 开放共享驱动的科学数据出版动因、模式和途径 |
| 15 | 北京青年政治学院 | 生命共同体的理论内涵与时代意义研究 |
| | | 小学生家长教育焦虑的结构、影响因素及干预研究 |
| | | 北京青少年社交媒体使用与表达的研究 |
| 16 | 北京经济管理职业学院 | 北京数字经济发展对就业影响的机理与路径研究 |

（刘安邦　张　豫）

**【高校科技人员及投入】** 年内，北京地区77所设有理工农医类高校（含30所高校附属医院）共有教学与科研人员78 516人，其中具有教授职称的有9 945人，具有高级职称的有31 805人，研究与开发人员73 429人；科技经费投入共353.5亿元，其中政府资金投入248.7亿元，企事业单位委托投入97.5亿元。市属25所设有理工农医类高校（含19所高校附属医院）共有教学与科研人员39 648人，其中具有教授职称的有1 966人，具有高级职称的有10 873人，研究与开发人员19 721人；科技经费投入共35亿元，其中政府资金投入27.7亿元，企事业单位委托投入6.6亿元。

（刘　帅）

**【高校科技活动】** 年内，北京地区77所设有理工农医类高校（含30所高校附属医院）共有科研活动机构853个；开展科技课题77 911项，其中研究与开发课题69 624项，研究与开发成果应用及科技服务课题8 287项；派遣进修访问学者523人次，接受进修访问学者777人次；出席国际学术会议14 353人次，交流论文5 476篇。25所市属设有理工农医类高校（含19所附属医院）共有科研活动机构194个；开展科技课题12 793项，其中研究与开发课题12 067项，研究与开发成果应用及科技服务课题726项；派遣进修访问学者141人次，接受进修访问学者200人次；出席国际学术会议6 496人次，交流论文1 730篇。

（刘　帅）

**【高校科技产出】** 年内，北京地区高校共出版科技专著1 977部，包括大专院校教科书27部，另有编著1 497部；发表学术论文94 649篇，其中在国外学术刊物发表54 573篇；SCIE收录论文（科学引文索引扩展版）41 094篇、EI（工程索引）30 275篇、CPCIS（科学技术会议录索引）5 353篇；获奖成果121项（第一单位），其中国家级奖0项，省部级奖201项。市属高校出版科技专著20部；发表学术论文17 963篇，其中国外学术刊物发表7 683篇；SCIE收录论文（科学引文索引扩展版）6 730篇、EI（工程索引）2 546篇、CPCIS（科学技术会议录索引）505篇；获奖成果27项（第一单位），其中国家级0项，省部级29项。

（刘　帅）

【高校科技推广】 年内，北京地区高校共签订技术转让合同1 348项，合同总金额17.31亿元，当年实际收入5.26亿元。其中，专利出售合同943项，合同总金额6.73亿元，当年实际收入2.79亿元；北京地区高校共申请专利19 484件，其中发明专利16 540件，实用新型2 604件，外观设计340件。北京市属高校签订技术转让合同393项，合同总金额14 486.2万元，实际收入8 987.3万元。其中，专利出售合同133项，合同总金额1 543.7万元，当年实际收入1 178.5万元；北京市属高校共申请专利3 736件，占北京地区高校专利申请量的19.2%，其中发明专利2 674件，实用新型1 012件，外观设计50件。

（刘 帅）

【高校社科人员及投入】 年内，北京地区91所设有人文社科学科的全日制普通本科高校共有人文社会科学活动人员38 208人，研究与开发人员49 995人；53所市属高校人文社会科学活动人员14 940人，研究与开发人员13 906人。北京地区高校共投入人文社科研究经费32.8亿元，其中政府资金投入19.7亿元；企事业单位委托资金投入11.1亿元；其他资金投入2.0亿元；北京市属高校人文社科经费总投入6.7亿元，其中政府资金投入4.7亿元，占北京地区高校政府资金投入的23.9%；企事业单位委托资金投入1.9亿元，占北京地区高校企事业单位委托资金投入的17.1%；其他资金投入0.1亿元，占北京地区高校其他资金投入的5%。

（刘 帅）

【高校社科活动】 年内，北京地区高校在研人文社科项目共52 529项，当年投入经费总额2.3亿元；举办学术会议1 513次，其中独办1 056次、合办457次，参加学术会议23 254人次，提交论文8 336篇；受聘讲学派出3 291人次，来校受聘讲学3 077人次；进修学习派出2 475人次，来校进修学习940人次；合作研究课题952项。北京市属高校在研人文社科项目共11 858项，占北京地区高校在研人文社科项目总数的22.6%，当年投入经费总额0.36亿元，占北京地区高校当年投入经费总额的15.7%。从在研项目的级别看，北京地区高校在研人文社科国家级项目8 977项，占在研项目总数的17.1%；在研省部级项目8 820项，占在研项目总数的16.8%；在研其他项目34 732项，占在研项目总数的66.1%；北京市属高校举办学术会议213次，其中独办146次、合办67次，参加学术会议6 487人次，提交论文2 024篇；受聘讲学派出877人次，来校受聘讲学838人次；进修学习派出1 755人次，来校进修学习431人次；合作研究课题195项。

（刘 帅）

【高校人文社科研究成果】 年内，北京地区高校出版人文社科著作3 286部；发表人文社科学术论文32 024篇；提交研究与咨询报告2 170篇，研究与咨询报告被采纳964篇。北京市属高校出版人文社科著作750部，占北京地区高校出版人文社科著作总数的22.8%；发表人文社科学术论文7 060篇，占北京地区高校发表人文社科学术论文总数的22%；提交研究与咨询报告443篇，占北京地区高校提交有关部门研究报告总数的46%，研究报告被采纳147篇。

（刘 帅）

# 科研院所

## 北京市科学技术研究院

【概述】 2020年，北京市科学技术研究院（简称北科院）面对新冠肺炎疫情冲击引发的发展环境变化，抓战略谋划、能力提升和制度建设，推动“十三五”科研生产工作迎难而上、圆满收官。承担和参与省部级以上纵向科研项目88项，发表论文500余篇，其中包括国际顶尖天文学杂志论文，获得省部级以上奖励21项、其他各级各类科学技术奖18

项。强化高端智库功能定位，建设北科基地和北科智库，一批调研报告被政府内参采纳，30余项成果为政府决策提供重要支撑。与市科委合作完成的《〈北京市促进科技成果转化条例〉立法调研报告》获得北京市第十四届优秀调研成果一等奖。

主动融入"两区三平台"建设，承办服贸会活动之一的"国际科技成果应用场景大会"，举办中关村论坛平行论坛——全球科技创新智库论坛，发起成立中关村全球高端智库联盟。运用新业态赋能科技出版，对接数字内容平台开发垂直领域产品，传播服务受众量不断扩大，版权贸易实现逆势增长。进一步融入对外发展战略，开放合作，主动布局，推出Go－Global计划，拓展和优化多层次国际合作伙伴体系，建立"一带一路"国际科技合作培训中心，发起成立中巴经济走廊科学传播合作网络。持续推进京津冀协同创新，组织三地产学研机构对接合作，提供检测分析、咨询培训等一批特色科技服务。聚焦新冠肺炎疫情防控需求，提供应急服务，完成口罩检测、个体防护用品检测、防护服辐照灭菌等应急任务，承担一批国家和北京市科技项目，开展企业线上技术服务，推出抗疫主题的国际讲堂、科普图书、展览和活动。精准对接2022年北京冬奥会科技需求，完成国家重点研发计划科技冬奥专项相关研究任务，形成多尺度区域综合风险评估、供热系统安全运行风险识别评估等技术，研发多种主要食源性致病微生物快检集成技术，构建冬奥会食品供应链风险监控智能系统，承办冬奥会冰雪运动项目运营管理培训。紧密服务首都城市治理，应用场景推动民生技术进一步落地。健康养老服务技术在西城区社区得到深度应用，成为民政部居家养老改革试点优秀案例。针对城市副中心基础设施工程，提供安全评价、环境评价等服务，集结北科院传播资源为北京的学校提供科普支撑。

"十三五"科研生产收官。"十三五"期间，北科院人才质量不断提升，博士达353人，高级职称人数达590人，柔性引进2名中央单位人才，5人进入中组部人才计划国家选拔平台，获得北京市人才计划资助39项，建成30余支创新团队。共获得国家级项目或课题110余项，发表论文2 100余篇，出版专著310余部，获得授权专利334件，制定国家或行业标准254个，获得国家或省部级奖励68项，有7篇论文被《科学》和《自然》期刊收录，1人获得国家科学技术二等奖。科普场馆服务公众累计1 921万人次。国际交流合作覆盖52个国家和地区的300余家机构。承担中宣部、科技部以及北京市相关部门9项改革试点，北科基地、北科智库获批并取得明显成效。把握2022年北京冬奥会、京津冀协同发展等重要契机，组织实施科技支撑项目，形成一批新技术、新产品和新服务，为国庆70周年庆祝大会、世园会运行、大兴新机场投运等重大活动和工程提供支撑。

（赵宏伟　张子成）

**【与天津城建设计院签署合作协议】** 1月14日，北科院与天津城建设计院签署城市基础设施安全运行研究合作协议，双方将发挥城市基础设施设计与城市基础设施安全技术研发优势，共建城市基础设施安全运行研究中心。天津城建设计院将为北科院提供中试、工程化应用研究、试验场地等相关支持。北科院副院长邵锦文，天津城建设计院董事长韩振勇、院长张振学、总工程师汤洪雁出席。

（赵宏伟　张子成）

**【与市科协签署战略合作协议】** 1月16日，北科院党委书记方力、院长郭广生带队与市科协就开展合作进行座谈并签署战略合作协议。签约对于巩固和深化双方的良好合作关系、服务首都经济建设和社会发展、助力全国科技创新中心建设具有重要意义。市科协党组书记马林、常务副主席司马红出席座谈会及签约仪式。

（赵宏伟　张子成）

**【《完善科技创新体制机制》在《人民日报》刊登】** 2月6日，《人民日报》（理论版）刊登北科院党委书记、北京市习近平新时代中国特色社会主义思想研究中心北科院研究基地主任方力的文章《完善科技创新体制机制》。文章指出，建立和完善现代科技创新治理体系是建设社会主义现代化强国的重要支撑，也是国家治理体系和治理能力现代化的重要保障。

（赵宏伟　张子成）

**【《发挥科普在疫情防控中的重要作用》在《人民日报》刊登】** 2月12日，《人民日报》（理论版）刊发北京市习近平新时代中国特色社会主义思想研究中心北科院研究基地的文章《发挥科普在疫情防控中的重要作用》。文章指出，新冠肺炎疫情威胁着人们的健康，疫情防控正处于关键时期，科学防控新冠肺炎疫情需要充分发挥科普的作用，增强疫情防控的科学性和有效性。

（赵宏伟　张子成）

【中关村管委会到北科院调研】3 月 26 日，中关村管委会主任翟立新带队到北科院调研座谈。北科院党委书记方力，副院长王立、刘清珺参加座谈会。双方在产业布局规划、科技企业服务、国际合作交流、共同办好中关村论坛、共同策划重大课题等方面交流并拓展新的合作方向。

（赵宏伟　张子成）

【劳保所为抗疫提供支撑】4 月 22 日，北京市劳动保护科学研究所（简称劳保所）收到北京新型冠状病毒肺炎疫情防控工作领导小组物资保障组发来的感谢信，感谢劳保所对防疫用一次性口罩再利用技术研究、口罩产品检测、新型口罩研制等工作任务给予的支持。新冠肺炎疫情暴发后，劳保所共加班近千小时，为北京市近 60 家企业的口罩新产品做 700 余批次的检测，为近 10 家北京口罩企业做 CE 认证检测，为防疫工作提供支撑。

（赵宏伟　张子成）

【整合科技优势推出线上直播活动】5 月 6 日，北科院整合全院科技资源优势，利用互联网和大数据平台，与剑桥中国中心、中关村管委会、中关村创客小镇、北京银行中关村海淀园支行等国内外单位联合，推出“新冠疫情与全球变局”国际讲堂、“‘中关村创业服务 +’——北京市科学技术研究院科技服务专场”线上直播、“把握科技政策　助力企业发展”宣讲培训、第一期“京津冀科研院所联盟大讲堂”、世界地球日、“云游”麋鹿苑、“宇宙时空　精彩对决”等线上直播活动，在搭建新冠肺炎疫情防控合作交流平台、推进复工复产、助力企业发展、提高公民文明程度等方面充分体现科技的作用。活动共吸引 100 多万人次在线参与。

（赵宏伟　张子成）

【《壮大公共卫生领域战略科技力量》在《人民日报》刊登】5 月 11 日，《人民日报》（理论版）刊发北京市习近平新时代中国特色社会主义思想研究中心北科院研究基地的文章《壮大公共卫生领域战略科技力量》。文章指出，壮大公共卫生领域战略科技力量对国家重大公共卫生事件能力和水平的提升具有重要意义，壮大公共卫生领域战略科技力量也是提升国家应对重大突发公共卫生事件能力和水平的重要途径和必然选择。

（赵宏伟　张子成）

【郑焕敏任北科院院长】6 月 3 日，北科院召开领导干部会议，宣布北京市委关于北科院院长任职的决定。北京市副市长隋振江出席会议并讲话，北京市委组织部副部长张彤军主持会议。张彤军宣读了市委、市政府的任免通知，郑焕敏同志任中共北京市科学技术研究院党组副书记、北京市科学技术研究院院长。

（赵宏伟　张子成）

【北科院科技服务专场活动举办】6 月 10 日，由中关村管委会指导，北科院主办的“‘中关村创业服务 +’——北京市科学技术研究院科技服务专场”第三期“智慧化信息技术服务·助力企业创新”线上直播活动举办。北科院科技服务专场活动至此结束。该系列活动自 4 月上线，围绕分析测试技术、特种加工技术、智慧化信息技术等主题，共举办 3 期线上专场，推出 19 项优质科技成果，吸引京津冀地区 300 多家企业、高校院所近 700 人参与，促成合作意向 30 余项。

（赵宏伟　张子成）

【“新冠疫情与全球变局”国际讲堂举办】6 月 23 日，北科院“新冠疫情与全球变局”国际讲堂第九期在哔哩哔哩和虎牙平台播出。讲堂特邀欧洲科学院院士、德国马普学会气象研究所高级科学家 Guy P. Brasseur 讲解“从新冠疫情看如何治理大气污染”。“新冠疫情与全球变局”系列国际讲堂至此结束。自 4 月开始，北科院推出“新冠疫情与全球变局”系列国际讲堂，邀请来自中国、英国、加拿大、德国、日本等国家的 9 位知名专家学者，围绕新冠肺炎疫情对经济、科技、产业的影响以及心理健康等主题进行解读和观点分享。国际讲堂单期在线收看人数超过 5 万人次。

（赵宏伟　张子成）

【广西科学院到北科院调研交流】8 月 19 日，广西科学院书记元昌安带队到北科院调研交流，前往北科院现代制造技术产业园、北科控股众创空间、新技术所人工智能与大数据研究中心、SMT 生产线、理化分析测试中心生物与材料化学实验室、计算中心云服务平台参观，并就激发科技人员创新活力、加强科技成果转化激励、优化创新平台载体建设、完善科研管理机制、健全科技开放合作机制等深化科研机构改革相关问题与北科院进行座谈交流。北科院党组书记方力出席座谈会，院长郑焕敏主持会议，副院长邵锦文陪同调研。

（赵宏伟　张子成）

【"一带一路"科普交流周举办】8月23日,由中国科学技术交流中心主办、北京国际科技服务中心有限公司承办的2020"一带一路"科普交流周在北京天文馆开幕。2020"一带一路"科普交流周和"科学之夜"活动共设10个展区,引进120余个展项,以"一带一路"科普展、"云上"科普表演秀与科普视频等系列体验式活动为现场及线上观众带来为期7天的活动。

(赵宏伟　张子成)

【《以科技创新催生新发展动能》在《光明日报》刊登】9月3日,北京市习近平新时代中国特色社会主义思想研究中心特约研究员、北科智库专家、北科院党组书记方力,专家任晓刚在《光明日报》发表文章《以科技创新催生新发展动能》。文章针对《2019年全国科技经费投入统计公报》数据指出,国家科技创新经费基本投入规模不断增加,投入结构不断优化,投入强度不断提高。

(赵宏伟　张子成)

【京津冀国际科技成果应用场景大会举办】9月6日,北科院、京津冀科研院所联盟以"国际技术转移赋能京津冀应用场景合作共建"为主题举办"智联全球　慧创未来"京津冀国际科技成果应用场景大会——京津冀国际科技成果应用场景峰会。会议由北京对外科学技术交流中心、北京科学学研究中心承办。80余名国内外科技人员、专家学者、政府官员、企业代表和媒体记者参会,324位嘉宾参加线上会议。10余位中外嘉宾围绕国际科技成果转化应用在大会上进行交流。北科院副院长邵锦文代表北科院与博格施尔德控股公司、斯图加特大学技术转移中心GTC高科技公司、挪威环北冰洋能源有限公司、日中科学技术文化中心、新加坡区块链协会、德国阿卡迪亚研究院、韩中文化协会和加中科技文化交流中心等8家国际机构,以及APEC技术转移中心、香港知识产权交易所、中国技术交易所等12家国内机构签署共建北科院北京国际技术转移平台合作备忘录,共同致力打造战略合作平台,推动科技创新成果应用和高端人才交流。

(赵宏伟　张子成)

【首届矿物油分析国际研讨会举办】9月15—16日,由北科院指导,北京市理化分析测试中心主办,北京市食品安全分析测试工程技术研究中心、北京对外科学技术交流中心联合承办,玛氏全球食品安全中心、上海仪真分析仪器有限公司参与协办的首届矿物油分析国际研讨会举办。会议邀请多国矿物油分析领域专家学者,探讨矿物油的分析技术、方法和风险评估等,近200位来自国内外高校、科研院所、政府部门、社会组织和企业的专家学者参加会议。

(赵宏伟　张子成)

【2020中关村论坛全球科技创新智库论坛召开】9月19日,2020中关村论坛全球科技创新智库论坛召开。论坛由北科院、中国科学技术发展战略研究院、中国科学院科技战略咨询研究院、中国科协创新战略研究院、清华大学国家治理与全球治理研究院、中国互联网新闻中心、千龙智库主办,北京科技战略决策咨询中心、北京对外科学技术交流中心承办。论坛以"汇聚全球智慧,引领科技创新:全球高端智库之声"为主题,邀请国内外知名专家学者进行主旨报告与高端对话。来自9个国家的科研机构、知名大学、国际组织的专家和负责人围绕"全球科技创新发展趋势""全球产业协作与智慧经济""'一带一路'与国际科技合作""科技创新与现代城市治理"展开研讨。市委常委、宣传部部长杜飞进,科技部党组成员、科技日报社社长李平出席论坛并致辞。12位与会领导和嘉宾共同启动中关村全球高端智库联盟成立。中关村全球高端智库联盟由北科院倡议,联合国内外18家智库单位共同发起成立,以"汇聚全球智识,服务创新发展"为宗旨,以全球智慧推动构建人类命运共同体为愿景,提升全球智库协同创新能力,增强文明互信,推动人类社会共同发展。

(赵宏伟　张子成)

【2020中关村论坛技术交易大会专场活动举办】9月19日,由北科院、京津冀科研院所联盟主办,北京对外科学技术交流中心、北科院北京科学学中心承办的2020年中关村论坛技术交易大会"智联全球　慧创未来"京津冀－以色列清洁技术专场活动举办。活动得到中国科学技术交流中心、以色列创新署、中关村管委会的指导和支持。来自以色列、京津冀的9项绿色技术领域科技成果发布,邀请清华启迪能源环境研究院副院长冯武军、北京协同创新研究院副院长林才顺、北京化工大学科学技术发展研究院副院长朱保宁、清华大学化工系教授胡平进行现场点评。园区、企业、科研机构、投资机构等的嘉宾与路演项目团队进行交流,共同探讨项目合

作及业务交流。

（赵宏伟　张子成）

【第三届北京（国际）麋鹿文化大会召开】9 月 20 日，以“鹿力同兴　文产共融”为主题的第三届北京（国际）麋鹿文化大会召开。大会作为全国文化中心建设的重要内容，旨在以麋鹿文化发展为契机，兴传统文化、兴文创产业、兴生态旅游、兴创新科技，赋能多元产业，推动实体经济发展。北科院院长郑焕敏在大会上致辞，副院长邵锦文为“北京麋鹿苑小程序”上线运行开启启动球。大会发起成立大兴麋鹿文创联盟，开展麋鹿文创集市活动，设置多个麋鹿文创集市摊位，《中国麋鹿保护 35 周年百项成果》纪念图书发布，麋鹿回归 35 周年百项成就展览开幕。与会专家以《麋鹿保护中国样板》《麋鹿文化是中国文化的组成部分》为题做主旨演讲。来自国家林业和草原局野生动植物保护司、中国野生动物保护协会、北科院、市文物局、市园林绿化局、大兴区政府等单位的 120 余名专家学者参加会议。

（赵宏伟　张子成）

【第二届“中山论坛”举办】10 月 13 日，由民革北京市委、北科院联合主办的第二届“中山论坛”举办。民革中央调研部二级巡视员周丽萍、中共北京市委统战部副部长刘先传等领导出席论坛。北科院党组书记方力出席论坛并致辞。论坛聚焦北京数字贸易发展进行联合调研，希望通过“中山论坛”提高智库精准服务决策能力，为北京建设国家服务业扩大开放综合示范区和以科技创新、服务业开放、数字经济为主要特征的自由贸易试验区添砖加瓦、贡献力量。

（赵宏伟　张子成）

【“三北”地区科技情报（信息）院所长工作会举办】10 月 16—17 日，由北京市科学技术情报研究所（简称情报所）主办，以“发挥科技情报功能，服务创新驱动战略”为主题的 2020 年度“三北”地区科技情报（信息）院所长工作研讨扩大会在京举办。北科院党组书记方力、中国科学技术信息研究所所长戴国强出席开幕式并致辞，情报所所长张士运携手 20 余家省级科技情报机构的院所长向全国科技情报界发出倡议：全国的科技情报（信息）机构要主动担当、积极作为，着力发挥科技情报促创新、保安全的作用，着力构建“中国源、全谱类”的科技信息资源体系，着力形成智能化、现代化的科技情报技术体系，更好地服务国家创新驱动发展战略实施。与会专家做《中关村示范区信息产业发展态势与趋势》《百年大变局中的科技创新与治理转型》《新时代强化科技情报功能的路径》《建设具有全球影响力科技创新中心的探索与实践》等主题报告，并召开以“城市大脑的概念、应用及对经济发展促进的作用”为主题的沙龙。

（赵宏伟　张子成）

【动物中心获得实验动物使用许可资质】10 月 20 日，北科院院属北京实验动物研究中心（简称动物中心）获得北京实验动物管理办公室批准颁发的实验动物使用许可，可以使用屏障级大、小鼠，普通环境下犬、兔、猴、豚鼠、小型猪，开展科研和技术服务。动物中心是 1981 年国家科技部成立的 4 家国家级实验动物研究中心之一。许可资质的获得，为动物中心搭建技术平台，持续服务于生物医药产业发展奠定了基础。

（赵宏伟　张子成）

【“一带一路”国际科技合作培训中心揭牌】10 月 29 日—11 月 3 日，北科院举办“一带一路”国际科技合作培训中心揭牌仪式暨“重大疫情防控下的企业大数据应用模式”专题培训。中国科协国际联络部副部长王庆林、北科院党组书记方力出席并为中心揭牌。与会专家做《大数据时代管理之道》《大数据与人工智能如何助力企业专利管理》《疫情下大数据助力传统企业的转型升级》和《智变抗疫　紫光同行》专题报告。方力为北科院“英语与国际交往能力培训”优秀学员颁发证书。中国驻巴基斯坦大使馆科技一等秘书贾伟、全巴中资企业协会秘书长宫大辉与 20 余名巴基斯坦学员在线参加揭牌仪式，并参加专题培训。

（赵宏伟　张子成）

【第二届落笔峰全球城市文明与城市创新论坛举办】11 月 13—16 日，第二届落笔峰全球城市文明与城市创新论坛举办。论坛由北京大学城市治理研究院、三亚学院三亚城市治理研究院、璧雅集团・璧雅研究院共同主办，北科院、深圳大学城市治理研究院、贵州大学公共管理学院、南方周末研究院协办，以“城市文明与城市创新”为总主题，以“城市文化”“城市治理”“智慧城市”“城市规划”为分论坛主题，邀请 8 位嘉宾做主旨报告，30 余位专家做分论坛报告。北科智库、北科基地首席专家，人民日报社原副总编张首映出席论坛。

（赵宏伟　张子成）

【第14届北京发明创新大赛创新人物专项奖颁奖会举办】11月16日，第14届北京发明创新大赛创新人物专项奖暨第四届创新大工匠颁奖会举办。北科院院长郑焕敏，中国发明协会常务副理事长兼秘书长余华荣，中国科学院北京分院副院长、京区事业单位党委副书记李静，国防知识产权局原副局长杨建兵等出席，北京发明协会理事长、北科院副院长刘清珺主持会议。大赛评选出10位创新大工匠(5个年轻有为奖、4个中流砥柱奖、1个老当益壮奖)及20个创新大工匠提名奖。举办创新人物评选活动，对创新大工匠予以表彰，旨在让工匠精神在科技领域发扬光大，形成崇尚工匠精神的社会氛围，为实施创新驱动发展战略，推动北京发展新技术、新产业、新经济、新业态、新模式创造良好氛围。

(赵宏伟　张子成)

【第六届老年服务科学与创新国际论坛举办】11月19—20日，由北科院主办、北京城市系统工程研究中心承办的第六届老年服务科学与创新国际论坛举办，论坛主题是“新冠疫情与新科技周期背景下的智慧健康养老”，交流新冠肺炎疫情与新科技周期背景下世界各国智慧健康养老的最新进展及模式。论坛共分为8个板块，主要涉及新冠疫情背景下养老领域的国际进展、日本智慧健康养老与中日合作、中国台湾地区智慧健康养老与两岸合作、政策人才与标准、智慧健康养老技术、北科养老科研与实践成果汇展、老年健康与安全、失智照护技术。来自多国的科研院所、高等院校、政府部门及企业的近50位专家学者就全球智慧健康养老创新相关议题做主题发言。北科院党组书记方力，市民政局副局长李红兵，荷兰驻华大使馆卫生、福利和体育参赞Peter Bootsma致辞，中国人民大学荣誉一级教授邬沧萍做特邀报告。

(赵宏伟　张子成)

【北科院5项科技成果在第二十四届全国发明展览会获奖】11月19—21日，第二十四届全国发明展览会在广东省佛山市举办。展览会以“发明创新、共惠共赢”为主题，由中国发明协会、金砖国家工商理事会、广东省科学技术厅主办，佛山市人民政府承办，超过2 050个发明创新项目参展，吸引全国各地800多家企业、高校和科研院所5 000多人参加。北科院5家院属单位9项科技成果参展、5项科技成果参评，共斩获5项“发明创业奖·项目奖”，其中金奖2项、铜奖3项。北京计算中心的糖尿病风险预警与辅助诊断智能分析软件和北京理化分析测试中心(简称理化中心)的食品中矿物油污染物的分析解决方案2个项目获得金奖；情报所的京津冀科技资源数字地图平台、理化中心的新型实验室无管道通风系统设备和北京计算中心的多尺度模拟和多目标机器学习材料计算与数据平台3个项目获得铜奖。展览会集中展示了北科院重点发展领域的最新发明创新成果，进一步拓宽了北科院与全国各地高校、科研院所及企业的联系渠道，提升了北科院品牌影响力。

(赵宏伟　张子成)

【北科院Go－Global专员团队和高翻团队成立】11月26日，北科院召开Go－Global专员团队和高翻团队成立动员暨国际合作交流会，院长郑焕敏、副院长刘清珺出席会议并为团队成员颁发证书。12名专员团队和高翻团队成员代表介绍从事国际合作交流和翻译工作的实践和心得体会，就团队工作方案和北科院国际交流合作工作进行意见征询和工作研讨。专员团队和高翻团队的组建标志着北科院在统筹全院国际人才资源、支撑国际科技交流合作方面迈出重要一步，团队工作机制的形成是北科院国际合作管理工作中的制度创新。

(赵宏伟　张子成)

【京津冀科研院所联盟－邯郸技术需求对接会举办】11月27日，北科院与邯郸市政府共同举办京津冀科研院所联盟－邯郸技术需求对接会，对接会以“智联京津冀　科创新时代”为主题，通过技术需求发布、项目路演、互动交流等形式开展活动。北科院副院长邵锦文、邯郸市副市长高和平出席会议并致辞，邯郸市科技局局长安凤玲主持会议。活动通过联盟网站、公众号等平台对邯郸市科技局甄选出的200余项企业技术需求进行依次推介，共征集技术对接意向近百项，对接企业53家。北科院轻工环保所、营养源所等10家科研院所和高校与邯郸市企业签署合作意向书。

(赵宏伟　张子成)

【《新中国地方中草药文献研究(1949—1979年)》发布】11月29日，由北京科学技术出版社和广东科技出版社合作出版的《新中国地方中草药文献研究(1949—1979年)》新书发布暨专家研讨会召开。该书共13卷280册，书影18万余幅，将1949—1979年的中医药重大成就进行系统性总结，是中国中医药学术成果的集中展示。在发布会上，举办两家出版社向国家图书馆的赠书仪式，国家图书馆中文图书采编部副主任刘瑛代表图书馆接受赠书，并向两家出版社颁发证书。

（赵宏伟　张子成）

【参加第五届“一带一路”中巴科技与经济合作论坛】12 月 3 日，第五届“一带一路”中巴科技与经济合作论坛举办，北科院与北京工商大学、北京市科学技术协会、巴基斯坦科学基金会、巴基斯坦科技信息中心共同倡议发起的中巴经济走廊科学传播合作网络启动。北科院向巴基斯坦驻中国使馆捐赠《全球变局下的中国与世界——看国际知名专家如何破局》和《铁路通车了》原创图书。北科院将与巴基斯坦深化合作内容，丰富合作形式，拓展合作领域，依托具体项目促进两国科学传播方面的交流与合作。

（赵宏伟　张子成）

【第二届首都高质量发展研讨会举办】12 月 20 日，由北科院、北京工业大学主办的第二届首都高质量发展研讨会举办。国务院发展研究中心党组成员、办公厅主任余斌，中国社会科学院学部委员吕政，北京工业大学校长柳贡慧，北京市社科联副主席、北京市社科规划办副主任荣大力等领导出席会议。北科院党组书记方力发布《北京高质量发展指数报告 2020》，“北科学者”、北京科学学研究中心研究员贾品荣发布《北京新经济指数报告》。与会专家做题为《“十四五”时期中国高质量发展的战略思考》《对首都高质量发展若干问题的探讨》《以建设现代化都市圈推动北京高质量发展》《创新驱动北京健康养老产业发展》的报告。北科院将依托科技创新驱动首都高质量发展的系列研究，会同首都优势单位，持续出版《北京高质量发展报告蓝皮书》，举办首都高质量发展研讨会，不断扩大创新驱动高质量发展的研究和影响力，积极为首都高质量发展建言献策。

（赵宏伟　张子成）

【参加全国科学院第 36 次联席会议】12 月 24—26 日，全国省、自治区、直辖市科学院第 36 次联席会议召开，北科院院长郑焕敏、副院长邵锦文出席会议，邵锦文做题为《坚持“四个面向”战略方向，服务国际科创中心建设和京津冀协同发展 》的报告。16 家地方科学院围绕“创新驱动与数字化转型”和“坚持四个全面　助力新发展格局”，结合各自在科技创新、成果转化、重大项目建设、对外科技、交流与合作等方面的主要做法和成功经验进行交流与探讨。

（赵宏伟　张子成）

【麋鹿中心获评第四批国家二级博物馆】12 月，北科院院属麋鹿中心（北京南海子麋鹿苑博物馆）获批全国第四批国家二级博物馆。全国博物馆定级工作启动于 2008 年，由国家文物局制定评估办法及标准，中国博物馆协会落实完成相关具体工作，每 4 年一次。截至 2020 年，全国共有 1 224 家博物馆完成定级评估，其中一级博物馆 204 家、二级博物馆 455 家、三级博物馆 565 家。北科院下属科普单位北京自然博物馆与北京天文馆率先跻身于国家一级博物馆行列。北京南海子麋鹿苑博物馆作为以麋鹿保护繁育、生物多样性研究、自然科普教育为一体的国家级博物馆，秉承生物保护、生态传承理念，以“讲好麋鹿故事　弘扬麋鹿文化”为己任，打造世界野生动物保护宣传的中国样板。

（赵宏伟　张子成）

【理化中心项目获北京发明创新大赛金奖】年内，在第 14 届北京发明创新大赛上，北科院院属北京理化分析测试中心的“基于光谱技术开发食用油脂检测方法”参赛项目获发明创新大赛金奖。该项目主要应用于食用油脂存储和生产企业以及食用油成品的市场监管。针对油脂掺假问题、标准方法与相关文献的缺失与空白等问题，研发出适合中国国情的油脂掺伪分析方法，填补中国标准方法与相关文献的空白。项目应用分子光谱技术与化学计量学方法建立一系列简便、快速、低成本的油脂掺伪分析方法；制定中国动植物油脂中聚二甲基硅氧烷的测定的食品安全标准（GB 2009. 254—2016）；同时将研究成果结合文献编撰并出版《反式脂肪酸》和《油料油脂的分子光谱分析》2 部学术专著。此届北京发明创新大赛由北京发明协会和北京市职工技术协会共同举办，大赛共有 2 094 个项目申报，审查合格的有 1 758 个项目，最终评选出发明创新奖特等奖 1 项、金奖 20 项、银奖 70 项、铜奖 139 项。

（赵宏伟　张子成）

【辐射中心团队论文获杰出论文奖】年内，北科院院属北京市辐射中心张丰收教授团队于 2018 年在《物理学前沿》（*Frontiers of Physics*）发表的文章“Production cross sections for exotic nuclei with multi-nucleon transfer reactions”，获 2020 年杰出论文奖

(Outstanding Paper Awards 2020)。该刊物由中国高等教育出版社和德国斯普林格出版社(Springer)联合出版。丰中子重核与超重核的合成是当今核科学与技术研究的前沿领域。张丰收与合作者李成、祝龙、温培威获奖的这篇文章,对库仑位垒能量附近的多核子转移反应的研究现状和进展做了系统的综述,预测了丰中子重核和超铀核的产生截面,对今后实验和理论的研究都具有重要指导意义。

(赵宏伟　张子成)

【北科院博士后工作站被评为优秀设站单位】年内,《人力资源社会保障部、全国博士后管理委员会关于2020年度博士后工作综合评估结果的通报》公布,北科院博士后科研工作站在2020年度博士后综合评估中被评为优秀设站单位,院人力资源处吴雅琼被评为全国优秀博士后管理工作者。博士后工作综合评估每5年开展一次,旨在进一步推动博士后工作健康发展。此次通过对2017年前设立的博士后流动站和工作站进行评估,人力资源社会保障部和全国博士后管理委员会研究评定:434个流动站、221个工作站为优秀等级,128位博士后管理工作者为全国优秀博士后管理工作者。这是北科院博士后科研工作站继2015年评估工作取得优秀等级后,第二次被评为优秀博士后工作站。

(赵宏伟　张子成)

【射线中心发挥辐照技术优势助力抗击新冠肺炎疫情】年内,北科院院属北京市射线应用研究中心(简称射线中心)发挥其在辐照灭菌方面的技术积累和人才优势,聚焦防疫工作的紧迫需求,承担国防科工局"医用防护服材料的辐射效应研究与辐照灭菌工艺规范建立"核能开发科技项目的部分研究工作。射线中心从防护服材料的辐射效应角度开展研究,对国内防护服生产厂家所使用的各种材料的耐辐照性,以及辐照灭菌剂量下防护服材料的力学性能、液体阻隔性能和细菌病毒过滤效率等的衰减变化情况进行综合性评价研究,从而筛选出耐辐照的防护服材料清单,优化辐照灭菌工艺流程。对提升国家医用防护材料的产业水平和提高国家应急防疫能力具有重要的现实意义。

(赵宏伟　张子成)

【Go-Global伙伴计划开启】年内,北科院开始实施Go-Global伙伴计划,有序开展国际合作伙伴的联络维护和拓展工作。北科院对外合作处重新对全院国际合作伙伴进行征集和梳理,制订伙伴拓展和维护计划。截至5月底,已完成向53个国家和地区的200多家国际合作伙伴发送双语简报首期特刊。在国内外重大节事活动、重大危机事件发生时,发送问候材料,加深国际友情。组织完成向国际合作伙伴捐赠防疫口罩等工作。Go-Global计划作为一项重要工作长期推进,通过与国际合作伙伴的持续联络,进一步加深合作关系,拓宽合作渠道,扩大北科院"国际朋友圈",提升北科院国际合作交流工作实效。

(赵宏伟　张子成)

## 北京市农林科学院

【概述】2020年,北京市农林科学院(简称市农科院)克服新冠肺炎疫情的不利因素,推进"一巩固,三提升"方案实施,科技创新和各项工作进展顺利,完成各项目标任务,实现"十三五"规划任务收官。科技创新能力跃上新台阶。全年审定品种131个,授权植物新品种49个,授权专利301件。发表SCI论文232篇,较2019年提升9.4%,实现论文数量和质量双提升。在自然指数(Nature Index)最新发布的科研机构/大学的学术排名中,市农科院位列省级农科院首位。全年获得各类政府奖励25项。其中,赵久然主持的"高产优质、多抗广适玉米品种京科968的培育与应用"获得国家科技进步奖二等奖,其他团队获得国家科技进步奖二等奖3项;获得北京市科技进步奖二等奖2项,科教影片《外来生物防治》获得中国电影金鸡奖提名。全年落实各类项目377项,经费额度2.42亿元。新上国家重点研发计划5项,课题11个,合同经费1.23亿元;新增国家自然科学基金资助项目36项。全年成果转化总收入达1.76亿元,净收入1.31亿元。全年新增入选各类人才培养计划11人次,40余人次获得各类人才培养资助。杨信廷、郭绍贵入选2020年度青年北京学者计划,全市2批入选35人中,市农科院共有4人入选,位居市属单位前列。全年通过"海外人才引进"和"杰出科研人才引进"2个渠道共引进人才15人,全院青年人才数量有较大幅度提高,政策效应明显。

(李　潇)

【市农科院第四届青年学术论坛举办】1月6日,市农科院举办第四届青年学术论坛。经过各所选拔、推荐,全院来自14个所(中心)的16位青年科技工作者分享他们的科研经历和研究进展。市农科院党组书记吴宝新、院长李成贵、副院长王之岭等院领导和部分所、中心专家出席，特邀北京大学、中国科学院、中国农业大学、北京林业大学等院外专家评委。全院300余名青年科研工作者参加。

（李　潇）

【获得神农中华农业科技奖5项】1月，农业农村部对2018—2019年度神农中华农业科技奖获奖成果进行公告，市农科院牵头成果获得神农中华农业科技奖5项，包括一等奖2项、二等奖1项、三等奖1项、科普奖1项。获奖成果总量、一等奖获奖率均位列省级农科院第一。

（李　潇）

【草业中心入选第一批国家草品种区域试验站】1月，依托市农科院草业中心的国家草品种区域试验站（小汤山）入选第一批国家草品种区域试验站。国家草品种区域试验站是由国家林业和草原局组织，经省级林业和草原主管部门推荐和相关单位申报、现场考察及专家评审等程序评选产生的，此批共有30个试验站入选。

（李　潇）

【促进春季农事活动在《农民日报》头版报道】2月20日，《农民日报》在头版以《北京农科热线全天候服务春耕》为题报道市农科院落实农业农村部不误农时抓好春耕备耕工作要求，整合现有平台和专家资源，发挥“12396北京农科热线”平台专家及网络远程服务优势，提供专门服务窗口，及时有效地宣传防控知识，科学地服务指导生产，促进春季农事活动有序推进。

（李　潇）

【2020年市农科院工作会议召开】3月24日，市农科院召开2020年院工作会议。院长李成贵做2020工作报告。党组书记吴宝新指出，2020年是决胜全面建成小康社会、决战脱贫攻坚之年，也是“十三五”规划收官之年，我们要牢牢把握、坚决贯彻落实中央和北京市对“三农”工作的总体要求和部署，认清当前形势，对标对表重点工作任务，在统筹推进新冠肺炎疫情防控和经济社会发展的关键时期，准确把握市情农情，强化责任担当，立足职责定位，发挥自身优势，主动围绕中心、服务大局，发挥农科院科技支撑作用。

（李　潇）

【应邀参加世界地球日全球24小时数字马拉松论坛】4月22日，应联合国粮农组织（FAO）的邀请，市农科院院长李成贵作为嘉宾参加由FAO和意大利未来食物研究院共同举办的“食物助力地球”世界地球日全球24小时数字马拉松论坛，做题为《推进生态保护与经济发展双重收益最大化》的主旨发言。本次中国段的论坛由FAO伙伴关系司副司长冯东昕主持，来自中国科学院、中国农科院、中国农业大学、中国热带农科院等7个单位的9名专家作为嘉宾参会，并分享相关经验和做法。

（李　潇）

【西瓜新品种参加全国西甜瓜擂台邀请赛获奖】5月28日，在大兴区庞各庄镇举办的第三十二届北京大兴西瓜节“保利建工杯”全国西甜瓜擂台邀请赛上，市农科院选送的西瓜新品种“京彩1号”，凭借其富含β胡萝卜素及出众的“土豪金”瓤色、爽脆的口感、独特的风味等优异综合性状，获得小型西瓜综合瓜王奖冠军。大型西瓜品种“京欣8号”以单瓜重86.3千克的成绩再次获得西瓜重量组的冠军，并囊括该组的所有奖项，捍卫连续多年单瓜重瓜王的地位。

（李　潇）

【1个团队和2名个人获全国科技助力精准扶贫表彰】5月，全国科技助力精准扶贫工程领导小组办公室对在全国科技助力精准扶贫2019年度工作中成绩突出的单位和个人予以表彰。挂靠市农科院的北京畜牧兽医学会获“全国科技助力精准扶贫2019年度先进团队”荣誉称号。植物保护环境保护研究所（简称植环所）研究员刘宇及玉米中心主任赵久然获得中国科协授予的“2019年度全国科技助力精准扶贫先进个人”称号。此次共有108个科技组织、316名科技人员获得表彰。

（李　潇）

【2020年市农科院学术委员会工作会召开】6月5日，市农科院召开2020年院学术委员会工作会。委员们围绕科研诚信、“十四五”规划、管理机制3个主题积极建言献策。在创新管理机制方面，会议决定探索建立学科建设学片制，初步设立生命科学片、生态科学片、信息科学片3个学片。院长李成贵在总结讲话中肯定并感谢委员们围绕“创新”和“提升”开展的大量工作。同时指出，市农科院应进一步强化学术委员会在科研方向、管理机制、人才队伍建设、激励机制、学术诚信与科学家精神等方

面的作用，进一步发挥委员们智力和信息渠道的优势，加强市农科院与各方沟通，补足短板，厚植优势，争取到“十四五”末，市农科院科研实力有较大提升。

（李 潇）

**【参加第一届中国·北方农业（蔬菜）科技创新发展大会】**6月6—7日，第一届中国·北方农业（蔬菜）科技创新发展大会在石家庄举办。大会由北京市农林科学院联合河北省农业农村厅、石家庄市人民政府、天津市农业科学院共同主办，石家庄市农业农村局等单位承办，京津冀农业科技创新联盟等提供技术支撑。北京市农科院院长李成贵出席开幕式并致辞，与其他领导共同为“国家蔬菜工程技术研究中心石家庄创新示范基地”和“国家农业信息化工程技术研究中心石家庄创新示范基地”揭牌。大会邀请中国工程院院士赵春江、研究员许勇、研究员杜胜利分别围绕推动农业信息化、农业（蔬菜）产业发展、产销供应模式创新做专题报告。展示包括北京市农科院蔬菜中心在内的8个省区市65个单位的叶菜类、茄果类、瓜类、花菜类品种（组合）861个，示范由北京市农科院提供技术支撑的蔬菜基质栽培、节水高效生产、绿色防控、智慧管理、废弃物综合利用、高质量生产模式及蔬菜生产新装备等多项创新成果。

（李 潇）

**【参加第四届世界智能大会智能农业高峰论坛】**6月24日，由天津市农业农村委员会、北京市农科院信息中心（国家农业信息化工程技术研究中心）主办的第四届世界智能大会智能农业高峰论坛在天津、北京和英国爱丁堡3个会场线上举行。大会的主题为“创新智能科技 助力乡村振兴”，旨在加快人才引进，深入国际合作，打造国际一流、国内领先的智能农业产业生态。大会期间，由天津市农业农村委员会、天津市静海区政府、北京市农科院信息中心三方共同推动的《联合筹建天津智能农业研究院合作协议》在“云端”签约及揭牌。

（李 潇）

**【参加“乡村治理现代化发展战略研究”重大咨询项目研讨会】**6月30日，中国工程院“乡村治理现代化发展战略研究”重大咨询项目研讨会以视频会议形式在市农科院召开。会议由项目组组长、中国工程院院士赵春江主持，中国工程院院士沈国舫、王汉中、张福锁、王桥、陈剑平、朱利中，农业农村部农村社会事业促进司司长李伟国、合作经济指导司司长张天佐，北京市农科院院长李成贵，清华大学公共管理学院副院长王亚华，中国农业大学人文与发展学院教授李小云，中国工程院二局副局长左家和，中国工程院农业学部办公室主任张秉瑜等领导参加。与会院士及专家提出，要进一步完善乡村治理现代化评价指标体系，加强对中国特色典型模式的研究，针对不同区域和不同发展阶段，从工程技术视角提出具有操作性的重大工程部署与决策建议，开展先行区和试点区建设，推动信息技术的扩散和应用，更好地服务乡村治理现代化与乡村振兴战略。

（李 潇）

**【北京市农林科学院与FAO合作推进讨论会召开】**6月30日，北京市农科院与联合国粮农组织（FAO）以视频会议形式共同召开合作推进讨论会。会议分2个阶段进行，第一阶段讨论的主题为植物生产与保护，第二阶段主要就Hand - in - Hand Initiative进行交流，并提出合作建议。相关单位领导、专家等共计50余人参加线上会议。

（李 潇）

**【农业农村部种业管理司到市农科院调研】**7月10日，农业农村部种业管理司一级巡视员周云龙、二级巡视员谢焱等到市农科院信息中心就种业信息化建设进行调研并召开会议。市农科院院长李成贵出席会议。中国工程院院士赵春江重点介绍院信息中心在种业信息化、种业智能装备方面的科技创新工作和取得的科研成果，并结合种业信息化建设实际现状，从种业信息化发展角度对农业农村部种业信息化“十四五”时期发展提出建议。相关专家分别就数字植物助力现代种业、种业智能装备研发与应用、无人机遥感在作物育种中应用、畜禽繁育信息化技术研发与应用、植物新品种保护信息平台、商业化育种软件的研发及种业信息化“十四五”时期发展规划编制等方面工作进行专题汇报。周云龙对信息中心主持起草的《农业农村部种业信息化“十四五”时期发展规划》给予高度评价，希望规划专家组能够进一步凝练规划内容，早日将其纳入国家“十四五”发展规划。会议对市农科院信息中心拟筹建农业农村部数字种业研究院的建议进行讨论。

（李 潇）

**【北京农林科学院4种鲜食玉米入选全国十佳】**7月10—12日，2020中国北京鲜食玉米大会举行，经专家组对品种田间表现、果穗产量、外观商品性及食味品质等综合评价，市科委支持市农科院玉米中心自主选育的农科糯336、京科甜608、京科糯768、京紫糯219分别入选全国十大优秀甜加糯、甜玉米、糯玉米品种。

（王伟娟　赵　娣　姜佩瑄）

【市农科院与门头沟区政府签署科技助农合作协议】7月21日，市农科院院长李成贵一行赴门头沟区参加市委统战部组织的2020年“8＋1”行动推进会，并代表市农科院与门头沟区政府签署科技助农战略合作协议。市委常委、统战部部长齐静，8个民主党派市委主要领导，以及门头沟区委书记张力兵，区委副书记、区长付兆庚等相关领导参加推进会。此次签署战略协议是落实2020年“8＋1”行动的重要对接内容之一。

（李　潇）

【信息中心与广东省技术经济研究发展中心签署合作协议】7月27日，在广东省科技厅支持下，北京市农科院信息中心与广东省技术经济研究发展中心就广东省农村科技特派员智慧管理平台建设签署战略合作协议，北京市农科院赵春江代表信息中心签约。活动标志着广东省农村科技特派员智慧管理平台建设工作启动。

（李　潇）

【市农科院名列基于生命科学的国内农业院校/机构第11名】7月，自然指数公布最新一期（2019年5月1日—2020年4月30日）的机构/大学的学术排名，北京市农科院名列基于生命科学的国内农业院校/机构第11名，位列省级农科院首位。

（李　潇）

【参加“北京科技小院”工作推进会】8月5日，“北京科技小院”工作推进会在大兴区长子营镇小黑垡村举行。市委统战部、中国农业大学、市农学院、市农职院等相关单位的领导和负责人参加会议。市农科院院长李成贵在发言中表示，市农科院作为“北京科技小院”参与和支持单位，重视“小院”建设工作，提供科技支撑，带动当地农业经济发展；下一步将更加注重科技成果的先进实用性，更加注重市场导向和可持续性，更加注重“小院”建设的综合性；鼓励专家下乡与农民为伍，在服务农民和乡村振兴事业中实现自我价值。

（李　潇）

【市农科院与滦平县签订农业科技合作框架协议】8月19—20日，北京市农科院院长李成贵与滦平县政府党组副书记张云龙代表双方签订农业科技合作框架协议，标志着北京市农科院与滦平县的农业合作进入新的发展阶段。协议规定，市农科院进一步发挥科技资源和人才优势，围绕滦平县“三农”发展需要，重点在设施农业、循环农业、智慧农业、食用菌、基地建设等方面提供科技支撑，实现科研单位科技创新和成果转化与区域农业产业发展的“双赢”。

（李　潇）

【玉米中心40个品种获得农业农村部新品种授权】8月，农业农村部发布2020年第一批授予植物新品种权授权公告，市农科院玉米中心40个品种获得授权，授权量居科研院所前列。授权品种包括6个鲜食玉米品种、7个普通玉米品种、23个玉米骨干自交系和DH系。这些玉米新品种的及时授权和保护，有利于维护品种权人权益，促进科技成果转化，提高优良品种经济效益与社会效益。

（李　潇）

【林果院团队入选国家林业和草原科技创新人才和团队】8月，市农科院林果院杏资源育种科技创新团队入选国家林业和草原局公布的第二批林业和草原科技创新人才和团队名单，这是市农科院林果院团队首次入选该项计划。

（李　潇）

【“一种果树节水栽培方法”获第14届北京发明创新大赛金奖】9月10日，市农科院林果院参赛作品“一种果树节水栽培方法”获第14届北京发明创新大赛金奖，是本届1 759个参赛项目中评出的20个金奖之一。

（李　潇）

【36个项目获得国家自然科学基金资助】9月18日，国家自然科学基金委公布2020年度集中接收期申请项目的评审结果，市农科院共有36项申请项目获得资助，其中青年科学基金项目18项、面上项目18项，面上项目连续2年占比50%，直接经费1 420万元。生命科学部项目连续多年资助率提高，2020年有34项获得资助，较2019年增加2项，资助率达21.5%。

（李　潇）

【玉米新品种示范推广协作暨联合体启动会召开】9月20日，市农科院与全国农业技术推广服务中心

（简称全国农技中心）在京联合举办玉米新品种MC121、京科999示范推广协作暨联合体启动会，加快国审优良玉米新品种推广应用，推进好品种尽快发挥社会效益和经济效益。全国农技中心与市农科院玉米中心签署优良玉米品种示范推广战略合作协议。全国农技中心主任、市农业农村局、市农科院相关领导出席启动会。

（李　潇）

【桃产业发展研讨会召开】9月，桃产业发展研讨会在平谷区召开。市农科院院长李成贵、副院长王之岭，市农业农村局科技处处长肖长坤，平谷区人大常委会副主任李福芝、平谷区人大农业农村委主任李正、平谷区农业农村局局长胡宝旺等出席会议。与会人员实地考察市农科院林果院前芮营桃育种基地，听取桃产业技术体系新品种及新技术的介绍，就发挥各方作用、建设大桃产业发展研究院提出意见与建议。

（李　潇）

【信息中心2项青年项目获2020年国家社科基金立项】9月，全国哲学社会科学工作办公室公布2020年国家社科基金年度项目和青年项目立项名单，市农科院信息中心2项青年项目获得立项，实现该中心在社会科学研究领域新的突破。

（李　潇）

【国家百合种质资源库入选第二批国家花卉种质资源库】9月，中国花卉协会公布第二批国家花卉种质资源库入选名单，市农科院生物中心张秀海团队申报的国家百合种质资源库入选。

（李　潇）

【2名研究员入选2020年度青年北京学者计划】9月，市农科院信息中心杨信廷、蔬菜中心郭绍贵入选2020年度青年北京学者计划，全市共18人入选。市农科院累计有4人入选该计划，占全市2批入选总人数的11.5%。

（李　潇）

【北京农产品质量安全学会第三届会员大会暨换届大会在京举行】10月10日，北京农产品质量安全学会第三届会员大会暨换届大会在京举行，市农科院副院长王之岭当选新一届理事长。140余人参加本次大会。

（李　潇）

【信息中心与拼多多签订战略合作协议】10月18日，市农科院信息中心与拼多多签订战略合作协议。农业农村部市场与信息化司副司长宋丹阳、中国工程院二局副局长左家和、市农业农村局副局长马荣才、市农科院院长李成贵、中国工程院院士赵春江、拼多多副总裁陈秋等参加签约仪式并致辞。双方将延续前期围绕贫困地区的农产品标准化生产、规模化销售等开展一系列探索，进一步发挥国家级科研平台和国民级电商平台的协同优势，通过联合创立智慧农业协同创新中心、打造扶贫助农智慧农业体系等举措，探索小农生产模式下从数字化生产到品牌化销售的全产业链条，从而为农产品创造更多附加值，为农业种植者们带来更多收入。活动现场，智慧农业大数据平台上线，该平台可实时展示多个示范基地的实况及数据分析，还可对农园进行远程访问和作业。

（李　潇）

【京冀桃育种中心成立】10月20日，北京市农科院林果院与河北省深州市人民政府举行京冀桃育种中心成立仪式，双方签署《关于建立京冀桃育种中心合作研究协议》，北京市农科院院长李成贵出席活动并讲话。签约仪式由深州市常务副市长文健主持。

（李　潇）

【国家现代农业科技示范展示基地观摩交流活动举办】10月29日，市农科院信息中心组织举办蔬菜规模化生产人机智能协作技术暨国家现代农业科技示范展示基地观摩交流活动。农业农村部科技教育司二级巡视员闫成，全国农业技术推广服务中心主任魏启文等相关领导、专家参加观摩活动。活动主要观摩无人化采收与智能作业人机协作技术，该技术通过无人驾驶车进行路径规划自主出库、转弯、入垄、对行，通过智能控制单元对收获机进行控制操作，实现甘蓝切割、传输、剥叶、装载等全过程人机协作，保障甘蓝一次工序完成采收。活动认为，蔬菜规模化生产人机智能协作技术基于5G网络、北斗导航、人工智能等，针对蔬菜生产关键环节，实现蔬菜生产全流程环节的信息立体化感知、大数据驱动决策、装备集群作业控制的有机整合，提升蔬菜生产管理水平，为发展现代化绿色蔬菜产业提供引领性技术和示范模式。

（李　潇）

【市农科院2项成果获北京市科学技术进步奖二等奖】10月，市农科院2项成果获北京市科学技术进步奖二等奖，分别为“南瓜优异种质创新和强优新品种的选育与推广应用”“设施蔬菜重要害虫配备式天敌增效控害技术研究与应用”。海淀区委、区政府特发贺信对市农科院表示祝贺,希望继续加强院区合作,坚持自主创新,瞄准世界科技前沿,在重大科技领域取得关键突破,抢占科学发展制高点。

(李　潇)

【畜牧所研发的兽药产品获国家一类新兽药证书】10月,市农科院畜牧所研发的“鸭坦布苏病毒血凝抑制试验抗原,阳性血清与阴性血清”兽药产品获得农业农村部国家一类新兽药证书。该产品是2016年5月获得国家一类新兽药证书的“鸭坦布苏病毒病灭活疫苗(HB株)”的配套产品,均由市农科院畜牧所研究员刘月焕主持研发,是市农科院第二个获得国家一类新兽药证书的产品。该产品可用于鸭坦布苏病毒病的诊断、疫苗免疫抗体检测、疫苗免疫效果评价和水禽源生物制品毒种外源病毒检验等,对保障养鸭产业健康持续发展起到关键技术支撑作用。该成果及相关专利技术在监测期内以240万元转让给4家生物科技有限公司。

(李　潇)

【北京市农林科学院西峡食用菌科研中心揭牌】11月4日,在中国(河南·南阳)食用菌产业发展大会暨西峡香菇交易会上,北京市农林科学院西峡食用菌科研中心揭牌成立。该中心建设项目是京宛合作的重点项目。北京市农科院植环所与西峡县食用菌产业办已开展了香菇种质资源保藏鉴定、评价及菌株提纯复壮工作。双方将继续借助联合研发创新平台和科研中心两个平台,发挥自身优势,加强交流合作,助力当地农业高质量发展,促进食用菌产业健康持续发展。北京市农科院植环所所长燕继晔代表北京市农科院,与上海市农科院、河南省农科院、河南农业大学、南阳师范学院的代表一同就成立食用菌产业联合研发创新平台进行签约。

(李　潇)

【北京市农科院与挪威生物经济研究院共同召开线上研讨会】11月10日,北京市农科院与挪威生物经济研究院(NIBIO)共同召开以“经济与社会”为主题的线上研讨会,落实合作谅解备忘录。会议由NIBIO中国关系研究教授和协调员刘继红主持,市农科院院长李成贵与NIBIO粮食生产和社会学研究中心主任Audun Korsæth分别代表双方致开幕词,会议邀请9位专家做专题报告,来自NIBIO、中国农科院,及市农科院相关处室、信息与经济所、营资所和信息中心的相关负责人和专家约30人参加会议。

(李　潇)

【生物中心花卉团队与北京四季青农业集团合作协议签订】11月11日,市农科院生物中心花卉团队与北京四季青农业集团举行合作协议签订仪式。生物中心书记张秀海和四季青农业集团经理李宗江代表双方签署《“四季青花卉种业园”建设合作协议书》,双方将在四季青镇合作建设“四季青花卉种业园”,依托市农科院生物中心的花卉科技支撑,结合当地区位优势,以花卉为载体,搭建集科研、科普、成果展示、转化、技术交易等为一体的综合服务平台,搭建科技化、国际化、互联网模式化的高科技花卉示范园区,打造以功能花卉种业为主体的“农业中关村”。市农科院副院长王之岭出席签约仪式。

(李　潇)

【《普通小麦品种纯度鉴定SSR分子标记法》成为农业行业标准】11月12日,由北京市农科院小麦中心牵头,联合全国农业技术推广服务中心、河南省种子质量检验站、河北省农作物种子监督检验站、山西省农业种子总站、山东省农作物种子质量监督检验站5家单位联合制定的《普通小麦品种纯度鉴定SSR分子标记法》经专家审定通过,由农业农村部公告发文,批准为中华人民共和国农业行业标准,自2021年4月1日起实施。该研究成果填补了国家利用DNA标记技术检测小麦品种纯度领域的空白,对于保证国家粮食安全、维护小麦种业持续健康稳定发展具有重要意义。

(李　潇)

【市农科院成果入选2020中国农业农村十项重大新产品】11月20日,在农业农村部组织举办的中国农业农村科技发展高峰论坛暨中国现代农业发展论坛上,市农科院成果“京农科728等系列早熟宜机收玉米新品种”入选2020中国农业农村十项重大新产品;同时“玉米籽粒机收新品种及配套技术体系集成应用”被农业农村部遴选为“十三五”农业科技标志性成果。

(李　潇)

【通州区于家务乡果村“北京科技小院”揭牌】11月20日,市农科院“北京科技小院”揭牌暨授牌仪式在通州区于家务乡果村举行。市委统战部副部长祁金利，通州区委常委、统战部部长、副区长王岩石，市农科院副院长王之岭，于家务乡党委副书记、乡长李亚军共同为“北京科技小院”揭牌。

（李　潇）

【市农科院成果入选“2020 世界智能制造十大科技进展”】 11 月 25—27 日，2020 世界智能制造大会在江苏省南京市举行，由北京市农科院赵春江主持完成的“基于北斗的农机自动导航与作业精准测控关键技术”入选“2020 世界智能制造十大科技进展”。该成果是“世界智能制造十大科技进展”评选创办以来首个入选的农机领域成果。大会期间，赵春江受邀参加“智能制造开启未来生活”论坛活动，并做“智能化提升农机装备质量水平”的主旨报告。

（李　潇）

【科教电影《外来生物防治》获奖】 11 月，市农科院信息与经济所拍摄制作的科教电影《外来生物防治》获第 33 届中国电影金鸡奖提名，又获得 2020 第五届中国（深圳）国际气候影视大会影片金奖和国际科教影视中国龙奖银奖，并在厦门金鸡湖接受中国电影金鸡奖提名者表彰。该影片为此次中国（深圳）国际气候影视大会中国唯一获得金奖的作品。

（李　潇）

【《2020 北京农业科技创新能力评价研究报告》完成】 11 月，市农科院信息与经济所情报研究团队首次构建北京农业科技创新能力评价指标体系，从创新资源、创新产出、创新成效 3 个维度，通过与全国 30 个省区市（不含港澳台）的指标数据进行横向对比，分析北京在农业科技创新发展中的优势和不足，评价北京农业科技创新水平和发展潜力，形成《2020 北京农业科技创新能力评价研究报告》。报告被中国农业科学院纳入其农业知识服务系统平台的情报成果库。

（李　潇）

【玉米品种 MC670 再创亩产全国玉米高产纪录】 11 月，农业农村部玉米专家指导组、全国玉米栽培学组组织专家对中国农业科学院作物科学研究所研究员李少昆团队在新疆奇台创建的玉米密植高产全程机械化示范田进行实收测产。结果显示，在 78 个参试品种中，市农科院玉米中心选育的玉米品种 MC670 产量水平最为突出，达到1 663.25 千克/亩，打破 2017 年该品种创造的亩产 1 517.11 千克的全国玉米高产纪录。

（李　潇）

【蛇瓜基因组和转录组研究取得重大成果】 12 月 1 日，北京市农科院蔬菜中心左进华团队与英国诺丁汉大学 Donald Grierson（英国皇家科学院院士、中国工程院外籍院士）团队、美国康奈尔大学 BTI 研究所费章君团队联合在农林科学 Q1 区顶级期刊 *Horticulture research*（IF = 5.404）在线发表题为“The Snake Gourd Genome forbid Tranome Analysis Provide Insights into Its Evolution forbid Fruit Development forbid Ripening”的研究论文，该研究揭示了蛇瓜基因组组成和进化关系以及果实发育成熟的分子调控机制，填补了蛇瓜基因组和转录组研究领域的空白。

（李　潇）

【平谷区刘家店镇北店村“北京科技小院”揭牌】 12 月 11 日，市农科院第 13 个“北京科技小院”揭牌仪式在平谷区刘家店镇北店村举行，平谷区委常委、统战部部长李永生，市委统战部二级巡视员、党外干部处处长王斌与市农科院领导吴守荣共同为“北京科技小院”揭牌。

（李　潇）

【“多多农研科技大赛”获奖】 12 月 16 日，首届“多多农研科技大赛”结果揭晓，由中国农业科学院、中国农业大学、国家农业智能装备工程研究中心和比利时根特大学的青年科学家组成的市农科院装备中心博士林森担任队长的 CyberFarmer · HortiGraph 联队获得 AI 组冠军。“多多农研科技大赛”是在 FAO 指导下，由中国农业大学和拼多多联合举办的国内首届“人工智能 vs 顶尖农人”的数字农业种植竞赛。赛事吸引全球超过 17 支 AI 队伍参加，经过初选，共有 4 支 AI 队伍入围决赛，一同进入决赛的还有大赛主办方特邀及报名的 4 支顶尖农人队伍。

（李　潇）

【市农科院博士后科研工作站被评为全国优秀博士后科研工作站】 12 月，经人力资源社会保障部及全国博士后管理委员会综合评估，市农科院博士后科研工作站被评为全国优秀博士后科研工作站，欧阳伸明获得“全国优秀博士后管理工作者”荣誉称号。市农科院博士后科研工作站连续 3 个评估周期均为优秀等级。

（李　潇）

【玉米中心培育的50个玉米新品种通过国家审定】12月，农业农村部发布公告，市农科院玉米中心培育的50个玉米新品种通过国家审定，审定数量居全国同行之首。审定品种涉及普通玉米、籽粒直收、鲜食玉米、青贮玉米等多种类型，进一步彰显了市农科院的科研创新能力与育种水平。

（李　潇）

【林果院牵头申报的国家重点研发计划项目获批】12月，由北京市农科院林果院牵头，联合南京农业大学、中国农科院果树所、山东农业大学等10多个科研机构联合申报的国家重点研发计划项目“落叶果树优质轻简高效栽培技术集成与示范”获批。项目由研究员魏钦平主持，获批总经费1 870万元，执行期限为2020—2022年。这是近2年来林果院再次获批国家重点研发计划项目，标志着林果院在落叶果树育种、栽培方面的研究水平和实力得到国内同行认可。

（李　潇）

【蔬菜中心白菜课题组研究成果在国际知名期刊发表】12月，市农科院蔬菜中心白菜课题组在植物学领域国际知名期刊 *Plant Biotechnology Journal*（IF = 8.154）在线发表题为“Assembly of the non-heading pak choi genome forbid comparison with the genomes of heading Chinese cabbage forbid the oilseed yellow sarson”的研究论文。研究发布不结球白菜（小白菜）的高质量基因组，首次揭示基因组结构变异在白菜类蔬菜重要性状进化和选择中的重要作用。

（李　潇）

【种质资源创新与利用领先】年内，市农科院许勇研究团队解析驯化导致西瓜瓤色变红的分子机制和西瓜果实糖分卸载的分子机制，进一步奠定国际领先地位。张凤兰研究团队首次揭示了基因组结构变异在白菜类蔬菜重要性状进化和选择中的重要作用，对白菜类蔬菜的遗传改良具有重要意义。赵久然团队玉米国审品种数量居行业领先地位，京科968获中国种子协会颁发的“荣誉殿堂”玉米品种称号，京农科728等系列早熟宜机收玉米新品种被遴选为2020中国农业农村十项重大新产品，MC670品种在中国农科院开展的高产创建中创下亩产1 663.25千克的最新全国玉米高产纪录。

（李　潇）

【农业信息与装备技术领先】年内，市农科院“露地甘蓝无人化作业关键技术”入选“2020年农业农村部十大引领性技术”。“设施作物水肥一体化智能控制装备”被遴选为“2020中国农业农村十项重大新装备”。航空施药精准作业关键技术引领产业发展，打破了有人驾驶飞机精准作业控制装备国外垄断。全国科教云平台成为用户量最大的农业科技服务社区，央视《新闻联播》专题报道平台服务春耕效果。

（李　潇）

【农业绿色发展与全产业链科技创新情况】年内，市农科院蔬菜中心揭示叶酸处理对西兰花采后生理的调控机制，为西兰花采后贮运保鲜提供了新的科学依据；构建大白菜种子功能性丸粒化技术体系，节水效率提高20%以上。植环所开发出适于多天敌联合应用的生态景观支撑技术，突破传统天敌应用成本高、效能短的瓶颈。林果院制定苹果良种矮砧脱毒分枝壮苗产业化繁育关键技术规程，打破中国在苹果矮砧无毒苗木繁育上的技术瓶颈。

（李　潇）

【科技成果推广服务情况】年内，市农科院依托院局、院区、院镇、院企4种合作方式，综合服务试验站、专家工作站、科技小院、示范基地4种服务模式，开展科技成果推广服务。截至年底，拥有农业科技综合服务试验站3个，专家工作站12个，“北京科技小院”15个，示范基地367个。2020年，在京郊推广各类新品种及相关配套技术315项，示范各类物化新成果、新装备近162项，累计开展各类培训近2.9万人次。针对新冠肺炎疫情防控常态化的特点，开展京科惠农网络大讲堂活动，共播出49期大讲堂直播，收听收看人数突破10万人次。组织93位专家对接京郊53个低收入村，与453户开展“一对一”帮扶精准对接，市农科院对接的低收入村户全部实现脱低致富。

（李　潇）

【京津冀区域合作情况】年内，京津冀区域合作持续深化。2020年度投入经费1 105万元，支持部署了1个新上课题和6个延续课题。联合河北协作单位申报河北省重点研发计划项目等10个区域创新项目。持续推进京津冀农业科技创新联盟建设，加强同区域内科研院所、企业的合作，与滦平县签署农业科技合作协议，与深州市政府建立京冀桃育种中心。

（李　潇）

【国际交流与合作情况】年内，市农科院克服新冠肺炎疫情影响，采用多种方式确保国际合作不断线，并取得新的进展。2020 年，新增科技部国家重点研发项目国际合作项目 3 项，获批国家自然科学基金国际合作与交流项目 1 项，国际创新资源合作专项"中澳害虫防控研究联合实验室"立项。新增意大利、以色列等合作伙伴 2 个，举办 5 个线上国际性学术会议。组织参加 FAO 举办的系列网络研讨会等线上会议，总参加人数百余人。

（李　潇）

# 新型研发机构

【概述】年内，为加快建设具有全球影响力的全国科技创新中心，北京市按照 2018 年出台的《北京市支持建设世界一流新型研发机构实施办法（试行）》发展新型研发机构。截至年底，纳入该实施办法范畴的世界一流新型研发机构共 7 家，分别为：北京量子信息科学研究院、北京脑科学与类脑研究中心、北京智源人工智能研究院、北京纳米能源与系统研究所、北京雁栖湖应用数学研究院、北京干细胞与再生医学研究院、启元实验室。北京生命科学研究所作为北京市首个新型研发机构，各项工作稳步推进，在多领域取得重大发现及突破。新成立的世界一流新型研发机构的建设及科研工作正在加紧推进。

（陈　静）

## 北京生命科学研究所

【概述】北京生命科学研究所（简称北生所）成立于 2003 年 4 月。2020 年，北生所立足原创性基础研究，在生命科学前沿领域进行研究探索并取得多项重大发现及突破，成果转化工作顺利开展，吸引一批处于创新高峰期的一流海外人才回国工作，与清华大学合作共建稳步开展。北生所作为国家科技改革试验田，为科研人员创造全身心投入科研的成长环境。由海外优秀人才领衔建立的 26 个独立实验室和 13 个科研辅助中心从事原创性科学研究，并在生命科学多个重要领域进行原创性研究。截至年底，北生所以通讯作者单位发表 SCI 论文 535 篇，平均影响因子 11，在《细胞》《自然》及《科学》杂志上共发表论文 48 篇。

（医药健康科技处）

【王晓东获 2020 年费萨尔国王科学奖】1 月 9 日，沙特阿拉伯王室设立的费萨尔国王基金会召开发布会，宣布北生所所长王晓东获得费萨尔国王科学奖（King Faisal Prize），奖励他在人类细胞线粒体凋亡通路和细胞程序性坏死的生物化学及其生理学方面的发现。奖励包括 20 万美元奖金和一枚 200 克 24K 金质奖章。

（北生所官网）

【北生所第九届一次理事会召开】5 月 29 日，北生所召开第九届一次理事会，北生所理事长隋振江主持会议。所长王晓东汇报 2018—2019 年研究所科研进展、成果转化、人才工作、合作共建、二期建设、财务报告及 2020 年工作计划。各理事单位就各项议题进行审议和讨论，肯定北生所 2018—2019 年工作取得的成绩，对北生所十几年来不断探索做原创科研、积极推动成果转化、人才硕果累累、作为国家科技体制改革试验田发挥示范带头作用给予高度评价，对北生所建设和发展发表意见和建议。

（北生所官网）

【北京生命科学研究所科研成果孵化转化基地启用】6 月 29 日，北京生命科学研究所科研成果孵化转化基地启用典礼在中关村生命科学园医药科技中心举行。作为中关村发展集团落实《北京市加快医药健康协同创新行动计划（2018—2020 年）》的一项重要举措，中关村生命科学园已与北生所签署战略合作协议，将园区新投用的医药科技中心 5 号楼作为北京生命科学研究所科研成果孵化转化基地,百济神州与华辉安健2家公司成为入驻该基地的首批企业。根据中关村生命科学园公司与北生所签署的战略合作协议,中关村生命科学园公司将优先为北京生命科学研究所孵化转化基地提供空间载体,通过定向投资若干实验平台和专用平台的方式,全面支持北生所创新项目落地孵化、科研转化及中试研发,重点保障北生所科研转化项目优先在园区落地生产;北生所将支持、鼓励拥有自主知识产权的科研项目优先入驻中关村生命科学园,与各方共同努力为科研项目落地北京实现产业转化创造条件。

(科创中心建设综合协调处)

【李文辉首获乙肝研究最高奖】11月12日,美国乙肝基金会宣布:中国学者李文辉因发现乙肝病毒入侵肝细胞的受体而获得2021年巴鲁克·布隆伯格奖(Baruch S. Blumberg Prize),以表彰他在推动乙肝科研和医疗方面做出的杰出贡献。巴鲁克·布隆伯格奖是奖励给对乙肝相关科研和治疗做出重要推动和显著贡献的个人,被认为是该领域的最高荣誉。

(北生所官网)

【生命科学前沿领域基础研究】年内,北生所继续开展生命科学前沿领域的基础研究。26个独立实验室和13个科研辅助中心在生命科学多个重要领域进行原创性研究,包括多种人类致病细菌、病毒和衣原体感染机制,动物社会行为的神经基础,衰老机制,干细胞研究,神经退变,发育和遗传,肿瘤发生机理与治疗,动物细胞自噬机理等。2020年取得多项科研成果,以通讯作者单位发表SCI论文63篇,在《细胞》《自然》及《科学》杂志上共发表论文4篇。在国内外相同领域研究机构处于领先地位。2020年,北生所首次揭示天然免疫中caspase自剪切活化和特异地识别GSDMD介导细胞焦亡的完整分子机理;首次揭示细胞焦亡可高效诱导机体产生抗肿瘤免疫活性;首次发现GSDMB被颗粒酶激活进而诱导靶细胞发生焦亡的分子机制;发现脑干未定核控制运动速度、觉醒以及与空间记忆相关的海马theta波;发现转录因子ttk69的缺失导致果蝇肠道干细胞转换成神经干细胞样细胞;首次发现简单可见光促进的单一镍催化的烷基锆交叉偶联方法等。

(医药健康科技处)

【生命科学领域高水平人才培养】年内,北生所组织多次国际公开招聘会,向深具学术潜力的多位科学家伸出橄榄枝,6位青年人才——徐国泰、王伟、沈博、巴钊庆、孙硕豪、徐纯福接受录用通知到北生所担任实验室主任工作。探索国际领先的高端人才培养模式,与北京大学、协和医科大学、中国农业大学和北京师范大学联合培养研究生。2009年,和北京大学、清华大学共同试行教育部的研究生招收、培养教育特殊改革计划,由于试行效果良好,教育部批准延续此计划。6月12日,北生所举行毕业典礼,33名博士和1名硕士毕业。2020年北生所与各大学院所联合培养研究生项目共招收114人。截至年底,北生所共培养研究生637人,已毕业370人(含硕士16人),在读245人,多位学生获得"吴瑞奖学金""强生亚洲优秀生命科技研究生论文奖""研究生国家奖学金"等。

(医药健康科技处)

【探索科研成果转化】年内,北生所探索科研成果的转化和应用,捕获基础科学发现的社会价值,探求原始创新到产业转化的新模式。截至年底,多个国际国内领先、有较好市场前景的创新项目进入开发阶段,包括李文辉团队创建的抗乙肝药物研发公司——华辉安健生物科技有限公司、黄牛团队基于物理学原理的计算机辅助药物分子设计技术创建的瑞璞鑫生物科技有限公司、张二荃通过小分子药物调控生物钟节律创建的睿凯生物科技有限公司、王晓东和张志远团队基于细胞坏死和细胞凋亡的机制研究及相关疾病的药物研发创建的维泰瑞隆生物科技有限公司、汤楠实验室致力肺脏损伤后再生及肺纤维化等疾病机制研究创建的普沐生物科技有限公司、邵峰实验室基于肿瘤免疫研究创建的北京炎明生物科技有限公司。

(医药健康科技处)

## 北京纳米能源与系统研究所

【概述】北京纳米能源与系统研究所(简称纳米能源所)是北京市和中国科学院联合共建的新型科研组织,于2012年开始筹建,并在2018年被纳入北京市支持建设世界一流新型研发机构名单。2020年,纳米能源所整建制迁入怀柔科学城,形成包括2名院士在内的高水平科研队伍,创立压电电子学与压电光电子学两大学科,拥有摩擦纳米发电机、自驱动传感系统、海洋蓝色能源、新型高压电源4项核心技术,产生和转化了摩擦电空气净化器、摩擦电防尘口罩、摩擦电汽车尾气净化系统、自驱动智能鞋等一批科研成果，培养了一批科技领军人才和青年科研骨干。截至年底，获得中国专利授权226件、国外发明授权22件，成为国际纳米能源研究领域的创立者和领先机构。纳米能源所整建制搬迁至怀柔科学城后，入驻总人数达到474人，其中职工123人，在读研究生351人。

（雷思源）

**【整建制迁入怀柔科学城】** 9月27日，纳米能源所整建制入驻怀柔科学城仪式举办，标志着纳米能源所在怀柔科学城投入运行。这也是怀柔科学城规划建设以来首个整建制迁入的研究机构。纳米能源所位于怀柔科学城中心区南部，建筑面积10.8万平方米，项目功能布局由科研区、生活区、中试孵化区构成。

（科创中心建设综合协调处）

**【首届所长卓越奖学金颁奖典礼举行】** 11月6日，纳米能源所首届所长卓越奖学金颁奖典礼在科研楼报告厅举行。活动公布此次所长卓越奖学金的评选结果，选出1名一等奖、3名二等奖及10名三等奖，共14名同学获奖。

（纳米能源所官网）

**【Maxwell创新科普实验园开园】** 11月10日，怀柔科学城首个创新科普实验园——Maxwell创新科普实验园开园。实验园位于纳米能源所内，是怀柔科学城首个集科学教育、科普示范和科普实践于一体的科普基地，园内分为主展区、科学小电影观影区和动手实践区。截至年底，科普园已开发100余件科普展品，50多个与前沿科学研究接轨的Maxwell精品科创课程，26个科普小电影，涵盖自然与科技相结合的200余个趣味科学现象与实验。Maxwell创新科普实验园开园对于更好地发挥科学创新资源优势、打造更加丰富的科技实践活动平台具有先导和示范意义。

（雷思源）

**【中科院调研纳米能源所】** 12月16日，中国科学院副院长阴和俊到纳米能源所调研，中国科学院副秘书长于英杰、怀柔科学城管委会副主任伍建民陪同调研。调研组参观支撑平台建设情况、课题组实验室，并与科研人员进行交流。纳米能源所主要领导汇报研究所科研团队、学术水平、国际影响力、核心技术研发及产业化发展的相关情况。阴和俊表示，中国科学院将继续与北京市一起，进一步把共建纳米能源所的工作做好，尽快完善共建的体制机制，帮助研究所解决发展过程中遇到的问题和困难。调研组考察和参观Maxwell创新科普实验园，对研究所坚持科研与科普并重的做法及科普园的建设发展给予肯定。

（纳米能源所官网）

**【超高分辨率压电皮肤应用获突破】** 年内，纳米能源所潘曹峰团队研制出基于蛇形电极岛链状结构基底的可拉伸多物理量测量的电子皮肤系统。系统可同时测量压力、应变、温度、湿度、紫外光等多种物理量，并在2种国内商品化服务机器人上进行安装，得到搭载电子皮肤模块的家用机器人原型产品2个，该产品通过智能触觉系统获得精准控制动作的能力，可实现对气球、蛋糕、纸杯等柔软易损物品的可控无损抓取。成果推动传感器领域从刚性到柔性可拉伸、从单一物理量到多物理量并行检测、从传感器到智能系统的跨越式进展。

（平朝霞）

## 北京量子信息科学研究院

**【概述】** 北京量子信息科学研究院（简称量子院）成立于2017年12月。2020年，量子院以建设战略科技力量为使命，聚集全球顶尖科学家及其团队，搭建世界级科研实验平台，部署实施重大科技任务攻关。全年引进专兼职相结合的工作团队327人，其中全职员工219人，包括首席科学家2名、研究员8名、副研究员14名。组建并完善超导量子计算、拓扑量子计算等10支特色科研团队，启动量子点量子计算、量子计算机系统软件、应用软件及全量子网络等4支新科研团队的组建。在超导量子计算、拓扑量子计算研究方面取得重要阶段性进展，研制出国际首台量子直接通信原理样机。与共建单位联合攻关35项科研课题，在国内外重要刊物上发表高影响力论文60余篇。院长薛其坤获得菲列兹·伦敦奖、复旦－中植科学奖、北京市科学技术奖最高奖——突出贡献中关村奖3项大奖。量子院分别获得10项国家自然基金资助和5项博士后科学基金资助，资助比例均超过40%。统筹推进新冠肺炎疫情防控工作，确保防疫和科研两不误。成立党支部和工会。持续推进“百望讲坛”“量子科学论坛”特色学术交流活动。

（陈治光）

**【市科委调研量子院新冠肺炎疫情防控工作】** 2月20日，市科委主任许强到量子院，就推动新型研发机构复工及新冠肺炎疫情防控工作调研检查。量子院严密部署、科学防控，以落实上级精神、落实信息报送、落实防控机制、落实内部管理、落实全员排查、落实职工关怀、落实宣传教育、落实防疫物资等"八个落实"狠抓疫情防控工作，确保"零感染"。许强对量子院的疫情防控工作表示肯定，强调要严格执行佩戴口罩、测温消毒等防控措施，避免人员聚集，防范交叉感染。

（陈治光）

**【薛其坤获2020年度菲列兹·伦敦奖】** 2月，菲列兹·伦敦奖评奖委员会宣布，2020年度菲列兹·伦敦奖将授予清华大学副校长、量子院院长薛其坤，美国阿贡国家实验室博士Vinokur和德国马普学会固体化学物理研究所教授Steglich。按照评奖委员会的通知，薛其坤因在实验上发现量子反常霍尔效应而获这一荣誉。

（陈治光）

**【锡烯超导中发现新伊辛配对机制】** 3月13日，清华大学物理系副教授、量子院兼聘研究员张定和清华大学副校长、量子院院长薛其坤领导的中德合作团队的研究成果以《锡烯薄膜中的第二类伊辛配对机制》（"Type－II Ising pairing in few－layer stanene"）为题在线发表于《科学》（*Science*）上。该研究打破此前理论的限制，首次在具有高对称性的材料——锡烯薄膜中观测到数倍于理论预期的临界磁场，并清晰地观测到温度逼近绝对零度时临界磁场的发散行为，给出伊辛超导非常强的证据。

（陈治光）

**【采用量子计算机模拟化学分子取得新突破】** 3月23日，量子院博士魏世杰、清华大学博士李行，与清华大学物理系教授、量子院兼聘研究员龙桂鲁合作的研究成果发表在《研究》（*Research*）期刊上。该研究为一款量子计算机应用软件——全量子本征求解器（FQE），使量子计算机能够计算分子基态能级和对应的电子结构。

（陈治光）

**【量子院第一届理事会第四次会议召开】** 3月27日，量子院第一届理事会第四次会议召开。副市长、量子院理事长隋振江主持会议。市科委、市人才工作局、市财政局等部门相关人员以及海淀区政府相关负责人列席会议。会议审议并通过人事和组织机构、工作进展报告和工作计划、建立完善管理制度3个方面的6个议题。会议指出，量子院的快速发展体现了新型研发机构在体制机制上的活力，要在"科技创新＋制度创新"双轮驱动上形成良好的示范效应。会议强调，量子院要进一步聚焦重点支持方向，不断创新体制机制，发挥好"小核心，大网络"的平台作用；要破除"唯论文"的成果评价方式；对于成果转化，要保持足够的耐心，做到"沿途下蛋"；要注重提升国际学术影响力，更好地吸引和培养人才。

（陈治光）

**【量子院党支部成立】** 5月29日，量子院召开全体党员大会和党支部第一次支委会。根据中共北京市科委直属机关委员会关于《中共北京市科委直属机关委员会关于同意成立北京量子信息科学研究院党支部的批复》要求，大会进行支部委员选举。量子院党支部共有党员42名，到会有选举权党员33名，超过应到会党员的4/5。

（陈治光）

**【罗文浩入选国家"博新计划"】** 6月24日，中国博士后科学基金会公布2020年度博士后创新人才支持计划（简称"博新计划"）资助人员名单，量子院博士罗文浩入选。罗文浩是量子院成为中关村海淀园企业博士后科研工作站分站以来首位入选国家"博新计划"的博士后研究人员。

（陈治光）

**【2人获中国博士后科学基金博士后面上资助】** 7月7日，中国博士后科学基金会公布第67批博士后面上项目获资助人员名单，量子院2人入选，分别为技术与产业开发中心龙桂鲁团队的魏世杰、量子物态科学研究部张浩团队的宋化鼎，资助等级均为二级。这是量子院首次获得此项资助。

（陈治光）

**【2人分获中国博后基金站前和站中资助】** 8月10日，中国博士后科学基金会公布第2批特别资助（站前）和第13批特别资助（站中）获资助人员名单。量子院博士李腾飞、宋化鼎分别获得第2批特别资助（站前）和第13批特别资助（站中）。

（陈治光）

**【薛其坤获北京市突出贡献中关村奖】** 9月10日，市委书记蔡奇在北京市科学技术奖励大会上为获得2019年度北京市科学技术奖最高奖——突出贡献中关村奖获得者薛其坤颁奖。根据《北京市科学技术奖励办法》规定,经市科学技术奖励评审委员会评审、市科学技术奖励委员会审定和市政府批准,授予量子院院长、中国科学院院士、清华大学副校长薛其坤北京市突出贡献中关村奖。

(陈治光)

**【量子直接通信样机重大成果发布】** 9月19日,量子直接通信技术作为全国科技创新中心建设的重大成果之一在2020中关村论坛发布会上发布。该技术理论由量子院兼聘研究员、清华大学教授龙桂鲁团队在2000年原创性地提出,该团队研制出国际上第一台具有实用价值的样机,完成全部设计功能和长时间稳定性检测,实现10千米光纤链路4千字节/秒通信速率的量子保密电话,推动量子直接通信的实用化发展。

(陈治光)

**【薛其坤获2020年复旦-中植科学奖】** 9月24日,2020年复旦-中植科学奖公布,量子院院长、中国科学院院士、清华大学副校长薛其坤教授与来自英国和美国的科学家共3人分享这一奖项。薛其坤因在实验上发现量子反常霍尔效应而获得这一奖项。

(陈治光)

**【鲁巍获科学探索奖】** 9月25日,第二届科学探索奖获奖名单公布,量子院兼聘研究员、清华大学教授鲁巍成为该奖项数学物理学领域的获奖者,在未来5年内获得腾讯基金会总计300万元奖金。

(陈治光)

**【薛其坤为政治局讲解量子科技研究和应用前景】** 10月16日,中共中央政治局就量子科技研究和应用前景举行第二十四次集体学习。中共中央总书记习近平在主持学习时强调,要充分认识推动量子科技发展的重要性和紧迫性,加强量子科技发展战略谋划和系统布局,把握大趋势,下好先手棋。量子院院长、中国科学院院士、清华大学副校长薛其坤就量子科技研究和应用前景进行讲解,提出意见和建议。

(陈治光)

**【学习习近平总书记关于量子科技发展重要讲话精神】** 10月19日,量子院组织召开学习习近平总书记关于量子科技发展重要讲话精神座谈会。市科委党组书记、主任,量子院理事会副理事长许强主持会议。量子院院长、中国科学院院士、清华大学副校长薛其坤,中国科学院大学卡弗里理论科学研究所所长、教授张富春,清华大学姚期智讲座教授、基础科学讲席教授段路明,北京大学物理学院量子材料中心研究员陈剑豪,量子院研究员于海峰、杨仁福、常凯等参加座谈。薛其坤介绍中共中央政治局第二十四次集体学习时就量子科技研究和应用前景所做讲解的情况。许强指出,要充分认识当前推动量子科技发展的重要性和紧迫性。强调要切实瞄准切入点和突破口,加快抢占国际竞争制高点,要加快创新人才引进集聚与科研团队建设。

(陈治光)

**【量子科技学术前沿专家创新大讲堂举办】** 11月2日,量子科技学术前沿专家创新大讲堂在量子院举行,由人力资源社会保障部、北京市政府主办,量子院承办。人力资源社会保障部副部长汤涛出席开幕式并致辞,量子院院长、中国科学院院士、清华大学副校长薛其坤致欢迎辞。北京市科委主任许强主持开幕式。活动以"量子科技前沿"为主题,围绕量子物态调控、量子计算与模拟技术、量子网络与量子信息系统技术等方面,邀请相关领域专家做3个特邀报告和7个专题报告。共有300多人参加。

(陈治光)

**【科研诚信与学风建设培训讲座举行】** 11月16日,量子院举行科研诚信与学风建设培训讲座。讲座由量子院科研副院长邓宁主持,量子院百余名科研人员参加。中国科学院院士、清华大学教授朱邦芬做题为《科研诚信是世界一流大学、科研机构及人才的基石》的报告。朱邦芬提出,要成为世界一流科学家,学术诚信是基石。如果基石不牢靠,一流大学、一流研究机构、一流科学家都是空中楼阁。

(陈治光)

**【量子院工会成立大会召开】** 12月1日,量子院工会委员会第一届会员代表大会召开。市科委直属机关工会副主席李建新出席。大会选举产生量子院工会第一届委员会,以及工会经费审查委员会、女职工委员会。

(陈治光)

**【2020年量子物理与量子信息科学前沿论坛举办】** 12月9日,量子院主办的2020年量子物理与量子信息科学前沿论坛在线上举办。量子院院长、中国科学院院士、清华大学副校长薛其坤致欢迎词。来自20多个国家的1.2万多位专家学者和学生通过在线会议平台或网络直播平台参加论坛。来自国

内外 7 个大学和研究机构的 11 位专家学者，围绕论坛主题“新奇量子物态研究的最新进展”进行探讨。11 位专家学者是麻省理工学院教授付亮、德国马普学会固体化学物理研究所教授克劳迪娅·费尔泽、量子院教授谷垣胜己、中国科学院物理所研究员吕力、哈佛大学教授菲利普·金、瑞士联邦理工教授克劳斯·恩斯林、意大利国际理论物理中心研究员米哈伊尔·基塞莱夫、德国马普学会微结构物理研究所教授斯图尔特·帕金、日本理化学研究所研究员古崎昭、中国科学技术大学教授封东来、英国利兹大学教授简尼斯·帕科斯。

（陈治光）

【量子院 35 个科研合作项目结题交流会举办】12 月 20 日，量子院举办 2018 年科研合作项目结题交流会。会议邀请清华大学教授龙桂鲁等 7 位专家参会评审，35 个科研合作项目负责人分别做项目汇报，来自共建单位和量子院的科研人员共 60 余人参加会议。结题交流主要围绕项目计划完成情况、研究成效与亮点、组织管理和经费支出等方面进行。经过 2 年实施，各项目研究任务已完成，其中发表期刊论文 178 篇（顶级期刊 88 篇，包括《科学》和《自然》及其子刊 16 篇，*PRL* 及 *Nano Lett.* 等 30 余篇），会议论文 10 篇，专利 44 件，软件著作权 2 项。

（陈治光）

【量子院 2 位研究员获国务院政府特殊津贴】年内，经国务院批准，人力资源和社会保障部公布 2020 年享受国务院政府特殊津贴人员名单，量子院研究员杨仁福、于海峰入选。

（陈治光）

【量子院探索外籍科学家“远程入职”模式】年内，为克服新冠肺炎疫情导致外籍人员无法入职的影响，量子院启动“远程入职 + 线上科研”的工作模式，分别与首席科学家谷垣胜己和牛津大学博士尼科洛·福斯里尼，以远程方式签署劳动合同并办理入职。通过视频会议形式，开展团队招聘、科研设备采购论证、实验室改造和学术交流等工作。

（陈治光）

【量子院统筹推进新冠肺炎疫情防控】年内，量子院统筹推进新冠肺炎疫情防控工作，确保防疫和科研两不误。2 月 4 日，量子院成立疫情防控领导小组和 5 个保障工作组，制订防疫工作方案，实施 5 方面 18 条防疫举措。全年，累计组织 88 人次实行居家观察，116 名全职员工进行核酸检测，55 人次参与社区防控工作，上报疫情防控工作情况报告 370 份，接待外单位人员 1 200 余人次，组织各类线下会议或学术报告 80 余场。严格执行外国入境防疫规定，6 名外籍科研人员入职开展工作。

（陈治光）

【量子院为外国科研机构捐赠防疫物资】年内，量子院为外籍科研人员、国际学术顾问委员会成员以及德国马普所等国外合作机构寄送 22 批次 300 套防疫物资。

（陈治光）

【基于超导 - 半导体纳米线的量子比特器件制备完成】年内，量子院联合清华大学物理系和微纳电子系制备出国内第一个基于超导 - 半导体纳米线的量子比特器件，为下一步实现微波操控奠定基础。

（陈治光）

## 北京脑科学与类脑研究中心

【概述】北京脑科学与类脑研究中心（简称脑科学中心）成立于 2018 年 3 月 22 日。2020 年，脑科学中心建设进展顺利。在做好新冠肺炎疫情常态化防控工作、打好疫情防控战役的同时，在共建单位等多方合力推动下，在组织机制、人才队伍、实体建设、对接国家重大科技项目、共建合作等方面取得新的进展。成立评估委员会和审计委员会；完善细化管理制度，形成一套符合新型研发机构运行的管理制度；国际化科研团队初见规模，全面有序开展科研工作；对接中国“脑计划”和国家实验室建设；落实 2020 年科技创新中心建设重点任务加强交流合作；深入推进“双聘双培、共建共享”；加快推进空间建设。

（医药健康科技处）

【脑科学中心第一届理事会第四次会议召开】3 月 27 日，脑科学中心第一届理事会第四次会议召开。会议强调，在保障脑科学中心一期顺利运行的同时，要全力推进二期工程建设，争取在 2020 年取得更大进展。理事会审议通过组织机构调整、工作进展报告和工作计划、建立完善管理制度 3 个方面的 5 个议题，肯定脑科学中心建设以来取得的成绩，并对下一步工作提出明确要求。会议审议修订脑科学中心章程，成立由 15 名神经科学和人工智能领域的国际顶尖专家（包括 3 名诺奖得主）组成的评估委员会,成立由市科委、市财政局及专业机构5名代表组成的审计委员会,形成完善的理事会领导下的主任负责制的组织架构。

(医药健康科技处)

【实施科研开放合作计划】5月14日,脑科学中心组织召开科研开放合作计划启动沟通会,围绕“小核心,大网络”的四级合作体系,落实“双聘双培、共建共享”合作机制,组织开展科研开放合作计划。科研开放合作计划旨在从人才(创新人才项目)、平台(共建平台项目)和学术(科研创新项目)3个方面,有效整合北京地区优势资源,共同推进北京脑科学与类脑研究的创新发展。历时3个月,经推荐申报、形式审查、专家评审、公示、主任办公会审定等多个流程,最终确定40位科学家入选北脑学者、北脑青年学者。根据国家和北京市的战略急需启动3个共建平台:与清华大学联合共建非人灵长类研究平台,与北京大学、中国科学院生物物理研究所联合共建脑成像技术与脑影像数据共享信息化平台,与北京师范大学联合共建儿童青少年脑发育多组学研究平台。推进中国医学科学院医学神经生物学创新单元建设;与首都医科大学天坛医院共建神经影像研究中心,建设多模态脑成像平台。首批资助8项科研合作项目,支持北京地区优势机构与脑科学中心资源互补、联合科研攻关。

(医药健康科技处)

【2020北京脑科学国际学术大会举办】10月24—26日,由脑科学中心主办的2020北京脑科学国际学术大会(2020·Beijing Brain Conference)在线上举办。3位诺贝尔奖得主领衔80余位专家学者相聚“云端”,累计超过100万人次线上参与。大会开设主论坛和12个分论坛,主题涵盖神经发育、脑认知原理、类脑计算、儿童青少年脑智发育、睡眠障碍和抑郁症、阿尔茨海默病、癫痫等重大脑疾病,先进神经科学及调控、检测、治疗技术,以及中国人脑组织资源库建设等热点重点和具有北京特色优势的研究方向。活动有学术报告、专题报告,还设有前沿对话、圆桌讨论等分享活动。

(医药健康科技处)

【完善脑科学中心运行制度】年内,脑科学中心完善细化中心制度,形成一套符合新型研发机构运行的管理制度。根据实际运行需求,进一步细化完善脑科学中心内部的考核评估制度、重要人事任免管理办法、双聘科学家管理办法、博士后管理办法、科研合作项目管理办法、信息公开管理办法等20项制度。共制定实施各项内部管理规定76项。为加强科研、行政协同办公信息化建设,简化采购流程,降低运行成本,实现经费精细化管理,于7月试行上线OA-试剂采购信息平台,实现科研采购、核算线上全流程管理。

(医药健康科技处)

【党工建设】年内,脑科学中心深化党工建设。4月16日,脑科学中心获批成立北京脑科学与类脑研究中心党支部。5月21日,召开脑科学中心党支部委员会第一次全体党员会议,选举产生脑科学中心党支部书记和党支部委员,共有入编正式党员40人。支部与北京科技创新投资管理有限公司党支部、北京智源人工智能研究院党支部等6家单位联合举办5次党建主题活动。9月启动工会组建工作,形成工会委员名单并报市科委审批。

(医药健康科技处)

【国际化科研团队建设】年内,脑科学中心继续人才引进工作,收集筛选100余份科学家申请(其中接近1/3为非华裔外籍科学家),组织28人次线上面试,引进科学家6名(包括1名外籍)。截至年底,脑科学中心共有全职科学家18名(包括4名外籍),技术辅助中心主任8名,中心科研团队、技术辅助团队、行政管理团队总人数达248名。脑科学中心科研团队在《自然通讯》《神经元》等核心期刊发表论文10篇,申报国际PCT专利1件,获得国内实用新型专利1件。

(医药健康科技处)

【扩大博士后联合招收学生联合培养试点】年内,脑科学中心继续开展联合招生工作,学生联合培养试点从最初的北京大学已扩大到北京师范大学、南开大学、中国农业大学、协和医学院和首都医科大学共6所学校。先后开展3批次招生录取工作,于6月底完成2020级39名研究生的招收工作,脑科学中心学生总人数达57名。继续落实与清华大学、北京大学的博士后联合培养计划,年内新招收博士后14名,脑科学中心博士后总人数达23名(包括1名外籍)。

(医药健康科技处)

【提供人才配套服务】年内,脑科学中心组织申报国家重点研发计划、2020国家自然科学基金、2020年北京市自然科学基金等国家、省部级项目,获得4个专项支持。组织申报北京市科技新星计划、百千万人才工程国家级人选、科技部2020年度高端外国专家引进计划、青年北京学者、求是杰出青年学者、市三八红旗手奖项10人次。其中,科学家李莹获得北京市三八红旗奖章、求是杰出青年学者,井淼入选北京市科技新星计划。

(医药健康科技处)

## 北京智源人工智能研究院

【概述】北京智源人工智能研究院(简称智源研究院)成立于2018年11月。2020年,智源研究院各项工作稳步推进。人才支持方面,继续实施“智源学者计划”,新增“智源新星计划”,支持卓越青年人才探索人工智能领域更有挑战性的科学问题,发布“人工智能的认知神经基础”重大研究方向,形成世界首个机器学习通用数学符号集;科技成果转化方面,建设创新中心,推动AI原始重大创新和关键技术落地和深度应用;AI伦理、治理方面,成立面向可持续发展的人工智能智库并发布公益研究计划、发布《面向儿童的人工智能北京共识》和全国首个人工智能治理公共服务平台;数据场景开放方面,与予果生物联合成立北京新一代人工智能创新发展试验区——智能测序场景开放实验室;学术生态方面,顺利召开2020北京智源大会,邀请150多位全球人工智能领域顶级专家学者出席;产业研究方面,发布《2020北京人工智能发展报告》和《2020年世界十大AI进展》。

(刘克宇)

【“智源新星计划”启动】5月10日,智源研究院启动实施“智源新星计划”。该计划是智源研究院持续推进“智源学者计划”实施、加强智源学者队伍建设的重要举措,目的是发挥智源研究院体制机制创新优势,支持人工智能领域有潜力、有创新精神的卓越青年人才探索人工智能领域更有挑战性的科学问题,提升北京市人工智能科技创新实力。“智源新星计划”对人工智能领域33岁及以下,且博士毕业未满5年,具备突出的专业基础和一定发展潜力的拟进京人才进行择优支持。智源研究院联合人工智能领域在京优势高校院所和机构,共同挖掘并支持领域人才根据其擅长领域或研究兴趣方向进行开放性、探索性研究。

(刘克宇)

【智能测序场景开放实验室成立】5月20日,智源研究院联合予果生物共同挂牌北京国家新一代人工智能创新发展试验区——智能测序场景开放实验室。智能测序场景开放实验室的定位是探索人工智能技术在生物技术,特别是在测序数据分析应用中的方法、技术,提出新的概念与模型,并构建相应的系统与场景。智能测序场景实验室的建设为更多人工智能+医疗应用场景提供示范样板。

(刘克宇)

【智源创新中心建设】5月25日,智源研究院启动建设创新中心。创新中心通过开放智源研究院的生态资源,支持关键核心技术攻关,推动AI原始重大创新和关键技术落地和深度应用。主要包括:围绕智源重大学术方向,支持智源学者或高校院所AI科学家的原始重大创新成果落地;支持已初步落地成果关键技术的工程化验证和应用探索;支持新兴行业对人工智能技术的需求,加速人工智能面向实际应用的广泛渗透等。已建设智能信息处理、认知知识图谱、安全人工智能等7个智源创新中心。

(刘克宇)

【2020北京智源大会召开】6月21—24日,智源研究院召开2020北京智源大会(BAAI Conference),全程采用线上形式进行。大会主题是“人工智能的下一个十年”,围绕未来十年人工智能发展走向,结合全球新冠肺炎疫情防控,设置“AI防疫”“AI医疗”“AI创业”“AI伦理、治理与可持续发展”“中英研究合作圆桌研讨会”等19场论坛。来自20多个国家的150多位学者参会,针对如何在下一个十年实现从专用人工智能向通用人工智能的跨越式发展,如何利用人工智能技术抗击全球新冠肺炎疫情,如何让人工智能在促进全球社会、经济和环境可持续发展方面发挥更加积极的作用,如何有效应对人工智能发展涉及的法律、伦理问题,如何加速人工智能的商业化应用等问题展开演讲与研讨,探讨未来十年人工智能的发展走向,推动人工智能领域的国际交流合作。来自50多个国家的50余万名专业人士在线观看。

(刘克宇)

【人工智能智库成立并发布公益研究计划】6月22日,智源研究院成立面向可持续发展的人工智能智库(AI4SDGs Think Tank),并发布面向可持续发展的人工智能公益研究计划(AI4SDGs Research Program)(简称公益研究计划)。公益研究计划于8月

1日面向全球发布首批项目申请，于2021年1月1日启动项目，得到百度、小米、旷视、滴滴等人工智能企业的资助。公益研究计划报告类项目产出的研究报告全部公开发布，程序系统类课题产出的AI系统全部开源开放，以最大的可能性推动公益研究计划成果的全球共享。

（刘克宇）

【世界首个机器学习通用数学符号集发布】6月29日，智源研究院发布学术界首个机器学习领域的通用数学符号集，秉承准确、自洽和直观的原则，由上海交通大学副教授许志钦、普渡大学罗涛和马征、普林斯顿高等研究所张耀宇等学者共同组织设计完成。该套数学符号集主要特色是针对非常常用且容易混淆的符号给出一套标准化建议，从而提升文献阅读速度、避免误解文章本意、有效提升交流效率、降低符号理解难度。

（刘克宇）

【“人工智能的认知神经基础”重大研究方向发布】8月24日，智源研究院举行“人工智能的认知神经基础”重大研究方向发布会。“人工智能的认知神经基础”研究方向旨在将神经科学、认知科学和信息科学进行交叉融合，加强人工智能和脑科学的双向互动和螺旋发展，揭示生物智能系统的精细结构和工作机理，构建功能类脑、性能超脑的智能系统，以视觉等功能和典型模式动物作为参照物测试智能水平，为人工智能未来发展探索可行道路。

（刘克宇）

【《面向儿童的人工智能北京共识》发布】9月14日，智源研究院联合北京大学人工智能研究院、清华大学人工智能研究院、清华大学人工智能国际治理研究院、中国科学院自动化所、小米、旷视、好未来、新一代人工智能产业技术创新战略联盟等企业和联盟组织，共同发布《面向儿童的人工智能北京共识》。作为国内首个针对儿童的人工智能发展原则，《面向儿童的人工智能北京共识》是《人工智能北京共识》针对儿童群体的实施细则，涵盖“以儿童为中心”“保护儿童权利”“承担责任”和“多方治理”四大主题，19条细化原则，呼吁社会各界高度重视人工智能对儿童的影响，人工智能的发展应保护和促进儿童的权益，避免剥夺和损害儿童的权利，助力实现儿童健康成长。

（刘克宇）

【国内首个人工智能治理公共服务平台发布】9月19日，由智源研究院人工智能伦理与可持续发展研究中心与中国科学院自动化所中英人工智能伦理与治理研究中心共同合作研发的人工智能治理公共服务平台（Artificial Intelligence Governance Online）在2020年中关村论坛发布会对外发布。平台的主要功能与目的是帮助人工智能的科研人员、创新者、机构、产业、政府等针对其在人工智能设计、模型算法、产品与服务中潜在的社会与技术风险、安全、伦理等问题进行检测，并针对潜在问题给出相关的伦理与治理原则和规范，提供相应的案例与研究，从而一定程度上避免潜在风险与隐患。

（刘克宇）

【《2020北京人工智能发展报告》发布】11月14日，智源研究院发布《2020北京人工智能发展报告》，报告从政策支持、科技资源、人才发展、科技成果、服务平台、伦理安全、场景开放、产业生态等10余个维度系统分析北京成为中国人工智能领头羊的内在动因和发展成效，剖析北京人工智能发展的17个中国“第一”。

（刘克宇）

【《2020年世界十大AI进展》发布】12月31日，全体智源学者经过商讨复盘，从科学、系统、算法等层面总结出AI领域的十大进展，包括：OpenAI发布全球规模最大的预训练语言模型GPT-3、DeepMind的AlphaFold2破解蛋白质结构预测难题、深度势能分子动力学研究获得戈登·贝尔奖、DeepMind等用深度神经网络求解薛定谔方程促进量子化学发展、美国贝勒医学院通过动态颅内电刺激实现高效“视皮层打印”、清华大学首次提出类脑计算完备性概念及计算系统层次结构、北京大学首次实现基于相变存储器的神经网络高速训练系统、MIT仅用19个类脑神经元实现控制自动驾驶汽车、Google与Facebook团队分别提出全新无监督表征学习算法、康奈尔大学提出无偏公平排序模型可缓解检索排名的马太效应问题。

（刘克宇）

# 创新型企业

【概述】2020 年，市科委推动落实高新技术企业认定、企业研发费用加计扣除、新技术新产品（服务）认定、科技型中小企业评价等政策，全年组织认定高新技术企业 10 261 家，组织科技型中小企业评价 6 000 余家。持续推进企业技术创新中心建设，支持企业加大共性关键技术研发、科技成果转化、知识产权保护、人才引进培养等投入力度，引导企业依靠科技创新做大做强。牵头制定鼓励企业加大研发投入、促进高新技术企业高质量发展等政策措施，积极争取科技部等部门支持，推动高新技术企业认定“报备即批准”政策落地。加强企业服务工作，为 60 余家市级“服务包”企业协调解决 100 余项服务需求。

（市科技史志办公室）

【全国科技租赁首股上市】1 月 21 日，中关村科技租赁股份有限公司在香港联合交易所有限公司主板上市，成为科技融资租赁领域首家赴港上市企业。根据招股书，中关村科技租赁的客户主要来自大数据、大环境、大健康、大智造及大消费 5 个行业的科技和新经济公司。自成立至 2019 年 6 月 30 日，公司服务超过 750 名承租人，其中超过 95% 是科技和新经济公司，并已开展超过 1 200 个融资租赁项目，放款总额约 156 亿元。

（申峥峥）

【新三板精选层设立】7 月 27 日，新三板精选层设立暨首批企业晋层仪式举行，北京市委书记蔡奇、中国证监会主席易会满共同为精选层敲钟开市。新三板是服务创新型、创业型、成长型中小企业的重要平台。设立精选层是此次新三板改革的核心举措之一，促进金融与科技的紧密对接，为推动首都高精尖产业发展和高质量发展，为国家创新驱动发展不断注入新动能。精选层首批企业共有 32 家，分属 17 个省区市，绝大多数属战略新兴产业、现代服务业和先进制造业，合计募集资金总额 94.52 亿元。北京市共有 6 家企业进入精选层，数量居全国各省区市之首，涵盖信息传输、软件和信息技术服务、制造、环境和公共设施管理、科学研究和技术服务等行业。

（申峥峥）

【2020 胡润全球独角兽榜发布】8 月 4 日，胡润研究院发布“2020 胡润全球独角兽榜”和“2020 胡润全球独角兽活跃投资机构百强榜”。全球有 586 家独角兽企业上榜，比 2019 年增加 92 家，蚂蚁集团以万亿估值蝉联第一，字节跳动以 5 600 亿元估值位列第二。十强中，6 家企业来自中国，中国企业包揽独角兽榜前三。从城市来看，北京是全球“独角兽之都”，有 93 家；旧金山有 68 家；上海以 47 家排名第三。独角兽企业数量排名前十的城市中，有 9 个在中国或美国，1 个在英国伦敦。

（申峥峥）

【33 家企业科创板上市】11 月 16 日，在 2020 中关村科创金融论坛上，中国证监会北京监管局局长贾文勤透露，截至 10 月底，北京辖区共计 33 家企业在科创板上市，IPO 募集资金总额超 500 亿元，总市值 6 000 多亿元，募集资金总额、公司数量和总市值排名全国第二。在已登陆科创板的企业中，海淀区占全市近半，是科创板企业最密集的区域。

（申峥峥）

【高新技术企业认定】年内，全市新认定高新技术企业 10 261 家，总量达到 28 750 家，占全市市场主体的 1.36%。其中注册在“三城一区”的企业 1.46 万家，占全市高新技术企业总量的 51%。

（付　林）

【科技型中小企业评价】年内，市科委组织开展科技型中小企业评价，全市科技型中小企业数量 19 852家。

（付　林）

【认定技术先进服务企业 95 家】年内，市科委认定 95 家企业为 2019 年度技术先进型服务企业。经认定的技术先进型服务企业可享受减按 15% 的税率征收企业所得税。2019 年度北京技术先进型服务企业营业收入达 265.8 亿元,其中技术先进型服务业务收入 226.67 亿元,占企业当年营业收入的 85.25%;离岸服务外包收入约 202.82 亿元,占企业当年营业收入的 76.28%。

(付文均)

【亿华通入选“科创中国”新锐企业】 年内,北京亿华通科技股份有限公司(简称亿华通)凭借国际领先的氢燃料电池发动机研发与产业化技术入选 2020 年中国科协“科创中国”新锐企业。亿华通 2020 年全年氢燃料电池系统装车量为 12.2 兆瓦,市场占比 15%,位居行业第二,并实现在科创板上市。截至年底,搭载亿华通发动机系统的 1 000 多辆氢燃料电池汽车已在国内多地批量化运营,成为国内氢能与燃料电池汽车商业化推广的标杆项目之一。

(刘悠冉)

【北汽福田销量上涨】 年内,北汽福田汽车股份有限公司全年销售新能源汽车 6 873 辆,同比增长 14.78%。

(张小川)

【车和家理想 ONE 车型成为销量冠军】 年内,北京车和家信息技术有限公司理想 ONE 车型全年销售超过 3.3 万辆,成为 2020 年中国新能源 SUV 销量冠军。

(张小川)

【八亿时空登陆科创板】 年内,北京八亿时空液晶科技股份有限公司(简称八亿时空)在上海证券交易所科创板上市。八亿时空主要从事扭曲向列、超扭曲向列和薄膜晶体液晶显示材料,聚合物分散液晶智能薄膜、有机发光液晶显示材料及特殊用途液晶材料的研发、生产和销售,产品应用于高清电视、智能手机、电脑、车载显示、智能仪表等终端显示器领域。

(丁　雪)

【北摩高科在深交所上市】 年内,北京北摩高科摩擦材料股份有限公司(简称北摩高科)在深圳证券交易所上市。北摩高科主要从事航空航天飞行器起落架着陆系统及坦克装甲车辆、高速列车等高端装备刹车制动产品的研发、生产和销售,其炭炭复合材料刹车盘、国产粉末冶金刹车盘及湿式摩擦片均获得国家发明专利,达到国际先进水平。

(丁　雪)

# 科技创新机构及平台

【概述】 2020 年,市科委继续加强北京市科技创新基地建设。截至年底,经认定的北京市重点实验室 457 家、北京市工程技术研究中心 312 家,2020 年共承担国家级科技计划项目 4 052 项,年度经费合计 80.41 亿元;拥有专职人员 40 294 人;SCI/EI 收录论文 14 051 篇;发表中文核心论文 5 349 篇;签订各类技术性合同共 9 922 项,2 323 个项目实现产业化。2020 年,首都科技条件平台共促进 3.25 万台(套)价值 303 亿元的仪器设备向社会开放共享。全年通过测试检测、联合研发、技术转移等方式共服务 1 万余家企业,服务合同实现额为 27.51 亿元。通过组织 43 场次“百家重点实验室进千家企业”专题活动、与石家庄合作站开展以供需对接为切入点的区域合作等方式,主动服务京内外企业创新。创新券政策助力企业复工复产。与市财政局联合发布《关于进一步利用首都科技创新券助力企业复工复产的通知》,重点围绕高精尖产业,新增 72 家接收创新券的开放实验室,包括 16 家设计创新中心、17 家民营实验室以及 39 家高校院所实验室;结合十大高精尖产业类别,梳理形成涉及 91 个服务领域、对应 707 家实验室的资源服务目录。推进全国科技创新中心网络服务平台建设,围绕服务创新主体开展创新主体调研、座谈和专题讨论,凝练提出“互联网 + 科技服务”模式。

(陈　静　申峥峥)

【基于区块链的中小企业供应链金融服务平台上线】2月7日，基于区块链的中小企业供应链金融服务平台上线。平台由海淀区联合北京微芯边缘计算研究院、北京市金融控股集团、百信银行等共同开发建设。北京微芯边缘计算研究院作为区块链底层技术的支撑单位，通过区块链底层技术实现政府和国企采购合同应收账款确权，并聚合融资担保、资产管理等各类金融资源，为中小企业快速提供全方位供应链金融服务。

（李鹏飞）

【虚拟现实/增强现实国家级检验中心成立】3月9日，国家认证认可监督管理委员会批准中国电子技术标准化研究院在北京经济技术开发区成立国家虚拟现实/增强现实产品质量监督检验中心。该检验中心主要承担国家指定的产品质量监督抽查检验、产品质量争议仲裁检验等，开展检验检测技术研究和国家标准、行业标准、团体标准的制修订以及检测认证服务工作。

（张　桢）

【全国首家国际研究型医院开建】3月25日，全国首家研究型国际医疗产业转化平台暨高博国际研究型医院在昌平区生命科学园开工，项目总建筑规模9.68万平方米，规划床位500张，计划于2022年底建成运营。该项目是昌平区推动医药健康产业高质量发展的一项重要举措，2月被列入北京市“3个100”重点工程计划。项目由昌平区政府与高瓴资本集团及其全资子平台高博医疗集团合作建设，由未来科学城发展集团有限公司承建，定位为符合国际标准、以临床研究为核心业务、具备承接全球多中心临床试验能力的独立研究型医院。

（科创中心建设综合协调处）

【下一代智能协同开放平台启动】5月7日，下一代智能协同开放平台产业战略发布会在京举行。为加快5G技术应用，实现快速精准信息共享、及时有效远程沟通，在市政府、主要委办局及海淀区政府指导下，京东智联云将携手产业内各大尖端科技企业共同打造协同办公平台生态联盟。京东智联云宣布与产业生态合作伙伴及客户一起，共创、共建下一代智能协同开放平台。

（科创中心建设综合协调处）

【检测与认证领域中心举办“百进千”活动】6月30日，首都科技条件平台检测与认证领域中心组织召开“百家实验室进千家企业”活动。受新冠肺炎疫情影响，活动以视频会议方式进行。来自首都科技条件平台北京大学研发实验服务基地、清华大学研发实验服务基地、北京师范大学研发实验服务基地、北京市计量检测科学研究院、北京鑫兰医药科技有限公司、北京普瑞亿科科技有限公司等高校院所和企业的30余名代表参加活动，探讨能源环保的安全与清洁利用，助力企业创新发展。

（苏立清）

【检测与认证领域中心参加CISILE线上展览】7月20日，由中国仪器仪表行业协会主办的中国国际科学仪器及实验室装备展览会（CISILE）首次策划筹备的CISILE线上展览系列活动开幕，助力科学仪器行业复苏。北京科学仪器装备协作服务中心主任孙月琴做题为《国产仪器在新形势下的应对》的报告，并就首都科技条件平台如何支持、帮扶国产仪器发展同与会嘉宾进行交流。线上直播活动CISILE官方直播入口观看人数超过几十万。

（苏立清）

【现代农业领域中心调研中国食品发酵工业研究院】7月30日，首都条件平台现代农业领域中心赴中国食品发酵工业研究院调研，实地走访工业微生物菌种保藏管理中心并进行座谈与交流。工业微生物菌种保藏管理中心对所辖实验室、依托单位、创新团队、人员配备、大型仪器设备数量等基本情况进行介绍，对微生物菌种的收集、保藏、共享、鉴定、评价供应、进出口、技术开发以及培训交流等方面工作的进展与取得的成效进行讲解。现代农业领域中心解读首都科技条件平台、科技创新券、北京市技术合同登记的相关政策，并就领域中心科技资源、科研设备、研发服务、技术转移等工作内容做介绍。

（王伟娟　赵　娣　姜佩瑄）

【细胞与基因治疗创新中心启动】7月31日，细胞与基因治疗创新中心启动暨签约仪式在中关村生命科学园医药科技中心1号楼举行，该中心的启用也标志着园区生物医药产业服务能力的进一步增强。细胞与基因治疗创新中心包括7 000平方米的细胞与基因治疗研发与中试平台，以及3 000平方米的硬科技孵化器。细胞与基因治疗创新中心的建设符合国际生物制药GMP标准，同时符合中国NMPA、美国FDA、欧盟EMA生产质量管理规范。至2021年5月，细胞与基因治疗创新中心可为10家以上细胞与基因治疗科技企业提供创新药物的研发和临床试验服务。

（科创中心建设综合协调处）

【北京微芯边缘计算研究院更名】8月10日，北京微芯边缘计算研究院更名为北京微芯区块链与边缘计算研究院（简称微芯研究院）。为贯彻落实《北京市区块链创新发展行动计划（2020—2022）》有关部署，根据市民政局发布的《关于北京微芯边缘计算研究院变更登记的行政许可》，微芯研究院作为北京市区块链专班支撑单位，协助北京市区块链工作专班全面推动北京市区块链基础科研、底层技术平台、行业应用、产业生态等快速协调发展，并充分发挥"区块链＋边缘计算"的技术融合优势，推动北京市成为区块链创新和产业发展高地。

（李鹏飞）

【北斗产业创新基地揭牌】8月27日，2020年北斗创新应用和产业发展研讨会暨北京市北斗产业创新基地（简称基地）启动仪式在北京合众思壮北斗产业园举行。本次活动是落实在新冠肺炎疫情防控常态化下加快推动北京市高精尖产业发展、完善北斗产业生态的重要举措。活动由市经济和信息化局、北京经开区管委会主办，北京合众思壮科技股份有限公司、中关村空间信息技术产业联盟承办。基地是认真贯彻《北京市关于促进北斗技术创新和产业发展的实施方案（2020年—2022年）》的重要举措。基地位于经开区通明湖畔，建筑面积10万平方米，以"一院（北斗新时空研究院）、两馆（卫星导航应用体验馆及博物馆）、四平台（协同创新平台、快速制造平台、位置数据运营服务平台和众创空间平台）"为依托，以"建设高水平、国际化、智能化的北斗新时空产业基地，提供专业化的创新创业孵化平台服务，打造北京北斗产业生态的核心枢纽"为定位，汇聚产业链各环节优势企业和机构力量，提供产品开发、产业孵化、国际合作、行业交流、应用体验等一体化服务，助力北京市北斗导航与位置服务产业核心要素集聚和产业高质量发展。

（科创中心建设综合协调处）

【大兴国际氢能示范区揭牌】9月8日，大兴国际氢能示范区揭牌。大兴国际氢能示范区毗邻北京大兴国际机场、京东"亚洲一号"、京南物流基地等重要交通枢纽，可享受中关村、国家创新政策及临空区、自贸区、综保区"三区叠加"政策。总占地面积14万平方米，围绕研发、测试、生产、生活打造主题科技园区，积极引进具有核心技术的高成长企业落户。

（刘悠冉）

【微芯研究院发布《新型区块链底层平台技术白皮书》】9月19日，微芯研究院在2020年中关村论坛发布会上发布《新型区块链底层平台技术白皮书》。新型区块链底层平台技术聚焦当前区块链底层技术路线庞杂，异构跨链对接难，面向多元需求时定制周期长、成本高等痛点问题，首创"长安链（ChainMaker）"设计新模式和装配新技术，动态组合多方区块链平台的优势技术模块，高效、精准、低成本装配出满足不同场景需求的区块链底层平台，推动区块链的研发由手工作业模式到自动化装配生产的技术革命。

（李鹏飞）

【中国（北京）自由贸易试验区科技创新片区挂牌】9月27日，海淀区政府和昌平区政府举办中国（北京）自由贸易试验区科技创新片区挂牌仪式，首批入驻企业举行签约仪式。按照功能定位，科技创新片区重点发展新一代信息技术、生物与健康、科技服务等产业，打造数字经济试验区、全球创业投资中心、科技体制改革先行示范区。科技创新片区总面积31.85平方千米，包括中关村科学城21.59平方千米和北京生命科学园周边可利用产业空间10.26平方千米。其中，中关村科学城区域主要涵盖翠湖科技园、永丰基地及周边可利用产业空间。

（科创中心建设综合协调处）

【微芯研究院与中国信通院签署战略合作协议】9月27日，微芯研究院与中国信息通信研究院签署战略合作协议，双方依托中国信息通信研究院"国家高端专业智库、产业创新发展平台"的智力资源，借助微芯研究院在新兴信息领域的核心技术积累，联合双方优势资源共同承担国家重大科研专项，在区块链、边缘计算芯片、人工智能、工业互联网等方面加强合作，推动关键创新攻关、核心技术标准落地和产业化应用加速。

（李鹏飞）

【中国（北京）自由贸易试验区国际商务服务片区挂牌】9月28日，朝阳区政府、通州区政府和顺义区政府在北京国测会展中心举办中国（北京）自由贸易试验区国际商务服务片区挂牌仪式。国际商务服务片区重点发展数字贸易、文化贸易、商务会展、医疗健康、国际寄递物流、跨境金融等产业，打造临空经济创新引领示范区。总面积 48.34 平方千米，包括北京 CBD4.96 平方千米、金盏国际合作服务区 2.96 平方千米，城市副中心运河商务区和张家湾设计小镇周边可利用产业空间 10.87 平方千米，首都国际机场周边可利用产业空间 28.5 平方千米。国际商务服务片区所涵盖范围均为北京市高端服务业的集聚发展区域，彼此之间的功能定位既各具特色又互为补充，有利于提高产业之间的黏合度，有利于推动优势产业链集群式发展。

（申峥峥）

【第三代半导体材料及应用联合创新基地落成】9 月 29 日，第三代半导体材料及应用联合创新基地落成仪式在中关村顺义园举行。这是国内首个聚集全产业链的三代半创新基地。第三代半导体材料及应用联合创新基地将围绕光电子、电力电子、微波射频三大应用领域，建设第三代半导体工艺、封装测试、可靠性检测和科技服务四大基础平台。

（科创中心建设综合协调处）

【北京经开区集成电路研发及总部基地揭牌】11 月 18 日，2020 北京微电子国际研讨会暨 IC WORLD 学术会议在北京经开区举办。开幕式上，经开区管委会主任梁胜为北京经济技术开发区集成电路研发及总部基地揭牌。该基地依托北京经开区朝林广场地理区位和物业配套成熟的优势，打造物理空间高效集约、创新资源共享联动、研发环境舒适友好的经开区集成电路研发及总部基地，力争实现高端制造、研发创新、商务资源共生的经开区集成电路发展新格局。

（科创中心建设综合协调处）

【检测与认证领域中心助力绿色建筑实用技术发展】11 月 25 日，2020 绿色建筑实用技术发展论坛——建筑隔声材料研讨会在京召开。会议由首都科技条件平台北京建筑材料科学研究总院研发实验服务基地等单位主办，检测与认证领域中心、清华大学研发实验服务基地协办。会议以“汇聚新动能，孕育新发展”为主题，邀请行业主管部门、科研院所、高等院校、质检机构以及设计、施工、监理单位和生产企业的相关领导、技术专家共 150 余人参会，围绕绿色建筑及隔声领域相关法规政策、标准解读、行业现状分析、未来发展方向，以及隔声材料和技术、声学设计、检验检测技术研究等方面内容进行深入交流和探讨，为建筑设计、生产制造、施工应用、质量与测试及材料供应等环节提供良好的技术交流和沟通平台。

（苏立清）

【北京协同创新轨道交通研究院成立】12 月 18 日，北京协同创新轨道交通研究院有限公司（简称协同创新研究院）揭牌成立。副市长隋振江出席揭牌仪式并讲话。协同创新研究院由北京市基础设施投资有限公司牵头，联合北京市地铁运营有限公司、北京京港地铁有限公司、中国铁道科学研究院集团有限公司、北京电子控股有限责任公司、紫光集团有限公司、清华大学、北京交通大学等创新机构共同组建成立，是首都轨道交通行业创新科技成果转化、践行产业转型的有益尝试。各单位共同签订协同创新研究院股东协议，并一同为协同创新研究院揭牌。

（申峥峥）

【国家车用动力电池质检中心成立】12 月 18 日，由国联汽车动力电池研究院有限责任公司筹建的国家车用动力电池产品质量监督检验中心揭牌成立。中心具备覆盖新能源汽车用动力电池关键材料，电池单体、模块、系统及其管理系统全链条的法规检测及研究分析能力，牵头制定国家标准 1 项，参与制定 3 项国家标准和 10 余项团体标准。

（刘晓晨）

【北京应用数学中心揭牌】12 月 26 日，在北京办公室第七次全体会议上，科技部副部长黄卫与北京市副市长隋振江共同为北京应用数学中心揭牌。北京应用数学中心是科技部支持建设的首批 13 个国家应用数学中心之一，由首都师范大学等多家研究单位和北京地区多家行业代表性企业共同建设，实行建设运行管理委员会领导下的主任负责制。主要探索建立工程需求与基础研究相结合的需求协调机制，固定与流动相协同的联合研究机制以及人才培育与能力提升相促进的持续发展机制。

（科创中心建设综合协调处）

【石墨烯/金属复合材料共性技术研发应用平台建成】年内，由北京石墨烯技术研究院有限公司和中国航发北京航空材料研究院共同承担的北京市科技计划课题“石墨烯/金属复合材料共性技术研发应用平台建设”建成国内首个石墨烯/金属复合材料共性技术研发应用平台。平台涵盖自主研发的高品质石墨烯纳米片制备线、石墨烯金属复合材料均匀化植入、合成和成型装备等硬件设施，建立专业涵盖广、基础雄厚的石墨烯金属基复合材料应用研究团队，具备中试级石墨烯/金属基复合材料的原材料制备、材料成型和应用检测等功能，填补了石墨烯/金属复合材料“工艺－界面－性能”系统性研究的空白。

（朱　怡）

【现代农业领域中心助力小微企业成果创新】年内，首都科技条件平台现代农业领域中心为北京互联农业发展有限责任公司进行科技政策指导及合作对接服务，促成其与现代农业装备设计北京市重点实验室进行联合合作。研制出主要包括车载平台、动力传动系统、液压升降系统和注肥作业系统的智能果树施肥机。通过强压和气爆的联合作用进行快速打穴、施肥作业，并可通过拉伸和锁紧装置调整注肥枪与果树间的距离，实现精准施肥，省时省力。经试验，该机型注肥深度可达 28 厘米，扩散直径可达 35 厘米，扩散深度可达 40 厘米，能够满足不同果园环境条件下的施肥园艺要求。

（王伟娟　赵　娣　姜佩瑄）

【国汽智联研发中心项目开工】年内，国汽（北京）智能网联汽车研究院有限公司研发中心项目开工。研发中心围绕自研项目实验开发、服务市场研发实验开发、公共检测认证服务三大定位规划建设，主要包括自动化驾驶汽车网联化试验中心、数据中心与信息安全试验中心、整车虚拟试验中心、整车暗室试验中心等 5 个试验中心、15 个实验室和 1 个试制中心。

（刘悠冉）

【首都科技条件平台为 1.2 万家企业提供服务】年内，首都科技条件平台共促进首都地区 787 个国家级、北京市级重点实验室、工程中心，价值 303 亿元，3.25 万台（套）仪器设备向社会开放共享，整合 896 项较成熟的科研成果促进其转移转化，梳理 292 个高端人才及其团队，形成仪器设备、科技成果和研发服务人才队伍共同开放的大格局。深化条件平台“小核心，大网络”的资源开放共享和服务体系建设，形成以 23 家研发实验服务基地、12 个领域中心、12 个区工作站为主体的“小核心，大网络”的首都科技条件平台工作体系和科技资源开放服务体系，吸纳大网络成员单位 3 000 多家。2020 年共有 1.2 万余家企业享受平台的各类服务，签订合同额 45.09 亿元，合同实现额 27.51 亿元，推动形成政产学研用开放创新、协同创新的大格局。

（李建玲）

【开展北京市科研设施与仪器开放共享评价】年内，市科委根据《关于加强首都科技条件平台建设进一步促进重大科研基础设施和大型科研仪器向社会开放的实施意见》要求，对市属管理单位科研设施与仪器开放共享工作进行评价，形成《2018—2019 年度北京市属管理单位科研设施与仪器开放情况评价报告》。54 家市属管理单位中，优秀 4 家、良好 15 家、合格 28 家。

（李建玲）

【首都科技条件平台装备中心建设】年内，首都科技条件平台装备制造领域中心围绕全国科技创新中心建设工作任务，采用强强联合、优势互补、成果共享、集成创新的方式，整合领域内优势资源，为成员单位提供深度对接支撑服务。2020 年累计完成开放科技资源量 12.2 亿元，新增成员单位 3 家，新增开放省部级以上实验室和工程中心 4 个，新增开放仪器设备 1.5 亿元，新增可以转化产业化的科技成果 5 项，聚集 68 项需求，共计为企业提供研发测试服务近百项，合同金额 3 995.04 万元。

（北京生产力促进中心）

【良乡与沙河高教园区新型研发中心建设方案印发】年内，经市委、市政府批准，市科委联合市教委、市财政局共同印发《关于支持良乡与沙河两个高教园区建设新型研发中心的工作方案》。方案指出，要密切与入驻高校对接，从中心定位、发展目标、组建原则、预期效益等方面明确新型研发中心的建设发展机制，推动良乡与沙河高教园区建设新型研发中心。

（王　楠）

【首都科技创新券助力小微企业创新发展】年内，市科委以创新方法与首都科技创新券结合的方式探索新的工作模式。利用 TRIZ、精益管理、系统工程等创新方法理论，服务中小企业，提升企业创新竞争力。2020 年共完成 99.46 万元首都科技创新券资金审批下发，促成 5 个项目需求精准对接，带动社会科技资金投入 106.84 万元，项目合作合同金额 206.3 万元。

（北京生产力促进中心）

【规范全国科技创新中心网络服务平台运维】年内，北京市科技传播中心逐步规范全国科技创新中心网络服务平台（简称服务平台）的运维机制。为服务平台建设提供综合保障支撑，撰写及修订信息编辑标准与规范、内容运维管理、中英文版信息发布审核流程、应急处理工作要求等工作制度，每日进行服务平台数据汇报，撰写及上报服务平台运维数据日报信息 330 条，数据周报 49 份，推动和保障服务平台的良性运行。

（张克辉）

【提升全国科技创新中心网络服务平台服务水平】年内，北京市科技传播中心为完善全国科技创新中心网络服务平台的服务功能，从需求侧策划组织开展 6 场线上线下的需求调研，并进行在线问卷调查，覆盖科研院所、高校、央企、孵化平台、服务机构、独角兽企业等 50 余家各类创新主体，共收集到 376 份有效调查样本。从创新资源供给侧方面对接市科委相关处室和直属中心，进一步整合创新资源。

（张克辉）

【优化全国科技创新中心网络服务平台设计】年内，全国科技创新中心网络服务平台不断优化设计、调整结构，以提供更专业的咨询内容。在栏目架构、页面设计、技术实现等方面，结合用户需求分析和用户行为数据、热力图分析，撰写及修订完成《全国科技创新中心网络服务平台改版方案》。2020 年，服务平台陆续制作发布 9 个专题，分别是“战疫情”“2020 两会”“培育新业态新模式”“科技企业资金扶持政策合集”“新一代人工智能”“生物医药”“企业复工复产普惠政策合集”“2019 年度北京市科学技术奖励大会”“京津冀产业协作”；制作发布《一图读懂北京市科技企业孵化器认定管理办法》政策图解。

（张克辉）

【全国科技创新中心网络服务平台影响逐步扩大】年内，全国科技创新中心网络服务平台影响逐步扩大，形成聚合效应。截至 11 月 15 日，服务平台总访问量 42.9 万余人次，从 60 余个权威采集边界，初审信息约 19 万条，终审更新信息约 8 000 条。为创新主体提供国家和北京各政府部门的 300 余条项目申报服务、43 类资质认定服务、120 家办公空间信息、1 600 余条政策法规及解读、9 106 条可查询的全国及北京市新技术新产品信息、60 余类科技成果、创投和金融服务机构、创新平台、创新人才等名录。服务平台已覆盖全国并辐射全球 45 个国家。

（张克辉）

# 科技政策

# 规划行动计划

**【《北京加强全国科技创新中心建设重点任务2020年工作方案》印发】** 2月20日，北京办公室印发《北京加强全国科技创新中心建设重点任务2020年工作方案》，部署实施223项工作任务和重点项目，以“初步成为具有全球影响力的科技创新中心”为目标，明确提出北京要探索重大突发公共卫生事件科技支撑体系和能力建设。工作方案围绕科技支撑全力打赢新冠肺炎疫情防控阻击战、承接国家重大科技任务、加快建设“三城一区”主平台、持续深化科技体制改革、集聚培养顶尖人才、加快构建高精尖经济结构、推动开放创新等方面，部署实施工作任务101项，重点项目122项。

（科创中心建设综合协调处）

**【《北京现代种业发展三年行动计划（2020—2022年）》印发】** 4月13日，市农业农村局等5部门联合发布《北京现代种业发展三年行动计划（2020—2022年）》，围绕四大种业、12个优势物种，组织开展四大行动，实施12项重点工程，到2022年实现北京现代种业的创新链、产业链、价值链和服务链协同发展能力大幅提升，现代种业建设成效突出。

（申峥峥）

**【《北京创新产业集群示范区（顺义）发展规划（2017—2035年）》发布】** 4月22日，顺义区发布《北京创新产业集群示范区（顺义）发展规划（2017—2035年）》，从示范区发展内容、发展特点、发展保障3个方面对示范区进行详细解读。北京创新产业集群示范区确立“首都创新驱动发展前沿阵地”“科技成果转化与产业化承载地”和“智能制造创新发展示范区”三大定位，聚焦发展新能源智能汽车、第三代半导体、航空航天三大千亿级创新型产业集群，培育新一代信息技术、智能装备、医疗健康三大新兴产业，加快发展智能制造。

（边　浩）

**【《北京市区块链创新发展行动计划（2020—2022年）》印发】** 6月18日，市政府办公厅印发《北京市区块链创新发展行动计划（2020—2022年）》。到2022年，要把北京初步建设成具有影响力的区块链科技创新高地、应用示范高地、产业发展高地、创新人才高地，率先形成区块链赋能经济社会发展的“北京方案”，建立区块链科技创新与产业发展融合互动的新体系，为北京经济高质量发展持续注入新动能新活力。提出四方面的重点任务：创新引领，打造区块链理论与技术平台；需求带动，建设落地一批多领域应用场景；集聚发展，培育融合联动的区块链产业；要素保障，建设领先的区块链人才梯队。

（申峥峥）

**【《北京市氢燃料电池汽车产业发展规划（2020—2025年）》发布】** 9月8日，市经济和信息化局发布《北京市氢燃料电池汽车产业发展规划（2020—2025年）》。规划提出2个阶段的发展目标：2023年前，北京力争推广氢燃料电池汽车3 000辆、建成加氢站37座，氢燃料电池汽车全产业链累计产值突破85亿元；2025年前，培育5～10家具有国际影响力的氢燃料电池汽车产业链龙头企业，形成氢燃料电池汽车关键零部件和装备制造产业集群，力争实现氢燃料电池汽车累计推广量突破1万辆，再新建加氢站37座（共计74座），氢燃料电池汽车全产业链累计产值突破240亿元。

（高　健）

**【《北京市促进数字经济创新发展行动纲要（2020—2022年）》印发】** 9月22日，市经济和信息化局印发《北京市促进数字经济创新发展行动纲要（2020—2022年）》。发挥北京市数字产业化和产业数字化优势基础，加快数字技术与经济社会深度融合，促进数据要素有序流动并提高数据资源价值，进一步提升北京市数字经济发展水平和治理能力，打造成为全国数字经济发展的先导区和示范区。以全面推动北京市数字经济高质量发展为方向，围绕基础设施建设、数字产业化、产业数字化、数字化治理、数据价值化和数字贸易发展等任务，开展9项工程。

（申峥峥）

**【《中关村国家自主创新示范区数字经济引领发展行动计划(2020—2022年)》印发】** 10月14日，中关村管委会印发《中关村国家自主创新示范区数字经济引领发展行动计划(2020—2022年)》。发挥中关村示范区创新策源和示范引领作用，发展数字经济，培育壮大新动能。主要任务包括：夯实数字经济创新底座，实现技术引领；拓展数字经济十大新业态，实现产业引领；建设数字经济新场景，实现应用引领；培育数字经济企业矩阵，实现集群引领；优化创新资源要素配置，实现生态引领；完善数字经济治理体系，实现规则引领。

（申峥峥）

**【《中关村丰台园轨道交通产业创新发展行动计划(2020—2022年)》印发】** 10月14日，中关村管委会、丰台区政府印发《中关村丰台园轨道交通产业创新发展行动计划(2020—2022年)》，促进中关村丰台园轨道交通产业发展。重点任务包括：加强产业关键技术研发；打通产业创新发展链条；打造产业特色空间载体；做强做大做优产业集群；优化产业创新创业生态；链接全球高端创新网络。

（申峥峥）

# 财政金融政策

**【《关于加大金融支持科创企业健康发展的若干措施》印发】** 1月10日，市金融监管局、人行营管部、北京银保监局、北京证监局联合印发《关于加大金融支持科创企业健康发展的若干措施》。通过信贷规模扩大、担保体系完善、资本市场保障、政府基金引导、金融机构联动、创新试点发力、政务服务优化等形成多方合力，为科创企业拓宽融资渠道、提升融资便利，支持科创类企业在京成长、发展、壮大，培育更多更优更强的科创企业，更好服务全国科技中心建设。该措施共分为6个部分，明确加大金融支持科创企业健康发展的17项重要工作举措。

（申峥峥）

**【《进一步支持中小微企业应对疫情影响保持平稳发展若干措施》印发】** 4月17日，市政府办公厅印发《进一步支持中小微企业应对疫情影响保持平稳发展若干措施》。根据新冠肺炎疫情防控新形势，进一步精准帮扶本市中小微企业应对疫情影响、渡过难关，在北京市促进中小微企业持续健康发展16条措施基础上，制定以下工作措施：延长租金减免政策实施时限；强化对中小微企业金融支持；鼓励发展供应链金融；促进大中小企业融通创新发展；加强外贸企业帮扶；支持科技型中小微企业发展；保障中小微企业有序复工复产；加大援企稳岗支持力度；建立中小微企业经营状况监测预警机制。

（申峥峥）

**【《关于落实“放管服”要求　进一步完善北京市科技计划项目经费监督管理的若干措施》印发】** 6月12日，市科委印发《关于落实“放管服”要求　进一步完善北京市科技计划项目经费监督管理的若干措施》。措施包括“完善组织机制，强化内部审计监督作用；优化经费审计监督，保障落实到位；创新经费监督管理方式，试点承担单位‘诚信典型’管理；完善第三方会计师事务所服务机制，加强质量控制；健全监督结果运用机制，强化问题整改”5部分，共15条。将促进经费监督与经费管理改革同步，赋予科研单位和科研人员更大自主权，鼓励和保护创新，激发广大科研人员的积极性、主动性和创造性。

（熊保权）

**【《关于北京市科技计划项目(课题、工作任务)验收(结题)经费审计相关工作的通知》印发】** 7月8日，市科委印发《关于北京市科技计划项目(课题、工作任务)验收(结题)经费审计相关工作的通知》，进一步明确北京市科技计划项目(含课题、工作任务等)的验收(结题)经费审计相关工作。取消“北京市科技经费审计会计师事务所遴选入围单位”和审计付费指导价。对科技经费审计会计师事务所在系统登录、业务开展备案管理、政策学习与具体工作规范、协议签署与锁定、审计报告及附件上传等方面进行规范。明确科技经费审计服务与监督管理事项;加强政策指导,做好科技计划项目经费审计相关依据的动态调整和审计人员培训服务工作;与行业主管部门联动,加强审计质量控制;建立科技计划项目监督检查制度,健全监督结果应用机制。

(关　蕾)

【《关于进一步利用首都科技创新券助力企业复工复产的通知》印发】7 月 15 日,市科委、市财政局联合印发《关于进一步利用首都科技创新券助力企业复工复产的通知》,鼓励企业用好首都科技条件平台及创新券政策,强化科技资源对企业的服务支持,助力企业复工复产。通知提出进一步拓展服务资源。按照逐批梳理特色服务、全面开放各类资源的原则,支持高校、院所,企业中的国家级、北京市级重点实验室、工程技术研究中心、设计创新中心,以及部分经认定的公共服务机构开展创新券服务,支持小微企业利用创新券与开放实验室开展科研合作;鼓励符合条件、不在本批名单中的实验室积极申请加入创新券服务体系。增加推荐机构的数量,更多地发现和挖掘企业科研需求,扩大服务企业的范围。在服务中增加对工业设计领域、新技术新产品应用的服务,新增 16 家设计创新中心为小微企业提供科技资源服务。鼓励北京地区的企业更多使用京津冀的科技资源。

(李建玲)

【《关于开展首批北京市科技计划项目经费监督诚信典型管理单位申请及备案的通知》印发】10 月 30 日,市科委为落实《关于新时代深化科技体制改革　加快推进全国科技创新中心建设的若干政策措施》第 7 条规定,实施经费审计诚信承诺制,印发《关于开展首批北京市科技计划项目经费监督诚信典型管理单位申请及备案的通知》。被列入诚信典型管理单位的,其内部审计机构出具的科技计划项目经费审计报告或加盖单位财务部门和审计部门等印章的经费总决算表可作为验收(结题)依据,在 2 年内免于北京市科技计划项目验收(结题)经费审计。

(关　蕾)

# 创新环境政策

【《北京市科技专家库管理办法(试行)》出台】1 月 3 日,市科委印发《北京市科技专家库管理办法(试行)》。深化科技计划管理改革,规范北京市科技专家库管理工作,发挥专家在科技创新和决策咨询中的作用,提高决策的科学化水平。该办法共 6 章、26 条,明确办法的适用范围、专家入库条件、专家选取原则、专家回避制度以及专家评价机制等。

(李　昂)

【《关于进一步支持打好新型冠状病毒感染的肺炎疫情防控阻击战若干措施》出台】2 月 3 日,市政府办公厅《关于进一步支持打好新型冠状病毒感染的肺炎疫情防控阻击战若干措施》出台。19 项措施支持打好新冠肺炎疫情阻击战。提出发挥科技创新对疫情防控支撑作用;加强防疫药品研发和技术攻关;加强与疫情防控所需药品和医疗器械产品生产企业对接,鼓励这些企业在中关村相关分园落地;促进大数据和人工智能应用。

(申峥峥)

【《关于应对新型冠状病毒感染的肺炎疫情影响促进中小微企业持续健康发展的若干措施》出台】2 月 5 日,市政府办公厅出台《关于应对新型冠状病毒感染的肺炎疫情影响促进中小微企业持续健康发展的若干措施》。从减轻中小微企业负担、加大金融支持力度、保障企业正常生产运营三方面出台

16 项措施，减轻疫情对中小微企业生产经营的影响，帮助企业渡过难关和稳定发展。

（申峥峥）

【《中关村示范区国际标准化工作行动方案（2020—2022 年）》印发】2 月 14 日，中关村管委会印发《中关村示范区国际标准化工作行动方案（2020—2022 年）》，支持中关村国家自主创新示范区企业和社会团体参与国际标准化活动，增强企业创新能力，促进高质量发展。重点任务包括加强国际标准储备与制定，打造"中关村标准"国际化品牌，优化国际标准化发展环境。

（申峥峥）

【《北京市实验动物许可证管理办法（修订版）》印发】7 月 15 日，市科委印发《北京市实验动物许可证管理办法（修订版）》，加强本市实验动物许可证的管理。2019 年，国务院、科技部和北京市政府审改办在简化申请材料、压缩审批时限方面相继提出行政审批改革要求。此次修订的重点是简化实验动物许可证申请材料、压缩审批时限。

（申峥峥）

【《北京市科技企业孵化器认定管理办法》印发】7 月 28 日，市科委印发《北京市科技企业孵化器认定管理办法》，深入实施创新驱动发展战略，引导科技企业孵化器向专业化、市场化、国际化方向发展，持续优化创新创业生态，推动企业技术创新和科技成果转化，支撑全国科技创新中心建设，服务经济社会高质量发展。

（申峥峥）

【《北京市全面深化服务贸易创新发展试点实施方案》印发】8 月 26 日，市商务局印发《北京市全面深化服务贸易创新发展试点实施方案》，以落实 8 月 11 日国务院发布的《关于同意全面深化服务贸易创新发展试点的批复》要求。方案共三部分：第一部分：明确本轮试点的指导思想和主要目标。依托国家服务业扩大开放综合示范区和中国（北京）自由贸易试验区政策创新和服贸会重要平台，推动服务贸易和首都开放型经济实现高质量发展。第二部分：提出本轮试点的重点任务。从"聚焦数字贸易，激发北京数字经济国际化新动能""围绕重点领域，塑造首都服务业双向开放新格局""打造高端平台，夯实服务贸易多极引领新支撑""培育贸易主体，推动'北京服务'走出去""优化治理体系，营造服务贸易一流营商环境"5 个方面提出 85 项任务举措。第三部分：提出本轮试点的实施保障任务，包括加强组织领导、强化评价考核、健全统计监测等。

（申峥峥）

【《北京市促进中小企业发展条例》通过】9 月 25 日，新修订的《北京市促进中小企业发展条例》由市第十五届人大常委会第二十四次会议通过，自 12 月 1 日起施行。原条例制定于 2013 年。新修订的《北京市促进中小企业发展条例》规定，中小企业的发展实行分类指导，一方面鼓励和支持中小企业专业化、精细化、特色化、新颖化发展，从事高精尖、文化创意、国际交往等符合首都城市战略定位和资源禀赋条件的产业，一方面指导企业从事保障城市运行和群众生活必需的产业。

（申峥峥）

【《关于强化高价值专利运营促进科技成果转化的若干措施》印发】9 月 30 日，中关村管委会印发《关于强化高价值专利运营促进科技成果转化的若干措施》，贯彻落实国家创新驱动发展战略、国家知识产权战略和促进科技成果转化的有关工作部署，进一步发挥中关村示范区改革"试验田"作用，强化高价值专利和高质量科技成果挖掘、评估、转化、运用全链条服务，促进科技成果加速落地转化。主要措施包括：提高高价值专利挖掘、布局能力；推动知识产权评估方式创新；优化高价值专利运营转化服务；提升企业高价值专利转化运用水平；加强科技成果转化服务保障。

（申峥峥）

【《关于弘扬科学家精神　加强作风学风与科研诚信建设的实施意见》印发】12 月 18 日，市科委、市委宣传部、市教委、市卫生健康委、市科协印发《关于弘扬科学家精神　加强作风学风与科研诚信建设的实施意见》。实施意见包括建立健全作风学风与科研诚信责任体系和工作机制、弘扬和践行新时代科学家精神、坚守学术道德规范和科研诚信底线、加强科研诚信建设、保障措施 5 个部分，共 22 条。激励和引导广大科技工作者争做重大科研成果的创造者、建设科技强国的奉献者、崇高思想品格的践行者、良好社会风尚的引领者；营造追求真理、崇尚创新、风清气正的良好科研环境；使弘扬科学家精神、恪守科研诚信规范成为首都科技界的共同遵循和自觉行动；为北京建设国际科技创新中心汇聚磅礴力量，为建设科技强国提供"北京榜样"。

（郝永翔）

【《中关村国家自主创新示范区中关村前沿技术创新中心建设管理办法》印发】12月25日，中关村管委会印发《中关村国家自主创新示范区中关村前沿技术创新中心建设管理办法》，以落实北京市加快发展高精尖产业的决策部署，打造前沿科技创新高地。中关村管委会和分园所在区深度参与前沿中心的设立工作，指导其招商和服务业务，支持其通过降低空间成本和提供高质量服务吸引企业入驻，加快创新链、产业链和生态链紧密衔接。

（申峥峥）

# 高精尖经济结构

【《北京市加快新型基础设施建设行动方案（2020—2022）》发布】6月9日，市经济和信息化局发布《北京市加快新型基础设施建设行动方案（2020—2022年）》。方案提出要推进人、车、桩、网协调发展，制订充电桩优化布局方案，增加老旧小区、交通枢纽等区域充电桩建设数量；到2022年，新建不少于5万个电动汽车充电桩，建设100个左右换电站；支持建设车桩一体化平台，实现用户、车辆、运维的动态全局最佳匹配；打造国内领先的氢燃料电池汽车产业试点示范城市。要求探索推进氢燃料电池、液体冷却等绿色先进技术在特定边缘数据中心试点应用，加快形成技术超前、规模适度的边缘计算节点布局。

（高　健）

【“新场景方案”发布】6月9日，市委、市政府发布《关于加快培育壮大新业态新模式促进北京经济高质量发展的若干意见》和新基建、新场景、新消费、新开放、新服务5个行动方案，构建“1+5”系列政策体系，即“新场景方案”，以在新冠肺炎疫情防控常态化前提下，促进北京经济高质量发展。“新场景方案”根据新需求，推出有基础、可操作、“能解渴”的十个重点任务，即“十个面向”：面向智能交通、面向智慧医疗、面向城市管理、面向政务服务、面向线上教育、面向产业升级、面向央企服务、面向“科技冬奥”、面向重点区域、面向京津冀。

（申峥峥）

【《2020年推进实施车用柴油减量化发展工作方案》出台】7月15日，市城市管理委发布《2020年推进实施车用柴油减量化发展工作方案》通知，明确提出通过实施车辆电动化、鼓励新能源车使用、加快公共领域充电设施建设、减少柴油车使用强度、淘汰老旧柴油车等措施，推动车用柴油减量化任务落实。

（高　健）

【《关于一次性增发新能源小客车指标配置办法的通告》出台】7月31日，市小客车指标调控管理办公室发布《关于一次性增发新能源小客车指标配置办法的通告》，按照一次性增发指标配置流程，北京市面向“无车家庭”一次性增发2万个新能源小客车指标。

（高　健）

【《2020年北京市新能源轻型货车运营激励方案》发布】8月20日，市财政局印发《2020年北京市新能源轻型货车运营激励方案》。该方案明确对北京市符合要求的新能源物流车激励资金总额为7万元/车、要求每年每车需行驶1万千米，对一次性报废或转出的汽柴油货车并更新为新能源货车20辆（含）以上的企业，在资金激励基础上，叠加给予城区货运通行证奖励。

（高　健）

【《关于支持燃料电池汽车技术创新的意见》印发】11月13日，市科委印发《关于支持燃料电池汽车技术创新的意见》，围绕燃料电池汽车基础材料、关键零部件、动力系统、氢能制储运加用、示范验证、运营监管全链条，明确技术主攻方向，加大关键核心技术攻关和科技创新替代支持力度。重点在突破关键零部件核心技术、培育液氢优势稳步推进示范、围绕示范推广强化技术保障等方面推进燃料电池汽车技术创新。

（张　爽）

**【《〈北京市小客车数量调控暂行规定〉实施细则》出台】** 12月7日，市交通委（2020年修订）等13部门联合发布《〈北京市小客车数量调控暂行规定〉实施细则》（2020年修订）。该细则明确：根据新政，北京将推动个人名下第2辆及以上在本市登记的小客车有序退出，即每人名下只能保留1个指标；同时新政增加了以“无车家庭”为单位摇号和积分排序的指标配置方式，扣除向单位配置的指标和营运小客车指标。2021—2023年，新能源小客车优先向家庭配置的指标比例将从60%提至80%。新能源指标优先向家庭配置。

（高　健）

**【《关于加强充换电站运营管理工作的通知》出台】** 12月15日，市城市管理委发布《关于加强充换电站运营管理工作的通知》，指出各充换电设施运营企业需积极落实主体责任，完善充换电站安全生产管理，定期开展充换电设施维护及安全检查，确保主机设备、配电设施及保护装置可靠可行。加强充换电站运营管理。

（高　健）

**【《关于印发大兴区促进氢能产业发展暂行办法的通知》出台】** 12月16日，大兴区政府印发《关于印发大兴区促进氢能产业发展暂行办法的通知》，鼓励区内企业优先采购经大兴区认定的燃料电池汽车。该通知对企业2021—2023年购买大兴区认定的燃料电池汽车分别按照国家补贴额度的40%、30%、20%给予资金支持。对从事车用氢气运输的企业，按车辆购置费用总额的20%给予一次性补贴，每家企业每年最高补贴额度为500万元。

（高　健）

# 创新高地

# 三城一区

## 中关村科学城

【概述】中关村科学城党工委、管委会是市委、市政府派出机构，由海淀区代管。2019年12月28日，中关村科学城管理委员会（简称中关村科学城管委会）挂牌。中关村科学城主体区域是中关村科技园区海淀园174平方千米范围，同时拓展至海淀区全域和昌平区部分区域。

2020年，中关村科学城管委会贯彻落实市委、市政府和区委、区政府决策部署，科学应对新冠肺炎疫情和国内外复杂多变形势，深入实施区域“两新两高”发展战略，全面提升中关村科学城创新能级，着力打造支撑引领海淀区乃至首都高质量发展的核心引擎。年内，中关村科学城管委会深入谋划重点产业整体布局，推动科技创新与产业创新互动融合，持续推进大信息、大健康、科技服务三大重点产业发展，不断打出创新政策、空间、人才、资金“组合拳”，逐渐形成以攻克底层技术为牵引、以科技服务业为基础、以大信息产业为支柱、以大健康产业为突破、以先进制造业为支撑的海淀特色现代产业体系。一是瞄准十大关键领域，全面开展底层技术布局。在全市率先开展科技应用场景建设工作，24个新基建、21个新场景项目依次展开；硬科技、硬创新高精尖企业加速成长；小米、百度、美团、字节跳动、滴滴等数字经济企业先后进入“中国企业家千亿俱乐部”。二是深耕重点产业细分领域，以大项目牵引落地为突破，对高精尖产业发展起到单点带动作用。三是充分发挥领军企业产业链集群作用，打造产业创新集聚区。年内，高新技术企业数量达到14 709家，同比增长19.3%。

科技抗疫与复工复产成果丰硕。新冠肺炎疫情防控中，充分发挥科技企业作用，围绕疫情防控关键紧迫领域，大力支持北京百度网讯科技有限公司、北京推想科技有限公司、医渡云（北京）技术有限公司、北京声智科技有限公司等一批重点企业在快速大人流测温、辅助诊断、疾病溯源系统、大数据精准防控等方面提供硬科技支撑；同时全面推进“互联网+”应用场景建设，为疫情期间企业线上办公、在线教育、民众医疗等迫切需求提供多种解决方案。互联网办公等新业态新模式爆发式增长，助力全区复工达产指数稳居全市首位。北京科兴生物制品有限公司成功研制新冠病毒灭活疫苗。全球健康药物研发中心筛选8个抗新冠病毒有效候选药物。纳通科技、航天长峰等企业提供防疫物资保障。落实国家、市、区三级疏困惠企系列政策，快速收集处理企业需求，帮助企业渡过疫情难关。

原始创新能力提升。国家实验室建设迈出坚实步伐。京津冀国家技术创新中心揭牌。量子研究院、智源研究院、微芯研究院等新型研发机构加快建设。人工智能、区块链等10个领域底层技术开展布局。依托原始创新联合基金，探索地方政府参与、多元主体投入、多级联动的基础研究新路径。科技成果转化提速。概念验证模式从北京航空航天大学向清华大学、中国科学院推广。中科智汇工场、中关村智友天使学院等科技成果转化平台建设取得良好成效。国家纳米科学中心等6家驻区单位入选科技部认定的职务科技成果权属改革试点。成立规模达28亿元的中关村科学城科学家基金，促进科技成果转化与产业化。高精尖产业集群发展。建立重大项目库，动态跟踪调度507个项目开展，国药集团、中资网安、微软小冰等一批高精尖项目落地。加快建设人工智能标志性集聚区、国家网络安全产业园、星谷创新园等一批特色产业集聚区。产业研究和监测预警体系基本建立。软件信息服务业收入1.16万亿元，同比增长18.0%；规模以上工业总产值2 480.0亿元，同比增长8.9%。产业发展空间持续优化。加快中关村大街沿线和“马上清（青）西”等区域新增和存量空间建设步伐，推进金隅智造工场、魏公村百花鞋厂等一批低效楼宇、工业用地和仓储改造升级。《中关村科学城北区发展行动计划》发布并明确5年时间表和路线图，打造国际科技创新中心核心区的战略腹地，开复工面积564万平方米，其中新开工174万平方米，竣工100万平方米。18个重点产业项目有序推进，西北旺镇、温泉镇等地的68万平方米集体产业项目开工。

政策创新步伐加快。推动创新政策“2.0版”等政策举措落地见效，修订完善“1+4”政策体系，完成4项“十四五”重点课题研究，为中关村科学城创新发展升级赋能。围绕主导和前沿产业发展、底层技术创新、创新服务体系建设等关键领域，抓紧编制“十四五”重点专项规划。探索建立特色综合指标体系，动态评估分析科学城创新发展及“十四五”规划落实情况。“创新雨林”体系升级。率先开展“集群注册”试点和企业诉求“接诉即办、按需速办”工作。探索高价值专利培育和运营新模式。支持科技型企业知识产权融资。86家创新型孵化器和15家硬科技孵化器朝着专业化特色化发展。北京中关村科学城创新发展有限公司平台支撑作用增强。双创工作连续4年获得国务院通报表扬。创新合作取得实效。成功举办中关村论坛，吸引全球40个国家和地区的2600多名科学家、企业家参与。利用“环球商机”平台加深与欧洲及“一带一路”国家交流，举办“外交官走进中关村科学城”等主题交流活动。与阿拉伯联合酋长国阿布扎比国际金融中心签署合作备忘录，探索国际创新投资及金融服务合作。主动服务城市副中心和雄安新区建设，加强与怀柔区、延庆区、石景山区等的区域合作，推动创新要素跨区域流动。通过品牌和模式输出，带动河北易县、内蒙古敖汉旗等4个帮扶地区发展。

（程晓荷）

## 建设与管理

【线上离京返京人员信息登记系统搭建】1月28日，为应对海淀区大量返京员工的新冠肺炎疫情防控管理难题，中关村科学城管委会依托园区企业北京致远互联软件股份有限公司，用1天时间搭建完成线上离京返京人员信息登记系统，为25万余家企业构建海量数据采集上报平台。1月29日在中关村科学城党工委、管委会内部试用通过后，1月31日在全区各政府机关和企业间推广，累计8.3万余家企业填报，覆盖返京人员近80万人次。

（吴　茜）

【以防疫物资保障为核心抓企业复工复产】2月，新冠肺炎疫情暴发初期，中关村科学城管委会为纳通生物科技（北京）有限公司、海杰亚（北京）医疗器械有限公司、北京赢冠口腔医疗科技股份有限公司等防疫物资生产企业开辟绿色审批通道，迅速建立多条口罩生产线；协调解决北京航天长峰股份有限公司、北京核信锐视安全技术有限公司等防疫物资生产企业问题，确保原材料和设备供应，累计加急办理企业应急生产资质等相关事项12项，协调应急物资紧缺生产防疫物料的函17份。

（程晓荷）

【4项举措推进新冠肺炎疫情防控和复工复产】3月3日，中关村科学城管委会针对企业复工复产面临的资金链、供应链、用工人员3个方面问题，发布落实4项举措。一是加强政策扶持。第一时间贯彻落实市级关于复工复产物资保障、中小微企业服务等5项政策；研究制定5项区级政策申报指南，3月上旬发布实施，涉及激励企业参与技术防疫、支持企业科研攻关等方面；启动3项区级特色政策，对缓解企业资金链紧张等问题起到积极作用。二是做好物资保障。持续开展企业需求征集，积极协调口罩、酒精、消毒液、体温测量仪等物资购买渠道，全面做好企业新冠肺炎疫情防控和复工复产物资保障。三是助力业务拓展。开展线上培训助力企业拓展海外市场，联合中关村海兴促进会“一带一路”产能合作中心、中关村高新技术企业海外发展联盟等举办系列在线讲座活动，努力为企业搭建业务和产业拓展平台。四是协调解决用工问题。针对企业实际情况，建立“一对一”负责制，实现对45个园区和771栋园区楼宇全覆盖，通过协调物资、指导科学防疫等帮助企业有序复工，增强企业和员工信心；同时协调市级层面进一步加大统筹，建立市级协调机制，解决跨省、跨地重点工业企业或生产厂线的人员返工、返程问题，有效推进复工复产。

（程晓荷）

【中关村科学城商务服务中心设立】4月19日，中关村科学城商务服务中心在裕龙国际酒店设立，支持中关村科学城企业新冠肺炎疫情期间开展商务谈判、签约等商务活动，并为商务活动相关的进京人员和出京返京人员提供具体安排及住宿、餐饮等必要生活保障，实现商务活动短期进出京人员“全闭环、全流程”管理。

（程晓荷）

**【中关村科学城支持企业国际合作】** 5月6日—6月30日，中关村科学城管委会依据《海淀区提升企业核心竞争力支持办法》，支持企业国际合作研发、海外市场拓展，依次完成2020年国际化相关政策的申报工作，以及国际合作研发项目和境外市场拓展项目的初审、专家评审、部门复审。最终确定支持国际化项目7项，支持金额514.125万元。其中，支持国际合作研发项目6项，支持金额500万元；支持境外市场拓展项目1项，支持金额14.125万元。

（程晓荷）

**【国外媒体参观访问中关村科学城企业】** 5月13—14日，在外交部新闻司、北京市政府外办、北京市经济和信息化局共同举办的外国记者复工复产和科技防疫主题采访活动中，来自美联社、路透社、法新社等14个国家媒体的记者代表40余人到中关村科学城，参观访问瑞萨电子（中国）有限公司、北京推想科技有限公司等企业，近距离了解检测试剂盒、先进临床设备、AI检测等高科技产品的研发和生产情况，感受科技防疫的力量。

（程晓荷）

**【中关村科学城北区高能级高质量发展新闻发布会举办】** 5月18日，中关村科学城北区高能级高质量发展新闻发布会举办。海淀区副区长李俊杰发布《关于中关村科学城新时期再创业再出发提升创新能级的若干措施》。制定该政策的总体思路可以概括为紧密做好“四个对接”，着力强化“四个聚焦”，加快实现“四个升级”。该政策是继2018年发布“创新发展16条”后中关村科学城结合新的发展阶段实际出台的创新政策“2.0版”。

（程晓荷）

**【高精尖产业技能提升培训补贴政策宣讲会召开】** 5月28日，中关村科学城管委会召开年内第一次“2020年北京市科委高精尖产业技能提升培训补贴政策解读”及人才工作专题部署会。5—12月，为进一步明确初审工作标准，举办多场线上培训。落实《北京市高精尖产业技能提升培训补贴实施办法》要求。截至年底，市科委端、市经济和信息化局端累计开展11期初审工作，科学城通过初审的企业超过60家（次），涉及补贴金额超过1 000万元。

（程晓荷）

**【“环球商机”论坛举办】** 7—12月，中关村科学城管委会举办4次“环球商机”论坛线上对接活动，涉及马来西亚（7月8日）、瑞士（6月13日）和哈萨克斯坦（7月2日、12月24日）等国家和地区。活动围绕企业需求，为海淀园区企业与外国驻华使馆、外国商会、专业服务机构架设桥梁，助力企业进行国际拓展。2015—2020年，论坛累计举办53期，涉及全球55个国家和地区。

（金　燕　程晓荷）

**【中关村北斗和空间信息服务产业高峰论坛举行】** 8月27日，中关村北斗和空间信息服务产业高峰论坛在中关村科学城北区新地标——中关村壹号举行。论坛由中关村科学城管委会、海淀区北部办指导，海淀区融媒体中心、实创公司主办。论坛以“重大发布”为主，多项自主创新成果首次亮相，北斗最新一代高精度定位芯片首次亮相，基于北斗三号的卫星天基测控收发信机、“北斗＋遥感全球应用服务平台”首次发布。北斗星通导航技术有限公司、航天恒星科技有限公司、航天宏图信息技术股份有限公司等企业在论坛上进行主旨发言，与会专家同中关村科学城北区北斗应用、商业航天、自动驾驶等领域企业进行交流，探讨5G背景下空天信息产业发展之路。论坛上发布《中关村科学城北区发展行动计划》以及《关于中关村科学城新时期再创业再出发提升创新能级的若干措施》，推出的多项措施涵盖基础研究、成果转化、高精尖产业、服务生态、开放创新、先行先试等重点突破方向。

（程晓荷）

**【阿拉伯联合酋长国驻华大使到访】** 9月1日，阿拉伯联合酋长国驻华大使阿里·奥贝德·扎希里一行3人到访海淀区，中关村科学城管委会相关负责人接待。双方就科技创新领域合作、巩固中阿两国友谊等方面进行交流。会见后，扎希里一行到中关村壹号参观，并与北京小马智行科技有限公司、北京微纳星空科技有限公司等企业有关负责人进行交流。

（程晓荷）

**【中关村国际人才会客厅开厅】** 9月8日，由海淀街道工委、海淀团区委、中关村西区管委会办公室主办的中关村国际人才会客厅开厅仪式在中关村西区举行。市人才工作局、海淀区委等单位有关负责人及北京旷视科技有限公司等中关村西区企业代表参加。仪式上，会客厅首批协作联盟单位收到邀约函,会客厅首批“创新合伙人”收到聘书。会客厅由北京海淀置业集团有限公司建设,位于中关村西区创业公社,是海淀区首个以国际人才联系服务为核心的国际人才交流成长聚合空间。其空间功能设置包括灵活办公、创新路演、服务对接、学术分享、创业社交、文化交流、智慧会议等,还有全设备直播间、24 小时自习室等特色辅助功能。

（孙树昆）

【科学城管委会与阿布扎比国际金融中心签约】9 月 8 日,在中国国际服务贸易交易会“海淀之夜”活动中,中关村科学城管委会与阿拉伯联合酋长国阿布扎比国际金融中心金融服务监管局中国办公室签订《国际创新投资与金融服务合作备忘录》。商务部副部长王受文、北京市委常委崔述强等出席签约仪式。备忘录旨在加强两国首都间的科技金融合作,共同探索国际创新投资及金融服务合作,通过双方共建国际合作平台,推动全球国际创新中心和国际金融中心的领先科创机构投资布局中关村科学城,支持中关村科学城科创企业借力阿布扎比开拓中东、北非金融服务和资本市场。

（程晓荷）

【中德智能新能源汽车产业论坛举办】9 月 14 日,中关村论坛先锋论坛——中德智能新能源汽车产业论坛在中关村壹号举办。副市长殷勇出席论坛并致辞;市政府副秘书长杨秀玲,市经济和信息化局副局长姜广智,海淀区副区长、中关村科学城管委会副主任林剑华等出席论坛。论坛以“未来出行全球汇智”为主题,200 余位行业人士参加。在论坛上,中关村智能网联汽车前沿技术创新中心启动。圆桌环节由法国欧瑞泽基金集团亚太区总裁、中法合作基金管理人陈永岚主持,来自北京四维图新科技股份有限公司、北京海博思创科技股份有限公司、禾多科技(北京)有限公司、北京亮道智能汽车技术有限公司的 4 位中方企业家与德国巴伐利亚州中国代表处首席代表曼丽博士展开讨论,会上还现场连线多位德国业界嘉宾和企业家。

（程晓荷）

【中关村论坛技术交易大会举办】9 月 17—19 日,由中关村论坛技术交易大会组委会主办,中国国际科技交流中心、中关村管委会承办的 2020 中关村论坛技术交易大会在中关村国家自主创新示范区展示中心举办。大会以“和合共生,聚享未来”为主题,旨在整合全球供应链、产业链技术贸易资源,打造面向全球高精尖项目、国际科技成果转化和技术成果发布交易的“第四方平台”,实现“全球发、发全球,全球买、全球卖”的功能。会上,国际技术交易联盟成立,首个产业创新领先技术百强榜单、《中国科技成果转化 2019 年度报告》和《全球国际技术贸易报告》发布。大会还设立新技术新产品首发系列活动,包括 5G 和集成电路、新一代信息技术、工业互联网和智能制造等 6 个专场和 1 场开幕式发布会,集中首发 59 个国际项目以及 200 余个国内项目。大会通过线上线下汇聚 7 000 余项优秀技术成果、600 余项技术需求,以及 300 余家国内外知名技术转移机构和服务机构,来自 30 余个国家的 1 000余位外籍嘉宾参与技术路演和洽谈对接,15 万人通过网络在线参与。

（程晓荷）

【全球医药健康大数据论坛举行】9 月 18 日,由中关村科学城管委会、北京市大数据中心等单位主办的 2020 中关村论坛平行论坛——全球医药健康大数据论坛在中关村国家自主创新示范区展示中心举办。副市长卢彦等出席。论坛以“大数据引领人类健康新未来”为主题,聚集全球医药健康和大数据专家,就医药健康大数据的发展现状和未来趋势发表演讲。论坛中,由北京市大数据中心、中关村科学城管委会、中国技术交易所、清华大学北京信息科学与技术国家研究中心、北京中关村生命科学园发展有限责任公司共同发起的中关村医药健康大数据交易平台启动;北京市大数据中心分别与北京大学第三医院、清华大学软件学院签署战略合作框架协议,将在医药健康数据治理、平台建设、应用研究、项目转化落地等方面开展合作。论坛采用线上与线下相结合的形式,现场 100 余人参会。

（程晓荷）

【“创客北京 2020”创新创业大赛举办】9 月 29 日,中关村科学城管委会联合市经济和信息化局、市财政局等单位主办的“创客中国”首届京津冀中小企业创新创业大赛暨“创客北京 2020”创新创业大赛总结会在中关村国家自主创新示范区展示中心举行。大赛历时 2 个月,共吸引 2 800 余个项目参加。大赛由区域赛、专题赛、赛道赛构成。最终,“SRT 创新末端执行器”和“抗肿瘤和抗病毒的小分子靶向药物和抗体药物的研发与开发”2 个项目分别获“创客北京”大赛企业组和创客组特等奖;“基于人工智能技术的超低空立体物联网络综合管理平台”和“天然纳米机器人靶向溶栓系统”2 个项目分别获京津冀大赛企业组和创客组一等奖。海淀分赛区被评为优秀分赛区，共征集 620 个项目参赛，在全市各分赛区中位列首位。其中 45 个项目进入市级 150 强项目名单；11 个项目获得奖项，占全市 44 个获奖项目的 25%。

（程晓荷）

【“海英人才”项目申报指南发布】10 月 11 日，中关村科学城管委会根据《中关村科学城促进人才创新创业发展支持办法》，发布本年度人才专项——“海英人才”项目申报指南。“海英人才”包括全球顶尖人才、创业领军人才、创新领军人才、科技服务领军人才、青年英才 5 个项目。入选的“海英人才”将获得“个人贡献奖励 + 创业扶持 + 创新培育 + 生活保障”全方位扶持。支持范围包括大信息、大健康和新材料、先进制造、能源环保、科技服务等“高精尖缺”及其他优势产业领域的人才。

（程晓荷）

【中关村科学城科学家基金集体签约】10 月 19 日，在 2020 年“智汇·海淀”人才主题周开幕式上，中关村科学城科学家基金集体签约仪式在启迪国际会议中心举行。会上，中关村科学城创新发展有限公司发布创新工场科学家基金、奇绩创坛基金、中关村智友科学家基金、清华电子信息学科引导基金、中科创星硬科技二期基金 5 只科学家基金，总规模 27.85 亿元。创新工场科学家基金专注于人工智能领域，奇绩创坛基金擅长为创业团队提供“孵化 + 培训 + 投资”的综合服务，中关村智友科学家基金在机器人领域具有行业沉淀及资源积累，清华电子信息学科引导基金专注于电子信息领域的早期项目投资，中科创星硬科技基金擅长对中国科学院早期硬科技项目的成果转化与产业化。5 只基金已在海淀区支持培育北京摩尔芯光科技有限公司、北京中科闻歌科技股份有限公司、北京清雷科技有限公司等 10 余个优质科技项目。

（程晓荷）

【2020 年度海创投资人见面会举办】10 月 20 日，由海淀创业园等单位共同主办的 2020 年度海创投资人见面会在中关村科学城国际人才港举办。活动吸引 100 余个创业项目报名，最终筛选出 45 家优质创业团队，同时邀请英诺天使基金、北京纳通医疗技术有限公司、北京贝森资本控股有限公司、北京博伟智泓投资有限公司等 20 余家知名投资机构，进行创业者与投资人一对一咨询，帮助企业实现与资方的精准对接。活动特别设立“新四板”咨询、“创业孵化服务导引”发布等增值服务板块，帮助企业多维度解决资金链难题。

（程晓荷）

【中关村科学城国际人才交流中心揭牌】10 月 22 日，中关村科学城国际人才交流中心揭牌仪式在中关村创业大厦举行。市人才工作局、海淀区委等单位有关负责人及相关企业家代表参加。交流中心依托中关村发展大厦入口两侧配套空间，由海淀创业园、上地街道办事处、北京格桑花国际文化艺术交流中心有限公司共同建设，旨在打造高端国际人才会聚、交流、展示场所，营造良好国际人才创新创业、交流合作的氛围环境。中心通过举办沙龙、对话等活动，形成品牌影响力，打造线上线下综合服务平台，为国际人才创新创业提供全链条服务。

（程晓荷）

【2020“海英人才”系列活动举办】10 月 24 日，由中关村科学城管委会主办的 2020“海英人才”系列活动在中关村国家自主创新示范区展示中心举办，150 余人参加。活动围绕升级版“海英计划”，举办“产品经理——架起科技和用户的桥梁”主题论坛、“科研人员成果转化与产业化”研讨会、“2020 国际人才全球连线”3 场活动。其中，连线活动采用全球多地互联、同步线上直播的形式，重点面向英国、法国、德国、西班牙、泰国、新加坡、马来西亚、韩国、日本等国家的海外高校留学生、海外华人、海外创业团队等，就中关村科学城创新创业生态及人才政策等内容进行宣讲和交流，同时发布《外籍人才在海淀工作生活指南》。

（程晓荷）

【“外交官走进中关村科学城”主题交流活动举办】10 月 29 日，中关村科学城管委会举办“外交官走进中关村科学城”主题交流活动。来自巴哈马、马来西亚、巴基斯坦、印度尼西亚、斯里兰卡、爱尔兰、西班牙、匈牙利、阿拉伯联合酋长国、比利时、加拿大、澳大利亚 12 个国家驻华使馆的 20 名外交官参加，其中包含 1 位大使、1 位公使、6 位参赞及 12 位来自科技、商贸、投资、能源、教育等部门的外交官员。活动中，北京推想科技有限公司创始人陈宽介绍公司的创新发展及应用于医疗诊断的人工智能技术。各使馆外交官参观中关村示范区展示交易中心展厅，并到北京纳通科技集团有限公司参观交流。12 月 17 日，中关村科学城管委会再次组织中国驻巴西前大使邱小琪等 28 名前大使、领事参观中关村壹号、北京佰才帮技术有限公司，并与 15 家企业的负责人座谈。

（程晓荷）

【2020 硬科技生态战略发展大会举办】11 月 10 日，由中关村管委会、中关村科学城管委会指导，北京实创科技服务有限责任公司等单位主办的 2020 硬科技生态战略发展大会暨硬科技金融实验室成立仪式在中关村壹号举办。活动以“聚力升级——成就硬科技冠军”为主题，举办北京硬科技二期基金启动仪式。二期基金以半导体、芯片关乎国家科技卡脖子领域的关键核心技术、航天科技等前沿科技，以及人工智能、5G 等相关应用技术为主要投资方向。同时，宁波银行北京分行、中信银行北京分行、中国技术交易所等单位签订战略合作，设立硬科技金融实验室，助力发展普惠金融，支持硬科技发展。活动还设置“硬核夺冠”展示环节，北京瑞莱智慧科技有限公司、北京星空年代通信技术有限公司、北京连心医疗科技有限公司等 13 家硬科技企业在限定的 180 秒内陈述公司发展优劣势并展示所掌握的核心技术。

（孙树昆）

【中关村创投协会母基金年度交流会举办】11 月 18 日，由中关村创业投资和股权投资基金协会、中关村高新技术企业协会主办的中关村创投协会母基金年度交流会在海淀区举办。来自政府引导基金、地方产业基金、市场化母基金、直投基金机构的近百名代表参加。交流会以“变局 · 机遇 · 创新”为主题，中金启元国家新兴产业创业投资引导基金、北京高精尖产业发展基金等机构负责人对各自基金的背景情况、投资策略，以及新的国际形势、科创机遇、资本市场环境下的战略方向和投资布局进行主题分享。在“新资本、新科创、新监管”和“新时期下基金合作创新模式探索”圆桌交流中，就政府引导基金的运营模式、创新思路、基金各方协同创新、被投项目企业多方共赢等话题进行交流。

（田京京　程晓荷）

【中关村科学城管委会与奇绩创坛签署合作协议】11 月 21—22 日，在中关村科学城管委会的支持下，奇绩创坛 2020 年春秋两季创业营在中关村国家自主创新示范区展示中心举办项目路演活动，39 个项目全部登台向各路投资人展示，活动吸引全国近千位投资人会聚海淀。中关村科学城管委会与奇绩创坛签署合作协议，就共建奇绩创坛（海淀）创业加速中心、开展创新创业活动与服务、搭建创业者社区和投资者网络建设平台、建立奇绩创坛基金 4 个合作项目达成一致意见。

（程晓荷）

【中关村科学城企业国际化人才实训班举办】11 月 23 日—12 月 23 日，中关村科学城管委会采取线上、线下结合的形式，举办 2 期中关村科学城企业国际化人才实训班（总第十八、第十九期）。每期实训班招收学员 40 人，每期课程 10 天。培训包括海外风险与应对、海外营销、全球知识产权布局、融入全球创新网络、国际传播能力等方面内容，协助企业应对复杂的国际环境。

（程晓荷）

【5 家企业获工业和信息化部抗击新冠肺炎疫情先进集体表彰】11 月 25 日，工业和信息化部关于工业和信息化系统抗击新冠肺炎疫情先进集体拟表彰对象名单公布，北京市 11 家企业获得表彰。其中，中关村科学城北京核信锐视安全技术有限公司、卡尤迪生物科技（北京）有限公司、第四范式（北京）技术有限公司、北京百度网讯科技有限公司、北京四维图新科技股份有限公司 5 家企业入选。

（程晓荷）

【中关村科学城国际智能网联汽车前沿技术创新大赛举办】12 月 8 日，由北京实创科技园开发建设股份有限公司、北京翠湖智能网联科技发展有限公司等单位主办的 2020 中关村科学城国际智能网联汽车前沿技术创新大赛总决赛在中关村环保园举办。大赛从征集到决赛历时 1 个月，来自北京、上海、浙江、广东等地以及国际创业团队在内的 200 余个国内外项目参与，涉及智能驾驶系统、智能感知设备、智能车辆信息安全、特种场景应用等领域。最终 10 个企业项目进入决赛，北京星云互联科技有限公司的 5G－V2X 创新应用项目获大赛冠军，北京踏歌智行科技有限公司的矿山全栈式无人运输解决方案项目获亚军，北醒（北京）光子科技有限公司的赋能智能网联汽车领域的固态激光雷达项目获季军。

（程晓荷）

【中关村科学城抗击新冠肺炎疫情】年内，中关村科学城管委会抽调102人组成13个巡查小组，对中关村软件园、东升科技园、北航科技园等45个园区进行全覆盖、不间断、无死角巡查指导。累计走访企业5 331家次，填报巡查记录6 321条，收集企业需求262项，总结并推广防控工作亮点做法187项，发现问题513项，提出意见建议254项。对所发现问题做到简单问题“不过夜”、复杂问题协同联动限期完成。

（程晓荷）

【应急物资保障新冠肺炎疫情防控】年内，中关村科学城管委会、区卫健委、区商务局、区发展改革委、区财政局、区市场监管局、区应急局等部门围绕重点救治药品、医疗防护物资、医疗救治设备3个方面提升防疫应急物资储备能力，支持民营企业保留其生产线，针对实物储备建立动态、可调控的战略储备机制，为新冠肺炎疫情防控应急物资保障体系建设提供有力支撑。应急物资保障体系建设资金共支持11家企业，支持金额3 600万元。

（程晓荷）

【激励企业参与技术防疫专项】年内，中关村科学城管委会制定并发布《2020年海淀区激励企业参与技术防疫专项申报指南》，鼓励企业积极利用人工智能、云计算、大数据等技术手段和信息化系统参与北京市海淀区和武汉市新冠肺炎疫情防控工作。专项支持北京推想科技有限公司新冠肺炎CT影像人工智能辅助诊断、北京百度网讯科技有限公司AI测温系统等共90个项目，支持金额2 863万元。

（陈琦斐）

【防疫科研攻关和应急生产专项发布】年内，中关村科学城管委会制定并发布《2020年海淀区防疫科研攻关和应急生产专项申报指南》，支持企业应急生产口罩、防护服、红外人体测温仪、额温计、负压设备、呼吸机、消杀用品等防疫物资；支持企业科研攻关，开展新冠肺炎快速检测试剂、疫苗、创新医疗器械或特效治疗药物研发。专项支持纳通生物科技（北京）有限公司、海杰亚（北京）医疗器械有限公司、北京航天长峰股份有限公司等16家企业，支持金额1 600余万元。

（程晓荷）

【完善“海淀创新基金系”建设】年内，为加强对中关村科学城科技创新基金运行的统筹指导，根据《中关村科学城科技创新基金成立方案》建立中关村科学城科技创新基金统筹联席会，同时编写完成相关制度，包括工作制度、工作规则、基金管理办法、观察员内部履职机制、负面清单等，以保证联席会规范有序运行。截至年底，中关村科学城科技创新基金累计完成23个项目的投资决策，出资金额合计8.34亿元，其中股权直投项目8个，出资金额合计3.65亿元；子基金项目15个，总规模170.04亿元，其中中关村科学城公司代表海淀区认缴出资合计10.85亿元，预计返投海淀区内企业的金额不低于22亿元。完善“海淀创新基金系”建设，完成对股权投资基金、科技成果转化和技术转移引导基金等存量基金的梳理，加强分类管理和投后服务，做好项目退出工作。年内完成12家股权投资企业的股权退出工作；梳理创业服务中心基金专户资金，累计归还财政资金约6.99亿元。

（周　鹈）

【审定4批产业发展专项资金支持项目】年内，中关村科学城管委会分4批征集、审核、审定产业发展专项资金支持项目。其中，375家单位获企业知识产权管理体系贯标补贴专项支持，135家企业获知识产权质押融资成本补贴专项支持，12家企业获2020年孵化机构房租减免奖励专项支持，64家企业获海淀区国外授权专利资助专项支持，19家企业获非国有商务楼宇的运营单位房租减免支持奖励，7家企业获国际合作研发项目支持，98家企业获海淀区激励企业参与技术防疫专项支持，107家企业获海淀区重大科技项目和创新平台奖励专项支持，16家企业获2019年第三批海淀协同创新券专项支持，138家企业获胚芽企业培育专项支持。

（程晓荷）

【国际合作与风险应对知识培训举办】年内，中关村科学城管委会每周三举办企业国际化培训——疫情下企业走出去问题解决方案系列讲座，累计举办10期16场，包括线上瑞士科技生物企业对话活动1场。讲座以“疫情对中关村企业海外发展的影响”为主题，分别从境外合同约定、国际纠纷处理、企业应具备的能力、公共关系、劳务关系、企业应对策略、海归和北京市人才引进落户的政策、境外风险防范、国际贸易、企业信用风险、国际风险应对与建议、知识产权问题与解决等方面，邀请各领域专家在线为企业答疑解惑。累计听课人数4 000余人次。

（程晓荷）

【支持服务体系建设】 年内,服务体系建设工作按照中关村科学城建设的总体部署,紧扣中关村科学城科技创新出发地、原始创新策源地、自主创新主阵地功能定位,围绕北京市十大高精尖产业领域和海淀区优势方向,持续优化创新创业软环境。以创新合伙人关系为依托,加快建设全国首批双创示范基地,双创工作连续4年获得国务院通报表扬。引进奇绩创坛等一批优质国际创新创业资源,完成第九批集中办公区和第二批集群注册平台认定工作,推动科技资源支撑型双创平台建设。持续推动创新创业服务载体提质增效,研究制定创业孵化平台载体分类分级评价和资金支持方案。引导社会组织健康发展,制定并发布《2020年度中关村科学城社会组织创新发展专项申报指南》。成功举办2020年"创响中国"海淀站暨京津冀双创示范基地联盟主站活动、2020年全国双创周北京会场、"创响中国"北京海淀站、"创客中国"首届京津冀中小企业创新创业大赛暨"创客北京2020"创新创业大赛等活动。继续实施"胚芽企业计划",2020年共有137家"胚芽企业"入选。继续与德勤合作开展2020年海淀高科技高成长10强及明日之星企业评选。扎实做好企业服务工作,助推企业长期发展。

(程晓荷)

【支持重点社会组织开展重大品牌活动】 年内,中关村科学城管委会注重高端思想碰撞、开展行业交流,指导和支持多家社会组织开展重大品牌活动。支持中关村储能产业技术联盟举办"储能国际峰会2020"。支持新一代人工智能产业技术创新战略联盟(AVS联盟)举办国内人工智能领域最高级别行业大会——启智开发者大会。支持中关村社会组织联合会针对民营企业以"为国防服务"为主题举办的第五届中国创新挑战赛暨中关村第四届新兴领域专题赛,组织军事前沿技术及装备配套需求对接会40余场。支持中关村产业技术联盟联合会围绕人工智能、大信息、大健康领域,联合50余家产业联盟、创投机构共同举办"2020科创中国·科技创新创业大赛",面向全球吸引和集聚具备创新性和投资潜力的优质项目,搭建先进技术与产品的展示平台,推动产学研融协同发展,促进科技成果转化要素对接。支持长风联盟、空间联盟、北京软协、TD联盟、中关村高企协等多家社会组织开展高端品牌活动。

(曹雪鸥)

【国际合作取得新进展】 年内,国际合作工作围绕中关村科学城管委会核心工作,重点研究国际合作平台和渠道创新模式,积极推进国际人才社区建设,推出"海英计划"升级版,认定"海英人才"47名、"海英之星"200余名;创新工作方法和工作思路,多举措并行,协助企业做好新冠肺炎疫情下的国际化工作。为促进企业国际化发展,快速提高企业的国际研发水平和国际竞争力,积极推进海淀区企业融入全球创新网络,依据"1+4"政策体系中《海淀区提升企业核心竞争力支持办法》,支持企业国际合作研发、海外市场拓展。年内,共支持国际化项目7项,支持金额共计514.125万元。其中,支持国际合作研发项目6项,支持金额500万元;支持境外市场拓展项目1项,支持金额14.125万元。

(程晓荷)

【人才认定推荐工作开展】 年内,中关村科学城管委会开展2020年青年北京学者候选人推荐工作,共推荐20名候选人;开展2020年国家级百千万人才工程及北京市享受政府特殊津贴人选候选人推荐工作,共推荐28名候选人;首次开展中关村示范区创新型企业人才引进需求征集工作,累计推荐193人;向市科协推荐第二十四届北京优秀青年工程师候选人10人,最终7人入选;开展2020年北京市级百千万人才工程候选人推荐工作,共推荐12名候选人;青年北京学者计划共有来自医院、高校院所、企业的20人入选,其中3人来自民营企业。海淀园企业北京三快在线科技有限公司(美团)的夏华夏入选2020年青年北京学者计划拟入选人员名单。

(程晓荷)

【新增15家企业博士后工作站分站】 年内,北京华为数字技术有限公司、北京嘀嘀无限科技发展有限公司、北京达佳互联信息技术有限公司(快手)、北京神州泰岳软件股份有限公司、豪尔赛科技集团股份有限公司、中科寒武纪科技股份有限公司、腾讯科技(北京)有限公司、北京世纪农丰土地科技有限公司、都市意匠城镇规划设计(北京)中心、度小满科技(北京)有限公司、北京酷佩体育文化中心、北京宏锐星通科技有限公司、海杰亚(北京)医疗器械有限公司、北京中孚泰和科技发展有限公司、蓝色传感(北京)科技有限公司15家企业在中关村科学城园区内建立博士后工作分站。截至年底,海淀园累计设立企业博士后工作分站 85 家。海淀园获“全国优秀博士后工作站”称号。

（刘　佳　程晓荷）

【人才资助项目申报】年内，海淀园博士后工作站组织开展各类人才资助资金申报工作。其中，组织开展中国博士后科学基金资助——“博新计划”申报工作，北京量子信息科学研究院和阿里巴巴云计算（北京）有限公司博士后工作分站的 2 位博士后入选，获得资助 126 万元；同方威视技术股份有限公司等 7 家公司的博士后入选中国博士后科学基金资助——面上资助项目，获得资助 56 万元；组织开展中国博士后科学基金资助——“国际交流、派出项目、香江学者、澳门学者”申报工作，1 家企业博士后申报国际交流派出项目。年内，海淀园 16 家企业博士后分站博士后获得北京市博士后工作经费资助科研活动经费资助，资助金额 95.5 万元；17 家企业博士后分站博士后获得日常经费资助，资助金额 136 万元。

（刘　佳　程晓荷）

【科学城国际人才社区建设】年内，国际人才社区工作聚焦中关村科学城建设，推动重点项目深入开展。按照首都国际人才社区建设导则指引，在区委组织部的统筹下，重点研究用市场化手段引进国际高端人才，依托孵化器等平台推进人才引进和服务水平提升，在区委组织部的统筹下，明确 2020 年国际人才社区建设重点项目，以国际人才服务指南 2.0 版、奇绩创坛合作建设项目、中关村科学城国际人才港 3 个重点项目为抓手，推进国际人才社区建设工作。形成国际人才服务指南 2.0 版，向海外留学生、创新创业人才发布；落实与奇绩创坛的合作等，推动奇绩创坛春秋两季创业营工作；建设完成中关村科学城国际人才港，引进国际人才创业团队。

（程晓荷）

## 资源汇聚及产业发展

【重大科技项目与平台建设专项设立】4 月 7 日，中关村科学城管委会发布《2020 年海淀区重大科技项目和创新平台奖励专项申报指南》，鼓励企业、新型研发平台承接建设科技创新平台、重大科技项目，并对获得科技奖的机构进行奖励。本专项分为创新平台奖励、国家和北京市重大科技计划奖励、科技奖奖励三大部分。鼓励企业、新型研发平台承接建设科技创新平台，对获得新认定创新平台的企业、新型研发平台给予支持；鼓励企业、新型研发平台积极承担重大科技专项，对承担科技创新 2030－重大项目等国家重大科技战略任务和项目，以及国家和北京市科技重大专项的企业、新型研发平台给予支持；鼓励企业、新型研发平台积极申报国家、北京市科技奖，对获得国家和北京市科技奖的企业、新型研发平台给予支持。申报单位最高可获得 200 万元的奖励支持。全年共支持 107 家单位，支持金额4 176万元。

（陈晓曦　程晓荷）

【星谷创新园开园】4 月 24 日，中关村科学城星谷创新园开园仪式举办。园区由中关村意谷（北京）科技服务有限公司（中关村 e 谷）、北京合众思壮科技股份有限公司共同建设，位于中关村科学城北区，总建筑面积约 3.5 万平方米。项目旨在凝聚海淀区空天产业优势，增强空天产业聚集度，为企业发展提供更多的空间资源和产业服务。园区将重点布局卫星互联网源头创新区、北斗及空间信息服务产业升级区、场景应用示范区三大功能区，入驻企业可获得技术研发、创新创业、公共技术平台、公共展示等服务，以及产业投资基金、初创期房租补贴、研发投入补贴配套等政策支持。北京紫微宇通科技有限公司、北京千乘探索科技有限公司、遨天科技（北京）有限公司等企业现场签约，成为首批意向入驻园区的企业。截至年底，星谷创新园签约入驻 8 家空天产业领域企业。

（任彬容　程晓荷）

【北京市工业芯片创新中心成立】8 月 14 日，在中关村集成电路设计园举办的第四届“芯动北京”中关村 IC 产业论坛上，北京市工业芯片创新中心揭牌成立并落户园区。创新中心将围绕开放应用测试场景、建立工业芯片标准体系、开展工业领域各类芯片研发、加速工业芯片的国产化替代等方面发力。同时，创新中心将带动各专业领域的芯片设计企业围绕工业芯片领域卡脖子技术难题及重点产品展开联合研发，在工业控制领域实现重点突破。

（程晓荷）

【中关村科学城互联网教育产业发展联盟揭牌】8 月 19 日，在第六届“互联网＋教育”创新周开幕式上，中关村科学城互联网教育产业发展联盟揭牌。联盟是以实现产业资源优化整合、协同创新及跨界合作为目标的非营利性社会组织,由北京世纪好未来教育科技有限公司等海淀区知名互联网教育企业自愿结成,致力打造具有全球影响力的互联网教育跨界协同创新平台。新东方教育科技集团有限公司为理事长单位。会上,联盟理事单位代表宣读《互联网教育海淀共识》,从10个方面宣告海淀教育科技企业的发展使命。

(程晓荷)

【下一代互联网及重大应用技术创新园开园】8月28日,下一代互联网及重大应用技术创新园开园仪式举办。园区为国内首个专注于IPv6产业创新的科技园区,由清华大学和赛尔网络有限公司共同建设。园区位于海淀区北部的中关村壹号C区,建筑面积10.5万平方米,以带动下一代互联网产业发展、服务国家网络安全战略为使命,依托中国教育和科研计算机网的科研技术实力及应用示范效应,打造国际化IPv6产业创新示范空间,将围绕5G+8K、商业航天、网络安全、新一代信息技术、医药健康等领域产业园区的建设,推动产业与空间高效匹配。

(程晓荷)

【智能网联汽车前沿技术创新中心启动】9月14日,在2020中关村论坛先锋论坛——中德智能新能源汽车产业论坛上,中关村(海淀)智能网联汽车前沿技术创新中心启动仪式举办。中心由北京翠湖智能网联科技发展有限公司建设,围绕自动驾驶和智能网联汽车产业全产业链,融合企业总部、办公、测试研发、产业服务平台及全方位商业配套为一体,打造自动驾驶科研企业总部,重点聚集智能网联、自动驾驶、智能感知、高精度地图、高精度定位、5G通信及北斗导航等前沿技术领域的科技型企业。中心位于中关村环保园自动驾驶应用场景核心地标项目原动力空间四期,建筑面积1.1万平方米。

(程晓荷)

【中关村科学城集中发布5项专项资金申报项目】9月18日,为支持核心区具有一定规模且对区域经济发展产生重要促进作用的科技企业做大做强,中关村科学城管委会集中发布海淀区重点培育企业资金奖励、企业研发费用补贴专项、非国有商务楼宇的运营主体房租减免支持奖励、海淀区孵化机构房租减免奖励专项、2020年续贷中心奖励等一批专项资金支持项目,对其首次收入规模上台阶实现跨越式发展,给予最高1 000万元资金奖励,对其保持经济快速增长,给予最高500万元资金奖励。

(程晓荷)

【中关村医药健康大数据交易平台启动】9月18日,在2020中关村论坛平行论坛——全球医药健康大数据论坛上,中关村医药健康大数据交易平台启动。平台是由北京市大数据中心、中关村科学城管委会联合中国技术交易所、清华大学北京信息科学与技术国家研究中心、北京中关村生命科学园发展有限公司共同发起,由东华医为科技有限公司、中电长城网际系统应用有限公司、第四范式(北京)技术有限公司及中关村生命科学园内的30余家企业参与搭建的。平台是医药健康领域的大数据"交易市场",通过构建开放的技术架构,基于区块链的智能合约为多方协作带来便利,并使交易技术服务化。

(程晓荷)

【清华大学与北京市大数据中心签约】9月18日,在2020中关村论坛平行论坛——全球医药健康大数据论坛上,清华大学北京信息科学与技术国家研究中心同北京市大数据中心进行战略合作签约。双方达成战略合作后会围绕大数据领域人才培养、联合申报各级项目、合作研发、项目转化落地、数据治理、数据应用等方面开展深入合作,并进一步探索数据要素的市场化,联合推进数字产业落地。

(程晓荷)

【中关村科学城"星谷"项目发布】9月19日,在中关村论坛重大成果发布会上,海淀区副区长、中关村科学城管委会副主任林剑华发布中关村科学城"星谷"项目。空间规划方面,"星谷"以中关村科学城北区永丰产业基地、翠湖科技园为核心区域,与南区知春路、永定路沿线形成创新资源的互动,总建设面积近百万平方米。三大产业功能区主要包括:卫星互联网源头创新区,支持卫星互联网系统设计,推动新一代卫星及核心部组件、软件定义卫星及柔性载荷、相控阵天线及低成本终端等核心技术突破,创新卫星互联网服务及应用模式,促进航天与互联网、卫星互联网与地面5G的融合发展,鼓励企业参与中国及全球天地融合网络布局,打造多领域、多业态融合发展的卫星互联网产业生态。北斗及空间信息服务产业升级区,发展高精度的北斗导航与位置服务,打通从遥感数据资源到数据分析服务和地理空间信息应用的应用链条,促进北斗、遥感应用产业升级。场景应用示范区,推动卫星通信、导航、遥感在智慧城市、工业互联网、智能网联汽车等领域的场景应用。产业服务能力建设方面,"星谷"将搭建卫星设计与中试服务平台、卫星测试服务平台、卫星测控运营服务平台三大平台,对海淀区的空天产业形成强有力的支撑。

(程晓荷)

【多家中关村科学城企业入围2020中国企业500强】9月28日,中国企业联合会、中国企业家协会发布"2020中国企业500强榜单"。中关村科学城高科技企业京东第26名,联想第50名,小米第101名,大唐集团第116名,美团第222名,神州数码第244名,百度第263名,网易第328名,太极集团第404名。

(孙树昆)

【数字创新智库成立】10月16日,数字创新智库成立仪式在中关村东升国际科学园举办。智库由北京数字化设计与制造产业创新中心、清华大学技术创新研究中心、中关村东升科技园、中国知网等单位共同发起成立,旨在聚合数字化和创新管理领域的资深学者、企业精英和技术专家,共同为中国数字化转型和国际创新体系升级建言献策,赋能产业互联与数字生态。智库将通过举办年度国际数字创新高峰论坛、编辑《数字创新评论》、出版《数字创新蓝皮书》、评选全球数字创新标杆企业、建设数字创新教育联盟和数字创新知识库等活动,培养数字化技术人才,打造数字创新领域的国际化思想平台。

(程晓荷)

【中关村软件园15家企业入选北京软件100强企业榜】11月17日,北京软件和信息服务业协会发布《2020北京软件和信息服务业综合实力百强企业报告》,综合企业的规模、效益和研发创新3个方面评选出北京100强软件企业。其中,中关村软件园内15家企业入选,包括北京百度网讯科技有限公司、腾讯科技(北京)有限公司、亚信科技(中国)有限公司、北京千方科技股份有限公司、软通动力信息技术(集团)股份有限公司、广联达科技股份有限公司、启明星辰信息技术集团股份有限公司、神州数码信息服务股份有限公司、北京天融信科技有限公司、贝壳找房科技有限公司、北京华胜天成科技有限公司、北京文思海辉金信软件有限公司、博彦科技有限公司、北京数据政通科技股份有限公司、北京康邦科技有限公司。

(孙树昆)

【中关村移动智能服务创新园项目启动】12月15日,市规划和自然资源委海淀分局与北京首农信息产业投资有限公司签署土地出让合同,标志着中关村移动智能服务创新园项目启动。园区位于海淀区西二旗,产业定位为新一代信息技术,地上建筑面积21万平方米。未来将按照"为构建高精尖经济结构、推动高质量发展提供有力支撑"的指导思想,参考并借鉴中关村移动智能服务创新园模式,将重点区域的示范园区纳入政府产业监管和统筹体系,从而实现为高精尖企业提供空间支撑。

(任彬容)

【中关村集成电路设计产业园建设】年内,中关村集成电路设计产业园新增入园企业29家,其中大中型企业8家;新增开业商户11家,入驻企业员工3 800余人;引入绿晶半导体科技(北京)有限公司、北京核芯达科技有限公司和北京海博思创科技股份有限公司等一批集成电路上下游企业。

(任彬容)

【北京实创科技所属园区发展建设】年内,北京实创科技园开发建设股份有限公司在中关村科学城北区形成硬科技领衔,以大信息、大健康为2条主线,航空航天、信息技术创新应用、军民融合、智能网联等多个专业领域发展的格局。该公司所属园区共吸引科技创新型企业58家入驻,签约租赁面积7万余平方米,签约合同额3.6亿元,其中启元实验室、北京航天宏图信息技术股份有限公司等五大重点项目落地实施。

(任彬容)

【中关村科学城高精尖产业发展总体情况】年内,中关村科学城在原有产业体系基础上,不断打出创新政策、空间、人才、资金"组合拳",逐渐形成以大信息产业为支柱、大健康产业为突破、科技服务业为基础、先进制造业为支撑的现代高精尖产业体系。大信息产业占全区经济总量的40%,科技服务业达到18%,金融业占比12%。聚焦人工智能、5G、大数据、区块链、超高清显示等细分领域,实现一批关键核心技术突破,落地建设一批重大项目。瞄准十大关键领域,全面开展底层技术布局。在全市率先开展科技应用场景建设工作,新场景、新基建取得有力进展。硬科技、硬创新高精尖企业加速成长，独角兽企业 48 家，占全国的 1/5。小米、百度、美团、字节跳动、滴滴等数字经济企业先后进入“千亿俱乐部”。创业板和科创板上市企业 74 家，其中科创板 15 家。上市公司总数达 244 家，稳居全国地级市之首。

（程晓荷）

【支持超高清视频产业创新】 年内，中关村科学城管委会重点推进 5G + 8K 产业园，5G + 8K 超高清制播分发平台，5G + 8K 产品中试、集成、质量检测公共服务平台暨制作技术支撑平台 3 个北京市新基建项目建设。其中，5G + 8K 产业园主体工程建设完成 90% 以上；推动超高清视频商业化应用，完成两会 8K + 5G + 卫星 + 手机 8K 直播报道实验、全球首次 8K + 5G 舞台艺术直播、北京服贸会 8K 超高清视频宣传展示、中关村科学城 8K 宣传片制作、2020 年咪咕汇 8K 转播等项目。

（田京京）

【升级中关村协同创新服务平台】 年内，中关村协同创新服务平台进行升级改造，形成在平台上完成申报、审核和支付的工作流程。平台注册企业 279 家，入库服务机构 125 家，协创券申领项目 149 项。

（陈晓曦）

【高精尖产业园有序发展】 年内，高精尖产业园（科技园区）作为中关村科学城建设的重要支撑部分，在推进产业聚集、产业服务、创投环境、城市服务等创新生态圈的提升，支撑高精尖产业发展，构建中关村科学城科技城市新形态等方面发挥着巨大的作用。在区政府对产业空间监管统筹的体系下，逐步建立专业园区的监管统筹机制，保证产业园区有序、健康发展；努力挖掘并释放园区的内生动力，加强赋予园区产业培育、融合及升级发展新效能，推动产业园区高效、高速发展；鼓励和支持已建成园区构建良好创新创业生态，推动和帮扶新建园区提升产业服务水平和能力，促进专业园区全面、协同发展。

（任彬容）

【支持专业园区建设】 年内，海淀园内中关村壹号、中关村软件园、中国电科太极信息技术产业基地、中关村集成电路设计产业园 4 家专业园区入选 2020 年度中关村示范区生态智慧园区建设支持资金项目，获支持金额 898 万元；中冶建筑研究总院有限公司、北京纳通科技集团有限公司、北京海金科荣科技有限公司等单位的 5 个项目入选 2020 年中关村示范区新建产业载体和盘活利用存量空间资源支持资金项目，获支持金额 967 万元；中关村软件园、中关村壹号、互联网教育中心 3 家园区入选 2020 年中关村示范区特色园区支持资金项目，获支持金额 316.76 万元。

（任彬容）

【中关村科学城加快推动人工智能产业发展】 年内，中关村科学城采取 6 条措施加快推动人工智能产业发展。一是持续强化原始创新布局；二是推进智源计算智能实验室建设；三是组织实施关键技术源头创新和开源开放创新平台 2 个专项建设；四是组织下一代智能物联网操作系统研发；五是大力推进人工智能在金融、医疗、自动驾驶等领域的商业化落地；六是优化产业空间布局。

（程晓荷）

【国家网络安全产业园海淀园区建设取得新进展】 年内，为加快国家网络安全产业园在中关村科学城内重点建设，推进核心区工程建设，加快核心区主体大楼工程进度，围绕孵化区开展整体优化提升。完成一期环境整治，腾退 20 余家非网安企业，腾退面积约 3 万平方米；开放园区展厅，对园区的整体背景、规划定位、基本环境、功能配套等内容进行全面展示；强化园区企业服务，支持企业申报工业和信息化部工业互联网专项等政策支持，支持保密测试、安全等级保护等平台建设，为园区企业提供防疫保障、政策宣传、金融对接等服务措施；加快项目引入，完成中国铁塔、亚信安全、军科大数据研究院、中资网安等一批项目落地，推进深信服科技、网络安全卓越示范中心等重点项目落地进度，微盟集团也在海淀区实现落地。

（程晓荷）

【推动中关村科学城医药健康产业发展】 年内，中关村科学城大健康产业聚焦创新药物、高端医疗设备、智慧医疗等产业细分领域，持续完善全球健康药物研发中心的药物筛选发现及先导优化的关键能力，服务好科兴、双鹭、腾盛博药、康辰等重点企业，围绕重大传染疾病、恶性肿瘤等疾病开展重组蛋白新药、疫苗、抗体等研发，推动百放生物医药专业研发设备仪器平台、沐康新型药物制剂平台等运营，支持益莱、新合等原创新药研发项目落地巢生孵化器。推动医疗机器人产业创新中心建设，支持其样机制造平台落地金隅智造工场，推动联影北京落地，服务好纳通等重点企业，围绕高端医疗器械、医学影像设备、体外诊断试剂等加强研发创新;依托新落地的巢生孵化器,重点关注人工智能、计算生物学、合成生物学等新兴领域的潜力企业,发展基因治疗、细胞治疗等精准治疗技术。天玑生物医药基金投资8个项目,6个项目落地海淀。

(田京京)

**【支持中关村科学城空天产业聚集区建设】** 年内,中关村科学城依托航空航天领域深厚的研发资源和产业资源优势,在中关村科学城北区规划建设空天产业聚集区——星谷,瞄准引领全国的空天产业创新高地目标,打造千亿级产业集群。服务好北京北斗星通导航技术股份有限公司、北京华力创通科技股份有限公司、二十一世纪空间技术应用股份有限公司等重点企业,支持银河航天(北京)科技有限公司、北京微纳星空科技有限公司、北京千乘探索科技有限公司、北京国电高科科技有限公司等创新型企业,推动遨天、睿格星等30余个项目在中关村壹号和星谷创新园落地。编制空天产业规划,举办中关村科学城星谷创新园开园仪式,组织中关村科学城商业航天线上圆桌论坛暨“中国航天日”专题活动。

(程晓荷)

**【支持中关村科学城新材料产业发展】** 年内,中关村科学城管委会积极推动国家石墨烯产业创新中心中试基地改造项目;加强走访调研,理清产业现状,协调解决安泰科技、钢研高纳等龙头企业的产业问题10余项,其中已协助北京百慕航材高科股份有限公司更名为北京航空材料研究院有限公司并开展上市准备工作;鼓励扶持创新企业快速发展,对接载诚科技、复朗施、致晶科技等企业的资金、空间等相关需求。

(程晓荷)

## 科技成果及转化

**【中关村科学城企业参加2020美国国际消费电子展】** 1月7—10日,中关村科学城管委会组织园区企业参加2020年美国国际消费电子展(CES)。北京新奥特集团有限公司、北京华捷艾米科技有限公司等12家科学城企业赴美国参展,涉及人工智能、智能生活、人脸识别、智能翻译、3D打印及APP社交平台等相关领域。展会期间,在美国当地举办由美国华美资讯联盟协会代表、美国行业企业代表、美国投资和金融机构代表等多方参与的2020中美科技企业美国市场拓展商务交流对接会,达成意向合同40余份,涉及金额近900万美元。

(程晓荷)

**【便携式智能体温及行动轨迹监测物联终端发布】** 2月25日,海淀留学人员创业园企业博立信(北京)科技有限公司发布便携式智能体温及行动轨迹监测物联终端——WxSX800-061(NB-IOT)+GPS定位+贴附式测温。该产品是首款可根据实际场景灵活增减检测功能、更换通信方式的低功耗物联网端到端“实时人体定位及体温监测”解决方案,特别针对快递、外卖、物流、出租车司机、环卫、政府相关部门等人群进行实时测温和追溯行动轨迹监测,为其健康工作提供保障。

(程晓荷)

**【腾盛博药启动全人源单克隆中和抗体研发】** 3月24日,腾盛博药医药技术(北京)有限公司与清华大学和深圳市第三人民医院签署合作和授权协议,共同推动全人源单克隆中和抗体的研究、转化、生产和商业化,以应对新型冠状病毒(COVID-19)在全球大流行的挑战。腾盛博药已与美国国立卫生研究院(NIH)下属的国家过敏和传染病研究所(NIAID)合作,进行抗体联合用药疗法的Ⅱ/Ⅲ期临床研究,并于12月向美国食品药品监督管理局提交针对该研究的新药临床试验申请。该临床试验将研究该疗法在患有新冠肺炎的亚洲人群中的临床安全性和有效性。

(赵　媛)

**【新型石墨烯口罩量产上市】** 4月,北京石墨烯技术研究院宣布,针对新冠肺炎疫情防控研发出新型石墨烯口罩并量产上市。研究院成立党员突击队,在25天内完成石墨烯聚丙烯材料开发、石墨烯聚丙烯熔喷布试制和石墨烯口罩批量生产。石墨烯口罩在构成普通口罩的纺粘无纺布之间的关键过滤层中,创新应用了新型石墨烯聚丙烯熔喷布材料。相比普通口罩,石墨烯口罩具有抗菌性更强、透气性更好、使用时间更长(使用时长超过48小时)等特征,且新型石墨烯口罩在连续佩戴48小时后过滤效能仅降低4%。

(田京京　程晓荷)

**【一流科技OneFlow深度学习框架开源】** 7月31日,北京一流科技有限公司的深度学习框架OneFlow在GitHub上开源,采用Apache 2.0开源协议。OneFlow项目研发历时1 300余天,由30余人的团队完成，其设计理念是从分布式的性能角度出发，打造一个使用多机多卡就像使用单机单卡一样容易，且速度最快的深度学习框架。OneFlow 率先提出静态调度和流式执行的核心理念，解决了大数据、大模型、大计算带来的异构集群分布式扩展挑战，具有并行模式全、运行效率高、分布式易用、资源节省、稳定性强五大优势。

（程晓荷）

【巢生源科落户东升国际科学园】8 月 21 日，巢生源科（北京）科技管理有限公司注册成立，一期落地中关村东升国际科学园。公司专注于医药健康、生命科学领域前沿技术的创新孵化和风险投资，是集研发、孵化、商业验证、投资于一体的综合性平台。巢生实验室创建于美国麻省理工学院，核心管理团队来自美国哈佛大学等全球顶尖学术机构、知名企业和投资公司，在美国波士顿、新加坡和中国杭州搭建“孵化 + 基金 + 人才”创新服务体系。

（程晓荷）

【概念验证计划推进实施】8 月 24 日，中关村科学城第十四次专题会审议通过，在原有北航概念验证中心的基础上，新建立清华大学、中国科学院北京分院 2 个概念验证中心。年内，北航概念验证中心的“易穿戴的高频稳态视觉诱发脑机控制系统”“新型 LED 有机硅封装胶”等 7 个验证项目日趋成熟；清华大学概念验证中心初步建立专家与项目团队，筛选出 4 个待验证项目进入下一环节；中国科学院北京分院概念验证中心推进“CAS 概念验证计划”，筛选出 13 个项目，并进行 6 场路演。

（陈晓曦）

【灵动科技新品发布】8 月 26 日，由灵动科技（北京）有限公司主办的灵动科技 Max 新品发布会暨渠道合作伙伴签约仪式在中关村国家自主创新示范区展示中心举行。灵动科技的 ForwardX Max™ 系列产品发布。其中，作为第四代移动机器人的代表，灵动科技 Max600 最高负重 600 千克，99.9% 安全性、无故障率运行、360 度低矮避障，4 小时快速部署、1 小时培训上手，既可广泛应用于制造业的产线物料、尾料、成品运载，又可无缝衔接物流业的仓储搬运，可多场景复用，柔性智能，稳定可靠。

（程晓荷）

【中关村科学城第二届自动驾驶嘉年华活动举办】9 月 11—14 日，中关村科学城第二届自动驾驶嘉年华活动在中关村壹号举办。活动中，北京小马智行科技有限公司、白犀牛智达（北京）科技有限公司、北京智行者科技有限公司等 80 余家自动驾驶企业的产品进行场景展示，包括自动驾扫车、巡逻车、物流车等车型，让大众体验未来智慧交通方式。其中，“白犀牛”无人配送车曾进入武汉光谷方舱医院，协助医务人员将药物、物资从安全区送到危险区，是全球首辆参与防疫工作的无人配送车。

（程晓荷）

【中关村论坛科技抗疫暨综合专场发布会举办】9 月 18 日，中关村论坛新技术新产品首次发布系列活动——科技抗疫暨综合专场发布会在中关村国家自主创新示范区展示中心举办。活动聚焦科技抗疫、生物医药和高端医疗器械领域，邀请 15 家企业集中发布 20 余项黑科技及新产品，包括北京推想科技有限公司的“推想肺结核计算机辅助诊断软件 InferReadDRTB”、北京毅新博创生物科技有限公司的“新冠病毒飞行时间质谱检测研究及应用”项目、濡新（北京）科技发展有限公司的“Cough-Sync100 有创同步咳痰机”、北京大艾机器人科技有限公司的“艾家康复助行外骨骼”、北京新羿生物科技有限公司的“新羿 · TD－1 数字 PCR 平台”、北京东西分析仪器有限公司的“EbioReader3700 飞行时间质谱系统（新冠病毒肺炎检测）”、北京百康芯生物科技有限公司的“用于新冠疫情防控的全自动多病原呼吸道核酸检测系统”、欧力士（中国）投资有限公司的“BARRIFLOW 医用空气净化 · 空气隔离综合一体机”等。

（孙树昆）

【2020 北航全球科创大赛启动】11 月 1 日，由北京航空航天大学主办的 2020 北航全球科创大赛启动仪式在京举行。海淀区委书记于军，北京航空航天大学党委书记曹淑敏，中国友谊促进会理事长、公安部原副部长陈智敏等一同启动大赛。大赛致力发掘航空航天、智能制造、新一代信息技术、新材料等国家战略新兴产业高科技优秀项目，首次新增院士评审，聘任刘大响等院士为首席科学家，获奖项目将由院士亲自指导。大赛设置京津冀、粤港澳大湾区、长三角等地区专场赛，并增设海外归国专场。比赛根据估值分项目组别，估值低于 1 亿元的为初创组，高于 1 亿元的为成长组。评审委员会结合项目分类，对项目的创新性、前瞻性、可行性、商业价值、市场潜力、发展前景等进行综合评估，现场打分，筛选出优胜者。优胜者可免费加入北航星空

创业营，接受专业创业辅导，获得相关产业链上下游资源对接与全方位孵化服务，获得北航投资旗下孵化空间专项落地资金扶持及入驻优惠政策等支持。

（吴　茜　程晓荷）

【智友之星－医工交叉 & 成果转化加速营举办】 11月7日，“智友之星－医工交叉 & 成果转化加速营”线下结业仪式在北京市医疗机器人产业创新中心举办。加速营由中关村智友天使人工智能与机器人研究院、北航天汇孵化器等10余家单位联合主办，历时2个月，采用线上免费公开培训的模式，从明确趋势和痛点、创新产品的开发和设计、上市公司的创业经典案例分享等方面设置课程，共举办培训18期36节次，邀请讲师36位，报名学员700余人，累计5 000余人次观看医工交叉系列课程直播。

（程晓荷）

【推想科技获中美欧日四大市场准入认证】 11月9日，北京推想科技有限公司的肺结节CT影像辅助检测软件获国家药监局医疗器械批准文号，取得首张肺部AI三类认证。年内，推想科技陆续获欧盟CE认证、日本PMDA认证、美国FDA认证，成为中国AI医疗行业中唯一获得中美欧日四大市场准入认证的公司。

（程晓荷）

【银河航天跻身独角兽企业】 11月17日，民营卫星互联网领军企业银河航天科技有限公司完成最新一轮融资，投后估值近80亿元，成为中国商业航天及卫星互联网领域第一家独角兽企业。该公司成立于2018年，致力通过敏捷开发、快速迭代模式，规模化研制低成本、高性能小卫星，打造全球领先的低轨宽带通信卫星星座，建立一个覆盖全球的天地融合通信网络，改善所有区域、每个人的网络连接状况，提供经济实用、快捷方便的宽带网络和服务。

（程晓荷）

【沐康新型药物制剂平台落地前孵化创新中心】 11月18日，沐康新型药物制剂技术开发与孵化平台落地前孵化创新中心，启动糖尿病和眼科在内的多个重点产品研发方向。

（赵　媛）

【新一代22纳米北斗高精度定位芯片发布】 11月23日，在第十一届中国卫星导航年会上，中关村示范区企业北京北斗星通导航技术股份有限公司发布全系统全频厘米级高精度全球导航卫星系统（GNSS）芯片——和芯星云 Nebulas Ⅳ。芯片工艺迭代演进到22纳米，首次在单颗芯片上实现基带＋射频＋高精度算法一体化，支持片上RTK，满足车规要求，在性能、尺寸、功耗等方面都较上一代芯片有了突破性进展，能更好满足智能驾驶、无人机等高端应用需求。

（孙树昆）

【遨博机器人落地】 12月2日，遨博（北京）智能科技有限公司的全资子公司北京遨博智能科技发展有限公司在海淀区注册成立。公司将面向协作机器人核心部件国产化需求，研制一系列协作机器人国产化高性能核心部件，打破国外机器人核心部件对中国机器人产业的垄断，解决卡脖子问题，同时开展协作机器人操作系统、核心算法、柔顺控制等关键技术研究，解决机器人技术“自主可控”问题。

（田京京）

【柏惠维康公司完成D轮融资】 12月16日，北京柏惠维康科技有限公司宣布完成4.3亿元D轮融资。D轮融资由中关村龙门基金领投，经纬中国、中信建投、新鼎资本、合音资本等基金跟投。资金将用于其“睿米”神经外科手术机器人市场推广和产业链上下游布局，以及口腔种植机器人的推广与合作。

（程晓荷）

【神州数码与平凯星辰战略合作签约】 12月28日，北京神州数码有限公司与北京平凯星辰科技发展有限公司战略合作签约仪式在京举办。双方宣布将基于新一代关系型数据库（NewSQL）开源项目TiDB，打造神州数码自有品牌分布式数据库一体机，并开展联合产品、联合营销、联合生态等多层面战略合作，以开源技术构筑数据新基建底座，赋能企业数字化转型和产业高质量发展。双方将成立联合产品中心，基于TiDB和神州鲲泰服务器打造自有品牌新一代分布式数据库一体机产品，并形成端到端的技术解决方案交付，整体推向市场。

（程晓荷）

## 怀柔科学城

【概述】 2020年，怀柔科学城秉持“科学一百年 奋斗每一天”的理念，深入实施“100・365”科学行动计划，推动科学城重点建设任务取得重要进展。

科学设施平台建设总体顺利。5 个大科学装置中，综合极端条件实验装置已竣工验收，地球系统数值模拟装置土建工程完工；高能同步辐射光源、多模态跨尺度生物医学成像设施主体结构封顶；子午工程二期怀柔部分土建工程基本完工。综合性国家科学中心支撑保障平台等 10 个中国科学院“十三五”科教基础设施主体结构实现封顶，大科学装置用速调管完成基础结构施工。5 个第一批交叉研究平台竣工验收。8 个第二批交叉研究平台中，国际子午圈大科学计划总部土建工程基本完工，介科学与过程仿真、分子科学、激光加速创新中心 3 个项目主体结构封顶，轻元素量子材料、脑认知机理与脑机融合、空地一体环境感知与智能响应 3 个项目完成基础结构施工，高能同步辐射光源配套楼开工。

科学设施平台运行管理启动建设。完成《北京怀柔综合性国家科学中心重大科技研发平台项目管理办法》制定，启动搭建北京怀柔综合性国家科学中心科技信息公共服务平台。中国科学院物理研究所怀柔园启用，“一装置两平台”率先进入科研状态，北京凝聚态物理国家研究中心、中国科学院凝聚态物理卓越创新中心挂牌，北京物科仪器研发中心揭牌。

科技创新生态加快构建。已经建成投入使用的研发实验平台 10 余个，正在建设的科学设施平台 29 个，包括高能同步辐射光源、综合极端条件实验装置、多模态跨尺度生物医学成像设施、地球系统数值模拟装置、空间环境地基综合监测网（子午工程二期）5 个国家重大科技基础设施，11 个科教基础设施，13 个交叉研究平台。“怀柔一号”卫星成功发射。加快一流研究型大学建设，支持中国科学院科研机构整合布局。北京纳米能源与系统研究所 9 月整建制迁入。国际著名数学家丘成桐院士领衔的北京市新型研发机构——北京雁栖湖应用数学研究院落户。海创产业技术研究院、海创硬科技产业园、有色金属新材料科创园、创业黑马科创加速总部基地、中国科学院大学怀柔科学城产业研究院、空间宇航产业技术研究院等创新创业平台入驻，深圳证券交易所、上海证券交易所在怀柔成立企业上市服务中心（工作站），有 2 家企业上市，5 家企业进入上市辅导期。

高精尖产业业态加快培育。通过“五新”建设，对汽车制造、食品饮料、文化旅游、会议会展等产业进行赋能，同时加快培育高端科学仪器、新材料、新能源、医药健康等高精尖产业。德国奔驰 H6 高端重卡项目已经启动建设，同步编制周边区域空间规划、产业规划，打造现代化汽车产业集群。成立怀柔仪器和传感器公司，发挥该公司作为科学仪器产业平台作用，聚焦关键元器件和精密零部件的研发制造、整机组装、测试评估认证 3 个环节，研究设立科学仪器创新发展基金，引进培育一批专精特新企业，构建科学仪器的投资、研发、设计、制造、展示、交易高地。

新型城市形态加快完善。《怀柔科学城规划（2018 年—2035 年）》已经发布实施。以北京城市总体规划为遵循，加强怀柔科学城规划与怀柔、密云分区规划的融合，组织各方加强技术协调，推进科学城控规及城市设计编制工作。怀柔科学城“1+1+N”空间规划体系成果报审，《怀柔科学城控制性详细规划》《城市设计导则》以及综合交通、市政基础设施等专项规划和专题研究编制完成，相关专项规划成果纳入控规。同时，《“十四五”时期怀柔综合性国家科学中心规划》，以及“十四五”时期怀柔科学城落实控制性详细规划、科学设施平台建设运行、科技创新生态培育 3 个行动计划正在研究编制，为“十四五”时期怀柔科学城建设发展提供“任务书”“时间表”“施工图”。

（雷思源）

【中国科学院大学雁栖湖集体宿舍项目启动】1 月 18 日，中国科学院大学雁栖湖集体宿舍项目启动建设。项目位于怀柔科学城北区，建筑面积 18 万平方米，总投资约 11 亿元，计划建设 13 栋宿舍楼及配套设施，可解决 1 100 名教职工和科研人员住房问题，预计 2023 年交付使用。建设完成后，将全面强化中国科学院大学在吸引和稳定人才、提高教学科研水平、营造校园文化氛围和深化科教融合等方面的能力，为中国科学院大学建设“双一流”大学提供坚强保障。

（雷思源）

【政府专项债券发行】2 月 11 日，北京怀柔科学城建设发展有限公司作为项目实施单位申报的 40.5 亿元政府专项债券成功发行，将为科学城项目建设提供重要的资金保障。

（雷思源）

【张建东怀柔检查企业复工复产】2月20日，副市长、北京冬奥组委执行副主席张建东到怀柔区检查玛氏食品(中国)有限公司复工复产情况和新冠肺炎疫情防控工作。区委书记戴彬彬、区长于庆丰陪同检查。张建东对企业严格落实疫情防控措施表示肯定，得知企业在防控物资储备方面仍有困难后，他要求相关单位和属地要抓紧调配物资，为企业复工复产解决后顾之忧。张建东强调，玛氏食品(中国)有限公司是全市重点企业，一定要在复工复产中打好头阵，发挥示范作用。

(雷思源)

【雁栖小镇土地一级开发项目获得批准】2月27日，雁栖小镇土地一级开发项目获市发展改革委批复。该项目位于怀柔科学城核心区内，是怀柔科学城和雁栖湖国际会都的重要配套工程。规划主导功能为国际交往功能的人文小镇，形成科技、绿色的工作生活圈，以生活服务配套设施为主，兼容居住。分为A、B、C三个区域实施，规划总用地面积122.09公顷，总建设规模40.8万平方米，建设内容为F1住宅混合公建和F3其他类多功能。项目估算总投资317 299万元。

(雷思源)

【多模态跨尺度生物医学成像设施开工】3月1日，多模态跨尺度生物医学成像设施开工。多模态跨尺度生物医学成像设施是《国家重大科技基础设施建设"十三五"规划》确定的优先启动项目，由北京大学作为法人单位，联合中国科学院生物物理所建设，用地面积100亩(1亩=666.7平方米)，建筑面积7.2万平方米，总投资17.16亿元，预计2024年建成运行。建成后，将形成跨尺度、多模态、自动化和高通量的生物医学成像全功能研究平台，实现高端生物医学影像仪器装备的"中国创造"，成为生命医学领域世界一流的重大科技设施。

(雷思源)

【泛第三极环境综合探测平台项目开工】3月6日，泛第三极环境综合探测平台项目开工。项目位于怀柔科学城东区，建设单位为中国科学院青藏高原研究所，投资约3.2亿元，用地面积35亩，建筑面积4万平方米，建设周期3年。项目建设内容包括5个子平台：泛第三极年代学平台、低温实验分析平台、泛第三极战略资源储备基地探测研究平台、人类与生态环境研究平台、泛第三极大数据智能监测与预测平台。项目旨在探测泛第三极地区冰冻圈、水圈、生物圈、岩石圈等地球圈层的相互作用机理，揭示西风和季风影响下的泛第三极环境变化过程，发展基于大数据的泛第三极绿色发展途径决策支持系统，实现泛第三极地区资源环境数据集成、环境过程及机理的系统探知，实现地球系统研究科学理论的创新。

(雷思源)

【分子材料与器件研究测试平台项目开工】3月13日，分子材料与器件研究测试平台项目开工。项目位于怀柔科学城起步区，建设单位为中国科学院化学研究所，投资约2.4亿元，用地面积14亩，建筑面积1.6万平方米，建设周期3.5年。项目建设内容包括原位聚集态与电子结构研究、超快光谱、高分辨化学成像表界面表征、非线性光谱与成像表征、先进光电功能性质的高通量综合表征、分子材料的生物功能综合研究6个系统。项目建成后，将吸引并会聚分子材料与器件研究领域的一流人才，在高迁移率有机半导体材料与器件、有机光伏材料与器件、有机光子学、生物电子学等重要领域取得一批原创性成果和若干重大突破，促进化学与材料、能源、信息、生命等学科领域的交叉融合，培育战略新兴产业，服务国家重大战略需求。

(雷思源)

【"100·365"科学行动计划工作推进会召开】3月23日，怀柔区政府召开全区领导干部大会暨"100·365"科学行动计划工作推进会。动员广大党员干部提振干劲、抖擞精神，在坚决抓好新冠肺炎疫情防控工作的同时，抢抓一步，积极有序推进复工复产和科学城建设重点任务，以"科学一百年　奋斗每一天"的实干担当精神，带动各方面工作，形成只争朝夕、大干快上的态势，奋力朝着建设"百年科学城"、打造世界级原始创新承载区的目标扎实迈进。会议传达市委书记蔡奇等领导在推进怀柔科学城建设座谈会上的讲话精神；安排部署"100·365"科学行动重点事项及全面加速科学设施建设，全面构建科学创新生态体系、着力打造经济发展新引擎。会议下发"100·365"科学行动2020年重点事项台账，共涉及全面提速怀柔科学城建设、加快国际会都和影都建设、促进产业高质量发展、创新体制机制和政策措施4个方面153项内容，每个事项均成立专班，明确进度节点。

(雷思源)

**【3个平台进入安装调试】** 3月27日,先进光源技术研发与测试平台在前期完成规划、消防、人防、城建档案等专项验收的基础上通过竣工验收,进入科研设备安装调试阶段。4月2日,材料基因组研究平台、清洁能源材料测试诊断与研发平台在前期完成规划、消防、人防、城建档案等专项验收的基础上通过竣工验收,进入科研设备安装调试阶段。

(雷思源)

**【41个科教设施及配套重点项目全部复工】** 3月,怀柔科学城在建的41个科教设施及配套重点项目全部复工,总体复工率达100%。项目包括5个大科学装置、11个“十三五”科教基础设施、4个交叉研究平台等科学设施,以及教育、医疗、住房等配套项目。

(雷思源)

**【深部资源探测技术装备研发平台开工】** 4月10日,中国科学院“十三五”科教基础设施项目——深部资源探测技术装备研发平台开工。该平台由中国科学院地质与地球物理研究所建设,位于怀柔科学城东区,总投资2.54亿元,规划面积74.98亩,计划2022年6月投入使用,主要建设深地装备研发楼、智能导钻与环境可靠性测试实验室、深地环境与地层条件模拟实验室等,为通过研发高端深地探测与能源开发装备,构建深部资源空天－地面－井中－海底立体探测装备体系,实现深部探测装备工程化、产业化、国产化提供支撑。

(雷思源)

**【脑认知功能图谱与类脑智能交叉研究平台奠基】** 4月10日,脑认知功能图谱与类脑智能交叉研究平台举行奠基仪式,标志着平台进入施工阶段。脑认知功能图谱与类脑智能交叉研究平台项目位于怀柔科学城起步区,是北京怀柔综合性国家科学中心重点项目及中国科学院“十三五”科教基础设施项目。项目由中国科学院自动化研究所与生物物理研究所联合共建,总建筑面积30 500平方米,主要建设内容包括人脑认知功能研究平台、脑认知分子神经机制研究平台、脑网络组图谱平台、脑研究模式动物支撑平台、脑科学技术创新平台、脑机融合智能平台6个科研平台。

(科创中心建设综合协调处)

**【京津冀大气环境与物理化学前沿交叉研究平台奠基】** 4月10日,中国科学院“十三五”科教基础设施北京怀柔综合性国家科学中心协同创新交叉研究平台——京津冀大气环境与物理化学前沿交叉研究平台在怀柔科学城东部组团密云经济开发区举行奠基仪式。平台由中国科学院大气物理研究所建设,占地面积约11亩,建筑面积约8 000平方米,建设周期3年。平台的建设目标是建设统一的观测实验标准示范体系,建成中国大气物理和环境实验地基探测示范平台和标定中心,制定环境物质和能量通量的国家标准和规范,为地球数值模拟装置提供关键实验参数,有效应对京津冀一体化过程中的气候和环境变化及管理难题。

(科创中心建设综合协调处)

**【空间天文与应用研发实验平台项目开工】** 4月24日,空间天文与应用研发实验平台项目开工。项目位于怀柔科学城南部组团,建设单位为中国科学院国家天文台,投资约1.37亿元,用地面积30.47亩,建筑面积2万多平方米,建设周期2年。项目建设内容包括空间天文终端技术系统、空间天文科学应用系统、空间天文测量与导航应用研发系统3个系统,以及新建空间天文研发楼、空间天文应用实验楼。项目建成后,将实现空间天文从项目论证、技术攻关到工程研制、成果转化的全链条发展,保障国家天文台承担的国家重大空间科技任务的实施,支撑空间天文领域的科学、技术和应用的原始创新,服务于空天安全、导航通信等国家战略需求,通过成果转化为区域经济做出贡献。

(雷思源)

**【北京激光加速创新中心项目开工】** 4月25日,北京激光加速创新中心项目开工。项目位于怀柔科学城起步区,建设单位为北京大学、怀柔科学城公司,投资约4.4亿元,用地面积27亩,建筑面积3万平方米,建设周期3年。项目建设波谱和光谱研究子平台、表界面结构表征与成像子平台、基于同步辐射的高分子/软物质研究子平台、分子材料与器件示范性制备子平台4个综合性能尖端的研究系统群。项目建成后,将为辐射医学、前沿物理、核能持续、先进材料等领域重要科学问题的研究提供研究条件,提升中国先进粒子加速器科研基础设施整体竞争水平,吸引、凝聚国内外相关领域优秀科学家,为取得基础和前沿领域重大科学发现、重大原始创新提供支撑。

(雷思源)

**【大科学装置用高功率高可靠速调管研制平台开工】** 5月10日,大科学装置用高功率高可靠速调管研制平台开工。项目建筑面积2.7万平方米，建设周期3年，将瞄准高能对撞机、加速器驱动次临界洁净核能系统、可控热核聚变装置、同步辐射光源、X射线自由电子激光、散裂中子源以及子午工程等大科学装置对速调管的需求，建设高性能速调管研制中心、系统物理参量监测诊断中心、高性能阴极研发中心和高性能速调管科研楼，建成大科学装置用高功率高可靠速调管的设计条件、测试平台及完备的制管工艺线，实现大科学装置用高功率高可靠速调管产品在国内全面替代进口，并逐步参与国际市场竞争的建设目标，形成国内规模最大的速调管研发基地。

（雷思源）

【创业黑马科创加速总部基地揭牌】5月15日，怀柔区政府与创业黑马科技集团股份有限公司共同建设的创业黑马科创加速总部基地启动运营，并在怀柔科学城创新小镇举办揭牌仪式。未来将依托基地建设面向全球推介怀柔科技产业发展潜力，配套打造全球科创产业联盟；帮助怀柔区在全球范围内发现符合本地产业需求、可以带动产业上下游资源集聚、受到投资界青睐、具有较好发展潜力、在未来2~5年内可以快速倍增成长的产业独角兽企业，推进怀柔区实现科技创新、产业升级、经济发展的目标。

（雷思源）

【促进科学仪器产业创新发展发布会召开】5月17日，怀柔科学城促进科学仪器产业创新发展发布会在雁栖湖国际会展中心举行，发布《怀柔科学城促进科学仪器产业创新发展纲要》，将建设高端科学仪器投资、研发、设计、制造、展示和交易的产业高地。同时，北京怀柔仪器和传感器有限公司挂牌成立，公司性质为国有独资公司，代表怀柔区政府实现科学仪器产业发展和聚集、核心技术攻关、科技孵化、成果转化、产业并购、政策服务、金融服务和技术服务。

（雷思源）

【中国科学院大学怀柔科学城产业研究院挂牌成立】5月17日，中国科学院大学怀柔科学城产业研究院在怀柔科学城创新小镇挂牌成立。该研究院以打造具有全球影响力的科技创新中心和产业创新中心为目标，瞄准新能源、新材料、生命科学等战略性新兴产业和高新技术领域，打造集科技创新、企业孵化、产业培育、人才培养、智库咨询于一体的综合创新创业平台；依托中国科学院在怀柔科学城建设的大科学装置和中国科学院大学、中国科学院科研院所的科技人才资源，实现科技资源、教育资源、人才资源与怀柔区产业发展需求的有效对接与有机融合。研究院实行理事会领导下的院长负责制，由中国科学院大学、怀柔区政府联合成立一家民办非企业单位作为运营管理公司，运营权归中国科学院大学行使。民办非企业单位作为研究院对外合作的平台，依托中国科学院大学、怀柔区、怀柔科学城的资源优势，负责具体工作的运营与管理。

（雷思源）

【魏桥国科研究院挂牌】5月17日，魏桥国科研究院在怀柔科学城创新小镇挂牌，旨在为怀柔科学城打造“政产学研金服用”七要素聚集的科技双创软环境。该研究院由山东魏桥、山东宏创、中国科学院大学、中信信托合作组建，计划通过10年努力，成为一流的产业研究院，建设7+特色科创基地，实现落户300+科创企业，创造600亿+新动能产值目标。

（雷思源）

【共建中国科学院大学附属实验学校战略合作框架协议签署】5月17日，中国科学院大学与北京一零一中教育集团在怀柔科学城签署战略合作框架协议，合作共建中国科学院大学附属实验学校，联合开展中国科学院大学科技创新实验班及“2+4贯通培养项目”。北京一零一中教育集团将充分发挥集团化办学优势，与中国科学院大学密切配合，创新机制，共同建设中国科学院大学附属实验学校、中国科学院大学科技创新实验班及“2+4贯通培养项目”。中国科学院大学将充分发挥科教融合优势，与北京一零一中教育集团精诚合作，共同探索拔尖创新人才培养新模式。此次合作是高校科研院所联手基础教育推动新时代基础教育变革的重要探索，也为促进中关村科学城和怀柔科学城的深度互动合作拓宽道路。

（雷思源）

【有色金属新材料科创园揭牌】5月18日，有研科技集团有限公司与怀柔区共建的有色金属新材料科创园揭牌。围绕怀柔科学城创新生态体系构建，双方将联手打造北京具有标志性的有色金属材料创新创业科技园区。有色金属新材料科创园规划建设六大板块：科技创新和产业培育平台、科技园区服务、科技金融中心、人才培养与服务中心、开放共享实验室服务中心、国际科技合作交流中心。此外，科创园将开放共享实验室，统筹怀柔区域内高校、科研机构的设备仪器资源，共享需求信息，为区域内企业提供公共研发－生产－验证服务。

（雷思源）

【上海证券交易所怀柔科学城工作站挂牌】5月19日，上海证券交易所资本市场服务怀柔科学城工作站在怀柔科学城创新小镇创新中心挂牌，全力服务和培育怀柔区企业上市。上海证券交易所与怀柔区的合作包括：建立工作协同机制，加强信息共享、培训服务、金融风险防控等方面内容；为怀柔区重点企业提供针对性的支持和服务，加强对优质企业的培育，引导企业在上海证券交易所主板和科创板上市。同时，多形式解读资本市场相关政策规定，促进企业完善内控制度和公司治理，提升企业资本运作能力。

（雷思源）

【深圳证券交易所怀柔科学城企业上市服务中心挂牌】5月19日，深圳证券交易所怀柔科学城企业上市服务中心在怀柔科学城创新小镇创新中心挂牌。根据合作协议，深圳证券交易所将与怀柔区在建立信息共享机制、加强上市后备企业培育、上市公司监管协作、人才培养交流等方面展开合作；协助怀柔区完善上市服务体系，制定资本市场发展政策，建立上市后备企业信息库。双方还将筛选、走访、调研、对接重点企业，为上市后备企业提供培训、路演等支持，推动符合条件的怀柔区企业在深圳证券交易所上市。

（雷思源）

【怀柔区政府与北京建筑大学战略合作协议签订】5月27日，北京建筑大学与怀柔区政府签订《怀柔区人民政府、北京建筑大学战略合作框架协议》。协议约定，充分发挥北京建筑大学在城乡规划与设计、建设与管理、建筑遗产保护、生态环境治理等方面学科和人才资源优势，依托北京未来城市设计高精尖创新中心、"一带一路"建筑类大学国际联盟、大型多功能振动台阵实验室等高端科研与合作平台，以及"研发－规划－设计－施工－监理－检测－运维"的建筑业全链条服务产业体系，全面支持怀柔科学城建设和新型城市形态构建。

（雷思源）

【空间技术产业研究院注册成立】5月29日，空间技术产业研究院在怀柔科学城注册成立。空间技术产业研究院由怀柔科学城公司和北京空间科创科技发展有限公司共同发起设立，目标是打造中国空间科技领域具有标杆性质的新型研发和孵化加速机构，将通过整合空间科技研究基础资源、国际合作研究、知识产权评估交易、大数据应用、人力资源共享、成立科技服务联盟，打通科技创新全链条，加快推进空间技术产业化进程。

（雷思源）

【介科学与过程仿真交叉研究平台项目开工】6月2日，介科学与过程仿真交叉研究平台项目开工。项目位于怀柔科学城起步区，建设单位为中国科学院过程工程研究所、怀柔科学城公司，投资约2.5亿元，用地面积20亩，建筑面积23 378平方米，建设周期3年。项目主要建设介尺度高性能计算研发系统、反应过程介尺度实验系统、纳微过程跨层次研究系统、设备介尺度实验系统、远程实验系统、协同研究系统，并配套建设介科学与过程仿真交叉研究平台科研楼。项目建成后，将对多相反应系统等重要典型实例开展多科学交叉研究，形成一批国际领先的基础研究成果，巩固和扩大中国在该新兴交叉领域的国际领先地位，成为该领域国际研究中心，服务于国民经济中的支柱过程工业，推动其可持续发展和产业升级。

（雷思源）

【北京分子科学交叉研究平台项目开工】6月2日，北京分子科学交叉研究平台项目开工。项目位于怀柔科学城起步区，建设单位为中国科学院化学研究所、怀柔科学城公司，投资约3亿元，用地面积15亩，建筑面积1.6万平方米，建设周期3.5年。项目主要建设波谱和光谱研究子平台、表界面结构表征与成像子平台、基于同步辐射的高分子/软物质研究子平台及分子材料与器件示范性制备子平台4个综合性能尖端的研究系统群。项目建成后，将吸引并会聚分子科学领域的一流人才，在包括分子绿色高效合成、多尺度分子组装、表界面功能材料构筑、高性能有机光电材料和器件研发、极端使役高分子材料应用等重要领域取得一批原创性成果和若干重大突破，引领分子科学的发展，促进化学与材料、生命、能源和环境等学科领域的交叉融合，服务国家重大战略需求。

（雷思源）

【太空实验室地面实验基地项目开工】6月3日，太空实验室地面实验基地项目开工。项目将建设科学项目培育中心、科学项目论证中心、科学数据中心和国际联合研究中心，支持空间生命孕育、空间组织培养、蛋白质实验和应用、空间材料实验、空间燃烧实验、变重力模拟实验、密闭生物再生等多领域的科学实验、项目培育及论证。项目建成后，将与空间站科学实验镜像平台、载人空间站形成天体一体化的协同研究平台，成为服务于太空应用地面研究的重要基础设施，促进重大科技成果的持续产出，将显著提升国家空间科学研究与技术水平，极大推动空间科学研究与应用领域的跨越发展。

（雷思源）

【雁栖国际人才社区开工建设】6月，雁栖国际人才社区开工建设。项目位于怀柔区雁栖镇陈各庄和乐园庄村，距离怀柔科学城起步区4千米，临近多个大科学装置及交叉研究平台，占地面积246亩，计划分2期实施。其中，一期建设用地67亩，建筑规模11.19万平方米，房屋总套数901套，分为短租和长租2类：短租类主要为单身青年人才提供生活功能完善的独立居住空间，面积为35～40平方米，共234套；长租类根据青年人才、组建家庭人才等不同需要，提供面积为45～135平方米的一居、二居、三居户型共667套，配备机动车停车位609个。项目计划2022年6月完工，建成后可满足科学家和来怀人才多元化住房需求。

（雷思源）

【高能同步辐射光源项目建设取得进展】7月1日，高能同步辐射光源项目完成首根大跨度钢梁的吊装，标志着工程进入钢结构主体施工阶段。钢结构施工共需完成大跨度钢梁吊装143根，单根钢梁最大重量37.5吨。该项目2019年6月启动建设，已完成建设工程总量27%，增强器高频厅、综合动力站主体结构已封顶。

（雷思源）

【综合极端条件实验装置土建工程竣工】7月3日，综合极端条件实验装置完成竣工验收备案工作，标志着项目4.8万平方米土建工程竣工，全面进入设备安装调试阶段。这是怀柔科学城正在建设的5个重大科技基础设施项目中首个竣工的项目。该装置将建设国际首个集极低温、超高压、强磁场和超快光场等综合极端条件为一体的用户装置，实现1 mK的极低温、300 GPa的超高压、26 T的超导磁体强磁场和100 as（阿秒）的超快光场等单项极端条件指标，实现10 000 T/K的磁场/温度值、2 800 T · GPa/K的磁场 · 压力/温度值、60 000 GPa · K的压力 · 温度值及4.2 K下200 fs（飞秒）的超快光场脉宽等综合极端条件指标，将极大提升国家在物质科学及相关领域的基础研究与应用基础研究综合实力。

（雷思源）

【怀柔综合性国家科学中心支撑保障条件平台开工】7月8日，怀柔综合性国家科学中心支撑保障条件平台开工。该项目是中国科学院“十三五”科教基础设施项目，建设单位为中国科学院科技创新发展中心。项目位于怀柔科学城聚核区，总投资21 472万元，建筑面积4万平方米，建设周期为30个月。项目建成后，将承担怀柔综合性国家科学中心的管理、科研支撑、保障、交流等相关功能，发挥大科学装置科学延伸、国际学术交往窗口、科学普及教育基地、资源集约利用示范园区等作用，最终建设成为怀柔科学城科技设施共性和通用技术的维护保障平台、交叉领域高端科技群体的培育孵化平台、科研成果转移转化及产业化的服务平台。

（雷思源）

【物质转化过程虚拟研究开发平台开工】7月14日，物质转化过程虚拟研究开发平台开工。该项目是中国科学院“十三五”科教基础设施项目，位于怀柔科学城聚核区，建设单位为中国科学院过程研究所，总投资18 866万元，建筑面积1.5万平方米，建设周期为3年。该项目将在怀柔科学城建成国际首个基于虚拟现实技术的物质转化过程虚拟研究开发平台，在全球起到示范带动作用，推动过程工业研发模式变革和过程工业的绿色化、智能化转型升级，为解决过程工业技术研发从实验室成果到产业化周期长、费用高、风险大的瓶颈问题提供全新的解决方案。

（雷思源）

【与北京航空航天大学签订战略合作框架协议】7月17日，怀柔区政府与北京航空航天大学签订《怀柔区人民政府、北京航空航天大学战略合作框架协议》。协议约定，充分发挥北京怀柔综合性国家科学中心的定位优势和北京航空航天大学的科研、人才优势，围绕新材料、精密仪器、能源动力、人工智能、生物医药等方向，在科技创新、产业孵化、人才培养、干部交流等方面开展全方位、多领域、深层次交流合作，为北京怀柔综合性国家科学中心建设发展注入新动能。

（雷思源）

【怀柔区首家创业板上市企业敲钟开市】7月27日，北京科拓恒通生物技术股份有限公司（简称科拓生物）在深交所敲钟开市。该企业是怀柔区2020年首家上市企业，实现了怀柔区创业板上市企业零的突破。科拓生物于2003年在怀柔区注册成立，主要从事复配食品添加剂、食用益生菌制品以及动植物微生态制剂研发、生产与销售。截至当前，科拓生物拥有56件发明专利权、14件实用新型专利及多项非专利技术，资产总额4.66亿元，营业收入3.08亿元，净利润0.93亿元。此次科拓生物首发新股2 063万股，每股发行价格23.7元，首发募资4.89亿元。

（雷思源）

【黑马科创学院揭牌】8月15日，黑马科创学院揭牌暨怀柔黑马科技加速实验室开营仪式在怀柔科学城举办。创业黑马是创新创业服务领域唯一的上市公司，成功培育一大批上市公司和独角兽企业。2020年5月，创业黑马科创加速总部基地在怀柔科学城成立，并与怀柔区共建怀柔黑马科技加速实验室，依托自身服务创新创业企业多年的经验和资源，创业黑马成立黑马科创学院，将聚焦硬科技企业孵化，帮助更多科创企业加速成长，为加快突破北京怀柔综合性国家科学中心建设、加快构建怀柔科学城创新生态提供有力支撑。

（雷思源）

【京津冀大气环境与物理化学前沿交叉研究平台主体结构封顶】9月8日，怀柔科学城首个“十三五”科教基础设施——京津冀大气环境与物理化学前沿交叉研究平台实现主体结构封顶。该项目是怀柔科学城11个“十三五”科教基础设施中首个实现主体结构封顶的科学装置。该平台将建大气边界层理化结构立体探测、大气环境容量与能量交换观测、大气环境实验分析和研究三大系统，建成后将成为国际领先的大气边界层理化探测和分析中心，为大气污染科学防治和重污染天气的科学应对提供重要支撑。

（雷思源）

【参展第二十三届科博会】9月17日，第二十三届中国北京国际科技产业博览会在中国国际展览中心拉开帷幕，怀柔科学城在“三城一区”科技创新成果展区亮相。作为2020中关村论坛的展览板块，本届科博会与中关村论坛共同聚焦“合作创新　共迎挑战”主题，面向世界科技前沿，聚焦关键核心技术和原始创新，整合优质资源，精心打造科技领域国际交流合作平台。怀柔科学城展区通过展板、触摸屏幕、模型、实物展览、互动体验等多种形式，对怀柔科学城进展、大科学装置和科技研究平台、新型研发机构和研究院、科学仪器产业和传感器产业、硬科技孵化和成果转化等方面进行集中展示。

（雷思源）

【轻元素量子材料交叉平台开工】9月22日，轻元素量子材料交叉平台开工。该项目为院市共建第二批交叉研究平台项目，由北京大学、怀柔科学城公司共建，位于怀柔科学城北区，用地面积16亩，建筑面积1.2万平方米，总投资29 950万元，建设周期3年。建成后，该平台将成为世界首个国际化轻元素量子材料综合研究中心，主要面向核量子效应研究及物性调控，搭建量子材料设计与预测、量子材料精确制备、量子物性精准探测、量子器件加工与测试4个核心部门，密切配合怀柔科学城高能同步辐射光源、综合极端条件实验装置等大科学装置，实现从基础研究到应用技术，从应用技术向产业转化的跨越，为中国在量子材料科学与技术研究领域的全面领跑提供基础支撑。

（雷思源）

【空地一体环境感知与智能响应研究平台项目开工】10月11日，空地一体环境感知与智能响应研究平台项目开工。项目位于怀柔科学城东区，建设单位为清华大学、怀柔科学城公司，投资约4.9亿元，用地面积31亩，建筑面积33 300平方米，建设周期3年。项目主要建设空地一体环境感知、环境大数据中心、环境模拟与智能响应3个系统。项目建成后，将围绕京津冀协同发展战略目标，针对水－土－气污染综合治理、工－农－城资源协同健康循环、区域环境精准管控的重大科技需求，形成区域环境整体治理的系统解决方案，显著提高环境风险防控水平，带动国家环境综合治理能力和水平、环保科技和产业的跨越式提升和发展，支撑京津冀生态修复和环境改善示范区建设和环境质量改善目标的实现，为雄安新区建设和2022年北京冬奥会提供有力的环境科技保障，为全国区域环境综合治理提供技术、工程与治理范式。

（雷思源）

【环境污染物识别与控制协同创新平台项目实现主体结构封顶】10月16日，环境污染物识别与控制协同创新平台项目实现主体结构封顶。该项目为“十三五”科教基础设施项目，于3月26日举行开工奠基仪式，位于密云区西田各庄镇云西地区C6号地块，由中国科学院生态环境研究中心建设，规划用地面积42亩，建筑面积2.5万平方米，主要建设控制科研楼、识别科研楼2个单体科研建筑，包括环境污染物识别子平台、环境过程综合模拟子平台、污染物控制子平台和支撑子平台4个子平台，是集水体、土壤、大气、生态系统等多环境介质中污染物的识别和控制为一体的创新平台。项目计划2022年1月运行。

（雷思源）

【脑认知机理与脑机融合交叉研究平台开工建设】10月21日，怀柔科学城脑认知机理与脑机融合交叉研究平台开工建设。该项目建设单位为中国科学院生物物理研究所和怀柔科学城公司，位于怀柔科学城北区，占地面积22亩，建筑面积3万平方米，总投资近3亿元，建设周期3年。项目将建设从分子、神经元、系统到认知行为水平的跨层次脑认知功能研究、脑疾病转化研究及脑机融合研究实验平台，为脑科学与类脑研究、新一代人工智能等国家重大计划的实施提供具备前沿性和综合性支撑能力的科研平台，成为国际首个以生物脑研究为基础、通过脑机融合探索新型智能的实验平台。同时与生物医学成像设施衔接，并与国家“十三五”科教基础设施——脑认知功能图谱与类脑智能交叉研究平台相辅相生，共同构成脑科学与智能技术交叉研究的国际前沿基地，推动脑科学及人工智能相关领域进步。

（雷思源）

【《怀柔科学城控制性详细规划（街区层面）（2020年—2035年）》公示】10月22日，《怀柔科学城控制性详细规划（街区层面）（2020年—2035年）》开始公示。该规划由市规划和自然资源委、怀柔科学城管委会会同怀柔区政府、密云区政府组织编制。规划编制立足怀柔科学城建设的战略定位，着力突出北京怀柔综合性国家科学中心的源头优势、国家重大科技基础设施布局的强度优势、首都生态涵养区的自然人文优势，围绕“1+3”的总体思路，构建创新生态体系与自然生态体系高度融合的整体格局。主要特点是坚持怀密协同，全域管控，突出规划的整体性；坚持远控近细、刚弹结合，保障规划的系统性；坚持存量提质、渐进更新，增强规划的可实施性；坚持以人为本、精细设计，提高规划的包容性。

（雷思源）

【中国科学院物理研究所怀柔园区启用】10月30日，中国科学院物理研究所怀柔园区启用。园区占地面积230亩，建筑面积11.8万平方米，位于怀柔科学城起步区，主要以“一装置两平台”（综合极端条件实验装置、材料基因组研究平台、清洁能源材料测试诊断与研发平台）为重要支撑。物理所5个研究组、近150名科研人员已入驻并开展科研工作。园区启用是北京怀柔综合性国家科学中心建设的重要里程碑，标志着“一装置两平台”率先进入科研状态。园区作为北京凝聚态物理国家研究中心、中国科学院凝聚态物理卓越创新中心的重要组成部分，将依托“一装置两平台”，开展物质科学、新材料、新能源等领域前沿基础研究和产业核心技术研发。

（雷思源）

【首届雁栖人才论坛暨第二届海创论坛举办】11月7日，北京怀柔综合性国家科学中心首届雁栖人才论坛暨第二届海创论坛举办。论坛以“鸿雁来栖、引领发展”为主题，共邀请90余位全国知名专家学者、艺术家、企业家及投资机构代表，围绕人才引领发展、技术产业前沿和热点等主题开展高端对话和研讨，旨在打造科学创新、艺术创新、技术创新、金融创新融合发展的人才创新生态，助力怀柔科学城建设。论坛期间，组织新一代癌症免疫治疗、国产高端质谱技术新应用等8个创新项目集中路演，其中5个项目签约落地怀柔。

（雷思源）

【北京怀柔综合性国家科学中心创新生态项目集中签约】11月20日，北京怀柔综合性国家科学中心创新生态项目集中签约暨有色金属新材料科创园企业入驻仪式举行。怀柔区政府分别与科技部科技评估中心、中国分析测试协会、国家自然科学基金委员会科学传播与成果转化中心、有研集团和北京科技大学签署战略合作协议，将在科研项目筛选、科创平台建设、关键技术攻关、成果转移转化、人才培养交流等方面合作，全力推动怀柔科学城科技创新生态建设。同时，13家企业和机构签约入驻怀柔科学城有色金属新材料科创园，北京市科委怀柔科学城成果落地专项支持企业 6 家。

（雷思源）

【清华工研院雁栖湖创新中心成立】11 月 22 日，清华工研院雁栖湖创新中心成立。该创新中心由怀柔区和清华工研院共同发起设立，位于怀柔城区北部（原福田一工厂），总建筑面积 12 万平方米，主要依托北京怀柔综合性国家科学中心重大科技基础设施集群和北京市"两区"建设政策优势，重点聚焦科学仪器、传感器、新材料三大产业方向，充分发挥清华工研院资源优势，并针对企业发展中的实际需求，为企业提供全生命周期的管家服务，构建基础研究、技术研发、产品研制的创新链条，打造国际顶尖的硬科技孵化器和创新企业加速器，力争在 2025 年前，建成一批行业前沿的研发、中试和检测平台，孵化培育 30 家硬科技企业，为构建科技创新生态、高精尖产业业态，推动北京怀柔综合性国家科学中心发展建设提供重要支撑。

（雷思源）

【高能同步辐射光源配套综合实验楼和用户服务楼项目开工】12 月 2 日，高能同步辐射光源配套综合实验楼和用户服务楼项目开工。该项目是院市共建第二批交叉研究平台项目之一，主要为高能同步辐射光源（HEPS）国家重大科技基础设施的建设、运行及其用户人员建设专用的综合实验楼和用户服务楼，提供样品制备、学术交流、安全教育培训、科普及办公等功能。至此，国家和北京市"十三五"期间布局怀柔综合性国家科学中心的 29 个科学设施平台项目全部开工建设。

（雷思源）

【脑认知功能图谱与类脑智能交叉研究平台封顶】12 月 2 日，脑认知功能图谱与类脑智能交叉研究平台封顶及中科怀柔脑智创新产业研究院揭牌。该研究平台 4 月开工建设，已实现结构封顶，建成后将为类脑科学和人工智能技术的发展和进步提供技术和手段支撑。中科怀柔脑智创新产业研究院是中国科学院自动化研究所和怀柔区联合推进科技体制机制创新的试点项目，将打造国际一流的脑智产业创新核心集聚区和创新人才高地。

（雷思源）

【怀柔科学城城市客厅 A 地块项目开工】12 月 2 日，怀柔科学城城市客厅 A 地块项目开工。该项目为怀柔科学城首个综合性、国际化公共服务配套项目，位于怀柔科学城起步区中心位置，用地面积约 207 亩，总建筑面积近 20 万平方米，将建设研究型学院、酒店及酒店式公寓、文化设施、公共服务、综合配套、城市公园等设施，计划 2022 年底建成并投入使用。

（雷思源）

【中国科学院大学怀柔科学城产业研究院运行】12 月 7 日，中国科学院大学怀柔科学城产业研究院携 6 个创新型项目及国科科创空间，入驻怀柔科学城创新小镇，标志着该研究院自 2020 年 5 月挂牌后投入运行。当日入驻的科创项目包括联合国环境署国际生态系统管理伙伴计划雁栖湖办公室、国家生态科学数据中心、中国科学院大学－中机恒通联合实验室、中国科学院大学智能成像中心、中国科学院大学怀柔科学城产业研究院柔性电子研究中心、国科怀栖（北京）智能科技有限公司等 17 个，一同入驻的国科科创空间将为这些项目提供孵化服务。

（科创中心建设综合协调处）

【"怀柔一号"卫星发射成功】12 月 10 日，引力波暴高能电磁对应体全天监测器卫星（GECAM 卫星）——"怀柔一号"发射成功。该卫星是北京怀柔综合性国家科学中心空间科学实验室挂牌后的首个科学卫星发射任务，因此被命名为"怀柔一号"，由中国科学院空间科学二期先导专项部署研制。"怀柔一号"由 2 颗小卫星组成，采用共轭轨道的星座布局，将全天监测引力波伽马暴、快速射电暴高能辐射、特殊伽马暴和磁星爆发等高能天体爆发现象，推动破解黑洞、中子星等致密天体的形成和演化，以及双致密星并合之谜。此外，"怀柔一号"还将探测太阳耀斑、地球伽马闪和地球电子束等日地空间高能辐射现象，为进一步研究其物理机制提供科学观测数据。

（雷思源）

【2020 北京怀柔科学仪器应用场景发布会举办】12 月 15 日，2020 北京怀柔科学仪器应用场景发布会暨传感器产业发展研讨会举办。研讨会由中国仪器仪表学会科学仪器学术工作委员会、北京国际科技协作中心、怀柔区共同举办，共邀请中国科学院 5 家科研院所的专家及 50 余家科创企业代表，围绕传感器领域的技术前沿、产业趋势和热点问题进行交流研讨。同时，发布北京怀柔综合性国家科学中心科学仪器应用场景，公布空地一体环境感知与智能响应研究、介科学与过程仿真交叉研究等 13

个科学装置平台的1 052项科学仪器应用需求，囊括电镜、能量计、分子荧光测温仪、原位拉曼光谱仪、分子泵等价值数亿元的仪器设备、关键部件与耗材。

（雷思源）

【多模态跨尺度生物医学成像设施项目主体结构封顶】12月26日，多模态跨尺度生物医学成像设施项目实现主体结构封顶。该项目是国家重大科技基础设施建设"十三五"规划确定的10个优先建设项目之一，总投资17亿元，由北京大学建设。项目将聚集相关领域优秀团队，进行自主的工程化设计和自动化改造，建立完备的核心成像设施，形成跨尺度、多模态、自动化和高通量的生物医学成像全功能研究平台，成为世界一流的生物医学成像设施，预计2024年年底建成。

（雷思源）

【机械科学研究总院集团怀柔科技创新基地开工建设】12月28日，机械科学研究总院集团怀柔科技创新基地开工建设。项目位于怀柔科学城，总投资15亿元，建筑面积12.76万平方米，主要建设"1+4+N"的科技创新体系（1个国家轻量化材料成形技术及装备创新中心，先进成形技术与装备国家重点实验室、国家技术标准创新基地、国家工业基础研究院、国防军工实验室4个国家级科研机构，以及若干科技服务设施）。该项目将围绕航空航天、轨道交通、汽车、船舶、国防军工等重点领域，以解决装备制造卡脖子短板问题为出发点，聚焦新材料和智能制造2个研究方向，集聚优质创新资源，打造世界一流的集科技创新、中试验证、公共检测、标准服务为一体的综合性科技创新基地。

（雷思源）

【发放"雁栖人才卡"】12月，怀柔区发放73张"雁栖人才卡"，主动为怀柔科学城领军人才提供"私人管家"服务。领军人才涉及科学装置平台、新型创新主体、高精尖项目、中国影都、教育卫生5个类别，包括北京雁栖湖应用数学研究院院长丘成桐、北京一零一中学校长陆云泉等73人。领军人才可通过拨打"私人管家"电话，享受全国百家指定医院、指定科室、指定专家门诊预约，个人及团队骨干人才（3名）子女优先入学，26家民宿酒店折扣优惠，北京地区租车补助及优惠，怀柔景区景点免费畅游等6个方面13项服务，旨在打造集"行、游、住、会、医、教"于一体的高品质服务体系，优化提升怀柔科学城创新创业软环境，吸引科技创新领军人才加速集聚。

（雷思源）

【怀柔科学城交叉研究平台首出国际领先成果】年内，中国科学院高能物理研究所在国际上首次实现高品质因数1.3GHz 9-cell超导腔的中温退火工艺，且成功完成小批量（6只）超导腔的首次试制。这项成果打破了国外在射频超导方面的技术垄断，使中国高性能9-cell超导腔技术跨入世界前列。中国科学院高能物理研究所与怀柔科学城合作建设的先进光源技术研发与测试平台的高真空退火炉系统是取得此次重大成果极其重要的环节。

（北京生产力促进中心）

## 未来科学城

【概述】未来科学城位于昌平区南部，规划范围170.6平方千米，发展空间呈现"两区一心"，研发产业聚焦"两谷一园"。东、西两区是未来科学城的主体承载区，是建设功能完备、宜居宜业的研发创新社区；"一心"是未来科学城的生态绿心，连接东、西两区，共同构建蓝绿交织、水城共融的生态发展格局。

东区规划面积44.3平方千米，重点布局能源产业，突出央企特色，打造能源产业战略支撑点，建设具有国际影响力的"能源谷"。已累计入驻14家央企下属100余家科研单位，建成先进输电技术国家重点实验室等40多个国家和北京市级研发创新平台，推动央企联合高校、民企组建核能材料产业发展联盟、氢能源及燃料电池产业创新战略联盟等23个协同创新平台，初步形成涵盖能源转型发展的6个能源细分领域、20项关键技术，从科技研发、技术服务到成果转化全周期创新链条。

西区规划面积62.5平方千米，建设中关村生命科学园，重点布局医药健康产业，打造全市医药健康产业发展"核爆点"，建设具有全球领先水平的"生命谷"。已聚集北京生命科学研究所、北京脑科学与类脑研究中心等8家国家级科研单位和研发机构，以及近500家创新型企业；会聚了王晓东、谢晓亮、施一公、邵峰等一批顶尖科学家和180多位高层次人才。

同在西区的沙河高教园依托6所部属重点高校，加强产教合作，打造世界一流的高教园区。6

所高校已整建制迁入26个二级学院、29个一级学科、22个重点实验室，与商飞、小米、好未来等周边企业建立校企开放实验室，建成奇点中心校城融合示范基地。

（黎红霞）

【全联院项目获国家科学技术进步奖】1月10日，2019年度国家科学技术奖揭晓，铝合金节能输电导线及多场景应用项目获国家科学技术进步奖二等奖。该项目由未来科学城全球能源互联网研究院公司、中南大学等单位联合研发，主要研究开发突破导电率与强度、耐热性此消彼长的瓶颈技术，实现了系列铝合金节能输电导线的产业化制备，并在长距离、强载荷、大容量、高腐蚀等多场景输电线路中实现低损耗的电力传输。项目整体技术已达到国际先进水平，有力支撑国家特高压等系列重大输电工程建设和能源战略的实施。

（刘　琳）

【承建国内首家研究型国际医疗产业转化平台建设】3月25日，国内首家研究型国际医疗产业转化平台暨高博国际研究型医院项目在中关村生命科学园奠基开工。该项目由昌平区政府与高瓴资本集团及其全资子平台高博医疗集团合作建设，由未来科学城集团承建，总建筑面积9.68万平方米，规划床位500张，定位为符合国际标准、以临床研究为核心业务、具备承接全球多中心临床试验能力的独立研究型医院。

（张怡然）

【2款一类创新药获批上市】6月3日，中关村生命科学园入园企业百济神州（北京）生物科技有限公司自主研发的新一代BTK抑制剂百悦泽（泽布替尼胶囊）获国家药监局批准上市，用于治疗既往接受过至少1项疗法的成人套细胞淋巴瘤（MCL）患者、既往接受过至少1项疗法的成人慢性淋巴细胞白血病（CLL）/小淋巴细胞淋巴瘤（SLL）患者。12月25日，中关村生命科学园入园企业北京诺诚健华医药科技有限公司自主研发的奥布替尼片获国家药监局批准上市。奥布替尼成为继伊布替尼、泽布替尼后国内第3个上市的BTK抑制剂。

（黎红霞）

【热电联产清洁智慧供热技术创新联盟成立】6月9日，热电联产清洁智慧供热技术创新联盟在未来科学城成立。该联盟由中国中机工程学会热电专业委员会、清华大学、华能集团清洁能源技术研究院等热电联产、清洁供热技术相关科研院所、高等院校、知名企业共同发起成立，为非营利性研究组织。其将通过引领协同创新、统一策略、资源共享、供需对接、技术开发、人才培养等方面的紧密合作，建立产学研相结合的技术创新体系，促进关键核心技术的研发、转化、推广，提升清洁智慧供热行业标准化、规范化、规模化水平，助力热电联产技术产业提质、提速、提效，推动清洁智慧供热技术快速发展。

（刘　琳）

【智慧城市运行服务中心项目开工建设】6月18日，北京未来科学城智慧城市运行服务中心（IOC）项目开工建设。IOC项目是未来科学城规划建设的重要信息化基础设施，是昌平区政府、未来科学城集团与华为公司战略合作项目，承担服务政企、园区管理、信息安全等重要功能。

（顾　红）

【北京泛生子基因科技有限公司挂牌上市】6月19日，中关村生命科学园入园企业北京泛生子基因科技有限公司在纽约纳斯达克交易所挂牌上市。该公司成立于2013年，主要关注癌症的精准治疗，通过分子生物学和数据科学领域的先进技术改善癌症的治疗方法，其产品服务组合覆盖从早期筛查到诊断治疗建议，再到持续监测和持续治疗的全过程癌症护理。

（谢泊晚）

【医药科技中心投入使用】7月1日，北京中关村生命科学园医药科技中心投入使用。该项目于2016年12月开工建设，2019年8月底竣工并完成备案，是中关村生命科学园专业配套设施之一，也是园区公共服务支撑系统的重要组成部分，服务对象为各类型高新技术生物医药研发机构。总用地规模116亩，总建筑面积约19.6万平方米，包含6个单体项目。华辉安健（北京）生物科技有限公司、百济神州（北京）生物科技有限公司等8家企业已入驻。

（谢泊晚）

【低碳院发明专利获中国专利银奖】7月14日，国家知识产权局发布第二十一届中国专利奖授奖决定，未来科学城入驻单位北京低碳清洁能源研究院发明专利“一种脱硝催化剂的再生方法和一种再生脱硝催化剂及其应用”获中国专利银奖。该项发明专利是针对燃煤电厂脱硝催化剂失活提供的一种利用废催化剂中有价元素作为活性补充液的催化剂再生方法，有效解决再生催化剂活性和机械强度协同提高的难题，各项指标均优于国外同类产品。

（黎红霞）

【未来科创中心一期试运营】7月15日，未来科学城打造的创新创业孵化平台——未来科创中心一期启动并试运营。未来科创中心一期位于绿地中央广场15号楼，聚焦先进能源、新一代信息技术等领域。

（张怡然）

【细胞与基因治疗创新中心启动】7月31日，细胞与基因治疗创新中心启动暨签约仪式在中关村生命科学园医药科技中心1号楼举行。细胞与基因治疗创新中心包括7 000平方米的细胞与基因治疗研发与中试平台，以及3 000平方米的硬科技孵化器。

（谢泊晚）

【首个商务区可持续发展国家标准获批立项】8月25日，由未来科学城公司牵头研制的商务区可持续发展国家标准——《城市可持续发展　商务区可持续发展评价指标》获国家标准委立项。该标准是未来科学城公司在可持续发展领域牵头编制的首个国家标准。

（顾　红）

【北京十一未来城学校投入运营】9月1日，未来科学城新建校——北京十一未来城学校建成并投入运营。北京十一未来城学校是昌平区与北京市十一学校共同打造的一所公立学校，包括小学部和初中部：小学部开办24个教学班，提供960个学位；初中部开办18个教学班，提供720个学位。

（李　婷）

【北京创新创业生物医药与人工智能领域主题赛决赛举办】9月2日，第九届中国创新创业大赛北京赛区生物医药行业赛暨第六届北京创新创业生物医药与人工智能领域主题赛决赛在中关村生命科学园举办。大赛于5月启动，共征集基因检测、抗体新药、诊断系统、癌症筛查、影像设备、核酸检测系统及产品等80余项。15支参赛队伍晋级决赛并进行现场角逐，最终评选出超目科技（北京）有限公司、北京图湃影像科技有限公司、北京星亢原生物科技有限公司、北京达影科技有限公司、安影科技（北京）有限公司、北京环球利康科技有限公司、华夏英泰（北京）生物技术有限公司7家获奖企业，代表北京进军全国生物医药行业总决赛。

（谢泊晚）

【第23届北京科技交流学术月开幕】9月11日，北京市科协联合北京科技协作中心、北京未来科学城管委会在未来科学城举办北京地区广受关注学术成果走进未来科学城报告会暨第23届北京科技交流学术月开幕式。学术月以“蓄学术交流之水，浇创新发展之花”为主旨，以人工智能、医药健康、新能源汽车、航空航天新材料等领域内容为重点，举办170余场专业学术活动。

（刘　琳）

【知识产权沙龙活动举办】9月16日，由中关村知识产权促进局、北京未来科学城管委会主办，北京国知专利预警咨询有限公司、北京双高未来科技服务有限公司承办的“促进企业知识产权工作高质量发展”知识产权沙龙活动在未来科学城举办。以全球能源互联网研究院、北京低碳清洁能源研究院、北京百利时能源技术股份有限公司为代表的未来科学城新能源领域10余家企业参加，共同探讨知识产权政策要点、知识产权运营与保护、未来科学城新能源领域企业知识产权高质量发展的路径。

（黎红霞）

【时空大数据赋能智慧城市建设科技论坛举办】9月20日，时空大数据赋能智慧城市建设科技论坛在未来科学城举办。论坛由市经济和信息化局、市城市管理委、未来科学城管委会作为指导单位，北京帝测科技股份有限公司、北京未来科学城发展集团有限公司分别为主办单位和协办单位。政府领导、专家学者、企业代表、媒体代表共计100余人参会。论坛主题为“数字改变世界　智引城市未来”，聚焦时空大数据、智慧城市、城市大脑等前沿话题，探讨时空大数据在智慧城市建设方面的进展与经验，为推动建立政府－企业－高校研究院所的协同创新机制提供助力。

（黎红霞）

【温榆河公园昌平一期工程开工建设】9月30日，温榆河公园昌平一期工程开工建设。温榆河公园地处朝阳、顺义、昌平三区交界，清河与温榆河两河交汇之处，周边连接城市重要功能组团。公园规划范围30平方千米，涉及昌平区4.8平方千米，公园建成后将成为北京六环以内面积最大的成片蓝绿生态空间。

（程振娟）

【“启航杯”MBSE建模大赛举办】10月29日，“启航杯”MBSE建模大赛在未来科学城举办。大赛由北京科技协作中心、上海科学技术交流中心、北京未来科学城管委会、中国商飞北研中心团委联合举办。此次大赛面向全国航空航天领域的高校、科研院所、企业等开展征集，8支来自北京、上海、南京等地的科研队伍进入决赛，最终中国直升机设计研究所的直升机多系统专业集成仿真团队获冠军。

（黎红霞）

【2020全球能源转型高层论坛举办】10月31日，由北京市政府和国务院发展研究中心主办的2020全球能源转型高层论坛在未来科学城举行。论坛设置1个主论坛和3个分论坛，重点讨论聚焦创新发展、引领能源革命，具体包括能源革命与绿色金融、石油天然气产业高质量发展、“互联网+5G”带动产业升级，发布《中国能源革命进展报告(2020)》《中国天然气高质量发展白皮书(2020)》，旨在搭建一个持续推进全球及中国能源转型与探索新能源快速发展的交流沟通平台和创新创业平台。

（李晶晶）

【校企协同创新开放实验室和产教融合实训基地挂牌】12月2日，由北京邮电大学和全球能源互联网研究院共建的沙河高教园区校企协同创新开放实验室、由沙河高教园区和国网未来科学城双创示范中心共建的沙河高教园区产教融合实训基地在未来科学城举行挂牌仪式。各方将围绕推进重大项目申报及高端技术研发、联合开展重大成果培育及奖励申报、加强人才培养交流及资源共享、为园区大学生创业团队提供办公与研发条件、设立双创孵化培育基金等方面开展合作共建，共同推进产学研协同创新和深度融合。

（黎红霞）

【未来科学城青年科学家论坛举办】12月8日，以“青年创新勇担当、共绘蓝图创未来”为主题的2020年度未来科学城青年科学家论坛在未来科学城中粮营养健康研究院举办。论坛由北京未来科学城管委会、昌平区团委、中粮集团团委、中粮集团工会主办，中粮营养健康研究院、北京未来科学城产业发展有限公司承办。4位青年科学家分享他们在各自岗位上开展科研创新工作的体会和感悟。未来科学城入驻企业的100余名青年代表参加论坛。

（黎红霞）

【科技企业金融协会“未来科学城工作站”揭牌】12月16日，北京市昌平区科技企业金融协会“未来科学城工作站”揭牌仪式暨“金融服务实体经济”活动在未来科学城举办。这是该协会设立的第一个工作站点，将切实畅通入驻企业金融服务渠道，引导金融资本投入科技创新，推动全国科技创新中心主平台建设。

（黎红霞）

【中关村细胞与基因治疗中试平台开工】12月27日，中关村细胞与基因治疗中试平台开工仪式在中关村生命科学园举行。该平台依托清华大学、北京清华工业研究院和北京荷塘生华医疗科技有限公司研发团队，是按美国和欧盟相应标准建设适用细胞与基因治疗产品、疫苗等多领域开展研发中试的通用性科研转化平台。平台建设地点为中关村生命科学园医药科技中心1号楼1~4层，建设面积约7 008.1平方米，投资总额约1亿元，建设主体为北京中关村生命科学园发展有限责任公司，合作运营方为北京荷塘生华医疗科技有限公司，平台建设内容主要包括50L规模病毒PD研发线、30L规模质粒生产线、200L×2规模病毒中试生产线、4条平行细胞治疗平台。

（谢泊晚）

## 北京经济技术开发区

【概述】北京经济技术开发区（简称经开区）始建于1992年，1994年被国务院批准为北京地区唯一的国家级经济技术开发区。1999年，国务院批准将经开区范围内的7平方千米确定为中关村科技园区亦庄科技园。2019年，《亦庄新城规划（国土空间规划）(2017年—2035年)》获北京市政府批复，进一步明确经开区工委、管委会对亦庄新城225平方千米（其中核心区60平方千米，大兴和通州部分165平方千米）的规划建设管理。

2020年，经开区深入贯彻《国务院关于推进国家级经济技术开发区创新提升打造改革开放新高地的实施意见》精神，落实北京市政府《关于加快推进北京经济技术开发区和亦庄新城高质量发展的实施意见》，快速启动北京市高标准推进国家服务业扩大开放综合示范区和中国（北京）自由贸易试验区的“两区”建设，以高质量发展为主题，以供给侧结构性改革为主线，以服务国家战略为首要任务，培育经济发展新动能，统筹推进新冠肺炎疫情防控和经济社会发展。

年内，全区实现地区生产总值2 045.4亿元，同比增长6.4%。规模以上工业总产值4 371.8亿元，同比增长5.4%，占全市的22%；固定资产投资完成370亿元，同比增长18%；税收累计完成705.9亿元；研发投入255亿元，同比增长25%；第三产业营业收入9 950亿元，同比增长18%。其中，现代制造业完成产值3 668.6亿元，同比增长6.2%；高技术制造业完成产值1 482.4亿元，同比增长5.3%，主要经济指标全部实现正增长。中关村国家自主创新示范区亦庄园高新技术企业实现总收入7 230亿元，同比增长20%；其中技术收入405亿元，比上年增长11%。大招商项目库储备超过800个，全年签约项目200余个，实际利用外资6.2亿美元，同比增长11%。

作为“三城一区”科技成果转化基地，经开区内23家技术创新中心（含国家级、市级各2个）全年研发新技术109项、新产品115个，制定标准31项；拥有国家级、市级研发机构266家，其中年内新增14家；3家企业获国家科学技术进步奖，11家企业参与的8个项目获北京市科学技术奖；全年专利申请量14 665件，同比增长39.4%，打造北方华创高价值专利培育中心，新增知识产权贯标企业8家，新增中国专利奖6项、北京市发明专利奖2项。

通过“金种子”“展翼”“瞪羚”“专精特新”“小巨人”“隐形冠军”“独角兽”等高科技高成长企业梯队培育工程，储备梯队企业223家、潜力“四上”企业51家、智能制造试点示范项目48个。拥有胡润大中华区独角兽指数企业3家，中国制造业隐形单项冠军企业1家，单项冠军培育企业1家，国家级专精特新“小巨人”企业10家，北京市专精特新“小巨人”企业12家，北京市“专精特新”中小企业110家，中关村瞪羚企业286家，展翼企业112家，金种子企业32家。截至年底，共有3.1万多家企业在经开区投资发展，其中百余家世界五百强企业投资总额上千亿美元。获得亦庄新城范围内高新认定赋权后，经开区首次实现高新认定工作的全覆盖，年内受理796家高新技术企业认定工作。国家高新技术企业新增175家，累计达1 297家。通过建设“三城一区”承接平台，经开区科技成果转化服务环境持续优化，获批科技部“国家人工智能高新技术产业化基地”和中国科协“国家海外人才离岸创新创业基地”。打造“龙头企业+孵化”的大中小融通型特色载体和科技型中小微企业融通发展服务平台，构建包括137家产业园区和13栋商务楼宇的信息化创新服务生态载体。新布局16个公共技术服务平台，平台总数量达到59个；打造14家中试基地，提供服务超400家次，合同金额9.6亿元；国家级、市级、区级孵化器15家；国家级、市级、区级众创空间16家；市级、区级企业创新簇49家（新增13家）；北京市新技术新产品（服务）556项（新增189项）。

（蔡　茜）

## 建设与管理

【多举措支持区内企业抗疫】2—6月，经开区陆续发布《北京经济技术开发区关于支持企业“控疫情稳增长”若干措施》《北京经济技术开发区管理委员会关于支持中小企业抗疫情云办公稳发展的若干措施》《关于进一步统筹疫情防控和经济社会发展支持企业共克时艰的若干措施（2.0版）》及《北京经济技术开发区关于进一步鼓励减免中小微企业房租的若干措施》，实施“六稳”“六促”举措，累计兑现政策扶持资金19.5亿元，社保费减免超过40亿元。其中从研发投入、“白菜心”工程、发明专利、应用场景、台（套）重大技术创新产品、防疫物资生产、科技型中小微企业房租减免、云办公等角度支持科技资金约1.7亿元，帮助中小微企业对接全市资源实现融资近3亿元。

（蔡　茜）

【经开区赋权实施意见发布】4月3日，北京市政府新闻办公室召开新闻发布会，发布《北京市人民政府关于加快推进北京经济技术开发区和亦庄新城高质量发展的实施意见》《北京市人民政府关于由北京经济技术开发区管理委员会行使部分行政权力和办理部分公共服务事项的决定》，明确推动国家及本市重大产业项目优先在经开区布局，由经开区管委会在亦庄新城（约225平方千米）区域内行使2 509项行政权力，在经开区（约60平方千米）规划范围内行使区级人民政府职权。

（蔡　茜）

【15个项目获经开区首届高价值专利奖】5月6日，经开区首届绿色（疫情防控）高价值专利奖评选

活动揭晓，14 家企业申报的 15 件专利获奖。其中北汽蓝谷新能源科技股份有限公司、北京同益中新材料科技股份有限公司、北京集创北方科技股份有限公司、北京东方百泰生物科技有限公司、北京博奥晶典生物技术有限公司 5 家企业获高价值专利奖；北京金风科创风电设备有限公司、北京赛升药业股份有限公司和北京康乐卫士生物技术股份有限公司 3 家企业获专利创新奖；北京京东世纪信息技术有限公司、北京欣奕华科技有限公司、北京凯因格领生物技术有限公司和北京泰德制药股份有限公司 4 家企业获成果转化奖；北京博奥晶典生物技术有限公司、赛诺威盛科技（北京）有限公司、北京毅新博创生物科技有限公司 3 家企业获专利特别贡献奖。

（蔡　茜）

【经开区高质量发展行动计划发布】5 月 26 日，《北京经济技术开发区高质量发展行动计划（2020 年—2022 年）》及《北京经济技术开发区关于加快四大主导产业发展的实施意见》发布，规划实施 32 条产业链图，每年安排 100 亿元资金支持高精尖产业落地发展。

（蔡　茜）

【打造大中小融通型特色载体】5 月 26 日，《北京经济技术开发区打造大中小企业融通型特色载体推动中小企业创新创业升级专项资金管理办法》和《北京经济技术开发区打造大中小企业融通型特色载体推动中小企业创新创业升级专项资金实施细则》发布。专项资金用于支持大中小企业融通型特色载体、中小企业、第三方服务机构，扶持龙头企业牵引支撑特色载体升级、资源开放，带动大中小企业融通生态体系完善和中小企业创新发展。

（蔡　茜）

【经开区成立国家海外人才离岸创新创业基地】6 月 18 日，中国科协批复经开区设立国家海外人才离岸创新创业基地。9 月 25 日，市科协、经开区管委会共同举办 2020 年首都海智“创新链接”年度会议，为海外人才离岸创新创业基地揭牌，发布首批 11 家北京亦庄离岸创新中心，发布市科协国际科技组织数据平台建设成果，举办“创新链接”专题研讨会。

（蔡　茜）

【航天长征获行业专利奖特等奖】8 月 6—8 日，2020 年中国氮肥、甲醇技术大会举办。会上，航天长征化学工程股份有限公司研发的“高效洁净含碳物质干粉加压气化装置及方法”专利获 2019 年度氮肥、甲醇行业专利奖特等奖。该核心专利包已授权 14 家企业使用，通过普通许可方式签订的专利实施许可合同金额近 2 亿元。

（蔡　茜）

【科技周经开区分会场活动举办】8 月 23—29 日，全国科技活动周暨第 26 届北京科技周活动举行。经开区分会场展示北京生物制品研究所疫苗研发历程、蓝箭航天发动机技术发展过程、百度无人车现场体验以及凉水河科普长廊等内容，在展示北京新冠肺炎疫情科学防控的重要成效和科技攻关进展的同时，展示重大新型研发进展、“三城一区”主平台建设情况及高精尖产业领域成果。

（蔡　茜）

【“人才十条”发布】8 月 29 日，《北京经济技术开发区支持高精尖产业人才创新创业实施办法》即“人才十条”发布，每年设立 10 亿元专项资金。设置亦城人才专项奖励资金、博大贡献专项奖励资金、个人经济贡献专项奖励资金和科技成果专项奖励资金，支持全球顶尖人才、杰出人才、领军人才、创新人才创新创业。

（蔡　茜）

【首次“千人聚亦”国际化人才招聘活动举办】8 月 29 日—10 月 8 日，首次“千人聚亦”国际化人才招聘活动以线上“云招聘”的形式开展，面向海内外会聚优质人才资源，满足经开区企业国际化人才1 139 个岗位需求，覆盖四大主导产业和航空航天、新材料、节能环保、文化创意、高端服务等新兴产业，其中 71% 的岗位需求来自经开区四大主导产业。104 家单位参与本次招聘活动。

（蔡　茜）

【中国（北京）自由贸易试验区高端产业片区挂牌】8 月，国务院批复同意设立中国（北京）自由贸易试验区。9 月 28 日，中国（北京）自由贸易试验区高端产业片区在经开区挂牌，面积 27.83 平方千米，重点发展商务服务、国际金融、文化创意、生物技术和大健康等产业，建设科技成果转换承载地、战略性新兴产业集聚区和国际高端功能机构集聚区。

（蔡　茜）

【5G 新兴服务贸易发展论坛举行】9 月 5 日，由工业和信息化部、北京市政府主办，北京经开区承办的 5G 新兴服务贸易发展论坛举行。论坛旨在全力

推动5G深度融入全区实体经济发展、传统产业升级和新兴产业布局，将亦庄新城打造成为基础网络覆盖领先、行业应用深度融合、产业生态高度聚集、创新要素全球领先的5G产业基础创新主阵地和场景创新示范区。

（蔡　茜）

【参加第23届科博会】9月17—20日，第23届中国北京国际科技产业博览会举办。经开区以“北京亦庄·智造之城”为主题，设置“1+5”板块，共六大展区，区内70余家企业及创新中心参展，展示新技术新产品754项，其中国际领先、填补国际空白新技术24项、新产品46项。在本届科博会科技合作项目推介暨签约仪式上，智通物联网产业园、京东集团中央研究院、中电科集成电路核心装备产业园等6个高精尖项目实现签约落地。

（蔡　茜）

【第六届北京·亦庄创新创业大赛落幕】9月18日，历时2个月的第六届北京·亦庄创新创业大赛落幕。共有百余家企业参赛，31个项目最终胜出，第七元素新材料、中飞艾维航空科技、京东方玻璃基MIniLED技术项目等7个项目获一等奖；爆发生物科技、纽伦智能科技、翎客航天科技等7个项目获二等奖；魔音智能项目、壹佰米机器人技术等16个项目获三等奖；新型冷却海上风力发电机组项目获金风科技创新之星奖。

（蔡　茜）

【经开区获批国家人工智能高新技术产业化基地】9月29日，科技部认定北京经济技术开发区国家人工智能高新技术产业化基地为国家高新技术产业化基地。12月26日，北京经济技术开发区国家人工智能高新技术产业化基地揭牌。基地规划占地面积约3.63平方千米，是落实国家《新一代人工智能发展规划》、国家高新技术产业化基地建设要求和北京市推动人工智能创新发展决策部署的重要举措。该基地是经开区人工智能企业较为密集的区域，集聚京东、小米、小马易行、深知无限、中航智能等多家人工智能企业。基地建设以产业升级、民生改善、城市治理等重点领域为核心，集成行业优质创新资源，紧密结合实体经济和智能工厂、智慧园区、智慧交通、智慧物流等场景应用，积极承担国家人工智能重大科技专项，建设人工智能高新技术产业化平台，开展行业共性关键技术研发转化，推动产业技术基础研究平台融合应用创新，集中打造开放共享的测试验证场景，培育产业发展环境。

（蔡　茜）

【2020全球无人机大会启幕】10月13—15日，2020全球无人机应用及防控大会在经开区举行。此次大会设立3场学术交流会、11场高峰论坛，并同期举办无人机创新技能大赛与无人机产业博览会。300多家展商参与，面向无人机行业用户展示最新行业应用解决方案。

（蔡　茜）

【2020全国双创周亦庄会场系列活动开幕】10月16日，2020全国大众创业万众创新活动周亦庄会场系列活动开幕。经开区发布旨在培育潜力独角兽企业、专精特新和隐形冠军企业、促科技成果转化的“创新成长计划”和“创新伙伴计划”。十大金融机构发起成立双创友好型科技金融服务联盟，共同打造“创新链+产业链+资本链”的科技金融服务体系。举办“三城一区”科技创新成果产业化交流展览、中国创新药论坛、“智能亦庄　智造新城”院士论坛等5场专题活动及北京—粤港澳大湾区科技创新项目路演会、高校院所科研成果线上研讨会等30场特色活动。

（蔡　茜）

【预见未来科技金融赋能产业升级分论坛举行】10月21日，2020全国双创周亦庄会场“预见未来，科技金融赋能产业升级”分论坛在经开区举办。围绕“政府引导基金如何引导社会资本赋能企业发展”“创新投后服务模式，助力企业成长”“拓宽普惠渠道：为科创企业差异化赋能”“创新金服模式：建设科创精准服务平台”4个主题展开讨论，并就政府引导基金、投后管理、普惠金融、金融服务新方式展开交流。

（蔡　茜）

【经开区国际人才服务厅启用】10月22日，北京市首个实现外国人工作许可和居留许可一窗受理、同时取证的服务大厅——经开区国际人才服务厅启用，实现工作许可、居留许可、永久居留等业务一站式办理，更可为外籍高端人才提供两证联办、7个工作日同时取证等便利，实现外籍人才服务平台建设工作“从无到优”的突破。

（蔡　茜）

【IC WORLD大会在经开区举办】11月18—19日，2020北京微电子国际研讨会暨IC WORLD学术会议在经开区举办。会议由北京微电子国际研讨会暨 IC WORLD 学术会议高峰论坛及九大专题论坛组成，旨在加强集成电路标准化组织建设，完善标准体系，提升研发能力，提高集成电路质量，增强行业竞争力。

（蔡　茜）

【2020 中国光子产业高峰论坛召开】 11 月 24 日，经开区联合市科委召开 2020 中国光子产业高峰论坛。论坛针对光子、芯片、量子计算等前瞻性话题，共同探讨光子领域最新技术和研究方向及光子行业发展热点、难点议题和市场趋势。论坛还举办共同推动北京光子产业创新发展项目签约仪式。北京电子城高科技集团股份有限公司、西安中科光机投资控股有限公司、北京电控产业投资有限公司、北京中科创星科技有限公司、北京燕东微电子股份有限公司、陕西光电子集成电路先导技术研究院六方集中签约。

（蔡　茜）

【2020 通明湖信息技术应用创新论坛开幕】 11 月 26 日，2020 通明湖信息技术应用创新论坛开幕。本次论坛是由工业和信息化部网络安全产业发展中心、北京市经济和信息化局、北京市密码管理局、北京经开区管委会、中国电子工业标准化技术协会信息技术应用创新工作委员会共同主办的中国信息技术应用创新行业高端年度盛会。大会期间举行了通明湖信息技术应用创新论坛理事会和专家委员会（中国信创百人会）成立仪式。论坛以“融合发展，信创未来”为主题，由主论坛、分论坛、企业家闭门会、展览、创新大赛等系列活动组成。

（蔡　茜）

【经开区工业互联网大会召开】 12 月 4 日，北京亦庄智能城市协同创新研究院有限公司联合中国电信股份有限公司北京亦庄分公司组织召开经开区工业互联网大会。中国电信、京东集团等多家工业制造市场相关行业领域龙头企业就经开区在“信息高速路”的新基建建设中探寻创新场景的应用方式及政策服务支撑等方面开展研讨，并在大会上展示多项“5G + 云网 + 工业互联网”创新成果。

（蔡　茜）

【首届高端汽车产业链大会召开】 12 月 15 日，北京亦庄高端汽车产业链大会在经开区召开。大会聚集国内外汽车制造关键环节的核心零部件企业、行业巨头和未来之星，旨在加速促进经开区汽车产业整合升级，构建北京经开区汽车产业新生态，全力推进汽车产业突围创新，加快推进产业基础高级化，实现汽车产业高质量发展新跨越。

（蔡　茜）

【经开区科协第三次代表大会召开】 12 月 15 日，北京经济技术开发区科学技术协会第三次代表大会召开。来自经开区科技战线的 160 名代表参加会议。大会审议并通过《北京经济技术开发区科学技术协会第三次代表大会工作报告》《北京经济技术开发区科学技术协会管理办法》，提出未来 5 年经开区科协将实施“凝心聚力”工程、“智汇亦庄”工程、“科技引领”工程、“科普品牌”工程、“科创中国”工程、“海智助力”工程六大工程，大会选举产生经开区科协第三届委员会委员 56 名。在随后召开的科协第三届一次全委会上，选举产生第三届科协委员会主席、副主席、常委，推选常务副主席、秘书长。

（蔡　茜）

【经开区入选双创示范基地】 12 月 24 日，国务院办公厅下发《关于建设第三批大众创业万众创新示范基地的通知》，批复经开区成为国家第三批大众创业万众创新示范基地，要求着力打造精益创业的集聚平台，加快培育成长型初创企业、“隐形冠军”企业和“专精特新”中小企业。

（蔡　茜）

【经开区人才工作显成效】 年内，经开区累计拨付用于人才奖励支持经费总计约 1.66 亿元，用于人才奖励、人才科研项目投资、人才产业扶持等。经开区人才总量超过 27 万人，高层次人才 9 000 余人，两院院士 37 名，“亦麒麟”人才 667 人，海外学人 3 700 余人，累计认定高端产业领军人才 528 人，其中 1/3 以上为外籍人才。

（蔡　茜）

【经开区大力建设国家知识产权示范园区】 年内，经开区专利申请量 14 665 件，同比增长 39.4%，其中发明专利 8 021 件，同比增长 59.8%。获得专利授权 7 210 件，同比增长 19.2%，其中发明专利 1 628件，同比增长 20.9%。申请 PCT 专利 449 件，同比增长 72.7%。截至年底，企业拥有有效发明专利 9 231 件，万人有效发明专利拥有量 543 件；经开区拥有国家知识产权示范企业 7 家，国家知识产权优势企业 15 家，北京知识产权试点企业 158 家，北京知识产权示范企业 60 家；当年获得中国专利奖 6 项，北京市发明专利奖 2 项；新增知识产权贯标企业8家;打造北方华创高价值专利培育中心,高价值专利培育中心增至5家。

（蔡　茜）

【经开区企业获得第21届中国专利奖】年内,第21届中国专利奖授予经开区企业5项专利奖项,其中东方百泰的“一种Exendin-4及其类似物融合蛋白”专利获中国专利银奖;中冶京诚的“一种综合管廊的天然气舱”专利、数字精准公司的“双相机的多光谱成像系统和方法”专利及铂阳顶荣公司的“真空蒸镀源加热系统和真空蒸镀系统”专利获中国专利优秀奖。

（蔡　茜）

【京东方PCT专利申请量位列全球第七】年内,根据世界知识产权组织(WIPO)公布的2020年全球国际专利申请排名,京东方以1 892件PCT专利申请量连续5年进入全球PCT专利申请前10;京东方美国专利授权量实现连续3年跻身全球前20;京东方人工智能与大数据算法领域有14项技术位列世界前10,5项人工智能技术获得行业冠军。截至年底,京东方累计可使用专利超7万件,在年内新增专利申请中,发明专利超90%,海外专利超35%,覆盖美国、欧洲、日本、韩国等多个国家和地区。

（蔡　茜）

## 资源汇聚及产业发展

【京东数科产业AI中心成立】3月24日,京东数科产业AI中心成立。该中心集成京东数科集团旗下AI实验室、数据智能实验室、智能风控实验室、智能城市研究院、农牧院士研究院、资管科技创新实验室、区块链实验室、AI机器人实验室等多个科技研发机构的AI研发力量,致力将机器学习、深度学习、知识图谱、计算机视觉、语音与自然语言处理等前沿AI技术实现产业级应用。

（蔡　茜）

【信创园攻关适配云公共支撑平台启动建设】4月16日,国家信息技术应用创新核心基地攻关适配云公共支撑平台建设启动会召开。该平台由经开区信创园、工业和信息化部网络安全产业发展中心(信息中心)、统信软件技术有限公司、龙芯中科技术有限公司、同方股份有限公司等单位联合建设。攻关适配作为信息技术应用创新产业链上下游协同技术攻关的关键环节,对推动全产业发展具有重要的牵引作用。

（蔡　茜）

【电科院与集创北方合作建设集成电路产品测试中试基地】6月17日,北京电子科技职业学院与北京集创北方科技股份有限公司达成合作,共同建设集成电路产品测试中试基地,提供集成电路产品检测及人员培训服务,开创校企共建中试基地新模式。同时形成经开区专业公共服务平台,每年为区内集成电路产业提供不低于1亿枚的芯片功能测试服务,并提供集成电路技术培训和设计服务。

（蔡　茜）

【长城超云AMD联合实验室揭牌】8月26日,长城超云(北京)科技与国际半导体巨头AMD联合共建的重点实验室揭牌,双方拟在边缘计算、5G等领域展开合作。作为国内最早与AMD同步发布基于Naples平台服务器的厂商之一,长城超云拥有良好的研发基础和数十位AMD认证专家,在EPYC(霄龙处理器)架构的产品技术方面进行了大量积累与实践。

（蔡　茜）

【2家企业入选首批工业互联网标识应用供应商合作伙伴】8月30日,中国信息通信研究院工业互联网与物联网研究所在2020工业互联网大会上,发布了基于标识应用体系三大层级10个应用场景的首批工业互联网标识应用供应商合作伙伴,经开区企业中金数据集团入选产品/设备层供应商合作伙伴,和利时集团入选流程/过程层供应商合作伙伴。

（蔡　茜）

【3家药企登上中国医药工业百强榜】8月30日,由中国医药工业信息中心主办的第37届全国医药工业信息年会揭晓2019年度中国医药工业百强榜榜单。经开区企业拜耳医药、泰德制药和悦康药业上榜,分别排名第8、第62和第93位。

（蔡　茜）

【12家企业入围工业和信息化部绿色制造名单】9月11日,工业和信息化部节能与综合利用司公示第五批绿色制造名单,拜耳医药保健有限公司、赛诺菲(北京)制药有限公司、北京ABB低压电器有限公司、富智康集团有限公司、北京盛通印刷股份有限公司、北京北汽李尔汽车系统有限公司、中粮可口可乐饮料(北京)有限公司、利乐包装(北京)有限公司、北京新华印刷有限公司9家企业获评“绿色工厂”;北京京东方显示技术有限公司、北京

奔驰汽车有限公司、北京盛通印刷股份有限公司 3 家企业获评“绿色供应链”。截至年底，经开区共有国家级“绿色工厂”企业 22 家，“绿色供应链”企业 3 家。

（蔡 茜）

【博奥晶典空间转录组测序技术获认证】9 月 14 日，北京博奥晶典生物技术有限公司（简称博奥晶典）的空间转录组测序技术获 10x Genomics 公司颁发的 CSP 证书，这是继单细胞转录组测序、单细胞 ATAC 测序技术、单细胞免疫组库之后，博奥晶典获得的又一官方认证。博奥晶典成为同时拥有 4 种 10x 平台测序技术官方认证的服务商。博奥晶典的单细胞表面抗体及转录组测序服务于 6 月 12 日通过北京市新技术新产品认定。

（蔡 茜）

【北京市高级别自动驾驶示范区落地经开区】9 月 19 日，北京市高级别自动驾驶示范区发布会在经开区举行，会上宣布全球首个网联云控式高级别自动驾驶示范区建设启动。会上发布了《北京市高级别自动驾驶示范区建设方案》，北京市交通委、规划和自然资源委、交管局介绍了《北京自动驾驶车辆道路测试实施细则》修订情况、“智能汽车基础地图应用试点”相关举措和北京高速公路自动驾驶测试管理措施。智能网联汽车数据交互与应用国家平台也同时落户，工业和信息化部装备中心、北京市经济和信息化局、北京经开区将发挥各自优势，开展标准法规、准入监管、测试评价、数据应用等研究和实践，促进产业持续健康发展。北京赛目科技有限公司与北京车网科技发展有限公司签署《关于共同推进北京市高级别自动驾驶示范区建设战略合作协议》，在自动驾驶测试与评价工具链、自动驾驶车辆模拟仿真测试等方面深入合作，推动示范区建设。

（蔡 茜）

【12 家企业上榜专精特新“小巨人”企业名单】9 月 21 日，市经济和信息化局发布首批北京市专精特新“小巨人”企业名单，经开区 12 家企业上榜。入选企业涉及集成电路、生物医药、电子信息等行业，均属于制造业核心基础零部件、先进基础工艺和关键基础材料、产业链和供应链关键环节、关键领域“补短板”，以及国家、北京市重点鼓励发展的支柱和优势特色产业领域。

（蔡 茜）

【求臻医学与因美纳（Illumina）开展深度合作】10 月 10 日，求臻医学科技（北京）有限公司进一步与全球基因测序技术领导者因美纳（Illumina）达成深度合作，在 Illumina NextSeq™ 550Dx 基因测序平台上开放并注册报批多款肿瘤基因检测产品，推进肿瘤精准医疗产业化进程。求臻医学肿瘤基因测序能力已通过美国病理学家协会认证和欧洲分子基因诊断质量联盟 EMQN 肺癌基因检测项目能力评估认证。公司的 ChosenLung™ 肺癌 27 基因检测服务获得北京市新技术新产品（服务）证书。作为国家“十三五”重大课题《中国肿瘤基因图谱计划》承担方，其搭建的肿瘤精准医学大数据平台已经存储超 3 000 例肿瘤生物样本。

（蔡 茜）

【双创友好型科技金融服务联盟成立】10 月 16 日，为建设科技金融生态圈，推动科技成果转化金融服务体系建设，促进企业信息与金融信息互利互通，经开区双创友好型科技金融服务联盟成立，为“三城一区”科技成果项目产业化落地保驾护航，助力创新企业发展，为创新聚力、为企业赋能。

（蔡 茜）

【经开区 2020 智能制造试点示范企业授牌】10 月 17 日，经开区 2020 年度智能制造试点示范企业授牌仪式暨经验交流会举办。交流会旨在构建新型制造体系，推进互联网、大数据、人工智能等与制造业深度融合，聚焦关键技术，加强重大技术装备研发创新、智能制造技术集成突破，推动具有自主知识产权的机器人自动化生产线、数字化车间、智能工厂建设。北方导航控制技术股份有限公司、北京欣奕华科技有限公司等 14 家企业获得试点示范企业授牌。

（蔡 茜）

【京东方承接跨行业应用服务平台建设】10 月 30 日，京东方科技集团股份有限公司入选工业和信息化部新一批工业互联网标识解析二级节点跨行业应用服务平台建设名单。京东方作为信息交互及为人类健康提供智慧端口产品和专业服务的物联网公司，依托多年制造业系统建设经验，结合人工智能、大数据和工业仿真技术，打造全价值链的工业互联网平台。京东方工业互联网解决方案入选 2020 年大数据产业发展试点示范项目。

（蔡 茜）

【首批“首台(套)创新产品名单”出炉】10—11月,经开区公布2批首台(套)重大技术创新产品认定及资金支持企业名单,锐洁机器人的抛光清洗机械手系统、中电科的减薄抛光一体机、博奥晶典的恒温扩增微流控多病毒核酸检测芯片系统、中航智的无人机等33项产品获5 293万元资金支持。

(蔡　茜)

【3个平台晋升为市级平台】12月6日,市科委发布的2020年度北京市科技成果转化平台建设专项(科技成果转化专业平台建设方向)支持名单中,经开区生物大分子药物中试服务平台、高端医疗器械创新成果转化平台和医学人工智能技术成果转化服务平台入选,占北京市科技成果转化专业平台建设新获批总数近四成。

(蔡　茜)

【E-Town Bio产业工程师学院成立】12月11日,由北京亦庄国际生物医药投资管理有限公司牵头,北京石油化工学院、北京电子科技职业学院、生物医药园工会联合会、中关村现代医药生产力促进中心共同发起成立的E-Town Bio产业工程师学院在亦庄国际生物医药园区举行签约及揭牌仪式,以该学院为载体,全方位打造区域性产业人才培训管理平台。

(蔡　茜)

【卫星互联网车载天线联合实验室成立】12月18日,北京京东方传感技术有限公司与浙江时空道宇科技有限公司宣布共同成立卫星互联网车载天线联合实验室。双方将发挥各自优势,以该联合实验室为技术合作平台,推进卫星通信天线、薄膜天线等新型天线在智能网联汽车上的应用。

(蔡　茜)

【中经云亦庄数据中心入选国家绿色数据中心】12月19日,中经云数据存储科技(北京)有限公司旗下中经云亦庄数据中心入选由工业和信息化部、发展改革委、商务部、国管局、银保监会、国家能源局联合评出的2020年度国家绿色数据中心名单。中经云亦庄数据中心通过前期的节能化设计方案、采购期绿色节能设备采购、建设期环保建材选用、运维阶段多种能源资源制度规范管理,有效提升数据中心的能源资源利用效能。

(蔡　茜)

【6家企业入选北京市智能制造标杆企业】12月31日,小米通讯、亦庄水务、信维创科、柏瑞安电子、利乐包装、泰德制药6家企业入选2020年北京市经济和信息化局北京市智能制造标杆企业名单,加大自动化、数字化、网联化、智能化相关技术与制造业实体经济的融合发展,引领智能制造促进产业转型升级发展。

(蔡　茜)

【经开区6家平台入选市抗疫协同创新平台】年内,北京市抗击新冠肺炎疫情的17个协同创新平台中,经开区的水木中晖医疗器械工程化+检验认证注册+CRO平台、昭衍生物蛋白药物中试及生产协同创新平台、北亦蛋白千升级规模重组蛋白药物中试服务平台、国典医药神经系统疾病创新药物研发国际合作平台、求臻医学肿瘤精准医学大数据平台及诺康达医药高端制剂智能制造协同创新平台6家平台上榜。

(蔡　茜)

## 科技成果及转化

【思路迪医药抗癌创新药临床获批】1月29日,思路迪(北京)医药科技有限公司宣布其自主研发的、针对适应证为晚期实体瘤的1类创新药3D011临床试验申请已获得国家药监局审评中心批准。3D011是一款由多靶点抗血管新生药ABT-869(Linifanib)和特异性五肽通过连接臂(12碳链脂肪酸)连接而成的小分子前药,通过在晚期恶性实体瘤患者中开展Ⅰ期临床试验,研究单药治疗的安全性、耐受性、药代动力学和初步疗效。

(蔡　茜)

【北京泰德制药1类创新药申报美国FDA】2月7日,北京泰德制药自主研发的全新靶点创新药TDI01向美国FDA提交IND申请并获得受理。TDI01是全新靶点ROCK2高选择性抑制剂,国家“十三五”重大新药创制品种。TDI01拟开展的适应证为非酒精性脂肪肝炎和肺纤维化,将在美国率先启动Ⅰ期临床试验。TDI01可通过抑制ROCK2,同时具有抑制纤维化进程、抗炎和免疫调节作用,对纤维化发生发展各个环节均有治疗作用。

(蔡　茜)

【凯因科技1.1类新药打破国外垄断】2月、3月,北京凯因科技股份有限公司分别取得凯力唯和赛波唯的注册批件,成为国内首家成功开发出泛基因型全口服药物组合的医药企业,拥有国内最为齐备的丙肝治疗方案。凯力唯和赛波唯的联用方案可治疗初治或干扰素经治的基因1型、2型、3型、6型成人慢性丙型肝炎病毒(HCV)感染,是首个国产丙肝泛基因型全口服治疗方案,临床治愈率(SVR121)高达97%。该方案的获批上市打破国外企业对国内丙肝治疗药物的垄断局面,实现进口替代。

(蔡　茜)

【宇航推进火箭发动机关键部件交付】3月31日,北京宇航推进科技有限公司自主研制的“沧龙一号”液氧/LNG液体火箭发动机(CL－1)全尺寸涡轮泵通过全部地面常温及低温测试试验项目考核,完成装配及交付,进入系统级调试和测试阶段。“沧龙一号”液氧甲烷发动机单机使用或双机、四机和五机并联,可以提供60吨、120吨、240吨和300吨的起飞推力,可作为运载火箭、可重复使用飞行器等航天运输系统一级的主动力。

(蔡　茜)

【亦庄造碳纤维飞轮赋能新基建】5月16日,罗特尼克能源科技(北京)有限公司宣布其采用国产碳纤维成功研发出2.8倍音速碳纤维飞轮,并应用于飞轮储能系统,该技术可将产业化飞轮储能系统的能量密度提升一个新高度,有效降低储能成本,为大数据中心等新基建设施节能降耗。

(蔡　茜)

【烁科中科信实现百万电子伏特高能离子加速】7月1日,电科装备旗下烁科中科信电子装备有限公司自主研制的高能离子注入机成功实现百万电子伏特高能离子加速,性能达到国际主流先进水平,标志着中国在芯片制造核心关键装备自主研制道路上迈出重要一步,具备为全球芯片制造企业提供离子注入机成套解决方案的能力。

(蔡　茜)

【数字精准荧光分子成像仪获准上市】9月22日,北京数字精准医疗科技有限公司利用创新产品绿色通道取得荧光分子成像仪产品注册证。该公司“双相机的多光谱成像系统和方法”获中国专利奖优秀奖。公司基于该专利研发的荧光分子影像导航系统可实时显影肿瘤边界,尤其是微小的转移癌及脉管结构等,实现在手术中肿瘤病灶的精准定位。

(蔡　茜)

【北京首条MEMS芯片生产线通线投产】9月29日,由赛莱克斯微系统科技(北京)有限公司建设的8英寸MEMS国际代工线建设项目通线投产,产能为1万片/月。标志着北京首条商业量产、全球业界最先进的8英寸MEMS芯片生产线进入实际生产阶段,完全达产后将形成3万片/月的生产能力。

(蔡　茜)

【加科思JAB－3312获得FDA孤儿药资格认定】10月,北京加科思新药研发有限公司用于治疗食管癌的原研新药JAB－3312获美国FDA孤儿药资格认定。JAB－3312是加科思第二个自主设计开发、具有全球知识产权的小分子口服抗肿瘤药,获得美国FDA和中国国家药监局的新药临床试验许可。JAB－3312为SHP2磷酸酶抑制剂,可阻断KRAS－MAPK信号通路,解除肿瘤免疫抑制微环境,增强现有肿瘤免疫疗法功效。

(蔡　茜)

【“谷神星一号(遥一)”商业运载火箭成功发射】11月7日,星河动力航天自主研发的“谷神星一号(遥一)”商业运载火箭在酒泉卫星发射中心发射,将国电高科“天启11号”卫星送入预定轨道,成为首个成功发射商业组网卫星的民营商业火箭。这是星河动力航天实施的首次发射任务,也是中国民营商业火箭首次进入500千米太阳同步轨道,是垂直自瞄准、矢量固体推力控制等技术在民营商业运载火箭上的首次应用。

(蔡　茜)

【思路迪医药新药上市申请获国家药监局受理】11月16日,思路迪(北京)医药科技有限公司宣布与康宁杰瑞生物制药、先声药业集团有限公司合作研发的全球首个皮下注射重组人源化PD－L1单域抗体恩沃利单抗注射液的新药上市申请获国家药监局受理,相关适应证包括既往标准治疗失败的微卫星不稳定/错配修复功能缺陷晚期结直肠癌、胃癌及其他晚期实体瘤。

(蔡　茜)

【蓝箭航天火箭发动机“合体”试车成功】11月,蓝箭航天技术有限公司完成“朱雀二号”火箭二级发动机联合试车。本轮试车的火箭发动机由80吨和10吨级的“天鹊”液氧甲烷发动机组合而成,累计试验时长超1 200秒。该组合将为“朱雀二号”的二级火箭提供坚实可靠的“动力心脏”。这是国内首次由多台液氧甲烷发动机并联完成的试车试验,向“朱雀二号”整箭“合体”迈出了重要一步。“朱雀二号”运载火箭是中国在研运力最大的液氧甲烷运载火箭产品，通过芯级并联可实现覆盖各类轨道发射能力。

（蔡　茜）

【中关村科技成果产业化先导基地揭牌】12月24日，在中关村管委会、经开区管委会和海淀区政府三方的共同推动下，中关村科技成果产业化先导基地揭牌。以共建先导基地为契机，探索完善加强“三城一区”科技成果转化合作机制，打通自贸区高端产业片区与科技创新片区，打造具有国际竞争力的创新产业集群，为加快北京建设国际科技创新中心提供有力支撑。

（蔡　茜）

【国药中国生物新冠病毒灭活疫苗获批附条件上市】12月30日，国药集团中国生物新冠病毒灭活疫苗在国内获批附条件上市。2020年，国药集团中国生物北京生物制品研究所承担科技部新冠病毒灭活疫苗研发任务，紧急启动新冠病毒灭活疫苗工艺研发和生产车间建设，用时60天在经开区建成全球最大新冠病毒灭活疫苗生产车间，年产能可达1.2亿剂。

（蔡　茜）

【经开区实施“白菜心”工程】年内，经开区实施“白菜心”工程，面向产业技术前沿，服务国家战略需求，构建政产学研用相结合的技术创新服务体系，打造一批高端、智能、关键技术产业集群，吸引支持一批高层次科研人才和高水平创新团队，突破一批关键核心技术项目，打造具有国际影响力的科技创新高地。首批支持10个关键核心技术研发，储备项目29项；2020年重点推进的10项“白菜心”工程项目均完成预定指标，申请国内专利30件、国际专利3件，研制样机7台，试制零部件及样品14种，实现技术突破3项，完成设计方案4个、研究报告3篇，制定国家标准1项，完成临床研究3项。

（蔡　茜）

【推动企业与高校形成对接机制】年内，经开区推动龙头企业与各高校形成成果转化对接机制，梳理高校院所入库项目700多项。其中，对接清华大学高端装备研究院储备项目45项；储备北京交通大学产业化项目超过100项，储备专利550件；与北京中医药大学形成全面战略合作项目8项，储备专利对接需求80项。入区企业OBE在首都师范大学建设太赫兹实验室；科益虹源探索与怀柔超快电镜大科学装置合作，通明湖信创园吸引统信、龙芯、华为、浪潮等66家信创头部企业落地。

（蔡　茜）

【设立科技成果转化基金】年内，经开区利用国家融资担保基金、北京市科技创新基金等各类产业金融资源，联合中关村、海淀区设立科技成果转化基金，探索知识产权质押融资等金融产品，打造创新友好型科技金融服务，支持转化项目研发孵化，有力服务实体经济和支持技术创新。通过股权投资、基金投资等支持重大产业项目落地，全年投资超140亿元。

（蔡　茜）

# 中关村示范区

【概述】2020年，中关村示范区深入贯彻习近平总书记关于中关村要打造世界领先科技园区和创新高地的重要指示精神，着力支持关键核心技术攻关，促进科技成果转化和产业化，统筹推进新冠肺炎疫情防控和企业复工复产，顺利完成“十三五”规划主要目标任务，初步成为具有全球影响力的科技创新中心，有力支撑北京国际科技创新中心和中国世界科技强国建设。

着力应对新冠肺炎疫情“大考”，科技战“疫”成效显著。迅速出台支持抗疫研发、加快新技术新产品推广等10项政策措施，发布3批370多项抗击疫情新技术新产品新服务清单。新冠病毒灭活疫苗、芯片检测系统、CT检查AI系统在疫情防控中大显身手。建立企业复工复产需求协调解决机制，实施企业抗疫发展“千帆计划”，服务企业6 400余家次；推出企业抗疫发展贷、创投战“疫”投资行动，共发放贷款480多亿元，加权平均贷款利率3.65%，落地投资项目130亿元。组织“抗疫情助就业”网络招聘会，参会企业提供岗位近1.2万个。面对新冠肺炎疫情的严重冲击和复杂国际形势，示范区企业总收入7.2万亿元，同比增长8.8%。

着力深耕改革试验田，先行先试改革实现新突破。财政部等部委支持在中关村开展公司制创投企业所得税、技术转让所得税、高端境外人才个人所得税等税收试点，国家外汇管理局升级中关村外债便利化政策。开展赋予科研人员职务科技成果所有权或长期使用权、央企科技成果转化改革试点，制定实施强化高价值专利运营促进科技成果转化若干措施。印发《关于推动中关村首创产品市场应用的若干措施》，全链条支持新产品推广应用。提出国际人才出入境等政策建议，纳入北京市政府与国家移民局签署的合作备忘录文件。争创中关村科创金融试验区，建立知识产权质押融资成本分担和风险补偿机制。修订中关村示范区“1+4”资金支持政策及配套的实施细则，进一步加强政策精准性和统筹力度。

着力构建高精尖经济结构，高质量发展迈上新台阶。落实北京市10个高精尖产业发展总体部署，加快构建中关村“241X”产业体系。瞄准卡脖子问题，推出高精尖产业“强链工程”，探索“揭榜挂帅”机制。实施基于专家实名推荐的非共识评价筛选机制，支持22项颠覆性技术项目。把握国际创新前沿趋势，采取技术专家、投资人联合评审和公开路演方式，支持160余家前沿技术企业。在人工智能、集成电路、生物医药等领域新建14个高精尖产业协同创新平台，涌现类脑计算技术、国际原创抗癌治疗药物等一批重大原创成果。实施中关村数字经济引领发展行动，互联网医疗、在线教育、协同办公、AI+等新经济迅猛发展。

着力畅通源头传导，创新创业生态得到新优化。根据北京市政府部署，制定实施促进孵化服务产业发展工作方案，开展孵化器分类评价，提高创业孵化能力。举办58场科技成果转化“火花”活动，支持44家技术转移服务平台建设，促进科学家、企业家、投资人深度对接。深入实施“高聚工程”“雏鹰计划”，出台《关于进一步加强中关村海外人才创业园建设的意见》。推动新三板精选层改革和北京四板市场债转股资产集中交易试点。成立首支中关村科学家投资基金。搭建中关村企业联系服务平台，制订实施北京市独角兽企业服务行动方案。放大科技型小微企业研发支持政策效应，支持企业4 821家。成功举办5G创新应用大赛、新兴领域专题赛等品牌活动。

着力加强分园统筹，一区多园协同发展取得新进展。印发实施《中关村国家自主创新示范区统筹发展规划（2020年—2035年）》，出台分园3年提升行动方案。制定特色产业园建设指导意见，支持分园建设产业促进服务机构，提升分园专业化服务运营能力。搭建示范区高精尖产业空间供需服务平台，支持产业空间供需精准对接。推动通州张家湾设计小镇产业发展，推介优质企业项目导入。开展示范区分园创新发展考核评价，引导分园高质量发展。

着力扩大开放创新，对外交流合作呈现新局面。成功举办2020中关村论坛，论坛集成会议、交易、展览、发布四大板块，首次与科博会融合，首次推出技术交易板块，共开展50余场活动，2 600多名中外嘉宾参会，论坛相关信息阅读量逾12.4亿人次。印发《中关村国家自主创新示范区国际化发展指导意见》，优化驻海外联络处布局，联络处总数达到19个。深化京津冀协同创新，研究编制雄安新区中关村科技园规划，加快天津滨海－中关村科技园等共建园区建设，中关村企业累计在津冀设立分支机构超过9 000家。

（中关村管委会）

【海淀园概况】2020年，海淀园入统高新技术企业总数约1.4万家，从业人员134.2万人，工业总产值2 522.3亿元，总收入2.9万亿元，进出口总额2 615.1亿元，实缴税费794.3亿元，利润总额1 870.9亿元，资产总计5.3万亿元，科技活动经费支出总额1 987.1亿元，专利授权3.1万件。2020年，海淀园全面提升中关村科学城创新能级，着力打造支撑引领首都高质量发展的核心引擎，园区高科技企业总收入、出口总额等重要经济指标逆势大幅增长。

科技抗疫收获成果。搭建城市大脑疫情大数据平台助力全区新冠肺炎疫情精准防控。支持北京推想科技有限公司、联影智能医疗科技（北京）有限公司等企业在快速大人流测温、诊断设备、应急调度系统等方面提供科技硬支撑。落实市、区企业扶持政策,支持项目 90 项。推进“互联网 +”应用场景建设,新冠肺炎疫情期间线上办公、教育、医疗有多种解决方案。支持北京科兴中维生物技术有限公司研制新冠病毒灭活疫苗并进入Ⅲ期临床试验,支持全球健康药物研发中心筛选 8 个抗新冠病毒有效候选药物。

原始创新能力实现新的提升。网络安全国家实验室、量子研究院、智源研究院、微芯研究院等一批重大创新平台建设全面推进。国家智能制造中心和京津冀国家技术创新中心获批建设,中关村国家实验室初步完成选址和起步区设计。协同创新研究院围绕产业链构建创新链,建成先进制造、柔性电子等 6 个协同创新中心。拥有清华大学、中国科学院 2 个新建概念验证中心及北航概念验证中心,首批 7 个项目进展顺利。推动中科智汇工场、中科海淀科技创新综合体、中关村智友天使学院等成果转化平台载体建设,驻区国家纳米科学中心等 7 家单位入选职务科技成果权属改革试点。成立总规模 27.85 亿元的中关村科学城科学家基金。

高精尖产业发展增长新动能。推进 5G、集成电路设计、网络安全、智联网联汽车、商业航天等领域发展,重大项目落地 24 个、在谈 44 个,梳理重点潜力企业 89 家。重大项目库投入使用,入库 320 个重大项目、493 家重点企业。在硅谷电脑城、蓝润大厦打造人工智能创新集聚区,国家网络安全产业园入驻企业 40 余家,“星谷”千亿级空天产业集聚区已现雏形。发挥资源禀赋和产业优势,加快壮大新业态新模式,24 个新基建、21 个新场景项目扎实展开,环保园自动驾驶示范应用场景项目建设完成,五环内及重点区域实现 5G 全覆盖。

政策创新步伐加快。参与北京市服务业扩大开放综合示范区和北京自由贸易试验区建设,为科学城创新发展升级赋能。《中关村科学城加强底层技术创新布局计划(2020)》《关于中关村科学城新时期再创业再出发提升创新能级的若干措施》等新政策新举措落地见效,修订完善“1 + 4”政策体系,加强中关村科学城“十四五”规划研究。落实“1 + 3”高精尖产业空间政策,推进中关村大街沿线和“马上清西”等区域新增和存量改造升级产业空间建设。推动首农集团原三元华冠项目、金隅智造工场、魏公村百花鞋厂、七一棉纺厂、五棵松蓝色港湾等一批低效楼宇改造升级,提升经济产出密度。《中关村科学城北区发展行动计划》发布并明确 5 年时间表和路线图,打造推动北京高质量发展的新引擎。推进“上云”“入链”“汇数”,发挥政务云平台、政务大数据平台等基础设施作用,打通数据共享通道。

“创新雨林”生态建设持续再升级。“海英计划”升级版启动申报,率先开展集群注册试点,率先启动不动产交易、企业开办等领域区块链技术应用场景建设。30 家高校院所建设知识产权运营办公室,11 家高价值专利培育中心培育专利组合 47 个,运营收益超 2 亿元。53 个项目获 2 300 万元联合基金支持,107 家单位共 148 个项目获 4 176 万元重大科技项目和创新平台奖励专项资金支持,236 家企业获 2.4 亿元研发费用补贴。创业孵化机构提质增效加速,86 家创新型孵化器和 15 家硬科技孵化器向专业化特色化发展。科学城创新发展公司平台支撑作用增强,投资平台项目 6 个、股权项目 6 个、子基金项目 15 个,共计 15.4 亿元。设立全国首家小微企业续贷中心,支持科技型企业知识产权融资。

(中关村管委会)

**【昌平园概况】** 2020 年,昌平园入统高新技术企业总数 2 762 家,从业人员 17.8 万人,工业总产值 1 429.1 亿元,总收入 4 803.1 亿元,进出口总额 372.1 亿元,实缴税费 191.2 亿元,利润总额 367.9 亿元,资产总计 8 951.8 亿元,科技活动经费支出总额 215.9 亿元,专利授权 4 909 件。2020 年,昌平园推进未来科学城西区、未来科学城东区、昌平新城 3 个组团共 46.39 平方千米区域优势和产业特色建设,抓好示范区政策覆盖和发展联动,集聚高新企业 4 700 余家、国家高新技术企业 1 550 余家,上市企业 30 家、新三板企业 52 家,累计建成国家级和省部级重点实验室 55 个、工程技术中心 102 个,呈现良好发展态势。

推进“两谷一园”发展格局。依托“能源谷”打造国家级先进能源产业和智能制造主阵地,重点打造能源互联网、新能源 2 个板块,加快构建先进能源产业生态。“生命谷”形成“管委会 + 运营公司 + 开发企业”工作机制,启动全球招商和创新生态搭建。沙河高教园落实理事会工作制度,推进减量发展,依托区属国企负责土地开发,形成多方联动。

推动重点项目落地。“能源谷”推动智能电网特高压直流输电技术、氢能燃料电池关键技术、煤炭清洁高效利用等发展成行业标杆，组建氢能技术等一批协同创新平台，支持央企国电投氢燃料电池中试线项目完成设备调试、未来氢谷氢燃料电池发动机中试线建设、北汽福田氢燃料商用车及测试能力项目建设。"生命谷"全面启动自贸区建设，昌平国家实验室挂牌，国际研究型医院3月25日开工，华辉安健、诺诚健华、丹序生物、军科华仞成功签约，合生基因、华夏英泰入驻开工，与国家药监局紧密对接"三大中心"入驻，冷冻电镜实验中心等平台投入运营，大分子药物中试、细胞与基因治疗中试等平台启动建设。推进小米二期项目，积极对接小米集团，明确产业布局和落地项目。

完善优化创新服务环境。推动诺诚健华、万泰生物等10家企业成功上市，创昌平区历年新高；颖泰生物成为全国第一家新三板精选层过会企业。服务乐普医疗、金匙基因等19家企业获批贷款1.6亿元；推进科兴生物等40余家企业加快研发生产新冠肺炎防疫物资、新冠病毒疫苗、核酸检测试剂及器械等，卓诚惠生等3家企业新冠病毒检测试剂获批上市，吉因加等8家企业取得新冠病毒检测资质。成功举办全球能源转型高层论坛、北京脑科学国际学术大会等活动。

（中关村管委会）

【顺义园概况】2020年，顺义园入统高新技术企业总数595家，从业人员10.3万人，工业总产值848.5亿元，总收入1 742.5亿元，进出口总额111.3亿元，实缴税费80.2亿元，利润总额179.2亿元，资产总计4 824.5亿元，科技活动经费支出总额96.2亿元，专利授权3 530件。2020年，顺义园一手抓防疫，一手抓复工复产，努力实现新冠肺炎疫情防控和复工复产两手齐抓，园区各项工作稳步推进。

精准助力复工复产。积极落实京16条、京9条和《顺义区应对疫情影响保障企业用工实施办法》等文件精神，为企业解决返岗及交通费用支出较大等实际困难，协调解决1 200余人通勤问题；举办网络招聘会31场，150家次企业提供优质岗位2 000余个，园区141家规模以上企业复工率100%，职工复岗率99%；开通企业转产手续办理绿色通道，盘活4处闲置楼宇，共计5 100平方米；园区实体企业299家、商务楼宇72栋、在施工地12个、商住小区1个，均实现新冠肺炎疫情防控无死角、零感染。

招商引资成果明显。年内，共引进科技型企业182家，其中新能源智能汽车、第三代半导体、航空航天企业占增量企业数的85%，主导产业聚集度进一步提升；累计注册资金31.2亿元，其中注册资金3 000万元以上企业27家，亿元以上企业14家。重点项目有力推进。截至年底，园区共有重点项目28个。中国电子科技集团光电总部基地项目完成地籍调查。车和家总部及研发基地项目1、2号楼装修完成，工作人员进驻办公。清碳科技金刚石半导体材料产业基地项目实验室装修完毕，完成系统调试。顺义航天产业园项目卫星应用智能装备产业基地、信息技术产业基地建设工程稳步推进。卫星姿轨控系统核心技术产业基地取得建设工程规划许可证，完成施工总承包开标，并办理签订合同事宜。

双创载体特色鲜明。加强专业平台的渠道引导，科技成果转化步伐明显加快。国际第三代半导体众联空间获评"国家级众创空间""国家双创示范基地""中关村硬科技孵化器"，国联万众公司的5G氮化镓核心芯片研发被列入国家专项，"国家双创示范基地"获批支持金额2 500万元。第三代半导体联合创新基地以军转民为特色平台参与建设国家第三代半导体技术创新中心。中关村医学工程健康产业化基地挂牌"顺义区双创基地""博士后科研工作站"，累计研发成果282项。北航众绘虚拟现实研究院被认定为"中国产学研合作创新示范企业""北京市企业科技研究开发机构"，跻身中国VR企业50强第9名。智能计算产业研究院睿芯创立方获评"北京市众创空间""中关村硬科技孵化器"，智能芯片与系统开放实验室、工业互联网智能终端中试实验室、AI云计算教育基地等平台投入使用。园区申报工业和信息化部的"中小企业创新创业升级特色载体——大中小企业融通型项目"，获得北京市唯一推荐名额。

（中关村管委会）

【大兴园概况】2020年，大兴园入统高新技术企业总数473家，从业人员4.8万人，工业总产值392.4亿元，总收入706.3亿元，进出口总额41.6亿元，实缴税费31.2亿元，利润总额48.5亿元，资产总计1 190.5亿元，科技活动经费支出总额31.9亿元，专利授权1 204件。2020年，大兴园坚持推动一区多园统筹协同发展，在园区经济建设、政策引领、创新能力、特色发展等方面提质增效。

提升园区服务水平，推进园区特色发展。完成《中关村国家自主创新示范区大兴园发展规划(2018 年—2035 年)》编制工作，按照集中连片、特色突出的产业发展规划，将产业空间集中到生物医药组团、新媒体组团、临空组团 3 个重点发展区域。组织筹建北京中日国际合作产业园；开展招商引资工作，对接渠道机构 14 家，对接洽谈企业 126 家，推动与伊藤忠、正大集团、中信集团、龙玺集团等企业联合开发起步区；调研日企实际需求，细化 7 条创新政策，并纳入新一轮服务业扩大开放综合试点。

优化产业发展生态环境，加快积聚高精尖产业集群。建设完善研发中心等孵化服务平台，推动北京人才文化教育基地项目落地；园区设立院士工作站 4 家、博士后科研工作站 10 家。生物医药产业集群形成以医药研发及检验为核心板块，以生物制药、医疗器械、现代中药、创新化药为主体板块，以动物药、大健康为拓展板块的“1 +4 +2”产业格局。年内，开展线上及线下多渠道招商，落地项目 82 个，其中联合园区孵化器签约落地项目 77 个；利用医药基地产业空间与市科委 150 多个医药项目对接，承接“三城一区”的成果转化，落地汉氏联合、热景生物、华科精准等 7 家企业，重点跟进海杰亚、银谷制药等 9 个项目，同时储备 137 个高精尖项目。新媒体产业集群围绕新一代信息技术、数字创意与设计、现代服务业 3 个产业，吸引艾默生、国家互联网基金、钛媒体、航天建筑设计研究院等重点项目入区，基地被认定为首批北京市文化创意产业园区，年内签约项目 15 个，包括中国长城(北京)信息技术应用示范基地等 6 个区级重点项目。

营造创新创业环境，强化创业孵化服务能力。拥有北京九州众创科技孵化器、华润生命科学园、中关村医疗器械园 3 家硬科技孵化器，奥宇孵化器、格雷众创园等 5 家创新型孵化器。建立 6 亿元规模的北京建兴医疗健康产业股权投资基金；筹建大兴区高精尖产业引导基金，已投资 8 个项目，投资额 2.45 亿元。用足用好中关村示范区政策，启慧生物等 121 家企业获 2020 年度中关村科技型小微企业研发项目支持资金 834 万元，优迅医疗等 5 家企业被认定为 2020 年度中关村金种子企业，五和博澳等 25 家企业获 2020 年度中关村示范区科技信贷和融资租赁支持资金，北京艺苑获 2020 年度中关村天使投资及创业投资风险补贴支持资金，百奥赛图等 7 家企业申报 2020 年度中关村示范区园区新建产业载体和盘活利用存量空间资源项目，星昊盈盛等 4 家企业申报 2020 年度中关村示范区高精尖产业协同创新平台项目，联东 U 谷等 6 家企业申报 2020 年度中关村示范区特色园区项目，中关村医疗器械园申报 2020 年度中关村示范区人才租赁住房项目。

落实优化营商环境政策，推进重点项目建设。项目摘地流程由 150 天缩减到 106 天，企业开工手续从 113 天缩减到 35 天，土地摘牌和开工手续缩减 122 天。年内推进的重点项目包括北京热景生物技术股份有限公司全场景免疫诊断仪器、试剂研发与制造中心及北京沃森创新生物技术有限公司生物产业园 3 个促摘牌项目，总投资 23 亿元；北京航天控制仪器研究所大兴航天精密光机电与先进信息技术产业园区建设项目、利亚德电视技术有限公司利亚德视听科技应用产业园(二期)等 6 个促开工项目，总投资 37.6 亿元；北京大得名归医药科技开发有限公司生产基地项目、北京唯美光大日用化妆品有限公司研发生产基地项目等 22 个促竣工项目，总投资 131.7 亿元；北京瀚仁堂医药有限公司生产基地项目、北京民海生物科技有限公司研发生产楼建设项目等 6 个促投产项目，总投资 19.5 亿元。

(中关村管委会)

【亦庄园概况】2020 年，亦庄园入统高新技术企业总数 1 219 家，从业人员 19.6 万人，工业总产值 3 731.3亿元，总收入 7 559.8 亿元，进出口总额 1 342.0亿元，实缴税费 477.8 亿元，利润总额 525.7 亿元，资产总计 1.0 万亿元，科技活动经费支出总额 238.4 亿元，专利授权 5 493 件。2020 年，亦庄园扎实做好“六稳”“六保”工作，立足“双统筹”，力争“双胜利”，全力推动亦庄园高质量发展和全面建设。

科学精准抓好新冠肺炎疫情防控。制定“零感染”实施方案，出台《复工复产防控工作要点指南》等新冠肺炎疫情防控规范性指南，线上推出集信息采集、科普教育、防疫服务等功能于一体的“战‘疫’金盾”系统。支持园内 56 家企业生产防疫物资、研发药品试剂，推动呼吸机、CT 机等 116 项上市或在研产品驰援各地。建立疫情防控新技术新产品库，发布 2 批共计七大门类 107 项新技术新产品新服务清单、5 项科技抗疫应用场景。引进 9 家口罩生产企业，日产能 50 万只。线上开展全球双语免费咨询问诊，举办跨国企业抗疫在线视频交流会。鼓励企业捐款捐物。北汽集团向全国 10 座城市无偿提供物资运输车辆，京东率先打通武汉物资供应通道，鹰眼科技捐赠无人机，中金智汇捐赠机器人等智能装备。加快企业复工达产。出台“控疫情稳增长 10 条”“六稳六促 12 条”等惠企政策，以及鼓励企业云办公、弹性办公、减免房租等专项政策。建立政策兑现网上服务平台，为企业兑现扶持资金超 10 亿元，落实国家、北京市、亦庄园各项减免政策，累计减免 78 亿元。加强产业链供应链保障，协调京东方等 70 余家企业的京外供应商复工复产。制定《做好新冠疫情常态化科学精准防控的实施意见》，将常态化疫情防控纳入日常工作体系及考核内容。

推动亦庄新城高质量发展建设。优化顶层设计，编制完成《北京经济技术开发区高质量发展打造改革开放新高地行动计划（2020—2022 年）》，明确推动亦庄新城高质量发展路径图；推动落实《亦庄新城规划》，系统打造亦庄新城特色城市功能组团。

推进高精尖产业集聚。成立重点工作推进小组，推进国家、北京市重点项目建设。集成电路“双 1 + 1 工程”初步形成覆盖设计、研发、制造、装备等领域的 12 个产业项目清单，总投资超 2 700 亿元。京东系列项目、世界 500 强丰田燃料电池等项目有序推进。出台《关于加快四大主导产业发展的实施意见》《招商工作方案》及《招商引荐奖励办法》等政策文件，建立产业链链长制，对接中国建筑、吉利、阿里巴巴等各领域央企及行业领军企业，深挖企业优势资源，提升产业链、供应链的稳定性和竞争力。完成“七促”重点项目 78 个，其中智通物联网产业园等签约项目 49 个。加大对外合作力度，重点推动中法智能制造产业示范园、中日气动元件产业园、葛洲坝国际能源装备产业园等 5 个重点中外合作项目建设。

提升科技创新能力和科技成果转化承载力。采用“一个基地、一个平台、一只基金、一个机制”方式，与中关村管委会、海淀区政府共同推动先导基地实体化建设。推进“白菜心”工程，制定“白菜心”工程实施方案，首批支持华卓精科光刻机双工件台等 10 个关键核心技术研发，储备项目 29 项。加强20 + 技术创新中心和 10 + 中试基地建设，23 家创新中心研发新技术 69 项、新产品 99 项，制定标准 13 项。14 家中试基地服务 328 家次，合同金额超 6 亿元。新增京东乾石等 6 家市级研发机构，新布局肿瘤基因大数据平台等公共技术服务平台 16 个。优化科技创新服务体系，出台鼓励研发投入、知识产权等的专项政策，全年立项国家级专项 11 项，市级科技专项 84 项，补贴 6 196 万元，支持 92 家研发费用增长企业，拉动研发投入 148.6 亿元。开通 5G 基站 1 079 处，小米互联网产业园、北汽新能源高端智能生态工厂等新基建项目有序推进。发布全球首个网联云控式高级别自动驾驶示范区，挂牌国家人工智能高新技术产业化基地，发布 10 个“人工智能 + ”试点应用场景。

（中关村管委会）

**【房山园概况】**2020 年，房山园入统高新技术企业总数 457 家，从业人员 8.1 万人，工业总产值 228.2 亿元，总收入 486.2 亿元，进出口总额 12.7 亿元，实缴税费 19.7 亿元，利润总额 19.7 亿元，资产总计 807.3 亿元，科技活动经费支出总额 25.2 亿元，专利授权 863 件。2020 年，房山园全力落实中央和市、区各项政策措施，统筹抓好新冠肺炎疫情防控和企业复工复产，扎实推进各项重点任务和项目落地。

统筹抓好新冠肺炎疫情防控工作和企业复工复产。落实市、区及中关村“抗疫 10 条”各项政策措施，加大政策宣传力度，组织申报工作，配合中关村管委会在线上开展 2 个批次的小微企业研发费用补贴申报、抗疫发展贷、网络招聘会等工作，共为 40 余家企业提供政策咨询及对接服务工作。编制房山区众创空间减免房租补贴政策，为 409 家企业申请减免房租 1 305 万元。

完善房山园发展规划和空间优化方案，聚焦发展良乡、燕房、窦店三大组团。其中，良乡组团依托良乡大学城重点布局与北京理工大学等入驻高校合作的研发、小试、中试项目和部分研发成果产业化项目；窦店组团依托高端制造业基地重点布局现代交通、智能装备和医药健康产业前沿技术研发、中试和产业化项目；燕房组团依托新材料产业基地重点布局石墨烯、新型显示材料等新材料产业中试和产业化项目。

提升产业及推动重大项目建设。优化调整高精尖产业发展方向，初步明确“2 + 1 + 1”的主导产业，即重点发展以智能应急装备、先进轨道交通装备、新能源智能网联汽车为核心的高端制造业和以纳米材料、电子新材料、新型能源材料为核心的新材料两大主导产业，培育以医工交叉和中医药为特色的医药健康产业，提速发展金融科技等生产性服务业，加快构建具有房山特色的高精尖产业体系。围绕主导产业推进重大项目落地。高端制造领域，航景创新联合恒天云端等企业共同打造无人机灭火体系；天仁道和高速列车摩擦制动材料项目投产；卫国创芯固态锂电池项目签约落地；联手中国移动完成5G自动驾驶示范区一期车辆测试道路建设并投入使用，奥特贝睿、亮道智能等自动驾驶项目入驻。新材料领域，举办2020年京津冀石墨烯大会，石墨烯种子孵化园开园，首批5家企业入驻；冬奥氢能保供项目建成，环宇京辉氢能产业园启动建设，2座日加氢能力500千克加氢站建成。借助京津冀燃料电池汽车示范应用工程，推动氢能核心装备及燃料电池关键零部件项目落地。

推动特色园区及高品质产业载体建设。与中关村管委会共建的中关村（房山）高端制造前沿技术创新中心启动运营，依托中关村新兴产业前沿技术研究院空间载体和专业运营团队承接高端制造领域优质项目。中关村智能应急装备产业园揭牌。推动存量空间盘活新建高品质产业载体，新增产业载体面积约12万平方米，海创人才国际创新中心改造完成并投入运营，吸引30余家海归专家创办企业入驻；中关村新兴产业前沿技术研究院二期建成；良乡大学城新型研发中心承载空间改造完成。

（中关村管委会）

【通州园概况】2020年，通州园入统高新技术企业总数446家，从业人员5.1万人，工业总产值283.4亿元，总收入1 005.9亿元，进出口总额31.9亿元，实缴税费37.0亿元，利润总额83.9亿元，资产总计1 552.5亿元，科技活动经费支出总额55.5亿元，专利授权1 990件。2020年，通州园围绕转型发展主线，聚焦重点功能组团，突出抓好项目建设，加快体制机制改革，持续完善配套设施，不断优化发展环境，推动地区经济发展。

聚焦设计小镇，推进特色园区开发。制定并落实《关于支持张家湾设计小镇创新中心城市科技与创意设计产业发展的若干措施》，搭建产业政策体系，加快创意设计和城市科技优质资源汇聚。年内，张家湾设计小镇纳入中国（北京）自由贸易试验区国际商务服务片区，设计小镇创新中心和北京未来设计园区开园，首个试点区块链可信平台建设初步完成，全市首个工业设计人才工作站揭牌，中国设计红星奖博物馆落地张家湾设计小镇，2020北京国际设计周开幕式、北京城市建筑双年展2020先导展开幕式、张家湾设计小镇城市设计主题论坛、2020年中关村国际前沿科技创新大赛工业互联网与智慧城市领域决赛等活动在设计小镇举办，106家科技创新企业入驻小镇。国家网络安全产业园区（通州园）开园，西集镇TZ07－0102－0040等地块规划综合实施方案获批复，注册落地34家高精尖企业。漷县医药健康板块的首发项目——一方健康谷招商运营中心启用。

优化园区营商环境，加大企业服务力度。联合中关村管委会制定《中关村通州园项目推介导入工作方案》，抽调专人组建项目导入团队，对接中关村优质企业，北京市园林古建设计研究院等企业意向入驻。拓宽项目引入渠道，搭建项目引导对接平台，与中关村海淀园、中国中小企业协会、前沿技术产业联盟、集成电路尖端芯片等专业平台建立常态对接机制，对接企业70余家。年内，园区引进企业171家，其中外资企业1家；园区新认定的中关村高新技术企业123家；5家企业入选第九批、第十批中关村金种子企业；102家企业入选2020年“瞪羚企业”，22家企业入选2020年“展翼计划”；24个项目入选2020年北京市新技术新产品名单；5家企业入选首批通州区孵化示范基地名单；1家企业被认定为北京市企业科技研究开发机构；11家企业入选北京民营企业百强榜单。甘李药业股份有限公司在上交所主板上市。3家企业获430万元通州区疏解一般制造业工作奖励资金，6家企业获中关村国家自主创新示范区提升创新能力优化创新环境支持资金，2家企业获2020年中关村示范区重大高精尖成果产业化项目资金，8个项目获2 500万元科技资源支撑型特色载体专项支持资金，36个项目获1 960万元高精尖产业发展支持资金，72家企业获中关村科技型小微企业研发费用补贴470余万元。持续推动园区人才建设。4家企业获批设立北京市园区类博士后科研工作站，园区累计博士后科研工作站分站14家。20家企业获通州区高层次人才政府特殊津贴和购房补助167.9万元，19家企业获通州区“灯塔计划”人才奖励资金1 290万元。

（中关村管委会）

【东城园概况】2020年，东城园入统高新技术企业总数527家，从业人员9.4万人，工业总产值14.3亿元，总收入2 913.6亿元，进出口总额62.3亿元，实缴税费81.1亿元，利润总额280.5亿元，资产总计7 656.5亿元，科技活动经费支出总额109.6亿元，专利授权1 454件。2020年，东城园完成“十四五”中关村东城园专项规划前期研究，拟定“十四五”期间重点建设项目及任务目标，建立空间重点项目库。

构建高精尖经济结构。推动产业集聚，引进五矿财富、国华投资开发、巽康医疗、海德瑞祥、创享智谷等25家企业。组织4家园区企业申报中关村高精尖产业协同创新平台，推荐园区12家企业的13个项目申报市科委科技支撑东城区文化创新发展项目。

推进产业用地管理和载体建设。落实园区高精尖产业用地政策，试点工作稳步推进，创造高质量发展空间机会。园区平台公司北京天华雍和科技园建设发展有限公司获园区开发企业资格。同时根据中关村产业用地政策及核心区控规相关指标，结合街区层面控规，重点对青龙地块及金天坛、双玉中街地块进行研究，推进后续工作。重新梳理园区可利用地块及提质增效楼宇，其中地块16块、楼宇8栋。

落实常态化企业服务机制，优化园区营商环境。组织高精尖企业人才公租房申报、审核、确认工作，共分配18家企业54套公租房；组织2020年度工作居住证的二次申报工作，为12家企业争取工作居住证指标45个，对12家企业的高管骨干奖励156人，共计奖励1 980万元。协调解决企业融资问题，支持28家园区企业申报科技信贷和融资租赁支持资金项目；支持3家投资机构申报中关村天使投资及创业投资风险补贴资金支持项目。摸排300家高新企业，确定融资需求企业60家，金额13.2亿元，建立园区企业融资需求项目库。采用一对一服务，实时追踪银企对接情况，动态管理企业融资进展。园区19家企业获银行贷款2.8亿元。组织100家中小微企业及孵化器入驻企业签订《社会信用承诺书》。组织35家企业参加东城区营商环境大会；组织园区企业290人参加北京国际服务贸易博览会首日活动，邀请5家企业参加服贸会东城区招商专场；组织承办2020年中关村论坛中国北欧可持续发展与创新平行论坛。完成2020北京国际设计周暨第十一届创意点亮北京活动。

（中关村管委会）

【西城园概况】2020年，西城园入统高新技术企业总数1 038家，从业人员12.9万人，工业总产值1 190.6亿元，总收入3 481.0亿元，进出口总额260.5亿元，实缴税费112.0亿元，利润总额1 104.0亿元，资产总计2.1万亿元，科技活动经费支出总额162.5亿元，专利授权2 614件。2020年，西城园立足打赢新冠肺炎疫情防控阻击战，以“零感染企业”“零感染楼宇”“零感染园区”为目标，坚持疫情防控和复工复产两手抓，全力抓好金科新区建设，推动经济高质量发展。

推进国家级金科新区建设。完成《“十四五”时期国家级金融科技示范区发展规划》初稿编制，强化顶层设计，聚焦街区更新建设和楼宇改造，制定政策体系，紧抓项目落地。与海淀区建立金科新区建设工作推进机制，确定“1+2”行动计划框架和“1+9”协同发展思路。对标国内外金融科技发达地区标准，研究制订《北京加快推进国家级金科新区建设三年行动计划（2020—2022年）》，确立7个方面30项重点任务。加快金科新区核心区重点楼宇改造升级，提升街区品质和空间承载力，推动核心区重点楼宇奇安信总部大楼、北矿金融科技大厦投入使用，推进新动力金融科技中心、新大都首创金融科技产业园改造项目。开展首批金融科技企业与专业服务机构认定和“金科十条”政策兑现工作，对首批申报的35家企业进行评审，审核通过25家，发放政策兑现资金6 400余万元。推动北京金融科技研究院等创新平台、行业组织进驻金科新区，成功吸引成方金科、邦邦汽服等97家金融科技企业、专业机构入驻。配合人民银行营管部、市金融监管局等部门推动试点工作，承担项目培训、辅导、推荐、申报等任务，组织100多家企业通过“云课堂”开展试点项目申报辅导，服务西城区11个项目入选金融科技创新监管试点。举办第二届成方金融科技论坛、中关村“番钛客”金融科技国际创新大赛等活动，参与中国国际服务贸易交易会、中关村论坛和金融街论坛等活动，推介金科新区，向全球展示金科新区发展成果。

优化园区营商环境，落实企业服务机制。创新“无接触”数字服务，通过建立“孵化加速平台企业”“平台外高新企业”“金融科技企业”3个微信工作群，覆盖966家高新技术企业，实现联系园区企业全覆盖；通过“中关村西城园”微信公众号设立“政策小联播”栏目，开展线上政策专题辅导和专项解读。搭建企业对接服务平台，指导和推荐企业申报各类奖项支持，服务园区2家企业入围北京市2019年度拟认定技术先进型企业名单、3家企业入选2020年中关村金种子企业、5家企业入围北京市企业技术中心名单、11家企业入选北京市知识产权试点示范单位、19家企业入围北京市“专精特新”中小企业名单、7家企业8项成果获2019年度北京市科学技术奖、7家企业入围北京市民营企业百强“1+4”榜单。服务指导园区3家企业4项自主创新技术产品入围中关村抗击新冠肺炎疫情新技术新产品新服务清单。共计向普天德胜、金丰和、设计之都等11家楼宇运营方和4名个人房东发放2—4月房租减免补贴近340万元，为357家中小微企业减免房租近1 272万元。

（中关村管委会）

【朝阳园概况】2020年，朝阳园入统高新技术企业总数2 064家，从业人员28.5万人，工业总产值478.0亿元，总收入8 391.0亿元，进出口总额1 561.5亿元，实缴税费459.1亿元，利润总额944.5亿元，资产总计1.5万亿元，科技活动经费支出总额465.6亿元，专利授权8 052件。2020年，朝阳园严格落实新冠肺炎疫情防控职责，保障企业复工复产；统筹推进北区规划建设，促进高端产业群聚集；搭建园区创新创业服务平台，激发园区经济发展活力。

营造良好营商空间环境。完善“服务包”工作机制，将“服务包”企业从25家增至48家，建立主要领导抓重点企业“服务包”的常态化工作机制，全年累计为企业服务418项。深化对接服务需求。协助洛娃集团为有需求的企业提供消毒液约2 000吨；协助彭思科技等园区企业为国家部委和机场、火车站等人流量大的场所提供测温设备795套；召开科技金融大讲堂活动，邀请专家为企业讲解新三板新政；为安东石油寻求对接金融机构，解决1.5亿元贷款需求；协助解决中国重燃等重点项目落地问题。组织跟踪园内国有楼宇及物业落实减免房租政策，园区12家国企楼宇、物业减免租金2.2亿元。组织园区企业申报中关村“抗疫发展贷”，60余家企业获贷款近3亿元。统筹推进北区规划建设，组织编制《中关村朝阳园北区规划综合实施方案》，协调推进阿里巴巴北京总部园区项目、未来论坛项目等重点项目落地建设。推进“十四五”规划编制工作。对“十四五”时期朝阳园的发展形势、总体思路、发展目标、重点任务等内容进行梳理。

加强产业项目培育，提升园区企业生态品质。完善高新技术产业政策，修订《朝阳区高新技术产业发展引导资金管理办法》，制定促进高新技术产业发展政策“36条”，全年支持北京中电华大电子设计有限责任公司等89家企业资金6 338.58万元。吸引跨国公司地区总部和国际研发总部在园区落户，包括以西门子等为代表的35家跨国公司地区总部、150余家跨国投资公司和以阿里巴巴等为代表的一批国内知名企业总部。举办第二届朝阳高科技高成长20强暨朝阳明日之星评选活动。选取北京朝阳国际科技创新服务有限公司作为国际创投集聚区运营服务机构，已有22个创投机构申请参与集聚区建设，有21个创投项目、3个专业服务机构入驻，产业生态初步形成。

统筹资源平台，激发园区创新创业活力。支持举办中关村论坛先锋论坛“未来青年论坛”“理解未来”“未来科学大奖新闻发布会”等活动。推进“创新100”加速工程，在优秀科技初创企业、优秀科技青年创新创业活动方面给予重点支持。完成2020年度朝阳园创业孵化机构评价考核，8家机构通过考核。开展朝阳园知识产权服务管家项目，提升企业知识产权市场竞争能力。加强人才服务与支持，开展2020年首次中关村示范区创新型企业人才引进需求申报工作、朝阳园2020促进高校毕业生就业线上招聘活动等。

（中关村管委会）

【丰台园概况】2020年，丰台园入统高新技术企业总数2 045家，从业人员18.2万人，工业总产值281.2亿元，总收入6 648.7亿元，进出口总额355.0亿元，实缴税费157.1亿元，利润总额444.5亿元，资产总计1.9万亿元，科技活动经费支出总额161.9亿元，专利授权5 134件。2020年，丰台园开展产业政策研究，做强轨道交通和航空航天两大产业集群，努力提高人均地均产出率，全面提升丰台园发展水平。

注重优势产业招商，税源建设成效显著。加强存量企业挖潜，协调农信银、中国通号等重点税源企业开展所得税汇算清缴和丰南嘉业土地增值税清算等工作，增加留区税收约4.5亿元。加大增量企业引进，除引进通用技术高新材料集团等68家

(1—10 月)新注册重点企业外,还从外区引进中建材信息技术公司、鸿泰鼎石资产管理公司和中船海神医疗科技公司等 14 家税源企业。同时加大外资招商力度,德资企业毕马(中国)轨道交通研究院科技公司落户园区。

加强营商环境建设,产业生态逐步完善。聚焦主导产业,通过"组建一个平台、成立一个中心、兑现一项政策、出台一个行动计划、设立两只基金、举办两项活动"搭建产业生态系统。一个平台:联合中关村发展集团、京投公司共同成立北京中关村轨道交通产业发展公司。一个中心:联合北京交通大学共同建设"一带一路"轨道交通国际高端人才培训中心。一项政策:与"营商环境二十条""丰九条"等政策有效衔接,提前完成"园区创新十二条"第一批兑现,涉及企业 180 余家,金额 2.1 亿元。一个行动计划:中关村管委会和丰台区政府联合发布《中关村丰台园轨道交通产业创新发展行动计划(2020—2022 年)》。两只基金:联合中车集团、国家制造业转型升级基金和北京科创基金发起设立中车装备转型升级基金,联合京投公司、中国中铁等龙头企业发起设立轨道交通产业并购基金。两项活动:联合中国铁道学会举办第二届中国铁路发展论坛,联合中国航天基金会举办第三届中国航天创新创业大赛。同时,搭建重点企业"晚餐会"交流平台,探索建立民营企业商会,提高企业服务黏性,营造共建、共治、共享氛围;上线丰台园企业服务"丰向标"小程序,实现企业服务业务线上办理。修订《中关村科技园区丰台园人才公共租赁住房管理办法》。

完善创新创业体系,科技创新取得成效。推动北京协同创新轨道交通研究院、北京市地铁运营有限公司技术创新研究院和中车研究院成果转化中心落户园区,进一步打通产学研用全产业链条。加强特色产业载体建设,海鹰产业园和海格通信产业园获中关村航空航天特色园区认定。加强政策辅导,推动国家高新技术企业的认定工作,全年共认定国家高新技术企业近 100 家。完善创新创业孵化体系,完成园区 9 家中关村创新型孵化器、1 家中关村硬科技孵化器的分类评价。科技创新成果不断涌现,中国华电科工集团获国家科学技术进步奖;全路通、当升材料、磁浮交通等 6 家企业获北京市科学技术奖。值得买科技等 17 家企业入选 2020 年北京市民营企业百强。推动科技防疫,科园信海、英视睿达等 23 家企业入选新冠肺炎疫情防控重点保障企业名单;推荐谊安医疗、久译科技等 10 余家企业的防疫新技术新产品申报纳入中关村科技抗疫产品推介名单,2 个项目入选防疫抗疫领域中关村首台(套)重大技术装备试验、示范项目。

(中关村管委会)

【石景山园概况】2020 年,石景山园入统高新技术企业总数 989 家,从业人员 10.4 万人,工业总产值 97.0 亿元,总收入 3 169.0 亿元,进出口总额 35.6 亿元,实缴税费 108.2 亿元,利润总额 404.4 亿元,资产总计 1.0 万亿元,科技活动经费支出总额 159.5 亿元,专利授权 2 211 件。2020 年,石景山园构建"1+3+1"高精尖经济体系,打造产业发展生态,做好产业资源的集聚,全力降低新冠肺炎疫情对经济发展的影响,完成《中关村示范区石景山园提升发展行动方案》7 个方面 20 项重点任务及 9 项重点项目。

多措并举、产业结构持续优化。以现代金融与新一代信息技术产业为代表的"1+3+1"高精尖产业发展迅猛,收入占比达到 70% 以上,高质量发展格局初步形成。出台《关于中关村科技园区石景山园加快创新发展的支持办法》《关于优化营商环境完善园区人才住房配套管理办法》等政策,区政府各部门分别发布 22 项产业政策,举全区之力聚焦园区推进产业发展。建立石景山园高精尖产业项目储备库,培育储备项目 70 余个,猎豹移动、耐德佳获得中关村示范区重大高精尖成果产业化项目支持。统筹考虑园区载体建设进程,聚焦特色产业优化发展布局,秒针科技、当红齐天、虚拟动点等行业头部企业先后入园。搭建资源整合招商引资平台,将企业、项目、人才、资本等要素统筹协同推动。

专业特色园建设稳步推进。重点聚焦发展工业互联网、虚拟现实、人工智能、科技金融等产业领域,稳步推进 4 个专业产业园建设发展。中关村虚拟现实产业园实现精细化发展,完善虚拟现实产业专班工作方案,会同中国信通院编制虚拟现实产业"十四五"发展规划。组织企业参展 2020 年中国服贸会,设立虚拟现实专题线上展区。与北京航空航天大学联合建设虚拟现实硬科技孵化器。中关村工业互联网产业园实现良好开端。与中关村软件园公司签订战略合作框架协议,先导园开园。完成 034 商业地块土地上市。举办工业互联网产业生态发展论坛等品牌活动。中关村人工智能产业园建设实现新突破。园区加快自动驾驶、智能机器人等五大应用场景建设，首批中关村支持的10个人工智能创新应用示范项目陆续落地实施，百度、北汽等企业的自动驾驶项目小范围测试中。产业园规划建筑面积3万平方米。北京银行保险产业园实现从土地开发到产业推进的过渡。产业园已建成面积63万平方米，建成率66.5%。搭建园区产业服务平台，建立入驻企业与服务供应商联动渠道。构建集研发、孵化、服务、投资等一体的金融科技生态圈。

聚焦要素资源，营造良好营商环境。加大惠企资金支持，助力企业复工复产支持资金共计2.8亿余元，192家企业受益。发挥“服务管家”职能，为企业协调解决人才公租房、子女入学、防疫物资、用工招聘等问题。强化人才服务保障，推荐高端人才和留学生通过落户审批，3人获得北京优秀青年工程师评选表彰。建立多种形式互为补充的培训活动体系。建立全区楼宇信息系统，形成政府引领、载体协同、机构推动、企业带动的产业导入服务体系。

（中关村管委会）

【门头沟园概况】2020年，门头沟园入统高新技术企业总数281家，从业人员1.9万人，工业总产值47.8亿元，总收入414.9亿元，进出口总额165.4亿元，实缴税费10.6亿元，利润总额19.1亿元，资产总计1 311.4亿元，科技活动经费支出总额13.3亿元，专利授权641件。2020年，门头沟园坚持新冠肺炎疫情防控和复工复产两手抓，推进高精尖产业培育以及创新创业服务体系构建，取得新的发展绩效。

科技创新日趋活跃。园区共建设科技企业孵化器11个，总面积约12.2万平方米，其中国家级众创空间1个、市级众创空间2个、中关村创新型孵化器4个、中关村硬科技孵化器1个、北京市小型微型企业创业创新示范基地1个、北京市创业孵化示范基地1个、门头沟园双创示范基地9个。推动中关村精工智造创新中心建设，由门头沟区政府和北京精雕共同出资成立合资公司作为中心运营主体，并引入中关村智造大街，三方共同运营。

科技战“疫”显成效。园区企业北京东西分析仪器有限公司研制的针对新冠病毒检测的专用系统——蛋白指纹图谱质谱技术能够快速精准检测新冠病毒。北京他山科技有限公司利用核心技术“非接触式人机交互系统”，研发非接触式电梯悬停按钮，通过内部的智能感应芯片来识别人体部位，实现人体与物体无接触交互。北京瑞途科技有限公司针对防疫需要开发出地铁车厢自动消毒机器人，可增加地铁列车的消毒频次、节省人工、保障乘客安全。

产业培育更加精准，产业集聚进一步凸显。制定《门头沟区关于进一步构建高精尖产业结构促进高质量绿色发展的若干措施》，围绕精准招商、产业培育、精准服务三大类，在优化原有政策的基础上对初创期、发展期和成熟期3个阶段企业分别进行不同层面的支持。制定实施《中关村门头沟科技园产业及项目准入退出管理办法》，集约高效配置好、利用好现有优质资源。16项重点产业化项目纳入中关村3年行动计划年度计划，他山公司的面向公共卫生安全非接触式人机交互系统、七芯中创公司的物联柔性体温计及大规模人群体温监测管理系统、航天环境工程公司的可移动式医疗废物应急处置项目等7项新产品新技术开展应用。

优化营商环境，做好重点企业“服务包”。制定《中关村科技园区门头沟园关于优化营商环境实施惠企服务的若干措施》，为企业提供精准、高效、全面的服务。评选“2019年度门头沟区重大贡献企业”及“2019年度园区实体优秀企业”，发挥优秀科技企业标杆示范作用。落实中小微企业房租减免政策；搭建投融资对接平台，向企业宣传北京小微企业金融线上综合服务平台、央行支农支小优惠利率再贷款产品，40家企业获4.28亿元银行贷款资金。与门头沟区发展改革委共同推荐5家企业入选市级防疫再贷款减息白名单，贷款资金共8 900万元。加强对拟上市企业跟踪服务，建立拟上市企业服务信息汇总台账，记录企业需求。组织企业开展中关村“1+4”政策的申请，推荐人才申报中关村“雏鹰人才”。推进各类人才平台建设，园区第一家中关村海外人才创业园落户京西创客工场。

（中关村管委会）

【平谷园概况】2020年，平谷园入统高新技术企业总数173家，从业人员1.7万人，工业总产值57.0亿元，总收入169.1亿元，进出口总额4.6亿元，实缴税费7.1亿元，利润总额9.5亿元，资产总计296.4亿元，科技活动经费支出总额8.3亿元，专利授权399件。2020年，平谷园各项工作有序推进，取得较大进展。推进平谷园“十四五”发展规划编制，结合实际编制《平谷区工业转型发展三年行动计划（2020—2022年）》。

做好企业复工复产及新冠肺炎疫情防控工作。制定新冠肺炎疫情防控相关政策，落实疫情期间租金减免政策。为兴谷开发区、马坊工业园区、马坊物流基地41家中小微企业减免房租665.59万元。组织园区企业进行中关村科技型小微企业研发经费支持政策申报工作。针对疫情防控情况下住宿难的问题，配合平谷区财政局对住宿“服务包”资金补贴申请进行核实，给予1个街道和8个乡镇、12个村补助135.58万元。

推进创新创业体系建设。截至年底，中关村农业科技前沿技术创新中心新入驻孵化企业32家，2家毕业企业入驻园区闲置厂房。农业前沿科技与纳米药物成果转化基地平台、启迪绿谷创新企业加速器投入运营，组织平谷区18个乡镇街道与中关村示范区200家创业孵化服务机构、48家中关村技术转移服务平台建立常态化对接机制。

加强重大项目与活动对接。服务全区农业科技创新区建设，协助峪口农科创对接中关村管委会，举办2020中关村论坛先锋论坛——农业科技创新论坛；协助峪口农科创对接联想佳沃、农科院挑战集团、司雷植保等行业知名企业，配合峪口镇加快落实对接会相关落地工作；与融创集团多轮对接，推进融创集团兴谷开发区项目建设农科创配套中试基地产业园。会同通航管委会与中航智开展3次无人机产业对接、8次符合平谷区功能定位的企业对接。摸排平谷园高新技术企业各项经济指标情况，建立重点企业异动名单和主要经济指标检测表机制，将平谷园总收入占比77.8%的22家重点企业集中管理，建立数据库实时监测。做好经济稳增长的监测和反馈。

（中关村管委会）

【怀柔园概况】2020年，怀柔园入统高新技术企业总数235家，从业人员3.0万人。工业总产值539.6亿元，总收入707.6亿元，进出口总额18.6亿元，实缴税费23.2亿元，利润总额46.1亿元，资产总计871.8亿元，科技活动经费支出总额25.7亿元，专利授权675件。2020年，怀柔园围绕以怀柔科学城为统领的“1+3”融合发展大局，精确有序推动复工复产，一手抓经济发展，一手抓新冠肺炎疫情防控，推进重点项目落地建设和存量企业转型升级，高精尖产业保持恢复性增长势头，重点企业群体呈现向好态势，园区整体经济运行实现逆势增长。

强化新冠肺炎疫情服务保障，推动企业复工复产。发挥“四方联动”工作机制，采取分批次、“一企一策”原则，制定“1+3”复工工作方案，推动工业企业复工复产；协调8家酒店帮助福田戴姆勒等34家工业企业安置返怀员工3 700余人，妥善办理99件12345政务服务便民热线涉疫诉求，组织2万余名企业员工进行核酸检测，有效保障园区工业企业平稳复工复产。

重点项目有序推进。福田戴姆勒汽车公司H6高端重卡智能工厂技术改造项目完成厂区路面修复工程；清华工研院雁栖湖创新中心（福田戴姆勒一工厂硬科技产业示范区）加快装修进度，对接各责任主体，策划揭牌仪式方案，确保顺利揭牌；北京雁栖湖应用数学研究院入驻第一批科研人员，42人接受聘任邀请；海创产业园完成施工工程量80%；中国科学院大学怀柔科学城产业研究院办公场地装修完成；机械研究总院怀柔科技创新基地项目已办理前期审批手续；创业黑马城市加速总部项目推进2个选址方案，并进行招商引资工作；怀柔科学仪器产业成果转化平台办理北京怀柔仪器投资管理有限公司和北京怀柔硬科技创新服务有限公司注册手续。

创新生态加速构建，企业创新较为活跃。企业上市取得新进展，年内有5家企业实现上市，8家企业在新三板挂牌。科拓生物在深圳证券交易所敲钟开市，首发募资4.9亿元，实现怀柔区创业板上市企业零的突破；新时空科技IPO申请获得证监会许可，并在上海证券交易所主板开市交易。怀柔园上市服务不断完善，深圳证券交易所怀柔科学城企业上市服务中心、上海证券交易所资本市场服务怀柔科学城工作站入驻怀柔科学城创新小镇创新中心。以新基建、新场景带动新动能培育。综合极端条件实验装置项目完成竣工验收，成为怀柔科学城首个实现土建工程竣工的大科学装置；物质转化过程虚拟研究开发平台开始土建施工，怀柔科学城11个科教基础设施全部进入工程建设阶段。新场景加快建设，福田戴姆勒、玛氏等重点企业正在打造“5G+工业互联网”试点，怀柔城市大脑21平方千米智慧示范区建设正在加快建设。企业创新成果获得荣誉和市场认可。有研工程技术研究院的高性能铜合金超细导体材料及产业化技术实现中国航空航天和电子用高性能导体材料自主研制零的突破，获2019年度中国有色金属工业科学技术进步奖一等奖。国联汽车动力电池申报的动力电池虚拟研发应用解决方案，以动力电池虚拟研发、孵化智能工厂及技术复制和推广转移为目标构建虚拟研发创新平台，入选工业和信息化部2019年工业互联网APP优秀解决方案企业。碧水源与中信建设、中交二航局、中铁十八局等组成的联合体中标武汉长江新城起步区基础设施工程PPP项目。

（中关村管委会）

【密云园概况】2020年，密云园入统高新技术企业总数187家，从业人员3.0万人，工业总产值164.5亿元，总收入384.3亿元，进出口总额19.1亿元，实缴税费15.6亿元，利润总额-9.1亿元，资产总计785.8万亿元，科技活动经费支出总额20.5亿元，专利授权831件。2020年，密云园积极应对新冠肺炎疫情防控的复杂形势，全年经济运行稳中有进、腾退盘活成效显著、实体项目引进取得突破性进展，高质量发展趋势向好。

全员参与，打好新冠肺炎疫情防控硬仗。1 000余名干部职工全部投入新冠肺炎疫情防控工作，设置区级隔离点两处、核酸检测场地1处，有力支援全区的疫情防控工作。全力帮助企业复工复产，减免中小微企业房屋租金1 513万元，为企业申请各项政策资金5 736万元，最大限度降低疫情对园区经济发展的不利影响。

全力以赴，抓好高质量发展大事。腾退和盘活土地1 737.12亩，完成全年任务的99.8%。其中腾退土地1 324.67亩，完成全年任务的98%；盘活土地412.45亩，完成全年任务的106%。市科委、光华安、正安医疗、威海金泓等5个地块（52.8公顷）已达成收回意向。全年回迁企业22家。康辰、北陆、美中双和等5个重点实体企业扩规项目扎实推进。实体项目储备数量多、质量好，园区重点服务、重点推进的实体项目42个，当年引进、当年签约的项目5个，其中卡迪诺、友康生物项目摘得地块；中航发、京东等11个重点项目正加速落地。园区承担的13项高质量发展指标基本完成，其中，无违建、固投建安、三大主导产业产值、国高新、村高新、企业研发投入强度、企业回迁7项工作提前完成年度任务。

全局统筹，扛好属地管理重任。接转12345政务服务便民热线工单1 271件，解决率86%，满意率96%。坚决打赢蓝天保卫战，园区PM2.5浓度为30微克/立方米，完成全年任务（不高于34微克/立方米）。全面落实河长制工作，加强对潮白河道两侧的巡护和排水口管控，确保管辖河道周边环境整洁。坚持抓安全责任落实，全年未发生影响较大的安全生产事故、火灾事故、食品安全事故。化解裕罗电气、承佑电气、北汽摩、盛隆电气、燕东半导体等企业的裁员纠纷，涉及员工近1 000人。

（中关村管委会）

【延庆园概况】2020年，延庆园入统高新技术企业总数270家，从业人员1.0万人，工业总产值128.6亿元，总收入197.4亿元，进出口总额5.9亿元，实缴税费9.3亿元，利润总额5.2亿元，资产总计351.7亿元，科技活动经费支出总额8.4亿元，专利授权406件。2020年，延庆园统筹推进新冠肺炎疫情防控和经济社会发展主线，在抓好疫情防控、抗疫复工复产的同时，加快推进“一核四区”建设和年度重点任务落地实施，各项工作取得积极进展。

科学规划空间布局，统筹发展重点项目。规划园区产业发展和空间布局，推进《延庆区“十四五”时期延庆园发展规划（2021—2025年）》《中关村延庆园空间规划（2020—2025）》等的编制工作。优化园区土地利用结构，促进产业发展。截至年底，园区重点产业项目共11个，其中市重点建设项目1个、区重点建设项目10个，续建项目7个、新建项目4个，投资总额约45.9亿元。

依托“一核四区”发展高精尖产业。现代园艺产业园创新能力不断提升，园艺产业进一步集聚，共引进155家现代园艺企业，22家企业在北京世园公园建立中关村现代园艺产业创新中心展示区，先后培育出国色牡丹园等10个特色产业园；竹藤花卉航天育种研发中心、中国花卉创新发展中心落户延庆，国际竹藤中心等团队长期进行相关产业研究和示范项目，北京首农食品集团有限公司延庆农场技术研发中心与实验基地项目稳步推进。延庆体育科技创新园聚集功能逐渐显现，共引进企业200家，涵盖竞赛表演、健身休闲、教育与培训、传媒信息、产品制造销售等领域，首都体育学院中关村延庆园体育产业研究基地等科研创新机构、智库平台相继挂牌。延庆氢能产业园项目稳步推进，共引进企业160家，延庆园加氢站项目具备加氢能力，开通延庆园、八达岭高铁站、延庆火车站三点间的绿色氢能交通示范路线。

中关村延庆园无人机创新基地开园，打造集生产、研发、测试、办公于一体的无人机创新基地，中国航天科技集团公司第九研究院等43家无人机研发生产企业入驻；建立国内首个无人机系统第三方检测认证平台，设立公安大学中国低空安全研究中心比测实验基地，启动无人机服务产业应用保障平台建设；成立2个无人机院士工作站；为无人机企业提供气象监测、应急救援、森林防火等应用场景和项目。初步形成《延庆区关于推动新场景建设培育数字经济新生态的相关落实措施（征求意见稿）》，其中涉及科技冬奥、智能交通、智慧医疗、城市管理、线上教育和产业升级6项重点任务、12个项目。

优化营商环境，搭建企业服务平台。完善"服务包"制度，制定遴选标准，并为企业配备"行业管家"；延庆园企业之家、政府服务中心、招商展示中心作为延庆园综合服务平台建成运营；与工商银行、邮储银行等区内金融机构合作，为企业推出特色金融产品。双创支持成果显著，延庆园管委会启动2020年第一批延庆园创新创业政策支持项目征集工作，确定支持双创主体124个，支持项目152个，涉及资金共计493.35万元。助力新冠肺炎疫情防控，推进企业复工复产，出台多个文件，督促企业落实防控主体责任，指导企业做好复工复产工作；为企业线上推送防疫指引1 226次，进行线下防疫指导515次，为园区企业发放口罩10万只，红外线测温仪60支，消毒液1 000千克；与区内8家金融机构对接，为14家企业落实贷款2.74亿元。

（中关村管委会）

# 支撑发展

# 高精尖产业科技

【概述】2020年，保持领跑，推动高精尖产业跨越发展。人工智能领域，建立重大项目库，推进基础前沿研究布局、人才队伍建设、产业生态建设等工作。支持北京大学张平文院士、清华大学孙茂松教授等91位顶尖科学家开展研究，其中清华大学尹首一团队成功研发全球首个可重构计算架构AI芯片；2020年上半年人工智能相关产值规模达950亿元。人工智能相关企业达1 500家，占全国的28%，居于首位。区块链领域，推动成立区块链工作专班，组织编写、推动发布并落实《北京市区块链创新发展行动计划(2020—2022年)》；重点推动政务服务、金融服务等七大领域的场景建设，已落地20余个市级场景、百余项区级服务事项。新材料领域，聚焦光电子、AR、集成电路材料等卡脖子技术组织攻关，实现40Gbs铌酸锂体强度调制器、大功率量子级联激光器国产化制备，突破近眼显示技术瓶颈，研制出高分辨率AR光学系统，推动国产光刻胶、高纯靶材研制及市场应用；围绕碳化硅、氮化镓等第三代半导体高品质材料、器件、核心设备自主可控，实现6英寸碳化硅衬底、功率器件、氮化镓射频芯片产业化，打造第三代半导体产业生态。2020年，推动落地的新材料产业化项目共36个，总投资189亿元以上，项目占地超1 800亩，集中在第三代半导体、光电子、集成电路材料等领域。由国联万众运营实施的第三代半导体材料及应用联合创新基地项目总投资12.7亿元，一期投资6.07亿元，主体工程已竣工；天科合达公司年产10万片的碳化硅衬底生产基地项目总投资9亿元，已开工建设。新能源智能汽车领域，分级推进链条培育，推动重点产业化项目建设，推进中的在库产业化项目30个，总投资458亿元；加大市场化应用力度，累计推广超过40万辆新能源智能汽车，建成充电桩超过22万个；积极配合燃料电池汽车示范城市群申报，制定发布《关于支持燃料电池汽车技术创新的意见》。智能制造领域，对标美国波士顿动力Spot-Mini和Atlas机器人，以整机性能需求为导向，支持研制出的电动仿人机器人达到国际先进水平(行走速度达4千米/时)，研制出的电动仿生四足机器人负重能力达32千克，可实现8千米/时高速奔跑和复杂路面稳定行走；推动天智航、纳恩博等重点企业在科创板成功上市；统筹推进北京无人机产业发展，推动延庆区建设国内首个无人机检验检测中心，并成功申报全国首批民用无人航空驾驶试验基地。集成电路领域，推动清华大学联合圣邦微、昂瑞微等北京优势单位，共同建设北京朝华模拟集成电路研究院；支持清微智能可重构处理器实现量产，清华大学存算一体成果登上《自然》杂志。5G领域，突破5G+8K编码直播背包、8K超高清显示等核心技术和产品，形成国内首套毫米波FR2带内带外多馈源偏焦紧缩场系统。

(市科技史志办公室)

## 先进制造技术

【国产机器人完成首例辅助关节置换术】1月7日，北京积水潭医院主任医师周一新使用自主研发机器人成功完成中国首例国产机器人辅助全髋关节置换术。与进口机器人相比，国产机器人不仅精度上毫不逊色，还可以为患者设计个性化置换方案。

(申峥峥)

【智能制造与机器人培育专项初见成效】年内，市科委瞄准北京市亟待优先解决的重大关键技术和卡脖子问题，面向仿人机器人、仿生四足机器人、脑机接口、异构协同等重点方向，组织在京单位资源，开展跨部门、跨学科攻关合作。在仿人机器人方面，支持北京理工大学黄强教授团队研制出的仿人机器人达到国际先进水平；在仿生机器人方面，支持中国北方车辆研究所江磊研究员团队研制出的50千克级仿生四足机器人样机，是当前国内负重能力和越野能力最强的仿生机器人平台。以机器人整机为牵引,带动关键零部件发展,推动板块整体创新能力提升。

(北京生产力促进中心)

【绿色印刷3D盲文印制技术产业化研究实现重大突破】年内,中国科学院化学研究所面向盲文印刷行业的技术需求,突破高精度3D喷墨打印、墨滴形貌控制与成型、墨水快速固化等关键技术,研制出灵活高效、工艺便捷、适用性广的盲文印制专用设备和墨水。研制的盲文墨水环保性能优异,抑菌性大于99%,可以稳定存储6个月以上;研制的3款盲文印制设备满足盲文办公、教学和商业的不同需求,可实现740毫米×510毫米大尺寸打印,最高打印速度达到6张A4/分;制作的明盲对照和图形图像效果良好,产品性能指标达到国际先进水平。该技术已在中国盲文出版社、北京盲校、南京博物院、上海地铁等应用。绿色印刷盲文和抗菌纸分别被列入2019年和2020年两会提案,绿色印刷盲文印制技术被纳入中残联"十四五"规划重点推广技术。

(北京生产力促进中心)

【航天器在轨姿态测量核心技术实现关键性突破】年内,中国科学院国家空间科学中心面向商用卫星航天精姿态测量需求,突破星图快速匹配算法、基于能量矩阵的光方向矢量测量等关键技术,研制功耗低、体积小、重量轻、测量精度高、产品价格经济的高精度纳型星敏感器和纳型数字太阳敏感器,开发高精度星敏感器和太阳敏感器自动化标定装置平台。截至年底,借助纳型星敏感器和纳型数字太阳敏感器科技成果转化成立的中科新伦琴(北京)科技有限公司接到纳型星敏感器和数字太阳敏感器订单共计34台(套),已交付15台(套),同时获得国内多家卫星总体单位和商业航天公司的订购意向。为进一步实现航天器在轨姿态测量核心技术的进口替代及航天关键部组件技术的自主可控打下了坚实基础。

(北京生产力促进中心)

【数据资产扫描和侦测系统研制取得重要进展】年内,中国科学院国家空间科学中心研制出以网络资产可发现、可识别、可管理为网络安全基本要素的基于机器学习的数据资产扫描和侦测系统。该系统已在中国科学院系统内多家单位进行示范应用及功能验证。系统可自动搜集网络空间中的存活资产,在线资产识别比例为95%以上;涵盖300多种主流端口,并支持自定义端口的识别;支持主流协议,包括数据库、SSH、FTP、HTTP等130多种协议及工控协议识别;系统内置超过40 000个以上指纹识别规则,包括视频监控、安全产品、应用、工控设备等;可多维度统计资产,标签化详细的端口、服务、设备类型、厂商、责任人等特征;具有灵活的部署方式,通过旁路部署探测网络资产,对现有应用系统零影响等技术特点。

(北京生产力促进中心)

## 新能源与新材料技术

【国际上首次实现单晶二维冰制备】年内,北京大学王恩哥院士团队承担的北京市科技计划课题"分米级二维单晶氮化硼制备与原子级表征技术研究(二期)",打破单晶金属箔制备的世界纪录,实现尺寸约30厘米×20厘米,超过30种晶面种类的单晶铜箔库。该研究首次在国际上实现了其表面单晶二维冰的外延生长,其冰层所有氢键都被饱和,结构非常稳定,是一种可以独立存在的"自饱和"二维冰。

(王　玉)

【业内首款测试级硅光光子计算芯片获验证】年内,光子算数(北京)科技有限公司在北京市科技计划课题"硅光图像处理加速芯片及系统开发"支持下,在业内率先推出光电融合AI加速计算卡芯片,并交付于多家后端客户开展初步应用验证。该公司基于此款芯片设计的加速计算卡实现了单卡36路1 080P视频的同步处理,功耗小于70瓦,已获授权发明专利4件、集成电路布图设计认证3项。

(王　玉)

【碳化硅液相生长研究取得进展】年内,中国科学院物理研究所在北京市科技计划课题"碳化硅单晶液相生长技术研究"支持下,利用四元助熔剂体系进行液相法碳化硅晶体生长,成功制备出直径为2英寸、厚度可达10毫米的碳化硅晶体,位错密度低于3 000个/平方厘米,同时实现了碳化硅的空穴(P型)掺杂,载流子浓度和电阻率可进行有效调控。该方法可以克服传统物理气相输运生长法扩径难、控制难、无法实现P型掺杂等诸多困难,有望成为碳化硅衬底产业化的新技术路径。

(潘长波)

**【多通道量子点材料制备获重要进展】** 年内，清华大学团队在北京市科技计划课题“多通道量子点材料制备技术研究”支持下，开发出量子点材料精确连续合成技术，实现10通道量子点制备装置，可长时间稳定合成量子点材料，峰位偏差小于或等于±1纳米，并能同时进行多种量子点材料的合成。该成果为实现量子点精细化、自动化和规模化生产奠定了技术基础，扩展了未来量子点材料应用场景。

（潘长波）

**【高质量2英寸氮化硼薄膜材料制备成功】** 年内，中国科学院半导体研究所在北京市科技计划课题“2英寸氮化硼薄膜材料研制”支持下，采用表面氮化处理及利用氮离子溅射方法，在国内率先实现在介质衬底上生长高质量2英寸六方氮化硼薄膜材料，薄膜的表面粗糙度仅0.129纳米。同时，团队首次实现六方氮化硼晶畴的取向控制和大面积单一取向氮化硼单晶畴生长，通过碳掺杂显著提升氮化硼深紫外探测器的性能。

（潘长波）

**【氧化镓材料制备取得重要成果】** 年内，北京镓族科技有限公司和北京邮电大学在北京市科技计划课题“3英寸氧化镓单晶衬底及外延工艺研究”支持下进行联合攻关，采用提拉法制备了高质量3英寸氧化镓晶坯，通过金属有机化合物化学气相沉淀法生长制备了电子浓度为1 019个/立方厘米、基片表面粗糙度小于0.6纳米的高质量同质和异质氧化镓外延材料。

（潘长波）

**【北京建成6英寸碳化硅器件代工线】** 年内，北京燕东微电子科技有限公司在北京市科技计划课题“硅器件线改造成碳化硅器件线工艺研究”支持下对原有6英寸硅基器件生产线用光刻机、刻蚀机等关键设备进行改造，购买碳化硅专用设备，在其现有8英寸硅基器件生产线中完整嵌入一条6英寸碳化硅代工线，年底完成对1 200伏(特)碳化硅肖特基二极管等器件的工艺验证，实现全生产线贯通。

（潘长波）

**【碳化硅专用设备实现国产化开发】** 年内，北京北方华创微电子装备有限公司在北京市科技计划课题“碳化硅器件用高温退火炉研制、碳化硅器件用高温氧化炉研制”支持下，完成碳化硅专用高温退火炉和高温氧化炉国产化的研制和开发，经过第三方对颗粒及离子污染等关键指标测试以及相关碳化硅器件工艺验证，能够满足碳化硅片高温退火工艺、氧化工艺要求。

（潘长波）

**【25吉赫兹激光器芯片实现国产化】** 年内，华芯半导体研究院（北京）有限公司在北京市科技计划课题“25吉赫兹850纳米垂直面发射激光器芯片批量制备技术研究”支持下，率先开发出数据中心用25吉赫兹850纳米垂直面发射激光器芯片，并通过华为海思、华为元器件中心、华工正源（华为供货商）等单位的可靠性验证，已有小批量订单。

（潘长波）

**【国创中心打造BE21整车验证平台】** 年内，国家新能源汽车技术创新中心与北汽蓝谷基于北汽高端品牌极狐（ARCFOX）联手打造开放开源整车验证平台（BE21整车验证平台），平台旨在打破行业壁垒，立足车规级、量产级设计标准，逐步开放开源整车架构、三电控制、自动驾驶、智能网联等核心技术领域，加速推进新技术量产上车应用，促进创新技术在新能源汽车领域的产业化应用，为新能源汽车行业发展提供动力。

（刘悠冉）

**【国创中心牵头承担国家重点研发计划】** 年内，国家新能源汽车技术创新中心牵头承担国家重点研发计划“智能新能源汽车车载控制基础软硬件系统关键技术研究”项目，项目实施周期3年，主导开展新型电子电气架构、域控制器、智能网关等关键产业应用平台的研究和开发，实现整车集成搭载和30万千米实车验证。

（赵雪松）

**【申报国家燃料电池汽车示范城市群】** 年内，北京市按照财政部、工业和信息化部、科技部、发展改革委、国家能源局《关于开展燃料电池汽车示范应用的通知》要求，牵头联合12个城市（区）共同申报国家燃料电池汽车示范城市群，拟在4年示范期内，构建涵盖研发产业体系、应用场景体系、氢能保障体系、商业模式体系、政策机制体系五大体系全产业链闭环发展，推动区域内车辆应用规模不少于4 000辆。

（张　爽）

**【精进电动成为国际高端综合供应商】** 年内，精进电动科技股份有限公司（简称精进电动）多次获得国际供货合同，成为国际高端“机－电－软”综合供应商。其自主研发的200千瓦三合一电驱动总成获得克莱斯勒汽车公司(北美最大乘用车主机厂之一)价值约100亿元订单,将被用于克莱斯勒北美、欧洲和亚太地区豪华车型和高、中端纯电动车型,覆盖多个国际知名品牌。此外,精进电动研发的另一款高功率碳化硅控制器总成和控制软件居行业领先水平,获得德国曼商用车辆股份公司、瑞典斯堪尼亚公司(均隶属于大众商用车集团)价值约20亿元订单。

(刘晓晨)

【北汽福田70兆帕燃料电池客车取得整车公告】年内,北汽福田汽车股份有限公司生产的国内首辆70兆帕氢燃料电池客车取得整车公告,该车型的推出有望推动行业有关标准的制定,促进国内商用车领域70兆帕氢技术的普及和推广应用。

(刘悠冉)

【固态锂硫电池技术获突破】年内,北京理工大学、中国人民解放军军事科学院防化研究院组成联合研发团队,研制出13.83安时固态锂硫软包电池,比能量达到609瓦时/千克,循环次数11次,达到国内先进水平,并建设了1兆瓦时多电子高比能锂硫二次电池小试线,与多电子高比能锂硫电池材料基因组——工艺参数大数据平台。

(刘晓晨)

【半固态锂空气电池技术获进展】年内,国联汽车动力电池研究院有限责任公司联合清华大学、中国科学院物理所、北京科技大学、北京卫蓝新能源科技有限公司共同研究、设计并制作了全固态/半固态锂空气电池。开发出7.6安时的半固态锂空气电池,比能量达到637瓦时/千克,循环寿命10次以上,达到该领域国内先进技术水平。

(刘晓晨)

【面向2022冬奥环境的新能源汽车应用再获突破】年内,中国工程院孙逢春院士牵头,整合北京理工大学、北汽福田汽车股份有限公司、北京新能源汽车股份有限公司、北京理工华创电动车技术有限公司、清华大学、北京亿华通科技股份有限公司等优势研发资源,在市科委"面向冬奥环境的新能源汽车关键技术开发及示范应用"项目支持下,完成全气候电池技术、大功率燃料电池电堆及发动机技术、高效低温增焓空调技术、无动力中断自动变速电驱动系统技术、整车轻量化设计等多项核心技术的研发。完成对12米电动大客车、B级纯电动乘用车、12米城际燃料电池大客车3类样车开发。其中,12米电动大客车和B级纯电动乘用车车型获得产品公告,为纯电动汽车、12米城际燃料电池大客车在2022年北京冬奥会期间低温环境下的应用奠定基础。

(刘晓晨)

【天科合达碳化硅生产基地开工建设】年内,北京天科合达半导体股份有限公司(简称天科合达)位于大兴区的碳化硅半导体生产基地开工建设,项目总投资9亿元。基地达产后,天科合达将建成年产10万片4~8英寸碳化硅半导体单晶衬底生产线,预计年产值8亿元。该项目对促进国内碳化硅半导体产业延伸、引领第三代半导体产业发展具有重要示范意义。

(丁　雪)

【高密度碳纳米管研究获重要进展】年内,北京大学彭练矛院士团队制备出高密度高纯半导体阵列碳纳米管材料,并在此基础上首次实现性能超越同等栅长硅基互补金属氧化物半导体(CMOS)技术的晶体管和电路,在4英寸基底上制备出密度为120根/微米、半导体纯度高达99.99995%、直径分布在1.45±0.23纳米的碳管阵列,达到超大规模碳管集成电路的需求。基于此材料批量制备出的场效应晶体管和环形振荡器电路,其最高振荡频率8.06吉赫兹,远超已发表的同类材料和相似尺寸硅基CMOS器件参数。该成果突破了长期以来阻碍碳管电子学发展的技术瓶颈,首次在实验上显示出碳管器件及其集成电路的性能优势。

(平朝霞)

【高灵敏隧道结磁敏传感器中试工艺取得进展】年内,由北京科技大学、北京亿美芯科技有限公司共同承担的北京市科技计划项目课题"高灵敏隧道结磁敏传感器的中试工艺研发",围绕隧道结磁敏传感器中的核心单元——隧道结,从材料的选择优化、器件工艺的开发到面向产业应用的设计开展系统研究,开发出面向汽车电子应用的角度传感器,该传感器的采样周期、响应时间、线性度、同步性等技术参数均优于国内外同类型传感器。该纳米隧道结磁敏传感器在汽车电子、智能交通以及航空航天等重点领域具有广阔的应用前景,团队已建立一条柔性磁敏传感器中试、性能测试、装配、创新研发生产线,实现年生产5万只传感器的量产能力。

(朱　怡)

【超微焦斑 X 射线源研究获进展】 年内,北京师范大学程国安教授承担的北京市科技计划课题"超微焦斑 X 射线源的研制及应用研究",利用微波等离子辅助化学气相沉积技术制备出长度在 100～300 微米、直径为 5～10 纳米的高度定向碳纳米管阵列薄膜,并设计制备出基于场发射阴极电子源的超微焦斑透射靶 X 射线管器件。该成果为今后基于场发射阴极的小型化超微焦斑 X 射线源及其在高分辨成像方面的应用提供了技术支撑。

(平朝霞)

【纳米抗凝剂开发获进展】 年内,国家纳米科学中心丁宝全团队与积水潭医院合作开发出一种基于 DNA 折纸纳米结构的抗凝剂,通过精确组装 2 类具有凝血酶识别抑制功能的核酸适配体,利用 DNA 纳米结构的设计精确操控 2 类适配体间距,能够调控其抗凝血的性能,获得一种稳定、高效、安全、可以快速解毒的纳米抗凝剂。该团队将 DNA 纳米抗凝剂用于体外透析环路模型中,展现出良好的抗凝特性,有效抑制了环路中血凝块的形成。

(平朝霞)

【新材料重点入库企业数量】 年内,北京新材料高精尖产业实现稳步增长,一批高精尖企业实现高质量发展,重点项目顺利实施。截至年底,北京市新材料重点入库企业达到 244 家,主要集中在光电子材料与器件、稀土新材料、集成电路材料、新型显示材料与器件、复合材料、第三代半导体材料与器件、新能源材料等领域。

(丁　雪)

【新能源智能汽车产业发展情况】 年内,新能源智能汽车产业发展迅速。截至年底,全市累计推广新能源汽车 40.6 万辆,建成充电桩 22.96 万个,新能源汽车推广规模全国领跑。纯电动汽车已进入市场化阶段,建成相对完整的链条,覆盖整车、关键零部件等多环节。

(付　林)

【新材料产业发展情况】 年内,纳入北京市高精尖统计范围的新材料产业总营业收入约为 1 644 亿元,同比增长 6%(包含新材料相关工程服务业及测试服务业)。截至年底,北京市高精尖新材料领域重点企业 250 家,规上企业 151 家,占比超过 60%。

(付　林)

【顺义第三代半导体产业加速发展】 年内,顺义区第三代先进半导体产业等标准化厂房主体结构封顶,该厂房将围绕光电子、电力电子、微波射频三大应用领域,建设第三代先进半导体产业工艺平台、封装测试平台、可靠性检测平台、科技服务平台四大基础平台。四大平台的建设将有利于加速以第三代先进半导体产业为主导的高精尖产业在顺义区集聚发展。

(丁　雪)

## 新一代信息技术

【北京软件产业领跑全国】 1 月 19 日,工业和信息化部发布的《2019 年中国软件业务收入前百家企业发展报告》显示,国家软件百强企业的年度软件业务收入达到 8 212 亿元,比上年增长 6.5%,收入增长超 20% 的企业达三成多;创造利润总额 1 963 亿元,比上届增长 14.6%;共投入研发经费 1 746 亿元,比上届增长 12.6%。华为、海尔、阿里云成为国内三强。北京有 32 家企业上榜。

(申峥峥)

【枭龙科技 AR 智能眼镜实现所见即所得】 3 月,北京枭龙科技有限公司的增强现实(AR)智能眼镜——XLOONG X300 AR 眼镜亮相全国两会,装备此设备的记者可独立完成现场新闻的采集工作。该设备无须摄像机,一副 AR 眼镜就可真正实现所见即所得。设备可以提供录像/拍照、直播、视频通话(实时音视频连线)、人脸识别及语音转文字等功能,并能对突发事件和重大活动进行实时、全流程的录制与抓拍,具有远程指挥、日常采访摄录、重要人员自动识别等功能,实现硬件与软件的高度配合,为两会记者采访提供智能化、科技化支持。8 月,该产品实现量产并对外发售。

(平朝霞)

【高级别自动驾驶示范区启动建设】 9 月 11 日,在中关村论坛上,北京经济技术开发区管委会宣布北京市拟在前期工作基础上,瞄准 L4 级以上高级别自动驾驶车辆规模化运行,统筹车、路、云、网、图等各类优质要素资源,规划建设网联云控式高级别自动驾驶示范区。

(刘悠冉)

【智能网联汽车云控系统获汽车工业特等奖】 10 月 28 日,由清华大学、潍柴动力股份有限公司、北京嘀嘀无限科技发展有限公司、北京易华录信息技术股份有限公司、广州汽车集团股份有限公司、启迪云控(北京)科技有限公司6家单位共同完成的智能网联汽车云控系统关键技术及应用项目获中国汽车工业科技技术进步奖特等奖,成为年度唯一获特等奖项目。

(刘悠冉)

【智能网联汽车技术路线图2.0发布】11月11日,《智能网联汽车技术路线图2.0》在2020世界智能网联汽车大会上发布。该路线图将研判目标扩展至2035年,并将场景细化为城市道路、城郊道路、高速公路和特定场景四大类别,商用车也细化为货运车和客运车。对未来国家智能网联汽车发展的总体目标在顶层架构、产业化推广、应用3方面做出明确规定。

(高　健)

【国家智能汽车与智慧交通(京冀)示范区基地揭牌】11月12日,国家智能汽车与智慧交通(京冀)示范区顺义基地揭牌,该基地于10月30日通过专家验收论证,成为继国家智能汽车与智慧交通(京冀)示范区海淀基地、亦庄基地之后,北京市第三个自动驾驶车辆封闭测试场。

(刘悠冉)

【百度开展Robotaxi载人测试】年内,百度公司依据《北京市自动驾驶车辆道路测试管理实施细则(试行)》申请北京市自动驾驶第二阶段载人测试并获得批准。根据获批通知书要求,百度公司可在北京市指定的自动驾驶测试区域招募志愿者开展载人测试工作。截至年底,共有1.5万人次通过手机呼叫百度自动驾驶汽车。

(刘悠冉)

【全球首个纯固态激光雷达量产合同签约】年内,北京亮道智能公司与长城汽车公司、德国Ibeo公司签订量产采购合同,开展基于纯固态激光雷达的L3级别自动驾驶量产合作,合同金额4亿欧元,未来5年计划实现100万台的装车量。

(刘悠冉)

【北京自动驾驶路测里程创新高】年内,北京市自动驾驶道路测试第三方服务机构——北京智能车联产业创新中心有限公司获得中国合格评定国家认可委员会(CNAS)认可资质证书,并被交通运输部认定为自动驾驶封闭场地测试基地。截至年底,由北京智能车联产业创新中心有限公司承接的北京市自动驾驶车辆道路测试安全行驶里程累计已超221.34万千米,较2019年增长112.8%。

(刘悠冉)

【构建全国首个自动驾驶道路测试管理服务平台】年内,北京智能车联产业创新中心自主研发自动驾驶测试系统,用以支撑北京市构建全国首个自动驾驶道路测试管理服务平台,对北京市公开道路上的测试车辆进行有效监管,并基于此构建形成国内首个“场-路-区”三级自动驾驶测试服务体系。北京经济技术开发区已经完成“10+10+1”智能化基础设施环境部署,包括10千米高速公路等,并将重点推出自动驾驶出租车、高速公路无人物流、高速编队行驶等应用场景。

(高　健)

【耐德佳制备出更大视场角AR光学模组】年内,北京耐德佳显示技术有限公司基于自由曲面技术设计制造出更大视场角(120°)的自由曲面AR光学模组,并在此基础上试制120°视场角AR光学系统的原理样机,提前实现微软2025年预想达到的目标,对于超大视场角AR头戴设备研制具有重要意义。

(张　桢)

【自主研发域名系统软件红枫】年内,互联网域名系统北京市工程研究中心有限公司依托国家工程研究中心自主研发面向5G、人工智能、物联网、大数据等下一代互联网应用的域名系统软件——红枫。与目前国际上广泛使用的域名系统软件BIND(美国互联网系统协会负责开发和维护的域名解析服务软件)相比,红枫在多方面大幅领先,如红枫系统已具备每秒百万级的查询能力,更新性能达到每秒2 600条,支持100万线智能线路,全面支持IPv6(互联网协议第6版)。以红枫系统为核心,适配包括鲲鹏、飞腾、龙芯、兆芯、海光等国产芯片和麒麟、统信等国产操作系统,推出整体性能一流、关键指标领先的纯国产域名服务器;构建新通用顶级域名技术服务平台,为上百万域名提供注册、解析服务,新通用顶级域名注册量亚洲第一。

(北京生产力促进中心)

【支持知存科技NOR Flash芯片】年内,市科委支持知存科技的芯片研发。知存科技推出了基于40纳米的NOR Flash存算一体芯片,芯片特点是能耗低、运算效率高、速度快和成本低,适用于终端设备的人工智能应用。相关成果已应用于智能语音识别

（命令词识别）量产芯片 WTM1001 与 WTM2101，并与科大讯飞、VIVO 、万魔声学等设备集成商进行合作，应用于智能家居场景。年底，NOR Flash 芯片量产达 10 万片。

（贾晓云）

**【支持清华大学高能效可重构处理器研制】** 年内，市科委支持清华大学魏少军团队及孵化企业清微智能共同研制基于可重构架构的智能计算处理器。该处理器通过软件开发调度硬件资源，实现了不同的互联计算结构并支持时空域混合调度计算，获 2020 年“中国芯”优秀技术创新产品奖。年底，该款芯片（TX510）产品已导入 360、阿里、一诺电器等企业，在智能门禁、门锁等领域累计出货 50 万颗。

（贾晓云）

**【多家企业 5G 关键核心技术实现突破】** 年内，北京市昂瑞微、星河亮点、大唐移动、小米科技等 5G 领域龙头企业取得重要成果。昂瑞微研制 5G 全系列射频前端芯片及面向物联网的无线芯片，整体产品单月出货突破 7 000 万颗；星河亮点 SP95005G 测试系统获得 GCF 认证，形成毫米波测试解决方案；大唐移动五点位分布式皮站产品（PinSite Lite）获年度 5G 商用产品领先奖，发布 5G 智慧交通系统解决方案，并形成车路协同示范应用；小米科技发布 5G 高端旗舰产品小米 10 和小米 11，以及首款 Wi-Fi 6 路由器 AX3600。

（周　琦）

**【多家单位 5G 科研成果助力科技冬奥】** 年内，信通院、新奥特、数码视讯等单位在 5G 毫米波、5G + 超高清等领域形成系列成果，服务 2022 年北京冬奥会筹备工作。信通院牵头成功研制 5G 毫米波 MIMO OTA 测试平台，服务工业和信息化部 5G 毫米波设备调试，支撑中国联通面向科技冬奥的毫米波应用的基站设备能力摸底验证测试；新奥特推出 5G 超高清视频传输与处理系统，提升观众的实时个性化、互动式观影体验，开展 2022 年北京冬奥会国家队雪车雪橇训练赛示范应用；数码视讯开展 5G + 8K 编解码器、编码直播背包等的研制，成果先后应用于首次“5G + 8K + 卫星”实时报道全国两会、国家大剧院全球首场 5G + 8K 音乐会等活动，参与“丝路杯”国际女子冰球联赛 8K 直播。

（周　琦）

**【人工智能产业发展情况】** 年内，北京人工智能相关产值规模达 1 860 亿元，同比增长 9.8%，相比 2016 年增长逾一倍。已初步形成中国的 AI 人才高地，北京人工智能领域学者超 4 000 人，占全国的近四成；技术人员将近 4 万人，占全国的近六成。

（付　林）

**【集成电路产业发展情况】** 年内，据北京半导体协会统计，北京集成电路产业实现销售额 909.1 亿元，比 2019 年增长 1.6%，继续保持在全国第三位。其中，集成电路设计业实现销售额约 484.7 亿元，同比下降 18.8%；集成电路制造业迎来快速增长，实现销售额约 183.8 亿元，同比增长 44.4%；封测业实现销售额 70.4 亿元，同比下降 11.9%；装备材料业实现销售额 170.2 亿元，同比增长 91.5% 。

（贾晓云）

**【融合通信产业发展情况】** 年内，根据北京电信技术发展产业协会统计，2020 年北京融合通信市场规模达到 155.82 亿元。其中，融合通信设备市场主导地位明显，市场规模约 115 亿元，占比 73.8%；融合通信软件市场持续增长，市场规模达到 27.58 亿元，占比 17.7%；融合通信服务市场规模突破 13.24 亿元，占总市场规模的 8.5% 。5G 方面，2020 年北京市 5G 基站累计部署 5.3 万个，发展 5G 用户 820 万。

（周　琦）

**【研究促进科幻产业发展】** 年内，按照市领导指示精神和市政府签报批复要求，市科委会同市委宣传部、市科协、石景山区政府、首钢集团建立工作团队，开展专题调研，咨询专业机构，研究形成《关于促进北京科幻产业发展的意见》（报审稿）、《北京市促进科幻产业发展年度重点工作和分工方案》，报市委、市政府通过并印发。

（祖宏迪）

**【卫星互联网民营企业发展迅速】** 年内，以银河航天、微纳星空等为代表的北京卫星互联网民营企业发展迅速。银河航天自主研发首颗低轨宽带通信卫星，于 2 月 16 日发射，发射时通信总容量达 10Gbps。微纳星空研制的天雁 05 卫星在 11 月 6 日成功发射。九天微星 9 月投资的批量化、脉动式卫星工厂在唐山启动建设。和德宇航正在建设由 48 颗卫星组成的低轨卫星物联网星座，截至 12 月，累计在轨卫星 5 颗。

（周　琦）

# 城市建设与管理

【概述】2020年,市科委紧密布局城市新场景建设,协同推进城市精细化管理水平提升。一是"城市交通大脑"初见成效。搭建"联创"中心、监测调度中心、研发数据协同共享三大科技创新及数据融通平台,实现100余个行业系统的政务数据整合共享,推进数据统采共用。二是轨道交通科技创新迅猛发展。实现地铁运营安全指标连续5年国际领先;全自动无人驾驶技术保障燕房线、大兴机场线安全运营;实现地铁全套列车控制系统技术100%国产化,使中国成为第4个掌握CBTC核心技术并应用于实际工程的国家;打造中关村丰台园轨道交通产业集群生态系统,聚集企业133家,总收入达千亿元。三是稳步推进智慧交通应用场景建设。研究梳理形成建设类、管理类、服务类三大类9种智慧交通应用场景,结合城市副中心应用场景建设方案,凝练轨道交通市域车研制、地铁非暴露空间智慧化管理等4个项目并公开发布。四是积极搭建应急和公共安全应用场景对接平台。落实副市长隋振江的批示——"城市应急管理是重要应用场景,应深入研究",组织凝练应急管理应用场景技术方案3个,组织现场需求对接,筛选推荐一批冬奥获奖新技术新产品,推动双方达成合作意向。五是新技术、新装备服务保障重点工程、重大活动,智慧管廊统一管理平台保障城市副中心行政区10.9千米管廊8类18种市政管线安全运行;提升燃气计量端安全隐患预警准确率,保障城市副中心居民用气安全;搭建地面沉降监控与预警信息平台,保障新机场安全运营;提高视频智能识别准确率和应急物资统筹调配效率,为国家大型活动提供安全保障。

2020年,继续实施蓝天、碧水、净土三大保卫战科技支撑,推进首都生态环境保护。一是加强顶层设计,推动北京市形成市场导向的绿色技术创新体系。6月1日,市发展改革委会同市科委印发实施《北京市构建市场导向的绿色技术创新体系落实方案》,鼓励及引导企业创新发展,增强绿色产业竞争力。二是聚焦大气精准治污,打好蓝天保卫战。搭建重型柴油车在线监控平台,实现全过程闭环监控。编制道路扬尘走航监测技术规范,促进京津冀地区VOCs重点行业领域企业达标排放,推进首都空气质量改善。三是科技支撑永定河流域水生态环境改善。实施永定河流域水污染治理和生态修复的技术研发与集成示范,有力支撑永定河生态补水。5月12日,永定河北京境内170千米河段实现全线通水,永定河平原南段在断流25年后迎来最大规模生态补水。四是协同创新推动垃圾源头减量与分类治理。制订垃圾分类与治理行动科技促进方案,推动厨余垃圾破袋设备研制、桶内除臭、密闭式清洁站改造等科技攻关,助力全市垃圾分类取得阶段性成果。

(王伟娟)

## 公共安全

【森林火灾协同感知系统研发】年内,市科委支持北京城市系统工程研究中心、中国科学院遥感与数字地球研究所、北京时代凌宇科技公司联合开展森林火灾协同感知系统研发。该系统部署在市应急指挥中心,在平谷区进行示范应用,通过与丫髻山现场的传感设备和人员随身定位设备连接,实时获取现场温度,湿度,风速风向,一氧化碳、硫化氢浓度等信息,跟踪救援人员位置,为采用适当的消防资源和科学救援措施提供支撑。该系统人员垂直定位精度达1.5米,水平定位精度达3米,遥感影像信息提取准确率达85%以上,可解决事件现场"1小时"信息提取与情报分析问题。

(张晶晶　王　璐)

【优化应急物资统筹管理】年内,市科委支持开展应急物资统筹配置与动态调度技术研究。以多灾种情景下的应急物资统筹管理为应用场景,研发应急物资优化分类、灾害种类的关联知识图谱、动态数据库构建技术，实现全市 1 000 余万件次应急物资在应用系统层面的规范化、智能化管理；综合考虑应急物资日常储备、紧急补充和优化布局，研发全市统筹的应急物资储配模型方法，形成应急物资储备建议清单及市、区两级 40 余个主要储备库优化布局策略，解决储备什么、储备多少、储备在哪里及储备不够怎么办的问题；研发多灾种耦合情景应急物资需求动态预测及动态调度技术，重点解决地震、山洪、化工园区事故、传染病等多种灾害同时发生时，应急物资动态需求复杂、资源调派冲突等问题，有效节约应急物资调度时间、应急成本；研发应急物资管理与动态调度云服务演示系统平台，实现面向多灾种情景的应急物资日常管理和调度跟踪。

（张晶晶　王　璐）

【复杂环境森林火灾高灵敏度监测预警技术与系统研发】年内，市科委推动开展研究微光夜视成像监测技术、窄带卫星物联网信息传输技术、人工智能森林火情预警技术在应急监测预警中的应用研究。针对复杂环境的森林火灾应用场景，研制低照度彩色微光相机，在 0.005 勒照度、无其他辅助光源情况下实现智能夜视宽动态实时处理能力，且图像传输延时不超过 40 毫秒，达到全高清彩色图像的分辨不低于 400 电视线，无拖尾；研发基于低轨卫星的物联网窄带通信系统，实现上行低速挡速率 200 比特每秒，上行高速挡速率 800 比特每秒，下行低速挡速率 200 比特每秒，下行高速挡速率 1 500 比特每秒；研发基于人工智能和大数据的森林灾情预警与指挥调度系统，实现抽取与检索性能，高峰可达到 1 000 条/秒，高峰可接入 50 兆/秒；信息查询延迟一般不超过 3 秒，复杂检索不超过 5 秒；信息检索不小于 1 000 条/秒；并在北京山区开展 2 个场景应用示范。

（张晶晶　王　璐）

【无人直升机森林灭火系统研究】年内，市科委支持开展无人直升机森林灭火系统研究，推动在森林灭火专用无人直升机平台、自主飞行操控、水剂灭火弹研发、灭火弹投放控制等方面进行技术攻关，并取得系列阶段性成果。2020 年无人直升机森林灭火系统被选入北京市第二批应用场景项目。11 月 14 日，50 公斤级水剂灭火弹通过北京理工大学组织的技术鉴定；12 月 1 日，在上海消防研究所国家消防装备质量监督检验中心完成系统鉴定测试，并获得检验报告；2021 年 1 月 10 日，《无人机森林灭火系统应用及安全操作手册》通过专家评审。无人直升机森林灭火系统在全市森林灭火救援力量体系中，主要定位于“打初期火、打悬崖火”，是地面救援力量和市航空应急救援队的有力补充。同时，该系统还具备物资运输、侦察搜救、通讯自组网等功能，满足城市森林消防场景下的不同需求。

（张晶晶　王　璐）

【北京市安全生产监管业务大数据应用】年内，市科委支持数据驱动的安全生产监管画像及安全管理态势关键技术研究。共整合北京市应急管理局 24 个政务系统，形成 168 个资源目录，汇集 150 亿条数据，为应急管理部，北京市 17 个市、区应急管理局，5 个市级委办局提供数据共享服务。基于 9 个主要业务系统建立社会网络关联分析模型方法，为系统联动、整合提供解决路径。针对执法检查、举报投诉、安责险、事故管理、培训考核、专职安全员等 6 项典型业务开展关联规则挖掘，针对企业及执法力量开展多维安全生产画像，针对事故、隐患等开展安全生产监管态势分析，相关成果应用于市、区两级应急管理局隐患排查、风险评估、安责险等重点业务模式优化、专职安全员能力评估、监管资源优化配置等。执法检查准确率从 2015 年的 73% 提升至 2019 年的 91%，隐患整改率由 2015 年的 58% 提升至 2019 年的 95%。相关成果获得中国职业安全健康协会科学技术二等奖，安全应急可视化系统成果接入北京市领导驾驶舱，为市领导提供城市安全专项辅助决策服务。

（张晶晶　王　璐）

【全自动运行互联互通在大兴机场线验证】年内，针对北京区域轨道交通全自动运行能够互联互通的需求，市科委布局面向轨道交通网络化运营的全自动运行系统关键技术和装备研究，开展线网互联互通下不同厂家车载和地面系统实现全自动运行共线、跨线运营和系统集成等关键技术研究，并以大兴机场地铁线为示范，首次实现全自动运行系统的互联互通车地接口规范和地地接口规范，能够支持互联互通的全自动休眠唤醒、车辆火灾、障碍物脱轨检测、紧急手柄、制动故障、远程紧急制动等功能，实现全自动运行系统中车辆数据实时传输至控制中心。

（张晶晶　王　璐）

## 城市建设

【推进智慧交通应用场景建设】年内，市科委、市交通委、市交管局共同梳理形成三大类9种智慧交通应用场景，打造协同高效、供需适配、精准管控的智慧交通体系。一是推动科技资源与应用场景对接。市科委引入22家科研院所、互联网企业，开展15项新技术新产品在交通行业的推广应用，以应用倒逼数据开放共享，预计3年内新增开放共享数据100TB以上，打造“交通大脑”云平台。二是建设典型交通节点应用场景。在大兴机场应用客流精细化预测等技术，实现抵港旅客接续运输区域平均等候时间减少15%；研发减振有砟轨道等技术，解决地铁6号线车内噪声问题。三是提高交通精细化管理水平。实现在线智能预警时间少于5分钟，高速公路状态实时预测准确率80%以上；力争3年实现全市6万道路停车泊位定量评价与动态管理全覆盖，停车泊位空置率下降20%。以市级重点工程“公交线网优化”为切入口，实现示范区域或公交走廊运输效能提升3%以上。

（张晶晶　王　璐）

【城市副中心智慧交通综合管理平台发布】年内，为进一步落实《北京市加快新场景建设培育数字经济新生态行动方案》要求，市科委和通州区政府联合发布智慧交通领域应用场景项目——城市副中心智慧交通综合管理平台。作为智慧城市建设的重要组成部分，智慧交通在解决城市交通拥堵、实现交通运输智能化等方面具有重要作用，而交通数据资源的开放与共享则是智能交通成功建设的重要保障。双方将共同推动北京城市副中心交通数据开放共享，吸引科创企业助力智慧城市建设。将建设交通数据共享交换平台和数据交换全生命周期管理平台，实现通州区约2 000路交通视频数据的汇聚。

（曲俊燕）

【碎石道床在地下区间的应用研究完成】年内，碎石道床在城市轨道交通地下区间正线中的应用研究完成。在国内首次系统性开展碎石道床技术在地铁隧道内正线工程中的应用研究工作，开展碎石道床结构形式、铺设技术条件、增强稳定性和耐久性措施、减振性能及养护维修等系统研究工作，首次在北京地铁16号线铺设960米的示范段，各项指标均满足要求。提出碎石道床应用于城市轨道交通地下区间正线工程方案，并形成设计图集。填补了碎石道床在城市轨道交通地下线区间正线中应用的技术空白。该成果具有显著的经济技术优势，可提高道床结构对下部基础变形的适应能力、提高减振降噪能力、减少钢轨异常波磨等，比整体道床造价降低200万～300万元/千米。该成果将在既有路线改造及新建线路建设中推广应用，为大幅提升市民出行的安全、高效、舒适提供支撑。

（张晶晶　王　璐）

【开展基于视觉计算的道路交通异常智能识别技术研究与应用示范】年内，针对交通行业视频利用率低，交通事件场景复杂多样，交通视频资源规模大、结构复杂，交通事件自动识别准确率和效率都不高等问题，市科委推动大规模视觉计算平台搭建以及对视觉计算的研究，充分利用视觉计算技术自动监控全量数据，实现对行人、非机动车、机动车等交通要素的检测以及违章、拥堵、道路异常等交通事件的检测，并在准确率与效率上实现进一步突破，同时通过建立AI视觉感知系统，促进即时事件驱动的业务闭环优化。该项研究已在东城区实施实际应用示范，示范结果表明，基于交通视觉感知系统自动识别异常事件的效率比人工上报方式有大幅度提升，从而验证了研究成果的有效性。该项研究建立了较为系统的基于视觉计算的道路交通异常智能识别的系列理论和方法，有效支撑了软件平台的技术研发，促进了成果的成功应用。

（张晶晶　王　璐）

【160千米/时智能市域车研制完成】年内，市科委推动160千米/时智能市域车研制，突破了双流制市域车的供电和牵引控制、走行部健康管理、多网融合控制技术、铝合金车体轻量化4项关键技术，形成了双流制供电及牵引系统、网络控制、兼容双制式车载信号设备等核心部件。自主研制的160千米/时智能市域动车组完成了线路运行试验，试验最高速度176千米/时，运行里程超过5 000千米。车辆性能满足北京市平谷线及大兴机场北延线运营要求。该研究成果填补了国内双流制式市域车辆空白，提高了市域车辆智能化、网络集成化水平，打造了适合北京及中国城市轨道交通市域快轨线路的双流制D型车辆平台。

（张晶晶　王　璐）

【开展交通运行诊断及信号优化控制技术研发与示范验证】年内，市科委支持市交管局、北京北大千方科技有限公司等单位，针对精细化适应特定交通场景对应控制策略和方案的自动发现和诊断问题，全面构建信号优化控制技术体系。开展多系统接入的联网联控体系方案研究与各系统的特性和共性分析，汇聚多源数据，探索大数据环境下信号优化突破的技术路径，制定互联网平台与管控系统交互的接口，规范引领交管“数据大脑”应用模式，研究突破信号机实时响应优化控制算法、中心系统干线动态协调控制算法和热点过饱和均衡控制算法，实现多场景动态控制与均衡调控，并计划在北京城区开展技术验证。

（张晶晶　王　璐）

【开展轨道交通车站磁悬浮式净化空调设备及其智能控制技术研发与示范】年内，市科委组织推动轨道交通车站磁悬浮式净化空调设备及其智能控制技术研发与示范，围绕轨道交通车站空调系统多要素的关键技术集成优化和政产学研用协同创新，研发水冷直膨磁悬浮式空气净化一体化机组、适应下置在车站内的隐蔽冷却塔组技术、基于群智能的空调系统结构化监控及智能运行技术，并在 19 号线牡丹园站实现多场景智能化示范应用，示范应用车站节能和空气质量等核心指标预期达到国际先进水平，环境友好性和运维便捷性得到极大提升，并且初期全专业建设成本和全生命周期总成本均低于当前空调系统，为下一代轨道交通车站空调系统树立了标杆。

（张晶晶　王　璐）

## 城市环境

【开展大型锅炉烟气可凝结颗粒物检测与控制技术研究及示范应用】年内，市科委支持大型锅炉烟气可凝结颗粒物检测与控制技术研究及示范应用，完成晋能大土河热电、海南乐东发电、菏泽热电、民生热力、阳泉河坡电厂、渭河热电、城发热力公司 7 家可凝结颗粒物排放测试，对比分析饱和湿烟气中水溶性离子组成及有机成分，初步掌握不同控制技术下的可凝结颗粒物排放情况。

（徐　扬　王　璐）

【开展家具行业有机废气原位吸附/低压热蒸发再生处理技术研究与示范】年内，市科委支持家具行业有机废气原位吸附/低压热蒸发再生处理技术研究与示范，已完成原位吸附－低压热蒸发再生整套处理技术流程设计，其中用于漆雾前处理的静电增强泡沫金属过滤装置的实验室样机已经完成制备，测试显示，在模拟生产工况下其过滤性能达到 90% 以上，能够满足前处理要求；已完成原位吸附/低压热蒸发模块样机的制备，并完成模拟家具厂实际工况下的穿透实验，实验结果表明，实验样机在 1 米/秒面风速下对正己烷、甲苯、二甲苯等主要污染物可达到 80% 以上的一次通过净化效率。

（徐　扬　王　璐）

【开展主要气传致敏花粉浓度智能监测及预报技术研究】年内，市科委支持北京地区主要气传致敏花粉浓度智能监测及预报技术研究，在深度学习的基础上，开发花粉自动识别和计数研究；利用统计学、作物生长模型和机器学习等方法，研发花粉浓度、花粉起止日期及高峰日的预报及疾病指数预报等模型，建立适合公众的新媒体发布平台，并开展花粉症的季前干预治疗试验。

（徐　扬　王　璐）

【开展重大活动场所 10 米分辨率风温场监测预报技术研究】年内，市科委支持重大活动场所 10 米分辨率风温场监测预报技术研究，完成城市微环境体感监测系统的结构设计、设备配置清单、接线图、安装结构件设计图纸，编写要素采集部分的采集器程序。开展长年代气象观测资料收集与处理，以及国家体育场（鸟巢）重大活动举办期间气象要素和主要气象灾害的分析，获得研究区域的气候背景特征。完成人体舒适度、湿球黑球温度、中暑等多种气象指数的调研，确定适用的指数和研究方法。完成冬季风寒指数的预报建模。

（徐　扬　王　璐）

【北京市城市污水厌氧氨氧化脱氮处理技术取得新进展】年内，市科委支持开展应用于城市污水处理的厌氧氨氧化脱氮技术研发工作及工程验证示范工作。首次在国际上提出“城市污水部分短程反硝化耦合厌氧氨氧化自养脱氮技术”，在城市污水厌氧氨氧化脱氮方面取得系列技术突破，并在中试系统中得到技术验证。突破城市污水短程硝化与厌氧氨氧化菌富集等技术瓶颈，成功建立“城市污水一体化短程硝化－厌氧氨氧化脱氮”原创技术体系，实现该尖端技术从实验室到实际工程的完整转化，建成并运行了国际上第一座城市污水厌氧氨氧化脱氮工程——北京方庄厌氧氨氧化脱氮实证水厂，处理规模为7 200立方米/天，该工程与传统污水厂相比净化过程能耗降低30%以上，为北京市水环境改善提供有效的技术支撑。

（王伟娟　赵　娣　姜佩瑄）

【突破农村污水治理技术难题】年内，市科委组织开展“农村污水处理技术装备筛选评估”及“北京市重点区域农村污水治理与水环境提升示范与推广应用研究”工作。通过对全市农村污水技术装备调查现状大样本数据的全面分析，搭建菜单式分散点源污水治理技术体系，研究制定北京市《村庄生活污水收集与处理技术规程》，开发改良分段进水UCT、新型循环滤池、改良IFAS和陶瓷膜4种适用于不同进水条件的污水处理工艺和装备，建立“互联网+”信息化运营管理平台，建立12座水质水量在线监测站点，实现运行数据实时采集和分析利用，建立24小时全天候响应机制，提升农村污水处理设施运营养护管理水平。

（王伟娟　赵　娣　姜佩瑄）

【水库流域风险识别及排污监控能力提升】年内，市科委支持开展典型污染物溯源与诊断技术研究，建立环境风险评估技术，系统查明官厅水库及上游主要河流中主要的化合物及环境风险较高的污染物，并通过污染物高通量筛查、特征污染物甄别和航空/航天遥感等技术，形成融合地理信息、航空/航天遥感、地面采样等多信息源交叉验证的立体水质监测技术体系。实现官厅水库及重要的入流河流叶绿素、浊度、悬浮物、水深、有色可溶性有机物、透明度、总氮、总磷、pH、藻类、总溶解固体11种水环境参数的快速监测与评价，为北京水源地保护、水库流域生态环境改善提供技术支撑。

（王伟娟　赵　娣　姜佩瑄）

【科技支撑密云水库流域水资源保护】年内，市科委继续科技支撑密云水库流域水资源保护。一是构建密云水库流域监测、防控及管理科技支撑体系。应用物联网、大数据技术，构建密云水库流域水环境立体监测体系与风险预警、水源保护网格化综合智能管理平台，实现全流域生态环境的系统监管，快速准确发现违法行为。二是开展水库生态系统研究。开展以水质保护为核心的生物净水和生态保水技术的研发与示范。三是加强生态修复和资源综合利用技术研究。开展生态循环系统构建、集水区湿地植被优化等关键技术研究与示范，提升库区生态景观功能，提高生态承载力，改善水环境，带动密云区生态产业的发展。四是农村生活垃圾源头分类、处理。在水库上游的高岭村开展农村生活垃圾源头分类、就地处理应用示范，全面覆盖农村生活垃圾源头分类投放、分类收集、分类运输、分类处理及资源化利用，实现区域生活垃圾大幅减量、分类垃圾全流程系统监管。

（王伟娟　赵　娣　姜佩瑄）

【筛选及应用浅山区造林绿化树种】年内，市科委支持实施北京浅山区造林绿化树种筛选工作，筛选出一批适宜浅山区的耐贫瘠、耐干旱树种，解决部分乡土树种繁育技术难题，并在浅山区中建立示范区进行推广示范。建立20个指标综合评价体系，筛选出适宜浅山区的造林绿化树种22种；通过林分调查划分北京浅山区26个立地类型，结合区域内现有植被群落结构特点，提出对应的26种植物配置模式；研究集成了紫椴、齿叶白鹃梅等乔灌木的播种、扦插、嫁接繁殖育苗方法及规模化、工厂化育苗技术体系，培育12.61万株容器苗；在门头沟区妙峰山镇下苇甸村建立浅山区绿化造林树种配置模式示范区10公顷。

（王伟娟　赵　娣　姜佩瑄）

【北京城市副中心园林绿化智慧化管理及生态建设取得进展】年内，市科委支持实施北京通州区智慧园林体系构建及资源服务平台建设工作，推进通州区生态绿化系统建设科技攻关，开展智慧园林资源服务平台建设、生态绿化城市建设关键技术研发以及基于智慧园林管理的生态绿化科技示范工作。建立智慧园林管理模式，搭建集园林绿化信息感知、辅助规划、综合管理、公共服务于一体的智慧园林管理平台，包括基于物联网的土壤、大气生态监测系统1套、基于移动互联网的公众服务APP 3套和基于云平台的远程监管及通信指挥系统1套。聚焦城市突出生态问题，构建集城市绿地土壤改良、苗木移植活力快速恢复、多维度绿色空间营建、生态改善型绿地营造、基于绿地生物多样性保育的植物群落构建、节水耐旱植物应用及绿地高效用水养护7个技术于一体的城市生态绿化建设技术体系，并形成6套适用于北京市园林行业的关键技术规范与标准。在通州区建设集智慧园林与生态绿化于一体的关键技术示范区7处，总面积30公顷。

（王伟娟　赵　娣　姜佩瑄）

【重大钻蛀性害虫防控技术研究取得成效】年内，市科委支持开展重大钻蛀性害虫防控技术研究与示范工作并取得成效。应用信息素、无人机和航天高分辨率遥感数据建立虫灾早期监测技术体系、红脂大小蠹和小线角木蠹蛾的监测技术体系；针对幼虫期林木外部无危害特征可判别的钻蛀性害虫，开发音频侦测新技术、2 种(类)害虫的物理阻杀技术及 2 种新型化学防治药剂；明确了 3 种(类)钻蛀性害虫的天敌自然控制能力，探索了其保护和利用方法与技术；明确了外来入侵种松树蜂寄主选择和主要传播途径，明确了松树蜂及其共生菌的温度适应性，完成了其适生区预测等研究，形成了松树蜂精准定量风险分析报告。在门头沟、延庆、怀柔、昌平、通州、丰台、海淀等区大力推广与应用重大钻蛀性害虫的关键防控技术，举办技术培训班 7 期，培训技术人员 200 人次，查防人员 1 000 余人。在各区共建立钻蛀性害虫控制试验示范基地 11 处，示范推广面积 10 460 亩。

（王伟娟　赵　娣　姜佩瑄）

【开展厨余垃圾处理系统研究与工程示范】年内，市科委支持厨余垃圾“热水解 + 压榨制浆”预处理 + 浓浆湿式厌氧处理系统研究与工程示范，满足北京市的厨余垃圾处理市场迫切需求，不断完善北京市生活垃圾分类体系，适应当前厨余垃圾特性的成套化处理技术的市场需求。已成功开发出 125 吨/天厨余垃圾处理集成工艺和技术装备。

（常　越）

【加强垃圾分类与治理科技创新】年内，市科委支持加强垃圾分类与治理科技创新。一是加强垃圾分类科技攻关。开展源头减量技术研究、智能分类回收装备研发等攻关，构建源头减量 - 智能分类 - 高效转化 - 清洁利用 - 精深加工 - 精准管控全技术链。二是建筑垃圾处置。开发移动式建筑垃圾资源化处理技术及专用设备，研究建筑垃圾再生产品，预计资源化利用率大于或等于 90% 。三是餐厨垃圾处理。在石景山区建设移动智能餐厨垃圾处理及生物质天然气制备装备工程示范线，创建有机废弃资源生物转化全产业链模式，实现减量化率大于或等于 80% ；在延庆区开展厨余垃圾“热水解 + 压榨制浆”预处理 + 浓浆湿式厌氧系统研究，实现残渣含水率小于或等于 60% ，有机质去除率大于或等于 90% 。

（王　璐　梁廷政）

# 保障改善民生

【概述】2020 年，全力投入科技支撑新冠肺炎疫情防控的同时，认真落实《北京市加快医药健康协同创新行动计划(2018—2020)》重点任务，推动全市医药健康产业高质量发展取得突出成效。2020 年北京生物医药产业全部企业营业收入为 2 204.6 亿元，同比增长 4.8% 。新上市企业数量、获批创新品种数量创历史新高。积极推进前沿领域机构建设和人才团队发展。推动临床资源发挥溢出效应，首次支持医生发起的药物和医疗扩大适应证研究，为已上市产品扩大用途提供证据；继续推动以医生为主导的医疗器械早期研发，引导医生在产品研发早期阶段与企业对接。加强重点产业培育，聚力培育人工智能与医药健康融合发展，围绕心脑血管、肿瘤等领域，支持人工智能创新产品研发 26 项。

搭建科技助老创新平台。研发自动控制、人机交互等 4 类智能辅具安全测试共性平台。搭建北京市老年急救大数据平台，完成康复景观实验与技术方案展示平台搭建，建立“1 + N”老年人技术服务体系，满足慢性病管理、居家健康养老等服务需求。

（王伟娟　卢明子）

## 疾病防治

【心血管外科关键技术和医疗质量改进取得重大进展】年内，胡盛寿院士牵头的“北京心血管外科关键技术评价和医疗质量改进研究”重大项目首次建立了一个成熟的、可持续的北京地区心血管外科临床研究及质量改善协作网络。建立冠心病和瓣膜病外科医疗质量评价指标体系，被国家卫生健康委医政医管局《心血管外科专业国家性医疗质量控制指标》采纳并在全国推广应用，有效提高了京津冀地区冠心病和瓣膜病外科医疗质量。制定符合中国实际情况的 No - Touch 技术应用规范并进行全国推广；开发基于互联网技术的心脏瓣膜置换患者新型抗凝管理模式，该模式明显优于传统模式并有望成为新的适用性技术广泛应用；首次发布杂交技术治疗累及弓部主动脉病变的中国专家共识，建立了主动脉疾病腔内技术国际培训基地，为来自美国、俄罗斯等 15 个国家的进修医生提供近百人次的培训。

（张　艳）

【病毒性肝炎防治取得重大进展】年内，北京友谊医院贾继东教授牵头的“乙型肝炎免疫策略及抗病毒治疗研究”重大项目对乙肝疫苗预防肝硬化、肝癌等疾病进行卫生经济学评价，为制定第二类疫苗接种策略提供数据支撑；建立了 1 500 余例母婴前瞻性队列及儿童回顾性队列，确认了妊娠期抗病毒治疗对母婴阻断的效果及长期安全性；建立了1 008 例的前瞻性抗病毒治疗后的乙肝肝纤维化/肝硬化研究队列，证实了长期抗病毒治疗能够显著降低临床硬终点事件（肝硬化失代偿、肝细胞癌、肝衰竭及乙肝相关死亡）的发生率；在 347 例慢性乙型肝炎患者口服抗病毒治疗停药队列中，确认了停药后复发的相关因素。参与制定 2 项亚太肝病研究学会肝纤维化评估指南及肝细胞癌临床诊疗指南，以及多项国内肝病诊疗指南；举办多项各类国家级继续教育培训班推广核心技术，指导联盟医院开展临床科研合作，提升了基层医院医务人员的科研能力。

（张　艳）

【乳腺癌早期防治取得重大进展】年内，北京大学肿瘤医院牵头的市科委“乳腺癌早期筛查与规范化治疗关键技术研究”重大项目在乳腺癌防治领域取得重大进展。该项目研究了北京市适龄妇女乳腺癌筛查优化方案；建立和验证了适合基层应用的基于超声影像的乳腺病变诊断模型；建立 mTBI 的疗效评价标准；建立国内首个多中心、大规模、长随访的早期乳腺癌保留乳房手术联合术中放射治疗的前瞻性研究队列，制定《乳腺癌术中放疗专家共识》；首次建立京津冀地区乳腺癌术后即刻乳房重建规范化流程，显著提高京津冀地区乳腺癌即刻乳房重建的术后满意度，降低术后并发症的发生率。项目共计发表 8 篇 SCI 及 3 篇核心期刊文章，获得北京市科学技术奖和华夏医学科技奖等奖励。项目阶段性成果显著提高了北京市乳腺癌的防治能力。

（张　艳）

【艾滋病检测技术及规范治疗研究项目取得重要进展】年内，首都医科大学附属北京佑安医院牵头并联合北京金豪制药股份有限公司、北京市疾病预防控制中心、中国医学科学院北京协和医院共同完成了北京市科委重大项目“艾滋病检测技术及规范治疗研究”。本项目研制的抗体检测试剂盒（免疫金渗滤法）产品可以将艾滋病确证时间缩短至 20 分钟内；早治疗及扩大治疗研究使抗病毒治疗成功率提高 10%、病毒抑制成功率达到 99% 以上，在治感染者病死率降低 10 倍。该项目在分析近 18 年的新报告病例血浆样本基因序列后，明确了北京地区艾滋病病毒传播毒株变化规律以实施精准干预；评价现有治疗方案对于艾滋病病毒合并乙肝病毒感染患者的治疗效果，规范了艾滋病病毒/乙肝病毒合并感染者的治疗；制定了对艾滋病病毒感染人群接种乙肝疫苗的策略，有效控制和降低该人群乙肝病毒感染的比例。

（张　艳）

【脊柱脊髓损伤救治取得重大进展】年内，中国人民解放军总医院第四医学中心牵头的市科委“脊柱脊髓损伤的急救、治疗与康复研究”重大项目在脊柱脊髓损伤救治方面取得重大进展。该项目首次建立全市各区 13 家综合性医院和 2 家急救中心脊柱脊髓损伤的救治、康复一体化，掌握了脊柱脊髓损伤的流行病学及临床特点，初步建立网络式脊柱脊髓损伤救治数据库；开发了符合中国国情的脊柱脊髓损伤救治人员规范化培训课程；建立了脊柱脊髓损伤救治流程的培训规范；推广了先进的脊柱脊髓损伤救治理念和技术；发布了《陈旧性脊柱脊髓损伤评估、诊断与治疗指南》《脊柱脊髓损伤的评估、治疗与康复指南》《脊柱脊髓疾病康复指南》3部国家指南；制定了《脊髓损伤硬膜囊内减压松解术》《严重创伤院前与院内信息链接规范》《严重创伤患者院前急救规范》《区域性严重创伤救治体系建设与评估规范》《严重创伤院内救治流程和规范》4部行业协会技术规范；探索了脊柱脊髓损伤修复材料的新领域；明确了发展脊柱脊髓损伤修复材料移植手术的可行性；项目成果显著提高了北京市脊柱脊髓损伤救治能力和各级综合医疗机构对脊柱脊髓损伤的诊疗水平，为保障全市人民健康提供了有力支持。

（张　艳）

**【重型再生障碍性贫血治疗取得重大突破】** 年内，解放军总医院第四医学中心吴晓雄教授团队采用减毒干细胞移植新方案解决了重型再生障碍性贫血（发病占血液病的13%）治疗缺乏同胞兄弟姐妹供者的问题，2年生存率从40%提升至90%，同时降低移植总费用15%（人均自费费用控制在10万~15万元）。此方案已推广应用到国内多家医院，临床数据被欧美多个诊疗指南引用。

（荣　荣）

**【低剂量ATG有效预防移植物抗宿主病】** 年内，解放军总医院血液病医学部刘代红教授团队基于定量监测ATG的浓度，探索了抗胸腺细胞球蛋白（ATG）预防异基因造血干细胞移植GVHD的最佳剂量问题。研究建立了低剂量（5毫克/千克）ATG联合传统方案预防MSD－HCT后GVHD的操作流程，3年广泛慢性GVHD发生率从41.5%降到18.8%，不影响免疫重建，并提高存活率。相关数据已转化为专利和论文，被国内GVHD共识引用，并在国内和国际会议上多次被收录交流。

（荣　荣）

**【脊髓拴系综合征防治理念新突破】** 年内，解放军总医院第一医学中心神经外科尚爱加教授团队对千余例脊髓拴系临床患者进行研究分析，并开展大规模神经管畸形胎儿前瞻性临床研究，建立完备的脊髓拴系的个体化精准治疗方案和产前风险分级预警标准，个体化精准治疗方案在国内多家医院推广，收到良好效果及国内外同行的广泛认可。孕前超早期脊髓拴系的风险分级预警为脊髓拴系胎儿的产前咨询提供了重要的理论支持。

（荣　荣）

**【远程操作骨科机器人辅助脊柱内固定成功】** 年内，北京积水潭医院田伟院长团队利用5G技术在世界首次实现同时远程操控2台天玑骨科手术机器人为不同地区医院的2名患者同时手术。通过同时远程交替操控2台异地机器人为山东烟台山医院和浙江嘉兴市二院2个脊椎骨折病人进行手术三维定位脊椎螺钉固定手术，共打入12颗螺钉，定位准确无误。

（荣　荣）

**【首次开发分枝杆菌菌种鉴定DNA序列比对系统】** 年内，首都医科大学附属北京胸科医院王桂荣教授团队建立了分枝杆菌基因序列数据库，数据库可准确实现多基因联合比对，可提高非结核分枝杆菌感染疾病诊断的准确性。并在国内首次开发出分枝杆菌菌种鉴定DNA序列比对系统专业软件，命名了一个新的分枝杆菌菌种（M. intergordonae），获国家医学菌种保藏中心新菌种收藏证书［CMCC（B）93559］。

（荣　荣）

**【攻克经导管二叶式主动脉瓣狭窄介入治疗难题】** 年内，中国医学科学院阜外医院吴永健教授团队首次在国际上探讨了经导管二叶式主动脉瓣狭窄介入治疗的安全性和有效性，创新性地提出适用于二叶式主动脉瓣狭窄介入治疗的路径、影像学多平面评估手段及手术方法，首次成功攻克经导管二叶式主动脉瓣狭窄介入治疗这一国际难题，已经在国内50余家三甲医院进行推广，有效提高了国内经导管二叶式主动脉瓣狭窄介入治疗的水平。

（荣　荣）

**【胰十二指肠切除术后早期拔除腹腔引流管研究取得新进展】** 年内，中国医学科学院北京协和医院戴梦华教授团队开展了全球首个关于胰十二指肠切除术后早期拔除腹腔引流管对术后并发症影响的多中心RCT研究，研究进一步提供胰十二指肠切除术后早期拔除引流管的安全性及有效性指标。将术后腹腔引流管拔除由原来的5天以上缩短到术后3天，术后并发症的发生率由28.5%下降为21.7%，同时将术后平均住院天数缩短到15天之内（原来17天以上）。极大减轻了患者的术后应激和痛苦，加快了术后康复进程。并将ERAS理念贯穿管理中，制订了科学规范的胰腺术后引流管管理方案，该研究已经被纳入中华医学会外科分会胰腺学组更新的关于2020年胰腺癌诊治规范中胰十二指肠切除术后腹腔引流管管理的指南中。

（荣 荣）

【房颤外科冷冻消融系统研发】 年内，阜外医院和海杰亚（北京）医疗器械有限公司合作完成房颤外科冷冻消融系统及消融笔样品研制。治疗温度低至－196℃，远低于国外同类产品，实现更大的消融深度，避免房颤复发。使用的制冷工质容易获取，环境友好，便于实现房颤外科冷冻消融技术推广应用。

（张 迪）

【智能化紧凑型辅助呼吸支持系统研制】 年内，北京航天长峰科技工业集团有限公司和北京世纪坛医院联合开展智能化紧凑型辅助呼吸支持系统研制，相关成果已申请发明专利及商标注册。5月，结合新冠肺炎疫情需要，在上海举办的国际医疗器械展览会上，具有自主排痰功能的呼吸机新产品信息发布。

（张 迪）

【国产新型膝关节单髁置换假体系统研发】 年内，北京大学第三医院联合北京爱康宜诚医疗器材有限公司开展新型膝关节单髁置换系统的研发和临床应用研究，基于国人膝关节解剖数据，研发了具有完全自主知识产权的国产新型膝关节单髁置换假体系统，已完成临床试验入组和初步随访，受试者术后膝关节疼痛明显缓解、功能恢复满意，上市后将实现国产替代，显著降低医疗费用和医保负担。

（张 迪）

【多个人工智能辅助诊断产品获批上市应用】 年内，全市共有3款人工智能诊疗产品获批三类医疗器械注册证，包括北京昆仑医云科技有限公司的冠脉血流储备分数计算软件（国械注准20203210035）、数坤（北京）网络科技股份有限公司的冠脉CT造影图像血管狭窄辅助分诊软件（国械注准20203210844）和推想医疗科技股份有限公司的肺结节CT影像辅助检测软件（国械注准20203210839）。冠脉血流储备分数计算软件是获批的全国首个人工智能三类医疗器械注册证，也是全球首个完全基于人工智能深度神经网络的CTFFR产品。

（刘颖颖）

【生物医药产业发展情况】 年内，北京生物医药产业全部企业营业收入为2 204.6亿元，同比增长4.8%。其中，全市医药工业全部企业营业收入1 792.3亿元，同比增加5.9%；全市医药服务业全部企业营业收入412.2亿元，同比增加0.1%。医药工业各子领域中，化药、中药、生物药品制品和医疗仪器及器械制造行业营业收入达1 707.2亿元，同比增加6.7%，占医药工业比重达95.3%，较2019、2018年占比有所增加。其中，生物药品制品和医疗仪器及器械制造呈正增长，分别较2019年同期增长28.8%、23.0%，均为近3年以来最高增速；化药制造较2019年同期下降1.5%，为近3年首次负增长；中药制造较2019年同期下降1.6%，较2019年降幅（6.3%）有所收窄。医药服务业各子领域中，研究与试验发展实现营业收入158.4亿元，较2019年同期增长7.3%，增速较2019年的11.3%有所收窄，但跑赢医药服务业整体增速，2020年研究与试验发展占医药服务业整体比重增加至38.4%，为近3年最高（2019年为36.1%、2018年为36.8%）。生物药品制品和医疗仪器及器械制造是新冠肺炎疫情期间拉动产业整体规模提高的主要动力。

（卢明子）

## 养老服务

【老年人步态疲劳特征智能监测助行鞋研发】 年内，市科委支持老年人步态疲劳特征智能监测助行鞋开发，智能化模块可以监测老年人疲劳步态并根据每周平均数据给出科学的运动处方，还可通过手机APP实现定位、给子女和监护人等发送老人运动健康状态信息等功能。以上产品结合鞋类常用国标标准制定了产品企业标准，并通过权威检测机构的检测，性能优于国标要求。此外，产品在2家养老院中合计示范了92人，含60岁以上老人62名（男27名，女35名）。示范期间，结合李宁公司的舒适度量表及RPE主观运动疲劳量表对智能模块及APP功能进行了优化，最终运动学精确度达到90%以上。

（徐 扬 王 璐）

【北京打造智慧健康养老技术示范体验厅】 年内，市科委支持智慧健康养老技术示范体验厅建设，体验厅位于西城区月坛街道汽北社区养老服务驿站，基于体验厅的实际功能划分，完成涵盖适老化家具、智能健康监测、生活辅助等30个智慧健康养老产品/技术的嵌入，制作完成40余个体验厅整体功能和技术宣传视频，并采用现场实际体验和技术视频播放的方式完成200位老人的参观体验和满意度调查。

（徐 扬 王 璐）

## 食品安全

【智能化液氮快速冻结装备研发】 年内，市科委支持生鲜食品智能化天然低温冷媒快速冻结装备的研发，建立了草莓、毛豆、枸杞等生鲜果蔬的热物性模型和低温冻结模型，获得了草莓、毛豆、枸杞、火龙果、杨梅、金鲳鱼6种生鲜果蔬的最佳快速冻结技术，开发出智能化隧道式和螺旋式液氮速冻机各1台，实现一键化参数设置的智能化操作。智能化液氮快速冻结技术和装备具有冻品品质高、环境友好、智能化程度高等优点，相关成果已在多家生产企业进行应用示范。

（王伟娟 赵 娣 姜佩瑄）

【构建食用油脂品质评价技术平台】 年内，市科委组织实施基于特征组分鉴别的食用油脂品质评价技术工作，构建了食用油脂品质评价技术平台。该技术平台集合了新型食用油储运过程中品质劣变的评价、煎炸油判废模型和煎炸油理化指标模型预测等技术，在对食用油氧化产物含量、煎炸油品质劣变程度、功能油存储限制等问题上提供了精度高、效率高、稳定性好的解决方案。通过技术平台的构建，形成简捷绿色的检测体系，为油脂工业、食品工业的监管发展以及大众健康、公共卫生和环境安全提供技术保障和支持。

（王伟娟 赵 娣 姜佩瑄）

【高活性益生菌制造技术研究】 年内，市科委支持开展精准调控肠道健康合生元食品制造关键技术研究与新产品创制。通过多组学技术揭示肠道菌群改变是导致终末期肾病患者粪便和血液代谢失调的重要原因；筛选出靶向调控肠道健康的益生菌株10株，自主研发了深冷保护、靶向递送等高活性益生菌制造新技术，活菌数达到国际水平1 011 cfu/g，在大型乳品企业的发酵乳产品中进行中试；建立了肠道健康合生元产品从研发到产业化的快速转化平台，支撑食品质量与安全北京实验室建设。

（王伟娟 赵 娣 姜佩瑄）

【重要急性食物中毒因子快速检测试剂研发】 年内，市科委支持开展重要急性食物中毒因子的抗体制备与研究，以蘑菇毒素、鼠药、海洋毒素3种中毒因子为重点，综合利用半抗原合理设计理论、杂交瘤制备技术、纳米材料合成、生物偶联、分析化学等创新技术，在中毒因子的抗体制备、快速检测技术和产品研发、多毒物同时提取净化与分离等方面取得进展与成果。获得单克隆抗体17种、建立快速检测技术12套，并研发出快速检测试剂盒及试纸条等产品8种，建立多种食品及生物样品中重要毒物的确证分析方法3套，申请国家发明专利13件，形成标准操作规程3项。研究成果在提升快速检测技术水平的同时，确保了产品的准确度和稳定性，实现了多种食品及生物样品中重要毒物的确证分析，为食品安全监控提供技术和产品支撑。

（王伟娟 赵 娣 姜佩瑄）

【猪源沙门氏菌全基因组测序分析及快检技术应用】 年内，市科委支持开展猪源沙门氏菌全基因组测序分析及快检技术研究工作。通过对猪源沙门氏菌全基因组测序分析，建立起包含50株多重耐药沙门氏菌全基因组信息的数据库，为食源性疾病分子溯源提供数据支撑，开发出沙门氏菌及3种耐药基因的核酸快速检测试剂盒，具有特异性强、敏感性高、重复性好、操作简单等优点，检测灵敏度小于或等于60 cfu/ml，检测流程小于或等于15小时，核酸检测过程小于或等于2小时，检测成本降低至20～25元/样，试剂盒已在多家饲料厂、食品厂开展应用示范。

（王伟娟 赵 娣 姜佩瑄）

【果蔬有机生产精准调控关键技术及应用取得进展】 年内，市科委支持开展果蔬有机生产精准调控关键技术研究工作。针对番茄、黄瓜、茄子、生菜、芹菜、韭菜、葡萄、草莓、桃9种北京主要果蔬有机生产中的水肥利用、植保技术、蜂授粉等关键环节，研发形成主要果蔬有机生产精准调控关键技术7项、微生物菌剂1种，提出设施果蔬授粉、病虫害防治等技术规程8项，研发瓢虫和寄生蜂人工饲喂和释放器具2种，形成集监管、生产、服务于一体的物联网管理平台1个，制定主要果蔬有机生产企业标准9项。结合多项研发成果及平台，实现了果蔬有机生产全过程的二维码追溯和手机APP跟踪监测，建立全方位、集成化的有机生产技术体系，为果蔬有机生产相关行业及国家标准的制定奠定理论基础。

（王伟娟 赵 娣 姜佩瑄）

【建立动物疫病检测公共服务平台】 年内，市科委支持建成2 000平方米生物芯片北京国家工程研究中心(畜禽健康养殖)分中心,建立精准、高效、快速的动物疫病检测公共服务平台,组织开展重要病原微生物检测、"治未病"预警、健康监测、畜禽肠道微生态及动物源性食品安全检测等相关生物芯片研究并取得成效。开发出动物监测管理系统、检测数据接收服务系统、健康监测大数据分析系统、基于GIS的动物健康预警系统4个软件系统的动物健康监测服务平台,研制出可用于现场快速检测的便携式生物芯片检测装备,能够实现与服务平台的云端链接,完成对动物疫病检测和疫情数据的采集和统计;建立猪瘟、非洲猪瘟、奶牛乳房炎等动物主要疫病病原核酸信息库和基因序列信息库;研发了细菌、病毒、支原体等11种重大动物疫病病原的诊断生物芯片及配套试剂,与常规试验方法相比,符合率达到96%,芯片检测时间少于60分钟,检测成本降低70%,培训相关技术人员1 300余人。动物疫病诊断生物芯片及检测技术已在19个动物疫病预防机构进行推广应用,完成样品抽检5.4万头份,覆盖540万养殖动物,并在全国32个示范基地推广猪场疫病监测方案。

(王伟娟　赵　娣　姜佩瑄)

【淡水鱼养殖关键技术装备研发取得新进展】年内,市科委组织开展规模化淡水鱼健康养殖智能化调控技术装备研发与示范研究工作。结合京津冀地区淡水鱼养殖的特点,开展水下机器视觉技术、水声传感技术、复合传感器技术等关键技术研究,基于电化学与光学原理研发多合一自清洗数据采集设备;建立9个智能调控和预测预警模型及淡水鱼养殖物联网综合管控平台与标准;构建了淡水鱼养殖知识库,实现溶解氧、pH、氨氮等养殖水质参数的实时在线监测和预测预警、饵料投喂、生产过程的管理信息化。研究成果在京津冀进行示范推广,累计示范面积1 045亩。

(王伟娟　赵　娣　姜佩瑄)

## 农业农村科技

【概述】2020年,深入贯彻落实创新驱动发展战略、乡村振兴战略,以科技特派员工作与成果为抓手,实现农业技术创新与发展、产业优化与提升、农民增收与致富。同时,为应对新冠肺炎疫情影响,推动农业领域科技创新,聚焦新形势下的新要求,以科技推进农业产业发展与双创活动,带动设施农业、智慧农业、绿色农业及多层次农业产业生产、流通、服务等功能实施,为首都农业全链条全方位发展提供科技支撑。

与市农业农村局、市教委等8部门联合印发《北京市落实国家〈关于加强农业科技社会化服务体系建设的若干意见〉任务分工(2020年度)》,深化农业科技社会化服务体系建设工作。通过北京科特派在线开辟疫情防控动态、专家咨询直通车、京科惠农大讲堂等农村防控特别专题,推广新品种50余个、新技术70余项。开展温室装备、有机绿色栽培体系、设施生产标准化、水肥一体化高效生产技术等方面的科技创新,服务农业高质量发展,搭建北京市冷链食品追溯平台并上线,纳入企业9 521家,构建可追溯、可监管、可查询的冷链食品追溯体系。打造科技帮扶精准服务平台,搭建科技帮扶成果库,服务北京市234个低收入村科技帮扶脱低;搭建北京市与扶贫支援协作的消费扶贫双创服务平台,服务7省89个贫困县的农特产品质量与供给。推进农业高质量发展,推动国际领先的杂交小麦创新成果国际领跑,示范应用农业绿色生产技术及产品,提高全市耕地化肥利用率和化学农药利用率,"三品"认证覆盖率提高到60%,推进智慧农业在设施生产中的应用。持续深化平谷、昌平、顺义、通州等7个国家农业科技园区建设。年内,园区共有院士专家工作站11家、工程技术研究中心20家、企业研发中心32家,集聚技术、成果、信息和人才,提升园区创新能力,带动了区域经济和农民增收致富。

按照北京市委、市政府《关于〈实施乡村振兴战略的措施〉的通知》与《北京市乡村振兴战略规划(2018—2022年)》要求,按照产业兴旺、生态宜居、乡风文明、治理有效、生活富裕的总体要求,持续推进落实乡村振兴战略。围绕城乡融合发展、农业产业提升、农村生态宜居环境建设、农民增收致富,以科技力量推动京郊各涉农区发展自身优势产业,形成自身振兴特色,丰富"三农"服务方式与内容,在京郊建设乡村振兴科技示范村、科特派工作站、科普驿站。强化创新驱动,着力提升农业科技创新创业和成果转化能力,从"星创天地"建设、农业科技园区优化升级、科技扶贫脱低、绿色持续发展等领域推动首都乡村全面振兴。

(王伟娟　赵　娣　姜佩瑄)

## 农业科技创新

【推进设施农业科技创新座谈会召开】4月30日,市科委组织多家创新主体召开设施农业创新座谈会,市科委二级巡视员张虹主持会议。会上,创新主体代表分析了国内外产品、技术的差异和差距,指出当前国内设施农业在设施品种育种、植保、水肥一体化、智能装备等方面存在的主要问题。会议强调要加强育种服务机制创新;推动跨专业、跨学科、涉农非农的联合,形成过硬的植保拳头产品;促进智能管控、精细化管理和具体生产的紧密结合,综合运用人工智能、大数据、云平台等信息技术,发挥机械化装备优势,提升设施农业生产经营效率。

(王伟娟　赵　娣　姜佩瑄)

【"三院一校"农业科技对接交流会召开】8月13日,市科委农村中心组织召开"三院一校"农业科技对接交流会,北京市农林科学院、北京农学院、北京农业职业学院和中国农业大学参加会议。会上,农村中心相关工作负责人介绍了中心各业务部门职责及在创新驱动发展战略、乡村振兴战略开展的各项工作,与会人员围绕新形势下如何优化"三院一校"联动工作机制、强化乡村振兴工作举措、做好典型科技特派员宣传、发掘科技扶贫典型事例等方面进行交流与研讨。

(王伟娟　赵　娣　姜佩瑄)

【农业科技社会化服务体系建设工作协调会召开】9月2日,市科委组织召开农业科技社会化服务体系建设工作协调会,市农业农村局、市教委、市财政局、市人力资源社会保障局、北京银保监局、市供销合作总社6家单位相关负责人参加。市科委介绍了《北京市落实国家〈关于加强农业科技社会化服务体系建设的若干意见〉》的背景、联合工作机制以及北京市关于落实国家科技部等七部门联合印发该意见的任务分工情况。各委办局相关负责人就2020年度任务及分工进行交流和研讨并提出具体建议和意见。

(王伟娟　赵　娣　姜佩瑄)

【打造优质禽蛋产品】年内,市科委支持开展富含ω-3功能性鸡蛋关键技术研究与应用工作,在筛选、确定高效富集ω-3蛋鸡品种与生产阶段的基础上,研究集成了提高ω-3转化效率日粮配制、延长ω-3鸡蛋货架期的营养调控等关键技术,建立了ω-3强化鸡蛋生产关键工艺,形成富含ω-3鸡蛋生产技术方案,可在保证蛋鸡健康、生产性能和鸡蛋品质正常的前提下,使鸡蛋中ω-3含量达到300毫克/100克蛋以上,产品货架期可达42天。制定了农业行业标准《ω-3多不饱和脂肪酸强化鸡蛋》和《ω-3多不饱和脂肪酸强化鸡蛋生产技术规范》。在京津冀地区4家规模蛋鸡养殖场进行示范推广,形成了标准化的生产模式,建立示范基地2个,年生产能力达9 000万枚。

(王伟娟　赵　娣　姜佩瑄)

【北京森林疗养标准及关键技术研究取得进展】年内,市科委支持开展北京森林疗养标准及关键技术开展研究与示范工作,提出适合中国森林疗养的森林经营技术,在八达岭森林公园和密云史长峪村开展森林疗养基地建设示范,形成福利型和产业型森林疗养发展模式。利用地理信息系统提出了基于复愈因子的森林疗养资源调查评价技术,通过对心率变异性、血压、呼出一氧化氮浓度、总血红蛋白浓度、血氧饱和度等多项指标的指向性和敏感性进行研究,提出了无创伤评估森林疗养效果的实用技术,使森林疗养效果评价更加快速便捷。起草了面向高压人群和术后康复等特定人群和特定病征的《北京森林疗养课程及服务标准(草案)》。建立森林疗养师在线培训平台,培养了一批合格的森林疗养师。

(王伟娟　赵　娣　姜佩瑄)

【科技支撑延庆区特色农业产业提质增效】年内,科技支撑延庆区特色农业产业提质增效。一是打造园艺创新平台,聚集高校院所、龙头企业,支持月季等新品种培育和推广,推进中农富延国际科技园等5个重点项目落地。二是开展现代果园高效栽植、林下食用菌优质品种生态栽培等技术集成示范,优化后果品总面积17万亩,林花、林菌等农林复合体经济面积5.21万亩,带动2 000余名农民就业。三是打造有机农业、新能源产业、生态休闲农业“一体三翼”的循环经济发展模式,建成国家级休闲农业园区25家、市级休闲农业园区29家。

(王伟娟　赵　娣　姜佩瑄)

【山区多层次人工生态系统协同服务研究取得进展】年内,市科委组织实施山区多层次人工生态系统协同服务关键技术研究与示范工作,开展农田护坡植被组合配置效应、农田生态防护林配置模式多样性、山区农田景观打造技术研究与示范,通过景观提升效果评价,示范区景观斑块丰富度增加62.50%以上,香农多样性指数增加32.65%,景观连通度达到98.91%以上,显著地提升了山区景观多样性和生态景观功能,延长了景观观赏期。农民的收入得到显著提高。

(王伟娟　赵　娣　姜佩瑄)

【“北京牡丹”新品种培育与产业化关键技术研究取得进展】年内,市科委支持开展“北京牡丹”新品种的培育与产业化关键技术研究,通过传统杂交育种与分子辅助选择育种技术结合,对分子标记、功能基因标记与形态表型性状的关联,创新牡丹品种培育技术,提高育种效率,培育了京月满、京羞、京光红、京粉岚、京优满、京绢、京墨熙、京钩紫、京优王和京玉香10个观赏、切花、花油兼用“北京牡丹”新品种。创新了多圃配套牡丹嫁接繁殖技术,实现嫁接苗的标准化与规范化生产,建立“北京牡丹”生产繁殖技术体系,组培苗生根率与移植成活率达到82%,扦插繁殖生根率达到98%,移植成活率达到85%;嫁接繁殖成活率与优质产品率为85%～95%。研究制定了“北京牡丹”商品化生产技术标准,建立了从育种、繁殖、栽培到市场推广的“北京牡丹”产业链模式。

(王伟娟　赵　娣　姜佩瑄)

【国家农业信息化工程技术研究中心与拼多多达成战略合作】年内,国家农业信息化工程技术研究中心(NERCITA)与拼多多签订战略合作协议,双方拟依托农业物联网、人工智能、5G等先进技术建设精准、智慧农业管理体系,并共同发起建设智慧农业协同创新中心,探索产学研融合扶贫助农新模式。

(王伟娟　赵　娣　姜佩瑄)

【小麦智能科普机器人助力农村科普服务】年内,市科委支持探索AI智能化技术在农村信息服务中的应用,打造了一款小麦智能科普机器人,并在顺义区北小营镇小麦科普馆基地进行展示。该款机器人基于大量农业知识语料库,应用农业领域自然语言理解、人工智能推理、语音声控及情绪识别等技术构建小麦农业科普知识库,通过人机对话实现小麦知识互动咨询、技术问答和娱乐服务等功能。该款机器人集成了农科院成果介绍、北京农业名特资源以及农耕文化百科等丰富的农业科普内容。

(王伟娟　赵　娣　姜佩瑄)

【农业数据交易定价机制及定价权研究取得进展】年内,市科委农村中心围绕农业数据交易定价机制及定价权研究开展研究,依托数据交易、农业大数据、信息数据产业等领域专家,对农业数据交易定价机制与定价权研究思路及框架进行探讨与分析,结合北京市农业数据交易的现状及文献研究情况,制定当前农业数据交易定价模式及定价策略,初步设计出北京农业数据交易体系,探索建立农业数据完整性、安全性、权威性的管理机制,为北京农业数据交易相关政策提出建议与依据。

(王伟娟　赵　娣　姜佩瑄)

【高抗逆葡萄新品种选育与配套栽培技术取得新进展】年内,市科委组织开展高抗逆葡萄新品种选育与配套栽培技术研究工作,对已结果杂种后代进行优良株(品)系筛选工作,并在北京进行新优株(品)系的区试与中试和新品种(系)及配套优质、高效、生态、节本栽培技术的应用推广。通过杂交获得高抗寒旱,抗病,优异酿酒、制汁葡萄新种质,配置杂交组合43个,获得杂种苗5 000余株;初选高抗逆酿造及制汁优株39个,复选优株11个;在海淀区、朝阳区和密云区建立3个区试基地,开展超过40个优株的区域对比试验,获得5个优良品系,审定2个新品种;构建了杂交育种技术体系和优质节本生态栽培技术体系;在北京、天津、河北、宁夏等地推广新优品种及配套技术3 000余亩。

(王伟娟　赵　娣　姜佩瑄)

【菠菜新品种选育取得进展】年内,市科委支持实施菠菜系列优良杂交新品种选育研究工作,采用常规育种结合分子标记辅助育种技术,选育了适宜春季、秋季及越冬栽培以及加工类型优良的新品种。

通过收集菠菜种质资源，开展菠菜重要农艺性状遗传解析、杂交育种等研究，共收集菠菜种质资源130份，选育适宜春季栽培耐抽薹优良杂交品种3个，秋季及越冬栽培优良杂交品种3个，漂烫后糖分含量5%的加工类型优良杂交品种2个（15F3、17F9），抗霜霉病11个生理小种以上的优良杂交品种8个；在山西、甘肃等地建立菠菜良种繁育基地1 000余亩，繁育种子20余万斤；在北京、河北、山东建立菠菜优良品种生产示范基地8个，共400余亩，推广菠菜品种5万多亩。

（王伟娟　赵　娣　姜佩瑄）

【新兽药研发推动动物疫病防治】年内，市科委继续深入推进养殖业供给侧结构性改革，加强科研院所、兽药监察机构、兽药企业的创新能力、公共服务能力和产学研合作，在兽用生物制品、中兽药制剂、饲料添加剂等产品研发上取得进展。“十三五”时期，共完成7个兽用生物制品临床前研究工作，获得5个三类新兽药注册证书、4个产品批准文号，建成疫苗、试剂盒、制剂生产线5条，疫苗年生产规模达1.3亿头份，制剂年产能达360吨。组织多家企事业研发机构和生产单位开展合作，运用生物信息学、结构生物学、免疫学及基因工程技术，针对牛口蹄疫、猪圆环病毒建立抗原表位基因数据库，构建亚单位疫苗研发、中试及评价平台，形成一套包括疫苗抗原设计、抗原制备、疫苗配制、中试生产、临床试验及产业化研究的完整研发体系，获得攻毒保护率达到6PD50国际标准、免疫期6个月的口蹄疫合成肽疫苗，开发黏膜免疫类疫苗，将疫苗黏膜免疫生物利用率提高到99%。推动建立中兽药全剂型工艺创新开放平台，开放工艺研发、中试生产、质量检测等多项技术服务，实现对中药材的高纯度提取，并研发出一批高效、安全、稳定、质量可控的新型中兽药。持续开展畜禽疫病防控支撑工作，形成猪瘟、猪蓝耳病、鸡新城疫3种疫病的标准阴阳性血清10种，首创国内猪瘟病毒、新城疫病毒核酸标准物质，并在昌平、大兴、怀柔等10个区级疫控中心实验室进行对比使用，覆盖率达到100%。建立北京非洲猪瘟风险评估模型，研制非洲猪瘟病毒抗体及抗原快速检测技术及试剂盒。制定北京市生物安全关键风险点技术规范，形成北京市生物安全综合防控体系。开发形成一批新型安全、高效的饲料添加剂和配套养殖方案，通过抑制畜禽胃肠道有害菌生长繁殖，提高畜禽免疫力、抗病能力和抗应激能力，减少饲用抗生素滥用，促进饲料企业的提质增效。

（王伟娟　赵　娣　姜佩瑄）

【犬猫重要人兽共患病诊断及治疗技术研究取得进展】年内，市科委围绕犬猫人兽共患病诊断支持开展试剂研发与共患病的监测调查工作。支持研发出狂犬病毒纳米荧光快速检测试纸条、犬流感快速荧光RT－PCR检测试剂盒和犬钩端螺旋体快速荧光PCR检测试剂盒，开展狂犬病疫苗免疫抗体检测，构建新的狂犬病疫苗免疫程序；开展犬流感病毒病原学研究及北京地区犬钩端螺旋体病流行情况调查，为人类钩端螺旋体病的防控提供参考；建立首个北京地区犬猫源性大肠杆菌、葡萄球菌和肺炎克雷伯菌的耐药监测数据库，为犬猫临床诊疗及用药提供数据支持。研究成果为北京都市动物人兽共患病检测机制建设和城市动物公共卫生安全决策制定提供了科学依据。

（王伟娟　赵　娣　姜佩瑄）

## 乡村振兴

【学习习近平总书记在决战决胜脱贫攻坚座谈会上重要讲话精神】3月27日，市科委组织视频会议，集中传达学习习近平总书记在决战决胜脱贫攻坚座谈会上重要讲话内容及精神。市科委农村中心介绍了市科委2020年科技扶贫工作重点，与会人员表示要聚焦工作重点，在注重成果示范、优化科技服务、组织技术培训、助推产业升级等方面推进科技扶贫；要充分发挥各自的资源优势，加强与受援地区的对接、交流和合作，推动北京科技成果的转移转化，为贫困地区的农业发展插上科技的翅膀，为决战决胜脱贫攻坚战贡献北京力量。市科委相关处室、直属中心相关人员，以及参与扶贫工作的北京市高校院所、科技特派员和企业代表30余人参加会议。

（王伟娟　赵　娣　姜佩瑄）

【农业科技园区与中国农业银行北京分行对接会召开】8月5日，市科委组织中国农业银行北京分行与北京7家国家农业科技园区开展需求对接会。中国农业银行北京分行有关负责人介绍了北京分行的基本情况及其服务园区的各项专项举措与“乡村振兴园区贷”等特色业务；园区和部分企业代表重点讲述了园区企业贷款面临的贷款审批程序繁杂、贷款期限紧、贷款条件严格等问题；双方就制定创新个性化的金融产品、有针对性服务园区及企业发展进行协同创新，积极对接落实金融合作。

（王伟娟　赵　娣　姜佩瑄）

【科技帮扶北京低收入村蔬菜种植产业发展】8月25日，市科委农村中心组织专家团队赴北京市低收入村延庆区香营乡聂庄村开展服务。专家围绕“北京科技小院”申报、农产品认证、蔬菜标准化种植基地认定等实际需求，开展政策解读和产业指导等服务工作，为聂庄村丰富蔬菜种植品种、合理调整产业发展结构、提高村民农技水平等提供了智力支撑。

（王伟娟　赵　娣　姜佩瑄）

【延庆区科特派专业技能提升培训活动举办】9月1—4日，依托12396北京农业科技服务热线，市科委农村中心联合北京市农林科学院农业信息与经济研究所组织延庆区近百名科技特派员开展农业专业技术及美丽乡村建设人才技能提升培训活动。授课老师分别针对果蔬种植、农机使用、农产品安全及美丽乡村建设等内容进行专业授课与指导；对合作社在创新创业中促进农村发展的典型案例进行分享。学员们通过专家授课及现场参观学习，在理论基础与实际操作上学有所得，提升了农业专业知识与技能，拓宽了农业电商发展思路。

（王伟娟　赵　娣　姜佩瑄）

【授粉蜂产业交流研讨会召开】11月23日，市科委农村中心联合密云区科委共同组织授粉蜂产业交流研讨会。会议围绕“以市场为导向，如何把授粉蜂产业做大做强”主题进行专家交流与研讨。与会专家从当前蜂产业的基础与发展变革、各类传粉作物及国内外蜜蜂传粉等角度对授粉蜂产业现状进行分析，同时结合市场导向因素，对如何按照市场规律让密云区授粉蜂产业提速增效做进一步探讨。

（王伟娟　赵　娣　姜佩瑄）

【市科委2020年科技扶贫工作总结暨表彰会召开】12月24日，市科委组织召开2020年科技扶贫工作总结暨表彰会。获得北京市扶贫协作奖的集体代表和个人、科技扶贫一线专家和企业代表、市科委相关处室及直属中心相关负责人参加会议。市科委农村中心相关负责人汇报了2020年市科委科技扶贫整体工作情况，北京科特派产业扶贫工作站多名站长以及参与扶贫攻坚的北京企业家代表分别介绍了2020年开展扶贫工作的情况以及下一步工作设想，并交流开展扶贫工作的经验和做法。市科委对坚持在扶贫一线的干部、专家、企业家表示感谢，并对他们所做出的努力和成果表示肯定，希望一线科技扶贫工作者继续发扬首善精神，坚持工作不松劲、脱贫“四不摘”，进一步增强受援地的造血功能，并为获得北京市扶贫协作奖的集体——北京天安农业发展有限公司、北京市华都峪口禽业有限责任公司，以及获个人奖的张会臣等人颁发奖牌及证书。

（王伟娟　赵　娣　姜佩瑄）

【药食同源花卉产业助力科技扶贫与乡村振兴】年内，市科委围绕延庆地区药食同源菊花、玫瑰品种培育和产业化开展关键技术的研发与应用，收集保存各类药食同源花卉资源300份，完成了370个中国自育菊花品种的DNA指纹构建，培育了茶菊新品种（或品系）4个，玫瑰新品系2个，获得植物新品种权3个，挖掘小花发育、耐高温等相关基因4个。建立菊花和玫瑰无病毒种苗规模化繁殖技术规程2套，制备出花卉育苗专用食用菌菌糠基质产品2个，开发出生防菌剂2种。指导企业生产菊花种苗700万株、玫瑰种苗240万株，示范推广种植面积2 500亩。通过集中进行种苗生产、菊花茶和玫瑰茶加工带动110人就业。

（王伟娟　赵　娣　姜佩瑄）

【“两站一院”新模式助力乡村振兴】年内，市科委初步探索在北京地区构建扎根农村的“两站一院”新型科技服务模式，即科技特派员工作站+科普驿站+“科技小院”，为京郊农村产业旺、环境美、农民富提供科技支撑。已在平谷区西营村、密云区石匣村、怀柔区三岔口村、延庆区黄土梁村、房山区黄山店村、昌平区北庄村、门头沟区黄安坨村、大兴区小黑垡村、通州区西槐庄村、顺义区雁户庄村与“科技小院”合作共建，打造了一批乡村振兴科技引领示范村。通过充分发挥“科技小院”研究生常驻农村一线的优势，实时了解示范村农业主导产业的科技需求，筛选出专业对口、服务精准、效果明显的科技特派员并建立科技特派员工作站与科普驿站，结合科技特派员工作站与科普驿站的人才、技术资源与“科技小院”的“统”字牌优势，强化平台支撑、科技服务与人才作用，促进成果转化与应用推广，提升乡村农民科技素质，为京郊乡村振兴提供内生动力。

（王伟娟　赵　娣　姜佩瑄）

【京赤科技扶贫示范园带动成效显著】年内，市科委支持开展河北赤城科技产业基地建设及技术示范工作。在京赤科技扶贫示范园内示范种植了番茄、茄子、黄瓜、豆角、草莓等十一大类 96 种果蔬优良品种，示范应用了新型水肥一体机、二氧化碳施肥器、臭氧植保机、弥雾机等一批现代化、实用型的农业机械设备，展示了有机无土栽培技术、天敌防控技术、有益微生物菌剂技术等绿色种植技术。成立京赤科技扶贫示范园社会化服务工作队，为周边 7 个农业产业扶贫示范基地开展种、防、保、收等定制化服务，组织开展线下科技培训 6 次、现场技术指导 16 次，为各个基地提供“一对一”精准技术支持与服务，开发“跟我种”人工智能农机培训小程序，建立“6 + 1”京赤农业综合服务中心微信群，开展农业技术线上问答 40 余场，咨询及培训人员 1 500余人次，同时通过 12396 科特派服务热线平台提供远程技术指导 8 次，培训人员 200 余人次，用先进技术提高赤城的综合生产力，让贫困农户实现脱贫致富。京赤科技扶贫示范园的扶贫模式在《北京日报》、《科技日报》、新华网等主流媒体进行宣传报道，并首次刊登于新华社海外版头条。

（王伟娟　赵　娣　姜佩瑄）

# 科技文化融合

【概述】2020 年，设计服务创新能力进一步提升，文化融合科技应用场景进一步拓展。围绕高精尖产业设计创新，推出杰出设计人才 3 人、杰出青年设计人才 10 人，设计领军机构 10 家、张家湾小镇新设机构 2 家。设计领军机构为 2 万多家健康医疗、智能装备、消费电子等高精尖领域企业提供工业设计、模具开发、产品试制、交互设计等服务。认定中建设计、赛佳图等 21 家企业为北京市设计创新中心，设计创新中心已达 243 家，其中高新技术企业占比超过 70%，累计承担省部级重点科技项目千余项，服务“一带一路”国际合作高峰论坛等国家重大活动和项目。

主动服务东城区文化科技发展。调研中文在线、恒信东方等 20 家东城区文化科技龙头企业，对标国际文化产业发达地区，研究形成《关于科技支撑东城区文化创新发展的总体考虑》，在做大发展存量、做强发展增量、做优发展变量等方面提出 7 条具体措施。支持建设“故宫以东”——城市文化互动平台、东城“非遗 + 老字号”展示传播与交易服务平台，形成线上线下相结合的文化传播新模式，带动新消费。推动城市副中心应用场景建设。落实《城市副中心应用场景建设方案》，组建包括 28 名行业专家及 60 家行业优势企业的智库，参与城市副中心应用场景建设。梳理形成 34 项应用场景建设重点任务、70 项需求，与通州区政府共同发布 2 批 17 个城市副中心应用场景需求，其中，数字化社区、智能行政办公区、数字城市绿心智慧应用场景中的人脸识别、环境预警、服务机器人等技术点已启用。建设大运河智慧巡河系统、台湖舞美艺术数字化资源服务平台，进一步开放副中心应用场景。

（市科技史志办公室）

【精细陶瓷测试标准发布】4 月，市科委“科技服务业专项”支持单位中国建材检验认证集团发布“精细陶瓷（高性能陶瓷，高技术陶瓷）– CVD 陶瓷涂层热膨胀系数和残余应力试验方法”标准，建立了陶瓷涂层热膨胀系数在基体、复合体和涂层三者之间的解析关系，通过基体性能测试、复合体性能测试及涂层性能计算，实现三步法测试技术。残余应力是陶瓷涂层最为重要的力学参数之一，其测试结果的准确性对于工程应用和优化设计极为重要。根据 CVD 陶瓷涂层制备工艺，建立了涂层的残余应力计算公式和测试方法。该标准适用于任何形状和尺寸的构件涂层残余应力评价，解决了服役构件陶瓷涂层残余应力无法评价的难题。下一步，将推动该项标准测试技术设备化，向全球推广应用。

（北京工业设计促进中心）

【建筑设计技术资源与服务平台研发及应用项目完成】5月，由北京住总置业有限公司、北京大学、北京市科学技术评价研究所、北京市住宅建筑设计研究院有限公司承担的“建筑设计技术资源与服务平台研发及应用”项目完成。项目从京津冀、北京市、通州区、张家湾镇4个空间尺度梳理了经济、政策和社会环境，分析了北京市、通州区、张家湾镇经济社会发展以及设计产业的现实基础，提出“设计之都”新平台设计产业发展的总体思路及重点项目的发展指引建议，形成了包含“设计之都”核心区的空间规划和概念性设计的《“设计之都”新平台产业发展战略规划研究报告》，助力将张家湾设计小镇打造成为最具有设计影响力的设计样板，为北京城市副中心的新兴经济加速器提供研究支撑。该项目于2018年获得市科委支持。

（北京工业设计促进中心）

【搭建食品检测标准数据服务平台】8月，市科委科技服务业与文化设计创新平台专项支持谱尼测试集团搭建食品检测标准数据服务平台，将现行发布的通用食品检测标准数据电子化、结构化。该服务平台将推广应用至食品行业及食品检测行业，提升食品行业及食品检测行业整体水平和效率。该服务平台的建立解决了食品行业在标准检索应用时存在的专业性过高、电子化不足、无法快速提取有效信息和标准关联性不足等问题，填补了国内信息化和数据化的专业食品标准检测库产品的空白。

（北京工业设计促进中心）

【搭建基于人工智能和大数据的肿瘤云放疗服务平台】8月，市科委科技服务业与文化设计创新平台专项支持北京全域医疗技术有限公司搭建基于人工智能和大数据的肿瘤云放疗服务平台，提升远程服务规范化应用水平。该平台通过整合优质数据资源，打造区域协进、覆盖全国、跨越省区、链接基层的专业肿瘤放疗远程医疗系统。通过平台可随时随地进行远程阅片、会诊、影像诊断、双向转诊，实现放疗自动靶区勾画、自动计划设计、自动计划评估、质控设备实时监控预警等功能。与传统诊疗方式相比，计划时间缩短30%，放疗剂量的分布精度提高40%，自动靶区勾画准确率达到80%以上，可提高基层医院的诊疗效率和准确性。

（北京工业设计促进中心）

【装配式城市地下空间智慧化施工关键技术研发成功】8月，市科委科技服务业与文化设计创新平台专项支持北京市建筑工程研究院有限责任公司研发具有高自动化机械化运输、安装的运载设备。该设备可完成承载大型预制构件沿既定路线远距离自行运送、近距离精准对位、支撑安装与拉紧装配过程，实现施工现场定点装车、一键行走。设备设计达到高速14米/分、中速6米/分、低速2.5米/分的三速行走速度，对位精度达到毫米级，可承载单舱、多舱预制构件，载重量达到60吨。年内，该设备应用在通州区将军府东路综合管廊建设中，完成了单舱、双舱拼装施工全过程，适用坡度达到8%，安全可靠，施工快速，百米综合管廊施工建设3名工作人员10天即可完成。

（北京工业设计促进中心）

【加强东城文化与科技融合发展】12月25日，市科委与东城区政府共同发布《关于进一步加强文化与科技融合发展的实施意见（2020—2022年）》，按照“崇文争先”的总体要求，聚焦东城文化优势领域，培育文化科技新兴业态，打造特色应用场景，营造数据开放、资源共享、协同联动、创新争先的文化产业发展新格局。在该实施意见的指导下，“故宫以东”——城市文化互动平台、“非遗+老字号”展示传播与交易服务平台等重点项目建设启动。

（曲俊燕）

【科技助力东城“非遗+老字号”品牌效应传播】12月，市科委通过科技服务与文化设计创新平台专项支持北京大道信通科技股份有限公司通过应用物联网、VR、5G等技术，搭建非遗技艺流程的数字化呈现、老字号博物馆的3D呈现等功能为一体的“非遗+老字号”智能终端服务体系，提升“非遗+老字号”文化的呈现效果。利用国企闲置房屋资源建设5个200平方米以上“非遗+老字号”文化生活创新体验馆和1个“非遗+老字号”文化创新研发基地，每个“非遗+老字号”文化生活创新体验馆入驻20个“非遗+老字号”品牌，创新研发基地入驻10个传统文化工作室，并结合网红打卡、直播带货等新型传播方式，与抖音等不少于3个主流平台合作，带动“非遗+老字号”产品销售，打造传统文化产品的新场景和新消费模式，推动东城区“非遗+老字号”文化品牌效应的传播。

（北京工业设计促进中心）

【科技支撑东城区文化创新发展规划】 年内，市科委研究形成《关于科技支撑东城区文化创新发展的总体考虑》。创新性提出通过聚焦出版、影视、演艺三大传统优势文化领域，做大发展存量；通过聚焦“互联网＋”文化、沉浸式体验、科幻及周边业态3类适宜落地东城区的新兴业态，做强发展增量；通过“文化＋”旅游、教育、体育产业，做优发展变量；通过历史文化资源IP价值挖掘转化、公共服务空间数字化、产品与服务模式创新等，促进文化资源产业转化，释放发展新动能等重点任务。

（曲俊燕）

【打造台湖舞美行业发展生态圈】 年内，市科委整合国家大剧院等数十家机构演艺资源，在台湖演艺小镇搭建舞美艺术数字化资源共享及设计服务平台，建设“一库一平台一中心”，即舞美资源库、舞美设计制作服务平台、舞美数字化沉浸式体验中心，盘活优质舞美资源的同时，为舞美设计企业、设计师提供设计、制作、生产全流程服务，助力打造台湖舞美行业发展生态圈。

（曲俊燕）

【“故宫以东”——城市文化互动平台搭建】 年内，市科委支持搭建“故宫以东”——城市文化互动平台。围绕钟鼓楼、永定门城楼等“故宫以东”标志性文化，挖掘提炼文化IP并进行数字化开发及虚拟化形象转化，建立线上娱乐互动体验平台及7个线下沉浸式体验空间，形成线上线下相结合的“故宫以东”文化传播新模式，带动新消费。利用国企闲置房屋资源建设5个“非遗＋老字号”文化创新体验馆及1个新产品创新研发基地，研发“非遗＋老字号”智慧文化智能服务终端体系，并借助网红经济、直播带货等形式，在传播传统文化的同时，探索老字号新的商业模式及盈利点。

（曲俊燕）

【超高清数字艺术物联网平台搭建】 年内，市科委支持京东方科技集团股份有限公司研发“内容＋平台＋终端”超高清数字艺术物联网平台。平台支持5G传输，实现8K显示系统远距离画作传输，画质具有极强的还原性。搭建基于云服务的数字艺术APP平台，建立设备与云端之间安全可靠的双向连接及设备管理，实现作品收藏、内容推送、相册管理、设备控制等功能。提供端与内容应用端展开运营活动，可实现8K数字版权艺术品上线1 000幅，艺术机构入驻数量5家，艺术家入驻数量30人，平台服务用户5万人。已在中国美术馆、中国人民革命军事博物馆等机构完成部分艺术品的数字化展示与推广。

（曲俊燕）

# 科技冬奥

【概述】 按照习近平总书记提出的“把北京冬奥会、冬残奥会办成一届精彩、非凡、卓越的奥运盛会”的总体目标；以习近平总书记提出的“简约、安全、精彩”的办赛要求为指引，坚持“四个办奥”理念，衔接科技部“科技冬奥(2022)行动计划”以及国家重点研发计划科技冬奥专项实施方案，北京市科委高度重视并加快推进科技冬奥工作，加强科技成果示范应用，做好冬奥科技成果展示和推广，推动新产业、新业态发展，将2022年北京冬奥会的举办作为展示北京国际科技创新中心建设明显成效的重要窗口。

（刘　燕）

【争取科技部资源支持】 年内，北京市科委与科技部对接，深度参与科技部“科技冬奥”重点专项指南的编制工作，推动延庆智慧小镇建设、鸟巢智能场馆改造、首钢赛区数字化生态创意设计、水立方冬夏运动场景转换4个技术需求方向纳入2020年科技部“科技冬奥”重点专项指南。推动2022年北京冬奥会临时设施1个技术需求方向纳入2021年“科技冬奥”重点专项指南支持。北京市科委组织并推荐北京市单位申报科技部“科技冬奥”重点专项,2020年共推荐16个项目。公示的立项清单(22个项目)中,“多地域气候条件下高效智能造雪机研发及应用示范”“京张高铁智能化服务关键技术与示范”“国家体育场(鸟巢)智能场馆关键技术研究”“国家游泳中心冬—夏运动场景转换技术研究及应用示范”“冰雪运动推广普及关键技术产品研发及示范”“冬奥和冬残奥场所人员疏导技术与残障人群协助系统”“冬奥会智慧医疗保障关键技术”“冬奥会开闭幕式大型表演智能化创编排演一体化服务平台关键技术”“冬奥会首钢赛区数字化生态创意设计研究与示范”“面向延庆奥运小镇的绿色智慧技术研究和集成示范”“‘氢能出行’关键技术研发和应用示范”11个项目获得立项。

(刘　燕)

【科技冬奥创意征集优秀技术产品落地】年内,市科委联合市经济和信息化局、中关村管委会、海淀区政府共同主办的“科技冬奥、智慧北京”技术产品与创意设计方案征集活动完成评选。之后,市科委多次组织技术提供方与北京冬奥组委、场馆业主等相关部门沟通,推动此次活动的优秀技术产品落地冬奥场景。围绕搭建冬奥场景,“基于三维空间重建技术的冬奥虚拟导览系统开发”“低温环境石墨烯智能发热产品及热力保障应用”“面向场馆多场景人工智能技术研究及应用”“基于复眼技术的360°超高清全景监视系统应用”“冬奥场馆(地)岩土构筑物灾害早期识别及自动预警应用示范”“基于硬件加速的三维重建体育展示平台”“编织结构空间网壳灯光艺术装置”7项产品落地并立项实施。

(刘　燕)

【冬奥服务型机器人测评比选大赛举办】年内,市科委联合市经济和信息化局、中关村管委会、海淀区政府共同主办北京冬奥服务型机器人创新产品测评比选大赛(简称机器人测评比选大赛)。本年度机器人测评比选大赛,筛选出3家企业的2款餐饮制售机器人和1款清洁清扫机器人。2019年机器人测评比选大赛,经过2轮测评,从26家企业50款机器人产品中筛选出5家企业9款机器人产品,涉及公寓入住、移动售货、社区配送、点菜送餐、客房服务、导览翻译、安防巡检等应用场景。

(刘　燕)

【液体浸渍冷冻技术助力冬奥测试赛】年内,市科委组织实施浸渍冷冻智能化装备集成研究工作,助力东奥会测试赛食品供应。通过开展食品级载冷剂配方、包装材料及厚度选择、智能冻结时间决策模型、生产数据无缝对接追溯系统等,研发出物料冻结时间自动测算、真空包装、快速冷冻和数据共享等一体化的液体浸渍冷冻智能装备及关键技术。形成淡水鱼微冻活体运输工艺,运输过程中可实现无水运输,淡水鱼存活率可达95%以上,最长运输时间可达4小时,可以有效降低活鱼保鲜运输成本。此项作为冬奥食品供应储备技术,其自动化模拟车间已在平谷区落成,并开始实验冻结2022年北京冬奥会供应肉品。

(王伟娟　赵　娣　姜佩瑄)

【设计企业助力北京冬奥会】年内,市科委“科技服务业促进专项”支持多家科技企业开展关键技术研究,为2022年北京冬奥会提供技术支持。支持中国建筑设计院有限公司开展复杂地形条件下山地园区及场馆三维数字化设计研究及应用、雪车雪橇场馆设计方法及关键技术研究、高山滑雪场馆(群)的环境友好型设计关键技术研究等工作,完成的雪车雪橇场馆基于地形的遮阳系统(TWPS)、赛道设计技术,有效支撑了世界第一条南坡高级别雪车雪橇赛道建设,填补了国内空白。支持中国建筑科学研究院建筑设计院开展延庆冬奥村外立面幕墙设计及冬奥会场馆的多项技术研究等工作,先后完成冬奥会跳台滑雪比赛中心的风洞试验和风振计算,研究了国家速滑馆单层索网结构形式在风荷载作用下的性能及圆管对幕墙局部的荷载影响。

(北京工业设计促进中心)

# 科技服务

# 技术转移转化服务

【概述】2020年，市科委统筹协调《北京市促进科技成果转化条例》的落实工作。推动建立促进科技成果转化议事协调机制，成立市级层面促进科技成果转化议事协调联席会，印发《建立健全北京市科技成果转化议事协调机制工作方案》《联席会成员单位工作职责分工》和2020年落实成果转化条例重点任务清单等。按季度与相关主责部门进行联络、督导和协调，及时总结相关任务工作进展和成效。推荐北京工业大学等3家单位入选国家职务科技成果赋权改革试点。强化政策支撑，扎实推进科技成果转化统筹协调与服务平台建设，做好科技成果转化平台建设专项管理服务工作的同时，引导高校院所加大成果转化工作力度，推动各区科技成果转化专业服务平台建设，加强基层调研对接，促进成果在京转化，组织开展系列科技成果对接活动。

（侯敬超）

【全国首个医疗器械全链条专业服务平台落地北京】1月，中关村发展集团投资打造的全国首个医疗器械全链条专业服务平台在京落地，助力医疗器械研发企业加快推进产品临床、上市进程，解决创新医疗器械产业化、商业化“最后一公里”的难题。该平台以市场空白的医疗器械工程化改造为核心，提供医疗器械功能性、可靠性、合规性、易用性、批量性工程化服务，构建全链条医疗器械产业服务体，并通过建立一站式综合服务解决行业痛点，提升国产医疗器械的竞争力。

（申峥峥）

【台湾科技成果线上路演系列活动举办】3—4月，北京市科技成果转化统筹协调与服务平台组织开展3场台湾科技成果线上路演系列活动。活动共计发布18个台湾科技项目，涉及生物医药、智能制造、新材料、5G等高精尖领域，并介绍了京台产业发展基地、怀柔科学城相关情况。线上收看活动人数累计约1 500人。路演结束后通过线上调查问卷提出20多项次对接需求，聚焦热点技术，累计召开10余场视频对接会。

（方子都　安鹤益）

【概念验证创新大赛智能制造专场路演举办】5月28日，“智汇行动”概念验证创新大赛智能制造专场路演在京举办。本次活动由北京科学技术开发交流中心与中科智汇工场联合承办，采用线上线下联动的方式，相关政府部门领导、中国科学院技术专家、项目团队成员、投融资专家、科技成果转化服务机构代表等300余人参加。基于原子磁强计的脑机接口设备、肿瘤治疗DNA纳米机器人等5个中国科学院研究所的硬科技项目在活动现场进行路演展示，现场评委针对项目的核心技术、市场前景、行业情况、发展计划等方面进行打分，并对项目的下一步发展提出专业意见。

（刘　玥　安鹤益）

【2020年日本(大健康)科技成果线上路演活动举办】5月29日，2020年日本(大健康)科技成果线上路演活动举办。本次活动由北京科学技术开发交流中心主办。东方象科技信息(北京)有限公司、北京牡丹电子集团有限责任公司为中方承办单位，中日青年促进会为日方承办单位。参加本次路演的共6个项目，涵盖自动诊断系统与医疗革命、康复训练解决方案、药用植物智能化栽培、改善肥胖和脂肪肝的功能食品以及智能化养老平台等方面。来自大健康相关企业的从业者，投资机构、产业园区代表以及相关科研院所专家参与活动，约5 000人次观看线上直播。

（刘远聪　安鹤益）

【北京发布第二批30项应用场景建设项目】6月9日，市委、市政府发布实施《关于加快培育壮大新业态新模式促进北京经济高质量发展的若干意见》，其中，为加快新场景建设，发布《北京市加快新场景建设培育数字经济新生态行动方案》。新场景行动方案明确了“十百千”发展目标，即建设“10＋”综合展现北京城市魅力和重要创新成果的特色示范性场景,复制和推广"100 +"城市管理与服务典型新应用,壮大"1000 +"具有爆发潜力的高成长性企业。为进一步凝聚力量,赋能经济发展和培育优化新经济生态,7 月 30 日,市政府新闻办联合市科委等有关部门召开新闻发布会,对新场景行动方案重点任务进行解读,并在 2019 年发布首批 10 项应用场景以及 20 项央企应用场景的基础上,向社会发布第二批 30 项应用场景建设项目。

(申峥峥)

【建立健全北京市科技成果转化议事协调机制】6 月 16 日,经市领导同意,北京市促进科技成果转化议事协调联席会办公室印发《建立健全北京市科技成果转化议事协调机制工作方案》。该工作方案是为落实《北京市促进科技成果转化条例》、建立健全北京市科技成果转化议事协调机制、推动科技成果转化工作由多头分散向统筹协调转变而制定。该工作方案分为工作目标、工作原则、重点任务、组织实施 4 部分内容,明确在北京办公室和北京市全面深化改革委员会科技体制改革专项小组框架下,建立市级层面促进科技成果转化议事协调联席会(简称联席会)。联席会由分管科技工作的副市长担任召集人,由分管科技工作的副秘书长和市科委主要领导担任副召集人,主责单位包括市人才工作局、市科委、市教委、市财政局、市人力资源社会保障局、市卫生健康委、中关村管委会等。成员单位除主责单位外,还包括市发展改革委、市经济和信息化局、市规划和自然资源委、市住房城乡建设委、市市场监管局、市国资委、市统计局、市地方金融监管局、市知识产权局、各区政府、北京经开区管委会、中关村科学城管委会、怀柔科学城管委会、未来科学城管委会等相关单位。联席会办公室设在市科委,原则上每年召开 2 次全体会议,研究、协调全市科技成果转化工作中的重大事项,制定并督促科技成果转化工作目标和措施落实。联席会每年向北京办公室报告全市科技成果转化工作情况。

(鲁庆莲)

【京港科技合作线上交流展示活动举办】6 月 30 日,北京科学技术开发交流中心联合香港贸发局开展"京港科创 智领未来"京港科技合作线上交流展示活动,京泰实业(集团)有限公司、香港投资推广署、中关村京港澳青年创新创业中心等单位共同参与。活动进行了北京科技创新基金、香港资本市场动态及上市制度的宣讲,8 个京港科技创新优秀项目进行了路演,滚动播出了 70 项京港创新合作成果,近 5 000 人线上收看。

(方子都 安鹤益)

【技术经理人培训活动举办】9 月 2—3 日,北京科学技术开发交流中心联合中国科学院北京国家技术转移中心组织举办第一期技术经理人培训活动,来自政府机关、科研院所、高新技术企业等单位的 100 余人参与培训。培训邀请来自中国科学院空天信息创新研究院、中科星图股份有限公司、北京华夏泰和知识产权有限公司、中科智汇工场的专家进行授课,针对中国科学院科技成果特点、转化过程中常遇到的难点、实务操作中需要注意的重点等方面,介绍了中国科学院科技成果转化方面的专业知识和操作技巧。

(刘 玥 梁 霄 安鹤益)

【2020 年新加坡创新项目线上路演活动举办】9 月 3 日,2020 年新加坡创新项目线上路演活动举办。本次活动由北京科学技术开发交流中心主办,新加坡国立大学、北京牡丹电子集团有限责任公司、中央财经大学企业科技金融创新中心、北京海归创亿科技创新中心、东方象科技信息(北京)有限公司、启迪之星(北京)投资管理公司等单位支持协办。来自新加坡的机器人视觉处理系统、精美视频流体验的解决方案、环保增值的碳废利用、便携田径运动数据收集器 4 个项目进行线上介绍,涉及信息技术、人工智能、环境保护等领域,金融创投机构的专家学者对其逐一进行点评。来自中财金控投资有限公司、五矿资本股份有限公司、中关村智造大街、北京创客总部等 50 余家北京金融创投企业、科技孵化机构以及科技企业代表 2 000 余人在线参与活动。

(胡炎平 安鹤益)

【高安全低功耗嵌入式系统芯片技术及应用项目发布】9 月 18 日,北京技术交易促进中心特邀北京航空航天大学电子信息工程学院教授、博士生导师王翔进行高安全低功耗嵌入式系统芯片技术及应用项目发布,并与 41 位参会人员进行项目交流对接。北京市人才工作领导小组驻港澳人才联络处、北京善云天和生态科技有限公司、星际时代发展集团代表等与王翔进行了互动问答,探讨技术成果的重要性及成果转化的合作点。本项目属于电子与通信技术领域,是高性能嵌入式安全处理器芯片技术,具有自主知识产权。该项目核心技术已获北京市技术发明奖一等奖及相关的国家级奖励。通过多位院士等专家评审鉴定,结论为:技术属国内领先、部分国际领先,市场前景广阔。

(北京技术交易促进中心)

【北京—粤港澳大湾区科技创新项目路演线上系列活动举办】9—10月,北京科学技术开发交流中心组织开展3场北京—粤港澳大湾区科技创新项目路演线上系列活动,共展示22项科技项目成果,涉及新一代信息技术、人工智能、高端装备、节能环保、医药健康、机器人、大数据、智能制造等多个领域。北京邮电大学深圳研究院、北京经济技术开发区科技创新局、北京经济技术开发区科技创新企业商会、北京牡丹电子集团有限责任公司、北京嘉捷美锦科技发展有限公司等企事业单位参与活动。

(方子都　安鹤益)

【中国高端膜产业集群项目对接北京经开区】10月16日,北京技术交易促进中心组织建设千亿产业链的中国高端膜产业集群项目到北京经济技术开发区管委会对接,双方探讨项目的技术优势和前景以及落地的相关政策等问题。该项目负责人汲江博士是国家高层次创业人才、国际膜科技界知名专家、北京大学深圳研究生院兼职教授。本项目瞄准科技发展前沿,服务国家发展战略,采用具有国际先进水平的专利膜技术和专有技术,生产高端海水淡化反渗透膜,新能源汽车动力电池膜,人工肺、人工肾等智能仿生医用膜等产品。本项目的大规模产业化有潜力发展成为地方及中国新的支柱产业和经济增长点。

(北京技术交易促进中心)

【科技成果直通车人工智能领域(北京站)项目路演活动举办】10月20日,2020年科技成果直通车人工智能领域(北京站)项目路演活动在中关村示范区会议中心举办。此次路演活动是2020年全国双创周北京分会场重点活动之一。本次路演活动汇集了北京地区人工智能领域优质科技企业、高校院所、金融投资机构和专业服务机构,搭建了高效互动平台,100多人参加现场活动,并同步在中国高新区科技金融信息服务平台和深交所“燧石星火”APP和微信小程序上直播,对接线上5 400多家股权投资机构的16 000余位专业投资人。

(申峥峥)

【高比能高安全性低温动力电池及材料产业化项目线上对接】10月28日,以“高比能高安全性低温动力电池及材料产业化”为主题的项目对接在线上举办。北京技术交易促进中心特邀国家高层次领军人才、国家二级教授、江苏省侨联常委、海外特聘专家委员会副主任马昕博士进行项目发布及具体讲解。在互动交流环节,各位专家与40位参会人员进行项目交流对接。该项目建成现实产能的高端电池生产线,产品在低温－40℃冻8小时,冻透放电70%＋,通过苛刻的安全性、盐雾、湿热、水浸等环境安全性要求,实现稳定长循环,在2020特种电池评测中全国第一。

(北京技术交易促进中心)

【中国科幻大会科技创新新技术新成果展(科幻产业展)举办】11月1—5日,中国科协与北京市政府共同主办的中国科幻大会科技创新新技术新成果展(科幻产业展)在北京首钢园区举办。科幻产业展是2020年中国科幻大会重要内容之一,通过新一代信息技术、高端制造、新材料、人工智能、虚拟现实等支撑科幻产业发展的产业领域科技成果的展示,以及科幻产业IP有关体验场景的展示,彰显科技支撑科幻产业发展、引领科技创新的作用。本次展览共涉及智能制造、人工智能、虚拟现实、科幻影视产业链四大板块,展览面积3 000平方米。

(汤乐明)

【第九届高校科技创新成果展示推介会举办】11月21日,由市科协、市教委、市总工会、团市委、中关村管委会、市知识产权局、市工商联共同主办的第九届高校科技创新成果展示推介会举办。本届展示推介会首次采取线上与线下相结合的方式进行,共征集京津冀地区50所高校师生科技创新成果654件,110项作品在线直播路演推介,18.2万余人次在线观看,评选出创新奖项107项。

(杨晓伟)

【第五届科技外交官创新资源对接活动举办】11月26日,北京技术交易促进中心在京举办第五届科技外交官创新资源对接活动。活动围绕“汇聚国际创新资源,共促科技驱动发展”主题,设置高端对话和项目路演2个环节。东帝汶驻华大使馆驻华大使桑托斯,市科委副主任张玮,13个国家和地区的驻华大使馆官员以及100多名企业、院所、高校代表参加此次活动。各国外交官详细介绍各国的科技创新政策、创新能力、创新资源，以及国际合作现状及需求等，涵盖医药健康、智能制造、金融科技等高精尖产业领域，引起与会代表的高度关注。"科技外交搭桥 高精尖领域对接"为主题的项目路演环节，重点聚焦医药健康、人工智能等高精尖重点产业，对加拿大、波兰、以色列等国家的近 10 个重点项目进行推介。

（北京技术交易促进中心）

【高精尖产业科技成果发布及对接会举办】12 月 16 日，北京技术交易促进中心、首都科技条件平台技术转移领域中心联合石家庄科技大市场共同举办高精尖产业科技成果发布及对接会。会上，首都科技条件平台成员单位发布"基于互联网 + 教育的产学研创新研究""多源遥感数据统筹管理与即时服务系统""物联位置网与城市精细化管理平台"等多项优质科技成果。

（申峥峥）

【OmniFluo990 稳态瞬态荧光光谱仪全球发布】12 月 23 日，OmniFluo990 稳态瞬态荧光光谱仪全球发布会暨第一届中国光电分析仪器发展论坛活动在怀柔区举办。此次活动聚焦北京怀柔综合性国家科学中心建设，设置新产品发布演示、圆桌论坛等环节，引导光电分析仪器产业要素在怀柔聚集，搭建产、学、政、研、用、金全链条的国内高端学术交流和科技成果转化合作平台，营造开放合作的科技发展环境。活动中，自主研制的国内商业化稳态和荧光寿命测量系统 OmniFluo990 稳态瞬态荧光光谱仪进行发布。北京怀柔仪器和传感器有限公司进行 2020 怀柔科学城成果落地项目"暗场光散射显微光谱识别系统的研制及产业化"项目预发布。

（王 楠）

【新能源智能汽车领域优势资源对接】年内，北京新材料和新能源科技发展中心组织新能源智能汽车领域优势资源，就石墨烯前沿技术和新能源智能汽车产业发展进行调研和座谈，开展深入对接，推动产学研深度融合。北京石墨烯研究院与新能源智能汽车领域企业和高校等业内人士围绕新能源汽车产业链关键环节的卡脖子技术，结合石墨烯材料高强度、高柔韧度、高导电导热、耐腐蚀等特性，对整车高压线束、玻璃显示、制动片、低温电池、集流体、硅负极、大电流充电枪、燃料电池催化剂等开发应用的可行性进行深入交流和探讨。

（边 浩）

【9 家单位入选国家职务科技成果赋权改革试点】年内，市科委、中关村管委会组织推荐北京工业大学等 3 家市属高校院所入选国家职务科技成果赋权改革试点，全市共 9 家高校院所（含中央在京单位）入选，数量居全国首位。

（付 林）

【首批技术经纪专业职称申报评审开展】年内，市人力资源社会保障局和市科委、中关村管委会开展首批技术经纪专业职称申报评审，打通科技成果转化人员职称通道，51 名人员获得技术经纪副高级职称。

（付 林）

【北京技术转移学院设立】年内，市教委、市人才工作局支持清华大学五道口金融学院建设北京技术转移学院，首届招生 30 人。

（付 林）

【科技服务业发展情况】年内，北京科技服务业经过多年发展，形成涵盖研发、设计、工程技术、检验检测、科技推广与技术转移、创业孵化、科技金融、知识产权、科技咨询的服务体系。2020 年，规模以上科技服务业法人单位 4 623 家，收入合计10 897. 8 亿元，实现利润 3 057 亿元，同比增长 11. 6%；从业人员超过 65 万人，人均收入达 165. 7 万元，人均利润 46. 5 万元。

（付 林）

【推进城市副中心科技创新应用场景落地】年内，市区合力推进城市副中心科技创新应用场景落地。一是推动 5G、人工智能、大数据等新技术及新材料在城市副中心综合交通枢纽、环球影城等重大工程、重点项目建设中应用，促进综合管廊安全、环境动态监测、文化遗产数字化等相关技术落地。二是围绕城市副中心"绿心"建设，研究一体化控制、智慧安防、智慧环卫、智能交通、AI 助游等一批应用场景，并向北投集团推荐 7 个应用场景的 22 家企业，包括阿里、百度、滴滴等行业龙头企业。三是以城市副中心国际种业科技园区为引领，依托环首都现代农业科技示范带建设，促进种业先进科技成果在津冀落地转化。四是依托首都科技条件平台区域合作站，通过开展对接活动、创新券支持等多种方式，鼓励小微企业运用新技术新产品，形成新的应用场景。

（张晶晶 王 璐）

【科技成果转化平台建设专项申报】年内,2020 年度科技成果转化平台建设专项申报工作顺利开展。根据综合评定,2020 年高校院所技术转移能力建设方向立项单位 36 家,涉及财政资金 1 760 万元;科技成果转化专业平台建设方向立项单位 8 家,涉及财政资金 1 200 万元。专项的实施在推进高校院所科技成果转移转化和各区科技成果承载能力方面起到示范与促进作用。

(侯敬超)

【专项引导高校院所加大成果转化工作力度】年内,在科技成果转化平台建设专项的支持下,高校院所转化内生动力持续提升。截至 10 月底,平台支持的 12 家重点高校院所内部技术转移机构专业人员占比 63.8%;当年筛选高质量科技成果 1 100 项、布局专利 2 143 件,同比增长 36.9%、42.1%;开展中试科技成果中试熟化 61 项,同比增长 56%;购买专业化服务 2 719 项,同比增长 35%。

(侯敬超)

【专项促进科技成果转化落地】年内,科技成果转化平台建设专项进一步促进科技成果转化落地。2020 年共签订科技成果转化合同 790 项,含 1 615 项科技成果,合同金额 7.22 亿元。其中,输出到津冀以及环渤海地区合同 488 项,占比 61.8%;合同金额 4.48 亿元,占比 62%。输出到长三角地区合同 153 项,占比 19.4%;合同金额 1.14 亿元,占比 15.8%。输出到珠三角地区合同 53 项,占比 6.7%;合同金额 0.5 亿元,占比 7%。

(侯敬超)

【开展科技成果转化平台系列对接活动】年内,北京市科技成果转化统筹协调与服务平台联合北京理工大学、北京航空航天大学、北京交通大学等高校院所举办 6 场线上项目路演活动,推介项目 30 余项,参会企业、投资机构等各类代表 500 余人次。组织开展“科转智库”系列沙龙活动 4 场,参会代表 200 余人次。

(侯敬超)

【北京技术市场平稳增长】年内,北京认定登记技术合同 84 451 项,成交额 6 316.2 亿元,比上年增长 10.9%。落地北京市技术合同 31 959 项,成交额 1 721.7亿元;输出外省市和出口技术合同项数分别为 51 281 项和 1 211 项,成交额分别为 3 718.5 亿元和 875.9 亿元。在电子信息、城市建设与社会发展、现代交通等领域,输出技术合同 61 130 项,成交额 4 079.6亿元,占全市输出技术合同成交额的 64.6%。

(张未凡)

【技术市场助推首都经济发展】年内,实现技术交易增加值占北京地区生产总值的比重持续增长。实现技术交易增加值 3 342.9 亿元,比上年增长 4.1%,占地区生产总值(北京市统计局发布的初步核算值 36 102.6 亿元)的比重为 9.26%。

(张未凡)

【北京技术支撑京津冀协同发展】年内,北京流向津冀技术合同 5 033 项,成交额 347.0 亿元,比 2019 年增长 22.7%,占北京流向外省市技术合同的 9.3%。在新能源与高效节能、城市建设与社会发展、电子信息领域,成交额 264.0 亿元,占比 76.1%。新材料及其应用领域成交额增速最快,成交额 4.2 亿元,增长 121.3%。

(张未凡)

# 创业孵化服务

【概述】2020 年,持续做好新冠肺炎疫情防控,助推科技型中小微企业发展,充分利用市场化手段进一步整合资源,逐步提升孵化服务能力。创新服务模式,推动线上服务,打造创业生态服务软环境。组织创新挑战赛,为企业需求方和成果持有方搭建服务平台,帮助企业解决技术难题,攻克技术瓶颈,激发企业的创新热情和动力。组织高精尖企业和新技术新产品参加北京国际科技产业博览会、中国国际高新技术成果交易会等，为孵化器和优质孵化成果搭建展示和交流的平台。深入分析“星创天地”的组织架构、建设模式、运行机制，总结成功经验，为“星创天地”建设提供指导。打造“星创天地”智慧云平台，及时更新政策动态信息，推进“星创天地”管理实现网络化、网格化、体系化。调研征集“星创天地”建设与技术产业需求，组织专家指导和培训。

（市科技史志办公室）

**【益惠农“星创天地”平谷原种猪全基因组选育育种基地奠基】** 5 月 19 日，益惠农“星创天地”平谷原种猪全基因组选育育种基地落户平谷区，当日举办了开工奠基仪式。益惠农“星创天地”依托单位北京大伟嘉生物技术股份有限公司，将在平谷区重点打造集科技研发、试验示范、产业发展、品牌带动为一体的成果落地转化基地，探索打造“猪－肥－桃”三位一体的绿色循环发展模式，育种基地占地 18.4 万平方米，计划从丹麦引进原种基础母猪 3 000 头，扩充种猪资源，同时利用分子育种和全基因组选择等技术，通过纯种繁育、选种、选配和加强饲养管理等综合措施，提高国内种猪生产性能。

（王伟娟　赵　娣　姜佩瑄）

**【“纳米之星”创新创业大赛北京赛区决赛举行】** 8 月 26—27 日，由北京新材料和新能源科技发展中心、北京工业设计促进中心主办，北京天作理化科技孵化器有限公司承办的第 6 届“纳米之星”创新创业大赛北京赛区决赛在“云端”举行，参赛项目涉及纳米器件、纳米生物、纳米能源等纳米领域热点板块。最终，有 12 个未来企业组和 15 个创新企业组进入北京赛区决赛 。北京赛区决赛共设置一等奖 1 名、二等奖 2 名、三等奖 3 名，以及技术领先奖、投资价值奖、商业模式奖 3 个单项奖 ，最后推荐 6 家企业参加全国总决赛。

（平朝霞）

**【无人驾驶体验项目亮相 2020 服贸会】** 9 月 3 日，无人驾驶体验项目亮相中国国际服务贸易交易会，该项目是本次服贸会人工智能板块的亮点之一，6 辆无人驾驶汽车在现场展示无人驾驶往复循环行驶技术，满足“点到点”的无人驾驶短途接驳需求。

（刘悠冉）

**【首届 HICOOL 全球创业者峰会暨创业大赛举办】** 9 月 12 日，HICOOL 全球创业者峰会暨创业大赛在京举行。本届创业大赛自 5 月 15 日启动报名以来，累计收到来自海内外 2 026 个优质项目和企业的报名、参赛申请。大赛覆盖全球 82 个国家和地区，在北美、欧洲、亚太和中国四大赛区中的 11 个科创名城中举办初赛。本次参赛项目共涵盖六大产业领域。其中人工智能、大数据、金融科技相关的项目达 525 个，占比超 1/4，也是争夺最激烈的“网红”赛道；大健康赛道的医药健康类项目 373 个，新一代信息技术相关的项目 294 个，与新能源、新材料、智能装备相关项目 340 个，文化创意类项目 177 个，其他领域 317 个。其中 250 个项目进入复赛、20 个项目进入决赛。大赛共设置一、二、三等奖及优胜奖，总计 100 个获奖席位。其中一等奖 200 万元，共 5 个；二等奖 100 万元，共 15 个；三等奖 50 万元，共 30 个；优胜奖 20 万元，共 50 个。此外，针对为大赛推荐优秀项目的个人颁发伯乐奖，每个 50 万元，同时匹配 10 亿元创投资金，获奖项目可获千万元风险投资直投。

（申峥峥）

**【蜜蜂大世界“星创天地”开展蜜蜂主题活动】** 9 月 24 日，蜜蜂大世界“星创天地”依托北京京纯养蜂专业合作社开展蜜蜂科普活动，通过政策宣讲、场馆参观、技术指导等方式带领大家体验蜂产品 DIY、蜂产品鉴别实验、蜜源植物识别等活动。邀请中国农科院蜜蜂研究所专家与多箱体养殖技术专家，采取理论知识授课、现场实地指导等方式对多箱体养殖技术、蜜蜂常见病虫害防治与检测监测等内容进行培训与指导，为蜂农答疑解惑，为公众普及科学知识。

（王伟娟　赵　娣　姜佩瑄）

**【北京企业在“纳米之星”创新创业总决赛上获奖】** 9 月 27 日，在第六届全国“纳米之星”创新创业大赛总决赛上，来自北京赛区的石墨烯柔性锂离子电池项目（北京石墨烯研究院）和摩擦电纳米除尘技术在消杀净化行业的应用项目（北京中科纳清科技股份有限公司）分别获得未来企业组和创新企业组三等奖。直接参加全国总决赛的全息衍射波导显示器件项目（国家纳米科学中心）获得全国总决赛一等奖。

（平朝霞）

**【中国汽车芯片产业创新战略联盟成立大会召开】** 11 月 20 日，在科技部、工业和信息化部、北京市政府指导下，由国家新能源汽车技术创新中心（简称国创中心）牵头的中国汽车芯片产业创新战略联盟一届一次理事会暨成立大会在京召开。2018 年 3 月,科技部、北京市共同推动成立国创中心,这是国内首个汽车行业的国家级技术创新中心。为充分发挥体制机制创新优势、加快关键核心技术攻关,国创中心牵头,联合汽车产业和芯片产业上、下游 120 余家企业和机构成立了中国汽车芯片产业创新战略联盟,以实现车规芯片自主安全可控,大规模提升科技产出质量和转化效率,形成产业创新生态的"热带雨林"。该联盟由整车企业、汽车芯片企业、汽车电子供应商、汽车软件供应商、高校院所、行业组织等 70 余家企事业单位共同组建,融合了汽车和芯片两大产业的产业链资源。

(科创中心建设综合协调处)

【京港创客营科技人文交流活动举办】12 月 19 日,京港创新合作论坛暨京港创客营科技人文交流活动在京举办。本次活动由北京科学技术开发交流中心、北京百杰女性创业服务中心主办,中国香港(地区)商会、IPAG 高等商学院、北京院市合作协同创新联盟协办,北京市妇女联合会支持。来自在京的港资企业家、青年创业者代表,以及清华大学、北京大学、北京师范大学、北京科技大学、中央财经大学和中国传媒大学的大学生代表 30 余人参与活动。论坛上,与会人员围绕"后疫期科技与城市融合发展"主题,聚焦文化与科技融合、科技创新、人文交流等方面展开研讨。与会专家在政策导向、科技创新和人才培养方面对参会的京港两地企业家和青年创客代表提出建议,帮助创业者分析、了解创业环境,明确研发方向。活动还组织京港创客营学员参观了小米集团、字节调动、牡丹集团等北京创新创业机构。

(张　辰　张园婷　安鹤益)

【北京中日创新合作示范区获批设立】12 月,国家发展改革委批复支持设立北京中日创新合作示范区,标志着高质量发展的区域经济布局正加快形成。该示范区是国内首个,也是唯一以创新合作为主题的中日创新合作示范区。北京中日创新合作示范区即原规划北京中日国际合作产业园核心区,位于京台高速两侧,西红门镇、瀛海镇、青云店镇、黄村镇四镇交界处。面对区域经济发展的新形势,按照国家发展改革委和北京市委、市政府相关工作部署,大兴区与经开区经过深入研究、专家论证、实地调研、联合会审等程序,建立更加有效的区域协调发展新机制。该示范区定位为"一区""五园",其中"一区"为产业核心区,规划用地总面积约为 9.57 平方千米,"五园"为中小企业总部园、临空高端产业园、生物科学及大健康园、机器人及智能制造园、新能源汽车园。

(申峥峥)

【"创新创业金课"系列活动举办】年内,北京科学技术开发交流中心组织举办了 12 场"创新创业金课"在线系列直播活动,指导科研人员开展创新创业活动,来自中国科学院大学及各研究所、北京邮电大学、北京理工大学等多家高校院所,以及来自高新技术企业、联盟协会组织等单位的 10 万余人次参与。活动邀请 20 名创新创业领域的专家,通过直播课、在线辅导、在线咨询问答等方式,围绕创业的前期准备、如何提高创业成功率、如何设计与创新商业模式、新经济对双创有哪些新启示、带货直播在创新创业及公益项目中的应用等内容,为以中国科学院为代表的科技成果转化创新创业团队进行指导和资源对接,解决创新创业者遇到的难点与痛点。

(刘　玥　梁　霄　安鹤益)

【科技服务助力"星创天地"建设与发展】年内,市科委农村中心针对"星创天地"服务工作,研究制订《2020 年北京市"星创天地"审核工作方案》,编写《北京"星创天地"建设情况汇报》,深入分析"星创天地"的组织架构、建设模式、运行机制,总结成功经验,为"星创天地"建设提供指导。打造"星创天地"智慧云平台,及时更新政策动态信息,推进"星创天地"管理实现网络化、网格化、体系化。调研征集"星创天地"建设与技术产业需求,组织专家开展政策宣讲、园区对接、电商运营、产业发展、技术提升等多方面指导和培训活动 12 次。

(王伟娟　赵　娣　姜佩瑄)

【中农芽谷"星创天地"开展线上课程服务】年内,中农芽谷"星创天地"继续开展线上课程服务。截至年底,中农芽谷"星创天地"通过《芽苗培育》线上直播课,为老年人提供阳台种植芽苗菜技术培训课程 9 期,观看人数达到 32 000 人次,得到老年人一致好评。

(王伟娟　赵　娣　姜佩瑄)

【黄芩仙谷"星创天地"开展茶文化线上课程】年内,黄芩仙谷"星创天地"继续开展茶文化线上课程。截至年底,黄芩仙谷"星创天地"开通《李姐说茶》节目,以"酸枣芽科学嫁接实现循环农业""夜听黄芩破土生”等为主题,线上讲解茶文化知识、新品种引种试验、农耕文化等,在各大网络直播平台播出 17 期,观看人数达到 3 万余人次。

(王伟娟　赵　娣　姜佩瑄)

【北京市“星创天地”积极开展新冠肺炎疫情防控工作】年内,北京市“星创天地”积极开展新冠肺炎疫情防控工作。北京市“星创天地”各依托单位积极行动。一是坚持多措并举,保证疫情期间“菜篮子”供应。通过提前复工、扩充渠道、增加物流、稳定价格等措施,服务首都市民蔬菜供应与安全保障。二是开启线上服务,多渠道落实防控措施保春耕促生产。京科惠农“星创天地”发挥 12396 北京农科热线平台专家及网络远程服务优势,积极上线农村防控特别专题提供专门服务窗口,开展新媒体多渠道专家咨询指导应对春季农时技术需求,利用“农科小智”网络机器人提供 7×24 小时农业智能答疑,利用网络进行专家直播授课和在线咨询。三是履行社会责任,全方位支持抗疫一线工作。各“星创天地”发挥自身资源优势,为在抗疫一线的工作人员及其家属提供支持,同时做好农村防控宣传。

(王伟娟　赵　娣　姜佩瑄)

# 创意设计服务

【概述】2020 年,植根于北京科技、文化和国际交往的丰富资源,以“设计之都”建设为抓手,围绕科技创新、产业升级、拉动消费、城市建设和市民生活,通过支撑政府计划、创办 DRC 基地、承办北京国际设计周等品牌活动,推动工业设计发展,组织实施计划、建设集聚区、评选领军人才、举办设计活动,逐步构建和完善设计创新和产业发展全生态服务体系,为市场化资源配置奠定基础,在全国发挥引领示范带动作用。结合“设计之都”品牌及联合国教科文组织创意城市网络资源,加强网络成员城市交流,举办高端活动,拓宽合作渠道,积极利用网络资源服务创新主体,服务企业走出去,提升北京“设计之都”国际影响力助力北京设计产业高质量发展。

(王露菲)

【策划“设计新目标 99 +　助力可持续发展”展览】3—4 月,北京 DRC 基地与中央美术学院设计学院共同发起并策划“设计新目标 99 +　助力可持续发展”展览。该展览以可持续发展为主题,协同相关领域专家搭建“设计新目标 99 +　助力可持续发展”平台。11 月,“设计新目标 99 +　助力可持续发展”受邀参加 2020 珠海国际设计周特别展。

(北京工业设计促进中心)

【创意 2030 论坛线上活动举办】4—5 月,联合国教科文组织国际创意与可持续发展中心(简称创意中心)举办创意 2030 论坛线上活动。通过视频连线和现场对话结合的方式,邀请 18 位国内外专家参与线上活动录制,以“疫情后的城市治理”为主题,从新科技应用、城市规划与社区营造、文化产业、设计智造、国际合作、环境保护等方面出发,探讨城市治理的新方法、新措施以及如何落实联合国 2030 可持续发展目标。创意 2030 论坛是创意中心的年度重点活动,是以创意可持续领域的热点话题为年度主题,为参会的城市代表、商业领袖和创新者提供互动、分享案例、规划未来的联合活动。

(北京工业设计促进中心)

【《创意可持续发展研究报告:创意经济与城市更新》发布】5 月,联合国教科文组织国际创意与可持续发展中心发布中英双语《创意可持续发展研究报告:创意经济与城市更新》。报告通过分析联合国教科文组织创意城市网络中 31 个成员城市的经济数据,简析创意经济在可持续经济增长、体面就业等方面的贡献,并从工矿城市的产业更新、历史名城的旧城改造和小城镇的文化创意赋能等方面呈现创意创新在城市更新中的重要意义。

(北京工业设计促进中心)

【《科技创新相关机构情况研究》发布】5月，联合国教科文组织国际创意与可持续发展中心发布《科技创新相关机构情况研究》。该研究报告从综合分析、产业创新以及文化、经济、设计等领域创新发展对可持续发展目标的支撑与影响等方面，梳理了中国、美国、英国、德国、西班牙和意大利6个在创意创新领域领先国家的86家深具影响力的科技创新机构的基本情况、专业领域、研究成果及联系方式等内容。同时梳理了联合国17个可持续发展目标对应的中国政府及其研究机构相关政策及其关联内容，为创新创意与可持续发展的关联主题研究提供了素材。

（北京工业设计促进中心）

【创意可持续发展案例集成册】5月，联合国教科文组织国际创意与可持续发展中心完成创意可持续发展案例的征集及汇编工作，推出《创意可持续发展案例集》。该案例集共筛选出30个具有代表性的国内外创新案例，涉及乡村振兴、城市更新、可持续设计、遗产活化、节能环保、优质教育，以及女性赋能7个方面，多元化呈现创意对落实可持续发展目标的推动作用。

（北京工业设计促进中心）

【《创意2030》双语特辑发布】6月，联合国教科文组织国际创意与可持续发展中心推出《创意2030》双语特辑。特辑以“可持续发展目标4：优质教育”为主题，围绕创意、科技与优质教育，结合国内外抗击新冠肺炎疫情情况，采编近10个国家的30余篇稿件，内容涵盖人工智能和创意设计在教育普及、抗击疫情、扶贫等方面的实践案例等。该特辑定向发送至联合国教科文组织及相关国际机构。

（北京工业设计促进中心）

【创意2030沙龙举办】7月24日，联合国教科文组织国际创意与可持续发展中心与世界规划教育组织、联合国教科文组织国际工程科技知识中心智能城市分平台（WUPENiCity）联合推出创意2030沙龙主题活动。中国工程院院士、北京副中心总规划师带来主题为“AI 2.0：城市生命体与可持续发展”的讲座。分析了人工智能在全球引发的新一波技术创新浪潮，及其给现代城市带来的影响，尤其是在新冠肺炎疫情期间发挥着重要作用，强调了现代城市与新技术的交融。

（北京工业设计促进中心）

【后疫情时代“一带一路”创意与可持续发展国际论坛举行】7月31日，联合国教科文组织国际创意与可持续发展中心和北京大学文化产业研究院联合主办的后疫情时代“一带一路”创意与可持续发展国际论坛，通过ZOOM线上会议平台举行。来自中国及“一带一路”沿线国家和地区的8位专家、学者出席论坛并发表主题演讲，探讨在新冠肺炎常态化的新挑战和新形势下，“一带一路”沿线国家和地区如何采取务实有效的创意行动，推进文化资源的创造共享和文化技术的创新研发，以及文化创意如何推动全球可持续发展，实现世界经济的创造性复苏。

（北京工业设计促进中心）

【北京DRC基地获评市级文化产业园】8月21日，2020年度北京市级文化产业园区授牌，98家园区获评市级文化产业园。由北京市科委和西城区政府共同建立的北京DRC基地获评北京市文化创意产业园区。

（北京工业设计促进中心）

【2020年服贸会首次设立科技办会板块】9月4—9日，2020年中国国际服务贸易交易会在北京国家会议中心召开，首次设立科技办会板块。科技办会板块重点聚焦AI、AR等新技术应用，设置无感入场、智能导航、机器人服务、无人驾驶等技术应用点，聚集旷视科技等高科技企业的最新技术成果。智能导航服务将展馆、场地进行三维可视化，实现厘米级别的精准导航；服务机器人知识库问答库超过1 000项，准确率在远场高噪音环境下达到97%；无人驾驶体验车辆可实现L4级无人驾驶功能。服贸会期间，科技办会板块的服务机器人总交互量超过5.8万次，参观人数约2.1万人次，移动距离超过11.6万米；零售机器人送水数超过1 600瓶；安防机器人执行服贸会边界巡检任务，巡检里程110千米；无人驾驶板块，接待体验者超过800名。

（曲俊燕）

【参加第十五届中国北京国际文化创意产业博览会】9月5—10日，北京DRC基地携北京乐品乐道科技有限公司、石斛（北京）环境艺术设计有限公司等入驻企业参加第十五届中国北京国际文化创意产业博览会。此次展览以设计创意、演艺、艺术品、版权交易、产业融合发展、园区展示和产品展售等为主要板块。

（北京工业设计促进中心）

【2020 设计之旅开幕】9 月 22 日,2020 北京国际设计周设计之旅开幕活动暨工业设计展览及主题论坛在北京国际设计周永久会址张家湾设计小镇举行。主题展览展示了人工智能、医药健康、科技环保、物联网、大数据、5G 等技术与设计融合成果 100 余件展品。北京国际设计周组委会、市科委、市文资中心、通州区政府等单位的相关领导,知名设计师、媒体代表、企业和分会场代表等 100 余名嘉宾出席开幕式及论坛,并参观主题展览。

(北京工业设计促进中心)

【2020 设计之旅分会场活动开展】9 月 22 日—10 月 7 日,2020 北京国际设计周在京举行。2020 北京设计周设计之旅分会场集中在东城、西城、朝阳、海淀 4 个区域,致力于推动科技成果、科技企业、科技体验项目等落地相关分会场,推动科技资源与设计资源深入对接, 23 个分会场中,有 12 个分会场举办设计 + 科技类活动。各分会场在胡同街巷、文创园区、时尚商圈、艺术场馆等场所举办展览、论坛、讲座、工作坊、互动体验、市集等 645 场创意设计活动,展览及活动面积达 80 余万平方米,吸引现场观众超过 100 万人次。

(北京工业设计促进中心)

【《联合国教科文组织创意城市应对新冠肺炎疫情案例集》出版】9 月,《联合国教科文组织创意城市应对新冠肺炎疫情案例集》出版。该案例集为联合国教科文组织正式出版物,由北京工业设计促进中心支撑编辑,包括中、英、法、西 4 种语言版本,收录了联合国教科文组织征集的包括北京、罗马、特拉维夫 - 雅法、蒙特利尔等 44 个国家 90 多个城市提交的 70 个抗疫创新案例。

(北京工业设计促进中心)

【第五期民族地区文化创意与可持续发展专题研讨班举办】10 月 26—30 日,由北京市科委与国家民委文化宣传司共同举办的第五期民族地区文化创意与可持续发展专题研讨班在京举办。来自全国 31 个省区市的民委系统干部、文化和科技企业工作者、特色村镇负责人、非遗传承人、民宿工作者等 78 名学员参加培训。课程采取“专家讲授 + 案例解析 + 互动交流 + 实践教学”的方式,促进优秀传统文化的创造性转化与创新性发展,推进北京与民族地区相关产业的合作,助力精准扶贫。

(北京工业设计促进中心)

【城市副中心工业设计人才工作站成立】12 月 4 日,北京城市副中心工业设计人才工作站揭牌暨设计产业资源对接会在通州张家湾举行。这是北京市科委和通州区政府共同建设的全市首个工业设计人才工作站。通过人才工作站的桥梁纽带作用,结合城市副中心场景应用及城市规划建设的实际,引导工业设计人才、设计服务专业机构、设计成果落地城市副中心。同时开展“走出去”“引进来”工作,借助工作站优质资源扩大设计小镇的影响力,吸引更多优质设计资源,服务设计小镇发展。

(栾一丞)

【第三版《教科文组织创意城市网络指南》出版】12 月,在北京市科委的指导下,第三版《联合国教科文组织创意城市网络指南》出版。该指南由联合国教科文组织编辑,北京工业设计促进中心支撑完成,包括中文、英文、法文 3 个单行本,收录了该网络及 246 个成员城市信息。指南作为联合国教科文组织创意城市网络主要宣传物,面向联合国系统机构和世界各城市传播。

(北京工业设计促进中心)

【北京市设计创新中心培育认定】年内,市科委继续开展北京市设计创新中心的认定培育工作,截至年底,全市共认定北京市设计创新中心 243 家,其中以设计为主营业务的 109 家,拥有设计部门的 134 家。通过设计创新中心的认定培育,鼓励企业加大设计投入、搭建设计服务平台、强化设计人才培养等。

(北京工业设计促进中心)

【北京 DRC 基地助企业渡疫情难关】年内,面对新冠肺炎疫情带来的经济影响,北京 DRC 基地为符合条件的 26 家入驻企业减免房租,共减免租金 84.94 万元。在此基础上又新出台 8 条举措,其中包括中介费用补贴、科技咨询补贴、宣传推介补贴等,为企业送政策、送服务、送补贴,与各企业共渡难关。

(北京工业设计促进中心)

# 综合科技服务

【概述】2020 年,落实市委、市政府的各项决策部署,科学部署落实新冠肺炎疫情防控工作的同时,围绕全国科技创新中心建设,做好各项科技服务工作。北京科技协作中心稳步推进央企科技创新服务、新兴领域融合创新服务、未来科学城建设、首都科技志愿服务重点任务。以杰出工程师发现与服务促进为抓手,服务央企(院)一流创新人才和创新团队,搭建青年人才交流共享平台,展示创新成果,分享科研经验。聚焦建渠道、搭平台、接任务,服务新兴领域融合创新。北京软件产品质量检测检验中心立足电子信息领域,拓展检测业务领域。完成"北京健康宝 2.0"(包含境外版本)、"北京健康宝 3.0",以及"京心相助-返京服务"的微信端、支付宝端和北京通端版本迭代测试工作。利用智慧冬奥检测实验室在软件人工智能和大数据检测的研究成果,成功解决了人工智能系统由大数据驱动、大数据处理等新一代技术深度融合软件全过程质量保障的问题,避免了大数据中隐私及数据泄露等安全风险。在实验动物管理领域,全力支撑新冠肺炎疫情防控,实验动物管理工作平稳有序开展。

(市科技史志办公室)

【中国城市科技创新发展指数 2019 发布】1 月 4 日,首都科技发展战略研究院和中国社会科学院城市与竞争力研究中心联合发布中国城市科技创新发展指数 2019。该指数对全国 289 个地级及以上城市的科技创新发展水平进行测度与评估,测算结果显示,北京、深圳、上海、广州、南京、杭州、苏州、武汉、西安、珠海排名前十。北京位列第一,强势领跑全国。

(申峥峥)

【检测中心助力新冠肺炎疫情防控】3 月 13 日,北京软件产品质量检测检验中心受市经济和信息化局的委托,启动"北京健康宝"测试委托任务,完成了"北京健康宝 2.0"(包含境外版本)、"北京健康宝 3.0",以及"京心相助-返京服务"的微信端、支付宝端和北京通端版本迭代测试工作。利用智慧冬奥检测实验室在软件人工智能和大数据检测的研究成果,成功解决了人工智能系统由大数据驱动、大数据处理等新一代技术深度融合软件全过程质量保障的问题,避免了大数据中隐私及数据泄露等安全风险。

(郭泽曦)

【《2019 中国城市营商环境报告》发布】6 月 18 日,《2019 中国城市营商环境报告》发布,北京、上海、深圳、广州、重庆、南京、杭州、成都、天津、宁波在综合评价排名中位列前十。《2019 中国城市营商环境报告》在对标世界银行营商环境评价体系标准、参照国际同行的评价指标,同时兼顾中国特色的原则上,重点围绕与市场主体密切相关的指标维度构建起中国城市营商环境的评价体系。报告中的综合评价排名对象为 4 个直辖市、27 个省会城市和自治区首府,以及 5 个计划单列市。

(申峥峥)

【检测中心获得个人信息安全测试能力验证活动第四名】7 月 15 日,中国网络安全审查技术与认证中心开展"CNCA-20-18 移动互联网应用程序(APP)个人信息安全测试"能力验证活动,共计 62 家机构参加,北京软件产品质量检测检验中心以 87 分位列第四名,为后续开展相关检测工作奠定坚实基础。

(郭泽曦)

【《北京市政务服务领域区块链应用创新蓝皮书(第一版)》发布】7 月 16 日,由北京市区块链工作专班专家组编制的《北京市政务服务领域区块链应用创新蓝皮书(第一版)》发布。该书由市政务服务管理局、市科委、市经济和信息化局指导,微芯研究院和中国电子技术标准化研究院支撑完成。该书对北京市政务服务领域区块链应用状况进行了总结,从"新基建"、数字政府建设、推进国家治理体系和治理能力现代化等角度,肯定了北京市政务服务领域区块链建设的必要性、可行性和重要价值，是北京经验的阶段性总结，也是北京市政务服务领域区块链应用创新探索迈出的重要一步。

（李鹏飞）

【成果转化与高新技术企业认定政策宣讲】7月24日，由首都科技志愿服务联合会和北京科技政策宣讲团主办、灵犀联盟承办的《北京市促进科技成果转化条例》和高新技术企业认定政策宣讲在线举办。来自央企、科研机构、首都科技志愿服务联合会服务站等的80余家单位、近百名科技工作者参加。市科委高新处和北京高技术创业服务中心的专家围绕《北京市促进科技成果转化条例》的出台背景、专业队伍建设、知识产权归属及转化流程等方面进行解读，分析了高校院所、国企、民企、服务机构、社会资本等不同主体在成果转化中面临的权益分配不清、创新动力不足、信息不对称、成果转化专业人才缺乏、资本投入耐心不足等问题。对高新技术企业认定政策出台的背景、工作体系、认定流程、认定条件等内容进行详细讲解，对申报流程和填报注意事项进行举例演示，并对参与单位留言提出的问题进行解答。

（李　伟）

【《2020年全球创新指数报告》发布】9月2日，世界知识产权组织等发布《2020年全球创新指数报告》，对131个经济体创新能力进行排名。其中，中国排名第14位，连续2年位居世界前15行列，在多个领域表现出领先优势，是跻身综合排名前30位的唯一中等收入经济体。

（申峥峥）

【检测中心获工业APP测试大赛机构赛特等奖】9月5日，由江苏省工信厅、中国电子技术标准化研究院、江苏赛西科技发展有限公司举办的第二届工业APP测试大赛在南京国际博览会议中心落下帷幕，北京软件产品质量检测检验中心获得机构赛特等奖，并被授予T/CESA 1046－2019《工业APP分类分级和测评》（三级）标准符合性测评机构。

（郭泽曦）

【学术成果走进未来科学城报告会举办】9月11日，北京地区广受关注学术成果走进未来科学城报告会暨第23届北京科技交流学术月开幕式在未来科学城举行。本次活动由北京科技协作中心、北京市科协、北京未来科学城管委会共同主办，中国商飞北研中心、北京市能源学会等单位承办。中国工程院院士倪维斗，中国科学院院士费维扬、李永舫、韩布兴出席会议，近200名青年科技人才参加现场活动，13.7万人次线上观看直播并参与互动交流，活动线上点击量累计282.1余万人次。本次活动围绕未来科学城建设技术创新领航区、协同创新先行区、技术人才集聚区和创新创业示范城的功能定位，发挥北京科技协作中心服务中央在京科研院所的平台作用，邀请未来科学城内外专家分享主题报告、共话能源技术领域的创新发展。通过与院士专家面对面交流，为未来科学城青年人才搭建学习交流平台，发现新方向、启迪新思维。

（李　伟）

【市科委获重大网络安全事件应急演练一等奖】9月20日，市委网信办、市公安局联合主办的北京市国家网络安全宣传周闭幕式在北京物资学院运河剧院圆满结束。闭幕式上，市委网信办对2020年北京市重大网络安全事件应急演练中表现优异的有关单位进行表彰，在51家参演单位中，市科委获一等奖。8月31日—9月6日，市网络安全应急指挥部办公室组织开展2020年北京市重大网络安全事件应急演练。市科委、民委等12家党政机关与市教委组织的10家教育机构、市卫生健康委组织的9家卫生机构、市国资委组织的20家市属国有企业共51家单位共同参与演练。

（申峥峥）

【推进国际人才社区建设】9月27日，市政府新闻办组织召开北京推进国际交往中心功能建设新闻发布会，市政府外办、市规划和自然资源委、市文化和旅游局、市人才工作局、朝阳区政府等有关单位相关负责人出席发布会，发布北京推进国际交往中心功能建设的空间布局、文旅融合、国际人才社区建设等有关信息。市人才工作领导小组于2016年在全国率先提出首都国际人才社区建设理念。2017年确定朝阳望京、中关村科学城、未来科学城、新首钢4个首批试点，并启动建设。2019年，又新增通州区、顺义区、怀柔科学城、经济技术开发区4个建设区，实现“三城一区”全覆盖。2020年，印发《首都国际人才社区建设导则（试行版）》，作为推进国际人才社区建设的权威标准和主要依据，“建设什么样的国际人才社区”的目标和“怎样建设国际人才社区”的路径更加清晰。国际人才社区建设被纳入新版城市总规，成为北京推进“四个中心”建设，特别是国际交往中心、科技创新中心建设的重点任务。

（申峥峥）

【2020 年依法行政培训班举办】10 月 14—16 日，市科委举办 2020 年依法行政培训班。邀请来自中国政法大学，中国社会科学院法学研究所，科技部科技监督与诚信建设司，市司法局执法监督处、行政应诉处，市人大常委会教科文卫办，北京观韬中茂律师事务所的专家，围绕《中华人民共和国民法典》《政府信息公开条例》《科学技术活动违规行为处理暂行规定》《行政执法常见问题研究与探讨》《行政复议诉讼实践启示》《北京市促进科技成果转化条例》《依法行政概要》等内容进行专题讲座。专家授课理论联系实际，详细剖析法律规定，结合案例进行讲解，对学员们树立法治意识、规范执法行为、防范政府信息公开及日常执法工作中的法律风险起到指导和促进作用。

（申峥峥）

【6 项实验动物地方标准发布】10 月 27—28 日，《实验动物繁育与遗传监测》（DB11/T 1804—2020）、《实验动物病理学诊断规范》（DB11/T 1805—2020）、《实验动物寄生虫检测》（DB11/T 1806—2020）、《实验动物环境条件》（DB11/T 1807—2020）、《实验动物配合饲料养分与卫生要求》（DB11/T 1808—2020）、《实验动物微生物检测》（DB11/T 1809—2020）6 项标准通过市市场监管局组织的标准审查会审查。此 6 项标准于 2020 年 12 月 22 日发布，2021 年 4 月 1 日起实施。

（臧津慧）

【北京互联网发展全国居首】11 月 23 日，2020 世界互联网大会・互联网发展论坛召开新闻发布会，发布《世界互联网发展报告 2020》《中国互联网发展报告 2020》。《中国互联网发展报告 2020》显示，北京综合排名全国互联网发展第一位，广东、上海分列第二、第三位。《世界互联网发展报告 2020》显示，美国、中国互联网发展领先其他国家，综合排名前两位。

（申峥峥）

【中国区域科技创新评价报告发布】11 月 27 日，中国科学技术发展战略研究院在北京发布《中国区域科技创新评价报告 2020》。报告显示，国家综合科技创新水平进一步提升；北京、上海、广东科创中心引领地位凸显；上海、北京、广东在“当年综合科技创新水平指数”榜单中排名前三。该报告从科技创新环境、科技活动投入、科技活动产出、高新技术产业化和科技促进经济社会发展 5 个方面选取 12 个二级指标和 39 个三级指标，对全国及 31 个省区市科技创新水平进行测度和评价。

（申峥峥）

【实验动物生产和使用许可证颁发情况】年内，根据《北京市实验动物管理条例》的规定，北京市实验动物管理办公室对北京市行政区域内从事实验动物工作单位的生产使用许可证情况进行梳理。2020 年度共颁发生产许可证 10 个，使用许可证 55 个。截至年底，北京市实验动物有效许可证的情况为：生产许可证 52 个，使用许可证 222 个。

（臧津慧）

【检测中心服务北京冬奥会和冬残奥会信息安全保障】年内，北京软件产品质量检测检验中心以智慧冬奥检测实验室建设为依托，开展质量保障服务工作。着力提升冬奥等重大国际赛事的检测服务能力，人工智能、大数据、虚拟现实等新一代信息技术领域的检测能力等为北京重大事件应急保障服务提供检测服务。智慧冬奥检测实验室为北京冬奥组委提供检测咨询服务和第三方检测服务，得到国际奥组委 IOC、奥组委领导以及国外开发方的肯定。

（郭泽曦）

【实验动物监督管理】年内，对实验用猕猴、实验用长爪沙鼠的 12 个质量控制标准的实施情况进行自评，建议标准继续实施。依据实验动物相关标准，市科委执法人员开展实验动物质量抽检 2 批、检查实验动物设施安全运行情况 90 余次。

（臧津慧）

【科学评价实验动物从业人员】年内，科学评价实验动物从业人员能力，培训考核辐射全国。1 月新冠肺炎疫情发生前，在北京大学医学部组织岗前培训，组织从业人员网上考试 64 场。疫情防控开始后，暂停岗前培训工作。疫情防控等级降级后，8 月 1 日继续开始培训，截至 11 月 30 日，共有 5 484 人考取上岗证（或 5 年到期换证），及格率为 97.48%。另外，举办专业技术类培训（屏障环境）一期，14 人参加（非疫情期间每期限制 20 人）。

（臧津慧）

【开发动物模型支持新冠病毒研究】年内，中国医学科学院医学实验动物研究所、中国食品药品检定研究院实验动物资源研究所、北京大学、中国科学院动物研究所和北京百奥赛图基因生物技术有限公司开发的能够感染新冠病毒的 hACE2 人源化小鼠和北京协尔鑫生物资源研究所有限责任公司的食蟹猴、恒河猴，在抗新冠药物筛选、疫苗研究、抗体药物研发等活动中发挥了关键作用。动物模型是国家新型冠状病毒研究 5 项任务之一。

（臧津慧）

**【提供足量抗疫实验动物】** 年内，北京实验动物生产许可单位向国家疾控中心、中国医科院药物所等 40 余家科研单位及众多药企提供足量优质的实验动物。主要为实验用大鼠、小鼠、兔、犬、猴等常用动物，其中包含大量模型动物。中国食品药品检定研究院等单位的 hACE2 小鼠模型（人源化免疫系统疾病模型），在科技部的指令下全力扩大生产规模，多方协调从外地向北京调运 1 000 多只非人灵长类动物，在国家新型冠状病毒研究科技计划中发挥重要作用。截至年底，北京地区实验动物生产单位为全国提供的实验动物数量超过 1 300 万只，有力保障了新冠肺炎疫情的防控和全国科技创新中心的建设工作持续开展。

（臧津慧）

# 创新成果

# 科学技术奖励成果

【概述】2021年10月19日,《国务院关于2020年度国家科学技术奖励的决定》发布。根据《国家科学技术奖励条例》的规定,经国家科学技术奖励评审委员会评审、国家科学技术奖励委员会审定和科技部审核,国务院批准并报请国家主席习近平签署,授予顾诵芬院士、王大中院士国家最高科学技术奖;经国务院批准,授予"纳米限域催化"等2项成果国家自然科学奖一等奖,授予"面心立方材料弹塑性力学行为及原子层次机理研究"等44项成果国家自然科学奖二等奖,授予"超高清视频多态基元编解码关键技术"等3项成果国家技术发明奖一等奖,授予"良种牛羊卵子高效利用快繁关键技术"等58项成果国家技术发明奖二等奖,授予"嫦娥四号工程"等2项成果国家科学技术进步奖特等奖,授予"400万吨/年煤间接液化成套技术创新开发及产业化"等18项成果国家科学技术进步奖一等奖,授予"厘米级型谱化移动测量装备关键技术及规模化工程应用"等137项成果国家科学技术进步奖二等奖,授予苏·欧瑞莉教授等8名外国专家和国际热带农业中心中华人民共和国国际科学技术合作奖。

2021年9月20日,《北京市人民政府关于2020年度北京市科学技术奖励的决定》发布。根据《北京市科学技术奖励办法》规定,经市科学技术奖励评审委员会评审,市科学技术奖励委员会审定,市政府批准,授予邵峰突出贡献中关村奖;授予翟荟、杨洋等7人杰出青年中关村奖;授予安德里亚·卡罗·费拉里等6人国际合作中关村奖;授予"脑网络组图谱绘制和验证及其应用研究"等8项成果自然科学奖一等奖,授予"低功耗小型化硅基光电子器件机理与关键技术"等27项成果自然科学奖二等奖;授予"高通量众核处理器关键技术及应用"等5项成果技术发明奖一等奖,授予"航空发动机叶片自适应精密加工关键技术与应用"等6项成果技术发明奖二等奖;授予"12英寸先进集成电路制程电感耦合等离子刻蚀机研发及产业化"等35项成果科学技术进步奖一等奖,授予"基于深度学习技术的肺癌/肺炎早诊早治的创新体系建设及推广应用"等69项成果科学技术进步奖二等奖(具体获奖项目和人员由市科委、中关村管委会公布)。

(市科技史志办公室)

【2020年度北京市科学技术奖揭晓】2021年9月25日,2020年度北京市科学技术奖揭晓,14位科学家、150项成果获奖。邵峰获突出贡献中关村奖;翟荟、赵永生、刘光慧、彭同华、潘湘斌、杨洋、印奇7人获杰出青年中关村奖;安德里亚·卡罗·费拉里、杰·姆·德·柯艾、马修·艾利克斯、罗伯特·维默尔-施魏因格鲁伯、安东尼、埃尔纳加·穆罕默德·海瑟姆6人获国际合作中关村奖。35项成果获自然科学奖,包括一等奖8项、二等奖27项;11项成果获技术发明奖,包括一等奖5项、二等奖6项;104项成果获科学技术进步奖,包括一等奖35项、二等奖69项。

(刘宁瑜)

【北京地区64个项目获2020年度国家科学技术奖】2021年11月3日,2020年度国家科学技术奖励大会在人民大会堂举办,2020年度国家科学技术奖共评选出264个项目、10名科技专家和1个国际组织。其中,中国航空工业集团有限公司顾诵芬院士和清华大学王大中院士获国家最高科学技术奖。北京共有64个项目获国家科学技术奖,包括:国家自然科学奖15项(二等奖15项)、国家技术发明奖10项(一等奖1项、二等奖9项)、国家科学技术进步奖39项(一等奖2项、二等奖37项),占获奖项目总数的30.3%。

(刘宁瑜)

【北京市科学技术奖获奖项目特点分析】2020年度北京市科学技术奖获奖项目具有以下特点:第一,原始创新策源能力获得新提升。基础研究类获奖成果数量较往年大幅增加,数量占比从9.7%提升至23.3%，在脑科学、单细胞组学、病毒学、云边协同、硅基光电子、低维材料等前沿领域涌现出一批具有国际影响力的原始创新成果，进一步提升国际科技创新中心的引领性和影响力。第二，服务创新型国家建设取得新进展。获奖成果在构建国家战略科技力量，推进高水平科技自立自强，提升国家创新体系整体效能上率先实践，以自主创新实现关键领域战略性突破。第三，高精尖产业发展形成新局面。高精尖产业相关获奖成果132项，占比88%，以高精尖为代表的产业体系加快形成，北京市经济社会高质量发展“成色”更足。第四，新冠肺炎疫情防控凝聚新力量。获奖成果涉及新冠病毒感染机制研究、疫情防控、AI辅助医学影像诊断、AI红外测温、AI识谣、新冠筛查系统等，在疫情防控各类场景中得到广泛应用，为打赢疫情防控阻击战提供科技支撑。第五，各类创新人才迸发新活力。获奖成果第一完成人中，45岁以下的青年人员49人，占比32.7%，“80后”女性科技工作者曹娟、首位“90后”第一完成人张道宁等各类创新人才涌现。

（刘宁瑜）

# 2020年度北京市科学技术奖介绍

## 人物奖获奖者介绍

【邵峰】北京市科学技术奖突出贡献中关村奖获奖者，由中国科学院院士谢晓亮提名。邵峰，男，1972年1月出生于江苏省淮安市，1996年毕业于北京大学，1999年在中国科学院生物物理研究所获得硕士学位，2003年在美国密歇根大学获得博士学位，现为北京生命科学研究所研究员、学术副所长。2015年当选为中国科学院院士和EMBO的外籍成员，2016年当选为美国微生物学院会士，2019年当选为德国国家科学院院士。邵峰是国际著名感染与免疫学家，长期研究病原细菌和宿主相互作用机理。邵峰在抗细菌感染领域鉴定多个具全新活性的病原菌毒力因子；在炎症和免疫领域，发现多个针对细菌的免疫受体分子，并首次鉴定免疫受体下游促发细胞焦亡的关键执行蛋白Gasdermin，进而重新定义细胞焦亡的概念；在肿瘤免疫领域，首次发现细胞焦亡可诱导机体产生高效的抗肿瘤免疫活性，领导细胞焦亡领域快速成为国际科学前沿的热点。

（刘宁瑜）

【翟荟】北京市科学技术奖杰出青年中关村奖获奖者，由中国科学院院士顾秉林、杨振宁提名。翟荟，男，1981年2月出生于安徽省泾县，2002年毕业于清华大学，2005年在清华大学获得博士学位，现为清华大学教授，研究方向为冷原子物理。其预言的条纹超流相等多项新物态、新现象被麻省理工学院诺贝尔奖得主等国内外实验组证实，合作开展了国际上第一个自旋-轨道耦合的费米原子等多项重要实验，取得一系列开创性成果。

（刘宁瑜）

【赵永生】北京市科学技术奖杰出青年中关村奖获奖者，由中国化学会提名。赵永生，男，1979年3月出生于山东省淄博市，2000年毕业于青岛大学，2003年在北京化工大学获得硕士学位，2006年在中国科学院化学研究所获得博士学位，现为中国科学院化学研究所研究员，研究方向为物理化学、光电功能材料。其研发的世界上第一个有机纳米激光器，突破有机材料集成化关键技术瓶颈，发展新型纳米光子学表征技术，并进行技术转化与推广应用。

（刘宁瑜）

【刘光慧】北京市科学技术奖杰出青年中关村奖获奖者，由中国细胞生物学学会提名。刘光慧，男，1979年4月出生于辽宁省辽阳市，2002年毕业于北京大学医学部，2007年在中国科学院生物物理研究所获得博士学位，现为中国科学院动物研究所研究员，研究方向为衰老机制及调控。其围绕衰老的细胞分子基础和新型干预手段等方面开展系统研究，揭示衰老的新机制及调控靶标，开发干预衰老及相关疾病的原创核心技术。

（刘宁瑜）

【彭同华】北京市科学技术奖杰出青年中关村奖获奖者，由北京市大兴区人民政府提名。彭同华，男，1980年9月出生于湖北省监利市，2004年毕业于湖北大学，2009年在中国科学院物理研究所获得博士学位，现为北京天科合达半导体股份有限公司常务副总经理，研究方向为第三代半导体材料。其攻克高质量大尺寸碳化硅晶体生长关键核心技术，创建一条开盒即用的碳化硅衬底超精密加工技术路线，建成自主知识产权的年产6万片4~6英寸碳化硅衬底生产线。

（刘宁瑜）

【潘湘斌】北京市科学技术奖杰出青年中关村奖获奖者，由中国工程院院士胡盛寿、田伟提名。潘湘斌,男,1979 年 4 月出生于广西壮族自治区柳州市,2004 年毕业于中南大学湘雅医学院(本硕连读),2010 年在北京协和医学院获得博士学位,现为中国医学科学院阜外医院主任医师,研究方向为复合技术治疗结构性心脏病。其发明超声引导下的介入治疗新方法,降低对医疗资源的依赖程度,发明的多种超声引导新器械和相关方案,已推广应用到 20 余个国家和地区。

(刘宁瑜)

【杨洋】北京市科学技术奖杰出青年中关村奖获奖者,由北京经济技术开发区管理委员会提名。杨洋,男,1979 年 8 月出生于北京市,2002 年毕业于北京邮电大学,2006 年在北京邮电大学获得硕士学位,现为北京北方华创微电子装备有限公司资深总监,研究方向为半导体制造装备研究。其作为核心技术骨干进行高端设备核心控制类库、12 英寸 65 ~ 45纳米铜互连物理气相沉积(PVD)系统等装备控制软件系统的开发,提升设备控制软件的性能。

(刘宁瑜)

【印奇】北京市科学技术奖杰出青年中关村奖获奖者,由北京市海淀区人民政府提名。印奇,男,1988 年 1 月出生于安徽省芜湖市,2010 年毕业于清华大学,2013 年在哥伦比亚大学获得硕士学位,现为北京旷视科技有限公司创始人兼首席执行官,研究方向为人工智能。其打造了以原创人工智能深度学习框架、一体化人工智能生产力平台为核心的人工智能技术体系,技术成果广泛应用于智能设备、智慧建筑、智慧城市、智能物流等领域。

(刘宁瑜)

【安德里亚·卡罗·费拉里】北京市科学技术奖国际合作中关村奖获奖者,由中国科学院半导体研究所提名。安德里亚·卡罗·费拉里(Andrea Carlo Ferrari),男,1972 年 11 月生,意大利人。剑桥大学教授,英国皇家学会沃尔夫森奖获得者,剑桥大学石墨烯研究中心创始人和负责人,剑桥大学工程与纳米中心纳米材料与光谱研究组带头人,欧盟石墨烯旗舰计划执行委员会主席。

(刘宁瑜)

【杰·姆·德·柯艾】北京市科学技术奖国际合作中关村奖获奖者,由中国科学院物理研究所提名。杰·姆·德·柯艾(J. M. D. Coey),男,1945 年 2 月生,爱尔兰人。爱尔兰圣三一学院教授,爱尔兰皇家科学院院士、英国皇家科学院院士、美国科学院外籍院士、欧洲科学院院士、2013 年度德国洪堡研究奖获得者,曾任爱尔兰皇家学会副主席。

(刘宁瑜)

【马修·艾利克斯】北京市科学技术奖国际合作中关村奖获奖者,由中国科学院过程工程研究所提名。马修·艾利克斯(Mathieu Allix),男,1977 年 12 月生,法国人。法国国家科学研究中心终身研究员,中国科学院国际人才计划国际访问学者,中国科学院过程工程研究所讲座研究员。

(刘宁瑜)

【罗伯特·维默尔 – 施魏因格鲁伯】北京市科学技术奖国际合作中关村奖获奖者,由中国科学院国家空间科学中心提名。罗伯特·维默尔 – 施魏因格鲁伯(Robert Frederick Wimmer – Schweingruber),男,1963 年 8 月生,瑞士人。德国基尔大学教授,“嫦娥四号”德国科学载荷项目组负责人。

(刘宁瑜)

【安东尼】北京市科学技术奖国际合作中关村奖获奖者,由北京工业大学提名。安东尼(AltounianZaven),男,1944 年 1 月生,加拿大人。加拿大麦克吉尔大学教授。

(刘宁瑜)

【埃尔纳加·穆罕默德·海瑟姆】北京市科学技术奖国际合作中关村奖获奖者,由北京工业大学提名。埃尔纳加·穆罕默德·海瑟姆(ElNaggar Mohamed Hesham),男,1959 年 10 月生,加拿大人。加拿大韦仕敦大学教授,加拿大韦仕敦大学岩土工程研究中心主任,加拿大工程院院士和美国土木工程师学会会士。

(刘宁瑜)

## 年度获奖项目介绍(部分)

【脑网络组图谱绘制和验证及其应用研究】本项目获得北京市科学技术奖自然科学奖一等奖,由中国科学院自动化研究所、天津医科大学联合完成。该项目突破传统脑图谱绘制的瓶颈,提出“利用脑连接信息绘制脑图谱”的新思想,成功绘制出既具有更精细的脑区划分、又具有亚区解剖与功能连接模式的全新脑网络组图谱,比现有脑图谱精细 4 ~ 5 倍,为脑认知、脑疾病和类脑智能的研究提供新范式,得到国际同行广泛引用,被评价为“脑图谱绘制的新篇章”。

(刘宁瑜)

【密集无线网络的云边协同理论与方法】本项目获得北京市科学技术奖自然科学奖一等奖，由北京邮电大学、中国信息通信研究院联合完成。面对全场景下网络巨容量、极低时延和自适应性的性能需求，本项目提出云边协同新理论，攻克密集无线网络架构适配难、性能分析难、资源协同难的挑战，被国际同行评价为"首次揭示""新的网络架构""颠覆性""效率提升巨大"。基于该技术联合研发的国际首款商用5G云小站满足不同场景室内移动网络覆盖需求，助力产业智能化升级。

（刘宁瑜）

【高电压、高安全锂二次电池先进功能材料技术及应用】本项目获得北京市科学技术奖技术发明奖一等奖，由北京理工大学、中信国安盟固利电源技术有限公司、上海康鹏科技股份有限公司联合完成。面对战略性新兴产业发展对电池性能的巨大需求，本项目实现锂二次电池关键材料与技术的创新突破，构建从基础研究到工程应用的自主可控锂电池产业链，在智能手机、机器人、无人机、新能源汽车等新兴科技产品中成功应用，提升国内电池关键材料的核心竞争力，支撑5G通信、新能源汽车等重点产业发展。

（刘宁瑜）

【分布式可再生能源交直流高效集成与互联关键技术、装备及应用】本项目获得北京市科学技术奖科学技术进步奖一等奖，由中国科学院电工研究所、中国电力科学研究院有限公司、华北电力大学等单位联合完成。本项目实现分布式可再生能源交直流集成与互联技术的重大突破，研制出高效、高功率密度的模块化能量路由器等核心设备与协同控制软件，成果应用在分布式能源、光伏电站、交直流微网等工程中，并出口至"一带一路"沿线国家，对构建清洁低碳、安全高效的现代能源体系具有重大意义。

（刘宁瑜）

【神经网络机器翻译核心技术及产业化】本项目获得北京市科学技术奖科学技术进步奖一等奖，由北京百度网讯科技有限公司、百度在线网络技术（北京）有限公司、中国科学院自动化研究所等单位联合完成。本项目突破产业化翻译、多语言翻译和机器同声传译等瓶颈，研发高质量、低时延神经网络机器翻译系统，在系列翻译产品中大规模应用，实现人工智能与实体经济的深度融合，成果服务40多万企业和个人开发者，每日全球翻译量超千亿字符，近3年经济效益超20亿元，提升国内机器翻译产业的国际竞争力。

（刘宁瑜）

【髋膝关节置换诊疗新技术的建立及推广应用】本项目获得北京市科学技术奖科学技术进步奖一等奖，由北京积水潭医院、北京爱康宜诚医疗器械有限公司、北京大学第三医院等单位联合完成。本项目通过产学研用联合创新，提出特定关节疾病新分型与复杂关节置换诊疗新技术，经成果转化与应用，为髋膝关节病患提供从初次到翻修、复杂骨缺损处理到重建的系统解决方案，手术并发症发生率由65.4%降至6.25%，产品费用降低31%，使数十万患者受益，累计节省医疗费用150余亿元。

（刘宁瑜）

【高性能商用车燃料电池系统关键技术及产业化】本项目获得北京市科学技术奖科学技术进步奖一等奖，由清华大学、北京亿华通科技股份有限公司、北汽福田汽车股份有限公司等单位联合完成。本项目突破氢燃料电池低温冷启动、长寿命和高功率密度等关键技术瓶颈，形成氢燃料电池系统设计和测试体系，建立国内首条万台级氢燃料电池系统自动化生产线，产品在北汽福田、宇通、中通等30余家整车企业推广应用，开启国产氢燃料电池技术的商业化历程，为产业快速发展奠定基础。

（刘宁瑜）

【基于深度学习技术的肺癌/肺炎早诊早治的创新体系建设及推广应用】本项目获得北京市科学技术奖科学技术进步奖二等奖，由推想医疗科技股份有限公司、中国人民解放军总医院和北京市海淀医院联合完成。本项目将人工智能应用于医疗服务，通过分析完整的胸部CT医学影像，实现肺癌及新冠肺炎的早发现早诊断。开发的新冠肺炎筛查系统在武汉同济医院、中南医院、雷神山医院等上线使用，辅助医生快速诊断及量化评估，提高疑似病例筛查、确诊病例诊断与疗效预后评价的速度，推动"AI+医学影像"在医疗领域的广泛应用。

（刘宁瑜）

【开放环境下数字伪造内容检测关键技术与服务平台建设】本项目获得北京市科学技术奖科学技术进步奖一等奖，由中国科学院计算技术研究所、人民网股份有限公司、杭州中科睿鉴科技有限公司联合完成。面对近年来网络虚假信息的泛滥，本项目开展虚假伪造信息检测技术和系统研发，形成"AI

识谣”虚假新闻检测平台、“数字内容伪造检测风控系统”和“疫情可疑新闻实时发现系统”等平台产品，在公共安全、新冠肺炎疫情防控、金融风控、媒体内容风控等领域实现产业化应用，日均检测数据量超过 20 万条，已预警高可疑线索数万条，净化了网络空间，营造了清朗健康的网络环境。

（刘宁瑜）

【远场声学信息人机交互关键技术及其应用】本项目获得北京市科学技术奖科学技术进步奖二等奖，由中国科学院声学所、北京声智科技有限公司、北京建筑大学联合完成。本项目突破远场语音交互的声学感知和语义理解关键技术，开发远场声学信息人机交互系统，为行业上下游企业如小米、百度等提供前沿技术支撑。产品应用于国内首款 AI 数字人红外测温与监管系统、智慧电梯与安全监管平台等多款非接触式抗疫产品，并在北京、武汉、上海、青岛、深圳等地的新冠肺炎定点医院投入使用，减少公共场所交叉感染，助力新冠肺炎疫情防控。

（刘宁瑜）

【基于 5G 边缘云的强交互六自由度虚拟现实系统研发及产业化】本项目获得北京市科学技术奖科学技术进步奖二等奖，由北京凌宇智控科技有限公司完成。本项目利用千兆宽带、5G 移动网络高带宽低延时的特性，开发声光电混合空间高精度定位技术、端云异步渲染技术，实现 VR/AR 技术与 5G 的深度融合，成果相关定位技术和硬件产品已成功得到市场验证，推动虚拟现实交互技术产业链完善和行业发展。

（刘宁瑜）

# 发明专利

【概述】2021 年 6 月 24 日，国家知识产权局颁布《关于第二十二届中国专利奖授奖的决定》。根据《中国专利奖评奖办法》规定，经国务院有关部门知识产权工作管理机构、地方知识产权局、有关全国性行业协会，以及中国科学院院士和中国工程院院士等推荐，中国专利奖评审委员会评审，社会公示，国家知识产权局和世界知识产权组织决定授予“一种测量参考信号的信令配置系统及方法”等 30 项发明、实用新型专利中国专利金奖，“彩色超声诊断仪”等 10 件外观设计专利中国外观设计金奖；国家知识产权局决定授予“陶瓷基复合材料的连接方法”等 60 项发明、实用新型专利中国专利银奖，“扫地机”等 15 件外观设计专利中国外观设计银奖；国家知识产权局决定授予“一种治疗胃病的中药及其制备工艺”等 825 项发明、实用新型专利中国专利优秀奖，“集成无烟灶”等 56 件外观设计专利中国外观设计优秀奖；国家知识产权局决定授予江苏省知识产权局等 8 家单位中国专利奖最佳组织奖，上海市知识产权局等 20 家单位中国专利奖优秀组织奖，杨卫等 15 位院士中国专利奖最佳推荐奖。

2021 年 4 月 15 日，市知识产权局、市人力资源和社会保障局颁布《关于第六届北京市发明专利奖的表彰决定》。根据《北京市发明专利奖励办法》，经过规定程序评审并报请市政府批准，市知识产权局、市人力资源社会保障局决定授予北京全路通信信号研究设计院集团有限公司的“一种轨道电路”发明专利特等奖，授予北汽福田汽车股份有限公司的“一种电动汽车高压电气系统及控制方法”及其他单位的 5 件发明专利一等奖，授予交控科技股份有限公司的“一种无人驾驶控制系统”及其他单位的 10 件发明专利二等奖，授予中粮集团有限公司、中粮营养健康研究院有限公司、中粮屯河股份有限公司的“复合吸附剂以及使用该复合吸附剂脱除甜菜糖异味的方法”及其他单位的 20 件发明专利三等奖。

（市科技史志办公室）

## 第二十二届中国专利金奖项目介绍(部分)

【一种关节软骨修复再生用支架及其制备方法】本发明公开了一种关节软骨修复再生用支架及其制备方法,属于医用材料领域。该支架的材料为脱钙松质-皮质骨,脱钙松质-皮质骨上设有贯穿脱钙松质骨和脱钙皮质骨的小孔。小孔垂直于脱钙皮质骨水平表面设置,小孔直径为0.1~1毫米。小孔为2个以上,小孔的孔中心距为0.5~5毫米。本发明提供的制备方法,将骨骼浸泡于脱钙液中进行脱钙处理;用原子吸收分光光度计监测脱钙进程;脱钙后的标本进行X线和CT检测,以证明骨骼完全脱钙,得到脱钙松质-皮质骨;在脱钙皮质骨水平表面以0.1~1毫米的直径激光打孔;将脱钙皮质骨剪裁成一定的大小规格,冷冻贮存。本发明采用的天然胶原支架材料无免疫排斥反应,易于细胞吸附,生物相容性好,并兼有良好的机械强度。专利号为ZL201110021494.8,专利权人为北京万洁天元医疗器械股份有限公司。

(市科技史志办公室)

【气化炉】"气化炉"专利技术解决了高温下水冷壁保护、无蓄热点火、稳定传热和灰渣堵塞矛盾问题,形成了"水煤浆水冷壁气化炉"的专利群。国际首创的水煤浆水冷壁气化技术突破了水煤浆气化炉不能使用高硫、高灰、高灰熔点等劣质煤的瓶颈,拓宽了煤种适应性,并具有单炉运行时间长、可用率和系统效率高、制造维护成本低等优势。系列技术为全国"三高煤"的综合利用、气化煤实现本地化提供了新方法、新手段,科技性、创新性、环保性强,符合国家能源安全、环境保护等战略需求,经济和社会效益显著。专利号为ZL201110044695.X,专利权人为清华大学、北京盈德清大科技有限责任公司。

(市科技史志办公室)

【基于人工智能的人机交互方法和系统】本发明公开了一种基于人工智能的人机交互方法和系统,其中,基于人工智能的人机交互方法包括以下步骤:接收用户通过应用终端输入的输入信息;根据用户的输入信息获取用户的意图信息,并根据意图信息将输入信息分发至至少1个交互服务子系统;接收至少1个交互服务子系统返回的返回结果;以及按照预设的决策策略根据返回结果生成用户返回结果,并将用户返回结果提供至用户。本发明实施例实现了人机交互系统从工具化转变为拟人化,通过聊天、搜索等服务让用户在智能交互过程中获得轻松愉悦的交互体验。并从关键词形式的搜索改进为基于自然语言的搜索,用户可以使用灵活自如的自然语言来表达需求,多轮的交互过程更接近人与人之间的交互体验。专利号为ZL201510563338.2,专利权人为百度在线网络技术(北京)有限公司。

(市科技史志办公室)

【一种深部矿电磁探测方法与装置】本发明公开了一种深部矿电磁探测方法与装置。深部矿电磁探测方法包括:采用人工源形式,通过接地电极向地下发射预定频带信号;利用同步的阵列分布式观测系统同时进行数据采集,作为实测数据;以及对实测数据进行数据筛选,以利用筛选后的数据实现深部矿的电磁探测。深部矿电磁探测装置能够执行与上述深部矿电磁探测方法相同的数据采集与处理功能。本发明的上述技术能够通过去除不合格数据来获得高质量观测数据,提高信噪比,实现对地下深部资源更精准的探测。专利号为ZL201610133889.X,专利权人为中国科学院地质与地球物理研究所。

(市科技史志办公室)

【提高玉米浸泡效果的复合菌剂及其应用】本发明涉及玉米深加工领域,公开了一种提高玉米浸泡效果的复合菌剂及其应用。所述复合菌剂含有能够产蛋白酶、纤维素酶和半纤维素酶的菌种。本发明利用几种不同功能的微生物发酵产生蛋白酶、半纤维素酶、纤维素酶等功能酶,并将其结合到玉米浸泡工段,基于上述微生物群落集群效应,达到了减少二氧化硫添加量、缩短浸泡时间和提高淀粉收率的效果。专利号为ZL201910220358.8,专利权人为中粮集团有限公司、吉林中粮生化有限公司。

(市科技史志办公室)

## 第六届北京市发明专利奖项目介绍(部分)

【一种轨道电路】本发明公开了一种轨道电路,包括:与钢轨第一端通过第一传输电缆相连,产生移频脉冲混合信号,并将移频脉冲混合信号通过钢轨发送出去的主发送器;与钢轨第二端通过第二传输电缆相连的,将接收的移频脉冲混合信号分离成移频信号和脉冲信号的第一衰耗冗余隔离器;与第一衰耗冗余隔离器相连的第一接收器,以及与第一接收器相连的轨道继电器。第一接收器用于接收移频信号和脉冲信号,并对移频信号和脉冲信号进行解析处理,并将处理结果与预设条件进行比较,根据比较的结果来驱动所述轨道继电器动作。该轨道电路将移频信号和脉冲信号合二为一,综合考虑钢轨可能出现的各种情况,保证了列车的行驶安全。本发明获第六届北京市发明专利奖特等奖,专利号为 ZL20130566673.9,专利权人为北京全路通信信号研究设计院集团有限公司。

(市科技史志办公室)

【一种电动汽车高压电气系统及控制方法】本发明提出一种电动汽车高压电气系统,包括:动力电池和第一开关,第一开关的一端与动力电池的负极相连;充电电路,用于为动力电池充电;第二开关和预充电电路,第二开关的一端与动力电池的正极相连;至少 1 个控制器,用于在第一开关和预充电电路的第一开关组件闭合且第二开关断开时通过动力电池进行预充电,在第一开关和第二开关闭合且预充电电路的第一开关组件断开时进行上电;放电电路,用于在第一开关、第二开关以及预充电电路的第一开关组件断开且放电电路的第二开关组件闭合时对至少 1 个控制器的预充电电容进行放电。本发明实施例的高压电气系统具有安全可靠的优点。本发明还提出一种电动汽车高压电气系统控制方法。本发明获第六届北京市发明专利奖一等奖,专利号为 ZL201210496472.1,专利权人为北汽福田汽车股份有限公司。

(市科技史志办公室)

【用于检测人脸的方法和装置】本发明公开了用于检测人脸的方法和装置。该方法的具体实施方式包括:获取待检测图像;通过预先训练的卷积神经网络的卷积层提取待检测图像的特征信息;对特征信息进行聚类处理,得到人脸类信息以及非人脸类信息;确定人脸类信息的类内距离的值、人脸类信息与非人脸类信息的类间距离的值;基于所提取的特征信息、类内距离的值以及类间距离的值,生成检测结果。该实施方式丰富了人脸检测的方式,有助于提高人脸检测的准确性。本发明获第六届北京市发明专利奖一等奖,专利号为 ZL201810010839.1,专利权人为百度在线网络技术(北京)有限公司。

(市科技史志办公室)

【在大规模社会网络中基于路径评分的个人关系发现方法】本发明属于互联网中社会网络搜索技术领域,其特征在于基于通用的社会网络,首先定义基于权重的路径评分,再查找出每 2 个人之间的最短路径,然后开始查找指定的 2 个人之间的路径长度不大于最短路径的基于倍数的所有路径,最后按照路径评分的顺序把所有路径返回给用户。本发明能应用于节点数超过百万的社会关系网络中,进行人与人之间的关系快速查找或使用于研究者的关系发现。本发明获第六届北京市发明专利奖一等奖,专利号为 ZL200710177066.8,专利权人为清华大学。

(市科技史志办公室)

【一种电子标签的电源整流电路】本发明涉及一种电子标签的电源整流电路,包括:控制电路、第一整流及电压调整电路、第二整流及电压调整电路、电源检测电路以及稳压电容;通过电源检测电路采集所述稳压电容的第一端的电压,根据所述稳压电容的第一端的电压向所述控制电路发送反馈信号;控制电路用于根据所述反馈信号、第一天线信号和第二天线信号控制所述第一整流及电压调整电路或所述第二整流及电压调整电路对所述稳压电容进行充电,通过电源检测电路控制稳压电容第一端的电压在芯片工作的所需范围内,电路结构简单并且减少芯片面积。本发明获第六届北京市发明专利奖一等奖,专利号为 ZL201611140950.X,专利权人为北京智芯半导体科技有限公司、国网信息通信产业集团有限公司、国家电网有限公司。

(市科技史志办公室)

【车辆上报信息的处理方法和装置】本发明提供了一种车辆上报信息的处理方法和装置。该方法包括:根据历史数据,确定反映车辆正确运行状态的车辆特征值的第一范围;获取待判断车辆上报的信息中的特征值;判断待判断车辆的特征值是否在第一范围内;当待判断车辆的特征值不在第一范围内时,确定待判断车辆上报的信息未反映车辆正确的运行状态。本申请能够提高判断上报的信息是否反映车辆正确的运行状态的准确性。本发明获第六届北京市发明专利奖一等奖,专利号为 ZL201410223015.4,专利权人为北京中交兴路信息科技有限公司。

(市科技史志办公室)

# 知识产权

# 知识产权服务与管理

【概述】2020年，北京市深入贯彻落实习近平总书记关于知识产权工作重要指示论述，紧扣北京"四个中心"战略定位和高质量发展要求，主动适应国家服务业扩大开放综合示范区和中国（北京）自由贸易试验区建设的新任务，加强新冠肺炎疫情防控和复工复产，进一步优化营商环境，不断提升知识产权治理能力，服务北京市高质量发展，全力建设北京首善之区。

（市知识产权局）

【"一带一路"首都知识产权发展联盟成立】1月7日，"一带一路"首都知识产权发展联盟成立仪式在中关村知识产权大厦举办。该联盟由北京知识产权保护协会和北京市专利代理师协会联合倡议发起，市知识产权局副局长潘新胜出席仪式并致辞。仪式现场发布了52家联盟成员单位名单。成立仪式上，国家知识产权局知识产权发展研究中心主任韩秀成和市知识产权局副局长潘新胜共同为2019年市知识产权局评选认定的小米集团、北京市专利代理师协会等6家首都知识产权国际交流合作基地授牌。

（市知识产权局）

【首都知识产权服务业合力抗疫】1月27日，首都知识产权服务业协会与北京市专利代理师协会联合发布《关于加强行业从业人员疫情防控工作相关要求的通知》，传达政府对新冠肺炎疫情防控的相关要求，提醒行业企业按照政府统一部署，落实疫情防控相关工作，并通过各种渠道号召行业企业为疫情防控贡献自己的力量。

（市知识产权局）

【《"三城一区"知识产权行动方案》发布】3月3日，市知识产权局印发《"三城一区"知识产权行动方案（2020—2022年）》的通知，进一步加强"三城一区"知识产权创造、运用、保护和管理能力，以期为"三城一区"科技创新和产业升级提供支撑和保障，推动"三城一区"高质量发展。

（市知识产权局）

【《北京市知识产权运营试点示范单位认定与管理办法》修订】6月17日，市知识产权局修订《北京市知识产权运营试点示范单位认定与管理办法》，进一步规范北京市知识产权运营试点示范单位认定与管理。年内，认定运营试点单位157家，首批运营试点示范单位年知识产权运营金额12亿元。

（市知识产权局）

【中小企业知识产权集聚发展示范区认定和管理】8月26日，市知识产权局、市科委、中关村管委会联合制定并印发《北京市中小企业知识产权集聚发展示范区认定和管理办法（试行）》。开展北京市中小企业知识产权集聚发展示范区的认定和管理工作，提升企业知识产权创造、运用、管理和保护水平。

（市知识产权局）

【服贸会涉外知识产权高端服务论坛举办】9月7日，2020年中国国际服务贸易交易会涉外知识产权高端服务论坛在国家会议中心举办。本次论坛旨在提升北京市知识产权服务行业国际化程度，为北京市"四个中心"建设聚集优质国际知识产权服务资源，推动首都知识产权服务业朝着高端化、品牌化、国际化、集群化方向发展。本次论坛由市知识产权局主办，首都知识产权服务业协会承办。市政府副秘书长杨秀玲、国家知识产权局运用促进司副司长赵梅生出席论坛并致辞，市知识产权局党组书记杨东起出席论坛，市知识产权局副局长、一级巡视员李钟出席论坛并致辞，世界知识产权组织中国办事处、菲律宾驻华大使馆投贸中心、法国驻华大使馆、日本贸易振兴机构北京代表处派代表参加论坛，来自国内外企业、知识产权服务机构、科研院所的代表等近70人参加论坛。论坛上发布《在京国际知名知识产权服务机构名录》和《北京市具有较强国际知识产权服务能力的机构名录》。

（市知识产权局）

【北京知识产权交易中心成立】 9月9日，在2020年中国国际服务贸易交易会上，北京知识产权交易中心揭牌成立。该中心立足北京政策优势、资源优势、区位优势，整合优化中国技术交易所现有技术交易定价、科技成果转化等服务功能，建立健全知识产权服务体系。

（市知识产权局）

【全国专利代理师资格考试北京考点考务工作完成】 11月14—15日，2020年全国专利代理师资格考试举行。考试期间，国家知识产权局运用促进司、北京市知识产权局相关领导在北京考点进行巡察。本次考试北京考点报名人数5 611人，共设置6个考站、83个考场。北京市知识产权局高度重视新冠肺炎疫情防控工作和考务工作，建立疫情联防联控机制，成立考试工作领导小组、考试应急工作领导小组，组织全体考务工作人员和北京工商大学嘉华学院考生进行核酸检测，保障考试工作顺利完成。

（市知识产权局）

【京港洽谈会知识产权保护合作专题活动举办】 11月20日，第二十三届京港洽谈会知识产权保护合作专题活动在线上成功举办。活动以“强化知识产权保护，激发创新创业活力”为主题，由北京市知识产权局、香港特别行政区政府知识产权署、香港贸易发展局共同主办，活动主会场设在北京，在网络平台同步直播，京港两地760余名代表参加线上活动。国家知识产权局港澳台办副主任刘剑，北京市知识产权局局长杨东起，香港特别行政区政府知识产权署署长黄福来，香港贸易发展局华北、东北首席代表陈嘉贤分别发来视频致辞。活动中，来自京港两地的专家学者围绕京港知识产权合作前景与机遇、涉港企业在京知识产权诉讼状况、香港知识产权仲裁特点与优势等内容发表演讲。

（市知识产权局）

【自贸区专利代理对外开放试点获批】 12月23日，国家知识产权局印发《关于同意在北京、江苏等地区开展专利代理对外开放有关试点工作的函》，同意在北京开展专利代理对外开放试点工作。试点内容包括开展外国人参加专利代理师资格考试、外国专利代理机构在华设立常驻代表机构工作，试点期限为3年。批复规定试点地区外国人参加专利代理师资格考试的条件，规定外国专利代理机构设立常驻代表机构可为中国企业提供知识产权高端培训、知识产权许可和转让、海外知识产权投资和预警、海外知识产权争端和突发事件的应急援助、海外知识产权纠纷的咨询和调解等服务。

（市知识产权局）

【加强知识产权服务业监管】 年内，市知识产权局继续加强知识产权服务业监管。制定知识产权代理机构“双随机”抽查程序，完善工作指引，提升行政执法规范化水平，完成对120家专利代理机构的检查，指导督促13家机构进行整改；开展3次大规模商标代理执法专项行动，打击与新冠肺炎疫情相关的非正常商标申请代理，加大对商标代理机构的行政指导力度。截至年底，北京市共有专利代理机构737家，占全国的23%，执业专利代理师9 430人，占全国的40.7%，均居全国首位；商标代理机构共6 923家。

（市知识产权局）

【专利申请预审提速增效】 年内，专利申请预审提速增效。截至年底，中国（北京）知识产权保护中心、中国（中关村）知识产权保护中心累计接收专利申请预审案件5 540件，经预审合格后获得授权1 852件。中国（北京）知识产权保护中心已为专利行政管理部门、电子商务平台907件专利、商标纠纷出具侵权判定咨询意见，提供专业技术支撑。

（市知识产权局）

【市知识产权办公会议召开】 年内，副市长殷勇主持召开知识产权办公会议专题工作会2次，审议《关于强化知识产权保护的行动方案（报审稿）》、知识产权交易等重要事项，代表市委、市政府向国家知识产权保护工作检查考核组汇报中央两办《关于强化知识产权保护的意见》工作落实情况。组织召开市知识产权联络员工作会4次，就知识产权综合立法、区域知识产权绩效评价、营商环境评价等加强统筹部署，有序推进各项工作落实到位。

（市知识产权局）

【知识产权信息资源开放】 年内，为支撑创新主体科技研发工作，并为知识产权服务机构远程办公提供便利，合享智慧、北京奥凯、汽车产业知识产权投资运营中心、科华万象、东方灵盾、知识产权出版社、华智众创等机构相继向创新主体和服务机构开放高值专利数据库，科知信思和智慧芽也通过首都知识产权服务业协会向北京市企业开放知识产权信息资源。

（市知识产权局）

# 知识产权创造与应用

【概述】2020年，北京市遵循政府引导、市场主导原则，顺利完成知识产权保险试点第一年任务。截至年底，全市专利和商标质押金额超80亿元，较2019年同期大幅提升。深化知识产权国际合作，支持企业开展海外布局。发布《在京国际知名知识产权服务机构名录》和《北京市具有较强国际知识产权服务能力的机构名录》，为有需求的市场主体寻找专业服务提供参考。截至年底，全市有效发明专利量335 575件，每万人发明专利拥有量155.8件，居全国首位。

（市知识产权局）

【知识产权保险试点工作开展】1月9日，市知识产权局联合市金融监管局、市科委等7家单位共同印发《北京市知识产权保险试点工作管理办法》，规定试点工作按照政府引导、市场主导的原则，通过政府补贴的方式，支持企业购买知识产权保险。该试点工作重点支持北京市单项冠军企业和重点领域中小微企业，鼓励这些企业将具有创新性、先进性、前沿性的专利投保。北京市还将来京发展、符合条件的外资隐形冠军企业纳入保险试点范围，当他们的知识产权受到侵犯时，由保险公司提供先期理赔，支持其开展知识产权维权。年内，共支持全市142家企业（包括11家制造业单项冠军企业和131家重点领域中小微企业）投保1 660件知识产权保险，补贴保费1 900万元，覆盖智能制造、智能装备、信息技术、人工智能、生物技术、医药健康和节能环保等15个重点产业领域，总保额达到16.59亿元。

（市知识产权局）

【高校知识产权工作政策解读会召开】3月20日，市知识产权局召开高校知识产权工作政策解读会（视频会议），促进高校专利管理与运营工作。北京知识产权保护协会、北京高校技术转移联盟、北京工业大学科技发展院组织高校知识产权工作代表120余人参加会议。会议主要围绕落实教育部、国家知识产权局、科技部联合印发的《关于提升高等学校专利质量　促进转化运用的若干意见》，切实提高高校知识产权管理水平和运营能力进行交流。市知识产权局知识产权运用促进处负责人介绍市知识产权局在促进高校知识产权质量提升、推动专利转化运营方面开展的工作以及取得的成效，并通报开展国家知识产权试点示范高校申报评选工作的通知。

（市知识产权局）

【高价值专利转化活动举办】4月26日，在第20个世界知识产权日来临之际，北京市知识产权局会同中关村管委会举办中关村国家自主创新示范区“4·26”知识产权推进暨高价值专利转化线上活动。国家知识产权局知识产权运用促进司司长雷筱云、北京市知识产权局党组书记杨东起、中关村管委会主任翟立新出席活动并致辞。中关村示范区企业、知识产权专业机构、投资机构、社会组织、新闻媒体代表等500余人参加活动。活动中，首都知识产权服务业协会推介首批10项中关村知识产权运营创新模式和产品，并进行高价值专利培育转化专题培训和医疗器械产业领域高价值专利项目路演，吸引众多企业、投资机构的高度关注。

（市知识产权局）

【北京地区135项成果获中国专利奖】7月14日，国家知识产权局发布第二十一届中国专利奖授奖决定，共发布869项获奖专利，北京地区共获奖135项，包括金奖7项，占金奖总数的近1/5。北京市知识产权局被国家知识产权局授予中国专利奖最佳组织奖。

（市知识产权局）

【中关村论坛知识产权平行论坛举办】9月19日，由国家知识产权局知识产权运用促进司、北京市知识产权局、中关村管委会、中关村发展集团主办，中关村知识产权促进局、北京知识产权运营管理有限公司、中关村国际会展运营管理有限公司共同承办的“聚能赋能·共创共赢——全球视野下的知识产权运营与金融”论坛在中关村国家自主创新示范区展示中心举行。国家知识产权局知识产权运用促进司司长雷筱云，北京市知识产权局党组书记杨东起，北京市知识产权局副局长、一级巡视员李钟，中关村管委会副主任朱建红，中关村发展集团董事长赵长山出席并致辞。其间，北京智慧财富知识产权金融研究院揭牌成立，来自世界知识产权组织、欧洲专利局、日本贸易振兴机构、美国高通公司、国际标准化组织、国家知识产权运营公共服务平台、人保财险、北大科技园、小米集团等的知名专家学者，以及新闻媒体等60余人参加现场活动，近1 500人观看线上直播。

（市知识产权局）

【北京市知识产权保险推进会召开】10月20日，北京市知识产权保险推进暨政银保企签约活动在京召开，全市142家科技型企业投保了1 660件知识产权保险，涉及专利执行保险及专利被侵权损失险，并获得政府保费补贴。根据补贴政策，在试点期间，企业首次购买知识产权保险将享受全额补贴，第二次和第三次购买，不同类型企业将分别享受90%、80%、50%不等的补贴。

（申峥峥）

【第十届亚洲知识产权营商论坛北京专场交流会举办】12月3日，第十届亚洲知识产权营商论坛北京专场交流会在京举办。此次会议作为亚洲知识产权营商论坛重要活动之一，由香港贸易发展局北京办事处和北京市知识产权局共同举办，来自京东集团、同方威视、飞天诚信、北京知识产权运营管理有限公司等在京企业、服务机构及中关村京港澳青创中心的代表参加活动。香港贸易发展局华北、东北首席代表陈嘉贤主持会议，北京市知识产权局副局长潘新胜出席活动并讲话。会上，大家共同观看了第十届亚洲知识产权营商论坛线上开幕式，并就“中国企业‘走出去’过程中知识产权布局及保护”主题做了经验分享，就面向京港两地企业搭建惠企桥梁、提供知识产权服务提出相关需求和建议。

（市知识产权局）

【知识产权质押融资对接活动举办】12月11日，2020年知识产权质押融资“入园惠企”系列活动北京站——知识产权质押融资对接活动在北京（中关村）国际知识产权服务大厅国际报告厅举行，来自京津冀三地企业、金融机构和专业服务机构代表110余人通过线下及线上形式参加活动。会上，京津冀知识产权发展联盟秘书单位以及银行、担保公司、评估机构、知识产权服务机构代表共同发起《助力首都创新主体，扩大知识产权质押融资倡议》，号召从业人员积极响应党和政府的要求，推动知识产权质押融资工作。工商银行北京市分行、交通银行北京市分行、北京银行、北京中关村银行4家银行与企业进行知识产权质押融资合作签约，现场签约金额1 680万元。

（市知识产权局）

【第六届北京市发明专利奖评审工作完成】年内，第六届北京市发明专利奖各奖项评审工作完成。根据《北京市发明专利奖励办法》及相关文件规定，第六届北京市发明专利奖共评选出拟获奖项目36项（特等奖1项、一等奖5项、二等奖10项、三等奖20项）。

（市知识产权局）

【北京市专利数量居全国首位】年内，北京市专利申请量257 009件，同比增长13.66%，其中发明申请量146 348件，同比增长12.64%；全市专利授权量162 824件，同比增长23.62%，其中发明授权量63 266件，同比增长19.08%。截至年底，全市有效发明专利量335 575件，每万人发明专利拥有量155.8件，居全国首位。

（市知识产权局）

# 知识产权宣传与保护

【概述】2020 年,北京市深入贯彻落实党中央、国务院关于强化知识产权保护工作部署。8 月,中共北京市委办公厅、北京市人民政府办公厅印发《关于强化知识产权保护的行动方案》,旨在全面落实中共中央办公厅、国务院办公厅《关于强化知识产权保护的意见》,以最高标准、最严要求、最实举措强化知识产权保护。年内,全市各级法院累计审结各类知识产权案件 6.8 万件,行政管理部门共查处知识产权行政案件 3 580 件。完成 2020 年中国国际服务贸易交易会等 20 余次大型展会知识产权保护工作。完善电商领域知识产权保护联盟工作机制,发挥联盟行业治理和行业监督作用,对 2022 年北京冬奥会标识、冬残奥会会标、吉祥物特殊标志保护开展电商平台侵权监测,形成《电商知识产权保护状况报告(2020)》。

(市知识产权局)

【《知识产权保护合作备忘录》签署】1 月 21 日,市场监管局与市知识产权局签署《知识产权保护合作备忘录》。双方明确责任分工,主动加强沟通协调,加大联合执法力度,优化协作衔接机制,完善信息共享渠道,加强人才交流培训力度,推动专利、商标、地理标志、商业秘密等知识产权全要素执法融合,共同打击知识产权侵权假冒伪劣行为,维护权利人合法权益。同时,进一步深化知识产权监管和执法协作,有效织密知识产权执法网络,推动知识产权执法向纵深开展,完善知识产权保护"北京模式",并就建设全国创新中心和知识产权首善之区、建设国际一流的和谐宜居之都提出具体要求。

(市知识产权局)

【知识产权服务助力新冠肺炎疫情防控】2 月,市知识产权局制定出台《关于加强知识产权服务 助力打赢疫情防控阻击战的十条举措》,发挥首都知识产权优势,调动知识产权系统资源,加强知识产权服务,助力新冠肺炎疫情防控工作。

(市知识产权局)

【《2019 年北京知识产权保护状况》白皮书发布】4 月 21 日,在第 20 个世界知识产权日即将来临之际,市知识产权办公会议与市人民政府新闻办公室联合举办北京知识产权保护状况新闻发布会。会上,市知识产权局副局长、新闻发言人潘新胜代表市知识产权办公会议发布《2019 年北京知识产权保护状况》白皮书。白皮书指出,在创造方面,根据《中国知识产权指数报告 2019》显示,北京知识产权综合实力已经连续 10 年位居全国第一;在保护方面,知识产权行政执法力度进一步加大,司法保护效能进一步发挥。

(市知识产权局)

【《知识产权协同保护合作框架协议》签署】4 月 24 日,北京海淀法院与北京市知识产权保护中心签署《知识产权协同保护合作框架协议》,深入贯彻落实中共中央办公厅、国务院办公厅印发的《关于强化知识产权保护的意见》,推进行政保护与司法保护有机衔接,提供多元化的纠纷解决途径,共同促进产业知识产权快速协同保护工作。

(市知识产权局)

【知识产权纠纷多元化调解机制获推广】7 月 13 日,商务部等 11 部门印发《关于做好北京市服务业扩大开放综合试点经验复制推广工作的通知》,向全国复制推广北京市服务业扩大开放综合试点经验。知识产权纠纷多元化调解机制成为 6 项被复制推广的事项之一,主要内容为:推动成立一批行业性专业性人民调解组织,积极构建知识产权部门牵头、司法行政部门指导、司法部门确认保障的多部门联动的知识产权矛盾纠纷多元化调解机制。通过签订合作协议,市知识产权局与北京知识产权法院、北京互联网法院等 8 家审理知识产权案件的法院建立合作机制,实现知识产权纠纷诉前委派、诉中委托、会员申请调解全覆盖,构建知识产权部门负责、社会组织为主体、司法行政部门指导、司法部门确认保障的多部门联动的知识产权纠纷多元化调解机制。全年受理知识产权纠纷10 070件,同比增长44.66%,调解结案4 070件,调解成功率63.32%。

(市知识产权局)

【知识产权巡回审判庭揭牌仪式举办】7月23日,市高级人民法院、市知识产权局在北京市知识产权保护中心举行知识产权巡回审判庭揭牌仪式。建设知识产权巡回审判庭旨在依托北京知识产权保护中心,健全仲裁、调解、行政执法、司法保护之间的有效衔接,增进优势互补,提高维权效率,实现知识产权协同保护,加快推进知识产权审判体系和审判能力向现代化迈进。巡回审判庭建成后,北京市各级法院均可在审判庭现场或采取远程审理方式开展知识产权案件审判工作。

(市知识产权局)

【海外学人知识产权培训举办】9月10日,市知识产权局、北京海外学人中心在2020年北京人才宣传周期间,通过线上与线下相结合的方式,共同举办海外学人知识产权培训暨北京市知识产权保护中心开放日活动。市知识产权局人事处、北京海外学人中心培训部及在京创新创业的海外人才及其企业相关负责人20余人参加现场活动。与此同时,线上200余名海外人才及相关负责人共同聆听讲座并参与交流。

(市知识产权局)

【《中华人民共和国专利法》宣贯培训会举办】10月28日,市知识产权局举办《中华人民共和国专利法》宣贯培训会,国家知识产权局条法司二级巡视员杨红菊、北京市知识产权局局长杨东起出席会议。北京市知识产权局副局长潘新胜主持会议。本次宣贯会采取线上线下相结合方式,市知识产权办公会议各成员单位和市、区两级知识产权系统约120人参加现场活动,市重点企事业单位、知识产权服务机构相关工作负责人超过1 800人在线观看,累计访问量达到1.46万人次。

(市知识产权局)

【首都保护知识产权志愿服务总队获评最佳志愿服务组织】10月,市委宣传部、首都文明办等部门评选市知识产权维权援助中心管理的首都保护知识产权志愿服务总队为"首都最佳志愿服务组织"。宣传推选学雷锋志愿服务"五个100"先进典型活动由市委宣传部、首都文明办、市委政法委、市委社会工委、市民政局、市总工会、团市委、市妇联、市残联、市志愿服务联合会联合举办,评选出"首都最美志愿者""首都最佳志愿服务组织"等先进典型,弘扬学雷锋志愿服务精神,推动全市志愿服务事业实现新发展。

(市知识产权局)

【首批知识产权纠纷人民调解工作室授牌】12月10日,市知识产权局、市司法局在北京铜牛电影产业园联合举办知识产权纠纷人民调解工作室授牌仪式。市知识产权局二级巡视员周立权、市司法局二级巡视员夏涛等为首批7家知识产权纠纷人民调解工作室授牌。7家知识产权纠纷人民调解工作室将在市知识产权局、市司法局的共同指导下,积极推进诉源治理,打造"做得好、信得过、叫得响"的调解工作品牌,为中小企业提供便捷、高效、低成本的知识产权纠纷解决渠道,提升知识产权治理能力,完善知识产权公共服务供给,优化首都营商环境,激发首都创新活力,推动构建新发展格局。

(市知识产权局)

【严厉打击商标恶意申请代理机构】年内,市市场监管局在全市开展整治代理申请注册"火神山""雷神山"等与新冠肺炎疫情防控相关商标专项行动,指导相关区对涉案的107项信息、27名申请人和25家代理机构全面梳理排查,对31起涉嫌恶意申请、违法代理的行为立案查处。市知识产权局开展规制商标恶意注册、非正常专利申请工作,针对北京市79家商标代理机构代理的"雷神山""火神山"等与新冠肺炎疫情相关的369件商标申请进行核查,约谈代理机构负责人;制定《北京市商标代理案件办理工作规范》,加强对商标代理机构的监管,对北京某某科技公司、北京某某知识产权代理公司和某某科技(北京)有限公司进行约谈,督促3家公司通过下架、删除等措施,对433件商标申请和商标交易行为进行整改。

(市知识产权局)

【打造知识产权保护"北京模式"】年内,全市知识产权系统强化部门联动,建立知识产权"接诉即办""周调度、月小结"工作机制,着力提升办理质量,打造知识产权保护"北京模式"。2019年11月—2020年10月,12345企业专席呼入知识产权相关来电1 500个,95%以上来电现场解答、办理,获得企业与市民的普遍认可。

(市知识产权局)

# 质量技术监督

# 标准化

【概述】2020年,北京市全力建设推动首都高质量发展的标准体系。围绕市委、市政府中心工作和新冠肺炎疫情防控、复工复产等相关工作要求,大力打造“北京标准”和京津冀区域协同地方标准,积极开展标准化试点示范,支持创制国际先进标准,努力培育市场标准,不断推动标准实施。

2020年,首都标准化委员会(简称首标委)发布《推动首都高质量发展标准体系建设实施方案》,出台《关于加强农业农村标准化工作实施方案》,推动逐步建立体现北京特色,基本覆盖北京经济社会发展、城市建设与管理、公共服务等领域的地方标准体系。出台《北京市百项节水标准规范提升工程实施方案(2020—2023年)》,全面启动百项节水标准规范提升工程。聚焦新冠肺炎疫情防控、规划建设、节能节水、生态环境、城市精细化管理、民生保障等重点工作,全市发布地方标准177项,现行有效地方标准达1 752项,有效发挥了标准化对治理体系和治理能力现代化建设的支撑作用及对“六稳六保”的保障作用。

2020年,全市共计建成国家级标准化试点示范25项,新启动建设13项。国家技术标准创新基地(先进制造工艺及关键零部件)筹建完成并通过市场监管总局组织的验收。依照市财政局、市市场监管局升级出台的《实施首都标准化战略补助资金管理办法》对144项国际国内先进标准、7个国家级标准化试点示范项目、1个标准国际化项目给予支持。京津冀三地标准化和社会信用主管部门共同达成《京津冀区域协同社会信用标准框架合作协议》。在工程建设、卫生健康、交通等领域新发布5项京津冀区域协同地方标准,京津冀区域协同地方标准累计达55项。

2020年北京及中央在京单位主导或参与制修订发布ISO、IEC国际标准121项,占全国总数的66.48%。截至年底,在京单位承担国际标准化技术机构ISO/IEC秘书处单位共42个,占全国的56%;在京单位承担国际标准化技术机构ISO/IEC主席共38位,占全国的51%。据不完全统计,在京单位承担30项国家标准外文版制定任务,占发布总数的81%。北京市和中央在京单位参与创制的48项标准获中国标准创新贡献奖项目奖,占获奖项目总数(60项)的80%。其中,获得一等奖8项、二等奖17项、三等奖23项。另有1人获得突出贡献奖,中央在京单位有3人获得优秀青年奖,1个中央在京单位获组织奖。截至年底,530家本市和中央在京社会团体发布团体标准7 720项,团体标准数量呈现快速增长趋势。其中,全市有41家在京社会团体制定新冠肺炎疫情防控和复工复产相关团体标准90项,保障了疫情防控和复工复产标准的供给。

(钟锌章)

【《推动首都高质量发展标准体系建设实施方案》出台】1月7日,首标委印发《推动首都高质量发展标准体系建设实施方案》,形成贯彻中央决策部署、具有北京特点的首都高质量发展标准体系建设顶层设计方案。方案对照市委、市政府《推动高质量发展实施方案》提出的首都高质量发展6个方面35项指标,研究提出推动首都高质量发展标准体系整体架构。分为3个层级,一级为首都高质量发展的6个方面。二级为城市发展总量控制、高精尖产业、城市精细化治理、京津冀区域协同发展、生态环境保护、优化营商环境、高品质人居生活等18个重点领域。三级为战略性新兴产业和涉及接诉即办、污染防治、“七有”“五性”民生建设、北京冬奥会筹办保障等全市重点工作的67个具体标准体系。

(何陆翼)

【基于GS1标准的医疗器械唯一标识(UDI)系统公益培训举办】1月10日,由中国物品编码中心主办,北京市标准化研究院承办的基于GS1标准的医疗器械唯一标识(UDI)系统实施公益培训会举办,来自全国多地医疗器械生产经营企业、医疗机构、科研单位的500多名代表参加本次培训会。会上主要介绍了GS1标准、UDI实施建议及UDI在医疗器械行业转型升级中的价值等内容,帮助企业准确理解UDI系统规则,了解基于GS1标准的UDI实施和全程追溯,对推动UDI在医疗器械全产业链应用具有积极作用。

(孔维佳)

**【第十四次联络员全体(扩大)会议召开】** 1月17日,首标委召开第十四次联络员全体(扩大)会议暨2020年北京市地方标准立项协调会。会议通报《推动首都高质量发展标准体系建设实施方案》出台情况,听取各单位对北京市实施首都标准化战略工作总结、2020年全市标准化工作思路,以及《北京市百项节水标准规范提升工程实施方案(2020—2023年)》情况。各参会单位对2020年度地方标准立项项目进行协调,达成一致意见。对标准化管理信息系统改造提出建议。

(钟铧章)

**【4个项目获批建设国家级社会管理和公共服务综合标准化试点】** 1月23日,国家标准委印发《关于下达第六批社会管理和公共服务综合标准化试点项目的通知》,金融科技安全产业园服务、中关村科技园(石景山)基于产业服务载体的科技创新产业服务、西城区基层民主协商、地面公共交通运营服务标准化4个项目获批开展试点建设。该批试点项目创建期为2~3年。其中,金融科技安全产业园服务试点项目将建立实施金融安全产业园服务标准体系,推进"互联网+金融安全"建设,创建产业园金融安全服务品牌;中关村科技园(石景山)基于产业服务载体的科技创新产业服务试点项目将建设创业公社创业服务标准体系,营造良好的企业营商环境,打造"北京创业公社"服务品牌;西城区基层民主协商试点项目将建成参与型社区分层协商标准化体系,形成协商程序、议事规则等重点标准,打造参与型社区分层协商典型样本,形成可参考、可复制、可推广的北京经验;地面公共交通运营服务标准化试点项目将构建公交特色标准体系,持续改进和提升运营服务品质,不断提升乘客满意率。

(何陆翼)

**【2家国家高端装备制造业标准化试点项目考核评估合格】** 2月19日,市场监管总局办公厅、工业和信息化部办公厅发布《关于国家高端装备制造业标准化试点考核评估结果的通知》,确定11个国家高端装备制造业标准化试点项目考核评估合格,涉及中关村科技园区丰台园国家高端装备制造业标准化试点、北京顺义科技创新产业功能区国家高端装备制造业标准化试点。

(陈冬鑫)

**【《实施首都标准化战略补助资金管理办法》印发】** 2月25日,市财政局、市市场监管局印发《实施首都标准化战略补助资金管理办法》。2020年度将对标准制修订、标准化试点示范活动和推动标准国际化等类活动进行资金支持,优先为新冠肺炎疫情防控、复工复产类标准提供补助。

(张少阳)

**【《2020年北京市地方标准制修订项目计划》发布】** 2月25日,市市场监管局发布《2020年北京市地方标准制修订项目计划》。围绕制定政府职责范围内的公益类标准,2020年北京市地方标准制修订项目计划包含项目229项。

(陈冬鑫)

**【国家标准《城市综合管廊运营服务规范》发布】** 3月6日,根据市场监管总局(国家标准化管理委员会)2020年第1号中国国家标准公告,由全国城市公共设施服务标准化技术委员会(SAC/TC 537)归口管理的国家标准《城市综合管廊运营服务规范》(GB/T 38550—2020)批准发布,自2020年10月1日起开始实施。该标准由北京市标准化研究院、珠海大横琴科技发展有限公司、上海市政工程设计研究总院(集团)有限公司等20余家单位共同参与编制,从综合管廊运营全流程和入廊管线的全生命周期管理入手,规定了城市综合管廊运营服务的总则、基本流程、服务要求、质量评价,侧重规范管廊建成进入运营期后的运营、管理以及对入廊管线的服务要求,适用于城市综合管廊日常运营服务和管理。

(李佳乐)

**【《无接触配送服务规范》团体标准发布】** 3月10日,《无接触配送服务规范》团体标准发布实施。该标准由北京市标准化研究院参与起草,共包含7部分,对无接触服务中的术语定义、服务要求、服务流程、异常情况处置和服务质量控制等方面提出了具体要求,包括平台应具备配套的信息服务功能,配送员应接受专项培训,配送设施设备应满足服务需求等内容。《无接触配送服务规范》为国内首个无接触配送领域的团体标准,短期内帮助实现服务新冠肺炎疫情防控和保障人民群众基本生活,中长期满足消费者多样化和个性化消费需求。11 月 19 日,该团体标准转化为国家标准《商品无接触配送服务规范》(GB/T 39451—2020)发布实施。

(孔维佳)

【3 个项目获批建设国家基本公共服务标准化试点】3 月 24 日,市场监管总局、发展改革委、财政部联合下达国家基本公共服务标准化试点项目通知,通武廊医疗卫生协调联动、西城区巡视探访、丰台区养老服务 3 个项目获批开展试点建设。通武廊医疗卫生协调联动基本公共服务标准化试点由京津冀三地共同组织申报,是全国获批试点中首个,也是唯一一个区域协调联动试点,将构建通武廊代谢性疾病医疗公共服务标准体系,推动代谢性疾病卫生资源配置公平性,切实提高代谢性疾病公共卫生领域京津冀地区基本公共服务均等化水平。西城区巡视探访基本公共服务试点项目将构建老年人巡视探访工作标准体系,全面推进居家养老服务工作,提升老年人生活质量,实现居家养老服务规范化管理。丰台区养老服务基本公共服务标准化试点项目将以“互联网 + 健康”方式,全力推进老有所学标准化建设,不断提升老年人获得感和幸福感。

(张少阳)

【30 项地方标准发布】3 月 25 日,北京市发布 30 项地方标准。其中,首次制定标准 18 项、修订标准 12 项。按涉及领域分,城市管理与公共服务标准 17 项、农业标准 6 项、服务业标准 3 项、工程建设标准 2 项、公共安全 2 项。

(陈冬鑫)

【疫情防护相关国家标准外文版译制】3 月 25 日,国家标准委发布《关于下达〈医用防护口罩技术要求〉等 17 项疫情防护国家标准外文版立项计划的通知》。北京市有关单位承担急需的新冠肺炎疫情防护相关国家标准外文版译制任务。其中,北京市医疗器械检验所承担 GB 19083—2010《医用防护口罩技术要求》的译制任务,北京市劳动保护科学研究所承担国家标准立项项目《个人防护装备配备规范(总则)》《个人防护装备配备规范(石油、化工、天然气)》的译制任务。市市场监管局跟踪相关工作进展,根据北京市疫情防护用品生产企业需求,为企业提供国家标准外文版相关信息。

(孟凡蕊)

【首都标准化战略补助资金申请启动】4 月 7 日,市市场监管局启动实施首都标准化战略补助资金申请受理工作。2020 年度补助对象包括标准制修订补助、标准化试点示范活动补助和推动标准国际化补助。标准制修订补助方面,一是加大对国际标准补助力度,将补助上限由 50 万元提高至 100 万元;二是引导市场在标准创制中发挥积极作用,首次将团体标准纳入补助范围;三是优先对新冠肺炎疫情防控、复工复产中应用的公共卫生、应急管理等相关标准进行补助。增设标准化试点示范活动补助,推动社会运用标准化方式组织生产、经营、管理和服务。

(张少阳)

【2 项京津冀区域协同标准发布】4 月 8 日,京津冀三地在卫生和交通领域发布《医学检验危急值获取与应用技术规范》《五米以下小型船舶检验技术规范》2 项京津冀区域协同标准,京津冀区域协同标准达 54 项。《医学检验危急值获取与应用技术规范》规定了医学检验危急值基本要求、获取、应用、监控与跟踪、信息化方面的要求,将京津冀地区危急值质量指标数量在全国要求设置的 2 项质量指标基础上扩展为危急值临床干预率、危急值假阳性率等 13 项。《五米以下小型船舶检验技术规范》对京津冀三省市 5 米以下小型船舶检验的适用环境、检验技术要求、检验规则和试验方法做出明确规定。

(陈冬鑫)

【首标委第八次全体会议召开】6 月 11 日,首标委召开第八次全体会议,北京市副市长、首标委主任王红,市场监管总局标准创新管理司司长、首标委副主任崔钢出席会议并讲话。市市场监管局、首标委副主任冀岩报告 2019 年首都标准化战略实施情况,并对《2020 年北京市标准化工作要点》《关于加强农业农村标准化工作实施方案》制定情况进行说明。发展改革委、科技部、工业和信息化部、卫生健康委相关司局,天津市市场监督管理委员会、河北省市场监管局和北京市相关委办局的首标委成员出席会议。会议审议通过《2020 年北京市标准化工作要点》《关于加强农业农村标准化工作实施方案》。

(钟锌章)

【25 项地方标准发布】6 月 30 日,北京市发布 25 项地方标准。其中,首次制定标准 20 项、修订标准

5项。按涉及领域分，城市管理与公共服务标准9项、工程建设标准9项、农业标准3项、环保标准2项、资源节约与利用标准1项、服务业标准1项。

（陈冬鑫）

**【国家标准《城市公共设施服务　智能路灯基础信息》发布】**7月21日，根据市场监管总局（国家标准化管理委员会）2020年第17号中国国家标准公告，国家标准《城市公共设施服务　智能路灯基础信息》（GB/T 39031—2020）批准发布，自2021年2月开始实施。该项标准由全国城市公共设施服务标准化技术委员会（SAC/TC537）归口管理，北京城建科技促进会、北京市标准化研究院、郑州森源新能源科技有限公司等起草。该标准主要规范了城市公共设施服务中智能路灯服务系统、基础信息描述和功能信息组成，通过对智能路灯服务信息统一规范，实现城市公共设施服务综合管理的数字化、智能化，对智能路灯服务系统建设、优化信息共享、提高城市公共设施服务效率具有重要作用。

（李　瞳）

**【北京市应急管理标准化技术委员会第一次全体委员大会召开】**8月11日，北京市安全生产标准化技术委员会换届更名大会暨北京市应急管理标准化技术委员会第一次全体委员大会召开。市市场监管局、市应急管理局、中国安全生产科学研究院等部门领导出席会议并讲话，相关处室负责人及市应急管理标准化技术委员会委员参加会议。会议通报北京市安全生产标准化技术委员会换届及更名筹备工作情况，宣读《北京市市场监督管理局关于同意北京市安全生产标准化技术委员会换届及更名的函》并向全体委员颁发委员证书。会议审议并通过《北京市应急管理标准化技术委员会章程》《北京市应急管理标准化技术委员会秘书处工作细则》《市应急管理标准化技术委员会工作计划》等文件。会议指出，换届更名后的北京市应急管理标准化技术委员会要根据工作职责确定好重点工作任务，特别是要结合新冠肺炎疫情防控工作，发挥好标准化对应急管理体系建设的保障作用；加强自身建设，培养一支“专业化＋标准化”的人才队伍，不断提升工作水平；做好标准实施工作，加大宣传标准、监督标准实施、开展标准评价工作力度，确实提高标准的有效性和实用性。

（李凌松）

**【71项北京市地方标准制修订项目计划公布】**8月14日，市市场监管局公布一批北京市地方标准制修订项目计划，涉及项目71项。市政府批准《北京市百项节水标准规范提升工程实施方案（2020—2023年）》，计划到2023年底，形成覆盖北京市生活服务业、工业、建筑业、农业等各领域和各用水环节的节水标准体系，落实以水定城、以水定地、以水定人、以水定产的城市发展原则，优化首都水资源利用，提高全市用水效率，推动全市绿色高质量发展。本批启动8个行业部门负责的30个项目，涉及《用水定额》系列标准、《用水单位节水评价规范》系列标准等。

（陈冬鑫）

**【首个京津冀区域协调联动国家基本公共服务标准化试点启动】**8月20日，北京市通州区、天津市武清区、河北省廊坊市三地政府共同组织召开通武廊医疗卫生协调联动基本公共服务标准化试点启动会，市场监管总局标准技术管理司、京津冀三地市场监管局共同见证通武廊三地政府签署《通武廊标准化战略框架协议》。该试点是三地主动推动京津冀协同发展和基本公共服务高质量发展的创新举措，是当前全国唯一一个区域协调联动标准化试点，也是京津冀三地以首标委为平台实施“3＋X”（三地标准化主管部门＋三地行业主管部门）标准化协同机制的进一步创新深化。

（张少阳）

**【落实企业标准“领跑者”制度】**8月21日，市市场监管局等9部门联合印发《深化落实企业标准“领跑者”制度实施方案》，并纳入全市加快培育壮大新业态新模式促进北京经济高质量发展“1＋5＋N”政策体系。经国家组织的第三方机构评选，小米、北汽新能源、联想等企业上榜国家企业标准“领跑者”榜单。

（钟铮章）

**【北京市实验动物标准化技术委员会换届会议召开】**8月27日，北京市实验动物标准化技术委员会换届会议暨第二届委员会第一次全体会议召开，市市场监管局一级巡视员姚娉出席会议并讲话。来自中国食品药品检定研究院实验动物资源研究所、北京华阜康生物科技股份有限公司、军事科学院军事医学研究院微生物流行病研究所、中国农业大学动物医学院、北京市实验动物管理办公室等单位的31名委员及市科委、市市场监管局相关部门负责人参加会议。委员会相关人员总结第一届委员会的工作情况,审议通过第二届委员会章程、秘书处工作细则、第二届委员会工作计划等文件。

（钟锌章）

【国家技术标准创新基地通过验收】9月10日,国家技术标准创新基地(先进制造工艺及关键零部件)通过市场监管总局组织的专家组验收。该基地于2018年3月被国家标准委批准,由中机生产力促进中心负责筹建。基地围绕国际标准前瞻布局形成17份研究报告,确定68项重点国际标准制定清单,立项国际标准10项,发布国际标准9项。围绕增材制造工艺及关键零部件等重点领域,推动新立项国家标准、行业标准、团体标准123项,发布标准117项。牵头编制的《增材制造标准体系建设指南》被国家标准委、工业和信息化部等部门出台的政策规划所采用。推进NQI全链条服务,搭建网络平台,形成以增材制造为重点的标准体系、检测技术体系和认证目录。培养国际标准项目负责人10余名、青年秘书长7名。

（钟锌章）

【2020年度“中国标准创新贡献奖”评选结果揭晓】10月14日,市场监管总局、国家标准委公布2020年度中国标准创新贡献奖获奖名单。获奖项目共60项,北京市和中央在京单位参与创制的48项标准获奖,占获奖项目总数的80%。其中,获得一等奖8项、二等奖17项、三等奖23项。北京市和中央在京单位有1人获得突出贡献奖,中央在京单位有3人获得优秀青年奖,1个中央在京单位获组织奖。

（钟锌章）

【2020年世界标准日主题活动举办】10月14日,市市场监管局在昌平区昌发展·龙域中心举办“标准保护地球,助企复工复产”主题活动。市市场监管局、市标准化研究院、北京标准化协会及各界代表约40人参加活动。各区市场监管局、市标准化技术委员会、标准化试点示范单位等通过网络直播形式参与。活动宣传标准化工作成就和典型经验,增强标准化工作者的荣誉感和使命感,提高社会标准化意识,彰显标准在资源保护、绿色发展方面的重要意义,助企复工复产。企业代表围绕世界标准日主题进行商务区可持续发展标准化、科技金融服务综合标准化、团体标准培育、企业标准化建设等进行经验交流。

（何陆翼）

【首批国家级消费品标准化试点项目通过预评估】10月16日,北京市标准化研究院配合市市场监管局组织专家对首批国家级消费品标准化试点项目——北京中轻联认证中心玩具领域标准化试点和中纺标检验认证股份有限公司服装服饰产品标准化试点进行预评估。专家组认为试点单位完成了合同书规定的考核指标,一致同意项目通过预评估。

（李佳乐）

【昌平区完成全国首个科技金融服务标准化试点建设】11月4日,昌平区完成全国首个科技金融服务标准化试点建设。构建政府引导基金“募投管退”全生命周期标准体系,优化完善服务流程,缩短投资周期2~3个月,服务满意度达98.7%。该试点提升金融风险防范水平,持续增加母基金投资频次和规模,提升金融服务实体经济能力,有效助力中小微企业创新创业。以生物医药、信息技术、智能装备等高精尖产业需求为导向,完善公共资源配置,优化地区营商环境,支持未来科学城发展,服务全国科技创新中心建设。

（何陆翼）

【全国首个国家级航空医疗救护服务标准化试点建设完成】11月5日,市红会急诊抢救中心完成全国首个国家级航空医疗救护服务标准化试点建设。该试点落实首都公共卫生应急管理体系建设要求,构建全流程、综合性航空医疗救护服务标准体系,优化救援响应服务流程,将紧急呼救响应时间缩短至1分钟以内。建立标准化航空医疗救护服务队伍,制定《航空医疗救护服务规范》地方标准及其外文版 。凝练航空医疗运行服务模式,提升专业化、国际化航空医疗救援能力。建立完善京津冀区域立体化协同救援机制,成立国内首家空运救援联盟,打造首都标准化航空医疗救护服务品牌。

（何陆翼）

【2020年实施首都标准化战略补助资金项目公布】12月1日,市市场监管局公布2020年实施首都标准化战略补助资金项目。对113家单位的144项标准制修订项目给予1 330万元补助,其中国际标准19项、国家标准76项、行业标准31项、地方标准11项、团体标准7项;对7个标准化试点示范活动项目给予140万元补助;对1个推动标准国际化项目给予30万元补助。共计补助1 500万元。2020年是按照《实施首都标准化战略补助资金管理办

法》组织评审的第一年，经过北京市动员、各单位申请以及严格组织评审，好中选优确定补助结果。

（张少阳）

**【北京北辰实业国家会议中心会展服务标准化示范项目通过考核评估】** 12月11日，市市场监管局组织专家考核评估组对北京北辰实业股份有限公司国家会议中心承担的北京北辰实业国家会议中心会展服务标准化示范项目进行考核评估。经过资料和现场服务评查，专家组认为北京北辰实业国家会议中心会展服务标准化示范项目已完成任务书确定的目标，通过考核评估。

（曾利新）

**【国家级孤残儿童养育服务标准化试点完成建设】** 12月15日，国家级孤残儿童养育服务标准化试点完成建设。市市场监管局组织北京市儿童福利院全面优化业务流程，立足接收儿童入院、提供养育服务、办理儿童离院3个阶段，分析原有业务程序和服务效果，建设实施覆盖全业务、全流程、全要素的标准体系，基本实现孤残儿童养护精细化、医疗规范化、康复专业化、教育个性化、安置最优化。

（曾利新）

**【北京双井恭和苑国家级养老服务标准化试点完成建设】** 12月16日，北京双井恭和苑国家级养老服务标准化试点完成建设。市市场监管局组织乐成老年事业投资有限公司构建服务全流程标准体系，实现养老服务有章可循、有标可依。该试点关注医养结合服务模式，创新责任医师制医养结合服务标准化，将医疗资源与养老资源紧密结合，实现社会资源利用的最大化。聚焦失能失智老人，由多学科、跨专业团队依据标准制定专属照护方案并提供服务，提高老人的日常生活品质及生命质量。发挥代际融合的服务特色，发布实施《一老一小代际服务规范》企业标准，使代际融合活动开展可控、有序、高效。

（曾利新）

**【国家级网格化数据信息公共服务标准化试点完成建设】** 12月17日，东城区网格化服务管理中心完成国家级网格化数据信息公共服务标准化试点建设。该试点落实市委、市政府关于加强城市精细化管理工作要求，优化形成网格化数据信息公共服务标准体系，推动首都基层治理体系和治理能力现代化，城市管理满意度得到提升。将大数据、物联网、云计算等新一代信息技术引入网格化城市服务管理，支撑城市管理工作精治、共治、慧治。以“七有”“五性”民生建设为导向，形成市民热线处理流程化、接诉即办服务规范化、群众诉求分析可视化，打通服务群众“最后一公里”。参与制定国家标准《数字化城市管理信息系统》“第8部分：立案、处置和结案”，主导制定系列团体标准《市域网格化治理标准体系建设指南》，凝练形成可复制、可推广的网格化数据信息公共服务管理经验。

（何陆翼）

**【全国首个体育场馆公共服务标准化试点建设完成】** 12月18日，地坛体育馆完成全国首个体育场馆公共服务标准化试点建设。落实体育强国战略，促进基层体育设施服务均等化、普惠化、便捷化，构建覆盖竞赛表演、全民健身、场地服务等全流程公共体育服务标准体系。该试点提升体育活动接待、服务标准，项目转场时间缩短至3分钟；提升场馆运行管理效能标准，年均节约用电50%；升级场馆设施标准，完善无障碍环境、更新标识引导系统，服务满意度达98%；建立健全新冠肺炎疫情常态化防控机制，实施进场测温、场地消毒等岗位标准，保障群众性体育活动有序开展。

（何陆翼）

**【91项地方标准发布】** 12月29日，为推动首都高质量发展标准体系建设，北京市发布91项地方标准。其中，首次制定标准54项、修订标准37项。按涉及领域分，资源节约与利用标准25项、城市管理与公共服务标准19项、农业标准13项、服务业标准7项、环保标准7项、工程建设标准7项、卫生标准3项、公共安全标准1项、信息化标准1项、工业标准1项、其他标准7项。

（陈冬鑫）

# 计　量

【概述】2020年,市市场监管局依法履行计量管理工作,各项工作任务顺利完成。社会公用计量建设方面,制定《关于进一步加强社会公用计量标准建设的指导意见》,结合北京经济社会发展、科技创新中心建设、京津冀协同发展和华北大区协作机制完善,制定《市、区两级社会公用计量标准建设目录》,服务高质量发展。社会公用计量标准新建22项、复查31项、封存1项,计量器具型式批准123个。计量科研项目方面,新立项科技项目15项,涉及财政科研经费1 439.37万元,自筹资金362.12万元,包括市科委科技服务业促进专项1项、国家自然科学基金委项目1项、市财政设备购置项目6项、市场监管总局技术保障项目2项、市场监管总局科技计划项目2项、华北大区技术改造项目1项、自主立项项目2项。

法制计量监督方面,一是面对新冠肺炎疫情,对疫情防控产品生产企业减免50%计量检测收费等。统筹协调全市检测资源,全天值守、有需即检、即报即检、随送随检,全年共强检计量器具260万台(件)、检测计量器具57万台(件)。二是开展水表、燃气表、加油机、电子计价秤计量比对。三是组织开展水表、燃气表、无创自动测量血压计、全站仪、测地型GNSS接收机、一氧化碳检测报警器、甲烷测定器、粉尘浓度测量仪8类计量器具产品质量监督抽查,覆盖企业106家,产品抽查合格率100%。四是发布《电子式电流互感器检定规程》《热式燃气表检定规程》2项京津冀共建计量技术规范。制定8项京津冀共建共享规范,在疫情防控、医药卫生、环境保护等领域实现京津冀计量检测同标、同质。围绕节能减排、大气污染防治,制修订5项北京市地方计量技术规范,完善北京市计量技术规范体系。

计量检测服务方面,联合市发展改革委、市经济和信息化局组织实施北京市数据中心能源计量审查与检测技术服务项目,对中国移动、联通、电信等40家的数据中心信息机房开展能源计量审查和能源利用效率评测,对主机能效、水泵效率及变压器、变频器等重点耗能设备开展检测技术服务,提出节能改造建议,服务企业节能降耗。积极推动数据中心信息机房类重点用能单位开展城市能源计量示范建设。

（市市场监督管理局）

【负压舱救护车紧急检测】2月3日,接工业和信息化部要求,市计量院响应某军工单位需求,紧急对新研发的救护车用负压系统装置进行性能检测,以确保性能合格后用于新冠肺炎疫情防控。此装置专为疫情期间运送病人的救护车研发,患者呼出的气体被吸进该装置,经过滤后排到车外,以防止病毒传出,避免二次污染。市计量院技术人员根据仪器原理和客户需求,完成该设备的检测工作,其后由客户将设备送往火神山医院投入使用。

（北京市计量检测科学研究院）

【小汤山医院重启检测】2月10日—3月15日,市计量院按照市市场监管局统一安排,与北京市昌平区计量检测所共同承担小汤山医院诊疗设备的计量检测工作。市计量院成立小汤山医院项目专班,并由市计量院院长姚和军主持召开项目专班视频工作会部署。市计量院骨干检测人员多次实行三班制24小时不间断检测。本次任务分批次紧急检测了离心机、紫外线消毒灯车、血压计、血氧仪、心电图机等2 000余件医疗设备,为新冠肺炎疫情防控工作提供了专业技术支撑和服务保障。

（北京市计量检测科学研究院）

【红外筛检仪完成评测】2—4月,市计量院完成了45家企业生产的130个型号红外人体表面温度快速筛检仪产品的检测评价与分析。红外筛检仪评测工作一方面为新冠肺炎疫情初期推向北京市场的红外筛检仪的质量进行初步把关,另一方面也指导企业进行产品技术改进,大幅提升红外筛检仪测温准确度和稳定性。

（北京市计量检测科学研究院）

【北斗重点应用示范项目完成计量检测】4—6月，市计量院依托北斗导航计量测试技术，为北斗重点应用示范项目的4个终端、2个系统提供计量检测和系统验证服务。北斗重点应用示范项目是交通运输部长江航务管理局为推动长江智慧航运事业发展而启动的重点工程。市计量院与项目管理单位和承担单位联合起草测试大纲，对单北斗模式下及GPS/北斗兼容模式下的导航通信关键参数测量，以及航道显示控制、引航助航报警、综合数字服务等重要功能进行精确的计量测试和验证评估，同时对设备的气候环境适应性、机械环境适应性和电磁兼容环境适应性等进行测试与评价，针对测试中发现的水上定位失锁、部分终端防尘防水性能不足等问题提供了解决方案。年内，样机已全部测试合格，项目通过验收。

（北京市计量检测科学研究院）

【申请建设国家石墨烯先进材料产业计量测试中心】11月，北京市政府向市场监管总局发函，提出申请建设国家石墨烯先进材料产业计量测试中心。该中心计划依托市计量院筹建，拟建立石墨烯先进材料产业计量测试公共服务平台，支撑石墨烯相关技术标准的研发，开展石墨烯相关产业计量测试服务和质量评估，为北京及全国石墨烯先进材料产业的研发和生产提供全面、规范、权威的量值传递、计量测试、性能评价服务，保障石墨烯先进材料的技术研发和示范应用，推进产业工程化、规模化进程。

（北京市计量检测科学研究院）

【国家生态环境监测治理产品质量监督检验中心（北京）通过评审】12月12—13日，由市计量院筹建的国家生态环境监测治理产品质量监督检验中心（北京）接受国家认证认可监督管理委员会综合评审组的评审。此次评审是对该中心通过告知承诺方式获得授权项目的现场评审。评审组14名专家对市计量院授权的312个产品/项目2 000多个参数的技术能力和质量体系运行情况进行全领域、全类别覆盖的现场考核。评审组考察了实验室和检测仪器，检查了实验室的设施和环境条件，核查了检测仪器设备的配备、检定/校准标识及其使用记录等情况，通过观察、提问及现场试验的方式，考察了实验室的资格条件、组织机构、人员能力，核实了人员能力确认情况，检查了质量体系运行及质量控制，最终评审组的核查结论为“承诺属实”，顺利通过现场评审。

（北京市计量检测科学研究院）

# 产品质量监督

【概述】2020年，市市场监管局履行产品质量安全监督法定职责，在配合参与新冠肺炎疫情防控工作的基础上，保障重点行业和领域产品质量安全，圆满完成市场监管总局及市委、市政府部署的重点工作任务。全市产品质量安全形势平稳，未发生因产品质量安全引发的重大安全事件，较好地实现了既定目标。

实现非医用口罩等防疫产品供应与质量双保障。针对新冠肺炎疫情防控初期口罩等防护产品供应紧缺局面，市、区市场监管部门联动，挖掘北京市易转、可转的企业，积极创造产能。制定一系列指导文件，在产品标准、原材料把关、生产过程管控、成品出厂检验、企标制定、产品标识标注等方面形成工作指引。协调国家劳保产品质检中心开辟绿色检验通道，帮助企业改进工艺，为企业研发、规模化生产、出厂检验提供支撑。至2020年4月，北京口罩生产企业从无到有，快速达产至73家，具备日产平面口罩1 200万只的生产能力，累计生产口罩4亿余只，绿色检验通道累计为企业检验产品近400批次，有效保证了非医用口罩供应数量和质量。针对新冠肺炎疫情初期的“口罩乱象”，采取明规则、立规矩，出重拳、匡秩序的策略，有效规范市场秩序。针对进口口罩，特事特办，对物美、京东等12家防护物资主渠道供应商开展指导，规范进口非医用口罩产品销售行为，化解消费纠纷。新冠肺炎疫情期间累计检查经营主体10万余户次，立案查处违法行为78件，移转公安部门4件，处罚金额170余万元，查获假冒伪劣防护物资近100万件。

完成生态环境保护领域工作任务。针对《北京市机动车和非道路移动机械排放污染防治条例》实施，各区局加强油品生产、销售，特别是非经营加油站（自备加油站）的排查摸底，加强法律法规以及产品标准相关的宣贯告知，督促相关经营者落实主体责任，建立监管台账1 276家。针对《胶粘剂挥发性有机化合物限量》等7个涉及有机挥发物的强制性国家标准开展宣贯培训。对车用油品、车用尿素溶液、汽油清净剂、建筑涂料和胶黏剂、煤炭等涉及生产环境保护领域的产品实施全面抽查，累计抽查产品1 907组，依法处理9家不合格产品市场主体。

推动生活垃圾分类相关任务。围绕《北京市生活垃圾管理条例》，加强对法规、政策宣传、宣贯，提高经营主体及消费者的法律意识、规则意识。累计开展生活垃圾分类宣传培训10万余次，受众人数42万余人次，出动执法人员31万余人次，检查经营主体36万余户次，责令整改1 381户次，立案2 149件，罚没款23.6866万元。各区局将垃圾分类工作与新冠肺炎疫情防控工作相结合，制订工作方案，加强业务指导，开展宣传引导，加大执法检查力度。有效遏制电动车违法违规行为。对网络销售平台以及北京市主要供应商进行约谈、告诫，强化对市场主体电动自行车、电动三轮、四轮机动车监督管理规则的宣贯。发挥电动车目录管理作用，将抽查、检查中发现的违法违规行为与目录联动，共计剔除目录392款车型，涉及119家企业，立案查处违法销售不合格电动自行车案件22件。落实上级部署，针对非法电动三轮、四轮机动车，在市场准入、网络交易、广告监督等领域开展综合治理。要求相关互联网经营主体开展自查整改，清理发货地在北京的商家220个；清理屏蔽关键词、推荐字段457组，清理屏蔽链接1 260组；清理涉及三轮、四轮机动车相关违规车辆信息6 892条，涉及商品32 345件；清理相关广告1 603条。专项行动检查相关主体1 901家，查处违法销售行为24起，查扣非法机动车403辆。

深化工业产品生产许可审批，助力优化首都营商环境。贯彻国务院、市场监管总局有关部署，做好下放5类产品的承接工作。编写政策解读，修订工作标准及办事指南，组建专家队伍，优化审批系统，保障行政审批规范有序运行。特事特办，实行工业产品生产许可告知承诺，生产许可证到期的及时顺延，助力复工复产，核发、顺延生产许可证24家。加强事中事后监管，开展告知承诺获证企业证后监督性现场检查，组织开展飞行检查，对发现存在问题的17家获证企业组织区局依法处理。

完善产品质量监督体系建设。围绕法治思维和法治方式，不断建设和完善产品质量安全的市场治理体系。一是围绕发挥产品质量安全市场规则的规范作用，梳理法律法规等行政职权，制定《市场主体产品质量法律义务及禁止性的行为清单》《产品质量监督检查指南》。二是针对《产品质量监督抽查管理暂行办法》的实施，制发《北京市市场监督管理局产品质量监督抽查结果处理工作暂行规定》。

（市市场监督管理局）

**【新冠肺炎疫情防控重点产品质量安全专项检查】** 2月1日，市市场监管局印发《关于做好2020年疫情防控重点产品质量安全专项监督检查工作的通知》，根据通知要求，北京市产品质量监督检验院（简称北京市质检院）对餐具（含果蔬）洗涤剂、一次性餐饮具及家用卫生产品等涉及新冠肺炎疫情防控重点产品质量开展专项监督抽查工作。第一季度共计完成34批次的检验任务。

（北京市产品质量监督检验院）

**【完成冬奥会新能源车辆山地工况挑战试验】** 2月20日，北京市质检院完成2022年北京冬奥会新能源车辆山地工况挑战试验。北京市质检院受北京冬奥组委及市经济和信息化局委托，开展2022年北京冬奥会新能源车辆在极寒天气、冰雪山地工况下的实车实地测试，对8款冬奥会用车，在附着系数小于或等于0.37雪水混合路面、坡度为15%、转弯半径为15米的道路条件下，完成爬坡、驻坡、急转弯3类山地工况的测试工作，为北京冬奥组委提供了科学的技术支撑。

（北京市产品质量监督检验院）

**【北京市质检院国家汽车质检中心获得3C认证汽车类产品关键检测能力】** 6月30日，中国国家认证认可监督管理委员会发布了《认监委关于发布2020年第二批强制性产品认证实验室日常指定决定的公告》，北京市质检院国家汽车质检中心（北京顺义）获得新的汽车整车检测资质。在汽车半挂车（O 类）汽车基础上，此次增加了 M1 类（纯电动）、M2 类、M3 类汽车，N 类汽车（整备质量 6 吨以内，不含运油加油车、高空作业车、悬臂类作业车、起重举升类汽车、罐式汽车、专用自卸汽车、特种结构汽车等专用汽车）；同时新增 3 项汽车零部件产品检测资质，分别为汽车座椅及座椅头枕、汽车安全带、机动车辆儿童乘员用约束系统。

（北京市产品质量监督检验院）

【产品质量监督抽查工作部署会议召开】 7 月 17 日，市市场监管局召开 2020 年产品质量监督抽查工作部署会议，部署 2020 年产品质量监督抽查工作任务，并对抽样检验报告出具等工作进行培训。会议要求各承检机构严格按照 2020 年产品质量监督抽查工作计划和产品质量监督抽查实施细则要求完成相应产品的抽样和检验工作，并对近 2 年曾经出现过不合格产品的生产企业进行跟踪抽查，规范填写抽查文书，不得擅自改变抽样方法、检验项目和判定规则；工作过程中应加强标准跟踪和内部管理，严格检验报告审查，客观、公正、准确地出具检验结果，按时报送相应材料；检验工作结束后，认真总结分析检测结果，撰写工作总结报告。严格执行北京市有关财务制度，专款专用，严格产品质量监督抽查专项经费支出与管理。

（市市场监督管理局）

【北京市质检院联合研发项目获奖】 10 月 28 日，2020 年度中国汽车工业科学技术奖颁奖典礼在上海举行。由北京市质检验院联合北京汽车股份有限公司和东莞市升微机电设备科技有限公司共同研发的“车内空气质量模拟验证方法研究及设备开发”项目获科技进步奖三等奖。

（北京市产品质量监督检验院）

【北京市重大活动专用充电站安全检查】 11 月 4 日，为保障两会期间北京会议中心充电设施正常运行，由北京市城市管理委员会带队，北京市质检院组织充电设施运营企业对北京会议中心专用充电站进行专项安全检查，未发现配电设施和充电设备存在安全隐患。

（北京市产品质量监督检验院）

【为学生复课提供技术服务保障】 年内，北京市质检院开展包括学校在内的多家企事业单位、公共场所的水质、环境、集中空调、环境消杀等方面的检测服务，为复工复产复课提供坚强的技术支撑。北京市质检院作为市市场监管局依法设立的第三方公正检验机构，在针对学生安全保护的检测方面拥有 CMA、CNAS 等检测资质。

（北京市产品质量监督检验院）

# 食品安全监督

【概述】 2020 年，市市场监管局落实“四个最严”工作要求，全市食品安全总体水平稳定，未发生区域性、系统性食品安全风险。全市对 34 大类食品开展抽检监测，纳入北京市国民经济和社会发展计划指标的六大类重点食品（大米、小麦粉、食用油、蔬菜、猪肉、豆制品）合格率达 98.65%。针对新冠肺炎疫情防控，全面加强进口冷链食品监管，贯彻“外防输入、内防反弹”和“人物并防”的防控策略，建成运行北京市冷链食品追溯平台，实现进口冷藏冷冻肉类、水产品信息化追溯管理。开展全链条食品安全危害物质、未知物识别与防控、冬奥食源性兴奋剂检测与监控等技术研发，完成国家级和北京市检验检测机构资质扩项 3 次，增加食源性兴奋剂等检验参数 400 余项。建立 2022 年北京冬奥会（北京地区）食品供应安全保障工作机制，制定食品动物药品控制管理规范和过敏原类物质标识标注规范，研究形成 48 种食源性兴奋剂检验方法。深入推进食品安全京津冀协同发展，成立京津冀食品检验检测技术创新联盟，与河北省、天津市共享冬奥会食源性兴奋剂检验方法，推动“两地三赛区”统一检验检测技术标准，组织跨区域联合应急演练。

（市市场监督管理局）

【化妆品中邻苯二甲酸酯类物质测定的国家标准发布】9月，北京市食品安全监控和风险评估中心制定的国家标准《化妆品中邻苯二甲酸酯类物质的测定》（GB/T 28599—2020）发布，于2021年1月1日起实施。该标准的实施有利于保护消费者身体健康，提升化妆品安全科技保障能力，为监管部门进行化妆品安全监管提供必要的技术支撑。

（北京市食品安全监控和风险评估中心）

【“一种促进单核细胞增生李斯特氏菌生长的方法”获国家发明专利】10月，北京市食品安全监控和风险评估中心申请的发明专利“一种促进单核细胞增生李斯特氏菌生长的方法”获得国家知识产权局授权。该专利技术可有效提高单核细胞增生李斯特氏菌的前增菌速度，应用于食品安全监管工作中，为食品安全保障工作提供有力的技术支撑。

（北京市食品安全监控和风险评估中心）

【推广北京市冷链食品追溯平台】11月1日，北京市冷链食品追溯平台上线运行，对北京市生产、流通的进口冷藏冷冻肉类、水产品全面开展信息化追溯管理。市市场监管局与市商务局联合发布《关于推广应用北京市冷链食品追溯平台的通告》，明确未按照管理要求上传追溯数据的进口冷藏冷冻肉类、水产品，本市进口冷链食品生产经营单位应做到不采购、不销售、不使用。

（勾文钊）

【婴幼儿配方食品中消毒剂残留补充检验方法获批】11月，北京市食品安全监控和风险评估中心制定的食品补充检验方法——BJS 202007《婴幼儿配方食品中消毒剂残留检测》经市场监管总局批准，予以公告实施。该方法可对婴幼儿配方食品中$C_{12}$－苯扎氯铵、$C_{14}$－苯扎氯铵和苯扎溴铵等6种季铵盐消毒剂进行准确测定。该方法的实施为中国婴幼儿配方食品安全监管提供了必要的技术支撑。

（北京市食品安全监控和风险评估中心）

【支持食品安全科技研究】年内，北京市食品安全监控和风险评估中心以科技创新为驱动，聚焦食品安全检测领域突出问题，重点围绕食源性兴奋剂、危害物筛查确证及食品安全全程控制等研究方向开展科研攻关。年内获得北京市科委立项支持1项，获得市场监管总局立项支持3项。主持发布国家标准1项，食品补充检验方法1项，获得立项支持食品安全国家标准3项，市场监管总局食品补充检验方法3项。系列科研课题研究及其成果为2022年北京冬奥会食品安全保驾护航。

（北京市食品安全监控和风险评估中心）

【冬奥会食品安全食源性兴奋剂检验技术创新】年内，北京市食品安全监控和风险评估中心重点围绕食源性兴奋剂等关键项目检验检测技术开展科技创新工作。《动物性食品中10种利尿药残留量的测定》《动物性食品中羟甲烯龙、美替诺龙残留量的测定》《植物源性食品中去甲乌药碱和曲托喹酚的检测》等多项食品中食源性兴奋剂检验方法获得食品安全国家标准、市场监管总局补充检验方法立项支持，为填补冬奥会食源性兴奋剂检测方法空白提供技术支撑。

（北京市食品安全监控和风险评估中心）

【“两地三赛区”食源性兴奋剂防控工作同质同标】年内，北京市食品安全监控和风险评估中心形成的《北京2022年冬奥会和冬残奥会食源性兴奋剂检验方法汇编》等规范性文件向津冀共享，充分发挥京津冀食品检验检测技术创新联盟技术优势，确保“两地三赛区”食源性兴奋剂防控同质同标。

（北京市食品安全监控和风险评估中心）

# 科技合作与交流

# 国内科技合作与交流

【概述】2020年，市科委持续推动区域科技合作和对口帮扶支援工作，围绕脱贫攻坚等国家战略制定工作任务清单，细化工作任务和目标。搭建开放创新平台，推动北京创新主体与外省市交流合作。发挥全国科技创新中心的辐射带动作用，市科委与内蒙古、河北、新疆、西藏、福建、宁夏、沈阳、江西等12个省区市10批次200多人次进行线上、线下对接合作，先后组织参加京闽（三明）科技合作"云签约"视频会、银川（北京）飞地建设工作调度会、京沈人工智能领域科技合作线上交流会、第一届跨区域协同创新合作年会等重要活动10余次，促成20余个项目达成合作意向。积极发挥互联网+科技服务优势，开展线上沟通及技术培训40多次，约6万人次参加。依托科技项目和落地科技企业，形成了创新驱动、平台支撑、人才下沉、产业链接的科技扶贫"北京模式"，让北京"科技种子"在贫困地区的土壤里生根发芽，开花结果，推动产业振兴、绿色发展，助力全面完成脱贫攻坚，带动乡村振兴。

京津冀协同创新共同体建设取得初步成效。组织不同层级对接会，充分发挥协同工作机制效应，多角度探讨京津冀区域发展面临的新形势、新问题，重点围绕创新链产业链联动、京津冀应用场景建设、协同创新规划衔接贯通、协同创新调查机制提出具体要求；同时结合雄安新区构建开放型创新体系和高质量发展、京津冀地区先进制造产业链布局、生物医药产业链创新链融合发展、利用工业物联网推动津冀产业转型升级提出相关建议和举措。推动组建京津冀国家技术创新中心，以技术创新和成果转化为核心定位，搭建高校（院所）和市场需求的纽带桥梁，打通从基础研究到产业化通道；推动京津冀基础研究合作平台建设。

在国内科技交流领域，继续依托国内论坛、学术会议，组织科技人才与高校、院所以及相关组织和个人开展学术交流，强化科技学术交流与合作。

（陈铭培）

## 京津冀协同

【推进京津冀协同发展领导小组视频会议召开】2月7日，市委书记蔡奇主持召开北京市委、市政府推进京津冀协同发展领导小组视频会议。会议听取了关于北京市推进京津冀协同发展2020年工作要点的汇报，书面审议了北京市京津冀协同发展2019年工作进展情况、2020年北京市京津冀协同发展领导小组专题会议议题计划。

（张　敏）

【京津冀国家技术创新中心获科技部批复】5月29日，科技部批复以北京协同创新研究院为基础组建京津冀国家技术创新中心。该中心是国家首个综合类国家技术创新中心，是落实国家创新驱动战略、促进创新要素流动和创新链条融通的重大举措，也是实施科技成果加速转化、探索科技体制机制创新的重要抓手，对京津冀开展核心技术产学研协同攻关，打造区域技术产业链、供应链和创新生态等具有重要意义。

（王　楠）

【京津冀协同创新座谈会召开】9月16日，为进一步落实京津冀协同创新重点任务，同时考虑新冠肺炎疫情防控常态化管理要求，由河北省科技厅牵头，以线上形式召开了2020年度京津冀协同创新座谈会，北京市科委、天津市科技局主管领导和各责任处室相关人员共同参与，就"十四五"协同创新规划编制、高新技术企业部分搬迁资质互认、京津冀产业链创新链深度融合、协同创新调查制度建立等年度工作重点事项展开深入探讨。

（张　敏）

【共商京津科技协同创新】10月28日，北京市副市长隋振江会见天津市副市长王卫东一行，就京津科技协同创新进行座谈。隋振江表示，推动京津两地创新链产业链联动，政府要发挥先导作用、桥梁纽带作用，围绕天津未来产业发展定位，结合北京创新资源积累，形成创新链产业链相互融合的有机循环。一是要根据未来5年技术发展趋势，结合双方比较优势，共同开展创新链和产业链的梳理，以实体经济的产业需求为牵引，谋划创新链，布局产业链；二是要以传统产业升级改造作为京津两地科技协同创新的切入点，高度重视天津传统产业转型升级需求，建设一批基于数字技术的新兴业态应用场景和产业升级应用场景；三是要共同支持京津冀国家技术创新中心建设，充分整合本地科研力量，利用平台对北京高校的链接作用，引导更多科技创新成果在京津冀区域落地转化。王卫东表示，天津将加大力度优化营商环境，为北京成果提供“订单式”服务，更好承接北京成果在天津转化，争取更多北京企业到天津发展布局；进一步加强对京津两地创新链产业链的梳理工作，两地携手破解创新链产业链联动不足的难题。北京市政府副秘书长刘印春，北京市科委主任许强、副主任许心超，天津市政府副秘书长朱玉兵，天津市科技局局长戴永康、副局长段志强，以及北京市科委、天津市政府办公厅、天津市科技局相关人员参加会见座谈。

（张　敏）

【京津冀国家技术创新中心共建框架协议签署】12月26日，北京市政府、天津市政府、河北省政府共同签署京津冀国家技术创新中心共建框架协议，按照目标一致、平台共建、机制统一、协同发展原则，分工协作，共同高效推进京津冀国家技术创新中心建设与发展。京津冀国家技术创新中心以技术创新和成果转化为核心定位，搭建高校（院所）和市场需求的纽带桥梁，为京津冀区域发展提供源头技术供给，为区域发展培养创新创业人才，为中小企业提供创新服务。

（张　敏）

【国投京津冀科技成果转化创业投资基金完成全部投资】年内，国投京津冀科技成果转化创业投资基金完成全部投资。2016年，国家开发投资集团有限公司与科技部联合动议，在京津冀三地科技管理部门的支持参与下，国投创业投资管理有限公司、天津科技融资控股集团有限公司、国家科技风险开发事业中心、中国国投高新产业投资公司、河北省科技投资中心、固安县新源国有资产运营有限公司及北京首都科技发展集团有限公司共同发起设立了国投京津冀科技成果转化创业投资基金（有限合伙）。基金投资额10亿元，认缴出资于2018年底前按计划全部足额到位。2020年底全部投资完成。基金通过投资布局，有效推动了具有较高创新水平和市场竞争力的企业实现科技成果转移转化及产业化。

（张　敏）

【助力津冀传统制造业转型升级】年内，市科委结合北京在智能制造领域的资源优势，投入科技经费1 500万元，围绕技术创新服务平台、应用示范与推广、联合技术攻关3个重点方向进行布局，以提升津冀两地共性技术服务能力和服务水平，构建京津冀区域智能制造产业协同创新链条。在技术创新服务平台方面，组织北京工业大学、北京精雕、北京机电院、安川首钢在河北黄骅进行塑料模具制造创新服务平台的建设工作，以提升黄骅高端模具制造能力，同时推动其为北京高精尖产业发展需求提供配套服务。在应用示范、联合技术攻关方面，组织机科发展、北京精雕、北京中软国际信息技术有限公司以及大唐集团，开展数字化车间建设、设备远程精益运维等技术研究，提升津冀两地制造业技术水平和产品竞争力。

（北京生产力促进中心）

## 国内科技合作

【2020年京赤科技对口帮扶工作会议召开】3月20日，市科委农村中心组织召开2020年京赤科技对口帮扶工作视频会议。河北赤城县政府、县农业农村局、县教科局及北京科技特派员产业扶贫工作站专家和企业代表参会。与会人员就京赤科技扶贫示范园建设、赤城蔬菜产业绿色发展和科技扶贫工作机制优化等内容进行交流研讨，促进京赤科技帮扶工作再上新台阶。

（王伟娟　赵　娣　姜佩瑄）

【银川（北京）飞地建设工作调度会召开】5月15日，银川（北京）飞地建设工作调度会在银川（北京）飞地科研育成平台举行。北京市科委、银川市科技局、银川市财政局、北京科学技术开发交流中心、银川中关村双创办相关负责人出席会议。会上，银川市科技局介绍了京银科技合作背景，以及银川市的资源优势、科技产业发展现状和面临的主要问题，提出了具体的科技合作需求。双方围绕设立京银天使投资基金、引入北京优质教育和科普资源等方面进行研讨交流,并提出京银科技合作要继续做好银川在京飞地平台,在远程系统、人工智能等新的经济增长点等方面加大合作力度。随后,华软资本等10家在京投资、教育机构企业代表分别介绍了各自业务发展情况,对接银川市科技合作需求。

(陈铭培 孙 刚 安鹤益)

【京闽科技合作工作推进会召开】5月29日,北京市科委接待全国人大代表、福建省三明市市长余红胜一行来京调研并召开京闽科技合作工作推进会。相关政府机构负责人及创新机构、企业代表,北京市派赴三明市科技特派员代表参加座谈。此次工作推进会是在2019年京明两地充分交流并签订合作框架协议的基础上,进一步推动两地务实合作的具体举措。会上,余红胜在总结双方合作进展情况后表示,希望双方下一步能在产业园区合作、产业化项目落地、科技特派员合作、干部挂职交流等方面开展务实合作。北京市科委主任许强指出,在未来新冠肺炎疫情防控常态化的情况下,京明两地科技合作可以从探索合作新模式、推进数字化转型、协同打造科技园区、深化科技特派员合作等10个方面加强合作。会上,许强和余红胜共同为第一批20位科技特派员代表颁发了聘书。会前,余红胜一行还调研考察了北京量子信息科学研究院等机构,与相关机构负责人进行了交流。

(陈铭培)

【京闽科技交流对接活动开展】6月1—2日,福建省三明市人大常委会副主任、三明经济开发区党工委书记王立文一行到访北京,与北京科学技术开发交流中心就京闽科技合作进行交流对接。在落实京闽合作暨开发中心与三明工作推进会上,王立文向与会领导、专家、学者介绍三明经济开发区的产业发展、园区定位、地域交通以及相关产业招商政策。北京科学技术开发交流中心表示,针对三明本地特色产业需求,将精准对接科技项目,帮助三明市本地企业提升科技创新能力,促进地方产业专项升级。来自中国科学院大学、北京理工大学、北京化工大学等机构的有关专家分别推介了各自领域科研成果,并与三明市有关人员进行互动交流。会后,王立文一行前往北京牡丹电子集团就智慧园区参观学习;赴北京化工大学对接科研成果转化以及三明主导产业转型升级相关事宜,并就北京化工大学与三明经济开发区建立氟化工、硅化工产业中试平台相关事宜进行深入探讨。

(张 健 孙 刚 安鹤益)

【京青科技合作对接会召开】6月3日,北京市科委与青海省科技厅在京召开京青科技合作对接会。青海省科技厅副厅长苏海红、北京市科委二级巡视员张虹出席合作对接会。会上,苏海红介绍了青海省科技发展情况以及科技产业发展定位,希望双方下一步能在生物医药、新材料、新能源、高原旅游等领域从产业园区、产业化项目落地、联合研发等方面开展务实合作,希望双方就创新驱动发展签订新一轮合作框架协议。张虹表示,北京市积极推进与青海省的科技交流合作,在科技人才交流、科技成果转化方面取得了初步成果,中国科学院过程所等单位在青海地区建立了院士工作站,积极推动成果转化和对接。会上,双方就合作机制确立、交流平台搭建、合作框架协议签订等进行了有成效的沟通。下一步双方将继续围绕青海省产业和科技发展需求,针对重点领域加强科技交流合作,务实推动两地的科技合作,实现互利共赢。

(陈铭培)

【赤城县致富带头人技术培训班结课】8月14—21日,北京市科委与赤城县政府共同举办赤城县致富带头人技术培训班,赤城县各乡镇致富带头人及种植户600余人参加。培训邀请了北京市农林科学院、北京农学院多位农业领域的专家,围绕榛子、玉米、设施蔬菜、中药材、休闲农业等领域,对新品种、种植技术、病虫害防治等方面进行讲解和技术指导,并针对学员提出的具体问题进行解答。

(王伟娟 赵 娣 姜佩瑄)

【京闽(三明)科技合作“云签约”视频会举办】8月27日,北京市政府与福建省政府联合召开京闽(三明)科技合作视频会,北京与福州两地分别设会场。北京市副市长隋振江、福建省副省长林宝金、北京市政府副秘书长刘印春、北京市科委主任许强、福建省政府副秘书长赖碧涛、福建省科技厅厅长陈秋立、三明市市长余红胜出席会议。会上,北京市科委、福建省科技厅、三明市政府主要负责人探讨了合作工作进展情况及下一步计划。京闽两地创新机构、科研院所以及科技企业签约方代表以视频连线的形式进行“云签约”,共计签署19项合作协议,其中包括产业化项目11项,总投资100.7亿元。未来,协议各方将从科技园区共建、产业项目落地、研发代工服务、科特派技术服务等方面开展科技合作，切实推动京闽两地科技合作落到实处。北京、福建两地相关科技管理部门负责人及签约机构代表参加视频会。

（陈铭培）

【北京科技特派员与三明市企业“云签约”】8月27日，北京市政府和福建省政府联合召开京闽（三明）科技合作视频会，北京科技特派员与福建省三明市多家技术需求方进行了对接项目的在线“云签约”。北京科技特派员中国农业科学院农产品加工研究所研究员张春晖与名佑（福建）食品有限公司围绕高品质冻肉制品加工技术开发与应用、中国食品发酵工业研究院有限公司教授级高级工程师段盛林与福建文鑫莲业有限责任公司围绕藕粉速溶技术研究与系列产品开发进行签约，合作迈入实质阶段。

（王伟娟　赵　娣　姜佩瑄）

【京蒙科技合作开展座谈交流】8月28日，北京市科委主任许强会见内蒙古自治区科技厅党组书记冯家举、厅长孙俊青一行，就进一步加强京蒙科技合作进行座谈交流。座谈会上，双方表示，要围绕落实北京市·内蒙古自治区扶贫协作工作座谈会精神，进一步凝练经济社会发展的科技需求，借助北京人才、科技、产业资源集聚优势，探索创新合作新机制，以签署新一轮框架合作协议为契机，联合实施科技创新合作项目，着力提高企业在创新合作活动中的参与度，重点推动数据中心、大规模储能、石墨烯、稀土、现代农牧业等产业领域的合作，带动相关产业发展，助力内蒙古脱贫攻坚与乡村振兴。北京市科委、内蒙古自治区科技厅相关人员参加座谈。

（陈铭培）

【赴丰宁对接科技对口帮扶】9月3—4日，北京市科委会同北京市扶贫支援办赴河北省丰宁满族自治县开展科技扶贫调研对接工作。北京市科委副主任张玮、北京市扶贫支援办副主任汪兆龙、河北省科技厅副厅长李丛民、承德市副市长张华参加调研。调研组一行赴北京科特派（丰宁）蔬菜产业扶贫工作站、北京科特派（丰宁）肉羊产业扶贫工作站及北京科特派（丰宁）杂粮产业扶贫工作站进行实地调研，并召开京冀科技扶贫（丰宁）工作座谈会。会上，北京科技特派员与丰宁满族自治县科学技术局及工作站依托企业单位三方续签了北京科特派（丰宁）产业扶贫工作站协议书。张玮表示，要以此次续签合作协议为新的起点，在提升丰宁特色产业集约化、品质化、品牌化等方面找好着力点，更好地为丰宁提供科技、人才支撑。汪兆龙表示，希望京冀继续深化科技合作，充分利用在京科研院所技术资源，提升丰宁农副产品的种养、加工技术；深入推进科技扶贫与消费扶贫深度结合；持续推进北京龙头企业在丰宁落地。北京市科委、河北省科技厅相关处室，承德市、丰宁满族自治县相关负责人，北京科特派专家及相关企业负责人参加此次活动。

（陈铭培）

【深化推进区域合作与产业对接研讨会（京蒙专场）召开】9月10日，深化推进区域合作与产业对接研讨会（京蒙专场）在北京科学技术开发交流中心召开。会上，内蒙古自治区科技厅以视频连线的方式介绍了内蒙古重点发展领域及科技需求等情况。来自中国农业科学院、中国农业大学、北京航空航天大学、钢铁研究总院、有研科技集团有限公司等20余家机构的专家分别推介了各自领域科研成果，在新材料、新能源、生物技术、种植业、养殖业、生态环境等重点领域展开讨论，并围绕内蒙古的具体需求有针对性地进行对接交流。

（孙　刚　安鹤益）

【京蒙科技合作工作推进会召开】9月17日，北京市科委副主任许心超接待内蒙古自治区科技厅副厅长张志宽一行并召开京蒙科技合作工作推进会。此次工作推进会是在部区会商启动实施“科技兴蒙”行动后京蒙两地互动交流的基础上，进一步推动两地务实合作的具体举措。会上，双方围绕京蒙科技合作协议内容及园区合作事宜展开充分讨论，均表示要进一步凝练经济社会发展的科技需求，促进北京人才、科技、产业资源集聚优势和内蒙古区位、资源优势有效对接，探索创新合作新机制，共同推动双方在重大关键技术联合攻关、产业园区合作、成果转移转化、科技人才交流等方面开展区域协同创新合作，实现互利共赢。北京市科委、内蒙古自治区科技厅相关人员参加会议。

（陈铭培）

【通辽市现代农牧业创新发展能力提升培训班举办】9月25日，北京市科委农村中心联合内蒙古自治区通辽市科技局共同举办通辽市现代农牧业创新发展能力提升培训班。通辽市各旗县市区科技部门、农牧业龙头企业、“星创天地”负责人及科技特派员等80余人参加此次培训。培训邀请了北京技术市场协会、内蒙古农业大学、通辽市科技经济信息研究所、北京神州绿鹏农业科技有限公司等单位的行业内专家，围绕农业技术转移模式与价值评估、推动精准扶贫与乡村振兴、12396 农牧业科技服务平台应用、农牧业创新驱动发展等专题课程进行讲解与交流。

（王伟娟　赵　娣　姜佩瑄）

**【科技援疆交流活动开展】**10 月 14—16 日，北京市科委副主任张玮带领市科委、北京科学技术开发交流中心和北京广源益农化学有限责任公司、北京中农劲腾生物技术股份有限公司相关人员赴新疆乌鲁木齐及和田开展科技援疆交流活动。一行人参加了第一届跨区域协同创新合作年会，调研了位于和田市北慕蔬菜批发市场的 2019 年“互联网 +”现代农业精准扶贫项目——京和科技扶贫电商平台，走访了和田市国家众创空间——阗智创客家园暨和田市科创中心。在对口支援和田地区工作现场推进会上，新疆沙田综合农业开发有限公司、和田思成生产力促进中心有限公司进行了情况汇报，张玮总结了阶段性的科技援疆工作，并从搭建电商集中平台、创新地方产品品牌、搭建专家库资源、地方科技扶贫政策支持等方面提出指导性建议。

（陈铭培　安鹤益）

**【第一届跨区域协同创新合作年会召开】**10 月 15 日，第一届跨区域协同创新合作年会采用线上与线下相结合的形式在乌鲁木齐召开。年会上，乌鲁木齐、北京、上海、重庆、深圳五地共同签署跨区域协同创新合作协议，标志着五地共建跨区域协同创新合作机制。乌鲁木齐市科技局与设在北京、上海、重庆、深圳和哈萨克斯坦的协同创新中心（异地、离岸孵化器）签约并授牌；成立“丝路”跨区域协同创新中心（异地、离岸孵化器）联盟并签订协议；各机构、联盟、企业之间签订产业、人才、金融等单项合作协议。下一步，北京市科委将进一步深化和丰富与各省区市之间的科技创新合作，共同努力推动国内科技协作的大循环和内循环。

（陈铭培　安鹤益）

**【京蒙协作科技扶贫技术培训暨农产品产销对接会举办】**10 月 15—16 日，北京市科委农村中心联合内蒙古自治区兴安盟科技局在京举办京蒙协作（兴安盟）科技扶贫技术培训暨产销对接会，来自兴安盟各旗县市农科局、盟科技成果推广中心、盟科技信息研究所人员及当地种养殖企业、大户代表等 30 余人参加此次培训和对接会。培训采用现场考察和专家授课相结合的方式进行。兴安盟一行人参观考察了房山国家农业科技园区，对热带水果种植技术与都市现代休闲农业创新模式进行学习交流。美菜网、志广富庶、沱沱工社等北京农产品渠道商与兴安盟的种养殖大户和企业就特色农产品种植与销售进行对接洽谈，两地企业就厄瓜多尔燕窝火龙果等热带水果种植、大米和牛肉销售等签订合作协议。

（王伟娟　赵　娣　姜佩瑄）

**【京堰开展科技创新合作交流】**10 月 26—30 日，北京生产力促进中心及北京高校企业 20 余名专家共赴湖北十堰调研智能制造、汽车、机器人及零部件制造等企业，帮助十堰企业解决智能化生产和关键技术、制造工艺技术攻关等难题。促进北京科技成果转化落地湖北十堰，助推十堰市智能制造、汽车等特色产业科技创新高质量发展。

（北京生产力促进中心）

**【2020 年京蒙合作农业技术培训暨产销对接会举办】**11 月 12 日，北京市科委农村中心联合内蒙古自治区乌兰察布市科技局在乌兰察布举办 2020 年京蒙合作农业技术培训暨产销对接会，来自乌兰察布市各旗县农牧和科技局、现代农业技术转移示范基地及农业合作社等单位的 70 余人参加此次活动。培训邀请中国农业科学院和北京市农林科学院专家分别围绕乌兰察布市马铃薯产业发展和设施蔬菜栽培管理进行专题讲解和交流。电商销售平台美莱网的销售经理与当地农产品负责人员围绕乌兰察布市马铃薯和蔬菜销售情况进行对接交流。

（王伟娟　赵　娣　姜佩瑄）

**【“京港创客营　青企创新行”活动举办】**11 月 15—19 日，2020 年“京港创客营　青企创新行”活动在北京举办。该项活动作为第二十三届北京·香港经济合作研讨洽谈会京港科技创新合作专题活动之一，旨在宣传北京科技创新政策与规划，鼓励港澳台地区科技人才参与国家及北京重点基础研究发展计划和高技术研究发展计划等项目课题。活动得到了北京市科委的支持。来自京港两地高校、科研院所、科技创新型企业的 30 余名代表参加。在开幕式现场，北京科学技术开发交流中心与香港倬越科技有限公司互设京港科技创新人文交流基地，并举行揭牌仪式。学员们参加了京港科技创新合作专题活动开幕式、第二届京港创客大赛暨全港学界电动车程式赛体验互动活动，参观调研了阿里巴巴北京总部、中关村东升国际科技园、中科智汇工场、牡丹融媒体、海淀城市大脑展厅及创客总部等北京创新创业机构，并进行了项目对接与座谈交流。

（张园婷　安鹤益）

【京沈人工智能领域科技合作交流活动举办】11月16日，“京沈科创　筑梦未来”京沈人工智能领域科技合作交流活动举办。本次交流活动在北京市科委、沈阳市科技局指导下，由北京科学技术开发交流中心主办、北京中创无界科技有限公司协办。活动围绕人工智能、大数据、电子信息等主题，采取线上与线下联动进行的方式，邀请沈阳的科技型企业和北京的人工智能领域专家参会。来自沈阳的沈阳天眼智云信息公司、沈阳货易融公司、东软集团－东软智能医疗科技研究院、沈阳民航东北凯亚公司、沈阳顺义科技公司5家企业围绕大数据挖掘、人工智能算法及电子信息应用等方面进行了技术介绍，并提出了具体的技术需求。来自中国科学院大学、中国航天科工集团、中建技术集团、华夏芯（北京）通用处理器技术有限公司人工智能领域专家，针对沈阳企业提出的技术需求进行讲解和对接，并对沈阳企业的技术开发和市场开拓模式提出了意见和建议。会上，沈阳中关村信息谷公司、北京启元资本公司、北京中创无界公司就京沈科技孵化器服务、科技金融对接及国际区域合作等方面进行介绍和交流。

（陆纳新　安鹤益）

【京堰区域合作和成果转化专家研讨会举办】11月19日，北京科学技术开发交流中心组织举办京堰区域合作和成果转化专家研讨会。湖北省十堰市科技局、北京生产力促进中心、北京科学技术开发交流中心相关领导参加座谈。会上，来自北京生产力促进中心、北京新能源汽车股份有限公司、北京星航机电装备有限公司、北京建筑大学、北京市营养源研究所、北京农学院、中国科学院理化技术研究所、中国农业大学、北京工业大学等单位的20余名汽车工业和现代农业领域的资深专家分别介绍了各自研究领域的专业技术和前沿信息，并为十堰市汽车工业和现代农业产业转型升级过程中出现的问题提供专业的咨询意见和解决方案。

（陆纳新　安鹤益）

【赴内蒙古乌兰察布对接科技对口帮扶】11月26日，北京市科委组织企业、专家赴内蒙古自治区乌兰察布市开展科技扶贫调研对接工作。调研组一行调研了内蒙古民丰种业有限公司，以及北京在内蒙古投资扶贫的企业，华颂种业（北京）股份有限公司乌兰察布电子交易中心、北京普析通用仪器有限责任公司内蒙古子公司、北京凯达恒业农业技术开发有限公司内蒙古园区，并召开京蒙科技对口帮扶（乌兰察布）工作座谈会。座谈会上，乌兰察布市科技局领导介绍了京蒙科技扶贫工作情况和科技需求，北京市科委农村发展中心汇报了北京市科委对口帮扶乌兰察布工作情况，北京的专家和企业代表与乌兰察布的企业代表进行了充分的供需交流。北京市科委表示，双方要密切加强沟通，以提高扶贫精准度，不断完善帮扶工作对接机制，携手共同推进精准脱贫工作。北京市科委负责人、北京市专家和企业代表、内蒙古自治区科技厅、乌兰察布市科技局负责人，以及内蒙古农业企业代表30余人参加了此次活动。

（陈铭培）

【第三届京沈科创产业生态共同体峰会举办】11月27—28日，在北京市科委和沈阳市政府的指导下，中关村朝阳园管委会、北京科学技术开发交流中心、沈阳市科技局、沈阳市发展改革委、沈阳高新区管委会、中国（辽宁）自贸区沈阳片区管委会共同主办了2020京沈对口合作第三届京沈科创产业生态共同体峰会暨中关村企业沈阳（浑南）行活动。会上，京沈两地的政府和企业代表以“软产业”价值共享为核心，实现6个项目现场签约。京沈合作科技创新中心揭牌，自贸区沈阳片区－京沈高精尖产业智库服务平台项目启动。

（陆纳新　安鹤益）

【京堰科技合作交流活动开展】12月15—18日，北京科学技术开发交流中心组织中国农业大学、北京市营养源研究所、北京三态环境科技有限公司、中国农业科学院等企业、高校、科研院所的8名专家赴湖北省十堰市开展循环农业及环保技术服务与咨询活动。在十堰市科技局、十堰市科技情报所领导和工作人员的带领下，专家一行先后考察了郧西县真武酒业有限公司、湖北绿道农业发展有限公司、十堰伏龙山绿色食品开发有限公司、湖北山鼎环境科技股份有限公司、武当道茶业（集团）有限公司、十堰龙箭武当道茶产业开发有限公司、湖北诚者茶业有限公司、十堰智脑中药材专业合作社等企业，针对企业各类技术问题，如餐厨垃圾废水中高效去除氨氮技术、猕猴桃溃疡病根治和土壤病害处理等，提供专业咨询意见和解决方案。

（陆纳新　安鹤益）

【京沈对口合作进一步落实】年内，京沈两地继续加强科技合作。截至11月，沈阳市推进和落实中国科学院机器人与智能制造创新研究院、北京艺创阀门东北总部基地等300多个京沈对口合作项目，引进北京特斯联新科技智能产业生态园项目、大唐5G产业学院、中化环境科学园等新签约项目70余个。

（陆纳新　安鹤益）

【援疆打造4个京和现代农业电商扶贫示范点】年内，北京技术交易促进中心继续深入推动科技援疆工作，在和田市、和田县、墨玉县等地通过遴选升级并打造4个京和现代农业电商扶贫示范点。以电商组团拼车方式直接采购和田地区农户伽师瓜与西州蜜12车，共计309吨，直接带动200余户900多人增加收入。

（北京技术交易促进中心）

【京蒙扶贫协作取得新进展】年内，北京市科委农村中心依托内蒙古自治区赤峰、通辽、乌兰察布、兴安盟、锡林郭勒、呼伦贝尔6个盟市建立的京蒙合作现代农牧业技术转移工作站，将北京全国科技创新中心的技术、产品集成在内蒙古展示推广，示范推广玉米良种1 200多万亩、连栋温室与无土栽培技术8 000余平方米、航天新优蔬菜品种数十种，服务专业合作社30多家。

（王伟娟　赵　娣　姜佩瑄）

【北京油鸡助力内蒙古脱贫攻坚】年内，北京市科委农村中心分批次向内蒙古自治区赤峰、通辽、乌兰察布、兴安盟、锡林郭勒、呼伦贝尔6个盟市建立的京蒙合作现代农牧业技术转移工作站捐赠北京油鸡鸡苗，共计3万只。油鸡鸡苗先由合作社或养殖大户代为育雏，待鸡苗长到45天左右时再分配给贫困户。此项目采用“合作社＋贫困户”的代管托养再分配养殖模式既充分发挥工作站的人才与技术资源，打造京蒙科技扶贫“北京油鸡”知名品牌，也带动贫困户稳脱贫促增收，助力精准扶贫。

（王伟娟　赵　娣　姜佩瑄）

【科技特派员助力京闽科技合作】年内，北京市科委深入推进京闽科技合作及科技特派员区域协同创新工作，选派20名科技特派员作为京闽合作的第一批科技特派员，围绕三明市乡村振兴、脱贫攻坚及产业创新发展，对接三明市特色现代农业、新能源材料、农产品加工、病虫害防治等13个领域、33家企业的70余项科技需求，进行“订单式”需求对接和“菜单式”服务供给模式。建立“京闽科技特派员合作交流”微信服务群，畅通两地需求与服务渠道，深化京闽科技合作。

（王伟娟　赵　娣　姜佩瑄）

【对口支援培训组织开展】年内，北京科学技术开发交流中心完成湖北省巴东县组工干部培训班、巴东县妇女干部培训班、巴东县党政干部培训班、巴东县对口支援项目管理人员培训班的承办工作，累计培训各领域干部180人。培训工作以“开拓思路，换脑子、学技术、找路子”为立足点，打造“以培训班为窗口，推动区域合作”的培训模式。针对受援地区需求与特点，邀请拥有一线工作经验、熟悉产业发展状况与模式的权威专家与学者，为学员从政策分析、党性教育、基层工作、家庭教育、项目管理等多个维度答疑解惑，传递经验与方法。带领学员学习习近平新时代中国特色社会主义思想、关于“不忘初心、牢记使命”重要论述、疫情防控常态化下的经济形势等重要课程。组织学员走进红色教育基地、产业园区、中关村创业大街、科研院所、现代科技农业园、脱贫致富小康村、社区卫生站等，进行实践体验学习。向培训班学员发放产业发展和科技需求的调查问卷，挖掘潜在区域合作与项目对接点，举办路演对接会、宣讲会，搭建首都优质资源转化合作和平台，协助受援地区打造“自造血”的产业发展脱贫之路，探索支援培训工作的长效机制。

（栾天亿　安鹤益）

## 国内科技交流

【2019中国制冰年会暨冰雪行业技术沙龙举办】1月8日，北京制冷学会主办的2019中国制冰年会暨冰雪行业技术沙龙在京举办，主题为“冰雪科技　赋能产业”。北京大学教授张信荣、华商国际工程有限公司制冷专业总工程师马进、全国制冷标准化技术委员会副主任委员刘小朋分别做题为《新型节能环保冰雪运动建设与低温干燥技术》《绿色冬奥的制冷技术》《我国制冰机现行标准现状》的

学术报告。50 余人参会。

（崔家墅）

【疫情期间公众心理健康状态评估问卷调查】1 月 30 日，北京预防医学会与北京医学会共同采用自测问卷和科普文章推送的方式，对公众开展新冠肺炎疫情期间线上心理健康状态评估问卷调查。全国参与人数 15 487 人，其中北京市居民 4 941 人。参与调查的北京市居民中，有焦虑情绪者占 43.5%，其中 37.5% 为中重度焦虑；有抑郁情绪者占 51.1%，其中 45.3% 为中重度抑郁；有应激反应者占 27.8%。建议公众通过正确渠道获取新冠肺炎疫情信息和新冠肺炎的防护知识，控制每天关注疫情相关信息的时间，理性看待疫情发展，合理安排生活作息，还可以采取适量运动、放松练习、阅读、听音乐、与亲友聊天等方式缓解压力。当自助解压效果不明显时，建议通过电话咨询、网络咨询等方式寻求专业人员的帮助。北京市 12345 市民热线以及 15 条心理援助热线均已开通，随时为有需求的公众提供服务。

（崔家墅）

【微信群心理援助关爱行动开展】2 月 14 日，北京预防医学会联合北京市疾病预防控制中心联合启动“非常时期非常爱——暖心北京”微信群心理援助关爱行动。在了解疾控人员的工作内容和心理状态后，特邀多位心理学专家，为疾控人量身定制了一套心理危机干预课程，通过微课堂形式进行讲授与互动。另外，学会还安排专人守候在微信群，在新冠肺炎疫情防控期间陪伴疾控一线工作人员，持续提供心理支持、压力情绪疏导和心理健康辅导。考虑到疾控一线人员持续疲劳作战时无法保证休息质量，2 月 16 日，特邀请催眠师刘毅君为大家做“秒睡”课程分享，引导 100 多位疾控一线人员进行线上舒眠减压练习。

（崔家墅）

【2020 北京变态反应世纪论坛举办】4 月 11 日，全国爱鼻日，由北京医学会过敏变态反应学分会主办、北京世纪坛医院变态反应科承办的 2020 北京变态反应世纪论坛以网络会议形式举办。来自北京医学会变态反应学分会 26 位专家对皮肤点刺试验标准化、奥马珠单抗治疗伴难治性哮喘的花粉症、变应原体外检测等 13 个专题进行讨论。

（崔家墅）

【常态化疫情防控与推进复工复产决策咨询沙龙举办】4 月 27 日，由市科协主办，北京科技咨询中心、北方工业大学联合承办的常态化疫情防控与推进复工复产决策咨询沙龙在北方工业大学举办。与会专家围绕对常态化疫情防控的认识、常态化疫情防控与无接触服务、常态化疫情防控与如何帮扶中小微企业、常态化疫情防控中央企的新作为、智慧技术在常态化疫情防控与复工复产中的作用、依法保障常态化疫情防控等不同角度发表意见，对新冠肺炎疫情防控、复工复产中出现的问题进行捕捉和研判，为进一步建立健全首都公共卫生应急管理体系、建立突发重大公共安全卫生规划体系、助力北京新冠肺炎疫情防控和复工复产工作积极建言献策。来自政府、高校、科研机构、企业的专家和行业代表 30 余人参加。

（刘　伟）

【北京市第 542 次病理云读片会举办】4 月 27 日，由北京医学会主办，北京医院、北京同仁医院和北京大学医学部协办的北京市第 542 次病理读片会在北京医院举办。北京医院刘龙腾、王征、范宇宁和北京同仁医院的李文静、张雪分别分享了滤泡树突状细胞肉瘤、多发性骨髓瘤伴肾脏轻链沉积病改变、椎体上皮样血管内皮瘤、淋巴结内原发 EBV 阳性 T/NK 细胞淋巴瘤、INI－1 缺失性鼻腔鼻窦癌 5 个疑难病例。嘉宾们进行了实时在线互动和研讨。本次病理读片会因新冠肺炎疫情首次改为线上直播，并尝试了直播与讨论相结合的方式，在线人数峰值高达 4 000 余人次，相比传统模式读片人数增长 100 多倍。

（崔家墅）

【第十届北京（通州）国际都市农业科技节举办】5 月 16 日，由市科委等单位指导、北京中农富通园艺有限公司等单位主办的第十届北京（通州）国际都市农业科技节在京开幕。本届科技节以“科技创新·国际交流·开放平台·合作共赢”为主题，首次采用云参观、云讲堂、云论坛和云展示相结合的方式，展示新技术 1 000 余项、新品种 1 000 余项、专利转化 126 件及 80 万平方米的现代农业科技园区，围绕生态循环农业、数字农业、机械化农业农产品采后加工及产销服务、社会化服务、中医农业、新奇特品种、家庭园艺/创意农业、科研院校成果对接八大科技体系内容展示，当天共 50 万余人次在线观看。开幕式上，药食同源委员会宣布成立。第十届现代都市农业高层论坛同期举办。

（王伟娟　赵　娣　姜佩瑄）

**【数字赋能农业一二三产融合专题研讨会举办】** 5月18日，由中国农业大学农业规划科学研究所、北京物联网智能技术应用协会、北京新型智慧农业研究院、北京中农富兴农业信息技术有限公司联合主办的数字赋能农业一二三产融合专题研讨会暨第十届北京（通州）国际都市农业科技节"云上"举办。中国农业大学信息与电气工程学院教授李道亮、中国农业大学农业规划科学研究所副所长杜名扬、浙江大学（南浔）物联网产业研究院产品追溯技术研究所副所长岳晓兰就数字农业相关技术发展做了精彩解读。荷兰豪根道亚洲客户关系总监赵雪、荷兰科迪马集团中国区商务经理罗正义（Just Roos）、河北大沃农业科技有限公司董事长李宝来、科芯（天津）生态农业科技有限公司创始人胡建龙做了企业案例实战分享。

（崔家墅）

**【第九届北京现代种业博览会举办】** 5月26日，第九届北京现代种业博览会（简称种博会）在北京通州国际种业科技园区开幕，将持续到11月。本届种博会采取线上直播方式，参展商通过线上洽谈交易，观众通过直播进行参观交流。种博会展示了1 315个农作物新品种的种植及100家国内外种子企业、高校院所的核心农产品品种与先进育种理念；种博会期间，京津冀鲜食番茄擂台赛、中国北京鲜食玉米大会、作物工程化育种论坛等系列活动举办，全面汇集展示国内外农作物种业的新品种、新成果和新理念，以科技创新提升园区发展，以产业发展助力乡村振兴。

（王伟娟　赵　娣　姜佩瑄）

**【第一届中国·北方农业（蔬菜）科技创新发展会议召开】** 6月6—7日，第一届中国·北方农业（蔬菜）科技创新发展会议在河北省石家庄市召开，该会议由北京市法人科技特派员北京市农林科学院联合河北省农业农村厅、石家庄市政府、天津市农业科学院共同主办，来自三地的科研院校、农业企业、种植大户代表等参加活动。会议展示了包括北京市农科院蔬菜中心在内的8个省区市65个单位的叶菜类、茄果类、瓜类、花菜类品种（组合）861个，示范了由北京市科技特派员参与提供技术支撑的蔬菜基质栽培、节水高效生产、绿色防控、智慧管理、废弃物综合利用、高质量生产模式及蔬菜生产新装备等多项创新成果。

（王伟娟　赵　娣　姜佩瑄）

**【2020智慧畜牧新技术应用专题研讨会举办】** 6月19日，由北京市科协指导，中国畜牧业协会、北京物联网智能技术应用协会主办的2020智慧畜牧新技术应用专题研讨会"云上"举办。会上，中国农业大学动物科技学院教授刘继军、国家农业信息化工程技术研究中心副研究员余礼根、青岛农业大学动物科技学院教授单虎3位知名专家，北京物联网智能技术应用协会会员单位江苏深农智能董事长王晓冰、北京国科农牧董事长李蔚及合作单位北京农信互联研究院院长于莹3家行业企业代表就智慧畜牧养殖技术的发展及应用做了深度交流与分享。本次会议采取TVR融媒体直播的形式举行，线上观众达到2 200人次。

（崔家墅）

**【第五届智能建筑节5G物联网专题论坛举办】** 7月2日，由北京物联网智能技术应用协会、上海河姆渡电子商务平台联合主办的5G与物联网发展论坛在线上举行。北京理工大学计算机学院副院长刘驰，北京智芯融科技有限公司董事长庄乾起，杭州指令集智能科技有限公司合伙人、技术总监秦刚，上海联通产业互联网有限公司物联能力部技术总监孙盛婷，上海集光安防股份有限公司产品经理黄强等专家学者围绕5G与物联网的技术开发、产品创新以及多样化场景应用进行探讨，向用户展示智慧5G的精彩未来。论坛在线人数近1万人次。

（崔家墅）

**【2020智慧农业生态大会暨智慧农业创新簇集展"云上"举办】** 7月22日，由北京物联网智能技术应用协会、中国电子学会物联网专委会等单位共同主办的"新基建　新风口　新农业"IAE·2020智慧农业生态大会暨智慧农业创新簇集展"云上"举办。海尔数字科技副总经理、卡奥斯平台农业行业总经理汪洪涛，浪潮智慧粮食技术总监朱来路，河北大沃农业董事长李宝来，中联重科智慧农业负责人袁勇富，江苏深农智能董事长王晓冰等北京物联网智能技术应用协会会员单位与合作单位代表分别结合自身业务从工业互联网赋能农业发展、粮食行业数字化转型、智能灌溉技术的应用与发展、水稻数字化种植管理与实践、家禽立体化智能养殖技术做了深度交流。在线观众人数达到6 000人次。

（崔家墅）

【北京工程师学会成立】8月6日，北京工程师学会成立暨第一次会员大会在京召开。副市长隋振江，中国科协党组成员、书记处书记吕昭平出席并讲话。市科协名誉主席、中国科学院院士顾秉林，中国工程院院士、市科协主席刘德培，世界工程组织联合会主席龚克，市科协党组书记马林及30家单位会员的代表和242名首批拟发展个人会员通过线上与线下方式参加会议。会议选举产生北京工程师学会第一届理事会领导机构。清华大学教授贺克斌院士当选为学会理事长。

（李颖红）

【健全首都重大疫情防控常态化体制机制决策咨询沙龙举办】8月12日，由市科协主办，北京医学会、北京预防医学会、北京科技咨询中心承办的健全首都重大疫情防控常态化体制机制决策咨询沙龙在北京民生金融中心举办。专家们从新常态下新冠肺炎疫情防控的核心问题、推进医教协同加大公共卫生人才培养力度、传染病专科医院在重大疫情防控常态化体制机制中的管理、综合医院在重大疫情防控常态化下的应对措施等不同角度发表见解，为健全首都北京重大疫情防控常态化体制机制出谋划策。北京医学会会长封国生、北京预防医学会会长邓瑛、中国疾病预防控制中心研究员曾光、北京市疾病预防控制中心副主任庞星火等专家学者50余人参加沙龙。

（刘　伟）

【冬奥场馆相关制冷技术暨第十二届全国制冰机产业研讨会举办】8月19日，由中国制冷学会和北京制冷学会承办的“冬奥场馆、制冰制雪相关制冷技术”暨第十二届全国制冰机产业专题研讨会在重庆举办。华商国际工程有限公司副总经理王斌、北京大学教授张信荣、华商国际工程有限公司冰雪及特种制冷事业部副部长李坤、松下冷机系统（大连）有限公司高级工程师李爽，围绕2022年北京冬残奥会“绿色办奥”理念，冬奥会场馆核心的制冷制冰制雪系统体现绿色环保和节能的要求，分别做了题为《自然工质在冬奥会中的应用》《冬奥会制冰造雪技术的思考》《冬奥氨制冷系统控制与安全技术应用》和《节能环保冰雪系统在冬奥项目应用介绍》的报告。来自科研院所、企事业单位、大专院校和企业的工程技术人员、大学生和研究生，以及有关人员50余人参加研讨会。

（崔家墅）

【第五届北医医保论坛举办】9月5—6日，北京预防医学会首次与北京医药卫生经济研究会及北京大学附属医疗机构联合主办的以“创新　发展　合作　共赢”为主题的第五届北医医保论坛在京举办。国家卫健委体制改革司司长梁万年、北京大学健康发展研究中心教授李玲、中国医学科学院北京协和医学院群医学及公共卫生学院执行院长杨维中、中国社会保障研究院院长金维刚4位专家做主旨报告。在“常态下公共卫生的作用与地位”专题论坛上，市卫健委书记兼主任雷海潮做专题报告。北京市疾病预防控制中心预防免疫所所长吴疆、中国医学科学院北京协和医学院群医学及公共卫生学院执行副院长冯录召、首都医科大学宣武医院感染管理科主任王力红、中国生物技术股份有限公司董事长杨晓明和大兴区疾病预防控制中心主任高艳青，分别就日常防疫指引的作用与意义、疾病防控与医防协同、医院感染防控的卫生经济学分析与思考、新型冠状病毒疫苗研发进展与展望、大兴区新冠肺炎疫情防控经验交流做了报告。该专题论坛共有7个省区市医疗机构和公共卫生机构管理人员及专业人员、高等院校相关专家等100余人参加线下活动，近3 000人次在线上观看。

（崔家墅）

【2020首届AIOT产业融合发展高峰论坛举办】9月17日，由北京物联网智能技术应用协会、中国电子学会物联网专委会、科技社团创新簇洛可可站联合主办的2020首届AIOT产业融合发展高峰论坛在北京正大中心举办。本次论坛聚焦AIOT在脱贫攻坚与新冠肺炎疫情防控中的应用，邀请赛迪顾问物联网产业研究中心高级咨询师周玥解读了AIOT的概念、内涵、产业链及最新政策；中化智慧农业市场经理祁为、华夏天信机器人有限公司总经理高强、北京智芯融科技有限公司总助郗洪征、北京博立信科技有限公司副总裁赵亮等会员单位负责人就自身在脱贫攻坚与新冠肺炎疫情防控中实操案例进行交流与分享。来自全国各地物联网、人工智能及智能制造、智慧交通、智慧农业、智慧医疗等多个垂直领域的150余家企业负责人参加论坛。

（崔家墅）

【2020体能训练专家论坛举办】9月20日，由北京体育科学学会主办的2020中国体能训练专家论坛在北京举办。本届论坛首度采取线上与线下联动的主题报告形式，分为竞技体育、军事体育、青少年

体育和大众体育4个板块，邀请16位专家聚焦当前体能训练热点问题，围绕“从功能到体能 & 从基础到专项”这一主题进行深度探讨。来自北京、湖北、湖南等省市的500多名科研人员、教练员和在校学生报名参会，在线观看人数达5 121人次。

（崔家墅）

**【2020年第六届科学与艺术研讨会举办】** 9月24日，由北京数字科普协会与首创中传传媒产业创新中心共同主办的主题为“科学与艺术：生命、环境、动物”的2020年第六届科学与艺术研讨会在首创中传传媒产业创新中心举办。北京联合大学教授鲍泓、中国电影电视技术学会摄影摄像专业委员会副主任杨祥、北京联合大学北京学研究所（基地）朱永杰、北京社会科学院张艳丽、中国传媒大学协同创新中心副主任曹三省教授分别做《迎接5G + AI科技时代的到来》《巨变中的影像科技与艺术》《北京运河文化带建设现状及保护对策》《清代北京地区的疾疫与应对》和《媒体融合创新要素与趋势前瞻》主题报告；主办单位邀请的与会专家、学者围绕以上报告涉及的科学与艺术有关话题展开讨论和交流。来自高校、科研院所、博物馆、科技馆和企事业单位的科技、文博、科普、教育、设计、艺术、互联网等领域的专家学者60多人参加会议。

（崔家墅）

**【第六届畜牧兽医工程科技高峰论坛举办】** 9月26日，由北京畜牧兽医学会主办，中国农业大学动物科学技术学院、中国农业大学动物医学院、《中国畜牧兽医杂志》有限公司承办的第六届畜牧兽医工程科技高峰论坛在京开幕。论坛围绕中国目前养殖形势、产业实际，分享行业高水平学术成果，药用植物化学与动物营养、药用植物化学与兽医临床的紧密结合与应用，就最新的药用植物资源药理活性，药用植物资源的原料、提取物、组分及化学成分，抗人畜共患致病菌、畜禽致病菌、病毒、杀虫活性等药物筛选，创新新饲料添加剂、新兽药的研究和开发，药用植物资源开发及其深加工技术的开发研究等26个相关主题、热点问题进行学术交流与研讨。50名专家围绕26个相关主题针对各自研究成果进行报告与观点分享，来自京津冀畜牧兽医学会领导及各地代表近400人参加会议。

（崔家墅）

**【第23届北京科技交流学术月举办】** 9—10月，由市科协主办的第23届北京科技交流学术月举行，共举办各类活动200余场（全国学会活动30场、线上会议70余场），百余位院士参与，交流论文1 000余篇，线上线下受益科技工作者1 300余万人次。特别是学术月开幕式暨走进未来科学城能源技术专场报告会，线上点播达280余万次，最高同时观看达13.7万人次，大幅超过2019年。首都学术交流主平台初步形成，61家全国学会参与其中。

（崔家墅）

**【北京地区广受关注学术成果系列报告会举办】** 9—12月，市科协聚焦突发事件（新冠肺炎疫情）、社会热点（交通运输）和北京的十大高精尖产业，围绕预防医学、交通工程、航空航天科技、控制科学与智能制造、能源与环境、新材料、生物医药、新能源汽车等领域，从北京学者近5年（2014—2018年）发表在正式出版的具有国际标准连续出版物编号（ISSN）的国内外期刊上的70万篇论文中，遴选出300篇，在北京大学、北京经济技术开发区、中国商飞集团等高校、科技园区和在京央企举办23场报告会，在线观看人数突破1 400万人次。报告会得到新华社、《人民日报》等多家新媒体的关注与报道，《人民日报》以《这样的学术交流平台搭得好》为题进行报道。

（崔家墅）

**【第二届摩尔材料论坛举办】** 10月18日，由摩尔材料研究院主办的第二届摩尔材料论坛在怀柔科学城举办，来自高校院所以及企业的200余位产业专家和材料专家参加论坛，共同研讨中国电子材料的技术发展和未来。论坛以“共享材料科技，共创产业价值”为主题，来自电子材料行业的科技、材料及产业专家围绕消费电子、5G通信和半导体封装三大关键领域进行演讲分享，从电子材料的新型技术、应用领域、市场机遇、产业布局等方面探讨电子材料产业未来高质量发展之路和新材料行业最新进展。

（北京生产力促进中心）

**【第三届“地质与人”天竺论坛举办】** 10月20日，为推进科普理念与实践活动不断升级，满足新时代对地质工作的新要求，北京地质学会等单位主办了以“科技扶贫与城市安全”为主题的第三届“地质与人”天竺论坛。与会人员分享了地质公园政策及助力脱贫攻坚、地质成果服务于低收入帮扶工作等工作经验，交流了北京市地下水资源、地面沉降、山区地质灾害状况及相关地质环境问题，探讨了地质科学普及与城市安全的关系，参观了北京地面沉降展览馆以及认识地下水、“珍惜水资源、保护地球环境”科普展示。50余位地质科技工作者、中国科普作家协会会员、北京科学技术普及创作协会会员以及科技扶贫第一书记等参加活动。

（崔家墅）

【京津冀汛期地质灾害协同防治措施研讨会举办】10月20日，由市应急管理局与北京气象学会联合主办的京津冀汛期地质灾害协同防治措施研讨会在京举办。有关专家学者做题为《京津冀汛期天气监测预警协同服务路径探索》《京津冀汛期地质灾害特征分析与防治对策研究》《京津冀区域性灾害风险联合防范措施探究》的主题报告。来自京津冀三地的气象、地质、灾害防御、应急救援等领域的专家学者和社会组织代表围绕应急管理、气象监测预警、地质灾害、风险防范等内容进行深入探讨。

（崔家墅）

【第二十三届京台科技论坛——智能城市创新应用论坛举办】10月21日，“第二十三届京台科技论坛——智能城市创新应用论坛”成功举办。论坛由北京市经济和信息化局、北京市信息化专家咨询委员会指导，北京科学技术开发交流中心、北京软件和信息服务业协会、台湾计算机商业同业公会联合会等6家单位联合主办。论坛设立北京、台湾2个主会场，采取线上与线下相结合的方式。北京市经济和信息化局副局长陈焕文，台湾计算机商业同业公会联合会理事长孙腾源，新北市计算机公会、新北市智慧城市产业联盟理事长金致远向大会致辞。与会专家围绕信息技术创新应用与城市转型发展深度融合、数字孪生城市、AI赋能智慧城市等主题做了演讲，探寻城市可持续和高质量发展之道。最后，原台湾新北市副市长、新北智慧城市产业联盟首席顾问叶惠青对本次论坛做出总结发言，希望在智慧城市未来发展上，京台两地的科技企业加强合作，搭建更多同业交流合作平台。

（方子都　安鹤益）

【光学超表面微纳加工共性平台建设研讨会举办】10月22日，由市科委、北京新材料和新能源科技发展中心与中国科学院物理所微加工实验室联合组织的光学超表面微纳加工共性平台建设研讨会在中国科学院物理所举办，与会嘉宾围绕微纳加工平台建设、超表面器件关键技术、超表面产业化面临的挑战及解决途径等展开交流。

（谢旭霞）

【科技成果转化实践决策咨询沙龙举办】10月24日，由市科协、中国民主建国会北京市委员会主办，中国民主建国会海淀区委员会、九三学社海淀区委员会、北京科技咨询中心具体承办的市科协科技成果转化实践决策咨询沙龙在京举办。本次活动围绕科技成果转化过程中的难点和痛点问题，从建立以需求为导向的科技创新模式，赋予成果完成人对成果转化更大的决策权，设立财政引导、社会参与的成果转化投入机制，建立通畅的从技术到市场的有关渠道，进一步优化、创新生态环境等方面进行探讨，形成意见和建议，为市委、市政府的科学决策提供参考，为推动首都社会经济健康发展贡献力量。

（崔家墅）

【2020先进纺织服装材料高层论坛举办】10月31日，由北京服装学院主办、北京服装学院材料设计与工程学院承办、北京纺织工程学会协办的2020先进纺织服装材料高层论坛在北京服装学院举办。中国纺织工程学会理事长伏广伟等多位国内相关领域的高校专家围绕智能变色纺织品研究进展、智能可穿戴心电技术研究、智能服装服饰关键技术研究进展、智能可穿戴材料自修复功能的构建、纤维材料表面金属化构筑与柔性导电纺织品的开发、仿生光子晶体结构生色纺织品及其自组装结构的稳定性、蚕丝基柔性可穿戴材料与器件、智能可穿戴与特种功能纺织品研究等内容做了报告。

（崔家墅）

【2020科幻产业集聚发展专题论坛举办】11月2日，在2020中国科幻大会期间，由市科委主办的2020科幻产业集聚发展专题论坛在首钢园举办。论坛邀请了科幻创作者和从业者，以及来自高校院所等科研机构和科技企业的专家，围绕科幻产业链、创新链和IP转化，共同探讨促进科幻产业发展的关键问题，梳理科技创新支撑科幻产业发展的路径。举行了科幻IP的培育与转化研讨会和智能制造携手科幻创新发展研讨会。中国科协科普部副部长廖红、北京市科委二级巡视员王建新出席论坛并致辞。

（刘丽丽）

【“量子霸权已经降临——二次量子科技革命”线上讲座举办】11月7日，北京技术交易促进中心特邀台湾大学前校长、美国物理学会与国际工程学会会士、俄国国际工程学会院士张庆瑞在线开展主题为“量子霸权已经降临——二次量子科技革命”的讲座。张庆瑞与参会人员交流了二次量子科技革命的重要性、量子计算机出现后可能产生的影响及其所引发的产业变革和量子领域项目开发利用发展方式等。

（北京技术交易促进中心）

**【2020年京津冀物联网与人工智能芯片高峰论坛举办】** 11月7日，由北京物联网学会主办的2020年京津冀物联网与人工智能芯片高峰论坛在北京科技大学天工大厦举办。会上，中国电子信息产业集团王定建做了题为《大国博弈下的中国IT——兼论新一代网信架构中的生态体系建设》的演讲，华为运营商战略与洞察部部长顾嘉就5G相关内容做了介绍，中国科学院微电子研究所闫跃鹏报告了集成化半导体传感器技术发展、传感器应用等内容，元和资本创始合伙人吴瑶萱分析了后疫情时代的中国投资机会。物联网学会会员、有关单位专家和部分大学学生参加会议。

（崔家墅）

**【第二届中国实验动物管理——中关村论坛举办】** 11月12日，由北京实验动物学学会和中国兽医协会主办，中国兽医协会实验动物兽医分会、中国兽医协会兽医病理师分会、北京实验动物行业协会承办的第二届中国实验动物管理——中关村论坛在京举办。北京脑科学与类脑研究中心教授李文龙、中国食品药品检定研究院副研究员付瑞、中国疾病预防控制中心研究员卢选成、清华大学教授常在、中国农业大学教授杨利峰以及北京维通利华技术有限公司技术总监尹良红就实验动物饲养管理、兽医发挥作用以及北京地区实验动物微生物检测情况等内容进行交流。在京有关实验动物单位的管理者、专家学者、企业代表等80余人参加会议。

（崔家墅）

**【第二届“智慧城市　智慧医疗”主题论坛举办】** 11月13—14日，北京安全技术学会主办的第二届“智慧城市　智慧医疗”主题论坛在京举办。论坛以“人工智能赋能智慧城市、智慧医疗”为主题，公安部安全产品检测中心原常务副主任牟晓生、公安部一所副研究员薛艺泽分别做了题为《浅谈智慧平安小区》《平安社区解决方案》的报告。华为技术公司、北京快鱼电子公司、珠海全视通医护科技等公司做了《机器视觉让世界更智能》《为智慧安防保驾护航》《华为平安医院智慧安防解决方案》《用声音连接世界》《数字化智慧病房的新需求》等报告。来自安防行业的专家学者、安防工程商、集成商、报警运营商等500余人参加论坛。

（崔家墅）

**【第四届2020年科协发展理论研讨会举办】** 11月18日，由中国科协创新战略研究院、市科协联合主办，北京市科学技术进修学院承办的第四届2020年科协发展理论研讨会在京召开。本次研讨会的主题是“新形势下科协服务国家治理体系和治理能力现代化”。会议共收到征文80篇，其中50篇被评为优秀论文。来自地方科协、学会、高校、科研机构、企业的代表近200人参加现场会议。

（李绪青）

**【第五届中国制造2025报告会举办】** 11月21日，由北京机械工程学会、北京光学学会、北京模具行业协会、北京工业大学科协共同主办第五届中国制造2025报告会（第十一届首都先进制造技术应用研讨会）暨京津冀装备制造业数字化转型升级决策咨询沙龙在京举办。国家制造强国建设战略咨询委员会委员、工业和信息化部智能制造专家咨询委员会副主任屈贤明，机械工业仪器仪表综合技术经济研究所副所长石镇山，北京机械工程学会副理事长、机械科学研究总院集团有限公司总工程师杜兵等专家就京津冀装备制造企业面临的转型压力、京津冀装备制造企业数字化转型的基础、京津冀数字化转型优劣势、数字化技术能够为装备制造业转型升级提供的帮助以及如何驱动高端专用装备产业发展、京津冀装备企业在数字化转型过程中遇到的难点问题、京津冀装备制造业如何开展数字化转型升级、京津冀装备制造业企业数字化转型需要的政策支持等问题做了报告。近百名代表现场参加会议，100余人线上参会。

（崔家墅）

**【生态修复技术与典型案例研讨沙龙活动举办】** 11月27日，在市科协的指导下，由北京生态修复学会、北京科技咨询中心、北京工程师学会联合主办的生态修复技术与典型案例研讨沙龙活动在京举办。沙龙活动邀请6家行业内知名企业围绕生态修复实施过程中的创新技术、典型案例、创新设备、监测方式等方面，采用主题报告、专家提问与评价等形式进行交流。与会专家对每位报告人进行提问，主要包括：与国内外同类技术比较，成果的创造性、先进性、实用性，经济效益和社会效益，推广应用的范围、条件和前景、存在的问题和改进意见等。北京科技咨询中心副主任张海新做总结发言。50位专家学者、企业代表和学会会员参加活动。

（崔家墅）

【后疫情时代特殊食品产业的新机遇线上专题会召开】11月30日，由市科协指导、中国食品学会主办、北京食品学会等承办的2020年国际食品安全与健康大会——后疫情时代特殊食品产业的新机遇线上专题会在京召开。中国工程院院士、中国农业大学营养与健康研究院院长任发政，伊利集团奶粉事业部研发总监刘彪，首都医科大学附属北京世纪坛医院胃肠外科主任石汉平等分别就后疫情时代下的食品有关话题做学术报告。逾10万人在线上观看直播。

（崔家墅）

【芯片应用助力北京高端制造业产业优化研讨会召开】12月1日，由市科协主办，中国科学报社、北京科技咨询中心承办的“芯技术·芯融合——芯片应用助力北京高端制造业产业优化”决策咨询沙龙在京举办。专家们分别围绕面向下一代计算的开源芯片与敏捷设计实践、芯片双创企业在首都高精尖新一代信息技术发展中的机会、新一代信息技术重大科技成果转化与产业生态的构建等主题，针对开源技术对于人类技术进步的重要作用、芯片产业的机遇和挑战、芯片创业企业发展土壤、专业人才短缺等产业核心问题进行分享。来自中国科学院计算所、微电子所、自动化所等，中国科学院北京国家技术转移中心，北京大学，中关村集成电路设计园，北京首都科技发展集团等产学研服金不同领域的专家及代表50余人参与活动。

（刘　伟）

【真实世界研究支持监管创新研讨会举办】12月3日，北京科学技术开发交流中心联合国家卫生健康委医药卫生科技发展研究中心组织举办了真实世界研究支持监管创新暨中科院科技成果转化促进真实世界研究研讨会。会议邀请中国科学院北京转化医学研究院、中国科学院遗传与发育生物学研究所、国家纳米科学中心、中国科学院国家空间科学中心、中国科学院大学、中国医学科学院阜外医院、北京大学第一医院等涉及医药领域政策制定、监督管理、执行实施的20余名领导和专家，对真实世界研究的当前进展、技术体系、未来发展方向等进行讨论，并对中国科学院科技成果推动真实世界研究的适宜性进行了评估。

（余维运　薛继平　安鹤益）

【第四届《环境·动物——人类健康》学术、科普报告会举办】12月9日，由北京实验动物学学会、北京动物学会和北京环境诱变剂学会联合举办的第四届《环境·动物——人类健康》学术、科普报告会在北京动物园科普馆举办。会上，中国科学院动物研究所工程师海棠、北京师范大学教授邓文洪以及中国食品药品检定研究院研究员林飞，分别围绕“实验猪在人类器官再造中的用途”“南极路缘海鸟类物种多样性及分布模式”和“从虾青素的功效安全作用谈我国食品保健品安全现状”进行主旨报告。80余位科技工作者参加会议。

（崔家墅）

【工程科技创新论坛举办】12月13日，北京科学技术开发交流中心联合中华国际科学交流基金会、国家材料服役安全科学中心组织举办工程科技创新论坛。此次论坛以工程科技领域集成创新、领域融合协同发展为主题，来自北京科技大学、中国石化石油化工科学研究院、中国中煤能源集团有限公司等单位工程科技领域的40余位领导和专家参加。论坛上，各专家从各自领域探讨了工程科技创新现状、特征与模式，提出了科学研究与工程技术相结合促进科研成果转化的对策和建议。

（余维运　薛继平　安鹤益）

【“数据星河”大数据行业交流沙龙系列活动举办】年内，北京科学技术开发中心联合中国科学院计算机网络信息中心、ABC科创联盟、《大数据周刊》、北京院市合作协同创新联盟和中国民营科技实业家协会等单位，采取线上直播方式举办了3场“数据星河”大数据行业交流沙龙活动，来自高校院所、高新技术企业、联盟组织等单位的千余人参与。活动分别以“疫情下2020年大数据产业展望”“5G网络发展及行业应用”“区块链与数字货币技术原理与发展趋势”为主题，从新冠肺炎疫情影响、技术、产业发展等角度，围绕大数据产业、5G技术应用以及区块链等前沿领域进行分析、讨论。

（刘　玥　梁　霄　安鹤益）

# 国际科技合作与交流

【概述】2020年，市科委认真贯彻市委、市政府决策部署，努力克服新冠肺炎疫情带来的不利影响，贯彻落实“一带一路”重大倡议，积极发挥能动作用，在全球视野下谋划和推动科技创新，为国际科技创新中心建设提供重要支撑。推动综合型国际创新平台建设。市科委支持北京剑桥创新合作中心、北京赫尔辛基创新中心、北京硅谷创新中心等海外创新平台建设；同时支持中日产业园等国内资源承载平台建设，落地药物研发、新材料研发、柔性显示屏等多创新成果，引进多名高水平科学家与国内创新主体开展合作或回国发展，为多家企业扩展海外布局提供服务和支撑。

加速专业型国际创新平台建设。市科委支持中德智能机器人联合实验室、中法未来城市联合实验室、中澳害虫防控研究联合实验室、智慧弹性交通联合实验室等联合实验室的建设，加强与海外关键技术团队和机构对接，促进关键共性技术平台建设；同时支持“基于高密度复合材料的低谷电可再生能源制热－储热－供热技术研究与示范”“加速胃癌基因组学研究与临床转化”等7项联合研发项目，通过与海外顶尖科研机构合作，突破技术创新升级瓶颈，提升北京市创新主体研发能力。

2020北京国际学术交流季系列活动聚焦免疫系统的多组学研究方法，新冠肺炎疫情认知、防控和预后，石墨烯前沿与应用等领域，依托世界三大顶级期刊《细胞》《科学》《自然》以及北京石墨烯研究院，链接国内外顶尖、活跃学术资源，搭建前沿学术交流研讨、短期项目科研工作的高端交流平台。4场活动共邀请来自中国、美国、英国、德国、新加坡等国的重要嘉宾100余人围绕各自领域内前沿热点话题深入交流探讨。

（李　倩）

## 国际科技合作

【开展科创中心国际宣传】5月，市科委在《科学》杂志主刊上分3期推出“聚焦北京”专题报道，围绕北京市科技创新概况、“三城一区”及新型研发机构3个主题宣传北京市具有全球影响力的科技创新中心建设。通过全球顶级期刊进行宣传，一是可精准定位读者范围，提升北京市国际影响力；二是可推广北京市重点创新机构，促进未来合作；三是宣传北京市创新环境，吸引国际人才来京工作。

（李　倩）

【2020年度国际交往中心功能建设人才培训班举办】9月23—24日，由市科委、市外办共同主办，北京技术交易促进中心承办的2020年度国际交往中心功能建设人才培训班举办，来自市科委各处室及直属单位、北京市科技创新基地成员单位、首都“领军人才”“科技新星”所在单位科技管理外事人员、相关企业外事工作人员80余人参加此次培训。培训内容涉及国际形势分析、涉外安全及国际交往礼仪等。

（李　倩）

【北京－新加坡水资源国际交流研讨会举办】10月16日，2020年北京－新加坡水资源国际交流研讨会在京举办。本次研讨会由北京科学技术开发交流中心主办，中关村绿智海绵城市生态家园产业联盟、北京牡丹电子集团承办。研讨会围绕水资源保护、水处理、水监测、水回用等主题，采取线上、线下同步进行的方式展开。来自新加坡和北京水技术领域的专家和企业代表共800余人参加会议。在线上环节，来自新加坡的ZWEEC水质监测公司、世纪水系统与技术公司、万事创新水质检测与监测公司分别围绕水处理、水质检测和监测等方面的技术产品和方案进行分享，并与嘉宾进行互动交流。在北京活动现场，来自北京建筑大学、泰宁科创雨水利用技术公司、北京经济技术开发区城市运行管理局、中国水利水电科学研究院等6家单位的专家围绕水资源开发利用、水环境治理、水质监测等方面开展主题演讲，并进行交流讨论。

（胡炎平　安鹤益）

【第二届科学·亚洲会议开幕】10月19日，由北京市科委指导，《科学》杂志/美国科学促进会、中关村生命科学园、TIE国际创新走廊主办的“第二届科学·亚洲会议——免疫系统的多组学研究方法”开幕式举办，吸引世界各地1 000多位专家学者参与、5万多次直播观看。北京市科委主任许强，美国科学促进会董事会主席、前美国能源部部长、1997年诺贝尔奖得主朱棣文（Steven Chu）出席。中国科学院院士、美国科学促进会会士、清华大学医学院教授、免疫学研究所所长董晨主持开幕式。本届会议采取线上方式举行，演讲嘉宾和注册会员通过线上平台参会、分享及交流，同时在《科学》官网等平台进行直播。本届会议持续5天，来自中国、美国、英国、瑞士、新加坡等国的学者分享学界最新动态，围绕人体免疫及调控网络与癌症、传染病与新技术等主题展开讨论。

（李　倩）

【北京石墨烯论坛2020举办】10月25日，由北京石墨烯研究院（BGI）主办的北京石墨烯论坛2020召开，来自国内外石墨烯学术界、产业界人士以及地方政府代表参加。北京大学副校长黄如、市科委副主任许心超、中国计量科学研究院院长方向出席论坛并致辞。多名院士参加论坛。本次论坛上，BGI宁夏神州轮胎研发代工中心、BGI中烯新材料研发代工中心揭牌成立，院长刘忠范为其揭牌；北京石墨烯研究院与中国计量科学研究院、宁夏神州轮胎有限公司、中烯新材料（福建）有限公司、北海星石碳材料科技有限责任公司进行了合作签约，标志着北京石墨烯研究院产业化之路又迈出重要一步。本次论坛设置科普专题讲座、前沿学术论坛、区域产业发展论坛、专家对话等板块。在石墨烯前沿论坛及产业发展论坛上，多位学术及行业专家现场分享了最前沿的学术观点及产业发展落地情况。

（李　倩）

【2020细胞科学北京学术会议开幕】11月19日，由北京市科委指导、国际知名学术出版机构细胞出版社（Cell Press）主办的2020北京国际学术交流季系列活动“2020细胞科学北京学术会议——新冠直击：认知、防控和预后”开幕。会议采取线上举办的形式，连续3天在细胞出版社官方平台及新浪网等多渠道同步直播。以“新冠直击：认知、防控和预后”为主题，邀请到来自7个国家新冠科研领域的23位顶尖学者，就全球新冠肺炎疫情防控形势及新冠科研最新进展进行深入研讨，涉及流行病学、病毒学、免疫学、检测、治疗和公共卫生行动等多个领域。北京市科委副主任许心超及爱思唯尔全球战略合作副总裁、细胞出版社期刊《免疫》主编李统胤博士致开幕词。世界卫生组织首席科学家苏米亚·斯瓦米纳坦（Soumya Swaminathan），非洲疾病控制与预防中心主任约翰·恩肯加松（John N. Nkengasong），1996年诺贝尔生理学或医学奖得主、墨尔本大学教授彼得·杜赫提（Peter C. Doherty）及中国疾病预防控制中心主任高福发表主旨演讲。首日活动直播观看量达35万人次。

（李　倩）

【中俄共话两国首都科技创新合作】12月8日，北京市－莫斯科市结好25周年科技创新圆桌会以线上和线下方式举行。北京市与莫斯科市于1995年建立友好城市关系。本次圆桌会由北京市政府外事办公室指导，北京市科委、莫斯科市对外经济与国际关系部、莫斯科市创业与创新发展局和莫斯科市教育与科技局共同主办。出席会议的中俄两国首都代表围绕创新集群与科学园区发展、科学城管理和基础科学领域合作等议题展开深入交流和探讨。12月7日，北京与莫斯科两市市长通过视频连线方式“云签署”《北京市人民政府与莫斯科市政府合作计划（2021—2023）》，推动两市在经贸投资、科技创新、教育、城市规划、体育、公共卫生、旅游与文化、媒体等领域务实合作。

（申峥峥）

## 国际科技交流

【蘑菇种植技能培训线上交流会举办】7月16日，北京农学会与北京农业职业学院、北京市人民对外友好协会、北京市民间组织国际交流促进会联合举办“丝路一家亲——蘑菇种植技能培训”线上交流会。活动以视频会议的方式举行。来自希腊、老挝、毛里求斯、缅甸、尼泊尔、斯里兰卡6个国家的政府官员、相关领域从业者及科研人员80余人参会。

（崔家墅）

【第六届国际神经感染免疫暨脑血管病高峰论坛举办】8 月 28—29 日，由北京医学会神经病学分会主办、首都医科大学附属北京同仁医院承办的第六届国际神经感染免疫暨脑血管病高峰论坛（NIC 论坛）在京举行。本次论坛共举办 6 个场次的 55 场报告，105 位国内外专家参与授课、主持和讨论，约一半专家采取线上方式参会。来自美国梅奥诊所的 Vanda A. Lennon 详细介绍了神经免疫领域的最新进展；美国国立卫生研究院神经感染专家 Nath 教授详细介绍了新型冠状病毒导致的多种神经系统病变，并详细讲述了新型冠状病毒导致的脑组织尸检及病理改变。线上线下、国内国外的参会者进行了互动讨论。来自相关单位的 150 人出席现场会议，线上参会听众达 8 000 人次。

（崔家塈）

【全球科学与生命健康论坛举办】9 月 18 日，2020 中关村论坛平行论坛之一全球科学与生命健康论坛举办，以线上与线下的形式聚焦“科技研发与重大疫情防治”主题，与会嘉宾围绕主题深入探讨，共话合作。论坛上，钟南山、陈薇等抗疫英雄共同探讨、分享抗击新冠肺炎疫情的成果和经验，并围绕病毒病原学、疫苗和药物研发、检测试剂等科研攻关项目进行交流。

（申峥峥）

【第九届国际计算智能与工业应用研讨会举办】11 月 1—2 日，由北京自动化学会、北京理工大学、国际模糊系统协会（IFSA）、日本模糊论与智能信息学学会（SOFT）、日本学术振兴会（JSPS）等机构主办的第九届国际计算智能与工业应用研讨会暨 2020 年度北京自动化学会学术年会在北京举行。会议共安排 4 个线上分论坛和 14 组报告，主题包括信号处理、智能信息处理与学习、机器人、模糊智能优化与应用、计算智能等。线上、线下参会人员就各自感兴趣的学术问题与各位报告人进行了深入讨论与交流。来自中国、日本、加拿大、澳大利亚、英国等国家的近 200 位学者参与会议。

（崔家塈）

【第二届世界科技与发展论坛举办】11 月 8 日，第二届世界科技与发展论坛在京举办，全国政协副主席、中国科协主席万钢出席开幕式并致辞。本届论坛由中国科协、中国科学院、中国工程院主办，以线上与线下相结合的形式举办。论坛围绕“信任 · 合作 · 发展”主题，与会专家围绕“科技革命与人类文明演进”“区域创新与创新政策环境”“数字经济与包容性增长”三大议题做主旨报告。聚焦全球关切重大战略议题，构建世界级科技思想策源平台；倡导凝聚价值共识的民间科技交流，建设国际科技合作信任平台；推动科技经济融合与技术交易服务，打造全球技术创新动力平台。论坛还同步举办世界数字经济、科技型中小企业创新、开放科学与开源创新合作、女科学家、技术服务与交易 5 个分论坛。

（申峥峥）

【中国能源动力装备非定常燃烧国际论坛举办】11 月 21 日，由北京热物理与能源工程学会主办，北京航空航天大学和清华大学承办的中国能源动力装备非定常燃烧国际论坛在京举办，论坛采用线上与线下相结合的形式举行。论坛聚焦限制先进能源动力装备发展的卡脖子问题——非定常燃烧瓶颈问题，特邀国内外该领域著名专家做学术报告，内容涵盖非定常火焰动力学、富氢湍流火焰、环形燃烧室热声振荡、热声模型及预测、燃烧振荡控制等热门话题。专家们认为，快速发展的非定常燃烧研究方向对推动国产高端能源动力装备的发展具有重要意义，是热物理与能源工程领域研究人员对中国“2030 年碳达峰、2060 年碳中和”郑重承诺的积极响应和路径探索，将为实现国家科技自立自强战略提供有力支撑。

（崔家塈）

【中英“一带一路”能源研究和创新合作会议召开】11 月 23 日，由北京制冷学会、清华大学、北京科技大学、英国赫尔大学、英国伯明翰大学共同主办的中英“一带一路”能源研究和创新合作会议在京召开。会议主题为“能源联盟　价值共创”，并围绕“一带一路”国际影响力、中英两国能源研究和创新方面的合作与影响进行开放性交流。清华大学建筑技术科学系主任、中国制冷学会常务理事、北京制冷学会副理事长李先庭，中国建筑科学研究院环境与能源研究院副院长、北京制冷学会副理事长路宾，中国制冷学会副理事长、国际制冷学会第一专业会副主席罗二仓，赫尔大学可持续能源技术研究中心主任及能源与环境学院副院长赵旭东，英国伯明翰大学教授丁玉龙分别做了报告。130 余人参会。

（崔家塈）

【第三届 IEEE 国际集成电路技术与应用学术会议召开】 11 月 23—25 日，由北京电子学会、IEEE Nanjing Section（Hangzhou）MTT Chapter 主办的以“物联网和 5G 的传感器、集成电路和系统”为主题的第三届 IEEE 国际集成电路技术与应用学术会议（ICTA 2020）在线上召开。本次会议共设有 2 场特邀报告、4 场国际大师班培训、6 场主旨报告、6 场专题会议及 21 场分会场报告。150 余名来自中国、美国、法国、日本、新加坡、爱尔兰、尼日利亚等国家和地区的专家学者参加会议。

（崔家墅）

【北京地区广受关注学术成果国际学术沙龙举办】 12 月 16 日，北京地区广受关注学术成果国际学术沙龙在北京科学中心举办。北京工业大学教授顾锞、北京科技大学副教授于欣波 2 位学术成果报告人聚焦人工智能领域做专题报告。来自毛里求斯、法国、巴基斯坦等驻华使馆和机构外交官参加现场交流，来自欧洲科学参与协会、德国智能技术尖端集群、巴基斯坦科技信息中心、塞尔维亚科学节等机构负责人和代表通过线上方式参加沙龙。

（李玉珊）

# 科学技术普及

# 重大科普活动

【概述】年内，科学技术普及继续为创新加力。创新举办北京科技周，领导视频连线环节成为启动式最大亮点；顺利完成北京科技周线下小型展览、“云上”科技周等新式展现。在市科委的指导下，北京市科技传播中心组织开展了北京地区2019年科普统计工作。本次统计工作统计范围为北京地区的中央国务院部门，市属委、办、局，人民团体和全市16个区，共回收有效调查表1 888份。据统计，2019年北京地区拥有科普人员6.64万人，每万人口拥有科普人员30.83人（北京市2019年常住人口2 153.6万人）；科普场馆123个（建筑面积500平方米以下的不列入统计）；出版科普图书4 445种，年出版总册数8 045.24万册；全社会科普经费筹集额27.70亿元，人均科普专项经费58.59元，较2018年增加4.28元；举办1 000人以上的重大科普活动723次。

（郝　琴）

【2020年北京市公民科学素质大赛举办】2月，由北京市全民科学素质纲要实施工作办公室（简称北京市纲要办）、市科协主办，北京市纲要办成员单位和16区纲要办（科协）协办，北京科技报社承办的2020年北京市公民科学素质大赛启动。开展“30个战‘疫’必要常识，测测你过关了吗”专题竞答，与北广电视传媒合作，在8 000辆公交车北京公交移动电视滚动播出一周，同时在7 000个新时代文明实践中心（所、站）同步推广，覆盖近200万人次。4月开始线上活动，总参与人数超过67.5万人次，总浏览量1 031.7万人次，大赛平台传播量近2 044万人次。12月20日，决赛在北京电视台演播楼举行，最终，昌平区获得冠军，延庆区科协、大兴区科协、西城区科协、昌平区科协、丰台区科协和怀柔区科协获得优秀组织奖。本次大赛在北京电视台、央视频、新华网等20多个平台播出，网络观看人数超过200万人次。大赛活动接受北京广播电台《城市新生活》栏目专题采访，当期节目约57万人收听。

（杨晓伟）

【2019年度中国科学十大进展发布】2月27日，科学技术部高技术研究发展中心（基础研究管理中心）发布2019年度中国科学十大进展，其中8项为北京地区成果，占比80%。

**2019年度中国科学十大进展一览表**

| 序号 | 成果名称 | 负责人 | 单位 | 地区 |
|---|---|---|---|---|
| 1 | 探测到月幔物质出露的初步证据 | 李春来 | 中国科学院国家天文台 | 北京 |
| 2 | 构架出面向人工通用智能的异构芯片 | 施路平 | 清华大学 | 北京 |
| 3 | 提出基于DNA检测酶调控的自身免疫疾病治疗方案 | 张学敏　李　涛 | 军事医学研究院（国家生物医学分析中心） | 北京 |
| 4 | 破解藻类水下光合作用的蛋白结构和功能 | 沈建仁　匡廷云 | 中国科学院植物研究所 | 北京 |
| 5 | 基于材料基因工程研制出高温块体金属玻璃 | 柳延辉 | 中国科学院物理研究所 | 北京 |
| 6 | 阐明铕离子对提升钙钛矿太阳能电池寿命的机理 | 周欢萍 | 北京大学 | 北京 |
| 7 | 青藏高原发现丹尼索瓦人 | 陈发虎 | 中国科学院青藏高原研究所 | 北京 |
| 8 | 实现对引力诱导量子退相干模型的卫星检验 | 潘建伟 | 中国科学技术大学 | 安徽 |
| 9 | 揭示非洲猪瘟病毒结构及其组装机制 | 饶子和　王祥喜 | 中国科学院生物物理研究所 | 北京 |
| 10 | 首次观测到三维量子霍尔效应 | 张立源 | 南方科技大学 | 广东 |

（申峥峥）

**【第二十二届北京科普之春活动开展】** 3—5月，市科协在全市开展第二十二届北京科普之春活动，活动以“科技服务‘三农’倡导健康生活”为主题。全市各郊区科协整合区域资源、发挥组织优势、激发基层活力，围绕服务新冠肺炎疫情防控、复工复产、春耕春种、健康生活，积极组织开展应急科普、科技支撑、精准帮扶、科普宣传等活动共计200余项，受益群众36万余人次。

（马　力）

**【科学教育馆馆长高峰对话会召开】** 5月18日，由市科协主办，京津冀科学教育馆联盟、长三角科普场馆联盟、粤港澳大湾区科技馆联盟联合承办的“疫情防控与科技场馆开放”科学教育馆馆长高峰对话会在北京、上海、广州同步在线召开。馆长高峰对话会着眼新冠肺炎疫情防控形势积极向好、生活生产秩序有序恢复、科技场馆面临重新开放的实际进行了交流。来自科技场馆、科普基地和相关科技传播领域的2万余人次在线观看，社会公众超过100万人次关注本次活动。

（周红川）

**【北京市新时代文明实践基层科普行动开展】** 6—12月，市科协、市委宣传部开展北京市新时代文明实践基层科普行动。活动共筹集资金资助10个新时代文明实践中心的科普品牌活动和31个乡镇、社区、乡村科普项目，支持基层工作品牌、活动品牌的创建和重点工作的推进。促进全市公民科学素质整体提升，推动科普理念与实践双升级，打通宣传群众、教育群众、关心群众、服务群众的“最后一公里”。

（马　力）

**【第二届北京科学传播大赛举办】** 6—12月，市科协、中国科学院科学传播局、市教委、市科研院联合举办第二届北京科学传播大赛。本次大赛设置科技辅导员、科普讲解员、展览展品、科学表演、科普动漫5个竞赛项目，面向首都地区科普场馆、科普机构、学校等征集作品7 000余项。共有13名科技辅导员、25名科普讲解员、10项展览展品、135项动漫作品及30项科学表演获得荣誉。

（沙　莎）

**【27项农业科技项目参展2020年北京科技周】** 8月23日，2020年全国科技活动周暨北京科技周在京举办，27项农业科技项目在“云展厅”展示。此次参展的农业领域项目既有高精尖技术成果，又有贴近百姓生活的惠民成果，公众通过线上参观，足不出户就能身临其境感受科技的魅力。“脱贫攻坚”主题板块中，百合创新育种研究成果图文并茂地展示了“云景红”“云丹宝贝”“粉佳人”“文雅王子”等多个具有自主知识产权的百合新品种，适合庭院种植的28个新品种经世界权威园艺作物鉴定机构——英国皇家园艺学会（RHS）审核，取得新品种登录证书，受到市民的关注与好评。针对鲜切蔬菜及冷链即食食品保鲜问题研发的气调保鲜、产品防褐变等技术成果，受到相关企业的广泛关注。“美好生活”主题板块中，“粉煤灰基质化利用技术”成果通过利用废弃物粉煤灰辅以废弃菌棒研制出100多个新型植物营养基质，解决了废弃物资源化再利用问题。

（王伟娟　赵　娣　姜佩瑄）

**【首都科技工作者助力河北创新发展行动计划开展】** 8—9月，由北京市科协、河北省科协联合主办，北京科技社团服务中心、河北科技报社承办的首都科技工作者助力河北创新发展行动签约洽谈会分别在河北省沙河、怀来、兴隆、新乐和武强5个创新示范县举办。北京农学会、北京食品学会、北京企业技术开发研究会等一批科技社团与县科协签订人才智力合作框架协议书，共有30余名各领域专家对接河北企业42家，在科学研究、科学试验、科技示范、技术推广、人才培训、科技攻关、科学决策等方面达成合作意向24项。

（梁　超）

**【北京市公务员科学素质大讲堂活动开展】** 8—12月，由市委组织部、市科协主办的北京市公务员科学素质大讲堂在全市16区及部分市属委办局举办。大讲堂活动围绕习近平新时代中国特色社会主义思想、京津冀协同发展、“一带一路”建设、乡村振兴、优化营商环境、人工智能、大数据、传统文化等，采取线上与线下相结合的方式共举办科普讲座31场，受众12 018人次，综合满意度达到96.94%，被中国科协评为全国科普日优秀科普活动。

（李绍坤）

**【蔬菜病虫害防治技术及农药安全使用技术培训举办】** 9月15日，由北京农药学会主办、平谷区植保站协办的蔬菜病虫害防治技术及农药安全使用技术培训在平谷区夏各庄镇北京益达丰果蔬产销专业合作社举行。市农林科学院植环所副研究员宫亚军、李红霞和中国农科院植保所副研究员颜冬冬、研究员董丰收分别就蔬菜害虫识别和防治、蔬菜病害识别和防治、土壤消毒防控草莓土传病害、蔬菜上农药残留与农产品安全等内容进行讲解。来自农业园区的技术人员等 40 多人参加培训。

（崔家墅）

【北京科学嘉年华活动举办】9 月 19—25 日，由市科协主办的以“决胜全面小康、践行科技为民”为主题的北京科学嘉年华在北京科学中心举办。100 余家科普机构、87 家科普场馆、30 余家高新技术企业参与北京科学嘉年华主场活动、首都科普联合活动、北京云端科学嘉年华、首都科普扫码打卡四大活动板块。具象数学展、“人类与传染病的博弈”主题展、学科思维方法教学应用研究等集中展示科普双升级带来的“新”与“变”，引发广泛关注。北京科学嘉年华采取线上与线下相结合的形式举办，网络点击量达 6 100 余万次。

（沙　莎）

【市科协位居地方科协改革活跃指数总榜单第一】10 月 12 日，中国科协发布“地方科协改革活跃指数榜单”，榜单涵盖全国 32 个省级科协（含新疆建设兵团科协）。北京市科协在改革活跃指数总榜单排名中位居第一，也是唯一一家总分超过 400 分的单位，在 5 个一级维度分榜单中的改革推进强度、联系服务科技工作者的体制机制改革、学会治理改革、强化思想政治引领中排名第一，在创新科技类公共服务产品供给模式中排名第五，6 项改革创新案例被中国科协作为典型经验在全国科协系统交流。

（安振国）

【2020 国际自主智能机器人大赛举办】10 月 17—18 日，由市科协主办的 2020 国际自主智能机器人大赛在北京科学中心举行。来自德国汉堡大学、俄罗斯莫斯科国立大学、巴基斯坦国立科技大学以及清华大学、北京大学、武汉大学等中外知名高校参赛。最终评选出一等奖 3 名，二等奖 5 名，三等奖 12 名，优秀奖 16 名。中国国际电视台、中国教育电视台、北京电视台、上海外语频道、《人民日报》客户端、新华社客户端、《光明日报》客户端、腾讯新闻客户端等 20 多家媒体宣传报道了大赛，2 个时段竞赛及闭幕式进行了直播，单场直播观看人数最高达 129.9 万人次，覆盖全球 100 余个国家和地区。

（崔家墅）

【北京市科协系统深化改革三周年工作会召开】10 月 22 日，北京市科协系统深化改革三周年工作会召开，全面总结改革三年来成效和经验，明确今后在全系统持续深化改革，不断推动科协事业发展，为全国科技创新中心建设做出新的贡献。会议由市科协常务副主席司马红主持。市科协副主席孙晓峰代表市科协系统深化改革领导小组做了市科协系统深化改革三周年工作报告。朝阳区科协、北京工程师学会、北京超声医学学会、中国移动通信集团公司科协、北京老科技工作者总会 5 家基层单位代表进行了交流发言。市科协局级负责人及来自 16 区科协、市学会、基层组织和科协机关事业单位代表 120 余人参加会议。

（安振国）

【多项科普活动于中国科幻大会期间举办】11 月 1—2 日，2020 中国科幻大会在北京石景山区首钢园举办。中国科幻大会期间，全国科幻科普电影放映联盟研讨会、科幻电影产业发展论坛、“科幻 + 科技创新”主题论坛等多项专题论坛举办，科幻影视创投会、晨星高校科幻辩论赛、青少年未来科学梦想教育课、科幻之夜等多项系列活动举办，同时面向广大公众举办平行宇宙科幻主题展、科技创新新技术新产品展、科幻艺术展等多项展览展示活动。

（申峥峥）

【北京选手获“全国十佳科普使者”称号】11 月 12—13 日，由科技部牵头举办的 2020 年全国科普讲解大赛在广东举行。该活动作为全国科技活动周重大示范活动，吸引了全国各地 73 个代表队的 234 名参赛选手。经过激烈角逐，北京代表队孙迪获大赛一等奖并被授予“全国十佳科普使者”称号。同时，北京代表队唐驰获二等奖，赵杰获三等奖，尹炤寅、张铭苑、张萌获优秀奖，北京市科委获优秀组织奖。

（申峥峥）

【第二届京港创客大赛暨全港学界电动车程式赛举办】11 月 17 日，第二届京港创客大赛暨全港学界电动车程式赛在京举办。此次比赛由北京科学技术开发交流中心主办、北京市第三十五中学协办、北京市志成赛尔未来课程教育研究院承办。来自京港两地的 70 余名优秀青年创客代表，知名创客教育专家学者、机构代表参与了此次比赛。比赛现场，京港两地的学生们展示了水下机器人、简易航空器、创意飞行器等创客作品，接受评委的点评与指导。比赛现场，京港两地70余名青少年创客组成10个团队，每个团队组装调试一辆电动小车，并在规定赛道上完成比赛，评委对每队进行评分。最后评选出优秀团队一等奖2名、二等奖2名、三等奖3名、优秀奖3名，评委嘉宾为获奖团队颁发证书和奖牌。比赛现场，还与香港九龙华仁书院、香港培侨书院线上连线，同期开展了由香港创新及科技局支持的第三届全港学界电动车程式赛。

（张　辰　安鹤益）

【“工程师职业再生”首都自主创新提能交流展示活动举办】12月16日，由市科协主办，北京科技咨询中心、北京工程师学会、中关村科技园区大兴生物医药产业基地管理委员会与中关村科创高新技术转移促进会共同承办的“工程师职业再生”首都自主创新提能交流展示活动在大兴生物医药产业基地举办。本次活动在前期4场工程师职业再生试点工作基础上，聚焦一线工程技术人员职业发展的迭代需求，对再生路径进行梳理总结，形成工程师职业再生计划生物医药领域首期课程包，组建起首批集政产学研用为一体的专家团。同时，聚焦生物医药领域，进行延展交流。来自生物医药领域的专家、企业代表、一线工程技术人员100余人参与活动。

（李颖红）

【“中意携手·科技抗疫”云端交流活动举办】12月17日，由北京市科协、意大利坎帕尼亚大区政府共同主办，北京科技咨询中心、北京工程师学会、意大利科学城－IDIS基金会联合承办的“中意携手·科技抗疫”云端交流活动在京举办。本次活动旨在聚焦两国科技抗疫前沿科学技术和研究成果，采用线上与线下相结合的形式，邀请来自首都医科大学副校长管仲军、首都医科大学附属北京中医医院院长刘清泉等7位中方专家与意大利坎帕尼亚大区卫生防护主任安东尼奥·波斯蒂格利昂等7位意方专家围绕新冠病毒的病理研究、检测试剂的技术研发与应用、新冠病毒的诊治方法、数字技术在抗击新冠肺炎疫情中的应用及突发公共卫生事件对应急管理的启示等内容进行互动交流。本次活动通过新浪科技、微赞、新科技平台进行同步直播，在线参与人数近23万人次。

（刘　伟）

【《2021科学跨年之夜》特别节目播出】12月31日，由市科协主办的《2021科学跨年之夜》特别节目在北京广播电视台科教频道及全网多平台播出，首倡“科学跨年”新风尚。市科协副主席、中国科学院院士薛其坤等11位科学家在电视媒体上接力演讲，讲述科学之美、表达创新心愿，实时微博互动量达3 086万次，节目线上平台总播放量达到608万次。

（梁　晨）

【首都科学讲堂举办】年内，为应对新冠肺炎疫情挑战，市科协主办的首都科学讲堂创新传播形式，由原来的单一讲授形式，升级设置了极简科学课、院士会客厅、科学青年说、首都科创开讲、求真公开课5个类型的讲座。全年，以线上直播加录播的形式举办52期讲座，邀请53位专家，其中两院院士7位。线上观众人数累计超过2 336万，32期讲座的126个视频上传“学习强国”北京学习平台。“首都科学讲堂”防疫知识内容被编入国家有关部门向外方提供的疫情防控手册。

（梁　晨）

【新时代文明实践“首都科普”主题活动开展】年内，市科协、市委宣传部开展新时代文明实践“首都科普”主题活动。活动以科技报刊进所入站、走进科技馆学科技、送科技服务到基层等为载体，突出科学思想方法传播，充分发挥新时代文明实践基地和科技媒体作用，引导广大群众学习科学知识、感受科技魅力、体验科技进步。配送《北京科技报》纸质版及电子版到7 000个新时代文明实践中心（所、站）；推动“科普中央厨房”2万余条资源与各区融媒体中心联动；开展“首都科普”主题研学活动27场，受众近3 000人次。

（马　力）

【市科协做好新冠肺炎疫情防控工作】年内，为应对新冠肺炎疫情，市科协坚决贯彻中央和市委决策部署，广泛动员、精准发力，引导科技社团为维护首都卫生安全与平安稳定做贡献。第一时间成立新冠肺炎疫情防控工作领导小组，突出党建引领，强化统筹安排，发布《北京市科学技术协会抗击新型肺炎疫情倡议书》。市科协系统累计开展应急科普、咨询义诊、交流研讨等抗疫活动5 200多项，向基层配发应急科普资料15万份，制作配发《战“疫”》应急科普特刊10万份，网络推送科学防控知识等信息1 300余篇。各区科协先后建立应急响应机制。与50余家国（境）外合作机构开展疫情防控互助。《关于对收治新型肺炎病人的定点医院的真空泵房采取紧急措施的建议》被国家卫健委采纳，并向全国下发通知予以推广；《关于北京疫情防控常态化下开启中央空调的几点建议》等 2 项建议被市委书记蔡奇批示；《加强基层社区疫情防控能力，构筑牢固人民防线》等 2 项建议被市长陈吉宁批示。中国科协以《在首都战“疫”中科协组织担当作为》为题刊载北京市科协抗疫工作，并报中央有关部门参阅。

（刘　伟）

# 科普创作与交流

【概述】2020 年，力求创新，打磨科技传播优秀作品。科普图书质量稳步提升，科普微视频创作日益繁荣，第三部北京科普蓝皮书《北京科普发展报告（2019—2020）》编制出版。全国科技创新中心网络服务平台，“全国科技创新中心”微信公众号以及“科技北京”微博、头条号，“科普北京”微信公众号影响力逐步提升。立体式新媒体宣传体系逐渐成形，发挥专业优势，助力传播科技抗疫。

（市科技史志办公室）

【科普图书质量稳步提升】年内，北京地区累计入围全国优秀科普作品 254 部，占全国的 56%。北京科学技术出版社出版了抗击新冠病毒公益绘本《妈妈要去打“怪兽”》，将科学知识、责任使命和大爱担当融入充满温情的亲子对话中，得到社会广泛好评；北京出版社出版的《播火录》获 2020 年第十五届文津奖、第十届吴大猷科学普及著作奖银签奖，入选中国科协“2020 典赞中国”优秀科普图书。

（王　伟）

【科普微视频创作日益繁荣】年内，以微视频、短视频为代表的科普影视创作持续繁荣，成为新媒体趋势和短阅读潮流的创新尝试。市科委与《北京时间》联合策划制作播出《北京科普之旅》“竖屏短视频”系列 20 期，将科学知识、创新精神、科技惠民理念传递给广大观众；市科委会同专业机构共同策划推出《解密病毒：反击》，帮助公众科学理解和防治病毒，入选 2020 年全国优秀科学防疫科普微视频作品；北京地区推荐的《让娃尖叫的“3D 全息投影”》《人类史上第一张黑洞照片发布，快来一睹“真容”吧》《识破天机》入选 2019 年全国优秀科普微视频作品，累计入围作品占全国的近 50%；北京麋鹿生态实验中心出品的《鹿王争霸》科教片获第九届梁希科普奖作品类三等奖。

（王　伟）

【拍摄视频片科普防疫】年内，市科委联合专业机构制作《解密病毒》原理片和防护片 2 个系列共 7 部疫情防控科普视频片，总传播量超过 1 500 万。其中三维原理片《解密病毒：反击》传播量达 800 万，入围 2020 年全国优秀科学防疫科普微视频作品。

（祖宏迪）

【“科学抗疫”系列线上讲座举办】年内，北京科学技术开发交流中心联合中国华文教育基金会在线上举办“如何在疫情下关照好自己的情绪”“中医药如何在抗击‘新冠肺炎’疫情中发挥重要作用”“孩子学习动力辅导技术”“从想到到做到：掌控你的学习和生活”4 期“科学抗疫”系列讲座，邀请来自北京大学第六医院、中日友好医院等单位的教授专家讲解相关知识、解答关注问题。来自全球近 30 个国家的 7 000 余人次观看了此次系列讲座，助力海外华人华侨做好新冠肺炎疫情防控。

（张　辰　安鹤益）

【第三部北京科普蓝皮书编制出版】年内，第三部北京科普蓝皮书《北京科普发展报告（2019—2020）》编制出版。本部科普蓝皮书进一步强化了学术性、原创性和前沿性，以服务全国科技创新中心建设为核心，以提升公民科学素质、加强科普能力建设为目标，构建了北京科普能力评价指标体系，为深化“科普北京”品牌、优化科普供给质量、完善科普基础设施提供了理论支撑。本部科普蓝皮书中的《北京科普供给侧结构性改革与创新研究》在2020年获第十一届“优秀皮书报告奖”二等奖。

（郝　琴）

【“全国科技创新中心”微信公众号影响力显著提升】 年内，“全国科技创新中心”微信公众号以新闻、政策、规划、进展等为切入点，及时跟踪报道全市科技工作重大活动，及时高效传递市科委工作动态，为公众了解科技工作动态和进展提供了良好渠道。市科委重要新闻独家或首发次数明显增多，发布内容被北京市委办局、科研院所、科技企业，以及外省市科技单位转载。外界从公众号转载信息的需求日益旺盛。截至11月20日，公众号共发布信息1 041条，总阅读量约为83.8万次，单条阅读量最高达2.2万，长期关注人数3.7万人。

（张克辉）

【“科技北京”微博及头条号影响力提升】 年内，“科技北京”微博和头条号发稿量、发稿频率实现双激增，宣传影响力大幅提升，为市科委应对舆情、服务公众起到了有效支撑作用。同时对接市政府外宣办相关工作，配合发布聚焦北京两会、新冠肺炎疫情相关科研成果等相关信息。1月1日—11月20日，微博发布信息1 234条，阅读量2 716万，粉丝数67万人，以短视频形式解读《北京市促进科技成果转化条例》为科技工作者“赋权增效”六要点的微博内容，单条最高阅读量为876万次；“科技北京”头条号共发布信息302条，阅读量30.8万，粉丝数达到7 762人。

（张克辉）

【“科普北京”微信公众号强化宣传教育与引导】 年内，“科普北京”微信公众号开设专门的新冠肺炎疫情防控专栏，积极利用已有资源渠道，发布了来自央视新闻、人民日报、新华网等官方网站的最新疫情消息，加大宣传推广力度，为该平台受众提供了专业、权威的科普知识。“科普北京”微信公众号已发文598余篇，总字数约70余万字，为推送文章配图达3 234余张，视频链接156个；文章阅读总人次21.3万余人次，文章总体阅读量28.2万多。

（张克辉）

【2020年北京市科协科普创作出版资金资助工作开展】 年内，面向北京地区公开征集科普创作出版项目选题，通过网上申报评审系统征集到来自181家申报单位的413个选题，经过评选，共有34个选题获得资助。开展优秀科普图书推介活动，首次举办北京市科协2020年优秀科普读物推荐书目评选活动，从北京地区40余个图书榜单约400部科普图书中推选出30部作品作为年度榜单面向公众发布，举办“悦读好书　聆听科学”主题分享会，搭建与广大读者、出版机构等互动交流平台。

（沙　莎）

## 科普设施与基地

【启动修订科普基地管理办法】 年内，为进一步发挥科普基地的重要载体和阵地作用，按照市科委政策制订计划和“发挥作用、防控风险”原则，会同北京市科技传播中心，面向科普专家、科普基地、区科技主管部门、创新主体等20余家不同主体、服务对象召开多场线上、线下研讨会，形成科普基地管理办法修订讨论稿。

（祖宏迪）

【加强科普基地推广】 年内，加强科普基地宣传推广。遴选基础研究、高精尖、科技民生等领域科普基地，拍摄制作《北京科普基地之旅》系列“竖屏短视频”，将科学原理转化为科普语言，广泛传播科技成果，培育创新意识。

（申峥峥）

# 重点人群科普

【概述】2020年,中国公民科学素质抽样调查结果显示,北京市公民具备科学素质的比例为24.07%。北京市公民具备科学素质的比例从"十二五"末的17.56%,增长到2020年的24.07%,提高了6.51个百分点,增幅居全国首位,位于创新型国家的较高水平,接近科技强国水平。北京市在整体公民科学素质水平快速提升的同时,相关分类人群的科学素质水平发展较好。北京市城镇居民和农村居民具备科学素质的比例分别达到了25.72%和12.07%,均明显高于全国总体水平。

(王　伟)

## 青少年科普

【后备人才早期培养计划启动】1月17日,北京青少年科技人才培养项目启动会在中国工程院举办。会上,中国工程院院士陈厚群分享了他60余年来科研征途中的思考和感悟。北京化工大学教授黄雅钦作为导师代表分享了参与项目的感受,介绍了人才培养项目正在编写的课程。北京大学赵松睿和北京二中许逸飞2位同学作为往届人才培养项目优秀代表发言,分享了项目给他们带来的经验与收获。会后还安排了实验室与学生对接。来自高校、科研院所的专家,北京青少年科技后备人才早期培养计划、英才计划(北京)、北京青少年拔尖人才培养计划等师生,区科协项目主管500余人参加会议。

(赵　峥)

【第40届北京青少年科技创新大赛举办】5月4—5日,由市科协、市科委、市教委等单位主办的第40届北京青少年科技创新大赛在北京科学中心举办。本届大赛以"发现·创新·责任"为主题,共有30万名青少年参与,全市推荐作品达1 892项,其中竞赛类项目1 089项、展示类项目803项、优秀科技实践活动76项、科技辅导员科技教育创新成果竞赛项目130项、少年儿童科学幻想绘画727幅。项目内容涉及自然科学、工程技术及社会科学等13个学科领域。最终评选出一等奖237项、二等奖524项、三等奖757项。

(李佳熹)

【第十六届北京市中小学生气象知识竞赛举办】5月23日,由北京气象学会、北京减灾协会、海淀科普教育协会共同举办的第十六届北京市中小学生气象知识竞赛决赛举办。比赛形式分为校园巅峰赛、个人赛、组团PK赛。北京十二中附属实验小学、北京一零一中学怀柔校区、日坛中学分别获得小学组、初中组、高中组团第一名。来自全市61所学校的144支团队报名参赛。

(崔家墅)

【青少年科学影像作品提升工作坊举办】6月29—30日,由北京青少年科技中心、北京青少年科技教育协会主办,北京科技教育创新研究院科学影像名师工作室制作的青少年科学影像作品提升工作坊线上活动顺利举办。活动邀请了具有丰富一线拍摄与教学经验的中国传媒大学教师桂笑冬、首都师范大学王大鹏2位专家进行讲授并与学生进行连线互动。全市30余所学校、科技馆的120余名科技教师参加活动。

(李　云)

【北京科技教师国际化视野工作坊举办】7月1日,北京青少年科技中心举办北京科技教师国际化视野工作坊(线上)。活动邀请首都师范大学科学教育系主任吴晗清、北京师范大学白明2位教授讲课。共有来自人大附中、北京四中、北京八中等基地校的100余名科技教师参加活动。

(赵　峥)

【第三届北京青少年创客国际交流展示活动举办】7月26日,由市科协、市教委主办,北京青少年科技中心等单位承办,青橙教育创新研究院协办,中国教育发展基金会"幂教育"项目特别支持的第三届北京青少年创客国际交流展示活动终评在线上举办。评选出创客作品一等奖17项、二等奖18项、“最佳外观奖”1项、“最佳技术奖”1项、“最佳创意奖”1项、“幂教育特别奖”1项和“青橙未来创客奖”10项，评选出“最佳创意礼品”5项。活动共吸引了来自近百所学校的400多名师生参与。

（程　锐）

【第十届北京国际电影节青少年科学影像单元活动举办】8月22—24日，北京青少年科技中心、北京青少年科技教育协会共同举办第十届北京国际电影节青少年科学影像单元暨第二届北京国际青少年科学影像展映展评活动。本次活动共收到青少年科学影像作品247部，部分作品在新华网活动专题页进行展映，“云上青春红毯秀”直播在线观看人数达到35万余人次，活动专题页浏览量达到300余万人次。北京电视台对活动专题报道1分36秒。《北京时间》设置专栏，对活动作品进行展映。全国科普日期间，全市5家基地校被授予“北京青少年科学影像创作基地”。

（李　云）

【青少年科技创新能力提升活动开展】9月25日—12月29日，北京青少年科技中心主办的2020年青少年科技后备人才早期培养计划——青少年科技创新能力提升活动开展。在北京中学（西坝校区、东坝校区）、北京市第三十五中学、北京市广渠门中学、北京市和平街一中（奥运村校区、和平街校区）等学校开展活动20场，普及人数达1 000人次。

（赵　峥）

【中外教师科技教育创新论坛举办】9月26日，由市科协主办的第40届北京青少年科技创新大赛中外教师科技教育创新论坛在北京科学中心举办。本届论坛邀请到清华大学、中国科学院大学、哈尔滨工业大学、北京一零一中学、北京师范大学附属中学、北京第三十五中学以及美国纽约州立大学、印第安纳大学等单位的专家教授分别做主题发言。

（赵　峥）

【2021级北京青少年拔尖人才培养计划选拔考试举行】11月28—29日，由北京青少年科技中心主办的2021级北京青少年拔尖人才培养计划选拔考试在北京科学中心（北京科技教育创新研究院）举行，共有来自全市38所中学及科技馆的200余名初二至高一年级学生参加考试。最终来自26所学校及科技馆的48名学生胜出，将在2021年走进高校实验室，跟随17名导师开展青少年科研实践活动。

（赵　峥）

【第二届（2020年）中小学生涯教育国际论坛举办】12月11—12日，由北京师范大学教育学部教育心理与学校咨询研究所、北京青少年科技中心、北京师范大学附属实验中学和北京科学中心等单位主办的第二届（2020年）中小学生涯教育国际论坛在京举办。论坛采取线上与线下相结合方式，以主旨报告、专题报告、分论坛、工作坊等形式开展，邀请到来自北京大学、清华大学、北京师范大学、北京航空航天大学、北京教育科学研究院、北京教育学院、北京师范大学附属实验中学等单位的专家学者围绕生涯教育与科技创新人才培养议题开展深入交流。

（赵　峥）

【北京学生获得国际物理奥赛金牌】12月15日，2020年国际奥林匹克物理竞赛闭幕。人大附中学生孙睿以总分第二名的成绩获得国际奥林匹克物理竞赛金牌。本次大赛共有45个国家和地区的204名选手参加。

（程　锐）

【第二十届北京青少年机器人竞赛举办】12月20日，由市科协主办，北京青少年科技中心、北京青少年科技教育协会承办的第二十届北京青少年机器人竞赛线上活动举办。本次活动形式新颖、直观感强、趣味性浓、覆盖面广、普及度高，通过富有挑战性的在线体验活动，将学生在课程中学到的多学科知识和技能融入在线活动过程中，培养青少年的创新意识和逻辑思维，拓展了青少年机器人活动覆盖面。来自16区及中国儿童中心的252所学校的上千名学生参与。

（张　军）

【京澳师生科技教育创新座谈会召开】12月20日，由北京青少年科技中心主办的京澳师生庆祝澳门回归二十一周年科技教育创新座谈会在京召开。会上，何威威、朱浩楠等教师代表就京澳联科展取得的成效进行了介绍。北京师范大学、北京数学会、海淀教师进修学校等单位专家围绕科学思想方法在数学学习中的重要促进作用做了发言。来自澳门培正中学、北京市十一学校等学校的师生代表

30余人出席会议。

（石　硝）

【“2030我的家乡”童画展览举办】12月，联合国教科文组织国际创意与可持续发展中心和桂馨基金会联合举办“2030我的家乡”童画展系列活动，共收到来自18个省35个地区的1 000余幅童画作品。作品描绘了孩子们对2030年心中家乡的憧憬，尤其是科技给家乡的生产生活带来的变化。本次活动重在引导孩子们关注科技创新、关注可持续发展。

（北京工业设计促进中心）

【北京队国内学科比赛中成绩优异】年内，在第37届全国青少年信息学奥林匹克竞赛中，北京队共获得4枚金牌、5枚银牌、4枚铜牌；在第29届全国中学生生物学奥林匹克竞赛中，北京队共获得6枚金牌、2枚银牌；在第37届全国中学生物理竞赛中，北京队共获得8枚金牌、4枚银牌、2枚铜牌。

（程　锐）

## 城乡居民科普

【第十二届北京菊花文化节开幕】9月13日，第十二届北京菊花文化节在北京顺义国家农业科技园区开幕。园区总布展面积达10万平方米以上，共推出47种以菊科、亚菊科为主的秋季露地花卉，依托园区内大菊繁育基地，共培育出110余种、1.4万盆国内外精品大菊，其中小球菊、什锦菊、造型菊、悬崖菊共8 000盆，特色盆栽花卉5万盆，同时，新增金光菊、花环菊、千花菊、矢车菊和地肤5个品种。展会期间，总面积约7 000平方米的大型室内科普场馆——蝶·恋花馆（原顺义七彩蝶园）亮相，馆内设置活体蝴蝶、蝴蝶科普、舞蝶文化、标本展览等一站式科普体验内容。本届文化节结合蝴蝶元素、菊花文化和重阳习俗等要素，采取疏密结合的手法，为广大市民呈现一场科技与花卉完美结合的盛会。

（王伟娟　赵　娣　姜佩瑄）

【世界粮食日与粮食安全主题科普活动举办】9月29日，市科委农村中心联合国家粮食和物资储备局科学研究院、昌平区科协、北京市农科院信息所等单位在国家粮食和物资储备局科学研究院昌平中试基地共同开展“世界粮食日与粮食安全”主题科普活动。此次科普活动宣传爱粮节粮的科普知识，活动现场，专家对正视食物浪费、养成健康饮食习惯及国家粮储安全技术、家庭储粮技巧等内容进行详细介绍与讲解。昌平区市民60余人参加，活动同步在12396北京农科热线“京科惠农”大讲堂、北京农业信息网专题、微信和抖音等平台播出，2 600余人次观看了直播。

（王伟娟　赵　娣　姜佩瑄）

【12396开通疫情防控专题服务窗口】年内，市科委引导北京科技特派员开展线上农村科技服务。市科委农村中心依托12396农科热线平台，开通新冠肺炎疫情防控专题服务窗口，解决各类重点技术问题5 000余个。

（王伟娟　赵　娣　姜佩瑄）

【科技特派员开展下乡活动】年内，科技特派员开展下乡活动，赴京郊各区低收入村及产业提升需求村开展科技服务，以科技人才、成果、智力等资源助力村产业发展、村容美好、村民增收。赴门头沟区开展“春风送暖农家女”活动，建立农家女微信群，摸清科技需求，提供线上微课服务和农业技术直播课程，开展线上交流座谈、实地慰问妇字号基地，为门头沟区农家女赠送蔬菜种子和科普图书。

（王伟娟　赵　娣　姜佩瑄）

【12396农科热线“京科惠农”网络大讲堂开讲】年内，市科委农村中心与北京市农科院合作开展“科技特派员在行动——京科惠农大讲堂”网络直播活动48期，涉及农村疫情防控、设施蔬菜、春耕备耕、病虫害防治、农机使用、林下种养殖、油鸡繁育、粮食安全等直播课程，观看直播人数达到10余万人次，受到农户一致好评。

（王伟娟　赵　娣　姜佩瑄）

【2020年科普驿站系列活动走进京郊】年内，市科委农村中心组织开展的2020年科普驿站系列活动走进京郊各区，分别赴延庆区黄土梁村、平谷区西营村、昌平区北庄村、门头沟区下清水村、大兴区小黑垡村、通州区西槐庄村开展科普讲座活动。活动邀请了农业、健康、金融、医疗、药食、规划设计等领域专家为村民们带来农业技术、养生保健、消防安全、金融防诈骗及12396农科热线等形式多样、内容丰富的科普讲座。活动有助于加强京郊农技与民生知识普及，改善农村农民生产生活质量，为京郊乡村振兴提供科技支撑。

（王伟娟　赵　娣　姜佩瑄）

# 各区科技

# 东城区

【概述】东城区科学技术和信息化局(简称东城区科信局)加挂北京市东城区大数据管理局牌子(简称东城区大数据局),是负责贯彻落实中央、市委关于科技、信息化工作的方针政策、决策部署和区委有关工作要求的区政府工作部门。内设办公室、科学技术发展科、信息化促进科、大数据应用科、中小企业促进科、产业发展科 6 个科室,下设北京市东城区信息中心(北京市东城区中小企业服务中心)1 个科级事业单位。行政编制 25 人,实有 23 人;事业编制 26 人,实有 24 人。

2020 年,东城区科学研究和技术服务业实现增加值 323 亿元,同比增长 6.9%,占全区 GDP 的 10.9%。共有 179 家企业通过国家高新技术企业认定,东城区国家高新技术企业保有量达到 615 家。技术合同登记成交 3 552 项,成交额 481.1 亿元,其中技术交易额 426.9 亿元。全年专利申请量 13 058 件,同比增长 5%;专利授权量 8 916 件,同比增长 15.5%。审批成立科技类民非企 1 家。14 581 名驻区科技企业员工申领到职业技能培训补贴。

(赵　阳)

【知识产权服务网上申报审批系统应用】2 月 28 日,东城区市场监管局(东城区知识产权局)完成北京市发明专利奖、北京市知识产权试点单位、北京市知识产权示范单位、知识产权国内以及海外维权援助网上申报审批系统测试。网上申报审批系统的应用实现了政府行政人员对企业人员的“零接触”式服务,极大地简化了申请和审批手续。

(赵　阳)

【知识产权主题培训线上举办】3 月 25—26 日,东城区市场监管局(东城区知识产权局)通过网络直播的方式举办“融资中的知识产权问题”主题培训。海淀区政府知识产权专家库成员华冰围绕知识产权基础知识、并购中 IP 关注要点、上市前的风险与防范、知识产权融资方式 4 个方面进行了专业讲解。东城区中小企业服务中心工作站、嘉诚系统京津冀联络员 35 人参加培训。

(赵　阳)

【12 项成果获 2019 年度北京科学技术奖】3 月 27 日,2019 年度北京市科学技术奖各评审委员会项目评审结果公布。东城区共有 12 项科技成果获得 2019 年度北京市科学技术奖,其中中国中医科学院中药研究所的“中药注射剂和有毒中药的安全性评价关键技术及其应用”等 4 个项目获一等奖,北京自然博物馆的“晚中生代哺乳动物生态适应研究”等 8 个项目获二等奖。

(赵　阳)

【知识产权保护典型案例发布】4 月 26 日,市市场监管局、市知识产权局相继发布 2019 年度知识产权行政保护十大典型案例。东城区市场监管局(东城区知识产权局)办理的腾尼(北京)商贸有限公司商标侵权案和中国医药保健品有限公司将未注册商标冒充注册商标使用案分别入选。市场监管总局发布 2019 年知识产权执法“铁拳”行动典型案例,其中东城区市场监管局(东城区知识产权局)办理的北京精秒恒达科技有限公司崇文门分公司侵犯“华为”注册商标专用权案入选,且为北京市唯一入选案例。

(赵　阳)

【世界知识产权保护日系列宣传活动开展】4 月 26 日起,东城区市场监管局(东城区知识产权局)在世界知识产权保护日宣传周期间开展以“知识产权:助力疫情防控,服务首都高质量发展”为主题的知识产权宣传活动,展示北京知识产权新形象。一是创新线上宣传模式,提升宣传效果。通过猫眼 APP 及崇文门商圈公交站电子显示屏滚动播放宣传海报。二是开展多种渠道线下活动,助力新冠肺炎疫情防控和复工复产。东城区市场监管局(东城区知识产权局)各所依据辖区特点分别在红桥市场、天雅市场等地张贴宣传海报,并且开展线上知识产权保护相关业务咨询、在线宣传、在线互动等形式新颖的活动。三是线上、线下答疑解惑,助力企业复工复产。北京市知识产权公共东城区中心及其下设中小企业工作站,依托腾讯课堂APP为企业在线授课;针对企业集中反映的知识产权维权援助问题,分别在东城文化人才国际创业园和东雍创业谷现场为企业答疑解惑。

(赵　阳)

【科技计划项目交办会召开】5月14日,东城区科信局组织召开2020年度东城区科技计划项目交办会。会上,介绍2020年度东城区科技计划项目在抗击新冠肺炎疫情背景下征集的目的及意义,说明科技计划项目的实施流程和注意事项,与承担单位签订任务书。东城区科信局副局长李伟冰主持会议,13家项目承担单位的负责人和东城区科信局工作人员参加会议。交办会后,科学技术发展科就东城区科技经费使用规定等内容进行专题培训。

(赵　阳)

【东城区区长调研北京神工科技有限公司】5月27日,东城区区长金晖调研北京神工科技有限公司,东城区政府办、东城区科信局、中关村科技园区东城园管委会主要领导陪同调研。企业主要负责人介绍了国内航空制造行业的现状,并汇报企业经营发展的状况和当前面临的主要问题。金晖对企业勇于开拓创新的精神和取得的科技成果表示肯定,现场回应企业提出的需求,并表示今后将进一步加强与企业的联系,为企业增设服务管家,全力做好各项服务工作。同时也希望企业加强科技成果转化与应用,提升核心竞争力和行业影响力,为中国的航空制造业添砖加瓦,为东城区的经济发展做出更大的贡献。

(赵　阳)

【2019年东城区科普专项结题】5—7月,东城区科信局先后组织专家对2019年东城区科普专项项目进行结题验收。家门口移动生态课堂、书香科普、航海模型国防科普教育基地、“萌”教室4个项目全部通过专家评审,完成结题验收。

(赵　阳)

【知识产权进企业服务活动开展】7月24日,东城区市场监管局(东城区知识产权局)联合东城区社保中心、东城区中小企业服务中心,并邀请北京市华伦律师事务所、北京德和衡律师事务所在新中大厦中小企业服务分中心为嘉润创业园区的入驻企业进行“一对一”咨询服务上门活动。

(赵　阳)

【智慧城市管理入选北京市应用场景项目】7月,东城区智慧城市管理建设项目(二期)入选北京市第二批30个应用场景项目,项目的4个子模块社区数据汇聚共享服务平台(二期)、高排放车辆识别系统、雪亮工程卡口设备赋能生成非现场违法数据建设、雪亮工程监控设备赋能二期均于12月底前完成评审验收并投入运行。该项目进一步提高了东城区城市治理的智慧化水平。

(赵　阳)

【2020年东城科技活动周举办】8月23—29日,东城区举办2020年东城科技活动周。东城区科普工作联席会议各成员单位、各科普基地、社区科普体验厅、创新型科普社区、“六型”社区及有关企事业单位,因地制宜,采取线上、线下等方式面向社区居民、社会公众等广泛开展丰富多彩的群众性科普活动,内容涉及垃圾分类、健康生活、食药安全、消防、防灾减灾等。同时,在“数字东城”开设专题,集中展示全区各有关单位在垃圾分类、健康生活、消防安全、自然科学等方面开展的工作。

(赵　阳)

【垃圾分类主题宣传活动举办】8月27日,东直门街道办事处联合中华环境保护基金会、北京城建物业管理有限责任公司在东直门城市生态岛举办以“科技助力新时尚　童心描绘新未来”为主题的垃圾分类宣传活动。东城区城管委、东城区科信局、东直门街道办事处、中华环境保护基金会、北京城建物业管理有限责任公司相关负责人参加活动。东直门街道辖区内的约50名学生也参与此次活动,围绕科技助力垃圾分类、科技扮靓绿色生活、身边的榜样、生活中的实践等内容展开创意绘画活动,通过绘画方式,表达自己参与垃圾分类环境保护行动的意愿。

(赵　阳)

【东城区中小企业创新创业大赛举办】8月,东城区科信局联合东城区财政局、东城区委组织部举办“创客北京2020”创新创业大赛暨“创客北京　创新东城”2020中小企业创新创业大赛。全区130家企业、团队报名参赛,最终16个优秀项目(创客组6个、企业组10个)获大赛奖项。大赛进一步激发创业创新活力,推动中小企业高质量发展,发现和培养一批优秀青年人才。

（赵　阳）

【市科委调研东城区文化科技发展情况】9月8日，市科委二级巡视员王建新一行到东城区调研交流科技文化融合工作。东城区副区长刘俊彩，东城区科信局、东城区文旅局、东城区文促中心、中关村科技园区东城园管委会主要领导，以及中国传媒大学、中文在线数字出版集团股份有限公司等单位代表参加调研。中国传媒大学、中文在线数字出版集团股份有限公司等单位分别就单位文化产业发展情况和对科技文化融合项目的规划、筹备和进展情况进行汇报，并就科技对文化的支撑与促进作用、科技与文化融合发展、文化产业发展及存在的问题、文化企业自身发展需求等内容进行研讨。王建新指出，东城区作为文化中心的重要承载区域，有着巨大的文化发展潜力，下一步要加强文化科技融合工作，政府会进一步开放市场，希望企业创新思维、积极参与，钻研科技赋能文化，深入挖掘东城区文化资源，促进东城区文化产业发展，把文化产业打造成东城区的“金名片”。

（赵　阳）

【东城区高科技企业对口帮扶化德县】9月14—15日，东城区科信局二级巡视员邱少军带领北京华珍烘烤系统设备工程有限公司、中国包装和食品机械有限公司、江信生物科技有限公司、北京国康本草物种生物科学技术研究院、北京大道信通科技股份有限公司等企业负责人和专家，到内蒙古自治区乌兰察布市化德县就农业科技开展对口帮扶工作。

（赵　阳）

【市科委调研东城区文化科技企业】9月24日，在东城区副区长刘俊彩陪同下，市科委主任许强、二级巡视员王建新一行到东城区调研科技文化企业。实地走访中文在线数字出版集团股份有限公司和恒信东方文化股份有限公司，了解公司的运营情况，体验文化科技融合的相关产品，并听取企业负责人介绍公司在科技文化融合方面进行的探索和取得的成果。许强指出，东城区企业在科技文化融合方面已经取得可喜的成果，当前要充分抓住数字经济的发展机遇，挖掘市场需求，建设应用场景，探索科技文化融合发展新模式。政府要搭建服务平台，加大科技支撑，希望东城区企业尝试在科幻和科普领域取得新的突破。东城区科信局、中关村科技园区东城园管委会、东城区文促中心领导陪同调研。

（赵　阳）

【2020年东城区科技政策法规培训会举办】11月20日，东城区科信局在东城区第一图书馆举办2020年东城区科技政策法规培训会，邀请东城区人力资源社会保障局和参与高新企业评审的专家深入解读各类产业技能培训补贴政策和国家高新企业认定政策，并详细解答企业在高新企业认定申请中遇到的问题，鼓励企业积极申报人才培训补贴和高新企业认定。数十家科技企业参会。

（赵　阳）

【2020年东城区技术合同认定登记培训会举办】11月20日，东城区科信局在东城区第一图书馆举办2020年东城区技术合同认定登记培训会，邀请北京技术市场办公室专家细致解读技术合同认定登记政策、工作流程和注意事项，鼓励企业积极申报技术合同认定登记。数十家科技企业参会。

（赵　阳）

【2020年东城区科普管理干部培训交流会举办】12月17日，东城区科信局在东直门城市生态岛举办2020年东城区科普管理干部培训交流会，总结2020年东城区科普工作开展情况，讲解新形势下如何开展科普工作，并组织科普干部参观东直门城市生态岛、交流各街道科普工作情况。东城区所辖17个街道的20余名科普管理干部参加培训交流会。

（赵　阳）

【《关于进一步加强文化与科技融合发展的实施意见（2020—2022年）》发布】12月25日，《关于进一步加强文化与科技融合发展的实施意见（2020—2022年）》（简称《实施意见》）发布仪式暨北京市东城区数字经济论坛在天鼎218文化金融园举行。仪式现场，《实施意见》及首批项目发布。《实施意见》旨在为文化事业进一步繁荣、文化产业进一步壮大提供科技支撑，提出了近3年东城区重点实施的4项文化科技融合任务。为了落实《实施意见》，市科委和东城区政府已征集并确定26个重点项目，部分项目已开始组织实施。首创市、区联动模式，让文化插上科技的翅膀，创新“任务清单项目化，项目清单主体化，主体清单在地化”文化科技融合工作模式，实现当年出台文件、当年形成项目、当年配套资金。市科委二级巡视员王建新、市经济和信息化局二级巡视员李涛、市商务局二级巡视员赵立宗、东城区副区长刘俊彩出席活动。

（赵　阳）

【东城区文化与科技融合项目获资金支持】12 月，东城区文化与科技融合项目“故宫以东”IP 会客厅——城市文化互动平台、东城区“非遗 + 老字号”展示传播与交易服务平台 2 个项目立项，获得市级科技资金 900 万元。

（赵　阳）

【2020 年科普专项获资金支持】年内，东城区科信局共征集 20 家单位的 20 个科普专项项目。经过走访、专家评审等环节，对东城区城市管理委员会的“东城区垃圾分类宣传活动”等 4 个项目予以资金支持，支持金额共 209 万元。

（赵　阳）

【东城区科技创新人才队伍建设】年内，位于东城区的北京神工科技有限公司研发总监叶玉玲入选北京市百千万人才工程，谢玉洪等 7 人被认定为科技创新类东城区优秀人才，6 名科技创新类人才获得东城区优秀人才培养资助项目支持。

（赵　阳）

【2 家单位入选新时代文明实践基地名单】年内，位于东城区的北京自然博物馆、北京自来水博物馆入选北京市市级部门首批新时代文明实践基地（科技与科普服务类）名单。全市共有 9 个单位入选北京市市级部门首批新时代文明实践基地（科技与科普服务类）名单。

（赵　阳）

【2 家单位入选北京市科技企业孵化器名单】年内，东城区企业北京瀚海华美国际咨询有限公司、北京创园国际科技有限公司入选北京市科委 2020 年度北京市科技企业孵化器名单。东城区科技企业孵化器达到 5 家。

（赵　阳）

【东城区科普工作情况统计】年内，据统计，东城区科普工作联席会议各成员单位共投入科普活动经费 902.386 万元；举办科普讲座（报告）2017 场，听讲人数 56.4 万人次；举办科技竞赛 35 场，参加人数 4.86 万人次。共有各级科普画廊 120 个，画廊总长度 2 173 米。有市级科普基地 34 家、社区科普体验厅 5 个、社区科普活动室 124 个、科普志愿者 557 人。

（赵　阳）

【80 家企业纳入全国科技型中小企业信息库】年内，东城区取得全国科技型中小企业信息库入库编号的企业有 80 家。

（赵　阳）

【科技型小微企业研发获费用支持】年内，东城区共对 56 家企业发放中关村科技型小微企业研发费用支持资金 359 万元，对 52 家企业发放东城区科技型中小微企业研发补贴 345 万元。

（赵　阳）

# 西城区

【概述】西城区科学技术和信息化局（简称西城区科信局），加挂北京市西城区大数据管理局（简称西城区大数据局）牌子，是负责西城区科技创新、信息化和大数据管理工作的区政府工作部门。年内增设信息产业促进科。内设办公室、法制科、社会发展科、科技创新科、信息化建设管理科、数据资源管理科、电子政务管理科、信息产业促进科 8 个科室，设西城区信息中心、西城区大数据中心、西城区科技创新中心 3 个事业单位。行政编制 28 人、事业编制 42 人，实有 68 人。

2020 年，西城区科信局完成西城区“十四五”科技创新前期课题研究，为西城区“十四五”科技创新规划编制做好准备工作；完善科技服务体系，支持企业创新发展；强化政策落实，全力做好科技企业复工复产;开展"云上"科技周,利用政府网站、手机APP等多途径开展科普宣传工作,促进科学素养能力提升;围绕城市治理,促进城市可持续发展;落实"两区"建设、"五新"政策,研究出台《西城区促进数字经济发展若干措施》,推进新基建新场景建设;充分发挥大数据优势,多项举措助力社区新冠肺炎疫情防控。年内,西城区科信局共辅导112家园区外企业申报国家高新技术企业,88家企业获得国家高新技术企业资格,其中新申报企业55家;截至年底,国家高新技术企业数量达到871家。西城区实现输出技术合同成交额230亿元,同比增长2.22%;实现吸纳技术合同成交额462.9亿元,同比增长11.6%。

（张　伟）

【"西城家园"平台建设工作推进】2月,针对春节后社区、园区和企业等人流密集度不断增加的复杂情况,西城区加大推进"西城家园"平台建设,推出新冠肺炎疫情防控微服务,持续研发疫情实时数据、疫情辟谣、同程查询等功能,为辅助领导决策、有效控制疫情提供支撑。全区15个街道返京人员信息实现"无纸化"登记,通过手机扫码社区报到,登记数据多维度分类,数据全区共享,保障防控信息精准掌握,有效落实排查任务。企业复工和返工人员实现在线申请、"不见面"审核,员工实时在线健康打卡,全区疫情防控信息"一本账"。以扫码申请与大数据静默认证相结合方式,为居民和登记返工人员快速发放电子出入证(二维码),持证人员一次登记,全区亮"证"扫"码"通行。体温实测实录,出入行程跟踪溯源,线下工作有效减负。

（谢凯强）

【应对疫情支持性政策宣传工作开展】2—3月,西城区科信局编辑整理了《应对疫情支持性政策汇编》第一、第二版和《支持疫情防控和经济社会发展相关政策指引(1.0)》,收集各级各部门出台的一系列聚焦新冠肺炎疫情防控、支持重点行业和中小微企业的政策50余项,并通过即时通信工具、邮件等方式向区内企业发送,以便企业快速全面了解相关政策,促进企业复工复产。

（方严松）

【科普工作联席会议成员调整及职责修订】5月,依据西城区科普工作联席会议办公室职责,结合西城区机构改革,各单位职能职责调整、人员变化的情况,西城区科信局在征询科普工作联席会议组成成员意见的基础上,对原科普工作联席会议组成成员进行调整,并修订科普工作联席会议成员单位职责,明确各单位工作任务,形成规范性文件,为顺利开展科普工作奠定了良好基础。调整后的西城区科普工作联席会议成员单位共40家,分别由25家委办局及15个街道组成。

（曹荣娥）

【《2020年度科普工作要点和计划》印发】5月,西城区科信局履行科普联席会议成员办公室职责,编制印发《2020年度科普工作要点和计划》,明确科普工作方向和重点,对成员单位进行年度工作任务分解和部署,要求各成员单位群策群力,结合本行业特点,利用"科技周""科技节""科普日""防灾减灾日""世界环境日"等主题宣传日,依法开展科普法律、法规的宣教活动,营造区域共建共享的科普工作氛围,促进区域公众科学素养的提升。

（曹荣娥）

【"中国创翼"创业创新选拔赛工作开展】5月,西城区科信局通过政务短信、微信公众号、QQ工作群、电子邮件等方式向西城区科技企业进行第四届"中国创翼"创业创新大赛北京选拔赛暨第二届"创业北京"西城区创业创新大赛宣传活动,做好大赛的推广及西城区科技企业参赛的组织工作。

（楚　蒙）

【西城区财政科技专项项目公开征集】6月9日,为进一步贯彻落实北京市高精尖产业发展系列文件精神,围绕区域经济社会高质量发展,发挥科技对区域发展的支撑作用,根据《北京市西城区财政科技专项项目管理办法》,西城区科信局发布通知,公开征集2021年度西城区财政科技专项项目。西城区财政科技专项项目分为科技创新类和可持续发展类项目,申报单位根据自身情况选择项目类别和补助方式。

（张　超）

【西城区科技政策培训会召开】6月21日,西城区科信局组织召开西城区财政科技专项和市高精尖产业技能提升培训补贴政策解读培训会,对西城区财政科技专项科技创新类项目申报及实施要点和《北京市高精尖产业技能提升培训补贴实施办法》进行介绍。150余位科技企业相关管理人员参加培训。

（方严松）

【西城区2019年度科普统计工作启动】6月,西城区2019年度全国科普统计工作启动。西城区科信局组织开展科普统计在线培训，100家参统单位通过线上数据填报、数据审查、数据分析、数据提交，于7月上旬完成西城区科普统计工作。本次科普统计范围涵盖区域内国家机关、街道、中学、图书馆、医院、公园及部分科普基地等单位，对这些单位的科普人员、科普场地、科普经费、科普传媒、科普活动以及创新创业中的科普六大类124个指标进行了统计，获得的数据为全国、北京市和西城区制定科普工作政策提供重要数据支撑。

（曹荣娥）

【西城区政府网站开设《科普之窗》专栏】6月，西城区科信局在西城区人民政府网站开设科普宣传专栏——《科普之窗》，对人民群众关心的热门话题进行科学引导和广泛宣传。《科普之窗》一级界面设计了科普纵览、科普活动、科普基地申报、相关法律法规4个模块，其中，科普纵览模块涵盖卫生健康、消防安全、垃圾分类等领域的科普知识及相关科普活动。

（曹荣娥）

【39个项目获北京市科学技术奖】8月17日，北京市政府发布《关于2019年度北京市科学技术奖励的决定》，西城区共有33家单位的39个项目获2019年度北京市科学技术奖。其中，北京建筑大学等7家单位获科学技术进步奖一等奖，奇安信科技集团股份有限公司等21家单位获科学技术进步奖二等奖，首都医科大学宣武医院等2家单位获自然科学奖二等奖，北京市轨道交通建设管理有限公司等3家单位获技术发明奖二等奖。

（郭志娥）

【技术市场政策培训会召开】8月21日，西城区科信局采用直播形式召开诚信宣传进企业——技术合同认定登记及相关税收优惠政策培训会。培训会通过宣传片的播放和技术合同认定登记及相关税收优惠政策的解读，展现了北京市信用建设情况，帮助企业深入了解技术合同登记相关政策，用好现行技术市场优惠政策，规范企业签订技术合同。企业代表175人参加培训。

（方严松）

【2020年西城科技周举办】8月23日，2020年西城科技周活动在“云端”拉开帷幕。本届科技周活动增加了许多互联网元素，各种线上活动、各种“云端”体验，使百姓足不出户就能感受科技的魅力。活动从8月23日持续至8月29日，由西城区科信局、西城区委宣传部、西城区卫生健康委员会、西城区科学技术协会4家单位共同主办。启动仪式通过西城网站、西城家园、科普中国、Bilibili直播、网易云课堂等多家媒体同步播出，由疫情防控、科技助力、美好祝福、领导致辞、科学之声5部分组成。西城区副区长聂杰英代表区委、区政府致辞。科技周期间，西城区各委办局、各街道在线上、线下组织开展130余场各具特色的科普活动，大家可通过互动体验、讲座、比赛、观影等形式了解垃圾分类、卫生健康、科学教育、消防安全等领域的科普知识。

（曹荣娥）

【财政科技专项联席会召开】9月3日，西城区科信局组织召开西城区财政科技专项联席会议工作会。会议通报2021年西城区财政科技专项项目征集与评审专家构成情况，介绍2020年科技创新项目结题验收、延期、撤项等事项。12月23日，再次召开西城区财政科技专项联席会。会上汇报了2021年度西城区财政科技专项计划的有关情况，各成员单位原则同意西城区科信局的汇报并提出以下建议：一是加强财政科技专项在“数字经济”应用场景的支持力度，二是加大项目成果对区域贡献的总结和凝练，三是增强财政科技专项对科技企业支持的宣传力度。西城区科信局根据会议建议，修改完善汇报材料后，报西城区政府专题会审议。

（张　超）

【技术合同登记处接受执法检查】9月8日，西城区科信局技术合同登记处接受北京技术市场管理办公室的现场执法检查。检查采取随机抽查的形式，所查合同均符合《技术合同认定规则》要求。北京技术市场管理办公室对检查结果表示肯定。在北京市技术市场执法监督工作情况通报会上，西城区科信局技术合同处作为检查合同全部合格的登记处得到点名表扬。

（冯　帆）

【西城区报送创新创业活跃度指标评价材料】9月25日，西城区科信局参与2020年中国营商环境评价、创新创业活跃度指标评价北京市现场填报工作的场外支撑工作。按照市科委的部署，在中关村科技园区西城园管委会、西城区财政局、北京金融街服务局等相关部门的支持下，实时报送了西城区出台的关于创新创业相关政策及工作成效材料。

（方严松）

【《建立健全西城区科技成果转化议事协调机制工作方案》印发】10月30日，西城区科信局发布关于印发《建立健全西城区科技成果转化议事协调机制工作方案》的通知。该方案提出，为推动科技成果转化，建立西城区促进科技成果转化议事协调联席会，成员单位由西城区委组织部、西城区发展改革委、西城区科信局等14个政府部门组成。该方案明确了重点任务及成员单位工作职责分工，形成全区促进科技成果转化"一盘棋"工作格局。

（郭志娥）

【"2020年西城区科技秀"系列活动开展】11—12月，西城区科信局以全面提升公众科学素养为目的，开展"2020年西城区科技秀"系列活动。采用线上、线下结合的形式，组织开展科普进社区、进学校、进场馆系列科普活动。以趣味垃圾分类、灵动思维、人工智能、防灾减灾为主题，在西城区科技馆、北京市第一六一中学分校、北京市第二实验小学白云路分校、月坛街道全总社区，组织开展科普互动体验活动，受益人数约400人次。活动以问卷星的形式进行抽样调查，结果显示70.73%的参与人员对活动非常满意。"2020年西城区科技秀"系列活动的开展有效促进了居民科学素养的提升。

（曹荣娥）

【《民法典》合同编专题培训会举办】12月2日，举办西城区科技企业《中华人民共和国民法典》（简称《民法典》）合同编专题培训会。会议对《民法典》合同编立法的亮点和适用进行讲解。80位科技企业管理人员和西城区科信局工作人员参加培训。

（方严松）

【核酸检测平台及设备使用培训会举办】12月25日，西城区科信局组织开展北京市核酸检测信息统一平台及手持设备使用培训会，全区各街道以及下属社区近300人参加。培训会上，技术专家详细讲解了平台及手持设备的使用以及具体工作流程，并进行模拟核酸检测采集现场演示。26—27日，根据各街道核酸检测实战情况，西城区科信局组织技术团队赴相关街道开展现场培训和答疑工作，建立技术应急保障团队，并为每个街道安排现场技术指导人员，确保核酸检测工作有序开展。

（蔡宇红　仇启宇）

【西城区数字经济政策发布】12月30日，西城区发布《北京市西城区加快推进数字经济发展若干措施（试行）》，提出将西城区建设成为产业数字化赋能示范区和数字应用场景引领示范区的发展目标，明确数字技术与金融、文化、消费等产业深度融合发展成为西城区创新发展的趋势。这是全市首个区级数字经济政策，旨在大力推动数字技术赋能实体经济，引进和培育一批数字经济优势企业，落地一批数字应用场景项目，建设产业数字化赋能示范区和数字应用场景引领示范区。

（郭志娥）

【智慧门禁助力老人出行】12月，为解决老年人在新冠肺炎疫情防控中运用智能技术遇到的种种难点，市经济和信息化局、市园林绿化局会同西城区科信局成立工作组，选取西城区万寿公园和顺天府超市作为全市首个老年人运用智能设备的试点单位，为其加装新型智慧门禁。新型智慧门禁加装了老年卡、身份证、社保卡刷卡认证功能，测量体温的同时即可刷卡识别健康宝信息，智慧门禁可自动报送健康宝状态，解决了老年人没有手机或使用手机查询健康宝不便的问题，使新冠肺炎疫情防控工作更适应老年人的实际需求，让老年人的出行更加便捷。

（刘　岩　蔡宇红）

【技术市场执法检查工作开展】年内，西城区科信局针对技术交易中虚假技术或虚假技术信息开展执法检查。共完成执法检查案件103件，执法检查中未发现违法案件。

（郭志娥）

【新冠肺炎疫情期间房租减免补贴政策落实】年内，西城区科信局兑现新冠肺炎疫情期间房租减免政府补贴资金24.03万元，10家科技型中小微企业享受了房租减免，减免金额共计80.12万元。

（郭志娥）

【9个项目获区优秀人才项目资助】年内，西城区科信局完成2020年度西城区优秀人才培养资助项目的征集和推荐工作，共征集科技人才项目24项，其中9个项目获得支持，支持资金总计84.4万元。

（郭志娥）

【71个项目获得区财政科技专项立项】年内，西城区科信局组织申报2021年度西城区财政科技专项项目。经西城区政府审议，71个项目列入立项计划，拟支持资金2 823.63万元。其中，可持续发展类15项，拟支持资金1 237.63万元；科技创新类56项，拟支持资金1 586万元。

（郭志娥）

【市级科学技术奖提名工作完成】年内，完成2020年度北京市科学技术奖提名工作，通过西城区科信局提名16个项目，其中个人奖2项，项目奖14项（技术发明奖3项、科技进步奖10项、自然科学奖1项）。

（郭志娥）

【助力科技企业复工复产】年内，西城区科信局通过建立科技企业服务微信群、编制防疫及复工复产政策汇编、开展融资需求征集、对接企业防疫物资需求等，助力科技企业复工复产。共征集54家企业融资需求，反馈给相关委办局，及时对接金融机构。对2家企业提出的防疫物资需求，联系西城区商务局，做好对接服务。

（郭志娥）

【《西城区"十四五"时期科技创新发展规划》编制完成】年内，西城区科信局完成《西城区"十四五"时期科技创新发展思路与措施》课题研究，全面梳理"十三五"期间科技工作成绩及存在的问题，分析当前形势，研究"十四五"时期科技工作着力点，初步形成《西城区"十四五"时期科技创新发展规划》文稿。

（郭志娥）

【智慧门禁持续助力新冠肺炎疫情防控】年内，智慧门禁防控设施在西城区新冠肺炎疫情防控工作中持续发挥作用，全区299个小区共安装392处智慧门禁设施，支撑近15万居民出入小区，累计使用人数超过500万人次。小区智慧门禁与北京健康宝绑定，刷脸或刷卡就能查出健康宝的状态，发现黄码、红码信息并通过西城区社区技防管理平台报警，西城区科信局根据报警信息提示街道及时安排相应社区排查处理，落实社区防控责任。

（蔡宇红　仇启宇）

【大数据助力战"疫"】年内，针对新冠肺炎疫情防控工作任务重、对象多、处置杂，以及新冠病毒传播速度快、范围广等工作难点，西城区充分发挥区级大数据统筹优势，基于全区"一张图"，利用西城区大数据平台，依托区人口大数据监测系统、区数据分析与挖掘系统、区数据共享交换平台，结合数据分析、算法模型等技术，不断强化数据归集分析，绘制西城战"疫"地图，为西城区科学研判疫情、辅助决策提供了重要支撑。

（赵　跃）

【支持科技企业应对新冠肺炎疫情融资服务开展】年内，西城区科信局联系驻区银行，推动做好西城区科技企业新冠肺炎疫情期间金融服务工作。将工商银行长安支行、建设银行西四支行和招商银行北京分行小企业金融服务部的服务小企业的金融产品通过即时通信工具发送给企业，助推企业实现快捷融资。

（方严松）

【科技型中小企业评价及技术合同登记】年内，西城区161家企业取得科技部全国科技型中小企业入库编号。西城区科信局技术合同登记处共认定登记技术合同521份，合同总金额17.59亿元。

（苏胜宇　冯　帆）

【为西城区企业提供融资担保】年内，北京中关村科技融资担保公司为西城区78家企业提供了133项融资担保，担保金额共计8.86亿元，其中科技企业56家共计90项，担保金额6.31亿元。

（方严松）

【技术市场统计年报编制完成】年内，西城区科信局与北京技术市场协会合作完成《北京市西城区技术市场统计年报（2020）》编制。对2019年度西城区技术市场总体情况、西城区输出技术和吸纳技术情况、专利技术交易情况、技术市场服务"一带一路"建设情况、辐射京津冀地区技术交易情况、驻区院所技术交易情况、中关村科技园西城园技术交易情况等内容进行了分析。2019年，西城区输出和吸纳技术合同成交额突破600亿元。

（冯　帆）

【《2020西城科技统计手册》编制完成】年内，西城区科信局与北京科技统计信息中心联合编制《2020西城科技统计手册》。统计手册主要反映了2015—2019年西城区域内科技单位、科技人员、科技经费、科技活动和科技产出的基本情况。截至2019年底，全区拥有国家高新技术企业865家；拥有中国科学院院士19人，中国工程院院士32人；有国家工程技术研究中心9个，国家重点实验室2个，北京市工程技术研究中心17个，北京市重点实验室54个，北京市企业研发机构9个，北京市科普基地40个。

（方严松）

# 朝阳区

【概述】朝阳区科学技术和信息化局(简称朝阳区科信局)加挂北京市朝阳区大数据管理局(简称朝阳区大数据局)牌子,是区政府主管朝阳区科技和信息化工作的综合职能部门。内设办公室、发展规划科、社会发展科技科、产业发展科、信息化管理科、信息化促进科5个部门,下设北京市朝阳区信息网络中心、北京市朝阳区生产力促进中心2个事业单位。

2020年,全区申报国家高新技术企业399家,其中符合申报要求企业291家。全区国家高新技术企业达到4 200余家,较"十二五"末增长近2倍。国家高新技术企业年收入6 000余亿元,其中收入亿元以上企业495家。"科技战'疫'"体系建设位居全市首位,在全市率先建设完成朝阳区战"疫"地图平台;率先开发核酸检测智能一体化设备,建立结果查询系统,提升新冠肺炎疫情防控工作效率90%以上;率先建成"疫点通"小程序、党员干部下社区平台。举办朝阳区科技战"疫"成果展,参观人数千余人次。年内,全区登记技术合同6 031项,技术合同成交额1 250.3亿元。

(李小骏)

【7项成果获国家科技进步奖】1月10日,2019年度国家科学技术奖励大会在京召开。位于朝阳区的国际竹藤中心、中国医学科学院肿瘤医院、北京东方园林环境股份有限公司、中国建筑科学研究院有限公司、中建一局集团建设发展有限公司、北京化工大学、北京工业大学7家单位参与完成的7项成果获国家科技进步二等奖。

(林　鹏)

【2020年科技下乡活动开展】1月10日,朝阳区科信局开展2020年科技下乡活动。组织中国科技馆、《北京科技报》等科普基地单位到来广营乡,现场展示莫比乌斯带、楞次定律模拟、低温超导磁悬浮等科学小实验,发放《科学流言榜年历》、科普图书和科技期刊。

(刘伟凡)

【科研项目征集及立项工作开展】1月15日,朝阳区科信局完成面向社会公开征集节能环保、医疗卫生、城市管理与社会建设、科学技术普及等领域科研项目。该项工作于2019年12月4日启动,共征集相关项目264项。3月,面向区内医疗卫生机构征集"朝阳区新型冠状病毒防控医药健康领域专项(医疗卫生机构类)"36项。4—8月,经专家评审、现场考察、部门联审、集体决策,确定立项65项,支持科技资金970万元。其中,医疗卫生领域42项,包含朝阳区新型冠状病毒防控医药健康领域专项(医疗卫生机构类)12项;节能环保、城市管理与社会建设等领域16项;科学技术普及领域7项。10月,为首次立足2022年北京冬奥会和冬残奥会科技保障需求设立的7项重点项目举办培训会,做好服务指导,推进项目实施,45家项目承担单位的120余人参加培训。

(邢　杰)

【各级领导开展调研】2月12日,市经济和信息化局大数据应用产业处处长、大数据中心副主任唐建国带队,到望京街道望京花园四区、大西洋西城调研新冠肺炎疫情防控技术需求情况,朝阳区科信局、望京街道办事处有关负责人参加现场技术需求对接会。6月2日,朝阳区政协主席陈涛、秘书长胡杰华带队,对朝阳区科信局主办的党派提案《关于领跑5G建设水平　努力打造"新一代智慧朝阳"的建议》进行实地调研、重点督办。6月4日,朝阳区副区长暴剑一行到中关村科技园朝阳园软件信息服务企业北京奇虎科技有限公司走访调研,朝阳区科信局、朝阳区发展改革委、酒仙桥街道、中关村科技园朝阳园管委会相关分管领导参加座谈。

(朝阳区科信局)

【《北京市信息消费案例集》发布】2月,朝阳区科信局与中国信息消费推进联盟、美团网、58同城、京东电商等单位合作,收集整理北京市服务抗击新冠肺炎疫情的相关软件产品与服务,发布《北京市信息消费案例集》,形成《齐心协力,抗击疫情,北京信息消费应用指南》。《北京市信息消费案例集》包含40家企业的信息化应用项目,涵盖智慧城市、人工智能、工业互联网、5G通信等内容。

(张佩佩)

【抗击新冠肺炎疫情工作开展】2月,朝阳区科信局协调区内人工智能企业为“1+1手拉手”社区——望湖社区望馨花园安装移动式双光快速温测智能识别系统。2月,朝阳区科信局与CBD管委会、中关村科技园朝阳园管委会、朝阳区农业农村局等部门对接,推进移动式双光快速温测智能识别系统在朝阳区商务楼宇及社区安装使用;组织通信企业北京铁塔公司为地坛医院、安贞医院、朝阳中医医院、垂杨柳医院等12所医院安装移动通信基站51座,安排现场保障人员20人,出动巡查人员291人次、285车次,保障基站运行正常。3月4日,向朝阳区政府、街乡等发布新冠肺炎疫情防控新技术新产品(服务)清单,包含60家朝阳区内科技企业的99项产品,涉及信息服务、智能管理、医疗保障、线上服务等领域。3月20日,研究制定《朝阳区新型冠状病毒防控医药健康领域专项(医疗卫生机构类)》,发布《关于征集朝阳区新型冠状病毒防控医药健康领域专项(医疗卫生机构类)项目的通知》,4月征集结束。3月,全区各委办局、街乡使用朝阳区短信平台发送新冠肺炎疫情相关信息13.6万条,各单位使用朝阳区政务邮件系统收发邮件8.6万封,1 200余个用户使用智慧朝阳VPN平台进行疫情防护远程办公。3月,联合区卫生健康委为朝阳疾控中心安装智能语音机器人,朝阳区科信局“朝阳复工防控‘疫点通’”平台上线运行。4月,联合朝阳区民政局、朝阳区农业农村局向各街乡配发智能门磁5 000余套。6月22日,会同朝阳区卫生健康委、检测机构研究确定区核酸检测统一采样编码,实现资源共享、数据互通。7月,率先在全市建立新冠病毒核酸检测查询系统。同月,完成“朝企家”微信程序编制,助力朝阳区发展改革委创新服务企业模式。8月,在区政府举办朝阳区科技战“疫”成果展。

(朝阳区科信局)

【凤凰AI云学堂在线培训举办】3月1—19日,朝阳区科信局、朝阳区国资委、朝阳区高层次人才服务中心联合举办凤凰AI云学堂首期在线培训,邀请商汤科技股份有限公司执行总监马珂、清华大学计算机系教授孙富春、优必选行业产品总监劳佩锋,围绕人工智能产业应用、发展趋势、人工智能和大数据在新冠肺炎疫情中发挥的作用做主题分享。来自朝阳区内各部门、区属企事业单位、高新技术企业的600余名学员参加培训。

(林　鹏)

【朝阳区企业入围国家众创空间】3月24日,经科技部火炬中心审定,朝阳区“创E+社区”众创空间入围2020年第一批国家众创空间。截至年底,朝阳区有国家备案众创空间18家,占北京市的12%;市级备案众创空间42家,占北京市的12%;区级众创空间28家。

(韩　娇)

【朝阳高校课堂培训举办】4月17日,朝阳区科信局举办“‘知’朝阳高新课堂”第一期线上培训。培训由市科委创业中心等单位专家主讲,朝阳区近100家科技企业参加。

(林　鹏)

【信息系统漏洞扫描工作开展】4月,朝阳区科信局为做好2020年全国“两会”期间信息化应急保障工作,开展全区信息系统漏洞扫描。发现38家单位108个政务外网地址存在漏洞2 407个。5月,发现24家单位45个政务外网地址存在漏洞592个,并通知相关单位进行处置。

(赵莉莉)

【5G建设工作取得进展】6月2日,朝阳区科信局联合中国移动、中国联通、中国电信和中国铁塔公司,在奥林匹克公园以“5G+科技冬奥”为主题向社会公众展示朝阳区在5G建设工作中取得的成绩以及5G新基建在科技冬奥中的支撑作用。年内,朝阳区开通宏基站1 800个,5G上下行速率均达到行业标准。截至年底,区内有4 021个5G基站,五环内室外基本实现5G信号连续覆盖,五环外重点地区、重点场景实现精准覆盖,长安街延长线、CBD核心区、奥林匹克公园、国贸CBD、温榆河公园、望京小街、丽都街区、朝阳公园区域、机场高速沿线、工体周边等重点区域、典型应用场景实现专项覆盖。

(赵莉莉)

【高新技术企业认定工作开展】6月,朝阳区科信局开展2020年第一批高新技术企业认定工作。全区申报高新技术企业399家,其中符合申报要求企业291家,包括新认定企业申报197家、到期重新认定企业94家。邀请50位专家设立10个专家组，按电子信息、高技术服务、生物医药等8个高新技术领域进行评审，评审结果上报市科委进行备案审核。截至年底，全区有国家高新技术企业4 200余家。

（林　鹏）

【AI智能电梯试运行】6月，由朝阳区科信局负责的5G项目——具有5G及AI语音功能的智能电梯在双桥医院安装调试运行。乘客无须按键，凭语音控制电梯上下运行。在新冠肺炎疫情之下，AI语音电梯可有效防控因按键接触带来的病毒交叉感染。

（赵莉莉）

【全国科普统计调查工作开展】6月，朝阳区科信局启动朝阳区2019年度全国科普统计调查工作。综合调查2019年1月1日—12月31日全区科普资源基本情况。统计范围涉及28个委办局及直属单位、43个街乡、辖区内市科普基地等单位，统计形式为以法人为单位登录中国科技情报网线上填报数据，统计内容包含科普人员、科普场地、科普经费、科普传媒、科普活动、创新创业中的科普六大类124项指标。

（邢　杰）

【16家企业入选公共服务示范平台和创业创新示范基地】7月6日，市经济和信息化局公布第三批北京市中小企业公共服务示范平台和第三批北京市小型微型企业创业创新示范基地，共71家企业入选。其中，朝阳区科技企业孵化器联盟单位——北京望京科技孵化服务有限公司、北京科创空间投资发展有限公司、北京牡丹创新科技孵化器有限公司、汉唐信通（北京）咨询股份有限公司等16家企业入选。截至当前，全区共有19家北京市中小企业公共服务示范平台、18个北京市小型微型企业创业创新示范基地。

（韩　娇）

【朝阳区企业入选工业和信息化部示范项目和优秀解决方案】7月8日，工业和信息化部公布2019—2020年度物联网关键技术与平台创新类、集成创新与融合应用类130个示范项目名单。朝阳区企业北京超图软件股份有限公司、中信云网有限公司入选关键技术与平台创新类示范项目。7月，区内东方国信、安世亚太、索为系统、智通云联、中国煤炭、构力科技6家企业的解决方案入选工业和信息化部2019年工业互联网APP优秀解决方案，入选数量位列全市第二。

（张佩佩）

【培育新业态新模式行动计划和方案发布】7月13日，朝阳区科信局落实市委、市政府《关于加快培育壮大新业态新模式促进北京经济高质量发展的若干意见》，制定《朝阳区加快新型基础设施建设行动方案（2020—2022年）》，经区长办公会审议通过。8月17日，落实市委、市政府《关于加快培育壮大新业态新模式促进北京经济高质量发展的若干意见》，制定《朝阳区加快新场景建设行动方案（2020—2022年）》，经区长办公会审议通过，率先在北京市发布区级建设行动方案。12月16日，完成《朝阳区加快区块链发展行动计划（2020—2022年）》编制，明确16项重点任务，力争形成龙头企业带动中小创新企业加速集聚的发展态势。

（林　鹏）

【对口扶贫工作开展】7月29日，朝阳区与河北省保定市唐县、张家口市康保县、张家口市阳原县，以及内蒙古自治区乌兰察布市卓资县、新疆维吾尔自治区和田地区墨玉县、新疆生产建设兵团第十四师47团视频连线，举办“科技扶贫助力农耕生产”技术培训与指导线上活动。朝阳区邀请8位农技行业专家，为6个受援地农业企业代表、农户及农业技术人员在线答疑解惑，开展知识讲座与线上技术培训，惠及受援地500余人次。9月17—19日，朝阳区科信局党组书记杨旭率市农林科学院、市动物疫病防控中心、朝阳区农业农村综合服务中心、北京蓝美莓农业有限公司、海尔数字科技（北京）有限公司、北京地道风物科技有限公司等单位专家一行15人，赴卓资县开展科技帮扶活动。

（邢　杰）

【32家园区入围北京市级文化产业园区】7月，市委宣传部开展2020年度北京市级文化产业园区认定评审工作。朝阳区32家园区入围市级文化产业园区，包括文化产业示范园区4家、文化产业示范园区（提名）5家、文化园区23家，占全市的32%。

（韩　娇）

【66家企业入选市“专精特新”中小企业】7月，市经济和信息化局公布2020年第一批北京市“专精特新”中小企业名单，朝阳区华大智宝、三未信安等44家企业入选，成为北京市首批“专精特新”中小企业。同月，市经济和信息化局开展2020年第二批北京市“专精特新”中小企业申报、审查和评审工

作。区内睦合达、鸿业同行和融创动力园区的梦知网公司等22家企业入围。

（朝阳区科信局）

【企业税务规划与风险防范线上培训会举办】8月7日，首都科技条件平台朝阳工作站举办企业税务规划与风险防范线上培训会，控制企业涉税风险，促进企业复工复产。8月14日，首都科技条件平台朝阳工作站举办科技金融、知识产权贷款业务线上培训会，控制企业贷款风险，降低贷款成本。9月，首都科技条件平台朝阳工作站举办2020年融创动力科技金融需求线上对接会。旨在让区科技企业掌握科技金融领域相关政策动态，促进中小企业发展。

（韩　娇）

【2020年朝阳科技周举办】8月23—29日，朝阳区科信局举办2020年朝阳科技周活动。通过线上VR云展示、科普热点直播、线上互动游戏，以及线下"科技快闪"、科技战"疫"展、信息消费城市行、关爱医务工作者及青少年等方式，展示朝阳区科技创新成就、科技战"疫"成效、科技扶贫成果、体验美好生活等内容，为百姓提供"科普大餐"。

（邢　杰）

【创客大赛举办】8月，朝阳区众创空间创E+承办的"创客北京2020"创新创业大赛朝阳区推选赛（复赛）开赛。大赛为中小企业和创客建立交流展示、产融对接、项目孵化平台，以全链条商业模式推动区内企业孵化，新一代信息技术与人工智能领域的22个优质项目以路演形式参赛。最终20个优质项目入围。

（韩　娇）

【"十四五"科技创新发展规划编制】8月，朝阳区科信局启动朝阳区"十四五"科技创新发展规划编制。9月24日，组织科技政策、法学、经济学、知识产权、数字经济等领域专家召开朝阳区"十四五"时期科技创新发展规划课题专家论证会。11月25日，朝阳区副区长暴剑召开朝阳区"十四五"时期科技创新发展规划暨区科技创新体系建设领导小组座谈会，区委、区政府及产业园区相关部门领导，工研院、长城所、首科技等智囊机构以及华为、360、阿里、三悦科技等企业相关负责人参加会议，朝阳区科信局汇报"十三五"时期朝阳区科技创新发展及"十四五"时期科技创新规划编制工作情况。

（夏春玲）

【软件正版化工作开展】9月11日，朝阳区科信局召开全区软件正版化工作视频会议培训会。会上启动区党政机关软件正版化工作长效机制建设，全区100余家单位参加会议。12月4日，北京市使用正版软件工作联席会议考核组检查朝阳区2020年度软件正版化工作。实地检查朝阳区信访办、朝阳区财政局、团结湖街道、第一中西医结合医院、垂杨柳医院、劲松社区卫生服务中心及北京潘家园国际民间文化发展有限公司7家单位，考核组对区软件正版化工作予以肯定。

（熊桂梅）

【区工业互联网创新发展产业生态集聚中心成立】9月18日，朝阳区工业互联网创新发展产业生态集聚中心在2020中关村论坛工业互联网论坛大会上成立。该中心依托产业集群良好基础，打造"1+N"服务体系，即成立1个工业互联网生态集聚中心、集聚并服务N家企业，充分发挥北京作为全国科技创新中心的优势，服务京津冀，协助集群企业"走出去"，以赋能全国数字化转型为目标，着力提升高端供给能力，为全国传统产业数字化转型做贡献。

（张佩佩）

【47项成果获2019年北京市科学技术奖】9月，2019年北京市科学技术奖获奖成果名单公布。全市获奖成果154项，朝阳区44家单位单独或与相关单位联合申报的47项成果获奖。

（林　鹏）

【563家企业纳入科技型中小企业库】10月，朝阳区科信局完成2020年度科技型中小企业评价，纳入科技部科技型中小企业库。全区609家企业参评，563家企业获取入库编号，入库类别排名由高到低分别是电子信息、高技术服务领域、资源与环境、生物与新医药、先进制造与自动化、新能源与节能。

（林　鹏）

【节能工作会商会召开】11月5日，朝阳区科信局召开2020年度朝阳区科学研究和技术服务领域节能工作会商会。来自16家重点用能单位的能源管理负责人20余人参加会议。会上，朝阳区科信局介绍总结"十三五"期间本行业领域节能工作开展情况，朝阳区发展改革委节能办讲解区相关节能政策和节能考核工作，国家节能中心节能技术基地介绍基地职能、服务项目和节能技术应用案例，中国科学院生物物理研究所分享本单位节能工作经验、展示节能监管平台使用效果，各单位就节能工作中存在的困难及问题进行了交流。

（邢　杰）

【朝阳区入选国家产融合作试点城市】11 月，工业和信息化部公示全国第二批产融合作试点城市拟认定名单，全国 33 个城市（区）入围，朝阳区为试点之一。12 月，工业和信息化部、财政部、中国人民银行、银保监会、证监会同意朝阳区列为国家产融合作试点城市。产融合作试点城市旨在强化金融对产业的支撑作用，推进制造强国和网络强国建设，营造产业与金融良性互动、互利共赢的生态环境，促进产业提质增效、转型升级。入选城市将获得工作指导和政策支持。

（林　鹏）

【"城市智慧大脑"专班成立】12 月 2 日，朝阳区"城市智慧大脑"专班揭牌，副区长暴剑出席揭牌仪式。"城市智慧大脑"专班由朝阳区科信局、朝阳区城管委、朝阳区发展改革委等相关成员单位的业务骨干人员组成。"城市智慧大脑"专班依托区域特色，利用云计算、大数据、物联网等信息技术，围绕城市发展品质、环境品质、管理品质和服务品质，重点推动"城市管理大脑""城市经济大脑""城市安全大脑"三大专项主题建设。当日召开专班工作会，暴剑听取朝阳区科信局关于"城市智慧大脑"工作总体情况汇报，朝阳区城管委、朝阳区发展改革委、朝阳区应急局等单位分别围绕推动"城市管理大脑""城市经济大脑"和"城市安全大脑"三大专项主题建设发言。朝阳区相关委办局领导及驻区企业代表参加。

（熊桂梅）

【7 家企业获中国技术创业协会科技创业贡献奖】12 月 10 日，中国技术创业协会发布《"2020 年度中国技术创业协会科技创业贡献奖"评奖公告》。朝阳区企业北京海百川科技有限公司和北京阳光海天停车管理有限公司获"科技创新贡献奖"，北京科创空间投资发展有限公司和北京高创天成国际企业孵化器有限公司获"科技创业孵化贡献奖"，北京东方优联投资顾问有限公司、北京洪泰海创投资管理有限公司和北京智银投资管理有限公司获"科技创业投资贡献奖"。

（韩　娇）

【2020 年朝阳科普培训班举办】12 月 10—25 日，朝阳区科信局、朝阳区科协共同举办 2020 年朝阳科普培训班 5 期。培训邀请中国科学院、中国科技馆、中国科普研究所、北京市科技传播中心等单位的科普专家，通过线上、线下，以经验交流、互动体验的方式讲授科普事业发展方向、科普品牌建设、科普活动策划、高端科技科普化展示、科普讲解技巧等内容，同时在《朝阳报》、朝阳有线、"北京智慧朝阳"微信公众号等媒体刊载。全区 43 个街乡、60 家驻区市级科普基地约 270 人参加培训，其中线上培训 700 余人次，1 500 余学时。

（邢　杰）

【6 家企业通过国家级科技企业孵化器考核】12 月 11 日，科技部火炬中心公布国家级科技企业孵化器 2019 年度考核评价结果，全国 1 173 家国家级科技企业孵化器通过考核。朝阳区科技企业孵化器联盟成员单位北京望京科技孵化服务有限公司、北京普天电子城科技孵化器有限公司、北京牡丹创新科技孵化器有限公司等 6 家单位通过考核，居北京市首位。其中，北京望京科技孵化服务有限公司获优秀（A 类）评级。

（韩　娇）

【2020 全国信息消费城市行北京站活动举办】12 月 12 日，朝阳区科信局在朝阳区望京小街举办以"数字经济、信息消费、北京有我"为主题的 2020 全国信息消费城市行北京站活动。活动由朝阳区政府、中国信息消费推进联盟主办，朝阳区"城市智慧大脑"首次亮相，并现场发布朝阳区综合服务移动门户——"朝阳通"APP，为朝阳区居民和企业提供便捷高效的政务服务、公共服务、社会服务。

（张佩佩）

【"两区"建设"三单"管理系统搭建完成】12 月，朝阳区科信局为助力"两区"建设（建设国家服务业扩大开放综合示范区和自由贸易试验区），统筹各部门数据资源，完成朝阳区"两区"建设"三单"（政策、空间和企业清单）信息化管理系统搭建。通过"三单"管理，建立招商引资数据基础台账，朝阳区领导通过系统可实时了解"两区"建设进展，各部门可根据阶段性重点任务协同推进工作开展。

（马　慧）

【人大、政协案件办理】年内，朝阳区科信局收到人大代表建议、政协委员提案、区委党派提案 38 件。其中，人大代表建议 4 件，主办 2 件；政协委员提案 25 件，主办 14 件；区委党派提案 9 件，主办 3 件。

截至年底,案件全部办结。

（吕 洲）

【接诉即办案件办理】年内,朝阳区科信局承办接诉即办案件45件,“三率”(响应率、解决率、满意率)达到96.6%。

（吕 洲）

【智慧型社会治理项目应用试点开展】年内,朝阳区科信局开展智慧型社会治理项目应用试点征集并给予资金支持项目,该项目为市重点研发计划项目,实施期1年。项目聚焦解决社会治理痛点难点问题,为社区居民提供精准化、精细化服务进行政策制定,搭建国际合作平台,助力北京全国科技创新中心建设。

（熊桂梅）

【社会信用体系建设工作开展】年内,朝阳区科信局建立朝阳区社会信用体系建设联席会议制度,编制《朝阳区2020年社会信用体系建设工作实施方案》;落实信用状况监测考核,开设“诚信建设万里行和‘双公示’重点栏目”专栏,归集公示信用政策制度、红黑名单、信用承诺、政务诚信、风险提示等信息11 222条;建立“双公示”信息公开机制,规范22个部门信息公示内容,将5 571条市级“双公示”系统中的数据同步至朝阳区政府网站,确保市、区“双公示”信息数据准确一致;开展重点行业领域信用监管工作,指导朝阳区各相关单位报送“信易+便企”信息,面向全区各部门、街乡征集个人诚信数据296条和信用应用典型案例38件;归集红黑名单数据2万条,联合奖惩案例数据5万条;完成42家企业信用修复初审,更正16家单位821条问题数据,处理异议申诉1条。

（马 慧）

【“金财专网”融合并入区级政务外网】年内,朝阳区科信局完善朝阳区政务外网信息化基础设施。建成政务专网和公用信息平台,形成向上连通北京政务专网、向下覆盖全区所有党政机关、街乡、区属企事业单位的高速宽带光纤网络,实现三级节点全覆盖,并逐步完成社区(村)级节点覆盖工作;政务外网同时连接其他外部网络,包括互联网、图像专网、视频专网、教务网、卫生专网等。

（赵莉莉）

# 海淀区

【概述】海淀区科学技术和经济信息化局(简称海淀区科信局)为海淀区政府工作部门,与中关村科技园区海淀园管理委员会合署办公,同时加挂海淀区知识产权局牌子。

2020年,海淀区科信局贯彻落实区委、区政府决策部署,科学应对新冠肺炎疫情和国内外复杂多变形势,深入实施“两新两高”战略,全面提升创新能级,着力打造支撑引领海淀区乃至首都高质量发展的核心引擎。年内,软件信息服务业收入1.16万亿元,同比增长18%;规模以上工业总产值2 480亿元,同比增长8.9%;技术合同成交额2 040亿元,同比增长7.4%;每万人发明专利拥有量超过500件,是北京市的3.2倍、全国的31.9倍;新引进收入5亿元以上企业13家。园区总收入突破3万亿元大关,同比增长10%;科技企业研发费用同比增长20%以上。海淀区国家高新技术企业10 604家,中关村高新技术企业14 709家;独角兽企业48家;上市公司总数达244家,居全国地级市之首。北京量子信息研究院、全球健康药物研发中心、智源人工智能研究院、中关村海华信息技术前沿研究院等新型研发平台加速发展。北京市自然科学基金——海淀原始创新联合基金支持55个项目,新加入国家自然科学基金区域创新发展联合基金(北京),规模达到8 000万元。建立以北京航空航天大学、中国科学院、清华大学概念验证中心为代表的一批验证中心,推动成果转化“最初一公里”。中关村论坛成功举办。自贸区科技创新片区挂牌。在全市率先发布21个新场景、布局建设一批新基建。

继续实施研发投入倍增计划，发展新动能加速孕育。

（程晓荷）

【院士专家海淀行暨2020年度院士专家人才新春论坛举办】1月13—14日，海淀区人才工作领导小组举办院士专家海淀行暨2020年度院士专家人才新春论坛，20位两院院士、中国科学院相关院所领导、专家以及海淀区优秀企业家和人才代表共150余人参加活动。中国科学院院士刘嘉麒、青年科学家边桂彬、旷视总裁付英波分别围绕“人才驱动创新发展之路”做主题演讲，从各自视野和经历阐述了人才与创新发展之间的紧密联系和巨大作用，并就如何进一步促进人才驱动创新发展提出意见建议。

（程晓荷）

【便携式智能体温及行动轨迹监测物联终端推出】2月25日，博立信（北京）科技有限公司推出便携式智能体温及行动轨迹监测物联终端 WxS X800－061（NB－IOT）＋GPS 定位＋贴附式测温产品。该产品是国内首款可根据实际场景灵活增减检测功能、更换通信方式的低功耗物联网端到端实时人体定位及体温监测解决方案。特别针对快递、外卖、物流、出租车、环卫、政府相关部门（如应急主管、灾备等部门）等行业人群进行实时测温和追溯行动轨迹监测。

（程晓荷）

【AI语音电梯落地应用】3月7日，北京声智科技有限公司设计的全国首款AI语音电梯在海淀医院、北医三院试用。AI语音电梯融合了语音与图像等人工智能交互技术，不用更换电梯厢或按键，只需接入一个系统模块，通过语音可以完成上/下行、电梯开/关、到达指定楼层、取消楼层等全部乘梯操作，即可实现直接语音呼叫电梯，实现乘坐电梯全程零接触。系统支持粤语、四川话等8种方言，支持楼层索引。AI语音电梯在全国多个省市落地应用，有效降低了公共场所因电梯按钮接触导致交叉感染的风险。

（程晓荷）

【旷视Brain＋＋天元框架开源发布会召开】3月25日，北京旷视科技有限公司召开线上发布会，企业联合创始人兼CTO唐文斌宣布开源其AI生产力平台Brain＋＋的核心组件——天元（MegEngine）。Brain＋＋是由旷视研究院于2014年起自主研发的端到端人工智能算法平台，针对框架、算力和数据3个核心要素，在总体架构上分为学习框架MegEngine、深度学习云计算平台MegCompute、数据管理平台MegData 3个部分。其核心组件天元（MegEngine）可帮助开发者用户借助编程接口进行大规模深度学习模型训练和部署，具备训练推理一体化、动静合一、兼容并包和灵活高效4个特点。

（程晓荷）

【中关村保护中心与行业协会签署快速维权战略协议】3月30日，中关村知识产权保护中心与北京知识产权保护协会、北京市海淀区生物与健康产业协会签署快速维权战略协议。根据协议，签约方通过开展培育高质量专利申请、快速维权服务、共同开展宣传培训等方式，调动和整合社会资源，构建知识产权快速协同保护工作机制，全面了解产业知识产权快速协同保护需求，合理分配专利预审资源，协助企业高质量专利申请获得快速审查和确权，提升企业知识产权风险防范和纠纷应对能力，提高企业的创新能力。

（程晓荷）

【重大科技项目与平台建设专项设立】4月7日，中关村科学城管委会发布《2020年海淀区重大科技项目和创新平台奖励专项申报指南》，鼓励企业、新型研发平台承接建设科技创新平台、重大科技项目，并对获得科技奖的机构进行奖励。本专项分为创新平台奖励、国家和北京市重大科技计划奖励和科技奖奖励三大部分。鼓励企业、新型研发平台承接建设科技创新平台，对获得新认定创新平台的企业、新型研发平台给予支持；鼓励企业、新型研发平台积极承担重大科技专项，对承担科技创新2030－重大项目等国家重大科技战略任务和项目，以及国家和北京市科技重大专项的企业、新型研发平台给予支持；鼓励企业、新型研发平台积极申报国家、北京市科技奖，对获得国家和北京市科技奖的企业、新型研发平台给予支持。申报单位最高可获得200万元的奖励支持。全年共支持107家单位，金额4 176万元。

（陈晓曦　程晓荷）

【专利导航成果（2019年）线上宣讲会举办】4月23日，由中关村知识产权保护中心主办的专利导航成果（2019年）线上宣讲会举办。来自高校科研院所、行业协会、相关企业和知识产权服务机构等单位的代表60余人参加。会上发布《新材料产业石墨烯领域专利导航分析报告》和《生物医药产业靶向药领域专利导航分析报告》，有关专家以“面向企业高质量创新的专利导航实务”为题，详细讲解如何利用专利信息大数据提升企业技术创新水平与市场竞争力。

（石　蕾　程晓荷）

【2020中国·海淀高价值专利培育大赛启动】4月26日，由海淀区政府、中关村科学城管委会主办的2020中国·海淀高价值专利培育大赛启动仪式暨中关村知识产权论坛在线上举办。国家知识产权局知识产权运用促进司、海淀区政府、中关村科学城管委会、海淀区知识产权局等部门相关领导，以及驻区高校院所、企业、中介机构等单位代表230余人参加活动。国家知识产权局知识产权运用促进司司长雷筱云，海淀区副区长、中关村科学城管委会专职副主任、中关村科技园区海淀园管理委员会主任林剑华受邀致辞，并与知识产权出版社有限责任公司董事长诸敏刚共同启动2020中国·海淀高价值专利培育大赛。中国·海淀高价值专利培育大赛是国内首个以高价值专利培育为主题的创新大赛，自2018年举办以来得到社会各界的广泛关注，吸引了来自全国各省区市的优秀团队报名参与，并邀请了众多成功企业家、科学家、知识产权专家和投资机构代表对参赛项目进行专业评审和指导，优胜者获得奖金、知识产权服务等奖励，并且得到融资渠道和项目加速孵化机会。两届大赛累计收到来自全国各省市的优秀项目近200个，累计专利及PCT专利申请超过15 000件，累计实现专利质押融资约4 500万元。

（程晓荷）

【2020中关村知识产权论坛举办】4月26日，由海淀区政府、中关村科学城管委会主办的2020中关村知识产权论坛在线举办。国家知识产权局、海淀区知识产权局等部门相关负责人及驻区高校院所、企业、中介机构等单位的代表230余人参加。论坛以“高价值专利培育运营、技术成果转移转化”为主题，旨在庆祝第20个世界知识产权日，并在中美第一阶段经贸协议签署和新冠肺炎疫情暴发背景下，探讨高价值专利培育运营和技术成果转移转化，加强知识产权宣传和交流。论坛上，2020中国·海淀高价值专利培育大赛启动；有关专家做“高价值专利培育与运营”“IP运营中的一点观察”“进一步提升专利保护质量 更好支撑高校科技成果转化”等主旨演讲，交流高价值专利培育运营和技术成果转移转化的新理念、新思考、新路径。

（程晓荷）

【专利快速预审政策解读】5月21日，中关村知识产权保护中心专利预审服务部参加“护航企业，政策先行”海淀区优化营商环境惠企政策云解读系列直播第5场，进行专利快速预审政策解读。直播在海淀区政府官网、海淀网、“掌上海淀”移动客户端、“海淀新闻”微博、“海淀融媒”微博、“海淀融媒”快手号、“北京海淀”头条号、“北京海淀”百家号等同时进行，在线观看人数达64万人次。中关村知识产权保护中心工作人员在海淀融媒直播间讲解专利的重要性、海淀区专利创造情况、中关村保护中心的职能及专利快速预审的流程和要求，并与网友进行现场互动，就如何帮助企业缩短专利审查周期给出专业性建议。

（石　蕾　程晓荷）

【“海高大咖说”系列论坛举办】5月28日，由海淀区知识产权局、知识产权出版社有限责任公司共同策划的“海高大咖说”系列论坛第一期举办。本期论坛邀请了业界知名专家围绕人工智能领域高价值专利培育与运营展开线上讨论。中国社科院创新工程执行研究员杨延超，联想集团全球法务知识产权总监陈媛青，知识产权评议专家、北京隆源知识产权集团董事长闫东分别从企业人工智能高价值专利培育及运营、人工智能产业发展及法律保护、高质量专利申请助力高价值人工智能专利实现的专业视角展开探讨，并与参会人员进行线上互动，近150名观众参加。6月11日，“海高大咖说”系列论坛第二期举办。

（程晓荷）

【京津冀国家技术创新中心获批】6月1日，科技部对支持建设京津冀国家技术创新中心进行批复，同意以北京协同创新研究院为主体组建京津冀国家技术创新中心，北京市政府作为牵头建设主体，并会同有关方面启动京津冀国家技术创新中心的组建工作，加快推进实施各项建设任务，在基础设施、资金投入、政策配套、创新环境等方面为中心建设提供支撑与保障。12月26日，在北京办公室会议上，北京市、天津市、河北省共同签署《京津冀国家技术创新中心共建框架协议》，同时举行京津冀国家技术创新中心揭牌仪式。

（陈晓曦）

【市人大检查海淀区科技成果转化工作】6月2日，市人大常委会副主任闫傲霜一行到海淀区检查《中华人民共和国促进科技成果转化法》《北京市促进科技成果转化条例》有关法规落实情况，海淀区人大常委会副主任吴琢如、海淀区副区长林剑华、中关村科学城管委会知识产权处相关领导陪同检查调研。一行人首先前往北京交通大学调研科技成果转化工作，参观北京交通大学轨道交通运行控制系统国家工程研究中心和轨道交通控制与安全国家重点实验室。随后，到中国科学院热物理工程研究所，听取中国科学院热物理工程研究所、海淀区促进科技成果转化法规的落实情况汇报。林剑华代表海淀区就政策引导、搭建平台、对接服务、探索权属改革突破等方面汇报了海淀区促进科技成果转化有关法规的落实情况。闫傲霜提出，相关单位要认真落实科技成果转化的工作要求，高校院所、科研机构各方同步发力助推科技成果快速转化落地。

（程晓荷）

【4个项目纳入北京市第二批应用场景建设项目】7月30日，市政府新闻办联合市科委等有关部门召开以“新场景，新机会，新生态”为主题的新闻发布会，向社会发布第二批应用场景建设项目30项。其中海淀区4项，分别为海淀区人工智能计算处理中心的3个重点场景和自动驾驶场景。被称为“城市大脑”的海淀区人工智能计算处理中心3个重点场景分别为：生态环境智慧化综合治理场景，目的是实现对海淀区空气和水务的监测和评估分析，并进行靶向治理；重点车辆综合治理场景，通过构建重点车辆监管平台和智能交通基础设施管理平台，升级迭代海淀整体基础设施，扩展视图大数据功能；中关村自动驾驶场景示范区，旨在打造未来交通出行创新示范引领区、智慧城市生活新样板。

（程晓荷）

【深度学习框架OneFlow开源】7月31日，深度学习框架OneFlow在GitHub上开源，采用Apache 2.0开源协议，这是国内首个由初创公司、小团队自研并开源的AI框架。其核心设计理念是从分布式的性能角度出发，打造一个使用多机多卡就像使用单机单卡一样容易，且速度最快的深度学习框架。OneFlow率先提出静态调度和流式执行的核心理念，解决了大数据、大模型、大计算带来的异构集群分布式扩展挑战，具有并行模式全、运行效率高、分布式易用、资源节省、稳定性强五大优势。

（程晓荷）

【5G+8K技术首次直播舞台艺术】8月8日，市经济和信息化局、海淀区政府及超高清视频协同中心会同国家大剧院等单位在中关村国家自主创新示范区展示中心、华熙LIVE、中关村步行街等多个区域布设8K显示终端，全球首次以8K技术对舞台艺术进行5G多地同步直播。除超高清视频协同中心作为技术总集成方外，还有多家海淀区企业参与摄录、编辑、传输以及后期内容终端等工作，万余名观众同步观看直播。

（程晓荷）

【中关村科技成果转化与技术交易综合服务平台发布活动举办】8月18日，由中关村科学城管委会主办，中国技术交易所、中关村天合科技成果转化促进中心、中关村技术经理人协会共同承办的中关村科技成果转化与技术交易综合服务平台发布活动在中关村国家自主创新示范区展示中心举行。科技部火炬中心、教育部科技发展中心、中国科学院科技创新中心、中国国际科技交流中心、市科委、市科协等部门领导，以及中关村技术转移服务机构、行业联盟协会、科技企业代表百余人，通过线上、线下形式共同参加平台发布活动。平台具有实现国内资源汇聚、国际创新资源收集、服务联盟创建、技术成果转化促进、线上线下展会联动、多渠道推广和常态化运作等功能。

（程晓荷）

【第六届“互联网+教育”创新周启幕】8月19日，第六届“互联网+教育”创新周在海淀区启幕。本届创新周以“加速‘互联网+教育’新跃升”为主题，探讨教育创新路径和教育产业发展趋势，全国政协常委兼副秘书长、民进中央副主席朱永新，海淀区委书记于军，中国教育学会常务副会长刘堂江出席会议。本届创新周活动为期7天，中国教育学会、中国教育科学研究院、中国教育发展战略学会进行指导，由海淀区政府主办，中关村科技园区海淀园管委会、海淀区教委支持，中关村互联网教育创新中心承办，共设有主题论坛、教育工作坊、项目路演、专题交流活动、现场教育案例展示等多个板块，在展示“互联网+教育”新理念、新产品、新技术、新模式的同时，进一步推动教育理念更新、教育模式变革、教育体系重构和创新创业人才培养,持续加强教育创新、教育科技、教育服务的融合发展。

(程晓荷)

【与海淀法院合作签约仪式举行】8月21日,海淀区人民法院与中关村知识产权保护中心知识产权协同保护合作签约仪式在中关村知识产权保护中心举行。海淀区副区长、中关村科学城管委会专职副主任林剑华,海淀区人民法院院长邵明艳出席签约仪式。海淀区人民法院副院长张弓、中关村科学城管委会知识产权处处长刘向阳、海淀区人民法院以及中关村知识产权保护中心相关领导和工作人员参加签约仪式。

(石　蕾　程晓荷)

【进一步实施概念验证计划】8月24日,海淀区在原有北京航空航天大学概念验证中心的基础上,联合中国科学院、清华大学新建立2个概念验证中心。年内,3家概念验证中心工作均取得显著成效。北京航空航天大学概念验证中心的“易穿戴的高频稳态视觉诱发脑机控制系统”“新型LED有机硅封装胶”等7个验证项目日趋成熟。清华大学概念验证中心已初步建立专家与项目团队,筛选出4个待验证项目进入下一环节。中国科学院北京分院概念验证中心推进“CAS概念验证计划”,筛选出13个项目,并进行6场路演。高校科技成果转化通道进一步拓宽。

(程晓荷)

【北京技术市场管理办公室检查海淀技术合同登记工作】8月25日,北京技术市场管理办公室主任邓丽、副主任丛巍等一行7人到海淀园技术合同登记处检查指导工作。中关村科学城管委会知识产权处及高企协等相关人员陪同检查。检查组人员对已登记的技术合同文本、档案管理、技术性收入核定等工作进行全面检查,同时抽查600余份技术合同进行逐一核对,未发现任何问题。

(程晓荷)

【灵动科技新品发布会和渠道签约仪式举行】8月26日,灵动科技Max新品发布会暨渠道合作伙伴签约仪式在中关村国家自主创新示范区展示中心会议中心举行。灵动科技ForwardX Max™系列产品的公开亮相意味着第四代移动机器人登上历史舞台。灵动科技Max600最高负重600千克,既可广泛应用于制造业的产线物料、尾料、成品运载,又可无缝衔接物流业的仓储搬运,多场景复用,柔性智能,稳定可靠。

(程晓荷)

【海淀区科技周主场活动举办】8月28日,由海淀区科协主办、海淀区科技中心协办的科技周主场活动在科技中心举办。来自市科普发展中心、市科普教育协会、海淀区市场监管局、海淀区科技中心等多家机关和企事业单位参展。展项涵盖从人工智能到中药饮片、从基础物理到信息技术、从核酸检测到垃圾分类的多个领域,采取实验演示、互动体验、讲解等方式,展示产业及民生“黑科技”,让公众感受科技魅力。机器人舞蹈、自动驾驶、快速核酸检测、太阳观测、体感游戏、3D打印笔、超导磁悬浮、激光竖琴、火龙卷、鲁本斯火焰管、高压离子飘升机、等离子体辉光管等特色展项吸引了众多青少年参加。

(程晓荷)

【2020年中国国际服务贸易交易会“海淀之夜”活动举行】9月8日,2020年中国国际服务贸易交易会“海淀之夜”活动在国家会议中心举行。“海淀之夜”活动由海淀区政府主办,海淀区商务局、海淀区国际商会联合承办。商务部副部长王受文、北京市副市长崔述强出席活动并致辞。活动中,中关村科学城管委会与阿联酋阿布扎比国际金融中心金融服务监管局中国办公室合作签约,双方在科技创新发展战略、国际化创新生态打造等方面达成合作意向。

(孙树昆)

【北京知识产权交易中心落户海淀】9月9日,在2020年中国国际服务贸易交易会上,北京知识产权交易中心依托中国技术交易所建设和运营,立足北京市的政策优势、资源优势、区位优势,整合优化中国技术交易所现有技术交易定价、科技成果转化等服务功能,建立健全知识产权登记、定价、专业、金融一体化服务体系,最终成为全国科技创新中心的重要基础设施及国际知识产权跨境交易市场的重要枢纽。

(石　蕾　程晓荷)

【75个项目获北京科技奖励】9月10日,2019年度北京科学技术奖励大会举行。海淀区驻区单位主持完成(第一完成单位)的75个项目分获北京自然科学奖、北京技术发明奖和北京科技进步奖,占北京市项目获奖总数的48.7%。在75个获奖项目中,北京自然科学奖13项,占北京自然科学奖总项

目的86.6%；北京技术发明奖9项，占北京技术发明奖总项目的75%；北京科技进步奖53项，占北京科技进步奖总项目的41.7%。

（陈晓曦　程晓荷）

**【研发倍增计划持续实施】**9月15日，《2020年海淀区企业研发费用补贴专项申报指南》发布，支持企业加大研发投入，推动企业实现可持续创新发展，支持企业可持续创新。对成立3年以上的企业按照不超过2019年新增研发费用30%的比例进行支持，最高300万元。支持初创期和技术驱动型企业加大研发投入。对成立时间在3年（含）以内，2019年研发费用占2019年企业总收入超过40%的企业，通过后补贴的方式，按照不超过2019年比2018年新增研发费用30%的比例进行支持，最高补贴150万元。全年共支持236家单位，金额17 208万元。

（陈晓曦　程晓荷）

**【国家知识产权局到中关村知识产权保护中心调研】**9月16日，国家知识产权局专利局专利审查协作北京中心副主任刘彬、专利服务部处长汪卫锋一行4人到中关村知识产权保护中心调研，海淀区科信局局长舒毕磊及中关村知识产权保护中心相关人员陪同调研。刘彬一行参观了中关村知识产权保护中心受理大厅、办公区域及数字信息化审理庭，双方就专利预审、专利运营、宣传培训等业务合作进行交流。

（程晓荷）

**【中关村论坛技术交易大集举办】**9月17日，中关村论坛举办技术交易大集。本届中关村论坛首次增设技术交易板块，共汇聚7 000余项优秀技术成果、600余项技术需求，以及300余家国内外知名技术转移机构和服务机构。来自30余个国家的1 000余位外籍嘉宾参与技术路演和洽谈对接。来自18个国家和地区的103家机构意愿加入联盟，包括66家境内机构、37家境外机构。论坛的技术交易板块集中推出200余个国内首发产品，重点推介300多个国际领先技术项目，推出首个产业创新领先技术百强榜单，促成一批高价值的技术交易，最大一单签约交易金额1.2亿元，初步形成全球买、全球卖的格局。

（孙树昆）

**【人工智能治理公共服务平台发布】**9月19日，2020中关村论坛重大成果发布会在北京举行，会上发布人工智能治理公共服务平台。该平台能对所有人工智能的研发、产品和服务提供人工智能治理和安全的评估，如合法合规、对环境与社会有益、以人为本、可问责可追溯、透明可解释性、人类群体隐私和数据保护等方面。平台由北京智源人工智能研究院联合优势单位共同研发，为相关企业及部门的人工智能研发、产品和服务提供评估，推进新一代人工智能向健康方向发展。

（程晓荷）

**【《新型区块链底层平台技术白皮书》发布】**9月19日，在2020中关村论坛重大成果发布会上，北京微芯区块链与边缘计算研究院的《新型区块链底层平台技术白皮书》作为重大成果发布。该白皮书聚焦当前区块链底层技术路线庞杂、异构跨链对接难、定制周期长、成本高等痛点问题，首创“区块链工厂 ChainMaker”设计新模式和装配新技术，动态组合多方区块链平台的优势技术模块，高效、精准、低成本装配出满足不同场景需求的区块链底层平台。

（程晓荷）

**【海淀区知识产权海外维权援助基地揭牌】**9月22日，首届京华知识产权论坛在海淀区举办。北京市知识产权局副局长李钟、中关村科学城管委会专职副主任吴宝华为论坛致辞并共同为海淀区知识产权海外维权援助基地揭牌，海淀区知识产权海外维权援助基地进驻北京（中关村）国际知识产权服务大厅。海淀区在全市16个区县中率先建立首都知识产权国际交流合作基地，并在不同国家搭建知识产权海外维权援助基地。截至年底，已搭建9个海外维权援助基地，覆盖英国、法国、德国、芬兰、意大利、美国、日本等国家和地区。

（石　蕾　程晓荷）

**【中关村创新设计节举办】**9月23—27日，中关村创新设计节在龙徽1910文化创意产业园举办。中关村创新设计节包括设计展、研讨会、生活市集3项主题活动。活动现场展示了“我们在一起”抗疫主题设计展。中关村生活市集现场聚集文博IP产品、生活美学产品、电子产品和手工饰品等种类不同的精美产品进行展卖。西山创新设计研讨会围绕“为中关村而设计——创新设计驱动区域发展”主题展开，聚焦中关村区域，深入探讨人文科技街区建设、数字经济产业落地、文化产品开发设计等内容。中关村创新设计节现场还展示了为儿童设计的建筑设计装置,设计师用木质材料搭建设计作品,将互动、体验、读书融为一体。

(孙树昆)

【知识产权纠纷协同调解合作签约仪式举行】9月25日,海淀区工商联与中关村知识产权保护中心知识产权纠纷协同调解合作签约仪式举行。双方将充分发挥各自优势,加强相互支撑和信息共享,将知识产权协同保护、调解合作做实做深,协力推动知识产权行政保护与社会化保护有效衔接,为中关村科学城建设和营造良好的营商环境提供强有力的支撑。

(石　蕾　程晓荷)

【2020年"创响中国"海淀站活动启动】10月21日,由海淀区政府主办的2020年"创响中国"海淀站暨京津冀双创示范基地联盟主站活动在中关村集成电路设计园启动。启动仪式上,京津冀双创示范基地联盟秘书处揭牌,推动双创示范基地联盟成员加强协同合作;第三届"创世技"颠覆性创新榜发布,CAR-T细胞负载溶瘤病毒治疗实体肿瘤等10个项目入选颠覆性创新榜,硅立方浸没液冷计算机等10个项目入选颠覆性潜力榜。"创世技"颠覆性创新榜首启于2018年7月,已连续举办3届,发现和评选创新性、颠覆性科研成果、产品和模式100余项,是每年全国双创活动周期间重点活动之一。2020年活动由腾讯、阿里巴巴、百度、新华网、国际欧亚科学院中国科学中心、中国科学院文献情报中心、中国汽车工程学会等16家单位共同发起。

(吴　茜　孙树昆)

【颠覆性创新成果(海淀)转促中心成立】10月21日,在2020年"创响中国"海淀站暨京津冀双创示范基地联盟主站活动上,中国科协科技传播中心与北京市海淀区共建成立颠覆性创新成果(海淀)转促中心并举办揭牌仪式。北京市政府副秘书长刘印春,海淀区副区长、中关村科学城管委会副主任林剑华等领导出席。企业代表、创新创业者代表和环京津冀地区双创示范基地代表150余人出席仪式。

(孙树昆)

【2020海淀高科技高成长10强暨海淀明日之星榜单发布】10月22日,由北京中关村创业大街科技服务有限公司与德勤中国联合主办的2020海淀高科技高成长10强暨海淀明日之星颁奖典礼在中关村国家自主创新示范区展示中心举行。评选以"坚韧·变革·复兴"为主题,旨在发掘表现优秀、独特创新、增长蓬勃且韧性十足、生命力强的高科技企业。活动现场发布2020海淀高科技高成长10强暨海淀明日之星榜单和《2020海淀高科技高成长10强暨明日之星》报告。其中,北京声智科技有限公司、北京读我科技有限公司、理工全盛(北京)科技有限公司等10家企业入选高科技高成长10强榜单,北京公瑾科技有限公司、北京极睿科技有限公司、北京九章云极科技有限公司等15家企业入选海淀明日之星榜单。

(吴　茜　程晓荷)

【专利代理机构预审服务备案工作启动】11月2日,中关村知识产权保护中心启动专利代理机构预审服务备案工作。备案通过后,专利代理机构可接受中关村知识产权保护中心预审服务备案企事业单位的专利申请预审委托开展相关业务。专利快速预审服务是指中关村知识产权保护中心为备案的申请主体提供专利申请预先审查服务,国家知识产权局对通过中关村知识产权保护中心预审的专利申请加快审查,属于国家知识产权局推行的专利快速审查工作的一部分,预审服务是中关村知识产权保护中心提供的免费服务。

(石　蕾　程晓荷)

【知识产权运营服务体系建设工作现场评价】11月3日,国家知识产权局知识产权运用促进司司长雷筱云带队组织工作组赴海淀区对知识产权运营服务体系建设工作开展现场评价,听取海淀区知识产权运营服务体系建设总体工作和相关专项工作情况汇报,并与企业进行座谈。海淀区副区长林剑华、海淀区知识产权局局长舒毕磊、中关村科学城管委会知识产权处领导参加了现场评价会。

(石　蕾)

【2020中国·海淀高价值专利培育大赛决赛举办】11月11日,2020中国·海淀高价值专利培育大赛决赛(第二阶段)在唯实国际文化交流中心举办,16个高价值专利培育项目进入决赛。

(石　蕾)

【国家知识产权局检查考核中关村知识产权保护工作】11月12日,国家知识产权局会同国家版权局和市场监管总局对北京市进行知识产权保护工作实地检查考核,并重点检查海淀区知识产权保护工作。副市长殷勇、市知识产权局局长杨东起、海淀区委书记于军、海淀区副区长林剑华等出席会议。检查考核期间，工作组通过听取汇报、查验资料、检查重点单位、抽查地市等多种方式，全面了解知识产权保护工作开展情况，重点围绕中办、国办《关于强化知识产权保护的意见》和《2020—2021 年贯彻落实推进计划》落实情况，总结经验，发现问题，提出改进意见。

（石　蕾　程晓荷）

**【推想科技获中美欧日四大市场准入认证】** 11 月 13 日，北京推想科技有限公司（简称推想科技）获得国家药监局药械批准文号。2020 年 2—7 月，推想科技陆续获得欧盟 CE 认证，日本 PMDA 认证、美国 FDA 认证，并获首个中国肺部 AI 三类认证。推想科技是中国 AI 医疗企业国际化的主力军，已与瑞士、德国、美国、加拿大、日本、法国、意大利等国家的 60 余家海外医疗机构展开合作。推想科技肺部 AI 为 FDA 批准的第一个基于深度学习的肺部辅助检测产品。

（程晓荷）

**【2020 中关村科创金融论坛举办】** 11 月 16 日，2020 中关村科创金融论坛在中关村国家自主创新示范区展示中心举行。论坛以“2020 新征程——资本助推中国科技创新下一个黄金十年”为主题，聚焦科技创新与资本协同，探讨在“十四五”开局之际，强化资本对科技创新起到支撑作用的路径，从而促进协同、融合、共享的创新生态的形成，助推科创企业的高质量发展。论坛上，由上海证券交易所上市服务中心、清华大学经济管理学院中国金融研究中心、北京基金业协会、中关村并购发展促进会、首创担保和海科金集团等共同发起的中关村科技企业高质量发展创新平台签约成立。海淀区副区长林剑华出席论坛并致辞。

（程晓荷）

**【2020 年海淀区重点项目签约仪式举办】** 11 月 17 日，2020 年海淀区重点项目签约仪式举办。海淀区政府与中国医药集团有限公司，中关村科学城管委会与中资网络信息安全科技有限公司、北京快手科技有限公司、龙芯中科技术有限公司分别进行签约，进一步深化创新合作，加速推动新时代中关村科学城建设和海淀跨越式高质量发展。海淀区委副书记王合生出席签约仪式。海淀区副区长林剑华分别与上述单位负责人签订合作协议。

（程晓荷）

**【市领导到中关村知识产权保护中心调研】** 11 月 18 日，市委书记蔡奇、市长陈吉宁就推进国家服务业扩大开放综合示范区和自由贸易试验区建设到中关村知识产权保护中心调研。蔡奇到业务受理大厅、案件审理庭了解快速审查、快速确权和快速维权等业务开展情况，要求进一步优化工作流程，强化对企服务，提升知识产权保护能力。

（石　蕾　程晓荷）

**【中关村知识产权保护中心与海淀区检察院座谈】** 11 月 27 日，海淀区检察院第二检察部负责人许丹带队到中关村知识产权保护中心走访调研。中关村知识产权保护中心负责人介绍中心的基本情况、职能、业务性质及服务领域，分享了在知识产权保护方面的做法与成果。双方围绕中关村等地知识产权保护问题开展座谈交流。

（程晓荷）

**【知识产权纠纷人民调解工作室获授牌】** 12 月 10 日，北京市海淀区中心知识产权纠纷人民调解室、中关村软件园工作站调解室等 7 个知识产权纠纷人民调解工作室获授牌，这是北京市首批授牌的知识产权纠纷人民调解工作室。

（程晓荷）

**【全球首个遥感卫星定标场启用】** 12 月 16 日，全球首个遥感卫星定标场在宁夏回族自治区中卫市启用。该定标场由中卫市人民政府、武汉大学和北京市海淀区航天企业北京航天驭星科技有限公司共同建设，是集成像遥感卫星和非成像测高卫星的综合定标与真实性检验场地。中卫遥感卫星定标场采用无人值守的自动化工作模式。具有低成本、高可靠、多智能特点，实现了一个试验场内多类典型自然场景和标准人工目标合理匹配的完整定标系统，以及以航空飞行测试为核心的天空一体化分级真实性检验技术系统。能够有效支持可见光、近红外、红外、激光雷达、合成孔径雷达等多种载荷的严格航空校飞、卫星在轨高频次辐射/几何定标、载荷性能评测、产品真实性检验。

（程晓荷）

**【海淀区与国网北京市电力公司签署合作框架协议】** 12 月 16 日，海淀区与国网北京市电力公司签署合作框架协议，共同建设国际领先的能源互联网，进一步加大中关村科学城建设发展保障力度，推动“十四五”时期海淀经济社会发展。国网北京市电力公司董事长潘敬东等领导，海淀区委书记于军、代区长王合生参加活动。双方将以协议签署为契机,在电网规划、重点工程、智慧电网、网架建设、电网安全、卓越服务、能源替代、创新创效 8 个方面加强协同,推动合作,构建中关村科学城北区"1 + 4 + 3"智慧电网试点,建立海淀城市大脑智慧能源板块,加强分布式智慧城市多站合一建设。

(孙树昆)

【专利预审与高价值专利培育政策与实务培训举办】12 月 16 日、24 日,中关村知识产权保护中心联合中关村高新技术企业协会在中关村知识产权保护中心培训室举办 2 期专利预审与高价值专利培育政策与实务培训,120 余名创新主体和知识产权服务机构相关工作人员参加培训。资深知识产权讲师和专利代理人徐圣及中关村知识产权保护中心专利预审服务部负责人周方、张慧明解读专利预审的条件、要求和流程,生物医药高价值专利培育策略与实务,对常见的专利预审相关问题、生物医药高价值专利培育策略与实务问题进行介绍,提供了翔实具体的解决方案。

(程晓荷)

【百度自主研发云端 AI 通用芯片百度昆仑量产】12 月 17 日,在 ABC SUMMIT 2020 百度云智峰会上,百度 CTO 王海峰宣布百度智能云 2020 年成绩单。百度自主研发云端 AI 通用芯片——百度昆仑,其中百度昆仑 1 已实现量产和应用部署,量产约 2 万片,性能相比 T4 GPU 提升 1.5 ~ 3 倍;百度昆仑 2 预计在 2021 年上半年实现量产,与百度昆仑 1 相比性能将提升 3 倍。

(孙树昆)

【中关村知识产权保护中心召开新闻发布会】12 月 23 日,中关村知识产权保护中心在北京市高级人民法院召开新闻发布会,通报海淀法院开展知识产权纠纷诉源治理工作情况,介绍中关村知识产权保护中心与海淀法院合作开展知识产权纠纷诉源治理工作的典型案例。海淀法院通过多年来对知识产权案件审判经验的积累,及时发现行业类案,构建知识产权纠纷联动平台,通过政府、社会、行业多方力量,促进诉前协商,批量化解纠纷,引导行业理性竞争、互利共赢。

(程晓荷)

【神州数码集团与平凯星辰达成全面战略合作】12 月 28 日,神州数码集团与北京平凯星辰科技发展有限公司在北京举办战略合作签约仪式,宣布双方将基于全球领先的新一代关系型数据库(NewSQL)开源项目 TiDB,打造神州数码自有品牌分布式数据库一体机,并展开联合产品、联合营销、联合生态等多维度的战略合作,以开源技术构筑数据新基建底座,赋能企业数字化转型和产业高质量发展。双方将合作成立联合产品中心、联合营销中心、联合生态中心。

(程晓荷)

【海淀"两区"建设重点项目签约仪式举办】12 月 28 日,中关村科学城牵头举办海淀区"两区"建设重点项目签约揭牌仪式,推动 12 个重点项目落地。签约揭牌仪式在中关村国家自主创新示范区展示中心举办,海淀区委书记于军、代区长王合生等参加会议。融通科学研究院、英国 Graphcore 中国总部、奇绩创坛、红杉中国数字科技创新中心等 9 个央企项目,以及前沿科技企业、创新平台、金融企业落地签约。农业银行北京分行在海淀区设立北京自贸试验区分行。海淀区关于服务业扩大开放综合示范区和自由贸易试验区建设工作已全面启动,40 余个重点项目落地或取得突破性进展。

(程晓荷)

【中关村人工智能学院揭牌】12 月 28 日,海淀区推进"两区"建设重点项目签约揭牌仪式在中关村国家自主创新示范区展示中心举办,海淀区委常委、政法委书记、区委办主任吴计亮,中关村创新研修学院院长柳进军联合创新合伙人企业百度、小米、寒武纪、旷视、快手、智源研究院领导共同为中关村人工智能学院揭牌。中关村人工智能学院是由海淀区委、区政府支持,以人工智能产业人才需求为导向,面向北京市乃至全国,以中关村创新研修学院为办学主体,联合龙头企业和院校共同举办的一所选培结合、产教融合、短期培训为主的、非学历的新型人工智能学院。

(程晓荷)

【47 位"海英人才"获证书】12 月 28 日,在 2020 年海淀区推进"两区"建设重点项目签约揭牌仪式上,为获"海英人才"的代表颁发海淀区政府签发的证书。2020 年经过申报、评审等工作程序,最终认定 47 名"海英人才",其中自主申报渠道认定 39 人,举荐推荐 8 人。

(程晓荷)

**【2020 中国·海淀高价值专利培育大赛获奖项目公布】** 12 月 30 日，中国·海淀高价值专利培育大赛获奖项目结果公布。本届大赛最终决出一、二、三等奖及优胜奖，还特设最佳组织奖。盛瑞传动股份有限公司的前置前驱 8 挡自动变速器（8AT）研发及产业化获一等奖，北京忆芯科技有限公司 NVMe 企业级 SSD 主控芯片和北京索瑞特医学技术有限公司的全球首创基于影像引导的无创肝纤维化诊断系统获二等奖，北京大米科技有限公司等 5 家公司获三等奖。京东城市（北京）数字科技有限公司等 7 家公司获优胜奖，中关村意谷（北京）科技服务有限公司获最佳组织奖。

（程晓荷）

**【工业企业总产值持续增长】** 年内，海淀区全年规模以上工业企业总产值 2 466 亿元，同比增长 8.9%，超额完成全年增速 4.5% 的目标，占北京市工业总产值的 12.2%，实现出口 757.2 亿元，同比增长 46.8%，其中高技术制造业产值占比达 75.1%。累计完成固定资产投资 8.9 亿元，建安投资 7.5 亿元，提前超额完成固定资产投资 8 亿元、建安投资 7.4 亿元的任务指标。建立 2020 年度疏解企业工作台账，计划调整退出一般制造业企业 10 家，已有 14 家企业完成调整退出，任务完成率 140%，涉及占地面积 115 972 平方米、建筑面积 81 252平方米，涉及人口 1 910 人。

（田京京）

**【2020 年海淀区孵化机构房租奖励专项实施】** 年内，为贯彻落实中央，市委、市政府，区委、区政府相关工作决策部署，按照《海淀区关于落实北京市促防疫稳增长政策加大力度支持企业稳定发展的若干措施》等文件要求，分别于 2020 年 4 月和 9 月，2 次实施 2020 年海淀区孵化机构房租奖励专项，对在抗击新冠肺炎疫情期间主动为入驻中小微科技企业减免房租的孵化机构，根据实际减免房租的总额给予一定比例的奖励。

（吴　茜）

**【海淀原始创新联合基金计划实施】** 年内，北京市自然科学基金－海淀原始创新联合基金围绕无线通信、疫苗和流行病学等领域，支持 55 个项目，支持金额 2 299 万元，其中海淀区支持 1 000 万元。在海淀联合基金的基础上，新加入国家自然科学基金区域创新发展联合基金（北京），基金规模达到每年 8 000 万元，区内 43 家企业联合高校院所参与项目申报，促进了海淀区领军企业参与基础研究、与高校院所协同创新的能力。

（陈晓曦）

**【中关村海华信息技术前沿研究院建设持续推进】** 年内，中关村海华信息技术前沿研究院全面推进基于人工智能的系统算法等 4 个研究方向的研发，申请发明专利 10 件，录用会议及期刊论文共 22 篇。启动第二届 AI 挑战赛有关工作，顺利完成 5 场人工智能与前沿信息线上讲座。引进 PI 研究员 9 人，截至年底，在职研究员、实验员、工程师和管理人员等共 14 人，二期落地工作积极推进中。

（陈晓曦）

**【北京石墨烯研究院核心技术研发取得突破】** 年内，北京石墨烯研究院建设稳步推进。超洁净石墨烯薄膜、石墨烯单晶晶圆、超级石墨烯玻璃、超级石墨烯光纤、石墨烯玻璃纤维、烯铝集流体、石墨烯基 LED 发光器件等一批科技成果国际领跑；自主设计开发 A3 尺寸石墨烯 CVD 生长装备、4 英寸石墨烯单晶晶圆生长装备等一系列石墨烯原材料规模化制备装备；成立石墨烯薄膜生产示范中心；专利申请数量累计达 165 件，发表论文 83 篇。全方位推进石墨烯薄膜材料的规模化和产品化进程。

（陈晓曦）

**【高新技术企业认定及培训工作开展】** 年内，中关村科学城科技处会同高企协及时调整工作方式，通过互联网平台举办《高企认定最新政策与实务培训》《企业研发费用辅助账与加计扣除》《企业所得税汇算清缴政策与务实培训》《科技型中小企业认定》等专项培训。通过线上、线下多种方式宣传、辅导，共受理 4 批次认定申请企业 4 624 家，认定申请公示数为 4 100 家。全区国家高新技术企业总数达到 10 604 家。全年受理认定申请中关村高新技术企业 3 880 家，全区中关村高新技术企业达到 14 709家。

（程晓荷）

**【海淀区存量上市（挂牌）企业 914 家】** 年内，海淀区存量上市（挂牌）企业 914 家，其中境内外上市公司 236 家（境内 157 家，境外 79 家）、新三板挂牌企业 444 家、四板（不含孵化板）挂牌企业 234 家。上市（挂牌）企业中，海淀区存量境内 A 股上市公司 157 家，占全市（401 家）的 39%，占全国（4 139 家）的 4%；存量新三板挂牌企业 444 家，占全市（1 069 家）的 42%；存量四板（不含孵化板）挂牌企业 234

家，占全市（537家）的44%。

（程晓荷）

【智慧海淀基础设施建设取得进展】年内，海淀区敷设光缆总里程6 047千米，承载7个子网，接入区属单位共2 100家。率先建成全市首个区级政务光缆专网。建成全国首家区级政务云平台，覆盖60个区属单位共计226个业务系统。全面推进“入云”“上链”“汇数”，发挥政务云平台、政务大数据平台等基础设施作用，打通数据共享通道。搭建海淀区政务大数据基础平台，打通市、区两级数据共享通道，累计共享22.77亿余条数据。全区信息化“一套家底”基本建成。推进政府部门信息化，实现政府数据共建共享，推进区级大数据平台和目录区块链系统建设。建设5G基站2 100余个，实现五环内及重点区域5G商用标准全覆盖。市、区联合推进北京市区块链先进算力实验平台建设，100台服务器所需互金中心空间已到位。

（程晓荷）

【利用智慧政务稳步提升政务惠民能力】年内，海淀区利用信息化手段深化商事制度改革，在全市率先实现企业登记全过程电子化。一是搭建“一网通办”服务平台，实现1 017个事项全过程网办，实现“一网、一窗、一次”办理率100%。二是建成网上服务大厅、“海淀通”APP、“海淀政务”公众号、“便利淀”小程序和自助服务终端“五位一体”的政务服务架构，实现“一端办理，全网同步”。三是在政务服务领域应用区块链技术，聚焦民生、创业，积极推进区块链在政务服务领域的深化应用，实现521个政务服务区块链应用场景落地，其中117个线上落地场景平均减少办事人提交材料40%以上，68个场景实现全程网办，47个场景实现“只跑一次”。四是建设基于区块链的中小企业金融服务平台和确权融资中心，7家企业获得贷款1 949万元，出具确权证明46笔，涉及金额1亿余元并已在市级层面推广。五是市、区联合率先试点北京智能政务办公平台系统（京智办），结合防控抗疫重大需求，开展重点人群转运、教育系统防疫信息采集等具体业务场景应用，推动形成跨部门、跨层级的四级联动政务体系。

（程晓荷）

【区块链算力平台建设】年内，为落实北京区块链发展三年行动计划，开展区块链新型基础设施建设，由北京微芯区块链与边缘计算研究院牵头建设区块链算力平台，旨在打造自主可控、软硬结合的技术体系，突破大规模运算性能和安全瓶颈，支撑北京建设全球性区块链生态系统，抢占数字经济领域发展先机和区块链技术发展制高点。

（程晓荷）

【智源未来智能系统平台建设】年内，由北京智源人工智能研究院牵头建设的智源未来智能系统平台开始建设。该平台是北京市超前部署通用智能发展的基础技术平台，目标是形成具有技术先进性、国际引领性的系列大规模预训练模型和高精度生物智能模拟系统，形成通用人工智能发展的“核爆点”，成为AI技术创新的“算力源”和“实验床”，支持产学研各方基于该平台开展协同技术创新，围绕平台发展形成产业生态，支撑中国新一代人工智能规划战略目标实现。

（程晓荷）

【海淀区知识产权建设取得重要进展】年内，海淀区知识产权建设再上新台阶，专利申请量和授权量较2019年同期稳步增长，继续稳居北京市首位。疏通创新链条，深入推进知识产权运营服务体系建设，实施高价值专利培育计划，举办2020中国·海淀高价值专利培育大赛，中关村知识产权保护中心开展备案及预审工作，推进维权调解和维权援助工作，举办“4·26”系列活动及中关村知识产权论坛，开展重点产业专利导航研究工作，推进高校院所知识产权运营办公室建设工作，提升知识产权服务能级。促进价值实现，积极开展科技成果转化工作，调研完成驻区高校及区属科研机构专利申请和成果转化情况，推进区属科研机构以及驻区高校院所职务科技成果权属改革，筹备中关村科学城科技成果转化年度TOP10评选活动。推进复工复产，贯彻落实新冠肺炎疫情防控相关工作，深入社区防控，指导企业防控，优先支持疫情防控相关单位的知识产权保护需求，引导知识产权公益服务资源供给。

（程晓荷）

【海淀区知识产权运营服务体系建设】年内，海淀区深入推进知识产权运营服务体系建设，疏通创新链条。一是实施高价值专利培育计划，建立以联想集团、北京大学为代表的首批11家高价值培育运营中心及以旷视科技、北京理工大学为代表的第二批12家高价值培育运营中心。二是举办2020中国·海淀高价值专利培育大赛。三是中关村知识产权保护中心开展备案及预审工作，备案单位共

687 家，共接收专利预审案件 844 件。四是推进维权调解和维权援助工作，全年调解案件 1 277 件；在美国、日本、韩国、英国、法国等国建立 10 个知识产权海外维权援助基地，基地进驻北京（中关村）国际知识产权服务大厅；新设立金隅制造工厂科技园工作站；先后与海淀区人民法院、海淀工商联知识产权纠纷人民调解委员会、北京知识产权保护协会、海淀区生物与健康产业协会等签订合作备忘录。五是举办“4. 26”系列活动及中关村知识产权论坛，近 2 000 人次参与。六是开展重大新药创制产业、新一代宽带移动通信网（5G）产业、人工智能产业专利 3 个导航项目研究。七是推进高校院所知识产权运营办公室建设工作，分析驻区 26 家高校、科研院所知识产权运营办公室相关材料；确定中国科学院工程热物理研究所、中国科学院过程工程研究所、首都师范大学、北京大学第三医院 4 家申报单位为 2020 年知识产权运营办公室；实施 2020 年高校院所知识产权运营办公室专项，支持 12 家高校院所开展知识产权运营工作。八是提升知识产权服务能级，引入国际知名知识产权服务机构智慧芽信息科技（北京）有限公司落地海淀；支持国际知识产权服务大厅建设和工作开展，2020 年国际知识产权服务大厅与 20 余个国家和地区开展国际交流；为千余家区域企业提供免费国际知识产权数据资源服务。

（程晓荷）

【专利申请与授权量增长】年内，海淀区专利申请量 95 140 件，同比增长 10.7%，占北京市的 37%；其中，发明专利申请量 65 222 件，同比增长 8.5%，占北京市的 44.6%。专利授权量 60 929 件，同比增长 24.9%，占北京市的 37.4%；其中，发明专利授权量 33 829 件，同比增长 26.3%，占北京市的 53.5%。PCT 专利申请量 3 497 件，同比增长 32.9%，占北京市的 42.2%，位列全市第一。截至年底，海淀区有效发明专利拥有量 157 690 件，占北京市的 47%。

（程晓荷）

【技术合同登记额居北京市之首】年内，海淀区技术合同成交 5.66 万项，技术市场成交总额突破 2 000 亿元大关，达到 2 040.1 亿元，同比增长 7.4%，占北京市的三成以上，位居北京市 16 区之首。

（程晓荷）

【信息化建设稳步推进】年内，海淀区扎实推进全区信息化建设，强化智慧海淀规划编制实施、项目统筹建设、数据共享和业务协同、资金使用与绩效跟踪管理，主要开展 4 个方面工作。一是加强顶层设计，统筹全区信息化建设。在对“十三五”智慧海淀建设情况进行总结评估的基础上，聚焦政务服务、区域经济、政务办公、基础设施、城市治理、智慧卫生、智慧教育七大领域，初步完成“十四五”智慧海淀规划编制，完成“‘十四五’时期智慧海淀发展现状和思路对策研究”课题评审。二是推动制度修订，创新项目管理模式。修订《海淀区智慧海淀项目建设管理办法》和《海淀区信息化项目运行维护管理办法》，明确了重大紧急项目审批流程和信息化主管部门工作职责；加强了数据资源统筹管理，将“入云”“上链”“汇数”作为项目考核重要依据；建立了事前评估、事中监督、事后评价的绩效考核制度，形成全生命周期管理模式。三是积极协调沟通，建立数据共享机制。完成了海淀区目录区块链系统建设，为各区属部门（委办局、街镇）提供可信目录管理和可信目录服务，支撑政务大数据平台数据共享应用，服务于系统“入云”、数据目录“上链”以及数据记录“汇聚”。通过市、区两级大数据平台对接，已累计接入 20 个市级部门的 39.9 亿条数据、9 个区级部门的 4.3 亿条数据，并向市级大数据平台汇聚数据 1.4 亿条，及时响应了相关部门的数据共享申请。四是拓展应用场景，提升民生服务和城市治理能力水平。1 017 个事项实现全过程网办，521 个政务服务区块链应用场景落地，“一网、一窗、一次”办理率在全市率先达到 100%。覆盖全区 1 万余栋非住宅楼宇、47 个园区、20 余万家在营企业的楼宇经济运行监测体系基本建立。全区 95% 的单位实现公文收发“无纸化”。327 个智慧教育视讯平台校级节点部署完成。政务光缆专网（五期）、图像视频存储备份扩容系统、目录区块链系统等一批基础设施加快建设。

（程晓荷）

【“两区”建设先行先试政策推出】年内，海淀区在“两区”建设政策方面聚焦 2 方面的试验任务：一是建设国际信息产业和数字贸易港，二是强化知识产权运用保护。以“两区”建设与新基建、新场景、新消费、新开放、新服务“五新”建设汇成合力。以科技创新、数字经济和数字贸易、金融科技、人才引进、“2 + 1”三区共建为抓手，先行先试一批科技体制改革政策、产业政策、财税政策、金融政策，招商引资重大项目实现突破。探索建设国际信息产业和数字贸易港，“1 + N”引领产业集群发展。强化知识产权运用和保护，先行先试技术转让所得税优惠政策。打造全球创业投资中心，做实做强海淀创新基金系。建设具有全球影响力的金融科技创新中心，用科技创新勾勒金融服务新形态。利用外资规模不断增加，进出口总额保持平稳增长。跨国公司地区总部总数达到15家。

（程晓荷）

【“两区”建设提出“4 +3 +5”任务目标】 年内，海淀区组建中关村科学城管委会，建立健全推动创新发展的新模式新机制，营商环境评价位居全市首位，形成国家服务业扩大开放综合示范区、自贸试验区科技创新片区、中关村国家自主创新示范区政策叠加效应。海淀区已制订“两区”建设工作方案，提出“4 +3 +5”的任务目标。“4”指加快推进四项重点制度创新政策落地，包括建设国际信息产业和数字贸易港、强化知识产权运用和保护、打造全球创业投资中心、建设具有全球影响力的金融科技创新中心；“3”指大力推进信息服务业、医药健康产业、科技服务业三大重点产业；“5”指五大科技园区，包括中国（北京）自贸试验区科技创新片区、中关村软件园、东升科技园、中关村西区、清华科技园。

（程晓荷）

# 丰台区

【概述】 丰台区科学技术和信息化局（简称丰台区科信局）加挂丰台区大数据管理局（简称丰台区大数据局）的牌子，负责贯彻落实党中央关于科技创新、软件和信息服务业、信息化方面的方针政策、决策部署和市委、区委有关工作要求，在履行职责过程中坚持和加强党对科技创新、软件和信息服务业、信息化工作的集中统一领导。内设办公室、科技创新综合管理科（环境保护科）、高新技术产业发展科、发展规划与政策法规科、信息化建设与管理科、大数据管理科6个科室。

2020年，丰台区首都科技条件平台聚集需求49项，新增成员单位32家，新增科技人才25人，高效开展对接服务8次。协助生物医药领域中心共同组织召开首都科技条件平台中医药基地“百家重点实验室进千家企业”线上对接活动。深入永同昌等重点孵化器、产业园区企业集群，开展宣传政策、加油助力、传递温暖活动。全区国家高新技术企业认定申报企业共778家（次），同比增长20.8%。国家高新技术企业保有量达1 667家，排名全市第四。各类孵化机构数量达到65家。全区大中型重点企业研究开发费用同比增长6.3%。技术合同交易额实现1 081.4亿元。丽泽城市航站楼项目入选北京市科学技术委员会发布的第二批30项应用场景建设项目。5G基站建设数量突破1 000个。

（周俊峰）

【“三下乡”科普宣传活动举办】 1月15—17日，到南苑乡时村、卢沟桥乡小瓦窑村、王佐镇怪村、花乡黄土岗、长辛店镇赵辛店村开展了科技“三下乡”科普宣传活动。共发放科普图书3 000余册，环保袋约1 000个，受众人群约2 000人次。

（朱灿烈）

【安全生产月进校园宣传活动开展】 6月12日，丰台区科技馆联合丰台区气象局，在北京十二中附小开展主题为“消除事故隐患，筑牢安全防线”的安全生产月进校园宣传活动。活动中将精心准备的《送你安全儿童自救手册》《恐怖的次生灾害》《可以泄露的天机》《危险小朋友不要靠近我》等十几种600余册科普图书及400支多功能笔赠送给学生。

（朱灿烈）

【美丽丰台科普行活动举办】 10月26日，2020年北京市丰台区美丽丰台科普行活动举办。本次科普活动依托丰台区科信局公众号“丰台 V 科技”平台，搭建活动专属程序，以全新的形式进行呈现。本次活动特别推出电子科普畅游护照，全景舆图、VR 趣游、科普地图，公众足不出户便能轻松享受云端畅游的乐趣。

（张博轩）

【国家高新技术企业申报工作开展】 年内，丰台区科信局发布《关于启动 2020 年度北京市高新技术企业认定管理工作的通知》，全区 4 批国家高新技术企业认定申报企业共计 778 家（次），同比增长 20.8%。丰台区国家高新技术企业保有量达 1 667 家，全市排名第四。

（崔　颖）

【科技型中小企业评价工作开展】 年内，丰台区科信局开展科技型中小企业评价工作，发布《关于疫情防控期间开展科技型中小企业评价工作的通知》，通过电话、邮件的方式指导企业填报。科技型中小企业评价系统全区累计注册企业 954 家，年内共推荐上级评审企业 242 家，取得入库编号企业 232 家。

（崔　颖）

【区级孵化机构获得支持】 年内，丰台区举办 2020 年区级孵化机构专项政策解读培训，邀请国家级科技企业孵化器评审专家李靖为 70 余家孵化机构讲解《丰台区关于促进众创空间、科技企业孵化器发展的支持办法（试行）》。对 40 家区级孵化机构给予资金支持近 1 500 万元。全区各类孵化机构数量达到 65 家，其中孵化器 24 家，包括 10 家国家级科技企业孵化器、9 家市级科技企业孵化器；众创空间 41 家，包括国家级众创空间 10 家、北京市级众创空间 20 家。

（崔　颖）

【创新服务企业模式】 年内，丰台区科技企业创新活力充沛，但受新冠肺炎疫情影响，一些企业面临压力。丰台区科信局创新服务模式，通过线上与线下相结合的方式开展线上培训、云课堂、云“诊断”，组织线上培训 3 次，惠及企业 300 余家次。同时，建立 3 个 QQ 群，对企业进行线上指导，提升高新技术企业申报效率。

（崔　颖）

【中小企业创新基金项目评价工作开展】 年内，丰台区共完成 2018 年度中小企业创新基金实际扶持 41 个项目的评价工作。2018 年度中小企业创新基金项目获得专利授权 132 件，制定相关企业、行业、国家标准 10 项；获得国家高新技术企业荣誉的有 39 家，9 家企业曾获得国家级或北京市级奖项 31 项，其中北京市级奖项 22 项，国家级奖项 9 项；带动企业资金投入 1.7 亿元，是创新基金总投入的约 6 倍，新增产值 5.8 亿元，形成销售收入 4.5 亿元，新增利润 8 000 余万元，新增税收 3 000 余万元。

（崔　颖）

【丰台轨道交通前沿研究联合基金项目申报工作开展】 年内，丰台区科信局开展北京市自然科学基金——丰台轨道交通前沿研究联合基金项目申报工作。共接收 106 项项目申请，其中重点研究专题 19 项、前沿项目 87 项。经评审，2020 年共资助 24 个项目，其中重点研究专题项目 4 项，前沿项目 20 项。

（张博轩）

【应用场景建设项目推荐】 年内，丰台区向市科委推荐新场景项目，所推荐的北京市丽泽城市航站楼建设发展有限公司承担的丽泽城市航站楼项目入选市科委发布的第二批 30 项应用场景建设项目。同时就丰台区政务服务管理局承担的丰台区“互联网＋政务服务”一体化平台项目、北京市丽泽城市航站楼建设发展有限公司承担的丽泽城市航站楼项目向市级有关部门领导进行汇报，并及时建立丰台区“新场景”政策措施落实督查项目台账。

（张博轩）

【科技人才建设持续加强】 年内，丰台区以项目为依托开展科研工作，选拔优秀青年科技骨干，逐步形成青年科技专家群体。征集丰台区科技新星计划项目申报材料 32 个，扶持 9 名青年科技骨干 81 万元。开展首批“丰泽计划”科技赛道申报评选工作，共向组织部推送 136 人。

（张博轩）

【科普项目申报工作开展】 年内，丰台区科信局面向全区征集 2020 年丰台区科普社会项目，共征集 43 个，列入支持 16 个。组织区域内优质科普教育基地申报市级科普项目，南宫自然艺术科普馆获得市级科普能力提升项目立项。组织北京南宫农业科技园申报北京市农业科技园区。

（张博轩）

【特色天文科普活动开展】 年内，丰台区开展 2020 年小学生线上天文知识竞赛活动；“e 点知”无人值守设备、12 星座与二十四节气、“从地球到宇宙”展板、天文望远镜在北京第十二中学、东高地第四小学、丰台第二小学、北京教育学院附属丰台实验学校等学校流动展出。

（朱灿烈）

【科技战“疫”活动开展】年内，丰台区科信局组织开展科技活动周，围绕“科技战‘疫’ 创新强国”主题，设置“科技战‘疫’”与“美好生活”两大部分，组织“科技战‘疫’微访谈”等科普活动近 50 项，线下参与人数近 4 万人次，线上参与人数近 250 万人次。在“丰台 V 科技”公众号发布 5 期防控新冠肺炎疫情科普知识，提高群众自我防控意识。

（张博轩）

【阵地科普活动开展】年内，丰台区完成《垃圾分类从我做起》《疫情防控与自我心理调节》等 4 期画廊的刊出；到南苑乡时村等地开展科技“三下乡”科普宣传活动，受众达 2 000 人次；在北京第十二中学附属实验小学开展主题为“消除事故隐患，筑牢安全防线”安全生产月进校园宣传活动，为学生送去 600 余册科普图书；开展小学生线上天文知识竞赛、“e 点知”无人值守设备展览等特色科普活动。

（朱灿烈）

【高等学校科技成果转化和技术转移基地建设】年内，根据教育部办公厅《关于开展第二批高等学校科技成果转化和技术转移基地认定工作的通知》及《高等学校科技成果转化和技术转移基地认定暂行办法》的要求，丰台区梳理医药健康产业服务平台资源情况，联合首都医科大学及驻区多家孵化机构共同建设丰台区高等学校科技成果转化和技术转移基地。教育部审批认定北京市丰台区人民政府为第二批高等学校科技成果转化和技术转移基地。

（赵　军）

【15 项科研成果获国家级和市级奖项】年内，2019 年度国家科学技术奖、北京市科学技术奖评选结果揭晓，由丰台区相关单位、企业牵头或参与完成的 15 项科技成果获 2019 年度国家科学技术奖 3 项，其中一等奖 1 项、二等奖 2 项；获 2019 年度北京市科学技术奖 12 项，其中，一等奖 2 项、二等奖 10 项。

（张博轩）

# 石景山区

【概述】石景山区科学技术委员会（简称石景山区科委）负责本区的科技创新工作。主要职能：负责石景山区科技创新体系建设；发挥科技对区域高精尖产业的引领带动作用，推进科技服务业发展；负责石景山区高新技术产业发展及产业化工作；负责推动科技成果转化应用和示范；负责新兴科技产业的促进与推动，组织相关专家对发展新兴产业进行软课题调研并进行政策研究等。机关行政编制 15 人。内设办公室（主体责任办公室）、产业促进科、综合计划科 3 个部门。

2020 年，石景山区科委贯彻落实区委十二届十次、十一次全会和 2020 年政府工作报告部署，发挥科技支撑作用，统筹推进新冠肺炎疫情防控和经济发展，开展科技抗疫行动，推动应用场景建设，服务企业创新需求，克服疫情不利影响，顺利推进市政府折子 5 项任务，市绩效 4 项任务，区委重点工作 4 项任务，区政府折子 5 项任务，区人大、政协建议提案 6 项、绩效 23 项任务等。一批创新成果支撑疫情防控、城市建设和社会民生，一批企业创新实力和技术产品先进性获得权威认可。年内，石景山区技术交易额达到 112.6 亿元，同比增长 11.5%，超额完成全年预定目标。全区国家高新技术企业数量达 865 家。全区 18 个项目获北京市科学技术奖提名。

（张　涵）

【欢乐科普行冬令营活动举办】1 月 13—19 日，由石景山区科委主办的欢乐科普行冬令营活动在区科技馆举行。此次活动共计 7 场，区内 300 名青少年参加活动。活动邀请中国科学院大学、清华大学、北京理工大学等专家团队，通过魔幻科学秀、互动体验、动手实践、艺术赏析等科学传播方式，让参与者在掌握科学原理的同时，深度了解科技的发展历程与人文内涵，激发学生对科技创新的兴趣与爱好。

（蔡真婷）

**【开展防疫复工复产需求协调】**2月2日，石景山区科委通过在线填报调查问卷的形式征集企业防疫及复工复产需求情况。对企业需求进行全面梳理，能办理的及时牵头办理，不能办理的协调相关部门对接服务。经梳理发现大部分企业需要防护物资，将企业需求对接“石惠十五条”，为区内重点企业协调免费口罩14 450只。针对大型企业大量购买口罩的需求，协调区商务部门，统筹口罩购买需求4万只。

（崔　欣）

**【防疫抗疫新技术新产品名单推出】**2月，石景山区科委推出石景山区防疫抗疫新技术新产品名单，名单中的技术产品和服务涵盖医疗防护、智能诊断、社区防控、疫情分析与发布等与抗击新冠肺炎疫情相关的方面。其中，猎户星空人工智能机器人、金数据疫情表单、疯景科技的智能可视化门铃、城市大数据研究院的石景山区疫情防控信息系统等已推广应用。

（胡　妍）

**【录制“创新讲堂”进行云辅导】**2月，石景山区国家高新技术企业申报工作开始进行。新冠肺炎疫情期间，石景山区科委充分利用信息化科技手段进行云辅导，建立6个微信群，覆盖企业2 000余家，实现群内答疑全时响应，对企业各项政策提供翔实讲解对接。多次组织线上培训，由市科委、专业机构等有经验的权威人员讲授，并精选部分培训录制成视频，发布在“创新石景山”微信公众号。

（崔　欣）

**【《战“疫”》系列应急科普特刊发放】**3月1日，石景山区科委发放防疫特刊宣传材料，与北京科技报《科技生活》周刊联合发放《战“疫”》系列应急科普特刊及相关电子刊，共2期1 000余册，发放至全区48个街道、学校、科普教育基地。特刊内容涉及战“疫”智库、小微企业发展政策、科学认识病毒、科学防控病毒等防控知识。

（蔡真婷）

**【网络项目评审会召开】**3月16日、17日、19日，石景山区科委防疫抗疫类科技项目评审会召开。评审材料全部电子版受理，采取网络评审方式，依托网络会议平台进行。评审由8～10名工作人员全程跟踪服务，石景山区纪委第七联合派驻组监督听会。申报企业注册信息、纳税情况等通过全区统筹方式均由区相关职能部门提供，减轻企业负担，提高审核效率。经专家组评审，初步确定拟立项项目14个，按项目管理办法需公示5个工作日。

（崔海霞）

**【科技项目经费管理与审计培训会召开】**4月8日，石景山区科委召开科技项目经费管理与审计培训会，邀请北京市科学技术研究院财务专家现场授课，围绕科技项目的预算编制、立项论证、验收审计等内容进行详细讲解。此次培训是新冠肺炎疫情期间线上项目评审工作的重要补充，为申报企业提供了与财务专家面对面交流的机会，帮助申报企业了解石景山区科技计划项目经费管理的相关要求及国家有关规定，强化科技项目管理的科学化、制度化和规范化。年内，围绕科技抗疫已启动2批科技项目征集工作，通过政策牵引促进新技术新产品的研发与应用，助力科技企业创新发展。

（崔海霞）

**【科技助力复学——新技术新产品供需对接会召开】**4月16日，围绕石景山区中小学复学后的新冠肺炎疫情防控工作，石景山区科委联手石景山区教委召开科技助力复学——新技术新产品供需对接会，就智能校园防疫系统、无接触红外测温系统、防疫机器人、空气过滤及消毒装置等校园疫情防控保障工作新技术新产品与石景山区教委进行现场需求对接，助力石景山区中小学校校园疫情防控保障工作。

（胡　妍）

**【“十四五”专项规划编制研讨会召开】**4月22日，石景山区科委在区科技馆组织召开石景山区“十四五”专项规划编制研讨会。会议分别听取了科学技术普及发展规划、科技创新发展规划、科技服务业发展规划3个专项规划初稿编制情况，各课题组充分交流分享，结合全区规划研究编制初步成果，进一步衔接市级业务主管部门工作动态和工作思路，实现有效互动和衔接。

（王鹤乾）

**【科普联席会议召开】**4月27日，石景山区科委召开科普联席会议。为应对新冠肺炎疫情，《石景山区2020年科普工作会议材料》和《2019年—2020

年石景山科普刊物合订本》电子刊物等相关会议材料从线上发给各成员单位，同时《2019 年—2020 年石景山科普刊物合订本》纸质版也通过交换件发给各成员单位，实现会议的零接触。

（蔡真婷）

**【首批防疫抗疫和重点领域科技项目评审完成】** 4 月，石景山区科委启动“科创 28 条”政策兑现，完成第一批防疫抗疫和重点领域科技项目评审工作。落实“石惠十五条”文件精神，调整科技创新能力提升专项为防疫抗疫专项，设立首批科技抗疫项目支持资金 1 500 万元。开展第一批防疫抗疫和重点产业领域场景项目定向征集，发掘并组织推动 20 余项科技抗疫成果应用于新冠肺炎疫情防控一线。结合疫情修订《石景山区科技计划项目管理办法》，增加“项目应急管理”章节。全部申报电子版受理，网络化评审，采取线上审核与视频答辩的方式进行，石景山区纪委派驻纪检组全程线上听会。

（崔海霞）

**【2020 年创城工作推进会精神贯彻落实】** 5 月，石景山区科委贯彻落实 2020 年创城工作推进会暨“擦亮城市西大门，文明祥和迎冬奥”专项行动部署会精神。一是依托“创新石景山”公众号组织开展 3 次线上科普活动，千余人次参与云端互动。推送发布科普信息 100 余条。紧跟新冠肺炎疫情防控形势，策划组织全国科技周及全国科普日等重要活动。二是快速推进应用场景建设项目申报与评审，精准服务石景山区城管委“石景山区城市管理数据中心”以及八角街道“智能感知与社区治理系统”项目申报工作，助力城市精细化管理水平提升以及社区治理服务机制创新。三是整合多样科普资源，提升居民科学素质。

（盛丽霞）

**【促进应用场景建设拟支持项目名单公布】** 6 月 28 日，石景山区科委对 2020 年第二批《石景山区促进应用场景建设加快创新发展支持办法》拟支持的项目名单进行公示，包括“基于虚拟现实高端制造技术的战斗机战术训练视景系统研究与应用”“基于深度语义理解的多模态交互机器人操作系统”“一种纳米光栅波导显示光学器件关键技术研发及应用”等 26 个项目。

（石桂莲）

**【石景山科普工作者培训会举办】** 7 月 16 日，石景山区科委在区科技馆举办 2020 年度科普工作者培训会。石景山区科普工作联席会议成员单位以及区内科普基地的科普工作者 30 余人通过线上和线下等形式参加培训。会上，专家讲解了从传统媒体技术到 5G + 新技术的发展过程，从多个角度阐述 5G + 云转播场景应用。

（蔡真婷）

**【高精尖产业技能提升专场培训会举办】** 7 月 21 日，石景山区科委举办高精尖产业技能提升专场线上培训会。邀请市科委专家讲解《北京市高精尖产业技能提升培训补贴实施办法》，并对国家高新技术企业和科技型中小企业申报进行在线辅导，近 150 家科技企业参加培训。

（崔　欣）

**【“重返·万园之园”数字圆明园光影展科普活动举办】** 7 月 31 日，由石景山区科委、区科技馆主办的“重返·万园之园”2020 数字圆明园光影展科普活动举办。此次展览借助当今最先进的数字成像和虚拟技术，模拟再现了圆明园当年的盛景。活动持续 2 天，来自石景山区的科普志愿者、科技工作者、社会公众、中小学生 150 余人参加。

（蔡真婷）

**【“五新”新场景应用政策落实】** 7 月，石景山区科委采取 3 项措施落实北京市“五新”新场景应用。一是在全市“五新”政策措施督察中，首钢智慧园区建设纳入市级“新场景”任务，推荐石景山城市精细化管理平台纳入项目清单。5G/VR 超高清云转播服务平台、首钢 1 号高炉 2 万平方米的 SoReal 超体空间等重大项目加快落地，将为虚拟现实产业新技术新产品转化应用提供丰富场景，智能步道、多语言人工智能协同翻译等一批技术成果将持续在冬奥和社区应用场景中推进落地转化。二是在全市率先出台《石景山区促进应用场景建设加快创新发展支持办法》，设立每年 5 000 万元科技创新专项资金，制定《石景山区进一步促进新技术新产品（服务）本区落地的若干措施》，支持新技术新产品落地。三是推出智能机器人等 2 批 20 项防疫抗疫新技术新产品，60 余家企业 90 余项新技术新产品应用到新冠肺炎疫情防控一线，累计支持移动式医疗废物处置方舱、智能递送服务机器人、国家重大疫情防控大数据分析平台、首钢医院智慧化医疗平台等 14 个防疫抗疫场景项目，支持科研资金 1 385.47 万元。

（岳继华）

【"暑期云课堂"科普系列活动举办】8月7日，由石景山区科委举办的"体验科学力量、感受科技魅力"暨践行社会主义核心价值观"暑期云课堂"科普系列活动启动，共举办线上科普系列讲座6期，播放量上千。课程以"工业遗产探秘""万园之园的历史文化价值"以及"文化+科技+艺术技术在复原项目中的运用""前沿科技"等内容为切入点，将中国古代造园艺术之精华、数字成像和虚拟技术融入课堂，弘扬爱国主义精神，宣传社会主义核心价值观。

（蔡真婷）

【"十四五"时期科技创新发展规划编制工作推进】8月13日，石景山区科委在区科技馆一层报告厅组织召开石景山区"十四五"时期科技创新发展规划研讨会。石景山区科委领导班子成立规划编制领导小组，各科室高效协作，制订方案、分接任务、责任到人。多次组织召开专项规划委办局研讨会、企业研讨会和专家研讨会，提高规划编制的透明度和社会参与度。编制全过程充分利用"创新石景山"等媒介平台，畅通社会公众参与规划研究编制渠道，开展问卷调查，引导社会各界达成发展共识。

（崔海霞）

【石景山区科技周启动仪式举办】8月23日，石景山区科技周启动仪式在区科技馆举办。此次活动与全国科技周、北京科技周同步举行，由石景山区科委、石景山区委宣传部、石景山区卫健委、石景山区科协联合主办。活动重点展示科学技术对战胜新冠肺炎疫情的重要支撑作用和系列成果，展示科学普及在引导人民群众科学识疫、科学防疫中发挥的重要作用，展示科技创新对石景山区高质量发展的重要支撑作用，展示科技创新在全面建成小康社会、满足人民群众美好生活需要中的显著成效。活动受到区内各企事业单位、科技创新企业的大力支持，社区居民与中小学生也前来参观体验。此次启动仪式特别设置"抗疫一线动人故事讲演"环节，邀请援鄂一线企业专家及北京防疫一线的医师代表通过主题演讲的形式与观众互动。

（蔡真婷）

【2019年科技项目结题验收会召开】8月，石景山区科委召开2019年度科技项目结题验收会。共验收科技项目20个，按照社会发展类和经济发展类2个类别分成2组。来自北京大学、中国科学院大学、北京科技大学、北方工业大学、中国科学院软件研究所等科研院所的相关领域专家对项目分别进行评议。此次结题验收的20个项目共带动企业增加研发投入6 000余万元，产生专利、软件著作权等知识产权90余件。其中，北京猎户星空科技有限公司基于类脑神经网络芯片及深度学习的机器人已在大型商场、展馆、医疗机构等多应用场景落地，北京航宇荣康科技股份有限公司面向国产D级飞行模拟器的超大尺寸碳塑虚像显示系统制造技术已应用于舰载直升机模拟飞行训练中。

（盛丽霞　岳继华）

【国家高新技术企业规范化管理专题培训会召开】9月4日，石景山区科委组织召开国家高新技术企业规范化管理专题培训会。培训会采用线上形式，邀请国家高新技术企业申报辅导专家对国家高新技术企业申报审核新趋势、高新技术企业规范化管理等内容进行讲解。320人参加培训。

（崔　欣）

【全国科普日线上科普活动举办】9月21—25日，石景山区科委在区科技馆举办全国科普日线上科普活动。全区中小学生、军人军属、社会公众等千余人参与活动。活动围绕"弘扬科学精神，展现科学价值""助力疫情防控，推动健康科普""聚焦脱贫攻坚，决胜全面小康""加强科技志愿，彰显科技为民"4个方面展开，受到广大青少年及社区居民的喜爱。

（蔡真婷）

【"十四五"时期科学技术普及发展规划研讨会召开】9月23日，石景山区科委召开"十四五"时期科学技术普及发展规划研讨会，会议邀请中国科学院大学科普与科学传播专业教授、北京自然博物馆研究员、中国科学技术馆科普专家参与规划研讨。与会专家提出科普规划应体现3个"突出"：一是要突出时代特色，明确科普面临的形式，找准定位、发展思路及路径；二是要突出石景山特色，结合首钢冬季奥运会和科幻主题两大特色，将科学普及融入社会发展和人民生活；三是突出科普品牌，重点打造石景山区科普品牌效应，将科学普及与创新创意充分结合。

（蔡真婷）

【科幻产业政策专家研讨会召开】10月21日，石景山区科委在区科技馆召开《石景山区关于加快科幻产业发展暂行办法》专家研讨会，会议邀请北京电影学院动画学院、中国科学院大学人文学院、中国科普研究所等机构的专家学者，未来事务管理局、首都建设投资引导基金管理(北京)有限公司等企业的代表出席会议。专家对石景山区科幻产业发展方向及暂行办法内容进行研讨交流。

(王鹤乾)

**【民企参军专题培训开展】** 10 月，石景山区科委协同北京市军民科技协同创新平台组织开展民企参军专题培训。北京市军民科技协同创新平台是根据科技部和军委科技委的相关部署，由北京市科委和北京理工大学牵头建设的市级公共服务平台。通过为期 4 天的培训，为参加培训的 80 余家重点民营企业系统讲授国防科学技术研究、武器装备科研、科技成果转移转化等内容。

(崔　欣)

**【2020 中国科幻大会举办】** 11 月 1—2 日，2020 中国科幻大会在石景山区首钢园举办，大会由中国科协、北京市政府主办，石景山区政府、首钢集团等承办。大会开幕式上，中国科协与北京市政府签订了促进北京科幻产业发展战略合作协议。石景山区发布促进科幻产业发展的政策——“科幻 16 条”。“科幻 16 条”政策聚焦科幻产业关键技术、原创人才、场景建设三大关键要素，从 8 个方面给予鼓励和支持，促进科幻产业在石景山区为推动北京打造科幻领域具有世界影响力的中心城市，并为中国打造科幻领域的创造高地、开放高地、人才集聚和产业集群高地创造有利条件。

(王鹤乾)

**【创新政策培训会举办】** 11 月 12 日，首都科技条件平台石景山区工作站联合中国技术创业协会科技财税服务联盟举办“首都科技创新券、新形势下科技型企业专利布局策略培训会”。培训会针对小微企业和创业团队主体，对首都科技条件平台资源、创新券申领流程、专利维护与运营、补贴政策与专利保险等内容进行解读。培训会采用线上讲座形式，百余人参与。

(蔡真婷)

**【2020 年科技创新能力提升班举办】** 11 月 24—25 日，石景山区科委牵头组织举办 2020 年科技创新能力提升班。本次培训是落实市政府关于科幻产业发展的指示要求，加快推动科技创新、构建高精尖经济结构的方法与路径的需要和举措。邀请具有深厚理论功底和实践经验的领导、科学家、行业专家进行授课。全区各相关委办局、街道、国资公司、科研院所，以及重点科技企业的代表参加培训。

(耿　璐)

**【“科技服务季”专题活动开展】** 11 月，由石景山区科委、首都科技条件平台石景山区工作站主办的“科技服务季”专题活动开展。“科技服务季”活动以高新技术企业、科技中小企业、创业孵化机构等重点群体为服务对象，集中利用 3 个月时间，综合运用线上、线下渠道组织开展服务。包括政策宣讲、税务筹划、融资路演、人才交流等活动共 10 场，目的是提升重点群体精准化服务水平，为企业提供全方位多元化的科技服务，进一步优化营商环境，助力企业创新发展，推动科技资源高效对接。

(石桂莲)

**【科幻产业集聚区推进工作研讨会召开】** 12 月 17 日，石景山区科委主持召开科幻产业集聚区推进工作研讨会。中国科幻研究中心、中国科普研究所、中国科普作家协会、中国科学技术出版社等相关领域专家以及首钢、腾讯北京、虚拟动点、天图万境、未来事务管理局、微像文化、环球数码等企业代表参会。研讨会重点围绕科幻产业集聚区的下一步落实落地工作开展交流。会议达成共识：首钢园应抓住中国科幻大会平台优势，利用好首钢园工业遗存资源和 2022 冬奥元素，充分发挥石景山区在数字创意、虚拟现实等领域的产业优势，加快集聚区的工作建设，促进石景山区高精尖产业实现升级发展；为科幻人才做好服务，吸引科幻产业优质人才和潜在人才落户石景山区，重点推动科幻产业孵化器和科幻大师工作坊的落地工作，加快服务科幻企业和科幻人才，同步提供版权交易、人才公寓、医疗教育等一系列配套服务；营造科幻产业生态模式，梳理科幻产业链上下游，全面贯通内容创作、影视拍摄、后期制作、版权交易等重点环节，打造产业发展生态，吸引优质企业和行业资源落地。

(岳继华)

**【18 个项目获北京市科学技术奖提名】** 年内，石景山区 18 个项目获北京市科学技术奖提名。其中自然科学奖提名 1 个，技术发明奖提名 3 个，科学技术奖提名 14 个。获得提名的项目中，有 11 个企业项目，占比超过 60%。“基于视频特征指纹保护技术的影视作品全媒体推广平台研发与应用”是全区

支持的首个科幻项目成果;“疫情防控与复工复产大数据平台关键技术及应用”等 3 个服务于新冠肺炎疫情监测和人流预警的科技抗疫项目获得提名。

（崔海霞）

【驻区企业项目入选世界互联网领先科技成果】年内,2020 年世界互联网领先科技成果发布活动评选出 15 项国内外有代表性的领先科技成果,驻区企业中国电力科学研究院“疫情防控与复工复产大数据平台”项目入选科技抗疫专项发布成果。2020 年世界互联网领先科技成果发布活动由国家互联网信息办公室、浙江省人民政府主办,这是第 5 次面向全球举行世界互联网领先科技成果发布活动。

（岳继华）

# 门头沟区

【概述】门头沟区科学技术和信息化局(简称门头沟区科信局)是区政府工作部门,为正处级,行政编制 17 人。设局长 1 名,副局长 3 名。门头沟区科信局贯彻落实党中央、市委关于科技创新、工业、信息化等方面的方针政策、决策部署,以及区委有关工作要求,在履职过程中坚持和加强党对科技创新、工业、信息化的集中统一领导。

2020 年,门头沟区科信局启动应急保障机制确保全区网络通信畅通,进行新冠肺炎疫情防控组网络环境搭建,完成“千人战‘疫’”专项行动移动端建设,基于人口信令数据综合分析为新冠肺炎疫情防控提供数据。推荐北京精雕科技集团有限公司、北京量子金舟无纺技术有限公司申报新冠肺炎疫情防控重点保障企业,寻求防护物资供应渠道,筹集口罩、消毒液等。引进特色产品种植,培育农业优势产业,开展茶类培育研发,打造王平生态园和孟悟科技园,推进京白梨标准化生产,深化杨梅、草莓研究。在黄安村建设高效节水标准示范园,引入富硒蜂蜜技术,为南辛房村和桑峪村引种巴东洋芋,为清水镇引进优良茶叶品种。建设 5G 基站 324 个,城市管理网与社会服务网覆盖率达 100%,推进雪亮工程建设,智慧灯杆改造 1 020 基,敷设光纤 92 千米,无线 AP 345 个。依托政务云平台开展大数据利用,为政府管理和公共服务提供支撑,区政府门户网站实现“一网通查”。推进 2020 市科创中心任务建设,吸引高精尖项目落地,推进服务业扩大开放市级项目。2020 年,全区高新技术企业保有量达 479 家,高新技术企业申报分 4 批共 252 家,认定区级众创空间 1 家。全年技术合同登记 124 项,技术交易成交额 31.2 亿元,较上年增长 83.3%。卖方输出技术合同 106 项,技术交易成交额 19.3 亿元。门头沟区获评“创客北京 2020”优秀分赛区,3 家企业进入“创客北京 2020”150 强,刘华兴团队进入“创客中国 2020”200 强。

（苏宇声）

【2 家机构获“门头沟区众创空间”称号】3 月,门头沟区科信局联合门头沟区市场监管局、门头沟区税务局、石龙经济开发区管委会成立门头沟区众创空间管理联席会,并出台《门头沟区众创空间认定办法(试行)》。12 月,门头沟区众创空间管理联席会组织专家评审组对申请机构进行评估审核,授予中关村(京西)人工智能科技园·智能文创园、创新谷 2 家机构“门头沟区众创空间”称号。

（苏宇声）

【园区外高新技术企业火炬年报填报工作完成】4 月 30 日,门头沟区园区外高新技术企业火炬年报填报工作结束。填报统计结果显示:2019 年度,全区园区外高新技术企业火炬统计调查应参统企业 300 家,实际参统企业 280 家,填报率 93%。参统企业营业收入合计 126.19 亿元,实际缴税费总额合计 3.6 亿元,科研活动费用支出合计 9.01 亿元,营业收入超过 2 亿元以上企业 12 家。

（苏宇声）

【2019 年区科技项目验收】4 月,门头沟区科信局组织专家对 2019 年门头沟区科技专项进行验收。其中 4 个课题为农业新品种的引种试验示范。项目在门头沟区引进黑果花楸、油蟠桃、杨梅、鸡心果等新品种进行示范种植,区财政科技经费共支持 82 万元。2 个课题为新型气调库的建设及应用示范,在军庄镇孟悟村和永定镇北岭分别建设 40 吨新型气调保鲜库一座,可增加京白梨和樱桃保鲜时间,缓解销售压力,区财政科技经费共支持 80 万元。同时对“门头沟区西马各庄村美丽乡村智能民宿示范”课题进行验收。

(苏宇声)

【区内企业与北方工业大学研发实验服务基地对接】5 月 20 日,首都科技条件平台门头沟工作站组织门头沟区北京九仙草农业科技发展有限公司就名贵中药材有效成分提取的检验检测、中药材新品种引进及良种选育等技术难题和北方工业大学研发实验服务基地进行需求对接。基地专家针对公司的技术需求提出具体技术路线和实施方案。

(苏宇声)

【“百果山”科技支撑项目情况调研】5 月,门头沟区科信局到清水镇调研“百果山”科技支撑项目,实地察看食用百合、观赏白芍、鲜食大果枸杞、霍山米斛、岩青兰和红茶引种项目实施情况。在下清水村花谷引种药用和观赏白芍优良品种 14 个,种植 15 亩;在梁家铺村引种驯化岩青兰 16 亩,引种红茶 10 个新品种,定植 5 亩;在杜家庄村崇安沟建设 50 亩鲜食枸杞种植示范基地。面向各基层农业合作社,宣传科技创新券政策。针对农业合作社等小微企业的检测、引种等研发业务活动和科技创新资金需求,帮助其对接市级科技资源,申请首都科技创新券。

(苏宇声)

【市场办到门头沟区调研】6 月 4 日,北京技术市场管理办公室主任邓丽带队到门头沟区科信局进行调研。双方重点围绕市、区两级合力推动门头沟区技术市场发展进行交流。邓丽对 2020 年门头沟区技术合同交易额的考核指标提出要求,指出,门头沟区要进一步加大企业的服务力度,深入了解门头沟区技术合同交易额数量较大的企业,加强与这类企业联系并做好上门服务。

(苏宇声)

【“百家重点实验室进千家企业”对接会召开】6 月 11 日,首都科技条件平台门头沟工作站举办 2020 年“百家重点实验室进千家企业”线上视频对接会,会议以抗击新冠肺炎疫情、复工复产为主题。协办单位为北京工业大学研发实验服务基地、北京农学院研发实验服务基地、北方工业大学研发实验服务基地。北京九仙草农业科技发展有限公司、北京崇安沟种植专业合作社、北京农耆生态环境有限公司、北京杰控科技有限公司等 20 多家企业参会。对接会初步达成合作意向 4 项。

(苏宇声)

【5 个部门疫情防控通告向企业推送】6 月 14 日,市城市管理综合行政执法局、市住房和城乡建设委员会、市应急管理局、市市场监管局、市文化和旅游局 5 个部门发布《关于做好近期复工复产疫情防控工作的通告》,对复工复产及新冠肺炎疫情防控工作提出要求。门头沟区科信局第一时间通过短信、微信等形式将 5 个部门通告推送至区内制造业企业、高新技术企业、服务包企业以及移动、联通、电信、歌华 4 个运营商,合计推送企业 470 家次,涉及人员 14 896 人。

(苏宇声)

【高新技术企业年报填报工作完成】6 月 30 日,2019 年度门头沟区高新技术企业“年度发展情况报表”填报工作完成。门头沟区 479 家高新技术企业中,461 家企业完成报表提交,填报率 96.24%,优于北京市整体填报率。

(苏宇声)

【服务走访深山区企业和农村专业合作社】6 月,门头沟区科信局到门头沟深山区的企业和农村专业合作社进行服务走访,挖掘科技需求,协助解决技术难题。其间,与北京九仙草农业科技发展有限公司负责人就名贵中药材有效成分提取的检验检测、中药材新品种引进及良种选育、高效种植技术以及中药材精深加工开发研究等相关核心技术需求进行交流,与北京崇安沟种植专业合作社、北京阿芳嫂黄芩种植专业合作社针对茶叶的检测、岩青兰、黄芩的季节性管理及病虫害防治等技术难题提出的相关技术需求进行讨论。

(苏宇声)

【“创客北京 2020”大赛门头沟赛区赛事启动】7 月 7 日,由市经济和信息化局、市财政局指导,门头沟区科信局、门头沟区财政局、石龙经济开发区管委会主办,门头沟中小企业服务中心、德山 M – Lab 生物医药孵化器承办的 2020 年“创客中国”北京市中小企业创新创业大赛暨“创客北京 2020”创新创业大赛门头沟赛区比赛启动。门头沟区成立赛区组委会。赛事设窗口平台、区级两类，对应开展初赛、决赛，推选出优秀企业和创客团队参加市级赛。

（苏宇声）

**【高新技术企业申报政策培训会召开】** 7 月 15 日，门头沟区科信局联络协调市科委召开高新技术企业申报政策线上视频培训会。此次培训会为 2020 年度开展的第 4 次高新技术企业申报辅导。北京高技术创业服务中心专家围绕《高新技术企业认定管理办法》和《高新技术企业认定管理工作指引》，对高新技术企业政策背景、提交材料、申报条件、认定流程等进行讲解。百余家企业参会。

（苏宇声）

**【首都科技条件平台门头沟工作站到企业服务走访】** 7 月 27 日，首都科技条件平台门头沟工作站到熙容智能科技有限公司进行服务走访，挖掘企业科技需求，协助解决技术难题。首都科技条件平台门头沟工作站重点介绍了企业申请首都科技创新券具体条件、适用范围、申报流程及服务案例等，并就该企业需要与高校平台资源联手解决智慧城市部分细分领域的管理平台开发技术难题进行交流。

（苏宇声）

**【科技项目储备库入库征集论证工作开展】** 7 月 29 日，门头沟科信局完成 2021 年门头沟区科技项目征集、区科技项目储备库入库论证、课题经费预算评审等工作。从全区各相关单位公开征集的课题，经专家论证后列入科技项目储备库。本次项目征集共 21 个课题进行入库论证，申请区财政科技经费 661.0581 万元。

（苏宇声）

**【首都科技创新券政策培训会召开】** 8 月 5 日，门头沟区科信局召开线上培训会，解读首都科技创新券新政策。参会企业有北京智源创芯硬科技孵化器、北京九鼎图业科技有限公司、北京蜂珍科技开发有限公司、北京黑蚁兄弟科技有限公司等 17 家。培训会上，企业对如何加盟工作站及申请首都科技创新券具体条件、适用范围、申报流程、创新券的额度比例等相关问题与首都科技条件平台门头沟工作站工作人员进行沟通。

（苏宇声）

**【中关村门头沟科技园“政策微讲堂”举办】** 8 月 13 日，中关村门头沟科技园举办“政策微讲堂”，向园区 20 余家参会企业重点介绍首都科技条件平台能为小微企业和创业团队提供科技服务的 658 家重点实验室、33 家专业服务机构的基本概况。通过政策宣讲，首都科技条件平台门头沟工作站了解到企业的困难需求，并及时将政策快速准确传达给企业。驻区企业加深了对首都科技创新券的了解，提高了主动用好首都科技创新券等科技政策的意识。

（苏宇声）

**【“创客北京 2020”大赛门头沟赛区赛事落幕】** 8 月 19 日，2020 年“创客中国”北京市中小企业创新创业大赛暨“创客北京 2020”创新创业大赛门头沟赛区复赛及颁奖仪式在门头沟区德山大厦举办。10 个项目进入本次复赛，涵盖人工智能、大健康、绿色节能、文化创意、集成电路等高精尖产业领域，最终 8 个项目被推荐参加北京市决赛。中科视语（北京）科技有限公司获得门头沟赛区一等奖，另外还分别评选出二等奖 2 名、三等奖 3 名、优胜奖 4 名，并为优秀承办单位颁奖。

（苏宇声）

**【对科技项目实施现场督导】** 8—9 月，门头沟区科信局组织专家对 2020 年门头沟区科技项目实施进行中期现场督导。8 月 26 日，对“鲜食大果枸杞新品种引种筛选和示范”“欧李新品种种植推广示范”“北京灵山地区岩青兰的引种驯化栽培基地建设”“红茶树种引种和培育、研发试制和加工红茶示范”“霍山米斛引种推广与示范”“食用百合种植示范推广”6 个课题进行现场督导。9 月 16 日，对“杏梅良种引进与栽培技术研究示范”“门头沟区林下白芍优良品种筛选研究与示范”“黄芩红茶——金山红的研发试制与加工示范”“北京山地油蟠桃新品种的嫁接推广与示范”“雁翅镇苹果新品种引种推广与示范”5 个课题进行现场督导。

（苏宇声）

**【区内企业入选“创客北京 2020”大赛 150 强】** 9 月 11 日，2020 年“创客中国”北京市中小企业创新创业大赛暨“创客北京 2020”创新创业大赛 150 强项目（企业组 100 强、创客组 50 强）产生。门头沟区的中科视语（北京）科技有限公司（项目名称：Mars - 全息智能化城市解决方案）、北京瑞途科技有限公司（项目名称：智能巡检机器人）进入企业组 100 强。创客组刘华兴团队（项目名称：北斗三期四模 5G 十一频卫星导航 SOC 芯片产业化项目）进入创客组 50 强，同时该项目进入“创客中国”中小企业创新创业大赛200强。

（苏宇声）

【市科委现场考评农业科技园区】 10月12日，市科委农村发展中心对门头沟区申报国家级农业科技园区的北京市农业科技园区进行现场考察评审。市科委领导和专家组对7家申报园区建设情况与环境、产业基础、创新创业基础、管理体系建设和人文生态建设等情况进行了现场考察。专家组就园区汇报开展质询和讨论，对园区整体进行打分、做出评价，并提出下一步发展的意见建议。

（苏宇声）

【科技资源对接暨技术合同登记业务培训开展】 10月21日，门头沟区科信局特邀北京市技术市场管理办公室相关专家及首都科技条件平台北科院研发实验服务基地相关专家开展门头沟区科技资源对接暨技术合同登记业务培训会，帮助科技企业了解技术合同登记相关政策，提高企业对技术合同登记的效率，推动产学研合作发展。

（苏宇声）

【科技项目相关管理办法编制完成】 11月，门头沟区科信局组织编制完成《门头沟区科技项目（课题）储备库管理办法（试行）》和《门头沟区科技项目专家咨询费管理办法》。

（苏宇声）

【市场办到门头沟区调研】 12月16日，北京技术市场管理办公室副主任王磊带队到门头沟区科信局就2020年技术合同认定登记工作开展情况进行调研。双方重点围绕市、区两级如何合力推动门头沟区技术市场稳定、可持续发展等内容进行交流，针对2020年门头沟区的技术交易情况进行对比分析，提出门头沟区技术合同认定工作可与高新技术企业认定工作相结合的建议，并就门头沟区2021年技术合同交易额目标进行商讨。

（苏宇声）

【15家企业参加“百进千”对接会】 12月16日，首都科技条件平台门头沟工作站在石龙创新大厦举办2021年“百家重点实验室进千家企业”对接会。协办单位为首都科技条件平台北京市科学技术研究院研发实验服务基地、中国科学院研发实验服务基地、工业设计领域中心。北京中仪讯联科技有限公司、北京碧福生环保工程设备有限公司、北京七芯中创科技有限公司等15家企业参会。

（苏宇声）

【农业新品种杏梅引进】 年内，门头沟区科信局投入区科技资金20万元，在潭柘寺镇赵家台村引进适宜本地生长的苍山杏梅、黄金杏梅、阜城杏梅3个优良新品种。采用苗木嫁接培育的方式完成杏梅嫁接工作，建立实验示范基地15亩。

（苏宇声）

【疫情期间通信保障服务工作开展】 年内，门头沟区科信局成立专项保障小组，重点做好全区网络设备运行状况监控，严格执行24小时专人值班制度。每天进行政务网络安全巡检和维护。1月29日，完成门头沟区新冠肺炎疫情防控工作领导小组办公室政务网络环境搭建任务。2月1日，为门头沟区卫健委提供应急通信设备。2月5日，为门头沟区委组织部网络平台提供技术支撑。协调各运营商对覆盖区卫生医疗、应急管理等重点单位的通信基站进行重点监控、优化，确保新冠肺炎疫情防控期间网络通信畅通。雁翅中小学素质教育基地被指定为门头沟区新冠肺炎隔离定点区域后，门头沟区科信局沟通协调歌华集团门头沟分公司勘查现场确定施工方案，抽调6名网格经理设备施工，共计开通有线电视62端，安装机顶盒51台。

（苏宇声）

【疫情期间工业企业复产推进工作开展】 年内，门头沟区科信局在指导企业开展科学防控新冠肺炎疫情的同时，多措并举推动区内规模以上工业企业稳步有序恢复正常生产。对门头沟区四大运营商、高新技术企业、制造业责任台账内的66家企业开展全覆盖走访指导工作，完善疫情防控预案，加强疫情防控人员培训，配合企业做好疫情防控各项工作。将北京南丁格尔科技发展有限公司津冀外协工厂无法复产的情况及时上报至市、区相关部门，协调相关部门推进企业复产工作。向联通、移动、电信、歌华赠送口罩1 800只、消毒液100升；向北京精雕科技集团有限公司、北京利德衡环保工程有限公司等15家企业赠送口罩3 120只、消毒液280升。

（苏宇声）

【2020年高新技术企业受理工作完成】 年内，2020年度高新技术企业受理工作进行4批次，共收到报送企业252家，首次申报企业160家，占比63.49%。高新技术八大领域均有涉及。其中电子信息109家，占比43.25%；高技术服务71家，占比28.17%；先进制造与自动化28家，占比11.11%；资源与环境17

家，占比6.75%；新能源与节能15家，占比5.95%；生物与新医药7家，占比2.78%；新材料3家，占比1.19%；航空航天2家，占比0.79%。截至年底，全区高新技术企业保有量达479家。

（苏宇声）

【惠企政策落实工作开展】年内，门头沟区科信局通过对区内企业进行走访、电话沟通、惠普政策宣贯等形式，了解驻区企业现状，针对惠企政策落实找出问题。建议做好惠企政策的精准解读，加大解读宣讲力度，对各项惠企政策从适用范围、办理流程、所需资料、对口部门等方面进行细化，多部门联合针对单个企业找准适合的所有优惠政策，从多个方面进行量身定制，让尽可能多的企业获得政府提供的精准化、个性化政策扶持，做到应享尽享。优化人才服务，创造引才用才优良环境。

（苏宇声）

【11项农业科技新品种引进】年内，门头沟区科信局以生态保护为前提，大力引进特色产品种植，助力建设富民增收“百果山”，服务“民宿＋”，当好“两山”理论守护人。已完成11项新品种引进、开发课题的申报、审核、专家论证。其中果品类课题6项，包含山地油蟠桃、欧李、食用百合、鲜食大果枸杞、杏梅和苹果，共170余亩；茶叶类课题3项，包含岩青兰驯化和大红袍引种近20亩，开发黄芩红茶新产品；中药材类课题2项，包含霍山米斛和白芍超过30亩。11项新品种引进、开发课题经费共计310.39万元。

（苏宇声）

【藜麦引种推广及深加工技术项目实施】年内，门头沟区科信局开展实施“深山区藜麦引种推广及深加工技术研究与示范”项目，在清水镇下清水村、杜家庄、小龙门村等地建立328亩藜麦种植示范基地，研制开发出一种具有改善代谢综合功效的藜麦功能专用粉新产品。项目还建设了一条目前北京地区唯一的藜麦功能专用粉和深加工示范生产线，为延庆区等地收获的上万斤藜麦进行深加工，带动北京地区藜麦种植产业发展。

（苏宇声）

【杨梅引种栽培成功】年内，门头沟区科信局在王平基地引种的杨梅成活率达到100%。杨梅果实品质对比分析表明，王平基地采收的杨梅果实完全能够达到食用要求，有些指标还优于对照杨梅，说明杨梅在北方农业设施保护地栽培条件下能够达到规模化生产的要求，为亚热带优质水果北移开辟了新途径。

（苏宇声）

【唐菖蒲引种成功】年内，针对门头沟区精品民宿和高效景观农业发展的科技需求，门头沟区科信局在王平综合示范基地引种红色、粉色、紫色、黄色、绿色和复合色6个不同花色的唐菖蒲品种。播种种球18 000粒，其中露地栽植400平方米，约11 000粒种球；盆栽栽植1 680盆，约7 000粒种球。露地和盆栽的6个品种唐菖蒲出苗率均达到95%以上。通过相关栽培管理技术手段应用，调控其盛花期时间，达到理想的示范效果。

（苏宇声）

【茶叶引种和加工研究项目实施】年内，门头沟区科信局开展“茶叶引种和加工研究示范”项目和“红茶树种引种和培育、研发试制和加工红茶示范”项目。先后从浙江省金华市和福建省武夷山市引入15个茶树品种5万余株茶苗，在清水镇下清水村示范种植约20亩，筛选出适宜门头沟区推广应用的优良茶叶品种4个。编制《门头沟地区茶叶引种栽培技术规范》。项目配套购置相关茶叶加工设备，联合北京阿芳嫂黄芩种植专业合作社，在清水镇上清水村建设一条红茶加工生产线，制作加工出10个品种茶叶产品。研究建立适合推广应用的、经济可行的茶苗越冬防护技术模式。

（苏宇声）

【农业新品种引进项目实施】年内，门头沟区科信局通过农业新品种引进项目的实施，推动农业产业技术升级，培育区域农业优势产业。在改良果树方面，主要引进杨梅、奇异果、油蟠桃、中华甜樱、树莓、鸡心果、藜麦、米拉洋芋等新品种；在茶类培育研发方面，主要引进武夷山大红袍，驯化本地岩青兰，研发黄芩红茶、岩青兰茶等茶类新产品；在丰富药用保健植物方面，主要引进抗癌蔬菜、药用白芍、霍山米斛、鲜食大果枸杞、食用百合、黑果花楸等新品种；在观赏植物景观提升方面，主要引进唐菖蒲、观赏白芍、凌霄花等新品种；在本地品种引种改良方面，主要驯化本地野生猕猴桃、苹果、京白梨、杏、欧李、文冠果等品种。

（苏宇声）

【米拉洋芋种植项目实施】年内，门头沟区科信局实施“门头沟区米拉洋芋引种与生态种植技术示范研究”项目。3月，从湖北省恩施州巴东县引进优良洋芋品种“米拉”脱毒原种10吨，配套引进大垄双行覆膜栽培技术，在潭柘寺镇南辛房和桑峪村等低收入村示范种植60亩。门头沟区科信局联合中国农业大学富硒农业技术研究团队，引进富硒技术和产品，生产出富硒抗癌优质米拉洋芋产品。米拉洋芋生长性状在门头沟区表现优良，出苗率在95%以上，平均亩产1 250千克。

（苏宇声）

**【“基于北斗景区安全及配套设施关键技术研究与示范”项目通过验收】** 年内，“基于北斗景区安全及配套设施关键技术研究与示范”项目通过验收。项目投入资金900万元，围绕京西生态特色历史文化旅游休闲区主题，针对休闲旅游产业发展中景区安全监管及配套设施建设等技术短板，研制了基于北斗组合导航的智慧旅游系统、终端设备和预制装配式临时设施等，有效支撑门头沟休闲旅游产业发展，为北京市可持续发展实验区提供理论和实践支撑。

（苏宇声）

# 房山区

**【概述】** 房山区科学技术委员会（简称房山区科委）是负责贯彻落实中央、市委关于科技工作的方针政策、决策部署，以及区委有关工作要求的区政府工作部门。内设办公室、科技管理科、科技服务科、引进与合作科4个部门。下设房山区科委科技创新促进中心1个科级事业单位。行政编制15人，实有13人；事业编制10人，实有12人。

2020年，房山区新发展国家高新技术企业287家，全区国家高新技术企业总量达到828家，同比增长15.6%；技术市场交易持续活跃，实现技术合同成交额11.5亿元，同比增长21.05%；全区专利授权量3 185件，其中发明专利421件、实用新型专利1 951件、外观设计专利813件。房山区科委联合房山区财政局共同组织实施2020年区级科技计划专项落实工作，总计支持立项24项课题，拨付财政科技专项资金1 310万元。全面系统评估房山区“十三五”时期科技发展规划实施情况，编制完成《“十四五”时期房山区科技创新转型发展战略研究》和《房山区“十四五”时期科技创新发展规划》（初稿）。年内，房山区有4家企业获批北京市级企业科技研究开发机构；举办以“科技金融新时代 创新发展新房山”为主题的房山区科技企业融资能力提升暨科技金融路演对接系列活动7场，服务区内科技型企业150余家；开展科技创新政策线上宣讲培训系列活动之抗疫政策解读，直播17场，录播6场，累计观看人数达12 823人次。

（李博伦）

**【“十四五”时期科技创新发展规划编制完成】** 2月19日，房山区政府印发《房山区“十四五”规划编制工作方案》，房山区科委按照工作方案要求，完成《房山区“十三五”时期科技发展规划评估报告》《“十四五”时期房山区科技创新转型发展战略研究》及《“十四五”时期房山区科技创新发展规划》（初稿）的编制工作。

（王文伟　李奕响）

**【疫情期间开展企业调研工作】** 2—3月，房山区科委领导先后到北京八亿时空液晶科技股份有限公司、碳能科技（北京）有限公司、北京远大九和药业有限公司、中细软集团有限公司、太和康美（北京）中医研究院有限公司、北京周氏时珍堂药业有限公司、北京泰格科信生物科技有限公司等20余家科技企业走访调研。调研过程中详细了解企业新冠肺炎疫情防控主体责任落实情况及复工复产保障方面存在的困难和问题，并为企业送去《新型冠状病毒感染肺炎期间集体单位外来务工人员防控指引》，宣传国家、市、区有关政策及措施，就下一步工作进行沟通交流。强调各有关企业要在确保安全稳定的前提下有序复工，减少新冠肺炎疫情带来的经济损失。

（王文伟　李奕响）

**【无人机森林防火项目入选北京市应用场景建设项目】** 7 月 30 日，市政府发布北京市第二批 30 项应用场景建设项目，房山区推荐的无人机森林防火项目入选。该项目聚焦森林防火人工救援物资补给困难、传统灭火手段效率低下等痛点问题，采用火场边缘点测绘、红外线探测及无人机等技术，推动无人直升机携弹参与森林灭火工作，实现火场灾情侦测森林防火监测、火场辅助灭火以及人员辅助救援等效果，有效提高北京市森林防灭火预警监测效率和救援行动的保障效率，提高空中灭火的能力。

（徐璐璐）

**【2020 京津冀石墨烯大会在房山区召开】** 11 月 4 日，第四届京津冀石墨烯大会——2020 京津冀石墨烯大会暨产业领袖峰会在房山区燕山文化活动中心召开。大会以"烯材时代・浓墨重彩"为主题，来自政府部门、科研院所、各省（市）石墨烯产业创新中心、石墨烯各应用领域产业链的代表约 400 人参会。大会现场发布了全球首个基于大数据的石墨烯创新发展指数，北京石墨烯产业创新中心种子孵化器启用，北京金烯科技有限公司、北京烯裕科技有限公司等 5 家企业率先入驻。中国科学院院士成会明、李玉良分别发表题为《先进碳材料概述与石墨烯材料进展》《二维石墨炔研究：回顾与进展》的主旨演讲。北京首创纳米科技有限公司等 3 家企业与北京航空航天新材料产业集群项目签约，北京京能科技有限公司等 3 家企业与氢能产业平台完成项目签约。

（李增晖　李奕响）

**【2020 北京国际金融安全论坛在房山区举行】** 11 月 26—27 日，由房山区政府主办，中国互联网金融协会、中国网络空间安全协会担任指导的 2020 北京国际金融安全论坛在房山区北京金融安全示范产业园举办。金融监管部门、金融机构、金融科技公司等多方代表围绕"新金融、新基建、新安全"主题就金融安全问题进行了深入研讨。市政府副秘书长张劲松，全国政协常委、北京大学新结构经济学研究院院长林毅夫，中国互联网金融协会会长李东荣，房山区区长郭延红参加论坛。

（房山信息网）

**【房山区打造营科环境联合议政会召开】** 12 月 1 日，房山区政协与房山区委统战部举办"打造营科环境　推动创新引领战略实施"联合议政会，邀请各界政协委员、民主党派、工商联、知联会代表，驻区高校有关负责人，科研单位、双创机构、高科技企业代表，围绕主题建言议政。会上，房山区政协介绍协商议题推进情况，房山区科委通报房山区打造营科环境的有关情况，课题组成员和驻区高校、科研单位等代表进行发言。会议旨在通过打造营科环境，把重要意见建议及时转化为政协提案，发挥好协商议政成果作用，为打造良好营科环境、推动创新引领战略实施贡献政协智慧和力量。

（李奕响）

**【房山区 5G 自动驾驶运营示范及智能网联汽车检验检测服务平台发布】** 12 月 4 日，由房山区政府、中国移动通信集团北京有限公司、中关村发展集团股份有限公司、襄阳达安汽车检测中心有限公司主办，北京高端制造业基地管理委员会、北京中关村前沿技术产业发展有限公司等 5 家单位共同承办的 5G 自动驾驶运营示范及智能网联汽车检验检测服务平台发布会暨重点项目签约仪式在中关村新兴产业前沿技术研究院国际会议中心举办。

（孙晓萌　李奕响）

**【111 家中小微高新技术企业获稳岗就业补贴】** 年内，为应对新冠肺炎疫情对重点行业中小微企业造成的影响，按照市、区有关文件要求，房山区科委向全区科技创新领域高新技术企业宣传以训稳岗政策，累计推荐 5 批 227 家企业申请资金补贴，最终有 111 家企业获得以训稳岗补贴资金支持，共计 287.11 万元。

（王　勇　张　潇）

**【北京科创中心建设工作任务落实】** 年内，房山区科委完成房山区承担的北京科技创新中心建设 1 项工作任务、7 项重点项目及北京科技创新中心 2021 年重点任务/项目征集工作。完成市科委推进的"科创 30 条"政策落实相关工作，形成房山区《"科创 30 条"落实方案细化表》6 项工作任务，制定 2020—2021 年各项任务完成目标和推进措施。

（王文伟　李奕响）

**【房山区 R&D 资源统计调查及统计分析工作完成】** 年内，房山区科委组织开展房山区研究与试验发展（R&D）资源调查及统计分析工作，以科学掌握房山区 R&D 资源总体规模和发展水平。经过课题组调查分析，2019 年房山区 R&D 经费实际投入强度达到3.02%。房山区领导和相关主管单位对调查结果给予了肯定，R&D资源调查工作任务完成。

（王文伟　李奕响）

**【2020年科技计划课题立项工作开展】** 年内，房山区科委组织实施2020年科技计划课题立项工作。围绕高端制造、新材料、医药健康领域的核心技术攻关和产业共性技术研发，市政府下达到区政府的折子工程、重点工作任务，以及区政府中心工作任务，通过公开征集与定向征集相结合的方式，立项支持24个计划课题，拨付支持经费1 310万元，可带动课题实施单位研发投入12 239万元；预计形成新技术、新产品、新设备44项；新增专利60件；新增应用场景5个。

（王文伟　李奕响）

**【驻区央企服务保障工作开展】** 年内，房山区科委与7家驻区央企对接沟通，了解企业在产品检测分析、科技、环保、税收、社保方面的相关政策引导和资金支持等需求，并及时帮助协调解决。协调组织清华大学、北京大学等8所高校院所，先后开展12场线上、线下科技需求对接活动。支持帮助中国石油化工股份有限公司北京北化院燕山分院、中石化催化剂（北京）有限公司2家驻区央企进行技术合同认定登记61份，成交额达4.65亿元。利用2020年区级科技计划专项，择优支持中铁十四局集团房桥有限公司实施1项科研课题，支持科技经费40万元。落实《房山区关于支持构建高精尖经济结构的实施意见》，对中煤（北京）印务有限公司、中铁十四局集团有限公司、北电力设备总厂、中国原子能科学研究院4家驻区央企54个事项给予58万元科技创新专项资金支持。

（王文伟　王　勇　李晓明　李奕响）

**【燕山石化冬奥氢气新能源保供项目建成投运】** 年内，中国石化与2022年北京冬奥会官方战略合作项目——燕山石化北京冬奥会氢气新能源保供项目建成投运，包括新建一套2 000立方米/时的氢气提纯装置，新建配套氢气装车设施，并对现有电气、仪表系统进行配套适应性改造。该项目于2019年10月开工建设，2019年12月31日现场施工结束。2020年1月2日，该项目工程中间交接仪式举行。3月26日，该项目新建2 000立方米/时氢气提纯装置开始试生产，并于3月27日产出氢气。7月，燕山石化与北汽集团战略合作框架协议签约仪式在北京汽车产业研发基地举行。12月，燕山石化电池氢气首车出厂。燕山石化氢气新能源装置已实现从生产平稳运行到产品出场的全流程贯通。

（李增晖）

**【4家企业获批北京市企业科技研究开发机构】** 年内，房山区4家企业获批北京市企业科技研究开发机构，分别为能科科技股份有限公司、北京中资燕京汽车有限公司、北京天拓数信科技有限责任公司、北京卫蓝新能源科技有限公司。

（李晓明）

**【44家企业获批141项“北京市新技术新产品（服务）”】** 年内，房山区44家企业获批141项“北京市新技术新产品（服务）”，包括驭势科技（北京）有限公司、基康仪器股份有限公司、太和康美（北京）中医研究院有限公司、北京北达智汇微构分析测试中心有限公司等。

（李晓明）

**【房山区科技企业融资能力提升暨科技金融路演对接系列活动举办】** 年内，房山区科委、首都科技条件平台房山工作站、房山区高新技术企业协会协调组织专业科技服务机构，举办房山区科技企业融资能力提升暨科技金融路演对接系活动7场。活动聚焦重点园区、产业和企业的融资需求，以“科技金融新时代　创新发展新房山”为主题，服务区内科技型企业150余家。

（李晓明）

**【组织开展抗疫政策解读活动】** 年内，房山区科委、首都科技条件平台房山工作站、房山区高新技术企业协会采用直播、录播、一对一辅导等线上方式，协调组织专业科技服务机构，围绕首都科技条件平台及创新券、国家高新技术企业认定、援企稳岗补贴等政策文件，开展科技创新政策线上宣讲培训系列活动之抗疫政策解读，共组织直播活动17场、录播活动6场，累计观看、回看量达12 823人次。通过政策宣传帮助企业坚定发展信心，引导企业用活用好相关政策，争取相关支持。

（李晓明）

# 通州区

【概述】通州区科学技术委员会（简称通州区科委）是负责通州区科技工作的政府工作部门。内设办公室（党建科）、综合科（法制科、北京市通州区科学技术市场管理办公室）。机关行政编制为13人，设主任1名，副主任2名。

2020年，通州区科委紧紧围绕全国科技创新中心和北京城市副中心定位，聚焦实施创新驱动发展战略，全面深化科技体制改革，不断优化营商环境，打造创新创业优良生态，科技服务质量明显提高，技术创新能力显著提升，科技对经济社会发展的支撑引领作用持续增强。国家级创新创业特色载体成功落地。围绕新型冠状病毒防疫抗疫研究方向和生物医药科技创新，立项实施科技计划项目31项。全区高新技术企业保有量达到1 040家。技术合同成交总额达到379.1亿元，同比增长77.5%。首都科技条件平台通州工作站成员单位保有量191家。经市级认定的重点实验室、工程（技术）研究中心、科技研究开发机构等创新平台增至48家；国家级、市级、区级众创空间达到24家。

（郇奇洋）

【首批城市副中心应用场景项目发布】7月30日，通州区副区长苏国斌出席北京市新场景发布会，发布首批城市副中心应用场景项目6项，总投资额超过3.8亿元，分别是“智慧平安小区”“智能＋智慧绿心”“智能＋智慧社区”“台湖演艺小镇三维数字空间中心”“张家湾设计小镇创新中心智慧园区”“张家湾智慧未来设计园区”。项目重点聚焦产业发展、城市管理、民生服务等领域和张家湾设计小镇、城市绿心等区域。

（毕　铮）

【2020年通州区科技周活动开展】8月23日，2020年通州区科技活动周在九棵树文化产业园区启动。市科委二级巡视员王建新、通州区副区长苏国斌出席启动仪式。本届科技周活动采用线下、线上相结合的方式，在线上对科技创新成果进行展览展示，同时组织线上直播、线上讲座、户外科学探秘等科普惠民系列活动共计29场。中仓街道西上园社区分会场、于家务乡北辛店村分会场、云游湿地户外科普行分会场、文旺阁科普基地分会场等6个分会场与主会场启动仪式同步推进，通过视频连线，主会场观看了分会场举办的“垃圾分类我先行”主题科普活动、“疫情防护　关爱你我”科普讲座活动、空气炮线互动科学实验活动、“古桥密码”主题科普活动、云游湿地户外科普直播活动、线上科学实验秀6场精彩的活动实况。

（毕　铮）

【城市副中心智慧交通综合管理平台项目发布】10月13日，市科委和通州区政府联合发布智慧交通领域应用场景项目——城市副中心智慧交通综合管理平台。通过本场景牵引带动作用，推动公共数据开放，打造城市副中心交通管理智能化体系建设和出行服务质量提升示范应用场景。探索大数据优化交通综合治理的新路径，为培育数字经济新生态提供“新引擎”。

（毕　铮）

【国家级创新创业特色载体落地】年内，在市科委、中关村通州园支持下，通州区科委申报科技部等三部委中小企业创新创业升级特色载体项目，推动中关村通州园获批国家级中小企业创新创业升级特色载体。

（毕　铮）

【应用场景建设】年内，通州区科委与市科委联合制定《北京城市副中心加快新场景建设行动方案（2021—2023年）》，经区委常委会审议，方案包含三大类12项重点场景35项重点任务。研究制定“智慧大运河（通州段）”“数字城市绿心”等8个重点应用场景工作方案，收集应用场景重点任务34项，需求70项。

（毕　铮）

【科技创新工作开展】 年内,通州区科委围绕防疫形势,加强科技支撑引领作用,围绕"新型冠状病毒"防疫抗疫研究方向和生物医药科技创新,共立项实施科技计划项目31项。

(毕 铮)

【科技创新人才队伍建设】 年内,通州区科委开展通州区海外高层次人才引进计划(简称"灯塔计划")和通州区高层次人才发展支持计划(简称"运河计划")科技领军人才在岗人员的核查和专项资金监管,发放年度扶持资金1 130万元,促进科技领军人才的培养和发展。

(康连元)

【科技政策法规宣传培训】 年内,通州区科委利用线上、线下相结合的方式,广泛开展科技政策法规宣传、培训,组织科技政策培训10次,参训人员650余人次。培训内容主要包括科技创新支持、高新技术企业认定、技术合同认定登记、众创空间发展等方面政策法规。

(司雨杰)

【高新技术企业认定工作开展】 年内,通州区科委开展辅导高新技术企业认定申报4批,共534家企业申报,同比增长41%。截至年底,通州区高新技术企业保有量达到1 040家。

(温兴茂)

【首都科技条件平台通州工作站建设】 年内,首都科技条件平台通州工作站推进"一站多点"服务站建设,发展了2个服务点。组织举办首都科技条件平台通州工作站"百家重点实验室进千家企业"对接活动2次,组织开展线上科技政策宣讲会5次,征集企业科技需求70余项,新增成员单位30家,新增科技人才20名,促成高校科技成果落地通州24项。组织辅导区内5家企业申请首都科技创新券,申请并兑现创新券资金4.5万元。

(闫 实)

【创新创业平台建设】 年内,通州区经市级认定的重点实验室、工程(技术)研究中心、科技研究开发机构等创新平台增至48家;国家、市、区级众创空间达到24家;实施通州区扶持高层次人才创新创业平台专项,立项支持9项,支持资金410万元。

(康连元)

【通宝唐区域协同创新工作开展】 年内,通州区科委组织召开通宝唐(北京市通州区、天津市宝坻区、河北省唐山市)协同创新工作联席会,联合组织通宝唐科技企业家"北领online"线上培训,三地各50名科技企业家参加培训;开展"走进北大,看机器人在先进制造业中的应用""走进中关村"交流学习活动,三地联合举办通宝唐企业家"走进中科院"专题研修班,编制《通宝唐区域创新平台共享共用目录》,三地共33家平台载体纳入《通宝唐区域创新平台共享共用目录》;编制《通宝唐科技政策法规汇编》,推进互学互鉴。

(康连元)

【技术合同认定登记】 年内,通州区科委深入企业有针对性地开展技术合同登记培训和一对一服务指导,提供专业化、全流程、高效率的登记服务。全区年度技术合同成交额共计379.1亿元,同比增长77.5%,超额完成年度市级考核绩效任务。

(耿大乐)

【科普工作开展】 年内,通州区科委围绕资源建设、线上活动组织策划,优化科普传播渠道,构建区级线上与线下相结合的科普传播体系的核心思路,共立项26项。依托文旺阁木作博物馆开展榫卯结构、犁的力学性能,屋顶的科学原理等科普内容开发,开展燃灯佛舍利塔探秘活动;依托通州区丰富的水资源,设计云科学课、湿地讲堂直播,源头岛、小中河、温榆河、北运河、通惠河5条路线开展现场讲解和湿地体验;依托大运河森林公园,组织开展森林探秘之旅科普系列活动。

(毕 铮)

# 昌平区

【概述】昌平区科学技术委员会(简称昌平区科委)是负责昌平区科技工作的区政府工作部门。内设办公室、科技发展与合作科、综合管理科。设正科级财政补助事业单位 2 个。机关行政编制 15 人,设主任 1 名、副主任 3 名。

2020 年,昌平区科委会明确提出"科技政策精准解读,科技企业精准服务,科技项目精准对接,科技资金精准扶持,科技资源精准盘活,科技成果精准落地"的工作思路,扎实推进各项科技工作,切实发挥对全区科技工作的"支撑、引领、保障"作用。年内,累计受理高新技术企业申报 887 家,昌平区高新技术企业保有量 2020 家,同比增长 3.38%,在全市占比 7%,全市排名第三。高新技术企业行业集中度持续提升,电子信息(795 家)、高技术服务(335 家)、先进制造与自动化(250 家)、生物医药(245 家)及资源与环境(145 家),五大领域共 1770 家,占比 87.6%。昌平区技术合同成交金额 145 亿元,同比增长 14.17%。全区入库科技型中小企业 524 家。

(朱　迪)

【卓诚惠生公司新冠病毒检测试剂盒研发成功】2 月,卓诚惠生公司成功研发出北京市首个新冠病毒检测试剂盒,并获批上市。5 月,试剂盒被列入世界卫生组织应急使用清单。

(薛薇薇)

【昌平区科普统计工作开展】6 月 8 日—7 月 10 日,昌平区科委组织开展 2019 年度昌平区科普统计调查工作。年内,共完成各委、办、局、各镇(街)、各学校、各市级科普基地等 81 家单位的录入工作。

(何龙弟)

【首都科技条件平台"百进千"活动举办】6 月 29 日,昌平区科委组织召开 2020 年度首都科技条件平台"百进千"线上对接活动。中国科学院实验基地、北京工业大学实验基地、北京农学院实验基地及 40 余家企业代表共计 50 人参加活动。

(朱博义)

【科兴新型冠状病毒灭活疫苗获批紧急使用】6 月,位于昌平区的北京科兴中维生物技术有限公司研制新型冠状病毒灭活疫苗获批作为国家紧急使用疫苗。7 月,科兴疫苗在北京开始紧急使用。

(薛薇薇)

【北京科技周昌平分会场活动举办】8 月 23 日,"科技创新　共享未来"2020 年北京科技周昌平分会场启动式在昌平区融媒体中心演播厅举办。活动由昌平区政府主办,昌平区科委、昌平区科协、昌平区融媒体中心承办。活动时间为期一周,至 8 月 29 日结束。推荐 10 家企业入选北京科技周云展厅,主题日 16 场线上直播节目全部入选北京科技周直播间节目,占北京科技周直播节目的 48.5%,集中推广、展示昌平区内尖端科技 13 项。网络点击量超过 400 万次,占全市点击量近一半。北京电视台"北京时间"APP、《北京日报》客户端"北京号"、《人民日报》客户端"人民号"、学习强国平台等多家中央级、市级媒体也多次报道。

(何龙弟)

【鼻喷流感病毒载体新冠病毒疫苗获临床批件】8 月,北京万泰联合厦门大学和香港大学共同研发的鼻喷流感病毒载体新冠病毒疫苗获得临床批件,进入Ⅰ期临床试验阶段。

(薛薇薇)

【丹序生物新冠病毒中和抗体注射液获批开展临床试验】9 月,丹序生物首款产品新冠病毒中和抗体 DXP593 注射液获批开展临床试验。并再次突破性发现另一中和抗体可与 DXP593 配对成鸡尾酒疗法应对病毒株突变情况。

(薛薇薇)

【昌平区科委科技顾问聘任】11 月 11 日,昌平区科委科技顾问聘任大会在昌平区凤山温泉度假村举行。此次聘任的 20 位科技顾问均为驻昌高等院校、科研机构的科技负责人,其中有院士 2 名、政府特殊津贴 2 名、长江学者 3 名,包括北京航空航天大学常务副校长、中国科学院院士房建成,中国石油大学(北京)副校长、中国工程院院士李根生。昌平区副区长张念木出席大会,并为受聘顾问颁发聘书。

(刘　佳)

【高新技术企业专场培训举办】年内,昌平区科委组织高新技术企业专场培训19场,首次尝试采用线上方式培训,参加培训的人数达1 800余人次。其中线上培训4场,线下培训15场。

(张　娜)

【技术合同登记机构整合】年内,昌平区进行技术合同登记机构整合工作,优化原昌平区科委技术合同登记处、昌平园技术合同登记处2家技术合同登记机构,增设1处技术合同登记机构。增设的机构由昌平区科委统一归口管理并重新选址布局。设立昌平区科委技术合同登记处中关村昌平园分部、未来城生命谷分部、未来城能源谷分部,实现昌平区创新主体的技术合同登记业务全覆盖。

(潘巧福　朱　迪)

【昌平区孵化机构概况】年内,昌平区有区级以上各类孵化器、大学科技园、众创空间共63家,孵化空间面积超过150万平方米,在孵企业数量突破4 000家,其中国家高新技术企业696家、中关村高新技术企业1 525家。骏-IP-HUB、中粮营养健康科学园、亿鼎科技3家孵化机构通过科技部2020年度拟备案国家众创空间公示。昌平区为11家非国有产权孵化机构落实《昌平区对减免中小微企业房屋租金支持措施》,支持资金105.0137万元。

(易　姗)

【昌平区大学科技园概况】年内,昌平区4家大学科技园——华北电力大学科技园、中央财经大学科技园、北京农学院大学科技园、北京化工大学科技园共入驻企业421家,总注册资金46.3亿元,总经营面积28 763.4平方米,总就业人数2 994人。

(黄　磊)

【69个项目参加北京市科学技术奖评选】年内,昌平区共申报69个项目参加北京市科学技术奖评选,22个项目获奖(独立完成项目2项,作为主要单位完成项目20项)。其中,一等奖7项、二等奖15项,包括自然科学奖1项(二等奖)、技术发明奖2项(一等奖1项,二等奖1项)、科学技术进步奖19项(一等奖6项,二等奖13项)。

(姚　乐)

【科技型中小企业评价工作开展】年内,昌平区共有注册科技型中小企业累计达1 441家。2020年529家企业参加科技型中小企业评价,其中有524家企业通过科技部终审。

(王小洁)

【昌平区科技创新资源数据库概况】年内,昌平区科技资源数据库录入高新技术企业信息1 649家、新冠肺炎需求企业信息登记593家、科技型中小企业信息11家、企业技术中心信息66家、创新创业载体信息71家、高校信息37所、科研机构信息20家;知识产权数据信息更新至2020年11月,包括专利信息94 959条、商标信息142 077条、软件著作信息76 401条、其他知识产权信息381条,共计30万条。利用该平台完成801家企业的高新预申报、64家高新技术服务机构登记备案、232家高新技术企业登记备案工作。

(夏　菲)

【《昌平区科技成果转化项目手册》编制完成】年内,《昌平科技成果转化项目手册》编制完成,形成《昌平区科技成果转化项目评估报告》。共征集技术、资金及其他科技需求100余项。

(姚　乐)

【首都科技条件平台昌平工作站工作开展】年内,首都科技条件平台昌平工作站新发展成员单位31家,累计发展成员单位250家。通过线上沟通、线下对接等方式,共挖掘技术需求50余项,并集中在"百进千"品牌活动中发布。组织外泌体标准化技术平台研究及推广、信息安全网络教学平台实训仿真模块研发、餐厨垃圾的资源化综合利用、高性能磁芯高效生产技术及测试系统研发等10余项需求均与平台内高校实验室成功对接。共受理20家企业创新券申请,申请创新券金额275万元,共有11家创新券申请得到批准,涉及资金98万元。

(朱博义)

【科技政策专题培训会召开】年内,昌平区科委共组织召开5场线上、16场线下科技政策培训会,培训企业3 000余家。开展对重点申报企业的定向辅导,重点推动30家重点项目企业、优质财源企业的高新申报服务工作。针对全年高新技术企业申报未通过及被抽检企业近400家进行一对一辅导。

(赵展芸)

【新冠病毒可溶性受体完成构建并开展初步研究】 年内，华辉安健（北京）生物科技有限公司与北京生命科学研究所李文辉、隋建华实验室等合作，研制出新冠病毒可溶性受体 ACE2 – Fc 抗体样药物候选分子 HH – 120，已完成 HH – 120 稳定细胞系构建并开展初步工艺研究。

（薛薇薇）

# 顺义区

【概述】 顺义区科学技术委员会（简称顺义区科委），是负责本区科技工作的区政府工作部门。有办公室和综合业务科 2 个内设机构，顺义区科技馆、生产力促进中心和科技成果转化服务中心 3 个所属机构。

2020 年，顺义区科委围绕“平原新城建设看顺义”“建设业强城优生活美”发展目标，发挥科技创新支撑动力，新冠肺炎疫情防控工作取得阶段性胜利，“十三五”区域科技规划圆满收官。顺义区科委提交的《关于应对科技研发企业迁出的研究报告》等调研报告获区委主要领导肯定批示。年内，组织科技企业参与新冠肺炎疫情防控工作，开展项目征集及科技政策兑现工作，累计兑现科技扶持资金近 3 亿元。1 203 家企业申报国家高新技术企业，同比增长 30.9%；截至年底，全区高新技术企业数量达 1 595 家；技术合同成交额 76 亿元，同比增长 16.3%。发挥科技服务业综合管理职能，牵头做好洪泰智造、埃米空间孵化器建设，参加 2020（第十六届）北京国际汽车展览会、北京第二十三届科博会专项服务工作，理工华创、新材智资本等项目落户顺义。开展线上与线下科技政策宣讲培训、科技周、科普日宣传活动，落实“街巷吹哨、部门报到”“接诉即办”响应率、按时办结率、满意率实现 100%。脱贫攻坚对接、全国文明城区创建、乡村振兴战略顺利推进。

（沈西宁）

【基础母牛繁殖率提升项目启动】 1 月 4 日，顺义区科委对帮扶对象内蒙古科左中旗投资 90 万元实施的基础母牛繁殖率提升项目启动。该项目为当地购买兽用 B 超仪共 47 台，建档立卡贫困户可免费优先使用仪器。项目惠及建档立卡贫困户和尚未脱贫农户共 155 户 473 人。

（杨春勇）

【2020 年寒假“科普季”公益科普活动举办】 1 月 14—15 日，顺义区科委在数字科普展示馆举办 2020 年寒假“科普季”公益科普活动，120 余名小学生参加。顺义区科委举办的“科普季”公益科普活动已经成为顺义区科普工作的一个品牌，深受全区广大青少年喜爱。本次活动通过创新活动方式，丰富活动内容，增加、强化立体科普教育手段，增强广大学生的参与意识，提高青少年科学素质。

（岳　章）

【“十四五”规划前期研究课题开题会召开】 1 月 16 日，顺义区科委组织召开顺义区“十四五”科技创新规划前期研究课题开题会。项目承担单位首都科技发展战略研究院围绕《“十四五”时期顺义区提升科技创新生态和加强科技创新能力研究》的开题报告、研究提纲、调研计划、拟解决重大问题清单等进行汇报。顺义区经济和信息化局及有关专家参会。

（于秋菊）

【2019 年度园区外高新技术企业统计年报调查工作开展】 2 月 10 日，顺义区科委根据《高新技术企业认定管理办法》《科技部火炬中心关于开展 2019 年度火炬统计调查工作的通知》要求，共组织顺义区 406 家园区外高新技术企业完成 2019 年度高新技术企业年报统计工作。

（张　瑾）

【新一代全画幅高效红外智能编码测温仪项目获“创客北京”2020 二等奖】 3 月 27 日，“创客北京

2020”疫情防控专题赛圆满落幕，15 个优秀项目分获特等奖及一、二、三等奖，最高获 20 万元奖金。其中，位于顺义区的北京威睛光学技术有限公司的新一代全画幅高效红外智能编码测温仪项目获二等奖。

（袁小明）

【埃米空间（顺义）新材料培育加速基地落户顺义】4 月 22 日，顺义区重点项目云签约及新闻发布活动通过网络视频连线形式举行，埃米空间（顺义）新材料培育加速基地作为顺义区高精尖重大建设项目现场签约。赵全营镇镇长张敬、埃米空间 CEO 章品书分别代表合作双方签署合作协议。埃米空间（顺义）新材料培育加速基地围绕顺义区新材料产业化核心共性需求打造关键战略材料中试研发平台和新材料产业化工程应用测试平台，提供中试放大、工程应用、分析测试、研发外包、设备共享、市场对接、专业辅导等专业化孵化加速服务，推动一批关键战略新材料核心技术和产业化项目在顺义集中落地，加快形成新材料创新高地和产业资源链条的高效整合，为顺义区产业结构转型升级和重点产业资源配套提供重要支撑。9 月，埃米空间（顺义）新材料培育加速基地开园运营，引入企业 24 家，先后承办“纳米之星”创业大赛北京分赛、新材料科技创新和产业发展高峰论坛、中关村金种子企业路演等活动。

（张　楠）

【SKY 创园空间获评国家备案众创空间】4 月 23 日，科技部印发《关于 2020 年度国家备案众创空间的通知》，北京思客空间科技有限公司运营的 SKY 创园空间经公开征集、专家评审、实地核查等环节，成为国家备案众创空间。SKY 创园空间位于顺义区天竺镇，建筑面积1 200平方米，拥有 112 个工位及现代化多媒体办公设备，围绕互联网、电子商务、金融、文化创意等企业，提供共享空间、孵化服务、资本支持和交易平台四大特色服务，打造创业孵化、电商学院、电商导师团、跨境电商联盟四大核心板块，构建“空间 + 系统 + 生态 + 投资 + 后台”五位一体的电商、金融和文创孵化服务生态圈，为创业者提供最佳体验。截至年底，全区共有国家备案众创空间 3 家，北京市备案众创空间 5 家。

（张　瑾）

【合作建设单位培训会召开】4 月 23—24 日，首都科技条件平台顺义工作站举办合作建设单位培训会议。会议采取线上直播及线下培训双线模式进行，将首都科技条件平台顺义工作站“四字经”、平台“一站多点”工作模式和市、区科技政策普及到2 000多家企业和单位。市科委科技服务业与文化科技处处级调研员李建玲，首都科技条件平台总工程师毛振芹出席培训。

（董爱生）

【对北汽集团科技政策送上门服务活动开展】5 月 28 日，市科委技术市场管理办公室与顺义区科委相关领导及工作人员到北汽集团总部进行技术市场专题调研和科技政策专项宣讲，按照“一企一策”的原则，对北汽集团开展科技政策送上门服务活动，就北汽集团科技创新、技术市场发展情况进行调研。为确保北汽集团各研发部门的技术合同顺利登记，顺义区科委与北汽集团开展长期共建、定期回访机制，全程做好对接服务工作。

（张　瑾）

【科技型中小微企业座谈会召开】6 月 2 日，顺义区科委会同顺义区金融办、顺义区经济和信息化局、中关村顺义园等单位以及金融企业、中小微企业代表召开科技型中小微企业研讨会。各企业围绕新冠肺炎疫情期间生产经营情况、复工复产情况、经营困难及诉求等内容发言。针对企业提出的问题，工商银行顺义支行介绍了工商银行目前对中小微企业的支持政策，各职能部门分别介绍了目前正在执行的相关政策，与会各方就相关问题进行交流和探讨，为企业发展出谋划策，助力企业发展。

（张　瑾）

【“抗击疫情、复工复产”“百进千”专场对接会召开】6 月 19 日，顺义区科委召开主题为“抗击疫情、复工复产”“百进千”专场对接会。对接会采取视频会议形式，其目的是发挥首都科技优势，深入实施创新驱动发展战略，健全顺义区农业科技创新体系，加快关键技术的引进、研发、转化示范及推广，提高农业科技自主创新和成果转化水平。通过为企业和实验室搭建桥梁，切实做到供需对接，加强顺义区涉农企业与相关科研院所、大专院校联系，加快先进实用技术、优质新品种、智能化新设备的推广应用，促进产学研用合作，深入推动农业农村发展，为乡村振兴提供科技支撑。

（董爱生）

【国家稀土新材料技术创新中心建设工作调度会召开】7 月 3 日，顺义区科委召开视频工作调度会，落实2020年区政府工作报告重点工作，推进国家稀土新材料技术创新中心在顺义区落地。市科委电子信息与新材料科技处、北京新材料和新能源科技发展中心、临空经济核心区管委会、中国钢研科技集团科技发展部（简称中国钢研集团）及安泰科技股份有限公司北京空港新材分公司（简称安泰科技）相关负责人员参加会议。中国钢研集团和安泰科技负责人对2020年上半年国家稀土新材料创新中心建设工作进展情况进行了汇报。市科委提出，要打开思路、提高站位，以稀土新材料整个行业的实际应用为出发点进行科学研究，携手上下游产业形成良好的生态链，为国家稀土科技及产业战略布局做出贡献。

（张　瑾）

**【北京（顺义）第三代半导体技术和产业战略规划研讨会召开】** 8月4日，顺义区科委联合北京新材料和新能源科技发展中心组织召开北京（顺义）第三代半导体技术和产业战略规划研讨会。会议邀请国家"十四五"规划组、北京第三代半导体联盟、中国科学院、国家新能源汽车创新中心的知名专家和部分重点企业代表以及平台机构代表参加座谈研讨。会议围绕国家"十四五"发展思路，结合北京产业发展实际困难，统筹规划"十四五"期间北京发展战略，梳理北京市以及顺义区第三代半导体技术和产业规划与布局，为制定下一阶段技术路线奠定基础。与会各方针对近10年北京支持第三代半导体相关工作与成效，讨论了未来5年北京第三代半导体产业发展思路与建议。

（袁小明）

**【顺义区科技活动周在数字科普展示馆开幕】** 8月24日，由顺义区科委、顺义区委宣传部、顺义区卫健委、顺义区科协联合主办，顺义区发展改革委、顺义区经济和信息化局、顺义区创城办、顺义区融媒体中心、顺义区企促会联合协办的2020年顺义区科技活动周，在顺义区数字科普展示馆开幕，与全国科技周、北京科技周同步召开。顺义区副区长梁斌，主办单位、协办单位的领导以及企业代表出席开幕式。顺义区科技活动周于8月24—29日举办，主会场设在顺义区数字科普展示馆和创想空间，分为科技战"疫"、美好生活及北京创新产业集群示范区建设成果3个展区。科技活动周期间，全区各镇、街道、市级社区科普体验厅、科普基地还将设立分会场，同步开展线上、线下科普活动。本届科技活动周为公众参与度最高、覆盖面最广、社会影响力最大的一届。

（岳　章）

**【顺义区获第三届"创业北京"创业创新大赛多项大奖】** 8月27日，第四届"中国创翼"创业创新大赛北京市选拔赛暨第三届"创业北京"创业创新大赛决赛中，顺义区获多项大奖。顺义区人力资源社会保障局获优秀组织奖；顺义区推荐的"新一代全画幅双光谱高效红外智能编码测温仪"项目获得抗击新冠疫情项目奖，"5G网联倾转旋翼/多旋翼'二合一'无人机"项目获得创新组优秀奖，"医疗级可穿戴式心脏健康家用日常监测干预技术及产品研发"项目获得创业组二等奖，3个项目共获得市级奖励资金21万元。

（沈西宁）

**【汽车及相关领域企业技能提升培训项目政策解读培训会召开】** 9月4日，为进一步落实《国务院办公厅关于职业技能提升行动方案（2019—2021年）》《北京市职业技能提升行动实施方案（2019—2021年）》文件精神，按照《北京市高精尖产业技能提升培训补贴实施办法》，顺义区科委联合市科委认定的汽车领域培训服务机构——北京汇智慧众汽车技术研究院在区科委数字科普体验馆内召开汽车及相关领域企业技能提升培训项目介绍与补贴实施办法政策解读培训会。共有30家企业40余名相关负责人参加。会议详细介绍了《北京市高精尖产业技能提升培训补贴实施办法》的支持内容、补贴申报流程以及注意事项。

（袁　博）

**【顺义区3项科技成果获2019年度北京市科学技术进步奖】** 9月10日，北京市科学技术奖励大会召开，顺义区3家企业作为主要完成单位获2019年度北京市科学技术进步奖。其中北京轩宇信息技术有限公司的"航天嵌入式软件可信性保障关键技术和应用"获北京市科学技术进步奖一等奖，北京机电院机床有限公司的"数控机床结合面特性及整机性能分析关键技术与应用"、北京市政路桥管理养护集团有限公司的"沥青路面快速、低排放养护技术及应用"获北京市科学技术进步奖二等奖。

（张　瑾）

**【第十五届动力锂电池技术及产业发展国际论坛举办】** 9月12—13日，由清华大学、中国科学院物理研究所、顺义区政府主办的第十五届动力锂电池技术及产业发展国际论坛在顺义区举办。中国科学院物理研究所陈立泉院士、中国科学院化学研究所李永舫院士、北京理工大学吴锋院士（论坛主席）、厦门大学孙世刚院士、中国科学院过程工程研究所张锁江院士先后致辞或进行主题报告，市科委副主任张玮、顺义区副区长梁斌、国家发展改革委产业发展司机械装备处处长吴卫、中国电池工业协会代理事长刘宝生出席论坛并致辞，来自市、区政府部门及高校、科研院所、龙头企业等的400余位代表参会。36场主题报告演讲从动力电池材料、动力电池的开发及应用、动力电池发展的思路、动力电池测评标准、未来数字储能技术等话题切入，对锂电池产业技术的发展进行全方位解析和探索。

（高晓鸥）

**【顺义区“新场景”政策培训会举办】** 9月13日，顺义区科委组织的顺义区“新场景”政策培训会在顺义区数字科普展示馆举办。培训会主要宣传《关于加快培育壮大新业态新模式促进北京经济高质量发展的若干意见》等相关政策，落实《北京市加快新场景建设培育数字经济新生态行动方案》任务安排。

（刘明月）

**【区人大常委会一行视察顺义区科技成果转化情况】** 9月15日，顺义区人大常委会副主任吴建国带领部分顺义区人大教科文卫委员会委员及市、区人大代表，视察顺义区科技成果转化情况。代表们先后到中科星图股份有限公司和北京泓慧国际能源技术发展有限公司，实地察看企业科技成果转化工作，了解企业在数字地球产品研发和产业化、大数据云计算和人工智能等新一代信息技术应用，以及大功率磁悬浮飞轮储能技术转化应用情况。座谈会上，顺义区科委汇报关于顺义区科技成果转化工作情况，区人大常委会一行就大力推动科技创新、优化营商环境、进一步做好科技成果转化工作提出意见和建议。

（付建平）

**【2020年北京市顺义区全国科普日主场活动暨第38届学生科技节启动】** 9月18日，由顺义区科协、顺义区科委、顺义区教委共同主办的2020年北京市顺义区全国科普日主场活动暨第38届学生科技节在顺义区数字科普展示馆启动。市科协二级巡视员兼科普部部长陈维成，顺义区科委二级巡视员刘振河，顺义区科协主席、二级巡视员鲍晓芹等出席启动仪式，各纲要办成员单位及中小学校师生代表共计80余人参加活动。科普日主会场分设科学抗疫、垃圾分类、科技创新、科普体验、防震减灾、扶贫攻坚、顺义创新成果七大展区，有120余项科普展品。活动现场配备专业科普讲解员，让公众在参与中感受科技魅力，提升科技创新意识，促进公众理解科学、关注科普。

（岳　章）

**【北京（顺义）新材料科技孵化与产业发展高峰论坛举办】** 9月18日，由科技部火炬中心、市科委、市经济和信息化局、中关村管委会、顺义区政府支持和指导，北京市新材料和新能源科技发展中心、顺义区科委、顺义区赵全营镇政府联合主办，埃米空间新材料孵化器承办的“星星之火，何以燎原”北京（顺义）新材料科技孵化与产业发展高峰论坛在赵全营镇埃米空间（顺义）新材料培育加速基地举行。科技部火炬中心副主任段俊虎、顺义区常务副区长支现伟、科技部高新司材料处处长孟徽、中关村管委会创业服务处处长闫颖出席论坛并讲话。此次论坛深入探讨如何利用创业孵化这个有力手段，加速新材料科技成果向现实生产力转换，利用科学技术催生新的发展动能，让新材料科技创新的星星之火早日形成产业发展的燎原之势。

（张　楠）

**【3个项目在中国北京国际科技产业博览会上签约】** 9月20日，第二十三届中国北京国际科技产业博览会在中国国际展览中心（静安庄馆）落下帷幕，顺义区多个科技项目和成果亮相展会。在科技合作项目推介暨签约仪式上，顺义区有3个科技项目签约，分别是“第三代半导体封装用芯片贴装浆料和引线键合丝”“中国科学院工程热物理所辐射调控材料产业化”“社区电动两轮车充电＋换电双模式项目推广”。

（高晓鸥）

**【顺义区委领导到顺义区科委调研科技创新工作】** 11月2日，顺义区委常委、副区长徐晓俊到顺义区科委调研科技创新工作，对顺义科技创新工作提出以下要求：一是科技创新工作要有主有次，侧重支持重点产业方向科技项目；二是科技创新工作要树立超前思维，加强对新任务、新要求的宣传解读；三是科技创新工作要强化与其他委办局的协同，整合资源与需求，有序推进工作；四是科技创新工作要拓宽思维，既要着眼于顺义区产业定位，也要有服务首都发展的意识。

（于秋菊）

【2020 年顺义区公民科学素质大赛举办】11 月 28 日，为贯彻落实《全民科学素质行动计划纲要》，助力新时代文明实践中心建设，在全社会推动形成讲科学、爱科学、学科学、用科学的良好氛围，丰富群众科学文化生活，大力弘扬科学精神，广泛普及科学知识，2020 年顺义区公民科学素质大赛在顺义区数字科普展示馆举办。本次活动由顺义区科协，顺义区科委，顺义区各镇、街道主办，北京科技报社承办。北京科技报社副总编辑孙凤新等出席活动并讲话。

（岳　章）

【“‘十四五’时期顺义区提升科技创新生态和加强科技创新能力研究”结题】12 月 17 日，顺义区“十四五”规划编制工作领导小组办公室按照《关于加强顺义区“十四五”规划分领域前期研究课题管理工作的通知》有关要求，会同国家发展改革委经济研究所就顺义区科委提交的“‘十四五’时期顺义区提升科技创新生态和加强科技创新能力研究”课题结题报告进行研究，同意课题结题并提出有关意见和建议供参考。

（贺丹丹）

【区内 2 家企业被认定为北京市技术先进型服务企业】年内，全市共有 95 家企业被认定为 2019 年度北京市技术先进型服务企业，其中顺义区北京宝洁技术有限公司、空客（北京）工程技术中心有限公司入选。

（袁　博）

【首都科技条件平台顺义工作站全市绩效考评排名第一】年内，首都科技条件平台顺义工作站收集科技需求 60 项，协助 14 家企业申请首都科技创新券 356.3 万元。在全市绩效考核中，首都科技条件平台顺义工作站排名全市第一，23 项评价指标达成率均在 100% 以上，其中供需对接会组织次数、服务成员单位实现合同金额、入选平台和创新券故事的典型案例、促进签署创新券合同总金额等指标完成率均超过 200%。其以“精细梳理科技资源、精深挖掘科技需求、精准开展供需对接、精密实施政策跟进”为核心的细化工作路径和方法在全市推广。

（董爱生）

【科技政策项目资金兑现】年内，为加快科技创新，促进科技成果转化，落实“顺 10 条”“新 9 条”等新政，克服新冠肺炎疫情带来的不利影响，发挥科技政策作用，推动企业复工复产，顺义区科委为 70 余家单位发放奖励、补贴约 292.8 万元；支持疫情防控应急项目 15 个，资金 900 万元。落实《顺义区加快科技创新促进科技成果转化实施细则》，支持科技研发及成果转化等项目 56 个，研发机构、国家高新技术企业、技术市场等项目 672 个，支持资金达 27 167.36 万元。全年累计支持项目资金近 3 亿元。

（于秋菊）

【农村低收入帮扶活动开展】年内，顺义区科委先后在南彩镇小营村、杨镇荆坨村组织实施低收入帮扶活动，开展农村实用技术推广活动和民间手工技能推广活动，260 余名低收入村民参与。通过课堂教授、现场操作等形式开展蔬菜种植技术推广、病虫防治技术推广、葡萄扦插育苗技术推广、功能枕头制作技能推广、手工品彩绘技能推广等活动。活动的实施进一步提高了低收入农户职业技能水平，充分调动低收入农户就业创业积极性和主动性，改物质接济的“输血式”帮扶为技能提升的“造血式”帮扶，把“体力型”劳动力变成“技术型”劳动力，实现低收入农户收入增加，达到学有所用、学以致用。

（王　珊）

【“十三五”科技发展规划两大指标完成】年内，顺义区“十三五”时期科技发展规划有关目标圆满完成。2020 年，全区有 1 203 家企业申报国家高新技术企业，同比增长 30.9%，超额完成“十三五”时期科技发展规划“2020 年全区高新技术企业总数由 224 家增加到 300 家”的目标；全区实现技术合同成交额 76 亿元，同比增长 16.3%。

（张　瑾）

【“科技企业行”活动开展】年内，为克服新冠肺炎疫情带来的不利影响，顺义区科委机关开展“科技企业行”活动，通过创新服务模式，进行“点对点”主动服务，采取多种形式了解企业经营状况和需求，为企业解读国家及市、区有关科技政策，对企业申报高新技术企业进行辅导。一方面积极扩宽服务渠道，采取电子邮件、即时通信、邮寄等“零接触”方式为企业提供便利化服务；另一方面进行腾讯会议线上政策宣讲，线下走访调研重点企业，送政策、送服务，推动区域科技创新工作正常有序开展，打好政策和服务的“组合拳”。

（张　瑾）

**【中科蓝卓（北京）信息科技有限公司研发项目获国家铁路局支持】** 年内，首都科技条件平台顺义工作站成员单位中科蓝卓（北京）信息科技有限公司获国家铁路局安全监察司“铁路沿线彩钢瓦类房屋设施建设及加固标准试验研究”课题支持。该项目针对彩钢瓦类房屋在铁路沿线建设的技术标准研究，提出高速铁路沿线既有彩钢瓦类房屋设施加固方案和彩钢瓦类建筑与高速铁路的安全防护距离。中科蓝卓（北京）信息科技有限公司是由中国科学院电子学研究所、中科星图股份有限公司、蓝卓科讯卫星科技应用有限公司共同发起成立的高科技创新型企业。

（董爱生）

**【洪泰智造（顺义）中心顺义工场试运行】** 年内，洪泰智造（顺义）中心顺义工场试运行。洪泰智造（顺义）中心顺义工场共签约企业45家，其中完成注册或迁入30家，手续办理过程中15家，总注册资本达19 554万元，知识产权数量达到97件，其中专利45件。洪泰智造（顺义）中心是顺义区政府与洪泰智造联合打造的创新创业新高地，依托顺义现有产业基础，发挥洪泰智造整体资源，赋能智能制造领域初创和增长型企业。规划面积1万余平方米，包括加速中心5 000平方米、公共技术服务平台2 000平方米、工业研究院2 000平方米和公共服务区1 000平方米。

（袁　博）

# 大兴区

**【概述】** 大兴区科学技术委员会（简称大兴区科委）是负责全区科技工作的综合行政部门。2006年3月，大兴区成立知识产权局，大兴区科委加挂北京市大兴区知识产权局牌子。内设6个科室，下辖4个事业单位。2019年，根据大兴区机构改革工作要求，将知识产权中心并入大兴区市场监督管理局，同时摘去大兴区知识产权局牌子。大兴区科委共有39人，其中公务员13人、机关工勤4人、事业人员18人、临时辅助用工人员4人。

2020年，大兴区科委完成《“十四五”科技创新发展规划（2021—2025）》的初稿编制工作。制定《大兴区科技创新引领三年行动计划（2020—2022）》，并按分解清单完成当年工作任务。完成建设大兴区科技创新管理数字支撑平台前期准备工作。推进应用场景建设工作，牵头制订并出台《大兴区加快应用场景建设推进高质量发展行动计划》。完成市级应用场景（2019年）项目推荐，主要涉及AI智能管控能源系统、管廊建设等内容。统筹调度2020—2021年区级应用场景项目储备。组织企业申报工业互联网智能制造、共享产线建设等领域的区级应用场景项目4项。大兴区科技创新引导基金投资2个项目，投资金额265万元。全年共征集融资需求54家，帮助企业解决资金需求2 500万元。大兴区科委入库项目9项，统筹协调专班项目11项，服务重点税源企业4家，梳理汇总专班成员单位项目25项，超额完成指标任务。截至年底，大兴区有国家级高新技术企业854家，科技政策对高新技术企业覆盖率达到100%；输出技术合同2 581项，同比增长16.8%；成交额440亿元，同比增长30%。大兴区科技发展计划项目线上共征集科技引领产业发展、科技支撑社会进步、科技服务三大专项有效课题220项，最终确定拟支持项目40项，拟支持金额1 853万元。全年共征集疫情专项、科技成果转化政策、双创政策项目近800项，落实双创、成果转化2项政策，共计支持资金9 353.4万元，达到历史最高水平。

（焦　莹　王　媛）

【“三下乡”活动在礼贤镇举办】1月11日，“我们的中国梦”——大兴区2020年文化、科技、卫生“三下乡”集中示范活动在大兴区礼贤镇龙头村文化活动中心举行。内容包含文艺演出和非遗展演、应急救护现场演练、普法机器人现场解答居民法律问题等，活动以贴近实际、贴近生活、贴近群众为原则，立足农村，服务农民，通过传播先进文化，倡导科学文明健康的生活方式。

（焦　莹　王　媛）

【北京三元基因药业调研工作开展】1月28日，大兴区科委主任苏荣陪同市科委委员张虹、北京生物技术和新医药产业促进中心主任潘悦到北京三元基因药业股份有限公司进行调研，考察国家应急储备药物重组人干扰素α1b情况。调研组详细了解了企业生产经营情况、发展思路及在发展过程中亟待解决的问题。张虹询问了三元基因运德素的库存和生产能力，潘悦提议加强国际化合作项目的支持，苏荣强调区科委将及时帮助企业解决生产中遇到的困难和问题。

（焦　莹　王　媛）

【辖区企业保障抗疫产品生产】2月，北京双诚联盈净化工程技术有限公司接到山东济宁市传染病医院、济宁小汤山医院检验室等医疗机构的采购核酸检测实验设备（聚合酶链式反应PCR工作站）的请求。公司积极组织工人生产，但存在一线工人口罩不足、聚合酶链式反应PCR工作站产品下游配套的河北省相关厂家停产等问题。大兴区科委紧急联络河北省相关部门，通过多次沟通协调，促成停工的河北凯正达净化设备科技有限公司配套钣金机箱生产、沧州天诚环境科技有限公司配套配件及机箱喷涂2家配套企业开工生产，并解决本企业一线生产工人口罩不足等问题，为加快抗疫产品生产提供支撑。

（焦　莹　王　媛）

【桑枝总生物碱片获国家药监局批准上市】3月18日，大兴区企业北京五和博澳药业申报的5类新药桑枝总生物碱片获得国家药监局批准上市，用于治疗2型糖尿病。该药物由中国医学科学院、北京协和医学院药物研究所与北京五和博澳药业联合研发的具有自主知识产权的新型抗糖尿病天然药物，获国家“十二五”重大专项及北京市“十病十药”专项重点支持，入选顶层设计聚焦的“十二五”中药亮点品种。获国家发明专利和美国PCT专利授权。其Ⅱ期、Ⅲ期临床试验由北京协和医院牵头，30余家中西医临床机构参加，以国际公认化药为对照，无论单独使用还是用于二甲双胍控制不佳的联合治疗，均显示出良好的降糖化血红蛋白效果。

（焦　莹　王　媛）

【生命健康产业5G应用示范项目研讨会召开】4月16日，大兴区科委、中国移动、北京新航城控股有限公司在中关村药谷生物产业研究院召开生命健康产业与5G应用场景示范项目研讨会，就5G应用场景进行交流讨论。会上，中国移动对5G概念及应用场景进行介绍，并就正在建设的智能制造平台与北京自贸区创新服务中心项目深入探讨，制订项目行动计划，逐步推进项目合作进程。

（焦　莹　王　媛）

【新华网科技创新工作调研】5月7日，大兴区科委主任苏荣带队到新华网进行调研。详细了解新华网科技创新能力建设和技术研发情况以及工作中存在的困难，并就新华网与大兴区科委新闻信息资源与媒体宣传对接服务等方面内容进行探讨。

（焦　莹　王　媛）

【生命健康产业集群现代中药产业子集群建设方案沟通交流会召开】5月27日，大兴区科委组织召开生命健康产业集群现代中药产业子集群建设方案沟通交流会。北京中医药大学中医药研究院、北京中医药大学动物实验中心、北京市中医管理局欧洲中医药发展促进中心、北京生物技术和新医药产业促进中心、中关村药谷生物产业研究院相关负责人参会。会上，相关负责人对京津冀现代中药产业基础情况以及三地重点布局方案进行汇报。与会单位就新时期中医药产业推进战略及规划制定、加快现代中药临床审批流程、政策支持保证等内容达成共识。

（焦　莹　王　媛）

【生物医药产业基地走访调研】5月29日，大兴区科委相关负责人到大兴区生物医药基地调研生物医药产业发展现状，就首都科技条件平台与基地及企业负责人进行交流，并就党建引领企业创新发展、“一站多点”、人才服务、支持生物医药企业科技创新政策等方面内容进行探讨。

（焦　莹　王　媛）

【科技企业“送政策、送服务”专项行动开展】5月，大兴区科委调研北京精诊医疗科技有限公司、北京中科基因技术有限公司、北京润鸣环境科技有限公司、智动时代（北京）科技有限公司等30余家科技型企业，了解企业的发展情况和困难，对接科技、人才和融资等服务政策，鼓励企业积极应对新冠肺炎疫情、共渡难关。同时围绕科技企业的个性化需求，提出工作措施和解决方案，"点对点"精准服务企业。

（焦 莹 王 媛）

【新媒体产业基地重点企业调研】6月12日，大兴区科委主任苏荣赴新媒体产业基地重点企业调研，分别走访了北人智能装备科技有限公司和北京益而康生物工程有限公司2家企业，了解企业生产经营状况、科技研发、新冠肺炎疫情防控工作、未来发展计划以及企业在经营中遇到的困难与需求。

（焦 莹 王 媛）

【现代中药评审平台科技支撑服务体系建设讨论会召开】6月12日，大兴区科委在中关村药谷生物产业研究院召开现代中药评审平台科技支撑服务体系建设讨论会，邀请北京中医药大学中医药研究院院长王停、中关村药谷生物产业研究院院长吴小兵等共同研讨现代中药评审平台科技支撑服务体系和大兴区现代中药产业集群建设等问题。大兴区科委从中医药产业顶层设计、技术创新、人才培养、空间配套等方面支持体系建设，为首都高校优质成果转化提供服务和支撑，推动产业集群化、创新化发展。

（焦 莹 王 媛）

【首都科技条件平台大兴工作站大兴民企联合会分站与金融机构对接】7月17日、21日，首都科技条件平台大兴工作站大兴民企联合会分站负责人先后走访浦发银行、民银国际控股集团有限公司2家机构，开展科技金融对接活动。向金融机构解读首都科技条件平台、创新券政策及大兴区产业发展政策，介绍协会会员企业的发展状况和金融需求。双方还围绕金融服务模式、创新融资方式进行深入探讨，初步达成通过引入浦发银行金融资源服务会员企业发展的合作意向。

（焦 莹 王 媛）

【区内企业承担北京市能源计量审查与检测技术服务工作】7月31日，由市市场监管局负责组织实施的北京市数据中心能源计量审查与检测技术服务工作启动会举行。大兴区科技企业北京合创三众能源科技股份有限公司通过竞标获得项目承办权，按要求和相关法律法规、标准规范，制订北京市数据中心能源计量审查与检测技术服务工作实施方案，对全市电信、IDC、金融、政府机构四大行业领域代表性强、业内影响大的40家数据中心开展能源计量审查，并提供相关检测技术服务。

（焦 莹 王 媛）

【2020年大兴区科技企业双选会举办】7月，为确保就业形势稳定，让辖区高校应届大学毕业生有更多的就业机会，大兴区科委与北京石油化工学院联合举办线上2020年大兴区科技企业双选会。北京中科盛康科技有限公司等10家科技企业参加，共提供就业岗位78个，参与学生693人。

（焦 莹 王 媛）

【2020北京市大兴区科技周活动开幕】8月23日，2020北京市大兴区科技周活动开幕。本届科技周活动分为线下启动仪式和线上展示两部分，展示大兴区在科技战"疫"成果、抗疫典型人物、防疫知识科普、疫情心理辅导、新健康新时尚等方面的创新风采。此次活动由大兴区科委、大兴区委宣传部、大兴区卫健委、大兴区科协主办，大兴区高米店街道办事处承办，持续时间1周。通过"北京大兴"APP科技周主题活动入口、公众号等多种方式进行推广。

（焦 莹 王 媛）

【区科委领导赴中挪绿色创新中心调研】8月26日，大兴区科委主任苏荣带队赴中挪绿色创新中心调研，了解中心的建设施工情况，并与大兴新媒体产业基地、中挪绿色创新中心负责人就中心的运营模式、北欧项目引入情况及下一步中心建设需解决的问题等进行协调督导。

（焦 莹 王 媛）

【校地合作推动高校科技创新及成果转化工作】9月8日，大兴区科委作为大兴区深化校地合作科技创新与成果转化专项工作组牵头单位，分别与北京印刷学院、北京建筑大学及北京石油化工学院开展深度对接，共同探讨如何依托生物医药基地、新媒体产业基地、临空经济区及中日产业园四大产业资源，多领域开展校地合作，促进高校科研成果转化落地和优秀人才创新创业。

（焦 莹 王 媛）

【生物医药基地校地合作调研工作开展】9月14日，大兴区科委副主任田兴华与京南大学联盟代表一行到生物医药基地，对易往数字科技（北京）有限公司、北京百奥赛图基因生物技术有限公司2家企业共享服务平台的建设与发展状况进行调研。充分了解企业需求与问题，与企业负责人共同研讨校地合作共建服务平台，相互充分利用企业与高校的科研和人才优势，相互支撑，共同培养协同创新发展。大兴区科委还对相关的科技支持政策进行了解读，持续推进校地合作，支持企业服务平台建设。

（焦 莹 王 媛）

**【首都科技条件平台大兴工作站企业服务周活动举办】** 9月21—27日，首都科技条件平台大兴工作站举办企业服务周主题活动。活动通过前期的企业需求调研，围绕首都科技创新券、知识产权、数字化办公、企业数字化营销、智慧财税、金融服务六大服务内容进行有针对性的推介对接。活动以“每天半小时”为服务模式，浓缩讲座内容精髓，助力企业战疫情、渡难关。

（焦 莹 王 媛）

**【大兴区应用场景工作专班成员单位工作会召开】** 10月15日，由大兴区科委牵头，大兴区应用场景建设工作专班组织召开区应用场景成员单位工作会。大兴国际机场临空经济区管委会、区发展改革委、区国资委、区经济和信息化局、区卫健委、区教委、区住建委、区城管委、区公安分局、区园林局、大兴生物医药基地、大兴新媒体产业基地12家成员单位主管负责人参加会议。会上，各成员单位就近期工作情况分别进行汇报，并就存在的问题与困难进行交流与探讨，就相关问题达成共识。

（焦 莹 王 媛）

**【2020科技资源对接与知识产权保护论坛举行】** 10月16日，2020科技资源对接与知识产权保护论坛在大兴区中挪绿色创新中心举行。活动以“企业发展与科技资源对接、技术创新与知识产权保护、科技政策与成果转化”为主题，大兴区科委相关负责人对大兴区科技政策进行介绍。论坛邀请北京理工大学专家从知识产权政策、科创上市看知识产权价值、银行专属金融服务和科技企业担保业务产品方面进行讲解，为科技企业发展助力。

（焦 莹 王 媛）

**【刘晖到大兴生物医药基地调研】** 10月20日，市科委副主任刘晖一行到大兴生物医药基地康妍葆（北京）干细胞科技有限公司进行调研，参观规模化标准细胞制备公共服务平台。北京科技大学校长杨仁树、北京市科学技术研究院研究员卢宇国等作为企业受邀嘉宾参加调研。大兴生物医药基地管委会主任田德祥、大兴区科委副主任董旭等陪同调研。

（焦 莹 王 媛）

**【赴厦门对接交流科技服务及双创工作】** 10月25—27日，大兴区科委派出专题调研组一行赴厦门对接交流科技服务及双创工作。调研组先后走访了厦门火炬创新创业园、厦门大学科技园及科易网总部，介绍了大兴区区情和科技服务业发展现状，对大兴区已出台的科技、人才和产业等各项政策进行解读，并就科技成果转化模式、科技服务业发展路径、双创工作示范经验等方面的问题与走访单位进行专题交流。

（焦 莹 王 媛）

**【中欧医学创新国际合作论坛在大兴区举行】** 11月29日，庆祝中意建交50周年庆典暨中欧医学创新国际合作论坛在大兴区举行。启明光医学人工智能研究院大兴基地、恒福利启明光国际医学人工智能产业园等一系列生物医学科技项目签约，项目所在地为大兴区恒福利家具制造有限责任公司厂区。全国科创智库联盟、丝路国际院士科创城总部基地也同步落地大兴区。原卫生部副部长何界生、科技部原副部长吴忠泽、中国生产力学会秘书长王进才、中关村大兴生物医药基地管委会主任田德祥、大兴区科委相关领导及院士专家、外国使节、企业家代表和投资家代表300余人参加活动。

（焦 莹 王 媛）

**【大学生及现代农业“百进千”专项活动举办】** 12月3日，首都科技条件平台大兴工作站大学生及现代农业“百进千”专项活动在国家级科技企业孵化器北京正开科技有限公司举办。25家农业企业与大学生代表参会。活动中，首都科技条件平台王罡对首都科技条件平台及首都科技创新券进行了介绍。

（焦 莹 王 媛）

**【大兴区孵化器联合会筹备会举行】** 12月4日，北京市大兴区孵化器联合会筹备会在国家级科技企业孵化器北京正开科技有限公司举行。大兴新媒体产业基地、大兴区科委负责人以及奥宇孵化器等34家孵化器代表参加会议。会上，各成员单位就联合会发展建言献策，分别在政策落地、企业服务、联合招商、生态建设等方面提出建议。

（焦 莹 王 媛）

【大兴区与挪威驻华大使馆科技交流活动开展】12月9日，大兴区科委组织区外办、区商务局、区金融办、大兴国际机场临空经济区管委会、国家新媒体产业基地等单位赴挪威王国驻华大使馆与挪方科技参赞、国际招商部负责人进行交流洽谈。双方在项目引进、技术应用示范和设立科技基金等方面达成合作意向，同时将开展大兴区与斯塔万格市友好城市建设活动。

（焦　莹　王　媛）

【市科委首都科技条件平台专家赴大兴区调研】12月15日，市科委首都科技条件平台专家、市科委科文处调研员李建玲，北京技术交易促进中心毛振芹等赴大兴区调研。大兴区科委主任苏荣、副主任董旭，生产力促进中心、中关村医疗器械园、奥宇孵化器等9家首都科技条件平台大兴工作站分站以及北京汉德图像设备有限公司等企业代表共20余人出席调研座谈会。调研座谈会围绕首都科技条件平台科技服务工作与企业科研、创新券政策使用痛点与难点问题展开讨论，并对首都科技条件平台大兴工作站的下一步工作重点与策略进行探讨。

（焦　莹　王　媛）

【大兴区应用场景专班2020年工作总结会召开】12月23日，大兴区应用场景建设工作专班组织召开区应用场景专班2020年工作总结会。大兴区科委、区发展改革委、区经济和信息化局、区国资委、大兴国际机场临空经济区管委会、区卫健委、区教委、区城管委、区园林绿化局、区公安分局、区住建委、大兴生物医药基地、大兴区新媒体产业基地13家成员单位主管领导及相关负责人参加会议。会上，各成员单位就2020年应用场景项目情况及2021年重点工作分别进行了汇报，并就存在的问题与困难进行交流与探讨。

（焦　莹　王　媛）

【大兴区企业参与“三下乡”活动】12月23日，我们的中国梦——文化进万家中国广播艺术团文艺小分队走进大兴区北臧村镇，在永定河绿色港湾举行慰问演出。大兴区同步开展2021年文化、科技、卫生“三下乡”活动。在活动现场，包括北京阿迈特医疗器械有限公司、北京天恒安科集团有限公司等在内的大兴区科技企业进行了3D打印血管支架等创新科技产品的展示，以及VR事故现场模拟、隐患排查虚拟交互设备体验等。

（焦　莹　王　媛）

【大兴区内企业与北京石化学院开展科技对接】12月25日，大兴区科委组织北京美迪康信息咨询有限公司、富思特新材料科技发展股份有限公司等8家企业赴北京石化学院开展科技对接。与会企业从技术提升、人才培养、联合攻坚、资源共享等多个方面提出明确合作需求，双方就合作达成共识。

（焦　莹　王　媛）

【30个医药健康项目落地大兴生物医药基地】12月30日，大兴区“两区”建设集中签约系列活动——生物医药基地专场在生物医药基地科技创新中心举办，30个医药健康项目落地签约。区委组织部、区科委、区经济和信息化局、区产促中心、大兴投资集团等单位就人才、科技、产业等相关政策进行了解读。

（焦　莹　王　媛）

【大兴区科技抗疫工作开展】年内，大兴区紧急征集“新型冠状病毒感染肺炎科技防治”成果转化类项目，共支持新型冠状病毒感染肺炎诊断试剂、治疗药物、医疗器械、防控系统等32项，支持资金1 786万元，其中部分项目成果已分别纳入国家相关防疫专项。协助区内企业解决新冠病毒防控设备复工复产需求，共为30余家企业协调区内、跨省复工复产事项。委派骨干人员参加一线防控工作，下沉至村、街、镇、基地值守，完成100余家企业的现场排查和1 500人次的电话排查工作。综合运用“双微”平台推送防疫相关信息200余篇，传播防疫科普知识，弘扬科技抗疫精神，阅读量10余万人次。

（焦　莹　王　媛）

【区内企业科技成果支持疫情防治】年内，大兴区科委引导支持大兴区创新主体积极投入抗击新冠肺炎疫情的科研攻关工作当中，一些科技成果在新冠肺炎疫情防控中发挥重要作用。北京以岭药业有限公司开展中药连花清瘟颗粒体外抗新型冠状病毒应用研究，连花清瘟颗粒作为推荐用药被列入《新型冠状病毒感染的肺炎诊疗方案》（试行第四、五、六、七版）；北京九州通医药有限公司九州云新冠肺炎疫情应急药品及防护物资科技保障平台，保障疫情期间大兴区及北京市80%各级医疗机构、药店、政府及企事业单位的应急药品及医用防护物资供给；华克医疗科技（北京）股份公司研发的医院感染性疾病科CT室辐射防护施工工艺项目，在武汉雷神山医院、湖北省妇幼保健院等医院投入使用；北京雅果科技有限公司自主研发的智能仿生排痰系统、气囊测压表、呼吸神经肌肉刺激仪 3 款产品均入选《新冠肺炎疫情防治急需装备目录》。

（焦 莹 王 媛）

【各类科技服务平台搭建】 年内，为引导广大市民科学防疫，大兴区科委对外推广北京市科委新上线的新型冠状病毒线上医生咨询平台，提供 24 小时科普咨询活动，及时精准发布新冠肺炎疫情的最新情况及权威科普知识。依托中关村药谷产业研究院，建设基因治疗、蛋白药物 CDMO 技术服务平台，吸引 29 个项目投资落地。协调北京正开科技有限公司，利用中关村天合科技成果转化促进中心资源建设可视化招商服务平台。针对中小微企业关注度高、办理业务量大的高新技术企业认定、技术合同认定登记、科技型中小企业评价等业务流程，推出便企服务平台，一律实行“无纸化”认定登记流程。同时，利用首都科技条件平台大兴工作站资源，免费为企业提供电子发票产品及技术服务。

（焦 莹 王 媛）

【暖通空调系统 AI 数据采集与节能控制系统研发成功】 年内，国内首个暖通空调系统 AI 数据采集与节能控制系统获得生态环境部科技发展中心认证。该系统由大兴区企业北京合创三众能源科技股份有限公司研发，包含 AI 数据采集与节能控制器（AIoT 模块）和互联网 + 能源管控平台 2 部分。系统通过高度融合人工智能算法、云计算及物联网技术，可实现实时感知、按需供能，提高能源使用效率。适用于商业、医院、学校等各类新建及改造建筑项目中，电能、燃气、水等多种能源的综合管理，可实现平均节能 20% ~30%。已在北京诺德中心、中关村管委会、大兴区清城等部分集中办公区成功应用，下一步有望在全国范围内推广。

（焦 莹 王 媛）

【奥宇孵化器获评“国家小型微型企业创业创新示范基地”】 年内，大兴区重点双创服务机构北京奥宇科技企业孵化器有限责任公司（简称奥宇孵化器）获工业和信息化部颁发的“国家小型微型企业创业创新示范基地”资质，这是大兴区首家获评的孵化器公司。自被国家科技部火炬中心认定为国家级孵化器以来，奥宇孵化器打造了“创业辅导、投融资、科技支持”和“基础孵化”的孵化服务模式，为创业团队、初创企业和高成长企业提供有针对性的孵化服务，形成“众创空间 + 孵化器 + 加速器”科技创业孵化链条。奥宇孵化器通过资源整合，聚集各类创新要素，为创业企业提供全方位、多层次、多元化的一条龙服务，营造良好创新创业生态环境，形成组织体系网络化、创业服务专业化、服务体系规范化的发展格局，成为大兴区标杆孵化器。

（焦 莹 王 媛）

# 平谷区

【概述】 平谷区科学技术和工业信息化局（简称平谷区科信局）为平谷区负责科技工作的政府部门，主要职责包括：制订并组织实施全区科技计划和规划、全区科普工作的开展、高新技术企业发展、技术市场及科技奖励、科技成果推广与转化，以及高技术制造业、软件和信息服务业、新兴产业中重点领域的发展规划，监测分析本区工业、软件和信息服务业、信息化的运行态势。内设 13 个机构，分别为办公室、绿色产业发展科、经济公共服务科（行政审批科）、节能安全环保科（安全生产综合管理科）、科技创新促进科、信息化建设科、重大产业及项目推进科、园区管理办公室、平谷区科技服务中心、平谷区科信局综合服务中心、平谷区绿色经济促进中心、平谷区中小企业服务中心、中关村平谷园服务中心。行政编制 29 人，事业编制 45 人，工勤编制 8 人。

2020 年，平谷区科信局着力优化产业空间布局，不断提升全区科技创新和信息智能化水平，加快促进产业转型，各项工作稳步开展。组织区内企业申报高新技术企业共计4批168家。截至年底，全区高新技术企业数量达396家。组织平谷区254家高新技术企业填报科技部火炬统计、116家企业填写高新技术企业年报报表。共登记技术合同119份，合同成交总金额为1.8亿元，同比增长31.6%。开展技术市场执法8次，执法检查量25件。落实《平谷农业科技创新示范区高新技术企业及技术交易资助办法》，向全区93家企业发放资助资金902万元。完成科技型中小企业信息形式审查40项，参评企业已全部通过市级终审、公示，并取得入库登记编号，可享受研发投入加计扣除75%的税收优惠政策。共推荐并成功获批1家企业申领首都科技创新券，获得9万元创新券支持。组织申报“2020年度平谷区科普能力建设”市级科普项目1项，建成放心食品的前端农场——科普示范园。

（罗　骏）

【区领导调研高新技术企业】1月2日，平谷区委常委、组织部部长刘震到平谷区高新技术企业北京普析通用仪器有限责任公司调研，了解公司的经营状况和生产计划，指出，区人事部门要加大人才工作服务力度，落实服务企业人才政策，在留人、用人上创新工作机制，区相关部门要做好服务工作，为企业发展提供良好的营商环境。

（罗　骏）

【北京物联网协会等到平谷区调研】1月3日，北京物联网协会、北京新型智慧农业研究院到平谷区调研。平谷区科信局负责人介绍了平谷区农业科技创新、农科创等相关工作进展情况；北京物联网智能技术应用协会创始人、秘书长，北京新型智慧农业研究院院长李佳介绍了协会及研究院开展农业科技相关业务情况。

（罗　骏）

【平谷区“三下乡”活动举办】1月10日，平谷区科信局、平谷区委宣传部、平谷区文化旅游局、平谷区卫生健康委、平谷区司法局、平谷区文联、平谷区科协、黄松峪乡政府等单位共同在黄松峪乡白云寺开展2020年科技、文化、卫生“三下乡”集中示范活动暨“我们的中国梦”文化进万家活动，现场以赠书、咨询、义诊、送“福”字、送对联、发放材料、文艺表演等多种形式开展，受到村民欢迎。共发放科普宣传材料200余份，受众群众100人次。

（罗　骏）

【沱沱工社有机农场社会大课堂活动开展】1月13日，沱沱工社有机农场科普教育基地开展社会大课堂活动，为北京中学明德分校120名学生普及二十四节气与土壤配比育苗、食品安全与芽苗制作、中国古代与现代农具的特点等科普知识，同时带学生参观蔬菜基地并采摘蔬菜。

（罗　骏）

【平谷区青年创业协会收到市经济和信息化局感谢信】1月14日，平谷区青年创业协会等8家单位收到市经济和信息化局的感谢信。感谢对2019年“创客中国”北京市中小企业创新创业大赛暨“创客北京2019”创新创业大赛的成功举办做出的突出贡献，实现赛事规模、品牌、体系、服务全面升级，希望继续加强合作，共同为中小企业发展提供更加优质的服务。

（罗　骏）

【与密云区开展高新技术企业工作对接交流】1月17日，密云区到平谷区交流生态涵养区高新技术企业工作。双方就各区高新技术企业保有量、服务模式、政策激励措施、数据统计等方面的先进经验和创新做法进行交流、探讨，取其精华，弥补不足。

（罗　骏）

【北京科创基金农业子基金建设工作小组成立】1月19日，市科委农村中心和北京科技创新投资管理有限公司到平谷区就北京科创基金农业子基金方案进行座谈对接。座谈会由平谷区常务副区长吴小杰主持，市科委农村中心、北京科技创新投资管理有限公司、平谷区科信局、平谷区财政局、平谷区农业农村局、平谷区国资委、峪口镇政府、谷财公司对基金方案进行讨论，就北京科创基金农业子基金的定位、规模、投资比例、出资比例等内容达成共识。同时成立北京科创基金农业子基金建设工作小组，初步确定由中启资本作为北京科创基金农业子基金管理团队。

（罗　骏）

【2020年高新技术企业火炬统计工作开展】1月21日，2020年高新技术企业火炬统计工作开展。市科委对相关工作单位进行部署并对相关业务知识进行专题培训，平谷区科信局对全区254家高新技术企业进行梳理并完成前期企业的信息确认工作。

（罗　骏）

【平谷区商会向基层捐赠防疫物资】2 月 12 日，平谷区工商联信息科技产业商会向兴谷街道捐赠新冠肺炎疫情防控物资，含多功能大衣 100 件、耳温枪 40 个，并向工作人员详细介绍了耳温枪的使用方法。

（罗　骏）

【平谷区首家贯标企业获得奖励性补助】4 月 9 日，经平谷区科信局推荐，北京达新新创机械有限公司成为全市两化融合管理体系贯标试点企业，经过考核，该公司成为平谷区首家贯标企业。平谷区科信局对其给予一次性奖励性补助。

（罗　骏）

【与顺义区科委开展交流研讨活动】5 月 14 日，平谷区科信局赴顺义区科委开展交流研讨活动。顺义区科委及技术市场工作相关负责人详细介绍了近年来顺义区工作开展情况及政策措施，双方重点围绕市技术合同登记工作进行深入交流。

（罗　骏）

【2020 年中关村国际前沿科技创新大赛启动】5 月 20 日，2020 年中关村国际前沿科技创新大赛暨首场病毒检测技术分赛启动。本次大赛新设科技抗疫专场，定向服务新冠肺炎疫情防控。其中，分赛前 3 名中符合中关村前沿技术项目申报条件的企业，可直接进入项目评审绿色通道，有望获得最高 500 万元资金支持。各分赛前 10 名入驻相关领域中关村前沿技术创新中心，享有 3 年租金减免优惠。主办方还提供专业导师团服务、投融资服务、分园贴身落地服务、龙头企业对接服务、宣传展示服务 5 个方面的服务。

（罗　骏）

【北京挑战集团与平谷区农业科创区进行对接】5 月 28 日，北京挑战集团与平谷区农业科技创新示范区产学研合作对接会召开。北京挑战集团首先赴平谷区农业科技创新示范区起步区一号院，实地察看京瓦中心建设项目。双方在峪口镇召开座谈会，讨论合作意向及需求。

（罗　骏）

【企业一对一指导服务工作开展】6 月 9 日，平谷区科信局为北京京航安机场工程有限公司提供一对一指导服务。围绕企业 2020 年重新认定高新技术企业以及登记技术合同等问题进行相关解答，其间为企业提供法律法规宣传、科技政策宣讲等辅导服务，并在现场发放相关宣传材料。

（罗　骏）

【科普统计调查工作完成】7 月 19 日，由平谷区科信局牵头组织实施的 2019 年度全国科普统计调查工作完成。对全区包括委办局、乡镇政府、医院、学校、市级科普基地等近 50 家单位的科普人员、科普场地、科普经费、科普传媒、科普活动的 124 个指标进行统计，为全面了解和掌握全区科普资源状况、科普工作运行情况、科普资源管理等提供数据支撑。

（罗　骏）

【市科委到平谷区检查项目进展情况】8 月 21 日，市科委成果转化中心到北京普析通用仪器有限责任公司检查 2019 年度市、区两级重大关键任务科技支撑专项——平谷农业科技创新示范区农业检测公共服务平台建设进展情况，实地检查检测实验室。该平台确定检测项目范围 969 项，已为区内企业及农业市场监管等部门提供检测服务 81 家次，新冠肺炎疫情期间免费为镇罗营镇、刘家店镇等的农户及合作社滞销红肖梨、雪花梨等提供检测服务。

（罗　骏）

【北京科创基金到平谷区调研】8 月 23 日，北京科技创新基金投资管理有限公司董事长刘克峰、总经理杨力、副总经理陈涛及中启资本负责人到平谷调研，实地考察北京市华都峪口禽业有限责任公司、大华山镇北京互联农业发展有限公司，了解峪口禽业发展情况和参与基金情况、国桃标准化生产情况，对平谷区农业产业发展和科技创新情况给予肯定。北京科技创新基金投资管理有限公司负责人与平谷区领导进行座谈，双方就北京科创基金农业子基金注册、运营等事宜进行交流。

（罗　骏）

【市科委实地核查高新技术企业】9 月 1 日，市科委对平谷区第二批申请国家高新技术企业开展实地核查。相关专家针对北京华东乐器有限公司、北京邦正巨元自动化设备有限公司、北京福居网网络科技有限公司的研究开发活动、年度财务会计报告和专项报告等进行核查，并根据相关工作进行业务解答及指导。

（罗　骏）

【2020 中关村论坛——农业科技创新论坛闭幕】9 月 2 日，由中关村管委会指导，平谷区政府主办的 2020 中关村论坛——农业科技创新论坛闭幕。此次论坛是 2020 中关村论坛的先锋论坛，也是中关村论坛的重要组成部分，以“共建京瓦新模式，打造农业中关村”为主题。中国农业大学校长孙其信、

农业农村部种业管理司司长张延秋、北京首农食品集团董事长王国丰、荷兰王国驻华大使馆农业参赞武田富(Wouter Verhey)、平谷区委书记王成国分别致辞。

(罗　骏)

【平谷区与中关村示范区孵化器对接工作部署会召开】9月4日,平谷区科信局组织召开平谷区与中关村示范区孵化器对接工作部署会,按照各产业园区和乡镇街道发展定位,全面梳理并为其提供匹配的中关村示范区技术转移服务平台、孵化器名录。各产业园区指派专人入驻中关村平谷园服务处,常态化走访对接各技术转移服务平台和孵化器;各乡镇街道指派专人每周轮流入驻中关村平谷园服务处,与符合自身发展功能定位的中关村示范区技术转移服务平台、孵化器开展洽谈对接。

(罗　骏)

【国桃标准化种植与绿色发展论坛活动举办】9月21日,大华山镇"北京科技小院"与大华山镇政府、北京互联农业发展有限公司共同举办国桃标准化种植与绿色发展论坛活动。对平谷区国桃标准化技术开展研讨,平谷区相关负责人介绍了平谷区国桃标准化种植发展的情况,中国农业大学汇报了"北京科技小院"与互联农业公司开展合作的国桃标准化种植的阶段性成果。

(罗　骏)

【中关村涉农前沿企业与平谷区合作对接】9月23日,平谷区科信局组织北京佳格天地有限公司、北京金晟达生物电子科技有限公司、北京司雷植保科技有限公司3家中关村涉农前沿企业到平谷区开展合作对接,就企业入驻进行沟通交流。

(罗　骏)

【平谷区无人机企业项目通过专家评审】9月28日,在公安装备新产品新技术交流中心举行的专家评审会上,平谷区无人机企业融鼎岳(北京)科技有限公司自主研发的基于自组网分布式技术的轻量化无人机预警与反制设备通过专家评审。该设备利用计算机、无线电侦测、卫星定位、网络通信等前沿技术,将分散的、不同种类的无人机预警反制设备连接起来,形成一张无人机管控的网。该技术在国内外无人机预警与反制设备领域处于领先地位,填补了国内外无人机预警与反制设备的空白,可广泛应用于社会公共安全各个领域。

(罗　骏)

【平谷区企业入选北京民营企业中小百强榜单】10月10日,市工商联发布2020北京民营企业百强榜单,同时发布民营企业科技创新百强、民营企业文化产业百强、民营企业社会责任百强榜单。平谷区企业北京市富乐科技开发有限公司位列北京民营企业中小百强榜单第一。

(罗　骏)

【"粮食安全体验日"活动举办】10月16日,平谷区科信局联合平谷区商务局、平谷区妇联、平谷区农业农村局,以世界粮食日为契机,围绕"端牢中国饭碗　共筑全球粮安"的主题,在平谷区官庄粮食收储有限公司联合开展"粮食安全体验日"活动,普及粮食安全理念和知识。活动累计发放宣传材料2 000份。

(罗　骏)

【平谷区首家创新企业加速器运营】11月5日,由中关村平谷园管委会、北京启迪大街资产管理有限公司、北京市谷财集团有限公司主办的平谷区首家创新企业加速器——启迪绿谷创新企业加速器挂牌运营。启迪绿谷创新企业加速器共引进北京树鱼农业科技有限公司、北京点滴节能有限公司、北京筝力量文化传媒有限公司等10家企业落户平谷。

(罗　骏)

【市科委调研平谷区农业科技创新建设】11月12日,市科委巡视员张虹调研平谷区农业科技创新建设情况,实地考察农科创起步区,在峪口镇政府召开座谈会。平谷区副区长韩小波介绍平谷区设施温室现状及智能温室建设的思路,并对相关工作做出指示。市科委将对落地平谷的高校、科研院所给予支持,在新建智能温室的水肥一体化、安全投入品、病虫害控制、智能装备等方面提供科技支撑,促进智能温室建设实现国产化、可持续的全产业链模式。首农集团副总经理常毅参加座谈会。

(罗　骏)

【中关村国际前沿科技创新大赛农业科技领域决赛闭幕】11月13日,2020年中关村国际前沿科技创新大赛农业科技领域决赛闭幕。此次大赛由中关村管委会主办,平谷区政府、海淀区政府等单位承办,共有15个项目参赛。北京海谱恩科技有限公司、北京协同创新食品科技有限公司、北京艾克赛德生物工程有限公司等10家企业胜出。

(罗　骏)

【产业高质量发展专题培训班举办】11月23—27日，平谷区科信局会同区委组织部组织兴谷开发区、马坊工业园区、马坊物流基地、峪口农科创园区以及全区18个乡镇（街道）和相关委办局共30多家单位40余人在昌平区举办产业高质量发展专题培训班。培训内容结合平谷区功能定位，邀请北京大学、清华大学、中国人民大学、北京航空航天大学等学校专家授课，内容涵盖农业科技创新、通航及无人机产业、招商引资、园区建设等专题，并组织学员到中关村互联网教育创新中心、联想集团等前沿科技平台与企业参观。

（罗　骏）

【中关村平谷园管委会博士后科研工作站授牌】12月18日，中关村平谷园管委会博士后科研工作站授牌。中关村平谷园管委会博士后科研工作站由平谷区委组织部和平谷区科信局共同申报，由人社部和全国博士后管理委员会审核批准。此次平谷区共获批1个园区站和3个企业分站，即平谷园博士后工作站和富乐科技、幸福益生、东方淼森3个分站。

（罗　骏）

【科技项目申报工作开展】年内，平谷区科信局组织北京市华都峪口禽业有限责任公司、北京世纪阿姆斯生物工程有限公司分别申报北京市家禽种业科技创新成果转化平台建设、北京市微生物肥料科技成果转化平台建设2个项目。

（罗　骏）

【中关村平谷园培育经济发展动能】年内，中关村平谷园创新服务培育经济发展动能。搭建中关村农业科技前沿技术创新平台，新入驻孵化企业37家。盘活产业园区闲置土地18.1公顷、厂房7万余平方米，对接落地中央厨房、生物医药、智能制造、无人机等领域10余个项目。实行企业外迁挽留企业服务管家机制，走访企业51家，协调解决防疫物资短缺、资金支持等6类问题。

（罗　骏）

【平谷区科技周活动开展】年内，平谷区以“科技战‘疫’　创新强国”为主题在全区范围内开展科技周活动，涵盖农业、卫生、天文、地理等领域。以“平谷科普”微信平台为媒介，推送科技周工作动态，引导社会公众支持和参与，扩大活动受益面和影响力，营造出崇尚科学、尊重创新的社会氛围，在各类平台推送工作动态20条。邀请知名专家开展线上和线下科普知识大讲堂，以改善食品品质、保鲜加工工艺等为主题，开展特色生活小知识讲座10余场，受众2 100余人次。

（罗　骏）

【农业科技创新示范区建设工作推进】年内，平谷区农业科技创新示范区建设工作持续推进。中国农业大学农业绿色发展研究院科技小院落户平谷区企业北京互联农业发展有限责任公司及南独乐河镇北独乐河村、峪口镇西营村和西樊各庄村，并开展相关研究。北京科技大学平谷生物农业研究院在平谷区建设综合试验站100亩，开展玉米和小麦的生物育种研究。平谷区科信局组织张福锁院士团队、赵春江院士团队实施农业绿色发展技术创新与应用、农业科创区农业人工智能服务平台建设及示范应用2项2019年北京市科技计划课题。组织实施2019年度市、区两级重大关键任务科技支撑专项——平谷特色农产品检测公共服务平台，确定检测项目范围969项，为区内企业及农业市场监管等部门提供检测服务81家次。

（罗　骏）

【平谷农业科技创新投资基金确定成立】年内，平谷区政府与市科委、北京科技创新投资管理有限公司多次对接，确定成立北京平谷农业科技创新投资基金，由中启投资管理（天津）有限公司发起设立并制定《北京平谷农业科技创新投资基金设立方案》。该基金规模Ⅰ期5亿元，北京科创母基金出资30%~40%，平谷区政府出资20%，中启资本出资1%，中化集团和清华启迪出资19%，北京市果树产业发展基金、中粮等其他产业投资方出资20%~30%。基金用于投资现代农业领域，重点聚焦现代种业、智慧农业、农业智能装备、生物技术、营养健康和食品安全监测等，推进平谷农业科技创新示范区建设。

（罗　骏）

# 怀柔区

【概述】 怀柔区科学技术委员会(简称怀柔区科委)是怀柔区负责科技工作的政府部门,下设创新发展科、怀柔区综合事务中心、怀柔区高新产业发展中心、怀柔区社会发展科技中心、怀柔区科技服务业发展中心、怀柔区科学城发展促进中心。人员编制30人,其中公务员编制8人。

2020年,怀柔区科委围绕加快构建以怀柔科学城为统领的"1+3"融合发展新格局,聚焦怀柔科学城建设,着力推进"五态"建设,积极促进科技创新成果转化,培育科技创新生态。年内,首都科技条件平台怀柔工作站有效成员单位达186家,全年征集科技需求60项,与基地、领域中心联合组织院企供需对接4次,为14家企业发放创新券共224.828万元。2020年是市科委下放高新技术企业评审的第一年,怀柔区组织高新技术企业申报材料评审4次,共计通过高新技术企业认定189家。截至年底,怀柔区高新技术企业保有量为604家。年内,完成技术合同登记342份,合同交易额13.2亿元,开展技术市场执法检查55件。全年共支持区级科技计划项目13个,共支持资金740万元。依据《怀柔区科普示范(教育)基地认定管理办法》,认定科普示范(教育)基地11家,共拨付奖补资金149.8452万元。举办系列特色科普活动,主场活动参加人数达到5 000余人次。

(张凤林)

【7项怀柔区科技计划项目(农业类)立项】 2月28日,7项怀柔区科技计划项目(农业类)立项并签订任务书。分别为:北京市怀柔区重要经济作物板栗中真菌毒素污染状况分析与评价研究,怀柔养老健康服务平台建设及社区养老服务模式示范,YF3240新品种配套高效种植技术研究及示范推广,林下黄精种质资源保存、繁育及多糖提取,智能自控镇痛泵用于改善分娩镇痛效果的临床研究,经尿道等离子剜除术与经尿道等离子电切术治疗良性前列腺增生的临床对照研究,健脾益肾宣肺、利湿泄浊活血方治疗2型糖尿病肾病Ⅳ期患者水肿的临床疗效研究。项目共计获得区级财政支持资金315万元。

(闫 彬)

【6项怀柔区科技计划项目(工业类)立项】 3月,6项怀柔区科技计划项目(工业类)立项并签订任务书。分别为:高精度线性快速温变高低温试验设备研发及推广应用、甲硝唑片一致性评价研究与推广、生物发酵棉粕生产工艺的研究与应用、新专技天下网继续教育平台研发、有氧反硝化菌生物强化膜生物反应器技术研发与应用推广、专业DNS防火墙研发和示范应用。项目共计获得区级财政支持资金425万元。

(郭群英)

【首都科技条件平台"百进千"对接活动举办】 4月24日,由怀柔区科委主办的首都科技条件平台怀柔工作站"百进千"专场对接活动在怀柔科学城创新小镇举办。此次活动以"强化成果对接,助力科学城建设"为主题,政府搭建院企合作对接平台,跨部门、跨领域整合开放高校、科研院所科技资源和企业科技需求,面向企业提供研发实验服务,助推科技成果落地转化和企业转型升级。来自全区各领域10余家科技型企业参与其中。北京技术交易促进中心、北京农林科学院研发实验服务基地、北京师范大学研发实验服务基地及北京航空航天大学研发实验服务基地相关领导和专家参加活动。

(刘建峰)

【6项区级科技计划项目通过验收】 4月,6项怀柔区2019年科技计划项目分别通过专家验收。分别为:转炉喷注料及遥控修补装置研发、基于硅基负极的高比能量锂离子电池单体开发、破损组件密封罐焊接密封及操作装置的研发、手机前壳组合双型腔注塑模具的研制、模拟空间诱变技术对微生物变异效应的研究与应用、益生乳酸菌发酵新型速冻米

制品安全生产工艺的开发及应用研究。

（郭群英）

**【2020年公民科学素质大赛开展】** 4—12月，怀柔区委组织部、怀柔区委宣传部和怀柔区科协联合组织开展2020年公民科学素质大赛。大赛分线上和线下2部分。线上部分是通过手机APP、微信公众号、网页等载体，进行公民科学素质大赛线上答题，怀柔区共有2万多人参与答题活动，全市排名第三。线下部分是在线上竞赛的基础上，选拔推荐2名优秀选手代表怀柔区参加2020年北京市公民科学素质大赛决赛。决赛分为入门竞答、PK竞答和科普说3个环节。怀柔区在市级决赛中获得三等奖。

（彭丽娣）

**【科技事业和高新技术产业发展行动规划调研座谈会召开】** 5月20日，怀柔区科委邀请在怀柔区的科研院所、科技服务机构就编制"十四五"时期怀柔区科技事业和高新技术产业发展行动规划进行调研座谈。怀柔科学城管委会、中国科学院空天信息创新研究院、中国科学院力学所、中国科学院计算机网络信息中心、国家空间科学中心、中国科学院大学、北京海创产业技术研究院、中关村信息谷等单位参加座谈。

（史冬洋）

**【高精尖产业技能提升培训补贴政策宣讲会举办】** 5月22日，怀柔区科委邀请市科委专家处领导，对人工智能、医药健康、新能源汽车、新材料、科技服务业5个高精尖产业的区内部分企业开展政策宣讲。20余家企业相关负责人参加会议。

（刘建锋）

**【2020年科技工作者日暨科技人才调查工作启动仪式举办】** 5月29日，怀柔区委组织部、怀柔区科协、有研科技集团有限公司在有研科技集团有限公司怀柔园联合举办2020年科技工作者日暨科技人才调查工作启动仪式。此次活动以"科技原动力，星火可燎原"为主题。市科协、国联汽车动力电池研究院有限责任公司等单位相关领导及部分科技工作者代表参加活动。活动中，怀柔区科协领导向国联汽车动力电池研究院有限责任公司企业科协授牌，并启动怀柔科技人才状况调查。启动仪式后，与会领导与20余名科技工作者开展座谈。

（胡艳春）

**【第11次中国公民科学素质调查开展】** 6—9月，怀柔区进行第11次中国公民科学素质调查。此次调查面向全国31个省区市和新疆生产建设兵团的全部地市级街单位，针对本地区18～69岁公民开展中国公民科学素质调查工作。分入户调查、网络调查、扫码调查3种。怀柔区科协通过电视访谈、微信平台、动员部署、入户等形式进行广泛宣传，确保公民科学素质调查工作做到家喻户晓。怀柔区共收集调查问卷1 160份，其中扫码调查330份、入户调查330份、网络调查500份。经统计，2020年怀柔区具备科学素质公民比例达到11%，超额完成北京市下达的9%的指标值。

（胡艳春）

**【怀柔区科技人才调查工作开展】** 6—12月，怀柔区科技人才调查工作开展，最终形成《怀柔地区科技人才状况调查报告》。本次调查包括3个阶段，分别为普遍调查、重点调查和深度访谈。第一阶段为基本信息收集阶段，通过填报科技人才基本信息调查问卷和表格，共采集到15 734位科技人才(575家单位)的基本信息，汇总形成怀柔地区科技人才基本情况数据库。第二阶段为问卷调查，采用配额抽样的方法抽取各类科技工作者500名作为问卷发放对象，回收有效问卷517份，分布在91单位。第三阶段为深度访谈，重点对中国科学院大学、中国科学院大学工程科学院、中国科学院空天信息创新研究院、国家空间科学中心、中关村科学城管委会、中关村怀柔园、有研工程技术研究院、北京碧水源膜科技有限公司等13家高校、科研院所、园区和企业内人力资源主管及科技人才代表，就科技人才引进、培养情况和科技人才服务供给意见和建议进行讨论。

（曹凌梅）

**【怀柔区科委赴内蒙古开展送科技下乡活动】** 7月28—30日，怀柔区科委副主任王金山带领社会发展中心一行3人赴内蒙古通辽市科尔沁左翼后旗，与旗科协联合开展送科技下乡——农牧民实用技术培训。邀请通辽市农牧业专家在科左后旗的甘旗卡镇、巴嘎塔拉苏木、茂道吐苏木、孟根达坝牧场等地开展培训16场次，参加培训的农牧民600余人。培训会上，专家重点讲授了肉牛养殖技术、YF3240玉米粮饲兼用新品种介绍、优质高产饲草品种及青贮技术、庭院经济、农作物安全合理用药及病虫害防治等实用技术培训会结束后，专家与农牧民一对一交流。

（闫　彬）

【北京康普锡威科技有限公司企业科协成立】8月6日，依照《中国科学技术协会章程》《北京市科学技术协会实施〈中国科学技术协会章程〉细则》的要求，以及《北京市怀柔区科学技术协会管理办法》的有关规定，经怀柔区科协审查，批准成立北京康普锡威科技有限公司企业科协。该协会作为怀柔区科协的基层组织，业务上接受怀柔区科协的指导。

（胡艳春）

【北京市中小学生防震减灾科普创客大赛在怀柔举办】8月21—23日，北京市中小学生防震减灾科普创客大赛在怀柔举办。大赛由市地震局、市应急管理局、市科协和怀柔区政府主办，北京市防震减灾宣教中心、怀柔区科协、怀柔区地震局承办。大赛以“创客五载少年行　防震减灾科普路”为主题，共包括4项子赛事，分别为中学生知识挑战赛、中小学生“小小讲解员”技能竞赛、作品征集大赛和科普剧大赛，同时配套开展防灾科普训练营。怀柔区代表队在中学生防震减灾知识挑战赛中获得亚军。

（彭丽娣）

【2020科普资源基层行活动举办】8月22—23日，以“普及科学知识　创建文明城区”为主题的2020年科普资源基层行活动在怀柔区滨湖万米健身公园举办。此次活动在新冠肺炎疫情常态防控下举办，突出群众参与性，集中全市科普资源，活动涵盖展览展示、互动体验、科学表演等多种形式。展项涉及疫情防控、垃圾分类、节能减排、医疗健康、交通安全、航空航天等九大方面50余项科普互动内容。1 000余名群众参加活动。

（胡艳春）

【2020年全国科技周怀柔专场活动举办】8月23日，怀柔区在滨湖万米健身公园举办2020年全国科技周怀柔专场活动启动仪式。科技周期间，采取线上与线下相结合的方式，集中展示怀柔科技创新成就、科技防疫成效、科技智能生活、科技助力脱贫攻坚等方面的创新风采，线下参与人数3 000余人次。

（闫　彬　史冬洋）

【怀柔区科学素质大讲堂活动举办】8—10月，怀柔区科协在北房、渤海、桥梓3个镇50个村，以“提高全民科学素质　助力文明城区创建”为主题，开展怀柔区科学素质大讲堂活动。重点以垃圾分类为讲课内容，并制作创城、科学城、日常科普知识的展板100余块进行巡回展览，参与人数达2 000人次。

（彭丽娣）

【联乡帮村工作对接活动开展】9月15日，怀柔区科协常务副主席任会东带队到宝山镇西黄梁村，与镇村领导共同研讨帮扶工作。西黄梁村书记介绍了该村基本情况和产业发展思路，任会东结合怀柔区科协的职能，确定今后重点在科学知识普及、农业技术推广、村容村貌整体设计等方面给予支持。

（胡艳春）

【2020年怀柔区科普日活动举办】9月26日，由怀柔区科协主办的“决胜全面小康　践行科技为民——点亮智慧怀柔　共建创新生活”2020年怀柔区科普日活动在滨湖万米健身公园开幕。本次活动通过一系列适合互动的科普体验项目，以及贴近居民日常生活的科普展项，寓教于乐，让广大居民可以在游戏中学习科学知识，同时吸引亲子家庭踊跃参与，培养儿童对科学的热爱。市科协二级巡视员陈维成，怀柔区委常委、组织部部长张闯，怀柔区政协副主席高永革等领导参加活动。

（史冬洋　胡艳春）

【《民法典》宣传进企业】9月，怀柔区科委利用高新企业走访、项目检查，先后为15家企业的60名员工开展《中华人民共和国民法典》宣传。《中华人民共和国民法典》共7编1 260条，各编依次为总则、物权、合同、人格权、婚姻家庭、继承、侵权责任，以及附则。2020年5月28日，第十三届全国人民代表大会第三次会议表决通过《中华人民共和国民法典》，自2021年1月1日起施行。

（郭群英）

【“科技引领　精准帮扶”主题党日活动开展】10月14日，怀柔区科委党总支与宝山镇四道窝铺村党支部开展“科技引领　精准帮扶”主题党日系列活动。怀柔区科委班子成员，宝山镇党委委员、怀柔区人大常委会主任王小梅及包村干部、怀柔区科委和宝山镇四道窝铺村党支部部分党员参加活动。北京有研粉末新材料研究院有限公司向低收入户捐赠扶贫款5万元，怀柔区科委捐赠助老爱心款。

（史冬洋）

【世界粮食日科普宣传活动举办】10月16日，在第40个世界粮食日，以“齐成长、同繁荣、共持续，行动造就未来”为主题的科普宣传活动举办。粮食安全系列宣传活动主题是“端牢中国饭碗　共筑全球粮安”。怀柔区科委与龙山街道联合举办怀柔区世界粮食日宣传活动，全区100余位居民参加。

（闫　彬）

【“两怀一家亲”科技帮扶培训班开班】10月19日，“两怀一家亲”科技帮扶培训班在河北省张家口市开班。怀柔区科委副主任王金山、河北省张家口市怀安县县长助理张津林出席开班仪式，怀安县教育体育和科学技术局副局长景秀萍主持仪式。培训班由怀柔区科委主办，怀安县教育体育和科学技术局承办，培训对象为11个乡镇主管农业副乡镇、贫困村科技致富带头人、相关科局科技工作者共74人。张家口市农业科学院研究员苏浴源、徐东旭、范光宇，高级农业师籍立杰，高级畜牧师杨志敏分别讲授《种植业结构调整》《食用豆新品种及轻简化技术》《坝下地区马铃薯错季生产栽培技术及新品种介绍》《张杂谷产业发展之路》等课程。

（闫　彬）

【现代农业示范基站需求对接会召开】11月6日，怀柔区科协组织北京食品学会、北京果树学会、北京设计学会和北京人智能学会的9名专家，在渤海镇渤海所村的北京老栗树聚德源种植专业合作社召开现代农业示范基站需求对接会。对接会上，老栗树合作社负责人介绍自身情况和需求，希望专家们在品牌塑造、农企合作、产品创新深加工等方面给予支持和帮助。

（曹凌梅）

【怀柔综合性国家科学中心战略科技人才引进机制决策沙龙举办】11月7日，由怀柔区委组织部、怀柔区科协承办的怀柔综合性国家科学中心战略科技人才引进机制决策沙龙活动在怀柔区雁栖湖畔举行。本届沙龙活动依托于北京怀柔首届雁栖人才论坛暨第二届海创论坛，邀请中国人事科学研究院原院长吴江、科技部中国科学技术发展战略研究院研究员赵刚等7位专家学者，通过主旨报告和自由发言的方式对怀柔区战略科技人才引进机制进行探讨。专家们从国家政策到科研环境、人文环境等多个层面提出建议。市科协副主席陈晓峰出席活动。

（史冬洋　曹凌梅）

【医疗专家到雁栖镇范各庄村义诊】11月10日，怀柔区科协、西城区科协联合开展2020年西城、怀柔科协牵手共建科技下乡活动，组织医疗专家到雁栖镇范各庄村进行义诊。来自首都医科大学宣武医院心内科、北京市第二医院心内科、西城区德胜社区卫生服务中心中医科、北京市丰盛中医骨伤专科医院骨科、首都医科大学附属复兴医院眼科的主任医师们为现场100余名村民进行义诊咨询，还为居民配发宣传资料700余份。

（彭丽娣）

【世界艾滋病日宣传活动开展】11月25日—12月5日，怀柔区科委组织相关部门在宝山镇四道窝铺村、滨湖万米健身公园、京客隆停车场开展以“携手防疫抗艾，共担健康责任”为主题的防治艾滋病科普宣传活动。活动通过艾滋病防治图片、现场讲解、发放艾滋病防治宣传品等多种形式，向广大居民宣传介绍艾滋病防护、治疗等相关知识，全面提高居民支持参与艾滋病防治的意识。活动共举办4次，现场发放艾滋病宣传资料4种，共计500余份，4 000余人次受益。

（闫　彬）

【2020年北京青少年知识分享活动举办】12月7日，怀柔区科协与怀柔区教委联合开展“汲取榜样力量　追逐青春梦想”2020年北京青少年知识分享暨青少年科技创新大赛宣传活动在怀柔区第二中学拉开序幕。中国科学院大学副校长杨国强、北京青少年科技活动中心主任张小虎出席、怀柔区科协常务副主席任会东出席启动仪式。活动特邀来自全国各地的青少年代表陆续走进怀柔区7所中学，以巡回演讲和展览的形式，与同学们分享学习方法和经验，激励大家发奋学习，追寻心中的青春梦想。

（彭丽娣）

【第三届怀柔区青少年机器人人工智能比赛举办】12月12日，怀柔区科委与怀柔区教委联合举办第三届怀柔区青少年机器人竞赛暨机器人人工智能比赛线上竞赛。本次活动是对机器人竞赛以线上形式举办的有益尝试和探索，旨在为广大青少年机器人爱好者搭建学习机器人编程、虚拟搭建竞技和交流实践的平台，激发青少年对机器人技术的学习兴趣和热情。共有87名选手报名参赛，最终在小学、初中、高中3个级别中，分别评选出一等奖1名、二等奖2名、三等奖3名，并评选出优秀辅导教师18名。在区级竞赛的基础上，获奖选手参加市级竞赛，获市级竞赛小学组一等奖6名、二等奖4名、三等奖6名，初中组一等奖4名、二等奖2名、三等奖2名；高中组一等奖2名、二等奖1名，并获得初中组季军。

（彭丽娣）

【传感器产业发展研讨会举办】 12月15日，怀柔区科协联合中国仪器仪表学会科学仪器工作委员会、怀柔仪器和传感器有限公司共同举办传感器产业发展研讨会。研讨会聚焦北京怀柔综合性国家科学中心建设，以打造怀柔科学城品牌效应、引导传感器产业要素在怀柔聚集、助力怀柔传感器产业生态建设为目标，集聚国内外传感器领域极具影响力的35位科学家和企业家，以主旨演讲、圆桌会讨论等形式进行。研讨会围绕传感器领域的技术前沿、产业趋势和热点问题，当前国内外传感器技术及产业发展情况，怀柔区应发展的重点技术方向、领域及产业集群的建设，高校院所成果转化的需求等议题进行探讨，为怀柔传感器产业发展提供了一个高水平的交流平台。

（曹凌梅 史冬洋）

【第一届中国光电分析仪器发展论坛活动在怀柔举办】 12月23日，OmniFluo990稳态瞬态荧光光谱仪全球发布会暨第一届中国光电分析仪器发展论坛在怀柔举办。论坛由北京卓立汉光分析仪器有限公司、北京怀柔仪器和传感器有限公司、怀柔区经济和信息化局、怀柔区科委联合举办。100余名来自各级政府部门以及企业、科研院所、高校的专家学者共同探讨国家光电分析仪器的产业发展前景和热点问题。

（赵百川 史冬洋）

【《北京市怀柔区促进科技成果转移转化实施方案》出台】 12月25日，怀柔区政府办公室印发《北京市怀柔区促进科技成果转移转化实施方案》的通知。该实施方案由怀柔区科委在前期调研，与相关部门、科研院所、企业等开展座谈征求意见的基础上完成编制。围绕推动科技成果信息汇集与共享，提升创新主体建设与产学研协同，发展壮大新业态、新模式，推进科技成果转移转化载体建设，健全科技成果转移转化服务体系，加强科技成果转移转化人才队伍建设与服务配套，强化科技成果转移转化的多元化资金投入指定25条具体措施，以加强科技与经济紧密结合，加快推进科技成果转化和先进技术转移。

（王立冬）

【怀柔区科委支持科普项目实施】 年内，怀柔区科委投资197.5191万元，实施怀柔区青少年机器人课程及竞赛建设项目、怀柔区人工智能创客实验室建设项目，建立机器人教育阵，为学校配备机器人课程教具、教材，同时设置机器人课程培训，推动青少年科学素质行动，提高青少年的科学兴趣、创新意识、动手实践能力。

（彭丽娣）

【科技型中小企业评价工作开展】 年内，怀柔区科委开展2020年怀柔区科技型中小企业评价工作。向全区企业宣传科技型中小企业评价政策、具体操作流程、注意事项等内容，以进一步给企业降低成本，使企业能够享受研发费用75%加计扣除，提高企业自主创新的积极性。截至年底，评价系统中已注册382家企业，81家企业取得入库编码。

（王五山）

【怀柔科协微信平台建设】 年内，“怀柔科技”微信公众号日常信息发布以图文形式进行推送，共发送536篇科普信息，其中新冠肺炎疫情期间推送153篇疫情防控信息。信息内容以贴近百姓生活的科普知识点为重点，介绍《中华人民共和国科学技术普及法》、创建森林城市、创建文明城区、扫黑除恶专项斗争、大众健康等知识。

（彭丽娣）

【科普展板更换与维护】 年内，怀柔区科委开展科普设施建设与维修工作。共计更换科普展板内容1 800余块，内容涉及创建文明城市，创建森林城市，土壤污染，环保（新能源、蓝天保卫战、节水），老年人卫生防病（常见病、健康保健知识），气象、防灾知识，疫情防控知识，科学城知识。

（彭丽娣）

# 密云区

【概述】密云区科学技术委员会(简称密云区科委)是密云区负责科技管理工作的政府部门。负责落实北京市各项科技政策及北京全国科技创新中心工作任务,制定区内科技政策及科技发展规划,做好高新技术企业认定与服务、外国专家及科技人才的培育与服务、科普项目申报管理与科普活动宣传培训,以及市、区各类科技项目的组织实施与管理。设有8个科室,其中内设职能科室4个,分别是办公室、工业与社会发展科、农村科技发展科、信息科;财政补助正科级事业单位4个,分别是密云区科技馆、密云区生产力促进中心、密云区科学城建设综合协调中心、密云区社会发展科技中心。现有编制65人,其中公务员编制12人、机关工勤编制4人、事业编制49人。

2020年,密云区科委以推进怀柔科学城东区建设、强化企业创新主体地位为重点,持续推动创新要素向企业集聚,促进产学研深度融合,培育发展新动能。年内,怀柔科学城东区建设稳步推进,“1+5”科学设施项目全部按期开复工。其中地球系统数值模拟装置项目完成土建工程,科研设备采购完成99%,设备安装完成25%;4个中国科学院“十三五”科教基础设施平台全部完成主体结构封顶,清华大学空地一体环境感知与智能响应平台完成总工程量的8.5%;全年完成固定资产投资7.1亿元,其中建安投资3亿元。全区国家高新技术企业发展到520家,技术合同成交额达到15.4亿元。引进示范农业优良品种32个。科普阵地发展到32家,其中市级科普教育基地12个,覆盖12个镇街和地区。

(焦 扬)

【“筑梦童心 放飞梦想”科学实验秀举办】1月16—19日,密云区科技馆举办为期3天的“筑梦童心 放飞梦想”科学实验秀活动。2700余名观众参加活动。

(许小亮)

【地球系统数值模拟装置项目复工】2月19日,密云区住建委、密云区卫健委、密云经济开发区管委会联合对怀柔科学城东区地球系统数值模拟装置项目进行复工条件检查,检查组认为项目准备充分,具备复工条件。2月21日项目复工。

(任雪娇)

【4个“十三五”科教基础设施项目全部进场施工】2月20日、3月5日、3月6日,环境污染物识别与控制协同创新平台、京津冀大气环境与物理化学前沿交叉研究平台、深部资源探测技术装备研发平台和泛第三极环境综合探测平台4个“十三五”科教基础设施项目施工单位分别进场开展临建施工。

(程 翔)

【线上科普活动举办】2月25日,密云区科技馆开展线上“深度看展项”和“科学小实验”活动。全年利用微信公众号制作发布展品介绍和居家小科学实验17期,浏览量2000余人次。

(许小亮)

【“密科10条”发布】2月28日,《密云科委关于应对新型冠状病毒感染肺炎疫情影响加强对中小企业科技服务的若干措施》(简称“密科10条”)发布,从压缩政策资金申请时限、延长项目验收期等10个方面服务区内科技型企业,抗击疫情,平稳发展。

(宋玉美)

【环境污染物识别与控制协同创新平台项目奠基】3月26日,环境污染物识别与控制协同创新平台项目举行开工奠基仪式,成为怀柔科学城东区4个“十三五”科教基础设施平台中首个开工的项目。密云区委书记潘临珠、区长龚宗元、副区长张明智,中国科学院生态环境研究中心主任欧阳志云,怀柔科学城管委会主任助理丁明达出席仪式。

(程 翔)

【“线上课堂”政策宣讲活动举办】3月30日—4月1日,密云区科委邀请市科委宣讲团成员单位举办为期3天的系列科技惠企政策线上宣讲活动。重点宣讲和解读了国家及市级抗疫政策、国家高新技术企业认定、研发费用加计扣除、中小微企业研发费用补贴等政策，区内1 000余家科技企业参加培训。

（李　杰）

【参与京津冀大气环境与物理化学前沿交叉研究平台建设】4月10日，密云区副区长张明智参加京津冀大气环境与物理化学前沿交叉研究平台项目开工奠基仪式，标志项目破土动工。平台项目建设地点为怀柔科学城东部组团密云经济开发区，地球系统数值模拟装置西侧，项目总投资11 396万元，建筑面积约8 000平方米，建设周期3年。

（程　翔）

【密云区科技馆虚拟数字科技馆上线】4月24日，密云区科技馆虚拟数字馆上线，馆内“探索宇宙之路”“声波万象”等60个展览展示实现线上游览。市民可通过关注“密云科技馆”微信公众号或直接访问中国数字科技馆网站进行网上游览。

（许小亮）

【密云区科普基地畅游导览图绘制】4月，密云区科委梳理整合区内科普基地资源，设计绘制密云区科普基地畅游导览图。导览图推介东、西、东南3条线路，包括蜜蜂大世界、玫瑰情园等14个科普基地的基本情况、地理位置、导航路线、联系电话等内容，首批印发2万份。

（李大轩）

【“百进千”专场对接会开展】5月29日，密云区科委联合北京师范大学研发实验服务基地、北京农林科学院研发实验服务基地，开展“百进千”——抗击疫情助力中小微企业复工复产专场对接会，会议对首都科技条件平台及首都科技创新券的使用形式、支持对象等内容进行讲解，区内医药健康、新一代信息技术、现代农业3个领域的12家企业参加对接会。北京中新药业股份有限公司与北京师范大学研发实验服务基地、北京喜逢春雨农业科技发展有限公司与北京农林科学院研发实验服务基地达成初步合作意向。

（宋玉美）

【2019年度科普统计工作开展】6月，密云区科委组织全区90余家单位开展2019年度科普统计工作。数据显示，全区有科普专兼职人员2 434人，同比增长15.51%；注册科普志愿者2 682人，同比增长125.95%；科普经费筹集额2 074.12万元，同比增长4.83%；科普经费使用额2 038.05万元，同比增长9.1%；科普场地中各种类型科普场馆、场地参观人数102万人次；创办12个科普类微信公众号，发文1 314篇，阅读量达到43万次；广泛开展群众性、社会性、经常性的科普活动，受众50余万人次；科普旅游收入1 047.4万余元，同比增长11.3%。

（赵　虹）

【厨余垃圾处理示范工程试运行】7月16日，高岭镇高岭村、太师屯镇葡萄园村实施的北京市科技计划厨余垃圾处理示范工程项目，完成垃圾处理站点基础设施建设，进入全面试运行阶段。项目承担单位为北京中源创能工程技术有限公司和北京化工大学，研发了集自动上料、驱动破碎、联动搅拌等功能于一体的快速资源化高质化设备，配置生物除臭系统，实现厨余垃圾就地进行快速发酵，转化为有机肥和液肥，用于有机农业种植。试运行阶段2个垃圾处理站每日可处理厨余垃圾约1吨。

（李大轩）

【空地一体环境感知项目建议书获批】8月14日，由清华大学建设的空地一体环境感知与智能响应研究平台项目建议书（代可行性研究报告）获得市发展改革委批复。8月31日，项目施工单位进场，开展临建施工。10月11日，举行开工仪式，开展土方施工。

（任雪娇）

【“创客北京2020”密云专场举办】8月14日，密云区科委联合碳立方控股成功举办“创客北京2020”创新创业大赛密云区专场及线下路演活动，区内智能制造、节能环保、医药健康等产业的21家企业参赛，美中双和等6家企业成功晋级北京市决赛。

（宋玉美）

【2020年密云科技活动周举行】8月23—29日，2020年密云科技活动周在密云科技馆举行。本次科技周以“科技战‘疫’　创新强国”为主题，分为健康生活、智慧生活、科技生活3个展区，包括展览展示活动和科学实验表演秀活动。科技活动周期间接待观众5 400余人次，日均接待800人次。

（许小亮）

【铲运机自动化出矿技术研发与示范项目通过验收】9月3日，密云区国家高新技术企业金诚信矿业管理股份有限公司承担的面向金属矿山安全生产的铲运机自动化出矿技术研发与示范项目通过专家验收。项目实施期间，建成铲运机自动化出矿集控一体平台，成功研发车载核心控制器、铲运机自动化控制和安全联动控制系统，实现自动化铲运矿和无人化出矿。

（杜景龙）

【怀柔科学城东区 2 个项目主体结构封顶】9 月 8 日，由中国科学院大气物理研究所承建的京津冀大气环境与物理化学前沿交叉研究平台项目主体结构封顶，成为怀柔科学城 11 个“十三五”科教基础设施项目中首个实现主体结构封顶的项目。10 月 16 日，由中国科学院生态环境研究中心承建的环境污染物识别与控制协同创新平台项目实现主体结构封顶。

（程　翔）

【新媒体营销培训班举办】9 月 9—10 日、11 月 26 日，密云区科委与密云农业科技创新创意服务联盟共同举办新媒体营销培训班，区内 40 家农业企业负责人、营销人员共计 170 余人次参加培训。培训聘请新媒体运营机构资深讲师详细讲解以抖音为代表的新媒体内容运营实操技巧、农业成功账号案例拆解分析等内容，并为参会企业进行账号诊断，进一步提升企业新媒体运营水平。

（赵红霞）

【科普日活动举办】9 月 19 日，密云区科技馆举办以“践行科技为民　共建生态密云”为主题的科普日活动，包括科学实验表演、科普教育活动、主题展参观、地板冰壶体验等。1 000 余人次参与活动。

（许小亮）

【企业自主选育月季品种亮相长安街】9 月 25 日，密云区内企业北京红月季农业科技有限公司自育的 3 000 余棵“红珊瑚”“火凤凰”月季作为北京优秀自主知识产权育种成果，与其他 200 余个品种共同作为国庆布置花卉扮靓天安门广场和长安街沿线。

（李树新）

【“庆国庆　迎中秋”主题科普教育活动举办】10 月 4—8 日，密云科技馆开展以“庆国庆　迎中秋”为主题的科普教育系列活动。活动分为科学魔幻秀展演、魔幻科学课程、展厅特色教育活动三大板块，累计开展科普活动 45 场次，接待观众 1 500 余人次。

（许小亮）

【对区级科技项目承担单位开展培训】10 月 14 日，密云区科委聘请专家对区级科技项目承担单位开展项目管理和经费使用培训，21 家企事业单位参加培训。培训围绕核算记账方法、经费审计要点和项目过程管理、信用评价等内容进行了详细讲解，并发放了“诚信建设万里行”宣传材料。

（李大轩）

【两区领导到怀柔科学城东区调研】10 月 23 日，怀柔区委书记、怀柔科学城党工委书记戴彬彬带队到怀柔科学城东区调研，密云区委书记潘临珠等参加。戴彬彬一行察看了怀柔科学城东区项目建设情况，两区围绕推进怀柔科学城东区规划建设进行交流。怀柔区将全力支持科学城东区规划建设，将怀柔科学城规划与两区分区规划有机统筹，进一步推进“十四五”科学设施平台布局。密云区将全力以赴推进科学城东区建设，抓好各科学设施平台项目进度，并积极推进北大医学中心项目落地落实。

（任雪娇）

【首都科技条件平台及创新券政策培训会举办】10 月 23 日，密云区科委举办首都科技条件平台及首都科技创新券相关政策培训。区内 80 家科技型企业 100 余人参加培训。

（宋玉美）

【医药健康产业创新发展研学班举办】11 月 10 日，密云区委组织部、密云区科委、密云区经济开发区管委会举办为期 3 天的医药健康产业创新发展研学班。区内 32 家医药企业的 54 名企业负责人、研发团队带头人及相关委办局主管领导参加研学。研学班采取集中授课、座谈交流等形式，邀请国家卫生健康委医药科技发展研究中心、北京生物技术和新医药产业促进中心等单位的 11 名专家围绕政策与产业布局、行业发展趋势、产品注册、投融资及项目推介四大主题开展研学活动，为区内医药健康企业搭建了学习交流的平台。

（宋玉美）

【奥金达蜜蜂生态科普馆建成】11 月 13 日，奥金达蜜蜂生态科普馆建成。该科普馆位于高岭镇奥金达蜂产品专业合作社内，由密云区科委利用科普专项资金投资建设，项目总投资 343.52 万元。科普馆占地 710 平方米，分为五大展区，以鲜活的蜜蜂动漫形象、生动的交互方式，充分展示密云生态环境优势，以及蜜蜂先进的养殖技术、蜜蜂的采蜜过程等科普知识。

（董　敏）

【蜂授粉专题研讨会举办】11 月 23 日，密云区科委与市科委农村发展中心联合举办蜂授粉专题研讨会。中国农业科学院蜜蜂研究所、中国养蜂学会、全国农业技术推广服务中心、北京市农林科学院4支授粉蜂团队的8名专家就“以市场为导向如何把密云蜂产业做大做强”进行了专题研讨，提出加强顶层设计、培育授粉产业主体、聚焦单一重要作物示范推广蜜蜂授粉与绿色生防技术等建议。

（赵红霞）

【空地一体项目模拟场选址科学城东区】12月11日，密云区副区长张明智主持召开推进空地一体环境感知与智能响应研究平台项目模拟场选址及实施路径有关工作专题会，初步决定在怀柔科学城东区原经济开发区B区C8地块的规划公园绿地建设承载模拟场功能的公园。

（任雪娇）

【国家高新技术企业政策宣讲及颁证会举办】12月17日，密云区科委举办国家高新技术企业政策宣讲及颁证会，为39家新认定的国家高新技术企业颁发高新证书，并开展政策宣讲，向企业发放便企服务卡。

（李　杰）

【怀柔科学城东区5个平台项目完成年度任务】年内，中国科学院大气物理研究所承建的京津冀大气环境与物理化学前沿交叉研究完成总工程量的46.8%，中国科学院生态环境研究中心承建的环境污染物识别与控制协同创新平台项目完成总工程量的43%，中国科学院地质地球所承建的深部资源探测技术装备研发平台项目完成总工程量的37.5%，中国科学院青藏高原所承建的泛第三极环境综合探测平台项目完成总工程量的52%，清华大学、北京怀柔科学城建设发展有限公司共同承建的空地一体环境感知与智能响应研究平台项目完成总工程量的8.5%。

（王　研）

【4家企业被认定为市级科技研发机构】年内，北京超同步股份有限公司等4家国家高新技术企业被市科委认定为北京市级企业科技研究开发机构。全区经市科委认定各类研发机构达到15家，数量位居生态涵养区首位。

（李　杰）

【10人获评密云区第三届科技创新领军人才】年内，北京康辰药业股份有限公司杨红振等10名科技人员被评为密云区第三届科技创新领军人才，涉及医药健康、智能制造等6个领域。全区科技创新领军人才达到50人。

（王　隽）

【蜜蜂免移虫技术推广】年内，密云区科委与江西农业大学蜜蜂研究所合作，引进第十代蜜蜂免移虫技术与设备，并在北京山水甜源养蜂专业合作社、北京奥金达蜂产品专业合作社等9家蜂场进行示范，示范蜂群600群；发放免移虫产浆设备30套，组织专家现场技术指导、网络培训及交流活动7次，对蜂王浆机械化、规模化生产及提高蜂农效益具有重要的引领示范作用。

（赵红霞）

【32家企业加入首都科技条件平台】年内，医药健康领域开能康德威健康科技（北京）有限责任公司、现代农业领域金泽方舟（北京）农业科技有限公司等32家企业加入首都科技条件平台，解决惠林苑生物科技的生物降解垃圾袋等科技需求33项，6家企业成功申请首都科技创新券117万元。

（宋玉美）

【3项成果获北京市科学技术进步奖】年内，同方威视“毫米波人身安检技术研究及应用”、百年栗园“北京油鸡新品种培育与产业升级关键技术研发应用”2项成果获北京市科学技术进步奖一等奖，其中毫米波人身安检设备打破了美、英、德等国垄断态势，一定程度满足了中国对新一代安检装备的迫切需求。密云区植保植检站“设施蔬菜重要害虫配备式天敌增效控害技术研究与应用”获北京市科学技术进步奖二等奖，该技术成果累计推广应用面积2.54万亩次，推进了天敌昆虫生物防治在设施蔬菜上的规模化应用。

（李　杰）

【59项成果被认定为北京市新技术新产品（服务）】年内，北京华厚能源科技有限公司的华厚能源管理系统等47家国家高新技术企业的59项创新成果被认定为北京市新技术新产品（服务）。全区累计166项产品通过认定，涉及医药健康、新一代信息技术、节能环保等高精尖领域。

（李　杰）

【66家企业被认定为科技型中小企业】年内，密云区科委以个性化辅导、政策培训、电话咨询等方式指导企业网上申报科技型中小企业，北京北铃专用汽车有限公司、北京市京海换热设备制造有限责任公司等66家企业被科技部认定为科技型中小企

业，数量居生态涵养区首位。

（李　杰）

【科技特派队伍建设】年内，密云区服务重点农业产业自然人科技特派员发展到280人，法人科技特派员发展到22家。其中专家科技特派员92人，涉及蜂、葡萄－红酒、北京油鸡、果蔬等9个领域。

（赵红霞）

# 延庆区

【概述】延庆区科学技术委员会（简称延庆区科委）加挂中关村科技园区延庆园管理委员会（简称延庆园管委会）牌子，中关村延庆园服务中心加挂延庆区投资促进服务中心牌子，实现了中关村延庆园发展、招商引资、企业服务、科技创新等职能的整合。延庆区科委（延庆园管委会）设有办公室（党办）、办公室（政办）、规划发展科、园区统筹发展科、创新能力建设科5个科室。

2020年，延庆园共引进企业1 041家，注册资本86.8亿元，其中4个重点培育产业企业262家（新能源和能源互联网企业74家、现代园艺52家、冰雪体育企业112家、无人机企业24家），包括瞪羚企业33家、展翼企业9家、雏鹰人才企业12家、金种子企业6家。年内，延庆园形成区级财政收入12.08亿元，同比增长16.8%，占全区财政税收收入的80%。规模以上工业企业完成工业总产值103.9亿元，同比增长29.5%，占全区规上工业企业产值的94.9%；完成固定资产投资3.3亿元，建安投资2.5亿元（1—10月）。年内，延庆区科委（延庆园管委会）积极推进《延庆区“十四五”时期延庆园发展规划（2021—2025年）》《中关村延庆园空间规划（2020—2025）》《国家农业科技园区规划》的编制工作。6月30日，通过与各相关部门对接，起草完成《强化创新驱动　科技支撑延庆乡村振兴行动方案（草案）》的编制工作。延庆区科委（延庆园管委会）开展国家高新技术企业认定辅导和中关村高新技术企业认定工作，48家企业获得经科技部备案的高新技术企业，149家企业通过中关村高新技术企业认定。截至年底，延庆区经科技部备案的高新技术企业达到190家。中关村高新技术企业402家，其中双高企业153家，高新技术企业总数达439家。延庆区技术市场交易额达到5.5亿元。

（王小冰　张　磊）

【第三届“创业北京”创业创新大赛延庆赛区选拔赛活动组织】7月16日，延庆区科委（延庆园管委会）筹备完成“创新创业 · 智慧延庆”创业创新大赛暨第三届“创业北京”创业创新大赛延庆赛区选拔赛活动。作为大赛的主办单位，组织延庆园区企业报名参赛，并以举办创业大赛为发力点，重点做好宣传推广、项目指导等工作，同时关注参赛项目的社会价值和创业群体的社会贡献，促进相关项目在延庆落地生根、持续发展，为园区就业创业注入新动力。

（张　磊）

【扶贫协作工作组织开展】8月13—14日，延庆区科委（延庆园管委会）到河北省张家口市怀来县、宣化区，内蒙古自治区兴和县开展产业帮扶园区共建活动，中关村延庆园与沙城经济开发区、宣化经济开发区、兴和县兴旺角工业园区分别签署共建合作协议。中关村延庆园、北京启迪之星创业加速科技有限公司与3地共建园区签署异地协同创新战略合作框架协议书；企业为共建园区捐赠20万元的科技创新产业发展资金，中国银行延庆支行向兴和县园区捐赠2万元的产业发展招商资金，园区企业北京中旺世达集团有限公司为共建地区21位贫困学生捐赠7.5万元爱心助学资金。10月28日，在兴和县京蒙帮扶协作活动中，北京中旺世达集团有限公司、北京中康增材科技有限公司为兴和县捐赠帮扶资金10万元。

（李　航）

【延庆区第26届科技周活动举办】8月25日，由延庆区科委（延庆园管委会）、区委宣传部、区卫生健康委、区科协主办，北京世园公园承办的2020年北京市延庆区第26届科技活动周启动仪式暨科普游世园活动在北京世园公园举行。约200人参加开幕式活动。活动现场发放《中华人民共和国科学技术普及法》《北京市技术市场条例》《野生动物保护条例》及知识产权保护、公民科学素质提升读本等宣传材料10 000余份。其间，北京玻钢院复合材料有限公司组织当地中小学学生及其他社会人士走进科研院所，感受科技魅力；斯贝福（北京）生物技术有限公司、北京中研海康科技有限公司等6家中关村延庆园的高新技术企业进行科技抗疫技术和实物展示等活动。

（崔秀兰）

【新冠肺炎疫情防控工作开展】年内，延庆区科委（延庆园管委会）开展新冠肺炎疫情防控工作，指导帮助企业做好疫情防控。疫情期间，为企业线上推送防疫指引1 226次，进行线下防疫指导515次，发放口罩10万只、红外线测温仪60支、消毒液1 000千克，印发《促进延庆区重点企业和工程开复工的若干措施》《应对新型冠状病毒疫情影响促进园区企业发展的措施》等10条具体措施，支持企业45家，落实资金323万元。与区内8家金融机构对接，为14家企业落实贷款2.74亿元。纳通集团、联合益康（北京）生物科技有限公司先后建立19条高标准口罩生产线，累计生产口罩近2亿只。

（张　磊）

【系列科普活动组织开展】年内，延庆区科委（延庆园管委会）与北京启迪之星创业加速科技有限公司、北京世园文旅投资发展有限公司、北京玻钢院复合材料有限公司、北京金粟种植专业合作社、延庆区儒林街道办事处、延庆区第四中学6家单位签订科技专项任务书，开展科普进学校、进社区、进场馆、进企业等系列科普活动。在地质博物馆开展践行“两山”理论爱地球爱家园主题科普活动、在野鸭湖湿地自然保护区开展全国“放鱼日”同步增值放流活动等科普宣传活动。

（崔秀兰）

【技术市场管理宣传和执法工作开展】年内，延庆区科委（延庆园管委会）印制技术市场宣传品1 800份，结合科普五进活动向机关、企业等进行宣传，发放宣传品1 200余份。对全区技术交易中虚假技术或者虚假技术信息进行执法检查，共检查138件。

（崔秀兰）

【北京市知识产权公共服务中关村延庆园工作站建站】年内，延庆区科委（延庆园管委会）根据北京市知识产权维权援助中心、北京市延庆区知识产权局的工作要求，建立北京市知识产权公共服务中关村延庆园工作站并开展中关村延庆园园区的知识产权日常工作。

（崔秀兰）

【知识产权宣传周活动开展】年内，延庆区科委（延庆园管委会）按照国家知识产权局《关于开展2020年全国知识产权宣传周活动的通知》要求，结合新冠肺炎疫情防控和延庆园具体工作部署，围绕“知识产权与健康中国”的宣传主题开展一系列宣传活动：一是线上举办4场讲座，助力小微型创业企业健康发展；二是线下送知识产权进企业；三是在延庆园办公楼一楼大厅LED屏幕上全天轮播2020年全国知识产权宣传周宣传海报，助推全区知识产权周宣传活动。

（崔秀兰）

【迁出单位奖励资金追回】年内，延庆区科委（延庆园管委会）按照双创资金奖励政策有关规定，对已迁出延庆园区的北京犀牛互娱科技有限公司和中源圣涂（北京）科技有限公司2家企业已享受的高新奖励资金14万元进行追回。

（张　磊）

【“服务包企业”工作完成】年内，延庆区科委（延庆园管委会）累计线上走访园区企业95家次，线下走访28家次，累计回访企业33家次。针对北京中康增材科技有限公司提出资金紧张、申请银行贷款未获批的诉求，积极落实对接，企业已经获得北京银行200万元和中国农业银行200万元贷款支持，享受2万元双创资金政策，并与首创证券对接，确立合作协议。

（李　航）

# 政策法规选编

# 中共北京市委　北京市人民政府关于加快培育壮大新业态新模式促进北京经济高质量发展的若干意见

2020 年 6 月 9 日

为深入贯彻习近平总书记关于统筹推进疫情防控和经济社会发展工作的重要指示精神，认真落实党中央决策部署，扎实做好“六稳”工作，全面落实“六保”任务，努力在危机中育新机、于变局中开新局，促进北京经济平稳增长和高质量发展，现提出以下意见。

## 一、总体要求

以习近平新时代中国特色社会主义思想为指导，全面贯彻党的十九大和十九届二中、三中、四中全会精神，深入贯彻习近平总书记对北京重要讲话精神，坚持以人民为中心的发展思想，坚持稳中求进工作总基调，坚持新发展理念，坚持以供给侧结构性改革为主线，坚持以改革开放为动力，立足首都城市战略定位，准确把握数字化、智能化、绿色化、融合化发展趋势，在疫情防控常态化前提下，加快推进新型基础设施建设，持续拓展前沿科技应用场景，不断优化新兴消费供给，高水平推进对外开放，全面改革创新政府服务，培育壮大疫情防控中催生的新业态新模式，打造北京经济新增长点，为北京经济高质量发展持续注入新动能新活力。

## 二、把握新基建机遇，进一步厚植数字经济发展根基

抓住算力、数据、普惠 AI 等数字经济关键生产要素，瞄准“建设、应用、安全、标准”四大主线谋划推进，力争到 2022 年底基本建成网络基础稳固、数据智能融合、产业生态完善、平台创新活跃、应用智慧丰富、安全可信可控的新型基础设施。

（一）建设新型网络基础设施。扩大 5G 网络建设规模，2020 年底前累计建成 5G 基站超过 3 万个，实现五环内和北京城市副中心室外连续覆盖，五环外重点区域、典型应用场景精准覆盖，着力构建 5G 产业链协同创新体系，推进千兆固网接入网络建设。优化和稳定卫星互联网产业空间布局。以高级别自动驾驶环境建设为先导，加快车联网建设。构建服务京津冀、辐射全国产业转型升级的工业互联网赋能体系，加快国家工业互联网大数据中心、工业互联网标识解析国家顶级节点（北京）建设。

（二）建设数据智能基础设施。推进数据中心从存储型到计算型升级，加强存量数据中心绿色化改造，加快数据中心从“云 + 端”集中式架构向“云 + 边 + 端”分布式架构演变。强化以“筑基”为核心的大数据平台建设，逐步将大数据平台支撑能力向下延伸，构建北京城市大脑应用体系。提升“算力、算法、算量”基础支撑，打造智慧城市数据底座。推进区块链服务平台和数据交易设施建设。

（三）建设生态系统基础设施。加强共性支撑软件研发，打造高可用、高性能操作系统，推动数据库底层关键技术突破。培育一批科学仪器细分领域隐形冠军和专精特新企业。鼓励建设共享产线等新型中试服务平台。支持各类共享开源平台建设，促进形成协同研发和快速迭代创新生态。加强特色产业园区建设，完善协同创新服务设施。

（四）建设科创平台基础设施。以国家实验室、怀柔综合性国家科学中心建设为牵引，打造多领域、多类型、协同联动的重大科技基础设施集群。突出前沿引领、交叉融合，打造与重大科技基础设施协同创新的研究平台体系。围绕脑科学、量子科学、人工智能等前沿领域，加强新型研发机构建设。以创建国家级产业创新中心为牵引，打造产业创新平台体系。完善科技成果转化服务平台，培育先进制造业集群促进机构。

（五）建设智慧应用基础设施。实施智慧交通提升行动计划，拓展智能停车、智慧养老等智慧社区和智慧环境应用。加快构建互联网医疗服务和监管体系，推进互联网医院建设，加强 AI 辅助诊疗等技术运用。引导各类学校与平台型企业合作，开发更多优质线上教育产品。支持企业建设智能协同办公平台。推动“互联网＋”物流创新工程，推进现代流通供应链建设。加快传统基建数字化改造和智慧化升级。

（六）建设可信安全基础设施。促进网络安全产业集聚发展，培育一批拥有网络安全核心技术和服务能力的优质企业，支持操作系统安全、新一代身份认证、终端安全接入等新型产品服务研发和产业化，建立可信安全防护基础技术产品体系，形成覆盖终端、用户、网络、云、数据、应用的安全服务能力。支持建设一体化新型网络安全运营服务平台，提高新型基础设施建设的安全保障能力。

## 三、拓展新场景应用，全力支持科技型企业创新发展

聚焦人工智能、5G、物联网、大数据、区块链、生命科学、新材料等领域，以应用为核心，通过试验空间、市场需求协同带动业态融合、促进上下游产业链融通发展，推动新经济从概念走向实践、转换为发展动能，促进科技型企业加快成长。

（七）实施应用场景“十百千”工程。建设“10＋”综合展现北京城市魅力和重要创新成果的特色示范性场景，复制和推广“100＋”城市管理与服务典型新应用，壮大“1000＋”具有爆发潜力的高成长性企业，聚焦“三城一区”、北京城市副中心、中国（河北）自由贸易试验区大兴机场片区等重点区域，加速新技术、新产品、新模式的推广应用，为企业创新发展提供更大市场空间，培育形成高效协同、智能融合的数字经济发展新生态。

（八）加强京津冀应用场景合作共建。将工业升级改造应用场景作为推动京津冀协同创新重要内容。聚焦津冀钢铁、装备、石化等重点行业的智能化、数字化升级改造需求，深入开展需求挖掘和技术梳理，支持企业参与津冀应用场景建设。加快京津冀产业链供应链协同合作，共同构建区域产业创新生态。

（九）增强“科技冬奥”智能化体验。围绕办赛、参赛、观赛等重点环节，加强数字孪生、云转播、沉浸式观赛、复眼摄像、多场景一脸通行等智能技术的体验布局。建设奥林匹克中心区、延庆赛区、首钢园区三大智慧示范园区，推动自动驾驶、智慧导览、高清直播、虚拟体验、智能机器人、数字化 3D 重建等技术在园区应用。

（十）推动央企应用场景创建。深入对接金融、能源、电力、通信、高铁、航空、建筑等领域在京央企，围绕科技金融、智慧能源、数字建筑、智能交通、智慧工厂以及老旧小区改造等领域的技术需求，共同组织凝练一批具有较大量级和较强示范带动作用的应用场景，推动工业互联网、智能装备制造、大数据融合、现场总线控制等领域企业参与央企应用场景建设。

## 四、挖掘新消费潜力，更好满足居民消费升级需求

顺应居民消费模式和消费习惯变化，深化消费领域供给侧结构性改革，加强消费产品和服务标准体系建设，完善促进消费的体制机制，切实增强消费对经济发展的基础性作用，更好满足人民群众多元化、品质化消费需求。

（十一）举办北京消费季活动。以“政策＋活动”为双轮驱动，组织开展贯穿多个重要节假日的促消费活动，促进线上线下全场景布局、全业态联动、全渠道共振，实现千企万店共同参与，周周有话题、月月有活

动，激发消费热情，加快消费回补和潜力释放。

（十二）支持线上线下融合消费。倡导绿色智能消费，实施4K进社区工程，在重点商业街布局8K显示系统。发挥本市大平台大流量优势，拓展社群营销、直播卖货、云逛街等消费新模式，支持线上办展。鼓励线上企业推广移动"菜篮子"、门店宅配、无接触配送等新项目，引导企业建设共同配送服务中心和智能自提柜相结合的末端配送服务体系。

（十三）扩大文化旅游消费。鼓励景区推出云游览、云观赏服务。实施"漫步北京""畅游京郊"行动计划和"点亮北京"夜间文化旅游消费计划，引导市民开展家庭式、个性化、漫步型旅游活动。繁荣首店首发经济，培育发展一批网红打卡新地标，满足年轻时尚消费需求。支持线上体育健康活动和线上演出发展。加强国产原创游戏产品前期研发支持，提高精品游戏审核服务效率。

（十四）便利进口商品消费。支持跨境电商保税仓、体验店等项目建设。进一步扩大开展跨境电商"网购保税＋线下自提"业务的企业范围，推进跨境电商进口医药产品试点工作，提升航空跨境电商、跨境生鲜等物流功能。争取保税货物出区展览展示延期审批流程优化。加快落实国家免税店创新政策，优化口岸、市内免税店布局。

（十五）优化升级消费环境。支持企业创制标准，率先落实以企业产品和服务标准公开声明为基础、第三方机构开展评估的企业标准"领跑者"制度。完善生活性服务业标准规范。以首都功能核心区为重点，以市场化方式推动老城区百货商场、旅行社和酒店提质升级。

## 五、实施新开放举措，不断提升开放型经济发展水平

发挥服务业扩大开放综合试点与自由贸易试验区政策叠加优势，搭建更高水平开放平台，着力构建具有北京特点的开放型经济新体制，以开放的主动赢得发展的主动，以高水平的开放赢得高质量的发展。

（十六）全面升级服务业扩大开放。制定服务业扩大开放升级方案，推动"云团式"产业链集群开放，实现"产业开放"与"园区开放"并行突破。加快北京天竺综合保税区创新升级，争取设立北京大兴国际机场综合保税区，积极推动北京亦庄综合保税区申报。建设面向全球、兼顾国别特色的国际合作产业园区，推动共建"一带一路"高质量发展。做强双枢纽机场开放平台，提升北京首都国际机场和大兴国际机场国际航线承载能力。高标准办好中国国际服务贸易交易会、中关村论坛、金融街论坛。

（十七）高质量建设自由贸易试验片区。发挥临空经济区、自由贸易试验区、综合保税区"三区"叠加优势，分阶段推出中国（河北）自由贸易试验区大兴机场片区制度创新清单，赋予更大改革自主权。全面推广实施"区域综合评估＋标准地＋告知承诺"开发模式，编制重点产业招商地图和产业促进政策，加快建设成为国际交往中心功能承载区、国家航空科技创新引领区和京津冀协同发展示范区。

（十八）加大重点领域开放力度。将金融开放作为建设国家金融管理中心的重要组成部分，发展全球财富管理，推动跨境资本有序流动，探索本外币合一的账户体系，提升金融市场国际化专业服务水平，加强金融科技创新国际合作。推进科技服务业开放，促进中关村国家自主创新示范区在开放中全面创新，吸引世界知名孵化器、知识产权服务机构等落地，建设海外创投基金集聚区。加快数字贸易发展，建立健全数字贸易交易规则，培育一批具有全球影响力的数字经济龙头企业、独角兽企业。推进文化国际交流合作和旅游扩大开放，深化专业服务领域开放改革。

（十九）完善开放保障机制。强化知识产权保护和运用机制，统筹推进知识产权多元化保护格局，完善新领域新业态知识产权保护制度。提升贸易便利化，拓展国际贸易"单一窗口"服务功能和应用领域，申报创建国家进口贸易促进创新示范区。推行准入、促进、管理、保护多位一体的外商投资服务机制。优化国际人才服务保障，建设外籍人才服务体系，完善国际医疗、国际学校等生活配套服务。

## 六、提升新服务效能，着力营造国际一流营商环境

主动适应新动能加速成长的需要，研究制定优化营商环境政策4.0版，加快转变政府职能，更大力度破

解体制机制障碍，构建企业全生命周期服务体系，精准帮扶企业特别是受疫情影响严重的中小微企业渡过难关，努力打造国际一流营商环境高地。

（二十）深化“放管服”改革。进一步精简行政审批，细化审批标准，定期开展评估。更大力度清理备案事项、证明事项，规范中介服务，试点“备查制”改革，全面清理影响市场主体经营准入的各种隐性壁垒。推进“证照分离”改革，清理职业资格和企业资质，强化公平竞争审查制度刚性约束，不断降低准入门槛。积极争取建筑师负责制试点。全面推进“双随机、一公开”监管和线上“非接触”监管，建立健全行政处罚裁量基准制度和执法纠错机制，规范监管执法行为，减少不当干预。

（二十一）提升服务企业效能。全面实施一次性告知清单制度，深化“办好一件事”，优化新业态“一件事”办理流程。优化商事仲裁，增强国际商事仲裁服务能力，提升商事案件审判质效，强化企业破产管理。设立政策兑现窗口，推行政策兑现“一次办”。完善企业“服务包”制度，建立由市、区两级主要领导牵头的定期走访企业机制，畅通政企沟通渠道，着力构建“亲”“清”新型政商关系。

（二十二）加快打造数字政府。健全公共数据目录，统一数据接入的规范和标准，制定数据开放计划，优先将与民生紧密相关、社会迫切需要、行业增值潜力显著的公共数据纳入开放清单。深化大数据精准监管，出台政府与社会数据共享治理规则，打破“数据烟囱”和“信息孤岛”。实施政务网络升级改造，完善1.4G专网覆盖。提升政法工作智能化建设水平。在更大范围内实现“一网通办”，大力推进“不见面”审批。改造升级公共信用信息服务平台，推动信用承诺与容缺受理、信用分级分类监管应用。

（二十三）精准帮扶中小微企业。完善中小微企业数据库，精准帮扶科技创新、基本生活性服务业等行业的中小微企业，特别是餐饮、住宿、旅游、影院剧场等受疫情影响严重的行业企业。加强政银企数据共享，提高中小微企业首贷比例、信用贷款比例，大力推广供应链融资，鼓励银行强化首贷中心、续贷中心特色化产品配置，加强进驻银行考核评价。用好用足再贷款再贴现专项政策。健全知识产权质押融资风险分担机制。大力推动中小企业数字化赋能，建设一批细分行业互联网平台和垂直电商平台，培育一批面向中小企业的数字化服务商。鼓励专业服务机构企业上云，打造中小企业数字赋能生态。

## 七、实施保障

（二十四）加强组织领导。建立健全工作推进机制，主管市领导按照职责分工每月专项调度、协调推进。各区各部门各单位建立相应推进机制，主要负责同志亲自研究部署和组织推动相关工作。各相关部门抓紧制定实施细则，尽快形成“1+5+N”政策体系。

（二十五）完善投入机制。制定“五新”政策资金保障方案，统筹用好财政资金、产业基金，提升政府资金使用绩效。完善社会资本投入相关政策，切实降低准入门槛，做好社会资金投资服务。

（二十六）创新服务监管。坚持改革创新，进一步提升政府服务在行政审批、政策支持、标准规范、资源开放等方面的科学性、灵活性和针对性。坚持包容审慎监管，建立市级统筹研究协调机制，探索适用于新业态新模式的“沙箱监管”措施。

（二十七）确保落地实施。坚持清单化管理、项目化推进，各牵头部门尽快梳理形成“五新”政策项目清单。加强督查督办，制定督查任务台账和项目台账，定期跟踪问效。各区各部门各单位定期听取企业和群众对政策落实的意见建议，针对发现问题及时调整完善政策。

**附件：**

1. 北京市加快新型基础设施建设行动方案（2020—2022年）
2. 北京市加快新场景建设培育数字经济新生态行动方案
3. 北京市促进新消费引领品质新生活行动方案
4. 北京市实施新开放举措行动方案
5. 北京市提升新服务进一步优化营商环境行动方案

附件 1

# 北京市加快新型基础设施建设行动方案（2020—2022 年）

## 一、基本目标和原则

聚焦“新网络、新要素、新生态、新平台、新应用、新安全”六大方向，到 2022 年，本市基本建成具备网络基础稳固、数据智能融合、产业生态完善、平台创新活跃、应用智慧丰富、安全可信可控等特征，具有国际领先水平的新型基础设施，对提高城市科技创新活力、经济发展质量、公共服务水平、社会治理能力形成强有力支撑。整体建设遵循以下原则。

——政府引导、市场运作。加强统筹规划，加大政策保障，优化营商环境，发挥社会投资主体作用，推动形成多元化参与的政企协同机制。

——场景驱动、建用协同。以应用为牵引，聚焦民生服务和产业发展需求，不断拓展智慧城市创新应用场景，促进新型基础设施建设与应用融合发展。

——夯实基础、培育生态。充分发挥集约化、智能化建设优势，夯实基础支撑能力。加快推动传统产业转型和新业态发展，构建高精尖的产业链生态系统。

——安全可控、创新发展。鼓励协同创新，完善标准规范，从管理和技术两方面着手，全面提升新型基础设施体系安全水平。充分发挥创新共性平台的基础支撑作用。

## 二、重点任务

（一）建设新型网络基础设施

1. 5G 网络。扩大 5G 建站规模，加大 5G 基站选址、用电等支持力度，2020 年实现 5G 基站新增 1. 3 万个，累计超过 3 万个，实现五环内和北京城市副中心室外连续覆盖，五环外重点区域、典型应用场景精准覆盖。加速推进 5G 独立组网核心网建设和商用。加强 5G 专网基础设施建设，在特殊场景、特定领域鼓励社会资本参与 5G 专网投资建设和运营。深入推进“一五五一”工程，推动 5G + VR/AR 虚拟购物、5G + 直播、5G + 电竞等系列应用场景建设，推进冬奥赛事场馆 5G 改造，丰富“5G + ”垂直行业应用场景。支持 5G 射频芯片及器件检测与可靠性平台、5G + AIoT 器件开放创新平台、5G + 超高清制播分发平台等一批产业创新平台建设，着力构建 5G 产业链协同创新体系，培育一批 5G 细分领域龙头企业。（责任单位：市通信管理局、市规划自然资源委、市住房城乡建设委、市城市管理委、市发展改革委、市经济和信息化局、市委宣传部、市科委、中关村管委会、北京冬奥组委相关部门、北京经济技术开发区管委会、各区政府）

2. 千兆固网。积极推进千兆固网接入网络建设，以光联万物的愿景实现“百千万”目标，即具备用户体验过百兆，家庭接入超千兆，企业商用达万兆的网络能力。推进网络、应用、终端全面支持 IPv6，推动 3D 影视、超高清视频、网络游戏、VR、AR 等高带宽内容发展，建设千兆固网智慧家居集成应用示范小区，促进千兆固网应用落地，力争 2020 年新增 5 万户千兆用户。（责任单位：市通信管理局、市委网信办、市经济和信息化局、市住房城乡建设委、市委宣传部、北京经济技术开发区管委会、各区政府）

3. 卫星互联网。推动卫星互联网技术创新、生态构建、运营服务、应用开发等，推进央企和北京创新型企业协同发展，探索财政支持发射保险补贴政策，围绕星箭总装集成、核心部件制造等环节，构建覆盖火箭、卫星、地面终端、应用服务的商业航天产业生态，优化和稳定“南箭北星”空间布局。（责任单位：市经济和信息化局、市发展改革委、市科委、市财政局、北京经济技术开发区管委会、丰台区政府、海淀区政府、石景山区政府）

4. 车联网。加快建设可以支持高级别自动驾驶(L4 级别以上)运行的高可靠、低时延专用网络,加快实施自动驾驶示范区车路协同信息化设施建设改造。搭建边缘云、区域云与中心云三级架构的云控平台,支持高级别自动驾驶实时协同感知与控制,服务区级交通管理调度,支持智能交通管控、路政、消防等区域级公共服务。三年内铺设网联道路 300 公里,建设超过 300 平方公里示范区。以高级别自动驾驶环境建设为先导,打造国内领先的智能网联汽车创新链和产业链,逐步形成以智慧物流和智慧出行为主要应用场景的产业集群。(责任单位:北京经济技术开发区管委会、市经济和信息化局、市交通委、市公安局公安交通管理局、市科委、市通信管理局、市规划自然资源委)

5. 工业互联网。加快国家工业互联网大数据中心、工业互联网标识解析国家顶级节点(北京)建设,开展工业大数据分级分类应用试点,支持在半导体、汽车、航空等行业累计建设 20 个以上标识解析二级节点。推动人工智能、5G 等新一代信息技术和机器人等高端装备与工业互联网融合应用,培育 20 个以上具有全国影响力的系统解决方案提供商,打造 20 家左右的智能制造标杆工厂,形成服务京津冀、辐射全国产业转型升级的工业互联网赋能体系。营造产业集聚生态,加快中关村工业互联网产业园及先导园建设,创建国家级工业互联网示范基地。(责任单位:市经济和信息化局、市发展改革委、市通信管理局、中关村管委会、北京经济技术开发区管委会、各区政府)

6. 政务专网。提升政务专网覆盖和承载能力。以集约、开放、稳定、安全为前提,通过对现有资源的扩充增强、优化升级,建成技术先进、互联互通、安全稳定的电子政务城域网络,全面支持 IPv6 协议。充分利用政务光缆网和政务外网传输网资源,为高清视频会议和高清图像监控等流媒体业务提供高速可靠的专用传输通道,确保通信质量。完善 1.4G 专网覆盖,提高宽带数字集群服务能力。(责任单位:市经济和信息化局、市发展改革委、市财政局、市委机要局、北京经济技术开发区管委会、各区政府)

(二)建设数据智能基础设施

7. 新型数据中心。遵循总量控制,聚焦质量提升,推进数据中心从存储型到计算型的供给侧结构性改革。加强存量数据中心绿色化改造,鼓励数据中心企业高端替换、增减挂钩、重组整合,促进存量的小规模、低效率的分散数据中心向集约化、高效率转变。着力加强网络建设,推进网络高带宽、低时延、高可靠化提升。(责任单位:市经济和信息化局、市发展改革委、市通信管理局)

8. 云边端设施。推进数据中心从“云 + 端”集中式架构向“云 + 边 + 端”分布式架构演变。探索推进氢燃料电池、液体冷却等绿色先进技术在特定边缘数据中心试点应用,加快形成技术超前、规模适度的边缘计算节点布局。研究制定边缘计算数据中心建设规范和规划,推动云边端设施协同健康有序发展。(责任单位:市经济和信息化局、市发展改革委、市通信管理局)

9. 大数据平台。落实大数据行动计划,强化以“筑基”为核心的大数据平台顶层设计,加强高价值社会数据的“统采共用、分采统用”,探索数据互换、合作开发等多种合作模式,推动政务数据、社会数据的汇聚融合治理,构建北京城市大脑应用体系。编制完善公共数据目录,统一数据接入规范标准,完善目录区块链的运行和审核机制,推进多层级政务数据、社会数据的共享开放。加强城市码、“健康宝”、电子签章、数据分析与可视化、多方安全计算、移动公共服务等共性组件的集约化建设,为各部门提供基础算力、共性组件、共享数据等一体化资源能力服务,持续向各区以及街道、乡镇等基层单位赋能,逐步将大数据平台支撑能力向下延伸。建设完善统一的公共数据资源开放平台,汇聚并无条件开放政务、交通、城市治理等领域数据 3 000 项以上,支撑交通、教育、医疗、金融、能源、工业、电信以及城市运行等重点行业开展大数据及人工智能应用。建设北京公共数据开放创新应用基地,通过训练、竞赛等形式有条件开放高价值多模态融合数据。(责任单位:市经济和信息化局、市委编办、市发展改革委、市财政局、北京经济技术开发区管委会、各区政府)

10. 人工智能基础设施。支持“算力、算法、算量”基础设施建设,支持建设北京人工智能超高速计算中心,打造智慧城市数据底座。推进高端智能芯片及产品的研发与产业化,形成超高速计算能力。加强深度学习框架与算法平台的研发、开源与应用,发展人工智能操作系统。支持建设高效智能的规模化柔性数据生产服务平台,推动建设各重点行业人工智能数据集 1 000 项以上,形成智能高效的数据生产与资源服务

中心。(责任单位:市经济和信息化局、市科委、中关村管委会、海淀区政府)

11. 区块链服务平台。培育区块链技术龙头企业、骨干企业,形成研发创新及产业应用高地。建设北京市区块链重点企业名单库,做好服务和技术推广。建设政务区块链支撑服务平台,面向全市各部门提供"统管共用"的区块链应用支撑服务。围绕民生服务、公共安全、社会信用等重点领域,探索运用区块链技术提升行业数据交易、监管安全以及融合应用效果。结合自由贸易试验区建设,支持开展电子商务、电子交易以及跨境数字贸易的区块链应用,提高各类交易和数据流通的安全可信度。(责任单位:市科委、中关村管委会、市经济和信息化局、市发展改革委、市政务服务局)

12. 数据交易设施。研究盘活数据资产的机制,推动多模态数据汇聚融合,构建符合国家法律法规要求的数据分级体系,探索数据确权、价值评估、安全交易的方式路径。推进建立数据特区和数据专区,建设数据交易平台,探索数据使用权、融合结果、多方安全计算、有序分级开放等新交易的方法和模式,率先在中国国际服务贸易交易会上开展试点示范。(责任单位:市经济和信息化局、市金融监管局)

(三)建设生态系统基础设施

13. 共性支撑软件。打造高可用、高性能操作系统,从技术、应用、用户三方面着手,形成完备的产业链和生态系统。支持建设数据库用户生态,推动数据库底层关键技术突破。支持设计仿真、EDA、CAE 等工业领域关键工具型软件开发,培育多个保障产业链安全的拳头产品。加强高端 ERP、运维保障等管理营运类软件产品研发,优化大型企业智能化办公流程。布局面向金融、电信等行业领域的云计算软件,支撑超大规模集群应用,发展地理信息系统等行业特色软件,加快短视频、直播、在线教育、线上医疗等互联网新业态应用产品研发,培育数字经济增长动能。(责任单位:市经济和信息化局、市科委、中关村管委会、北京经济技术开发区管委会)

14. 科学仪器。聚焦高通量扫描电镜、高分辨荧光显微成像显微镜、质谱色谱联用仪、分子泵等科学仪器短板领域,发挥怀柔科学城大科学装置平台优势和企业创新主体作用,攻克一批材料、工艺、可靠性等基础前沿、共性关键技术,突破核心器件瓶颈。推进高端分析仪器、电子测量仪器与云计算、大数据等新一代信息技术融合发展。聚焦分析仪器、环境监测仪器、物性测试仪器等细分领域,支持发展一批隐形冠军和专精特新企业,优化科学仪器产业生态。(责任单位:怀柔科学城管委会、市发展改革委、市科委、市经济和信息化局)

15. 中试服务生态。发挥产业集群的空间集聚优势和产业生态优势,在生物医药、电子信息、智能装备、新材料等中试依赖度高的领域推动科技成果系统化、配套化和工程化研究开发,鼓励聚焦主导产业,建设共享产线等新型中试服务平台,构建共享制造业态。依托重点科研机构、高等学校、科技型企业、科技开发实体面向产业提供中试服务,推动在京各类创新载体提升中试服务能力,构建大网络、多平台的中试服务生态。(责任单位:中关村管委会、市科委、市发展改革委、市教委、市经济和信息化局)

16. 共享开源平台。依托信创园,提升研发底层软硬件协同研发能力,建设"两中心三平台"信创应用生态。支持搭建支持多端多平台部署的大规模开源训练平台和高性能推理引擎,形成面向产业应用、覆盖多领域的工业级开源模型库。鼓励企业研发、运营开源代码托管平台,支持基于共享平台开展共享软件、智能算法、工业控制、网络安全等应用创新,促进形成协同研发和快速迭代创新生态。推动国家北斗创新应用综合示范区建设,打造"北斗+"融合应用生态圈。(责任单位:市经济和信息化局、市科委、中关村管委会、北京经济技术开发区管委会、海淀区政府、顺义区政府)

17. 产业园区生态。以市场为导向,夯实园区发展基础。鼓励园区建设优化协同创新服务设施,为园区企业提供全方位、多领域、高质量的服务。围绕信创、5G+8K、工业互联网、网络安全、智能制造等重点行业领域,建设一批特色鲜明的产业园区。推进京津冀产业链协同发展,支持产业园区合作共建。加强国际交流合作,高水平规划建设产业合作园区。(责任单位:中关村管委会、市发展改革委、市科委、市经济和信息化局)

(四)建设科创平台基础设施

18. 重大科技基础设施。以国家实验室、怀柔综合性国家科学中心建设为牵引,打造多领域、多类型、协同联动的重大科技基础设施集群。加强在京已运行重大科技基础设施统筹，加快高能同步辐射光源、综合极端条件实验设施、地球系统数值模拟装置、多模态跨尺度生物医学成像设施、空间环境地基综合模拟装置、转化医学研究设施等项目建设运行。聚焦材料、能源、生命科学等重点领域，积极争取“十四五”重大科技基础设施项目落地实施。（责任单位：市发展改革委、市科委、怀柔科学城管委会）

19. 前沿科学研究平台。突出前沿引领、交叉融合，打造与重大科技基础设施协同创新的研究平台体系，推动材料基因组研究平台、清洁能源材料测试诊断与研发平台、先进光源技术研发与测试平台等首批交叉研究平台建成运行，加快第二批交叉研究平台和中科院“十三五”科教基础设施建设。围绕脑科学、量子科学、人工智能等前沿领域，加快推动北京量子信息科学研究院、北京脑科学与类脑研究中心、北京智源人工智能研究院、北京应用数学研究院等新型研发机构建设。（责任单位：市发展改革委、市科委、中关村科学城管委会、怀柔科学城管委会）

20. 产业创新共性平台。打造梯次布局、高效协作的产业创新平台体系。在集成电路、生物安全等领域积极创建 1 ~ 2 家国家产业创新中心，在集成电路、氢能、智能制造等领域探索组建 1 ~ 2 家国家级制造业创新中心，积极谋划创建京津冀国家技术创新中心。继续推动完善市级产业创新中心、工程研究中心、企业技术中心、高精尖产业协同创新平台等布局。（责任单位：市发展改革委、市经济和信息化局、市科委、中关村管委会、北京经济技术开发区管委会、各区政府）

21. 成果转化促进平台。支持一批创业孵化、技术研发、中试试验、转移转化、检验检测等公共支撑服务平台建设。推动孵化器改革完善提升，加强评估和引导。支持新型研发机构、重点实验室、工程技术中心等多种形式创新机构加强关键核心技术攻关。培育一批协会、联盟型促进机构，服务促进先进制造业集群发展。（责任单位：市科委、市发展改革委、市经济和信息化局、中关村管委会、北京经济技术开发区管委会、各区政府）

（五）建设智慧应用基础设施

22. 智慧政务应用。深化政务服务“一网通办”改革，升级一体化在线政务服务平台，优化统一申办受理，推动线上政务服务全程电子化。2020 年底前市级 80%、区级 70% 依申请政务服务事项实现全程网上办结。建设完善电子证照、电子印章、电子档案系统，支持企业电子印章推广使用，拓展“亮证”应用场景，最大限度实现企业和市民办事“无纸化”。加快公共信用信息服务平台升级改造，推动信用承诺与容缺受理、分级分类监管应用。拓展“北京通”APP 服务广度深度，大力推进政务服务事项的掌上办、自助办、智能办。依托市民服务热线数据，加强人工智能、大数据、区块链等技术在“接诉即办”中的应用，建设在线客服与导办、办事管家、用户个人空间及全市“好差评”等系统。加快建设北京城市副中心智能政务服务大厅。建设城市大脑，形成“用数据说话、用数据决策、用数据管理、用数据创新”的服务管理机制。（责任单位：市政务服务局、市公安局、市经济和信息化局、市发展改革委、市财政局、北京经济技术开发区管委会、各区政府）

23. 智慧城市应用。聚焦交通、环境、安全等场景，提高城市智能感知能力和运行保障水平。实施智慧交通提升行动计划，开展交通设施改造升级，构建先进的交通信息基础设施。2020 年内推进 1 148 处智能化灯控路口、2 851 处信号灯升级改造，开展 100 处重要路口交通信号灯配时优化，组织实施 10 条道路信号灯绿波带建设，到 2022 年实现城区重点路口全覆盖。推进人、车、桩、网协调发展，制定充电桩优化布局方案，增加老旧小区、交通枢纽等区域充电桩建设数量。到 2022 年新建不少于 5 万个电动汽车充电桩，建设 100 个左右换电站。建立机动车和非道路移动机械排放污染防治数据信息传输系统及动态共享数据库。建设“一库一图一网一端”的城市管理综合执法平台，实现市、区、街三级执法联动。完善城市视频监测体系，提高视频监控覆盖率及智能巡检能力。加快建设智能场馆、智能冬奥村、“一个 APP”等示范项目，打造“科技冬奥”。加快推动冬奥云转播中心建设，促进 8K 超高清在冬奥会及测试赛上的应用。（责任单位：市交通委、市生态环境局、市公安局、市城市管理委、北京冬奥组委相关部门、市经济和信息化局、市科委、市发展改革委、北京经济技术开发区管委会、各区政府）

24. 智慧民生应用。聚焦医疗卫生、文化教育、社区服务等民生领域，扩大便民服务智能终端覆盖范围。支持智能停车、智慧门禁、智慧养老等智慧社区应用和平台建设。建设全市互联网医疗服务和监管体系,推动从网上医疗咨询向互联网医院升级,开展可穿戴等新型医疗设备的应用。进一步扩大电子健康病历共享范围,推动医学检验项目、医学影像检查和影像资料互认。建设完善连通各级医疗卫生机构的“疫情数据报送系统”。支持线上线下智慧剧院建设,提升优秀文化作品的传播能力。支持教育机构开展云直播、云课堂等在线教育。推进“VR 全景智慧旅游地图”“一键游北京”等智慧旅游项目,鼓励景区推出云游览、云观赏服务。基于第三代社保卡发放民生卡,并逐步实现多卡整合,推进“健康宝”深度应用。建设全市生活必需品监测体系。(责任单位:市民政局、市卫生健康委、市医保局、市市场监管局、市教委、市文化和旅游局、市委网信办、市经济和信息化局、市科委、市商务局、市人力资源社会保障局、市发展改革委、北京经济技术开发区管委会、各区政府)

25. 智慧产业应用。推动“互联网+”物流创新工程,推进现代流通供应链建设,鼓励企业加大 5G、人工智能等技术在商贸物流设施的应用,支持相关信息化配套设施建设,发展共同配送、无接触配送等末端配送新模式。建设金融公共数据专区,支持首贷中心、续贷中心、确权融资中心建设运行。支持建设车桩一体化平台,实现用户、车辆、运维的动态全局最佳匹配。打造国内领先的氢燃料电池汽车产业试点示范城市。推进制造业企业智能升级,支持建设智能产线、智能车间、智能工厂。探索建设高精尖产业服务平台,提供运行监测、政策咨询、规划评估、要素对接的精准服务。(责任单位:市商务局、市发展改革委、市科委、市财政局、市金融监管局、市经济和信息化局、北京经济技术开发区管委会、各区政府)

26. 传统基础设施赋能。加快公路、铁路、轨道交通、航空、电网、水务等传统基建数字化改造和智慧化升级,助推京津冀基础设施互联互通。开展前瞻性技术研究,加快创新场景应用落地,率先推动移动互联网、物联网、人工智能等新兴技术与传统基建运营实景的跨界融合,形成全智慧型的基建应用生态链,打造传统基建数字化全国标杆示范。着力打造传统基建数字化的智慧平台,充分发挥数据支撑和能力扩展作用,实现传统基建业务供需精准对接、要素高质量重组和多元主体融通创新,为行业上下游企业创造更大发展机遇和更广阔市场空间。(责任单位:市发展改革委、市交通委、市科委、市经济和信息化局、北京经济技术开发区管委会、各区政府)

27. 中小企业赋能。落实国家“上云用数赋智”行动,支持互联网平台型龙头企业延伸服务链条,搭建教育、医疗、餐饮、零售、制造、文化、商务、家政服务等细分行业云。建设一批细分行业互联网平台和垂直电商平台,培育一批面向中小企业的数字化服务商。鼓励各类专业服务机构企业上云,支持中小企业服务平台和双创基地的智能化改造,打造中小企业数字赋能生态。(责任单位:市经济和信息化局、市发展改革委)

(六)建设可信安全基础设施

28. 基础安全能力设施。促进网络安全产业集聚发展,培育一批拥有网络安全核心技术和服务能力的优质企业。支持操作系统安全、新一代身份认证、终端安全接入、智能病毒防护、密码、态势感知等新型产品服务的研发和产业化,建立完善可信安全防护基础技术产品体系,形成覆盖终端、用户、网络、云、数据、应用的多层级纵深防御、安全威胁精准识别和高效联动的安全服务能力。(责任单位:市经济和信息化局、市委网信办、市科委、海淀区政府、通州区政府、北京经济技术开发区管委会)

29. 行业应用安全设施。支持开展 5G、物联网、工业互联网、云化大数据等场景应用的安全设施改造提升,围绕物联网、工业控制、智能交通、电子商务等场景,将网络安全能力融合到业务中,形成部署灵活、功能自适应、云边端协同的内生安全体系。鼓励企业深耕场景安全,形成个性化安全服务能力,培育一批细分领域安全应用服务特色企业。(责任单位:市委网信办、市经济和信息化局、市科委)

30. 新型安全服务平台。综合利用人工智能、大数据、云计算、IoT 智能感知、区块链、软件定义安全、安全虚拟化等新技术,推进新型基础设施安全态势感知和风险评估体系建设,整合形成统一的新型安全服务平台。支持建设集网络安全态势感知、风险评估、通报预警、应急处置和联动指挥为一体的新型网络安全运营服务平台。(责任单位:市委网信办、市经济和信息化局、市科委)

## 三、保障措施

(一)强化要素保障

加大信贷优惠支持力度,发挥财政资金、基金引导作用,积极争取利用不动产投资信托基金,支持各类市场主体参与建设。加强对全市重大新基建项目土地指标的保障。重点引进培育规划建设、投资运营等方面的行业管理人才以及引领新基建技术研发的技术领军人才。(责任单位:市发展改革委、市财政局、市金融监管局、市规划自然资源委、市人才局)

(二)完善标准规范

围绕技术研发、工程实施、维护管理等,支持研究建立企业、行业标准,推动地方标准上升为国家标准,促进新型基础设施的互通、融合,提高产业核心竞争力。(责任单位:市市场监管局、市经济和信息化局、市发展改革委)

(三)丰富应用场景

聚焦"互联网+"教育、医疗、交通、社区服务等行业领域,加快推出一批示范工程。围绕教育、医疗、交通等重点行业领域,组织创新应用大赛,推动公共数据有序开放。支持制造企业开展智能化改造,组织开展中小企业数字化赋能。发展数字经济新业态新模式,扩大新消费。(责任单位:市科委、中关村管委会、市发展改革委、市经济和信息化局、北京经济技术开发区管委会、各区政府)

(四)优化营商环境

深入推进重要领域和关键环节改革,提升服务企业水平。放宽市场准入,实行包容审慎监管,探索适用于新业态新模式的"沙箱监管"措施。(责任单位:市发展改革委、市市场监管局、市通信管理局、市委网信办)

# 附件 2

# 北京市加快新场景建设培育数字经济新生态行动方案

## 一、工作思路

以数字化赋能经济发展和培育优化新经济生态为主线,以场景驱动数字经济技术创新、场景创新与新型基础设施建设深度融合为引领,聚焦人工智能、5G、物联网、大数据、区块链、生命科学、新材料等领域新技术应用,为推动企业特别是中小企业技术创新应用提供更多"高含金量"场景条件,积极推广新业态新模式,加快培育新的经济增长点,更好推动北京经济高质量发展。

## 二、基本原则

——系统布局、统筹推进。统筹政策、机制、资金、人才等要素,集聚央地、市区、行业、领域等资源,有序开放场景供给,促进新技术、新产业、新业态、新模式不断涌现。

——创新驱动、数字引领。充分发挥北京科技和人才优势,加快推动产业链向高端环节延伸,引领高精尖产业发展。紧紧围绕超大城市治理需求,促进基于数字化的智慧城市发展。

——区域协同、融合赋能。以"三城一区"、北京城市副中心为核心,以中关村"一区多园"为拓展,以服务京津冀协同发展为方向,形成场景建设集聚效应和场景供给多元态势。加强新技术应用示范,推动创新资源聚合，带动产业深度融合发展。

——健全制度、创新监管。健全场景建设机制，引导各类主体参与，加速技术、产品应用和迭代，完善创新创业生态，提高服务能力和监管效率，实现放活与管好有机结合，形成政府、市场、社会多方共建共享的场景应用格局。

## 三、发展目标

通过实施应用场景“十百千”工程，建设“10+”综合展现北京城市魅力和重要创新成果的特色示范性场景，复制和推广“100+”城市管理与服务典型新应用，壮大“1000+”具有爆发潜力的高成长性企业，为企业创新发展提供更大市场空间，培育形成高效协同、智能融合的数字经济发展新生态，将北京建设成为全国领先的数字经济发展高地。

## 四、重点任务

（一）面向智能交通，构建绿色安全智慧出行体系。丰富自动驾驶开放测试道路场景，在北京经济技术开发区、海淀区等重点区域部署5G车联网路侧基础设施，建设云平台，率先实现L4/L5级自动驾驶在城市出行、物流运输等场景应用，促进智慧城市、智能交通、智能汽车一体化融合发展。聚焦城市交通管理智能化体系建设和出行服务质量提升等相关应用场景，围绕交通计算、绿色交通一体化和公交线网优化等需求，推动大数据、云计算、人工智能、北斗导航等技术在全市交通综合治理中的应用示范。聚焦智慧轨道交通建设与运营等典型应用场景，围绕智慧车辆、智能维护、智慧建设、智慧制造等，推动机器人、非降水施工、环境智能感知及控制、智能安检、北斗导航、5G、建筑信息模型（BIM）等技术在轨道交通13号线扩能改造、11号线、19号线等项目中推广应用，服务保障市民安全、便捷、绿色、舒适出行。（责任单位：市交通委、市重大项目办、市公安局公安交通管理局、市科委、市经济和信息化局、中关村管委会、北京经济技术开发区管委会、海淀区政府）

（二）面向智慧医疗，加快人工智能等技术与医药健康交叉融合。加快推进互联网医院建设，引入人工智能、5G、区块链、物联网、身份认证等技术，整合线上线下医疗资源，推进医联体建设，实现信息与资源共享，拓展健康管理、数据运营、金融服务等增值功能，为市民提供高效、便捷、智能的诊疗服务。加快推进“智慧医院”建设，围绕医院智能化管理、智能化诊疗等关键环节，加快预导诊机器人、语音录入、人工智能辅助诊疗等技术布局，推动医院内部流程再造，提高医疗质量和效率。（责任单位：市卫生健康委、市科委、市药监局、市医保局、北京银保监局、市金融监管局）

（三）面向城市管理，提升城市精细化管理水平。聚焦智慧社区、环境治理等应用场景，推广海淀城市大脑场景的组织经验，大力发展城市科技，推进物联网、云计算、大数据、人工智能、5G、超高清视频等技术应用。加快综合风险评估、监测预警等关键环节技术开发，推广5G网络图像传输和处理技术、终端接收和网络视频技术应用，为智慧安防提供支撑，提升首都安全整体防控智能化水平。支持大气、水、土壤等生态环境质量监测与评估，污染物及温室气体排放控制与污染源监管，生活垃圾分类投放收运及森林防火应急救援等领域关键技术产品研发与集成示范应用，持续推动环境质量改善，切实维护生态安全。（责任单位：市经济和信息化局、市民政局、市公安局、市应急局、市城市管理委、市生态环境局、市园林绿化局、市水务局、市科委）

（四）面向政务服务，运用区块链等技术赋能效率提升。聚焦政务服务“全程网办、全网通办”，推动区块链、人工智能、大数据等技术创新应用，推进政务服务“减材料、减跑动、减时限、减环节”，实现工作日全程交互式在线实时服务，不断提高线上政务服务群众满意度。探索运用区块链等技术提升数据共享和业务协同能力，重点推进电子证照、电子档案、数字身份等居民个人信息的全链条共享应用，强化数据安全管理和隐私保护。强化新技术在“互联网+”监管领域的应用，推动线上闭环监管和“非接触式”监管。在西城、朝阳、海淀、顺义等区综合运用新技术开展政务服务创新示范。推动运用新技术对政务服务质量等定期进行精准评估。（责任单位：市政务服务局、市科委、市经济和信息化局、西城区政府、朝阳区政府、海淀区政府、顺义区政府）

（五）面向线上教育，以数字化驱动教育现代化。加强数字资源共享交换中心和统一服务门户建设，做好数字教育资源知识产权保护，实现优质数字教育资源汇聚共享。选择部分学校开展互联网教学试点，推进智慧校园建设。鼓励和支持各类平台型企业运用人工智能等技术开发智慧教育业务，探索“互联网＋”教育等未来教育新模式。将线上教育类服务纳入政府购买服务指导性目录，引导各类学校与平台型企业合作开发在线课程、个性辅导等优质线上教育产品。（责任单位：市教委、市财政局、各区政府）

（六）面向产业升级，加速重点领域数字化转型。加大装备制造、新能源汽车、医药健康、高效设施农业等领域应用场景开放力度，加强5G、工业自动化控制、工业AR、数字孪生、超高清视频等技术示范应用，推动智能化、数字化转型。利用大数据、云计算、人工智能、移动互联网、工业互联网等技术，助推平台经济、共享经济、在线经济等新兴服务经济发展，培育研发、设计、检测等高端服务业态，推动服务业转型升级。围绕远程办公，支持企业集成人工智能、大数据等技术，建设智能协同办公平台，为企业提供无边界协同、全场景协作等远程办公服务。运用数据加密、信息安全等技术，保障远程办公信息和数据安全。围绕内容创作、设计制作、展示传播、信息服务、消费体验等文化领域关键环节，推动人工智能、大数据、超高清视频、5G、VR等技术应用，促进传统文化产业数字化升级，培育新型文化业态和文化消费模式。探索中小企业上云的典型场景及实施路径，积极培育相关平台型企业，支持企业向专精特新方向转型发展。（责任单位：市经济和信息化局、市科委、市文化和旅游局、市广电局、市文物局、海淀区政府）

（七）面向央企服务，探索数字融合发展新模式。持续深化在京央企应用场景组织工作。围绕在京中央金融机构供应链金融、跨境支付、资产管理、保险等行业技术需求，推动区块链、大数据、人工智能等领域科技型企业参与相关应用场景建设。深入对接能源、电力、通信、高铁、航空、建筑等领域在京央企，共同围绕智慧能源、数字建筑、智能交通、智慧工厂以及老旧小区改造等领域的技术需求，组织凝练一批具有较大量级和较强示范带动作用的应用场景，推动工业互联网、智能装备制造、大数据融合、现场总线控制等领域企业参与央企应用场景建设。（责任单位：市科委、市国资委）

（八）面向“科技冬奥”，加快智能技术体验应用。聚焦“科技冬奥”智能技术典型场景应用，围绕办赛、参赛、观赛等重点环节，加强数字孪生、云转播、沉浸式观赛、复眼摄像、多场景一脸通行等智能技术体验布局。加快推动奥林匹克中心区、延庆赛区、首钢园区等三大智慧示范园区建设，打造基于人工智能技术深度集成利用的智慧场馆，推广自动驾驶、智慧导览、高清直播、智能机器人、数字化3D重建等技术在园区聚集应用，助力举办一届精彩、非凡、卓越的冬奥盛会。（责任单位：北京冬奥组委相关部门、市科委、朝阳区政府、延庆区政府、石景山区政府）

（九）面向重点区域，加强重大应用场景示范组织设计。聚焦“三城一区”城市大脑建设、“能源谷”、“生命谷”、北京综合性国家科学中心、国家新一代人工智能创新发展试验区等重大战略布局，加快智慧城市、智能电网、智能楼宇、智能仪器仪表等应用场景落地。聚焦北京城市副中心环球影城、地下交通环廊、设计小镇、城市绿心等重大项目技术需求，加强数字建筑、智慧灯杆、资源循环利用等技术应用。聚焦中国（河北）自由贸易试验区大兴机场片区、天竺综合保税区，推广应用新型海关监管技术。加快数字复原、智能化全自动立体停车、市政“多杆合一”等技术在城市更新中的应用。（责任单位：中关村科学城管委会、怀柔科学城管委会、未来科学城管委会、北京经济技术开发区管委会、北京城市副中心管委会、天竺综合保税区管委会、市商务局、北京海关、市城市管理委、大兴区政府、顺义区政府）

（十）面向京津冀协同，加快构建跨区域产业链生态。将工业升级改造应用场景作为推动京津冀协同创新重要内容，加强与天津市、河北省对接，聚焦重点行业智能化、数字化升级改造需求，支持企业参与两地应用场景建设，搭建相关工业互联网平台，加快区域产业链供应链协同合作，共同构建产业创新生态。在钢铁行业，加强智能终端、智能制造系统、工业互联网等技术应用；在装备行业，推进工业大数据、数字孪生、智能控制等技术示范推广；在石化行业，支持模拟仿真、信息物理融合等技术应用；在建材行业，推动工业机器人、先进仪表等技术落地；在食品加工行业，推广大数据、物联网、生产线数字化控制等技术运用；在纺织行业，开展 VR、3D 打印、数据建模等技术示范。（责任单位：市发展改革委、市科委、市经济和信息化局、中关村管委会）

## 五、保障措施

（一）探索实施“包容、审慎、开放”监管模式。探索建立应用场景建设容错纠错机制，实施“包容期”管理和柔性监管方式，依法审慎开展行政执法。在医疗、教育、交通、政务服务等与民生密切相关的场景项目中，支持科技型企业参与应用示范，推动监管模式创新。（责任单位：市市场监管局、市卫生健康委、市教委、市交通委、市政务服务局、市药监局）

（二）探索建立科技攻关和场景应用新机制。探索建立开放的科技攻关新机制，明确揭榜任务、攻坚周期和预期目标，征集并遴选具备较强技术基础、创新能力的企业或高校院所等集中攻关。组织实施前瞻性、验证性、试验性应用场景项目，搭建场景“沙箱”，支持底层技术开展早期试验验证，为数字技术大规模示范应用提供场景机会。（责任单位：市科委、市经济和信息化局、市政务服务局、市交通委、中关村管委会）

（三）构建公平竞争、择优培育的应用场景供需对接机制。探索“政府搭台、企业出题、企业答题”模式，通过市场化机制、专业化服务和资本化途径，推动有序发布应用场景建设需求，广泛征集场景解决方案，依规遴选优秀解决方案。鼓励企业开展同台竞技和技术产品公平比选，形成具有内在驱动力的多方参与长效场景建设机制。（责任单位：市科委、市经济和信息化局、市国资委、各区政府）

（四）建立健全数据开放共享机制。加快实施全市大数据行动计划，推动市级大数据向各区开放共享。深化以目录区块链为核心的政务信息资源共享，完善职责、数据、库表三级目录体系，循序构建数据采集、汇聚、处理、共享、开放、应用及授权运营规则，推进信用、交通、医疗等领域政务数据集逐步实现分级分领域脱敏开放。探索建设基于区块链的数据市场，加快数据交易，保障流通安全。（责任单位：市经济和信息化局）

（五）加强政策协同支持应用场景建设。统筹利用各类政府资源支持应用场景建设，在金融服务、数据开放、科研立项、业务指导等方面加大对场景建设的支持。用好科技创新基金、高精尖产业发展基金等政府投资基金，发挥财政资金引导带动作用，吸引社会资本加大对场景项目、底层技术企业的投资力度。创新政府采购需求管理，采购人或采购代理机构应合理考量首创性、先进性等因素，不得仅以企业规模、成立年限、市场业绩等为由限制企业参与资格。（责任单位：市科委、市财政局、市发展改革委、市金融监管局、市经济和信息化局）

（六）加强市、区两级应用场景建设管理。各区、各部门要加大组织力度，把应用场景建设列入重要议事日程，组建工作专班，加强业务协同，打破部门壁垒，推动数据共享。加强规划设计，用好智库“外脑”，按照细化、量化、项目化、具体化的要求做好场景封装、评议工作。注重发挥市场机制和场景招商功能，吸引社会资本投资参与场景建设。细化需求挖掘、技术梳理、方案编制、咨询评议、审核发布、对接实施等组织流程，引入行业专家等参与场景初期设计，共同挖掘技术应用需求，寻找解决方案。（责任单位：各区政府、市级各部门）

（七）培育融通发展的应用场景创新生态。鼓励大中小企业结成应用场景“联合体”，由行业龙头企业牵头加强场景组织设计，通过搭建场景平台开放技术、标准、渠道等资源，利用众智、众包、众扶、众筹等新模式吸引中小企业参与，共同推进场景建设。支持底层技术跨界示范应用，实现不同场景协同联动发展。积极培育场景集成服务企业和第三方中介服务机构，开展技术集成“总包”、场景供需对接等服务，不断提升场景组织效率。（责任单位：市科委、市经济和信息化局、中关村管委会、各区政府）

附件3

# 北京市促进新消费引领品质新生活行动方案

## 一、总体思路

在做好常态化疫情防控基础上，积极顺应消费理念、消费方式、消费习惯的转变趋势，以深化消费领域供给侧结构性改革为主线，立足当下，着眼长远，加快构建消费新生态体系，激发新消费需求，促进市场回暖和消费回升，不断满足人民群众对美好生活的新期待。

## 二、主要目标

精准有序推动复商复市，多措并举促进消费提档升级，提振消费信心，释放消费潜力，培育新兴消费，升级传统消费，推广健康消费，扩大服务消费，进一步稳定消费市场运行，更好发挥消费对经济发展的基础性作用。

## 三、培育消费新模式，打造智慧新生活

（一）培育壮大“互联网+”消费新模式。搭建对接平台，推动实体商业与电商、新媒体等合作，推广社交营销、直播卖货、云逛街等新模式。引导线上企业与街道、社区等合作，推广前置仓、移动“菜篮子”等新模式。利用专项资金，支持培育一批门店宅配、“前置仓+提货站”、“安心达”、无接触配送等示范项目。推动将定点医疗机构的互联网复诊服务费用纳入医保支付范围，实现“互联网复诊+处方在线流转+医保自动结算+药品配送到家”一站式服务。优化在线教育机构备案审查工作，支持优质校外线上培训机构参与本市中小学线上课程建设，办好“空中课堂”。（责任单位：市商务局、市卫生健康委、市医保局、市教委）

（二）开启数字化新生活。实施4K进社区工程，推进30万户以上4K超高清机顶盒进社区，为居民更新超高清电视机提供技术支撑。在重点商业街区布局8K显示系统，试点8K超高清演出、赛事直播等应用。示范推广典型个案，鼓励文旅体行业创新发展云旅游、云演出、云阅读、在线远程体育健身等线上营销新形态。加快国产原创属地精品游戏审核。（责任单位：市广电局、市委宣传部、市商务局、市文化和旅游局、市体育局）

（三）拓展线上展览促消费。支持线上线下融合办展，依托北京线上展会发展联盟，为展会项目线上举办提供免费技术支持、产品推广及分销服务。支持举办国际汽车制造业博览会、餐饮采购展览会、礼品及家居用品展览会、国际健康产业博览会、“动漫北京”动漫游戏产业线上交易会等线上品牌展会。组织开展绿色食品、老字号、汽车、智能终端产品线上展卖促销活动。（责任单位：市商务局、市文化和旅游局、市农业农村局、市经济和信息化局）

## 四、巩固疏解整治成果，提升便民服务新品质

（四）推进生活性服务业“六化”发展。坚持规范化、连锁化、便利化、品牌化、特色化、智能化发展，2020年，实现蔬菜零售等8项基本便民商业服务功能社区覆盖率98%左右。继续将便民商业设施项目纳入市政府固定资产投资支持范围。持续推进重要产品平台追溯体系建设，完善生活性服务业电子地图功能，上线一批品牌连锁资源库企业和标准化门店。（责任单位：各区政府、市商务局、市发展改革委）

（五）推动传统便民服务提质增效。组织老字号依托电商平台开展专场直播、网上促销活动，支持符合条件的餐饮食品老字号进驻连锁超市。鼓励各区发展生活性服务业特色小店，提供个性化“服务包”。指导行业协会明确疫情防控和经营服务标准，征集并发布一批符合要求的“放心餐厅”，持续推进明厨亮灶等阳光餐饮工作。开展家政服务员职业技能培训专项行动，2020 年计划培训 5 万人次。加强家政行业信用体系建设，探索以“信用码”记录家政服务员健康状况、从业经历、技能培训、有无犯罪背景等信息。（责任单位：市商务局、市市场监管局、市卫生健康委、市城管执法局、市城市管理委、市发展改革委、各区政府）

（六）完善社区商业布局。完善街区商业生态配置指标，制定社区商业设施规划建设市级工作指南和区级工作方案。做好基本便民商业网点精准补建。2020 年，建设提升 1 000 个左右基本便民商业网点；新增 10 条左右生活性服务业示范街区和深夜食堂特色餐饮街区，累计达到 20 条左右。推进社区商业生活服务中心建设，支持具备条件的便民网点增加早餐、简餐主食制售等便民服务。探索具备条件的商超、蔬菜零售、餐饮等企业以厢式智能便利设施、蔬菜直通车等方式在特定时段、指定区域销售。（责任单位：市商务局、市规划自然资源委、市住房城乡建设委、市市场监管局、市城市管理委、市城管执法局、各区政府）

（七）健全规范标准体系。重点围绕物流、蔬菜零售、餐饮、家政、美容美发、洗染等行业制定（修订）相关标准、服务质量规范和评价办法。做好标准规范宣贯，培育 4 000 个左右标准化示范门店。加强服务人才培养和技能培训，打造有温度的“北京服务”。织严织密安全稳定风险防控网，防范商业企业闭店跑路、债权债务、合同纠纷等风险。（责任单位：市商务局、市人力资源社会保障局、市文化和旅游局、市教委、市卫生健康委、市市场监管局、市公安局、各区政府）

## 五、创建国际消费中心城市，优化消费新供给

（八）集聚优质品牌繁荣首店首发经济。引进国内外知名品牌旗舰店、体验店，发展原创品牌概念店、定制店，推进北京品牌产品内外销“同线同质同标”，构建品牌汇集、品质高端、品位独特的优质商品供给体系。制定鼓励发展商业品牌首店的政策措施，梳理国际品牌首店首发引进名录，对引进首店首发的商场和电商平台等给予资金支持。（责任单位：市商务局、市经济和信息化局）

（九）加快推进商业领域城市更新。扩大传统商场“一店一策”改造升级试点范围，实施贷款贴息支持政策，加快推进改造提升工程。推进传统商圈改造提升三年行动计划，三年内完成 22 个商圈提档升级，2020 年重点打造朝阳区 CBD、昌平区龙德等 6 个商圈。大力促进王府井步行街硬件设施、商业业态提质增效，争创全国示范步行街，重塑“金街”名片。（责任单位：市商务局、市规划自然资源委、市城市管理委、相关区政府）

（十）优化服务消费供给。分类有序开放户外旅游，做好实名预约、入园必检和限流等防控措施，启动“漫步北京”“畅游京郊”等行动计划，引导市民开展家庭式、个性化、分散型旅游活动。鼓励利用闲置工业厂区等场所建设文化时尚中心、健康管理维护中心、养生养老中心、消费体验中心等新型载体。线上线下多渠道宣传全市消费打卡地，支持餐饮、特色小店、商场、老字号等打造沉浸式、体验式消费场景，培育网红打卡新地标。创建 20 个全民健身示范街道和体育特色乡镇，建设 30 公里社区健走步道、300 片多功能运动场地和 650 块社会足球场地，推出 10 条自行车精品骑游路线；依法简化赛事审批流程，鼓励支持社会力量举办各类赛事，全年举办 400 余项赛事活动。制定智慧健康养老产品及服务推广目录。组织共享单车平台推出骑行激励措施，鼓励“骑行 + 公共交通”通勤方式，培育健康生活习惯。（责任单位：市文化和旅游局、市规划自然资源委、市发展改革委、市商务局、市体育局、市民政局、市卫生健康委、市交通委）

（十一）多渠道扩大进口消费。启动“品味消费在北京首发季”线上活动，组织开展 10 场以上进口商品线上促销。支持跨境电商保税仓、体验店等项目建设，加快推进跨境电商进口医药产品试点、“网购保税 + 线下自提”等新业务。加快落实国家免税店创新政策，优化口岸、市内免税店布局，开发专供免税渠道的优质特色产品。支持企业开展离境退税即买即退试点，优化离境退税服务流程，进一步扩大试点范围。（责任单位：市商务局、市财政局、北京市税务局、市文化和旅游局）

（十二）加快城乡消费融合发展。建立全市农产品产销对接联动工作机制，解决京郊农产品销售难问题。进一步提升乡村商业网点连锁化率。积极开展“战‘疫’助农”电商直播，助力农产品销售。（责任单位：市商务局、市农业农村局、市园林绿化局、市经济和信息化局、市广电局）

（十三）促进汽车等大宗商品消费。促进汽车消费，实施促进高排放老旧机动车淘汰更新方案；研究推出摇号新政，面向本市无车家庭优先配置购车指标，促进刚需家庭购车消费；采取电商平台集中办理、京外购车客户网签等形式，简化二手车外迁交易流程。促进家居商品和家装服务消费，联合家居家装主力卖场和品牌，开展主题促销；引导金融机构创新家装消费信贷产品。拉动集团消费，鼓励电商平台开展防疫物资、劳保用品、办公用品等团购促销。（责任单位：市商务局、市生态环境局、市交通委、北京市税务局、市市场监管局、市公安局公安交通管理局、市金融监管局、市经济和信息化局）

（十四）启动夜京城 2.0 行动计划。设计开发 10 条左右“夜赏北京”线路，策划举办 10 场精品荧光夜跑、夜间秀场等户外主题活动。实施“点亮北京”夜间文化旅游消费计划，推动有条件的博物馆、美术馆、景区、公园、特色商业街区等延长营业时间。优化调整促消费活动审批流程，推动相关流程网上办理。（责任单位：市商务局、市文化和旅游局、市体育局、市文物局、市园林绿化局、市公园管理中心、市城管执法局、市公安局）

## 六、健全生活必需品保障体系，布局流通新基建

（十五）全面发挥双枢纽机场作用。推动顺义区、大兴区申请国家级进口贸易促进创新示范区，打造保税进口聚集区。提升首都机场跨境电商、跨境生鲜等物流功能，提高空港口岸整车进口口岸规模与效率，积极申请增加中高端平行车进口口岸功能。加快构建航空经济产业体系，带动文化艺术、医药健康、人工智能等产业集聚，增强双机场货运发展内生动力。（责任单位：市商务局、市发展改革委、北京海关、相关区政府）

（十六）打造流通领域集约化、智慧化、绿色化物流供应链体系。统筹构建“物流基地 + 物流（配送）中心 + 末端配送网点”的商贸物流体系。加快推动现有四大物流基地规范提升和新增物流基地规划建设，对接专项规划，落实规划物流节点具体用地。加快商贸物流领域新基建进度，支持物联网、无人仓储、人工智能等技术应用，鼓励企业共建共享冷链物流配送中心。引导企业建设共同配送服务中心和智能自提柜相结合的末端配送服务体系。（责任单位：市商务局、市规划自然资源委、市发展改革委、市经济和信息化局、市住房城乡建设委、市邮政管理局、市城管执法局、市人防办、各区政府）

（十七）建设生活必需品信息化监测、库存、调拨体系。运用大数据、云计算和移动互联网等技术建立生活必需品保障平台，整合现有系统及供应链上下游数据资源，打通横纵向数据壁垒，优化数据监控手段，提升数据分析和决策能力，实现全市生活必需品储备及商品物资的智能化调控，提升供应保障能力。（责任单位：市商务局、市发展改革委、市经济和信息化局）

（十八）大力推进消费扶贫。推动北京农副产品流通体系提质扩容。依托消费扶贫双创中心，加强与新疆和田、西藏拉萨、青海玉树以及河北、内蒙古、湖北等重点对口支援地区的产销对接，开展扶贫产品“七进”活动和“扶贫超市”建设。组织受援地区与本市网络视听平台合作，开展扶贫产品直播促销活动，发挥中国国际服务贸易交易会等展会平台作用，拓宽扶贫产品线上线下营销渠道。（责任单位：市扶贫支援办、市国资委、市商务局、市委网信办、市广电局）

## 七、持续深化“放管服”改革，优化消费发展新环境

（十九）完善工作机制。继续发挥全市总消费促进工作机制作用，完善市、区两级定期调度工作机制，及时协调解决企业面临的困难和问题。支持第三方机构应用大数据建立全市消费环境评价体系，围绕夜经济、商圈改造、生活性服务业等指标定期发布分区、分行业消费活跃度指数，为各区、各部门提供数据参

考。（责任单位：市商务局、市文化和旅游局、市体育局、市经济和信息化局、市教委、市卫生健康委、市民政局、市委宣传部、各区政府）

（二十）建立疫情防控常态化形势下行业标准指引。推出餐饮、美发、楼宇商场、超市、景区、公园、体育场所等行业指引，加大检查力度，督导经营主体做好疫情防控与服务工作；提倡预约消费。鼓励景区、公园加大非周六日的门票优惠力度，引导游客合理游览。有条件的单位可结合端午节、国庆节等节假日，优化工作安排，鼓励职工弹性作息。（责任单位：市商务局、市文化和旅游局、市园林绿化局、市公园管理中心、市体育局、市疾控中心、市人力资源社会保障局、各区政府）

（二十一）持续优化营商环境。持续扩大品牌连锁生活性服务业“一市一照”“一区一照”试点企业范围，支持有条件的区试点推行营业执照与食品经营许可证“证照联办”。对符合简易低风险适用政策的传统商场装修改造项目，免于办理环评审批手续。从规划、建设、消防、登记注册等方面研究逐步放宽政策限制，探索“前店后厂”经营模式和利用地下闲置空间培育多元融合型消费业态。加快重点领域“短视频、直播＋X”项目内容审核备案服务，深化互联网院线准入“放管服”改革，按照相关规定，推广告知承诺制。（责任单位：市市场监管局、市商务局、市规划自然资源委、市生态环境局、市住房城乡建设委、市消防救援总队、市广电局、市委宣传部、各区政府）

（二十二）加大财政金融支持力度。统筹财政资金和政策，对全市促消费工作给予支持。吸引社会资本参与消费领域新基建项目建设，培育壮大“北京智造”，推动高精尖产业发展。策划开展北京消费季活动，加快市场回暖和消费回补。引导金融机构提供更多符合产业发展方向、贴近消费需求的专属消费信贷产品。将受疫情影响较大的文旅、餐饮等企业，纳入金融服务快速响应机制。推出京郊旅游健康保险产品，为游客和景区工作人员提供保险服务。（责任单位：市商务局、市财政局、市市场监管局、市文化和旅游局、市委宣传部、人民银行营业管理部、市金融监管局、北京银保监局、各区政府）

## 附件4

# 北京市实施新开放举措行动方案

### 一、总体要求

以习近平新时代中国特色社会主义思想为指导，坚持开放、包容、普惠、平衡、共赢的经济全球化发展方向，立足首都城市战略定位，充分发挥国际交往中心功能作用，深入探索以服务业为主导的开放新模式，着力打造“新高地、新引擎、新平台、新机制”，在危机中育新机、于变局中开新局，以开放的主动赢得发展的主动，以高水平的开放赢得高质量的发展。

### 二、重点任务

（一）打造开放新高地

1. 在“自贸试验区＋”基础上全面升级服务业扩大开放。发挥服务业扩大开放综合试点与自由贸易试验区政策叠加优势，制定服务业扩大开放升级方案。聚焦重点领域、重点区域，推动“云团式”产业链集群开放，实现“产业开放”与“园区开放”并行突破，争创北京开放新优势。进一步打造制度创新高地，探索投资、贸易、监管等制度创新，提升资金、土地、人才、数据等要素供给效率，争取跨境服务贸易负面清单管理模式、产业链供地等一批创新举措在京实施，构建服务业开放的新环境。合理布局，争取在全市范围内构建由自由贸易试验区、综合保税区、开放园区组成的开放型经济发展新格局。（责任单位：市服务业扩大

开放综合试点工作领导小组成员单位)

2. 建设高标准高质量自由贸易试验片区。聚焦科技创新、数字贸易、服务贸易等重点领域,实现更高水平的投资便利、贸易便利、资金往来便利和要素供给便利。发挥临空经济区、自由贸易试验区、综合保税区“三区”叠加优势,分阶段推出中国(河北)自由贸易试验区大兴机场片区制度创新清单,赋予其更大改革自主权。全面推广实施“区域综合评估+标准地+告知承诺”开发模式,编制重点产业招商地图和产业促进政策,探索推动区块链技术在商务交易等环节的应用,推进中国(河北)自由贸易试验区大兴机场片区加快建设成为国际交往中心功能承载区、国家航空科技创新引领区和京津冀协同发展示范区。(责任单位:市商务局、北京海关、市规划自然资源委、市发展改革委、大兴区政府)

3. 打造各具特色的综合保税区。加快北京天竺综合保税区创新升级,优化生物医药研发试验用特殊物品检疫查验流程,开展低风险生物医药特殊物品行政许可审批改革,做强医疗健康产业;简化文物艺术品进口付汇和进出境手续,创新实现存储、物流、布展、结算等业务链条全程统包,做大文化进出口贸易;扩大保健品、生鲜食品等中高端消费品进口,促进北京消费升级。积极争取北京大兴国际机场综合保税区尽快获批、如期封关运行,在全国率先打造“一个系统、一次理货、一次查验、一次提离”港区一体化监管模式。启动北京亦庄综合保税区申报,重点发展先进制造、供应链管理、保税服务等业务,致力打造以科技创新为特色的海关特殊监管区域创新示范。(责任单位:市商务局、天竺综保区管委会、顺义区政府、大兴区政府、北京经济技术开发区管委会、北京海关、市发展改革委、市文物局、人民银行营业管理部)

4. 促进中关村国家自主创新示范区在开放中全面创新。探索与自由贸易试验区的联动创新发展模式,努力打造世界领先科技园区和创新高地,成为世界级的原始创新策源地、全球创新网络的关键枢纽。支持设立跨国公司区域总部、研发中心,境外高校院所、科研机构的研发中心,科技类国际组织和国际服务机构的分支机构,吸引世界知名孵化器、知识产权服务机构等落地。支持与国外科技园区、创新伙伴开展双向合作,搭建国际化协同创新平台,开展前沿技术研究、标准创制、应用推广以及创新服务。支持企业或社会组织建设运营中关村国际合作创新园、区域性国际科技创新合作中心。完善全球化创业投资服务体系,引入一批创投基金、并购基金、耐心资本,建设海外创投基金集聚区。(责任单位:中关村管委会、市科委、市知识产权局、市金融监管局、市商务局、市经济和信息化局)

(二)升级开放新引擎

5. 进一步扩大金融业对外开放。将金融开放作为建设国家金融管理中心的重要组成部分,提升北京服务全球金融治理和国际合作的能级。发展全球财富管理,支持设立外资控股资管机构,支持符合条件的资管机构参与QFLP、QDLP、人民币国际投贷基金等试点,推动其申请QDII资格和额度;支持外资独资开展跨境股权投资和资产管理,申请成为私募基金管理人,支持符合条件的外资私募基金管理机构申请公募基金管理业务资格;支持非投资性外资企业依法以资本金进行境内股权投资。推动跨境资本有序流动,开展本外币合一银行账户体系试点,支持符合条件的跨国公司开展跨境资金集中运营管理业务,支持符合条件的机构参与不良资产和贸易融资等跨境资产转让。提升金融市场国际化专业服务水平,支持国际知名征信评级、银行卡清算等机构在京发展并获得相应业务许可,支持外资机构按规定的条件和程序取得支付业务许可证;支持证券公司、基金管理公司、期货公司、人身险公司100%外资持股,支持外资保险机构在京设立健康险、养老险公司;加快推进新三板改革,根据国家有关政策,积极探索外资机构投资新三板市场;争取设立私募股权转让平台,拓宽国际风险资本退出通道;支持在京发起绿色金融国际倡议和国际组织,支持设立国际绿色金融机构和投资基金。加强金融科技创新国际合作,支持外资金融机构和外资科技企业入驻北京金融科技与专业服务创新示范区,承接国际金融科技项目孵化和产业应用;支持国际金融机构与在京金融科技企业深化战略和股权合作并申领金融牌照;支持国际金融科技企业与在京机构合作,探索创建国际化的金融科技行业自律规范和标准。(责任单位:市金融监管局、人民银行营业管理部、北京银保监局、北京证监局、市科委、西城区政府、海淀区政府)

6. 深化数字经济和贸易开放。制定实施促进数字贸易发展的意见,建立健全包容审慎的数字贸易交易规则,探索出境数据分类分级。推动建立数据市场准入、数据管理、数据使用、数据监管等机制。加快推进公共数据开放,制定本市公共数据管理制度。高质量建设数字贸易示范区域,依托中关村国家自主创新示范区、中国(河北)自由贸易试验区大兴机场片区、朝阳区和北京天竺综合保税区、北京经济技术开发区,打造数字贸易发展引领区、数字贸易创新试验区、数字内容发展示范区和数字贸易融合发展区。推动区块链等数字技术赋能生产及交易各环节,加快培育发展服务型制造新业态新模式。培育一批具有全球影响力和市场引领性的数字经济龙头企业、独角兽企业。(责任单位:市发展改革委、市商务局、市经济和信息化局、市委网信办、市科委、市政务服务局、市委宣传部、市广电局、中关村管委会、海淀区政府、朝阳区政府、大兴区政府、天竺综保区管委会、北京经济技术开发区管委会)

7. 加深文化旅游融合开放。围绕新一代信息技术领域,结合云游戏、数字音乐、数字阅读等场景需求,搭建国际化协同创新平台。加快传统出版企业数字化转型,推动信息技术、内容渠道、资本市场等要素融合发展。打造全球文化艺术展示交流交易平台、国际文化贸易跨境电商平台等交流合作平台;推进“一带一路”文化贸易与投资重点项目展示活动和亚洲文化贸易中心项目;推动对外文化贸易基地与数字文化产业聚集区“双区联动”。提升北京国际电影节影响力。进一步优化离境退税便利措施,加快落实国家免税店创新政策,促进入境游消费;继续争取外商独资旅行社试点经营中国公民出境旅游业务(赴台湾地区除外)落地。(责任单位:市委宣传部、市广电局、市文化和旅游局、市商务局、北京海关、北京市税务局、市财政局、天竺综保区管委会)

8. 全面推进专业服务领域开放改革。聚焦会计、咨询、法律、规划、设计等领域,加速专业服务资源要素统一开放和自主流动,增强专业服务机构国际合作能力,建立跨领域全链条融合渗透的综合性专业服务机制,落地一批示范性的品牌企业,引入一批国际化专业服务要素,形成一批具有国际影响力的品牌区域和平台项目,打造全流程专业服务生态链。加快构建境外服务合作伙伴网络,以更高层次、更高水平参与国际竞争、国际贸易、国际经济治理。建立专业服务国际联合体,在会计审计、管理咨询、争议解决服务、知识产权、建筑设计等领域探索推进京港澳专业服务机构共建,建立取得内地注册资格的港澳专业人士来京执业对接服务机制。允许境外知名仲裁机构经批准后,在试点区域设立代表处并依法开展相关工作;支持开展网上仲裁,建立高效的数字贸易纠纷仲裁机制。积极争取建筑师负责制试点,对简易低风险试点项目在开工前免于施工图设计文件审查。(责任单位:市发展改革委、市商务局、市财政局、市知识产权局、市司法局、市政府外办、北京市税务局、人民银行营业管理部、市规划自然资源委)

(三)建设开放新平台

9. 打造具有全球影响力的服务贸易展会平台。提质升级办好中国国际服务贸易交易会,围绕服务贸易全领域,举办全球服务贸易峰会、高峰论坛、行业大会、专业论坛、洽谈及边会活动、展览展示、成果发布和配套活动等,推动组建全球服务贸易联盟,努力打造全球服务贸易发展的风向标和晴雨表,与中国国际进口博览会、中国进出口商品交易会共同构成我国扩大对外开放和拓展对外交往的新平台。(责任单位:市商务局及各相关单位)

10. 做强双枢纽机场开放平台。发挥北京首都国际机场和北京大兴国际机场双枢纽机场聚集辐射效应,打造国家发展新的动力源,形成世界级国际航空枢纽。提升国际航线承载能力,扩大航线网络,增加国际航班比例,形成辐射全球的网络布局。鼓励中外航空公司运营国际航线,允许外国航空公司“两场”运营。建设国际航空货运体系,制定促进北京航空货运发展政策,支持扩大货运航权。打造北京大兴国际机场全货机优先保障的货运跑道,吸引航空公司投放货运机队。优化北京首都国际机场货运设施及智能化物流系统。完善航空口岸功能,提升高端物流能力,扩展整车、平行车等进口口岸功能。(责任单位:市发展改革委、民航华北地区管理局、市商务局、北京海关、顺义区政府、大兴区政府、天竺综保区管委会、首都机场集团公司)

11. 建设高层级科技创新交流合作平台。立足于科学、技术、产品、市场全链条创新,将中关村论坛打造成国际化、国家级、高水平的科技创新交流合作平台。围绕创新与发展,聚焦国际科技创新前沿和热点问题,邀请全球科学家、企业家、投资人等共同参与,传播新思想、提炼新模式、引领新发展。遴选发布一批具有世界引领性的创新成果、科技政策、研究报告。开展面向全球的技术交易综合线上服务,融合项目征集、路演、洽谈、交易、展示等功能。与中国北京国际科技产业博览会有机融合，形成汇集顶级交流、高端发布、全球交易、高水平展览的多功能平台，扩大论坛产业带动性。（责任单位：中关村管委会、市科委、市政府外办、市贸促会、海淀区政府）

12. 举办高水平金融街论坛。立足打造国家金融政策权威发布平台、中国金融业改革开放宣传展示平台、服务全球金融治理的对话交流平台，围绕全球金融监管、金融开放、金融治理和金融科技等领域重要议题，开展高峰对话和深入研讨，发布重要金融改革开放政策，促进中国金融业与国际金融市场联通，共同应对全球金融风险挑战。（责任单位：市金融监管局、人民银行营业管理部、北京银保监局、北京证监局、西城区政府）

（四）优化开放新机制

13. 强化知识产权保护和运用机制。围绕“严保护、大保护、快保护、同保护”体系，统筹推进知识产权多元化保护格局，推动本市知识产权保护立法，研究落实惩罚性赔偿制度，围绕电子商务等重点领域加强知识产权专项执法保护，加强商业秘密保护和风险防控，推动国际产业园区知识产权保护一站式维权服务。探索建设知识产权交易平台，优化知识产权评估交易体系建设，健全知识产权质押融资风险分担机制，推动知识产权保险试点，构建知识产权金融创新服务体系。推进运营服务体系建设，促进专利技术转化运用；支持运营模式探索，培育一批具有示范效应的运营机构，提高知识产权运用水平。（责任单位：市知识产权局、市高级法院、市市场监管局、市委宣传部、市文化执法总队、市司法局、市金融监管局、北京证监局、人民银行营业管理部、北京银保监局、市财政局、市科委、中关村管委会、市教委）

14. 提升贸易便利化。主动优化进口流程，面向全球扩大市场开放，申报创建国家进口贸易促进创新示范区。提高通关信息化水平，拓展国际贸易“单一窗口”服务功能和应用领域，实现业务办理全程信息化、货物管理电子化、通关申报无纸化、物流状态可视化。优化贸易服务流程，针对鲜活易腐商品实施预约通关、快速验放；扩大高级认证企业免担保试点范围。创新监管模式，对进境货物实行“两段准入”监管模式，推进“两步申报”“两类通关”“两区优化”等通关监管改革，提高提前申报比例，打造空港贸易便利化示范区。（责任单位：市商务局、市经济和信息化局、北京海关、顺义区政府、大兴区政府、天竺综保区管委会）

15. 畅通投资“双行道”。推动本市共建“一带一路”高质量发展，持续推进对外经贸合作提质增效；完善对外投资合作支持政策；进一步简化企业对外投资备案流程，实现备案管理无纸化；推出“京企走出去”线上综合服务平台及系列“国别日”活动，为企业提供商机发现、项目撮合、财税咨询、安全预警等综合服务。提升外资促进和服务水平，落实全国版和自由贸易试验区版外商投资准入负面清单，鼓励外商投资新开放领域；用好中国国际服务贸易交易会、投资北京洽谈会、京港洽谈会等投资促进平台，创新开展招商活动；提高政策透明度，强化政策执行规范性，完善“双随机、一公开”工作机制，畅通外资企业咨询服务和诉求反馈渠道，做好外商投诉管理服务；落实重点外资企业“服务管家”和“服务包”机制，实施“一对一”精准服务。积极打造面向全球、兼顾国别特色的国际合作产业园区。（责任单位：市发展改革委、市商务局、市投资促进服务中心、市贸促会、市财政局、市国资委、市市场监管局、市政府外办、市经济和信息化局等相关单位及各区政府）

16. 优化国际人才服务保障。建设外籍人才服务体系，构建可“落地即办”的外籍人才服务工作网络，打造可“全程代办”的国际人才服务手机端“易北京”信息平台。推进属地化服务管理，向外籍人才聚集的区下放外国人来华工作许可审批权，逐步实现外籍人才工作许可、工作类居留许可“一窗受理、同时取证”。促进国际医疗服务发展改革，推动国际医疗示范项目建设，提高医疗服务质量和水平。优化国际学校空间布局，支持中小学接收外国学生。提升国际化政务服务能力，推动面向外籍人才和外资企业政务服务全程电子化、全程信息共享、全程交互。加快建设北京市政府国际版门户网站，打造多语种、广覆盖、全流程的一站式网上服务平台。（责任单位：市人才局、市科委、市人力资源社会保障局、市公安局、市卫生健康委、市医保局、市教委、市商务局、市政务服务局）

## 三、保障措施

（一）加强组织领导

将落实本行动方案列入服务业扩大开放综合试点专班议题。巩固“总体协调+重点领域+重点区域”三级专班架构，加强专职人员配备和培训力度。

（二）强化统筹调度

将行动方案相关任务纳入市领导季调度、专班月会商机制，进行滚动调度。在风险可控的前提下，精心组织，先行先试。各项开放改革措施，凡涉及调整地方性法规或政府规章的，按法定程序加快推进地方立法工作。

（三）做好宣传评估

充分宣传解读新开放政策措施和成果成效，加强相关信息公开。利用中国国际服务贸易交易会等国际性展会平台，全方位宣传推介。通过对外交流、出访考察等，加强中外合作、增强互信互惠。及时评估任务落实情况，总结制度经验，并复制推广。

**附件5**

# 北京市提升新服务进一步优化营商环境行动方案

## 一、精简行政审批、清理隐性壁垒

（一）持续精简行政审批事项。按照国务院要求，进一步取消、下放、承接行政许可事项，动态调整政务服务事项。分类清理政务服务“零办件”事项。通过告知承诺审批、电子证照应用和信息共享等方式，进一步压减审批事项申请材料和办理时限。（责任单位：市政府审改办牵头，市相关部门、各区政府按职责分工负责）

（二）分类清理隐性管理事项。全面梳理与行政审批相关的评估、评审、核查、登记等环节中的隐性管理问题清单，建立行政审批实施情况定期评估机制，分类分批清理影响市场主体准入和经营的隐性壁垒。（责任单位：市政府审改办牵头，市相关部门、各区政府按职责分工负责）

（三）清理规范行政备案事项。将市级层面设定的行政备案事项全部纳入清单管理并向社会公布。梳理目录管理、年检年报、指定认定等行政管理措施，整治变相审批。（责任单位：市政府审改办牵头，市相关部门、各区政府按职责分工负责）

（四）持续清理证明事项。梳理企业上市过程中需要开具的各类证明，对市场主体反映突出的“无犯罪记录”等证明事项开展清理。加大对已清理证明事项的监督落实力度，杜绝边减边增、明减暗增、反弹回潮。做好涉证明投诉问题的调查处理。（责任单位：市政府审改办、北京证监局、市金融监管局、市公安局牵头，市相关部门、各区政府按职责分工负责）

（五）规范中介服务管理。清理行政审批中介服务事项，除依据法律法规或国务院要求设定的外，审批部门不得设定行政审批中介服务事项；能够通过征求部门意见、加强事中事后监管解决以及申请人可按要求自行完成的，一律不得设定行政审批中介服务事项。加强对涉及行政管理的中介服务的管理，强化中介机构执业情况、信用和用户评价等信息公开，为企业获取便捷、规范、优质的中介服务提供支持，重点解决企业开办、商标注册、专利申请、招投标、人力资源、司法鉴定、工程建设、法律服务等领域中介服务市场便利度和专业度不足问题。加强中介服务网上交易平台建设，规范网上交易活动。严厉查处“黑中介”行为，建立投诉举报机制，推行信用监管机制，净化中介服务市场环境。（责任单位：市政府审改办牵头，市相关部门、各区政府按职责分工负责）

（六）细化公开行政审批标准。针对市场主体反映的突出问题，细化审批标准，坚持不公开不得作为行政审批依据，压缩审批自由裁量权，着力解决审批标准不公开、不透明、自由度过大等问题。（责任单位：市政务服务局牵头，市相关部门、各区政府按职责分工负责）

（七）探索基于风险的分级分类审批模式。在工程建设等领域，试点推行事项风险分级，对风险低的进一步简化审批，对风险高的严格审批。（责任单位：市政府审改办、市规划自然资源委牵头，市相关部门、各区政府按职责分工负责）

（八）探索“备查制”改革。在法律法规允许的范围内，试点推行市场主体标准自行判别、权利自主享受、资料自行留存的“备查制”改革，实现“零跑动、零接触”。（责任单位：市政府审改办牵头，市相关部门、各区政府按职责分工负责）

## 二、降低准入门槛、激发市场活力

（九）加快推进“证照分离”改革。落实国务院“证照分离”改革全覆盖要求，出台本市“证照分离”改革实施意见，全面实施涉企经营许可事项取消审批、审批改备案、告知承诺、优化服务等四项改革措施。（责任单位：市市场监管局、市政府审改办牵头，市相关部门、各区政府按职责分工负责）

（十）简化重要工业产品准入。精简优化工业产品生产、流通等领域需办理的行政许可、检验检测等管理措施。做好国务院下放重要工业产品生产许可审批权限的承接工作。贯彻落实国家层面关于强制性认证制度、优化产品目录结构和办理流程时限的相关要求，履行对认证活动的监管职责，推进开展3C产品在线核查工作。（责任单位：市市场监管局牵头，市相关部门按职责分工负责）

（十一）清理职业资格和企业资质。按照国务院统一部署和要求，及时调整职业资格清单，严格执行北京地区的许可认定工作，分步取消水平评价类技能人员职业资格，最大限度地降低就业创业创新门槛。按照住房城乡建设部有关资质改革方案以及工作部署，压减本市工程建设领域企业资质资格类别、等级，对相关企业资质逐步推行告知承诺审批，强化个人职业资格管理，加大执业责任追究力度。（责任单位：市人力资源社会保障局、市住房城乡建设委牵头，市相关部门按职责分工负责）

（十二）严格落实市场准入负面清单制度。按照国家市场准入负面清单和本市新增产业禁止限制目录相关要求，查找有关部门和各区设置的不合理准入限制，列出台账、开展整改。（责任单位：市发展改革委牵头，市相关部门、各区政府按职责分工负责）

（十三）强化公平竞争审查制度。坚持存量清理和增量审查并重，持续清理和废除妨碍统一市场和公平竞争的各种存量政策；严格审查新出台的政策措施，细化审查办法，建立规范流程。对于专业性强的领域，引入第三方开展评估审查。建立公平竞争问题投诉举报和处理回应机制，及时向社会公布处理情况，切实让企业感受到公平竞争环境氛围。（责任单位：市市场监管局牵头，市相关部门、各区政府按职责分工负责）

（十四）推动降低企业融资成本。建立政府、银企数据共享制度，在保护数据隐私的基础上，为金融机构使用不动产登记、税务、市场监管、民政等数据提供便利，提高中小企业信用贷款的成功率和比例，降低融资综合成本。推广基于区块链技术的企业电子身份认证系统，建立市确权中心，通过政府和国企采购合同应收账款确权，聚合融资担保、资产管理等各类金融资源，为企业提供更便捷高效的信贷服务。推动区域性股权市场发展，完善股东名册托管登记机制，扩大中小微企业直接融资规模，提供便利优质的融资服务。（责任单位：市金融监管局、市市场监管局、市国资委、市政务服务局牵头，市相关部门、各区政府按职责分工负责）

（十五）积极发挥行业协会商会作用。落实国家关于行业协会商会收费管理相关文件精神，进一步加强和改进本市行业协会商会收费管理。加强行业协会商会信息公开、财务公开，规范审计制度，审计报告及时向社会、会员公开，接受监督，积极发挥好行业协会商会作用。（责任单位：市民政局、市市场监管局牵头，市相关部门、各区政府按职责分工负责）

（十六）深化工程建设项目审批改革。完善社会投资和政府投资类工程建设项目审批服务流程，实行“一张表单、一口受理、一个系统”。在北京城市副中心和“三城一区”等区域，积极推进告知承诺、产业项目用地标准化及全流程管理试点。积极争取建筑师负责制试点。对具备条件的建设项目，推行建设单位购买工程质量潜在缺陷保险制度。研究制定本市工程质量潜在缺陷保险风险管理机构管理办法和保险理赔服务规范，为保险公司委托风险管理机构对工程建设项目实施管理制度提供支撑。（责任单位：市规划自然资源委、市住房城乡建设委、市政务服务局、市金融监管局、北京银保监局牵头，市相关部门、各区政府按职责分工负责）

## 三、规范执法行为、减少不当干预

（十七）推动“双随机、一公开”监管全覆盖。在市场监管领域全面推行部门联合“双随机、一公开”监管，避免多头执法、重复检查。梳理行政检查事项，建立随机抽查事项清单，规范抽查检查工作流程，提高监管效能，减轻企业负担。（责任单位：市市场监管局、市生态环境局、市交通委、市农业农村局、市文化和旅游局牵头，市相关部门、各区政府按职责分工负责）

（十八）强化“互联网＋”监管。依托市“互联网＋”监管系统，加快汇聚本市各类监管数据，强化数据共享应用。强化政府数据治理能力，研究构建政府数据治理规则。探索推进线上闭环监管、“非接触”监管。建立风险预警线索核查处置联动工作机制。推动建立电子商务领域的政企合作和社会共治机制，开展电子商务领域跨平台联防联控试点。（责任单位：市政务服务局牵头，市相关部门、各区政府按职责分工负责）

（十九）积极推进信用监管。制定信用分级分类标准，出台信用信息评价实施细则。完善全市统一的信用联合奖惩制度，明确失信行为和失信联合惩戒的认定范围、标准和程序，细化信用惩戒措施。研究提出本市统一的公共信用信息服务系统升级建设方案。开展失信企业信用修复工作，引导企业诚信自律，鼓励企业重塑信用。（责任单位：市经济和信息化局、市政务服务局牵头，市相关部门按职责分工负责）

（二十）大力推动包容审慎监管。对新技术、新产业、新业态、新模式，按照鼓励创新原则，留足发展空间，同时坚守质量和安全底线，严禁简单封杀或放任不管。加强对新生事物发展规律研究，分类量身定制监管规则和标准。对看得准、有发展前景的，要引导其健康规范发展；对一时看不准的，设置一定的“观察期”，对出现的问题及时引导或处置。建立包容审慎监管目录库并动态调整。（责任单位：市相关部门、各区政府按职责分工负责）完善“双随机、一公开”监管系统，为包容审慎监管目录库提供共享平台。（责任单位：市市场监管局）建立市级包容审慎监管政策统筹研究机制，对出现的新问题、共性问题、综合问题、疑难问题等，及时组织研究，提供政策支持。（责任单位：市发展改革委牵头，市相关部门、各区政府按职责分工负责）

（二十一）探索风险分级分类监管。在建设工程质量安全等领域，试点推行风险等级监管制度，定期发布建设工程质量安全综合管理能力风险负面清单，根据工程的风险等级情况，确定监督检查频次和内容，对纳入负面清单的主体加大监督检查力度。（责任单位：市住房城乡建设委牵头，市相关部门、各区政府按职责分工负责）

（二十二）规范监管执法行为。清理规范、修订完善边界宽泛、执行弹性大的监管规则和标准。持续改进执法方式，建立健全各行业、各领域行政处罚裁量基准制度，推动行政执法规范化建设，杜绝随意执法。完善行政处罚、行政强制、行政检查权力清单。全面推行行政执法公示、行政执法全过程记录、重大行政执法决定法制审核制度。加强行政执法统筹协调，加快推行行政检查单和跨部门联合检查制度，探索建立行政执法监测评估和主动监督纠错机制，并将行政执法监测评估情况纳入年度法治政府建设内容。（责任单位：市司法局、市生态环境局、市交通委、市农业农村局、市文化和旅游局、市市场监管局牵头，市相关部门、

各区政府按职责分工负责）

## 四、优化对企服务、构建“亲”“清”新型政商关系

（二十三）提升线上政务服务水平。充分利用区块链、人工智能、大数据、5G通信等新技术，增强跨地区、跨部门、跨层级业务协同和数据共享能力，加快推动企业电子印章、电子签名应用，全力深化政务服务“一网通办”改革，大力推进“不见面”审批。推行新开办企业开立银行账户信息共享机制，实现“五险一金”缴费账户的自动归集。将进出口检验检疫、预约检查、联合登临查验功能纳入国际贸易单一窗口。推出“一证办电”，研究高压接电模式。推进数字治理在政务服务领域的应用，推动政务服务全程电子化、全程信息共享、全程交互服务，实现可在线咨询、可在线受理、可在线查询、可在线支付、可在线评价等全流程网上办事服务。实现全市政务服务事项在工作时段提供“在线实时服务”。（责任单位：市政务服务局牵头，市相关部门、各区政府按职责分工负责）

（二十四）强化政府告知义务。在行政管理过程中全面实施一次性告知清单制度，推行主动告知、全面告知、准确告知、全过程告知，书面告知办事企业审批标准、申报材料、关联事项、负责部门、办理时限、办理进度、事中事后监管要求、执法检查标准、违法后果等。强化政府告知约束，加强对行政机关告知义务履行情况的监督考核。（责任单位：市政务服务局牵头，市相关部门、各区政府按职责分工负责）

（二十五）深入推进“办好一件事”。围绕企业全生命周期办事需求，对跨部门、跨层级的政务服务事项，通过建立政府内部联合审批、数据共享、统收统分等业务协同机制，推出200件“办好一件事”套餐。积极优化“超市+餐饮”等新业态“一件事”办理流程，为企业提供线上线下集成服务。（责任单位：市政务服务局牵头，市相关部门、各区政府按职责分工负责）

（二十六）提供公益法律服务。市、区公共法律服务中心组织律师为小微企业提供现场、电话、网上法律服务。开通保障企业复工复产公证法律服务绿色通道，对符合条件的不可抗力公证申请，实行即来即办；对其他申请实行证明事项告知承诺和申请材料容缺受理。落实“最多跑一次”公证事项范围，规范公证服务收费。（责任单位：市司法局牵头，市相关部门、各区政府按职责分工负责）

（二十七）优化商事仲裁。对当事人申请商事仲裁的，实现速立、速审、速结，并积极推动仲裁中的调解程序，妥善处理商事纠纷；对仲裁案件当事人确因疫情原因导致仲裁费用缴纳有困难的，依据仲裁规则采取缓缴措施。加强国际商事仲裁服务能力建设，提升仲裁员队伍专业化、国际化水平，探索建设有利于国际商事仲裁服务业开放的政策环境，打造国际商事仲裁中心城市。支持北京仲裁委员会（北京国际仲裁中心）承接国际仲裁案件，发布国际案件评析及相关国际案件仲裁指引，建立投资仲裁员名册，完善投资仲裁服务，提升仲裁的国际影响力。（责任单位：市司法局牵头，市商务局、市政府外办、北京市税务局、人民银行营业管理部等单位、各区政府按职责分工负责）

（二十八）提高商事案件审判质效。提高司法审判和执行效率，防止因诉讼拖延影响企业生产经营。加强平等保护民营企业权益意识，保护民营企业和企业家合法财产。严格按照法定程序采取查封、扣押、冻结等措施，依法严格区分违法所得、其他涉案财产与合法财产，严格区分企业法人财产与股东个人财产，严格区分涉案人员个人财产与家庭成员财产，推动健全平等保护的法治环境。进一步规范办理经济犯罪案件，提升质效，依法审慎采取强制措施，禁止超范围、超标的查封扣押冻结，减少对企业正常生产经营的影响，依法保障企业正常经营活动。（责任单位：市高级法院、市公安局牵头）

（二十九）强化企业破产管理。组建企业破产和市场主体退出综合协调机构，构建法院、政府和破产管理人三元格局的破产管理体系。大力推动解决破产管理中财产查控、资产处置、职工安置、信用修复、企业注销等难点问题。开展企业风险监测预警，及时推动企业破产重组。加快研究“僵尸企业”退出政策，建立企业破产案件快速处置机制。（责任单位：市发展改革委、市委编办、市高级法院牵头）

（三十）优化企业服务热线。充分发挥12345企业服务热线作用，针对企业经营发展中遇到的与政务服务、政策制定、政策执行等有关的诉求和问题，提供政策咨询、诉求受理、办理、督办、反馈、回访、评价全

链条服务。(责任单位:市政务服务局、市投资促进服务中心牵头,市相关部门、各区政府按职责分工负责)

(三十一)畅通政企沟通渠道。建立常态化的市场主体意见征集机制,搭建政企沟通网上平台,积极发挥行业协会商会、人民团体作用,采用多种方式、多种渠道及时听取市场主体的反映和诉求,了解市场主体生产经营中遇到的困难和问题,研究提出有针对性的政策措施和解决方案。畅通电话沟通渠道,运用大数据加强"僵尸电话"整治,健全政府对外联系电话检查、清理、响应、服务制度。健全市、区两级负责人走访企业制度,完善企业"服务包"制度。(责任单位:市政务服务局、市发展改革委牵头,市相关部门、各区政府按职责分工负责)

(三十二)深化"贴心服务"。加强作风建设,强化对企服务意识,提高业务水平,主动关心、主动服务、主动帮助,倾情倾力服务,及时回应企业的合理诉求、保护企业的合法权益,为企业发展排忧解难,建立"亲""清"新型政商关系。推行政务服务"体验员"机制,为企业提供贴心暖心的服务。(责任单位:市政务服务局牵头,市相关部门、各区政府按职责分工负责)

## 五、强化政策兑现、打通"最后一公里"

(三十三)细化政策执行标准。政策出台时,同步配套细化公开执行标准、流程、措施,同步做好对政策执行一线人员的系统培训,确保政策执行的有效性和一致性。强化政策联动,针对新政策出台时跨部门传导不及时等问题,及时调整配套措施。(责任单位:市政务服务局牵头,市相关部门、各区政府按职责分工负责)

(三十四)提升政策到达率。出台政策解读细则,规范政策解读的内容、形式和渠道。加大政策解读力度,线上线下结合,灵活使用更多渠道、更多方式实现大范围的政策宣传。线上加大新媒体应用,通过要点式解读、微视频、流程图、"一图读懂"、办事指南等多种方式,做到有政策必解读、有疑问必解惑。线下开展上门送政策,通过讲授、案例介绍、研讨等多种形式,将政策送到市场主体手中。针对企业关心的问题和政策中的创新举措,面向企业、中介机构和窗口工作人员,重点围绕商事制度改革、工程建设项目审批、融资信贷、政务服务、监管执法、法治保障等方面开展宣传培训,提升政策知晓度。(责任单位:市政务服务局、市发展改革委牵头,市相关部门、各区政府按职责分工负责)

(三十五)推行政策兑现"一次办"。精简政策兑现申报材料,优化办理流程,加快兑现速度。聚焦减免房租等复工复产政策的兑现,在各级政务服务大厅和网上大厅设立政策兑现窗口,构建政策兑现"一次申报、一次受理、一次兑现"闭环流程。(责任单位:市国资委、市政务服务局牵头,市相关部门、各区政府按职责分工负责)

(三十六)优化基层激励机制。从考核评价、督查追责等方面调动基层积极性,为一线工作人员松绑减负,推动各项改革政策在一线落地。建立公开曝光和内部通报机制,及时纠正不作为、慢作为、乱作为等现象。(责任单位:市政务服务局牵头,市相关部门、各区政府按职责分工负责)

# 北京市科学技术委员会关于印发《北京市科技专家库管理办法(试行)》的通知

京科发〔2020〕1号

各有关单位:

为深化科技计划管理改革,规范北京市科技专家库管理工作,充分发挥专家在科技创新和决策咨询中的作用,提高决策的科学化水平,按照《关于深化项目评审、人才评价、机构评估改革的意见》(中办发〔2018〕37号)等相关规定,北京市科学技术委员会研究制定了《北京市科技专家库管理办法(试行)》,现正式印发,请遵照执行。

特此通知。

北京市科学技术委员会

2020年1月3日

## 北京市科技专家库管理办法(试行)

### 第一章 总 则

**第一条** 为深化科技计划管理改革,规范北京市科技专家库(以下简称专家库)管理工作,充分发挥专家在科技创新和决策咨询中的作用,提高决策的科学化水平,按照《关于深化项目评审、人才评价、机构评估改革的意见》(中办发〔2018〕37号)等相关规定,结合北京市科技创新工作实际要求,制定本办法。

**第二条** 专家库是北京市科技管理信息系统的重要组成部分。通过专家库建设,充分利用各领域专家资源,鼓励和引导国内外专家参与北京市科技创新发展。

**第三条** 专家库按照统一建设、科学管理、资源共享、规范使用的原则建设和运行。

**第四条** 北京市科学技术委员会(以下简称市科委)负责专家库的总体部署和统筹协调,研究制定相关政策和管理制度。市科委委托专业机构开展专家库建设、运行维护、开发利用等相关工作。

**第五条** 市科委科技计划项目评审评估、验收(结题)、评价等环节所需评审专家,应当按照本办法要求从专家库中选取使用。其他管理环节所需专家,具体使用方式根据实际需求参照本办法执行。

### 第二章 专家库建设

**第六条** 入库专家的基本条件:

(一)拥护中华人民共和国宪法,遵守国家法律和社会公德。

(二)具有良好的职业道德、作风严谨、客观公正。

(三)具有较高的专业技术水平和较强的分析判断能力,从事相关领域工作5年以上,熟悉相关领域或行业的研究发展动态，熟悉相关法律法规和政策规范。

（四）身体健康，有足够的时间和精力完成评审、评估、咨询等工作；年龄原则上不超过65周岁；院士等高层次专家，若法定退休年龄大于65周岁的，则从其法定退休年龄。

（五）专家科研信用评级应为B级（含）以上，且无学术道德问题，无不良社会信用记录，无违法犯罪记录。

**第七条** 专家分类管理：

（一）科技研发类专家应具有副高级（含）以上职称，或作为项目（课题）负责人承担过国家或省部级科技计划项目（课题），或是国家或省部级科技奖励获得者。研究成果突出的优秀青年学者、港澳台专家、外籍专家，科技型上市公司、国家高新技术企业、技术先进型服务企业、外资研发中心的技术骨干等，可适当放宽条件。

（二）产业管理类专家主要是科技型上市公司、国家高新技术企业、技术先进型服务企业、国家级大学科技园、国家级科技企业孵化器、全国性或全市性行业协会学会的高级管理人员。具有丰富企业管理或创业实践经验，或对成果转化、产业发展有突出贡献的人员，可适当放宽条件。

（三）财务管理类专家应当是熟悉科技经费管理制度的高级会计师、高级审计师、注册会计师，或高等学校、科研院所、行政及企事业单位等具有中级（含）以上职称的财务审计部门专职人员。

（四）其他专家包括具备丰富科技行政管理或决策咨询经验的人员、智库或咨询公司高级管理人员；天使投资、创业投资机构、银行信贷及保险等机构中高级管理人员；具有副高级（含）以上职称的法学专家或国家二级律师以上资格的人员；具有丰富科普传播工作经验或对科普创作有突出贡献的人员等。

**第八条** 专家入库主要采取主动邀请、公开征集和共建共享三种方式：

（一）主动邀请。市科委根据评审工作需要，主动邀请符合条件的专家，经专家本人同意并经所在单位审核后入库。

（二）公开征集。市科委公开发布征集北京市科技专家库专家信息的通知或者公告，常年受理入库申请。申请专家可自愿通过北京市科技专家库管理信息系统（以下简称信息系统）在线填写申请并附相关证明材料，经所在单位审核后提交市科委，符合条件的专家由市科委纳入专家库；港澳台专家、外籍专家也可由专家提出申请，本市相关管理部门审核后向市科委推荐。

（三）共建共享。市科委通过与国内外各类专家库建设方签订协议的方式，按照协作共享的原则积极将符合条件的专家吸纳入库；市、区各有关行政部门需要利用专家信息的，市科委可依申请并按专家自愿参与原则提供相应协助。

**第九条** 拟入库专家名单经市科委同意后予以公示，公示期为5个工作日。经公示无异议的专家正式进入专家库，市科委以电子公函的形式告知专家本人。

## 第三章 专家库管理与维护

**第十条** 专家入库实行信息定期更新机制。市科委每年组织一次专家信息集中更新，通过短信、邮件等方式通知在库专家登录信息系统，确认信息变更情况。

除定期更新外，入库专家个人信息发生变更的，应当及时、主动登录信息系统更新信息。

专家连续两年未对本人信息进行确认或更新的，专家资格将被冻结，相关情况将及时通知专家本人。专家重新登录确认或更新信息并经所在单位审核后，可解除冻结状态。

**第十一条** 专家具有以下或其他不适宜参加评审活动的情况，专家所在单位应及时向市科委报告，取消相关专家资格：

（一）违法行为；

（二）违纪行为，开除公职或党籍等；

（三）科研失信；

（四）失德失范。

**第十二条** 有以下情形之一的专家应予出库：

（一）因身体等个人原因不再符合专家入库条件的；

（二）本人书面申请不再担任专家的；

（三）在参加专家活动过程中，存在徇私舞弊，接受或索取相关单位个人的馈赠、宴请或不正当利益的；

（四）专家信用等级C级以下的；

（五）接受邀请后两次无故缺席的；

（六）未经同意，泄露评审的内容、过程和结果等重要信息的；

（七）其他情形不适宜担任专家的。

**第十三条** 专家出库程序：

（一）核实。由专业机构核实相关情况。

（二）告知。由市科委核实拟出库专家名单后告知专家本人。

## 第四章 专家选取与使用

**第十四条** 从专家库中选取专家，一般应当遵循以下原则：

（一）诚信原则。在国家或北京市信用信息共享平台产生失信记录的专家，应取消其评审专家资格。

（二）同行评议原则。充分考虑专家年龄、专业水平、知识结构、工作单位、特长等事项，原则上应主要选取活跃在科研一线的专家参与评审。与产业应用结合紧密的项目，应当选取活跃在生产一线的专家参与评审。

（三）随机原则。根据科技计划类别和项目类型特点，合理确定评审专家选取条件，明确专家构成及选取范围，由系统随机产生候选专家。

（四）轮换原则。为保障专家科研时间，原则上每位专家每年参与立项评审项目不超过10次。

**第十五条** 选取专家与邀请、使用专家的岗位，应当分离。

**第十六条** 专家接受评审邀请的，应当在评审活动开始前，根据具体评审情况签署科研诚信承诺书。

**第十七条** 专家选取实行回避制度。专家在收到评审邀请后，具有以下情形之一的，应当主动申明回避：

（一）与被评审项目负责人有近亲属关系、师生关系（硕士、博士期间）以及其他重大利益关系；

（二）与被评审项目负责人在过去3年之内有共同承担科研项目、获得科技奖励、发表论文、申请专利等合作关系；

（三）24个月内与被评审项目单位有过聘用关系，包括现任该单位的咨询或顾问；

（四）与被评审项目单位有经济利害关系，如持有涉及申报单位的股权（申报单位为上市公司的除外）；

（五）其他有可能影响客观、公正评审的情形。

具有以下情形之一的专家，由信息系统自动予以回避，不得参加项目评审：

1. 是被评审项目的负责人或参与人员；

2. 与被评审项目负责人在过去3年之内有共同承担市科委项目、获得市科学技术奖等合作关系；

3. 与被评审项目负责人隶属于同一法人单位的（如果法人单位拥有二级及以下内设机构时，应与被评审项目负责人隶属不同机构）；

4. 项目申报单位提出合理回避事由，如：专家对被评审项目完成单位、被评审项目的负责人等，存在学术偏见或认识偏见。

**第十八条** 建立专家库评价机制。专家使用单位对专家参与评审咨询活动情况进行记录和星级评价，作为后续专家选取和使用的重要参考。评价的主要内容包括：

（一）遵守评审工作相关法律、法规和规范性文件的情况；

（二）工作态度和勤勉状况；

（三）履行评审职责的能力；

（四）执行回避与保密规定的情况等。

**第十九条** 专家库建立痕迹管理机制。对专家选取、专家评审、回避、评价等活动进行全程操作留痕，做到相关操作记录可查询、可追溯。

## 第五章　监督管理

**第二十条** 除涉密及法律法规另有规定外，项目评审专家名单应当向社会公开，接受社会监督。开展会议评审的，原则上应在评审前公布评审专家名单；开展通讯评审的，应在评审结束前对评审专家名单严格保密，有条件的应在评审结束后向社会公布。

**第二十一条** 市科委对财务专家实行事后抽查核验制度。市科委委托第三方事务所按一定比例对已评审材料进行抽查核验，对存在未严格执行评审标准的财务专家，强化业务培训，符合规定要求前一定周期内不得参与评审工作。

**第二十二条** 市科委严格保障信息系统及专家信息的安全。严禁私自复制、下载、泄露、转让或出售专家库中的信息和资料。

**第二十三条** 市科委加强对专家库使用单位的监管，专家使用单位存在以下行为之一的，经市科委核实，暂停其使用专家库账户，整改后方可重新开放：

（一）将专家库的用户名及密码泄露给其他未经授权单位或个人的；

（二）在对专家抽取、确认及评价等过程中未如实填写相关信息的；

（三）对专家进行恶意评价的。

**第二十四条** 专家所在单位要认真履行法人主体责任，加强对专家信息的审核把关；及时向市科委报告本单位专家学术失范、违法违纪等重大事项。如因单位审核不严谨、报告不及时，给评审活动造成重大影响的，将视情节轻重给予计入单位诚信档案、批评教育、通报批评直至取消单位推荐资格等处罚。

**第二十五条** 专家如存在科研失信行为、填写虚假信息、在评审咨询工作中存在不当行为情况，一经查实，取消专家资格。对徇私舞弊者予以通报批评，并公开相关信息，取消申报市科技计划（项目、基金等）资格。

## 第六章　附　则

**第二十六条** 本办法自发布之日起实施。

# 北京市科学技术委员会等八部门印发《关于加强新型冠状病毒肺炎科技攻关促进医药健康创新发展的若干措施》的通知

京科发〔2020〕2 号

各相关单位：

为了积极应对新型冠状病毒感染肺炎的疫情，保障市民健康，北京市科学技术委员会会同北京市发展和改革委员会、北京市经济和信息化局、北京市财政局、北京市卫生健康委员会、北京市医疗保障局、北京市药品监督管理局、中关村科技园区管理委员会制定了《关于加强新型冠状病毒肺炎科技攻关促进医药健康创新发展的若干措施》，现印发给你们，请结合实际认真贯彻执行。

北京市科学技术委员会
北京市发展和改革委员会
北京市经济和信息化局
北京市财政局
北京市卫生健康委员会
北京市医疗保障局
北京市药品监督管理局
中关村科技园区管理委员会
2020 年 2 月 2 日

## 关于加强新型冠状病毒肺炎科技攻关促进医药健康创新发展的若干措施

为深入贯彻习近平总书记“把人民群众生命安全和身体健康放在第一位”的重要指示精神，落细落实《“健康中国”规划纲要》和《北京市加快医药健康协同创新行动计划（2018—2020 年）》，秉承注重原始创新、坚持问题导向、加强协同转化与促进高端发展的原则，充分发挥首都科技和人才优势，积极应对新型冠状病毒感染肺炎疫情防控，保障市民健康，提升医药健康创新发展水平，打造全球影响力的医学创新中心和产业高地，更好服务全国科技创新中心建设和首都高质量发展，特制定本措施。

**第一条** 建立应对新发突发传染病的科技快速反应体系。建立长期持续投入机制，针对威胁首都城市公共安全稳定的新发突发传染病，在病原检测、疾病流行监测与预警、快速筛查、临床诊疗、便捷消杀、新药（疫苗）研发与快速制备、传统中医药应用、个体防护标准制定和防护产品开发，应急健康科普与心理干预，大数据与公共卫生决策支撑等方面，推动本市医疗卫生机构、高校院所、创新企业建立无缝衔接、协同创新的快速反应体系。在生物样本资源使用、病原学分析、医药健康创新产品应急审批等方面，建立市相关部门联动机制和争取国家事权申报绿色通道，支持有关临床诊疗防疫方案制定，快速诊断试剂、消杀产品与防护装备、疫苗及新药等的开发。（责任单位：市科委、市卫生健康委、市药品监管局）

**第二条** 大力提升技术平台的应急响应和服务支撑能力。有效整合各领域创新和产业化资源,支持建设一批公共卫生与人群健康领域重点实验室等平台,支持北京全球健康中心、全球健康药物研发中心等创新平台发挥创新品种的研发支撑能力,借力国际顶尖资源,加速创新研发;推动第三方生产服务平台建设,并支持其优先承接新发突发传染病防治等相关创新品种的生产转化;健全第三方技术服务产业链,加快建设防控新发突发传染病的诊断试剂、疫苗、新药、防护产品等急需技术服务平台,大力培育医药健康成果转化中介服务机构,提升成果转化的专业服务水平。(责任单位:市科委、市卫生健康委、中关村管委会、市经济和信息化局)

**第三条** 强化临床资源对创新品种研发的支撑。针对创新药、高端医疗器械及医药健康与人工智能融合等领域,支持具有领域内优势资源的医疗卫生机构联合,与医药企业共同开展创新品种临床研究,提高临床研究效率。支持医疗卫生机构优先承接重点领域创新品种研发,特别是针对新型冠状病毒感染肺炎的预防、诊断与治疗的创新品种临床研究。支持防控新发突发传染病效果明显的优质医疗机构院内制剂在医联体内依法调剂使用;鼓励医疗机构与药品生产企业合作,依法推动多家医疗机构院内制剂集中委托优势企业生产,支持由企业投入完成药品研发上市相关流程。(责任单位:市卫生健康委、市科委、市药品监管局)

**第四条** 推动创新医疗器械临床应用与推广。支持在京医疗机构积极采购进入国家创新医疗器械特别审批程序、优先审批程序、应急审批程序等获批上市的器械品种;支持医疗卫生机构积极探索应用首台(套)产品;优化新型冠状病毒肺炎相关新增医疗服务项目管理方式,提高诊疗新技术、新产品审批效率。(责任单位:中关村管委会、市卫生健康委、市财政局)

**第五条** 加快创新药的临床应用与市场准入。积极辅导支持创新药纳入国家基本医疗保险药品目录;针对新纳入国家基本医疗保险目录的创新药及拥有自主知识产权、填补临床空白、市场潜力大的各类新药,开通药品阳光采购绿色通道,实行直接挂网采购。支持Ⅰ类创新药开展Ⅳ期临床试验,引导在京医疗机构尽快熟悉、采购并应用创新品种。(责任单位:市医保局、市卫生健康委、市科委)

**第六条** 支持企业做强做大及开展国际合作。针对医药健康规模生产型企业,特别是拥有纳入国家《新型冠状病毒感染的肺炎诊疗方案》中药、化学药、生物药等品种的企业,支持相关品种的生产线改造升级、二次开发及生产再注册。支持企业积极开展国际合作,特别是与国际抗病毒药物研发领军企业深入联合,加快有效治疗新型冠状病毒感染肺炎的创新药物在国内上市,满足临床治疗的急迫需求。(责任单位:市经济和信息化局、市发展改革委、市科委)

**第七条** 加强培育医疗人工智能新兴业态。利用人工智能算法、大数据和高性能计算相结合的方式,支持和发展高通量的新药研发平台;对于人工智能医疗器械,在申请产品注册审批时开通绿色通道或依托医疗器械应急审批程序加快审批流程。推动取得市场准入资格的新型冠状病毒感染肺炎相关医疗人工智能产品尽早服务临床;支持AI+医疗应用场景示范建设带动人工智能等新技术及装备发展。(责任单位:市科委、市发展改革委、市卫生健康委、市药品监管局、市医保局、市经济和信息化局、中关村管委会)

**第八条** 开放互联网+医疗咨询应用场景。支持本市互联网医疗相关企业参与建设“北京新型冠状病毒感染肺炎线上医生咨询平台”,利用现代信息技术手段,面向市民提供信息发布、在线咨询、心理疏导以及智能导诊、疫情预测等服务。推动交通、运营商、医疗卫生机构等单位适当开放数据,支持高校院所和企业参与建设“北京新型冠状病毒感染肺炎防控服务系统”,利用大数据、人工智能等技术,梳理筛查易感人群,为疫情分析、防控和预测预警提供支持。推动5G、人工智能、大数据、视频通信、远程医疗等新技术、新产品示范应用,带动相关产业发展。(责任单位:市科委、市卫生健康委)

**第九条** 支持医疗人工智能关键技术研发及产品示范应用。支持本市人工智能领域的企业和高校院所开展远距离大规模红外智能体温检测仪、人工智能分诊系统、人工智能辅助诊断产品、人工智能药物研发平台等产品的共性关键技术研发,推动人工智能、大数据等新技术和新产品在新发突发传染疾病防控及治疗工作中的示范应用,提高公共场合突发传染疾病防控能力,提升各级医疗卫生机构突发传染疾病诊疗水平以及药企药物研发效率,服务卫生健康事业,带动相关产业发展。(责任单位:市科委、市卫生健康委、

市经济和信息化局、中关村管委会)

**第十条** 加强协调服务。完善市级医药健康统筹联席会议机制和服务包制度,持续优化营商环境,加强"一对一"服务,动态跟踪企业、高校院所、科研机构等发展问题和需求,加强协调调度。建立抗击新型冠状病毒感染肺炎疫情应急科技攻关绿色通道机制,采用定向择优、公开征集等组织方式,简化流程,快速启动一批前期已有相关研究基础,短期内可投入临床应用的预防、诊断与治疗创新品种的研发与生产。强化科研诚信,加强有关实验数据、临床病例、流行病学统计等数据、成果的规范管理和开放共享。按照《北京市财政局关于转发〈财政部办公厅关于疫情防控采购便利化的通知〉的紧急通知》的要求,搭建政府采购"绿色通道",更好满足疫情防控相关采购需求。(责任单位:市财政局、市科委、市卫生健康委、市经济和信息化局、中关村管委会)

# 北京市科学技术委员会等四部门关于印发《北京市高精尖产业技能提升培训补贴实施办法》的通知

京科发〔2020〕3号

各区科技、经信、人力社保、财政部门，北京经济技术开发区有关部门，各有关单位：

根据市政府办公厅《关于印发〈北京市职业技能提升行动实施方案（2019—2021年）〉的通知》（京政办发〔2019〕18号）精神，为做好本市高精尖产业技能提升培训，现将《北京市高精尖产业技能提升培训补贴实施办法》印发给你们，请认真组织实施。

北京市科学技术委员会
北京市经济和信息化局
北京市人力资源和社会保障局
北京市财政局
2020年3月6日

## 北京市高精尖产业技能提升培训补贴实施办法

根据市政府办公厅《关于印发〈北京市职业技能提升行动实施方案（2019—2021年）〉的通知》（京政办发〔2019〕18号）要求，为做好本市高精尖产业技能提升培训，制定本办法。

### 一、总体目标

围绕本市高精尖产业发展对人才的需求，立足首都经济社会发展实际，坚持需求导向、结果导向，大力推行终身职业技能培训制度，落实培训信息公开化、培训项目目录化、培训评价即时化、培训资源集成化、资金使用有效化的要求，持续开展职业技能提升行动，促进企业、人才和培训机构积极参与，力争在短时间内，在人工智能、医药健康、新能源智能汽车、新材料、科技服务、新一代信息技术、集成电路、智能装备、节能环保、软件和信息服务等高精尖产业形成新的优势人才群体，为本市高精尖产业发展提供人才智力保障。

### 二、适用范围和条件

（一）培训的形式

包含企业组织的培训和人才自主参加的培训两类。

1. 企业组织的培训。是指企业为提高研发能力和生产技术水平，组织职工开展的内部培训或委托社会培训机构开展的技能提升培训。企业可以根据实际需要，经批准后，在具有专业优势的国家或地区，委托大学或专业机构开展培训。每班次的人数原则上不少于20人。

2. 人才自主参加的培训。是指高精尖产业专业领域的人才为提升个人技能水平，自愿到社会培训机构参加的以就业和转岗为目的的技能提升培训。

（二）企业

本办法中所指的企业为在本市注册，符合《北京市十大高精尖产业登记指导目录（2018 版）》中的行业类别，且应为国家高新技术企业、科技部认定的科技型中小企业、具有相关资质或经省级以上相关业务主管部门认定的科技服务机构、本市“专精特新”中小企业、专精特新“小巨人”企业及其他承担重大项目或重点科研任务的企业；对于未盈利的投入期企业，其研发投入应占总投入的 60% 以上，或固定资产投入占总投入的 50% 以上，且应拥有核心知识产权和良好的市场前景。企业须未被列入严重违法失信企业黑名单。

（三）人才

参加企业组织的培训的，应与该企业依法签订劳动合同，并在该企业连续缴纳社会保险 6 个月以上，且从事相关技术技能工作。

自主在社会培训机构参加培训的，应具备相关专业大学本科以上学历，且参加培训后，被本市高精尖产业企业录用，并从事相关技术技能工作。

## 三、工作机制

在市就业工作领导小组的统一领导下，市科委、市经济和信息化局负责组织高精尖产业的职业技能提升培训和资金审核，加强质量监督检查，做好政策宣传和解读。在培训工作中，可以通过购买服务的方式，积极使用市场化、专业化机构提供培训服务和工作保障。市科委负责人工智能（含区块链技术）、医药健康、新能源智能汽车、新材料和科技服务等 5 个产业的技能提升培训，每年培训 1 万人次；市经济和信息化局负责新一代信息技术、集成电路、智能装备、节能环保、软件和信息服务等 5 个产业的技能提升培训，每年培训 1 万人次。

## 四、目录建立和管理

围绕高精尖产业技能提升培训，市科委、市经济和信息化局依托专业机构，建立并公布相关产业培训项目目录（含课程和课时）和培训机构目录；分产业组建专家委员会，对培训项目目录和培训机构目录进行评估。

（一）培训项目目录

以企业和人才的需求为导向，围绕产业发展急需的技术技能，依托第三方专业机构，开发培训项目，建立相关产业培训项目目录，其中应包含具体课程内容和课时要求，原则上每个项目的课时数应不少于 40 学时，每学时不少于 45 分钟。企业可依据公布的培训项目目录，制定个性化的培训子项目。

企业和人才参加目录中的培训项目方可享受补贴政策。

（二）培训机构目录

培训机构应具备相关资质，有独立法人资格，对社会提供培训服务，在业界有较好的声誉，有 3 年以上的专业培训经验、雄厚的师资、成熟的课程、稳定的办学场所，且经其培训的学员能够被本市知名企业录用。通过机构申请、专家委员会评估、公示、发布等程序，拟定培训机构目录。对于能够从境外引进师资的，优先考虑。

列入目录的机构方可为企业提供培训服务，人才到列入目录的机构进行培训方可享受补贴政策。

（三）评估

市科委、市经济和信息化局负责建立培训项目目录（含课程和课时）和培训机构评估机制，并对目录进行动态调整，可定期补充。

## 五、培训的绩效管理

各企业、培训机构应重视绩效管理，切实发挥好培训的作用，达到提升专业人员技术技能的目标。在组织培训前，须结合本企业或受托企业实际，制定培训项目绩效目标，包括培训人数、课程、聘用师资、预期目标、考核方式等内容。培训结束后，应组织学员对培训效果进行评价，了解满意度。绩效目标将作为管理部门对企业培训项目考核的依据。

社会培训机构组织的培训，应对参加培训的人员进行考核，并出具相关考核结果说明。

## 六、补贴标准和资金使用范围

(一)企业补贴标准

对于高精尖产业企业组织职工开展技能提升培训且经绩效考核合格的，给予企业补贴。采取后补贴方式，根据企业规模和年度内培训人次分档、限额进行补贴：

1. 规上企业。按照每人每年合计不超过2万元的标准、不超过培训总费用50%的比例给予补贴，年度内培训2 000及以上人次的，补贴上限为800万元；年度内培训1 000～2 000人次的，补贴上限为600万元；年度内培训500～1 000人次的，补贴上限为400万元；年度内培训100～500人次的，补贴上限为200万元；年度内培训100人次以下的，补贴上限为100万元。

2. 规下及成长型企业。按照每人每年合计不超过2万元的标准、不超过培训总费用50%的比例给予补贴，补贴上限为100万元。

(二)个人补贴标准

对于参加社会培训机构的培训，且培训后在本市高精尖产业企业就业3个月以上的，按照每人每年合计不超过1万元的标准、不超过培训总费用50%的比例给予个人奖励补贴。每人每年可申请不超过3次，累计补贴金额不超过上述标准；同一培训项目不可重复享受。

(三)补贴资金使用范围

企业申领获得的补贴资金，具体用途为：

1. 师资费。指培训师的讲课费、课程开发费、教材开发费、课件制作费，教师的食宿费、交通费等。培训师包括本单位职工。

2. 培训所需设备设施、软件、网络培训账号等购置费。

3. 参训人员培训期间发生的资料费。

4. 培训场地费(利用自有办公场地除外)。

5. 支付给受托关联企业、院校、第三方教育机构的培训费用。

6. 缴纳本企业社会保险费。

7. 个人因工作需要参加社会培训，向有关部门或机构交纳的报名费、注册费、学费、教材费、考试费、评审费等。

以上培训总费用依照资金用途核定。

## 七、补贴的申报和审批

(一)申报和审批程序

企业组织的培训，申报主体为本企业；个人参加的培训，申报主体为所在企业。申报和审批的程序如下：

1. 提交申请。企业向所在区、经济技术开发区科技或经信部门提交书面材料。申报时间为每季度末月 5 日前，当季度未申报的可在下季度末月 5 日前申报。

2. 各区初审。各区、经济技术开发区相关部门应在 2 个工作日内完成初审，并将审核结果（是否同意补贴及补贴额度）报市科委或市经济和信息化局。

3. 市级部门审批。市科委、市经济和信息化局对初审结果在 5 个工作日内进行审批，提出补贴意见。

4. 公示。对拟给予补贴的企业或个人在市科委、市经济和信息化局官网公示 5 个工作日。公示内容包括：享受培训补贴的单位名称或人员名单、培训内容、补贴标准及具体金额等。

5. 报送用款申请。公示无异议的，由市科委、市经济和信息化局将拟补贴资金情况报市人力资源社会保障局。

6. 下达通知。下达通知，办理补贴资金拨付手续。

7. 资金拨付。补贴资金拨付至企业账户，其中个人奖励补贴资金由所在企业全额发放至个人。

8. 境外培训。对企业组织的境外培训，需事先向市科委（市外专局）报送培训方案，经批准后，方可实施。境外培训遵守因公出国（境）培训的各项规定。人才自主参加的培训不适用境外培训的补贴申报。

（二）申报材料

1. 企业组织的培训：补贴申请表、培训方案（包括培训岗位名称、培训时间地点、培训课程内容及课时、培训方式、培训人数及批次、培训师资等）、培训人员名册及考勤表、视频、照片、支出票据（复印件，须加盖单位财务专用章）、绩效说明和由企业法定代表人签名的材料真实性承诺书。企业组织的内部培训还需提供支出明细（补贴资金使用范围 1 至 5 项）。委托培训机构开展培训的企业，须提供委托培训协议，包括预算、培训预期目标、课程计划、师资、结业考核方式等内容。以上材料均需加盖单位公章。

2. 个人参加的培训：补贴申请表、培训发票、考核结果、与所在企业签订的劳动合同和由本人签名的材料真实性承诺书。

## 八、质量监督检查

（一）市科委、市经济和信息化局可依托第三方专业机构，开展培训效果评估，对企业和培训机构的培训质量进行监督检查。

（二）市科委、市经济和信息化局和各区、经济技术开发区相关部门要切实履行申请材料审核职责，有效甄别资金发放对象及其申请材料的真实性，考核绩效指标。绩效考核不合格的，不予补贴。

（三）加大培训质量监管和监督检查力度。市科委、市经济和信息化局会同相关部门，采取日常督导、专项督导和年度考核等方式进行督导评价，保障资金效益。

（四）建立培训补贴抽查机制。对企业组织的培训按照不低于 50% 的比例进行抽查；对参训个人按照不低于 30% 的比例进行抽查。抽查方式包括电话回访、不定期暗访、实地检查核实等方式，也可委托第三方机构进行，差评率超过 30%（含 30%）或发现弄虚作假行为的，将终止培训补贴申请流程。

## 九、违规违纪处理

（一）对以虚假培训方式冒领、套取或骗取补贴资金的行为，依法依规严肃处理。

（二）对抽查检查发现并核实的冒领、套取或骗取资金予以追回。骗取补贴企业和个人将列入黑名单，且不得再申请享受本市职业技能提升培训补贴。

（三）各级工作人员违规违法违纪，按照公务员法、监察法等有关规定追究相应责任；涉嫌犯罪的，依法移送司法机关处理。

## 十、其他事项

（一）鼓励企业和人才在新冠肺炎疫情防控期间，通过线上培训方式，开展或参加高精尖产业技能提升培训：

1. 对受疫情影响中小微企业，支持其组织职工开展内部培训。

2. 对受疫情影响被企业裁员的人才，支持其到社会培训机构参加技能提升培训，实现转岗就业。

3. 对参与疫情防控并做出突出贡献的企业予以重点支持。

4. 鼓励企业精准稳妥有序启动高精尖产业技能提升培训。

5. 疫情防控期间补贴资金可按月申请拨付。

（二）本办法适用于2020年1月1日后开展的高精尖产业技能提升培训。

# 北京市科学技术委员会印发《关于落实“放管服”要求　进一步完善北京市科技计划项目经费监督管理的若干措施》的通知

京科发〔2020〕8 号

各有关单位：

为贯彻落实市政府《关于新时代深化科技体制改革　加快推进全国科技创新中心建设的若干政策措施》（京政发〔2019〕18 号），促进经费监督与经费管理改革同步，赋予科研单位和科研人员更大自主权，鼓励和保护创新，激发广大科研人员的积极性、主动性和创造性，市科委研究制定了《关于落实“放管服”要求　进一步完善北京市科技计划项目经费监督管理的若干措施》。经市委深改委科技体制改革专项小组 2020 年第一次会议审议通过，现印发给你们，请遵照执行。

北京市科学技术委员会

2020 年 6 月 12 日

## 关于落实“放管服”要求　进一步完善北京市科技计划项目经费监督管理的若干措施

为深入贯彻国家及北京市有关完善科研项目资金管理、赋予科研机构和人员更大的自主权等改革政策，落实《关于新时代深化科技体制改革　加快推进全国科技创新中心建设的若干政策措施》（京政发〔2019〕18 号），促进经费监督与经费管理改革同步，尊重科技创新规律，鼓励和保护创新，激发广大科研人员的积极性、主动性和创造性，现就北京市科技计划项目（含课题、工作任务等）经费的监督管理，提出以下措施。

### 一、完善组织机制，强化内部审计监督作用

1. 完善内部审计与国家审计协调机制

加强与审计机关的对接，建立信息和成果共享机制，及时了解各高等学校、科研院所、国有企业等承担单位有关科技计划项目经费管理方面的典型性、普遍性、倾向性问题，建立风险防控清单，提升监督效率。

2. 切实提升内部审计监督能力

落实国家和北京市内部审计相关规定，在审计机关指导下开展科技计划项目经费审计监督工作。除涉密事项外，科技计划项目经费审计可根据工作需要采购审计服务。有效利用科技计划项目承担单位（以下简称承担单位）内部审计力量和成果，对其内部审计发现且已经纠正的问题，不再在科技计划项目验收（结题）经费审计报告中反映。

## 二、优化经费审计监督，保障落实到位

3. 落实管理权限下放

承担单位依法依规制定的与科研项目和经费管理相关的科研类差旅费、会议费、专家咨询费管理办法，科研项目预算调剂、间接费用统筹使用、结余资金使用、科研仪器设备采购管理、劳务费分配等管理制度，以及符合科研实际需要的内部报销规定等文件，符合科学、客观、合理原则的，在科技计划项目经费审计监督中，均可作为确认经费支出的优先依据。

4. 落实放与管结合

科技计划项目经费审计监督时，“承担单位法人责任落实情况”作为重点关注的内容。对于承担单位应制定而未制定相应科研项目经费管理制度的，审计监督时将重点予以关注。

5. 落实优化服务

提升第三方会计师事务所主动服务科技创新活动和科研人员的意识，发挥其对科技计划项目经费管理的服务和政策宣传作用。鼓励和引导第三方会计师事务所在科技计划项目经费审计过程中，多用网络和信息化手段，减少纸质资料提供要求，切实减轻科研人员负担。

## 三、创新经费监督管理方式，试点承担单位“诚信典型”管理

6. 以信息化手段提升风险研判能力

运用科技手段，归集数据、查找疑点、综合提炼，提高审计监督的精准度和时效性。通过大数据分析和调研问卷等方式，加强经费支出监测，对典型性、普遍性的风险点和问题及时预警。

7. 试点承担单位“诚信典型”管理

落实科研诚信承诺制，对于内控管理和财务管理等制度健全且已有效执行、承诺对本市科技计划项目经费管理采取相应监督举措且信用良好、设有内部审计机构的局级（含副局级）以上行政事业单位，经备案，可纳入北京市科技计划项目经费监督“诚信典型”管理。

纳入“诚信典型”管理试点的承担单位，其内部审计机构出具的科技计划项目经费审计报告或加盖单位财务部门和审计部门等印章的经费总决算表可作为验收（结题）依据，在规定时间内免于本市科技计划项目验收（结题）经费审计。其中，审计报告应符合本市科技计划项目（课题）、工作任务经费审计相关政策和格式规范等相关要求。出具经费总决算表的项目，须纳入年度科技计划项目经费监督检查范围。

8. 实施项目分类监督机制

围绕全国科技创新中心建设、科技冬奥等重点项目，试点实施重点项目全过程监督工作机制；选派第三方会计师事务所或者监督人员，全过程服务项目经费的支出与管理。强化承担单位主体责任，对于财政资金支持额度较低的科技计划项目，根据承担单位信用和管理情况，可实施多形式的经费验收（结题）措施。

9. 建立科技计划项目监督检查制度

关注财政科技经费的安全和绩效目标、考核指标的完成情况。每年围绕风险较大的项目、承担单位、支出科目或者未实施验收（结题）经费审计的项目等，组织监督检查。监督检查的范围包括项目执行情况、经费管理及审计情况等。

10. 以信任和守信为前提精简监督检查频次

按照科技计划项目执行周期，本市科技计划项目原则上只在项目执行期末开展验收（结题）经费审计一次。针对本市科技计划项目实施的各类检查、审计等原则上一年不超过一次。监督检查与信用等级、履约情况等挂钩，对于信用记录差、违反项目（课题）任务书或者协议约定义务的承担单位和项目（课题）负责人及其承担的项目，加大监督检查频次。

## 四、完善第三方会计师事务所服务机制，加强质量控制

11. 完善采购审计服务相关工作机制

承担单位按照市场化原则，可自主选择具有资质的第三方会计师事务所进行验收（结题）经费审计。第三方会计师事务所的审计费用可列入财政科技经费预算范围。

12. 加强第三方会计师事务所审计质量控制

及时做好科技计划项目经费审计相关依据的动态调整和审计人员的培训工作。贯彻落实《关于进一步做好中央财政科研项目资金管理等政策贯彻落实工作的通知》（财科教〔2017〕6 号），加强与北京注册会计师协会的对接合作，明确会计师事务所从事科技计划项目经费审计的工作要求和技术规范，将科技计划项目经费审计纳入其执业质量检查范围。

## 五、健全监督结果运用机制，强化问题整改

13. 进一步完善工作协调机制

建立健全与其他内部监督力量的联动机制，加强情况沟通、资料查询、调查取证等工作的协调配合，建立重要事项共同实施、问题整改共同落实等工作机制。对发现的重大违纪违法问题线索，按照管辖权限依法依规移送相关部门进行处理。

14. 加强监督发现问题整改

承担单位要落实法人主体责任，对科技计划项目经费监督发现的问题和提出的建议，应当及时整改，并将整改结果书面报告。

15. 强化监督结果的运用

本市科技计划项目经费审计或者监督检查过程中存在问题的，对于承担单位、项目（课题）负责人，按照科技计划项目信用管理相关规定纳入不良信用管理，阶段性或永久取消其承担科技计划项目的资格，并按照国家和北京市信用联合惩戒相关规定执行；第三方会计师事务所及其审计人员存在重大违法违规行为的，按照管辖权限依法依规移送相关部门进行处理。

# 北京市科学技术委员会关于印发《北京市实验动物许可证管理办法(修订版)》的通知

京科发〔2020〕12号

各相关单位：

《北京市实验动物许可证管理办法(修订版)》已经市科委2020年第8次主任办公会审议通过,现印发给你们,请遵照执行。

北京市科学技术委员会

2020年7月15日

## 北京市实验动物许可证管理办法(修订版)

### 第一章 总则

**第一条** 为加强本市实验动物许可证的管理,依据《中华人民共和国行政许可法》《实验动物管理条例》和《北京市实验动物管理条例》制定本办法。

**第二条** 本办法适用于本市行政区域内实验动物许可证的申请、审批、发放、监督与管理。

**第三条** 北京市科学技术委员会(以下简称市科委)是本市实验动物行政许可的主管机关。北京市实验动物管理办公室(以下简称市动管办)在市科委领导下负责实验动物许可的日常管理与监督工作。

**第四条** 实验动物许可证包括“实验动物生产许可证”和“实验动物使用许可证”。同一许可证分正本和副本,许可证正本和副本具有同等法律效力。

从事实验动物保种繁育、生产供应、运输,以及生产实验动物饲料、垫料、笼器具等直接影响实验动物质量的相关产品,或从事实验动物商业性经营的单位和个人应当取得实验动物生产许可证。

使用实验动物从事科研、教学、生产、检定、检验和其他科学实验的单位和个人应当取得实验动物使用许可证。

### 第二章 申请与受理

**第五条** 申请实验动物生产许可证的单位和个人应当具备下列条件：

1. 具有健全的实验动物管理组织机构；
2. 具有健全的质量管理制度和标准操作规程；
3. 具有维护动物福利、开展伦理审查、保障生物安全的能力；
4. 合理配备专业技术人员,并组织专业技能和职业健康培训；
5. 具有与生产实验动物和相关产品相适应的、符合法定标准和管理规定的生产环境设施,并具备相应的实验动物或相关产品质量检测能力，不具备检测能力的生产机构，应与具有检测能力的机构签订委托检测协议；

6. 实验动物种子来源于国家实验动物资源库或者符合实验动物种源要求的单位，生产的实验动物质量符合法定标准，使用的实验动物饲料、垫料、笼器具等应当符合法定标准及要求；

7. 从业人员熟悉实验动物法规、标准和专业基础知识，经考核合格。

**第六条** 申请实验动物使用许可证的单位和个人应当具备下列条件：

1. 具有健全的实验动物管理组织机构；
2. 具有健全的质量管理制度和标准操作规程；
3. 具有维护动物福利、开展伦理审查、保障生物安全的能力；
4. 合理配备专业技术人员，并组织专业技能和职业健康培训；
5. 具有符合法定标准的实验动物环境设施，开展涉及公共安全的感染、放射、化学染毒等动物实验，或直接使用野生动物的，应当符合国家和本市的有关规定；
6. 使用的实验动物及相关产品应来自有实验动物生产许可证的单位；
7. 从业人员熟悉实验动物法规、标准和专业基础知识，经考核合格。

**第七条** 申请实验动物生产许可证的单位和个人应当提交以下材料：

1. 实验动物生产许可证申请书；
2. 符合法定标准的实验动物环境设施检测报告；
3. 实验动物设施平面图；
4. 生物安全与实验动物应急管理制度；
5. 动物福利与伦理审查制度；
6. 实验动物及相关产品质量检测用设备清单和质量检测人员名单，不具备检测能力的，提交委托检测的协议。

**第八条** 申请实验动物使用许可证的单位和个人应当提交以下材料：

1. 实验动物使用许可证申请书；
2. 符合法定标准的实验动物环境设施检测报告；
3. 实验动物设施平面图；
4. 生物安全与实验动物应急管理制度；
5. 动物福利与伦理审查制度。

**第九条** 申请人可以自行提交实验动物许可证申请材料，也可以委托他人代理申请。申请时应使用全国通用实验动物许可证申请书格式文本。

**第十条** 申请人提交实验动物许可申请材料，应先在北京市网上政务服务大厅（http://banshi.beijing.gov.cn/）注册，上传电子版材料，待审核通过后，再到市政务服务大厅受理窗口现场提交纸质材料。申请人应对提交材料的真实性负责。

现场受理工作人员接到申请材料后当场审核材料是否齐全、是否符合法定形式，并即时向申请人出具行政许可受理或不予受理的决定书。出具不予受理决定书时，应一次性告知不予受理的理由和法律救济权利。

## 第三章 审批与发放

**第十一条** 市科委自受理之日起 14 个工作日内做出行政许可决定（受理材料后，组织专家对实验动物许可申请人进行现场评审的时限不包含在 14 个工作日内）。

**第十二条** 市科委受理申请材料后，向申请人出具行政许可专家现场评审通知书，并在 10 个工作日内组织专家对实验动物许可申请人的条件进行现场评审。

市科委依据申请材料，结合专家现场评审意见，依法做出准予许可或不予许可的决定。

**第十三条** 市科委做出准予许可的决定后，5 个工作日内制证并送达。

实验动物许可证应记载许可证编号、单位名称、法定代表人、设施地址、适用范围和有效期。

市科委做出不予许可的决定时，应告知不予许可的理由和法律救济权利。

## 第四章 管理与监督

**第十四条** 实验动物许可证的有效期为 5 年，到期重新审查发证。取得实验动物许可证的单位和个人，应当在有效期届满前 30 个工作日向市科委提出申请。

**第十五条** 实验动物许可证实行年检制度。各许可单位根据年检工作要求，按许可范围不同，分别在网上填写年度工作报告，上传后由市动管办负责审核。报告内容符合实验动物法规、标准要求的，通过年检；不符合法规、标准要求或拒绝年检的，不通过年检。年检结果予以公示。

**第十六条** 实验动物许可证颁发后，许可证登记事项发生变更的，被许可的单位和个人应当在变更后 30 个工作日内向市科委提出变更申请。

变更适用范围的，或改、扩建原有设施的，应当按照本办法第五条、第六条、第七条和第八条的规定重新申请许可。

变更单位名称、法定代表人或设施地址门牌号的，可以直接向市科委提出变更申请。

**第十七条** 停止从事实验动物工作的，应当在停止后 30 个工作日内交回实验动物许可证。

遗失许可证的，应当及时向市科委报失并申请补领。

**第十八条** 已取得实验动物许可证的单位和个人，应做好工作记录、人员培训考核记录，落实职业健康、生物安全及动物福利规定，供应生产的实验动物种子来源清楚、运输符合规定，生产或使用的实验动物及饲料、垫料、笼器具符合法定标准。实验动物尸体和废弃物应进行无害化处理。

**第十九条** 已取得实验动物生产许可证的单位和个人，应当按照许可范围生产实验动物及相关产品。供应实验动物及相关产品时，应当开具全国统一格式的实验动物（或相关产品）质量合格证明，并附 3 个月内的实验动物微生物学和寄生虫学质量检测报告或相关产品合格证。

取得实验动物生产许可证的单位和个人不得转借、转让、出租许可证，不得超出许可范围生产实验动物及饲料、垫料、笼器具等，不得代售无实验动物生产许可证单位和个人生产的实验动物及相关产品。

**第二十条** 未取得实验动物生产许可证的单位和个人擅自从事实验动物及相关产品的生产、经营活动的，由市科委依法予以查处。涉及应由其他部门处理的违法行为的，市科委应将违法线索移送其他部门依法处理。伪造实验动物许可证或全国统一格式实验动物质量合格证明的，依法追究法律责任。

**第二十一条** 已取得实验动物使用许可证的单位和个人，应当按照许可证适用范围开展工作，不得转借、转让、出租许可证，使用不合格实验动物和相关产品的，按照《北京市实验动物管理条例》相关规定由市科委予以处罚。

**第二十二条** 未取得实验动物使用许可证的单位和个人，可以委托具有实验动物使用许可证的单位和个人进行动物实验，但双方应当签订书面协议。

未取得实验动物使用许可证的单位和个人，擅自从事动物实验的，由市科委依法予以查处。涉及应由其他部门处理的违法行为的，市科委应将违法线索移送其他部门依法处理。

**第二十三条** 市科委对本市行政区域内已取得实验动物许可证的单位和个人进行监督检查。监督检查可聘请北京（地区）实验动物质量监督员参加。

**第二十四条** 市科委对取得实验动物许可证的单位和个人的信用信息，通过北京市科学技术委员会网站予以公告。

**第二十五条** 已取得实验动物许可证的单位和个人，有下列情形之一的，由市科委依法注销实验动物行政许可：

1. 被许可的单位依法终止的；
2. 被许可的公民死亡或者丧失行为能力的；
3. 实验动物许可被撤销、撤回或者实验动物许可证依法被吊销的；
4. 因不可抗力导致实验动物行政许可事项无法继续实施的；
5. 法律、法规规定的应当注销的其他情形。

**第二十六条** 实验动物行政执法人员和质量监督员玩忽职守、滥用职权、徇私舞弊的，由其所在单位或者上级主管部门给予行政处分；构成犯罪的，依法追究刑事责任。

**第二十七条** 当事人对本市实验动物许可证的受理、审批、发放、监督与管理有异议的，可以依法向北京市人民政府或中华人民共和国科学技术部提起行政复议或向通州区人民法院提起行政诉讼。

## 第五章 附 则

**第二十八条** 本行政区内的军队系统实验动物工作单位，按照法定管理权限由军队主管部门审批发放实验动物许可证。

**第二十九条** 本办法自发布之日起30日后施行。《北京市实验动物许可证管理办法》（京科政发〔2017〕197号）同时废止。

# 北京市科学技术委员会关于印发《北京市科技企业孵化器认定管理办法》的通知

京科发〔2020〕13号

各有关单位：

为深入实施创新驱动发展战略，引导本市科技企业孵化器向专业化、市场化、国际化方向发展，持续优化创新创业生态，推动企业技术创新和科技成果转化，支撑全国科技创新中心建设，服务经济社会高质量发展，按照科技部《科技企业孵化器管理办法》（国科发区〔2018〕300号）要求，结合本市实际，制定《北京市科技企业孵化器认定管理办法》。经市科委2020年第7次主任办公会审议通过，现印发给你们，请结合实际认真落实。

北京市科学技术委员会

2020年7月28日

## 北京市科技企业孵化器认定管理办法

### 第一章　总则

**第一条**　为深入实施创新驱动发展战略，引导本市科技企业孵化器向专业化、市场化、国际化方向发展，持续优化创新创业生态，推动企业技术创新和科技成果转化，支撑全国科技创新中心建设，服务经济社会高质量发展，按照科技部《科技企业孵化器管理办法》（国科发区〔2018〕300号）要求，结合本市实际，制定本办法。

**第二条**　科技企业孵化器（以下简称孵化器）是指聚焦高精尖产业垂直、细分领域，配备专业服务团队，主要为早期“硬科技”初创企业及创业团队提供培训、辅导、路演、投资以及技术、人才、供应链、市场渠道等各类资源对接服务的创业孵化服务机构。

**第三条**　孵化器应坚持专业、专注、专精的发展目标。应聚焦专业，广泛引进专业人才，配备专业条件，搭建专业平台，为初创企业及创业团队提供高附加值的孵化服务；应保持专注，密切跟踪全球前沿技术发展趋势，建立早期“硬科技”创新项目的发现、评价、筛选、培育机制，积极开展垂直孵化、深度孵化；应突出专精，加强导师营建设，加大早期项目投资，精耕细作，精益求精，探索创业孵化服务新机制、新模式，更好满足初创企业及创业团队的需求。

**第四条**　孵化器认定管理工作遵循自愿参与、公开透明、客观公正、严格标准、动态调整的原则。

**第五条**　北京市科学技术委员会（以下简称市科委）负责全市孵化器的认定管理工作。

## 第二章　认定条件

**第六条**　申请孵化器认定应同时符合以下条件：

（一）在本市行政区域内注册并具备独立法人资格，实际注册并运营满 1 年，具有良好的诚信记录。孵化服务领域应属于本市重点发展的新一代信息技术、集成电路、医药健康、智能装备、节能环保、新能源智能汽车、新材料、人工智能、软件和信息服务以及科技服务业等高精尖产业领域。

（二）能够为在孵企业提供以下 1 项或多项专业服务：

1. 专业平台服务。通过自建、共建、合作等方式，建设专业技术领域内开放式的公共服务平台，为在孵企业提供研发、设计、检验、测试等服务。

2. 供应链服务。发挥供应链整合优势，为在孵企业提供原料采购、原型打样、批量试制、集成开发、仓储物流等服务。

3. 资源对接服务。广泛链接创新资源，为在孵企业提供产品设计、品牌策划、市场营销以及创业培训、融资对接、知识产权、技术转移、财务、法律、商务等服务。

（三）上年度取得的专业服务收入占总收入比例应不低于 30%，或近 2 年专业服务收入平均增速不低于 5%。

（四）建有创业导师营，为在孵企业提供技术、财务、市场、经营、管理、知识产权、商务等方面的培训和指导。每年组织导师服务应不少于 50 人次。

（五）设立天使或创业投资基金，或利用自有资金开展早期项目投资。上年度在孵企业中获得投资的企业占比应不低于 30%，且获得投资的企业中孵化器投资的企业占比应不低于 10%。

（六）拥有专业化、职业化的运营团队，团队负责人具有相关产业领域的从业背景，以及投融资、生产、销售、供应链管理等方面的工作经验。

（七）在本市行政区域内注册的在孵企业应不少于 20 家，在孵企业近 2 年营业收入平均增速应不低于 10%。已申请专利、软件著作权、集成电路布图设计专有权、国家新药、植物新品种等知识产权的在孵企业占比应不低于 50%，或拥有有效知识产权的在孵企业占比不低于 30%。

上述在孵企业是指孵化器内同时符合以下条件的企业：

1. 符合本市高精尖产业发展方向的“硬科技”创新企业，主营业务不属于《北京市新增产业的禁止和限制目录（2018 年版）》范围。

2. 从业人员总数在 100 人以下，上年度营业收入在 2 000 万元以下。

## 第三章　认定管理

**第七条**　孵化器认定每年组织一次，申请机构应提交如下材料：

1. 北京市科技企业孵化器认定申请书；

2. 工商营业执照等注册登记证件（复印件）；

3. 开展专业平台、供应链、资源对接以及创业导师、早期项目投资等服务的说明材料，在孵企业发展情况的说明材料；

4. 经具有资质的中介机构出具的申请机构近 2 个会计年度的专业服务收入专项审计报告以及财务会计报告（复印件）。

**第八条**　市科委组织专家对申请机构进行评审，对通过专家评审的申请机构组织实地核查，根据专家评审意见和实地核查结果提出孵化器认定名单，在市科委官方网站（网址：http://kw.beijing.gov.cn）公示 5 个工作日。公示期间有异议的，由市科委组织核查，属实的不予认定；无异议的，颁发“北京市科技企业孵化器认定证书”。

**第九条** 评定为北京市科技企业孵化器,按照国家有关规定享受相应税收优惠。

**第十条** 经认定的孵化器,其资格自认定之日起有效期为3年,期满后须重新认定。

**第十一条** 孵化器发生与认定条件有关的重大变化(如分立、合并、重组以及经营业务发生变化等),应在3个月内向市科委报告。经市科委审核符合认定条件的,其认定资格继续有效;不符合认定条件的,自条件变化之日起取消其认定资格。孵化器名称发生变化的,应在3个月内向市科委申请变更名称。

**第十二条** 经认定的孵化器应按规定每年向市科委报送年度发展情况,认定资格有效期内累计2次不报送且经催告后仍逾期不报的,取消其认定资格。

**第十三条** 经认定的孵化器存在下列情形之一的,取消其认定资格,且2年内不得重新申报。

1. 申报中存在弄虚作假行为的,或有影响公正评审行为的;
2. 发生与认定条件有关的重大变化,逾期未向市科委报告的;
3. 以孵化器名义进行虚假宣传、违法经营,或其他与孵化器认定有关事项被依法追究责任的;
4. 孵化器运营主体被依法终止或自行要求取消的。

## 第四章　发展促进

**第十四条** 加强动态管理。市科委每年组织第三方机构对经认定的孵化器进行评估,综合评估孵化器运营管理、机制创新、孵化服务等方面的情况。经评估孵化模式、服务成效均较为突出,具有较强示范引领效应的孵化器可评定为年度标杆孵化器。评定结果当年有效。

**第十五条** 吸引社会投资。支持设立孵化接力基金,专注投资孵化器自有基金退出投资的优质项目,引导社会资本更多关注早期项目投资。

**第十六条** 引进专业人才。鼓励孵化器加强人才队伍建设,不断提升运营团队的专业化水平。广泛吸引具有国际视野、相关行业背景和创业经历的专业人才加入创业孵化行业,为初创企业及创业团队传授创业经验、提供创业指导、对接创业资源。

**第十七条** 开展区域布局。鼓励具备条件的区、开发区按照区域功能定位和主导产业发展方向,加强医药健康、人工智能、区块链、物联网、5G等细分产业领域内的专业孵化器布局。支持在高校院所内部及周边建设一批专业孵化器。

**第十八条** 推进对外合作。支持本市孵化器加强与长三角、粤港澳大湾区以及津冀地区孵化器的业务合作,加强供应链等资源对接,不断拓展孵化服务链条。

**第十九条** 加强国际交流。鼓励孵化器搭建海外业务平台,深度融入全球创业孵化服务网络,为初创企业及创业团队对接国际技术、资金、人才、市场等资源。支持孵化器拓展海外业务渠道,开展项目“离岸”孵化,广泛吸引全球优质创业项目、技术成果和创业人才来京发展。

## 第五章　附　则

**第二十条** 本办法自发布之日起30日后实施。《北京市高新技术产业专业孵化基地认定和管理办法》(京科发〔2010〕700号)同时废止。

# 北京市科学技术委员会等五部门印发《关于弘扬科学家精神加强作风学风与科研诚信建设的实施意见》的通知

京科发〔2020〕16号

各有关单位：

《关于弘扬科学家精神加强作风学风与科研诚信建设的实施意见》已经市委深改委科技体制改革专项小组2020年第二次会议审议通过，现印发给你们，请认真贯彻落实。

北京市科学技术委员会
中共北京市委宣传部
北京市教育委员会
北京市卫生健康委员会
北京市科学技术协会
2020年12月18日

## 关于弘扬科学家精神加强作风学风与科研诚信建设的实施意见

为深入贯彻落实中共中央办公厅、国务院办公厅《关于进一步加强科研诚信建设的若干意见》（厅字〔2018〕23号）和《关于进一步弘扬科学家精神加强作风和学风建设的意见》（中办发〔2019〕35号）及其任务分工方案，激励和引导广大科技工作者争做重大科研成果的创造者、建设科技强国的奉献者、崇高思想品格的践行者、良好社会风尚的引领者；营造追求真理、崇尚创新、风清气正的良好科研环境；使弘扬科学家精神、恪守科研诚信规范成为首都科技界的共同遵循和自觉行动；为北京建设具有全球影响力的科技创新中心汇聚磅礴力量，为我国建设科技强国提供“北京榜样”。结合本市实际，提出以下实施意见。

### 一、建立健全作风学风与科研诚信责任体系和工作机制

1. 建立北京市作风学风与科研诚信建设联席会议（以下简称联席会议）制度。联席会议负责本市作风学风、科研诚信、科技伦理工作的统筹协调和宏观指导。联席会议由市委宣传部、市人才工作局、市高级人民法院、市人民检察院、市教委、市科委、市经济和信息化局、市公安局、市财政局、市人力资源社会保障局、市农业农村局、市卫生健康委、市知识产权局、中关村管委会、市科研院、市农林科学院、市科协等单位组成。联席会议召集人由市科委主任担任，其他单位有关负责同志为联席会议成员。根据工作需要，可适时调整联席会议组成单位。（责任部门：市科委、市委宣传部牵头，各部门根据职责分工负责）

2. 市科委、市委宣传部分别牵头负责本市自然科学领域和哲学社会科学领域作风学风与科研诚信建设工作。落实国家相关部署和要求，研究制定本市相关政策措施，明确组织机构和工作协调机制。按照程

序，对社会普遍关注、涉及多个部门（单位）的重大科研诚信案件等组织开展联合调查，或指导协调不同部门（单位）分别开展调查。（责任部门：市科委、市委宣传部）

3. 市委宣传部、市科协会同市教委等单位指导并推动开展弘扬科学家精神，加强作风学风与科研诚信教育。大力表彰和宣传科技界的民族英雄和国家脊梁。依托科学道德和学风建设宣讲领导小组，推动各级学校、科研院所加强作风学风与科研诚信教育工作。充分发挥社会公众、新闻媒体等对作风学风与科研诚信建设的监督作用。（责任部门：市委宣传部、市科协、市教委，各部门根据职责分工负责）

4. 教育、医疗卫生、新闻出版等行业主管部门负责建立健全本行业作风学风、科研诚信建设工作机制。按照职责权限和隶属关系，研究制定本行业作风学风、科研诚信建设方面的规章制度，明确组织机构与工作机制；分别负责指导督促教育、医疗、出版机构等单位，落实国家和本市相关政策法规；指导和监督本系统科研诚信案件调查处理工作，建立健全重大科研诚信案件信息报送机制，受理有关科研诚信案件，按程序组织开展调查或指导相关单位开展调查，并按照权限做出处理。新闻出版部门要强化期刊管理，采取有效措施，充分发挥学术期刊在科研诚信建设中的作用，贯彻社会效益优先原则，提升学术期刊影响力；建立严重失信名单制度，对列入此名单的学术期刊出版单位及时采取措施，依照期刊出版管理规定予以处置。市国资委指导督促市属企业落实国家和本市作风学风与科研诚信建设的政策法规。（责任部门：市委宣传部、市教委、市卫生健康委、市国资委、市科研院、市农林科学院等）

5. 财政科技计划项目主管部门应建立健全科研诚信审核、科技伦理审查工作机制。要加强科技计划全过程科研诚信管理，将科研诚信和科技伦理要求融入项目指南编制、项目申请、立项评审、过程管理、评估评价、项目验收（结题）等全过程。在各类科研合同（任务书、协议）中约定科研诚信义务和违约追究条款，完善科技计划监督检查机制，对项目承担单位、项目负责人、评审专家、科技中介服务机构等科技计划各类主体违背科研诚信、科技伦理要求的，按程序进行核查处理，并予以记录。（责任部门：市科委、市财政局牵头，各部门根据职责分工负责）

6. 从事科研活动的各类企事业单位、社会组织，是履行作风学风、科研诚信、科技伦理工作要求的第一责任主体。要将作风学风与科研诚信建设工作纳入常态管理，并在办事机构、专职人员、案件信息报送、工作经费等方面提供必要保障。要建立健全以诚信为基础的科研活动管理和内控制度，建立完善学术委员会等相关制度，通过单位章程、科研行为准则、员工行为规范、岗位说明等内部规章制度及聘用合同，把作风学风、科研诚信、科技伦理等工作要求贯穿于教学、科研、机构管理的全过程，覆盖科研人员、科研管理人员、学生等科研活动主体。从事涉及人的生物医学研究的机构，要成立伦理委员会或委托其他机构的伦理委员会，建立并落实科技伦理审查机制。（责任部门：科研活动责任主体及其主管部门）

7. 科技中介服务机构要严格自律。从事科技项目管理、科技评估、科技咨询、科技成果转化、科技企业孵化和科研经费审计等事务的科技中介服务机构，要严格遵守行业规范，强化作风养成与科研诚信管理，自觉接受监督。（责任部门：各部门、各单位根据职责分工负责）

8. 发挥学会（协会、研究会）等学术共同体的自律自净功能。要强化自我管理，把作风学风与科研诚信作为自身建设的重要内容，将其纳入日常教育宣传、会员入会审核和业务培训等工作。科技类社会团体要制定完善本领域科研诚信、科技伦理或科研活动行为规范、自律公约、职业道德准则等，经常性开展职业道德和作风学风教育。支持开展交互式、开放式学术活动，倡导通过开展学术交流强化同行评议，发挥相互监督、学术讨论、平等交流、互动发展的重要作用，营造良好学术生态，促进作风学风转变，激发创新活力。（责任部门：市科协牵头，各部门根据职责分工负责）

## 二、弘扬和践行新时代科学家精神

9. 以塑形铸魂科学家精神引领社会风尚。高度重视“人民科学家”等功勋荣誉表彰奖励获得者的精神宣传，大力弘扬胸怀祖国、服务人民的爱国精神；勇攀高峰、敢为人先的创新精神；追求真理、严谨治学的求实精神；淡泊名利、潜心研究的奉献精神；集智攻关、团结协作的协同精神；甘为人梯、奖掖后学的育人精神，为首都科技工作者建功立业树立标杆。大力开展科学道德和学风建设宣讲教育，推动科学家精神进校园、进课堂、进头脑。崇尚学术民主，坚守诚信底线，反对浮夸浮躁、投机取巧，反对科研领域“圈子”文化。（责任部门：市委宣传部、市科委、市科协、市教委牵头，各部门、各单位根据职责分工负责）

10. 创新宣传方式，营造良好的科研创新生态。建立科技界与文艺界定期座谈交流、调研采风机制，引导支持文艺工作者运用微视频等多种艺术形式，讲好科技工作者科学报国故事。积极选树、广泛宣传基层一线科技工作者和创新团队典型。加强网络和新媒体宣传平台建设，创新宣传方式和手段，增强宣传效果、扩大传播范围。加大科学普及力度，积极推进科普理念与实践的双升级，努力实现首都科普高质量发展，推动形成首都科普“新名片”和“新地标”，提升公众科学素质，加强科普人才队伍建设，开展系统培训，切实提高相关从业人员的科学素质和业务能力。宣传报道科研进展和科技成就要向相关机构和人员进行核实，反对“标题党”。（责任部门：市委宣传部、市教委、市科委、市科协牵头，各部门、各单位根据职责分工负责）

11. 加强作风学风与科研诚信教育和正面引导。从事科学研究的企事业单位、社会组织应将作风学风与科研诚信教育融入日常管理，在入学入职、职称（职务）评聘、参与科技计划项目等重要节点，对科研人员、教师、学生等开展作风学风、科研诚信教育。对存在倾向性、苗头性问题的人员，所在单位应当及时开展科研诚信诫勉谈话，加强教育。及时曝光违背科研诚信要求的典型案例，以案为鉴开展警示教育。（责任部门：市委宣传部、市教委、市科委、市卫生健康委、市科协牵头，各部门、各单位根据职责分工负责）

## 三、坚守学术道德规范和科研诚信底线

12. 从事科学研究的企事业单位、社会组织等创新主体要压紧压实监督管理责任。把教育引导和制度约束结合起来，建立健全科研诚信审核、科研伦理审查等有关制度和信息公开、通报曝光等工作机制。学术委员会等机构要认真履行作风学风与科研诚信建设职责，进一步完善学术诚信档案、投诉与异议处理等制度，切实发挥审议、评定、受理、调查、监督、咨询等作用。要改进内部科研管理，减少繁文缛节，不层层加码。敢于揭短亮丑，按程序查处科学技术活动中的违规行为和科研诚信案件，视情节追回责任人所获利益，对严重失信行为实行“零容忍”，在晋升使用、表彰奖励、参与项目、年度考核评优等方面实行“一票否决”。加强对拟公布的突破性科技成果和重大科技进展的审核把关，确保科学严谨、数据真实。科学、理性看待学术论文，注重论文质量和水平，不将论文发表数量、影响因子等作为职称（职务）评聘、学位授予的硬性指标。不允许使用国家科技计划（专项、基金等）专项资金、北京市科技计划项目（课题、工作任务）资金奖励论文发表。（责任部门：各部门、各单位根据职责分工负责）

13. 科研项目承担单位应树立“红线”意识。严格履行科研合同义务，严禁违规转包、分包科研任务，严禁随意降低目标任务和约定要求，严禁以项目实施周期外或不相关成果充抵交差。不得有截留、挤占、挪用、套取、转移科研资金等科学技术活动违规行为。（责任部门：各部门、各单位根据职责分工负责）

14. 科研人员要恪守学术道德底线。不得有违背科研诚信要求、违反科学技术保密规定等科学技术活动违规行为。公布突破性科技成果和重大科研进展应当经所在单位同意，推广转化科技成果不得故意夸大技术价值和经济社会效益，不得隐瞒技术风险，要经得起同行评、用户用、市场认。参与国家和本市科技计划（专项、基金等）项目的科研人员要保证有足够时间投入研究工作，承担关键领域核心技术攻关任务的团队负责人要全时全职投入攻关任务。杜绝无实质性工作内容的各种兼职。院士等高层次专家要落实好受聘、兼职等相关要求，带头打破壁垒，在科研实践中多做传帮带，善于发现、培养青年科研人员。项目（课题）负责人、研究生导师等要加强对项目（课题）组成员、学生的科研诚信教育与管理，对论文等科研成果的署名、研究数据的真实性、实验的可重复性等进行审核把关，反对无实质学术贡献者“挂名”；不得在成果署名、知识产权归属等方面侵占学生、团队成员的合法权益。各类人才计划入选者、重大科研项目负责人在聘期内或项目执行期内擅自变更工作单位，造成重大损失、恶劣影响的要按规定承担相应责任。（责任部门：各部门、各单位根据职责分工负责）

15. 评审专家、咨询专家、评估人员、经费审计人员等应独立客观公正开展工作。要忠于职守，严格遵守职业道德规范和科研诚信要求。不参加自己不熟悉领域的咨询评审活动，不在情况不掌握、内容不了解的意见建议上署名签字。抵制人情评审，不得投感情票、单位票、利益票。（责任部门：各部门、各单位根据职责分工负责）

## 四、加强科研诚信建设

16. 全面实施科研诚信承诺和审核制度。行业主管部门、项目主管部门等要在项目申报、科技奖励、人才工程等各类科学技术活动中全面实施科研诚信承诺制度，要求从事推荐（提名）、申报、评审、评估等工作的相关人员签署科研诚信承诺书，明确承诺事项和违背承诺的处理要求。将具备良好的科研诚信状况作为参与各类科技计划的必备条件，相关部门和单位在项目立项、职称（职务）评聘、表彰奖励、学位授予等工作中实施科研诚信审核，对严重违背科研诚信要求的责任者，实行“一票否决”。（责任部门：各部门、各单位根据职责分工负责）

17. 建立健全学术论文等科研成果管理制度。学术期刊出版单位要严格规范组稿、编辑、审稿及同行评议制度，保障刊载论文的学术质量，提升学术期刊影响力。从事科学研究活动的企事业单位、社会组织等应加强科研成果管理，建立学术论文发表诚信承诺制度、科研过程可追溯制度、科技成果报告制度等。建立并严格执行科研数据汇交制度，论文等科研成果发表后 1 个月内，要将所涉及的实验记录、实验数据等原始数据资料交所在单位统一管理、留存备查。对短期内发表多篇论文、取得多项专利等成果的，要加强实证核查。对已发布的研究成果中确实存在错误和失误的，责任方要以适当方式公开承认或采取撤稿等措施，消除不良影响；对有违背科研诚信要求情形的，应对相应责任人做出严肃处理。（责任部门：各部门、各单位根据职责分工负责）

18. 建立健全科研诚信记录、信息共享和联合惩戒机制。对自然科学领域的项目承担单位、科研人员、评审专家、科技中介服务机构等参与主体的科研诚信状况进行记录。建立与北京市企业信用信息网、北京市公共信用信息服务平台、国家科研诚信信息系统的互联互通机制，推进跨区域科研诚信信息共享应用。对诚信典型和严重失信主体，依法依规实施联合奖惩措施。探索科研信用修复机制。（责任部门：市科委、市经济和信息化局牵头，各部门根据职责分工负责）

19. 严肃查处违背科研诚信要求的行为。相关部门和单位应按照科技部等部门印发的《科研诚信案件调查处理规则（试行）》（国科发监〔2019〕323 号），开展科研诚信案件举报受理、调查处理、申诉复查等工作，并履行好相应的保密、回避等义务。根据管辖权限，按照“谁主管、谁负责，谁委托、谁负责”的原则，明确本单位承担科研诚信案件调查处理职责的机构。被调查人所在单位是调查处理第一责任主体，应坚持学术、行政两条线，开展调查和处理。被调查人是自然人的，由其被调查时所在单位负责调查，涉及被调查人曾任职或求学单位的，所涉单位应积极配合开展调查处理，并将调查处理情况及时送被调查人所在单位。被调查人担任单位主要负责人或被调查人是法人单位的，由其上级主管部门负责调查。没有上级主管部门的，由其所在地的科技行政管理部门负责组织调查。（责任部门：市科委牵头，各部门根据职责分工负责）

## 五、保障措施

20. 切实加强组织领导。相关部门和单位要深刻认识加强科研领域作风学风与科研诚信建设的重要意义，把弘扬科学家精神，激发科技工作者创新活力，作为践行社会主义核心价值观的重要工作摆上议事日程。要创新工作模式和方法，加强沟通、密切配合、齐抓共管，细化政策措施，推动落实落地。建立作风学风与科研诚信建设责任制，明确任务分工，细化目标责任，加强信息通报。（责任部门：市科委、市委宣传部、市教委、市卫生健康委、市科协牵头，各部门根据职责分工负责）

21. 正确发挥评价引导作用。推进项目评审、人才评价、机构评估改革，建立以科技创新质量、贡献、绩效为导向的分类考核评价制度。改革科技项目申请制度，优化科研项目评审管理机制，让最合适的单位和人员承担科研任务。实行科研机构中长期绩效评价制度，加大对优秀科技工作者和创新团队稳定支持力度，反对盲目追求机构和学科排名。破除唯论文、唯职称、唯学历、唯奖项倾向，不得简单以头衔高低、项目多少、奖励层次等作为前置条件和评价依据。破除“唯论文”不良导向，对论文评价实行代表作制度。开展临床医学研究人员评价改革试点，建立设置合理、评价科学、管理规范、运转协调、服务全面的临床医学研究人员考核评价体系。（责任部门：市科委、市教委、市卫生健康委牵头，各部门根据职责分工负责）

22. 积极开展国际及区域交流合作。积极开展与相关国家和地区、国际组织以及“一带一路”沿线国家和地区的交流合作，充分借鉴国际先进的科研诚信管理经验。加强与各省市的沟通、交流与合作，共同开展作风学风、科研诚信和科技伦理新情况新问题的研究探讨。有效应对跨国、跨地区科研诚信案件。（责任部门：市科委牵头，各部门根据职责分工负责）

# 统计资料

# 北京地区 2020 年 R&D 活动情况

北京地区 R&D 活动表主要数据来源为科技部《科学研究和技术服务业非企业单位统计调查》、教育部《普通高等学校科技统计年报》、国家统计局《工业企业研发创新统计》等。科学研究和技术服务业事业单位指有法人地位的政府部门属科学研究与技术开发机构、科学研究和技术服务业有法人地位有 R&D 活动的其他事业单位。科学研究和技术服务业企业指转制为企业有法人地位的研究机构。本资料因小数取舍产生的误差均未作配平处理。

## 一、北京地区 2020 年 R&D 活动汇总表

**表 1　北京地区 R&D 人员情况统计表**

| | R&D 人员合计（人） | #本科及以上学历 | R&D 人员折合全时人员（人年） | 研究人员 |
|---|---|---|---|---|
| **总　计** | **473304** | **421596** | **336279.8** | **226004.8** |
| 按执行部门分组 | | | | |
| 科研院所 | 136478 | 121431 | 118815.0 | |
| 高等院校 | 123428 | 119239 | 68308.0 | |
| 企　业 | 202162 | 171909 | 142150.0 | |
| 其　他 | 11236 | 9017 | 7007.0 | |

注：1. 数据来源为北京市统计局、北京市科学技术委员会、北京市教育委员会、北京市经济和信息化委员会。

2. 受统计局数据分组限制，本年部分分组数据空缺。

**表 2　北京地区 R&D 经费情况统计表**

| | R&D 经费内部支出合计（万元） | #1. 日常性支出 | 人员劳务费 | 2. 资产性支出 | 仪器和设备 | R&D 经费外部支出合计（万元） |
|---|---|---|---|---|---|---|
| **总　计** | **23265792.6** | **20389183.7** | **8961964.1** | **2876608.8** | **2360389.1** | |
| 一、按执行部门分组 | | | | | | |
| 科研院所 | 10062679.7 | 8488864.2 | 2558408.7 | 1573815.5 | 1149493.5 | |
| 高等院校 | 2623748.0 | 2272462.3 | 521838.9 | 351285.6 | 274643.5 | |
| 企　业 | 10080323.4 | 9314285.0 | 5723511.8 | 766038.4 | 759931.6 | |
| 其　他 | 499041.5 | 313572.2 | 158204.7 | 185469.3 | 176320.5 | |
| 二、按单位隶属关系分组 | | | | | | |
| 中　央 | | | | | | |
| 地　方 | | | | | | |

续表

| | R&D经费内部支出合计（万元） | #1. 日常性支出 | 人员劳务费 | 2. 资产性支出 | 仪器和设备 | R&D经费外部支出合计（万元） |
|---|---|---|---|---|---|---|
| 三、按资金来源分组 | | | | | | |
| 政府资金 | 10843275.8 | | | | | |
| 企业资金 | 10742208.7 | | | | | |
| 国外资金 | 216821.5 | | | | | |
| 其他资金 | 1463486.6 | | | | | |
| 四、按活动类型分组 | | | | | | |
| 基础研究 | 3730985.8 | | | | | |
| 应用研究 | 5710634.5 | | | | | |
| 试验发展 | 13824172.3 | | | | | |
| 五、按从事的国民经济行业分组 | | | | | | |
| 农、林、牧、渔业 | | | | | | |
| 采矿业 | | | | | | |
| 制造业 | 2857538.9 | 2683545.4 | 1170656.5 | 173993.5 | 168371.7 | |
| 电力、热力、燃气及水生产和供应业 | | | | | | |
| 建筑业 | | | | | | |
| 批发和零售业 | | | | | | |
| 交通运输、仓储和邮政业 | | | | | | |
| 住宿和餐饮业 | | | | | | |
| 信息传输、软件和信息技术服务业 | 4869481.8 | 4398661.4 | 3320033.5 | 470820.4 | 473026.4 | |
| 金融业 | | | | | | |
| 房地产业 | | | | | | |
| 租赁和商务服务业 | | | | | | |
| 科学研究和技术服务业 | 11928573.0 | 10093341.0 | 3434189.0 | 1835231.5 | 1401672.2 | |
| 水利、环境和公共设施管理业 | | | | | | |
| 居民服务、修理和其他服务业 | | | | | | |
| 教育 | 2623748.0 | 2272462.3 | 521838.9 | 351285.6 | 274643.5 | |
| 卫生和社会工作 | | | | | | |
| 文化、体育和娱乐业 | | | | | | |
| 公共管理和社会组织 | | | | | | |
| 国际组织 | | | | | | |

注：受统计局数据分组限制，本年部分分组数据空缺。

**表 3　北京地区 R&D 项目(课题)情况统计表**

| | 项目(课题)数<br>(项) | 项目(课题)人员折合全时当量<br>(人年) | 项目(课题)经费支出<br>(万元) |
|---|---|---|---|
| **总　计** | **187688** | **319674.2** | **19451736.9** |
| 按执行部门分组 | | | |
| 科研院所 | 41211 | 99870.3 | 7108615.5 |
| 高等院校 | 122153 | 68297.4 | 2138887.9 |
| 企　业 | 22434 | 146805.8 | 10096127.2 |
| 其　他 | 1890 | 4700.7 | 108106.3 |

注:受统计局数据分组限制,本年部分分组数据空缺。

**表 4　北京地区 R&D 活动产出情况统计表**

| | 专利申请数<br>(件) | 发明专利 | 有效发明专利数<br>(件) | 发表科技论文<br>(篇) | 出版科技著作<br>(种) |
|---|---|---|---|---|---|
| **总　计** | **160383** | **109350** | **323526** | **225169** | **6684** |
| 按执行部门分组 | | | | | |
| 科研院所 | 19457 | 16273 | 66538 | 68504 | 2304 |
| 高等院校 | 19575 | 16578 | 66823 | 126673 | 4142 |
| 企　业 | 120524 | 75920 | 188351 | 25384 | 0 |
| 其　他 | 827 | 579 | 1814 | 4608 | 238 |

注:受统计局数据分组限制,本年部分分组数据空缺。

## 二、科学研究和技术服务业事业单位汇总表

**表 5　事业单位 R&D 人员情况统计表**

| | R&D 人员合计<br>(人) | #1. 博士毕业 | 2. 硕士毕业 | 3. 本科毕业 | R&D 人员折合全时人员<br>(人年) | 研究人员 |
|---|---|---|---|---|---|---|
| **总　计** | **96489** | **36991** | **29721** | **18620** | **76381** | **55254** |
| 一、按单位隶属关系分组 | | | | | | |
| 中　央 | 89762 | 35128 | 27470 | 16971 | 70518 | 51879 |
| 地　方 | 6727 | 1863 | 2251 | 1649 | 5863 | 3375 |
| 二、按单位所属学科分组 | | | | | | |
| 自然科学领域 | 31296 | 14741 | 7680 | 4260 | 25879 | 19669 |
| 农业科学领域 | 6945 | 2861 | 1978 | 1544 | 6169 | 4359 |
| 医学科学领域 | 11713 | 4710 | 2931 | 3246 | 10068 | 7054 |
| 工程科学与技术领域 | 40224 | 11037 | 15550 | 8647 | 28298 | 19401 |
| 社会、人文科学领域 | 6311 | 3642 | 1582 | 923 | 5967 | 4771 |

续表

| | R&D 人员合计（人） | #1. 博士毕业 | 2. 硕士毕业 | 3. 本科毕业 | R&D 人员折合全时人员（人年） | 研究人员 |
|---|---|---|---|---|---|---|
| 三、按活动类型分组 | | | | | | |
| 基础研究 | | | | | 34461 | |
| 应用研究 | | | | | 31014 | |
| 试验发展 | | | | | 10906 | |
| 四、按服务的国民经济行业分组 | | | | | | |
| 农、林、牧、渔业 | 6788 | 2856 | 1924 | 1465 | 6141 | 4321 |
| 采矿业 | 8 | 5 | 2 | 1 | 8 | 7 |
| 制造业 | 5491 | 2046 | 1896 | 1161 | 4252 | 3222 |
| 电力、热力、燃气及水生产和供应业 | 227 | 56 | 74 | 94 | 50 | 41 |
| 建筑业 | 189 | 21 | 98 | 64 | 132 | 111 |
| 批发和零售业 | 32 | 10 | 10 | 12 | 32 | 32 |
| 交通运输、仓储和邮政业 | 1368 | 331 | 681 | 293 | 1002 | 853 |
| 住宿和餐饮业 | | | | | | |
| 信息传输、软件和信息技术服务业 | 4405 | 1293 | 1742 | 1093 | 2312 | 1774 |
| 金融业 | | | | | | |
| 房地产业 | | | | | | |
| 租赁和商务服务业 | 18 | 0 | 6 | 12 | 15 | 15 |
| 科学研究和技术服务业 | 61662 | 24850 | 17848 | 10223 | 48658 | 35331 |
| 水利、环境和公共设施管理业 | 4093 | 1249 | 1695 | 778 | 3742 | 2488 |
| 居民服务、修理和其他服务业 | 486 | 77 | 239 | 158 | 284 | 235 |
| 教　育 | 381 | 214 | 110 | 48 | 347 | 241 |
| 卫生和社会工作 | 8425 | 3192 | 2154 | 2471 | 7107 | 4900 |
| 文化、体育和娱乐业 | 428 | 104 | 172 | 137 | 282 | 220 |
| 公共管理、社会保障和社会组织 | 2488 | 687 | 1070 | 610 | 2017 | 1463 |
| 国际组织 | | | | | | |

注：统计范围为有法人地位的政府部门属科学研究与技术开发机构、科学研究和技术服务业有法人地位有 R&D 活动的其他事业单位。

### 表 6　事业单位 R&D 经费情况统计表

| | R&D 经费内部支出合计（万元） | #1. 日常性支出 | 人员劳务费 | 2. 资产性支出 | 仪器和设备 | R&D 经费外部支出合计（万元） |
|---|---|---|---|---|---|---|
| **总　计** | **5092348** | **4047234** | **1793731** | **1045115** | **799647** | **165177** |
| 一、按单位隶属关系分组 | | | | | | |
| 中　央 | 4812870 | 3795803 | 1662327 | 1017067 | 777572 | 156681 |
| 地　方 | 279478 | 251431 | 131404 | 28047 | 22075 | 8497 |

续表

| | R&D 经费内部支出合计（万元） | #1. 日常性支出 | 人员劳务费 | 2. 资产性支出 | 仪器和设备 | R&D 经费外部支出合计（万元） |
|---|---|---|---|---|---|---|
| 二、按单位所属学科分组 | | | | | | |
| 自然科学领域 | 1845068 | 1349857 | 583168 | 495211 | 411410 | 65284 |
| 农业科学领域 | 335587 | 296728 | 134277 | 38859 | 25051 | 17200 |
| 医学科学领域 | 475412 | 420576 | 181314 | 54836 | 30071 | 13523 |
| 工程科学与技术领域 | 2137706 | 1731114 | 749237 | 406591 | 290491 | 43392 |
| 社会、人文科学领域 | 298577 | 248959 | 145736 | 49618 | 42625 | 25779 |
| 三、按资金来源分组 | | | | | | |
| 政府资金 | 4425461 | | | | | |
| 企业资金 | 340442 | | | | | |
| 国外资金 | 17330 | | | | | |
| 其他资金 | 309116 | | | | | |
| 四、按活动类型分组 | | | | | | |
| 基础研究 | 2061178 | | | | | |
| 应用研究 | 2280894 | | | | | |
| 试验发展 | 750276 | | | | | |
| 五、按服务的国民经济行业分组 | | | | | | |
| 农、林、牧、渔业 | 338112 | 298573 | 136423 | 39540 | 26268 | 16841 |
| 采矿业 | 167 | 87 | 85 | 80 | 0 | |
| 制造业 | 281170 | 238370 | 97493 | 42801 | 22011 | 2239 |
| 电力、热力、燃气及水生产和供应业 | 2230 | 1938 | 1448 | 292 | 292 | 457 |
| 建筑业 | 5362 | 5362 | 3639 | 0 | 0 | 350 |
| 批发和零售业 | 518 | 391 | 270 | 127 | 126 | |
| 交通运输、仓储和邮政业 | 42077 | 37780 | 16578 | 4297 | 3594 | 3719 |
| 住宿和餐饮业 | | | | | | |
| 信息传输、软件和信息技术服务业 | 129106 | 91204 | 28677 | 37902 | 34924 | 0 |
| 金融业 | | | | | | |
| 房地产业 | | | | | | |
| 租赁和商务服务业 | 92 | 92 | 75 | 0 | 0 | 0 |
| 科学研究和技术服务业 | 3506139 | 2813631 | 1222091 | 692508 | 520437 | 84884 |
| 水利、环境和公共设施管理业 | 243924 | 175839 | 91011 | 68084 | 56858 | 30044 |
| 居民服务、修理和其他服务业 | 12052 | 11739 | 11405 | 312 | 0 | 0 |
| 教　育 | 19234 | 17990 | 12096 | 1244 | 573 | 8619 |
| 卫生和社会工作 | 252883 | 223228 | 110777 | 29655 | 19289 | 4037 |
| 文化、体育和娱乐业 | 16293 | 14266 | 7930 | 2027 | 1358 | 1426 |
| 公共管理、社会保障和社会组织 | 242991 | 116744 | 53733 | 126246 | 113917 | 12563 |
| 国际组织 | | | | | | |

## 表 7　事业单位 R&D 项目（课题）情况统计表

| | 项目（课题）数<br>（项） | 项目（课题）人员折合全时当量<br>（人年） | 项目（课题）经费支出<br>（万元） |
|---|---|---|---|
| **总　计** | **40066** | **60213** | **2697434** |
| 一、按活动类型分组 | | | |
| 基础研究 | 17913 | 27409 | 1137780 |
| 应用研究 | 18346 | 23949 | 1287976 |
| 试验发展 | 3807 | 8855 | 271677 |
| 二、按项目学科分组 | | | |
| 自然科学领域 | 15457 | 22843.7 | 1177799 |
| 农业科学领域 | 2543 | 4181.8 | 113622 |
| 医学科学领域 | 3885 | 8082.2 | 234851 |
| 工程科学与技术领域 | 14500 | 20341 | 1072641 |
| 社会、人文科学领域 | 3681 | 4764.3 | 98521 |
| 三、按项目来源分组 | | | |
| 国家科技项目 | 25372 | 41799 | 1893875 |
| 地方科技项目 | 2784 | 4263.1 | 136812 |
| 企业委托科技项目 | 4344 | 4073.8 | 237924 |
| 自选科技项目 | 3770 | 4822.1 | 189729 |
| 来自国外的科技项目 | 315 | 495.6 | 12406 |
| 其他科技项目 | 3481 | 4759.4 | 226687 |
| 四、按项目的合作形式分组 | | | |
| 独立完成 | 32783 | 44091 | 2090871 |
| 与境内独立研究机构合作 | 2845 | 6717 | 289488 |
| 与境内高等学校合作 | 1419 | 3350 | 118908 |
| 与境内注册其他企业合作 | 871 | 1261 | 68368 |
| 与境外机构合作 | 180 | 356 | 10389 |
| 其　他 | 1968 | 4438 | 119409 |

## 表 8　事业单位 R&D 活动产出情况统计表

| | 专利申请数<br>（件） | 发明专利 | 有效发明专利数<br>（件） | 发表科技论文<br>（篇） | 出版科技著作<br>（种） |
|---|---|---|---|---|---|
| **总　计** | **10630** | **8436** | **41374** | **64425** | **2445** |
| 一、按单位隶属关系分组 | | | | | |
| 中　央 | 9899 | 7965 | 39063 | 59827 | 2279 |
| 地　方 | 731 | 471 | 2311 | 4598 | 166 |
| 二、按单位所属学科分组 | | | | | |
| 自然科学领域 | 2358 | 2063 | 9582 | 18158 | 256 |

续表

| | 专利申请数（件） | 发明专利 | 有效发明专利数（件） | 发表科技论文（篇） | 出版科技著作（种） |
|---|---|---|---|---|---|
| 农业科学领域 | 1131 | 910 | 4606 | 5142 | 270 |
| 医学科学领域 | 1190 | 467 | 2950 | 11567 | 340 |
| 工程科学与技术领域 | 5916 | 4973 | 24047 | 19162 | 626 |
| 社会、人文科学领域 | 35 | 23 | 189 | 10396 | 953 |
| 三、按服务的国民经济行业分组 | | | | | |
| 农、林、牧、渔业 | 1107 | 907 | 4665 | 5317 | 295 |
| 采矿业 | 4 | 1 | 6 | 40 | 0 |
| 制造业 | 1664 | 1608 | 5846 | 3411 | 94 |
| 电力、热力、燃气及水生产和供应业 | 9 | 1 | 7 | 117 | 0 |
| 建筑业 | 19 | 4 | 54 | 127 | 11 |
| 批发和零售业 | | | | | |
| 交通运输、仓储和邮政业 | 291 | 150 | 584 | 960 | 71 |
| 住宿和餐饮业 | | | | | |
| 信息传输、软件和信息技术服务业 | 473 | 454 | 2438 | 738 | 10 |
| 金融业 | | | | | |
| 房地产业 | | | | | |
| 租赁和商务服务业 | | | | | |
| 科学研究和技术服务业 | 5650 | 4752 | 24322 | 38198 | 1276 |
| 水利、环境和公共设施管理业 | 373 | 285 | 2128 | 3352 | 167 |
| 居民服务、修理和其他服务业 | 2 | 2 | 7 | 157 | 1 |
| 教　育 | 2 | 2 | 12 | 541 | 87 |
| 卫生和社会工作 | 872 | 191 | 903 | 8805 | 260 |
| 文化、体育和娱乐业 | 36 | 19 | 124 | 506 | 28 |
| 公共管理、社会保障和社会组织 | 128 | 60 | 278 | 2156 | 145 |
| 国际组织 | | | | | |

注：数据来源为科技部《科学研究和技术服务业非企业单位调查表》。

# 三、转制为企业的研究机构汇总表

**表9　转制企业R&D人员情况统计表**

| | R&D人员合计（人） | #1. 博士毕业 | 2. 硕士毕业 | 3. 本科毕业 | 4. 其他 | R&D人员折合全时人员（人年） |
|---|---|---|---|---|---|---|
| **总　计** | **23604** | **2529** | **10266** | **8616** | **2193** | **20257** |
| 一、按登记注册类型分组 | | | | | | |
| 国　有 | 17603 | 1638 | 7825 | 6495 | 1645 | 15019 |
| 有限责任公司 | 6001 | 891 | 2441 | 2121 | 548 | 5238 |
| 二、按单位所属学科分组 | | | | | | |
| 自然科学领域 | 112 | 31 | 44 | 29 | 8 | 111 |
| 农业科学领域 | | | | | | |
| 医学科学领域 | 150 | 16 | 36 | 76 | 22 | 150 |
| 工程科学与技术领域 | 23342 | 2482 | 10186 | 8511 | 2163 | 19996 |
| 社会、人文科学领域 | | | | | | |
| 三、按活动类型分组 | | | | | | |
| 基础研究 | | | | | | 1049 |
| 应用研究 | | | | | | 12244 |
| 试验发展 | | | | | | 6964 |
| 四、按服务的国民经济行业分组 | | | | | | |
| 农、林、牧、渔业 | | | | | | |
| 采矿业 | 690 | 74 | 391 | 160 | 65 | 690 |
| 制造业 | 2660 | 235 | 826 | 1137 | 462 | 2507 |
| 电力、热力、燃气及水生产和供应业 | 2305 | 526 | 1430 | 247 | 102 | 2304 |
| 建筑业 | 7970 | 817 | 2815 | 3384 | 954 | 5919 |
| 批发和零售业 | | | | | | |
| 交通运输、仓储和邮政业 | 2314 | 369 | 1450 | 415 | 80 | 2166 |
| 住宿和餐饮业 | | | | | | |
| 信息传输、软件和信息技术服务业 | 1376 | 49 | 877 | 417 | 33 | 1349 |
| 金融业 | 241 | 26 | 93 | 86 | 36 | 241 |
| 房地产业 | | | | | | |
| 租赁和商务服务业 | | | | | | |
| 科学研究和技术服务业 | 6048 | 433 | 2384 | 2770 | 461 | 5081 |
| 水利、环境和公共设施管理业 | | | | | | |
| 居民服务、修理和其他服务业 | | | | | | |
| 教　育 | | | | | | |
| 卫生和社会工作 | | | | | | |
| 文化、体育和娱乐业 | | | | | | |
| 公共管理、社会保障和社会组织 | | | | | | |
| 国际组织 | | | | | | |

注：统计范围为转制为企业有法人地位的研究机构。

**表 10 转制企业 R&D 经费情况统计表**

| | R&D 经费内部支出合计（万元） | #1. 日常性支出 | 人员劳务费 | 2. 资产性支出 | 仪器和设备 |
|---|---|---|---|---|---|
| **总　计** | **494020** | **275388** | **218363** | **218632** | **213076** |
| 一、按登记注册类型分组 | | | | | |
| 国　有 | 379213 | 197178 | 155044 | 182034 | 176479 |
| 有限责任公司 | 114807 | 78209 | 63319 | 36597 | 36597 |
| 二、按单位所属学科分组 | | | | | |
| 自然科学领域 | 3942 | 3593 | 1428 | 350 | 350 |
| 农业科学领域 | | | | | |
| 医学科学领域 | 3466 | 1566 | 1341 | 1900 | 1900 |
| 工程科学与技术领域 | 486611 | 270229 | 215593 | 216382 | 210826 |
| 社会、人文科学领域 | | | | | |
| 三、按资金来源分组 | | | | | |
| 政府资金 | 104063 | | | | |
| 企业资金 | 294357 | | | | |
| 国外资金 | 3 | | | | |
| 其他资金 | 95597 | | | | |
| 四、按活动类型分组 | | | | | |
| 基础研究 | 22777 | | | | |
| 应用研究 | 237306 | | | | |
| 试验发展 | 233937 | | | | |
| 五、按服务的国民经济行业分组 | | | | | |
| 农、林、牧、渔业 | | | | | |
| 采矿业 | 20327 | 11744 | 9923 | 8583 | 8583 |
| 制造业 | 57851 | 30370 | 23606 | 27481 | 27481 |
| 电力、热力、燃气及水生产和供应业 | 79058 | 42596 | 35754 | 36462 | 31283 |
| 建筑业 | 79575 | 46813 | 39483 | 32763 | 32761 |
| 批发和零售业 | | | | | |
| 交通运输、仓储和邮政业 | 37060 | 24591 | 14909 | 12470 | 12320 |
| 住宿和餐饮业 | | | | | |
| 信息传输、软件和信息技术服务业 | 67215 | 55255 | 49299 | 11960 | 11960 |
| 金融业 | 12373 | 7412 | 1905 | 4961 | 4961 |
| 房地产业 | | | | | |
| 租赁和商务服务业 | | | | | |
| 科学研究和技术服务业 | 140561 | 56607 | 43483 | 83954 | 83728 |
| 水利、环境和公共设施管理业 | | | | | |
| 居民服务、修理和其他服务业 | | | | | |
| 教　育 | | | | | |
| 卫生和社会工作 | | | | | |
| 文化、体育和娱乐业 | | | | | |
| 公共管理、社会保障和社会组织 | | | | | |
| 国际组织 | | | | | |

表 11　转制企业 R&D 项目(课题)情况统计表

| | 项目(课题)数<br>(项) | 项目(课题)人员<br>折合全时当量<br>(人年) | 项目(课题)<br>经费支出<br>(万元) |
|---|---|---|---|
| **总　计** | **3309** | **12165.5** | **248773** |
| 一、按活动类型分组 | | | |
| 基础研究 | 160 | 630.1 | 6580 |
| 应用研究 | 1816 | 7353.4 | 119491 |
| 试验发展 | 1333 | 4182 | 122702 |
| 二、按项目学科分组 | | | |
| 自然科学领域 | 41 | 239.6 | 4936 |
| 农业科学领域 | 20 | 60.9 | 1214 |
| 医学科学领域 | 16 | 136.8 | 3120 |
| 工程科学与技术领域 | 3231 | 11721.2 | 239501 |
| 社会、人文科学领域 | 1 | 7 | 2 |
| 三、按项目来源分组 | | | |
| 国家科技项目 | 768 | 3938.1 | 67144 |
| 地方科技项目 | 118 | 578.5 | 16678 |
| 企业委托科技项目 | 1342 | 3094.4 | 78243 |
| 自选科技项目 | 1046 | 4466.5 | 83967 |
| 来自国外的科技项目 | 14 | 27.1 | 1444 |
| 其他科技项目 | 21 | 60.9 | 1297 |
| 四、按项目的合作形式分组 | | | |
| 独立完成 | 1273 | 4971 | 95662 |
| 与境内独立研究机构合作 | 320 | 1133 | 27181 |
| 与境内高等学校合作 | 566 | 1763 | 35969 |
| 与境内注册其他企业合作 | 825 | 2422 | 58846 |
| 与境外机构合作 | 58 | 227 | 5601 |
| 其　他 | 267 | 1650 | 25514 |

表12　转制企业R&D活动产出情况统计表

| | 专利申请数（件） | 发明专利 | 有效发明专利数（件） | 发表科技论文（篇） | 出版科技著作（种） |
|---|---|---|---|---|---|
| **总　计** | **3712** | **2664** | **10828** | **4466** | **124** |
| 一、按登记注册类型分组 | | | | | |
| 国　有 | 2598 | 2031 | 9274 | 3331 | 96 |
| 有限责任公司 | 1114 | 633 | 1554 | 1135 | 28 |
| 二、按单位所属学科分组 | | | | | |
| 自然科学领域 | 41 | 22 | 87 | 83 | 0 |
| 农业科学领域 | | | | | |
| 医学科学领域 | 13 | 13 | 6 | 2 | 0 |
| 工程科学与技术领域 | 3658 | 2629 | 10735 | 4320 | 124 |
| 社会、人文科学领域 | 0 | 0 | 0 | 61 | 0 |
| 三、按服务的国民经济行业分组 | | | | | |
| 农、林、牧、渔业 | 0 | 0 | 0 | 4 | 0 |
| 采矿业 | 107 | 82 | 227 | 245 | 1 |
| 制造业 | 595 | 397 | 1211 | 758 | 8 |
| 电力、热力、燃气及水生产和供应业 | 1096 | 1000 | 3804 | 599 | 50 |
| 建筑业 | 751 | 373 | 1098 | 566 | 32 |
| 批发和零售业 | | | | | |
| 交通运输、仓储和邮政业 | 474 | 297 | 722 | 841 | 21 |
| 住宿和餐饮业 | | | | | |
| 信息传输、软件和信息技术服务业 | 31 | 26 | 80 | 28 | 0 |
| 金融业 | 9 | 9 | 130 | 4 | 0 |
| 房地产业 | | | | | |
| 租赁和商务服务业 | | | | | |
| 科学研究和技术服务业 | 649 | 480 | 3556 | 1421 | 12 |
| 水利、环境和公共设施管理业 | | | | | |
| 居民服务、修理和其他服务业 | | | | | |
| 教　育 | | | | | |
| 卫生和社会工作 | | | | | |
| 文化、体育和娱乐业 | | | | | |
| 公共管理、社会保障和社会组织 | | | | | |
| 国际组织 | | | | | |

注：数据来源为科技部《转制为企业的研究机构科技活动调查表》。

# 2020年度北京市获国家科学技术奖一览表

北京共有64个项目获国家科学技术奖,包括:国家自然科学奖15项(二等奖15项)、国家技术发明奖10项(一等奖1项、二等奖9项)、国家科学技术进步奖39项(一等奖2项、二等奖37项),占获奖项目总数的30.3%。

**国家自然科学奖一览表**

| 序号 | 奖种 | 等级 | 项目名称 | 主要完成人 | 提名单位 |
|---|---|---|---|---|---|
| 1 | 国家自然科学奖 | 二等 | p进霍奇理论及其应用 | 刘若川(北京大学) | 张继平 |
| 2 | 国家自然科学奖 | 二等 | 同余数问题与L-函数的算术 | 田野(中国科学院数学与系统科学研究院) | 席南华 |
| 3 | 国家自然科学奖 | 二等 | 活细胞化学反应工具的开发与应用 | 陈鹏(北京大学),赵劲(南京大学),昌增益(北京大学),李劼(北京大学),林世贤(北京大学) | 教育部 |
| 4 | 国家自然科学奖 | 二等 | 单壁碳纳米管的可控催化合成 | 李彦(北京大学),杨烽(北京大学),杨娟(北京大学),褚海斌(北京大学),金钟(北京大学) | 高松,任咏华,卜显和 |
| 5 | 国家自然科学奖 | 二等 | 黄土高原生态系统过程与服务 | 傅伯杰(中国科学院生态环境研究中心),陈利顶(中国科学院生态环境研究中心),吕一河(中国科学院生态环境研究中心),冯晓明(中国科学院生态环境研究中心),王帅(中国科学院生态环境研究中心) | 陈发虎,崔鹏,于贵瑞 |
| 6 | 国家自然科学奖 | 二等 | 二万年以来东亚古气候变化与农耕文化发展 | 吕厚远(中国科学院地质与地球物理研究所),肖举乐(中国科学院地质与地球物理研究所),杨晓燕(中国科学院地理科学与资源研究所),张健平(中国科学院地质与地球物理研究所),吴乃琴(中国科学院地质与地球物理研究所) | 中国科学院 |
| 7 | 国家自然科学奖 | 二等 | 水稻高产与氮肥高效利用协同调控的分子基础 | 傅向东(中国科学院遗传与发育生物学研究所),黄先忠(中国科学院遗传与发育生物学研究所),王少奎(中国科学院遗传与发育生物学研究所),刘倩(中国科学院遗传与发育生物学研究所) | 李振声 |
| 8 | 国家自然科学奖 | 二等 | 水稻驯化的分子机理研究 | 孙传清(中国农业大学),谭禄宾(中国农业大学),朱作峰(中国农业大学),谢道昕(清华大学),付永彩(中国农业大学) | 刘耀光,武维华,陈温福 |
| 9 | 国家自然科学奖 | 二等 | 视觉运动模式学习与理解的理论与方法 | 胡卫明(中国科学院自动化研究所),刘成林(中国科学院自动化研究所),李兵(中国科学院自动化研究所),张笑钦(中国科学院自动化研究所),王恒(中国科学院自动化研究所) | 陈熙霖,邓中翰,高新波 |
| 10 | 国家自然科学奖 | 二等 | 深度学习处理器体系结构新范式 | 陈云霁(中国科学院计算技术研究所),陈天石(中国科学院计算技术研究所),杜子东(中国科学院计算技术研究所),孙凝晖(中国科学院计算技术研究所),郭崎(中国科学院计算技术研究所) | 中国科学院 |

续表

| 序号 | 奖种 | 等级 | 项目名称 | 主要完成人 | 提名单位 |
|---|---|---|---|---|---|
| 11 | 国家自然科学奖 | 二等 | 面心立方材料弹塑性力学行为及原子层次机理研究 | 韩晓东(北京工业大学),张泽(浙江大学),王立华(北京工业大学),张跃飞(北京工业大学),郑坤(北京工业大学) | 北京市 |
| 12 | 国家自然科学奖 | 二等 | 基于结构基元的新电磁材料和新效应的发现 | 陈小龙(中国科学院物理研究所),郭建刚(中国科学院物理研究所),王刚(中国科学院物理研究所),钱天(中国科学院物理研究所),金士锋(中国科学院物理研究所) | 吴以成,陈仙辉,陈延峰 |
| 13 | 国家自然科学奖 | 二等 | 河流动力学及江河工程泥沙调控新机制 | 方红卫(清华大学),何国建(清华大学),王光谦(清华大学),吴保生(清华大学),黄磊(清华大学) | 教育部 |
| 14 | 国家自然科学奖 | 二等 | 考虑非均匀结构效应的金属材料剪切带 | 戴兰宏(中国科学院力学研究所),白以龙(中国科学院力学研究所),蒋敏强(中国科学院力学研究所),刘龙飞(中国科学院力学研究所),陈艳(中国科学院力学研究所) | 张统一,汪卫华,赵亚溥 |
| 15 | 国家自然科学奖 | 二等 | 具有界面效应的复合材料细观力学研究 | 段慧玲(北京大学),王建祥(北京大学),黄筑平(北京大学) | 教育部 |

**国家技术发明奖一览表**

| 序号 | 奖种 | 等级 | 项目名称 | 主要完成人 | 提名单位 |
|---|---|---|---|---|---|
| 1 | 国家技术发明奖 | 一等 | 超高清视频多态基元编解码关键技术 | 高文(北京大学),马思伟(北京大学),王荣刚(北京大学深圳研究生院),王苫社(北京大学),周建同(华为技术有限公司),王楔(上海海思技术有限公司) | 中国电子学会 |
| 2 | 国家技术发明奖 | 二等 | 良种牛羊卵子高效利用快繁关键技术 | 田见晖(中国农业大学),张家新(内蒙古农业大学),安磊(中国农业大学),朱化彬[中国农业科学院北京畜牧兽医研究所(中国动物卫生与流行病学中心北京分中心)],翁士乔(宁波三生生物科技有限公司),杜卫华[中国农业科学院北京畜牧兽医研究所(中国动物卫生与流行病学中心北京分中心)] | 北京大北农科技集团股份有限公司 |
| 3 | 国家技术发明奖 | 二等 | 小麦耐热基因发掘与种质创新技术及育种利用 | 孙其信(中国农业大学),李辉(河北省农林科学院粮油作物研究所),倪中福(中国农业大学),张文杰(河北婴泊种业科技有限公司) | 教育部 |
| 4 | 国家技术发明奖 | 二等 | 煤矿巷道抗冲击预应力支护关键技术 | 康红普(天地科技股份有限公司),吴拥政(天地科技股份有限公司),林健(天地科技股份有限公司),冯地报(安阳龙腾热处理材料有限公司),高富强(天地科技股份有限公司),姜鹏飞(天地科技股份有限公司) | 中国煤炭工业协会 |
| 5 | 国家技术发明奖 | 二等 | 海洋深水浅层钻井关键技术及工业化应用 | 杨进[中国石油大学(北京)],李中[中海石油(中国)有限公司湛江分公司],刘书杰(中海油研究总院有限责任公司),谢仁军(中海油研究总院有限责任公司),刘正礼[中海石油(中国)有限公司深圳分公司],吴怡(中海油研究总院有限责任公司) | 中国海洋工程咨询协会 |
| 6 | 国家技术发明奖 | 二等 | 烯烃可控配位聚合方法与高性能弹性体制备技术 | 吴一弦(北京化工大学),马良兴(中国石油化工股份有限公司北京燕山分公司),朱寒(北京化工大学),赫炜(中国石油化工股份有限公司北京燕山分公司),焦阳(中国石油化工股份有限公司北京燕山分公司),刘天保(中国石油化工股份有限公司北京燕山分公司),黄占斌[中国矿业大学(北京)] | 中国石油和化学工业联合会 |

续表

| 序号 | 奖种 | 等级 | 项目名称 | 主要完成人 | 提名单位 |
|---|---|---|---|---|---|
| 7 | 国家技术发明奖 | 二等 | 高分子分散与高分子稳定液晶共存体系的材料设计、制备及应用 | 杨槐(北京大学),张兰英(北京大学),朱思泉(首都医科大学附属北京同仁医院),王萌[中国矿业大学(北京)],孙健(北京大学),李克轩(西京学院) | 教育部 |
| 8 | 国家技术发明奖 | 二等 | 航天飞行器极端条件下主动热防护关键技术及应用 | 姜培学(清华大学),符泰然(清华大学),胥蕊娜(清华大学),祝银海(清华大学),汤龙生(北京空天技术研究所),孙纪国(北京航天动力研究所) | 教育部 |
| 9 | 国家技术发明奖 | 二等 | 知识增强的跨模态语义理解关键技术及应用 | 王海峰(北京百度网讯科技有限公司),吴华(北京百度网讯科技有限公司),赵世奇[百度在线网络技术(北京)有限公司],贾磊(北京百度网讯科技有限公司),丁二锐(北京百度网讯科技有限公司),孙宇(北京百度网讯科技有限公司) | 工业和信息化部 |
| 10 | 国家技术发明奖 | 二等 | 预应力结构服役效能提升关键技术与应用 | 曾滨(中冶建筑研究总院有限公司),许庆(中冶建筑研究总院有限公司),尚仁杰(中国京冶工程技术有限公司),周臻(东南大学),潘钻峰(同济大学),荣华(中冶建筑研究总院有限公司) | 中国冶金科工集团有限公司 |

**国家科学技术进步奖一览表**

| 序号 | 奖种 | 等级 | 项目名称 | 主要完成人 | 主要完成单位 | 提名单位 |
|---|---|---|---|---|---|---|
| 1 | 国家科学技术进步奖 | 一等 | 复杂原料百万吨级乙烯成套技术研发及工业应用 | 袁晴棠,王子宗,王振维,王国清,何细藕,李广华,戴伟,李金科,崔光磊,盛在行,刘罡,张玉明,林栩,赵百仁,张利军 | 中国石化工程建设有限公司,中国石油化工股份有限公司北京化工研究院,天华化工机械及自动化研究设计院有限公司,中韩(武汉)石油化工有限公司,中国石油化工股份有限公司镇海炼化分公司,福建炼油化工有限公司,沈阳鼓风机集团股份有限公司,杭州制氧机集团股份有限公司,天津大学,西安德兴环保科技有限公司 | 中国石油化工集团有限公司 |
| 2 | 国家科学技术进步奖 | 一等 | 工业烟气多污染物协同深度治理技术及应用 | 李俊华,郝吉明,叶恒棣,彭悦,朱彤,陈贵福,赵谦,岑超平,姚群,宋蔷,张志刚,马永亮,魏进超,李海波,陈建军 | 清华大学,中冶长天国际工程有限责任公司,中节能环保装备股份有限公司,中钢集团天澄环保科技股份有限公司,生态环境部华南环境科学研究所,西安西矿环保科技有限公司,中材科技股份有限公司,江苏中创清源科技有限公司,山西新华化工有限责任公司,中建材环保研究院(江苏)有限公司 | 教育部 |
| 3 | 国家科学技术进步奖 | 二等 | 玉米优异种质资源规模化发掘与创新利用 | 王天宇,黎裕,杨俊品,扈光辉,刘成,王晓鸣,杨华,王振华,程伟东,李永祥 | 中国农业科学院作物科学研究所,四川省农业科学院作物研究所,黑龙江省农业科学院玉米研究所,新疆农业科学院粮食作物研究所,重庆市农业科学院,河南省农业科学院粮食作物研究所,广西壮族自治区农业科学院玉米研究所 | 农业农村部 |

续表

| 序号 | 奖种 | 等级 | 项目名称 | 主要完成人 | 主要完成单位 | 提名单位 |
|---|---|---|---|---|---|---|
| 4 | 国家科学技术进步奖 | 二等 | 高产优质、多抗广适玉米品种京科968的培育与应用 | 赵久然，王元东，邢锦丰，王荣焕，刘春阁，宋伟，张华生，杨国航，陈传永，徐田军 | 北京市农林科学院 | 中国农学会 |
| 5 | 国家科学技术进步奖 | 二等 | 南方典型森林生态系统多功能经营关键技术与应用 | 刘世荣，臧润国，蔡道雄，项文化，陆元昌，曾令海，史作民，刘兴良，王晖，贾宏炎 | 中国林业科学研究院森林生态环境与保护研究所，中国林业科学研究院热带林业实验中心，中南林业科技大学，中国林业科学研究院资源信息研究所，广东省林业科学研究院，四川省林业科学研究院（四川省林产工业研究设计所） | 国家林业和草原局 |
| 6 | 国家科学技术进步奖 | 二等 | 竹资源高效培育关键技术 | 范少辉，王浩杰，郑郁善，丁雨龙，辉朝茂，应叶青，官凤英，刘广路，苏文会，蔡春菊 | 国际竹藤中心，中国林业科学研究院亚热带林业研究所，福建农林大学，南京林业大学，西南林业大学，浙江农林大学 | 国家林业和草原局 |
| 7 | 国家科学技术进步奖 | 二等 | 食品动物新型专用药物的创制与应用 | 肖希龙，郝智慧，沈建忠，贾德强，王海挺，汤树生，王春元，何家康，刘元元，刘全才 | 中国农业大学，青岛蔚蓝生物股份有限公司，齐鲁动物保健品有限公司，青岛农业大学，广西大学 | 中国农学会 |
| 8 | 国家科学技术进步奖 | 二等 | 畜禽饲料质量安全控制关键技术创建与应用 | 秦玉昌，李军国，张军民，王红英，王卫国，李俊，薛敏，饶正华，杨洁，汤超华 | 中国农业科学院北京畜牧兽医研究所（中国动物卫生与流行病学中心北京分中心），中国农业科学院饲料研究所，中国农业大学，河南工业大学，中国农业科学院农业质量标准与检测技术研究所 | 农业农村部 |
| 9 | 国家科学技术进步奖 | 二等 | 奶及奶制品安全控制与质量提升关键技术 | 王加启，郑楠，张养东，李松励，郑百芹，王成，张树秋，吕志勇，杨志刚，王惠铭 | 中国农业科学院北京畜牧兽医研究所（中国动物卫生与流行病学中心北京分中心），唐山市畜牧水产品质量监测中心，新疆农业科学院农业质量标准与检测技术研究所，山东省农业科学院农业质量标准与检测技术研究所，内蒙古伊利实业集团股份有限公司，内蒙古蒙牛乳业（集团）股份有限公司，光明乳业股份有限公司 | 农业农村部 |
| 10 | 国家科学技术进步奖 | 二等 | 奶牛高发病防治系列新兽药创制与应用 | 李秀波，路永强，刘义明，徐飞，陈孝杰，石波，李艳华，张正海，贾国宾，赵炳超 | 中国农业科学院饲料研究所，北京市畜牧总站，中牧实业股份有限公司，河北远征药业有限公司，齐鲁动物保健品有限公司，华秦源（北京）动物药业有限公司 | 农业农村部 |
| 11 | 国家科学技术进步奖 | 二等 | 玉米淀粉及其深加工产品的高效生物制造关键技术与产业化 | 佟毅，曲音波，李义，李才明，陶进，刘国栋，陈博，程力，王兆光，周勇 | 中粮集团有限公司，山东大学，江南大学，兆光生物工程（邹平）有限公司 | 中国轻工业联合会 |
| 12 | 国家科学技术进步奖 | 二等 | 高纯/超高纯化学品精馏关键技术与工业应用 | 李群生，任钟旗，王宝华，宋晓玲，文新，唐红建，尹建平，金君素，王史翎，章慧芳 | 北京化工大学，新疆天业（集团）有限公司，北京先锋创新科技发展有限公司，北京世纪隆博科技有限责任公司，河北化大科技有限公司 | 中国石油和化学工业联合会 |

续表

| 序号 | 奖种 | 等级 | 项目名称 | 主要完成人 | 主要完成单位 | 提名单位 |
| --- | --- | --- | --- | --- | --- | --- |
| 13 | 国家科学技术进步奖 | 二等 | 催化裂化汽油超深度加氢脱硫-烯烃分段调控转化成套技术 | 鲍晓军,范煜,常晓昕,王廷海,向永生,石冈,岳源源,姚文君,刘荣江,刘昕 | 中国石油天然气股份有限公司石油化工研究院,中国石油大学(北京),福州大学,中国石油四川石化有限责任公司,中国石油天然气股份有限公司大庆石化分公司,中国石油天然气股份有限公司抚顺石化分公司,中国石油天然气股份有限公司宁夏石化分公司 | 中国石油和化学工业联 |
| 14 | 国家科学技术进步奖 | 二等 | ±800 kV 换流变压器自主化研制及工程应用 | 刘泽洪,宓传龙,李鹏,周远翔,王健,齐波,帅远明,张冠军,卢理成,程涣超 | 中国电力科学研究院有限公司,西安西电变压器有限责任公司,清华大学,华北电力大学,保定天威保变电气股份有限公司,特变电工沈阳变压器集团有限公司 | 中国电机工程学会 |
| 15 | 国家科学技术进步奖 | 二等 | 网源友好型风电机组关键技术及规模化应用 | 秦世耀,应有,李少林,乔元,谢震,王瑞明,房方,毕然,代林旺,张利 | 中国电力科学研究院有限公司,新疆金风科技股份有限公司,浙江运达风电股份有限公司,合肥工业大学,华北电力大学 | 北京市 |
| 16 | 国家科学技术进步奖 | 二等 | 有载调容配电变压器关键技术、系列装备及规模化应用 | 盛万兴,王金丽,魏贞祥,方恒福,孟晓丽,杨红磊,林涛,韩筛根,孙业荣,邹鹏 | 中国电力科学研究院有限公司,北京博瑞莱智能科技集团有限公司,国网北京市电力公司,山东电工电气集团有限公司,辽宁金立电力电器有限公司 | 北京市 |
| 17 | 国家科学技术进步奖 | 二等 | 面向机动平台的高清晰精准光电探测关键技术与装备 | 张弘,袁丁,杨一帆,李军伟,李伟鹏,何磊,张泽宇,李亚伟,王可东,赵琦 | 北京航空航天大学,北京环境特性研究所,中国航空工业集团公司洛阳电光设备研究所 | 教育部 |
| 18 | 国家科学技术进步奖 | 二等 | 智能型科技情报挖掘和知识服务关键技术及其规模化应用 | 唐杰,李涓子,杨红霞,许静芳,许斌,邢春晓,张阔,刘德兵,高博,张帆进 | 清华大学,北京搜狗科技发展有限公司,阿里巴巴(中国)有限公司 | 中国科协 |
| 19 | 国家科学技术进步奖 | 二等 | 国家超级计算基础设施支撑软件系统 | 钱德沛,迟学斌,肖依,谢向辉,王普勇,查礼,栾钟治,郭兆电,于坤千,姜恺 | 北京航空航天大学,中国科学院计算机网络信息中心,中山大学,上海超级计算中心,中国科学院计算技术研究所,中国航空工业集团公司西安飞机设计研究所,中国科学院上海药物研究所 | 卢锡城,怀进鹏,郑志明 |
| 20 | 国家科学技术进步奖 | 二等 | 复杂受力钢-混凝土组合结构基础理论及高性能结构体系关键技术 | 樊健生,聂鑫,范重,杨悦,张良平,许立言,张莉莉,丁然,刘宇飞,陶慕轩 | 清华大学,中国建筑设计研究院有限公司,北京航空航天大学,深圳华森建筑与工程设计顾问有限公司,中建工程研究院有限公司,北京建工集团有限责任公司,北京建工四建工程建设有限公司 | 中国钢结构协会 |

续表

| 序号 | 奖种 | 等级 | 项目名称 | 主要完成人 | 主要完成单位 | 提名单位 |
|---|---|---|---|---|---|---|
| 21 | 国家科学技术进步奖 | 二等 | 高压富水长大铁路隧道修建关键技术及工程应用 | 马栋，谭忠盛，苗德海，张民庆，田四明，许和平，陈绍华，胡建国，尚尔海，李勇 | 中铁十六局集团有限公司，中铁第四勘察设计院集团有限公司，北京交通大学，中铁第一勘察设计院集团有限公司，中铁十二局集团有限公司，中铁十九局集团有限公司，中铁十一局集团有限公司 | 国家铁路局 |
| 22 | 国家科学技术进步奖 | 二等 | 高性能隔震建筑系列关键技术与工程应用 | 李爱群，郭彤，苗启松，曾德民，薛彦涛，解琳琳，陆飞，卫海，张志强，陈曦 | 北京建筑大学，东南大学，中国建筑科学研究院有限公司，北京市建筑设计研究院有限公司，中国建筑标准设计研究院有限公司，北京市基础设施投资有限公司（原北京地铁集团有限责任公司），江苏鸿基节能新技术股份有限公司 | 北京市 |
| 23 | 国家科学技术进步奖 | 二等 | 高速铁路Ⅲ型板式无砟轨道系统技术及应用 | 王同军，王继军，赵有明，胡华锋，沈东升，姚力，郭郦，孙立，王梦，杨荣山 | 中国铁道科学研究院集团有限公司，中国铁路设计集团有限公司，中铁二院工程集团有限责任公司，中铁第四勘察设计院集团有限公司，北京交通大学，西南交通大学，中铁二十三局集团有限公司 | 中国国家铁路集团有限公司 |
| 24 | 国家科学技术进步奖 | 二等 | 彩虹四多用途无人机 | 李锋，欧忠明，石文，李平坤，刘凯，周乃恩，罗小云，李峰，黄伟，胡浩 | 中国航天空气动力技术研究院，彩虹无人机科技有限公司 | 中国航空学会 |
| 25 | 国家科学技术进步奖 | 二等 | 面向复杂数控装备的监测评估关键技术及标准体系 | 陶飞，黄祖广，于东，胡天亮，赵钦志，邹孝付，左颖，李建双，杨堂勇，郑小年 | 北京航空航天大学，国家机床质量监督检验中心，沈阳高精数控智能技术股份有限公司，山东大学，中国计量科学研究院，广州数控设备有限公司，武汉华中数控股份有限公司 | 工业和信息化部 |
| 26 | 国家科学技术进步奖 | 二等 | 核酸与蛋白质生物计量关键技术及基标准体系创建和应用 | 王晶，董莲华，武利庆，高运华，隋志伟，傅博强，于常海，李亮，刘瑛颖，杨彬 | 中国计量科学研究院，北京大学，中国农业科学院生物技术研究所 | 国家市场监督管理总局 |
| 27 | 国家科学技术进步奖 | 二等 | 钢铁行业多工序多污染物超低排放控制技术与应用 | 朱廷钰，于勇，李超，刘霄龙，许汉渝，李建新，田欣，卢建光，王岩，尹华 | 中国科学院过程工程研究所，河钢集团有限公司，中冶焦耐（大连）工程技术有限公司，中钢集团天澄环保科技股份有限公司 | 中国环境科学学会 |
| 28 | 国家科学技术进步奖 | 二等 | 锌电解典型重金属污染物源头削减关键共性技术与大型成套装备 | 降林华，徐夫元，段宁，邓爱民，曹江林，石爱文，苟有强，许威清，高愈希，汪佳良 | 中国环境科学研究院，同济大学，江西瑞林装备有限公司，花垣县太丰冶炼有限责任公司，白银有色集团股份有限公司，北京冶自欧博科技发展有限公司，中国科学院高能物理研究所 | 贺克斌，黄小卫，孙宝国 |
| 29 | 国家科学技术进步奖 | 二等 | 区域/全球一体化数值天气预报业务系统 | 沈学顺，龚建东，孙健，陈静，张林，苏勇，陈起英，黄丽萍，韩威，胡江凯 | 国家气象中心 | 中国气象局 |

续表

| 序号 | 奖种 | 等级 | 项目名称 | 主要完成人 | 主要完成单位 | 提名单位 |
|---|---|---|---|---|---|---|
| 30 | 国家科学技术进步奖 | 二等 | 低氧与缺血适应防治缺血性脑卒中新技术体系的创研及推广应用 | 吉训明,吕国蔚,孟然,罗玉敏,任长虹,李思颉,赵海苹,邵国,赵文博,尹志臣 | 首都医科大学 | 教育部 |
| 31 | 国家科学技术进步奖 | 二等 | 脑血管病医疗质量改进关键技术与体系的建立和应用 | 王拥军,李子孝,赵性泉,王伊龙,刘丽萍,王春娟,孟霞,潘岳松,荆京,许杰 | 首都医科大学附属北京天坛医院 | 北京市 |
| 32 | 国家科学技术进步奖 | 二等 | 耳科影像学的关键技术创新和应用 | 王振常,鲜军舫,张丽,沙炎,牛延涛,赵鹏飞,吕晗,刘兆会,尹红霞,邢宇翔 | 首都医科大学附属北京友谊医院,首都医科大学附属北京同仁医院,清华大学,复旦大学附属眼耳鼻喉科医院 | 国家自然科学基金委员会 |
| 33 | 国家科学技术进步奖 | 二等 | 中医药循证研究“四证”方法学体系创建及应用 | 商洪才,田贵华,吴大嵘,王燕平,陈耀龙,郑颂华,赵晨,张晓雨,邱瑞瑾,郑蕊 | 北京中医药大学,广东省中医院(广州中医药大学第二附属医院、广州中医药大学第二临床医学院、广东省中医药科学院),中国中医科学院中医临床基础医学研究所,兰州大学,香港浸会大学 | 国家中医药管理局 |
| 34 | 国家科学技术进步奖 | 二等 | 聚乙二醇定点修饰重组蛋白药物关键技术体系建立及产业化 | 石远凯,李银贵,王文本,徐光,何小慧,刘鹏,王龙山,惠希武,张雪梅,李正栋 | 中国医学科学院肿瘤医院,石药集团百克(山东)生物制药股份有限公司,石药集团中奇制药技术(石家庄)有限公司,石药控股集团有限公司 | 王军志,于金明,马丁 |
| 35 | 国家科学技术进步奖 | 二等 | 北方旱地农田抗旱适水种植技术及应用 | 梅旭荣,孙占祥,樊廷录,周怀平,赵长星,刘恩科,钟永红,龚道枝,冯良山,孙东宝 | 中国农业科学院农业环境与可持续发展研究所,辽宁省农业科学院,甘肃省农业科学院,山西省农业科学院农业环境与资源研究所,青岛农业大学,全国农业技术推广服务中心 | 农业农村部 |
| 36 | 国家科学技术进步奖 | 二等 | 主要粮食作物养分资源高效利用关键技术 | 周卫,何萍,艾超,孙建光,黄绍文,王玉军,余喜初,孙静文,张水清,乔艳 | 中国农业科学院农业资源与农业区划研究所,江西省红壤研究所,河南省农业科学院植物营养与资源环境研究所,湖北省农业科学院植保土肥研究所 | 农业农村部 |
| 37 | 国家科学技术进步奖 | 二等 | 深部煤矿冲击地压巷道防冲吸能支护关键技术与装备 | 潘一山,齐庆新,张伟,赵善坤,王爱文,肖永惠,王洪英,曹树祥,李宏艳,刘军 | 煤炭科学技术研究院有限公司,辽宁大学,辽宁工程技术大学,沈阳天安科技股份有限公司,北京诚田恒业煤矿设备有限公司,北京昊华能源股份有限公司,河南大有能源股份有限公司 | 中国煤炭工业协会 |
| 38 | 国家科学技术进步奖 | 二等 | 大型复杂碳酸盐岩油藏高效开发关键技术及应用 | 何治亮,计秉玉,王世洁,TaizhongDuan,云露,徐文斌,廉培庆,魏修成,彭守涛,谭学群 | 中国石油化工股份有限公司石油勘探开发研究院,中国石化集团国际石油勘探开发有限公司,中国石油化工股份有限公司西北油田分公司 | 中国石油化工集团有限公司 |
| 39 | 国家科学技术进步奖 | 二等 | 自然资源卫星光学遥感测绘关键技术及立体中国应用 | 唐新明,王华斌,胡翰,李国元,岳庆兴,甘宇航,王光辉,周平,谢俊峰,卢刚 | 自然资源部国土卫星遥感应用中心,西南交通大学,江苏省测绘工程院,北京国测星绘信息技术有限公司 | 自然资源部 |

注:资料来源为北京市科学技术奖励工作办公室。

# 2020 年度北京市科学技术奖获奖一览表

2020 年度北京市科学技术奖共 14 位科学家、150 项成果获奖。其中，突出贡献中关村奖 1 人，杰出青年中关村奖 7 人，国际合作中关村奖 6 人。35 项成果获自然科学奖，包括一等奖 8 项、二等奖 27 项；11 项成果获技术发明奖，包括一等奖 5 项、二等奖 6 项；104 项成果获科学技术进步奖，包括一等奖 35 项、二等奖 69 项。

### 突出贡献中关村奖一览表

| 序号 | 获奖编号 | 姓名 | 工作单位 |
|---|---|---|---|
| 1 | 2020 - GX - 01 | 邵峰 | 北京生命科学研究所 |

### 杰出青年中关村奖一览表

| 序号 | 获奖编号 | 姓名 | 工作单位 |
|---|---|---|---|
| 1 | 2020 - QN - 01 | 翟荟 | 清华大学 |
| 2 | 2020 - QN - 02 | 赵永生 | 中国科学院化学研究所 |
| 3 | 2020 - QN - 03 | 刘光慧 | 中国科学院动物研究所 |
| 4 | 2020 - QN - 04 | 彭同华 | 北京天科合达半导体股份有限公司 |
| 5 | 2020 - QN - 05 | 潘湘斌 | 中国医学科学院阜外医院 |
| 6 | 2020 - QN - 06 | 杨洋 | 北京北方华创微电子装备有限公司 |
| 7 | 2020 - QN - 07 | 印奇 | 北京旷视科技有限公司 |

### 国际合作中关村奖一览表

| 序号 | 获奖编号 | 姓名 | 工作单位 |
|---|---|---|---|
| 1 | 2020 - HZ - 01 | Andrea Carlo Ferrari<br>安德里亚·卡罗·费拉里 | University of Cambridge<br>剑桥大学 |
| 2 | 2020 - HZ - 02 | J. M. D. Coey<br>杰·姆·德·柯艾 | Trinity College Dublin<br>爱尔兰都柏林大学圣三一学院 |
| 3 | 2020 - HZ - 03 | Mathieu Allix<br>马修·艾利克斯 | Centre National de la Recherche Scientifique<br>法国国家科学研究中心 |
| 4 | 2020 - HZ - 04 | Robert Frederick Wimmer - Schweingruber<br>罗伯特·维默尔 - 施魏因格鲁伯 | Christian - Albrechts - University Kiel Germany<br>德国基尔大学 |
| 5 | 2020 - HZ - 05 | Altounian Zaven<br>安东尼 | McGill University Canada<br>加拿大麦克吉尔大学 |
| 6 | 2020 - HZ - 06 | El Naggar Mohamed Hesham<br>埃尔纳加·穆罕默德·海瑟姆 | Canada Western university<br>加拿大韦仕敦大学 |

**自然科学奖一等奖一览表**

| 序号 | 获奖编号 | 项目名称 | 完成单位 | 主要完成人 |
|---|---|---|---|---|
| 1 | 2020－Z02－1－01 | 脑网络组图谱绘制和验证及其应用研究 | 中国科学院自动化研究所<br>天津医科大学 | 蒋田仔　于春水　樊令仲　卓俊杰 |
| 2 | 2020－Z02－1－02 | 极化雷达目标特征提取与目标检测及分类 | 清华大学<br>北京科技大学 | 杨　健　殷君君　安文韬　宋胜利<br>彭应宁 |
| 3 | 2020－Z02－1－03 | 密集无线网络的云边协同理论与方法 | 北京邮电大学<br>中国信息通信研究院 | 彭木根　王文博　赵中原　江甲沫<br>李　勇　闫　实 |
| 4 | 2020－Z03－1－01 | 有机和碳材料中电荷输运的理论研究 | 清华大学<br>中国科学院化学研究所<br>首都师范大学 | 帅志刚　王　冬　耿　华　廖　奕<br>龙孟秋 |
| 5 | 2020－Z03－1－02 | 智能纳米生物材料设计及其肿瘤微环境调控研究 | 国家纳米科学中心 | 聂广军　李素萍　丁宝全　赵宇亮<br>张银龙　季天骄　蒋　乔　王　婧<br>李一叶　赵　颖 |
| 6 | 2020－Z04－1－01 | 寨卡病毒暴发与致病机制研究 | 中国人民解放军军事科学院军事医学研究院<br>中国科学院遗传与发育生物学研究所<br>中国科学院脑科学与智能技术卓越创新中心 | 秦成峰　许执恒　李晓峰　邓永强<br>叶　青　罗振革　袁　玲　黄星耀<br>武孔彦　邱业峰　徐　丹 |
| 7 | 2020－Z04－1－02 | 肿瘤浸润 T 细胞的单细胞图谱 | 北京大学<br>首都医科大学附属北京世纪坛医院<br>北京大学人民医院<br>北京大学第三医院 | 张泽民　任仙文　胡学达　郑良涛<br>张园园　张　雷　郑春红　郭心怡<br>唐泽方　彭吉润　申占龙　闫天生<br>康博熙　李辰威　张启明 |
| 8 | 2020－Z05－1－01 | 放射性核素锶铯铀水污染的膜分离与吸附应用基础研究 | 北京师范大学<br>中国人民解放军火箭军工程大学<br>天津大学 | 侯立安　杨　禹　张光辉　贾志谦<br>顾　平 |

**自然科学奖二等奖一览表**

| 序号 | 获奖编号 | 项目名称 | 完成单位 | 主要完成人 |
|---|---|---|---|---|
| 1 | 2020－Z01－2－01 | 宇宙加速膨胀和暗能量状态方程的直接测量哈勃参量方法 | 北京师范大学 | 张同杰 |
| 2 | 2020－Z01－2－02 | 不同框架下的多元逼近及信息基复杂性 | 首都师范大学<br>天津师范大学 | 汪和平　许贵桥 |
| 3 | 2020－Z02－2－01 | 低功耗小型化硅基光电子器件机理与关键技术 | 北京大学 | 周治平　王兴军　胡飞飞　高琳斐 |
| 4 | 2020－Z02－2－02 | 离散时间新型自适应估计、滤波与控制 | 北京理工大学<br>北京化工大学 | 马宏宾　冯　波　张星红　付梦印<br>王友清 |
| 5 | 2020－Z02－2－03 | 氧化镓外延薄膜及深紫外传感器件基础研究 | 北京邮电大学<br>浙江理工大学 | 唐为华　郭道友　李培刚　吴真平<br>王顺利 |
| 6 | 2020－Z02－2－04 | 复杂异质网络化数据的建模理论与挖掘方法 | 北京邮电大学<br>北京大学<br>中国人民大学 | 石　川　宋国杰　赵　鑫 |

续表

| 序号 | 获奖编号 | 项目名称 | 完成单位 | 主要完成人 |
|---|---|---|---|---|
| 7 | 2020－Z02－2－05 | 无人飞行器鲁棒最优协同飞行控制方法及应用 | 北京航空航天大学<br>中国人民解放军火箭军工程大学<br>清华大学 | 刘　昊　席建祥　钟宜生 |
| 8 | 2020－Z02－2－06 | 面向广域公共安全事件的社会数字治理关键技术 | 中国人民大学 | 梁　循　徐　君　杜小勇 |
| 9 | 2020－Z02－2－07 | 基于激光与物质非线性相互作用的新型激光加工方法 | 国家纳米科学中心<br>南方科技大学<br>北京自动化控制设备研究所<br>香港中文大学（深圳） | 刘　前　郭传飞　王永胜　张浩然<br>张建明 |
| 10 | 2020－Z03－2－01 | 高比能超级电容器的材料设计与性能调控 | 中国科学院电工研究所 | 马衍伟　张　熊　王　凯　孙现众<br>李　晨 |
| 11 | 2020－Z03－2－02 | 多硫基主客体复合吸附剂的构筑及用于海水提铀和重金属高效捕获 | 北京师范大学 | 马淑兰　袁萌伟　李会峰　孙根班<br>刘迎春　于梓洹 |
| 12 | 2020－Z03－2－03 | 分子固态发光调控的多晶型与共晶组装策略 | 北京师范大学<br>北京化工大学 | 闫东鹏　晋卫军　董永强　崔刚龙<br>卫　敏 |
| 13 | 2020－Z03－2－04 | 先进电池材料微区结构调控与性能优化 | 北京工业大学 | 尉海军　郭现伟　王　琳　林志远 |
| 14 | 2020－Z03－2－05 | 纳米复合含硫正极材料构筑与锂硫二次电池性能调控 | 北京航空航天大学 | 张世超　杨埔蘅　邢雅兰　张　兰<br>王文旭　孙明明　邱琳琳　建志旭 |
| 15 | 2020－Z03－2－06 | 异质结型复合催化剂的界面/缺陷调控及光催化性能研究 | 中国石油大学（北京） | 刘　坚　戈　磊　韦岳长　赵　震<br>韩长存 |
| 16 | 2020－Z04－2－01 | 分子水平的磁共振成像对中枢神经系统常见疾病的精准诊断和评估 | 北京医院 | 陈　敏　李春媚　陈海波　苏　闻<br>王　蕊　龚　涛　罗晓捷　李淑华<br>娄宝辉　张　晨 |
| 17 | 2020－Z04－2－02 | 我国汉族人群药物代谢酶 P450 遗传多态性及变异体的酶学活性研究 | 北京医院<br>温州医科大学 | 蔡剑平　胡国新　戴大鹏　钱建畅<br>徐仁爱 |
| 18 | 2020－Z04－2－03 | 大脑皮层发育与相关疾病的分子机制研究 | 中国科学院生物物理研究所 | 王晓群　吴　倩　孙　乐　钟穗娟<br>刘　静 |
| 19 | 2020－Z04－2－04 | 预警素类细胞因子及固有淋巴样2型细胞在哮喘中的作用和临床研究 | 首都医科大学<br>首都医科大学附属北京朝阳医院 | 孙　英　王　炜　黄克武　李　艳<br>姚秀娟　陈　彦　吕　喆　王晶晶<br>安云庆 |
| 20 | 2020－Z04－2－05 | PCSK9 的表达调控与药物影响的基础研究 | 中国医学科学院阜外医院 | 李建军　徐瑞霞　郭远林　吴娜琼<br>朱成刚　崔传珏　张　彦　李　莎<br>孙　静 |
| 21 | 2020－Z05－2－01 | 太阳风暴在日球空间的传播与演化研究 | 中国科学院国家空间科学中心 | 刘　颖 |
| 22 | 2020－Z05－2－02 | 大气污染和气候变化关键气溶胶成分的遥感探测机制研究 | 中国科学院空天信息创新研究院<br>南京大学 | 李正强　张　莹　王　玲　李　莉<br>谢一凇　田庆久　许　华　侯伟真<br>李凯涛　李东辉 |

续表

| 序号 | 获奖编号 | 项目名称 | 完成单位 | 主要完成人 |
|---|---|---|---|---|
| 23 | 2020－Z05－2－03 | 气溶胶污染的天气和气候效应 | 北京师范大学<br>清华大学 | 赵传峰　林岩銮　杨　新 |
| 24 | 2020－Z05－2－04 | 机械装备智能诊断和预测理论与方法 | 北京工业大学<br>北京化工大学<br>新疆大学 | 崔玲丽　王华庆　宋浏阳　姜　宏 |
| 25 | 2020－Z05－2－05 | 基于闭环生态产业链的废弃资源可持续管理理论与方法 | 北京理工大学 | 王兆华　张　斌　王　博 |
| 26 | 2020－Z05－2－06 | 城市多模式交通网络运行态势计算与预测研究 | 北京航空航天大学<br>北京交通发展研究院<br>西南交通大学 | 马晓磊　于海洋　温慧敏　代　壮 |
| 27 | 2020－Z05－2－07 | 空间机器人全局刚柔耦合动力学理论与控制方法 | 北京航空航天大学<br>北京工业大学 | 楚中毅　崔　晶　邸静楠 |

**技术发明奖一等奖一览表**

| 序号 | 获奖编号 | 项目名称 | 完成单位 | 主要完成人 |
|---|---|---|---|---|
| 1 | 2020－F01－1－01 | 高通量众核处理器关键技术及应用 | 中国科学院计算技术研究所<br>北京中科睿芯科技集团有限公司<br>中国电子进出口有限公司<br>北京航空航天大学<br>北京睿芯高通量科技有限公司 | 范东睿　孙凝晖　叶笑春<br>王　达　张　浩　李文明<br>张大炜　马丽娜　曹华伟<br>王　翔　严明玉　唐志敏<br>朱亚涛　谭　旭　郭　超 |
| 2 | 2020－F01－1－02 | 无线网络高效融合管控技术及应用 | 北京邮电大学<br>中兴通讯股份有限公司<br>大唐电信科技股份有限公司 | 温向明　路兆铭　陆　婷<br>周文娟　陈亚文　刘金龙<br>王鲁晗　徐汉青 |
| 3 | 2020－F03－1－01 | 高电压、高安全锂二次电池先进功能材料技术及应用 | 北京理工大学<br>中信国安盟固利电源技术有限公司<br>上海康鹏科技股份有限公司 | 陈人杰　吴　锋　陈　楠<br>朱晓沛　杨建华　白珍辉<br>何　立　李　丽　魏　磊<br>张　蓉　吴剑文　杨　东<br>江卫军　赵　腾　朱奇珍 |
| 4 | 2020－F04－1－01 | 高水压越江海大直径盾构隧道开挖面稳定控制关键技术研究及应用 | 北京交通大学<br>河海大学<br>中铁十四局集团有限公司<br>北京市市政工程设计研究总院有限公司<br>苏交科集团股份有限公司 | 袁大军　朱　伟　陈　健<br>闵凡路　李兴高　王承震<br>金大龙　黄　俊　陈仁东<br>赵　光　刘明高　苗春刚<br>吴金刚　钱勇进　张　宁 |
| 5 | 2020－F05－1－01 | 复杂口腔修复体的人工智能设计与精准仿生制造 | 北京大学口腔医院<br>南京航空航天大学<br>山东山大华天软件有限公司<br>北京巴登技术有限公司<br>爱迪特（秦皇岛）科技股份有限公司<br>南京前知智能科技有限公司 | 孙玉春　王　勇　周永胜<br>梅敬成　戴　宁　陈　虎<br>原福松　叶红强　赵一姣<br>邓珂慧　李伟伟　李洪文<br>唐　宝　魏　威　王昕宇 |

## 技术发明奖二等奖一览表

| 序号 | 获奖编号 | 项目名称 | 完成单位 | 主要完成人 |
| --- | --- | --- | --- | --- |
| 1 | 2020-F01-2-01 | 智能化软件开发关键技术-需求知识建模与代码自动推荐研究与应用 | 北京大学<br>东软集团股份有限公司<br>北京理工大学 | 李 戈 金 芝 张 霞<br>刘 辉 赵海燕 蔡 巍<br>郝逸洋 邢雪源 |
| 2 | 2020-F01-2-02 | 半导体芯片结温与系统热阻构成无损检测关键技术及应用 | 北京工业大学<br>勤上光电股份有限公司 | 冯士维 张亚民 郭春生<br>祝炳忠 何 鑫 朱 慧<br>刘德双 谢雪松 郑 翔<br>李 轩 |
| 3 | 2020-F03-2-01 | 重型起重机械用高性能钢研制及应用关键技术开发 | 首钢集团有限公司<br>徐州重型机械有限公司<br>北京科技大学<br>北京首钢股份有限公司<br>首钢京唐钢铁联合有限责任公司 | 潘 辉 章 军 王路庆<br>董现春 王学敏 周 娜<br>崔 阳 田志红 张永强<br>徐海卫 |
| 4 | 2020-F03-2-02 | 航空发动机叶片自适应精密加工关键技术与应用 | 清华大学<br>中国航发动力股份有限公司<br>北京机电院机床有限公司 | 王 辉 杨卓勇 张春峰<br>吴动波 刘金凤 郭相峰<br>余 杰 刘明星 彭 伟<br>梁嘉炜 |
| 5 | 2020-F04-2-01 | 铁路隧道防排水关键技术及工程应用 | 中国铁道科学研究院集团有限公司<br>中国铁路经济规划研究院有限公司<br>京张城际铁路有限公司 | 马伟斌 郭小雄 林传年<br>田四明 张民庆 付兵先<br>马荣田 马超锋 王建功<br>安哲立 |
| 6 | 2020-F06-2-01 | 泥页岩裂缝动态评价表征关键技术及应用 | 中国石化石油勘探开发研究院有限公司 | 孙冬胜 周 雁 刘喜武<br>袁玉松 李双建 孙 炜<br>刘宇巍 林娟华 张荣强<br>张金强 |

## 科学技术进步奖一等奖一览表

| 序号 | 获奖编号 | 项目名称 | 完成单位 | 主要完成人 |
| --- | --- | --- | --- | --- |
| 1 | 2020-J01-1-01 | 12 英寸先进集成电路制程电感耦合等离子刻蚀机研发及产业化 | 北京北方华创微电子装备有限公司<br>上海集成电路研发中心有限公司<br>中国科学院微电子研究所 | 赵晋荣 黄亚辉 彭宇霖 蒋中伟<br>李 广 李 铭 王文武 韦 刚<br>聂 淼 刘振华 宋瑞智 王 伟<br>王 京 郝 亮 罗永坚 |
| 2 | 2020-J01-1-02 | 宽带多端口馈电测试天线及电磁评测系统的研究与产业化应用 | 北京邮电大学<br>北京星英联微波科技有限责任公司<br>中国信息通信研究院 | 吴永乐 王卫民 胡 南 安旭东<br>谢文青 杨雨豪 张钦娟 刘元安<br>刘 政 张维伟 |
| 3 | 2020-J01-1-03 | 三维光显控关键技术创新及应用 | 北京邮电大学<br>利亚德光电股份有限公司<br>宁波维真显示科技股份有限公司 | 桑新柱 陈 铎 高 鑫 孟庆海<br>王 鹏 邢树军 于迅博 顾开宇<br>卢长军 颜玢玢 王葵如 苑金辉<br>余重秀 |
| 4 | 2020-J02-1-01 | 开放环境下数字伪造内容检测关键技术与服务平台建设 | 中国科学院计算技术研究所<br>人民网股份有限公司<br>杭州中科睿鉴科技有限公司 | 曹 娟 郭俊波 高 科 唐 胜<br>李锦涛 柳 轩 乔会朋 何雪姣<br>李慧芬 吕永标 谢 添 刘浩远 |

续表

| 序号 | 获奖编号 | 项目名称 | 完成单位 | 主要完成人 |
|---|---|---|---|---|
| 5 | 2020－J02－1－02 | 神经网络机器翻译核心技术及产业化 | 北京百度网讯科技有限公司<br>百度在线网络技术（北京）有限公司<br>中国科学院自动化研究所<br>哈尔滨工业大学 | 王海峰 宗成庆 杨沐昀 吴 华<br>何中军 张家俊 胡晓光 和 为<br>董大祥 于佃海 吴 甜 朱聪慧<br>刘占一 李 芝 周 玉 |
| 6 | 2020－J02－1－03 | 工业物联网时序数据库管理系统关键技术及应用 | 清华大学<br>北京金风科创风电设备有限公司<br>联想（北京）有限公司 | 王建民 孙家广 黄向东 王 晨<br>宋韶旭 李富荣 于辰涛 龙明盛<br>乔嘉林 刘 源 戴 辉 江 天<br>康 荣 田 原 宋建军 |
| 7 | 2020－J02－1－04 | 大型电商物流中心机器人及智能化调度系统研发与应用 | 北京京东乾石科技有限公司<br>清华大学<br>北京信息科技大学<br>北京京邦达贸易有限公司<br>北京京东世纪贸易有限公司<br>天津京东深拓机器人科技有限公司<br>北京京东振世信息技术有限公司 | 者文明 张 涛 刘 旭 黄 民<br>王振辉 肖 军 黄锋权 刘淑情<br>乔晓强 赵 斌 夏江峰 宋国库<br>李一鸣 朱恒斌 商春鹏 |
| 8 | 2020－J02－1－05 | 北斗三号综合电子计算机系统关键技术及应用 | 北京控制工程研究所<br>中国科学院计算技术研究所<br>中国人民解放军国防科技大学<br>北京轩宇空间科技有限公司<br>北京轩宇智能科技有限公司 | 华更新 刘 波 刘鸿瑾 吴一帆<br>李晓维 池雅庆 梁洁玫 文 亮<br>冯 丹 王振华 李华伟 彭 飞<br>刘伟杰 范立明 赵云富 |
| 9 | 2020－J03－1－01 | 高安全性车身结构用钢制造及应用关键技术集成与创新 | 首钢集团有限公司<br>北京首钢股份有限公司<br>北京奔驰汽车有限公司<br>北京汽车集团越野车有限公司<br>首钢京唐钢铁联合有限责任公司<br>北京科技大学<br>北京首钢冷轧薄板有限公司<br>中国首钢国际贸易工程有限公司 | 朱国森 韩 赟 周 建 李学涛<br>齐春雨 陈 斌 徐兴智 李丹彤<br>赵征志 李春光 刘华赛 鞠新华<br>王 琳 王宝雨 姚 舜 |
| 10 | 2020－J03－1－02 | 高品质管材用钢洁净冶炼技术及应用 | 北京科技大学<br>中冶京诚工程技术有限公司<br>中国钢研科技集团有限公司<br>天津钢管制造有限公司<br>承德建龙特殊钢有限公司<br>北京荣诚京冶科技有限公司<br>新余钢铁集团有限公司<br>唐山首唐宝生功能材料有限公司<br>北京科米荣诚能源科技有限公司 | 朱 荣 魏光升 王学义 王雪原<br>潘宏涛 董 凯 于会香 苏荣芳<br>刘唆根 吕传涛 彭小艳 李建军<br>张晓锋 尹修刚 韩宝臣 |
| 11 | 2020－J04－1－01 | 古生代复杂碳酸盐岩油气藏油气成因与成藏富集规律及工业应用 | 中国石油天然气股份有限公司勘探开发研究院<br>中国石油天然气股份有限公司塔里木油田分公司<br>中国石油大学（北京） | 朱光有 李建忠 吉云刚 史 权<br>吕修祥 李婷婷 陈志勇 王 欣<br>曹颖辉 杨 敏 王 珊 闫 磊<br>王 萌 张志遥 李洪辉 |

续表

| 序号 | 获奖编号 | 项目名称 | 完成单位 | 主要完成人 |
|---|---|---|---|---|
| 12 | 2020－J04－1－02 | 污水厌氧氨氧化高效脱氮技术体系创建与产业化应用 | 北京城市排水集团有限责任公司<br>北京工业大学<br>北京北排科技有限公司<br>北京北排水务设计研究院有限公司 | 张树军　蒋　勇　张　亮　韩晓宇<br>彭永臻　郑　江　曾　薇　杜　睿<br>白　宇　黄　京　张荣兵　郑冰玉<br>谷鹏超　刘立超　王淑莹 |
| 13 | 2020－J04－1－03 | 复杂环境地下工程安全控制爆破理论和关键技术研究与应用 | 北京科技大学<br>中国矿业大学(北京)<br>重庆巨能建设(集团)有限公司<br>中铁五局集团有限公司<br>重庆中环建设有限公司<br>北京中大爆破工程有限公司 | 杨仁树　龚　敏　李胜林　杨立云<br>李永强　梁书锋　马鑫民　范文涛<br>陈　彬　赖成军　蒋　思　贾家银<br>王　潇　吴晓东　凡志均 |
| 14 | 2020－J04－1－04 | 深海深层油气高效钻井液关键技术及工业化应用 | 中国石油大学(北京)<br>中海油田服务股份有限公司<br>北京天创华远科技发展有限公司<br>北京石大博诚科技有限公司<br>北京中科日升科技有限公司 | 蒋官澄　耿　铁　贺垠博　罗健生<br>李怀科　刘　刚　马　跃　郭　磊<br>马英丽　郭艳红　陈缘博　李　超<br>王义虎　夏小春　苗海龙 |
| 15 | 2020－J05－1－01 | 航天复杂构件国产五轴高效精密加工成套工艺与制造系统及示范应用 | 北京动力机械研究所<br>科德数控股份有限公司<br>清华大学<br>北京市电加工研究所<br>武汉华中数控股份有限公司<br>北京航空航天大学<br>中国航空工业集团公司北京航空精密机械研究所<br>苏州千机智能技术有限公司 | 杨继平　罗远锋　陈　虎　刘月萍<br>王　欢　叶佩青　赵建军　贾健明<br>蒋荣良　王永飞　任连生　庞长涛<br>谷万龙　孙剑飞　邱文旺 |
| 16 | 2020－J05－1－02 | 大型航天器舱体装调测集成系统关键技术研发及应用 | 北京卫星制造厂有限公司<br>北京卫星环境工程研究所 | 张加波　董礼港　刘净瑜　孟少华<br>王国欣　张俊辉　韩建超　曾　婷<br>李　光　易旺民　赵长喜　王　荣<br>王　颜　于荣荣　李永亮 |
| 17 | 2020－J06－1－01 | 髋膝关节置换诊疗新技术的建立及推广应用 | 北京积水潭医院<br>北京爱康宜诚医疗器材有限公司<br>北京大学第三医院<br>清华大学 | 周一新　田　华　刘昆玺　杨德金<br>陈　虹　王彩梅　赵旻暐　唐　浩<br>李子剑　庞　博　邵宏翊　李　锋<br>唐杞衡　张　克　黄　勇 |
| 18 | 2020－J06－1－02 | 放射性粒子微创治疗肿瘤体系建立与临床应用 | 北京大学第三医院<br>北京大学口腔医院<br>北京航空航天大学<br>天津医科大学第二医院<br>原子高科股份有限公司 | 王俊杰　黄明伟　刘　博　霍　彬<br>崔海平　姜玉良　霍小东　周付根<br>柴树德　张建国　吉　喆 |
| 19 | 2020－J06－1－03 | 肝纤维化逆转机制、评价体系及应用推广 | 首都医科大学附属北京友谊医院 | 贾继东　尤　红　欧晓娟　马　红<br>丛　敏　刘天会　王　萍　吴晓宁<br>孙亚朦　孔媛媛　武珊珊　赵新颜<br>陈　巍　王冰琼　周家玲 |

续表

| 序号 | 获奖编号 | 项目名称 | 完成单位 | 主要完成人 |
|---|---|---|---|---|
| 20 | 2020－J06－1－04 | 阿尔茨海默病及相关痴呆的发生与早期诊治 | 首都医科大学宣武医院<br>中国科学院生物物理研究所<br>北京脑重大疾病研究院 | 贾建平　赫荣乔　贾龙飞　童志前<br>魏翠柏　唐　毅　周爱红　王　芬<br>左秀美　楚长彪　秦　伟　王　琪<br>李芳玉　李　妍　李欣悦 |
| 21 | 2020－J06－1－05 | 基于人工智能和机器人技术的神经外科手术体系研究及临床应用 | 首都医科大学宣武医院<br>首都医科大学附属北京天坛医院<br>北京柏惠维康科技有限公司 | 赵国光　张建国　单永治　刘　达<br>田增民　杨岸超　赵全军　刘焕光<br>魏鹏虎　谢永召　王亚明　樊晓彤<br>赵德朋 |
| 22 | 2020－J07－1－01 | 蛋白质科学研究国家重大科技基础设施（北京基地）－凤凰工程 | 中国人民解放军军事科学院军事医学研究院<br>清华大学<br>北京大学<br>中国科学院生物物理研究所<br>北京蛋白质组研究中心 | 贺福初　王志新　吴　虹　徐　涛<br>秦　钧　施一公　钱小红　王宏伟<br>伊成器　姜　颖　雷建林　汤富酬<br>孙　飞　朱云平　应万涛 |
| 23 | 2020－J08－1－01 | 有毒中药活性成分研究与质量安全标准制定及应用 | 中国医学科学院药物研究所<br>中国食品药品检定研究院 | 庾石山　张东明　张聿梅　陈晓光<br>李　勇　马双刚　刘云宝　屈　晶<br>侯　琦　张　丹 |
| 24 | 2020－J09－1－01 | 分布式可再生能源交直流高效集成与互联关键技术、装备及应用 | 中国科学院电工研究所<br>中国电力科学研究院有限公司<br>华北电力大学<br>北京天诚同创电气有限公司<br>国电南瑞科技股份有限公司<br>国网北京市电力公司<br>北京双登慧峰聚能科技有限公司 | 裴　玮　孔　力　邓　卫　韩民晓<br>唐成虹　董　雷　韦凌霄　张国驹<br>李　烨　王　川　唐西胜　张　学<br>陈乃仕 |
| 25 | 2020－J09－1－02 | 提高复杂电网输电通道继电保护装备灵敏性和适应性的关键技术 | 中国电力科学研究院有限公司<br>华北电力大学<br>华北电网有限公司<br>北京四方继保工程技术有限公司<br>南京南瑞继保工程技术有限公司 | 周泽昕　王兴国　郭雅蓉　柳焕章<br>毕天姝　杨国生　孙集伟　刘一民<br>余　锐　赵青春　王德林　杜丁香<br>郑　涛　李　勇　李仲青 |
| 26 | 2020－J09－1－03 | 大型核电站核安全级数字化控制保护系统研制及产业化 | 北京广利核系统工程有限公司<br>中广核工程有限公司<br>深圳中广核工程设计有限公司<br>生态环境部核与辐射安全中心<br>清华大学 | 江国进　白　涛　张睿琼　孙永滨<br>张黎明　左　新　王忠秋　石桂连<br>江　辉　王生原　毛从吉　冀建伟<br>张亚栋　张春雷　高　超 |
| 27 | 2020－J09－1－04 | 光阴极微波电子枪研制及应用 | 清华大学 | 唐传祥　黄文会　杜应超　颜立新<br>陈怀璧　施嘉儒　李任恺　查　皓<br>郑连敏　华剑飞　程　诚　肖敬忠<br>韩运生　王传璟　魏少华 |
| 28 | 2020－J10－1－01 | 建筑室内空气质量测评控关键技术和应用 | 清华大学<br>中国建筑科学研究院有限公司<br>上海朗绿建筑科技股份有限公司<br>中国葛洲坝集团房地产开发有限公司<br>北京自如生活企业管理有限公司<br>北京三五二环保科技有限公司 | 张寅平　路　宾　莫金汉　陈栋梁<br>焦家海　冯　昕　孟　冲　杨　明<br>李劲松　王智超　郭晓燕　王得水<br>何中凯　陈　军　卢志强 |

续表

| 序号 | 获奖编号 | 项目名称 | 完成单位 | 主要完成人 |
| --- | --- | --- | --- | --- |
| 29 | 2020－J11－1－01 | 时速350公里复兴号中国标准动车组制动系统研制与应用 | 北京纵横机电科技有限公司<br>中国铁道科学研究院集团有限公司<br>铁科纵横（天津）科技发展有限公司 | 张　波　曹宏发　杨伟君　章　阳<br>李邦国　蔡　田　金　哲　姜岩峰<br>李业明　辛志强　王洁先　周　军<br>宋跃超　唐桂红　安志鹏 |
| 30 | 2020－J11－1－02 | 新一代军民通用高端轻型越野汽车研发及产业化 | 北京汽车集团越野车有限公司<br>北京汽车集团有限公司<br>中国人民解放军陆军装备部驻北京地区军事代表局 | 王　璋　郦　建　张　峥　王　磊<br>张　泉　张　健　张　申　李文君<br>孙　灿　徐　达　段伟群　单　伟<br>李　森　丁祖学　丛培清 |
| 31 | 2020－J11－1－03 | 基于不同信号制式的轨道交通无感改造成套装备研究与应用 | 北京市地铁运营有限公司<br>交控科技股份有限公司<br>北京交通大学 | 谢正光　徐会杰　郜春海　楚柏青<br>王　伟　王晓军　燕　飞　岳　磊<br>杨旭文　李宇杰　刘宏杰　吕　楠<br>夏夕盛　高利军　李　莉 |
| 32 | 2020－J11－1－04 | 高性能商用车燃料电池系统关键技术及产业化 | 清华大学<br>北京亿华通科技股份有限公司<br>北汽福田汽车股份有限公司<br>上海神力科技有限公司<br>亿华通动力科技有限公司 | 李建秋　徐梁飞　方　川　胡尊严<br>欧阳明高　戴　威　李飞强　杨福源<br>周　斌　卢兰光　刘　然　武锡斌<br>刘　维　王永湛　甘全全 |
| 33 | 2020－J12－1－01 | 北京鸭育种技术创建与新品种培育 | 中国农业科学院北京畜牧兽医研究所<br>中国农业大学<br>内蒙古塞飞亚农业科技发展股份有限公司<br>山东新希望六和集团有限公司 | 侯水生　郭占宝　张云生　侯卓成<br>周正奎　徐铁山　胡　健　谢　明<br>唐　静　邢光楠　李　旭　程好良<br>刘振林　杨庆磊　黄　苇 |
| 34 | 2020－J12－1－02 | 西瓜分子育种技术创新与系列新品种选育及推广 | 北京市农林科学院<br>中国农业科学院郑州果树研究所<br>中国农业科学院深圳农业基因组研究所<br>京研益农（北京）种业科技有限公司 | 许　勇　刘文革　郭绍贵　任　毅<br>黄三文　张　洁　赵胜杰　田守蔚<br>温常龙　李茂营　宫国义　何　楠<br>张海英　路绪强　孙宏贺 |
| 35 | 2020－J13－1－01 | 嫦娥探月立体书 | 中国社会经济系统分析研究会<br>荣信教育文化产业发展股份有限公司<br>陕西人民教育出版社有限责任公司<br>探月与航天工程中心<br>中国科学院地质与地球物理研究所<br>中国科学院国家空间科学中心 | 王　倩　杨瑞洪　康　焱　马　莉<br>宁远明　李　思　魏　勇　邹永廖<br>李晓明　叶菲菲　卢亮亮 |

## 科学技术进步奖二等奖一览表

| 序号 | 获奖编号 | 项目名称 | 完成单位 | 主要完成人 |
|---|---|---|---|---|
| 1 | 2020－J01－2－01 | 远场声学信息人机交互关键技术及其应用 | 中国科学院声学研究所<br>北京声智科技有限公司<br>北京建筑大学 | 杨　军　陈孝良　杨飞然<br>吴　鸣　冯大航　程晓斌<br>常　乐　余紫莹　周若华<br>苏少炜 |
| 2 | 2020－J01－2－02 | 星载宽刈幅干涉成像高度计技术及应用 | 中国科学院国家空间科学中心<br>国家卫星海洋应用中心 | 张云华　姜景山　林明森<br>石晓进　董　晓　贾永君<br>唐月英　王宏建　翟文帅<br>张经文 |
| 3 | 2020－J01－2－03 | 面向新一代移动智能终端的高效低功耗电源芯片技术研发及产业化 | 圣邦微电子(北京)股份有限公司 | 谭　磊　张世龙　朱　华<br>王志玲　姚若亚　于　翔<br>易新敏　许　晶　陈建春<br>王　虎 |
| 4 | 2020－J01－2－04 | 大口径光学非球面制造检测全链路协同关键技术及应用 | 北京理工大学<br>北京理工大学深圳研究院 | 程灏波　冯云鹏　文永富<br>朱建峰　黄石磊　张少华<br>廖宁放　高　昆　谭汉元<br>董志超 |
| 5 | 2020－J01－2－05 | 工业级电力通信核心芯片关键技术及规模化应用 | 北京智芯微电子科技有限公司<br>浙江大学<br>北京邮电大学<br>上海海思技术有限公司<br>杭州万高科技股份有限公司<br>普天信息技术有限公司<br>深圳市国电科技通信有限公司 | 赵东艳　唐晓柯　虞小鹏<br>谢　刚　甄　岩　胡宇鹏<br>谭年熊　史满姣　周春良<br>霍　超 |
| 6 | 2020－J01－2－06 | 医用加速器放射治疗剂量量值体系的研究建立与临床应用 | 中国计量科学研究院<br>北京肿瘤医院 | 王　坤　张　辉　张　健<br>金孙均　吴　昊　岳海振<br>杜　乙　王志鹏　杨　扬<br>黄　骥 |
| 7 | 2020－J02－2－01 | 可编程逻辑器件软件工程关键技术研究与应用 | 北京京航计算通讯研究所<br>探月与航天工程中心<br>中国科学院国家空间科学中心<br>北京深维科技有限公司 | 刘　军　王　栋　周　晴<br>于林宇　李丽华　洪保成<br>张国宇　彭　鸣　仲　斌<br>刘毅然 |
| 8 | 2020－J02－2－02 | 复杂航天产品协同研发平台关键技术及应用 | 北京电子工程总体研究所<br>北京航空航天大学<br>北京仿真中心<br>北京创奇视界科技有限公司 | 施国强　周军华　宋　晓<br>宋保华　翟　翔　陈　铮<br>杜宇坤　薛俊杰　姬　杭<br>陶　栾 |
| 9 | 2020－J02－2－03 | 多模态环境感知及适配交互技术与应用 | 中国科学院计算技术研究所<br>联想(北京)有限公司<br>中国科学院大学 | 蒋树强　贺志强　黄庆明<br>王茜莺　闵巍庆　武亚强<br>宋新航　蔡明祥　王树徽<br>师忠超 |
| 10 | 2020－J02－2－04 | 海量天体光谱数据分析与产品发布系统的研制与应用 | 中国科学院国家天文台 | 罗阿理　张昊彤　崔辰州<br>赵永恒　白仲瑞　陈建军<br>樊东卫　张健楠　何勃亮<br>袁海龙 |

续表

| 序号 | 获奖编号 | 项目名称 | 完成单位 | 主要完成人 |
|---|---|---|---|---|
| 11 | 2020－J02－2－05 | 桥梁混凝土结构风险感知与智能评估关键技术研究与应用 | 中冶建筑研究总院有限公司<br>中路高科交通检测检验认证有限公司<br>北京邮电大学<br>北京中交桥宇科技有限公司<br>四川升拓检测技术股份有限公司 | 钟　铭　吴佳晔　邵彦超<br>胡　宇　李万恒　曹擎宇<br>胡燕祝　张际斌　孟　臻<br>姜宏维 |
| 12 | 2020－J02－2－06 | 国际贸易单一窗口标准化建设与应用 | 中国标准化研究院<br>中国电子口岸数据中心<br>东方物通科技(北京)有限公司<br>西安京安时代信息科技有限公司 | 张荫芬　胡　伟　熊　涛<br>胡涵景　孙丽玲　杨峻松<br>原航志　孙冬莲　徐益婷<br>田书库 |
| 13 | 2020－J02－2－07 | 银行分布式核心与直销银行云服务研发及应用 | 中国民生银行股份有限公司 | 罗　勇　勾　侃　王　晴<br>钱海荣　肖　雯　周越博<br>蔡晓明　容　毅　马明杰<br>唐申英 |
| 14 | 2020－J02－2－08 | 基于5G边缘云的强交互六自由度虚拟现实系统研发及产业化 | 北京凌宇智控科技有限公司 | 张道宁　张佳宁　侯文赫<br>张益铭　兰鹏飞　王晓阳 |
| 15 | 2020－J02－2－09 | 基于深度学习的智能数字营销技术研究与应用 | 北京京东尚科信息技术有限公司<br>北京京东世纪贸易有限公司<br>北京沃东天骏信息技术有限公司<br>中国科学院大学 | 颜伟鹏　肖　俊　胡景贺<br>徐夙龙　包勇军　杜宝坤<br>江　雪　杜睿桓　耿　通<br>张泽华 |
| 16 | 2020－J02－2－10 | 基于动态本体技术的大数据智能融合分析系统 | 北京百分点信息科技有限公司 | 高体伟　黄　伟　赵　群<br>苏　萌　刘译璟　杜晓梦<br>苏海波　左云鹏　黄永卿<br>贾　雷 |
| 17 | 2020－J02－2－11 | 科技期刊一体化融合出版关键技术研究与产业化应用 | 北京仁和汇智信息技术有限公司<br>中国科学院文献情报中心<br>中国科学院软件研究所<br>中国科学院自动化研究所<br>中国科学院物理研究所 | 王盛华　李艳红　尹　真<br>张　薇　晋海峰　李　苑<br>祁丽娟　陈培颖　吕国华<br>冯　宇 |
| 18 | 2020－J02－2－12 | 大规模跨语言代码安全检测技术及应用 | 北京大学<br>北京北大软件工程股份有限公司<br>国家计算机网络与信息安全管理中心<br>航天中认软件测评科技(北京)有限责任公司<br>中国人民解放军61660部队 | 张世琨　马　森　高　庆<br>叶　蔚　王　博　张君福<br>赵国亮　穆　源　黄元飞<br>马　骁 |
| 19 | 2020－J02－2－13 | 多情景跨领域中文文本智能校对关键技术及应用 | 北京信息科技大学<br>拓尔思信息技术股份有限公司<br>北京大学 | 张仰森　亓文法　施水才<br>陈若愚　吴云芳　肖诗斌<br>黄改娟　王洪俊　乔春庚<br>蒋玉茹 |
| 20 | 2020－J02－2－14 | 基于深度学习技术的肺癌/肺炎早诊早治的创新体系建设及推广应用 | 推想医疗科技股份有限公司<br>中国人民解放军总医院<br>北京市海淀医院 | 陈　宽　王少康　张荣国<br>李新阳　夏　晨　赵绍宏<br>李大胜　赵朝炜　王大为<br>张　欢 |

续表

| 序号 | 获奖编号 | 项目名称 | 完成单位 | 主要完成人 |
|---|---|---|---|---|
| 21 | 2020－J02－2－15 | 大规模人工智能数据柔性生产关键技术及应用 | 数据堂（北京）科技股份有限公司<br>北京市大数据中心<br>中国科学院计算技术研究所<br>太极计算机股份有限公司 | 齐红威　贾晓丰　山世光<br>肖　益　王大亮　石志国<br>阚美娜　张　晰　何鸿凌<br>高　嵩 |
| 22 | 2020－J02－2－16 | 面向骨干网的异常流量多维治理技术研发及应用 | 绿盟科技集团股份有限公司<br>北京神州绿盟科技有限公司<br>中国科学院计算机网络信息中心<br>中国移动通信集团北京有限公司<br>四川大学 | 叶晓虎　龙　春　石　伟<br>黄　诚　周素华　万　巍<br>宋世乾　方　勇　李　晨<br>李菁菁 |
| 23 | 2020－J03－2－01 | 高纯 V2O5 绿色制造关键技术及产业化 | 中国科学院过程工程研究所<br>河钢集团有限公司<br>河钢股份有限公司<br>河北科技大学<br>河钢承德钒钛新材料有限公司<br>昆明天宸智业能源科技有限公司 | 王新东　王春梅　王少娜<br>耿立唐　刘　义　杜　浩<br>李兰杰　白　丽　刘　彪<br>王建军 |
| 24 | 2020－J03－2－02 | 混合电动车用高功率长寿命锂电正极材料的开发与产业化 | 北京当升材料科技股份有限公司 | 张学全　李珊珊　茹敏朝<br>陈彦彬　马　琳　李成伟<br>张朋立　刘亚飞 |
| 25 | 2020－J04－2－01 | 城市黑臭水体大范围遥感监测关键技术及应用 | 中国科学院空天信息创新研究院<br>生态环境部卫星环境应用中心<br>中国环境科学研究院<br>中国科学院地理科学与资源研究所 | 申　茜　姚　月　王雪蕾<br>李俊生　龙腾飞　高红杰<br>陈　甫　李利伟　曹红业<br>叶虎平 |
| 26 | 2020－J04－2－02 | 大型复杂污染场地精准修复与风险管控关键技术研究及应用 | 北京市环境保护科学研究院<br>清华大学<br>中科鼎实环境工程有限公司<br>中国科学院南京土壤研究所<br>北京城市副中心投资建设集团有限公司<br>北京首钢建设投资有限公司<br>北京市市政四建设工程有限责任公司 | 姜　林　侯德义　尧一骏<br>杨　勇　钟茂生　刘　爽<br>王世杰　李长利　陶抒远<br>王森杰 |
| 27 | 2020－J04－2－03 | 北京市大气臭氧污染特征及控制途径研究 | 北京市生态环境监测中心<br>北京大学<br>北京市环境保护科学研究院<br>中国环境科学研究院<br>清华大学 | 刘保献　聂　磊　陆思华<br>李　红　邢　佳　李云婷<br>安欣欣　沈秀娥　王　琴<br>丁萌萌 |
| 28 | 2020－J04－2－04 | 风云二号系列气象卫星红外多模态定标关键技术及应用 | 国家卫星气象中心<br>清华大学<br>易天气（北京）科技有限公司 | 郭　强　魏彩英　王　新<br>贺晓冬　任　勇　陈博洋<br>张晓虎　宗　翔　杨昌军<br>杜　军 |
| 29 | 2020－J04－2－05 | 非常规油气水平井精细高效压裂关键技术研究及应用 | 中国石化集团石油工程技术研究院有限公司<br>中国石油大学（北京）<br>中国石油化工股份有限公司华北油气分公司<br>北京一龙恒业石油工程技术有限公司 | 马兰荣　田守嶒　朱和明<br>魏　辽　梁文龙　李克智<br>盛　茂　邓大伟　薛占峰<br>侯乃贺 |

续表

| 序号 | 获奖编号 | 项目名称 | 完成单位 | 主要完成人 |
|---|---|---|---|---|
| 30 | 2020－J05－2－01 | 超长筒体张力旋压设备和工艺的研究与应用 | 航天特种材料及工艺技术研究所<br>北京信息科技大学<br>海鹰空天材料研究院（苏州）有限责任公司 | 王东坡　马世成　吾志岗<br>张天翔　赵文龙　汪宇羿<br>刘全福　熊　强　籍永建<br>李晓燕 |
| 31 | 2020－J05－2－02 | 大型石化油气装备全生命周期健康监测与风险管控技术及应用 | 中国特种设备检测研究院<br>合肥中大检测技术有限公司<br>北京航空航天大学<br>中国计量大学<br>北京市特种设备检测中心<br>中国石油集团安全环保技术研究院有限公司<br>中国地质大学（北京） | 丁克勤　何辅云　陈兴乐<br>陈　光　王　强　孙文勇<br>辛　伟　韩志远　赵　娜<br>李　娜 |
| 32 | 2020－J05－2－03 | 精密塑料制品注射成型关键技术及装备的开发与应用 | 北京化工大学<br>海天塑机集团有限公司<br>宁波长飞亚塑料机械制造有限公司<br>中国科学院宁波材料技术与工程研究所 | 谢鹏程　王　建　傅南红<br>张　驰　杨卫民　高世权<br>陈邦锋　朱宁迪　焦晓龙<br>许宇轩 |
| 33 | 2020－J05－2－04 | 基于智能化的热轧薄带高强钢轧制稳定性控制技术及工业应用 | 北京科技大学<br>北京中科凯思科技有限公司<br>北京炎凌嘉业机电设备有限公司<br>北京芯愿景软件技术股份有限公司<br>北京金科龙石油技术开发有限公司<br>马鞍山钢铁股份有限公司<br>上海梅山钢铁股份有限公司 | 闫晓强　苏建涛　杨海峰<br>张　军　陈世锋　周晓东<br>丁　柯　丁　毅　吴索团<br>凌启辉 |
| 34 | 2020－J06－2－01 | 高灵敏特异性化学发光免疫分析技术的建立和临床应用 | 中国人民解放军总医院第一医学中心<br>苏州长光华医生物医学工程有限公司<br>北京北方生物技术研究所有限公司 | 颜光涛　吴　冬　谷泽亮<br>邓子辉　梁　辰　沙利烽<br>薛　辉　冯　杰　白云鹏<br>王　欢 |
| 35 | 2020－J06－2－02 | 复杂重症主动脉疾病诊疗关键技术创新及推广应用 | 首都医科大学附属北京安贞医院 | 朱俊明　张宏家　刘永民<br>郑　军　王　嵘　程卫平<br>刘　楠　金　沐　孙立忠<br>黄连军 |
| 36 | 2020－J06－2－03 | 儿童重大恶性实体肿瘤综合诊疗体系建立 | 首都医科大学附属北京儿童医院 | 倪　鑫　马晓莉　赵军阳<br>王焕民　郭永丽　曾　骐<br>葛　明　王生才　葛文彤<br>张　杰 |
| 37 | 2020－J06－2－04 | 脑出血精准评价与标准化管理体系的建立与应用 | 首都医科大学附属北京天坛医院 | 赵性泉　陆菁菁　冀瑞俊<br>李　娜　刘艳芳　王文娟<br>冯　皓　姜睿璇　康开江 |
| 38 | 2020－J06－2－05 | 乙肝病毒母婴阻断关键技术与应用 | 首都医科大学附属北京佑安医院 | 陈　煜　段钟平　张　华<br>邹怀宾　张晓慧　朱云霞<br>冯英梅　王　明　孟　君 |
| 39 | 2020－J06－2－06 | 潜伏性结核感染与活动性结核病诊断和预防新体系创建及推广 | 中国医学科学院北京协和医院<br>首都医科大学附属北京胸科医院<br>广东体必康生物科技有限公司 | 刘晓清　张宗德　张丽帆<br>高孟秋　张奉春　李　亮<br>郑文洁　潘丽萍　张月秋<br>毕利军 |

续表

| 序号 | 获奖编号 | 项目名称 | 完成单位 | 主要完成人 |
|---|---|---|---|---|
| 40 | 2020-J07-2-01 | 重组甘精胰岛素关键技术创新及达到国际高质量标准的大规模产业化 | 甘李药业股份有限公司<br>中国食品药品检定研究院<br>天津大学 | 甘忠如　杨化新　王大梅<br>梁成罡　黄　鹤　李　晶<br>蔡莲芝　张愫华　张　慧<br>胡玉华 |
| 41 | 2020-J08-2-01 | 针灸临床评价体系创建与应用 | 中国中医科学院广安门医院<br>中国中医科学院中医临床基础医学研究所<br>陕西省中医医院<br>北京中医药大学东直门医院<br>江苏省中医院<br>湖南中医药大学第一附属医院<br>湖北省中医院 | 刘志顺　何丽云　苏同生<br>闫世艳　赵吉平　孙建华<br>章　薇　周仲瑜　陈跃来<br>刘　佳 |
| 42 | 2020-J09-2-01 | 中深层巨型碳酸盐岩油藏开发关键技术工业化应用及重大成效 | 中海油研究总院有限责任公司<br>中海石油国际能源服务(北京)有限公司<br>西南石油大学<br>四川中质鼎峰勘查技术有限公司<br>广东石油化工学院 | 杨　莉　张　媛　王亚青<br>宋来明　胡光义　丁　峰<br>王宗俊　刘存革　邱　凌<br>高云峰 |
| 43 | 2020-J09-2-02 | 智能电能表及其核心元器件质量一致性关键技术与产业化应用 | 中国电力科学研究院有限公司<br>国网北京市电力公司<br>国网冀北电力有限公司计量中心<br>北京智芯微电子科技有限公司<br>北京南都昊诚电源设备有限责任公司<br>宁波三星医疗电气股份有限公司<br>国网湖北省电力有限公司 | 张蓬鹤　薛　阳　熊素琴<br>姜洪浪　袁瑞铭　张保亮<br>赵　成　王于波　段晓萌<br>李文文 |
| 44 | 2020-J09-2-03 | 环北京地区新能源电力系统虚拟同步机关键技术、装备与应用 | 中国电力科学研究院有限公司<br>国网冀北电力有限公司<br>国网天津市电力公司<br>国网北京市电力公司<br>清华大学<br>华北电力大学<br>新疆金风科技股份有限公司 | 刘海涛　吕志鹏　刘汉民<br>刘　辉　陈来军　严　胜<br>秦晓辉　袁　敞　曾　正<br>杨志千 |
| 45 | 2020-J09-2-04 | 复杂环境下低成本高可靠性2.X MW风电叶片关键技术研究及产业化 | 中材科技风电叶片股份有限公司<br>北京鉴衡认证中心有限公司<br>北京乾源风电科技有限公司 | 李成良　陈　淳　牟书香<br>鲁晓锋　张金峰　李占营<br>李星星　庄　严　徐　俊<br>吴微微 |
| 46 | 2020-J09-2-05 | 面向化石燃料能源转换系统燃烧不稳定性预报、调控技术及工程应用 | 清华大学<br>中冶京诚工程技术有限公司<br>北京嘉永会通能源科技有限公司 | 王　兵　张会强　谢峤峰<br>段国建　刘　畅　闻浩诚<br>王得刚　陈秀娟　冯燕波<br>赵国宇 |
| 47 | 2020-J09-2-06 | 高性能高压自起动和高功率密度的永磁电动机热控制关键技术及应用 | 北京交通大学<br>精进电动科技股份有限公司<br>北京理工大学<br>山西北方机械制造有限公司<br>江苏微特利电机股份有限公司<br>哈尔滨理工大学 | 李伟力　余　平　赵　静<br>许　鹏　张晓晨　曹君慈<br>李　栋　吴志刚　刘文茂<br>汤昊岳 |

续表

| 序号 | 获奖编号 | 项目名称 | 完成单位 | 主要完成人 |
| --- | --- | --- | --- | --- |
| 48 | 2020－J10－2－01 | 养老设施和老年人居住建筑规划设计技术与应用示范 | 中国建筑设计研究院有限公司<br>国住人居工程顾问有限公司<br>中国城市规划设计研究院<br>北京市建筑设计研究院有限公司<br>天津大学 | 王　羽　余　漾　刘燕辉<br>王　贺　魏　维　焦　舰<br>贾巍杨　刘　浏　尚婷婷<br>马哲雪 |
| 49 | 2020－J10－2－02 | 地铁车站 PBA 法暗挖建造技术与应用 | 北京城建设计发展集团股份有限公司<br>北京城建集团有限责任公司<br>北京城建轨道交通建设工程有限公司<br>北京交通大学 | 崔志杰　惠丽萍　曾德光<br>张晋勋　刘　艳　白海卫<br>何　岳　廖秋林　张晋毅<br>夏瑞萌 |
| 50 | 2020－J10－2－03 | 全生命周期建筑信息物理融合系统关键技术研究及应用 | 北京市建筑设计研究院有限公司<br>清华大学<br>北京城建集团有限责任公司<br>清华大学建筑设计研究院有限公司 | 徐全胜　庄惟敏　张锁全<br>国　萃　张　弘　林　卫<br>李久林　邵韦平　张志艳<br>卞晓曦 |
| 51 | 2020－J10－2－04 | 市政水处理紫外线消毒与污染物控制关键技术研究及应用 | 清华大学<br>北京市自来水集团有限责任公司<br>北京市市政工程设计研究总院有限公司<br>北京首创股份有限公司<br>北控水务（中国）投资有限公司<br>上海市政工程设计研究总院（集团）有限公司<br>山东省城市供排水水质监测中心 | 孙文俊　敖秀玮　王　洋<br>蔡　然　陈仲贇　王　敏<br>薛晓飞　贾瑞宝　高　雪<br>刘书明 |
| 52 | 2020－J10－2－05 | 岩土和砖石文物古建的高性能微生物修复技术及应用 | 清华大学 | 程晓辉　郭红仙　李　萌<br>杨　钻　化　彬　张　越<br>韩智光　陈婷婷　何建宏<br>林文彬 |
| 53 | 2020－J10－2－06 | 市政埋地管网轨道交通杂散电流干扰防控关键技术研究与应用 | 北京科技大学<br>北京市燃气集团有限责任公司<br>北京安科科技集团有限公司<br>国家林业和草原局北京林业机械研究所<br>北京永逸舒克防腐蚀技术有限公司<br>北京凯斯托普科技有限公司 | 杜艳霞　张长青　邢琳琳<br>高顺利　陈少松　李夏喜<br>覃慧敏　王庆余　葛彩刚<br>王一君 |
| 54 | 2020－J10－2－07 | 地下空间工程服役实景探识及应急处置关键技术与应用 | 北京科技大学<br>北京市市政工程研究院<br>北京城市系统工程研究中心<br>大连理工大学<br>北京中煤矿山工程有限公司<br>北京国电经纬工程技术有限公司 | 吕祥锋　朱　伟　付文俊<br>冯　林　贺美德　肖小良<br>吴振宇　杨艳英　张　亮<br>郑建春 |
| 55 | 2020－J11－2－01 | 遥感卫星数据接收站网协同规划关键技术及应用 | 中国科学院空天信息创新研究院<br>中国电子科技集团公司第五十四研究所 | 黄　鹏　陈金勇　刘建波<br>章文毅　冯　阳　孔庆玲<br>马广彬　尚希杰　冯　柯<br>王伟星 |
| 56 | 2020－J11－2－02 | 高铁动车组车轮无损检测关键技术研究及应用 | 北京新联铁集团股份有限公司 | 谭　鹰　张　闪　张旭亮<br>黄雪峰　单继光　张立峰<br>王志亮　吴艳杰　马建群<br>葛　静 |

续表

| 序号 | 获奖编号 | 项目名称 | 完成单位 | 主要完成人 |
|---|---|---|---|---|
| 57 | 2020-J11-2-03 | 《轻轨交通设计标准》编制研究 | 北京城建设计发展集团股份有限公司<br>中铁二院工程集团有限责任公司<br>中铁第四勘察设计院集团有限公司<br>长春市轨道交通集团有限公司<br>大连地铁运营有限公司<br>中车长春轨道客车股份有限公司<br>天津滨海快速交通发展有限公司 | 于松伟　毛励良　张海波<br>梁莉霞　郭泽阔　喻智宏<br>郝小亮　付义龙　韩连祥<br>曹国利 |
| 58 | 2020-J11-2-04 | 大数据驱动下的多方式公共交通协同优化关键技术研究及应用 | 北京工业大学<br>北京公共交通控股(集团)有限公司<br>北京市交通运行监测调度中心<br>北京市政交通一卡通有限公司 | 陈艳艳　邵　强　熊　杰<br>徐海辉　王晶晶　张　翔<br>翁剑成　钟强华　赖见辉<br>宋程程 |
| 59 | 2020-J11-2-05 | 基于大客流的城市轨道交通运营安全保障与效能提升关键技术及应用 | 北京交通大学<br>北京城建设计发展集团股份有限公司<br>北京市地铁运营有限公司<br>北京市市政工程设计研究总院有限公司<br>北京建筑大学<br>北交思锐科技(北京)有限公司 | 陈　峰　王子甲　赵　鹏<br>李得伟　张　蕊　豆　飞<br>张　琦　朱亚迪　李金海<br>周玮腾 |
| 60 | 2020-J11-2-06 | 高速铁路轨道电路关键技术研究与应用 | 北京全路通信信号研究设计院集团有限公司 | 徐宗奇　杨铁轩　刘　瑞<br>阳　晋　乔志超　殷惠媛<br>杨晓锋　马　斌　曹鹤飞<br>李继隆 |
| 61 | 2020-J11-2-07 | 航天器压力环境模拟与控制技术开发应用 | 北京卫星环境工程研究所 | 武　越　黄念之　苏新明<br>郭芹良　林博颖　孙　娟<br>李西园　王　晶　武　飞<br>刘金龙 |
| 62 | 2020-J11-2-08 | 大承载高精度平板式合成孔径雷达天线展开机构关键技术及应用 | 北京空间飞行器总体设计部 | 从　强　李　潇　李　林<br>肖　涛　林秋红　王兴泽<br>罗毅欣　王春洁　刘　冬<br>梁东平 |
| 63 | 2020-J11-2-09 | 航天器产品高效一体化空间环境试验关键技术研究及应用 | 北京卫星环境工程研究所 | 杨　勇　黄首清　杨晓宁<br>刘守文　张立伟　周月阁<br>黄小凯　张　军　胡　芳<br>姚泽民 |
| 64 | 2020-J12-2-01 | 畜禽养殖物联网关键技术和智能装备创制与应用 | 中国农业科学院农业信息研究所<br>中国农业科学院北京畜牧兽医研究所<br>中国农业大学<br>北京农业信息技术研究中心<br>北京市畜牧总站<br>北京农信互联科技集团有限公司<br>新希望六和股份有限公司 | 孔繁涛　刘继芳　吴建寨<br>熊本海　段青玲　张建华<br>李奇峰　韩书庆　于　莹<br>孙　伟 |

续表

| 序号 | 获奖编号 | 项目名称 | 完成单位 | 主要完成人 |
|---|---|---|---|---|
| 65 | 2020-J12-2-02 | 全生物降解地膜产品研发与应用 | 中国农业科学院农业环境与可持续发展研究所<br>农业农村部农业生态与资源保护总站<br>金发科技股份有限公司<br>全国农业技术推广服务中心<br>北京市农业环境监测站<br>北京市农业技术推广站<br>云南省农业技术推广总站 | 严昌荣 何文清 焦 建<br>靳 拓 薛颖昊 刘晓霞<br>周继华 麦开锦 张 赓<br>刘 勤 |
| 66 | 2020-J12-2-03 | 短生育期及高抗百合种质创新和高效繁育技术 | 北京林业大学<br>北京农业生物技术研究中心<br>北京市大东流苗圃<br>云南万丽花卉有限公司 | 贾桂霞 张秀海 何恒斌<br>杜运鹏 张铭芳 李 香<br>陈绪清 高 雪 李兆伟<br>杨凤萍 |
| 67 | 2020-J12-2-04 | 北京山区水资源保护植被生态调控技术 | 北京林业大学 | 余新晓 牛健植 贾国栋<br>毕华兴 樊登星 伦小秀<br>陈丽华 张学霞 信忠保<br>张振明 |
| 68 | 2020-J12-2-05 | 环渤海湾地区设施蔬菜小型害虫成灾机理与绿色防控技术研究及应用 | 北京市农林科学院<br>北京市植物保护站<br>山东省植物保护总站 | 魏书军 宫亚军 曹利军<br>陈金翠 郭韶堃 胡 彬<br>公 义 岳 雷 孙 海<br>高勇富 |
| 69 | 2020-J13-2-01 | 数字球幕影片《天上的宫殿》 | 北京天文馆 | 景海荣 宋宇莹 刘 茜<br>席 萌 王燕平 韩 叙<br>李 鹏 马骁昆 |

# 2011—2020年北京国家级高新技术企业数量统计表

单位:个

| 年份 | 2011年 | 2012年 | 2013年 | 2014年 | 2015年 | 2016年 | 2017年 | 2018年 | 2019年 | 2020年 |
|---|---|---|---|---|---|---|---|---|---|---|
| 企业数量 | 7295 | 8045 | 9316 | 10433 | 12388 | 15975 | 20163 | 24691 | 27416 | 28750 |

注:数据来源为北京市科学技术委员会。

# 2011—2020 年中关村国家自主创新示范区总收入统计表

单位:亿元

| 年份 | 2011 年 | 2012 年 | 2013 年 | 2014 年 | 2015 年 | 2016 年 | 2017 年 | 2018 年 | 2019 年 | 2020 年 |
|---|---|---|---|---|---|---|---|---|---|---|
| 总收入 | 19646.0 | 25025.0 | 30497.4 | 36057.6 | 40809.4 | 46047.6 | 53025.8 | 58830.9 | 66422.2 | 72276.4 |

注:数据来源为北京市科学技术委员会、中关村科技园区管理委员会。

# 1997—2020 年北京地区专利授权统计表

| 年份 | 授权量 | 发明 | 实用新型 | 外观设计 |
|---|---|---|---|---|
| 1997 年 | 3327 | 281 | 2340 | 706 |
| 1998 年 | 3800 | 309 | 2522 | 969 |
| 1999 年 | 5829 | 573 | 3948 | 1308 |
| 2000 年 | 5905 | 1074 | 3463 | 1368 |
| 2001 年 | 6246 | 946 | 3600 | 1700 |
| 2002 年 | 6345 | 1061 | 3721 | 1563 |
| 2003 年 | 8248 | 2261 | 4244 | 1743 |
| 2004 年 | 9005 | 3216 | 3956 | 1833 |
| 2005 年 | 10100 | 3476 | 4498 | 2126 |
| 2006 年 | 11238 | 3864 | 5490 | 1884 |
| 2007 年 | 14954 | 4824 | 7364 | 2766 |
| 2008 年 | 17747 | 6478 | 8776 | 2493 |
| 2009 年 | 22921 | 9157 | 10141 | 3623 |
| 2010 年 | 33511 | 11209 | 16579 | 5723 |
| 2011 年 | 40888 | 15880 | 19628 | 5380 |
| 2012 年 | 50511 | 20140 | 24672 | 5699 |
| 2013 年 | 62671 | 20695 | 36301 | 5675 |
| 2014 年 | 74661 | 23237 | 44071 | 7353 |
| 2015 年 | 94031 | 35308 | 45773 | 12950 |
| 2016 年 | 100578 | 40602 | 44710 | 15266 |
| 2017 年 | 106948 | 46091 | 46011 | 14846 |
| 2018 年 | 123496 | 46978 | 59219 | 17299 |
| 2019 年 | 131716 | 53127 | 58393 | 20196 |
| 2020 年 | 162824 | 63266 | 75336 | 24222 |

注:数据来源为北京市知识产权局。

# 2020年北京地区专利授权统计表

| 项　目 | 代码 | 专利授权量 | | 有效发明专利量 |
|---|---|---|---|---|
| | | | 发明专利 | |
| 甲 | 乙 | 3 | 4 | 5 |
| 合计 | 01 | 162824 | 63266 | 335575 |
| 其中:中关村示范区 | 02 | 71797 | 27898 | 144572 |
| 其中:中关村科学城 | 03 | 51198 | 30114 | 134158 |
| 怀柔科学城 | 04 | 1178 | 468 | 2518 |
| 未来科学城 | 05 | 3355 | 1078 | 5265 |
| 北京经济技术开发区 | 06 | 8503 | 1896 | 11205 |
| 按区分组 | — | | | |
| 东城区 | 07 | 8916 | 2687 | 19262 |
| 西城区 | 08 | 10097 | 4084 | 34507 |
| 朝阳区 | 09 | 27551 | 11473 | 67471 |
| 丰台区 | 10 | 10052 | 2721 | 13109 |
| 石景山区 | 11 | 3839 | 1206 | 5448 |
| 海淀区 | 12 | 60929 | 33829 | 157690 |
| 门头沟区 | 13 | 1247 | 96 | 482 |
| 房山区 | 14 | 3185 | 421 | 2138 |
| 通州区 | 15 | 5722 | 453 | 2505 |
| 顺义区 | 16 | 6321 | 839 | 3975 |
| 昌平区 | 17 | 8476 | 2497 | 12535 |
| 大兴区 | 18 | 11873 | 2383 | 12560 |
| 怀柔区 | 19 | 1939 | 325 | 2127 |
| 平谷区 | 20 | 913 | 54 | 334 |
| 密云区 | 21 | 1311 | 128 | 1136 |
| 延庆区 | 22 | 440 | 57 | 249 |
| 其他 | 23 | 13 | 13 | 47 |

注:数据来源为北京市知识产权局。

# 1991—2020 年北京技术合同成交一览表

| 年份 | 合同数<br>（项） | 技术合同成交总额<br>（亿元） | #技术交易额 | #输出外省市<br>技术合同成交额 | 实现合同总金额<br>（亿元） | #技术交易<br>实现金额 |
|---|---|---|---|---|---|---|
| 1991—1995 年 | 93970 | 167.7 | 120 | | 115.4 | 83.8 |
| 1991 年 | 18547 | 22.4 | 13.1 | | 15.3 | 9.1 |
| 1992 年 | 23395 | 31.3 | 22.2 | | 20.0 | 14.4 |
| 1993 年 | 20461 | 35.6 | 25.6 | | 24.9 | 17.6 |
| 1994 年 | 15220 | 37.2 | 26.9 | | 26.9 | 20.4 |
| 1995 年 | 16347 | 41.2 | 32.2 | | 28.4 | 22.3 |
| 1996—2000 年 | 91421 | 414.2 | 375.9 | | 206.7 | 188.1 |
| 1996 年 | 14850 | 45.8 | 39.2 | | 29.6 | 25.4 |
| 1997 年 | 13866 | 54.3 | 48.1 | | 31.1 | 27.8 |
| 1998 年 | 20724 | 81.6 | 73.9 | | 42.1 | 37.6 |
| 1999 年 | 20711 | 92.2 | 88.5 | | 43.6 | 41.0 |
| 2000 年 | 21270 | 140.3 | 126.3 | 65.5 | 60.3 | 56.3 |
| 2001—2005 年 | 156114 | 1443.8 | 1217.2 | 688.9 | 669.5 | 628.1 |
| 2001 年 | 23921 | 191.0 | 164.8 | 85.4 | 97.6 | 93.0 |
| 2002 年 | 27037 | 221.1 | 181 | 100.4 | 101.9 | 97.2 |
| 2003 年 | 32173 | 265.5 | 226.8 | 132.4 | 119.9 | 113.9 |
| 2004 年 | 35478 | 331.8 | 294.3 | 165.8 | 148.7 | 143.4 |
| 2005 年 | 37505 | 434.4 | 350.4 | 204.9 | 201.4 | 180.6 |
| 2006—2010 年 | 256074 | 5422.8 | 3984.7 | 2372.7 | 2226.7 | 2006.7 |
| 2006 年 | 51575 | 697.3 | 572.6 | 325.3 | 349.5 | 319.7 |
| 2007 年 | 50972 | 882.6 | 660.3 | 407.4 | 418.1 | 353.5 |
| 2008 年 | 52742 | 1027.2 | 778.1 | 487.0 | 406.2 | 375.0 |
| 2009 年 | 49938 | 1236.2 | 906.9 | 498.2 | 516.8 | 452.9 |
| 2010 年 | 50847 | 1579.5 | 1066.7 | 654.8 | 536.0 | 505.6 |
| 2011—2015 年 | 315814 | 13788.6 | 10868.6 | 7237.5 | 3942.1 | 3353.9 |
| 2011 年 | 53552 | 1890.3 | 1268.3 | 635.9 | 580.4 | 563.3 |
| 2012 年 | 59969 | 2458.5 | 2048.6 | 1385 | 739.8 | 707.0 |
| 2013 年 | 62743 | 2851.2 | 2252.4 | 1615.9 | 684.0 | 659.3 |
| 2014 年 | 67278 | 3136.0 | 2531.5 | 1722.0 | 708.2 | 675.1 |
| 2015 年 | 72272 | 3452.6 | 2767.8 | 1878.7 | 1229.7 | 1206.9 |
| 2016—2020 年 | 406339 | 25395.4 | 19898.0 | 13924.8 | 4638.7 | 4364.1 |
| 2016 年 | 74965 | 3940.8 | 2919.3 | 1997.2 | 749.2 | 717.0 |
| 2017 年 | 81266 | 4485.3 | 3703.9 | 2327.3 | 889.0 | 853.0 |
| 2018 年 | 82486 | 4957.8 | 4069.5 | 3014.9 | 986.2 | 889.5 |
| 2019 年 | 83171 | 5695.3 | 4389.0 | 2866.9 | 1075.7 | 1006.1 |
| 2020 年 | 84451 | 6316.2 | 4816.3 | 3718.5 | 938.6 | 898.5 |

注:1. 表中部分数据因四舍五入的原因,存在与分项合计不等的情况。

2. 数据来源为北京技术市场管理办公室。

# 附　录

# 北京市科技管理机构

（机构领导人名单以2020年12月31日在职者为准）

## 北京市科学技术委员会

### 主要职责

一、北京市科学技术委员会（简称市科委）是市政府组成部门，为正局级，挂北京市外国专家局（简称市外专局）牌子。

二、市科委贯彻落实党中央关于科技创新工作的方针政策、决策部署和市委有关工作要求，在履行职责过程中坚持和加强党对科技创新工作的集中统一领导。主要职责是：

（一）贯彻落实国家创新驱动发展战略和科技工作方面的法律法规、规章和政策，起草本市相关地方性法规草案、政府规章草案，组织拟定科技发展、科技促进经济社会发展的规划、政策并组织实施。

（二）牵头推进全国科技创新中心建设相关工作，承担北京办公室秘书处职能，组织拟定全国科技创新中心建设重点任务实施方案及年度计划，并开展监督落实。

（三）统筹推进首都创新体系建设和科技体制改革，会同有关部门健全技术创新激励机制。优化科研体系建设，指导科研机构改革发展，负责新型研发机构的筹建、管理及服务，推动企业科技创新能力建设，承担推进科技军民融合发展相关工作。

（四）推进本市重大科技决策咨询制度建设。负责提出科技发展战略建议。提出科技发展的布局和优先发展领域，拟定科学普及和科学传播规划、政策并组织实施。

（五）拟定本市基础研究规划、政策并组织实施，组织协调基础研究和应用基础研究。牵头组织在京国家实验室培育建设，参与重大科技基础设施建设和运行。提出科研条件保障规划和政策建议，推进科研条件保障建设和科技资源开放共享。

（六）组织开展本市重点领域技术发展需求分析，提出重大任务。统筹推进关键共性技术、前沿引领技术、现代工程技术、颠覆性技术研发和创新，牵头组织重大技术攻关和成果应用示范，组织参与国际大科学计划和大科学工程。

（七）牵头建立本市科技管理平台和科研项目资金协调、评估、监管机制。会同有关部门提出优化配置科技资源的政策措施建议，推动多元化科技投入体系建设，协调财政科技计划（专项、基金等）实施。会同有关部门拟定科技金融相关政策，开展科技金融促进工作。

（八）会同有关部门组织拟定本市高新技术发展及产业化、科技服务业、科技促进城市和农业农村发展的规划、政策及措施。

（九）牵头本市技术转移体系建设，拟定科技成果转移转化和促进产学研深度融合的相关政策措施并监督实施。拟定促进技术市场发展的政策措施并组织实施，指导科技中介组织发展。

（十）拟定本市科技项目管理的政策措施。负责科学技术奖励组织实施及自然科学基金管理。承担科技信息、科技统计、创新调查和科研成果报告工作。依据市政府授权，履行所监管企业出资人职责。指导科技保密工作。

（十一）负责本市科技监督评价体系建设和相关科技评估管理，统筹全市科研诚信建设工作。开展科技评估评价和监督检查工作。

（十二）负责本市引进国外智力工作。拟定引进外国专家规划、计划并组织实施。建立外国顶尖科学家及其团队、外国科技人才吸引集聚机制和重点外国专家联系服务机制。拟定出国（境）培训规划、政策和年度计划，并组织实施。

（十三）会同有关部门拟定本市科技人才队伍建设规划和政策，建立健全科技人才评价和激励机制，组织实施科技人才计划，推动高端科技创新人才队伍建设。

（十四）指导各区科技创新工作，联系市有关部门科技创新工作。统筹推进本市与各省区市的科技领域交流合作、扶贫协作和支援合作工作。

（十五）拟定本市科技对外交流与创新能力开放合作的规划、政策和措施。组织开展国际科技合作，推进国际技术转移。会同有关部门组织技术出口和技术引进工作。负责与港澳台的科技合作交流。负责科技外事工作。

（十六）完成市委、市政府交办的其他任务。

（十七）职能转变。贯彻实施科教兴国战略、人才强国战略、创新驱动发展战略，围绕把北京打造成具有全球影响力的全国科技创新中心、更好地服务和支撑世界科技强国建设，加强、优化、转变政府科技管理和服务职能，完善科技创新制度和组织体系，加强宏观管理和统筹协调，减少微观管理和具体审批事项，加强事中事后监管和科研诚信建设。从研发管理向创新服务转变，深入推进科技计划管理改革，建立公开统一的科技管理平台，减少科技计划项目重复、分散、封闭、低效和资源配置“碎片化”的现象。对科研机构组建和调整事项不再进行审核，重在加强规划布局和绩效评价。进一步改进科技人才评价机制，建立健全以创新能力、质量、贡献、绩效为导向的科技人才评价体系和激励政策，统筹本市科技人才队伍建设和引进国外智力工作。

地址：北京市通州区运河东大街 57 号院 1 号楼

邮编：100744

网址：kw. beijing. gov. cn

电话：010 – 55577777

传真：010 – 55577700

**北京市科学技术委员会主要领导一览表**

| | |
|---|---|
| 主任 | 许　强 |
| 副主任 | 杨仁全　刘　晖　许心超　张　玮（挂职）　邵建华（挂职） |
| 二级巡视员 | 张　虹　王建新　张志松 |
| 纪检监察组组长 | 伍　琦 |
| 党组书记 | 许　强 |
| 党组成员 | 杨仁全　雷　霆　伍　琦　刘　晖　许心超 |

**北京市科学技术委员会内设机构一览表**

| 序号 | 处室名称 | 序号 | 处室名称 |
|---|---|---|---|
| 1 | 办公室 | 12 | 社会发展科技处 |
| 2 | 科创中心建设综合协调处 | 13 | 宣传与科普处 |
| 3 | 发展规划与政策法规处（研究室） | 14 | 国际与区域科技合作处（港澳台科技合作办公室） |
| 4 | 资源配置与管理处 | 15 | 外国专家服务与科技人才处（港澳台专家服务处） |
| 5 | 科技监督与诚信建设处 | 16 | 人事处 |
| 6 | 重大专项处 | 17 | 机关党委 |
| 7 | 科技服务业与文化科技处 | 18 | 机关纪委 |
| 8 | 科研机构管理与科技金融处 | 19 | 工会 |
| 9 | 高新技术与成果转化处 | 20 | 离退休干部处 |
| 10 | 电子信息与新材料科技处 | 21 | 驻市科委纪检监察组 |
| 11 | 医药健康科技处 | | |

北京市科学技术委员会直属机构一览表

| 序号 | 单位名称 | 序号 | 单位名称 |
| --- | --- | --- | --- |
| 1 | 北京科技协作中心 | 12 | 北京生产力促进中心 |
| 2 | 北京科学技术开发交流中心 | 13 | 北京市科技传播中心 |
| 3 | 北京市自然科学基金委员会办公室 | 14 | 北京市科委行政事务服务中心 |
| 4 | 北京市科学技术奖励工作办公室 | 15 | 北京市科技信息中心 |
| 5 | 北京市实验动物管理办公室 | 16 | 北京工业设计促进中心 |
| 6 | 北京生物技术和新医药产业促进中心 | 17 | 北京科学仪器装备协作服务中心 |
| 7 | 北京技术交易促进中心 | 18 | 北京市科学技术委员会人才交流中心 |
| 8 | 北京市高新技术成果转化服务中心 | 19 | 市科委老干部服务中心（老干部处） |
| 9 | 北京市科委农村发展中心 | 20 | 北京科技创新研究中心 |
| 10 | 北京技术市场管理办公室 | 21 | 北京新材料和新能源科技发展中心 |
| 11 | 北京市可持续发展科技促进中心 | 22 | 北京软件产品质量检测检验中心 |

## 北京市知识产权局

### 机构职责

一、北京市知识产权局(简称市知识产权局)是市政府直属机构,为副局级。

二、市知识产权局贯彻落实党中央关于知识产权工作的方针政策、决策部署和市委有关工作要求,在履行职责过程中坚持和加强党对知识产权工作的集中统一领导。主要职责是:

(一)贯彻落实国家关于专利、商标、原产地地理标志工作方面的法律法规、规章和政策,起草本市相关地方性法规草案、政府规章草案,拟定专利、商标、原产地地理标志工作的政策措施、发展规划和工作计划并组织实施。会同有关部门拟定首都知识产权战略和规划并组织实施。推动知识产权区域协同发展。

(二)负责统筹协调本市知识产权保护工作,推动知识产权保护工作体系建设。负责专利侵权纠纷的行政裁决及调处。承担知识产权维权援助。负责对商标的印制和使用进行监督管理,保护注册商标专用权,依法保护特殊标志。

(三)承担规范本市专利、商标、原产地地理标志管理基本秩序的责任。依法监督管理知识产权代理机构,推进知识产权中介服务体系建设,推动知识产权社会信用体系建设。

(四)负责促进本市知识产权运用。拟定本市知识产权运用政策,促进知识产权转移转化。承担知识产权对外转让审查工作。指导和规范专利技术市场,指导规范专利权、商标权转让、许可、备案等工作。负责知识产权金融工作,会同有关部门指导和规范知识产权无形资产评估,推动专利权、商标权质押工作。推动知识产权军民融合。

(五)负责本市知识产权公共服务体系的建设。会同有关部门推动专利、商标、原产地地理标志信息的传播利用。负责组织建立知识产权预警应急机制。承担专利、商标、原产地地理标志统计分析工作。

(六)统筹协调本市涉外知识产权事宜。开展专利、商标、原产地地理标志工作的国际联络、合作与交流活动。

(七)组织开展专利、商标、原产地地理标志方面法律法规、政策的宣传普及工作。组织制定本市有关知识产权的教育与培训工作规划并组织实施。

(八)完成市委、市政府交办的其他任务。

地址:北京市西城区德胜门东大街 8 号东联大厦 3 层

邮编:100009

电话:010 - 84080086

**北京市知识产权局主要领导一览表**

| | |
|---|---|
| 党组书记、局长 | 杨东起 |
| 党组成员、副局长(副局级) | 潘新胜 |
| 副局长、一级巡视员 | 李　钟 |
| 党组成员、副局长,二级巡视员 | 周立权 |

**北京市知识产权局内设机构及直属机构一览表**

| 内设机构 | | 直属机构 | |
|---|---|---|---|
| 1 | 办公室(财务审计处) | 1 | 国家知识产权局专利局北京代办处 |
| 2 | 政策法规处 | 2 | 中关村知识产权促进局 |
| 3 | 知识产权协调处 | 3 | 北京市知识产权维权援助中心 |
| 4 | 知识产权运用促进处 | 4 | 北京市知识产权信息中心 |
| 5 | 知识产权管理处 | 5 | 北京市知识产权保护中心 |
| 6 | 知识产权保护处 | | |
| 7 | 宣传教育处 | | |
| 8 | 国际交流合作处(港澳台办公室) | | |
| 9 | 人事处 | | |
| 10 | 机关党委(工会) | | |

## 北京市科学技术协会

北京市科学技术协会(简称市科协)是北京地区科技工作者的群众组织,是北京市委和市政府联系广大科技工作者的桥梁和纽带,是推动科技事业发展的重要力量;是市政协的组成单位;是中国科协的地方组织,接受中国科协的业务指导。市科协成立于1963年,由市学会、基金会、区科协及基层组织组成。按照章程规定,市科协代表大会每5年举行一次,2017年6月1—3日召开了第九次代表大会。第九届委员会主席由中国工程院原副院长刘德培院士担任,副主席15名,常委56名,委员164名,其中有院士13名。著名科学家茅以升、王大珩、顾方舟、陈佳洱、顾秉林曾担任市科协主席。

市科协拥有市学会、基金会217个,区科协16个,企事业单位、经济技术开发区、科技园区科协等基层组织959个,高校科协20个,通过学会、基金会、区科协及基层组织联系的科技工作者99.4万人。多年来,市科协致力为首都经济建设和社会发展服务,为提高全民科学素质服务,为科技工作者服务。2009年,市科协被认定为市级"枢纽型"社会组织,发挥桥梁纽带、业务龙头、服务管理平台作用。中国科协对科协组织的职能定位表述为"四服务一加强",即为科技工作者服务,为创新驱动发展服务,为提高全民科学素质服务,为党和政府科学决策服务,加强自身建设。市编办对市科协的"三定方案",明确十一项主要职能。

为科技工作者服务。自觉地把加强党和政府同科技工作者的联系作为基本职责,把激发科技工作者的创新热情和创造活力作为根本任务,积极搭建平台,助力科技工作者成长成才。推动实施"一十百千"工程,开展北京科技交流学术月活动,为科技工作者搭建不同形式、不同层次的学术交流平台。每年学术月围绕共同主题集中开展学术交流100余项,综合性跨学科学术交流活动数十项,形式多样的专业化学术交流千余项。实施"青年人才托举工程",不断加大青年科技人才工作的指导和支持力度,支持青年科技人才参加高水平国际知名学术活动。每年选拔500名优秀青少年学生走进高校及科研院所国家重点实验室,在院士专家的指导下进行科学实验,从小培养青少年的科学素质和创新意识。发挥老年科技人才作用,组织老年科技工作者开展"五进"科普活动和"四技"服务。以推选北京地区中国工程院院士候选人为龙头,完善科技人才举荐渠道,积极举荐、表彰优秀科技工作者。

多渠道、多角度宣传和弘扬科技工作者的先进事迹和精神风貌，营造科技人才成长的良好社会氛围。

为创新驱动发展服务。围绕全国科技创新中心建设，充分发挥市科协智力和人才优势，团结和引领首都广大科技工作者为实施创新驱动发展战略服务。依托中关村天合科技成果转化促进中心搭建北京市科学技术协会科技成果转化平台，引导和支持科技社团积极参与以企业为主体、市场为导向、产学研结合的技术创新体系建设。建设科技社团创新簇企业示范站，助力企业提升自主创新能力，服务全国科技创新中心建设。坚持以企业需求为导向，大力推进开放式企业科协建设和院士专家工作站建设，引导创新要素向企业聚集，推动企业自主创新。实施金桥工程资助种子资金项目，服务企业科技创新和培养青年科技工作者。举办首都大学生科技创新作品与专利成果展示推介会，推介大学生科技创新作品，培养青年科技人才创新意识和创新精神。深化农民致富科技套餐配送工程，在10个远郊区建立科技套餐工程都市型现代农业示范基站。搭建京津冀科协科技成果转化平台，实施“首都科技工作者助力河北创新发展”行动计划，助力京津冀协同发展。

为提高全民科学素质服务。切实履行北京市全民科学素质纲要实施工作办公室职责，建立公民科学素质共建机制。成立北京科普资源联盟、北京科学教育馆协会，积极构建科普工作社会化格局，形成联动效应、质量效应、品牌效应。按照世界眼光、时代特征、北京特色、创新发展的建设理念，坚持展教结合、以教为主功能定位，构建以北京科学中心为核心、以16个区域分中心和若干专业特色科普场馆为依托的北京科学中心发展体系。不断加强科普信息化建设，着力构建由蝌蚪五线谱网站、手机终端、社区数字科普视窗、楼宇电视等载体组成的面向公众的数字化科普网络体系。以北京科学嘉年华、青少年科技创新大赛等大型品牌科普活动为重点，以青少年科学营、科学家进校园、科普之春、科普之夏、首都科学讲堂、公务员科学素质大讲堂等一系列面向基层的主题科普活动为补充，影响和带动公众参与科普活动，在全社会营造讲科学、爱科学、学科学、用科学的浓厚氛围。2018年北京市公民具备科学素质的比例达到21.48%。

为党和政府科学决策服务。着力构建以国家级科技思想库建设为重点，以调研课题、决策咨询沙龙、科技工作者建议、科技工作者状况调查、提案议案等为主要形式的特色决策咨询工作格局，服务党和政府科学决策。围绕京津冀协同发展、全国科技创新中心建设等重大科技战略问题，组织专家学者与市领导面对面交流。围绕大气雾霾等首都经济社会发展中的重点、难点、焦点问题，组织专家建言献策。通过课题委托研究的方式，与科研院所、高等院校建立协作联系，共同服务首都科学决策。创办《科技人力资源专报》《科技参考》等刊物，打造决策咨询沙龙，开展北京科技工作者状况调查，接受中国科协委托，进行第三方评估。5年来，产生各种决策咨询成果1 000余件，中央及北京市领导批示30次，为党和政府的科学决策发挥了积极作用。

加强自身建设。深入贯彻中央和市委群团工作会议精神，围绕保持和增强科协组织的政治性、先进性、群众性，扎实推进科协系统深化改革。制定《北京市科协团体会员管理办法(试行)》，加强科技社团规范管理和指导。推进“百强社团”创建，支持引导优秀百强社团实现“四个转变”创新发展。通过政府购买岗位的方式为学会配备专职人员，推进秘书处实体化建设。推进科技社团承接政府转移职能，支持科技社团利用专业优势开展社会化服务。积极探索新形势下“枢纽型”社会组织党建新模式，实现党的工作全覆盖，引领科技工作者听党话、跟党走。按照中央书记处“六个哪里”的要求，加强基层组织建设，推动科协组织向企业、高校、农村延伸。深入学习贯彻习近平新时代中国特色社会主义思想和党的十九大精神，落实新时代党的建设总要求，以党的政治建设为统领，以首善标准推进市科协党的政治建设、思想建设、组织建设、作风建设、纪律建设，制度建设贯穿其中，把全面从严治党要求落细落实，不断提升党建工作质量，切实增强科协各级党组织创造力、凝聚力和战斗力，不断增强“四个意识”，坚定“四个自信”，做到“两个维护”，为推进科协系统深化改革提供坚强保证。

地址:北京市朝阳区小营育慧里4号

邮编:100101

电话:010－84635008

北京市科学技术协会主要领导一览表

| | |
|---|---|
| 党组书记 | 马　林 |
| 常务副主席 | 司马红 |
| 党组成员、副主席 | 田　文　刘晓勘　孟凡兴　孙晓峰 |
| 一级巡视员 | 岳鸿志 |
| 二级巡视员 | 陈维成 |
| 二级巡视员、秘书长兼办公室主任 | 张玉山 |

北京市科学技术协会机关部门一览表

| 序号 | 部门 | 序号 | 部门 |
|---|---|---|---|
| 1 | 办公室 | 5 | 学会部 |
| 2 | 计划财务部 | 6 | 科普部 |
| 3 | 人事部 | 7 | 机关党委 |
| 4 | 调研宣传部 | 8 | 机关纪委 |

## 中关村科技园区管理委员会

中关村科技园区管理委员会是负责对中关村科技园区(包括海淀园、昌平园、顺义园、大兴－亦庄园、房山园、通州园、东城园、西城园、朝阳园、丰台园、石景山园、门头沟园、平谷园、怀柔园、密云园、延庆园,以下简称园区)发展建设进行综合指导的市政府派出机构。主要职责如下:

(一)贯彻落实国家有关法律法规和政策,研究拟定园区的发展战略和规划,参与组织编制园区有关空间规划,组织研究园区相关改革方案,促进可持续发展。

(二)研究制定园区发展和管理的相关政策,起草相关地方性法规草案、政府规章草案。

(三)协调整合各类创新资源,开展园区创新创业、高新技术研发及其成果产业化、科技金融、人才资源、中介组织、知识产权保护等方面的促进和服务工作。

(四)负责管理市财政拨付的园区发展专项资金,并协助有关部门监督专项资金的使用。

(五)根据市政府授权,对北京中关村发展集团股份有限公司市级财政投入资金履行出资职责,依法对其国有资产进行监督管理,并加强业务指导。

(六)统筹产业空间布局,对各园区整体发展规划、空间规划、产业布局、项目准入标准等重要业务实行统一领导。

(七)承担示范区领导小组的具体工作,负责园区内各类协会组织的联系工作。

(八)开展园区国际交流与合作,提升园区国际化发展水平。

(九)承担园区外事、宣传、联络等工作。

(十)承办市政府交办的其他事项。

地址:北京市海淀区阜成路 73 号裕惠大厦
邮编:100142
电话:010－68709990
传真:010－88828882

中关村科技园区管理委员会主要领导一览表

| | |
|---|---|
| 主任 | 翟立新 |
| 副主任 | 侯　云　朱建红 |
| 二级巡视员 | 刘　航　陈文奇　赵　清 |
| 纪检监察组组长 | 丁　岩 |
| 党组副书记 | 翟立新 |
| 党组成员 | 邢建毅　侯　云　朱建红 |

## 中关村科技园区管理委员会内设机构一览表

| 序号 | 机构名称 | 序号 | 机构名称 |
|---|---|---|---|
| 1 | 办公室 | 9 | 经济分析处 |
| 2 | 产业发展促进处 | 10 | 国际交流合作处 |
| 3 | 自主创新能力建设处 | 11 | 研究室(法制处) |
| 4 | 规划建设协调处 | 12 | 宣传处 |
| 5 | 科技金融处 | 13 | 资产监管和审计处 |
| 6 | 人才资源处 | 14 | 财务处 |
| 7 | 创业服务处 | 15 | 人事处 |
| 8 | 军民融合创新工作处 | 16 | 机关党委 |

## 中关村科技园区管理委员会直属单位一览表

| 序号 | 单位名称 |
|---|---|
| 1 | 中关村高科技产业促进中心 |
| 2 | 中关村政府采购促进中心 |
| 3 | 中关村人才特区建设促进中心 |

# 2020年在京国家重点实验室一览表

| 序号 | 重点实验室名称 | 依托单位 |
| --- | --- | --- |
| 1 | 模式识别国家重点实验室 | 中国科学院自动化研究所 |
| 2 | 资源与环境信息系统国家重点实验室 | 中国科学院地理科学与资源研究所 |
| 3 | 天然药物与仿生药物国家重点实验室 | 北京大学 |
| 4 | 摩擦学国家重点实验室 | 清华大学 |
| 5 | 分子肿瘤学国家重点实验室 | 中国医学科学院肿瘤医院肿瘤研究所 |
| 6 | 化学工程联合国家重点实验室 | 清华大学、天津大学、华东理工大学、浙江大学 |
| 7 | 蛋白质与植物基因研究国家重点实验室 | 北京大学 |
| 8 | 农业生物技术国家重点实验室 | 中国农业大学 |
| 9 | 声场声信息国家重点实验室 | 中国科学院声学研究所 |
| 10 | 生物大分子国家重点实验室 | 中国科学院生物物理研究所 |
| 11 | 膜生物学国家重点实验室 | 中国科学院动物研究所、清华大学、北京大学 |
| 12 | 半导体超晶格国家重点实验室 | 中国科学院半导体研究所 |
| 13 | 植物病虫害生物学国家重点实验室 | 中国农业科学院植物保护研究所 |
| 14 | 信息安全国家重点实验室 | 中国科学院信息工程研究所 |
| 15 | 大气科学和地球流体力学数值模拟国家重点实验室 | 中国科学院大气物理研究所 |
| 16 | 人工微结构和介观物理国家重点实验室 | 北京大学 |
| 17 | 新金属材料国家重点实验室 | 北京科技大学 |
| 18 | 新型陶瓷与精细工艺国家重点实验室 | 清华大学 |
| 19 | 大气边界层物理与大气化学国家重点实验室 | 中国科学院大气物理研究所 |
| 20 | 环境模拟与污染控制国家重点实验室 | 中国科学院生态环境研究中心、清华大学、北京大学、北京师范大学 |
| 21 | 爆炸科学与技术国家重点实验室 | 北京理工大学 |
| 22 | 电力系统及大型发电设备安全控制和仿真国家重点实验室 | 清华大学 |
| 23 | 汽车安全与节能国家重点实验室 | 清华大学 |
| 24 | 重质油国家重点实验室 | 中国石油大学(北京) |
| 25 | 生化工程国家重点实验室 | 中国科学院过程工程研究所 |
| 26 | 微生物资源前期开发国家重点实验室 | 中国科学院微生物研究所 |
| 27 | 农业虫害鼠害综合治理研究国家重点实验室 | 中国科学院动物研究所 |
| 28 | 植物细胞与染色体工程国家重点实验室 | 中国科学院遗传与发育生物学研究所 |
| 29 | 干细胞与生殖生物学国家重点实验室 | 中国科学院动物研究所 |
| 30 | 医学分子生物学国家重点实验室 | 中国医学科学院基础医学研究所 |
| 31 | 湍流与复杂系统国家重点实验室 | 北京大学 |
| 32 | 科学与工程计算国家重点实验室 | 中国科学院数学与系统科学研究院 |

续表

| 序号 | 重点实验室名称 | 依托单位 |
|---|---|---|
| 33 | 软件开发环境国家重点实验室 | 北京航空航天大学 |
| 34 | 网络与交换技术国家重点实验室 | 北京邮电大学 |
| 35 | 非线性力学国家重点实验室 | 中国科学院力学研究所 |
| 36 | 植物生理学与生物化学国家重点实验室 | 中国农业大学、浙江大学 |
| 37 | 地震动力学国家重点实验室 | 中国地震局地质研究所 |
| 38 | 遥感科学国家重点实验室 | 北京师范大学、中国科学院遥感应用研究所 |
| 39 | 植物基因组学国家重点实验室 | 中国科学院遗传与发育生物学研究所、中国科学院微生物研究所 |
| 40 | 环境化学与生态毒理学国家重点实验室 | 中国科学院生态环境研究中心 |
| 41 | 岩石圈演化国家重点实验室 | 中国科学院地质与地球物理研究所 |
| 42 | 灾害天气国家重点实验室 | 中国气象科学研究院 |
| 43 | 动物营养学国家重点实验室 | 中国农业大学、中国农业科学院畜牧研究所 |
| 44 | 系统与进化植物学国家重点实验室 | 中国科学院植物研究所 |
| 45 | 病原微生物生物安全国家重点实验室 | 中国人民解放军军事医学科学院 |
| 46 | 传染病预防控制国家重点实验室 | 中国疾病预防控制中心 |
| 47 | 脑与认知科学国家重点实验室 | 中国科学院生物物理研究所 |
| 48 | 计算机科学国家重点实验室 | 中国科学院软件研究所 |
| 49 | 半导体照明联合创新国家重点实验室 | 半导体照明产业技术创新战略联盟 |
| 50 | 电网安全与节能国家重点实验室 | 中国电力科学研究院 |
| 51 | 认知神经科学与学习国家重点实验室 | 北京师范大学 |
| 52 | 空间天气学国家重点实验室 | 中国科学院空间科学与应用研究中心 |
| 53 | 煤炭资源与安全开采国家重点实验室 | 中国矿业大学（北京、徐州） |
| 54 | 轨道交通控制与安全国家重点实验室 | 北京交通大学 |
| 55 | 水沙科学与水利水电工程国家重点实验室 | 清华大学 |
| 56 | 多相复杂系统国家重点实验室 | 中国科学院过程工程研究所 |
| 57 | 化工资源有效利用国家重点实验室 | 北京化工大学 |
| 58 | 城市和区域生态国家重点实验室 | 中国科学院生态环境研究中心 |
| 59 | 地表过程与资源生态国家重点实验室 | 北京师范大学 |
| 60 | 油气资源与探测国家重点实验室 | 中国石油大学（北京） |
| 61 | 植被与环境变化国家重点实验室 | 中国科学院植物研究所 |
| 62 | 蛋白质组学国家重点实验室 | 中国人民解放军军事医学科学院 |
| 63 | 核物理与核技术国家重点实验室 | 北京大学 |
| 64 | 虚拟现实技术与系统国家重点实验室 | 北京航空航天大学 |
| 65 | 动车组和机车牵引与控制国家重点实验室 | 中国铁道科学研究院、中国南车股份有限公司、中国北车股份有限公司 |
| 66 | 风电设备及控制国家重点实验室 | 国电联合动力技术有限公司 |
| 67 | 钢铁工业环境保护国家重点实验室 | 中冶建筑研究总院有限公司 |
| 68 | 高速铁路轨道技术国家重点实验室 | 中国铁道科学研究院 |
| 69 | 固废资源化利用与节能建材国家重点实验室 | 北京建筑材料科学研究总院有限公司 |
| 70 | 硅砂资源利用国家重点实验室 | 北京仁创科技集团有限公司 |

续表

| 序号 | 重点实验室名称 | 依托单位 |
| --- | --- | --- |
| 71 | 海洋石油高效开发国家重点实验室 | 中海油研究总院 |
| 72 | 混合流程工业自动化系统及装备技术国家重点实验室 | 冶金自动化研究设计院 |
| 73 | 建筑安全与环境国家重点实验室 | 中国建筑科学研究院 |
| 74 | 矿物加工科学与技术国家重点实验室 | 北京矿冶研究总院 |
| 75 | 矿冶过程自动控制技术国家重点实验室 | 北京矿冶研究总院 |
| 76 | 绿色建筑材料国家重点实验室 | 中国建筑材料科学研究总院 |
| 77 | 煤基清洁能源国家重点实验室 | 中国华能集团 |
| 78 | 煤炭资源高效开采与洁净利用国家重点实验室 | 煤炭科学研究总院 |
| 79 | 生物源纤维制造技术国家重点实验室 | 中国纺织科学研究院 |
| 80 | 石油化工催化材料与反应工程国家重点实验室 | 中国石油化工股份有限公司石油化工科学研究院 |
| 81 | 石油石化污染物控制与处理国家重点实验室 | 中国石油安全环保技术研究院 |
| 82 | 数字出版技术国家重点实验室 | 北大方正集团有限公司 |
| 83 | 数字多媒体芯片技术国家重点实验室 | 北京中星微电子有限公司 |
| 84 | 饲用微生物工程国家重点实验室 | 北京大北农科技集团股份有限公司 |
| 85 | 特种功能防水材料国家重点实验室 | 北京东方雨虹防水技术股份有限公司 |
| 86 | 特种纤维复合材料国家重点实验室 | 中材科技股份有限公司 |
| 87 | 提高石油采收率国家重点实验室 | 中国石油勘探开发研究院 |
| 88 | 有机无机复合材料国家重点实验室 | 北京化工大学 |
| 89 | 环境基准与风险评估国家重点实验室 | 中国环境科学研究院 |
| 90 | 流域水循环模拟与调控国家重点实验室 | 中国水利水电科学研究院 |
| 91 | 钢铁冶金新技术国家重点实验室 | 北京科技大学 |
| 92 | 新能源电力系统国家重点实验室 | 华北电力大学 |
| 93 | 天然药物活性物质与功能国家重点实验室 | 中国医学科学院药物研究所 |
| 94 | 真菌学国家重点实验室 | 中国科学院微生物研究所 |
| 95 | 林木遗传育种国家重点实验室 | 中国林业科学研究院、东北林业大学 |
| 96 | 分子发育生物学国家重点实验室 | 中国科学院遗传与发育生物学研究所 |
| 97 | 肾脏疾病国家重点实验室 | 中国人民解放军总医院 |
| 98 | 心血管疾病国家重点实验室 | 中国医学科学院阜外心血管病医院 |
| 99 | 低维量子物理国家重点实验室 | 清华大学 |
| 100 | 高温气体动力学国家重点实验室 | 中国科学院力学研究所 |
| 101 | 核探测与核电子学国家重点实验室 | 中国科学院高能物理研究所、中国科学技术大学 |
| 102 | 复杂系统管理与控制国家重点实验室 | 中国科学院自动化研究所 |
| 103 | 计算机体系结构国家重点实验室 | 中国科学院计算技术研究所 |
| 104 | 信息光子学与光通信国家重点实验室 | 北京邮电大学 |
| 105 | 土壤植物机器系统技术国家重点实验室 | 中国农业机械化科学研究院 |
| 106 | 无线移动通信国家重点实验室 | 电信科学技术研究院 |
| 107 | 先进成形技术与装备国家重点实验室 | 机械科学研究总院 |

续表

| 序号 | 重点实验室名称 | 依托单位 |
| --- | --- | --- |
| 108 | 先进钢铁流程及材料国家重点实验室 | 钢铁研究总院 |
| 109 | 先进输电技术国家重点实验室 | 全球能源互联网研究院有限公司 |
| 110 | 新能源与储能运行控制国家重点实验室 | 中国电力科学研究院 |
| 111 | 页岩油气富集机理与有效开发国家重点实验室 | 中国石化石油勘探开发研究院 |
| 112 | 有色金属材料制备加工国家重点实验室 | 北京有色金属研究总院 |
| 113 | 智能传感功能材料国家重点实验室 | 北京有色金属研究总院 |
| 114 | 作物育种技术创新与集成国家重点实验室 | 中国种子集团有限公司 |
| 115 | 天然气水合物国家重点实验室 | 中海油研究总院 |
| 116 | 媒体融合与传播国家重点实验室 | 中国传媒大学 |
| 117 | 传播内容认知国家重点实验室 | 人民日报社人民网 |
| 118 | 媒体融合生产技术与系统国家重点实验室 | 新华通讯社新媒体中心 |
| 119 | 超高清视音频制播呈现国家重点实验室 | 中央广播电视总台 |
| 120 | 疑难重症及罕见病国家重点实验室 | 中国医学科学院北京协和医院 |

注:资料来源为北京市科学技术委员会、中关村科技园区管理委员会。

# 2020 年在京国家工程技术研究中心一览表

| 序号 | 工程中心名称 | 依托单位 |
| --- | --- | --- |
| 1 | 国家昌平综合农业工程技术研究中心 | 中国农业科学院 |
| 2 | 国家专用集成电路设计工程技术研究中心 | 中国科学院自动化研究所 |
| 3 | 国家计算机集成制造系统工程技术研究中心 | 清华大学 |
| 4 | 国家固体激光工程技术研究中心 | 中国电子科技集团公司第十一研究所 |
| 5 | 国家纤维增强模塑料工程技术研究中心 | 北京玻璃钢研究设计院 |
| 6 | 国家碳纤维工程技术研究中心 | 北京化工大学、中国石油天然气股份有限公司吉林石化分公司 |
| 7 | 国家并行计算机工程技术研究中心 | 中国科学院计算技术研究所、江南计算技术研究所 |
| 8 | 国家新能源工程技术研究中心 | 北京市太阳能研究所有限公司 |
| 9 | 国家数据通信工程技术研究中心 | 兴唐通信科技有限公司 |
| 10 | 国家工业控制机及系统工程技术研究中心 | 中国空间技术研究院第五〇二研究所 |
| 11 | 国家水煤浆工程技术研究中心 | 煤炭科学研究总院 |
| 12 | 国家蔬菜工程技术研究中心 | 北京市农林科学院 |
| 13 | 国家特种泵阀工程技术研究中心 | 北京航天动力研究所 |
| 14 | 国家合成纤维工程技术研究中心 | 中国纺织科学研究院 |
| 15 | 国家有色金属复合材料工程技术研究中心 | 北京有色金属研究总院 |
| 16 | 国家冶金自动化工程技术研究中心 | 冶金自动化研究设计院 |

续表

| 序号 | 工程中心名称 | 依托单位 |
| --- | --- | --- |
| 17 | 国家磁性材料工程技术研究中心 | 北京矿冶科技集团有限公司 |
| 18 | 国家金属矿产资源综合利用工程技术研究中心(北京) | 北京矿冶研究总院、长沙矿冶研究院有限责任公司 |
| 19 | 国家工业建筑诊断与改造工程技术研究中心 | 中冶建筑研究总院有限公司 |
| 20 | 国家住宅与居住环境工程技术研究中心 | 中国建筑设计研究院 |
| 21 | 国家建筑工程技术研究中心 | 中国建筑科学研究院 |
| 22 | 国家城市环境污染控制工程技术研究中心 | 北京市环境保护科学研究院 |
| 23 | 国家同位素工程技术研究中心 | 中国原子能科学研究院 |
| 24 | 国家企业信息化应用支撑软件工程技术研究中心 | 清华大学、华中理工大学 |
| 25 | 国家高性能计算机工程技术研究中心 | 曙光信息产业股份有限公司 |
| 26 | 国家新药开发工程技术研究中心 | 中国医学科学院药物研究所 |
| 27 | 国家肉类加工工程技术研究中心 | 中国肉类食品综合研究中心 |
| 28 | 国家非晶微晶合金工程技术研究中心 | 中国钢研科技集团有限公司 |
| 29 | 国家生化工程技术研究中心 | 中国科学院过程工程研究所 |
| 30 | 国家遥感应用工程技术研究中心 | 中国科学院遥感应用研究所 |
| 31 | 国家节水灌溉工程技术研究中心 | 中国水利水电科学研究院 |
| 32 | 国家淡水渔业工程技术研究中心 | 中国科学院水生生物研究所、北京市水产科学研究所 |
| 33 | 国家农业机械工程技术研究中心 | 中国农业机械化科学研究院 |
| 34 | 国家玻璃深加工工程技术研究开发中心 | 中国建筑材料科学研究总院 |
| 35 | 国家智能交通系统工程技术研究中心 | 交通运输部公路科学研究院 |
| 36 | 国家铁路智能运输系统工程技术研究中心 | 中国铁道科学研究院 |
| 37 | 国家饲料工程技术研究中心 | 中国农业大学 |
| 38 | 国家农业信息化工程技术研究中心 | 北京市农林科学院 |
| 39 | 国家信息安全工程技术研究中心 | 江南计算技术研究所 |
| 40 | 国家生物防护装备工程技术研究中心 | 军事医学科学院 |
| 41 | 国家花卉工程技术研究中心 | 北京林业大学 |
| 42 | 国家超精密机床工程技术研究中心 | 北京市机床研究所 |
| 43 | 国家奶牛胚胎工程技术研究中心 | 北京首都农业集团有限公司 |
| 44 | 国家竹藤工程技术研究中心 | 国际竹藤中心 |
| 45 | 国家钢结构工程技术研究中心 | 中冶建筑研究总院有限公司 |
| 46 | 国家网络新媒体工程技术研究中心 | 中国科学院声学研究所 |
| 47 | 国家板带生产先进装备工程技术研究中心 | 北京科技大学、燕山大学 |
| 48 | 国家作物分子设计工程技术研究中心 | 未名生物农业集团有限公司 |
| 49 | 国家火力发电工程技术研究中心 | 华北电力大学 |
| 50 | 国家农业智能装备工程技术研究中心 | 北京市农林科学院 |
| 51 | 国家测绘工程技术研究中心 | 中国测绘科学研究院 |
| 52 | 国家蛋品工程技术研究中心 | 北京德青源农业科技股份有限公司 |
| 53 | 国家皮革及制品工程技术研究中心 | 中国皮革制鞋研究院有限公司 |
| 54 | 国家广播电视网工程技术研究中心 | 广播科学研究院 |

续表

| 序号 | 工程中心名称 | 依托单位 |
|---|---|---|
| 55 | 国家果蔬加工工程技术研究中心 | 中国农业大学 |
| 56 | 国家科技信息资源综合利用与公共服务中心 | 中国科学技术信息研究所 |
| 57 | 国家应急防控药物工程技术研究中心 | 军事医学科学院 |
| 58 | 国家棉花加工工程技术研究中心 | 中棉工业有限责任公司 |
| 59 | 国家眼科诊断与治疗设备工程技术研究中心 | 首都医科大学附属北京同仁医院 |
| 60 | 国家半导体泵浦激光工程技术研究中心 | 北京国科世纪激光技术有限公司、中国科学院光电研究院 |
| 61 | 国家煤加工与洁净化工程技术研究中心 | 中国矿业大学 |
| 62 | 国家有色金属新能源材料与制品工程技术研究中心 | 北京有色金属研究总院 |
| 63 | 国家心脏病植介入诊疗器械及设备工程技术研究中心 | 乐普(北京)医疗器械股份有限公司 |
| 64 | 国家阻燃材料工程技术研究中心 | 北京理工大学 |
| 65 | 国家科技资源共享服务工程技术研究中心 | 北京航空航天大学 |
| 66 | 国家母婴乳品健康工程技术研究中心 | 北京三元食品股份有限公司 |

注:资料来源为北京市科学技术委员会、中关村科技园区管理委员会。

# 2020 年在京国家临床医学研究中心一览表

| 序号 | 疾病领域/临床专科 | 国家临床医学研究中心 | 依托单位 |
|---|---|---|---|
| 1 | 心血管疾病 | 国家心血管疾病临床医学研究中心 | 中国医学科学院阜外心血管病医院<br>首都医科大学附属北京安贞医院 |
| 2 | 神经系统疾病 | 国家神经系统疾病临床医学研究中心 | 首都医科大学附属北京天坛医院 |
| 3 | 慢性肾病 | 国家慢性肾病临床医学研究中心 | 中国人民解放军总医院 |
| 4 | 恶性肿瘤 | 国家恶性肿瘤临床医学研究中心 | 中国医学科学院肿瘤医院 |
| 5 | 呼吸系统疾病 | 国家呼吸系统疾病临床医学研究中心 | 卫生部北京医院<br>首都医科大学附属北京儿童医院 |
| 6 | 精神心理疾病 | 国家精神心理疾病临床医学研究中心 | 北京大学第六医院<br>首都医科大学附属安定医院 |
| 7 | 妇产疾病 | 国家妇产疾病临床医学研究中心 | 中国医学科学院北京协和医院<br>北京大学第三医院 |
| 8 | 消化系统疾病 | 国家消化系统疾病临床医学研究中心 | 首都医科大学附属北京友谊医院 |
| 9 | 口腔疾病 | 国家口腔疾病临床医学研究中心 | 北京大学口腔医院 |
| 10 | 老年疾病 | 国家老年疾病临床医学研究中心 | 中国人民解放军总医院<br>卫生部北京医院<br>首都医科大学附属宣武医院 |
| 11 | 感染性疾病 | 国家传染性疾病(病毒性肝炎)临床医学研究中心 | 中国人民解放军第三〇二医院 |
| 12 | 骨科与运动康复 | 国家骨科与运动康复临床医学研究中心 | 中国人民解放军总医院 |

续表

| 序号 | 疾病领域/临床专科 | 国家临床医学研究中心 | 依托单位 |
|---|---|---|---|
| 13 | 眼耳鼻喉疾病 | 国家耳鼻咽喉疾病临床医学研究中心 | 中国人民解放军总医院 |
| 14 | 皮肤与免疫疾病 | 国家皮肤和免疫疾病临床医学研究中心 | 北京大学第一医院<br>中国医学科学院北京协和医院 |
| 15 | 血液系统疾病 | 国家血液系统疾病临床医学研究中心 | 北京大学人民医院 |
| 16 | 中医 | 国家中医临床医学研究中心 | 中国中医科学院西苑医院 |

注:资料来源为北京市科学技术委员会、中关村科技园区管理委员会。

# 2020年北京市重点实验室一览表

| 序号 | 重点实验室名称 | 依托单位 |
|---|---|---|
| 1 | 城市综合应急科学北京市重点实验室 | 清华大学 |
| 2 | 动物源食品安全检测技术北京市重点实验室 | 中国农业大学 |
| 3 | 分子与微结构可控高分子材料技术北京市重点实验室 | 北京科技大学 |
| 4 | 飞机/发动机综合系统安全性北京市重点实验室 | 北京航空航天大学 |
| 5 | 大功率电力电子北京市重点实验室 | 全球能源互联网研究院有限公司 |
| 6 | 太阳能发电技术北京市重点实验室 | 中国科学院电工研究所 |
| 7 | 安全生产智能监控北京市重点实验室 | 北京邮电大学 |
| 8 | 细胞工程和抗体药物北京市重点实验室 | 中国人民解放军总医院 |
| 9 | 生物饲料添加剂北京市重点实验室 | 中国农业大学 |
| 10 | 新能源汽车动力总成技术北京市重点实验室 | 北京交通大学 |
| 11 | 轨道工程北京市重点实验室 | 北京交通大学 |
| 12 | 城市交通运行仿真与决策支持北京市重点实验室 | 北京交通发展研究院 |
| 13 | 二氧化碳资源利用与减排技术北京市重点实验室 | 清华大学 |
| 14 | 冶金工业节能减排北京市重点实验室 | 北京科技大学 |
| 15 | 低品位能源多相流与传热北京市重点实验室 | 华北电力大学 |
| 16 | 分布式冷热电联供系统北京市重点实验室 | 中国科学院工程热物理研究所 |
| 17 | 新能源材料与器件北京市重点实验室 | 中国科学院物理研究所 |
| 18 | 高端机械装备健康监控与自愈化北京市重点实验室 | 北京化工大学 |
| 19 | 车路协同与安全控制北京市重点实验室 | 北京航空航天大学 |
| 20 | 流域水环境与生态技术北京市重点实验室 | 北京市水科学技术研究院 |
| 21 | 水体污染源控制技术北京市重点实验室 | 北京林业大学 |
| 22 | 工业场地污染与修复北京市重点实验室 | 轻工业环境保护研究所 |
| 23 | 环境噪声与振动北京市重点实验室 | 北京市劳动保护科学研究所 |
| 24 | 植物基因资源与低碳环境生物技术北京市重点实验室 | 首都师范大学 |
| 25 | 恩泽生物质精细化工北京市重点实验室 | 北京石油化工学院 |

续表

| 序号 | 重点实验室名称 | 依托单位 |
| --- | --- | --- |
| 26 | 离子液体清洁过程北京市重点实验室 | 中国科学院过程工程研究所 |
| 27 | 先进电池材料理论与技术北京市重点实验室 | 北京大学 |
| 28 | 特种陶瓷与耐火材料北京市重点实验室 | 中国钢研科技集团有限公司 |
| 29 | 镀膜靶材北京市重点实验室 | 安泰科技股份有限公司 |
| 30 | 水泥混凝土节能利废技术北京市重点实验室 | 北京金隅水泥节能科技有限公司 |
| 31 | 防水材料北京市重点实验室 | 北京东方雨虹防水技术股份有限公司 |
| 32 | 职业安全健康北京市重点实验室 | 北京市劳动保护科学研究所 |
| 33 | 燃气、供热及地下管网运行安全北京市重点实验室 | 北京城市系统工程研究中心 |
| 34 | 地下工程建设预报预警北京市重点实验室 | 北京市市政工程研究院 |
| 35 | 数字化印刷装备北京市重点实验室 | 北京印刷学院 |
| 36 | 高端印刷装备信号与信息处理北京市重点实验室 | 北京印刷学院 |
| 37 | 语言声学与内容理解北京市重点实验室 | 中国科学院声学研究所 |
| 38 | 分子影像北京市重点实验室 | 中国科学院自动化研究所 |
| 39 | 移动计算与新型终端北京市重点实验室 | 中国科学院计算技术研究所 |
| 40 | 无线通信测试技术北京市重点实验室 | 北京星河亮点技术股份有限公司 |
| 41 | 第四代移动通信技术研究北京市重点实验室 | 大唐移动通信设备有限公司 |
| 42 | 网络体系构建与融合北京市重点实验室 | 北京邮电大学 |
| 43 | 云计算关键技术与应用北京市重点实验室 | 北京市计算中心 |
| 44 | 网络密码认证技术北京市重点实验室 | 北京市科学技术情报研究所 |
| 45 | 软件测试技术北京市重点实验室 | 北京软件产品质量检测检验中心 |
| 46 | 嵌入式实时信息处理技术北京市重点实验室 | 北京理工大学 |
| 47 | 文化遗产数字化保护与虚拟现实北京市重点实验室 | 北京师范大学 |
| 48 | 网络安全防护技术北京市重点实验室 | 中国科学院信息工程研究所 |
| 49 | 可信计算北京市重点实验室 | 北京工业大学 |
| 50 | 软件安全工程技术北京市重点实验室 | 北京理工大学 |
| 51 | 电子系统可靠性技术北京市重点实验室 | 首都师范大学 |
| 52 | 集成电路测试技术北京市重点实验室 | 北京自动测试技术研究所 |
| 53 | 矿冶过程自动控制技术北京市重点实验室 | 北京矿冶科技集团有限公司 |
| 54 | 液晶材料分析及应用技术北京市重点实验室 | 北京八亿时空液晶科技股份有限公司 |
| 55 | 啤酒酿造技术北京市重点实验室 | 北京燕京啤酒股份有限公司 |
| 56 | 特种弹性体复合材料北京市重点实验室 | 北京石油化工学院 |
| 57 | 微量分析测试方法与仪器研制北京市重点实验室 | 清华大学 |
| 58 | 油气装备材料失效与腐蚀防护北京市重点实验室 | 中国石油大学(北京) |
| 59 | 农产品有害微生物及农残安全检测与控制北京市重点实验室 | 北京农学院 |
| 60 | 出入境食品安全检测北京市重点实验室 | 北京海关技术中心 |
| 61 | 食物中毒诊断溯源技术北京市重点实验室 | 北京市疾病预防控制中心 |
| 62 | 食品安全毒理学研究与评价北京市重点实验室 | 北京大学 |
| 63 | 农业智能装备技术北京市重点实验室 | 北京市农林科学院 |

续表

| 序号 | 重点实验室名称 | 依托单位 |
| --- | --- | --- |
| 64 | 现代农业装备优化设计北京市重点实验室 | 中国农业大学 |
| 65 | 肉类加工技术北京市重点实验室 | 中国肉类食品综合研究中心 |
| 66 | 种子病害检验与防控北京市重点实验室 | 中国农业大学 |
| 67 | 绿化植物育种北京市重点实验室 | 北京市园林科学研究院 |
| 68 | 葡萄科学与酿酒技术北京市重点实验室 | 中国科学院植物研究所 |
| 69 | 抗性基因资源与分子发育北京市重点实验室 | 北京师范大学 |
| 70 | 高温超导材料及应用技术北京市重点实验室 | 北京英纳超导技术有限公司 |
| 71 | 生物电磁学北京市重点实验室 | 中国科学院电工研究所 |
| 72 | 煤基节能环保炭材料北京市重点实验室 | 煤炭科学技术研究院有限公司 |
| 73 | 射频集成电路与系统北京市重点实验室 | 中国科学院半导体研究所 |
| 74 | 航空材料检测与评价北京市重点实验室 | 中国航发北京航空材料研究院 |
| 75 | 精密合金技术北京市重点实验室 | 钢铁研究总院 |
| 76 | 绿色可循环钢铁流程北京市重点实验室 | 首钢集团有限公司 |
| 77 | 药物非临床安全评价研究北京市重点实验室 | 中国食品药品检定研究院 |
| 78 | 药物靶点研究与新药筛选北京市重点实验室 | 中国医学科学院药物研究所 |
| 79 | 活性物质发现与适药化北京市重点实验室 | 中国医学科学院药物研究所 |
| 80 | 中药成分分析与生物评价北京市重点实验室 | 北京市药品检验所 |
| 81 | 心血管植入材料临床前研究评价北京市重点实验室 | 中国医学科学院阜外医院 |
| 82 | 生物制品安全性评价北京市重点实验室 | 北京昭衍新药研究中心股份有限公司 |
| 83 | 全牙再生与口腔组织功能重建北京市重点实验室 | 首都医科大学附属北京口腔医院 |
| 84 | 热带病防治研究北京市重点实验室 | 首都医科大学附属北京友谊医院 |
| 85 | 丙型肝炎和肝病免疫治疗北京市重点实验室 | 北京大学人民医院 |
| 86 | 乙型肝炎与肝癌转化医学研究北京市重点实验室 | 首都医科大学附属北京佑安医院 |
| 87 | 艾滋病研究北京市重点实验室 | 首都医科大学附属北京佑安医院 |
| 88 | 药物传输技术及新型制剂北京市重点实验室 | 中国医学科学院药物研究所 |
| 89 | 单克隆抗体上游研发技术北京市重点实验室 | 北京义翘神州科技有限公司 |
| 90 | 蛋白质组学北京市重点实验室 | 北京市蛋白质组研究中心 |
| 91 | 结合疫苗新技术研究北京市重点实验室 | 北京民海生物科技有限公司 |
| 92 | DNA 损伤应答北京市重点实验室 | 首都师范大学 |
| 93 | 基因组学研究北京市重点实验室 | 北京诺赛基因组研究中心有限公司 |
| 94 | 脑肿瘤研究北京市重点实验室 | 北京市神经外科研究所 |
| 95 | 神经精神药理学北京市重点实验室 | 中国人民解放军军事科学院军事医学研究院 |
| 96 | 脑功能疾病调控治疗北京市重点实验室 | 首都医科大学宣武医院 |
| 97 | 磁共振成像设备与技术北京市重点实验室 | 北京大学第三医院 |
| 98 | 中药药理北京市重点实验室 | 中国中医科学院西苑医院 |
| 99 | 脑血管病转化医学北京市重点实验室 | 首都医科大学 |
| 100 | 证候与方剂基础研究北京市重点实验室 | 北京中医药大学 |
| 101 | 中医药防治重大疾病基础研究北京市重点实验室 | 中国中医科学院医学实验中心 |

续表

| 序号 | 重点实验室名称 | 依托单位 |
|---|---|---|
| 102 | 道地中药材功能基因组研究北京市重点实验室 | 中国中医科学院中药研究所 |
| 103 | 生化诊断试剂检验技术北京市重点实验室 | 北京利德曼生化股份有限公司 |
| 104 | 器官移植与免疫调节北京市重点实验室 | 中国人民解放军第三〇九医院 |
| 105 | 造血干细胞移植治疗血液病北京市重点实验室 | 北京大学人民医院 |
| 106 | 临床流行病学北京市重点实验室 | 首都医科大学 |
| 107 | 皮肤损伤修复与组织再生北京市重点实验室 | 中国人民解放军总医院 |
| 108 | 肾脏疾病研究北京市重点实验室 | 中国人民解放军总医院 |
| 109 | 科技政策模拟与决策支撑北京市重点实验室 | 北京科学学研究中心 |
| 110 | 跨媒体出版北京市重点实验室 | 北京印刷学院 |
| 111 | 恶性肿瘤转化研究北京市重点实验室 | 北京市肿瘤防治研究所 |
| 112 | 皮肤病分子诊断北京市重点实验室 | 北京大学第一医院 |
| 113 | 脊柱疾病研究北京市重点实验室 | 北京大学第三医院 |
| 114 | 生殖内分泌与辅助生殖技术北京市重点实验室 | 北京大学第三医院 |
| 115 | 消化疾病癌前病变北京市重点实验室 | 首都医科大学附属北京友谊医院 |
| 116 | 生物医药成分分离与分析北京市重点实验室 | 北京理工大学 |
| 117 | 膜分离过程与技术北京市重点实验室 | 北京化工大学 |
| 118 | 营养健康与食品安全北京市重点实验室 | 中粮营养健康研究院有限公司 |
| 119 | 太阳能与建筑节能玻璃材料加工技术北京市重点实验室 | 中国建筑材料科学研究总院 |
| 120 | 民用飞机设计数字仿真技术北京市重点实验室 | 中国商用飞机有限责任公司北京民用飞机技术研究中心 |
| 121 | 配电变压器节能技术北京市重点实验室 | 中国电力科学研究院有限公司 |
| 122 | 民用飞机结构与复合材料北京市重点实验室 | 中国商用飞机有限责任公司北京民用飞机技术研究中心 |
| 123 | 射频识别芯片检测技术北京市重点实验室 | 北京中电华大电子设计有限责任公司 |
| 124 | 基于 IPv6 的电信网络技术北京市重点实验室 | 中国电信股份有限公司北京研究院 |
| 125 | 二氧化碳捕集与处理北京市重点实验室 | 中国华能集团清洁能源技术研究院有限公司 |
| 126 | 骨科再生医学北京市重点实验室 | 中国人民解放军总医院 |
| 127 | 中枢神经系统损伤研究北京市重点实验室 | 北京市神经外科研究所 |
| 128 | 儿童发育营养组学北京市重点实验室 | 首都儿科研究所 |
| 129 | 鼻病研究北京市重点实验室 | 首都医科大学附属北京同仁医院 |
| 130 | 泌尿生殖系疾病(男)分子诊治北京市重点实验室 | 北京大学第一医院 |
| 131 | 磁共振成像脑信息学北京市重点实验室 | 首都医科大学宣武医院 |
| 132 | 衰老及相关疾病研究北京市重点实验室 | 中国人民解放军总医院 |
| 133 | 风湿病机制及免疫诊断北京市重点实验室 | 北京大学人民医院 |
| 134 | 帕金森病研究北京市重点实验室 | 北京市老年病医疗研究中心 |
| 135 | 癫痫病临床医学研究北京市重点实验室 | 首医大三博脑科医院(北京)有限公司 |
| 136 | 精神疾病诊断与治疗北京市重点实验室 | 首都医科大学附属北京安定医院 |
| 137 | 心血管受体研究北京市重点实验室 | 北京大学第三医院 |

续表

| 序号 | 重点实验室名称 | 依托单位 |
|---|---|---|
| 138 | 新发突发传染病研究北京市重点实验室 | 首都医科大学附属北京地坛医院 |
| 139 | 耐药结核病研究北京市重点实验室 | 北京市结核病胸部肿瘤研究所 |
| 140 | 肺损伤与感染北京市重点实验室 | 中国人民解放军总医院 |
| 141 | 儿童血液病与肿瘤分子分型北京市重点实验室 | 首都医科大学附属北京儿童医院 |
| 142 | 糖尿病防治研究北京市重点实验室 | 首都医科大学附属北京同仁医院 |
| 143 | 中药(天然药物)创新药物研发北京市重点实验室 | 中国医学科学院药用植物研究所 |
| 144 | 抗肿瘤分子靶向药物临床研究北京市重点实验室 | 中国医学科学院肿瘤医院 |
| 145 | 晶型药物研究北京市重点实验室 | 中国医学科学院药物研究所 |
| 146 | 低温生物医学工程学北京市重点实验室 | 中国科学院理化技术研究所 |
| 147 | 心脏药械技术与循证医学研究北京市重点实验室 | 北京美中双和医疗器械股份有限公司 |
| 148 | 新药作用机制研究与药效评价北京市重点实验室 | 中国医学科学院药物研究所 |
| 149 | 肿瘤系统生物学北京市重点实验室 | 北京大学 |
| 150 | 人机交互北京市重点实验室 | 中国科学院软件研究所 |
| 151 | 网络多媒体北京市重点实验室 | 清华大学 |
| 152 | 石油数据挖掘北京市重点实验室 | 中国石油大学(北京) |
| 153 | 新一代通信射频芯片技术北京市重点实验室 | 中国科学院微电子研究所 |
| 154 | 材料领域知识工程北京市重点实验室 | 北京科技大学 |
| 155 | 毫米波与太赫兹技术北京市重点实验室 | 北京理工大学 |
| 156 | 高速交通工具智能诊断与健康管理北京市重点实验室 | 北京航天测控技术有限公司 |
| 157 | 光电测试技术北京市重点实验室 | 北京信息科技大学 |
| 158 | 化学电源与绿色催化北京市重点实验室 | 北京理工大学 |
| 159 | 先进化学蓄电技术与材料北京市重点实验室 | 中国人民解放军军事科学院防化研究院 |
| 160 | 纳米能源材料北京市重点实验室 | 安泰科技股份有限公司 |
| 161 | 能量转换与存储材料北京市重点实验室 | 北京师范大学 |
| 162 | 非常规天然气能源地质评价与开发工程北京市重点实验室 | 中国地质大学(北京) |
| 163 | 工业废水处理与资源化北京市重点实验室 | 中国科学院生态环境研究中心 |
| 164 | 污染场地风险模拟与修复北京市重点实验室 | 北京市环境保护科学研究院 |
| 165 | 油气污染防治北京市重点实验室 | 中国石油大学(北京) |
| 166 | 云降水物理研究和云水资源开发北京市重点实验室 | 北京市气象局 |
| 167 | 园林绿地生态功能评价与调控技术北京市重点实验室 | 北京市园林科学研究院 |
| 168 | 林木生物质化学北京市重点实验室 | 北京林业大学 |
| 169 | 温室气体封存与石油开采利用北京市重点实验室 | 中国石油大学(北京) |
| 170 | 城市道路交通智能控制技术北京市重点实验室 | 北方工业大学 |
| 171 | 城市交通节能减排检测与评估北京市重点实验室 | 北京交通发展研究院 |
| 172 | 低维半导体材料与器件北京市重点实验室 | 中国科学院半导体研究所 |
| 173 | 纳米光子学与超精密光电系统北京市重点实验室 | 北京理工大学 |
| 174 | 高温合金新材料北京市重点实验室 | 钢铁研究总院 |
| 175 | 辐射新材料北京市重点实验室 | 北京市射线应用研究中心 |

续表

| 序号 | 重点实验室名称 | 依托单位 |
| --- | --- | --- |
| 176 | 材料电化学过程与技术北京市重点实验室 | 北京化工大学 |
| 177 | 固体微结构与性能北京市重点实验室 | 北京工业大学 |
| 178 | 功能分子与晶态材料科学与应用北京市重点实验室 | 北京科技大学 |
| 179 | 精密超精密制造装备及控制北京市重点实验室 | 清华大学 |
| 180 | 复杂构件数控加工工艺及装备北京市重点实验室 | 中国航空制造技术研究院 |
| 181 | 城市运行应急保障模拟技术北京市重点实验室 | 北京航空航天大学 |
| 182 | 城市有毒有害易燃易爆危险源控制技术北京市重点实验室 | 北京市劳动保护科学研究所 |
| 183 | 环境有害化学物质分析北京市重点实验室 | 北京化工大学 |
| 184 | 蔬菜种质改良北京市重点实验室 | 北京市农林科学院 |
| 185 | 农业基因资源与生物技术北京市重点实验室 | 北京农业生物技术研究中心 |
| 186 | 设施蔬菜生长发育调控北京市重点实验室 | 中国农业大学 |
| 187 | 森林资源生态系统过程北京市重点实验室 | 北京林业大学 |
| 188 | 畜禽疫病防控技术北京市重点实验室 | 北京市农林科学院 |
| 189 | 蔬菜有害生物控制与优质栽培北京市重点实验室 | 中国农业科学院蔬菜花卉研究所 |
| 190 | 植物源功能食品北京市重点实验室 | 中国农业大学 |
| 191 | 林业食品加工与安全北京市重点实验室 | 北京林业大学 |
| 192 | 博物馆展陈设计与空间实现北京市重点实验室 | 北京工业大学 |
| 193 | 文化创意产业标准化研究北京市重点实验室 | 北京市科学技术情报研究所 |
| 194 | 空间热控技术北京市重点实验室 | 北京空间飞行器总体设计部 |
| 195 | 计算智能与智能系统北京市重点实验室 | 北京工业大学 |
| 196 | 高动态导航技术北京市重点实验室 | 北京信息科技大学 |
| 197 | 数字动画技术研究与应用北京市重点实验室 | 中国传媒大学 |
| 198 | 交通数据分析与挖掘北京市重点实验室 | 北京交通大学 |
| 199 | 电弧等离子应用装备北京市重点实验室 | 中国航天空气动力技术研究院 |
| 200 | 生物制造与快速成形技术北京市重点实验室 | 清华大学 |
| 201 | 高能束流增量制造技术与装备北京市重点实验室 | 中国航空制造技术研究院 |
| 202 | 飞行器装配机器人装备北京市重点实验室 | 北京航空航天大学 |
| 203 | 核检测技术北京市重点实验室 | 清华大学 |
| 204 | 机械结构非线性振动与强度北京市重点实验室 | 北京工业大学 |
| 205 | 多维多尺度计算摄像北京市重点实验室 | 清华大学 |
| 206 | 物联网信息安全技术北京市重点实验室 | 中国科学院信息工程研究所 |
| 207 | 分数域信号与系统北京市重点实验室 | 北京理工大学 |
| 208 | 智能物流系统北京市重点实验室 | 北京物资学院 |
| 209 | 精密光电测试仪器及技术北京市重点实验室 | 北京理工大学 |
| 210 | 反劫持装备技术北京市重点实验室 | 中国人民武装警察部队特种警察学院 |
| 211 | 区域大气复合污染防治北京市重点实验室 | 北京工业大学 |
| 212 | 城市空间信息工程北京市重点实验室 | 北京市测绘设计研究院 |
| 213 | 湿地生态功能与恢复北京市重点实验室 | 中国林业科学研究院 |

续表

| 序号 | 重点实验室名称 | 依托单位 |
|---|---|---|
| 214 | 结构风工程与城市风环境北京市重点实验室 | 北京交通大学 |
| 215 | 热电生产过程污染物监测与控制北京市重点实验室 | 华北电力大学 |
| 216 | 热力过程节能技术北京市重点实验室 | 中国科学院理化技术研究所 |
| 217 | 综合交通运行监测与服务北京市重点实验室 | 北京市交通信息中心 |
| 218 | 生物燃气高值利用北京市重点实验室 | 中国石油大学(北京) |
| 219 | 精准林业北京市重点实验室 | 北京林业大学 |
| 220 | 生物质炼制工程北京市重点实验室 | 中国科学院过程工程研究所 |
| 221 | 非能动核能安全技术北京市重点实验室 | 华北电力大学 |
| 222 | 仿生能源材料与器件北京市重点实验室 | 北京航空航天大学 |
| 223 | 先进功能材料与结构分析北京市重点实验室 | 中国科学院物理研究所 |
| 224 | 光功能材料与器件北京市重点实验室 | 首都师范大学 |
| 225 | 特种涂层材料与技术北京市重点实验室 | 矿冶科技集团有限公司 |
| 226 | 稀贵金属绿色回收与提取北京市重点实验室 | 北京科技大学 |
| 227 | 光电功能材料与微纳器件北京市重点实验室 | 中国人民大学 |
| 228 | 金属材料表征北京市重点实验室 | 钢研纳克检测技术股份有限公司 |
| 229 | 光电转换材料北京市重点实验室 | 北京理工大学 |
| 230 | 玉米 DNA 指纹及分子育种北京市重点实验室 | 北京市农林科学院 |
| 231 | 畜禽遗传改良北京市重点实验室 | 中国农业大学 |
| 232 | 奶牛遗传育种与繁殖北京市重点实验室 | 北京奶牛中心 |
| 233 | 花卉种质创新与分子育种北京市重点实验室 | 北京林业大学 |
| 234 | 生物多样性与有机农业北京市重点实验室 | 中国农业大学 |
| 235 | 林木有害生物防治北京市重点实验室 | 北京林业大学 |
| 236 | 果蔬农产品保鲜与加工北京市重点实验室 | 北京市农林科学院 |
| 237 | 代谢及心血管分子医学北京市重点实验室 | 北京大学 |
| 238 | 代谢紊乱相关心血管疾病北京市重点实验室 | 首都医科大学 |
| 239 | 儿童耳鼻咽喉头颈外科疾病北京市重点实验室 | 首都医科大学附属北京儿童医院 |
| 240 | 心血管疾病微创技术研究北京市重点实验室 | 中国人民解放军总医院 |
| 241 | 运动医学关节伤病北京市重点实验室 | 北京大学第三医院 |
| 242 | 视网膜脉络膜疾病诊治研究北京市重点实验室 | 北京大学人民医院 |
| 243 | 肝硬化转化医学北京市重点实验室 | 首都医科大学附属北京友谊医院 |
| 244 | 老年认知障碍疾病北京市重点实验室 | 首都医科大学宣武医院 |
| 245 | 临床生物力学应用基础研究北京市重点实验室 | 首都医科大学 |
| 246 | 中医正骨技术北京市重点实验室 | 中国中医科学院望京医院 |
| 247 | 神经系统小血管病探索北京市重点实验室 | 北京大学第一医院 |
| 248 | 传染病分子诊断新技术北京市重点实验室 | 中国人民解放军军事科学院军事医学研究院 |
| 249 | 生物工程与传感技术北京市重点实验室 | 北京科技大学 |
| 250 | 病原微生物耐药与耐药基因组学北京市重点实验室 | 中国科学院微生物研究所 |
| 251 | 肿瘤治疗性疫苗北京市重点实验室 | 首都医科大学附属北京世纪坛医院 |

续表

| 序号 | 重点实验室名称 | 依托单位 |
| --- | --- | --- |
| 252 | 环境毒理学北京市重点实验室 | 首都医科大学 |
| 253 | 高血压病研究北京市重点实验室 | 首都医科大学附属北京朝阳医院 |
| 254 | 药物临床风险与个体化应用评价北京市重点实验室 | 北京医院 |
| 255 | 中医养生学北京市重点实验室 | 北京中医药大学 |
| 256 | 高端植介入医疗器械优化设计与评测技术北京市重点实验室 | 北京航空航天大学 |
| 257 | 基因组与精准医学检测技术北京市重点实验室 | 中国科学院北京基因组研究所 |
| 258 | 药物依赖性研究北京市重点实验室 | 北京大学 |
| 259 | 城市绿色发展科技战略研究北京市重点实验室 | 北京师范大学首都科技发展战略研究院 |
| 260 | 包装印刷新技术北京市重点实验室 | 中国印刷科学技术研究院有限公司 |
| 261 | 新媒体动画技术北京市重点实验室 | 北京电影学院 |
| 262 | 大规模流数据集成与分析技术北京市重点实验室 | 北方工业大学 |
| 263 | 云计算标准与测试验证北京市重点实验室 | 中国信息通信研究院 |
| 264 | 超高速宽带通信北京市重点实验室 | 中国电信股份有限公司北京研究院 |
| 265 | 航天机电产品环境可靠性试验技术北京市重点实验室 | 北京卫星环境工程研究所 |
| 266 | 空间智能机器人系统技术与应用北京市重点实验室 | 北京空间飞行器总体设计部 |
| 267 | 电火花加工技术北京市重点实验室 | 北京市电加工研究所 |
| 268 | 网络化协同空管技术北京市重点实验室 | 北京航空航天大学 |
| 269 | 油气光学探测技术北京市重点实验室 | 中国石油大学(北京) |
| 270 | 道路工程材料与检测鉴定技术北京市重点实验室 | 北京市道路工程质量监督站(北京市公路工程检测中心) |
| 271 | 新能源乘用车节能与安全北京市重点实验室 | 北京新能源汽车股份有限公司 |
| 272 | 高速铁路信号系统北京市重点实验室 | 北京和利时系统工程有限公司 |
| 273 | 新兴有机污染物控制北京市重点实验室 | 清华大学 |
| 274 | 环境损害与污染修复北京市重点实验室 | 中国科学院地理科学与资源研究所 |
| 275 | 绿色催化与分离北京市重点实验室 | 北京工业大学 |
| 276 | 工业典型污染物资源化处理北京市重点实验室 | 北京科技大学 |
| 277 | 微细尺度流动与相变传热北京市重点实验室 | 北京交通大学 |
| 278 | 灾害救援医学北京市重点实验室 | 中国人民解放军总医院第三医学中心 |
| 279 | 安防大数据处理与应用北京市重点实验室 | 北京声迅电子股份有限公司 |
| 280 | 金属矿山智能开采技术北京市重点实验室 | 矿冶科技集团有限公司 |
| 281 | 地铁火灾与客流疏运安全北京市重点实验室 | 中国安全生产科学研究院 |
| 282 | 移动媒体与文化计算北京市重点实验室 | 北京邮电大学世纪学院 |
| 283 | 有机材料检测技术与质量评价北京市重点实验室 | 北京市理化分析测试中心 |
| 284 | 首都区域空间规划研究北京市重点实验室 | 清华大学 |
| 285 | 现代演艺技术北京市重点实验室 | 中国传媒大学 |
| 286 | 数字出版标准符合性测试北京市重点实验室 | 中国新闻出版研究院 |
| 287 | 纳米材料与器件物理北京市重点实验室 | 中国科学院物理研究所 |
| 288 | 非金属矿物与固废资源材料化利用北京市重点实验室 | 中国地质大学(北京) |

续表

| 序号 | 重点实验室名称 | 依托单位 |
|---|---|---|
| 289 | 超材料与器件北京市重点实验室 | 首都师范大学 |
| 290 | 高端金属材料特种熔炼与制备北京市重点实验室 | 北京科技大学 |
| 291 | 生物质废弃物资源化利用北京市重点实验室 | 北京联合大学 |
| 292 | 煤制清洁液体燃料北京市重点实验室 | 中科合成油技术有限公司 |
| 293 | 新型薄膜太阳电池北京市重点实验室 | 华北电力大学 |
| 294 | 气动热力储能与供能北京市重点实验室 | 北京航空航天大学 |
| 295 | 杂交小麦分子遗传北京市重点实验室 | 北京市农林科学院 |
| 296 | 奶牛营养学北京市重点实验室 | 北京农学院 |
| 297 | 渔业生物技术北京市重点实验室 | 北京市水产科学研究所 |
| 298 | 花卉发育与品质调控北京市重点实验室 | 中国农业大学 |
| 299 | 圈养野生动物技术北京市重点实验室 | 北京动物园 |
| 300 | 肿瘤侵袭和转移机制研究北京市重点实验室 | 首都医科大学 |
| 301 | 骨与软组织肿瘤研究北京市重点实验室 | 北京大学人民医院 |
| 302 | 痴呆诊治转化医学研究北京市重点实验室 | 北京大学第六医院 |
| 303 | 头颈部分子病理诊断北京市重点实验室 | 首都医科大学附属北京同仁医院 |
| 304 | 胎儿心脏病母胎医学研究北京市重点实验室 | 首都医科大学附属北京安贞医院 |
| 305 | 肝硬化肝癌基础研究北京市重点实验室 | 北京大学人民医院 |
| 306 | 媒介生物危害和自然疫源性疾病北京市重点实验室 | 中国人民解放军军事科学院军事医学研究院 |
| 307 | 结核病诊疗新技术北京市重点实验室 | 中国人民解放军第三〇九医院 |
| 308 | 儿童病毒病病原学北京市重点实验室 | 首都儿科研究所 |
| 309 | 儿童呼吸道感染性疾病研究北京市重点实验室 | 首都医科大学附属北京儿童医院 |
| 310 | 低氧适应转化医学北京市重点实验室 | 首都医科大学宣武医院 |
| 311 | 免疫炎性疾病北京市重点实验室 | 中日友好医院 |
| 312 | 移植耐受与器官保护北京市重点实验室 | 首都医科大学附属北京友谊医院 |
| 313 | 儿科遗传性疾病分子诊断与研究北京市重点实验室 | 北京大学第一医院 |
| 314 | 中医络病研究北京市重点实验室 | 首都医科大学 |
| 315 | 神经电刺激研究与治疗北京市重点实验室 | 北京市神经外科研究所 |
| 316 | 中医感染性疾病基础研究北京市重点实验室 | 北京市中医研究所 |
| 317 | 中医药防治过敏性疾病北京市重点实验室 | 中日友好医院 |
| 318 | 血液安全保障技术研究北京市重点实验室 | 中国人民解放军军事科学院军事医学研究院 |
| 319 | 抗感染药物研究北京市重点实验室 | 中国医学科学院医药生物技术研究所 |
| 320 | 创新药物非临床药物代谢及药代/药效研究北京市重点实验室 | 中国医学科学院药物研究所 |
| 321 | 放射生物学北京市重点实验室 | 中国人民解放军军事科学院军事医学研究院 |
| 322 | 蛋白质修饰与细胞功能北京市重点实验室 | 北京大学 |
| 323 | 工程化构建与力学生物学北京市重点实验室 | 中国科学院力学研究所 |
| 324 | 中药鉴定与安全性评估北京市重点实验室 | 中国中医科学院中药研究所 |
| 325 | 生物应急与临床 POCT 北京市重点实验室 | 中国人民解放军军事科学院军事医学研究院 |
| 326 | 医疗器械检验与安全性评价北京市重点实验室 | 北京市医疗器械检验所 |

续表

| 序号 | 重点实验室名称 | 依托单位 |
| --- | --- | --- |
| 327 | 大数据管理与分析方法研究北京市重点实验室 | 中国人民大学 |
| 328 | 三维及纳米集成电路设计自动化技术北京市重点实验室 | 中国科学院微电子研究所 |
| 329 | 复杂信息数学表征分析与应用北京市重点实验室 | 北京理工大学 |
| 330 | 食品安全大数据技术北京市重点实验室 | 北京工商大学 |
| 331 | 无机可延展柔性信息技术北京市重点实验室 | 中国科学院半导体研究所 |
| 332 | 轻型工业机器人与安全验证北京市重点实验室 | 首都师范大学 |
| 333 | 机器人仿生与功能研究北京市重点实验室 | 北京建筑大学 |
| 334 | 直流电网技术与仿真北京市重点实验室 | 全球能源互联网研究院有限公司 |
| 335 | 地铁运营安全保障技术北京市重点实验室 | 北京市地铁运营有限公司 |
| 336 | 新能源汽车高效动力传动与系统控制北京市重点实验室 | 北京航空航天大学 |
| 337 | 城市轨道交通车辆服役性能保障北京市重点实验室 | 北京建筑大学 |
| 338 | 大气颗粒物监测技术北京市重点实验室 | 北京市生态环境监测中心 |
| 339 | 水中典型污染物控制与水质保障北京市重点实验室 | 北京交通大学 |
| 340 | 室内空气质量评价与控制北京市重点实验室 | 清华大学 |
| 341 | 过程流体过滤与分离技术北京市重点实验室 | 中国石油大学(北京) |
| 342 | 放射性废物处理北京市重点实验室 | 清华大学 |
| 343 | 建构筑物检测评估技术研究北京市重点实验室 | 中冶建筑研究总院有限公司 |
| 344 | 建筑环境优化设计与评测北京市重点实验室 | 中国建筑设计研究院有限公司 |
| 345 | 金属矿产资源评价与分析检测北京市重点实验室 | 矿冶科技集团有限公司 |
| 346 | 北京文博文物科技保护研究与应用北京市重点实验室 | 首都博物馆 |
| 347 | 结构可控先进功能材料与绿色应用北京市重点实验室 | 北京理工大学 |
| 348 | 先进核能材料与物理北京市重点实验室 | 北京航空航天大学 |
| 349 | 材料基因工程北京市重点实验室 | 北京科技大学 |
| 350 | 发电系统功能材料北京市重点实验室 | 国电新能源技术研究院有限公司 |
| 351 | 微藻生物能源与资源北京市重点实验室 | 中国电子工程设计院有限公司 |
| 352 | 食品非热加工北京市重点实验室 | 中国农业大学 |
| 353 | 农产品产地环境监测北京市重点实验室 | 北京农业质量标准与检测技术研究中心 |
| 354 | 数字植物北京市重点实验室 | 北京市农林科学院 |
| 355 | 口腔数字医学北京市重点实验室 | 北京大学口腔医院 |
| 356 | 儿童器官功能衰竭北京市重点实验室 | 中国人民解放军总医院第七医学中心 |
| 357 | 聋病防治北京市重点实验室 | 中国人民解放军总医院 |
| 358 | 妊娠合并糖尿病母胎医学研究北京市重点实验室 | 北京大学第一医院 |
| 359 | 儿童慢性肾脏病与血液净化北京市重点实验室 | 首都医科大学附属北京儿童医院 |
| 360 | 雾霾健康效应与防护北京市重点实验室 | 国家纳米科学中心 |
| 361 | 眼内肿瘤诊治研究北京市重点实验室 | 首都医科大学附属北京同仁医院 |
| 362 | 行为与心理健康北京市重点实验室 | 北京大学 |
| 363 | 心血管疾病分子诊断北京市重点实验室 | 中国医学科学院阜外医院 |
| 364 | 急性心肌梗死早期预警和干预北京市重点实验室 | 北京大学人民医院 |

续表

| 序号 | 重点实验室名称 | 依托单位 |
|---|---|---|
| 365 | 神经损伤与康复北京市重点实验室 | 中国康复研究中心 |
| 366 | 心肺脑复苏北京市重点实验室 | 首都医科大学附属北京朝阳医院 |
| 367 | 幽门螺杆菌感染及上胃肠疾病防治研究北京市重点实验室 | 北京大学第三医院 |
| 368 | 骨骼畸形遗传学研究北京市重点实验室 | 中国医学科学院北京协和医院 |
| 369 | 传染病相关疾病生物标志物北京市重点实验室 | 首都医科大学附属北京佑安医院 |
| 370 | 功能性胃肠病中医诊治北京市重点实验室 | 中国中医科学院望京医院 |
| 371 | 银屑病中医临床基础研究北京市重点实验室 | 北京市中医研究所 |
| 372 | 尿液细胞分子诊断北京市重点实验室 | 首都医科大学附属北京世纪坛医院 |
| 373 | 上气道功能障碍相关心血管疾病研究北京市重点实验室 | 首都医科大学附属北京安贞医院 |
| 374 | 创新药物临床药代药效研究北京市重点实验室 | 中国医学科学院北京协和医院 |
| 375 | 脑网络组北京市重点实验室 | 中国科学院自动化研究所 |
| 376 | 分子药剂学与新释药系统北京市重点实验室 | 北京大学 |
| 377 | 干细胞新药研发及临床转化研究北京市重点实验室 | 中国医学科学院基础医学研究所 |
| 378 | 治疗性基因工程抗体北京市重点实验室 | 中国人民解放军军事科学院军事医学研究院 |
| 379 | 中药生产过程控制与质量评价北京市重点实验室 | 北京中医药大学 |
| 380 | 新发再发传染病动物模型研究北京市重点实验室 | 中国医学科学院医学实验动物研究所 |
| 381 | 老年功能障碍康复辅助技术北京市重点实验室 | 国家康复辅具研究中心 |
| 382 | 中药品质评价北京市重点实验室 | 北京中医药大学 |
| 383 | 航空发动机结构强度北京市重点实验室 | 北京航空航天大学 |
| 384 | 精密转动和传动机构长寿命技术北京市重点实验室 | 北京控制工程研究所 |
| 385 | 数字化塑性成形技术及装备北京市重点实验室 | 中国航空制造技术研究院 |
| 386 | 天基空间环境探测北京市重点实验室 | 中国科学院国家空间科学中心 |
| 387 | 航天绿色推进剂研究与应用北京市重点实验室 | 北京航天试验技术研究所 |
| 388 | 基于大数据的城市科学研究北京市重点实验室 | 北京国际城市发展研究院 |
| 389 | 固态量子器件北京市重点实验室 | 北京大学 |
| 390 | 半导体神经网络智能感知与计算技术北京市重点实验室 | 中国科学院半导体研究所 |
| 391 | 天地互联与融合北京市重点实验室 | 北京邮电大学 |
| 392 | 超高频、大功率化合物半导体器件与集成技术北京市重点实验室 | 中国科学院微电子研究所 |
| 393 | 工业大数据系统与应用北京市重点实验室 | 清华大学 |
| 394 | 智能交通数据安全与隐私保护技术北京市重点实验室 | 北京交通大学 |
| 395 | 建筑大数据智能处理方法研究北京市重点实验室 | 北京建筑大学 |
| 396 | 机器人“手－眼－脑”融合智能研究与应用北京市重点实验室 | 中国科学院自动化研究所 |
| 397 | 金属轻量化成形制造北京市重点实验室 | 北京科技大学 |
| 398 | 节能照明电源集成与制造北京市重点实验室 | 北方工业大学 |
| 399 | 深水油气管线关键技术与装备北京市重点实验室 | 北京石油化工学院 |
| 400 | 电动汽车动力电池检测北京市重点实验室 | 北京市产品质量监督检验院 |
| 401 | 城市轨道交通全自动运行系统与安全监控北京市重点实验室 | 北京市轨道交通建设管理有限公司 |
| 402 | 城市轨道交通深基坑岩土工程北京市重点实验室 | 北京城建勘测设计研究院有限责任公司 |

续表

| 序号 | 重点实验室名称 | 依托单位 |
|---|---|---|
| 403 | 微波感知与安防应用北京市重点实验室 | 北京航空航天大学 |
| 404 | 城市水循环与海绵城市技术北京市重点实验室 | 北京师范大学 |
| 405 | 绿色建筑环境与节能技术北京市重点实验室 | 北京工业大学 |
| 406 | 能源环境催化北京市重点实验室 | 北京化工大学 |
| 407 | 城市地下空间工程北京市重点实验室 | 北京科技大学 |
| 408 | 矿物环境功能北京市重点实验室 | 北京大学 |
| 409 | 城市大气挥发性有机物污染防治技术与应用北京市重点实验室 | 北京市环境保护科学研究院 |
| 410 | 燃料清洁化及高效催化减排技术北京市重点实验室 | 北京石油化工学院 |
| 411 | 生活垃圾检测分析与评价北京市重点实验室 | 北京市城市管理研究院 |
| 412 | 塑料卫生与安全质量评价技术北京市重点实验室 | 北京工商大学 |
| 413 | 电力调度自动化技术研究与系统评价北京市重点实验室 | 中国电力科学研究院有限公司 |
| 414 | 服装工效与功能创新设计北京市重点实验室 | 北京服装学院 |
| 415 | 光场成像与数字几何北京市重点实验室 | 首都师范大学 |
| 416 | 建筑遗产精细重构与健康监测北京市重点实验室 | 北京建筑大学 |
| 417 | 磁电功能材料与器件北京市重点实验室 | 北京大学 |
| 418 | 磁光电复合材料与界面科学北京市重点实验室 | 北京科技大学 |
| 419 | 微纳能源与传感北京市重点实验室 | 北京纳米能源与系统研究所 |
| 420 | 轻量化多功能复合材料与结构北京市重点实验室 | 北京理工大学 |
| 421 | 先进功能高分子复合材料北京市重点实验室 | 北京化工大学 |
| 422 | 建筑结构与环境修复功能材料北京市重点实验室 | 北京建筑大学 |
| 423 | 共伴生能源精准开采北京市重点实验室 | 中国矿业大学(北京) |
| 424 | 需求侧多能互补优化与供需互动技术北京市重点实验室 | 中国电力科学研究院有限公司 |
| 425 | 农田土壤污染防控与修复北京市重点实验室 | 中国农业大学 |
| 426 | 功能主食创制与慢病营养干预北京市重点实验室 | 中国食品发酵工业研究院有限公司 |
| 427 | 植物蛋白与谷物加工北京市重点实验室 | 中国农业大学 |
| 428 | 北方果树病虫害绿色防控北京市重点实验室 | 北京市农林科学院 |
| 429 | 骨科机器人技术北京市重点实验室 | 北京积水潭医院 |
| 430 | 神经影像大数据与人脑连接组学北京市重点实验室 | 北京师范大学 |
| 431 | 脑功能重建北京市重点实验室 | 首都医科大学附属北京天坛医院 |
| 432 | 神经退行性疾病生物标志物研究及转化北京市重点实验室 | 北京大学第三医院 |
| 433 | 针灸神经调控北京市重点实验室 | 首都医科大学附属北京中医医院 |
| 434 | 结直肠癌诊疗研究北京市重点实验室 | 北京大学人民医院 |
| 435 | 临床合理用药生物特征谱学评价北京市重点实验室 | 首都医科大学附属北京世纪坛医院 |
| 436 | 肝衰竭与人工肝治疗研究北京市重点实验室 | 首都医科大学附属北京佑安医院 |
| 437 | 造血干细胞治疗及转化研究北京市重点实验室 | 中国人民解放军军事科学院军事医学研究院 |
| 438 | 女性盆底疾病研究北京市重点实验室 | 北京大学人民医院 |
| 439 | 眼部神经损伤的重建保护与康复北京市重点实验室 | 北京大学第三医院 |
| 440 | 核医学分子靶向诊疗北京市重点实验室 | 中国医学科学院北京协和医院 |

续表

| 序号 | 重点实验室名称 | 依托单位 |
|---|---|---|
| 441 | 出生缺陷遗传学研究北京市重点实验室 | 首都医科大学附属北京儿童医院 |
| 442 | 慢性心衰精准医学北京市重点实验室 | 中国人民解放军总医院 |
| 443 | 侵袭性真菌病机制研究与精准诊断北京市重点实验室 | 中国医学科学院北京协和医院 |
| 444 | 过敏性疾病精准诊疗研究北京市重点实验室 | 中国医学科学院北京协和医院 |
| 445 | 冠心病精准治疗北京市重点实验室 | 首都医科大学附属北京安贞医院 |
| 446 | 生物材料与神经再生北京市重点实验室 | 北京航空航天大学 |
| 447 | 动物衰老细胞生物学北京市重点实验室 | 北京生命科学研究所 |
| 448 | 病原微生物感染与免疫防御北京市重点实验室 | 北京生命科学研究所 |
| 449 | 慢性疾病的免疫学研究北京市重点实验室 | 清华大学 |
| 450 | 无人机自主控制技术北京市重点实验室 | 北京理工大学 |
| 451 | 深低温技术研究北京市重点实验室 | 北京宇航系统工程研究所 |
| 452 | 先进光学遥感技术北京市重点实验室 | 北京空间机电研究所 |
| 453 | “一带一路”数据分析与决策支持北京市重点实验室 | 北京第二外国语学院 |
| 454 | 城市群系统演化与可持续发展的决策模拟研究北京市重点实验室 | 首都经济贸易大学 |
| 455 | 绿色发展大数据决策北京市重点实验室 | 北京信息科技大学 |
| 456 | 能源经济与环境管理北京市重点实验室 | 北京理工大学 |
| 457 | 新能源电力与低碳发展研究北京市重点实验室 | 华北电力大学 |

注：资料来源为北京市科学技术委员会、中关村科技园区管理委员会。

# 2020 年北京市工程技术研究中心一览表

| 序号 | 工程中心名称 | 依托单位 |
|---|---|---|
| 1 | 北京市大容量注射剂质量工程技术研究中心 | 华润双鹤药业股份有限公司 |
| 2 | 北京市智能康复工程技术研究中心 | 北京大学 |
| 3 | 北京市空间生物工程技术研究中心 | 航天神舟生物科技集团有限公司 |
| 4 | 北京市有源显示工程技术研究中心 | 北京大学 |
| 5 | 北京市生殖避孕药物工程技术研究中心 | 华润紫竹药业有限公司 |
| 6 | 北京市射线成像技术与装备工程技术研究中心 | 中国科学院高能物理研究所 |
| 7 | 北京市煤矿安全工程技术研究中心 | 煤炭科学技术研究院有限公司 |
| 8 | 北京市太阳能热利用工程技术研究中心 | 北京市太阳能研究所集团有限公司 |
| 9 | 北京市变频技术工程技术研究中心 | 北方工业大学 |
| 10 | 北京市集中生物燃气利用工程技术研究中心 | 清华大学 |
| 11 | 北京市劣质铁矿石综合利用工程技术研究中心 | 神雾科技集团股份有限公司 |
| 12 | 北京市中低速磁浮交通系统工程技术研究中心 | 北京磁浮交通发展有限公司 |

续表

| 序号 | 工程中心名称 | 依托单位 |
| --- | --- | --- |
| 13 | 北京市动力锂离子电池工程技术研究中心 | 北大先行科技产业有限公司 |
| 14 | 北京市光伏装备工程技术研究中心 | 北京京仪集团有限责任公司 |
| 15 | 北京市城镇生活固废综合处理与资源化工程技术研究中心 | 北京环境工程技术有限公司 |
| 16 | 北京市有机废弃物资源化工程技术研究中心 | 北京嘉博文生物科技有限公司 |
| 17 | 北京市污水脱氮除磷处理与过程控制工程技术研究中心 | 北京工业大学 |
| 18 | 北京市锂电正极材料工程技术研究中心 | 北京当升材料科技股份有限公司 |
| 19 | 北京市安全防范报警与安检工程技术研究中心 | 北京声迅电子有限公司 |
| 20 | 北京市岩土锚固工程技术研究中心 | 中国京冶工程技术有限公司 |
| 21 | 北京市建筑安全监测工程技术研究中心 | 北京建筑大学 |
| 22 | 北京市功能性高分子建筑材料工程技术研究中心 | 北京市建筑工程研究院有限责任公司 |
| 23 | 北京市预拌砂浆工程技术研究中心 | 北京建筑材料科学研究总院有限公司 |
| 24 | 北京市数控机床工程技术研究中心 | 北京北一机床股份有限公司 |
| 25 | 北京市金属件先进成形技术与装备工程技术研究中心 | 北京机科国创轻量化科学研究院有限公司 |
| 26 | 北京市金融机具工程技术研究中心 | 中钞长城金融设备控股有限公司 |
| 27 | 北京市广播电视技术工程技术研究中心 | 北京北广科技股份有限公司 |
| 28 | 北京市氯碱装备工程技术研究中心 | 蓝星(北京)化工机械有限公司 |
| 29 | 北京市无纸化办公信息采集设备工程技术研究中心 | 汉王科技股份有限公司 |
| 30 | 北京市智能化技术与系统工程技术研究中心 | 中国科学院自动化研究所 |
| 31 | 北京市数字视频工程技术研究中心 | 新奥特(北京)视频技术有限公司 |
| 32 | 北京市政务信息化工程技术研究中心 | 太极计算机股份有限公司 |
| 33 | 北京市物联网软件与系统工程技术研究中心 | 北京工业大学 |
| 34 | 北京市数字城市工程技术研究中心 | 中国科学院电子学研究所 |
| 35 | 北京市海量语言信息处理与云计算应用工程技术研究中心 | 北京理工大学 |
| 36 | 北京市数据中心运营和服务工程技术研究中心 | 北京世纪互联宽带数据中心有限公司 |
| 37 | 北京市云制造平台与服务工程技术研究中心 | 北京慧点科技有限公司 |
| 38 | 北京市小卫星遥感信息工程技术研究中心 | 二十一世纪空间技术应用股份有限公司 |
| 39 | 北京市软件服务运营工程技术研究中心 | 神州数码信息系统有限公司 |
| 40 | 北京市集成电路先导工艺工程技术研究中心 | 中国科学院微电子研究所 |
| 41 | 北京市太赫兹与红外工程技术研究中心 | 首都师范大学 |
| 42 | 北京市 MOCVD 工程技术研究中心 | 北京北方华创微电子装备有限公司 |
| 43 | 北京市激光应用技术工程技术研究中心 | 北京工业大学 |
| 44 | 北京市全固态激光先进制造工程技术研究中心 | 中国科学院半导体研究所 |
| 45 | 北京市轮胎绿色制造工艺工程技术研究中心 | 北京橡胶工业研究设计院有限公司 |
| 46 | 北京市碳纤维工程技术研究中心 | 中国蓝星(集团)股份有限公司 |
| 47 | 北京市纳米材料绿色打印印刷工程技术研究中心 | 中国科学院化学研究所 |
| 48 | 北京市饲料安全生物调控工程技术研究中心 | 北京大北农科技集团股份有限公司 |
| 49 | 北京市乳品工程技术研究中心 | 北京三元食品股份有限公司 |
| 50 | 北京市食品安全分析测试工程技术研究中心 | 北京市理化分析测试中心 |

续表

| 序号 | 工程中心名称 | 依托单位 |
|---|---|---|
| 51 | 北京市非常规水资源开发利用与节水工程技术研究中心 | 北京市水科学技术研究院 |
| 52 | 北京市缓控释肥料工程技术研究中心 | 北京市农林科学院 |
| 53 | 北京市草莓工程技术研究中心 | 北京市农林科学院 |
| 54 | 北京市蛋鸡工程技术研究中心 | 北京市华都峪口禽业有限责任公司 |
| 55 | 北京市工业建筑特种材料工程技术研究中心 | 中冶建筑研究总院有限公司 |
| 56 | 北京市大型关键金属构件激光直接制造工程技术研究中心 | 北京航空航天大学 |
| 57 | 北京市铸轧工程技术研究中心 | 中冶京诚工程技术有限公司 |
| 58 | 北京市特种车辆部件先进制造与评估工程技术研究中心 | 北京北方车辆集团有限公司 |
| 59 | 北京市工业部件表面强化与修复工程技术研究中心 | 矿冶科技集团有限公司 |
| 60 | 北京市电子信息用新型钎焊材料工程技术研究中心 | 北京有色金属与稀土应用研究所 |
| 61 | 北京市先进铝合金材料及应用工程技术研究中心 | 中国航发北京航空材料研究院 |
| 62 | 北京市难熔金属材料工程技术研究中心 | 安泰科技股份有限公司 |
| 63 | 北京市生态环境材料及其评价工程技术研究中心 | 北京工业大学 |
| 64 | 北京市呼吸与危重症诊治工程技术研究中心 | 首都医科大学附属北京朝阳医院 |
| 65 | 北京市人工听觉工程技术研究中心 | 首都医科大学附属北京同仁医院 |
| 66 | 北京市心脑血管医疗技术与器械工程技术研究中心 | 首都医科大学附属北京安贞医院 |
| 67 | 北京市脂质靶向制剂工程技术研究中心 | 北京泰德制药股份有限公司 |
| 68 | 北京市口服固体制剂产业化工程技术研究中心 | 华润赛科药业有限责任公司 |
| 69 | 北京市心脏病介入诊疗设备工程技术研究中心 | 乐普(北京)医疗器械股份有限公司 |
| 70 | 北京市医用内植物工程技术研究中心 | 北京纳通科技集团有限公司 |
| 71 | 北京市新型人用预防性疫苗工程技术研究中心 | 北京科兴生物制品有限公司 |
| 72 | 北京市基因工程抗体药物工程技术研究中心 | 百泰生物药业有限公司 |
| 73 | 北京市重组蛋白药物工程技术研究中心 | 北京凯因科技股份有限公司 |
| 74 | 北京市传染病诊断工程技术研究中心 | 北京万泰生物药业股份有限公司 |
| 75 | 北京市钢铁冶金节能减排工程技术研究中心 | 北京中冶设备研究设计总院有限公司 |
| 76 | 北京市纳米结构薄膜太阳能电池工程技术研究中心 | 北京低碳清洁能源研究所 |
| 77 | 北京市风电设备可靠性工程技术研究中心 | 国电联合动力技术有限公司 |
| 78 | 北京市电动汽车充换电工程技术研究中心 | 中国电力科学研究院有限公司 |
| 79 | 北京市电站自动化工程技术研究中心 | 国能智深控制技术有限公司 |
| 80 | 北京市低质燃料高效清洁利用工程技术研究中心 | 中国华能集团清洁能源技术研究院有限公司 |
| 81 | 北京市集成电路电子设计自动化工程技术研究中心 | 北京华大九天软件有限公司 |
| 82 | 北京市火电厂烟气净化工程技术研究中心 | 北京国电龙源环保工程有限公司 |
| 83 | 北京市电子系统可靠性评测工程技术研究中心 | 工业和信息化部计算机与微电子发展研究中心 |
| 84 | 北京市弱磁检测及应用工程技术研究中心 | 北京科技大学 |
| 85 | 北京市光电通信线路工程技术研究中心 | 北京亨通斯博通讯科技有限公司 |
| 86 | 北京市数字交通枢纽工程技术研究中心 | 北京竞业达数码科技股份有限公司 |
| 87 | 北京市光纤传感系统工程技术研究中心 | 北京航天时代光电科技有限公司 |
| 88 | 北京市复杂产品先进制造系统工程技术研究中心 | 北京仿真中心 |

续表

| 序号 | 工程中心名称 | 依托单位 |
|---|---|---|
| 89 | 北京市下一代网络安全软件与系统工程技术研究中心 | 绿盟科技集团股份有限公司 |
| 90 | 北京市气环境监测工程技术研究中心 | 北京航天益来电子科技有限公司 |
| 91 | 北京市物联网技术与系统工程技术研究中心 | 首都信息发展股份有限公司 |
| 92 | 北京市北斗卫星导航技术与装备工程技术研究中心 | 北京北斗星通导航技术股份有限公司 |
| 93 | 北京市卫星通信导航工程技术研究中心 | 北京华力创通科技股份有限公司 |
| 94 | 北京市移动卫星应用工程技术研究中心 | 北京中交通信科技有限公司 |
| 95 | 北京市太阳能热发电工程技术研究中心 | 中国科学院电工研究所 |
| 96 | 北京市有色金属新能源基础制品工程技术研究中心 | 北京有色金属研究总院 |
| 97 | 北京市蛋白和抗体研发及制备工程技术研究中心 | 神州细胞工程有限公司 |
| 98 | 北京市裸质粒基因治疗药物工程技术研究中心 | 北京诺思兰德生物技术股份有限公司 |
| 99 | 北京市肿瘤与糖尿病小分子靶向新药工程技术研究中心 | 北京赛林泰医药技术有限公司 |
| 100 | 北京市重组蛋白及其长效制剂工程技术研究中心 | 北京双鹭药业股份有限公司 |
| 101 | 北京市长效干扰素工程技术研究中心 | 北京三元基因药业股份有限公司 |
| 102 | 北京市纳微化结构药物工程技术研究中心 | 北京福元医药股份有限公司 |
| 103 | 北京市免疫试剂临床工程技术研究中心 | 首都医科大学附属北京天坛医院 |
| 104 | 北京市核医学装备工程技术研究中心 | 北京大基康明医疗设备有限公司 |
| 105 | 北京市儿童外科矫形器具工程技术研究中心 | 首都医科大学附属北京儿童医院 |
| 106 | 北京市临床检验工程技术研究中心 | 北京医院 |
| 107 | 北京市多模态医学影像工程技术研究中心 | 清华大学 |
| 108 | 北京市大血管外科植入式人工材料工程技术研究中心 | 首都医科大学附属北京安贞医院 |
| 109 | 北京市污水资源化工程技术研究中心 | 北京城市排水集团有限责任公司 |
| 110 | 北京市新型污水深度处理工程技术研究中心 | 北京大学 |
| 111 | 北京市污水资源化膜技术工程技术研究中心 | 北京碧水源科技股份有限公司 |
| 112 | 北京市高能耗电机变频节能工程技术研究中心 | 北京动力源科技股份有限公司 |
| 113 | 北京市粉体物料气力输送工程技术研究中心 | 北京国电富通科技发展有限责任公司 |
| 114 | 北京市低变质煤与有机废弃物热解提质工程技术研究中心 | 神雾科技集团股份有限公司 |
| 115 | 北京市城轨运行控制系统工程技术研究中心 | 交控科技股份有限公司 |
| 116 | 北京市城市交通运行保障工程技术研究中心 | 北京工业大学 |
| 117 | 北京市城市交通信息智能感知与服务工程技术研究中心 | 北京交通大学 |
| 118 | 北京市高速公路智能交通工程技术研究中心 | 北京云星宇交通科技股份有限公司 |
| 119 | 北京市城市交通基础设施建设工程技术研究中心 | 北京建筑大学 |
| 120 | 北京市特种粉末冶金材料工程技术研究中心 | 安泰科技股份有限公司 |
| 121 | 北京市金属粉末工程技术研究中心 | 有研粉末新材料股份有限公司 |
| 122 | 北京市水性聚合物合成与应用工程技术研究中心 | 北京化工大学 |
| 123 | 北京市纤维素及其衍生材料工程技术研究中心 | 北京理工大学 |
| 124 | 北京市市政路桥绿色建材工程技术研究中心 | 北京市政路桥建材集团有限公司 |
| 125 | 北京市纳米材料工程技术研究中心 | 国家纳米科学中心 |
| 126 | 北京市精密测控技术与仪器工程技术研究中心 | 北京工业大学 |

续表

| 序号 | 工程中心名称 | 依托单位 |
|---|---|---|
| 127 | 北京市工业控制系统工程技术研究中心 | 北京和利时系统工程有限公司 |
| 128 | 北京市变截面辊弯成形工程技术研究中心 | 北方工业大学 |
| 129 | 北京市铁路车辆安全检测工程技术研究中心 | 北京康拓红外技术股份有限公司 |
| 130 | 北京市物质成分分析仪器工程技术研究中心 | 北京北分瑞利分析仪器(集团)有限责任公司 |
| 131 | 北京市数字电视系统工程技术研究中心 | 北京数码视讯科技股份有限公司 |
| 132 | 北京市高效节能矿冶技术装备工程技术研究中心 | 矿冶科技集团有限公司 |
| 133 | 北京市轻纺机械机器视觉工程技术研究中心 | 北京经纬纺机新技术有限公司 |
| 134 | 北京市蛋白功能肽工程技术研究中心 | 中国食品发酵工业研究院有限公司 |
| 135 | 北京市农业物联网工程技术研究中心 | 北京农业信息技术研究中心、中国农业大学 |
| 136 | 北京市农村远程信息服务工程技术研究中心 | 北京市农林科学院 |
| 137 | 北京市植物工厂工程技术研究中心 | 北京京鹏环球科技股份有限公司 |
| 138 | 北京市园林植物工程技术研究中心 | 北京林大林业科技股份有限公司 |
| 139 | 北京市高速磁悬浮电机技术及应用工程技术研究中心 | 北京航空航天大学 |
| 140 | 北京市清洁热处理工程技术研究中心 | 北京机电研究所有限公司 |
| 141 | 北京市轨道交通电气工程技术研究中心 | 北京交通大学 |
| 142 | 北京市融合网络与泛在业务工程技术研究中心 | 北京科技大学 |
| 143 | 北京市混合现实与新型显示工程技术研究中心 | 北京理工大学 |
| 144 | 北京市无线医疗与健康工程技术研究中心 | 清华大学 |
| 145 | 北京市工业波谱成像工程技术研究中心 | 北京科技大学 |
| 146 | 北京市微振动环境控制工程技术研究中心 | 中国电子工程设计院有限公司 |
| 147 | 北京市自动化物流装备工程技术研究中心 | 北京起重运输机械设计研究院有限公司 |
| 148 | 北京市特异物质安全检测技术与装备工程技术研究中心 | 同方威视技术股份有限公司 |
| 149 | 北京市摩擦焊接工艺与装备工程技术研究中心 | 中国航空制造技术研究院 |
| 150 | 北京市数字航空遥感工程技术研究中心 | 北京天下图数据技术有限公司 |
| 151 | 北京市地理信息系统平台软件研发与应用工程技术研究中心 | 北京超图软件股份有限公司 |
| 152 | 北京市低空遥感数据处理工程技术研究中心 | 中测新图(北京)遥感技术有限责任公司 |
| 153 | 北京市平板显示工程技术研究中心 | 京东方科技集团股份有限公司 |
| 154 | 北京市虚拟仿真与可视化工程技术研究中心 | 北京大学 |
| 155 | 北京市低温多效热法海水淡化工程技术研究中心 | 中国电子工程设计院有限公司 |
| 156 | 北京市过程污染控制工程技术研究中心 | 中国科学院过程工程研究所 |
| 157 | 北京市环境岩土工程技术研究中心 | 北京市勘察设计研究院有限公司 |
| 158 | 北京市水处理环保材料工程技术研究中心 | 北京化工大学 |
| 159 | 北京市水土保持工程技术研究中心 | 北京林业大学 |
| 160 | 北京市高污染化工废水资源化工程技术研究中心 | 北京万邦达环保技术股份有限公司 |
| 161 | 北京市物联网应急平台工程技术研究中心 | 北京辰安科技股份有限公司 |
| 162 | 北京市核化安全工程技术研究中心 | 中国人民解放军军事科学院防化研究院 |
| 163 | 北京市轨道交通线路安全与防灾工程技术研究中心 | 北京交通大学 |
| 164 | 北京市轨道交通工程技术研究中心 | 北京市轨道交通设计研究院有限公司 |

续表

| 序号 | 工程中心名称 | 依托单位 |
|---|---|---|
| 165 | 北京市高层和大跨度预应力钢结构工程技术研究中心 | 北京工业大学 |
| 166 | 北京市食品环境与健康工程技术研究中心 | 中央民族大学 |
| 167 | 北京市小城镇污水处理与回用工程技术研究中心 | 北京桑德环境工程有限公司 |
| 168 | 北京市新能源汽车电机系统工程技术研究中心 | 精进电动科技股份有限公司 |
| 169 | 北京市生物燃料工程技术研究中心 | 清华大学 |
| 170 | 北京市燃气轮机用高温合金工程技术研究中心 | 北京钢研高纳科技股份有限公司 |
| 171 | 北京市先进钛合金精密成型工程技术研究中心 | 中国航发北京航空材料研究院 |
| 172 | 北京市空间电源变换与控制工程技术研究中心 | 北京卫星制造厂有限公司 |
| 173 | 北京市半导体微纳集成工程技术研究中心 | 中国科学院半导体研究所 |
| 174 | 北京市印刷电子工程技术研究中心 | 北京印刷学院 |
| 175 | 北京市低维碳材料工程技术研究中心 | 北京大学 |
| 176 | 北京市新能源车用动力电池系统集成工程技术研究中心 | 北京和中普方新能源科技有限公司 |
| 177 | 北京市交通与能源用特殊钢工程技术研究中心 | 北京科技大学设计研究院有限公司 |
| 178 | 北京市超硬材料制品工程技术研究中心 | 北京安泰钢研超硬材料制品有限责任公司 |
| 179 | 北京市先进弹性体工程技术研究中心 | 北京化工大学 |
| 180 | 北京市口腔材料工程技术研究中心 | 安泰科技股份有限公司 |
| 181 | 北京市能源用钢工程技术研究中心 | 首钢集团有限公司 |
| 182 | 北京市兽用多肽疫苗设计与制备工程技术研究中心 | 中牧实业股份有限公司 |
| 183 | 北京市作物分子育种工程技术研究中心 | 北京大北农科技集团股份有限公司 |
| 184 | 北京市系统营养工程技术研究中心 | 北京市营养源研究所 |
| 185 | 北京市畜禽健康养殖环境工程技术研究中心 | 中国农业大学 |
| 186 | 北京市食用菌工程技术研究中心 | 北京市农林科学院 |
| 187 | 北京市乡村景观规划设计工程技术研究中心 | 北京农学院 |
| 188 | 北京市食品添加剂工程技术研究中心 | 北京工商大学 |
| 189 | 北京市中兽药工程技术研究中心 | 北京生泰尔科技股份有限公司 |
| 190 | 北京市落叶果树工程技术研究中心 | 北京市农林科学院 |
| 191 | 北京市骨科植入医疗器械工程技术研究中心 | 中国人民解放军总医院第四医学中心 |
| 192 | 北京市纳米生物医学检测工程技术研究中心 | 国家纳米科学中心 |
| 193 | 北京市神经药物工程技术研究中心 | 北京市老年病医疗研究中心 |
| 194 | 北京市抗肿瘤新药创制工程技术研究中心 | 百济神州(北京)生物科技有限公司 |
| 195 | 北京市生物大分子药物转化工程技术研究中心 | 中国科学院生物物理研究所 |
| 196 | 北京市缓控释制剂工程技术研究中心 | 北京星昊医药股份有限公司 |
| 197 | 北京市中药配方颗粒工程技术研究中心 | 北京康仁堂药业有限公司 |
| 198 | 北京市手术与危重症系统工程技术研究中心 | 北京谊安医疗系统股份有限公司 |
| 199 | 北京市细菌性疫苗工程技术研究中心 | 北京智飞绿竹生物制药有限公司 |
| 200 | 北京市服装产业数字化工程技术研究中心 | 北京服装学院 |
| 201 | 北京市数字内容工程技术研究中心 | 中国科学院自动化研究所 |
| 202 | 北京市硅基高速片上系统工程技术研究中心 | 北京理工大学 |

续表

| 序号 | 工程中心名称 | 依托单位 |
| --- | --- | --- |
| 203 | 北京市能源电力信息安全工程技术研究中心 | 华北电力大学 |
| 204 | 北京市电磁兼容与天线测试工程技术研究中心 | 北京空间飞行器总体设计部 |
| 205 | 北京市互动电视运营和服务工程技术研究中心 | 北京四达时代软件技术股份有限公司 |
| 206 | 北京市轨道交通电磁兼容与卫星导航工程技术研究中心 | 北京交通大学 |
| 207 | 北京市特种安保救援智能装备工程技术研究中心 | 北京机械设备研究所 |
| 208 | 北京市无人机应用系统工程技术研究中心 | 中国航天空气动力技术研究院 |
| 209 | 北京市无人机空管航电工程技术研究中心 | 中航航空电子有限公司 |
| 210 | 北京市数字化医疗 3D 打印工程技术研究中心 | 北京工业大学 |
| 211 | 北京市高效绿色数控加工工艺及装备工程技术研究中心 | 北京航空航天大学 |
| 212 | 北京市机器人伺服与控制系统工程技术研究中心 | 北京自动化控制设备研究所 |
| 213 | 北京市准分子激光工程技术研究中心 | 中国科学院光电研究院 |
| 214 | 北京市新能源汽车工程技术研究中心 | 北汽福田汽车股份有限公司 |
| 215 | 北京市高速铁路运行控制系统工程技术研究中心 | 北京全路通信信号研究设计院集团有限公司 |
| 216 | 北京市供水管网系统安全与节能工程技术研究中心 | 中国农业大学 |
| 217 | 北京市可持续城市排水系统构建与风险控制工程技术研究中心 | 北京建筑大学 |
| 218 | 北京市再生水水质安全保障工程技术研究中心 | 北控水务(中国)投资有限公司 |
| 219 | 北京市城市热管理工程技术研究中心 | 北京大学 |
| 220 | 北京市建筑高能效与城市生态工程技术研究中心 | 北京市建筑设计研究院有限公司 |
| 221 | 北京市建筑能源高效综合利用工程技术研究中心 | 北京建筑大学 |
| 222 | 北京市绿色建筑设计工程技术研究中心 | 中国建筑科学研究院有限公司 |
| 223 | 北京市现场物证检验工程技术研究中心 | 公安部物证鉴定中心 |
| 224 | 北京市地震观测工程技术研究中心 | 中国地震局地壳应力研究所 |
| 225 | 北京市冶金三维仿真设计工程技术研究中心 | 北京首钢国际工程技术有限公司 |
| 226 | 北京市信息化建筑设计与建造工程技术研究中心 | 北京市建筑设计研究院有限公司 |
| 227 | 北京市历史建筑保护工程技术研究中心 | 北京工业大学 |
| 228 | 北京市互动媒体艺术工程技术研究中心 | 北京理工大学 |
| 229 | 北京市第三代半导体材料及应用工程技术研究中心 | 中国科学院半导体研究所 |
| 230 | 北京市高纯金属溅射靶材工程技术研究中心 | 有研亿金新材料有限公司 |
| 231 | 北京市金属先进成形制造工程技术研究中心 | 北京有色金属研究总院 |
| 232 | 北京市多级结构催化材料工程技术研究中心 | 北京化工大学 |
| 233 | 北京市真空玻璃工程技术研究中心 | 北京新立基真空玻璃技术有限公司 |
| 234 | 北京市智能微电网控制工程技术研究中心 | 北京四方继保自动化股份有限公司 |
| 235 | 北京市农业功能微生物工程技术研究中心 | 保罗生物园科技股份有限公司 |
| 236 | 北京市盐碱及荒漠化地区生态修复与固碳工程技术研究中心 | 清华大学 |
| 237 | 北京市果树良种繁育工程技术研究中心 | 中国农业大学 |
| 238 | 北京市花卉园艺工程技术研究中心 | 北京市植物园 |
| 239 | 北京市食品安全免疫快速检测工程技术研究中心 | 北京勤邦生物技术有限公司 |
| 240 | 北京市生物医学分子检测工程技术研究中心 | 中国科学院生物物理研究所 |

续表

| 序号 | 工程中心名称 | 依托单位 |
| --- | --- | --- |
| 241 | 北京市医用影像诊断装备工程技术研究中心 | 北京万东医疗科技股份有限公司 |
| 242 | 北京市基因测序与功能分析工程技术研究中心 | 北京市理化分析测试中心 |
| 243 | 北京市蛋白质药物工程技术研究中心 | 舒泰神(北京)生物制药股份有限公司 |
| 244 | 北京市新型联合疫苗工程技术研究中心 | 北京民海生物科技有限公司 |
| 245 | 北京市天地一体化信息安全工程技术研究中心 | 航天恒星科技有限公司 |
| 246 | 北京市电力高可靠性集成电路设计工程技术研究中心 | 北京智芯微电子科技有限公司 |
| 247 | 北京市卫星移动宽带通信工程技术研究中心 | 中国空间技术研究院 |
| 248 | 北京市智慧管网安全评价及运营监管工程技术研究中心 | 正元地理信息有限责任公司 |
| 249 | 北京市高效能及绿色宇航推进工程技术研究中心 | 北京控制工程研究所 |
| 250 | 北京市航天器焊接技术与装备工程技术研究中心 | 北京卫星制造厂有限公司 |
| 251 | 北京市空间水气净化与再生工程技术研究中心 | 北京机械设备研究所 |
| 252 | 北京市航天产品智能装配技术与装备工程技术研究中心 | 北京卫星环境工程研究所 |
| 253 | 北京市微电子刻蚀与薄膜工艺装备工程技术研究中心 | 北京北方华创微电子装备有限公司 |
| 254 | 北京市海洋声学装备工程技术研究中心 | 中国科学院声学研究所 |
| 255 | 北京市振动测试设备工程技术研究中心 | 北京强度环境研究所 |
| 256 | 北京市高速铁路宽带移动通信工程技术研究中心 | 北京交通大学 |
| 257 | 北京市轨道结构工程技术研究中心 | 北京城建设计发展集团股份有限公司 |
| 258 | 北京市流域环境生态修复与综合调控工程技术研究中心 | 北京师范大学 |
| 259 | 北京市钢与混凝土组合结构工程技术研究中心 | 清华大学 |
| 260 | 北京市供水水质工程技术研究中心 | 北京市自来水集团有限责任公司 |
| 261 | 北京市被动式低能耗建筑工程技术研究中心 | 北京建筑材料科学研究总院有限公司 |
| 262 | 北京市应急生存保障工程技术研究中心 | 军事科学院系统工程研究院军需工程技术研究所 |
| 263 | 北京市道路与市政管线地下病害工程技术研究中心 | 北京市勘察设计研究院有限公司 |
| 264 | 北京市地基基础与地下空间开发利用工程技术研究中心 | 建研地基基础工程有限责任公司 |
| 265 | 北京市智能机械创新设计服务工程技术研究中心 | 北京联合大学 |
| 266 | 北京市城市设计与城市复兴工程技术研究中心 | 北京市建筑设计研究院有限公司 |
| 267 | 北京市纺织纳米纤维工程技术研究中心 | 北京服装学院 |
| 268 | 北京市先进运载系统结构透明件工程技术研究中心 | 中国航发北京航空材料研究院 |
| 269 | 北京市页岩气勘探开发工程技术研究中心 | 神华地质勘查有限责任公司 |
| 270 | 北京市农业监测预警工程技术研究中心 | 中国农业科学院农业信息研究所 |
| 271 | 北京市粮油加工工程技术研究中心 | 中国农业机械化科学研究院 |
| 272 | 北京市畜禽生物制品工程技术研究中心 | 北京大北农科技集团股份有限公司 |
| 273 | 北京市植物组织培养工程技术研究中心 | 北京市海淀区植物组织培养技术实验室 |
| 274 | 北京市饲用微生态制剂工程技术研究中心 | 北京大伟嘉生物技术股份有限公司 |
| 275 | 北京市生鲜乳质量安全工程技术研究中心 | 中国农业大学 |
| 276 | 北京市 3D 打印骨科应用工程技术研究中心 | 北京爱康宜诚医疗器材有限公司 |
| 277 | 北京市呼吸疾病药物工程技术研究中心 | 扬子江药业集团北京海燕药业有限公司 |
| 278 | 北京市神经系统 3D 打印临床医学转化工程技术研究中心 | 首都医科大学附属北京天坛医院 |

续表

| 序号 | 工程中心名称 | 依托单位 |
| --- | --- | --- |
| 279 | 北京市神经介入工程技术研究中心 | 首都医科大学附属北京天坛医院 |
| 280 | 北京市面向智能网联汽车的5G传输工程技术研究中心 | 普天信息技术有限公司 |
| 281 | 北京市电子证照公共服务平台工程技术研究中心 | 方正国际软件(北京)有限公司 |
| 282 | 北京市云计算节能工程技术研究中心 | 曙光信息产业(北京)有限公司 |
| 283 | 北京市民航大数据工程技术研究中心 | 中国民航信息网络股份有限公司 |
| 284 | 北京市网络空间数据分析与应用工程技术研究中心 | 北京锐安科技有限公司 |
| 285 | 北京市涉密信息载体安全管理工程技术研究中心 | 北京京航计算通讯研究所 |
| 286 | 北京市航空发动机先进焊接工程技术研究中心 | 中国航发北京航空材料研究院 |
| 287 | 北京市航天试验技术与装备工程技术研究中心 | 北京航天试验技术研究所 |
| 288 | 北京市陆表遥感数据产品工程技术研究中心 | 北京师范大学 |
| 289 | 北京市航空智能遥感装备工程技术研究中心 | 北京空间机电研究所 |
| 290 | 北京市微电子制备仪器设备工程技术研究中心 | 中国科学院微电子研究所 |
| 291 | 北京市平板显示视觉检测智能装备工程技术研究中心 | 北京兆维电子(集团)有限责任公司 |
| 292 | 北京市直流输配电工程技术研究中心 | 中电普瑞电力工程有限公司 |
| 293 | 北京市邮政智能装备工程技术研究中心 | 邮政科学研究规划院 |
| 294 | 北京市海洋深部钻探测量工程技术研究中心 | 中国科学院声学研究所 |
| 295 | 北京市化学机械平坦化工艺设备工程技术研究中心 | 中国电子科技集团公司第四十五研究所 |
| 296 | 北京市智能网联驾驶测试与评价工程技术研究中心 | 工业和信息化部计算机与微电子发展研究中心(中国软件评测中心) |
| 297 | 北京市功率型动力电池工程技术研究中心 | 中信国安盟固利动力科技有限公司 |
| 298 | 北京市氢燃料电池发动机工程技术研究中心 | 北京亿华通科技股份有限公司 |
| 299 | 北京市既有建筑改造工程技术研究中心 | 中国建筑技术集团有限公司 |
| 300 | 北京市工业污染场地土壤修复工程技术研究中心 | 首钢环境产业有限公司 |
| 301 | 北京市城市桥梁安全保障工程技术研究中心 | 北京市市政工程设计研究总院有限公司 |
| 302 | 北京市工业挥发性有机污染物检测工程技术研究中心 | 谱尼测试集团股份有限公司 |
| 303 | 北京市真空计量检测工程技术研究中心 | 北京东方计量测试研究所 |
| 304 | 北京市民航安全分析及预防工程技术研究中心 | 中国民航科学技术研究院 |
| 305 | 北京市石墨烯及应用工程技术研究中心 | 中国航发北京航空材料研究院 |
| 306 | 北京市核电先进堆型焊接与检测工程技术研究中心 | 中国核工业二三建设有限公司 |
| 307 | 北京市功能花卉工程技术研究中心 | 北京农业生物技术研究中心 |
| 308 | 北京市智能精量播种工程技术研究中心 | 北京德邦大为科技股份有限公司 |
| 309 | 北京市畜产品质量安全源头控制工程技术研究中心 | 中粮营养健康研究院有限公司 |
| 310 | 北京市水溶性高分子凝胶贴膏剂工程技术研究中心 | 北京泰德制药股份有限公司 |
| 311 | 北京市人类重大疾病实验动物模型工程技术研究中心 | 中国医学科学院医学实验动物研究所 |
| 312 | 北京市肝炎与肝癌精准医疗及转化工程技术研究中心 | 北京市肝病研究所 |

注:资料来源为北京市科学技术委员会、中关村科技园区管理委员会。

# 2020 年北京市企业科技研究开发机构一览表

| 序号 | 机构认定号 | 机构名称 | 序号 | 机构认定号 | 机构名称 |
|---|---|---|---|---|---|
| 1 | 1003 | 富士通研究开发中心有限公司 | 28 | 4067 | 北京信得威特科技有限公司生物技术研究院 |
| 2 | 1008 | 威盛电子(中国)有限公司 | 29 | 2025 | 北京机科国创轻量化科学研究院有限公司 |
| 3 | 4010 | 北京市粮食科学研究院 | 30 | 4162 | 北京市燃气集团研究院 |
| 4 | 2011 | 中冶建筑研究总院有限公司 | 31 | 2029 | 中国建筑科学研究院有限公司 |
| 5 | 2012 | 建研科技股份有限公司 | 32 | 2030 | 中铁第五勘察设计院集团有限公司北京技术中心 |
| 6 | 4015 | 北京理正软件股份有限公司 | 33 | 1063 | 诺兰特移动通信配件(北京)有限公司研发中心 |
| 7 | 2014 | 中国食品发酵工业研究院有限公司 | 34 | 4084 | 北京万集科技股份有限公司智能交通技术研发中心 |
| 8 | 4018 | 北京同仁堂股份有限公司科学研究所 | 35 | 3015 | 北京创立科创医药技术开发有限公司 |
| 9 | 2055 | 中冶京诚工程技术有限公司技术研究院 | 36 | 4085 | 北京协和建昊医药技术开发有限责任公司 |
| 10 | 4086 | 北京华东电气股份有限公司技术研究中心 | 37 | 4087 | 北京三元食品股份有限公司科研开发中心 |
| 11 | 3010 | 北京长城华冠汽车技术开发有限公司 | 38 | 4089 | 北京振东光明药物研究院有限公司 |
| 12 | 2021 | 中国纺织科学研究院研究开发中心 | 39 | 4090 | 简式国际汽车设计(北京)有限公司 |
| 13 | 4249 | 爱博诺德(北京)医疗科技股份有限公司 | 40 | 1049 | 阿尔特汽车技术股份有限公司 |
| 14 | 4029 | 北京中研同仁堂医药研发有限公司 | 41 | 4247 | 北京直真科技股份有限公司 |
| 15 | 4169 | 北京四环生物制药有限公司北京科技分公司 | 42 | 1052 | 康龙化成(北京)新药技术股份有限公司 |
| 16 | 3001 | 华为技术有限公司北京研究所 | 43 | 4097 | 北京汽车研究总院有限公司 |
| 17 | 4041 | 北京英纳超导技术有限公司 | 44 | 4248 | 北京知蜂堂健康科技股份有限公司保健食品研发中心 |
| 18 | 4043 | 北京昭衍新药研究中心股份有限公司 | 45 | 4101 | 北京利达华信电子有限公司技术研发中心 |
| 19 | 1073 | 北京热力装备制造有限公司研发中心 | 46 | 1054 | 北京东港嘉华安全信息技术有限公司研发中心 |
| 20 | 1038 | 北京三星通信技术研究有限公司 | 47 | 4105 | 北京利德曼生化股份有限公司研发中心 |
| 21 | 4057 | 浦华环保有限公司北京浦华环境技术中心 | 48 | 4107 | 北京悦康科创医药科技股份有限公司 |
| 22 | 4061 | 北京建筑技术发展有限责任公司 | 49 | 4111 | 北京爱尔达电子设备有限公司 |
| 23 | 4246 | 大道隆达(北京)医药科技发展有限公司 | 50 | 4118 | 北京久其软件股份有限公司研发中心 |
| 24 | 4036 | 中国医药研究开发中心有限公司 | 51 | 3021 | 中广核(北京)仿真技术有限公司 |
| 25 | 1039 | 保诺科技(北京)有限公司 | 52 | 4121 | 北京嘉林药业股份有限公司医药生物技术研究所 |
| 26 | 3016 | 北京亨通斯博通讯科技有限公司光电技术研发中心 | 53 | 4250 | 荣盛盟固利新能源科技有限公司新能源技术研究院 |
| 27 | 1041 | 罗森伯格亚太电子有限公司北京科技研发中心 | 54 | 4125 | 北京京鹏环宇畜牧科技股份有限公司海淀技术研发分公司 |

续表

| 序号 | 机构认定号 | 机构名称 | 序号 | 机构认定号 | 机构名称 |
|---|---|---|---|---|---|
| 55 | 2043 | 北京交科公路勘察设计研究院有限公司 | 87 | 4206 | 北京东润环能科技股份有限公司 |
| 56 | 2045 | 北京大地高科地质勘查有限公司 | 88 | 4210 | 北京海莱特科技有限公司 |
| 57 | 4131 | 北京首航艾启威节能技术股份有限公司空冷技术研究所 | 89 | 4213 | 北京三盈联合石油技术有限公司能源设备研发分公司 |
| 58 | 4132 | 北京大北农科技集团股份有限公司 | 90 | 1046 | 北京现代汽车有限公司技术中心 |
| 59 | 2058 | 北京天科合达半导体股份有限公司 | 91 | 2061 | 北京中纺化工股份有限公司研发中心 |
| 60 | 4136 | 北京世纪迈劲生物科技有限公司 | 92 | 2063 | 亚太建设科技信息研究院有限公司 |
| 61 | 4144 | 北京世桥生物制药有限公司技术研发中心 | 93 | 4230 | 北京生泰尔科技股份有限公司生物科技研究院 |
| 62 | 4147 | 北京海步医药科技有限公司 | 94 | 4091 | 北京诺思兰德生物技术股份有限公司 |
| 63 | 4046 | 北京建筑材料科学研究总院有限公司 | 95 | 4224 | 北京利尔高温材料股份有限公司新材料研究院 |
| 64 | 2026 | 矿冶科技集团有限公司 | 96 | 1087 | 高拓讯达(北京)科技有限公司 |
| 65 | 4158 | 北京阜康仁生物制药科技有限公司 | 97 | 1088 | 亿览在线网络技术(北京)有限公司 |
| 66 | 2048 | 北京国富安电子商务安全认证有限公司 | 98 | 4238 | 北京万泰生物药业股份有限公司研发中心 |
| 67 | 4174 | 北京博大光通物联科技股份有限公司 | 99 | 4242 | 北京爱康宜诚医疗器材有限公司研发中心 |
| 68 | 4175 | 北京盈科瑞创新医药股份有限公司 | 100 | 1090 | 北京燕化永乐生物科技股份有限公司植保技术分公司 |
| 69 | 2053 | 北京中海生物科技有限公司 | 101 | 2036 | 北京龙源冷却技术有限公司空冷技术研究分公司 |
| 70 | 4180 | 北京市勘察设计研究院有限公司 | 102 | 1064 | 北京韩美药品有限公司医药研发中心 |
| 71 | 4231 | 盎亿泰地质微生物技术(北京)有限公司 | 103 | 1069 | 北京通美晶体技术有限公司技术研发中心 |
| 72 | 4176 | 北京赛升药业股份有限公司研发中心 | 104 | 1091 | 默沙东研发(中国)有限公司 |
| 73 | 4179 | 北京智飞绿竹生物制药有限公司研发中心 | 105 | 4182 | 北京勤邦生物技术有限公司食品检测技术研究院 |
| 74 | 2052 | 北京中企卓创科技发展有限公司 | 106 | 4190 | 北京东华原医疗设备有限责任公司新技术研发分公司 |
| 75 | 1078 | 易安信信息技术研发(北京)有限公司 | 107 | 2069 | 北京协和制药二厂药学研究中心 |
| 76 | 3027 | 北京国海能源技术研究院 | 108 | 4256 | 北京天广实生物技术股份有限公司 |
| 77 | 1033 | 北京沙东生物技术有限公司 | 109 | 3028 | 北京华大蛋白质研发中心有限公司 |
| 78 | 4028 | 北京康辰药业股份有限公司药物研究院 | 110 | 4257 | 北京恩成康泰生物科技有限公司 |
| 79 | 2040 | 北京正旦国际科技有限责任公司 | 111 | 4269 | 北京星原丰泰电子技术股份有限公司 |
| 80 | 4189 | 北京金科龙石油技术开发有限公司 | 112 | 4254 | 北京像素软件科技股份有限公司 |
| 81 | 4065 | 升华电梯有限公司北京技术研究所 | 113 | 4255 | 北京东土科技股份有限公司 |
| 82 | 4191 | 川北真空科技(北京)有限公司 | 114 | 4271 | 北京市天元网络技术股份有限公司 |
| 83 | 1079 | 北京乐威泰克医药技术有限公司 | 115 | 4273 | 北京诺康达医药科技股份有限公司 |
| 84 | 2024 | 中广核研究院有限公司北京分公司 | 116 | 3034 | 北京中卓时代消防装备科技有限公司研发中心 |
| 85 | 1042 | 北京诺和诺德医药科技有限公司 | 117 | 4016 | 安泰科技股份有限公司北京新材料技术中心 |
| 86 | 4215 | 北京安泰伟奥信息技术有限公司 | 118 | 4277 | 恒安嘉新(北京)科技股份公司 |

续表

| 序号 | 机构认定号 | 机构名称 | 序号 | 机构认定号 | 机构名称 |
|---|---|---|---|---|---|
| 119 | 2074 | 中咨泰克交通工程集团有限公司 | 152 | 4328 | 大恒新纪元科技股份有限公司北京光电技术研究所 |
| 120 | 4280 | 北京博恩特药业有限公司研发中心 | 153 | 2083 | 北京航天斯达科技有限公司 |
| 121 | 1094 | 戴姆勒大中华区投资有限公司 | 154 | 4335 | 富思特新材料科技发展股份有限公司北京科技中心 |
| 122 | 4284 | 北京旋极信息技术股份有限公司 | 155 | 4338 | 北京中农弘科生物技术有限公司 |
| 123 | 4285 | 北京泰科诺科技有限公司 | 156 | 4346 | 北京茗泽中和药物研究有限公司 |
| 124 | 4286 | 北京集奥聚合科技有限公司 | 157 | 4350 | 北京百分点科技集团股份有限公司 |
| 125 | 4287 | 北京合力电气传动控制技术有限责任公司 | 158 | 4352 | 国能日新科技股份有限公司 |
| 126 | 4288 | 北京和利时智能技术有限公司 | 159 | 4355 | 北京怡和嘉业医疗科技股份有限公司科技分公司 |
| 127 | 2076 | 中工沃特尔水技术股份有限公司 | 160 | 4357 | 北京优炫软件股份有限公司 |
| 128 | 4289 | 北京农信通科技有限责任公司 | 161 | 4358 | 北京英惠尔生物技术有限公司生物技术研究院 |
| 129 | 4290 | 北京必可测科技股份有限公司 | 162 | 4359 | 北京赛特斯信息科技股份有限公司 |
| 130 | 2077 | 北京中电科电子装备有限公司 | 163 | 1097 | 北京新光凯乐汽车冷成型件股份有限公司 |
| 131 | 4292 | 北京鸿讯基业通信设备检测有限公司 | 164 | 4360 | 北京品驰医疗设备有限公司 |
| 132 | 4293 | 东泰高科装备科技有限公司 | 165 | 4362 | 中金金融认证中心有限公司 |
| 133 | 3035 | 弘业新创抗体技术股份有限公司 | 166 | 4363 | 融创(北京)文化旅游规划研究院有限公司 |
| 134 | 4295 | 北京昂瑞微电子技术股份有限公司 | 167 | 4365 | 北京海纳川汽车部件股份有限公司技术中心 |
| 135 | 4296 | 北京中农劲腾生物技术股份有限公司 | 168 | 4366 | 北京哈三联科技有限责任公司 |
| 136 | 4298 | 北京百奥赛图基因生物技术有限公司 | 169 | 2086 | 中科星图股份有限公司 |
| 137 | 4300 | 北京康斯特仪表科技股份有限公司检测技术研究院分公司 | 170 | 4370 | 北京睿创康泰医药研究院有限公司 |
| 138 | 4303 | 北京中石正旗技术有限公司 | 171 | 4371 | 中农华威制药股份有限公司 |
| 139 | 4307 | 北京康立生医药技术开发有限公司 | 172 | 4372 | 北京康普森生物技术有限公司 |
| 140 | 4310 | 北京华如科技股份有限公司 | 173 | 4374 | 北京嘉洁能科技股份有限公司 |
| 141 | 4311 | 中云智慧(北京)科技有限公司 | 174 | 4375 | 北京旌准医疗科技有限公司 |
| 142 | 4313 | 北京博奥晶典生物技术有限公司 | 175 | 1098 | 北京银河巴马生物技术股份有限公司 |
| 143 | 4315 | 万瑞(北京)科技有限公司 | 176 | 4376 | 北京博辉瑞进生物科技有限公司 |
| 144 | 4318 | 拜西欧斯(北京)生物技术有限公司 | 177 | 4381 | 北京天工异彩影视科技有限公司 |
| 145 | 2081 | 北京华业阳光新能源有限公司科技研发中心 | 178 | 4382 | 北京捷泰天域信息技术有限公司 |
| 146 | 2080 | 中生北控生物科技股份有限公司体外诊断技术研发中心 | 179 | 4383 | 北京市富乐科技开发有限公司 |
| 147 | 4321 | 百世诺(北京)医疗科技有限公司 | 180 | 4384 | 北京康爱瑞浩生物科技股份有限公司 |
| 148 | 4323 | 北京依生兴业科技有限公司 | 181 | 4385 | 北京和缓医疗科技有限公司 |
| 149 | 4324 | 北京泛生子基因科技有限公司 | 182 | 4387 | 北京智行者科技有限公司 |
| 150 | 4326 | 中农绿康(北京)生物技术有限公司 | 183 | 4390 | 李宁(中国)体育用品有限公司技术中心 |
| 151 | 4327 | 北京阳光诺和药物研究股份有限公司 | 184 | 4391 | 北京燕华工程建设有限公司技术研发中心 |

续表

| 序号 | 机构认定号 | 机构名称 | 序号 | 机构认定号 | 机构名称 |
|---|---|---|---|---|---|
| 185 | 4392 | 北京航天恒丰科技股份有限公司 | 221 | 4432 | 北京大清生物技术股份有限公司生物技术研发中心 |
| 186 | 4396 | 北京索普尼科技有限公司 | 222 | 4433 | 北京九州一轨隔振技术有限公司 |
| 187 | 1100 | 甘李药业股份有限公司 | 223 | 4434 | 北京普惠三航科技有限公司 |
| 188 | 4397 | 北京宏瑞汽车科技股份有限公司 | 224 | 4435 | 北京燕化集联光电技术有限公司 |
| 189 | 4399 | 航天宏图信息技术股份有限公司 | 225 | 4436 | 北京德麦特捷康科技发展有限公司 |
| 190 | 4400 | 北京凯达恒业农业技术开发有限公司技术开发中心 | 226 | 4437 | 北京澳合药物研究院有限公司 |
| 191 | 4401 | 北京沃邦医药科技有限公司 | 227 | 4438 | 北京北达智汇微构分析测试中心有限公司 |
| 192 | 4404 | 国电康能科技股份有限公司 | 228 | 4439 | 北京知道创宇信息技术股份有限公司 |
| 193 | 4406 | 艾吉泰康生物科技(北京)有限公司 | 229 | 1102 | 欧蒙医学诊断(中国)有限公司技术研发中心 |
| 194 | 4407 | 蓝箭航天空间科技股份有限公司 | 230 | 2091 | 北京电信规划设计院有限公司 |
| 195 | 4408 | 北京擎科新业生物技术有限公司 | 231 | 4440 | 博易智软(北京)技术有限公司 |
| 196 | 2089 | 北京银联金卡科技有限公司 | 232 | 4441 | 北京旭阳科技有限公司 |
| 197 | 4409 | 北京威力格生物科技有限公司 | 233 | 4442 | 北京安码科技有限公司 |
| 198 | 4410 | 北京义翘神州科技股份有限公司 | 234 | 2092 | 国家电投集团科学技术研究院有限公司 |
| 199 | 4411 | 北京帝测科技股份有限公司 | 235 | 4443 | 华夏龙晖(北京)汽车电子科技股份有限公司 |
| 200 | 4412 | 北京中超伟业信息安全技术股份有限公司 | 236 | 4444 | 北京哈特凯尔医疗科技有限公司 |
| 201 | 4413 | 北京博康健基因科技有限公司 | 237 | 4445 | 北京五隆兴科技发展有限公司 |
| 202 | 4414 | 北京智康博药肿瘤医学研究有限公司 | 238 | 4446 | 北京聚龙科技发展有限公司 |
| 203 | 4415 | 军科正源(北京)药物研究有限责任公司 | 239 | 4447 | 北京九章云极科技有限公司 |
| 204 | 4416 | 北京锋锐新源电驱动科技有限公司 | 240 | 4448 | 北京苏试创博环境可靠性技术有限公司 |
| 205 | 4417 | 北京海洋兴业科技股份有限公司 | 241 | 4449 | 北京星箭长空测控技术股份有限公司 |
| 206 | 4418 | 北京灵翠医疗科技有限公司 | 242 | 4450 | 北京科荣达航空科技股份有限公司 |
| 207 | 4419 | 北京北汽模塑科技有限公司 | 243 | 4451 | 北京泓慧国际能源技术发展有限公司 |
| 208 | 4420 | 碳能科技(北京)有限公司 | 244 | 4452 | 北京自如信息科技有限公司 |
| 209 | 4421 | 北京鑫开元医药科技有限公司 | 245 | 4453 | 北京市京海换热设备制造有限责任公司 |
| 210 | 2090 | 北京玻钢院复合材料有限公司 | 246 | 4454 | 北京中环膜材料科技有限公司 |
| 211 | 4422 | 亿海蓝(北京)数据技术股份公司 | 247 | 4455 | 北京杰利阳能源设备制造有限公司 |
| 212 | 4423 | 北京凌天智能装备集团股份有限公司 | 248 | 4459 | 北京高盟新材料股份有限公司技术研发中心 |
| 213 | 4424 | 北京慧荣和科技有限公司 | 249 | 4456 | 视联动力信息技术股份有限公司 |
| 214 | 4425 | 北京英贝思科技有限公司 | 250 | 4457 | 北京金隅琉水环保科技有限公司 |
| 215 | 4426 | 北京荣创岩土工程股份有限公司 | 251 | 4458 | 北京凯德石英股份有限公司 |
| 216 | 4427 | 北京振冲工程机械有限公司 | 252 | 4460 | 北京海天瑞声科技股份有限公司 |
| 217 | 4428 | 北京银丰鼎诚生物工程技术有限公司 | 253 | 4461 | 北京佰才邦技术有限公司 |
| 218 | 4429 | 新博卓畅技术(北京)有限公司 | 254 | 4462 | 中电投工程研究检测评定中心有限公司 |
| 219 | 4430 | 北京豪思生物科技有限公司 | 255 | 4463 | 北京金朋达航空科技有限公司 |
| 220 | 4431 | 九次方大数据信息集团有限公司 | 256 | 4464 | 达闼科技(北京)有限公司 |

续表

| 序号 | 机构认定号 | 机构名称 | 序号 | 机构认定号 | 机构名称 |
|---|---|---|---|---|---|
| 257 | 4465 | 三角兽(北京)科技有限公司 | 291 | 4494 | 北京埃索特核电子机械有限公司 |
| 258 | 4466 | 北京盛威时代科技有限公司 | 292 | 1107 | 北京燕山威立雅水务有限责任公司 |
| 259 | 1103 | 海纳医信(北京)软件科技有限责任公司 | 293 | 4495 | 北京飞燕石化环保科技发展有限公司 |
| 260 | 4467 | 航天数维高新技术股份有限公司 | 294 | 4496 | 北京力达康科技有限公司 |
| 261 | 4468 | 北京京仪自动化装备技术有限公司 | 295 | 4497 | 北京卓镭激光技术有限公司 |
| 262 | 4469 | 北京亚控科技发展有限公司 | 296 | 4498 | 北京康吉森技术有限公司 |
| 263 | 1104 | 北京诺诚健华医药科技有限公司 | 297 | 4499 | 北京华泰诺安探测技术有限公司 |
| 264 | 4470 | 航天中认软件测评科技(北京)有限责任公司 | 298 | 4500 | 北京东方昊为工业装备有限公司 |
| 265 | 4471 | 美丽国土(北京)生态环境工程技术研究院有限公司 | 299 | 4501 | 优美特(北京)环境材料科技股份公司 |
| 266 | 4472 | 北京江河幕墙系统工程有限公司科技分公司 | 300 | 1108 | 北京五一视界数字孪生科技股份有限公司 |
| 267 | 4473 | 北京康思润业生物技术有限公司 | 301 | 4502 | 北京捷通华声科技股份有限公司 |
| 268 | 4474 | 北京凯昆广胜新能源电器有限公司 | 302 | 4503 | 睿至科技集团有限公司 |
| 269 | 2093 | 北京科化新材料科技有限公司 | 303 | 4504 | 时趣互动(北京)科技有限公司 |
| 270 | 4475 | 北交联合云计算股份有限公司 | 304 | 4505 | 北京雷格讯电子股份有限公司 |
| 271 | 4476 | 北京希望组生物科技有限公司 | 305 | 4506 | 北京博奥森生物技术有限公司 |
| 272 | 4477 | 博雅缉因(北京)生物科技有限公司 | 306 | 4507 | 能科科技股份有限公司 |
| 273 | 4478 | 北京志道生物科技有限公司 | 307 | 4508 | 北京中资燕京汽车有限公司 |
| 274 | 4479 | 北京惠中医疗器械有限公司 | 308 | 4509 | 北京明德立达农业科技有限公司 |
| 275 | 4480 | 北京博华信智科技股份有限公司 | 309 | 4510 | 航天图景(北京)科技有限公司 |
| 276 | 4481 | 电王精密电器(北京)有限公司 | 310 | 4511 | 北京梆梆安全科技有限公司 |
| 277 | 4482 | 健康力(北京)医疗科技有限公司 | 311 | 4512 | 北京中宏立达科技发展有限公司 |
| 278 | 4483 | 国创智能设备制造股份有限公司 | 312 | 4513 | 博森生物科技(北京)有限公司 |
| 279 | 4484 | 中玉金标记(北京)生物技术股份有限公司 | 313 | 4514 | 超同步股份有限公司北京智能装备技术研发中心 |
| 280 | 4485 | 北京诚济制药股份有限公司技术中心 | 314 | 4515 | 北京雷蒙赛博机电技术有限公司 |
| 281 | 1105 | 飞猫影视技术(北京)有限公司 | 315 | 4516 | 互联网域名系统北京市工程研究中心有限公司 |
| 282 | 4486 | 北京国电电科院检测科技有限公司 | 316 | 4517 | 北京世冠金洋科技发展有限公司 |
| 283 | 4487 | 北京善为正子医药技术有限公司 | 317 | 4518 | 北京华厚能源科技有限公司 |
| 284 | 4488 | 北京首量科技股份有限公司 | 318 | 4519 | 北京大成国测科技有限公司 |
| 285 | 4489 | 北京新领先医药科技发展有限公司 | 319 | 4520 | 北京恒峰铭成生物科技有限公司 |
| 286 | 1106 | 北京北汽大世汽车系统有限公司 | 320 | 4521 | 科稷达隆生物技术有限公司 |
| 287 | 4490 | 北京秋实胶原肠衣有限公司 | 321 | 4522 | 北京先通国际医药科技股份有限公司 |
| 288 | 4491 | 北京新安特风机有限公司 | 322 | 4523 | 北京天拓数信科技有限责任公司 |
| 289 | 4492 | 北京大凤太好环保工程有限公司 | 323 | 2094 | 北京科莱博医药开发有限责任公司 |
| 290 | 4493 | 北京京仪北方仪器仪表有限公司 | 324 | 4524 | 北京安必奇生物科技有限公司 |

续表

| 序号 | 机构认定号 | 机构名称 | 序号 | 机构认定号 | 机构名称 |
|---|---|---|---|---|---|
| 325 | 2095 | 北京轩宇空间科技有限公司 | 340 | 4537 | 北京万鹏朗格医药科技有限公司 |
| 326 | 4525 | 北京龙鼎源科技股份有限公司技术开发中心 | 341 | 4538 | 龙铁纵横（北京）轨道交通科技股份有限公司 |
| 327 | 4526 | 北京车和家信息技术有限公司 | 342 | 4539 | 天普新能源科技有限公司北京技术中心 |
| 328 | 4527 | 北京众绘虚拟现实技术研究院有限公司 | 343 | 4540 | 北京斯利安药业有限公司大兴分公司 |
| 329 | 4529 | 北京吉因加科技有限公司 | 344 | 4541 | 北京富地勘察测绘有限公司 |
| 330 | 4528 | 北京东方百泰生物科技有限公司 | 345 | 4542 | 北京国遥新天地信息技术有限公司 |
| 331 | 4530 | 北京赛凡光电仪器有限公司 | 346 | 2097 | 北京中交创新投资发展有限公司 |
| 332 | 4531 | 中科三清科技有限公司 | 347 | 4543 | 梅卡曼德（北京）机器人科技有限公司 |
| 333 | 4532 | 北京硕佰医药科技有限责任公司 | 348 | 4544 | 中天众达智慧城市科技有限公司 |
| 334 | 4533 | 北京住总万科建筑工业化科技股份有限公司装配式建筑研究院分公司 | 349 | 2098 | 北京九曜智能科技有限公司 |
| 335 | 2096 | 中铝材料应用研究院有限公司 | 350 | 2099 | 电信科学技术仪表研究所有限公司 |
| 336 | 4534 | 北京麦康医疗器械有限公司 | 351 | 4545 | 北京建筑材料检验研究院有限公司 |
| 337 | 4535 | 艾美特焊接自动化技术（北京）有限公司 | 352 | 4546 | 北京麦邦光电仪器有限公司科技中心 |
| 338 | 1109 | 国投信开水环境投资有限公司 | 353 | 4547 | 润方（北京）生物医药研究院有限公司 |
| 339 | 4536 | 北京潞电电气设备有限公司 | 354 | 2100 | 北京首钢自动化信息技术有限公司 |

注：资料来源为北京市科学技术委员会、中关村科技园区管理委员会。

# 2020 年北京市国家级、市级大学科技园一览表

| 序号 | 科技园名称 | 科技园级别 | |
|---|---|---|---|
| 1 | 华北电力大学国家大学科技园 | 国家级大学科技园 | 北京市级大学科技园 |
| 2 | 中国人民大学国家大学科技园 | 国家级大学科技园 | 北京市级大学科技园 |
| 3 | 北师大－北中医国家大学科技园 | 国家级大学科技园 | 北京市级大学科技园 |
| 4 | 中国矿业大学（北京）国家大学科技园 | 国家级大学科技园 | 北京市级大学科技园 |
| 5 | 清华大学国家大学科技园 | 国家级大学科技园 | 北京市级大学科技园 |
| 6 | 北京大学国家大学科技园 | 国家级大学科技园 | 北京市级大学科技园 |
| 7 | 北京航空航天大学国家大学科技园 | 国家级大学科技园 | 北京市级大学科技园 |
| 8 | 北京理工大学国家大学科技园 | 国家级大学科技园 | 北京市级大学科技园 |
| 9 | 北京邮电大学国家大学科技园 | 国家级大学科技园 | 北京市级大学科技园 |
| 10 | 北京科技大学国家大学科技园 | 国家级大学科技园 | 北京市级大学科技园 |
| 11 | 北京工业大学国家大学科技园 | 国家级大学科技园 | 北京市级大学科技园 |
| 12 | 北京交通大学国家大学科技园 | 国家级大学科技园 | 北京市级大学科技园 |
| 13 | 北京林业大学国家大学科技园 | 国家级大学科技园 | 北京市级大学科技园 |

续表

| 序号 | 科技园名称 | 科技园级别 | |
|---|---|---|---|
| 14 | 中国农业大学国家大学科技园 | 国家级大学科技园 | 北京市级大学科技园 |
| 15 | 北京化工大学国家大学科技园 | 国家级大学科技园 | 北京市级大学科技园 |
| 16 | 中国传媒大学科技园 | | 北京市级大学科技园 |
| 17 | 北京印刷学院大学科技园 | | 北京市级大学科技园 |
| 18 | 北京农学院大学科技园 | | 北京市级大学科技园 |
| 19 | 北京物资学院大学科技园 | | 北京市级大学科技园 |
| 20 | 中国石油大学(北京)科技园 | | 北京市级大学科技园 |
| 21 | 中央财经大学科技园 | | 北京市级大学科技园 |
| 22 | 北京联合大学科技园 | | 北京市级大学科技园 |
| 23 | 北京信息科技大学科技园 | | 北京市级大学科技园 |
| 24 | 中国政法大学科技园 | | 北京市级大学科技园 |
| 25 | 北京建筑大学科技园 | | 北京市级大学科技园 |
| 26 | 首都师范大学科技园 | | 北京市级大学科技园 |
| 27 | 首都医科大学科技园 | | 北京市级大学科技园 |
| 28 | 北京电影学院科技园 | | 北京市级大学科技园 |
| 29 | 北京服装学院科技园 | | 北京市级大学科技园 |

注:资料来源为北京市科学技术委员会、中关村科技园区管理委员会。

# 2020年北京市国家级、市级科技企业孵化器一览表

| 序号 | 孵化器运营主体名称 | 孵化器级别 | |
|---|---|---|---|
| 1 | 北京高技术创业服务中心有限公司 | 国家级孵化器 | 北京市级孵化器 |
| 2 | 北京北航天汇科技孵化器有限公司 | 国家级孵化器 | 北京市级孵化器 |
| 3 | 北京中关村国际孵化器有限公司 | 国家级孵化器 | 北京市级孵化器 |
| 4 | 北京赛欧科园科技孵化中心有限公司 | 国家级孵化器 | 北京市级孵化器 |
| 5 | 北京奥宇科技企业孵化器有限责任公司 | 国家级孵化器 | 北京市级孵化器 |
| 6 | 北京中关村软件园孵化服务有限公司 | 国家级孵化器 | 北京市级孵化器 |
| 7 | 北京康华伟业孵化器有限责任公司 | 国家级孵化器 | 北京市级孵化器 |
| 8 | 汇龙森国际企业孵化(北京)有限公司 | 国家级孵化器 | 北京市级孵化器 |
| 9 | 北京九州通科技孵化器有限公司 | 国家级孵化器 | 北京市级孵化器 |
| 10 | 北京中关村上地生物科技发展有限公司 | 国家级孵化器 | 北京市级孵化器 |
| 11 | 汇龙森欧洲科技(北京)有限公司 | 国家级孵化器 | 北京市级孵化器 |
| 12 | 北京牡丹科技孵化器有限公司 | 国家级孵化器 | 北京市级孵化器 |
| 13 | 北京亦庄国际生物医药投资管理有限公司 | 国家级孵化器 | 北京市级孵化器 |

续表

| 序号 | 孵化器运营主体名称 | 孵化器级别 | |
|---|---|---|---|
| 14 | 创新工场(北京)企业管理股份有限公司 | 国家级孵化器 | 北京市级孵化器 |
| 15 | 北京创业公社投资发展有限公司 | 国家级孵化器 | 北京市级孵化器 |
| 16 | 中关村意谷(北京)科技服务有限公司 | 国家级孵化器 | 北京市级孵化器 |
| 17 | 贝壳菁汇科技集团有限公司 | 国家级孵化器 | 北京市级孵化器 |
| 18 | 北京斯坦福科技孵化器有限公司 | 国家级孵化器 | 北京市级孵化器 |
| 19 | 北京天亿弘方投资管理有限公司 | 国家级孵化器 | 北京市级孵化器 |
| 20 | 同方科技园有限公司 | 国家级孵化器 | 北京市级孵化器 |
| 21 | 北京正开科技有限公司 | 国家级孵化器 | 北京市级孵化器 |
| 22 | 北京禾芫科技孵化器有限公司 | 国家级孵化器 | 北京市级孵化器 |
| 23 | 北京京仪融科科技孵化器有限公司 | 国家级孵化器 | 北京市级孵化器 |
| 24 | 京卫惟科生物科技孵化(北京)有限公司 | 国家级孵化器 | 北京市级孵化器 |
| 25 | 北京首科创融科技孵化器有限公司 | 国家级孵化器 | 北京市级孵化器 |
| 26 | 中关村科技园区丰台园科技创业服务中心 | 国家级孵化器 | |
| 27 | 中关村科技园区海淀园创业服务中心 | 国家级孵化器 | |
| 28 | 北京望京科技孵化服务有限公司 | 国家级孵化器 | |
| 29 | 北京启迪创业孵化器有限公司 | 国家级孵化器 | |
| 30 | 北京科大方兴科技孵化器有限责任公司 | 国家级孵化器 | |
| 31 | 北京普天德胜科技孵化器有限公司 | 国家级孵化器 | |
| 32 | 北京华海基业科技孵化器有限公司 | 国家级孵化器 | |
| 33 | 北京博奥联创科技孵化器有限公司 | 国家级孵化器 | |
| 34 | 北京汉潮大成科技孵化器有限公司 | 国家级孵化器 | |
| 35 | 北京理工创新高科技孵化器有限公司 | 国家级孵化器 | |
| 36 | 北京中关村生命科学园生物医药科技孵化有限公司 | 国家级孵化器 | |
| 37 | 北京京仪科技孵化器有限公司 | 国家级孵化器 | |
| 38 | 北京瀚海润泽科技孵化器有限公司 | 国家级孵化器 | |
| 39 | 北京瀚海博智科技孵化器有限公司 | 国家级孵化器 | |
| 40 | 北京北达燕园科技孵化器有限公司 | 国家级孵化器 | |
| 41 | 北京人大文化科技企业孵化器有限公司 | 国家级孵化器 | |
| 42 | 北京厚德科创科技孵化器有限公司 | 国家级孵化器 | |
| 43 | 北京交大科技孵化器有限公司 | 国家级孵化器 | |
| 44 | 北京华商置业有限公司 | 国家级孵化器 | |
| 45 | 北京牡丹创新科技孵化器有限公司 | 国家级孵化器 | |
| 46 | 北京嘉捷美锦科技发展有限公司 | 国家级孵化器 | |
| 47 | 北京中关村京蒙高科企业孵化器有限责任公司 | 国家级孵化器 | |
| 48 | 北京宏福科技孵化器股份有限公司 | 国家级孵化器 | |
| 49 | 北京乐邦乐成创业投资管理有限公司 | 国家级孵化器 | |
| 50 | 博雅燕园科技企业孵化(北京)有限公司 | 国家级孵化器 | |
| 51 | 北京东方嘉诚文化产业发展有限公司 | 国家级孵化器 | |

续表

| 序号 | 孵化器运营主体名称 | 孵化器级别 | |
|---|---|---|---|
| 52 | 北京赢家伟业科技孵化器股份有限公司 | 国家级孵化器 | |
| 53 | 北京东创空间文化产业发展有限公司 | 国家级孵化器 | |
| 54 | 北京京辰瑞达科技孵化中心 | 国家级孵化器 | |
| 55 | 北京华电天德科技园有限公司 | 国家级孵化器 | |
| 56 | 北京国投尚科信息技术有限公司 | 国家级孵化器 | |
| 57 | 北京北控高科技孵化器有限公司 | 国家级孵化器 | |
| 58 | 锋创科技发展(北京)有限公司 | 国家级孵化器 | |
| 59 | 北京普天电子城科技孵化器有限公司 | 国家级孵化器 | |
| 60 | 北大医疗产业园科技有限公司 | 国家级孵化器 | |
| 61 | 北京云基地云计算科技发展有限公司 | 国家级孵化器 | |
| 62 | 北京搜宝创展科技孵化器有限责任公司 | 国家级孵化器 | |
| 63 | 大唐创新港投资(北京)有限公司 | 国家级孵化器 | |
| 64 | 北京东升科技企业加速器有限公司 | 国家级孵化器 | |
| 65 | 北京高创天成国际企业孵化器有限公司 | | 北京市级孵化器 |
| 66 | 北京创客帮科技孵化器有限公司 | | 北京市级孵化器 |
| 67 | 北京联想之星投资管理有限公司 | | 北京市级孵化器 |
| 68 | 燕园校友投资管理有限公司 | | 北京市级孵化器 |
| 69 | 北京硬创空间科技有限公司 | | 北京市级孵化器 |
| 70 | 北京创业谷科技孵化器有限公司 | | 北京市级孵化器 |
| 71 | 紫荆花科技孵化器(北京)有限公司 | | 北京市级孵化器 |
| 72 | 星库空间(北京)创业投资有限公司 | | 北京市级孵化器 |
| 73 | 鼎石天元投资(北京)有限公司 | | 北京市级孵化器 |
| 74 | 中孵高科产业孵化(北京)有限公司 | | 北京市级孵化器 |
| 75 | 北京国联万众半导体科技有限公司 | | 北京市级孵化器 |
| 76 | 北京安创空间科技有限公司 | | 北京市级孵化器 |
| 77 | 北京厚德昌科投资管理有限公司 | | 北京市级孵化器 |
| 78 | 北京即联即用创业投资有限公司 | | 北京市级孵化器 |
| 79 | 北创营(北京)科技孵化器有限公司 | | 北京市级孵化器 |
| 80 | 北京天作理化科技孵化器有限公司 | | 北京市级孵化器 |
| 81 | 北京优投科技孵化器有限公司 | | 北京市级孵化器 |
| 82 | 北京瀚海华美国际咨询有限公司 | | 北京市级孵化器 |
| 83 | 北京乐邦乐成科技孵化器有限公司 | | 北京市级孵化器 |
| 84 | 中关村创客小镇(北京)科技有限公司 | | 北京市级孵化器 |
| 85 | 北京科创空间投资发展有限公司 | | 北京市级孵化器 |
| 86 | 北京鹍鹏科创科技发展有限公司 | | 北京市级孵化器 |
| 87 | 北京中关村创业大街科技服务有限公司 | | 北京市级孵化器 |
| 88 | 北京华卫天和生物科技有限公司 | | 北京市级孵化器 |
| 89 | 北京时代凌宇科技孵化器有限公司 | | 北京市级孵化器 |

续表

| 序号 | 孵化器运营主体名称 | 孵化器级别 | |
|---|---|---|---|
| 90 | 北京中科创星科技有限公司 | | 北京市级孵化器 |
| 91 | 北京青禾谷仓科技有限公司 | | 北京市级孵化器 |
| 92 | 北京首都科技发展集团科技服务有限公司 | | 北京市级孵化器 |
| 93 | 中科智能互联(北京)科技发展有限公司 | | 北京市级孵化器 |
| 94 | 北京贝壳京工时尚创新科技有限公司 | | 北京市级孵化器 |
| 95 | 奇绩创坛(北京)投资管理有限责任公司 | | 北京市级孵化器 |
| 96 | 北京创园国际科技有限公司 | | 北京市级孵化器 |
| 97 | 北京科方创业科技企业孵化器有限公司 | | 北京市级孵化器 |
| 98 | 北京景大空间科技有限公司 | | 北京市级孵化器 |
| 99 | 北京东辉达科技孵化器有限公司 | | 北京市级孵化器 |
| 100 | 北京西啻威荣科技发展有限公司 | | 北京市级孵化器 |
| 101 | 北京大华无线电仪器有限责任公司 | | 北京市级孵化器 |
| 102 | 北京火炬人科技有限公司 | | 北京市级孵化器 |
| 103 | 北京小威科技孵化器有限公司 | | 北京市级孵化器 |
| 104 | 荷塘探索国际健康科技发展(北京)有限公司 | | 北京市级孵化器 |
| 105 | 北京机电研究所有限公司 | | 北京市级孵化器 |
| 106 | 北京莞京创新科技服务有限公司 | | 北京市级孵化器 |
| 107 | 北京芯创空间科技服务有限责任公司 | | 北京市级孵化器 |
| 108 | 北京天安科创置业有限公司 | | 北京市级孵化器 |
| 109 | 北京星光拓诚投资有限公司 | | 北京市级孵化器 |
| 110 | 北京维鲸科技有限公司 | | 北京市级孵化器 |
| 111 | 北京华卫康健科技孵化器有限责任公司 | | 北京市级孵化器 |
| 112 | 中东集团物业管理有限公司 | | 北京市级孵化器 |
| 113 | 北京渡业投资管理有限公司 | | 北京市级孵化器 |
| 114 | 宝业通(北京)科技孵化器有限公司 | | 北京市级孵化器 |
| 115 | 北京瀚海智业国际科技发展有限公司 | | 北京市级孵化器 |
| 116 | 北京众智鼎昌科技产业有限公司 | | 北京市级孵化器 |
| 117 | 北京东升联创科技孵化器有限公司 | | 北京市级孵化器 |
| 118 | 北京昌科国际科技有限公司 | | 北京市级孵化器 |
| 119 | 北京军腾博奥科技服务有限公司 | | 北京市级孵化器 |
| 120 | 北京亚杰商汇咨询有限公司 | | 北京市级孵化器 |

注:资料来源为北京市科学技术委员会、中关村科技园区管理委员会。

# 2020年北京市国家级、市级众创空间一览表

| 序号 | 众创空间运营主体名称 | 众创空间级别 | |
|---|---|---|---|
| 1 | 中关村科技园区丰台园科技创业服务中心 | 国家级众创空间 | 北京市级众创空间 |
| 2 | 北京赛欧科园科技孵化中心有限公司 | 国家级众创空间 | 北京市级众创空间 |
| 3 | 北京奥宇科技企业孵化器有限责任公司 | 国家级众创空间 | 北京市级众创空间 |
| 4 | 北京中关村软件园孵化服务有限公司 | 国家级众创空间 | 北京市级众创空间 |
| 5 | 北京普天德胜科技孵化器有限公司 | 国家级众创空间 | 北京市级众创空间 |
| 6 | 北京理工创新高科技孵化器有限公司 | 国家级众创空间 | 北京市级众创空间 |
| 7 | 北京京仪科技孵化器有限公司 | 国家级众创空间 | 北京市级众创空间 |
| 8 | 北京瀚海博智科技孵化器有限公司 | 国家级众创空间 | 北京市级众创空间 |
| 9 | 北京北达燕园科技孵化器有限公司 | 国家级众创空间 | 北京市级众创空间 |
| 10 | 北京人大文化科技企业孵化器有限公司 | 国家级众创空间 | 北京市级众创空间 |
| 11 | 北京厚德科创科技孵化器有限公司 | 国家级众创空间 | 北京市级众创空间 |
| 12 | 北京华商置业有限公司 | 国家级众创空间 | 北京市级众创空间 |
| 13 | 北京宏福科技孵化器股份有限公司 | 国家级众创空间 | 北京市级众创空间 |
| 14 | 北京东方嘉诚文化产业发展有限公司 | 国家级众创空间 | 北京市级众创空间 |
| 15 | 北京创业公社投资发展有限公司 | 国家级众创空间 | 北京市级众创空间 |
| 16 | 中关村意谷(北京)科技服务有限公司 | 国家级众创空间 | 北京市级众创空间 |
| 17 | 北京赢家伟业科技孵化器股份有限公司 | 国家级众创空间 | 北京市级众创空间 |
| 18 | 北京国投尚科信息技术有限公司 | 国家级众创空间 | 北京市级众创空间 |
| 19 | 贝壳菁汇科技集团有限公司 | 国家级众创空间 | 北京市级众创空间 |
| 20 | 锋创科技发展(北京)有限公司 | 国家级众创空间 | 北京市级众创空间 |
| 21 | 北京斯坦福科技孵化器有限公司 | 国家级众创空间 | 北京市级众创空间 |
| 22 | 北京普天电子城科技孵化器有限公司 | 国家级众创空间 | 北京市级众创空间 |
| 23 | 北大医疗产业园科技有限公司 | 国家级众创空间 | 北京市级众创空间 |
| 24 | 北京趣酷科技有限公司 | 国家级众创空间 | 北京市级众创空间 |
| 25 | 北京北航科技园有限公司 | 国家级众创空间 | 北京市级众创空间 |
| 26 | 中财大科技园(北京)有限公司 | 国家级众创空间 | 北京市级众创空间 |
| 27 | 北京科聚思网络科技有限公司 | 国家级众创空间 | 北京市级众创空间 |
| 28 | 纳什空间创业科技(北京)有限公司 | 国家级众创空间 | 北京市级众创空间 |
| 29 | 北京迪希工业设计创意开发有限公司 | 国家级众创空间 | 北京市级众创空间 |
| 30 | 中文发集团文化有限公司 | 国家级众创空间 | 北京市级众创空间 |
| 31 | 北京市文化创新工场投资管理有限公司 | 国家级众创空间 | 北京市级众创空间 |
| 32 | 北京极地加科技有限公司 | 国家级众创空间 | 北京市级众创空间 |
| 33 | 北京北服时尚投资管理有限公司 | 国家级众创空间 | 北京市级众创空间 |

续表

| 序号 | 众创空间运营主体名称 | 众创空间级别 | |
|---|---|---|---|
| 34 | 首邦(北京)资产运营有限公司 | 国家级众创空间 | 北京市级众创空间 |
| 35 | 创业邦(北京)传媒文化有限公司 | 国家级众创空间 | 北京市级众创空间 |
| 36 | 汉唐信通(北京)咨询股份有限公司 | 国家级众创空间 | 北京市级众创空间 |
| 37 | 国安龙巢(北京)科技投资有限公司 | 国家级众创空间 | 北京市级众创空间 |
| 38 | 光合空间(北京)企业孵化器有限公司 | 国家级众创空间 | 北京市级众创空间 |
| 39 | 北京创客空间科技有限公司 | 国家级众创空间 | 北京市级众创空间 |
| 40 | 北京车库咖啡孵化器运营管理有限公司 | 国家级众创空间 | 北京市级众创空间 |
| 41 | 清华大学经济管理学院 | 国家级众创空间 | 北京市级众创空间 |
| 42 | 北京创客帮科技孵化器有限公司 | 国家级众创空间 | 北京市级众创空间 |
| 43 | 北京 3W 孵化器管理有限公司 | 国家级众创空间 | 北京市级众创空间 |
| 44 | 氪空间(北京)信息技术有限公司 | 国家级众创空间 | 北京市级众创空间 |
| 45 | 北京联想之星投资管理有限公司 | 国家级众创空间 | 北京市级众创空间 |
| 46 | 北京天使汇金融信息服务有限公司 | 国家级众创空间 | 北京市级众创空间 |
| 47 | 北京金种子创业谷科技孵化器中心 | 国家级众创空间 | 北京市级众创空间 |
| 48 | 北京创业未来传媒技术有限公司 | 国家级众创空间 | 北京市级众创空间 |
| 49 | 北京爱思创芯汇咨询有限公司 | 国家级众创空间 | 北京市级众创空间 |
| 50 | 北京飞马旅企业管理有限公司 | 国家级众创空间 | 北京市级众创空间 |
| 51 | 亚杰汇(北京)网络科技服务有限公司 | 国家级众创空间 | 北京市级众创空间 |
| 52 | 燕园校友投资管理有限公司 | 国家级众创空间 | 北京市级众创空间 |
| 53 | 北京虫洞创业之家科技服务有限公司 | 国家级众创空间 | 北京市级众创空间 |
| 54 | 启迪之星(北京)科技企业孵化器有限公司 | 国家级众创空间 | 北京市级众创空间 |
| 55 | 北京硬创空间科技有限公司 | 国家级众创空间 | 北京市级众创空间 |
| 56 | 北京清创纪元创业教育科技有限责任公司 | 国家级众创空间 | 北京市级众创空间 |
| 57 | 北京清创科技孵化器有限公司 | 国家级众创空间 | 北京市级众创空间 |
| 58 | 太库(北京)科技孵化器有限公司 | 国家级众创空间 | 北京市级众创空间 |
| 59 | 北京创业谷科技孵化器有限公司 | 国家级众创空间 | 北京市级众创空间 |
| 60 | 北京东晟合创科技孵化器有限公司 | 国家级众创空间 | 北京市级众创空间 |
| 61 | 北京云基地云计算科技发展有限公司 | 国家级众创空间 | 北京市级众创空间 |
| 62 | 阿尔法沃夫(北京)加速器科技有限公司 | 国家级众创空间 | 北京市级众创空间 |
| 63 | 兰天使创新创业孵化器有限公司 | 国家级众创空间 | 北京市级众创空间 |
| 64 | 万巢(北京)众创空间有限公司 | 国家级众创空间 | 北京市级众创空间 |
| 65 | 优府科技服务(北京)有限公司 | 国家级众创空间 | 北京市级众创空间 |
| 66 | 北京中关村国际数字设计中心有限公司 | 国家级众创空间 | 北京市级众创空间 |
| 67 | 北京银行中关村分行 | 国家级众创空间 | 北京市级众创空间 |
| 68 | 北京远见育成科技孵化器有限公司 | 国家级众创空间 | 北京市级众创空间 |
| 69 | 北京巨峰智海商务服务有限公司 | 国家级众创空间 | 北京市级众创空间 |
| 70 | 北京建设大学(中国农业大学科技园) | 国家级众创空间 | 北京市级众创空间 |
| 71 | 北京众合海川科技孵化器有限公司 | 国家级众创空间 | 北京市级众创空间 |

续表

| 序号 | 众创空间运营主体名称 | 众创空间级别 | |
|---|---|---|---|
| 72 | 北京天亿弘方投资管理有限公司 | 国家级众创空间 | 北京市级众创空间 |
| 73 | 北京海置科创科技服务有限公司 | 国家级众创空间 | 北京市级众创空间 |
| 74 | 北京衫晒科技孵化器有限公司 | 国家级众创空间 | 北京市级众创空间 |
| 75 | 北京 U 家创业投资管理有限公司 | 国家级众创空间 | 北京市级众创空间 |
| 76 | 紫荆花科技孵化器(北京)有限公司 | 国家级众创空间 | 北京市级众创空间 |
| 77 | 大唐网络有限公司 | 国家级众创空间 | 北京市级众创空间 |
| 78 | 校际空间(北京)科技孵化器有限责任公司 | 国家级众创空间 | 北京市级众创空间 |
| 79 | 同方科技园有限公司 | 国家级众创空间 | 北京市级众创空间 |
| 80 | 一九一一文化传播(北京)有限公司 | 国家级众创空间 | 北京市级众创空间 |
| 81 | 北京库尔好同学科技有限公司 | 国家级众创空间 | 北京市级众创空间 |
| 82 | 雷雷伙伴(北京)科技孵化器有限公司 | 国家级众创空间 | 北京市级众创空间 |
| 83 | 北京智泽惠通科技孵化器有限公司 | 国家级众创空间 | 北京市级众创空间 |
| 84 | 北京宏泰智会科技服务有限公司 | 国家级众创空间 | 北京市级众创空间 |
| 85 | 星库空间(北京)创业投资有限公司 | 国家级众创空间 | 北京市级众创空间 |
| 86 | 黑钻石(北京)文化传媒股份有限公司 | 国家级众创空间 | 北京市级众创空间 |
| 87 | 北京北方车辆新技术孵化器有限公司 | 国家级众创空间 | 北京市级众创空间 |
| 88 | 九一金融信息服务(北京)有限公司 | 国家级众创空间 | 北京市级众创空间 |
| 89 | 北京创新谷科技孵化器有限公司 | 国家级众创空间 | 北京市级众创空间 |
| 90 | 北京海聚博源科技孵化器有限公司 | 国家级众创空间 | 北京市级众创空间 |
| 91 | 北京方和正圆科技企业孵化器有限公司 | 国家级众创空间 | 北京市级众创空间 |
| 92 | 优客工场(北京)创业投资有限公司 | 国家级众创空间 | 北京市级众创空间 |
| 93 | 鼎石天元投资(北京)有限公司 | 国家级众创空间 | 北京市级众创空间 |
| 94 | 北京正开科技有限公司 | 国家级众创空间 | 北京市级众创空间 |
| 95 | 北京快投会网络科技有限公司 | 国家级众创空间 | 北京市级众创空间 |
| 96 | 北京东尚泰和科技有限公司 | 国家级众创空间 | 北京市级众创空间 |
| 97 | 北京中科电商谷信息技术有限公司 | 国家级众创空间 | 北京市级众创空间 |
| 98 | 北京鸿坤理想投资管理有限公司 | 国家级众创空间 | 北京市级众创空间 |
| 99 | 北京禾芫科技孵化器有限公司 | 国家级众创空间 | 北京市级众创空间 |
| 100 | 北京通明湖信息城发展有限公司 | 国家级众创空间 | 北京市级众创空间 |
| 101 | 北京安快创业科技有限公司 | 国家级众创空间 | 北京市级众创空间 |
| 102 | 北京九城软件有限公司 | 国家级众创空间 | 北京市级众创空间 |
| 103 | 中孵高科产业孵化(北京)有限公司 | 国家级众创空间 | 北京市级众创空间 |
| 104 | 北京国联万众半导体科技有限公司 | 国家级众创空间 | 北京市级众创空间 |
| 105 | 北京安创空间科技有限公司 | 国家级众创空间 | 北京市级众创空间 |
| 106 | 北京厚德昌科投资管理有限公司 | 国家级众创空间 | 北京市级众创空间 |
| 107 | 北京昌品城市文化发展有限公司 | 国家级众创空间 | 北京市级众创空间 |
| 108 | 中航联创科技有限公司 | 国家级众创空间 | 北京市级众创空间 |
| 109 | 北京即联即用创业投资有限公司 | 国家级众创空间 | 北京市级众创空间 |

续表

| 序号 | 众创空间运营主体名称 | 众创空间级别 | |
|---|---|---|---|
| 110 | 逐鹿仁德(北京)科技孵化器有限公司 | 国家级众创空间 | 北京市级众创空间 |
| 111 | 北创营(北京)科技孵化器有限公司 | 国家级众创空间 | 北京市级众创空间 |
| 112 | 北京金丰和科技企业孵化器有限责任公司 | 国家级众创空间 | 北京市级众创空间 |
| 113 | 智创工坊(北京)科技有限公司 | 国家级众创空间 | 北京市级众创空间 |
| 114 | 北京市化学工业研究院有限责任公司 | 国家级众创空间 | 北京市级众创空间 |
| 115 | 北京星火国创企业管理有限公司 | 国家级众创空间 | 北京市级众创空间 |
| 116 | 北京京仪融科科技孵化器有限公司 | 国家级众创空间 | 北京市级众创空间 |
| 117 | 京卫惟科生物科技孵化(北京)有限公司 | 国家级众创空间 | 北京市级众创空间 |
| 118 | 北京国泰青春商业有限公司 | 国家级众创空间 | 北京市级众创空间 |
| 119 | 北京天作理化科技孵化器有限公司 | 国家级众创空间 | 北京市级众创空间 |
| 120 | 北京业主行网络科技有限公司 | 国家级众创空间 | 北京市级众创空间 |
| 121 | 北京优投科技孵化器有限公司 | 国家级众创空间 | 北京市级众创空间 |
| 122 | 中民国投(北京)投资控股有限公司 | 国家级众创空间 | 北京市级众创空间 |
| 123 | 北京智汇互联科技孵化器有限公司 | 国家级众创空间 | 北京市级众创空间 |
| 124 | 北京北化大科技园有限公司 | 国家级众创空间 | 北京市级众创空间 |
| 125 | 北京倪帮尔科技孵化器有限公司 | 国家级众创空间 | 北京市级众创空间 |
| 126 | 微创业(北京)企业管理服务有限公司 | 国家级众创空间 | 北京市级众创空间 |
| 127 | 北京九州众创科技孵化器有限公司 | 国家级众创空间 | 北京市级众创空间 |
| 128 | 青创动力(北京)科技孵化器有限公司 | 国家级众创空间 | 北京市级众创空间 |
| 129 | 北京中关村软件园发展有限责任公司 | 国家级众创空间 | 北京市级众创空间 |
| 130 | 英库百特科技服务(北京)有限公司 | 国家级众创空间 | 北京市级众创空间 |
| 131 | 北京德山科技有限公司 | 国家级众创空间 | 北京市级众创空间 |
| 132 | 北京科创空间投资发展有限公司 | 国家级众创空间 | 北京市级众创空间 |
| 133 | 北京鹍鹏科创科技发展有限公司 | 国家级众创空间 | 北京市级众创空间 |
| 134 | 北京思客空间科技有限公司 | 国家级众创空间 | 北京市级众创空间 |
| 135 | 骏一知识产权运营(北京)有限公司 | 国家级众创空间 | 北京市级众创空间 |
| 136 | 中咨合创(北京)科技孵化器有限公司 | 国家级众创空间 | 北京市级众创空间 |
| 137 | 中粮营养健康研究院有限公司 | 国家级众创空间 | 北京市级众创空间 |
| 138 | 北京国数创业创新企业管理有限公司 | 国家级众创空间 | 北京市级众创空间 |
| 139 | 北京首科创融科技孵化器有限公司 | 国家级众创空间 | 北京市级众创空间 |
| 140 | 北京金隅启迪科技孵化器有限公司 | 国家级众创空间 | 北京市级众创空间 |
| 141 | 北京嘉润创业商务有限公司 | 国家级众创空间 | 北京市级众创空间 |
| 142 | 北京睿思创业空间科技有限公司 | 国家级众创空间 | 北京市级众创空间 |
| 143 | 大唐创新港投资(北京)有限公司 | 国家级众创空间 | 北京市级众创空间 |
| 144 | 北京创新方舟科技有限公司 | 国家级众创空间 | |
| 145 | 微软(中国)有限公司 | 国家级众创空间 | |
| 146 | 北京瀚海华美国际咨询有限公司 | 国家级众创空间 | |
| 147 | 清控道口财富科技(北京)股份有限公司 | 国家级众创空间 | |

续表

| 序号 | 众创空间运营主体名称 | 众创空间级别 | |
|---|---|---|---|
| 148 | 北京九州通科技孵化器有限公司 | | 北京市级众创空间 |
| 149 | 北京汉潮大成科技孵化器有限公司 | | 北京市级众创空间 |
| 150 | 北京中关村上地生物科技发展有限公司 | | 北京市级众创空间 |
| 151 | 北京牡丹科技孵化器有限公司 | | 北京市级众创空间 |
| 152 | 北京牡丹创新科技孵化器有限公司 | | 北京市级众创空间 |
| 153 | 首创中传(北京)文化传媒发展有限公司 | | 北京市级众创空间 |
| 154 | 北京燕科科技孵化器有限公司 | | 北京市级众创空间 |
| 155 | 北京师大科技园科技发展有限责任公司 | | 北京市级众创空间 |
| 156 | 北京北林科技园有限公司 | | 北京市级众创空间 |
| 157 | 北京绿色印刷包装产业技术研究院有限公司 | | 北京市级众创空间 |
| 158 | 北京北农企业管理有限公司 | | 北京市级众创空间 |
| 159 | 北京北建大科技园发展有限公司 | | 北京市级众创空间 |
| 160 | 合作共创(北京)办公服务有限公司 | | 北京市级众创空间 |
| 161 | 北京微创空间科技孵化器有限公司 | | 北京市级众创空间 |
| 162 | 众智博汇(北京)科技孵化器有限责任公司 | | 北京市级众创空间 |
| 163 | 一八九八文化传媒(北京)有限公司 | | 北京市级众创空间 |
| 164 | 美丽华夏(北京)投资有限公司 | | 北京市级众创空间 |
| 165 | 北京歌华设计有限公司 | | 北京市级众创空间 |
| 166 | 北京市计算中心 | | 北京市级众创空间 |
| 167 | 北京天洋蜂巢投资管理有限公司 | | 北京市级众创空间 |
| 168 | 天使聚场(北京)科技有限公司 | | 北京市级众创空间 |
| 169 | 中关村领创空间科技服务有限责任公司 | | 北京市级众创空间 |
| 170 | 依文服饰股份有限公司 | | 北京市级众创空间 |
| 171 | 北京易华录信息技术股份有限公司 | | 北京市级众创空间 |
| 172 | 众致创新(北京)科技有限公司 | | 北京市级众创空间 |
| 173 | 北京石龙经济开发区投资开发有限公司 | | 北京市级众创空间 |
| 174 | 三维六度(北京)科技股份有限公司 | | 北京市级众创空间 |
| 175 | 北京盛泰华业科技有限公司 | | 北京市级众创空间 |
| 176 | 北京乐邦乐成科技孵化器有限公司 | | 北京市级众创空间 |
| 177 | 中国技术交易所有限公司 | | 北京市级众创空间 |
| 178 | 北京速普创新投资管理有限公司 | | 北京市级众创空间 |
| 179 | 知为创客(北京)投资有限公司 | | 北京市级众创空间 |
| 180 | 北京企联众创科技有限公司 | | 北京市级众创空间 |
| 181 | 优享创智(北京)科技服务有限公司 | | 北京市级众创空间 |
| 182 | 天音互动(北京)文化传媒发展有限公司 | | 北京市级众创空间 |
| 183 | 北京市长城伟业投资开发总公司 | | 北京市级众创空间 |
| 184 | 北京倍格创业生态科技有限公司 | | 北京市级众创空间 |
| 185 | 嘉创工场(北京)科技孵化器有限责任公司 | | 北京市级众创空间 |

续表

| 序号 | 众创空间运营主体名称 | 众创空间级别 |
|---|---|---|
| 186 | 中关村创客小镇(北京)科技有限公司 | 北京市级众创空间 |
| 187 | 中国动漫集团有限公司 | 北京市级众创空间 |
| 188 | 北京信中利潮客海创科技有限公司 | 北京市级众创空间 |
| 189 | 北京智优沃科技有限公司 | 北京市级众创空间 |
| 190 | 北京梅希云科技发展有限公司 | 北京市级众创空间 |
| 191 | 北京星河空间科技集团有限公司 | 北京市级众创空间 |
| 192 | 国信优易数据有限公司 | 北京市级众创空间 |
| 193 | 北京燕园丰创网络技术有限公司 | 北京市级众创空间 |
| 194 | 北京金蜜蜂文化创意股份有限公司 | 北京市级众创空间 |
| 195 | 创汇空间(北京)科技孵化器有限公司 | 北京市级众创空间 |
| 196 | 建信万通商务服务(北京)有限公司 | 北京市级众创空间 |
| 197 | 北京凤岐创业服务有限公司 | 北京市级众创空间 |
| 198 | 北京天使成长科技孵化器有限公司 | 北京市级众创空间 |
| 199 | 北京龙创悦动网络科技有限公司 | 北京市级众创空间 |
| 200 | 正益移动互联科技股份有限公司 | 北京市级众创空间 |
| 201 | 北京文创科技有限责任公司 | 北京市级众创空间 |
| 202 | 北京华地融信物业管理有限公司 | 北京市级众创空间 |
| 203 | 北京世茂华泰投资有限公司 | 北京市级众创空间 |
| 204 | 北京航星机器制造有限公司 | 北京市级众创空间 |
| 205 | 赋腾创客之城(北京)科技有限公司 | 北京市级众创空间 |
| 206 | 北京三帝科技股份有限公司 | 北京市级众创空间 |
| 207 | 国安创客(北京)科技有限公司 | 北京市级众创空间 |
| 208 | 中关村青创(北京)国际科技有限公司 | 北京市级众创空间 |
| 209 | 北京中关村创业大街科技服务有限公司 | 北京市级众创空间 |
| 210 | 北京经开投资开发股份有限公司 | 北京市级众创空间 |
| 211 | 北京京东方物业发展有限公司 | 北京市级众创空间 |
| 212 | 北京华卫天和生物科技有限公司 | 北京市级众创空间 |
| 213 | 大河套(北京)投资有限公司 | 北京市级众创空间 |
| 214 | 备安众创(北京)科技有限公司 | 北京市级众创空间 |
| 215 | 北京蓝色光标数据科技股份有限公司 | 北京市级众创空间 |
| 216 | 北京中天新一代投资管理有限公司 | 北京市级众创空间 |
| 217 | 北京时代凌宇科技孵化器有限公司 | 北京市级众创空间 |
| 218 | 北京热兴创新文化发展有限公司 | 北京市级众创空间 |
| 219 | 北京创新社科技孵化器有限公司 | 北京市级众创空间 |
| 220 | 北京星空间站科技孵化器有限公司 | 北京市级众创空间 |
| 221 | 北京筑梦成信息技术有限公司 | 北京市级众创空间 |
| 222 | 北京同茂浩源科技开发有限公司 | 北京市级众创空间 |
| 223 | 北京三一太阳谷科技有限公司 | 北京市级众创空间 |

续表

| 序号 | 众创空间运营主体名称 | 众创空间级别 | |
|---|---|---|---|
| 224 | 育米科技(北京)有限公司 | | 北京市级众创空间 |
| 225 | 北京中科创星科技有限公司 | | 北京市级众创空间 |
| 226 | 北京洪泰智造信息技术有限公司 | | 北京市级众创空间 |
| 227 | 北京昌科互联商业运营管理有限公司 | | 北京市级众创空间 |
| 228 | 北京乐加创业投资有限公司 | | 北京市级众创空间 |
| 229 | 外语教学与研究出版社有限责任公司 | | 北京市级众创空间 |
| 230 | 北京金信博奥科技服务有限公司 | | 北京市级众创空间 |
| 231 | 北京首科凯奇电气技术有限公司 | | 北京市级众创空间 |
| 232 | 北京中科喀斯玛科技孵化器有限公司 | | 北京市级众创空间 |
| 233 | 北京奥祥智造科技有限公司 | | 北京市级众创空间 |
| 234 | 北京易修复生态科技有限公司 | | 北京市级众创空间 |
| 235 | 北京天助立业物业管理有限公司 | | 北京市级众创空间 |
| 236 | 北大资源集团文化艺术传播(北京)有限公司 | | 北京市级众创空间 |
| 237 | 世欣东方(北京)文化集团有限公司 | | 北京市级众创空间 |
| 238 | 影都文化投资发展有限公司 | | 北京市级众创空间 |
| 239 | 北京极客星辰科技有限公司 | | 北京市级众创空间 |
| 240 | 部落方舟(北京)科技有限公司 | | 北京市级众创空间 |
| 241 | 北京西山九圆企业管理有限公司 | | 北京市级众创空间 |
| 242 | 首开文投(北京)文化科技有限公司 | | 北京市级众创空间 |
| 243 | 北京侨创空间科技有限责任公司 | | 北京市级众创空间 |
| 244 | 北京鼎新至诚投资顾问有限公司 | | 北京市级众创空间 |
| 245 | 创客基地科技孵化器(北京)有限公司 | | 北京市级众创空间 |
| 246 | 北京德钧咨询有限公司 | | 北京市级众创空间 |
| 247 | 华润置地(北京)股份有限公司 | | 北京市级众创空间 |
| 248 | 恩加无限(北京)生产力促进有限公司 | | 北京市级众创空间 |
| 249 | 翊翎空间(北京)企业管理有限公司 | | 北京市级众创空间 |
| 250 | 北京飞牛科技有限公司 | | 北京市级众创空间 |
| 251 | 北京联合国际食品药品医疗器械研发中心管理有限公司 | | 北京市级众创空间 |
| 252 | 北京临空兴创科技有限公司 | | 北京市级众创空间 |
| 253 | 北京侠客岛企业管理有限公司 | | 北京市级众创空间 |
| 254 | 北焦科创高科技孵化器(北京)有限公司 | | 北京市级众创空间 |
| 255 | 北京智创动力科技有限公司 | | 北京市级众创空间 |
| 256 | 中关村医疗器械园有限公司 | | 北京市级众创空间 |
| 257 | 北京未来科学城产业发展有限公司 | | 北京市级众创空间 |
| 258 | 中国电信集团有限公司北京科技创新中心 | | 北京市级众创空间 |
| 259 | 北京鼎海运维科技服务有限公司 | | 北京市级众创空间 |
| 260 | 北京青禾谷仓科技有限公司 | | 北京市级众创空间 |
| 261 | 北京昌平科技园发展有限公司 | | 北京市级众创空间 |

续表

| 序号 | 众创空间运营主体名称 | 众创空间级别 | |
|---|---|---|---|
| 262 | 北京首都科技发展集团科技服务有限公司 | | 北京市级众创空间 |
| 263 | 合众思壮北斗导航有限公司 | | 北京市级众创空间 |
| 264 | 电信科学技术仪表研究所有限公司 | | 北京市级众创空间 |
| 265 | 北京蓟航智能科技发展有限公司 | | 北京市级众创空间 |
| 266 | 京中首信(北京)咨询服务有限公司 | | 北京市级众创空间 |
| 267 | 北京亦创智能机器人产业研究院有限公司 | | 北京市级众创空间 |
| 268 | 北京中科智源科技有限公司 | | 北京市级众创空间 |
| 269 | 华润生命科学产业发展有限公司 | | 北京市级众创空间 |
| 270 | 中东集团商务管理有限公司 | | 北京市级众创空间 |
| 271 | 北京商标品牌通网络科技中心(有限合伙) | | 北京市级众创空间 |
| 272 | 北京中科睿芯智能计算产业研究院有限公司 | | 北京市级众创空间 |
| 273 | 北京城乡时代投资有限公司 | | 北京市级众创空间 |
| 274 | 北京通州科技创新投资发展有限公司 | | 北京市级众创空间 |
| 275 | 北京北创空间科技服务有限公司 | | 北京市级众创空间 |
| 276 | 北京欧华创新科技有限公司 | | 北京市级众创空间 |
| 277 | 中科智能互联(北京)科技发展有限公司 | | 北京市级众创空间 |
| 278 | 北京鹍鹏汇智国际技术服务有限公司 | | 北京市级众创空间 |
| 279 | 中检启迪(北京)科技有限公司 | | 北京市级众创空间 |
| 280 | 全球能源互联网研究院有限公司 | | 北京市级众创空间 |
| 281 | 北京中关村互联网教育科技服务有限责任公司 | | 北京市级众创空间 |
| 282 | 七六一工场(北京)科技发展有限公司 | | 北京市级众创空间 |
| 283 | 北京德潭文化创意产业发展有限公司 | | 北京市级众创空间 |
| 284 | 创集合(北京)科技有限公司 | | 北京市级众创空间 |
| 285 | 中国电子科技集团公司信息科学研究院 | | 北京市级众创空间 |
| 286 | 北京市射线应用研究中心 | | 北京市级众创空间 |
| 287 | 北京跳动空间科技有限公司 | | 北京市级众创空间 |
| 288 | 北京优智沃客科技有限公司 | | 北京市级众创空间 |
| 289 | 北京启迪之星创业加速科技有限公司 | | 北京市级众创空间 |
| 290 | 北京智慧长阳文化产业基地 | | 北京市级众创空间 |
| 291 | 北京亦城盛世科技有限公司 | | 北京市级众创空间 |
| 292 | 北京中源瑞盛投资有限公司 | | 北京市级众创空间 |
| 293 | 北京风云气象科技有限公司 | | 北京市级众创空间 |
| 294 | 北京爱悦达管理顾问有限公司 | | 北京市级众创空间 |
| 295 | 北京燕星宇国际石化产品交易市场有限公司 | | 北京市级众创空间 |
| 296 | 北京海东硬创科技有限公司 | | 北京市级众创空间 |
| 297 | 北京东联同创科技孵化器有限公司 | | 北京市级众创空间 |
| 298 | 北京尚东吉米科技发展有限公司 | | 北京市级众创空间 |
| 299 | 北京易佰永嘉科贸有限公司 | | 北京市级众创空间 |

续表

| 序号 | 众创空间运营主体名称 | 众创空间级别 | |
|---|---|---|---|
| 300 | 北京壹零壹科技孵化器有限公司 | | 北京市级众创空间 |
| 301 | 北京合睿科技有限公司 | | 北京市级众创空间 |
| 302 | 北京中海汇银财税服务有限公司 | | 北京市级众创空间 |
| 303 | 北京洛凯特文化传播有限公司 | | 北京市级众创空间 |
| 304 | 优享翠林(北京)物业管理有限公司 | | 北京市级众创空间 |
| 305 | 北京贝壳京工时尚创新科技有限公司 | | 北京市级众创空间 |
| 306 | 中坤金信(北京)文化发展有限公司 | | 北京市级众创空间 |
| 307 | 极创家(北京)科技有限公司 | | 北京市级众创空间 |
| 308 | 智客硅谷(北京)科技发展有限公司 | | 北京市级众创空间 |
| 309 | 中汇博泰(北京)商业运营管理有限公司 | | 北京市级众创空间 |
| 310 | 星影空间(北京)文化有限公司 | | 北京市级众创空间 |
| 311 | 华夏幸福创新(北京)企业管理有限公司 | | 北京市级众创空间 |
| 312 | 北京启迪香山加速器科技有限公司 | | 北京市级众创空间 |
| 313 | 九九工场(北京)文化发展有限公司 | | 北京市级众创空间 |
| 314 | 光合优创(北京)科技企业孵化器有限公司 | | 北京市级众创空间 |
| 315 | 北京易亨创业科技服务有限公司 | | 北京市级众创空间 |
| 316 | 北京绿创环保集团科技孵化器有限公司 | | 北京市级众创空间 |
| 317 | 北京首农供应链管理有限公司 | | 北京市级众创空间 |
| 318 | 北京恒兴嘉业科技孵化器集团有限公司 | | 北京市级众创空间 |
| 319 | 北京北电科林电子有限公司 | | 北京市级众创空间 |
| 320 | 你好未来(北京)投资管理有限公司 | | 北京市级众创空间 |

注:1. 国家级众创空间情况以科技部火炬中心开展2020年度国家众创空间备案工作为准。
2. 资料来源为北京市科学技术委员会、中关村科技园区管理委员会。

# 第六届北京市发明专利奖获奖项目名单一览表

| 序号 | 专利号 | 专利名称 | 专利权人 | 奖励等级 |
|---|---|---|---|---|
| 1 | ZL201310566673.9 | 一种轨道电路 | 北京全路通信信号研究设计院集团有限公司 | 特等奖 |
| 2 | ZL201210496472.1 | 一种电动汽车高压电气系统及控制方法 | 北汽福田汽车股份有限公司 | 一等奖 |
| 3 | ZL201810010839.1 | 用于检测人脸的方法和装置 | 百度在线网络技术(北京)有限公司 | 一等奖 |
| 4 | ZL200710177066.8 | 在大规模社会网络中基于路径评分的个人关系发现方法 | 清华大学 | 一等奖 |
| 5 | ZL201611140950.X | 一种电子标签的电源整流电路 | 北京智芯半导体科技有限公司、国网信息通信产业集团有限公司、国家电网有限公司 | 一等奖 |

续表

| 序号 | 专利号 | 专利名称 | 专利权人 | 奖励等级 |
|---|---|---|---|---|
| 6 | ZL201410223015.4 | 车辆上报信息的处理方法和装置 | 北京中交兴路信息科技有限公司 | 二等奖 |
| 7 | ZL201510802471.9 | 一种无人驾驶控制系统 | 交控科技股份有限公司 | 二等奖 |
| 8 | ZL200410028929.1 | 裂褶菌耐缺氧发酵物及其发酵方法与培养基 | 军事科学院系统工程研究院军需工程技术研究所、安徽金寨乔康药业有限公司 | 二等奖 |
| 9 | ZL201510437014.4 | 电磁波成像系统及天线阵列信号校正方法 | 同方威视技术股份有限公司、清华大学 | 二等奖 |
| 10 | ZL201410675356.5 | 一种基于可重构芯片技术的主机系统目录结构实现方法和系统 | 浪潮(北京)电子信息产业有限公司 | 二等奖 |
| 11 | ZL201210306678.3 | 掩膜板、采用掩膜板制作阵列基板的方法、阵列基板 | 京东方科技集团股份有限公司、北京京东方显示技术有限公司 | 二等奖 |
| 12 | ZL201610868562.7 | 一种网络会操作方法和网络会议中心管理系统 | 视联动力信息技术股份有限公司 | 二等奖 |
| 13 | ZL201410811091.7 | 一种有机无机复合涂层及其制备方法 | 北京东方雨虹防水技术股份有限公司 | 二等奖 |
| 14 | ZL201510524106.6 | 一种报废机动车智能化拆解系统及拆解方法 | 北京科技大学 | 二等奖 |
| 15 | ZL201610086077.4 | 一种挤塑板及其制备方法 | 北京奥克森节能环保科技有限公司 | 二等奖 |
| 16 | ZL201510076104.5 | 基于弹性检测设备的健康状况分析方法及系统 | 无锡海斯凯尔医学技术有限公司、首都医科大学附属北京友谊医院 | 二等奖 |
| 17 | ZL201510970216.5 | 复合吸附剂以及使用该复合吸附剂脱除甜菜糖异味的方法 | 中粮集团有限公司、中粮营养健康研究院有限公司、中粮屯河股份有限公司 | 三等奖 |
| 18 | ZL201510541086.3 | 染色体非整倍体(T21、T18、T13)检测试剂盒的质控品及其应用 | 博奥生物集团有限公司、清华大学 | 三等奖 |
| 19 | ZL201010104082.6 | 一种适合于结构件制造的铝合金制品及制备方法 | 有研工程技术研究院有限公司 | 三等奖 |
| 20 | ZL200710115608.9 | 马来酸桂哌齐特注射液及其制备方法 | 海南四环医药有限公司、北京四环制药有限公司、海南四环心脑血管药物研究院有限公司 | 三等奖 |
| 21 | ZL201710060379.9 | 一种总线型 FC – AE – 1553 网络系统及数据发送和采集方法 | 北京国科天迅科技有限公司 | 三等奖 |
| 22 | ZL201110353084.3 | 一种链式变流器的控制系统 | 北京四方继保自动化股份有限公司、北京四方继保工程技术有限公司 | 三等奖 |
| 23 | ZL201710060410.9 | 数据同步方法及装置 | 北京广利核系统工程有限公司、中国广核集团有限公司 | 三等奖 |
| 24 | ZL201810796566.8 | 媒体码率自适应方法、装置、计算机设备及存储介质 | 北京达佳互联信息技术有限公司 | 三等奖 |
| 25 | ZL200410001002.9 | 采油用覆膜石英砂压裂支撑剂 | 北京仁创科技集团有限公司 | 三等奖 |
| 26 | ZL200610103593.X | 一种提取新词的方法和系统 | 北京搜狗科技发展有限公司 | 三等奖 |
| 27 | ZL201510658585.0 | 用于电池换电的控制系统及方法 | 北京新能源汽车股份有限公司 | 三等奖 |
| 28 | ZL201510971363.4 | 一种多车道自由流下的多天线联合工作方法及系统 | 北京万集科技股份有限公司 | 三等奖 |
| 29 | ZL201210095739.6 | 一种基于承载全过程研究的索穹顶结构设计指标确定方法 | 中国航空规划设计研究总院有限公司 | 三等奖 |

续表

| 序号 | 专利号 | 专利名称 | 专利权人 | 奖励等级 |
| --- | --- | --- | --- | --- |
| 30 | ZL201310694444.5 | 基于数字签章的电子发票生成方法 | 航天信息股份有限公司 | 三等奖 |
| 31 | ZL201210104077.4 | LTE 网络设备 | 鼎桥通信技术有限公司 | 三等奖 |
| 32 | ZL201410643908.4 | 一种 DCDC 转换器 | 圣邦微电子(北京)股份有限公司 | 三等奖 |
| 33 | ZL201410008729.3 | 用于呼吸机的加湿器以及呼吸机 | 北京怡和嘉业医疗科技股份有限公司 | 三等奖 |
| 34 | ZL200810104657.7 | 一种移动通信网络优化的方法、装置与系统 | 中国移动通信集团设计院有限公司 | 三等奖 |
| 35 | ZL201510226359.5 | 一种 USB 主控芯片的安全自验系统及自验方法 | 同方计算机有限公司 | 三等奖 |
| 36 | ZL201510129254.8 | 一种增程式电动汽车 | 至玥腾风科技投资集团有限公司 | 三等奖 |

# 2020 年北京市科协团体会员一览表

| 序号 | 学会名称 | 联系人 | 电　话 | 电子信箱 | 办公地址 | 邮编 |
| --- | --- | --- | --- | --- | --- | --- |
| 1 | 北京数学会 | 徐宗琪 | 62752912 | bjsxh@ math. pku. edu. cn | 海淀区篓斗楼 1 号北京大学数学科学学院 | 100871 |
| 2 | 北京计算数学学会 | 胡　俊 | 62759090 | hujun@ math. pku. edu. cn | 海淀区颐和园路 5 号北京大学数学科学学院 | 100871 |
| 3 | 北京运筹学会 | 熊孟英 | 68918960 | traition@ 126. com | 北京理工大学中心教学楼 1041 | 100081 |
| 4 | 北京物理学会 | 丰伟静 | 62751137 | fengwj@ pku. edu. cn | 海淀区海淀路 5 号 燕园三区北京大学物理大楼中 124 | 100871 |
| 5 | 北京声学学会 | 朱亦丹 | 63523263 | 13391756673@ 163. com | 西城区陶然亭路 55 号 | 100054 |
| 6 | 北京光学学会 | 刘晓颖 | 84024561 | bosmsc@ 163. com | 北京工业大学应用数理楼 422 | 100124 |
| 7 | 北京核学会 | 邵波波 | 69359002 | bns69359002@ sina. com | 房山新镇中国原子能科学研究院北区 20 号 317 房 | 102413 |
| 8 | 北京化学会 | 李会峰 | 58807383 | hanjuan@ bnu. edu. cn | 新街口外大街 19 号化学楼 400 | 100875 |
| 9 | 北京微量元素学会 | 叶能胜 | 68902490－801 | yenshcnu@ 126. com | 西城区百万庄园 26 号 | 100029 |
| 10 | 北京天文学会 | 韩　萌 | 51583385 | bjtwxh@ bjp. org. cn | 西城区西外大街 138 号北京天文馆 403 房间 | 100044 |
| 11 | 北京气象学会 | 刘　燕 | 68400820 | bjqxxh_68400820@ 163. com | 海淀区紫竹院路 44 号 | 100089 |
| 12 | 北京地球物理学会 | 裴顺平 | 68326186 | bjdqwlxh@ 163. com | 西城区阜外百万庄大街 26 号 | 100037 |
| 13 | 北京地理学会 | 刘晓萌 | 68903262 | beijingdilixuehui@ 163. com | 西三环北路 105 号首都师范大学资环学院 | 100048 |
| 14 | 北京地质学会 | 李　潇 | 51560214 | dzxh@ bjdzxh. org | 海淀区西四环北路 123 号地质大厦 | 100195 |

续表

| 序号 | 学会名称 | 联系人 | 电　话 | 电子信箱 | 办公地址 | 邮编 |
|---|---|---|---|---|---|---|
| 15 | 北京生物化学与分子生物学会 | 杜志荣 | 65105067 | bjshxh100@ 163. com | 东城区东单三条5号中国医学科学院基础医学研究所 | 100005 |
| 16 | 北京生态学学会 | 苏　杭 | 62836234 | esb@ ibcas. ac. cn | 海淀区香山南辛村20号 | 100093 |
| 17 | 北京植物学会 | 夏晓飞 | 67020649 | 13811183804@ 163. com | 天桥南大街126号 | 100050 |
| 18 | 北京昆虫学会 | 李　姝 | 51503688 | zhjming@ sina. com | 海淀区板井村农林科学院植物保护环境保护研究所 | 100097 |
| 19 | 北京动物学会 | 张树苗 | 67020650 | bjdwxh@ 126. com | 天桥南大街126号(北京自然博物馆) | 100050 |
| 20 | 北京实验动物学学会 | 胡建武 | 84922374 | sydwxxh@ 163. com | 朝阳区北苑路28号院北科创业大厦9层 | 100012 |
| 21 | 北京微生物学会 | 赵　然 | 52245049 | beiweibj@ 163. com | 北京经济技术开发区经海二路38号一幢201室 | 100176 |
| 22 | 北京细胞生物学会 | 张丽君 | 62745237 | cell@ tsinghua. edu. cn | 海淀区清华园清华大学医学院C244 | 100084 |
| 23 | 北京心理学会 | 苏彦捷 | 62751833 | resim@ pku. edu. cn | 海淀区娄斗桥1号北京大学心理系 | 100871 |
| 24 | 北京力学会 | 张艳艳 | 62796786 | zhyy628@ mail. tsinghua. edu. cn | 海淀区清华大学航院北楼529室 | 100084 |
| 25 | 北京生态修复学会 | 唐素贤 | 62339597 | SERB_CN@ 163. com | 海淀区清华东路35号北京林业大学科研楼506室 | 100083 |
| 26 | 北京金属学会 | 谭子筠 | 88296997 | jsxh88296998@ 126. com | 石景山区杨庄大街69号首钢技术研究院417室(特钢院内) | 100043 |
| 27 | 北京腐蚀与防护学会 | 张雪华 | 62183235 | zhxh5588@ sina. com | 海淀区学院南路76号 | 100081 |
| 28 | 北京表面工程学会 | 刘慧丛 | 82317094 | liuhc@ buaa. edu. cn | 海淀区学院路37号北航工程训练中心楼东610 | 100191 |
| 29 | 北京硅酸盐学会 | 王　钰 | 88751955 | wangbz－1968@ 163. com | 石景山区金顶北路69号金隅科技大厦3层 | 100031 |
| 30 | 北京粘接学会 | 马传秀 | 82671516 | bjnjxh@ 263. net | 海淀区中关村北大街123号华腾科技大厦1501室(北京2653信箱) | 100084 |
| 31 | 北京化工学会 | 袁素梅 | 69342614 | yuansm. yssh@ sinopec. com | 房山区燕山岗南路1号C座109室燕山石化公司科研技术部 | 102500 |
| 32 | 北京理化分析测试技术学会 | 章　艳 | 88517114 | lhxh88@ 126. com | 海淀区西三环北路27号305室 | 100089 |
| 33 | 北京膜学会 | 陈金勋 | 62773234 | hexp15@ mails. tsinghua. edu. cn | 海淀区清华大学化工系工物馆454 | 100084 |
| 34 | 北京制冷学会 | 汪　洋 | 62116811 | bjzlxh1979@ vip. sina. com | 海淀区西直门外四道口1号西郊食品冷冻厂5号楼108、109室 | 100081 |
| 35 | 北京内燃机学会 | 吴美思 | 80868752 | wumeisi@ baicmotor. com | 通州区经济开发区东区靓丽三街1号(北京汽车动力总成有限公司) | 101108 |

续表

| 序号 | 学会名称 | 联系人 | 电 话 | 电子信箱 | 办公地址 | 邮编 |
|---|---|---|---|---|---|---|
| 36 | 北京电机工程学会 | 邓 春 | 88072019 | wangyan8807@163. com | 西城区复兴门外地藏庵南巷1号 | 100045 |
| 37 | 北京电力电子学会 | 周亚宁 | 56982313 | bpes99@126. com | 海淀区中关村北二条6号 | 100070 |
| 38 | 北京电工技术学会 | 郭艳静 | 62985677 | bjelcs@163. com | 海淀区上地唐家岭57号北京北变投资有限公司院内红楼207 | 100093 |
| 39 | 北京水力发电工程学会 | 周晶晶 | 51972516 | bjshee@126. com | 朝阳区定福庄西街1号北京勘测设计研究院办公室 | 100024 |
| 40 | 北京热物理与能源工程学会 | 刘 欣 | 60751999－2704 | liuxin@iet. cn | 北京市北四环西路11号 | 100080 |
| 41 | 北京石油学会 | 梁云杰<br>周小钰 | 84879039 | liangyj@sei. com. cn<br>zhouxiaoyu@sei. com. cn | 朝阳区安慧北里安园21号 | 100101 |
| 42 | 北京能源学会 | 张书芳 |  | bjnyxh2020@163. com | 通州区运河东大街55号院4号楼北京节能环保中心 | 101160 |
| 43 | 北京测绘学会 | 张海燕 | 63966138 | bjchxh@163. com | 西城区南礼士路60号北楼303 | 100045 |
| 44 | 北京图学学会 | 徐 屹 | 82317093 | Begs7093@126. com | 海淀区学院路37号北京航空航天大学原工程训练中心楼东633房间 | 100045 |
| 45 | 北京土木建筑学会 | 吴吉明 | 88043189 | bjtmjzxh@163. com | 西城区南礼士路66号建威大厦1601 | 100045 |
| 46 | 北京市绿色建筑促进会 | 魏效东 | 66023696 | weixd0414@163. com | 西城区西交民巷73号 | 100045 |
| 47 | 北京水利学会 | 张桂鸿 | 88613201 | shuilxh@126. com | 海淀区玉渊潭南路普惠北里北京市水务局老干部活动站3楼 | 100036 |
| 48 | 北京公路学会 | 王平原 | 83125169 | bjglxh@bjglxh. com. cn | 西城区南礼士路17号 | 100045 |
| 49 | 北京交通工程学会 | 肖 娜 | 87790910 | btes_edit@163. com | 丰台区南四环西路186号汉威国际广场四区3号楼6M层5单元 | 100071 |
| 50 | 北京工程爆破协会 | 杨 倩 | 51849315 | bjbpxh71075@163. com | 海淀区大柳树路2号铁科院 | 100081 |
| 51 | 北京照明学会 | 张秋燕 | 67737052 | iesb@yeah. net | 朝阳区大北窑厂坡村甲3号(北京电光源研究所院内) | 100022 |
| 52 | 北京环境科学学会 | 孙 进 | 88362294 | b#kxxh@sina. com | 西城区北营房中街59号1113、1115房间 | 100048 |
| 53 | 北京消防协会 | 吕红卓 | 63970581 | bfpaxjb@163. com | 西城区西内大街190号 | 100035 |
| 54 | 北京人类生态工程学会 | 苏琳真 | 82808956 | maggie736@126. com | 海淀区北京师范大学英东教育楼 | 100009 |
| 55 | 北京电子学会 | 张潇涵 | 64034890 | bie8801@126. com | 东城区北河沿大街79号3楼301室 | 100053 |
| 56 | 北京通信学会 | 刘红一 | 66499190 | bjtxxh@wo. cn | 西城区太平湖东里18号 | 100031 |
| 57 | 北京计算机学会 | 邵雷雷 | 62757160 | cherry@sei. pku. edu. cn | 海淀区海淀路5号 | 100871 |
| 58 | 北京图象图形学学会 | 吕 洁 | 82525258 | office@bsig. org. cn | 海淀区中关村东路95号中科院自动化研究所东楼317 | 100190 |

续表

| 序号 | 学会名称 | 联系人 | 电　话 | 电子信箱 | 办公地址 | 邮编 |
|---|---|---|---|---|---|---|
| 59 | 北京自动化学会 | 王　晶 | 64426960 | bjzdhxh@ 163. com | 北三环东路 15 号北京化工大学 81 信箱 | 100029 |
| 60 | 北京仪器仪表学会 | 刘　静 | 64011372 | bjyqybxh@ 163. com | 新街口大七条 11 号 | 100011 |
| 61 | 北京航空航天学会 | 华　磊 | 82317095 | 252991757@ qq. com | 海淀区学院路 37 号北京航空航天大学原工程训练中心楼东 635 房间 | 100083 |
| 62 | 北京宇航学会 | 沈　剑 | 68198712 | bsaoffice@ 126. com | 丰台区南大红门路 1 号 | 100076 |
| 63 | 北京机械工程学会 | 李海涛 | 65301440 | bmes_office@ 163. com | 丰台区造甲街南里 5 号,5 号楼 3 层 | 100070 |
| 64 | 北京汽车工程学会 | 官刘毅 | 87664131 | bjqcgcxh@ baicgroup. com. cn | 朝阳区东三环南路 25 号汽车大厦 | 100021 |
| 65 | 北京造船工程学会 | 李亦红 | 64832091 | hlg@ ship2000. com. cn | 朝阳区德胜门外双泉堡甲 2 号 | 100085 |
| 66 | 北京铁道学会 | 刘全红 | 51822880 | bjtdxhlqh@ sina. com | 复兴路 6 号(北京铁路局) | 100860 |
| 67 | 北京振动工程学会 | 刘　南 | 82316009 | BSVE@ buaa. edu. cn | 海淀区学院路北京航空航天大学院内第五馆/工训楼东 608 | 100083 |
| 68 | 北京纺织工程学会 | 翟　宣 | 65565349 | bjfzgcxh@ 126. com | 朝阳区十里堡东里 126 号楼 2 层 | 100025 |
| 69 | 北京烟草学会 | 陈京军 | 67009785 | 842338345@ qq. com | 朝阳区南新园西路 2 号 1311 室 | 100122 |
| 70 | 北京真空学会 | 李晓晨 | 82548209 | bjzkxh@ kyky. com. cn | 海淀中关村北二条 13 号(北京市 2724 信箱) | 100190 |
| 71 | 北京乐器学会 | 金　岩 | 56181234 | bjyqxh@ 126. com | 大兴区圣和巷 7 号 | 100025 |
| 72 | 北京安全技术学会 | 许东宇 | 64002120 | bjafxh@ 126. com | 朝阳区安华里 504 号 A 座 122 室 | 100011 |
| 73 | 北京设计学会 | 于　欢 | 87778502 | bdsoffice@ vip. 163. com | 朝阳区西大望路 27 号尚 8 北京设计园区 115 室 | |
| 74 | 北京工艺美术学会 | 周京燕 | 64220927 | gongmeixuehui@ sina. com | 朝阳区垡头东里陶庄路 5 号院 7 号楼 2 层 210 室 | 100023 |
| 75 | 北京标准化协会 | 耿　玥 | 84255247 | bzxiehui@ sina. com | 朝阳区天溪园 22 号楼 3 单元 501 | 100013 |
| 76 | 北京粉体技术协会 | 高　原 | 88417670 | bj7670@ 163. com | 西三环北路 27 号理化测试中心 | 100089 |
| 77 | 北京人工智能学会 | 朱晓庆 | 67396753 | baai@ bjut. edu. cn | 北京经济技术开发区地盛北街 1 号北工大软件园 A 区 5 号楼 310 室 | 100022 |
| 78 | 北京物联网学会 | 李　丹 | 62332641 | wlwyjh@ 126. com | 海淀区北四环中路 251 号北京科技大学机电楼 727 室 | 100083 |
| 79 | 北京农学会 | 赵　宏 | 51503848 | bjnongxuehui@ 163. com | 海淀区曙光花园北京农林科学院办公楼 414 室 | 100097 |
| 80 | 北京蔬菜学会 | 张雅青 | 51503200 | zhangyaqing@ nercv. org | 北京 2443 信箱(北京市农林科学院蔬菜研究中心) | 100097 |
| 81 | 北京作物学会 | 王卫红 | 51503404 | weihongwang004@ 126. com | 海淀区板井村农林科学院玉米研究中心 | 100097 |

续表

| 序号 | 学会名称 | 联系人 | 电 话 | 电子信箱 | 办公地址 | 邮编 |
|---|---|---|---|---|---|---|
| 82 | 北京食用菌协会 | 吴灵芝 | 51503432 | bjsyjxh@163.com | 海淀区曙光中路北京市农林科学院 | 100097 |
| 83 | 北京土壤学会 | 谷佳林 | 51503524 | bjtrxh@163.com | 海淀区曙光花园中路9号北京市农林科学院植物营养与资源研究所 | 100097 |
| 84 | 北京植物病理学会 | 李 杨 | 51503695 | bjzbxh@163.com | 海淀区曙光花园中路9号院北京市农林科学院植物保护环境保护所417室 | 100077 |
| 85 | 北京农药学会 | 林 艳 | 62815938 | linyan@agri.gov.cn | 海淀区曙光花园中路9号北京市农林科学院4号实验楼415室 | 100026 |
| 86 | 北京农业工程学会 | 曾 芸 | 62731553 | zengyun7474@163.com | 海淀区清华东路17号中国农大东区57号信箱 | 100083 |
| 87 | 北京畜牧兽医学会 | 范 捷 | 51503210 | bjxumushouyi@163.com | 海淀区曙光花园中路9号北京市农林科学院畜牧兽医研究所综合楼401室 | 100097 |
| 88 | 北京水产学会 | 张晋京 | 67586268 | xuehui@bjfishery.com | 丰台区角门路18号院办公楼4楼409室 | 100068 |
| 89 | 北京农业信息化学会 | 王鸿儒 | 51503493 | wanghr@nercita.org.cn | 北京2449信箱26分箱(海淀区西郊板井市农林科学院信息中心) | 100097 |
| 90 | 北京食品学会 | 刘 丹 | 62061586 | bfi@bfi.org.cn | 丰台区右安门外东滨河4号北京市营养源研究所A108 | 100083 |
| 91 | 北京农产品质量安全学会 | 靳欣欣 | 51503892 | taoj@brcast.org.cn | 海淀区曙光花园中路9号 | 100097 |
| 92 | 北京农村专业技术协会 | 祖伟力 | 80799471 | cindy.peking@163.com | 昌平区回龙观北农路7号北京农学院行政主楼417、实验楼A座202 | 102206 |
| 93 | 北京山区发展研究会 | 王亚芝 | 50503310 |  | 海淀区曙光花园中路9号北京市农林科学院综合所 | 100097 |
| 94 | 北京环境诱变剂学会 | 靳洪涛 | 67817730 | zhangli8098@126.com | 北京经济技术开发区景园街2号1号楼3层316室 | 100176 |
| 95 | 北京生理科学会 | 任 莉 | 69156964 | renli_8204@126.com | 东城区东单三条5号 | 100005 |
| 96 | 北京解剖学会 | 刘红杰 | 82801629 | beibeiyang908@icloud.com | 东城区永外西革新里98号 | 100077 |
| 97 | 北京免疫学会 | 李 玥 | 83575804 | liyue3024@163.com | 西城区西什库大街8号北京大学第一医院科研楼315室 | 100034 |
| 98 | 北京药理学会 | 李雅莉 | 83198855 | yll200014@126.com | 西城区长椿街45号宣武医院药理室 | 100053 |
| 99 | 北京中医药学会 | 杨 娜 | 65223477 | bjzyyxh@163.com | 东城区东单三条甲7号 | 100005 |
| 100 | 北京药学会 | 刘 岚 | 64178704 | byyaoxuehui@vip.sina.com | 朝阳区北三环中路2号院 | 100020 |
| 101 | 北京生物医学工程学会 | 周 童 | 58516786 | beijingbme@163.com | 西城区新街口东路31号积水潭医院教学楼309房间 | 100035 |
| 102 | 北京中西医结合学会 | 李 萌 | 65250460 | bjzxyjhxh@126.com | 东城区东单三条甲7号 | 100005 |

续表

| 序号 | 学会名称 | 联系人 | 电 话 | 电子信箱 | 办公地址 | 邮编 |
|---|---|---|---|---|---|---|
| 103 | 北京针灸学会 | 黄 毅 | 64059495 | bjzjxh9495@126.com | 东城区东四十条27号 | 100005 |
| 104 | 北京防痨协会 | 倪新兰 | 59830836 | bjflxh@126.com | 西城区新街口东光胡同5号 | 100035 |
| 105 | 北京心理卫生协会 | 张 斌 | 65131245 | xh65131245@163.com | 东城区东交民巷1号北京同仁医院临床心理科 | 100025<br>100730 |
| 106 | 北京抗癌协会 | 秦 茵 | 88196171 | qinyin5217@sina.com | 海淀区阜成路52号 | 100036 |
| 107 | 北京神经科学学会 | 高 亚 | 82805188 | bjsninfo@bjsn.org | 海淀区学院路38号北京大学医学部中心楼10层2号 | 100083 |
| 108 | 北京康复医学会 | 李广庆 | 63503106 | bjkfyxh@163.com | 丰台区太平桥西里甲1号 | 100073 |
| 109 | 北京亚健康防治协会 | 张亚南 | 58629146 | bjhealth618@aliyun.com | 朝阳区甜水园北里4-6-203 | 100025 |
| 110 | 北京市营养学会 | 张召锋 | | zhangzhaofeng@126.com | 海淀区学院路北京医科大学公卫楼 | 100083 |
| 111 | 北京老年痴呆防治协会 | 王虹峥 | 84110913 | adichina2004@163.com | 海淀区中关村南大街16号科学普及出版社518室 | 100081 |
| 112 | 北京超声医学学会 | 周曲申 | 66935241 | zhouqushen77@163.com | 海淀区复兴路28号解放军总医院第一医学中心院内南病房楼一层 | 100853 |
| 113 | 北京营养师协会 | 陈一薇 | 63031788 | bda@dietetic.org.cn | 西城区太平街甲6号富力摩根E座308室 | 100050 |
| 114 | 北京医药卫生经济研究会 | 黄旭明 | 83911351 | hxm50909@163.com | 东城区西打磨厂街46号4楼601号 | 100051 |
| 115 | 北京生物医学统计与数据管理研究会 | 王 瑜 | 82500131 | ruc_bba@163.com | 海淀区中关村大街59号中国人民大学明德主楼1001室 | 100872 |
| 116 | 北京自然辩证法研究会 | 孙 涛 | 62736995 | army6481@sina.com | 海淀区中关村大街59号中国人民大学资料楼5层518室 | 100913 |
| 117 | 北京生产力学会 | 吴振绮 | 64444066 | bjsclxh@126.com | 朝阳区安外小关街53号 | 100029 |
| 118 | 北京创造学会 | 张俊荣 | 52591972 | bjchuangzaoxuehui@126.com | 朝阳区立水桥北甲1号石化管理干部学院 | 100012 |
| 119 | 北京系统工程学会 | 白鹏飞 | 84650077 | xtgcxh@sina.com | 首都经贸大学花乡校区 | 100077 |
| 120 | 北京循环经济促进会 | 温 媛 | 82314523 | zzl1989@163.com | 西城区六铺炕街1号 | 100083 |
| 121 | 北京知识产权研究会 | 边 力 | 66175475 | wyoupeng@sina.com | 海淀区海淀南路甲21号中关村知识产权大厦A座102室 | 100035 |
| 122 | 北京企业技术开发研究会 | 季学猷 | 67235948 | bsit1996@163.com | 东城区永外西革新里98号 | 100077 |
| 123 | 北京技术经济和管理现代化研究会 | 黄天球 | 67237754 | dzx1951@163.com | 朝阳区东三环南路96号505室 | 100077 |
| 124 | 北京科技政策与管理研究会 | 于 淼 | 68719176 | bsssyx@sina.com | 海淀区西三环北路27号 | 100089 |
| 125 | 北京工程管理科学学会 | 周 春 | 68322149 | btcxh@163.com | 西城区展览馆路1号北京建筑大学行政2号楼109室 | 100055 |
| 126 | 北京减灾协会 | 韩淑云 | 68400821 | bjjzxh@vip.sina.com | 海淀区紫竹院路44号 | 100089 |

续表

| 序号 | 学会名称 | 联系人 | 电　话 | 电子信箱 | 办公地址 | 邮编 |
|---|---|---|---|---|---|---|
| 127 | 北京传播技术研究会 | 张志敏 | 62442246 转 8163 | yyxuanchuan@126.com | 海淀区西北旺镇皇后店南路 6 号北京城市学院航天城校区教一楼 306 室 | 100083 |
| 128 | 北京科技教育促进会 | 赵洪艳 | 56218570 | itedu@bjedu.gov.cn | 朝阳区八里庄东里 1 号莱锦创意产业园 CN17 栋 3 层 | 100026 |
| 129 | 北京科学技术期刊学会 | 张　伟 | 64883659 | zhangwei2823@163.com | 朝阳区德胜门外北沙滩 1 号综合楼 614 室 | 100083 |
| 130 | 北京科学技术普及创作协会 | 潘秀芳 | 67259422 | kepuzuoxie@126.com | 东城区永外西革新里 98 号 | 100077 |
| 131 | 北京科技记者编辑协会 | 潘秀芳 | 64984975 | jizhexiehui@126.com | 朝阳区小营育慧里 4 号 | 100101 |
| 132 | 北京科技声像工作者协会 | 潘秀芳 | 84650077 | shengxiangxiehui@126.com | 朝阳区小营育慧里 4 号 | 100101 |
| 133 | 北京幼儿科普协会 | 潘秀芳 | 84650077 | youerxiehui@126.com | 朝阳区小营育慧里 4 号 | 100101 |
| 134 | 北京青少年科技教育协会 | 李　云 | 84634992 | beijingkejiaoxie@126.com | 朝阳区小营育慧里 4 号 | 100101 |
| 135 | 北京老科学技术工作者总会 | 唐　瑾 | 84650077－8614 | bjlkz1981@163.com | 朝阳区小营育慧里 4 号 6 层 | 100101 |
| 136 | 北京数字科普协会 | 李凤洋 | 84634779－8602 | bjszkpxh@163.com | 朝阳区小营育慧里 4 号 604 室 | 100101 |
| 137 | 北京体育科学学会 | 张冬梅 | 67228390 | zdmruc119@126.com | 丰台区光彩北路 4 号院 | 100075 |
| 138 | 北京科学技术情报学会 | 邵　颖 | 68355751 | bjstinfo@163.com | 西城区西直门外大街 140 号首建金融中心 | 100044 |
| 139 | 北京 UFO 研究会 | 周小强 | 85616607 | linnersya@163.com | 海淀区白石桥 46 号 | 100020 |
| 140 | 北京烹饪协会 | 宗志伟 | 65227859 | bjprxh@163.com | 朝阳区和平里西街 21 号北京商报 2 层 | 100013 |
| 141 | 北京项目管理协会 | 林　武 | 83122960 | bpma_hr@163.com | 海淀区学院南路 39 号融金中财大酒店 3002 室 | 100080 |
| 142 | 北京原创设计推广协会 | 蔡松华 | 85794758 | ybmajia@126.com | 朝阳区酒仙桥路 4 号 798 艺术区 E03 号楼 3 层 | 100015 |
| 143 | 北京听力协会 | 范春颖 | 84611210 | wanmin@deafchina.com | 西城区新兴东巷 15 号金泰鑫侨大厦 9 号楼 105～107 单元 | 100029 |
| 144 | 北京科学史与科学社会学学会 | 郝袖臣 | 88256007 | libin08@ucas.ac.cn | 石景山区玉泉路 19 号甲中国科学院大学人文楼 117 房间 | 100049 |
| 145 | 北京科学文化传播促进会 | 季　慧 | 64869715 | 22438965@qq.com | 朝阳区北辰西路中科院遥感地球所 C401 | 100093 |
| 146 | 北京科学教育馆协会 | 周红川 | 84619537 | bjkxjygxh@163.com | 朝阳区北四环东路 69 号 | 100101 |
| 147 | 北京青少年科学基金会 | 张　军 | 84634991 | qsnkj－88@163.com | 朝阳区小营育慧里 4 号 | 100101 |
| 148 | 北京惠兰医学基金会 | 李大陆 | 64390987 | zhangxiaohui1205@126.com | 朝阳区望京北路 18－802 号 | 100102 |
| 149 | 北京市希思科临床肿瘤学研究基金会 | 吕　方 | 67726451 | liujia@csco.org.cn | 朝阳区东三环南路甲 52 号顺迈金钻 20C | 100022 |

续表

| 序号 | 学会名称 | 联系人 | 电　话 | 电子信箱 | 办公地址 | 邮编 |
|---|---|---|---|---|---|---|
| 150 | 北京市希望公益基金会 | 孙　嫣 | 51665776 | xiwangshuku@ 163. com | 朝阳区建外 SOHO 西区 11 号楼 3105 | 100054 |
| 151 | 北京詹天佑土木工程科学技术发展基金会 | 董海军 | 58933927 | zhantianyoudajiang@ 126. com | 三里河路 9 号建设部北附楼 5 层 517 室 | 100835 |
| 152 | 北京华夏中医药发展基金会 | 乔利梅 | 82275991 | bjhxzyy@ 163. com | 朝阳区北四环中路 27 号院 5 号楼 1501 内 1517 | 100102 |
| 153 | 北京协和医学院教育基金会 | 李宇穠 | 65105501 | yunong. li@ 163. com | 东单三条 9 号 | 100730 |
| 154 | 北京茅以升科技教育基金会 | 李佳兴 | 62379308 | mysf@ vip. 163. com | 海淀区大柳树路 2 号中国铁道科学研究院 15 号楼 | 100029 |
| 155 | 北京吴祖泽科技发展基金会 | 靳继德 | 68158312 | jinjide505@ 163. com | 海淀区太平路 27 号生命科学楼 0501 房间 | 100850 |
| 156 | 北京九三王选关怀基金会 | 臧立新 | 82222317 | wxjjh2011@ sina. com | 海淀区万柳万泉新新家园 14 号楼 309 室 | 100089 |
| 157 | 北京精瑞人居发展基金会 | 刘　洋 | 82191524 | lyzy3737@ sina. com | 海淀区高梁桥斜街 59 号院 1 号楼 10 层 1002 | 100006 |
| 158 | 北京沃启公益基金会 | 汤　婷 | 66167771 | office@ vantonefound. org | 东城区崇文门外大街 9 号正仁大厦 614 室 | 100020 |
| 159 | 北京市企业家环保基金会 | 姜　娜 | 57505155 | jiangna@ see. org. cn | 朝阳区来广营朝来高科技产业园创远路 36 号院 3 号楼 4 层 | 100125 |
| 160 | 北京长江药学发展基金会 | 马剑文 | 66949096 | cpsdf1994@ sina. com | 丰台区丰台西路 17 号总后勤部卫生部药品仪器检验所药检楼西侧独幢学术会议室 | 100071 |
| 161 | 北京岐黄中医药文化发展基金会 | 周芯羽 | 82567221 | bjqh2009@ 126. com | 海淀区万柳中路派顿大厦 806 | 100089 |
| 162 | 北京市长江科技扶贫基金会 | 张　扬 | 68423076 | huyanhui5@ mail. com | 海淀区后屯南路 26 号 2 层 2 – 22 | 100192 |
| 163 | 北京力生心血管健康基金会 | 张小华 | 88204450 | bjlshf@ vip. sina. com | 石景山区鲁谷路 74 号院 21 楼 1 – 101 | 100039 |
| 164 | 北京郭应禄泌尿外科发展基金会 | 周敏玲 | 67185550 | gylmnjjh@ sina. com | 西城区大红罗厂 1 号 B 区 6 楼 C62 – 34 号房间 | 100034 |
| 165 | 北京光华设计发展基金会 | 杜　芳 | 83681552 | 802@ ddfddf. org | 大兴区金星西路兴创大厦 1601 | 100070 |
| 166 | 北京精鉴病理学发展基金会 | 高　云 | 57565100 | jjbljjh@ 126. com | 海淀区学院路 38 号北京大学医学部病理楼病理系 220 室 | 100070 |
| 167 | 北京济生疼痛医学基金会 | 马锦萍 | 68469989 | Mjp2013@ sina. com | 海淀区北洼西里颐安嘉园 16 号楼 | 100089 |
| 168 | 北京科学教育发展基金会 | 李启生 | 57892789 – 8058 | kanboying@ 126. com | 朝阳区八里庄东里 1 号莱锦创意产业园 CN17 栋 4 层 | 100025 |
| 169 | 北京中联盟中医药发展基金会 | 刘春燕 | 88579319 | liucy16@ 126. com | 海淀区中关村南大街 17 号韦伯时代中心 C 座 714 | 100070 |
| 170 | 北京水源保护基金会 | 缪柳芳 | 65978568 | shuijihui _ miaolf @ waterfoundation. cn | 朝阳区呼家楼京广中心 1 号楼 26 层 2612 室 | 100020 |

续表

| 序号 | 学会名称 | 联系人 | 电 话 | 电子信箱 | 办公地址 | 邮编 |
|---|---|---|---|---|---|---|
| 171 | 北京华汽汽车文化基金会 | 王珍英 | 50950015 | wzy@ sae – china. org | 西城区莲花池东路102号天莲大厦4层 | 100055 |
| 172 | 北京同有三和中医药发展基金会 | 董雪娇 | 68423076 | chunci1219@ sina. com | 朝阳区广顺北大街33号6号楼福泰中心写字楼2层 | 100102 |

注:资料来源为北京市科学技术协会。

# 2020年北京技术市场登记机构一览表

| 编号 | 机构名称 | 办公地址 | 联系电话 |
|---|---|---|---|
| 1100 – 01 | 北京技术交易促进中心技术合同登记处 | 海淀区苏州街甲49号4层404室 | 62577125, 62577304转登记处 |
| 1100 – 02 | 北京市科学技术协会技术合同登记处 | 朝阳区东三环南路96号,农业部农机鉴定总站502室 | 67235944 |
| 1100 – 03 | 北京市工业和信息化产业发展服务中心技术合同登记处 | 东城区鼓楼东大街48号 | 64019718 |
| 1100 – 04 | 北京市职工技术协会技术合同登记处 | 西城区虎坊路13号 | 83570103 |
| 1100 – 05 | 北京市知识产权局技术合同登记处 | 北四环西路66号中国技术交易大厦2层中国(北京)知识产权保护中心 | 66127237,66123343 |
| 1100 – 06 | 昌平区科学技术委员会技术合同登记处未来城生命谷分部 | 昌平区生命园路8号院一区6号楼4层413室 | 80706873,69744174 |
| 1100 – 07 | 中国航空工业科学技术总公司技术合同登记处 | 朝阳区西大望路甲2号航空大厦6层603室 | 84929867 |
| 1100 – 09 | 中国科学院信息咨询中心技术合同登记处 | 海淀区中关村东路18号财智国际大厦A座1806 | 62568696 |
| 1100 – 13 | 中国电子工业科学技术交流中心技术合同登记处 | 西城区新街口外大街8号综合楼5层 | 62384846,62006661 |
| 1100 – 14 | 北京经济技术开发区技术合同登记处 | 北京经济技术开发区宏达北路7号2幢2层 | 67806298,87220967 |
| 1100 – 16 | 北京航空航天大学科学技术研究院技术合同登记处 | 海淀区北四环中路238号柏彦大厦701室 | 82339836 |
| 1100 – 17 | 顺义区科学技术委员会技术合同登记处 | 顺义区光明南街24号3层307 | 69442523 |
| 1100 – 20 | 海淀园管委会(海淀区科委)技术合同登记处 | 海淀区海淀南路甲21号中关村知识产权大厦A座1层东侧 | 82612561 |
| 1100 – 21 | 北京市东城区科学技术和信息化局技术合同登记处 | 东城区金宝街52号东城区政务服务中心7层707室 | 84032139 |
| 1100 – 23 | 石景山区科学技术委员会技术合同登记处 | 石景山区八角西街40号石景山区科委 | 68863350 |
| 1100 – 24 | 昌平区科学技术委员会技术合同登记处中关村昌平园分部 | 昌平科技园区超前路9号 | 69744174 |

续表

| 编号 | 机构名称 | 办公地址 | 联系电话 |
|---|---|---|---|
| 1100－25 | 北京技术交易促进中心技术合同登记处亦庄分部 | 北京经济技术开发区中和街 14 号 A 座 309 室 | 51029906，67895236－614 |
| 1100－26 | 通州区科学技术委员会技术合同登记处 | 通州区九棵树东路甲 442 号永安大厦 2 层 | 89526652－1035 |
| 1100－27 | 密云区科学技术委员会技术合同登记处 | 密云区西滨河路 2 号 | 69045776 |
| 1100－28 | 房山区科学技术委员会技术合同登记处 | 房山区良乡政通东路 1 号科委 234 室 | 89350223 |
| 1100－29 | 北京市西城区科学技术和信息化局技术合同登记处二部 | 西城区广安门南街 68 号 1216 室 | 83976191 |
| 1100－30 | 中关村科技园区丰台园管理委员会技术合同登记处 | 丰台区科兴路 9 号 103 室 | 63740110 |
| 1100－31 | 北京科技协作中心技术合同登记处 | 西城区西直门南大街 16 号西楼 10 层 1010 室 | 66517191，66517146 |
| 1100－32 | 海淀园管委会（海淀区科委）技术合同登记处招商大厦分部 | 海淀区四季青路 6 号海淀招商大厦 1 楼西大厅 | 88497811，88497031 |
| 1100－33 | 北京市科学技术研究院技术合同登记处 | 西城区西直门外大街 140 号首建金融中心 8 层 | 68343152 |
| 1100－34 | 大兴区科学技术委员会技术合同登记处 | 大兴区兴政街 31 号科技大厦 210 室 | 69244244 |
| 1100－35 | 北京市丰台区科学技术和信息化局技术合同登记处 | 丰台区北大街甲 13 号 413 室 | 63894638 |
| 1100－36 | 中关村科技园区朝阳园管理委员会技术合同登记处 | 朝阳区酒仙桥路甲 12 号电子城科技大厦 12 层 1205 | 64310422 |
| 1100－37 | 北京产权交易所有限公司技术合同登记处 | 西城区金融大街甲 17 号 | 66295773，62679530 |
| 1100－38 | 昌平区科学技术委员会技术合同登记处未来城能源谷分部 | 昌平区未来科学城绿地云谷中心 15 号楼 405 室 | 69754703，69744174 |
| 1100－39 | 北京版权保护中心技术合同登记处 | 东城区朝阳门内大街 55 号 302 室 | 82357087 |
| 1100－40 | 北京市朝阳区科学技术和信息化局技术合同登记处 | 朝阳区朝阳门悠唐国际 B 座 1903 | 64842996，84681125 |
| 1100－41 | 北京市平谷区科学技术和工业信息化局技术合同登记处 | 平谷区府前西街 17 号平谷区社会服务中心 5 层 0554 室 | 69961909 |
| 1100－42 | 怀柔区科学技术委员会技术合同登记处 | 怀柔区湖光小区 24 号 | 69697671 |
| 1100－43 | 北京产权交易所有限公司技术合同登记处中国技术交易所分部 | 海淀区北四环西路 66 号中国技术交易大厦 B 座 3 层 | 62679530，62679530 |
| 1100－44 | 北京工业设计促进中心技术合同登记处 | 西城区北三环中路 31 号生产力大楼 B 座 909 | 82003627 |
| 1100－45 | 海淀园管委会（海淀区科委）技术合同登记处上地分部 | 海淀区上地信息路 26 号 118 室 | 82898750 |
| 1100－46 | 北京市门头沟区科学技术和信息化局技术合同登记处 | 门头沟区新桥大街 40 号 | 69865984 |
| 1100－47 | 延庆区科学技术委员会技术合同登记处 | 延庆区康庄镇紫光东路 1 号 412 房间 | 69143197 |
| 1100－48 | 北京市医院管理中心技术合同登记处 | 丰台区南四环西路 119 号北京天坛医院 B 区行政科研楼 219 室 | 59976061 |
| 1100－49 | 北京市科委农村发展中心技术合同登记处 | 海淀区曙光花园中路 11 号北京农科大厦 B 座 1101 室 | 51502356 |

续表

| 编号 | 机构名称 | 办公地址 | 联系电话 |
|---|---|---|---|
| 1100－50 | 北京生产力促进中心技术合同登记处 | 1. 海淀区北三环中路31号泰思特大厦8层B座810室<br>2. 丰台区西三环南路1号北京市政务服务大厅一楼综合窗口 | 1. 010－82004190（泰思特大厦）<br>2. 010－89150339（六里桥） |
| 1100－51 | 北京理工大学技术合同登记处 | 海淀区西三环北路甲2号院5号楼1909室 | 68912402 |

注：资料来源为北京市技术市场管理办公室。

# 2020年北京市专利代理机构一览表

截至2020年年底北京市的专利代理机构（734家，不包括国防专利代理机构和在京的3家香港代理机构）

| 序号 | 机构代码 | 机构名称 | 序号 | 机构代码 | 机构名称 |
|---|---|---|---|---|---|
| 1 | 11001 | 北京国林贸知识产权代理有限公司 | 21 | 11111 | 北京市万慧达律师事务所 |
| 2 | 11002 | 北京路浩知识产权代理有限公司 | 22 | 11112 | 北京天昊联合知识产权代理有限公司 |
| 3 | 11003 | 北京中创阳光知识产权代理有限责任公司 | 23 | 11116 | 北京载博知识产权代理事务所（普通合伙） |
| 4 | 11004 | 北京中建联合知识产权代理事务所（普通合伙） | 24 | 11121 | 北京永创新实专利事务所 |
| 5 | 11006 | 北京律诚同业知识产权代理有限公司 | 25 | 11127 | 北京三友知识产权代理有限公司 |
| 6 | 11012 | 北京邦信阳专利商标代理有限公司 | 26 | 11129 | 北京海虹嘉诚知识产权代理有限公司 |
| 7 | 11013 | 北京市中实友知识产权代理有限责任公司 | 27 | 11130 | 北京华科联合专利事务所（普通合伙） |
| 8 | 11014 | 北京恒和顿知识产权代理有限公司 | 28 | 11132 | 小松专利事务所 |
| 9 | 11015 | 北京英特普罗知识产权代理有限公司 | 29 | 11134 | 北京博浩百睿知识产权代理有限责任公司 |
| 10 | 11017 | 北京华夏正合知识产权代理事务所（普通合伙） | 30 | 11136 | 北京同汇友专利事务所（普通合伙） |
| 11 | 11018 | 北京德琦知识产权代理有限公司 | 31 | 11137 | 北京金之桥知识产权代理有限公司 |
| 12 | 11019 | 北京中原华和知识产权代理有限责任公司 | 32 | 11138 | 北京三高永信知识产权代理有限责任公司 |
| 13 | 11021 | 中科专利商标代理有限责任公司 | 33 | 11139 | 北京科龙寰宇知识产权代理有限责任公司 |
| 14 | 11025 | 北京振安创业专利代理有限责任公司 | 34 | 11200 | 北京君尚知识产权代理事务所（普通合伙） |
| 15 | 11038 | 中国国际贸易促进委员会专利商标事务所 | 35 | 11201 | 北京清亦华知识产权代理事务所（普通合伙） |
| 16 | 11039 | 北京知本村知识产权代理事务所 | 36 | 11203 | 北京思海天达知识产权代理有限公司 |
| 17 | 11042 | 北京乾诚五洲知识产权代理有限责任公司 | 37 | 11204 | 北京英赛嘉华知识产权代理有限责任公司 |
| 18 | 11100 | 北京北新智诚知识产权代理有限公司 | 38 | 11205 | 北京同立钧成知识产权代理有限公司 |
| 19 | 11105 | 北京市柳沈律师事务所 | 39 | 11207 | 北京华谊知识产权代理有限公司 |
| 20 | 11108 | 北京太兆天元知识产权代理有限责任公司 | 40 | 11210 | 北京纽乐康知识产权代理事务所（普通合伙） |

续表

| 序号 | 机构代码 | 机构名称 | 序号 | 机构代码 | 机构名称 |
|---|---|---|---|---|---|
| 41 | 11212 | 北京轻创知识产权代理有限公司 | 77 | 11256 | 北京市金杜律师事务所 |
| 42 | 11214 | 北京申翔知识产权代理有限公司 | 78 | 11257 | 北京正理专利代理有限公司 |
| 43 | 11216 | 北京三幸商标专利事务所(普通合伙) | 79 | 11258 | 北京东方亿思知识产权代理有限责任公司 |
| 44 | 11218 | 北京思创毕升专利事务所 | 80 | 11259 | 北京金硕果知识产权代理事务所(普通合伙) |
| 45 | 11219 | 中原信达知识产权代理有限责任公司 | 81 | 11260 | 北京凯特来知识产权代理有限公司 |
| 46 | 11221 | 北京捷诚信通专利事务所(普通合伙) | 82 | 11262 | 北京安信方达知识产权代理有限公司 |
| 47 | 11223 | 北京元中知识产权代理有限责任公司 | 83 | 11263 | 北京高默克知识产权代理有限公司 |
| 48 | 11224 | 北京金阙华进专利事务所(普通合伙) | 84 | 11264 | 北京华夏博通专利事务所(普通合伙) |
| 49 | 11225 | 北京金信知识产权代理有限公司 | 85 | 11265 | 北京挺立专利事务所(普通合伙) |
| 50 | 11226 | 北京中知法苑知识产权代理事务所(普通合伙) | 86 | 11266 | 北京工信联合知识产权代理有限公司 |
| 51 | 11227 | 北京集佳知识产权代理有限公司 | 87 | 11269 | 北京嘉和天工知识产权代理事务所(普通合伙) |
| 52 | 11228 | 北京汇泽知识产权代理有限公司 | 88 | 11270 | 北京派特恩知识产权代理有限公司 |
| 53 | 11229 | 北京金言诚信知识产权代理有限公司 | 89 | 11271 | 北京安博达知识产权代理有限公司 |
| 54 | 11230 | 北京万科园知识产权代理有限责任公司 | 90 | 11272 | 北京富天文博兴知识产权代理事务所(普通合伙) |
| 55 | 11232 | 北京慧泉知识产权代理有限公司 | 91 | 11274 | 北京中博世达专利商标代理有限公司 |
| 56 | 11233 | 北京科兴园专利事务所 | 92 | 11275 | 北京同恒源知识产权代理有限公司 |
| 57 | 11234 | 中国商标专利事务所有限公司 | 93 | 11276 | 北京市浩天知识产权代理事务所(普通合伙) |
| 58 | 11237 | 北京市广友专利事务所有限责任公司 | 94 | 11277 | 北京林达刘知识产权代理事务所(普通合伙) |
| 59 | 11238 | 北京博圣通专利事务所 | 95 | 11278 | 北京连和连知识产权代理有限公司 |
| 60 | 11239 | 北京天平专利商标代理有限公司 | 96 | 11279 | 北京中誉威圣知识产权代理有限公司 |
| 61 | 11240 | 北京康信知识产权代理有限责任公司 | 97 | 11280 | 北京泛华伟业知识产权代理有限公司 |
| 62 | 11241 | 北京双收知识产权代理有限公司 | 98 | 11281 | 北京明和龙知识产权代理有限公司 |
| 63 | 11242 | 北京诺孚尔知识产权代理有限责任公司 | 99 | 11282 | 北京中海智圣知识产权代理有限公司 |
| 64 | 11243 | 北京银龙知识产权代理有限公司 | 100 | 11283 | 北京润平知识产权代理有限公司 |
| 65 | 11244 | 北京市合德专利事务所 | 101 | 11285 | 北京北翔知识产权代理有限公司 |
| 66 | 11245 | 北京纪凯知识产权代理有限公司 | 102 | 11286 | 北京铭硕知识产权代理有限公司 |
| 67 | 11246 | 北京众合诚成知识产权代理有限公司 | 103 | 11287 | 北京律盟知识产权代理有限责任公司 |
| 68 | 11247 | 北京市中咨律师事务所 | 104 | 11288 | 北京瑞成兴业知识产权代理事务所(普通合伙) |
| 69 | 11248 | 北京中安信知识产权代理事务所(普通合伙) | 105 | 11290 | 北京信慧永光知识产权代理有限责任公司 |
| 70 | 11249 | 北京中恒高博知识产权代理有限公司 | 106 | 11291 | 北京同达信恒知识产权代理有限公司 |
| 71 | 11250 | 北京三聚阳光知识产权代理有限公司 | 107 | 11293 | 北京怡丰知识产权代理有限公司 |
| 72 | 11251 | 北京科迪生专利代理有限责任公司 | 108 | 11294 | 北京五月天专利商标代理有限公司 |
| 73 | 11252 | 北京维澳专利代理有限公司 | 109 | 11296 | 北京东方汇众知识产权代理事务所(普通合伙) |
| 74 | 11253 | 北京中北知识产权代理有限公司 | 110 | 11297 | 北京睿博行远知识产权代理有限公司 |
| 75 | 11254 | 北京连城创新知识产权代理有限公司 | 111 | 11299 | 北京市卓华知识产权代理有限公司 |
| 76 | 11255 | 北京市商泰律师事务所 | 112 | 11300 | 北京瑞盟知识产权代理有限公司 |

续表

| 序号 | 机构代码 | 机构名称 | 序号 | 机构代码 | 机构名称 |
|---|---|---|---|---|---|
| 113 | 11301 | 北京汇智英财专利代理事务所(普通合伙) | 150 | 11339 | 北京市安伦律师事务所 |
| 114 | 11302 | 北京华沛德权律师事务所 | 151 | 11340 | 北京天奇智新知识产权代理有限公司 |
| 115 | 11303 | 北京方韬法业专利代理事务所(普通合伙) | 152 | 11341 | 北京瑞思知识产权代理事务所(普通合伙) |
| 116 | 11304 | 北京信远达知识产权代理有限公司 | 153 | 11342 | 北京市汉衡律师事务所 |
| 117 | 11305 | 北京君智知识产权代理事务所(普通合伙) | 154 | 11343 | 北京友联知识产权代理事务所(普通合伙) |
| 118 | 11306 | 北京德恒律师事务所 | 155 | 11344 | 北京市盈科律师事务所 |
| 119 | 11308 | 北京元本知识产权代理事务所 | 156 | 11345 | 北京蓝智辉煌知识产权代理事务所(普通合伙) |
| 120 | 11309 | 北京亿腾知识产权代理事务所(普通合伙) | 157 | 11346 | 北京汇智胜知识产权代理事务所(普通合伙) |
| 121 | 11310 | 北京立成智业专利代理事务所(普通合伙) | 158 | 11348 | 北京鼎佳达知识产权代理事务所(普通合伙) |
| 122 | 11311 | 北京天悦专利代理事务所(普通合伙) | 159 | 11349 | 北京三环同创知识产权代理有限公司 |
| 123 | 11312 | 北京东正专利代理事务所(普通合伙) | 160 | 11350 | 北京科亿知识产权代理事务所(普通合伙) |
| 124 | 11313 | 北京市铸成律师事务所 | 161 | 11352 | 北京大成律师事务所 |
| 125 | 11314 | 北京戈程知识产权代理有限公司 | 162 | 11353 | 北京市惠诚律师事务所 |
| 126 | 11315 | 北京国昊天诚知识产权代理有限公司 | 163 | 11354 | 北京市兰台律师事务所 |
| 127 | 11316 | 北京一格知识产权代理事务所(普通合伙) | 164 | 11355 | 北京泰吉知识产权代理有限公司 |
| 128 | 11317 | 北京润文专利代理事务所(普通合伙) | 165 | 11357 | 北京同辉知识产权代理事务所(普通合伙) |
| 129 | 11318 | 北京法思腾知识产权代理有限公司 | 166 | 11358 | 北京神州华茂知识产权有限公司 |
| 130 | 11319 | 北京润泽恒知识产权代理有限公司 | 167 | 11359 | 北京高文律师事务所 |
| 131 | 11320 | 北京王景林知识产权代理事务所(普通合伙) | 168 | 11360 | 北京万象新悦知识产权代理有限公司 |
| 132 | 11321 | 北京市京大律师事务所 | 169 | 11361 | 北京市联德律师事务所 |
| 133 | 11322 | 北京尚诚知识产权代理有限公司 | 170 | 11362 | 北京联创佳为专利事务所(普通合伙) |
| 134 | 11323 | 北京市隆安律师事务所 | 171 | 11363 | 北京弘权知识产权代理事务所(普通合伙) |
| 135 | 11324 | 北京金恒联合知识产权代理事务所 | 172 | 11364 | 北京市中联创和知识产权代理有限公司 |
| 136 | 11325 | 北京中伟智信专利商标代理事务所 | 173 | 11365 | 北京卓言知识产权代理事务所(普通合伙) |
| 137 | 11326 | 北京市路盛律师事务所 | 174 | 11367 | 北京驰纳智财知识产权代理事务所(普通合伙) |
| 138 | 11327 | 北京鸿元知识产权代理有限公司 | 175 | 11368 | 北京世誉鑫诚专利代理事务所(普通合伙) |
| 139 | 11328 | 北京汉德知识产权代理事务所(普通合伙) | 176 | 11369 | 北京远大卓悦知识产权代理事务所(普通合伙) |
| 140 | 11329 | 北京龙双利达知识产权代理有限公司 | 177 | 11370 | 北京汉昊知识产权代理事务所(普通合伙) |
| 141 | 11330 | 北京市立方律师事务所 | 178 | 11371 | 北京超凡志成知识产权代理事务所(普通合伙) |
| 142 | 11331 | 北京康盛知识产权代理有限公司 | 179 | 11372 | 北京丰宏知识产权代理有限公司 |
| 143 | 11332 | 北京品源专利代理有限公司 | 180 | 11374 | 北京攀腾专利代理事务所(普通合伙) |
| 144 | 11333 | 北京兆君联合知识产权代理事务所(普通合伙) | 181 | 11375 | 北京市炜衡律师事务所 |
| 145 | 11334 | 北京国帆知识产权代理事务所(普通合伙) | 182 | 11376 | 北京永新同创知识产权代理有限公司 |
| 146 | 11335 | 北京汇信合知识产权代理有限公司 | 183 | 11377 | 北京航忱知识产权代理事务所(普通合伙) |
| 147 | 11336 | 北京市磐华律师事务所 | 184 | 11378 | 北京尚德技研知识产权代理事务所(普通合伙) |
| 148 | 11337 | 北京市盛峰律师事务所 | 185 | 11379 | 北京金知睿知识产权代理事务所(普通合伙) |
| 149 | 11338 | 北京挚诚信奉知识产权代理有限公司 | 186 | 11380 | 北京鑫浩联德专利代理事务所(普通合伙) |

续表

| 序号 | 机构代码 | 机构名称 | 序号 | 机构代码 | 机构名称 |
|---|---|---|---|---|---|
| 187 | 11381 | 北京汲智翼成知识产权代理事务所(普通合伙) | 223 | 11418 | 北京思益华伦专利代理事务所(普通合伙) |
| 188 | 11382 | 北京瑞恒信达知识产权代理事务所(普通合伙) | 224 | 11419 | 北京爱普纳杰专利代理事务所(特殊普通合伙) |
| 189 | 11384 | 北京青松知识产权代理事务所(特殊普通合伙) | 225 | 11420 | 北京罗杰律师事务所 |
| 190 | 11385 | 北京方圆嘉禾知识产权代理有限公司 | 226 | 11421 | 北京天盾知识产权代理有限公司 |
| 191 | 11386 | 北京天达知识产权代理事务所(普通合伙) | 227 | 11422 | 北京骥驰知识产权代理有限公司 |
| 192 | 11387 | 北京五洲洋和知识产权代理事务所(普通合伙) | 228 | 11423 | 北京市中银律师事务所 |
| 193 | 11388 | 北京市中闻律师事务所 | 229 | 11424 | 北京修典盛世知识产权代理事务所(特殊普通合伙) |
| 194 | 11389 | 北京市振邦律师事务所 | 230 | 11425 | 北京市金栋律师事务所 |
| 195 | 11390 | 北京和信华成知识产权代理事务所(普通合伙) | 231 | 11426 | 北京康思博达知识产权代理事务所(普通合伙) |
| 196 | 11391 | 北京智汇东方知识产权代理事务所(普通合伙) | 232 | 11427 | 北京科家知识产权代理事务所(普通合伙) |
| 197 | 11392 | 北京卫平智业专利代理事务所(普通合伙) | 233 | 11429 | 北京中济纬天专利代理有限公司 |
| 198 | 11393 | 北京市维诗律师事务所 | 234 | 11430 | 北京市诚辉律师事务所 |
| 199 | 11394 | 北京卓恒知识产权代理事务所(特殊普通合伙) | 235 | 11431 | 北京博华智恒知识产权代理事务所(普通合伙) |
| 200 | 11395 | 北京恒都律师事务所 | 236 | 11432 | 北京旭知行专利代理事务所(普通合伙) |
| 201 | 11396 | 北京思睿峰知识产权代理有限公司 | 237 | 11434 | 北京献智知识产权代理事务所(特殊普通合伙) |
| 202 | 11397 | 北京新知远方知识产权代理事务所(普通合伙) | 238 | 11435 | 北京志霖恒远知识产权代理事务所(普通合伙) |
| 203 | 11398 | 北京魏启学律师事务所 | 239 | 11436 | 北京华睿卓成知识产权代理事务所(普通合伙) |
| 204 | 11399 | 北京冠和权律师事务所 | 240 | 11437 | 北京市邦道律师事务所 |
| 205 | 11400 | 北京商专永信知识产权代理事务所(普通合伙) | 241 | 11438 | 北京律智知识产权代理有限公司 |
| 206 | 11401 | 北京金智普华知识产权代理有限公司 | 242 | 11439 | 北京远峰律师事务所 |
| 207 | 11402 | 北京再言智慧知识产权代理事务所(普通合伙) | 243 | 11440 | 北京京万通知识产权代理有限公司 |
| 208 | 11403 | 北京风雅颂专利代理有限公司 | 244 | 11441 | 北京市清华源律师事务所 |
| 209 | 11404 | 北京钧鼎律师事务所 | 245 | 11442 | 北京博雅睿泉专利代理事务所(特殊普通合伙) |
| 210 | 11405 | 北京德和衡律师事务所 | 246 | 11443 | 北京格旭知识产权代理事务所(普通合伙) |
| 211 | 11406 | 北京格罗巴尔知识产权代理事务所(普通合伙) | 247 | 11444 | 北京汇思诚业知识产权代理有限公司 |
| 212 | 11407 | 北京彭丽芳知识产权代理有限公司 | 248 | 11446 | 北京律和信知识产权代理事务所(普通合伙) |
| 213 | 11408 | 北京寰华知识产权代理有限公司 | 249 | 11447 | 北京英创嘉友知识产权代理事务所(普通合伙) |
| 214 | 11409 | 北京德恒律治知识产权代理有限公司 | 250 | 11448 | 北京中强智尚知识产权代理有限公司 |
| 215 | 11410 | 北京市中伦律师事务所 | 251 | 11449 | 北京成创同维知识产权代理有限公司 |
| 216 | 11411 | 北京联瑞联丰知识产权代理事务所(普通合伙) | 252 | 11450 | 北京欣永瑞知识产权代理事务所(普通合伙) |
| 217 | 11412 | 北京鸿德海业知识产权代理事务所(普通合伙) | 253 | 11452 | 北京展翼知识产权代理事务所(特殊普通合伙) |
| 218 | 11413 | 北京柏杉松知识产权代理事务所(普通合伙) | 254 | 11453 | 北京名华博信知识产权代理有限公司 |
| 219 | 11414 | 北京递进知识产权代理事务所(特殊普通合伙) | 255 | 11454 | 北京市万瑞律师事务所 |
| 220 | 11415 | 北京博思佳知识产权代理有限公司 | 256 | 11455 | 北京海智友知识产权代理事务所(普通合伙) |
| 221 | 11416 | 北京律恒立业知识产权代理事务所(特殊普通合伙) | 257 | 11456 | 北京纽盟知识产权代理事务所(特殊普通合伙) |
| 222 | 11417 | 北京庆峰财智知识产权代理事务所(普通合伙) | 258 | 11457 | 北京律谱知识产权代理事务所(普通合伙) |

续表

| 序号 | 机构代码 | 机构名称 | 序号 | 机构代码 | 机构名称 |
|---|---|---|---|---|---|
| 259 | 11458 | 北京鼎宏元正知识产权代理事务所(普通合伙) | 295 | 11497 | 北京市正见永申律师事务所 |
| 260 | 11461 | 北京天健君律专利代理事务所(普通合伙) | 296 | 11498 | 北京智为时代知识产权代理事务所(普通合伙) |
| 261 | 11462 | 北京众元弘策知识产权代理事务所(普通合伙) | 297 | 11499 | 北京市浩东律师事务所 |
| 262 | 11463 | 北京超凡宏宇专利代理事务所(特殊普通合伙) | 298 | 11501 | 北京祺和祺知识产权代理有限公司 |
| 263 | 11464 | 北京奉思知识产权代理有限公司 | 299 | 11502 | 北京远立知识产权代理事务所(普通合伙) |
| 264 | 11465 | 北京慕达星云知识产权代理事务所(特殊普通合伙) | 300 | 11503 | 北京维知知识产权代理事务所(特殊普通合伙) |
| 265 | 11466 | 北京君恒知识产权代理事务所(普通合伙) | 301 | 11504 | 北京力量专利代理事务所(特殊普通合伙) |
| 266 | 11467 | 北京德崇智捷知识产权代理有限公司 | 302 | 11505 | 北京布瑞知识产权代理有限公司 |
| 267 | 11468 | 北京市科名专利代理事务所(特殊普通合伙) | 303 | 11506 | 北京东方灵盾知识产权代理有限公司 |
| 268 | 11469 | 北京恩赫律师事务所 | 304 | 11508 | 北京维正专利代理有限公司 |
| 269 | 11470 | 北京精金石知识产权代理有限公司 | 305 | 11509 | 北京宣言律师事务所 |
| 270 | 11471 | 北京细软智谷知识产权代理有限责任公司 | 306 | 11510 | 北京华圣典睿知识产权代理有限公司 |
| 271 | 11472 | 北京方安思达知识产权代理有限公司 | 307 | 11511 | 北京得信知识产权代理有限公司 |
| 272 | 11473 | 北京隆源天恒知识产权代理事务所(普通合伙) | 308 | 11512 | 北京迎硕知识产权代理事务所(普通合伙) |
| 273 | 11474 | 北京孚睿湾知识产权代理事务所(普通合伙) | 309 | 11513 | 北京远创理想知识产权代理事务所(普通合伙) |
| 274 | 11475 | 北京市天达律师事务所 | 310 | 11514 | 北京酷爱智慧知识产权代理有限公司 |
| 275 | 11476 | 北京誉加知识产权代理有限公司 | 311 | 11515 | 北京君华知识产权代理事务所(普通合伙) |
| 276 | 11477 | 北京尚伦律师事务所 | 312 | 11516 | 北京文苑专利代理有限公司 |
| 277 | 11478 | 北京市众天律师事务所 | 313 | 11517 | 北京市君合律师事务所 |
| 278 | 11479 | 北京汉之知识产权代理事务所(普通合伙) | 314 | 11518 | 北京易正达专利代理有限公司 |
| 279 | 11480 | 北京翔瓯知识产权代理有限公司 | 315 | 11519 | 北京智信四方知识产权代理有限公司 |
| 280 | 11481 | 北京睿邦知识产权代理事务所(普通合伙) | 316 | 11520 | 北京万贝专利代理事务所(特殊普通合伙) |
| 281 | 11482 | 北京瀚仁知识产权代理事务所(普通合伙) | 317 | 11521 | 北京市英智伟诚知识产权代理事务所(普通合伙) |
| 282 | 11483 | 北京云科知识产权代理事务所(特殊普通合伙) | 318 | 11522 | 北京煦润律师事务所 |
| 283 | 11485 | 北京市东方至睿知识产权代理事务所(特殊普通合伙) | 319 | 11523 | 北京卓孚知识产权代理事务所(普通合伙) |
| 284 | 11486 | 北京博维知识产权代理事务所(特殊普通合伙) | 320 | 11525 | 北京红福盈知识产权代理事务所(普通合伙) |
| 285 | 11487 | 北京中企鸿阳知识产权代理事务所(普通合伙) | 321 | 11526 | 北京航信高科知识产权代理事务所(普通合伙) |
| 286 | 11488 | 北京莫番律师事务所 | 322 | 11527 | 北京悦成知识产权代理事务所(普通合伙) |
| 287 | 11489 | 北京中政联科专利代理事务所(普通合伙) | 323 | 11528 | 北京恒博知识产权代理有限公司 |
| 288 | 11490 | 北京英诺万知识产权代理事务所(普通合伙) | 324 | 11530 | 北京华识知识产权代理有限公司 |
| 289 | 11491 | 北京国坤专利代理事务所(普通合伙) | 325 | 11531 | 北京汇捷知识产权代理事务所(普通合伙) |
| 290 | 11492 | 北京市永新智财律师事务所 | 326 | 11532 | 北京市天玺沐泽专利代理事务所(普通合伙) |
| 291 | 11493 | 北京市创世宏景专利商标代理有限责任公司 | 327 | 11534 | 北京奥文知识产权代理事务所(普通合伙) |
| 292 | 11494 | 北京坤瑞律师事务所 | 328 | 11535 | 北京知元同创知识产权代理事务所(普通合伙) |
| 293 | 11495 | 北京正鼎专利代理事务所(普通合伙) | 329 | 11536 | 北京惟诚致远知识产权代理事务所(普通合伙) |
| 294 | 11496 | 北京君泊知识产权代理有限公司 | 330 | 11537 | 北京天江律师事务所 |

续表

| 序号 | 机构代码 | 机构名称 | 序号 | 机构代码 | 机构名称 |
|---|---|---|---|---|---|
| 331 | 11538 | 北京谨诚君睿知识产权代理事务所(特殊普通合伙) | 366 | 11574 | 北京律远专利代理事务所(普通合伙) |
| 332 | 11539 | 北京慧诚智道知识产权代理事务所(特殊普通合伙) | 367 | 11575 | 北京志霖律师事务所 |
| 333 | 11540 | 北京元周律知识产权代理有限公司 | 368 | 11576 | 北京市恒有知识产权代理事务所(普通合伙) |
| 334 | 11541 | 北京卓唐知识产权代理有限公司 | 369 | 11577 | 北京知呱呱知识产权代理有限公司 |
| 335 | 11542 | 北京久诚知识产权代理事务所(特殊普通合伙) | 370 | 11578 | 北京集智东方知识产权代理有限公司 |
| 336 | 11543 | 北京八月瓜知识产权代理有限公司 | 371 | 11579 | 北京锺维联合知识产权代理有限公司 |
| 337 | 11544 | 北京金蓄专利代理有限公司 | 372 | 11580 | 北京国电智臻知识产权代理事务所(普通合伙) |
| 338 | 11545 | 北京合智同创知识产权代理有限公司 | 373 | 11581 | 北京瀚群律师事务所 |
| 339 | 11546 | 北京策略律师事务所 | 374 | 11582 | 北京久维律师事务所 |
| 340 | 11547 | 北京英赛律师事务所 | 375 | 11583 | 北京华旭智信知识产权代理事务所(普通合伙) |
| 341 | 11548 | 北京华仲龙腾专利代理事务所(普通合伙) | 376 | 11584 | 北京智晨知识产权代理有限公司 |
| 342 | 11549 | 北京德高行远知识产权代理有限公司 | 377 | 11585 | 北京金岳知识产权代理事务所(特殊普通合伙) |
| 343 | 11550 | 北京知舟专利事务所(普通合伙) | 378 | 11586 | 北京天达共和知识产权代理事务所(特殊普通合伙) |
| 344 | 11551 | 北京鼎承知识产权代理有限公司 | 379 | 11587 | 北京汇知杰知识产权代理有限公司 |
| 345 | 11552 | 北京智乾知识产权代理事务所(普通合伙) | 380 | 11588 | 北京华仁联合知识产权代理有限公司 |
| 346 | 11553 | 北京观韬中茂律师事务所 | 381 | 11589 | 北京劲创知识产权代理事务所(普通合伙) |
| 347 | 11554 | 北京金讯知识产权代理事务所(特殊普通合伙) | 382 | 11590 | 北京市领专知识产权代理有限公司 |
| 348 | 11555 | 北京市怡丰律师事务所 | 383 | 11591 | 北京东方芊悦知识产权代理事务所(普通合伙) |
| 349 | 11556 | 北京恒创益佳知识产权代理事务所(普通合伙) | 384 | 11592 | 北京天驰君泰律师事务所 |
| 350 | 11557 | 北京卫智畅科专利代理事务所(普通合伙) | 385 | 11593 | 北京博讯知识产权代理事务所(特殊普通合伙) |
| 351 | 11558 | 北京天澜智慧知识产权代理有限公司 | 386 | 11594 | 北京知联天下知识产权代理事务所(普通合伙) |
| 352 | 11559 | 北京东岩跃扬知识产权代理事务所(普通合伙) | 387 | 11595 | 北京科石知识产权代理有限公司 |
| 353 | 11560 | 北京智桥联合知识产权代理事务所(普通合伙) | 388 | 11596 | 北京易光知识产权代理有限公司 |
| 354 | 11561 | 北京隆诺律师事务所 | 389 | 11597 | 北京睿派知识产权代理事务所(普通合伙) |
| 355 | 11562 | 北京东方盛凡知识产权代理事务所(普通合伙) | 390 | 11598 | 北京思元知识产权代理事务所(普通合伙) |
| 356 | 11563 | 北京汇彩知识产权代理有限公司 | 391 | 11599 | 北京东方昭阳知识产权代理事务所(普通合伙) |
| 357 | 11564 | 北京东和长优知识产权代理事务所(普通合伙) | 392 | 11602 | 北京市汉坤律师事务所 |
| 358 | 11565 | 北京国之大铭知识产权代理事务所(普通合伙) | 393 | 11603 | 北京晟睿智杰知识产权代理事务所(特殊普通合伙) |
| 359 | 11566 | 北京市京轩律师事务所 | 394 | 11604 | 北京睿驰通程知识产权代理事务所(普通合伙) |
| 360 | 11567 | 北京旭路知识产权代理有限公司 | 395 | 11605 | 北京崇智专利代理事务所(普通合伙) |
| 361 | 11568 | 北京至臻永信知识产权代理有限公司 | 396 | 11606 | 北京华进京联知识产权代理有限公司 |
| 362 | 11569 | 北京高沃律师事务所 | 397 | 11607 | 北京白洲磐华知识产权代理事务所(普通合伙) |
| 363 | 11570 | 北京众达德权知识产权代理有限公司 | 398 | 11608 | 北京共腾智慧专利代理事务所(普通合伙) |
| 364 | 11572 | 北京卓特专利代理事务所(普通合伙) | 399 | 11609 | 北京格允知识产权代理有限公司 |
| 365 | 11573 | 北京华智则铭知识产权代理有限公司 | 400 | 11610 | 北京太合九思知识产权代理有限公司 |

续表

| 序号 | 机构代码 | 机构名称 | 序号 | 机构代码 | 机构名称 |
|---|---|---|---|---|---|
| 401 | 11611 | 北京聿华联合知识产权代理有限公司 | 436 | 11649 | 北京贵都专利代理事务所(普通合伙) |
| 402 | 11612 | 北京金咨知识产权代理有限公司 | 437 | 11650 | 北京善任知识产权代理有限公司 |
| 403 | 11613 | 北京易捷胜知识产权代理事务所(普通合伙) | 438 | 11651 | 北京金诚同达律师事务所 |
| 404 | 11614 | 北京思创大成知识产权代理有限公司 | 439 | 11652 | 北京坦路来专利代理有限公司 |
| 405 | 11615 | 北京慧智兴达知识产权代理有限公司 | 440 | 11653 | 北京元合联合知识产权代理事务所(特殊普通合伙) |
| 406 | 11616 | 北京盛凡智荣知识产权代理有限公司 | 441 | 11654 | 北京市一法律师事务所 |
| 407 | 11617 | 北京瑞盛铭杰知识产权代理事务所(普通合伙) | 442 | 11655 | 北京启坤知识产权代理有限公司 |
| 408 | 11618 | 北京汉鼎理利专利代理事务所(特殊普通合伙) | 443 | 11656 | 北京泽南知识产权代理有限公司 |
| 409 | 11619 | 北京辰权知识产权代理有限公司 | 444 | 11657 | 北京思源智汇知识产权代理有限公司 |
| 410 | 11620 | 北京智沃律师事务所 | 445 | 11658 | 北京康瑞律师事务所 |
| 411 | 11621 | 北京和联顺知识产权代理有限公司 | 446 | 11659 | 北京远智汇知识产权代理有限公司 |
| 412 | 11622 | 北京汇众通达知识产权代理事务所(普通合伙) | 447 | 11660 | 北京快易权知识产权代理有限公司 |
| 413 | 11623 | 北京晋德允升知识产权代理有限公司 | 448 | 11661 | 北京声华知识产权代理事务所(普通合伙) |
| 414 | 11624 | 北京卓岚智财知识产权代理事务所(特殊普通合伙) | 449 | 11662 | 北京华夏泰和知识产权代理有限公司 |
| 415 | 11627 | 北京安杰律师事务所 | 450 | 11663 | 北京市环球律师事务所 |
| 416 | 11628 | 北京知迪知识产权代理有限公司 | 451 | 11664 | 北京华专卓海知识产权代理事务所(普通合伙) |
| 417 | 11629 | 北京臻之知识产权代理有限公司 | 452 | 11665 | 北京市京师律师事务所 |
| 418 | 11630 | 北京君有知识产权代理事务所(普通合伙) | 453 | 11666 | 北京冠榆知识产权代理事务所(特殊普通合伙) |
| 419 | 11631 | 北京市大地律师事务所 | 454 | 11667 | 北京兰亭信通知识产权代理有限公司 |
| 420 | 11632 | 北京七夏专利代理事务所(普通合伙) | 455 | 11668 | 北京航智知识产权代理事务所(普通合伙) |
| 421 | 11633 | 北京中理通专利代理事务所(普通合伙) | 456 | 11669 | 北京路胜元知识产权代理事务所(特殊普通合伙) |
| 422 | 11634 | 北京市中伦文德律师事务所 | 457 | 11670 | 北京栈桥知识产权代理事务所(普通合伙) |
| 423 | 11635 | 北京思格颂知识产权代理有限公司 | 458 | 11671 | 北京阳光天下知识产权代理事务所(普通合伙) |
| 424 | 11636 | 北京中创博腾知识产权代理事务所(普通合伙) | 459 | 11672 | 北京致科知识产权代理有限公司 |
| 425 | 11637 | 北京智信禾专利代理有限公司 | 460 | 11673 | 北京巨弘知识产权代理事务所(普通合伙) |
| 426 | 11638 | 北京权智天下知识产权代理事务所(普通合伙) | 461 | 11674 | 北京中南长风知识产权代理事务所(普通合伙) |
| 427 | 11639 | 北京理工正阳知识产权代理事务所(普通合伙) | 462 | 11675 | 北京圣达博通知识产权代理事务所(普通合伙) |
| 428 | 11640 | 北京中索知识产权代理有限公司 | 463 | 11676 | 北京华际知识产权代理有限公司 |
| 429 | 11641 | 北京金宏来专利代理事务所(特殊普通合伙) | 464 | 11677 | 北京中企讯知识产权代理有限公司 |
| 430 | 11642 | 北京恒泰铭睿知识产权代理有限公司 | 465 | 11678 | 北京皮皮云嘉知识产权代理有限公司 |
| 431 | 11643 | 北京润川律师事务所 | 466 | 11679 | 北京索睿邦知识产权代理有限公司 |
| 432 | 11644 | 北京清源汇知识产权代理事务所(特殊普通合伙) | 467 | 11680 | 北京远志博慧知识产权代理事务所(普通合伙) |
| 433 | 11646 | 北京超成律师事务所 | 468 | 11681 | 北京惠智天成知识产权代理事务所(特殊普通合伙) |
| 434 | 11647 | 北京励诚知识产权代理有限公司 | 469 | 11682 | 北京汉智嘉成知识产权代理有限公司 |
| 435 | 11648 | 北京先进知识产权代理有限公司 | 470 | 11683 | 北京佐行专利代理事务所(特殊普通合伙) |

续表

| 序号 | 机构代码 | 机构名称 | 序号 | 机构代码 | 机构名称 |
|---|---|---|---|---|---|
| 471 | 11684 | 北京沁优知识产权代理事务所(普通合伙) | 507 | 11722 | 北京钲霖知识产权代理有限公司 |
| 472 | 11685 | 北京睿康信诚知识产权代理事务所(普通合伙) | 508 | 11723 | 北京尚钺知识产权代理事务所(普通合伙) |
| 473 | 11686 | 北京世衡知识产权代理事务所(普通合伙) | 509 | 11724 | 北京成实知识产权代理有限公司 |
| 474 | 11687 | 北京嘉科知识产权代理事务所(特殊普通合伙) | 510 | 11725 | 北京伟思知识产权代理事务所(普通合伙) |
| 475 | 11688 | 北京彩和律师事务所 | 511 | 11726 | 北京荟英捷创知识产权代理事务所(普通合伙) |
| 476 | 11689 | 北京智绘未来专利代理事务所(普通合伙) | 512 | 11727 | 北京天作专利代理事务所(特殊普通合伙) |
| 477 | 11690 | 北京领科知识产权代理事务所(特殊普通合伙) | 513 | 11728 | 北京信诺创成知识产权代理有限公司 |
| 478 | 11691 | 北京清诚知识产权代理有限公司 | 514 | 11729 | 北京头头知识产权代理有限公司 |
| 479 | 11692 | 北京开林佰兴专利代理事务所(普通合伙) | 515 | 11730 | 北京小美知识产权代理事务所(普通合伙) |
| 480 | 11693 | 北京展翅星辰知识产权代理有限公司 | 516 | 11731 | 北京市康达律师事务所 |
| 481 | 11694 | 北京万思博知识产权代理有限公司 | 517 | 11732 | 北京睿智保诚专利代理事务所(普通合伙) |
| 482 | 11695 | 北京和鼎泰知识产权代理有限公司 | 518 | 11733 | 北京麦宝利知识产权代理事务所(特殊普通合伙) |
| 483 | 11696 | 北京国翰知识产权代理事务所(普通合伙) | 519 | 11734 | 北京乐知新创知识产权代理事务所(普通合伙) |
| 484 | 11697 | 北京允天律师事务所 | 520 | 11735 | 北京从真律师事务所 |
| 485 | 11698 | 北京国贝知识产权代理有限公司 | 521 | 11736 | 北京预立生科知识产权代理有限公司 |
| 486 | 11699 | 北京安哲思知识产权代理事务所(普通合伙) | 522 | 11737 | 北京法信智言知识产权代理事务所(特殊普通合伙) |
| 487 | 11700 | 北京智客联合知识产权代理事务所(特殊普通合伙) | 523 | 11738 | 北京智行阳光知识产权代理事务所(普通合伙) |
| 488 | 11701 | 北京众泽信达知识产权代理事务所(普通合伙) | 524 | 11739 | 北京科慧致远知识产权代理有限公司 |
| 489 | 11703 | 北京宝护知识产权代理有限公司 | 525 | 11740 | 北京棘龙知识产权代理有限公司 |
| 490 | 11704 | 北京康隆智佳专利代理事务所(普通合伙) | 526 | 11741 | 北京山允知识产权代理事务所(特殊普通合伙) |
| 491 | 11705 | 北京康度知识产权代理事务所(特殊普通合伙) | 527 | 11742 | 北京景闻知识产权代理有限公司 |
| 492 | 11706 | 北京竹辰知识产权代理事务所(普通合伙) | 528 | 11743 | 北京慧尚知识产权代理事务所(特殊普通合伙) |
| 493 | 11707 | 北京安之律师事务所 | 529 | 11744 | 北京瀛和律师事务所 |
| 494 | 11709 | 北京曼威知识产权代理有限公司 | 530 | 11745 | 北京拉沃科创知识产权代理事务所(普通合伙) |
| 495 | 11710 | 北京开阳星知识产权代理有限公司 | 531 | 11746 | 北京市尚公律师事务所 |
| 496 | 11711 | 北京北汇律师事务所 | 532 | 11747 | 北京京原星洲知识产权代理事务所(普通合伙) |
| 497 | 11712 | 北京尚淳律师事务所 | 533 | 11748 | 北京正壹合知识产权代理事务所(普通合伙) |
| 498 | 11713 | 北京世峰知识产权代理有限公司 | 534 | 11749 | 北京弘慧知识产权代理有限公司 |
| 499 | 11714 | 北京悦和知识产权代理有限公司 | 535 | 11750 | 北京博辉通达知识产权代理有限公司 |
| 500 | 11715 | 北京君莫知识产权代理事务所(普通合伙) | 536 | 11751 | 北京市鼎立东审知识产权代理有限公司 |
| 501 | 11716 | 北京君慧知识产权代理事务所(普通合伙) | 537 | 11752 | 北京国谦专利代理事务所(普通合伙) |
| 502 | 11717 | 北京邦创至诚知识产权代理事务所(普通合伙) | 538 | 11753 | 北京国标律师事务所 |
| 503 | 11718 | 北京清大紫荆知识产权代理有限公司 | 539 | 11754 | 北京鱼爪知识产权代理有限公司 |
| 504 | 11719 | 北京天方智力知识产权代理事务所(普通合伙) | 540 | 11755 | 北京唐颂永信知识产权代理有限公司 |
| 505 | 11720 | 北京真致博文知识产权代理事务所(普通合伙) | 541 | 11756 | 北京中和立达知识产权代理事务所(普通合伙) |
| 506 | 11721 | 北京中慧创科知识产权代理事务所(特殊普通合伙) | 542 | 11757 | 北京市奋迅律师事务所 |

续表

| 序号 | 机构代码 | 机构名称 | 序号 | 机构代码 | 机构名称 |
|---|---|---|---|---|---|
| 543 | 11758 | 北京睿阳联合知识产权代理有限公司 | 580 | 11796 | 北京冠都律师事务所 |
| 544 | 11759 | 北京诚新知识产权代理事务所(普通合伙) | 581 | 11797 | 北京专赢专利代理有限公司 |
| 545 | 11760 | 北京前审知识产权代理有限公司 | 582 | 11798 | 北京天达共和律师事务所 |
| 546 | 11761 | 北京博遵律师事务所 | 583 | 11799 | 北京同清律师事务所 |
| 547 | 11762 | 北京一品慧诚专利代理事务所(普通合伙) | 584 | 11800 | 北京铜表律师事务所 |
| 548 | 11763 | 北京市铭盾律师事务所 | 585 | 11801 | 北京市中兆律师事务所 |
| 549 | 11764 | 北京思韬知识产权代理有限公司 | 586 | 11802 | 北京名实专利代理事务所(特殊普通合伙) |
| 550 | 11765 | 北京壹川鸣知识产权代理事务所(特殊普通合伙) | 587 | 11803 | 北京众允专利代理有限公司 |
| 551 | 11766 | 北京卓泽知识产权代理事务所(普通合伙) | 588 | 11804 | 北京维昊知识产权代理事务所(普通合伙) |
| 552 | 11767 | 北京亿次方科创知识产权代理有限公司 | 589 | 11805 | 北京市立康律师事务所 |
| 553 | 11768 | 北京兴智翔达知识产权代理有限公司 | 590 | 11806 | 北京中玮知识产权代理事务所(特殊普通合伙) |
| 554 | 11769 | 北京中知君达知识产权代理有限公司 | 591 | 11807 | 北京庚致知识产权代理事务所(特殊普通合伙) |
| 555 | 11770 | 北京市竞天公诚律师事务所 | 592 | 11808 | 北京方迪誉诚专利代理有限公司 |
| 556 | 11771 | 北京易聚律师事务所 | 593 | 11809 | 北京君至同辉知识产权代理事务所(普通合伙) |
| 557 | 11772 | 北京鼎双知识产权代理事务所(普通合伙) | 594 | 11810 | 北京智丞瀚方知识产权代理有限公司 |
| 558 | 11773 | 北京星迪律师事务所 | 595 | 11811 | 北京纽伦华新知识产权代理有限公司 |
| 559 | 11774 | 北京瀚方律师事务所 | 596 | 11812 | 北京派道律师事务所 |
| 560 | 11775 | 北京动力号知识产权代理有限公司 | 597 | 11813 | 北京锦信诚泰知识产权代理有限公司 |
| 561 | 11776 | 北京绥正律师事务所 | 598 | 11814 | 北京神州信德知识产权代理事务所(普通合伙) |
| 562 | 11777 | 北京艾皮专利代理有限公司 | 599 | 11815 | 北京鼎真知识产权代理事务所(普通合伙) |
| 563 | 11778 | 北京领创律师事务所 | 600 | 11816 | 北京翔石知识产权代理事务所(普通合伙) |
| 564 | 11779 | 北京睿诚威宇知识产权代理事务所(普通合伙) | 601 | 11817 | 北京弈贤专利代理事务所(特殊普通合伙) |
| 565 | 11780 | 北京植德律师事务所 | 602 | 11818 | 北京圣州专利代理事务所(普通合伙) |
| 566 | 11781 | 北京丰浩知识产权代理事务所(普通合伙) | 603 | 11819 | 北京颐合中鸿律师事务所 |
| 567 | 11782 | 北京科领智诚知识产权代理事务所(普通合伙) | 604 | 11820 | 北京市常鸿律师事务所 |
| 568 | 11783 | 北京华朗律师事务所 | 605 | 11821 | 北京卓孚律师事务所 |
| 569 | 11784 | 北京致诺律师事务所 | 606 | 11822 | 北京中普鸿儒知识产权代理有限公司 |
| 570 | 11785 | 北京市金台律师事务所 | 607 | 11823 | 北京鼎德宝专利代理事务所(特殊普通合伙) |
| 571 | 11787 | 北京可专乐知识产权代理事务所(普通合伙) | 608 | 11825 | 北京中仟知识产权代理事务所(普通合伙) |
| 572 | 11788 | 北京嘉东律师事务所 | 609 | 11826 | 北京立纬知识产权代理有限公司 |
| 573 | 11789 | 北京君以信知识产权代理有限公司 | 610 | 11827 | 北京邦中知识产权代理有限公司 |
| 574 | 11790 | 北京市京都律师事务所 | 611 | 11828 | 北京方可律师事务所 |
| 575 | 11791 | 北京一枝笔知识产权代理事务所(普通合伙) | 612 | 11829 | 北京城烽知识产权代理事务所(特殊普通合伙) |
| 576 | 11792 | 北京市海问律师事务所 | 613 | 11830 | 北京智源荟诚知识产权代理事务所(普通合伙) |
| 577 | 11793 | 北京嘉途睿知识产权代理事务所(普通合伙) | 614 | 11831 | 北京润捷智诚知识产权代理事务所(普通合伙) |
| 578 | 11794 | 北京知汇林知识产权代理事务所(普通合伙) | 615 | 11832 | 北京绘聚高科知识产权代理事务所(普通合伙) |
| 579 | 11795 | 北京世宁律师事务所 | 616 | 11833 | 北京化育知识产权代理有限公司 |

续表

| 序号 | 机构代码 | 机构名称 | 序号 | 机构代码 | 机构名称 |
|---|---|---|---|---|---|
| 617 | 11834 | 北京欣鼎专利代理事务所(普通合伙) | 655 | 11875 | 北京易知宝知识产权代理事务所(普通合伙) |
| 618 | 11835 | 北京春江专利商标代理事务所(普通合伙) | 656 | 11876 | 北京智宇正信知识产权代理事务所(普通合伙) |
| 619 | 11836 | 北京创博律师事务所 | 657 | 11877 | 北京毕科锐森知识产权代理事务所(普通合伙) |
| 620 | 11837 | 北京中创云知识产权代理事务所(普通合伙) | 658 | 11878 | 北京墨丘知识产权代理事务所(普通合伙) |
| 621 | 11838 | 北京威禾知识产权代理有限公司 | 659 | 11879 | 北京索邦智慧专利代理有限公司 |
| 622 | 11839 | 北京高众律师事务所 | 660 | 11880 | 北京知无忧专利代理有限公司 |
| 623 | 11840 | 北京市中瑞律师事务所 | 661 | 11881 | 北京奥肯律师事务所 |
| 624 | 11841 | 北京慧而行专利代理事务所(普通合伙) | 662 | 11882 | 北京知寰律师事务所 |
| 625 | 11842 | 北京广技专利代理事务所(特殊普通合伙) | 663 | 11883 | 北京诚呈知识产权代理事务所(普通合伙) |
| 626 | 11843 | 北京海润天睿律师事务所 | 664 | 11884 | 北京泽方誉航专利代理事务所(普通合伙) |
| 627 | 11844 | 北京东方尚禾专利代理事务所(特殊普通合伙) | 665 | 11885 | 北京融智邦达知识产权代理事务所(普通合伙) |
| 628 | 11845 | 北京正和明知识产权代理事务所(普通合伙) | 666 | 11886 | 北京高卫律师事务所 |
| 629 | 11846 | 北京美智年华知识产权代理事务所(普通合伙) | 667 | 11887 | 北京斐石律师事务所 |
| 630 | 11847 | 北京元合律师事务所 | 668 | 11888 | 北京华创智道知识产权代理事务所(普通合伙) |
| 631 | 11848 | 北京大诚新创知识产权代理有限公司 | 669 | 11889 | 北京中知恒瑞知识产权代理事务所(普通合伙) |
| 632 | 11849 | 北京科穗律师事务所 | 670 | 11890 | 北京知帆远景知识产权代理有限公司 |
| 633 | 11850 | 北京攀腾特知识产权代理有限公司 | 671 | 11892 | 北京国允律师事务所 |
| 634 | 11851 | 北京磐华捷成知识产权代理有限公司 | 672 | 11893 | 北京象合知识产权代理事务所(普通合伙) |
| 635 | 11852 | 北京慧龙律师事务所 | 673 | 11894 | 北京启焱知识产权代理有限公司 |
| 636 | 11854 | 北京冬瓜知识产权代理事务所(普通合伙) | 674 | 11895 | 北京国序知识产权代理有限公司 |
| 637 | 11855 | 北京惟盛达知识产权代理事务所(普通合伙) | 675 | 11896 | 北京孵创知识产权代理事务所(普通合伙) |
| 638 | 11857 | 北京芯慧合知识产权代理有限公司 | 676 | 11897 | 北京合纵慧信知识产权代理有限公司 |
| 639 | 11858 | 北京中誉至诚知识产权代理事务所(普通合伙) | 677 | 11898 | 北京汉迪律师事务所 |
| 640 | 11859 | 北京秉文同创知识产权代理事务所(普通合伙) | 678 | 11899 | 北京隆达恒晟知识产权代理有限公司 |
| 641 | 11860 | 北京聚浩专利代理事务所(普通合伙) | 679 | 11900 | 北京力致专利代理事务所(特殊普通合伙) |
| 642 | 11861 | 北京奇眸智达知识产权代理有限公司 | 680 | 11901 | 北京盛询知识产权代理有限公司 |
| 643 | 11862 | 北京国科程知识产权代理事务所(普通合伙) | 681 | 11902 | 北京安瑞克专利代理事务所(特殊普通合伙) |
| 644 | 11863 | 北京棋拾知识产权代理事务所(普通合伙) | 682 | 11903 | 北京鹏帆慧博知识产权代理有限公司 |
| 645 | 11864 | 北京智燃律师事务所 | 683 | 11904 | 北京达友众邦知识产权代理事务所(普通合伙) |
| 646 | 11865 | 北京市光明律师事务所 | 684 | 11905 | 北京沃杰永益知识产权代理事务所(普通合伙) |
| 647 | 11866 | 北京知鲲知识产权代理事务所(普通合伙) | 685 | 11906 | 北京君泰水木知识产权代理有限公司 |
| 648 | 11868 | 北京中知星原知识产权代理事务所(普通合伙) | 686 | 11907 | 北京中知律师事务所 |
| 649 | 11869 | 北京云嘉律师事务所 | 687 | 11908 | 北京京专专利代理事务所(普通合伙) |
| 650 | 11870 | 北京正华智诚专利代理事务所(普通合伙) | 688 | 11909 | 北京铭本天律师事务所 |
| 651 | 11871 | 北京邦申诚知识产权代理事务所(普通合伙) | 689 | 11910 | 北京金盾律师事务所 |
| 652 | 11872 | 北京卓纬律师事务所 | 690 | 11911 | 北京融君成知识产权代理事务所(普通合伙) |
| 653 | 11873 | 北京首捷专利代理有限公司 | 691 | 11912 | 北京红梵知识产权代理事务所(普通合伙) |
| 654 | 11874 | 北京保识知识产权代理事务所(普通合伙) | 692 | 11913 | 北京箴思知识产权代理有限公司 |

续表

| 序号 | 机构代码 | 机构名称 | 序号 | 机构代码 | 机构名称 |
|---|---|---|---|---|---|
| 693 | 11914 | 北京恒程知识产权代理有限公司 | 714 | 11935 | 北京己任律师事务所 |
| 694 | 11915 | 北京市伟博律师事务所 | 715 | 11936 | 北京王伦律师事务所 |
| 695 | 11916 | 北京科聚知识产权代理事务所(普通合伙) | 716 | 11937 | 北京常乘高知识产权代理事务所(特殊普通合伙) |
| 696 | 11917 | 北京路浩律师事务所 | 717 | 11938 | 北京元理果知识产权代理事务所(普通合伙) |
| 697 | 11918 | 北京方权知识产权代理有限公司 | 718 | 11939 | 北京佳信天和知识产权代理事务所(普通合伙) |
| 698 | 11919 | 北京清控智云知识产权代理事务所(特殊普通合伙) | 719 | 11940 | 北京千壹知识产权代理事务所(普通合伙) |
| 699 | 11920 | 北京卓爱普专利代理事务所(特殊普通合伙) | 720 | 11941 | 北京大田律师事务所 |
| 700 | 11921 | 北京精翰专利代理有限公司 | 721 | 11942 | 北京沃知思真知识产权代理有限公司 |
| 701 | 11922 | 北京法胜知识产权代理有限公司 | 722 | 11943 | 北京京湘律师事务所 |
| 702 | 11923 | 北京汉本专利代理事务所(普通合伙) | 723 | 11944 | 北京谱帆知识产权代理有限公司 |
| 703 | 11924 | 北京艾格律诗专利代理有限公司 | 724 | 11945 | 北京翊君知识产权代理有限公司 |
| 704 | 11925 | 北京华锐创新知识产权代理有限公司 | 725 | 11946 | 北京市天同律师事务所 |
| 705 | 11926 | 北京市东权律师事务所 | 726 | 11947 | 北京盛凡佳华专利代理事务所(普通合伙) |
| 706 | 11927 | 北京乾成律信知识产权代理有限公司 | 727 | 11948 | 北京环宇致诚知识产权代理事务所(普通合伙) |
| 707 | 11928 | 北京科衡知识产权代理有限公司 | 728 | 11949 | 北京乾成律师事务所 |
| 708 | 11929 | 北京博智杰知识产权代理事务所(特殊普通合伙) | 729 | 11950 | 北京智慧亮点知识产权代理事务所(普通合伙) |
| 709 | 11930 | 北京百欧知识产权代理事务所(普通合伙) | 730 | 11951 | 北京市通商律师事务所 |
| 710 | 11931 | 北京清汇律师事务所 | 731 | 11952 | 北京星通盈泰知识产权代理有限公司 |
| 711 | 11932 | 北京子焱知识产权代理事务所(普通合伙) | 732 | 11953 | 北京百裕知识产权代理事务所(普通合伙) |
| 712 | 11933 | 北京原创引航知识产权代理事务所(普通合伙) | 733 | 11954 | 北京文嘉知识产权代理事务所(特殊普通合伙) |
| 713 | 11934 | 北京智泽德世专利商标代理事务所(普通合伙) | 734 | 61242 | 北京东灵通专利代理事务所(普通合伙) |

注:资料来源为北京市知识产权局。

# 索　引

# 说 明

1. 本索引采取主题索引法(也称内容分析索引法)编制。主题词(标目)以《北京科技年鉴 2021》正文中出现的专业名词、名词词组、地名、机构名为主。

2. 特载、专文、大事记、统计资料、附录的栏目内容不在标引范围内。

3. 本索引基本按汉语拼音音序排列。汉字打头的标目按首字的音序、音调依次排列,首字相同时,则以第二字排序,以此类推;以阿拉伯数字打头的主题词排在最前面;以英文字母打头的主题词列于以阿拉伯数字打头的主题词之后。

4. 本索引文字部分为标目,标目后的阿拉伯数字表示该标目在正文中的页码(地址项)。

B

## C

E



F



G

## H

J

M



N



P



Q

## R

S

**T**

**W**



**X**

Y



Z